Ernst Haeckel

Natürliche Schöpfungsgeschichte.

Gemeinverständliche wissenschaftliche Vorträge über die

Entwickelungslehre

im Allgemeinen und diejenige von

Darwin, Goethe und Lamarck

im Besonderen.

Von

Dr. Ernst Haeckel,

Professor an der Universität Jena.

Siebente, umgearbeitete und vermehrte Auflage.

Mit dem Porträt des Verfassers
(nach einer Photographie)

und mit 17 Tafeln, 20 Holzschnitten, 21 Stammbäumen und
27 systematischen Tabellen.

Berlin, 1879.

Druck und Verlag von G. Reimer.

„Nach ewigen ehernen
„Großen Gesetzen
„Müssen wir Alle
„Unseres Daseins
„Kreise vollenden!“

Goethe.

Allgemeines Inhaltsverzeichniß.

Erster Abschnitt: Historischer Theil.

(I.—VI. Vortrag.)

Geschichte der Entwickelungslehre.

Zweiter Abschnitt: Darwinistischer Theil.

(VII.—XI. Vortrag.)

Der Darwinismus oder die Selectionstheorie.

Dritter Abschnitt: Kosmogenetischer Theil.
(XII.—XV. Vortrag.)

Grundzüge und Grundgesetze der Entwickelungslehre.

Vierter Abschnitt: Phylogenetischer Theil.
(XVI.—XXI. Vortrag.)

Die Phylogenie oder Stammesgeschichte der Organismen.

Fünfter Abschnitt: Anthropogenetischer Theil.
(XXII.—XXIV. Vortrag.)

Die Anwendung der Entwickelungslehre auf den Menschen.

Besonderes Inhaltsverzeichniß.

Erster Vortrag.

Allgemeine Bedeutung und wesentlicher Inhalt der von Darwin reformirten Abstammungslehre oder Descendenztheorie. Besondere Bedeutung derselben für die Biologie (Zoologie und Botanik). Besondere Bedeutung derselben für die natürliche Entwickelungsgeschichte des Menschengeschlechts. Die Abstammungslehre als natürliche Schöpfungsgeschichte. Begriff der Schöpfung. Wissen und Glauben. Schöpfungsgeschichte und Entwickelungsgeschichte. Zusammenhang der individuellen und paläontologischen Entwickelungsgeschichte. Unzweckmäßigkeitslehre oder Wissenschaft von den rudimentären Organen. Unnütze und überflüssige Einrichtungen im Organismus. Gegensatz der beiden grundverschiedenen Weltanschauungen, der monistischen (mechanischen, causalen) und der dualistischen (teleologischen, vitalen). Begründung der ersteren durch die Abstammungslehre. Einheit der organischen und anorgischen Natur, und Gleichheit der wirkenden Ursachen in Beiden. Entscheidende Bedeutung der Abstammungslehre für die einheitliche (monistische) Auffassung der ganzen Natur. Monistische Philosophie.

Zweiter Vortrag.

Die Abstammungslehre oder Descendenztheorie als die einheitliche Erklärung der organischen Naturerscheinungen durch natürlich wirkende Ursachen.

Fünfter Vortrag.

Sechster Vortrag.

Dreizehnter Vortrag.

Vierzehnter Vortrag.

Fünfzehnter Vortrag.

Achtzehnter Vortrag.

Neunzehnter Vortrag.

Zweiundzwanzigster Vortrag.

Dreiundzwanzigster Vortrag.

Vierundzwanzigster Vortrag.

Verzeichniß der Stammbäume.

Verzeichniß der systematischen Tabellen.

Vorwort

zur ersten Auflage.

Die vorliegenden freien Vorträge über „natürliche Schöpfungsgeschichte“ sind im Wintersemester 18$\frac{67}{68}$ vor einem aus Laien und Studirenden aller Facultäten zusammengesetzten Publicum hier von mir gehalten, und von zweien meiner Zuhörer, den Studirenden Hörnlein und Römheld, stenographirt worden. Abgesehen von den redactionellen Veränderungen des stenographischen Manuscripts, habe ich an mehreren Stellen Erörterungen weggelassen, welche für meinen engeren Zuhörerkreis von besonderem Interesse waren, und dagegen an anderen Stellen Erläuterungen eingefügt, welche mir für den weiteren Leserkreis erforderlich schienen. Die Abkürzungen betreffen besonders die erste Hälfte, die Zusätze dagegen die zweite Hälfte der Vorträge.

Die „natürliche Schöpfungsgeschichte“ oder richtiger ausgedrückt: die „natürliche Entwickelungslehre“, deren selbstständige Förderung und weitere Verbreitung den Zweck dieser Vorträge bildet, ist seit nun bald zehn Jahren durch die große Geistesthat von Charles Darwin in ein neues Stadium ihrer Entwickelung getreten. Was frühere Anhänger derselben nur unbestimmt andeuteten oder ohne Erfolg aussprachen, was schon Wolfgang Goethe mit dem prophetischen Genius des Dichters, weit seiner Zeit vorauseilend, ahnte, was Jean Lamarck bereits, unverstanden von seinen befangenen Zeitgenossen, zu einer klaren wissenschaftlichen Theorie formte, das ist durch das epochemachende Werk von Charles Darwin unveräußerliches Erbgut der menschlichen Erkenntniß und die erste Grundlage geworden, auf der alle wahre Wissenschaft in Zukunft weiter bauen wird. „Entwickelung“ heißt von jetzt an das Zauberwort, durch das wir alle uns umgebenden Räthsel lösen, oder wenigstens auf den Weg ihrer Lösung gelangen können. Aber wie Wenige haben dieses Losungswort wirklich verstanden, und wie Wenigen ist seine weltumgestaltende Bedeutung klar geworden! Befangen in der mythischen Tradition von Jahrtausenden, und geblendet durch den falschen Glanz mächtiger Autoritäten, haben selbst hervorragende Männer der Wissenschaft in dem Siege der Entwickelungstheorie nicht den größten Fortschritt, sondern einen gefährlichen Rückschritt der Naturwissenschaft erblickt, und namentlich den biologischen Theil derselben, die Abstammungslehre oder Descendenztheorie, unrichtiger beurtheilt, als der gesunde Menschenverstand des gebildeten Laien.

Diese Wahrnehmung vorzüglich war es, welche mich zur Veröffentlichung dieser gemeinverständlichen wissenschaftlichen Vorträge bestimmte. Ich hoffe dadurch der Entwickelungslehre, welche ich für die größte Eroberung des menschlichen Geistes halte, manchen Anhänger auch in jenen Kreisen der Gesellschaft zuzuführen, welche zunächst nicht mit dem empirischen Material der Naturwissenschaft, und der Biologie insbesondere, näher vertraut, aber durch ihr Interesse an dem Naturganzen berechtigt, und durch ihren natürlichen Menschenverstand befähigt sind, die Entwickelungstheorie zu begreifen und als Schlüssel zum Verständniß der Erscheinungswelt zu benutzen. Die Form der freien Vorträge, in welcher hier die Grundzüge der allgemeinen Entwickelungsgeschichte behandelt sind, hat mancherlei Nachtheile. Aber ihre Vorzüge, namentlich der freie und unmittelbare Verkehr zwischen dem Vortragenden und dem Zuhörer, überwiegen in meinen Augen die Nachtheile bedeutend.

Der lebhafte Kampf, welcher in den letzten Jahren um die Entwickelungslehre entbrannt ist, muß früher oder später nothwendig mit ihrer allgemeinen Anerkennung endigen. Dieser glänzendste Sieg des erkennenden Verstandes über das blinde Vorurtheil, der höchste Triumph, den der menschliche Geist erringen konnte, wird sicherlich mehr als alles Andere nicht allein zur geistigen Befreiung, sondern auch zur sittlichen Vervollkommnung der Menschheit beitragen. Zwar haben nicht nur diejenigen engherzigen Leute, die als Angehörige einer bevorzugten Kaste jede Verbreitung allgemeiner Bildung überhaupt scheuen, sondern auch wohlmeinende und edelgesinnte Männer die Befürchtung ausgesprochen, daß die allgemeine Verbreitung der Entwickelungstheorie die gefährlichsten moralischen und socialen Folgen haben werde. Nur die feste Ueberzeugung, daß diese Besorgniß gänzlich unbegründet ist, und daß im Gegentheil jeder große Fortschritt in der wahren Naturerkenntniß unmittelbar oder mittelbar auch eine entsprechende Vervollkommnung des sittlichen Menschenwesens herbeiführen muß, konnte mich dazu ermuthigen, die wichtigsten Grundzüge der Entwickelungstheorie in der hier vorliegenden Form einem weiteren Kreise zugänglich zu machen.

Den wißbegierigen Leser, welcher sich genauer über die in diesen Vorträgen behandelten Gegenstände zu unterrichten wünscht, verweise ich auf die im Texte mit Ziffern angeführten Schriften, welche am Schlusse desselben im Zusammenhang verzeichnet sind. Bezüglich derjenigen Beiträge zum Ausbau der Entwickelungslehre, welche mein Eigenthum sind, verweise ich insbesondere auf meine 1866 veröffentlichte „Generelle Morphologie der Organismen" (Erster Band: Allgemeine Anatomie oder Wissenschaft von den entwickelten Formen; Zweiter Band: Allgemeine Entwickelungsgeschichte oder Wissenschaft von den entstehenden Formen). Dies gilt namentlich von meiner im ersten Bande ausführlich begründeten Individualitätslehre und Grundformenlehre, auf welche ich in diesen Vorträgen nicht eingehen konnte, und von meiner im zweiten Bande enthaltenen mechanischen Begründung des ursächlichen Zusammenhangs zwischen der individuellen und der paläontologischen Entwickelungsgeschichte. Der Leser, welcher sich specieller für das natürliche System der Thiere, Pflanzen und Protisten, sowie für die darauf begründeten Stammbäume interessirt, findet darüber das Nähere in der systematischen Einleitung zum zweiten Bande der generellen Morphologie.

So unvollkommen und mangelhaft diese Vorträge auch sind, so hoffe ich doch, daß sie dazu dienen werden, das segensreiche Licht der Entwickelungslehre in weiteren Kreisen zu verbreiten. Möchte dadurch in vielen denkenden Köpfen die unbestimmte Ahnung zur klaren Gewißheit werden, daß unser Jahrhundert durch die endgültige Begründung der Entwickelungstheorie, und namentlich durch die Entdeckung des menschlichen Ursprungs, den bedeutendsten und ruhmvollsten Wendepunkt in der ganzen Entwickelungsgeschichte der Menschheit bildet. Möchten dadurch viele Menschenfreunde zu der Ueberzeugung geführt werden, wie fruchtbringend und segensreich dieser größte Fortschritt in der Erkenntniß auf die weitere fortschreitende Entwickelung des Menschengeschlechts einwirken wird, und an ihrem Theile werkthätig zu seiner Ausbreitung beitragen. Möchten aber vor Allem dadurch recht viele Leser angeregt werden, tiefer in das innere Heiligthum der Natur einzudringen, und aus der nie versiegenden Quelle der natürlichen Offenbarung mehr und mehr jene höchste Befriedigung des Verstandes durch wahre Naturerkenntniß, jenen reinsten Genuß des Gemüthes durch tiefes Naturverständniß, und jene sittliche Veredelung der Vernunft durch einfache Naturreligion schöpfen, welche auf keinem anderen Wege erlangt werden kann.

Jena, am 18. August 1868.

Ernst Heinrich Haeckel.

Vorwort
zur siebenten Auflage.

Die erstaunlichen und höchst erfreulichen Fortschritte der Entwickelungslehre in den letzten Jahren haben eine theilweise Umarbeitung dieser siebenten Auflage der „Natürlichen Schöpfungsgeschichte" nöthig gemacht. Vollständig umgearbeitet ist namentlich der vierte Abschnitt, die Stammesgeschichte der Organismen (XVI.—XXI. Vortrag). Durch die zahlreichen und wichtigen Beiträge aus dem Gebiete der vergleichenden Anatomie und Keimesgeschichte, der Paläontologie und Systematik, welche der emsige Fleiß zahlreicher vortrefflicher Arbeiter im letzten Decennium zu Tage gefördert hat, ist die Stammesgeschichte oder Phylogenie der Organismen so sehr gefördert und befestigt, daß sie bereits ihrer älteren und begünstigteren Schwester, der Geologie, als ebenbürtig und gleichberechtigt an die Seite treten darf. Die Stammbäume der organischen Formen-Gruppen, die ich zuerst in meiner „Generellen Morphologie" (1866) aufstellte und in den früheren Auflagen der „Natürlichen Schöpfungsgeschichte" soviel wie möglich ausführte und verbesserte, dürften ihren Zweck bereits theilweise erreicht und als heuristische Hypothesen zur Enträthselung der dunkeln und verwickelten Stammverwandtschaft der lebendigen Erdbevölkerung gute Dienste geleistet haben. Das scheint mir namentlich daraus hervorzugehen, daß meine Stammbäume bereits vielfach von systematischen Special-Forschern benutzt, berichtigt und erweitert worden sind. Diese Fortschritte der Phylogenie legten mir aber zugleich die Pflicht auf, sie in dieser neuen Auflage zu verwerthen, und ich habe dem entsprechend das ganze System des Protistenreichs, Pflanzenreichs und Thierreichs aufs Neue durchgearbeitet und die Grundzüge der Classification, die systematischen Tabellen und die zugehörigen Stammbäume, wie ich glaube, wesentlich verbessert und der Wahrheit näher geführt. Unvollständig und lückenhaft, zum Theil unsicher und schwankend, muß ja das Hypothesen-Gebäude der Phylogenie (— der Natur der Sache nach! —) immer bleiben, gerade so wie dasjenige der Geologie. Aber das hindert nicht, daß wir der ersteren ein ebenso lebhaftes und dankbares Interesse zuwenden, wie es die letztere schon seit einem Jahrhundert genießt. Sicher wird für alle Zukunft die natürliche Entwickelungsgeschichte der Organismen einer der würdigsten und wichtigsten Gegenstände wissenschaftlicher Forschung bleiben, wenn auch von ihr in höherem Grade als von vielen anderen Wissenschaften Goethe's Wort gilt: „Irrthum verläßt uns nie; doch zieht ein höher Bedürfniß leise den strebenden Geist näher zur Wahrheit hinan".

Da meine Versuche einer phylogenetischen Classification der Organismen, wie sie in den vorliegenden systematischen Tabellen und Stammbäumen ihren einfachsten und übersichtlichsten Ausdruck finden, nicht nur bei vielen systematischen Naturforschern, sondern auch in weiteren Kreisen Theilnahme gefunden haben, so erlaube ich mir mit wenigen Worten die wichtigsten Verbesserungen anzudeuten, welche diese neue Auflage zu bringen hofft. Das Protistenreich ist entsprechend der Bearbeitung, welche ich von demselben in einer kleinen populären Schrift (1878) gegeben habe, nach Inhalt und Umfang schärfer begrenzt und namentlich dadurch zu größerer Selbstständigkeit erhoben worden, daß ich auch die sogenannten „Urthiere oder Protozoen" aus dem Thierreiche entfernt und zu den Protisten hinüber gestellt habe. (Vergl. „Das Protistenreich. Eine populäre

Uebersicht über das Formen-Gebiet der niedersten Lebewesen". Leipzig, 1878.) Ihre Begründung und Rechtfertigung findet diese eingreifende (— und wie ich glaube, ersprießliche —) Reform in den Beobachtungen und Reflexionen, welche ich 1877 in meinen „Studien zur Gasträa-Theorie" gegeben habe (II. Heft der biologischen Studien, Jena, 1877). Ich habe ferner auf Grund dieser Gasträa-Theorie die Zahl der eigentlichen Thierstämme (Metazoa) auf sechs beschränkt, und den Pflanzenthieren (Zoophyten oder Cölenterien) die fünf übrigen Stämme als Bilaterien gegenübergestellt, um dadurch die näheren Beziehungen der Stammverwandtschaft zwischen letzteren auszudrücken. Die Pflanzenthiere oder Cölenterien habe ich, abweichend von früheren Aufstellungen, in drei verschiedene Hauptclassen eingetheilt, da die Gasträaden, obwohl von sehr beschränktem Umfang, doch begrifflich sowohl von den Schwammthieren als von den Nesselthieren getrennt werden müssen, in phylogenetischer Beziehung aber (— als die gemeinsame Stammgruppe aller Metazoen —) eben sowohl jenen beiden Classen als allen Bilaterien-Classen gegenüber gestellt werden müssen. Die neue Anordnung der Nesselthiere, welche ich hier (abweichend von den herrschenden Anschauungen und theilweise auf frühere Versuche zurückgreifend) gegeben habe, werde ich in meiner demnächst erscheinenden „Monographie der Medusen" ausführlich rechtfertigen.

Ebenso bin ich auf ältere Anschauungen zurückgegangen, indem ich die gegliederten, mit metameren Organen und Bauchmark versehenen Ringelthiere (Annelida) von den Würmern entfernt und mit den Gliederfüßlern (Arthropoda) in der alten Hauptabtheilung der Gliederthiere (Articulata) vereinigt habe. Dadurch ist ebenso für diese letzteren, wie für die Hauptgruppe der eigentlichen (ungegliederten) Wurmthiere (Helminthes) eine einheitliche Auffassung und befriedigende morphologische Characteristik möglich geworden; selbstverständlich soll aber damit der phylogenetische Zusammenhang beider Stämme ebenso wenig geleugnet werden, als derjenige zwischen den Wurmthieren und den drei anderen, höheren Thierstämmen. Von diesen letzteren treten hier die Weichthiere (Mollusca) und Sternthiere (Echinoderma) in einer verbesserten Abgrenzung und Anordnung ihrer größeren Gruppen auf. Dagegen sind die Hauptabtheilungen der Wirbelthiere (Vertebrata) dieselben geblieben, wie ich sie 1866 in dem phylogenetischen System der „generellen Morphologie" aufgestellt hatte. Andrerseits war es hier, in Folge der wichtigen paläontologischen Entdeckungen der letzten Jahre, möglich geworden, die Systeme und Stammbäume der einzelnen Classen, namentlich der Reptilien und Säugethiere, wesentlich zu verbessern. Auf eine Aenderung des anthropologischen Systems (im fünften Abschnitt) habe ich nach reiflicher Ueberlegung aus dem Grunde verzichtet, weil die systematischen und phylogenetischen Ansichten selbst der besseren Anthropologen gegenwärtig noch so weit aus einander gehen und sich in so wesentlichen Punkten widersprechen, daß keins ihrer Systeme mir einen unbedingten Vorzug vor meinem provisorischen Versuche zu besitzen scheint.

Die anfänglich gehegte Absicht, auch die Vorträge der ersten Abschnitte theilweise umzuarbeiten und durch Aufnahme neuerer Beiträge zur allgemeinen Entwickelungslehre zu bereichern, habe ich später deshalb aufgegeben, weil der Umfang des Buchs dadurch allzusehr ausgedehnt oder vielmehr ein neues, doppelt so umfangreiches Werk entstanden wäre. Statt dessen habe ich das Verzeichniß empfehlenswerther Schriften über die Entwickelungslehre (am Schlusse des Textes) wesentlich erweitert und darin die wichtigsten unter den zahlreichen Werken hervorgehoben, die neuerdings zum Ausbau der Entwickelungslehre beigetragen haben. Eine ausführliche Besprechung der einschlägigen Literatur liefern die Jahresberichte über „die Fortschritte des Darwinismus" (Cöln und Leipzig, E. H. Mayer), sowie zahlreiche treffliche Aufsätze in den bisher erschienenen 4 Bänden des „Kosmos", Zeitschrift für einheitliche Weltanschauung auf Grund der Entwickelungslehre. Leipzig, Ernst Günther's Verlag. 1877—1879. Zahlreiche andere Literatur-Nachweise finden sich in Charles Darwin's „Gesammelten Werken" (Stuttgart, 1878).

Die erste Auflage der „Natürlichen Schöpfungsgeschichte" erschien im Herbst 1868, die sechste im Frühjahr 1875. Acht Uebersetzungen erschienen in nachstehender Reihenfolge: 1871 die polnische, 1872 die dänische, 1873 die russische, 1874 die französische, 1875 die serbische, 1876 die englische, 1877 die holländische und 1878 die spanische Uebersetzung.

Jena, den 16. Februar 1879.

Ernst Heinrich Haeckel.

Die Natur.

Natur! Wir sind von ihr umgeben und umschlungen — unvermögend aus ihr herauszutreten, und unvermögend, tiefer in sie hinein zu kommen. Ungebeten und ungewarnt nimmt sie uns in den Kreislauf ihres Tanzes auf und treibt sich mit uns fort, bis wir ermüdet sind und ihrem Arme entfallen.

Sie schafft ewig neue Gestalten; was da ist, war noch nie; was war, kommt nicht wieder: Alles ist neu und doch immer das Alte.

Sie scheint alles auf Individualität angelegt zu haben, und macht sich Nichts aus den Individuen. Sie baut immer und zerstört immer, und ihre Werkstätte ist unzugänglich.

Sie lebt in lauter Kindern; und die Mutter, wo ist sie? Sie ist die einzige Künstlerin: aus dem simpelsten Stoffe zu den größten Contrasten: ohne Schein der Anstrengung zu der größten Vollendung; zur genauesten Bestimmtheit, immer mit etwas Weichem überzogen. Jedes ihrer Werke hat ein eigenes Wesen, jede ihrer Erscheinungen den isolirtesten Begriff, und doch macht alles Eins aus.

Es ist ein ewiges Leben, Werden und Bewegen in ihr, und doch rückt sie nicht weiter. Sie verwandelt sich ewig, und ist kein Moment Stillstehen in ihr. Für's Bleiben hat sie keinen Begriff, und ihren Fluch hat sie an's Stillstehen gehängt. Sie ist fest: ihr Tritt ist gemessen, ihre Ausnahmen selten, ihre Gesetze unwandelbar.

Sie läßt jedes Kind an ihr künsteln, jeden Thoren über sie richten, tausende stumpf über sie hingehen und nichts sehen, und hat an allen ihre Freude und findet bei allen ihre Rechnung.

Man gehorcht ihren Gesetzen, auch wenn man ihnen widerstrebt; man wirkt mit ihr, auch wenn man gegen sie wirken will. Sie macht Alles, was sie giebt, zur Wohlthat; denn sie macht es erst unentbehrlich. Sie säumt, daß man sie verlange; sie eilt, daß man sie nicht satt werde.

Sie hat keine Sprache noch Rede, aber sie schafft Zungen und Herzen, durch die sie fühlt und spricht. Ihre Krone ist die Liebe; nur durch sie kommt man ihr nahe. Sie macht Klüfte zwischen allen Wesen, und Alles will sie verschlingen. Sie hat alles isolirt, um alles zusammen zu ziehen. Durch ein paar Züge aus dem Becher der Liebe hält sie für ein Leben voll Mühe schadlos.

Sie ist alles. Sie belohnt sich selbst und bestraft sich selbst, erfreut und quält sich selbst. Sie ist rauh und gelinde, lieblich und schrecklich, kraftlos und allgewaltig. Alles ist immer da in ihr. Vergangenheit und Zukunft kennt sie nicht. Gegenwart ist ihr Ewigkeit. Sie ist gütig. Ich preise sie mit allen ihren Werken. Sie ist weise und still. Man reißt ihr keine Erklärung vom Leibe, trutzt ihr kein Geschenk ab, daß sie nicht freiwillig giebt, Sie ist listig, aber zu gutem Ziele, und am besten ist's, ihre List nicht zu merken.

Sie ist ganz, und doch immer unvollendet. So wie sie's treibt, kann sie's immer treiben. Jedem erscheint sie in einer eigenen Gestalt. Sie verbirgt sich in tausend Namen und Termen, und ist immer dieselbe.

Sie hat mich hereingestellt, sie wird mich auch herausführen. Ich vertraue mich ihr. Sie mag mit mir schalten; sie wird ihr Werk nicht hassen. Ich sprach nicht von ihr: nein, was wahr ist und was falsch ist, alles hat sie gesprochen. Alles ist ihre Schuld, alles ist ihr Verdienst.

Goethe (1780).

Natürliche

Schöpfungsgeschichte

oder

wissenschaftliche Entwickelungstheorie.

„Freudig war, vor vielen Jahren,
Eifrig so der Geist bestrebt,
Zu erforschen, zu erfahren,
Wie Natur im Schaffen lebt.
Und es ist das ewig Eine,
Das sich vielfach offenbart:
Klein das Große, groß das Kleine,
Alles nach der eignen Art;
Immer wechselnd, fest sich haltend,
Nah und fern, und fern und nah;
So gestaltend, umgestaltend —
Zum Erstaunen bin ich da!"

Goethe.

Erster Vortrag.

Inhalt und Bedeutung der Abstammungslehre oder Descendenztheorie.

Allgemeine Bedeutung und wesentlicher Inhalt der von Darwin reformirten Abstammungslehre oder Descendenztheorie. Besondere Bedeutung derselben für die Biologie (Zoologie und Botanik). Besondere Bedeutung derselben für die natürliche Entwickelungsgeschichte des Menschengeschlechts. Die Abstammungslehre als natürliche Schöpfungsgeschichte. Begriff der Schöpfung. Wissen und Glauben. Schöpfungsgeschichte und Entwickelungsgeschichte. Zusammenhang der individuellen und paläontologischen Entwickelungsgeschichte Unzweckmäßigkeitslehre oder Wissenschaft von den rudimentären Organen. Unnütze und überflüssige Einrichtungen im Organismus. Gegensatz der beiden grundverschiedenen Weltanschauungen, der monistischen (mechanischen, causalen) und der dualistischen (teleologischen, vitalen). Begründung der ersteren durch die Abstammungslehre. Einheit der organischen und anorganischen Natur, und Gleichheit der wirkenden Ursachen in Beiden. Entscheidende Bedeutung der Abstammungslehre für die einheitliche (monistische) Auffassung der ganzen Natur. Monistische Philosophie.

Meine Herren! Die geistige Bewegung, zu welcher der englische Naturforscher Charles Darwin vor zwanzig Jahren durch sein berühmtes Werk „über die Entstehung der Arten“ [1]) den Anstoß gab, hat während dieses kurzen Zeitraums einen Umfang angenommen, der die allgemeinste Theilnahme erregen muß. Allerdings ist die in jenem Werke dargestellte naturwissenschaftliche Theorie, welche man gewöhnlich kurzweg die Darwin'sche Theorie oder den Darwinismus nennt, nur ein geringer Bruchtheil einer viel umfassenderen Lehre, nämlich der universalen Entwickelungs-Theorie, welche ihre unermeßliche Bedeutung über das ganze Gebiet aller menschlichen Wissenschaft erstreckt. Allein die Art und Weise, in welcher Darwin die letztere durch die erstere fest begründet hat, ist so überzeugend, und die entscheidende Wendung, welche durch die nothwendigen Folgeschlüsse jener Theorie in der gesammten Weltanschauung der Menschheit angebahnt worden ist, muß jedem tiefer denkenden Menschen so gewaltig erscheinen, daß man ihre allgemeine Bedeutung nicht hoch genug anschlagen kann. Ohne Zweifel muß diese ungeheuere Erweiterung unseres menschlichen Gesichtskreises unter allen den zahlreichen und großartigen Fortschritten, welche die Naturwissenschaft in unserer Zeit gemacht hat, als der bei weitem folgenreichste und wichtigste angesehen werden.

Wenn man unser Jahrhundert mit Recht das Zeitalter der Naturwissenschaften nennt, wenn man mit Stolz auf die unermeßlich bedeutenden Fortschritte in allen Zweigen derselben blickt, so pflegt man dabei gewöhnlich weniger an die Erweiterung unserer allgemeinen Naturerkenntniß, als vielmehr an die unmittelbaren practischen Erfolge jener Fortschritte zu denken. Man erwägt dabei die völlige und unendlich folgenreiche Umgestaltung des menschlichen Verkehrs, welche durch das entwickelte Maschinenwesen, durch die Eisenbahnen, Dampfschiffe, Telegraphen und andere Erfindungen der Physik hervorgebracht worden ist. Oder man denkt an den mächtigen Einfluß, welchen die Chemie in der Heilkunst, in der Landwirthschaft, in allen Künsten und Gewerben gewonnen hat. Wie hoch Sie aber auch diese Einwirkung der neueren Naturwissenschaft auf das practische Leben anschlagen mögen, so muß dieselbe, von einem höheren und allgemeineren Standpunkt aus gewürdigt, doch unbedingt hinter dem ungeheuren Einfluß zurückstehen, welchen die theoretischen Fortschritte der heutigen Naturwissenschaft auf die gesammte Erkenntniß des Menschen, auf seine ganze Weltanschauung und Geistesbildung nothwendig gewinnen werden. Denken Sie nur an den unermeßlichen Umschwung aller unserer theoretischen Anschauungen, welchen wir der allgemeinen Anwendung des Mikroskops verdanken. Denken Sie allein an die Zellentheorie, die uns die scheinbare Einheit des menschlichen Organismus als das zusammengesetzte Resultat aus der staatlichen Verbindung einer Masse elementarer Lebenseinheiten, der Zellen, nachweist. Oder erwägen Sie die ungeheure Erweiterung unseres theoretischen Gesichtskreises, welche wir der Spectral-Analyse, der Lehre von der Wärme-Mechanik und von der Erhaltung der Kraft[38]) verdanken. Unter allen diesen bewunderungswürdigen theoretischen Fortschritten nimmt aber jedenfalls die von Darwin ausgebildete Theorie bei weitem dem höchsten Rang ein.

Jeder von Ihnen wird den Namen Darwin gehört haben. Aber die Meisten von Ihnen werden wahrscheinlich nur unvollkommene Vorstellungen von dem eigentlichen Werthe seiner Lehre besitzen. Denn wenn man Alles vergleicht, was seit dem Erscheinen von Darwins epochemachendem Werk über dasselbe geschrieben worden ist, so muß demjenigen, der sich nicht näher mit den organischen Naturwissenschaften befaßt hat, der nicht in die inneren Geheimnisse der Zoologie und Botanik eingedrungen ist, der Werth jener Theorie sehr zweifelhaft erscheinen. Die Beurtheilung derselben ist voll von Widersprüchen und Mißverständnissen. Daher darf es uns nicht Wunder nehmen, daß selbst jetzt, zwanzig Jahre nach dem Erscheinen von Darwins Werk, dasselbe noch nicht die volle Bedeutung erlangt hat, welche ihm von Rechtswegen gebührt, und welche es jedenfalls früher oder später erlangen wird. Die allermeisten von den zahllosen Schriften, welche für und gegen den Darwinismus während dieses Zeitraums veröffentlicht wurden, sind von Leuten geschrieben worden, denen der dazu erforderliche Grad von biologischer, und besonders von zoologischer Bildung durchaus fehlt. Obwohl fast alle bedeutenden Naturforscher der Gegenwart jetzt zu den Anhängern jener Theorie gehören, haben doch nur wenige derselben Geltung und Verständniß in weiteren Kreisen zu verschaffen gesucht. Daher rühren die befremdenden Widersprüche und die seltsamen Urtheile, die man noch heute allenthalben über den Darwinismus hören kann. Gerade dieser Umstand ist es, welcher mich vorzugsweise bestimmt, die Darwin'sche Theorie und die damit zusammenhängenden weiteren Lehren zum Gegenstand dieser allgemein verständlichen Vorträge zu machen. Ich halte es für die Pflicht der Naturforscher, daß sie nicht allein in dem engeren Kreise, den ihre Fachwissenschaft ihnen vorschreibt, auf Verbesserungen und Entdeckungen sinnen, daß sie sich nicht allein in das Studium des Einzelnen mit Liebe und Sorgfalt vertiefen, sondern daß sie auch die wichtigen, allgemeinen Resultate ihrer besonderen Studien für das Ganze nutzbar machen, und daß sie naturwissenschaftliche Bildung verbreiten helfen. Der höchste Triumph des menschlichen Geistes, die wahre Erkenntniß der allgemeinsten Naturgesetze, darf nicht das Privateigenthum einer privilegirten Gelehrtenkaste bleiben, sondern muß Gemeingut der ganzen Menschheit werden.

Die Theorie, welche durch Darwin an die Spitze unserer Naturerkenntniß gestellt worden ist, pflegt man gewöhnlich als Abstammungslehre oder Descendenztheorie zu bezeichnen. Andere nennen sie Umbildungslehre oder Transmutationstheorie oder auch kurz: Transformismus. Beide Bezeichnungen sind richtig. Denn diese Lehre behauptet, daß alle verschiedenen Organismen (d. h. alle Thierarten und Pflanzenarten, welche jemals auf der Erde gelebt haben, und noch jetzt leben) von einer einzigen oder von wenigen höchst einfachen Stammformen abstammen, und daß sie sich aus diesen auf dem natürlichen Wege allmählicher Umbildung entwickelt haben. Obwohl diese Entwicklungstheorie schon im Anfange unseres Jahrhunderts von verschiedenen großen Naturforschern, insbesondere von Lamarck[2]) und Goethe[3]) aufgestellt und vertheidigt wurde, hat sie doch erst im Jahre 1859 durch Darwin ihre vollständige Ausbildung und ihre ursächliche Begründung erfahren. Dies ist der Grund, weshalb sie oft ausschließlich (obwohl nicht ganz richtig) als Darwins Theorie bezeichnet wird.

Der hohe und wirklich unschätzbare Werth der Abstammungslehre erscheint in einem verschiedenen Lichte, je nachdem Sie bloß deren nähere Bedeutung für die organische Naturwissenschaft, oder aber ihren weiteren Einfluß auf die gesammte Welterkenntniß des Menschen in Betracht ziehen. Die organische Naturwissenschaft oder die Biologie, welche als Zoologie die Thiere, als Botanik die Pflanzen zum Gegenstand ihrer Erkenntniß hat, wird durch die Abstammungslehre von Grund aus umgestaltet und neu begründet. Denn die Descendenztheorie macht uns mit den wirkenden Ursachen der organischen Formerscheinungen bekannt, während die bisherige Thier- und Pflanzenkunde sich bloß mit den Thatsachen dieser Erscheinungen beschäftigte. Man kann daher auch die Abstammungslehre als die mechanische Erklärung der organischen Formerscheinungen oder als „die Lehre von den wahren Ursachen in der organischen Natur" bezeichnen [1]).

Da ich nicht voraussetzen kann, daß Ihnen Allen die Ausdrücke „organische und anorgische Natur" geläufig sind, und da uns die Gegenüberstellung dieser beiderlei Naturkörper in der Folge noch vielfach beschäftigen wird, so muß ich ein paar Worte zur Verständigung darüber vorausschicken. Organismen oder organische Naturkörper nennen wir alle Lebewesen oder belebten Körper, also alle Pflanzen und Thiere, den Menschen mit inbegriffen, weil bei ihnen fast immer eine Zusammensetzung aus verschiedenartigen Theilen (Werkzeugen oder „Organen") nachzuweisen ist, welche zusammenwirken, um die Lebenserscheinungen hervorzubringen. Eine solche Zusammensetzung vermissen wir dagegen bei den Anorganen oder anorgischen Naturkörpern, den sogenannten todten oder unbelebten Körpern, den Mineralien oder Gesteinen, dem Wasser, der atmosphärischen Luft u. s. w. Die Organismen enthalten stets eiweißartige Kohlenstoffverbindungen in festflüssigem Aggregatzustande, während diese den Anorganen stets fehlen. Auf diesem wichtigen Unterschiede beruht die Eintheilung der gesammten Naturwissenschaft in zwei große Hauptabtheilungen, in die Biologie oder Wissenschaft von den Organismen (Zoologie und Botanik) und die Anorgologie oder Abiologie, die Wissenschaft von den Anorganen (Mineralogie, Geologie, Meteorologie u. s. w.).

Der unschätzbare Werth der Abstammungslehre für die Biologie liegt also, wie bemerkt, darin, daß sie uns die Entstehung der organischen Formen auf mechanischem Wege erklärt und deren wirkende Ursachen nachweist. So hoch man aber auch mit Recht dieses Verdienst der Descendenztheorie anschlagen mag, so tritt dasselbe doch fast zurück vor der unermeßlichen Bedeutung, welche eine einzige nothwendige Folgerung derselben für sich allein in Anspruch nimmt. Diese nothwendige und unvermeidliche Folgerung ist die Lehre von der thierischen Abstammung des Menschengeschlechts.

Die Bestimmung der Stellung des Menschen in der Natur und seiner Beziehungen zur Gesammtheit der Dinge, diese Frage aller Fragen für die Menschheit, wie sie Huxley[26]) mit Recht nennt, wird durch jene Erkenntniß der thierischen Abstammung des Menschengeschlechts endgültig gelöst. Wir gelangen also durch den Transformismus oder die Descendenztheorie zum ersten Male in die Lage, eine natürliche Entwickelungsgeschichte des Menschengeschlechts wissenschaftlich begründen zu können. Sowohl alle Vertheidiger, als alle denkenden Gegner Darwins haben anerkannt, daß die Abstammung des Menschengeschlechts zunächst von affenartigen Säugethieren, weiterhin aber von niederen Wirbelthieren, mit Nothwendigkeit aus seiner Theorie folgt.

Allerdings hat Darwin diese wichtigste von allen Folgerungen seiner Lehre nicht sofort selbst ausgesprochen. In seinem Werke „von der Entstehung der Arten“ findet sich kein Wort von der thierischen Abstammung des Menschen. Der eben so vorsichtige als kühne Naturforscher ging damals absichtlich mit Stillschweigen darüber hinweg, weil er voraussah, daß dieser bedeutendste von allen Folgeschlüssen der Abstammungslehre zugleich das größte Hinderniß für die Verbreitung und Anerkennung derselben sein werde. Gewiß hätte Darwins Buch von Anfang an noch weit mehr Widerspruch und Aergerniß erregt, wenn sogleich diese wichtigste Consequenz darin klar ausgesprochen worden wäre. Erst zwölf Jahre später, in dem 1871 erschienenen Werke über „die Abstammung des Menschen und die geschlechtliche

Zuchtwahl"[48]) hat Darwin jenen weitreichendsten Folgeschluß offen anerkannt und ausdrücklich seine volle Uebereinstimmung mit den Naturforschern erklärt, welche denselben inzwischen schon selbst gezogen hatten. Offenbar ist die Tragweite dieser Folgerung ganz unermeßlich, und keine Wissenschaft wird sich den Consequenzen derselben entziehen können. Die Anthropologie oder die Wissenschaft vom Menschen, und in Folge dessen auch die ganze Philosophie wird in allen einzelnen Zweigen dadurch von Grund aus umgestaltet.

Es wird erst die spätere Aufgabe meiner Vorträge sein, diesen besonderen Punkt zu erörtern. Ich werde die Lehre von der thierischen Abstammung des Menschen erst behandeln, nachdem ich Ihnen Darwins Theorie in ihrer allgemeinen Begründung und Bedeutung vorgetragen habe. Um es mit einem Satze auszudrücken, so ist jene bedeutungsvolle, aber die meisten Menschen von vorn herein abstoßende Folgerung nichts weiter als ein besonderer Deductionsschluß, den wir aus dem sicher begründeten allgemeinen Inductionsgesetze der Descendenztheorie nach den strengen Geboten der unerbittlichen Logik nothwendig ziehen müssen.

Vielleicht ist nichts geeigneter, Ihnen die ganze und volle Bedeutung der Abstammungslehre mit zwei Worten klar zu machen, als die Bezeichnung derselben mit dem Ausdruck: „Natürliche Schöpfungsgeschichte". Ich habe daher auch selbst diese Bezeichnung für die folgenden Vorträge gewählt. Jedoch ist dieselbe nur in einem gewissen Sinne richtig, und Sie müssen berücksichtigen, daß, streng genommen, der Ausdruck „natürliche Schöpfungsgeschichte" einen inneren Widerspruch, eine contradictio in adjecto einschließt.

Lassen Sie uns, um dies zu verstehen, einen Augenblick den zweideutigen Begriff der Schöpfung etwas näher ins Auge fassen. Wenn man unter Schöpfung die Entstehung eines Körpers durch eine schaffende Gewalt oder Kraft versteht, so kann man dabei entweder an die Entstehung seines Stoffes (der körperlichen Materie) oder an die Entstehung seiner Form (der körperlichen Gestalt) denken.

Die Schöpfung im ersteren Sinne, als die Entstehung der Materie, geht uns hier gar nichts an. Dieser Vorgang, wenn er überhaupt jemals stattgefunden hat, ist gänzlich der menschlichen Erkenntniß entzogen; er kann daher auch niemals Gegenstand naturwissenschaftlicher Erforschung sein. Die Naturwissenschaft hält die Materie für ewig und unvergänglich, weil durch die Erfahrung noch niemals das Entstehen oder Vergehen auch nur des kleinsten Theilchens der Materie nachgewiesen worden ist. Da wo ein Naturkörper zu verschwinden scheint, wie z. B. beim Verbrennen, beim Verwesen, beim Verdunsten u. s. w., da ändert er nur seine Form, seinen physikalischen Aggregatzustand oder seine chemische Verbindungsweise. Ebenso beruht das Entstehen eines neuen Naturkörpers, z. B. eines Krystalles, eines Pilzes, eines Infusoriums, nur darauf, daß verschiedene Stofftheilchen, welche vorher in einer gewissen Form oder Verbindungsweise existirten, in Folge von veränderten Existenz-Bedingungen eine neue Form oder Verbindungsweise annehmen. Aber noch niemals ist ein Fall beobachtet worden, daß auch nur das kleinste Stofftheilchen aus der Welt verschwunden, oder nur ein Atom zu der bereits vorhandenen Masse hinzugekommen ist. Der Naturforscher kann sich daher ein Entstehen der Materie eben so wenig als ein Vergehen derselben vorstellen; er betrachtet die in der Welt bestehende Quantität der Materie als eine gegebene feste Thatsache. Fühlt Jemand das Bedürfniß, sich die Entstehung dieser Materie als die Wirkung einer übernatürlichen Schöpfungsthätigkeit, einer außerhalb der Materie stehenden schöpferischen Kraft vorzustellen, so haben wir nichts dagegen. Aber wir müssen bemerken, daß damit auch nicht das Geringste für eine wissenschaftliche Naturkenntniß gewonnen ist. Eine solche Vorstellung von einer immateriellen Kraft, welche die Materie erst schafft, ist ein Glaubensartikel, welcher mit der menschlichen Wissenschaft gar nichts zu thun hat. Wo der Glaube anfängt, hört die Wissenschaft auf. Beide Thätigkeiten des menschlichen Geistes sind scharf von einander zu halten. Der Glaube hat seinen Ursprung in der dichtenden Einbildungskraft, das Wissen dagegen in dem erkennenden Verstande des Menschen. Die Wissenschaft hat die segenbringenden Früchte von dem Baume der Erkenntniß zu pflücken, unbekümmert darum, ob diese Eroberungen die dichterischen Einbildungen der Glaubenschaft beeinträchtigen oder nicht.

Wenn also die Naturwissenschaft sich die „natürliche Schöpfungsgeschichte" zu ihrer höchsten, schwersten und lohnendsten Aufgabe macht, so kann sie den Begriff der Schöpfung nur in der zweiten, oben angeführten Bedeutung verstehen, als die Entstehung der Form der Naturkörper. In diesem Sinne kann man die Geologie, welche die Entstehung der geformten anorganischen Erdoberfläche und die mannichfaltigen geschichtlichen Veränderungen in der Gestalt der festen Erdrinde zu erforschen strebt, die Schöpfungsgeschichte der Erde nennen. Ebenso kann man die Entwickelungsgeschichte der Thiere und Pflanzen, welche die Entstehung der belebten Formen und den mannichfaltigen historischen Wechsel der thierischen und pflanzlichen Gestalten untersucht, die Schöpfungsgeschichte der Organismen nennen. Da jedoch leicht in den Begriff der Schöpfung, auch wenn er in diesem Sinne gebraucht wird, sich die unwissenschaftliche Vorstellung von einem außerhalb der Materie stehenden und dieselbe umbildenden Schöpfer einschleicht, so wird es in Zukunft wohl besser sein, denselben durch die strengere Bezeichnung der Entwickelung zu ersetzen.

Der hohe Werth, welchen die Entwickelungsgeschichte für das wissenschaftliche Verständniß der Thier- und Pflanzenformen besitzt, ist jetzt seit mehreren Jahrzehnten so allgemein anerkannt, daß man ohne sie keinen sicheren Schritt in der organischen Morphologie oder Formenlehre thun kann. Jedoch hat man fast immer unter Entwickelungsgeschichte nur einen Theil dieser Wissenschaft, nämlich diejenige der organischen Individuen oder Einzelwesen verstanden, welche gewöhnlich Embryologie, richtiger und umfassender aber Ontogenie genannt wird [4]). Außer dieser giebt es aber auch noch eine Entwickelungsgeschichte der organischen Arten, Classen und Stämme (Phylen), welche zu der ersteren in den wichtigsten Beziehungen steht. Das Material dafür liefert die Versteinerungskunde oder Paläontologie.

Diese lehrt uns, daß jeder Stamm (Phylum) von Thieren und Pflanzen während der verschiedenen Perioden der Erdgeschichte durch eine Reihe von ganz verschiedenen Classen und Arten vertreten war. So war z. B. der Stamm der Wirbelthiere durch die Classen der Fische, Amphibien, Reptilien, Vögel und Säugethiere vertreten und jede dieser Classen zu verschiedenen Zeiten durch ganz verschiedene Arten. Diese paläontologische Entwickelungsgeschichte der Organismen, welche man als Stammesgeschichte oder Phylogenie bezeichnen kann, steht in den wichtigsten und merkwürdigsten Beziehungen zu dem andern Zweige der organischen Entwicklungsgeschichte, zur Keimesgeschichte oder Ontogenie. Die letztere läuft der ersteren im Großen und Ganzen parallel. Um es kurz mit einem Satze zu sagen, so ist die individuelle Entwicklungsgeschichte oder die Ontogenie eine kurze und schnelle, durch die Gesetze der Vererbung und Anpassung bedingte Wiederholung oder Recapitulation der paläontologischen Entwickelungsgeschichte oder der Phylogenie[4]).

Da ich Ihnen dieses höchst interessante und bedeutsame Naturgesetz später noch ausführlicher zu erläutern habe, so wollen wir uns hier nicht dabei weiter aufhalten. Nur sei bemerkt, daß dasselbe einzig und allein durch die Abstammungslehre erklärt und in seinen Ursachen verstanden wird, während es ohne dieselbe gänzlich unverständlich und unerklärlich bleibt. Die Descendenztheorie zeigt uns dabei zugleich, warum überhaupt die einzelnen Thiere und Pflanzen sich entwickeln müssen, warum dieselben nicht gleich in fertiger und entwickelter Form ins Leben treten. Keine übernatürliche Schöpfungsgeschichte vermag uns das große Räthsel der organischen Entwickelung irgendwie zu erklären. Ebenso wie auf diese hochwichtige Frage giebt uns der Transformismus auch auf alle andern allgemeinen biologischen Fragen vollkommen befriedigende Antworten, und zwar immer Antworten, welche rein mechanisch-causaler Natur sind, welche lediglich natürliche, physikalisch-chemische Kräfte als die Ursachen von Erscheinungen nachweisen, die man früher gewohnt war, der unmittelbaren Einwirkung übernatürlicher, schöpferischer Kräfte zuzuschreiben.

Mithin wird durch unsere Theorie aus allen Gebietstheilen der Botanik und Zoologie, und namentlich auch aus dem wichtigsten Theile der letzteren, aus der Anthropologie, der mystische Schleier des Wunderbaren und Uebernatürlichen entfernt, mit welchem man bisher die verwickelten Erscheinungen dieser natürlichen Erkenntniß-Gebiete zu verhüllen liebte. Das unklare Nebelbild mythologischer Dichtung kann vor dem klaren Sonnenlichte naturwissenschaftlicher Erkenntniß nicht länger bestehen.

Von ganz besonderem Interesse sind unter jenen allgemeinen biologischen Phänomenen diejenigen, welche zur Widerlegung der gewöhnlichen Annahme dienen, daß jeder Organismus das Product einer zweckmäßig bauenden Schöpferkraft sei. Nichts hat in dieser Beziehung der früheren Naturforschung so große Schwierigkeiten verursacht, als die Deutung der sogenannten „rudimentären Organe", derjenigen Theile im Thier- und Pflanzenkörper, welche eigentlich ohne Leistung, ohne physiologische Bedeutung, und dennoch formell vorhanden sind. Diese Theile verdienen das allerhöchste Interesse, obwohl die meisten Leute wenig oder nichts davon wissen. Fast jeder höher entwickelte Organismus, fast jedes Thier und jede Pflanze, besitzt neben den scheinbar zweckmäßigen Einrichtungen seiner Organisation andere Einrichtungen, die durchaus keinen Zweck, keine Function in dessen Leben haben können.

Beispiele davon finden sich überall. Bei den Embryonen mancher Wiederkäuer, unter Andern bei unserem gewöhnlichen Rindvieh, stehen Schneidezähne im Zwischenkiefer der oberen Kinnlade, welche niemals zum Durchbruch gelangen, also auch keinen Zweck haben. Die Embryonen mancher Walfische, welche späterhin die bekannten Barten statt der Zähne besitzen, tragen, so lange sie noch nicht geboren sind und keine Nahrung zu sich nehmen, dennoch Zähne in ihren Kiefern; auch dieses Gebiß tritt niemals in Thätigkeit. Ferner besitzen die meisten höheren Thiere Muskeln, die nie zur Anwendung kommen; selbst der Mensch besitzt solche rudimentäre Muskeln. Die Meisten von uns sind nicht fähig, ihre Ohren willkürlich zu bewegen, obwohl die Muskeln für diese Bewegung vorhanden sind, und obwohl es einzelnen Personen, die sich andauernd Mühe geben diese Muskeln zu üben, in der That gelingt, ihre Ohren zu bewegen. In diesen noch jetzt vorhandenen, aber verkümmerten Organen, welche dem vollständigen Verschwinden entgegen gehen, ist es noch möglich, durch besondere Uebung, durch andauernden Einfluß der Willensthätigkeit des Nervensystems, die beinahe erloschene Thätigkeit wieder zu beleben. Dagegen vermögen wir dies nicht mehr in den kleinen rudimentären Ohrmuskeln, welche noch am Knorpel unserer Ohrmuschel vorkommen, aber immer völlig wirkungslos sind. Bei unseren langöhrigen Vorfahren aus der Tertiärzeit, Affen, Halbaffen und Beutelthieren, welche gleich den meisten anderen Säugethieren ihre große Ohrmuschel frei und lebhaft bewegten, waren jene Muskeln viel stärker entwickelt und von großer Bedeutung. So haben in gleicher Weise auch viele Spielarten der Hunde und Kaninchen, deren wilde Vorfahren ihre steifen Ohren vielseitig bewegten, unter dem Einflusse des Culturlebens sich jenes „Ohrenspitzen" abgewöhnt, und dadurch verkümmerte Ohrmuskeln und schlaff herabhängende Ohren bekommen.

Auch noch an anderen Stellen seines Körpers besitzt der Mensch solche rudimentäre Organe, welche durchaus von keiner Bedeutung für das Leben sind und niemals functioniren. Eines der merkwürdigsten, obwohl unscheinbarsten Organe der Art ist die kleine halbmondförmige Falte welche wir am inneren Winkel unseres Auges, nahe der Nasenwurzel besitzen, die sogenannte Plica semilunaris. Diese unbedeutende Hautfalte bietet für unser Auge gar keinen Nutzen; sie ist nur der ganz verkümmerte Rest eines dritten, inneren Augenlides, welches neben dem oberen und unteren Augenlide bei anderen Säugethieren, bei Vögeln und Reptilien sehr entwickelt ist. Ja sogar schon unsere uralten Vorfahren aus der Silurzeit, die Urfische, scheinen dies dritte Augenlid, die sogenannte Nickhaut, besessen zu haben. Denn viele von ihren nächsten Verwandten, die in wenig veränderter Form noch heute fortleben, viele Haifische nämlich, besitzen eine sehr starke Nickhaut, die vom inneren Augenwinkel her über den ganzen Augapfel hinübergezogen werden kann.

Zu den schlagendsten Beispielen von rudimentären Organen gehören die Augen, welche nicht sehen. Solche finden sich bei sehr vielen Thieren, welche im Dunkeln, z. B. in Höhlen, unter der Erde leben. Die Augen sind hier oft wirklich in ausgebildetem Zustande vorhanden; aber sie sind von dicker, undurchsichtiger Hut bedeckt, so daß kein Lichtstrahl in sie hineinfallen kann, mithin können sie auch niemals sehen. Solche Augen ohne Gesichtsfunction besitzen z. B. mehrere Arten von unterirdisch lebenden Maulwürfen und Blindmäusen, von Schlangen und Eidechsen, von Amphibien und Fischen; ferner zahlreiche wirbellose Thiere, die im Dunkeln ihr Leben zubringen: viele Käfer, Krebsthiere, Schnecken, Würmer u. s. w.

Eine Fülle der interessantesten Beispiele von rudimentären Organen liefert die vergleichende Osteologie oder Skeletlehre der Wirbelthiere, einer der anziehendsten Zweige der vergleichenden Anatomie. Bei den allermeisten Wirbelthieren finden wir zwei Paar Gliedmaaßen am Rumpf, ein Paar Vorderbeine und ein Paar Hinterbeine. Sehr häufig ist jedoch das eine oder das andere Paar derselben verkümmert, seltener beide, wie bei den Schlangen und einigen aalartigen Fischen. Aber einige Schlangen, z. B. die Riesenschlangen (Boa, Python) haben hinten noch einige unnütze Knochenstückchen im Leibe, welche die Reste der verloren gegangenen Hinterbeine sind. Ebenso haben die walfischartigen Säugethiere (Cetaceen), welche nur entwickelte Vorderbeine (Brustflossen) besitzen, hinten im Fleische noch ein Paar ganz überflüssige Knochen, welche ebenfalls Ueberbleibsel der verkümmerten Hinterbeine darstellen. Dasselbe gilt von vielen echten Fischen, bei denen in gleicher Weise die Hinterbeine (Bauchflossen) verloren gegangen sind. Umgekehrt besitzen unsere Blindschleichen (Anguis) und einige andere Eidechsen inwendig ein vollständiges Schultergerüst, obwohl die Vorderbeine, zu deren Befestigung dasselbe dient, nicht mehr vorhanden sind. Ferner finden sich bei verschiedenen Wirbelthieren die einzelnen Knochen der beiden Beinpaare in allen verschiedenen Stufen der Verkümmerung, und oft die rückgebildeten Knochen und die zugehörigen Muskeln stückweise erhalten, ohne doch irgendwie eine Verrichtung ausführen zu können. Das Instrument ist wohl noch da, aber es kann nicht mehr spielen.

Fast ganz allgemein finden Sie ferner rudimentäre Organe in den Pflanzenblüthen vor, indem der eine oder der andere Theil der männlichen Fortpflanzungsorgane (der Staubfäden und Staubbeutel), oder der weiblichen Fortpflanzungsorgane (Griffel, Fruchtknoten u. s. w.) mehr oder weniger verkümmert oder „fehlgeschlagen" (abortirt) ist. Auch hier können Sie bei verschiedenen, nahe verwandten Pflanzenarten das Organ in allen Graden der Rückbildung verfolgen. So z. B. ist die große natürliche Familie der lippenblüthigen Pflanzen (Labiaten), zu welcher Melisse, Pfeffermünze, Majoran, Gundelrebe, Thymian u. s. w. gehören, dadurch ausgezeichnet, daß die rachenförmige zweilippige Blumenkrone zwei lange und zwei kurze Staubfäden enthält. Allein bei vielen einzelnen Pflanzen dieser Familie, z. B. bei verschiedenen Salbeiarten und beim Rosmarin, ist nur das eine Paar der Staubfäden ausgebildet, und das andere Paar ist mehr oder weniger verkümmert, oft ganz verschwunden. Bisweilen sind die Staubfäden vorhanden aber ohne Staubbeutel, so daß sie ganz unnütz sind. Seltener aber findet sich sogar noch das Rudiment oder der verkümmerte Rest eines fünften Staubfadens, ein physiologisch (für die Lebensverrichtung) ganz nutzloses, aber morphologisch (für die Erkenntniß der Form und der natürlichen Verwandtschaft) äußerst werthvolles Organ. In meiner generellen Morphologie der Organismen[4]) habe ich in dem Abschnitt von der Unzweckmäßigkeitslehre oder Dysteleologie", noch eine große Anzahl von anderen Beispielen angeführt.

Keine biologische Erscheinung hat wohl jemals die Zoologen und Botaniker in größere Verlegenheit versetzt als diese rudimentären oder abortiven (verkümmerten) Organe. Es sind Werkzeuge außer Dienst, Körpertheile, welche da sind, ohne etwas zu leisten, zweckmäßig eingerichtet, ohne ihren Zweck in Wirklichkeit zu erfüllen. Wenn man die Versuche betrachtet, welche die früheren Naturforscher zur Erklärung dieses Räthsels machten, kann man sich in der That kaum eines

Lächelns über die seltsamen Vorstellungen erwehren, auf die sie verfielen. Außer Stande, eine wirkliche Erklärung zu finden, kamen Einige z. B. zu dem Endresultate, daß der Schöpfer „der Symmetrie wegen" diese Organe angelegt habe. Nach der Meinung Anderer mußte es dem Schöpfer unpassend oder unanständig erscheinen, daß diese Organe bei denjenigen Organismen, bei denen sie nicht leistungsfähig sind und ihrer ganzen Lebensweise nach nicht sein können, völlig fehlten, während die nächsten Verwandten sie besäßen; und zum Ersatz für die mangelnde Function verlieh er ihnen wenigstens die äußere Ausstattung der leeren Form. Sind doch auch die uniformirten Civilbeamten bei Hofe mit einem unschuldigen Degen ausgestattet, den sie niemals aus der Scheide ziehen! Ich glaube aber kaum, daß Sie von einer solchen Erklärung befriedigt sein werden.

Nun wird gerade diese allgemein verbreitete und räthselhafte Erscheinung der rudimentären Organe, an welcher alle übrigen Erklärungsversuche scheitern, vollkommen erklärt, und zwar in der einfachsten und einleuchtendsten Weise erklärt durch **Darwins** Theorie von der **Vererbung** und von der **Anpassung**. Wir können die wichtigen Gesetze der Vererbung und Anpassung an den Hausthieren und Culturpflanzen, welche wir künstlich züchten, empirisch verfolgen, und es ist bereits eine Reihe solcher Gesetze festgestellt worden. Ohne jetzt auf diese einzugehen, will ich nur vorausschicken, daß einige davon auf mechanischem Wege die Entstehung der rudimentären Organe vollkommen erklären, so daß wir das Auftreten derselben als einen ganz natürlichen Proceß ansehen müssen, bedingt durch den **Nichtgebrauch der Organe**. Durch **Anpassung** an besondere Lebensbedingungen sind die früher thätigen und wirklich arbeitenden Organe allmählich nicht mehr gebraucht worden und außer Dienst getreten. In Folge der mangelnden Uebung sind sie mehr und mehr verkümmert, trotzdem aber immer noch durch **Vererbung** von einer Generation auf die andere übertragen worden, bis sie endlich größtentheils oder ganz verschwanden. Wenn wir nun annehmen, daß alle oben angeführten Wirbelthiere von einem einzigen gemeinsamen Stammvater abstammen, welcher zwei sehende Augen und zwei wohl entwickelte Beinpaare besaß, so erklärt sich ganz einfach der verschiedene Grad der Verkümmerung und Rückbildung dieser Organe bei solchen Nachkommen desselben, welche diese Theile nicht mehr gebrauchen konnten. Ebenso erklärt sich vollständig der verschiedene Ausbildungsgrad der ursprünglich (in der Blüthenknospe) angelegten fünf Staubfäden bei den Lippenblüthen, wenn wir annehmen, daß alle Pflanzen dieser Familie von einem gemeinsamen, mit fünf Staubfäden ausgestatteten Stammvater abstammen.

Ich habe Ihnen die Erscheinung der rudimentären Organe schon jetzt etwas ausführlicher vorgeführt, weil dieselbe von der allergrößten allgemeinen Bedeutung ist, und weil sie uns auf die großen, allgemeinen, tiefliegenden Grundfragen der Philosophie und der Naturwissenschaft hinführt, für deren Lösung die Descendenz-Theorie nunmehr der unentbehrliche Leitstern geworden ist. Sobald wir nämlich, dieser Theorie entsprechend, die ausschließliche Wirksamkeit physikalisch-chemischer Ursachen ebenso in der lebenden (organischen) Körperwelt, wie in der sogenannten leblosen (anorgischen) Natur anerkennen, so räumen wir damit jener Weltanschauung die ausschließliche Herrschaft ein, welche man mit dem Namen der mechanischen bezeichnen kann, im Gegensatze zu der hergebrachten teleologischen Auffassung. Wenn Sie die Weltanschauungen der verschiedenen Völker und Zeiten mit einander vergleichend zusammenstellen, können Sie dieselben schließlich alle in zwei schroff gegenüberstehende Gruppen bringen: eine causale oder mechanische und eine teleologische oder vitalistische. Die letztere war in der Biologie bisher allgemein herrschend. Man sah danach das Thierreich und das Pflanzenreich als Producte einer zweckmäßig wirkenden, schöpferischen Thätigkeit an. Bei dem Anblick jedes Organismus schien sich zunächst unabweislich die Ueberzeugung aufzudrängen, daß eine so künstliche Maschine, ein so verwickelter Bewegungs-Apparat, wie es der Organismus ist, nur hervorgebracht werden könne durch eine Thätigkeit, welche analog, obwohl unendkich viel vollkommener ist, als die Thätigkeit des Menschen bei der Construction seiner Maschinen. Wie erhaben man auch die früheren Vorstellungen des Schöpfers und seiner schöpferischen Thätigkeit steigern, wie sehr man sie aller menschlichen Analogie entkleiden mag, so bleibt doch im letzten Grunde bei der teleologischen Naturauffassung dieser Vergleich unabweislich und nothwendig. Man muß sich im Grunde dann immer den Schöpfer selbst als einen Organismus vorstellen, als ein Wesen welches ähnlich dem Menschen, wenn auch in unendlich vollkommnerer Form, über seine bildende Thätigkeit nachdenkt, den Plan der Maschinen entwirft, und dann mittelst Anwendung geeigneter Materialien diese Maschinen zweckentsprechend ausführt. Alle diese Vorstellungen leiden nothwendig an der Grundschwäche des Anthropomorphismus oder der Vermenschlichung. Stets werden dabei, wie hoch man sich auch den Schöpfer vorstellen mag, demselben die menschlichen Attribute beigelegt, einen Plan zu entwerfen und danach den Organismus zweckmäßig zu construiren. Das wird auch von derjenigen Schule, welche Darwins Lehre am schroffsten gegenüber steht, und welche unter den Naturforschern ihren bedeutendsten Vertreter in Louis Agassiz gefunden hat, ganz klar ausgesprochen. Das berühmte Werk (Essay on classification) von Agassiz[21]), welches dem Darwinschen Werke vollkommen entgegengesetzt ist und fast gleichzeitig erschien, hat ganz folgerichtig jene absurden anthropomorphischen Vorstellungen vom Schöpfer bis zum höchsten Grade ausgebildet.

Was nun jene vielgerühmte Zweckmäßigkeit in der Natur betrifft, so ist sie überhaupt nur für Denjenigen vorhanden, welcher die Erscheinungen im Thier- und Pflanzenleben durchaus oberflächlich betrachtet. Schon jene rudimentären Organe mußten dieser Lehre einen harten Stoß versetzen. Jeder aber, der tiefer in die Organisation und Lebensweise der verschiedenen Thiere und Pflanzen eindringt, der sich mit der Wechselwirkung der Lebenserscheinungen und der sogenannten „Oeconomie der Natur" vertrauter macht, kommt nothwendig zu der Anschauung, daß diese Zweckmäßigkeit nicht existirt, eben so wenig als die vielgerühmte „Allgüte des Schöpfers".

Diese optimistischen Anschauungen haben leider eben so wenig reale Begründung, als die beliebte Redensart von der „sittlichen Weltordnung", welche durch die ganze Völkergeschichte in ironischer Weise illustrirt wird. Im Mittelalter ist dafür die „sittliche" Herrschaft der christlichen Päpste und ihrer frommen, vom Blute zahlloser Menschenopfer dampfenden Inquisition nicht weniger bezeichnend, als in der Gegenwart der herrschende Militarismus mit seinem „sittlichen" Apparate von Zündnadeln und anderen raffinirten Mordwaffen.

Wenn Sie das Zusammenleben und die gegenseitigen Beziehungen der Pflanzen und der Thiere (mit Inbegriff der Menschen) näher betrachten, so finden sie überall und zu jeder Zeit das Gegentheil von jenem gemüthlichen und friedlichen Beisammensein, welches die Güte des Schöpfers den Geschöpfen hätte bereiten müssen; vielmehr sehen Sie überall einen schonungslosen, höchst erbitterten Kampf Aller gegen Alle. Nirgends in der Natur, wohin Sie auch Ihre Blicke lenken mögen, ist jener idyllische, von den Dichtern besungene Friede vorhanden, — vielmehr überall Kampf, Streben nach Vernichtung der directen Gegner und nach Vernichtung des Nächsten. Leidenschaft und Selbstsucht, bewußt oder unbewußt, bleibt überall die Triebfeder des Lebens. Das bekannte Dichterwort:

„Die Natur ist vollkommen überall,
Wo der Mensch nicht hinkommt mit seiner Qual"

ist schön, aber leider nicht wahr. Vielmehr bildet auch in dieser Beziehung der Mensch keine Ausnahme von der übrigen Thierwelt. Die Betrachtungen, welche wir bei der Lehre vom „Kampf um's Dasein" anzustellen haben, werden diese Behauptung zur Genüge rechtfertigen. Es war auch Darwin, welcher gerade diesen wichtigen Punkt in seiner hohen und allgemeinen Bedeutung recht klar vor Augen stellte, und derjenige Abschnitt seiner Lehre, welchen er selbst den „Kampf um's Dasein" nennt, ist einer der wichtigsten Theile derselben.

Wenn wir also jener vitalistischen oder teleologischen Betrachtung der lebendigen Natur, welche die Thier- und Pflanzenformen als Producte eines gütigen und weisen Schöpfers oder einer zweckmäßig thätigen schöpferischen Naturkraft ansieht, durchaus entgegenzutreten gezwungen sind, so müssen wir uns entschieden jene Weltanschauung aneignen, welche man die *mechanische* oder *causale* nennt. Man kann sie auch als die *monistische* oder *einheitliche* bezeichnen, im Gegensatz zu der *zwiespältigen* oder *dualistischen* Anschauung, welche in jener teleologischen Weltauffassung nothwendig enthalten ist. Die mechanische Naturbetrachtung ist seit Jahrzehnten auf gewissen Gebieten der Naturwissenschaft so sehr eingebürgert, daß hier über die entgegengesetzte kein Wort mehr verloren wird. Es fällt keinem Physiker oder Chemiker, keinem Mineralogen oder Astronomen mehr ein, in den Erscheinungen, welche ihm auf seinem wissenschaftlichrn Gebiete fortwährend vor Augen kommen, die Wirksamkeit eines zweckmäßig thätigen Schöpfers zu erblicken oder aufzusuchen. Man betrachtet die Erscheinungen, welche auf jenen Gebieten zu Tage treten, allgemein und ohne Widerspruch als die nothwendigen und unabänderlichen Wirkungen der physikalischen und chemischen Kräfte, welche an dem Stoffe oder der Materie haften, und insofern ist diese Anschauung rein „materialistisch", in einem gewissen Sinne dieses vieldeutigen Wortes. Wenn der Physiker die Bewegungserscheinungen der Electricität oder des Magnetismus, den Fall eines Körpers oder die Schwingungen der Lichtwellen zu erklären sucht, so ist er bei dieser Arbeit durchaus davon entfernt, das Eingreifen einer übernatürlichen schöpferischen Kraft anzunehmen. In dieser Beziehung befand sich bisher die Biologie, als die Wissenschaft von den sogenannten „*belebten*" Naturkörpern, in vollem Gegensatz zu jenen vorher genannten anorganischen Naturwissenschaften (der Anorgologie). Zwar hat die neuere Physiologie, die Lehre von den Bewegungserscheinungen im Thier- und Pflanzenkörper, den mechanischen Standpunkt der letzteren vollkommen angenommen; allein die Morphologie, die Wissenschaft von den Formen der Thiere und Pflanzen, schien dadurch gar nicht berührt zu werden. Die Morphologen behandelten nach wie vor, und größtentheils noch heutzutage, im Gegensatze zu jener mechanischen Betrachtung der Leistungen, die Formen der Thiere und Pflanzen als Erscheinungen, die durchaus nicht mechanisch erklärbar seien, die vielmehr nothwendig einer höheren, übernatürlichen, zweckmäßig thätigen Schöpferkraft ihren Ursprung verdanken müssen. Dabei war es ganz gleichgültig, ob man diese Schöpferkraft als persönlichen Gott anbetete, oder ob man sie Lebenskraft (vis vitalis) oder Endursache (causa finalis) nannte. In allen Fällen flüchtete man hier, um es mit einem Worte zu sagen, zum Wunder als der Erklärung. Man warf sich einer Glaubensdichtung in die Arme, welche als solche auf dem Gebiete naturwissenschaftlicher Erkenntniß durchaus keine Geltung haben kann.

Alles nun, was vor Darwin geschehen ist, um eine natürliche, mechanische Auffassung von der Entstehung der Thier- und Pflanzenformen zu begründen, vermochte diese nicht zum Durchbruch und zu allgemeiner Anerkennung zu bringen. Dies gelang erst Darwins Lehre, und hierin liegt ein unermeßliches Verdienst derselben. Denn es wird dadurch die Ansicht von der Einheit der organischen und der anorgischen Natur fest begründet. Auch derjenige Theil der Naturwissenschaft, welcher bisher am längsten und am hartnäckigsten sich einer mechanischen Auffassung und Erklärung widersetzte, die Lehre vom Bau der lebendigen Formen, von der Bedeutung und Entstehung derselben, wird dadurch mit allen übrigen naturwissenschaftlichen Lehren auf einen und denselben Weg der Vollendung geführt. Es wird die Einheit aller Naturerscheinungen dadurch endgültig festgestellt.

Diese Einheit der ganzen Natur, die Beseelung aller Materie, die Untrennbarkeit der geistigen Kraft und des körperlichen Stoffes hat Goethe mit den Worten behauptet: „die Materie kann nie ohne Geist, der Geist nie ohne Materie existiren und wirksam sein". Von den großen monistischen Philosophen aller Zeiten sind diese obersten Grundsätze der mechanischen Weltanschauung vertreten worden. Schon Demokritos von Abdera, der unsterbliche Begründer der Atomenlehre, sprach dieselben fast ein halbes Jahrtausend vor Christus klar aus, ganz vorzüglich aber der erhabene Spinoza und der große Dominikanermönch Giordano Bruno. Der letztere wurde dafür am 17. Februar 1600 in Rom von der christlichen Inquisition auf dem Scheiterhaufen verbrannt, an demselben Tage, an welchem 36 Jahre früher sein großer Landsmann und Kampfgenosse Galilei geboren wurde. Solche Männer, die für eine große Idee leben und sterben, pflegt man als „Materialisten" zu verketzern, ihre Gegner aber, deren Beweisgründe Tortur und Scheiterhaufen sind, als „Spiritualisten" zu preisen.

Durch die Descendenztheorie wird es nns zum erstenmal möglich, die monistische Lehre von der Einheit der Natur so zn begründen, daß eine mechanisch-causale Erklärung auch der verwickeltsten organischen Erscheinungen, z. B. der Entstehung und Einrichtung der Sinnesorgane, in der That nicht mehr Schwierigkeiten für das allgemeine Verständniß hat, als die mechanische Erklärung irgend welcher physikalischen Processe, wie z. B. der Erdbeben, der Richtungen des Windes oder der Strömungen des Meeres. Wir gelangen dadurch zu der äußerst wichtigen Ueberzeugung, daß alle Naturkörper, die wir kennen, gleichmäßig belebt sind, daß der Gegensatz, welchen man zwischen lebendiger und todter Körperwelt aufstellte, im Grunde nicht existirt. Wenn ein Stein, frei in die Luft geworfen, nach bestimmten Gesetzen zur Erde fällt, oder wenn in einer Salzlösung sich ein Krystall bildet, oder wenn Schwefel und Quecksilber sich zu Zinnober verbinden, so sind diese Erscheinungen nicht mehr und nicht minder mechanische Lebenserscheinungen, als das Wachsthum und das Blühen der Pflanzen, als die Fortpflanzung und die Sinnesthätigkeit der Thiere, als die Empfindung und die Gedankenbildung des Menschen. In dieser Herstellung der einheitlichen oder monistischen Naturauffassung liegt das höchste und allgemeinste Verdienst der von Darwin an die Spitze der heutigen Naturwissenschaft gestellten Entwickelungslehre.

Zweiter Vortrag.

Wissenschaftliche Berechtigung der Descendenztheorie. Schöpfungsgeschichte nach Linné.

Die Abstammungslehre oder Descendenztheorie als die einheitliche Erklärung der organischen Naturerscheinungen durch natürliche wirkende Ursachen. Vergleichung derselben mit Newtons Gravitationstheorie. Grenzen der wissenschaftlichen Erklärung und der menschlichen Erkenntniß überhaupt. Alle Erkenntniß ursprünglich durch sinnliche Erfahrung bedingt, aposteriori. Uebergang der aposteriorischen Erkenntnisse durch Vererbung in apriorische Erkenntnisse. Gegensatz der übernatürlichen Schöpfungsgeschichten von Linné, Cuvier, Agassiz, und der natürlichen Entwickelungstheorien von Lamarck, Goethe, Darwin. Zusammenhang der ersteren mit der monistischen (mechanischen), der letzteren mit der dualistischen (teleologischen) Weltanschauung. Monismus und Materialismus. Wissenschaftlicher und sittlicher Materialismus. Schöpfungsgeschichte des Moses. Linné als Begründer der systematischen Naturbeschreibung und Artunterscheidung. Linnés Classification und binäre Nomenclatur Bedeutung des Speciesbegriffs bei Linné. Seine Schöpfungsgeschichte. Linnés Ansicht von der Entstehung der Arten.

Meine Herren! Der Werth einer jeden naturwissenschaftlichen Theorie wird sowohl durch die Anzahl und das Gewicht der zu erklärenden Gegenstände gemessen, als auch durch die Einfachheit und Allgemeinheit der Ursachen, welche als Erklärungsgründe benutzt werden. Je größer einerseits die Anzahl, je wichtiger die Bedeutung der durch die Theorie zu erklärenden Erscheinungen ist, und je einfacher andrerseits, je allgemeiner die Ursachen sind, welche die Theorie zur Erklärung in Anspruch nimmt, desto höher ist ihr wissenschaftlicher

Werth, desto sicherer bedienen wir uns ihrer Leitung, desto mehr sind wir verpflichtet zu ihrer Annahme.

Denken Sie z. B. an diejenige Theorie, welche bisher als der größte Erwerb des menschlichen Geistes galt, an die Gravitationstheorie, welche der Engländer Newton vor 200 Jahren in seinen mathematischen Principien der Naturphilosophie begründete. Hier finden Sie das zu erklärende Object so groß genommen als Sie es nur denken können. Er unternahm es, die Bewegungserscheinungen der Planeten und den Bau des Weltgebäudes auf mathematische Gesetze zurückzuführen. Als die höchst einfache Ursache dieser verwickelten Bewegungserscheinungen begründete Newton das Gesetz der Schwere oder der Massenanziehung, dasselbe, welches die Ursache des Falles der Körper, der Adhäsion, der Cohäsion und vieler anderen Erscheinungen ist.

Wenn Sie nun den gleichen Maßstab an die Theorie Darwins anlegen, so müssen Sie zu dem Schluß kommen, daß diese ebenfalls zu den größten Eroberungen des menschlichen Geistes gehört, und daß sie sich unmittelbar neben die Gravitationstheorie Newtons stellen kann. Vielleicht erscheint Ihnen dieser Ausspruch übertrieben oder wenigstens sehr gewagt; ich hoffe Sie aber im Verlauf dieser Vorträge zu überzeugen, daß diese Schätzung nicht zu hoch gegriffen ist. In der vorigen Stunde wurden bereits einige der wichtigsten und allgemeinsten Erscheinungen aus der organischen Natur namhaft gemacht, welche durch Darwins Theorie erklärt werden. Dahin gehören vor Allen die Formveränderungen welche die individuelle Entwickelung der Organismen begleiten, äußerst mannichfaltige und verwickelte Erscheinungen, welche bisher einer mechanischen Erklärung, d. h. einer Zurückführung auf wirkende Ursachen die größten Schwierigkeiten in den Weg legten. Wir haben die rudimentären Organe erwähnt, jene außerordentlich merkwürdigen Einrichtungen in den Thier- und Pflanzenkörpern, welche keinen Zweck haben, welche jede teleologische, jede nach einem Endzweck des Organismus suchende Erklärung vollständig widerlegen. Es ließe sich noch eine große Anzahl von anderen Erscheinungen anführen die nichts minder wichtig sind, die bisher nicht minder räthselhaft erschienen, und die in der einfachsten Weise durch die von Darwin reformirte Abstammungslehre erklärt werden. Ich erwähne vorläufig noch die Erscheinungen, welche uns die geographische Verbreitung der Thier- und Pflanzenarten auf der Oberfläche unseres Planeten, sowie die geologische Vertheilung der ausgestorbenen und versteinerten Organismen in den verschiedenen Schichten der Erdrinde darbietet. Auch diese wichtigen paläontologischen und geographischen Gesetze, welche wir bisher nur als Thatsachen kannten, werden durch die Abstammungslehre in ihren wirkenden Ursachen erkannt. Dasselbe gilt ferner vou allen allgemeinen Gesetzen der vergleichenden Anatomie, insbesondere von dem großen Gesesetze der Arbeitstheilung oder Sonderung (Polymorphismus oder Differenzirung), einem Gesetze, welches ebenso in der ganzen menschlichen Gesellschaft, wie in der Organisation des einzelnen Thier- und Pflanzenkörpers die wichtigste gestaltende Ursache ist, diejenige Ursache, welche ebenso eine immer größere Mannichfaltigkeit, wie eine fortschreitende Entwickelung der organischen Formen bedingt. In gleicher Weise, wie dieses bisher nur als Thatsche erkannte Gesetz der Arbeitstheilung, wird auch das Gesetz der fortschreitenden Entwickelung oder das Gesetz des Fortschritts, welches wir ebenso in der Geschichte der Völker, wie in der Geschichte der Thiere und Pflanzen überall wirksam wahrnehmen, in seinem Ursprung durch die Abstammungslehre erklärt. Und wenn Sie endlich Ihre Blicke auf das große Ganze der organischen Natur richten, wenn Sie vergleichend alle einzelnen großen Erscheinungsgruppen dieses ungeheuren Lebensgebietes zusammenfassen, so stellt sich Ihnen dasselbe im Lichte der Abstammungslehre nicht mehr als das künstlich ausgedachte Werk eines planmäßig bauenden Schöpfers dar, sondern als die nothwendige Folge wirkender Ursachen, welche in der chemischen Zusammensetzung der Materie selbst und in ihren physikalischen Eigenschaften liegen.

Man kann also im weitesten Umfang behaupten, und ich werde diese Behauptung im Verlaufe meiner Vorträge rechtfertigen, daß die Abstammungslehre uns zum ersten Male in die Lage versetzt, die Gesammtheit aller organischen Naturerscheinungen auf ein einziges Gesetz zurückzuführen, eine einzige wirkende Ursache für das unendlich verwickelte Getriebe dieser ganzen reichen Erscheinungswelt aufzufinden. In dieser Beziehung stellt sie sich ebenbürtig Newtons Gravitationstheorie an die Seite; ja sie erhebt sich noch über dieselbe!

Aber auch die Erklärungsgründe sind hier nicht minder einfach, wie dort. Es sind nicht neue, bisher unbekannte Eigenschaften des Stoffes, welche Darwin zur Erklärung dieser höchst verwickelten Erscheinungswelt herbeizieht; es sind nicht etwa Entdeckungen neuer Verbindungsverhältnisse der Materie, oder neuer Organisationskräfte derselben; sondern es ist lediglich die außerordentlich geistvolle Verbindung, die synthetische Zusammenfassung und denkende Vergleichung einer Anzahl längst bekannter Thatsachen, durch welche Darwin das „heilige Räthsel" der lebendigen Formenwelt löst. Die erste Rolle spielt dabei die Erwägung der Wechselbeziehungen, welche zwischen zwei allgemeinen Lebensthätigkeiten der Organismen bestehen, den Functionen der Vererbung und der Anpassung. Lediglich durch Erwägung des Wechselverhältnisses zwischen diesen beiden Lebensthätigkeiten oder physiologischen Functionen der Organismen, sowie ferner durch Erwägung der gegenseitigen Beziehungen, welche alle an einem und demselben Ort zusammenlebenden Thiere und Pflanzen nothwendig zu einander besitzen — lediglich durch richtige Würdigung dieser einfachen Thatsachen, und durch die geschickte Verbindung derselben ist es Darwin möglich geworden, in denselbeu die wahren wirkenden Ursachen (causae efficientes) für die unendlich verwickelten Gestaltungen der organischen Natur zu finden.

Wir sind nun verpflichtet, diese Theorie auf jeden Fall anzunehmen und so lange zu behaupten, bis sich eine bessere findet, die es unternimmt, die gleiche Fülle von Thatsachen ebenso einfach zu erklären. Bisher entbehrten wir einer solchen Theorie vollständig. Zwar

war der Grundgedanke nicht neu, daß alle verschiedenen Thier- und Pflanzenformen von einigen wenigen oder sogar von einer einzigen höchst einfachen Grundform abstammen müssen. Dieser Gedanke war längst ausgesprochen und zuerst von dem großen Lamarck[2]) im Anfang unseres Jahrhunderts bestimmt formulirt worden. Allein Lamarck sprach doch eigentlich bloß die Hypothese der gemeinsamen Abstammung aus, ohne sie durch Erläuterung der wirkenden Ursachen zu begründen. Und gerade in dem Nachweis dieser Ursachen liegt der außerordentliche Fortschritt, welchen Darwin über Lamarcks Theorie hinaus gethan hat. Er fand in der physiologischen Vererbungs- und Anpassungs-Fähigkeit der organischen Materie die wahre Ursache jenes genealogischen Verhältnisses auf. Auch konnte der geistvolle Lamarck noch nicht über das kolossale Material biologischer Thatsachen gebieten, welches durch die emsigen zoologischen und botanischen Forschungen der letzten fünfzig Jahre angesammelt und von Darwin zu einem überwältigenden Beweis-Apparat verwerthet wurde.

Die Theorie Darwins ist also nicht, wie seine Gegner häufig behaupten, eine beliebige, aus der Luft gegriffene, bodenlose Hypothese. Es liegt nicht im Belieben der einzelnen Zoologen und Botaniker, ob sie dieselbe als erklärende Theorie annehmen wollen oder nicht. Vielmehr sind sie dazu gezwungen und verpflichtet nach dem allgemeinen, in den Naturwissenschaften überhaupt gültigen Grundsatze, daß wir zur Erkärung der Erscheinungen jede mit den wirklichen Thatsachen vereinbare, wenn auch nur schwach begründete Theorie so lange annehmen und beibehalten müssen, bis sie durch eine bessere ersetzt wird. Wenn wir dies nicht thun, so verzichten wir auf eine wissenschaftliche Erklärung der Erscheinungen, und das ist in der That der Standpunkt, den viele Biologen noch gegenwärtig einnehmen. Sie betrachten das ganze Gebiet der belebten Natur als ein vollkommenes Räthsel und halten die Entstehung der Thier- und Pflanzenarten, die Erscheinungen ihrer Entwickelung und Verwandtschaft für ganz unerklärlich, für ein Wunder; sie wollen von einem wahren Verständniß derselben überhaupt nichts wissen.

Diejenigen Gegner Darwins, welche nicht geradezu in dieser Weise auf eine biologische Erklärung verzichten wollen, pflegen freilich zu sagen: „Darwins Lehre von dem gemeinschaftlichen Ursprung der verschiedenartigen Organismen ist nur eine Hypothese; wir stellen ihr eine andere entgegen, die Hypothese, daß die einzelnen Thier- und Pflanzenarten nicht durch Abstammung sich auseinander entwickelt haben, sondern daß sie unabhängig von einander durch ein noch unentdecktes Naturgesetz entstanden sind." So lange aber nicht gezeigt wird, wie diese Entstehung zu denken ist, und was das für ein „Naturgesetz" ist, so lange nicht einmal wahrscheinliche Erklärungsgründe geltend gemacht werden können, welche für eine unabhängige Entstehung der Thier- und Pflanzenarten sprechen, so lange ist diese Gegenhypothese in der That keine Hypothese, sondern eine leere, nichtssagende Redensart. Auch verdient Darwins Theorie nicht den Namen einer Hypothese. Denn eine wissenschaftliche Hypothese ist eine Annahme, welche sich auf unbekannte, bisher noch nicht durch die sinnliche Erfahrung wahrgenommene Eigenschaften oder Bewegungserscheinungen der Naturkörper stützt. Darwins Lehre aber nimmt keine derartigen unbekannten Verhältnisse an; sie gründet sich auf längst anerkannte allgemeine Eigenschaften der Organismen, und es ist, wie bemerkt, die außerordentliche geistvolle, umfassende Verbindung einer Menge bisher vereinzelt dagestandener Erscheinungen, welche dieser Theorie ihren außerordentlich hohen inneren Werth giebt. Wir gelangen durch sie zum ersten Mal in die Lage, für die Gesammtheit aller uns bekannten morphologischen Erscheinungen in der Thier- und Pflanzenwelt eine bewirkende Ursache nachzuweisen; und zwar ist diese wahre Ursache immer ein und dieselbe, nämlich die Wechselwirkung der Anpassung und der Vererbung. Diese ist aber ein physiologisches Verhältniß, und als solches durch physikalisch-chemische oder mechanische Ursachen bedingt. Aus diesen Gründen ist die Annahme der durch Darwin mechanisch begründeten Abstammungslehre für die gesammte Zoologie und Botanik eine zwingende und unabweisbare Nothwendigkeit.

Da nach meiner Ansicht also die unermeßliche Bedeutung von Darwins Lehre darin liegt, daß sie die bisher nicht erklärten organischen Formerscheinungen mechanisch erklärt, so ist es wohl nothwendig, hier gleich noch ein Wort über den vieldeutigen Begriff der Erklärung einzuschalten. Häufig wird Darwins Theorie entgegengehalten, daß sie allerdings jene Erscheinungen durch die Vererbung und Anpassung vollkommen erkläre, daß dadurch aber nicht diese Eigenschaften der organischen Materie selbst erklärt werden, daß wir nicht zu den letzten Gründen gelangen. Dieser Einwurf ist ganz richtig; allein er gilt in dieser Weise von allen Erscheinungen. Wir gelangen nirgends zu einer Erkenntniß der letzten Gründe. Die Entstehung jedes einfachen Salzkrystalles, den wir beim Abdampfen einer Mutterlauge erhalten, ist uns im letzten Grunde nicht minder räthselhaft, und an sich nicht minder unbegreiflich, als die Entstehung jedes Thieres, daß sich aus einer einfachen Eizelle entwickelt. Bei Erklärung der einfachsten physikalischen oder chemischen Erscheinungen, z. B. des Falles eines Steins oder der Bildung einer chemischen Verbindung gelangen wir durch Auffindung der wirkenden Ursachen, z. B. der Schwerkraft oder der chemischen Verwandtschaft, zu anderen weiter zurückliegenden Erscheinungen, die an und für sich Räthsel sind. Das liegt in der Beschränktheit oder Relativität unseres Erkenntnißvermögens. Wir dürfen niemals vergessen, daß die menschliche Erkenntnißfähigkeit allerdings absolut beschränkt ist und nur eine relative Ausdehnung besitzt. Sie ist zunächst schon beschränkt durch die Beschaffenheit unserer Sinne und unseres Gehirns.

Ursprünglich stammt alle Erkenntniß aus der sinnlichen Wahrnehmung. Man führt wohl dieser gegenüber die angeborene, a priori gegebene Erkenntniß des Menschen an; indessen können wir mit Hülfe der Descendenztheorie nachweisen, daß die sogenannte apriorische Erkenntniß anfänglich a posteriori erworben, in ihren letzten Gründen durch Erfahrungen bedingt ist. Erkenntnisse, welche ursprünglich auf rein empirischen Wahrnehmungen beruhen, also rein sinnliche Erfahrungen sind, welche aber dann eine Reihe von Generationen hindurch vererbt werden, treten bei den jüngeren Generationen scheinbar als unabhängige, angeborene, apriorische auf. Von unseren uralten thierischen Voreltern sind alle sogenannten „Erkenntnisse a priori" ursprünglich a posteriori gefaßt worden und erst durch Vererbung allmählich zu apriorischen geworden. Sie beruhen in letzter Instanz auf Erfahrungen, und wir können durch die Gesetze der Vererbung und Anpassung bestimmt nachweisen, daß in der Art, wie es gewöhnlich geschieht, Erkenntnisse a priori den Erkenntnissen a posteriori nicht entgegen zu stellen sind. Vielmehr ist die sinnliche Erfahrung die ursprüngliche Quelle aller Erkenntnisse. Schon aus diesem Grunde bleibt alle unsere Wissenschaft beschränkt, und niemals vermögen wir die letzten Gründe irgend einer Erscheinung zu erfassen. Die Krystallisationskraft, die Schwerkraft und die chemische Verwandtschaft bleiben uns, an und für sich, eben so unbegreiflich, wie die Anpassung und die Vererbung, wie der Wille und das Bewußtsein.

Wenn uns nun die Theorie Darwins die Gesammtheit aller vorhin in einem kurzen Ueberblick zusammengefaßten Erscheinungen aus einem einzigen Gesichtspunkt erklärt, wenn sie eine und dieselbe Beschaffenheit des Organismus als die wirkende Ursache nachweist, so leistet sie vorläufig Alles, was wir verlangen können. Außerdem läßt sich aber auch mit gutem Grunde hoffen, daß wir die letzten Gründe, zu welchen Darwin gelangt, nämlich die Eigenschaften der Erblichkeit und der Anpassungsfähigkeit, noch weiter werden erklären lernen; daß wir z. B. dahin gelangen werden, die Molekularverhältnisse in der Znsammensetzung der Eiweißstoffe als die weiter zurückliegenden, einfachen Gründe jener Erscheinungen aufzudecken. Freilich ist in der nächsten Zukunft hierzu noch keine Aussicht, und wir begnügen uns vorläufig mit jener Zurückführung, wie wir nns in der Newton'schen Theorie mit der Znrückführung der Planetenbewegungen auf die Schwerkraft begnügen. Die Schwerkraft selbst ist uns ebenfalls ein Räthsel, an sich nicht erkennbar.

Bevor wir nun an unsere Hauptaufgabe, an die eingehende Erörterung der Abstammungslehre und der aus ihr sich ergebenden

Folgerungen herantreten, lassen Sie uns einen geschichtlichen Rückblick auf die wichtigsten und verbreitetsten von denjenigen Ansichten werfen, welche sich die Menschen vor Darwin über die organische Schöpfung, über die Entstehung der mannichfaltigen Thier= und Pflanzenarten gebildet hatten. Es liegt dabei keineswegs in meiner Absicht, Sie mit einem vergleichenden Ueberblick über alle die zahlreichen Schöpfungsdichtungen der verschiedenen Menschen=Arten, =Rassen und =Stämme zu unterhalten. So interessant uud lohnend diese Aufgabe, sowohl in ethnographischer als in culturhistorischer Beziehung, auch wäre, so würde uns dieselbe doch hier viel zu weit führen. Auch trägt die übergroße Mehrzahl aller dieser Schöpfungssagen zu sehr das Gepräge willkürlicher Dichtung und des Mangels eingehender Naturbetrachtung, als daß dieselben für eine naturwissenschaftliche Behandlung der Schöpfungsgeschichte von Interesse wären. Ich werde daher von den nicht wissenschaftlich begründeten Schöpfungsgeschichten blos die mosaische hervorheben, wegen des beispiellosen Einflusses, den diese morgenländische Sage in der abendländischen Culturwelt gewonnen hat. Dann werde ich sogleich zu den wissenschaftlich formulirten Schöpfungshypothesen übergehen, welche erst nach Beginn des verflossenen Jahrhunderts, mit Linné, ihren Anfang nahmen.

Alle verschiedenen Vorstellungen, welche sich die Menschen jemals von der Entstehung der verschiedenen Thier= und Pflanzenarten gemacht haben, lassen sich füglich in zwei entgegengesetzte Gruppen bringen, in natürliche und übernatürliche Schöpfungsgeschichten.

Diese beiden Gruppen entsprechen im Großen und Ganzen den beiden verschiedenen Hauptformen der menschlichen Weltanschauung, welche wir vorher als monistische (einheitliche) und dualistische (zwiespältige) Naturauffassung gegenüber gestellt haben. Die gewöhnliche dualistische oder teleologische (vitale) Weltanschauung muß die organische Natur als das zweckmäßig ausgeführte Product eines planvoll wirkenden Schöpfers ansehen. Sie muß in jeder einzelnen Thier= und Pflanzenart einen „verkörperten Schöpfungsgedanken" erblicken, den materiellen Ausdruck einer zweckmäßig thätigen Entursache oder einer zweckthätigen Ursache (causa finalis). Sie muß nothwendig übernatürliche (nicht mechanische) Vorgänge für die Entstehung der Organismen in Anspruch nehmen. Wir dürfen sie daher mit Recht als übernatürliche Schöpfungsgeschichte bezeichnen. Von allen hierher gehörigen teleologischen Schöpfungsgeschichten gewann diejenige des Moses den großten Einfluß, da sie durch so bedeutende Naturforscher, wie Linné, selbst in der Naturwissenschaft allgemeinen Eingang fand. Auch die Schöpfungsansichten von Cuvier und Agassiz, und überhaupt von der großen Mehrzahl der Naturforscher sowohl als der Laien gehören in diese dualistische Gruppe.

Die von Darwin ausgebildete Entwicklungstheorie dagegen, welche wir hier als natürliche Schöpfungsgeschichte zu behandeln haben, und welche bereits von Goethe und Lamarck aufgestellt wurde, muß bei folgerichtiger Durchführung schließlich nothwendig zu der monistischen oder mechanischen (causalen) Weltanschauung hinleiten. Im Gegensatze zu jener dualistischen oder teleologischen Naturauffassung betrachtet dieselbe die Formen der organischen Naturkörper, ebenso wie diejenigen der anorgischen, als die nothwendigen Producte natürlicher Kräfte. Sie erblickt in den einzelnen Thier- und Pflanzenarten nicht verkörperte Gedanken des persönlichen Schöpfers, sondern den zeitweiligen Ausdruck eines mechanischen Entwickelungsganges der Materie, den Ausdruck einer nothwendig wirkenden Ursache oder einer mechanischen Ursache (causa efficiens). Wo der teleologische Dualismus in den Schöpfungswundern die willkürlichen Einfälle eines launenhaften Schöpfers aufsucht, da findet der causale Monismus in den Entwickelungsprocessen die nothwendigen Wirkungen ewiger und unabänderlicher Naturgesetze.

Man hat diesen, hier von uns vertretenenen Monismus auch oft für identisch mit dem Materialismus erkärt. Da man demgemäß auch den Darwinismus und überhaupt die ganze Entwickelungstheorie als „materialistisch" bezeichnet hat, so kann ich nicht umhin, schon hier mich von vornherein gegen die Zweideutigkeit dieser Bezeichnung und gegen die Arglist, mit welcher dieselbe von mehreren Seiten zur Verketzerung unserer Lehre benutzt wird, ausdrücklich zu verwahren.

Unter dem Stichwort „Materialismus" werdeu sehr allgemein zwei gänzlich verschiedene Dinge mit einander verwechselt und vermengt, die im Grunde gar Nichts mit einander zu thun haben, nämlich der naturwissenschaftliche und der sittliche Materialismus. Der naturwissenschaftliche Materialismus ist in gewissem Sinne mit unserem Monismus identisch. Denn er behauptet im Grunde weiter nichts, als daß Alles in der Welt mit natürlichen Dingen zugeht, daß jede Wirkung ihre Ursache und jede Ursache ihre Wirkung hat. Er stellt also über die Gesammtheit aller uns erkennbaren Erscheinungen das Causal-Gesetz, oder das Gesetz von dem nothwendigen Zusammenhang von Ursache und Wirkung. Dagegen verwirft er entschieden jeden Wunderglauben und jede wie immer geartete Vorstellung von übernatürlichen Vorgängen. Für ihn giebt es daher eigentlich in dem ganzen Gebiete menschlicher Erkenntniß nirgends mehr eine wahre Metaphysik, sondern überall nur Physik. Für ihn ist der unzertrennliche Zusammenhang von Stoff, Form und Kraft selbstverständlich. Dieser wissenschaftliche Materialismus ist auf dem ganzen großen Gebiete der anorgischen Naturwissenschaft, in der Physik und Chemie, in der Mineralogie und Geologie, längst so allgemein anerkannt, daß kein Mensch mehr über seine alleinige Berechtigung im Zweifel ist. Ganz anders verhält es sich jedoch in der Biologie, in der organischen Naturwissenschaft, wo man die Geltung desselben noch fortwährend von vielen Seiten her bestreitet, ihm aber nichts Anderes, als das metaphysische Gespenst der Lebenskraft, oder gar nur theologische Dogmen, entgegenhalten kann. Wenn wir nun aber den Beweis führen können, daß die ganze erkennbare Natur nur Eine ist, daß dieselben „ewigen, ehernen, großen Gesetze" in dem Leben der Thiere und Pflanzen, wie in dem

Wachsthum der Krystalle und in der Triebkraft des Wasserdampfes thätig sind, so werden wir auch auf dem gesammten Gebiete der Biologie, in der Zoologie wie in der Botanik, überall mit demselben Rechte den monistischen oder mechanischen Standpunkt festhalten, mag man denselben nun als „Materialismus" verdächtigen oder nicht. In diesem Sinne ist die ganze exacte Naturwissenschaft, und an ihrer Spitze das Causalgesetz, rein „materialistisch". Man könnte sie aber mit demselben Rechte auch rein „spiritualistisch" nennen, wenn man nur consequent die einheitliche Betrachtung für alle Erscheinungen ohne Ausnahme durchführt. Denn eben durch diese consequente Einheit gestaltet sich unser heutiger Monismus zur Versöhnung von Idealismus und Realismus, zur Ausgleichung des einseitigen Spiritualismus und Materialismus.

Ganz etwas Anderes als dieser naturwissenschaftliche ist der sittliche oder ethische Materialismus, der mit dem ersteren gar Nichts gemein hat. Dieser „eigentliche" Materialismus verfolgt in seiner practischen Lebensrichtung kein anderes Ziel, als den möglichst raffinirten Sinnengenuß. Er schwelgt in dem traurigen Wahne, daß der rein sinnliche Genuß dem Menschen wahre Befriedigung geben könne, und indem er diese in keiner Form der Sinnenlust finden kann, stürzt er sich schmachtend von einer zur andern. Die tiefe Wahrheit, daß der eigentliche Werth des Lebens nicht im materiellen Genuß, sondern in der sittlichen That, und daß die wahre Glückseligkeit nicht in äußeren Glücksgütern, sondern nur in tugendhaftem Lebenswandel beruht, ist jenem ethischen Materialismus unbekannt. Daher sucht man denselben auch vergebens bei solchen Naturforschern und Philosophen, deren höchster Genuß der geistige Naturgenuß und deren höchstes Ziel die Erkenntniß der Naturgesetze ist. Diesen Materialismus muß man in den Palästen der Kirchenfürsten und bei allen jenen Heuchlern suchen, welche unter der äußeren Maske frommer Gottesverehrung lediglich hierarchische Tyrannei und materielle Ausbeutung ihrer Mitmenschen erstreben. Stumpf für den unendlichen Adel der sogenannten „rohen Materie" und der aus ihr entspringenden herrlichen Erscheinungswelt, unempfindlich für die unerschöpflichen Reize der Natur, wie ohne Kenntniß von ihren Gesetzen, verketzern dieselben die ganze Naturwissenschaft und die aus ihr entspringende Bildung als sündlichen Materialismus, während sie selbst dem letzteren in der widerlichsten Gestalt fröhnen. Nicht allein die ganze Geschichte der „unfehlbaren" Päpste mit ihrer endlosen Kette von gräulichen Verbrechen, sondern auch die widerwärtige Sittengeschichte der Orthodoxie in allen Religionsformen liefert Ihnen hierfür genügende Beweise.

Um nun in Zukunft die übliche Verwechselung dieses ganz verwerflichen sittlichen Materialismus mit unserem naturphilosophischen Materialismus zu vermeiden, und um überhaupt das einseitige Mißverständniß des letzteren zu beseitigen, halten wir es für nöthig, denselben entweder Monismus oder Causalismus zu nennen. Das Princip dieses **Monismus** ist dasselbe, was **Kant** das „Princip des **Mechanismus**" nennt; und **Kant** erklärt ausdrücklich, daß es **ohne dasselbe überhaupt keine Naturwissenschaft** geben könne. Dieses Princip ist von unserer „natürlichen Schöpfungsgeschichte" ganz untrennbar, und kennzeichnet dieselbe gegenüber dem teleologischen Wunderglauben der übernatürlichen Schöpfungsgeschichte.

Lassen Sie uns nun zunächst einen Blick auf die wichtigste von allen übernatürlichen Schöpfungsgeschichten werfen, diejenige des **Moses**, wie sie uns durch die alte Geschichts- und Gesetzesurkunde des jüdischen Volkes, durch die Bibel, überliefert worden ist. Bekanntlich ist die mosaische Schöpfungsgeschichte, wie sie im ersten Capitel der Genesis den Eingang zum alten Testament bildet, in der ganzen jüdischen und christlichen Culturwelt bis auf den heutigen Tag in allgemeiner Geltung geblieben. Dieser außerordentliche Erfolg erklärt sich nicht allein aus der engen Verbindung derselben mit den jüdischen und christlichen Glaubenslehren, sondern auch aus dem einfachen und natürlichen Ideengang, welcher dieselbe durchzieht, und welcher vortheilhaft gegen die bunte Schöpfungsmythologie der meisten anderen Völker des Alterthums absticht. Zuerst schafft Gott der Herr die Erde als anorgischen Weltkörper. Dann scheidet er Licht und

Finsterniß, darauf Wasser und Festland. Nun erst ist die Erde für Organismen bewohnbar geworden und es werden zunächst die Pflanzen, später erst die Thiere erschaffen, und zwar von den letzteren zuerst die Bewohner des Wassers und der Luft, später erst die Bewohner des Festlandes. Endlich zuletzt von allen Organismen schafft Gott den Menschen, sich selbst zum Ebenbilde und zum Beherrscher der Erde.

Zwei große und wichtige Grundgedanken der natürlichen Entwickelungslehre treten uns in dieser Schöpfungshypothese des Moses mit überraschender Klarheit und Einfachheit entgegen, der Gedanke der Sonderung oder Differenzirung, und der Gedanke der fortschreitenden Entwickelung oder Vervollkommnung. Obwohl Moses diese großen Gesetze der organischen Entwickelung, die wir später als nothwendige Folgerungen der Abstammungslehre nachweisen werden, als die unmittelbare Bildungsthätigkeit eines gestaltenden Schöpfers ansieht, liegt doch darin der erhabenere Gedanke einer fortschreitenden Entwickelung und Differenzirung der ursprünglich einfachen Materie verborgen. Wir können daher dem großartigen Naturverständniß des jüdischen Gesetzgebers und der einfach natürlichen Fassung seiner Schöpfungshypothese unsere gerechte und aufrichtige Bewunderung zollen, ohne darin eine sogenannte „göttliche Offenbarung" zu erblicken. Daß sie dies nicht sein kann, geht einfach schon daraus hervor, daß darin zwei große Grundirrthümer behauptet werden, nämlich erstens der geocentrische Irrthum, daß die Erde der feste Mittelpunkt der ganzen Welt sei, um welchen sich Sonne, Mond und Sterne bewegen; und zweitens der anthropocentrische Irrthum, daß der Mensch das vorbedachte Endziel der irdischen Schöpfung sei, für dessen Dienst die ganze übrige Natur nur geschaffen sei. Der erstere Irrthum wurde durch Copernicus' Weltsystem im Beginn des sechszehnten, der letztere durch Lamarcks Abstammungslehre im Beginn des neunzehnten Jahrhunderts vernichtet.

Trotzdem durch Copernicus bereits der geocentrische Irrthum der mosaischen Schöpfungsgeschichte nachgewiesen und damit die Autorität derselben als einer absolut vollkommenen göttlichen Offenbarung aufgehoben wurde, erhielt sich dieselbe dennoch bis auf den heutigen Tag in solchem Ansehen, daß sie in weiten Kreisen das Haupthinderniß für die Annahme einer natürlichen Entwickelungstheorie bildet. Bekanntlich haben selbst viele Naturforscher noch in unserem Jahrhundert versucht, dieselbe mit den Ergebnissen der neueren Naturwissenschaft, insbesondere der Geologie, in Einklang zu bringen, und z. B. die sieben Schöpfungstage des Moses als sieben große geologische Perioden gedeutet. Indessen sind alle diese künstlichen Deutungsversuche so vollkommen verfehlt, daß sie hier keiner Widerlegung bedürfen. Die Bibel ist kein naturwissenschaftliches Werk, sondern eine Geschichts-, Gesetzes- und Religionsurkunde des jüdischen Volkes, deren hoher culturgeschichtlicher Werth dadurch nicht geschmälert wird. daß sie in allen naturwissenschaftlichen Fragen ohne jede maßgebende Bedeutung und voll von groben Irrthümern ist.

Wir können nun einen großen Sprung von mehr als drei Jahrtausenden machen, von Moses, welcher ungefähr um das Jahr 1480 vor Christus starb, bis auf Linné, welcher 1707 nach Christus geboren wurde. Während dieses ganzen Zeitraums wurde keine Schöpfungsgeschichte aufgestellt, welche eine bleibende Bedeutung gewann, oder deren nähere Betrachtung an diesem Orte von Interesse wäre. Insbesondere während der letzten 1500 Jahre, als das Christenthum die Weltherrschaft gewann, blieb die mit dessen Glaubenslehren verknüpfte mosaische Schöpfungsgeschichte so allgemein herrschend, daß erst das neunzehnte Jahrhundert sich entschieden dagegen aufzulehnen wagte. Selbst der große schwedische Naturforscher Linné, der Begründer der neueren Naturgeschichte, schloß sich in seinem Natursystem auf das Engste an die Schöpfungsgeschichte des Moses an.

Der außerordentliche Fortschritt, welchen Karl Linné in den sogenannten beschreibenden Naturwissenschaften that, besteht bekanntlich in der Aufstellung eines Systems der Thier- und Pflanzenarten, welches er in so folgerichtiger und logisch vollendeter Form durchführte, daß es bis auf den heutigen Tag in vielen Beziehungen die Richtschnur für alle folgenden, mit den Formen der Thiere und Pflanzen sich beschäftigenden Naturforscher geblieben ist. Obgleich das System Linné's ein künstliches war, obgleich er für die Classification der Thier- und Pflanzenarten nur einzelne Theile als Eintheilungsgrundlagen hervorsuchte und anwendete, hat dennoch dieses System sich den größten Erfolg errungen; erstens durch seine consequente Durchführung, und zweitens durch seine ungemein wichtig gewordene Benennungsweise der Naturkörper, auf welche wir hier nothwendig sogleich einen Blick werfen müssen. Nachdem man nämlich vor Linné sich vergeblich abgemüht hatte, in das unendliche Chaos der schon damals bekannten verschiedenen Thier- und Pflanzenformen durch irgend eine passende Namengebung und Zusammenstellung Licht zu bringen, gelang es Linné durch Aufstellung der sogenannten „binären Nomenclatur" mit einem glücklichen Griff diese wichtige und schwierige Aufgabe zu lösen. Die binäre Nomenclatur oder die zweifache Benennung wie sie Linné zuerst aufstellte, wird noch heutigen Tages ganz allgemein von allen Zoologen und Botanikern angewendet und wird sich unzweifelhaft sehr lange noch in gleicher Geltung erhalten. Sie besteht darin, daß jede Thier- und Pflanzenart mit zwei Namen bezeichnet wird, welche sich ähnlich verhalten, wie Tauf- und Familiennamen der menschlichen Individuen. Der besondere Name, welcher dem menschlichen Taufnamen entspricht, und welcher den Begriff der Art (Species) ausdrückt, dient zur gemeinschaftlichen Bezeichnung aller thierischen oder pflanzlichen Einzelwesen, welche in allen wesentlichen Formeigenschaften sich gleich sind, und sich nur durch ganz untergeordnete Merkmale unterscheiden. Der allgemeinere Name dagegen, welcher dem menschlichen Familiennamen entspricht, und welcher den Begriff der Gattung (Genus) ausdrückt, dient zur gemeinschaftlichen Bezeichnung aller nächst ähnlichen Arten oder Species. Der allgemeinere, umfassende Genusname wird nach Linné's allgemein gültiger Benennungsweise vorangesetzt; der besondere, untergeordnete Speciesname folgt ihm nach. So z. B. heißt die Hauskatze Felis domestica, die wilde Katze Felis catus, der Panther Felis pardus, der Jaguar Felis onca, der Tiger Felis tigris, der Löwe Felis leo;

alle sechs Raubthierarten sind verschiedene Species eines und desselben Genus: Felis. Oder, um ein Beispiel aus der Pflanzenwelt hinzuzufügen, so heißt nach Linné's Benennung die Fichte Pinus abies, die Tanne Pinus picea, die Lärche Pinus larix, die Pinie Pinus pinea, die Zirbelkiefer Pinus cembra, die Ceder Pinus cedrus, die gewöhnliche Kiefer Pinus silvestris; alle sieben Nadelholzarten sind verschiedene Species eines und desselben Genus: Pinus.

Vielleicht scheint Ihnen dieser von Linné herbeigeführte Fortschritt in der practischen Unterscheidung und Benennung der vielgestaltigen Organismen nur von untergeordneter Wichtigkeit zu sein. Allein in Wirklichkeit war er von der allergrößten Bedeutung, und zwar sowohl in practischer als in theoretischer Beziehung. Denn es wurde nun erst möglich, die Unmasse der verschiedenartigen organischen Formen nach dem größeren oder geringeren Grade ihrer Aehnlichkeit zusammenzustellen und übersichtlich in dem Fachwerk des Systems zu ordnen. Die Registratur dieses Fachwerks machte Linné dadurch noch übersichtlicher, daß er die nächstähnlichen Gattungen (Genera) in sogenannte Ordnungen (Ordines) zusammenstellte, und daß er die nächstähnlichen Ordnungen in noch umfassenderen Hauptabtheilungen, den Classen (Classes) vereinigte. Es zerfiel also zunächst jedes der beiden organischen Reiche nach Linné in eine geringe Anzahl von Classen; das Pflanzenreich in 24 Classen, das Thierreich in 6 Classen. Jede Classe enthielt wieder mehrere Ordnungen. Jede einzelne Ordnung konnte eine Mehrzahl von Gattungen und jede einzelne Gattung wiederum mehrere Arten enthalten.

Nicht minder bedeutend aber, als der unschätzbare practische Nutzen, welchen Linné's binäre Nomenclatur sofort für eine übersichtliche systematische Unterscheidung, Benennung, Anordnung und Eintheilung der organischen Formenwelt hatte, war der unberechenbare theoretische Einfluß, welchen dieselbe alsbald auf die gesammte allgemeine Beurtheilung der organischen Formen, und ganz besonders auf die Schöpfungsgeschichte gewann. Noch heute drehen sich alle die wichtigen Grundfragen, welche wir vorher kurz erörterten, zuletzt um die Entscheidung der scheinbar sehr abgelegenen und unwichtigen Vorfrage, was denn eigentlich die Art oder Species ist? Noch heute kann der Begriff der organischen Species als der Angelpunkt der ganzen Schöpfungsfrage bezeichnet werden, als der streitige Mittelpunkt, um dessen verschiedene Auffassnng sich alle Darwinisten und Antidarwinisten herumschlagen.

Nach der Meinung Darwins und seiner Anhänger sind die verschiedenen Species einer ünd derselben Gattung von Thieren und Pflanzen weiter nichts, als verschiedenartig entwickelte Abkömmlinge einer und derselben ursprünglichen Stammform. Die verschiedenen vorhin genannten Nadelholzarten würden demnach von einer einzigen ursprünglichen Pinusform abstammen. Ebenso würden alle oben angeführten Katzenarten aus einer einzigen gemeinsamen Felisform ihren Ursprung ableiten, dem Stammvater der ganzen Gattung. Weiterhin müßten dann aber, der Abstammungslehre entsprechend, auch alle verschiedenen Gattungen einer und derselben Ordnung von einer einzigen gemeinschaftlichen Urform abstammen, und ebenso endlich alle Ordnungen einer Classe von einer einzigen Stammform.

Nach der entgegengesetzten Vorstellung der Gegner Darwins sind dagegen alle Thier- und Pflanzenspecies ganz unabhängig von einander, und nur die Einzelwesen oder Individuen einer jeden Species stammen von einer einzigen gemeinsamen Stammform ab. Fragen wir sie nun aber, wie sie sich denn diese ursprünglichen Stammformen der einzelnen Arten entstanden denken, so antworten sie uns mit einem Sprung in das Unbegreifliche: „Diese sind als solche geschaffen worden".

Linné selbst bestimmte den Begriff der Species bereits in dieser Weise, indem er sagte: „Es giebt soviel verschiedene Arten, als im Anfang verschiedene Formen von dem unendlichen Wesen erschaffen worden sind". („Species tot sunt diversae, quot diversas formas ab initio creavit infinitum ens".) Er schloß sich also in dieser Beziehung aufs Engste an die mosaische Schöpfungsgeschichte an, welche ja ebenfalls die Pflanzen und Thiere „ein jegliches nach seiner

Art" erschaffen werden läßt. Näher hierauf eingehend, meinte Linné, daß ursprünglich von jeder Thier- und Pflanzenart entweder ein einzelnes Individuum oder ein Pärchen geschaffen worden sei; und zwar ein Pärchen, oder wie Moses sagt: „ein Männlein und ein Fräulein" von jenen Arten, welche getrennte Geschlechter haben; für jene Arten dagegen, bei welchen jedes Individuum beiderlei Geschlechtsorgane in sich vereinigt (Hermaphroditen oder Zwitter) wie z. B. die Regenwürmer, die Blutegel, die Garten- und Weinbergsschnecken, sowie die große Mehrzahl der Gewächse, meinte Linné, es sei hinreichend, wenn ein einzelnes Individuum erschaffen worden sei. Linné schloß sich weiterhin an die mosaische Legende auch in Betreff der Sündfluth an, indem er annahm, daß bei dieser großen allgemeinen Ueberschwemmung alle vorhandenen Organismen ertränkt worden seien, bis auf jene wenigen Individuen von jeder Art (sieben Paar von den Vögeln und von dem reinen Vieh, ein Paar von dem unreinen Vieh), welche in der Arche Noah gerettet und nach beendigter Sündfluth auf dem Ararat an das Land gesetzt wurden. Die geographische Schwierigkeit des Zusammenlebens der verschiedensten Thiere und Pflanzen suchte er sich dadurch zu erklären: der Ararat in Armenien, in einem warmen Klima gelegen und bis über 16,000 Fuß Höhe aufsteigend, vereinigt in sich die Bedingungen für den zeitweiligen gemeinsamen Aufenthalt auch solcher Thiere, die in verschiedenen Zonen leben. Es konnten zunächst also die an das Polarklima gewöhnten Thiere auf den kalten Gebirgsrücken hinaufklettern, die an das warme Klima gewöhnten an den Fuß hinabgehen, und die Bewohner der gemäßigten Zone in der Mitte der Berghöhe sich aufhalten. Von hier aus war die Möglichkeit gegeben, sich über die Erde nach Norden und Süden zu verbreiten.

Es ist wohl kaum nöthig, zu bemerken, daß diese Schöpfungshypothese Linné's, welche sich offenbar möglichst eng an den herrschenden Bibelglauben anzuschließen sucht, keiner ernstlichen Widerlegung bedarf. Wenn man die sonstige Klarheit des scharfsinnigen Linné erwägt, darf man vielleicht zweifeln, daß er selbst daran glaubte. Was die gleichzeitige Abstammung aller Individuen einer jeden Species von je einem Elternpaare (oder bei den hermaphroditischen Arten von je einem Stammzwitter) betrifft, so ist sie offenbar ganz unhaltbar; denn abgesehen von anderen Gründen, würden schon in den ersten Tagen nach geschehener Schöpfung die wenigen Raubthiere ausgereicht haben, sämmtlichen Pflanzenfressern den Garaus zu machen, wie die pflanzenfressenden Thiere die wenigen Individuen der verschiedenen Pflanzenarten hätten zerstören müssen. Ein solches Gleichgewicht in der Oeconomie der Natur, wie es gegenwärtig existirt, konnte unmöglich stattfinden, wenn von jeder Art nur ein Individuum oder nur ein Paar ursprünglich und gleichzeitig geschaffen wurde.

Wie wenig übrigens Linné auf diese unhaltbare Schöpfungshypothese Gewicht legte, geht unter Anderem daraus hervor, daß er die Bastarderzeugung (Hybridismus) als eine Quelle der Entstehung neuer Arten anerkannte. Er nahm an, daß eine große Anzahl von selbstständigen neuen Species auf diesem Wege, durch geschlechtliche Vermischung zweier verschiedener Spiecies, entstanden sei. In der That kommen solche Bastarde (Hybridae) durchaus nicht selten in der Natur vor, und es ist jetzt erwiesen, daß eine große Anzahl von Arten z. B. aus den Gattungen der Brombeere (Rubus), des Wollkrauts (Verbascum), der Weide (Salix), der Distel (Cirsium) Bastarde von verschiedenen Arten dieser Gattungen sind. Ebenso kennen wir Bastarde von Hasen und Kaninchen (zwei Species der Gattung Lepus), ferner Bastarde verschiedener Arten der Hundegattung (Canis), der Hirschgattung (Cervus) u. s. w., welche als selbständige Arten sich fortzupflanzen im Stande sind. Ja, wir sind sogar aus vielen wichtigen Gründen zu der Annahme berechtigt, daß die Bastardzeugung eine sehr ergiebige Quelle für die Entstehung neuer Arten bildet; und diese Quelle ist ganz unabhängig von der natürlichen Züchtung, durch welche nach Darwins Ansicht die meisten Species entstanden sind. Wahrscheinlich sind sehr zahlreiche Thier- und Pflanzen-Formen, die wir heute als sogenannte „gute Arten“ in unseren systematischen Registern aufführen, weiter

Nichts, als fruchtbare Bastarde, welche ganz zufällig durch die gelegentliche Vermischung der Geschlechtsproducte von zwei verschiedenen Arten entstanden sind. Namentlich ist diese Annahme für die Wasserthiere und Wasserpflanzen gerechtfertigt. Wenn man bedenkt, welche Massen von verschiedenartigen Samenzellen und Eizellen hier im Wasser beständig zusammentreffen, so erscheint dadurch der Bastardzeugung der weiteste Spielraum geöffnet.

Es ist gewiß sehr bemerkenswerth, daß Linné bereits die physiologische (also mechanische) Entstehung von neuen Species auf diesem Wege der Bastardzeugung behauptete. Offenbar steht dieselbe in unvereinbarem Gegensatze zu der übernatürlichen Entstehung der anderen Species durch Schöpfung, welche er der mosaischen Schöpfungsgeschichte gemäß annahm. Die eine Abtheilung der Species würde demnach durch dualistische (teleologische) Schöpfung, die andere durch monistische (mechanische) Entwickelung entstanden sein.

Das große und wohlverdiente Ansehen, welches sich Linné durch seine systematische Classificatiou und durch seine übrigen Verdienste um die Biologie erworben hatte, war offenbar die Ursache, daß auch seine Schöpfungsansichten das ganze vorige Jahrhundert hindurch unangefochten in voller und ganz allgemeiner Geltung blieben. Wenn nicht die ganze systematische Zoologie und Botanik die von Linné eingeführte Unterscheidung, Classification und Benennung der Arten und den damit verbundenen dogmatischen Speciesbegriff mehr oder minder unverändert beibehalten hätte, würde man nicht begreifen, daß seine Vorstellung von einer selbstständigen Schöpfung der einzelnen Species selbst bis auf den heutigen Tag ihre Herrschaft behaupten konnte. Denn je mehr sich unsere Kenntnisse vom Bau und von der Entwickelung der Organismen erweiterten, desto unhaltbarer mußte jene Vorstellung erscheinen. Nur durch die große Autorität Linné's und durch seine Anlehnung an den herrschenden Bibelglauben war die Erhaltung seiner Schöpfungshypothese bis auf unsere Zeit möglich.

Dritter Vortrag.

Schöpfungsgeschichte nach Cuvier und Agassiz.

Allgemeine theoretische Bedeutung des Speciesbegriffs Unterschied in der theoretischen und practischen Bestimmung des Artbegriffs. Cuviers Definition der Species. Cuviers Verdienste als Begründer der vergleichenden Anatomie. Unterscheidung der vier Hauptformen (Typen oder Zweige) des Thierreichs durch Cuvier und Baer. Cuviers Verdienste um die Paläontologie. Seine Hypothese von den Revolutionen des Erdballs und den durch dieselben getrennten Schöpfungsperioden. Unbekannte, übernatürliche Ursachen dieser Revolutionen und der darauf folgenden Neuschöpfungen. Teleologisches Natursystem von Agassiz. Seine Vorstellungen vom Schöpfungsplane und dessen sechs Kategorien (Gruppenstufen des Systems). Agassiz' Ansichten von der Erschaffung der Species. Grobe Vermenschlichung (Anthropomorphismus) des Schöpfers in der Schöpfungshypothese von Agassiz. Innere Unhaltbarkeit derselben und Widersprüche mit den von Agassiz entdeckten wichtigen paläontologischen Gesetzen.

Meine Herren! Der entscheidende Schwerpunkt in dem Meinungskampfe, der von den Naturforschern über die Entstehung der Organismen, über ihre Schöpfung oder Entwickelung geführt wird, liegt in den Vorstellungen, welche man sich von dem Wesen der Art oder Species macht. Entweder hält man mit Linné die verschiedenen Arten für selbstständige, von einander unabhängige Schöpfungsformen, oder man nimmt mit Darwin deren Blutsverwandtschaft an. Wenn man Linné's Ansicht theilt (welche wir in dem letzten Vortrag auseinandersetzten), daß die verschiedenen organischen Species unabhängig von einander entstanden sind, daß sie keine Blutsverwandtschaft haben, so ist man zu der Annahme gezwungen, daß dieselben selbstständig erschaffen sind; man muß entweder für jedes einzelne organische Individuum einen besonderen Schöpfungsact annehmen (wozu sich wohl kein Naturforscher entschließen wird), oder man muß alle Individuen einer jeden Art von einem einzigen Individuum oder von einem einzigen Stammpaare ableiten, welches nicht auf natürlichem Wege entstanden, sondern durch den Machtspruch eines Schöpfers in das Dasein gerufen ist. Damit verläßt man aber das sichere Gebiet vernunftgemäßer Natur-Erkenntniß und flüchtet sich in das mythologische Reich des Wunderglaubens.

Wenn man dagegen mit Darwin die Formenähnlichkeit der verschiedenen Arten auf wirkliche Blutsverwandtschaft bezieht, so muß man alle verschiedenen Species der Thier- und Pflanzenwelt als veränderte Nachkommen einer einzigen oder einiger wenigen, höchst einfachen, ursprünglichen Stammformen betrachten. Durch diese Anschauung gewinnt das natürliche System der Organismen (die baumartig verzweigte Anordnung und Eintheilung derselben in Classen, Ordnungen, Familien, Gattungen und Arten) die Bedeutung eines wirklichen Stammbaums, dessen Wurzel durch jene uralten längst verschwundenen Stammformen gebildet wird. Eine wirklich naturgemäße und folgerichtige Betrachtung der Organismen kann aber auch für diese einfachsten ursprünglichen Stammformen keinen übernatürlichen Schöpfungsact annehmen, sondern nur eine Entstehung durch Urzeugung (Archigonie oder Generatio spontanea). Durch Darwins Ansicht von dem Wesen der Species gelangen wir daher zu einer natürlichen Entwickelungstheorie, durch Linné's Auffassung des Artbegriffs dagegen zu einem übernatürlichen Schöpfungsdogma.

Die meisten Naturforscher nach Linné, dessen große Verdienste um die unterscheidende und beschreibende Naturwissenschaft ihm das höchste Ansehen gewannen, traten in seine Fußtapfen, und ohne weiter über die Entstehung der Organismen nachzudenken, nahmen sie in dem Sinne Linné's eine selbstständige Schöpfung der einzelnen

Arten an, in Uebereinstimmung mit dem mosaischen Schöpfungsbericht. Die Grundlage ihrer Speciesauffassung bildete Linné's Ausspruch: „Es giebt so viele Arten, als ursprünglich verschiedene Formen erschaffen worden sind." Jedoch müssen wir hier, ohne näher auf die Begriffsbestimmung der Species einzugehen, sogleich bemerken, daß alle Zoologen und Botaniker in der systematischen Praxis, bei der practischen Unterscheidung und Benennung der Thier- und Pflanzenarten, sich nicht im Geringsten um jene angenommene Schöpfung ihrer elterlichen Stammformen kümmerten, und auch wirklich nicht kümmern konnten. In dieser Beziehung macht einer unserer ersten Zoologen, der geistvolle Fritz Müller, folgende treffende Bemerkung: „Wie es in christlichen Landen eine Katechismus-Moral giebt, die Jeder im Munde führt, Niemand zu befolgen sich verpflichtet hält, oder von anderen befolgt zu sehen erwartet, so hat auch die Zoologie ihre Dogmen, die man eben so allgemein bekennt; als in der Praxis verläugnet." („Für Darwin", S. 71)[16]). Ein solches vernunftwidriges, aber gerade darum mächtiges Dogma, und zwar das mächtigste von allen, ist das angebetete Linné'sche Species-Dogma. Obwohl die allermeisten Naturforscher demselben blindlings sich unterwarfen, waren sie doch natürlich niemals in der Lage, die Abstammung aller zu einer Art gehörigen Individuen von jener gemeinsamen, ursprünglich erschaffenen Stammform der Art nachweisen zu können. Vielmehr bedienten sich sowohl die Zoologen als die Botaniker in ihrer systematischen Praxis ausschließlich der Formähnlichkeit, um die verschiedenen Arten zu unterscheiden und zu benennen. Sie stellten in eine Art oder Species alle organischen Einzelwesen, die einander in der Formbildung sehr ähnlich oder fast gleich waren, und die sich nur durch sehr unbedeutende Formenunterschiede von einander trennen ließen. Dagegen betrachteten sie als verschiedene Arten diejenigen Individuen, welche wesentlichere oder auffallendere Unterschiede in ihrer Körpergestaltung darboten. Natürlich war aber damit der größten Willkür in der systematischen Artunterscheidung Thür und Thor geöffnet. Denn da niemals alle Individuen einer

Species in allen Stücken völlig gleich sind, vielmehr jede Art mehr oder weniger abändert (variirt), so vermochte Niemand zu sagen, welcher Grad der Abänderung eine wirklich „gute Art", welcher Grad bloß eine Spielart oder Rasse (Varietät) bezeichne.

Nothwendig mußte diese dogmatische Auffassung des Speciesbegriffes und die damit verbundene Willkür zu den unlösbarsten Widersprüchen und zu den unhaltbarsten Annahmen führen. Dies zeigt sich deutlich schon bei demjenigen Naturforscher, welcher nächst Linné den größten Einfluß auf die Ausbildung der Thierkunde gewann, bei dem berühmten George Cuvier (geb. 1769). Er schloß sich in seiner Auffassung und Bestimmung des Speciesbegriffs im Ganzen an Linné an, und theilte seine Vorstellung von einer unabhängigen Erschaffung der einzelnen Arten. Die Unveränderlichkeit derselben hielt Cuvier für so wichtig, daß er sich bis zu dem thörichten Ausspruche verstieg: „die Beständigkeit der Species ist eine nothwendige Bedingung für die Existenz der wissenschaftlichen Naturgeschichte." Da Linné's Definition der Species ihm nicht genügte, machte er den Versuch, eine genauere und für die systematische Praxis mehr verwerthbare Begriffsbestimmung derselben zu geben, und zwar in folgender Definition: „Zu einer Art gehören alle diejenigen Individuen der Thiere und der Pflanzen, welche entweder von einander oder von gemeinsamen Stammeltern bewiesenermaßen abstammen, oder welche diesen so ähnlich sind, als die letzteren unter sich."

Cuvier dachte sich also in dieser Beziehung Folgendes: „Bei denjenigen organischen Individuen, von denen wir wissen, sie stammen von einer und derselben Elternform ab, bei denen also ihre gemeinsame Abstammung empirisch erwiesen ist, leidet es keinen Zweifel, daß sie zu einer Art gehören, mögen dieselben nun wenig oder viel von einander abweichen, mögen sie fast gleich oder sehr ungleich sein. Ebenso gehören dann aber zu dieser Art auch alle diejenigen Individuen, welche von den letzteren (den aus gemeinsamem Stamm empirisch abgeleiteten) nicht mehr verschieden sind, als diese unter sich von einander abweichen." Bei näherer Betrachtung dieser Speciesdefinition Cuviers zeigt sich sofort, daß dieselbe weder theoretisch befriedigend, noch practisch anwendbar ist. Cuvier fing mit dieser Definition bereits an, sich in dem Kreise herum zu drehen, in welchem fast alle folgenden Definitionen der Species im Sinne ihrer Unveränderlichkeit sich bewegt haben.

Bei der außerordentlichen Bedeutung, welche George Cuvier für die organische Naturwissenschaft gewonnen hat, angesichts der fast unbeschränkten Alleinherrschaft, welche seine Ansichten während der ersten Hälfte unseres Jahrhunderts in der Thierkunde ausübten, erscheint es an dieser Stelle angemessen, seinen Einfluß noch etwas näher zu beleuchten. Es ist dies um so nöthiger, als wir in Cuvier den bedeutendsten Gegner der Abstammungslehre und der monistischen Naturauffassung zu bekämpfen haben.

Unter den vielen und großen Verdiensten Cuviers stehen obenan diejenigen, welche er sich als Gründer der vergleichenden Anatomie erwarb. Während Linné die Unterscheidung der Arten, Gattungen, Ordnungen und Classen meistens auf äußere Charaktere, auf einzelne, leicht auffindbare Merkmale in der Zahl, Größe, Lage und Gestalt einzelner organischer Theile des Körpers gründete, drang Cuvier viel tiefer in das Wesen der Organisation ein. Er wies große und durchgreifende Verschiedenheiten in dem inneren Bau der Thiere als die wesentliche Grundlage einer wissenschaftlichen Erkenntniß und Classification derselben nach. Er unterschied natürliche Familien in den Thierclassen und er gründete auf deren vergleichende Anatomie sein natürliches System des Thierreichs.

Der Fortschritt von dem künstlichen System Linné's zu dem natürlichen System Cuviers war außerordentlich bedeutend. Linné hatte sämmtliche Thiere in eine einzige Reihe geordnet, welche er in sechs Classen eintheilte, zwei wirbellose und vier Wirbelthierclassen. Er unterschied dieselben künstlich nach der Beschaffenheit des Blutes und des Herzens. Cuvier dagegen zeigte, daß man im Thierreich vier große natürliche Hauptabtheilungen unterscheiden müsse, welche er Hauptformen, Generalpläne oder Zweige des Thierreichs nannte.

Diese Embranchements sind: 1) die Wirbelthiere (Vertebrata), 2) die Gliederthiere (Articulata), 3) die Weichthiere (Mollusca), und 4) die Strahlenthiere (Radiata). Cuvier wies ferner nach, daß in jedem dieser vier Zweige ein eigenthümlicher Bauplan oder Typus erkennbar sei, welcher denselben von jedem der drei andern Zweige unterscheidet. Bei den Wirbelthieren ist derselbe durch die Beschaffenheit des inneren Skelets oder Knochengerüstes, sowie durch den Bau und die Lage des Rückenmarks, abgesehen von vielen anderen Eigenthümlichkeiten, bestimmt ausgedrückt. Die Gliederthiere werden durch ihr Bauchmark und ihr Rückenherz charakterisirt. Für die Weichthiere ist die sackartige, ungegliederte Körperform bezeichnend. Die Strahlthiere endlich unterscheiden sich von den drei anderen Hauptformen durch die Zusammensetzung ihres Körpers aus vier oder mehreren, strahlenförmig vereinigten Hauptabschnitten (Parameren).

Man pflegt gewöhnlich die Unterscheidung dieser vier thierischen Hauptformen, welche ungemein fruchtbar für die weitere Entwickelung der Zoologie wurde, Cuvier allein zuzuschreiben. Indessen wurde derselbe Gedanke fast gleichzeitig, und unabhängig von Cuvier, von einem der größten deutschen Naturforscher ausgesprochen, von Baer, welcher um die Entwickelungsgeschichte der Thiere sich die hervorragendsten Verdienste erwarb. Baer zeigte, daß man auch in der Entwickelungsweise der Thiere vier verschiedene Hauptformen oder Typen unterscheiden müsse[20]). Diese entsprechen den vier thierischen Bauplänen, welche Cuvier auf Grund der vergleichenden Anatomie unterschieden hatte. So z. B. stimmt die individuelle Entwickelung aller Wirbelthiere in ihren Grundzügen von Anfang an so sehr überein, daß man die Keimanlagen oder Embryonen der verschiedenen Wirbelthiere (z. B. der Reptilien, Vögel und Säugethiere) in der frühesten Zeit gar nicht unterscheiden kann. Erst im weiteren Verlaufe der Entwickelung treten allmählich die tieferen Formunterschiede auf, welche jene verschiedenen Classen und deren Ordnungen von einander trennen. Ebenso ist die Körperanlage, welche sich bei der individuellen Entwickelung der Gliederthiere

(Insecten, Spinnen, Krebse) ausgebildet, von Anfang an bei allen Gliederthieren im Wesentlichen gleich, dagegen verschieden von derjenigen aller Wirbelthiere. Dasselbe gilt mit gewissen Einschränkungen von den Weichthieren und von den Strahlthieren.

Weder Baer, welcher auf dem Wege der individuellen Entwickelungsgeschichte (oder Ontogenie), noch Cuvier, welcher auf dem Wege der vergleichenden Anatomie zur Unterscheidung der vier thierischen Typen oder Hauptformen gelangte, erkannte die wahre Ursache dieses typischen Unterschiedes. Diese wird uns nur durch die Abstammungslehre enthüllt. Die wunderbare und wirklich überraschende Aehnlichkeit in der inneren Organisation, in den anatomischen Structurverhältnissen, und die noch merkwürdigere Uebereinstimmung in der individuellen Entwickelung bei allen Thieren, welche zu einem und demselben Typus, z. B. zu dem Zweige der Wirbelthiere gehören, erklärt sich in der einfachsten Weise durch die Annahme einer gemeinsamen Abstammung derselben von einer einzigen Stammform. Entschließt man sich nicht zu dieser Annahme, so bleibt jene durchgreifende Uebereinstimmung der verschiedensten Wirbelthiere im inneren Bau und in der Entwickelungsweise vollkommen unerklärlich. Sie kann nur durch die Vererbung erklärt werden.

Nächst der vergleichenden Anatomie der Thiere und der durch diese neu begründeten systematischen Zoologie, war es besonders die Versteinerungskunde oder Paläontologie, um welche sich Cuvier die größten Verdienste erwarb. Wir müssen dieser um so mehr gedenken, als gerade die paläontologischen und die damit verbundenen geologischen Ansichten Cuviers in der ersten Hälfte unseres Jahrhunderts sich fast allgemein im höchsten Ansehen erhielten, und der Entwickelung der natürlichen Schöpfungsgeschichte die größten Hindernisse entgegenstellten.

Die Versteinerungen oder Petrefacten, deren wissenschaftliche Kenntniß Cuvier im Anfange unseres Jahrhunderts in umfassendstem Maße förderte und für die Wirbelthiere ganz neu begründete, spielen in der „natürlichen Schöpfungsgeschichte“ eine der wichtigsten Rollen. Denn diese in versteinertem Zustande uns erhaltenen Reste und Abdrücke von ausgestorbenen Thieren und Pflanzen sind die wahren „Denkmünzen der Schöpfung", die untrüglichen und unanfechtbaren Urkunden, welche für eine wahrhaftige Geschichte der Organismen die unerschütterliche Grundlage bilden. Alle versteinerten oder fossilen Reste und Abdrücke berichten uns von der Gestalt und dem Bau solcher Thiere und Pflanzen, welche entweder die Urahnen und die Voreltern der jetzt lebenden Organismen sind, oder aber ausgestorbene Seitenlinien, die sich von einem gemeinsamen Stamme mit den jetzt lebenden Organismen früher oder später abgezweigt haben.

Diese unschätzbar werthvollen Urkunden der Schöpfungsgeschichte haben sehr lange Zeit hindurch eine höchst untergeordnete Rolle in der Wissenschaft gespielt. Allerdings wurde die wahre Natur derselben schon mehr als ein halbes Jahrtausend vor Christus ganz richtig erkannt, und zwar von dem großen griechischen Philosophen Xenophanes von Kolophon, demselben, welcher die sogenannte eleatische Philosophie begründete und zum ersten Male mit überzeugender Schärfe den Beweis führte, daß alle Vorstellungen von persönlichen Göttern nur auf mehr oder weniger grobe Anthropomorphismen oder Vermenschlichungen hinauslaufen. Xenophanes stellte zum ersten Male die Behauptung auf, daß die fossilen Abdrücke von Thieren und Pflanzen wirkliche Reste von vormals lebenden Geschöpfen seien, und daß die Berge, in deren Gestein man sie findet, früher unter Wasser gestanden haben müßten. Aber obschon auch andere große Philosophen des Alterthums, und unter diesen namentlich Aristoteles, jene richtige Erkenntniß theilten, blieb dennoch während des rohen Mittelalters allgemein, und bei vielen Naturforschern selbst noch im vorigen Jahrhundert, die Ansicht herrschend, daß die Versteinerungen sogenannte Naturspiele seien (Lusus naturae), oder Producte einer unbekannten Bildungskraft der Natur, eines Gestaltungstriebes (Nisus formativus, Vis plastica). Ueber das Wesen und die Thätigkeit dieser räthselhaften und mystischen Bildungskraft machte man sich die abenteuerlichsten Vorstellungen. Einige glaubten, daß diese bildende Schöpfungskraft, dieselbe, der sie auch die Entstehung der lebenden Thier- und Pflanzenarten zuschrieben, zahlreiche Versuche gemacht habe, Organismen verschiedener Form zu schaffen; diese Versuche seien aber nur theilweise gelungen, häufig fehlgeschlagen, und solche mißglückte Versuche seien die Versteinerungen. Nach Anderen sollten die Petrefacten durch den Einfluß der Sterne im Innern der Erde entstehen. Andere machten sich eine noch gröbere Vorstellung, daß nämlich der Schöpfer zunächst aus mineralischen Substanzen, z. B. aus Kalk oder Thon, vorläufige Modelle von denjenigen Pflanzen- und Thierformen gemacht habe, die er später in organischer Substanz ausführte, und denen er seinen lebendigen Odem einhauchte; die Petrefacten seien solche rohe, anorganische Modelle. Selbst noch im vorigen Jahrhundert waren solche rohe Ansichten verbreitet, und es wurde z. B. eine besondere „Samenluft" (Aura seminalis) angenommen, welche mit dem Wasser in die Erde dringe und durch Befruchtung der Gesteine die Petrefacten, das „Steinfleisch" (Caro fossilis) bilde.

Sie sehen, es dauerte gewaltig lange, ehe die einfache und naturgemäße Vorstellung zur Geltung gelangte, daß die Versteinerungen wirklich nichts Anderes seien, als das, was schon der einfache Augenschein lehrt: die unverweslichen Ueberbleibsel von gestorbenen Organismen. Zwar wagte der berühmte Maler Leonardo da Vinci schon im fünfzehnten Jahrhundert zu behaupten, daß der aus dem Wasser beständig sich absetzende Schlamm die Ursache der Versteinerungen sei, indem er die auf dem Boden der Gewässer liegenden unverweslichen Kalkschalen der Muscheln und Schnecken umschließe, und allmählich zu festem Gestein erhärte. Das Gleiche behauptete auch im sechszehnten Jahrhundert ein Pariser Töpfer, Palissy, welcher sich durch seine Porzellanerfindung berühmt machte. Allein die sogenannten „Gelehrten von Fach" waren weit entfernt, diese richtigen Aussprüche des einfachen gesunden Menschenverstandes zu würdigen, und erst gegen das Ende des vorigen Jahrhunderts, während der Begründung der neptunistischen Geologie durch Werner, gewannen dieselben allgemeine Geltung.

Die Begründung der strengeren wissenschaftlichen Paläontologie fällt jedoch erst in den Anfang unseres Jahrhunderts, als Cuvier seine classischen Untersuchungen über die versteinerten Wirbelthiere, und sein großer Gegner Lamarck seine bahnbrechenden Forschungen über die fossilen wirbellosen Thiere, namentlich die versteinerten Schnecken und Muscheln, veröffentlichte. In seinem berühmten Werke „über die fossilen Knochen" der Wirbelthiere, insbesondere der Säugethiere und Reptilien, gelangte Cuvier bereits zur Erkenntniß einiger sehr wichtigen und allgemeinen paläontologischen Gesetze, welche für die Schöpfungsgeschichte große Bedeutung gewannen. Dahin gehört vor Allen der Satz, daß die ausgestorbenen Thierarten, deren Ueberbleibsel wir in den verschiedenen, über einander liegenden Schichten der Erdrinde versteinert vorfinden, sich um so auffallender von den jetzt noch lebenden verwandten Thierarten unterscheiden, je tiefer jene Erdschichten liegen, d. h. je früher die Thiere in der Vorzeit lebten. In der That finden wir bei jedem senkrechten Durchschnitt der geschichteten Erdrinde, daß die verschiedenen, aus dem Wasser in bestimmter historischer Reihenfolge abgesetzten Erdschichten durch verschiedene Petrefacten charakterisirt sind; und wir finden ferner, daß diese ausgestorbenen Organismen denjenigen der Gegenwart um so ähnlicher werden, je weiter wir in der Schichtenfolge aufwärts steigen, d. h. je jünger die Periode der Erdgeschichte war, in der sie lebten, starben, und von den abgelagerten und erhärtenden Schlammschichten umschlossen wurden.

So wichtig diese allgemeine Wahrnehmung Cuviers einerseits war, so wurde sie doch andrerseits für ihn die Quelle eines folgenschweren Irrthums. Denn indem er die charakteristischen Versteinerungen jeder einzelnen größeren Schichtengruppe, welche während eines Hauptabschnittes der Erdgeschichte abgelagert wurde, für gänzlich verschieden von denen der darüber und der darunter liegenden Schichtengruppe hielt, glaubte er irrthümlich, daß niemals eine und dieselbe Thierart in zwei auf einander folgenden Schichtengruppen sich vorfinde. So gelangte er zu der falschen, für die meisten nachfolgenden Naturforscher maßgebenden Vorstellung, daß eine Reihe von ganz verschiedenen Schöpfungsperioden auf einander gefolgt sei. Jede Periode sollte ihre ganz besondere Thier- und Pflanzenwelt, eine ihr eigenthümliche, specifische Fauna und Flora besessen haben. Cuvier stellte sich vor, daß die ganze Geschichte der Erde seit der Zeit, seit welcher überhaupt lebende Wesen auf der Erdrinde auftraten, in eine Anzahl vollkommen getrennter Perioden oder Hauptabschnitte zerfalle, und daß die einzelnen Perioden durch eigenthümliche Umwälzungen unbekannter Natur, sogenannte Revolutionen (Kataklysmen oder Katastrophen) von einander geschieden seien. Jede Revolution hatte zunächst die gänzliche Vernichtnng der damals lebenden Thier- und Pflanzenwelt zur Folge, und nach ihrer Beendigung fand eine vollständig neue Schöpfung der organischen Formen statt. Eine neue Welt von Thieren und Pflanzen, durchweg specifisch verschieden von denen der vorhergehenden Geschichtsperiode, wurde mit einem Male in das Leben gerufen. Diese bevölkerte nun wieder eine Reihe von Jahrtausenden hindurch den Erdball, bis sie plötzlich durch den Eintritt einer neuen Revolution zu Grunde ging.

Von dem Wesen und den Ursachen dieser Revolutionen sagte Cuvier ausdrücklich, daß man sich keine Vorstellung darüber machen könne, und daß die jetzt wirksamen Kräfte der Natur zu einer Erklärung derselben nicht ausreichten. Als natürliche Kräfte oder mechanische Agentien, welche in der Gegenwart beständig, obwohl langsam, an einer Umgestaltung der Erdoberfläche arbeiten, führt Cuvier vier wirkende Ursachen auf: erstens den Regen, welcher die steilen Gebirgsabhänge abspült und Schutt an deren Fuß anhäuft; zweitens die fließenden Gewässer, welche diesen Schutt fortführen und als Schlamm im stehenden Wasser absetzen; drittens das Meer, dessen Brandung die steilen Küstenränder abnagt, und an flachen Küstensäumen Dünen aufwirft; und endlich viertens die Vulkane, welche die Schichten der erhärteten Erdrinde durchbrechen und in die Höhe heben, und welche ihre Auswurfsproducte aufhäufen und umherstreuen. Während Cuvier die beständige langsame Umbildung der gegenwärtigen Erdoberfläche durch diese vier mächtigen Ursachen anerkennt, behauptet er gleichzeitig, daß dieselben nicht ausgereicht haben könnten, um die Erdrevolutionen der Vorzeit auszuführen, und daß man den anatomischen Bau der ganzen Erdrinde nicht durch die nothwendige Wirkung jener mechanischen Agentien erklären könne: vielmehr müßten jene wunderbaren, große Umwälzungen der ganzen Erdoberfläche durch eigenthümliche, uns gänzlich unbekannte Ursachen bewirkt worden sein; der gewöhnliche Entwickelungsfaden sei durch diese Revolutionen völlig zerrissen, der Gang der Natur verändert.

Diese Ansichten legte Cuvier in einem besonderen, auch ins Deutsche übersetzten Buche nieder: „Ueber die Revolutionen der Erdoberfläche, und die Veränderungen, welche sie im Thierreich hervorgebracht haben". Sie erhielten sich lange Zeit hindurch in allgemeiner Geltung, und wurden das größte Hinderniß für die Entwickelung einer natürlichen Schöpfungsgeschichte. Denn wenn wirklich solche, Alles vernichtende Katastrophen existirt hatten, so war natürlich eine Continuität der Artenentwickelung, ein zusammenhängender Faden der organischen Erdgeschichte gar nicht anzunehmen, und man mußte dann seine Zuflucht zu der Wirksamkeit übernatürlicher Kräfte, zum Eingriff von Wundern in den natürlichen Gang der Dinge nehmen. Nur durch Wunder konnten die Revolutionen der Erde herbeigeführt sein, und nur durch Wunder konnte nach deren Aufhören, am Anfange jeder neuen Periode, eine neue Thier- und Pflanzenwelt geschaffen sein. Für das Wunder hat aber die Naturwissenschaft nirgends einen Platz, sofern man unter Wunder einen Eingriff übernatürlicher Kräfte in den natürlichen Entwickelungsgang der Materie versteht.

Ebenso wie die große Autorität, welche sich Linné durch die systematische Unterscheidung und Benennung der organischen Arten gewonnen hatte, bei seinen Nachfolgern zu einer völligen Verknöcherung des dogmatischen Speciesbegriffs, und zu einem wahren Mißbrauche der systematischen Artunterscheidung führte; ebenso wurden die großen Verdienste, welche sich Cuvier um Kenntniß und Unterscheidung der ausgestorbenen Arten erworben hatte, die Ursache einer allgemeinen Annahme seiner Revolutions- oder Katastrophenlehre, und der damit verbundenen grundfalschen Schöpfungsansichten. In Folge dessen hielten während der ersten Hälfte unseres Jahrhunderts die meisten Zoologen und Botaniker an der Ansicht fest, daß eine Reihe unabhängiger Perioden der organischen Erdgeschichte existirt habe; jede Periode sei durch eine bestimmte, ihr ganz eigenthümliche Bevölkerung von Thier- und Pflanzenarten ausgezeichnet gewesen; diese sei am Ende der Periode durch eine allgemeine Revolution vernichtet, und nach dem Aufhören der letzteren wiederum eine neue, specifisch verschiedene Thier- und Pflanzenwelt erschaffen worden. Zwar machten schon frühzeitig einzelne selbstständig denkende Köpfe, vor Allen der große Naturphilosoph Lamarck, eine Reihe von gewichtigen Gründen geltend, welche diese Katastrophentheorie Cuviers widerlegten, und welche vielmehr auf eine ganz zusammenhängende und ununterbrochene Entwickelungsgeschichte der gesammten organischen Erdbevölkerung aller Zeiten hinwiesen. Sie behaupteten, daß die Thier- und Pflanzenarten der einzelnen Perioden von denen der nächst vorhergehenden Periode abstammen und nur die veränderten Nachkommen der ersteren seien. Indessen der großen Autorität Cuviers gegenüber vermochte damals diese richtige Ansicht noch nicht durchzudringen. Ja selbst nachdem durch Lyells 1830 erschienene, classische „Principien der Geologie" die Katastrophenlehre Cuviers aus dem Gebiete der Geologie gänzlich verdrängt worden war, blieb seine Ansicht von der specifischen Verschiedenheit der verschiedenen organischen Schöpfungen trotzdem auf dem Gebiete der Paläontologie noch vielfach in Geltung.

Durch einen seltsamen Zufall geschah es vor zwanzig Jahren, daß fast zu derselben Zeit, als Cuviers Schöpfungsgeschichte durch Darwins Werk ihren Todesstoß erhielt, ein anderer berühmter Naturforscher den Versuch unternahm, dieselbe von Neuem zu begründen, und in schroffster Form als Theil eines teleologisch-theologischen Natursystems durchzuführen. Der Schweizer Geologe Louis Agassiz nämlich, welcher durch seine von Schimper und Charpentier entlehnten Gletscher- und Eiszeittheorien einen hohen Ruf erlangt hat, und welcher eine Reihe von Jahren in Nordamerika lebte (gestorben 1873), begann 1858 die Veröffentlichung eines großartig angelegten Werkes, welches den Titel führt: „Beiträge zur Naturgeschichte der vereinigten Staaten von Nordamerika". Der erste Band dieser Naturgeschichte, welche durch den Patriotismus der Nordamerikaner eine für ein so großes und kostspieliges Werk unerhörte Verbreitung erhielt, führt den Titel: „Ein Versuch über Classification[2])". Agassiz erläutert in diesem Versuche nicht allein das natürliche System der Organismen und die verschiedenen darauf abzielenden Classificationsversuche der Naturforscher, sondern auch alle allgemeinen biologischen Verhältnisse, welche darauf Bezug haben. Die Entwickelungsgeschichte der Organismen, und zwar sowohl die embryologische als die paläontologische, ferner die vergleichende Anatomie, sodann die allgemeine Oeconomie der Natur, die geographische und topographische Verbreitung der Thiere und Pflanzen, kurz fast alle allgemeinen Erscheinungsreihen der organischen Natur, kommen in dem Classificationsversuche von Agassiz zur Besprechung, und werden sämmtlich in einem Sinne und von einem Standpunkte aus erläutert, welcher demjenigen Darwins auf das Schroffste gegenübersteht. Das Hauptverdienst Darwins besteht gerade darin, natürliche Ursachen für die Entstehung der Thier- und Pflanzenarten nachzuweisen, und somit die mechanische oder monistische Weltanschauung auch auf diesem schwierigsten Gebiete der Schöpfungsgeschichte geltend zu machen. Agassiz hingegen ist überall bestrebt, jeden mechanischen Vorgang aus diesem ganzen Gebiete völlig auszuschließen und überall den übernatürlichen Eingriff eines persönlichen Schöpfers an die Stelle der natürlichen Kräfte der Materie zu setzen, mithin eine entschieden teleologische oder dualistische Weltanschauung zur Geltung zu bringen. Schon aus diesem Grunde ist es gewiß angemessen, wenn ich hier auf die biologischen Ansichten von Agassiz, und insbesondere auf seine Schöpfungsvorstellungen, etwas näher eingehe. Dies lohnt sich um so mehr, als kein anderes Werk unserer Gegner jene wichtigen allgemeinen Grundfragen mit gleicher Ausführlichkeit behandelt, und als zugleich die völlige Unhaltbarkeit ihrer dualistischen Weltanschauung sich daraus auf das Klarste ergiebt.

Die organische Art oder Species, deren verschiedenartige Auffassung wir oben als den eigentlichen Angelpunkt der entgegengesetzten Schöpfungsansichten bezeichnet haben, wird von Agassiz, ebenso wie von Cuvier und Linné, als eine in allen wesentlichen Merkmalen unveränderliche Gestalt angesehen; zwar können die Arten innerhalb enger Grenzen abändern oder variiren, aber nur in unwesentlichen, niemals in wesentlichen Eigenthümlichkeiten. Niemals können aus den Abänderungen oder Varietäten einer Art wirklich neue Species hervorgehen. Keine von allen organischen Arten stammt also jemals von einer anderen ab, vielmehr ist jede einzelne für sich von Gott geschaffen worden. Jede einzelne Thierart ist, wie sich Agassiz ausdrückt, ein verkörperter Schöpfungsgedanke Gottes.

Durch die paläontologischen Erfahrungen wissen wir, daß die Zeitdauer der einzelnen organischen Arten eine höchst ungleiche ist, und daß viele Species unverändert durch mehrere aufeinander folgende Perioden der Erdgeschichte hindurchgehen, während Andere nur einen kleinen Bruchtheil einer solchen Periode durchlebten. In schroffem Gegensatze dazu behauptet Agassiz, daß niemals eine und dieselbe Species in zwei verschiedenen Perioden vorkomme, daß vielmehr jede einzelne Periode durch eine ganz eigenthümliche, ihr ausschließlich angehörige Bevölkerung von Thier- und Pflanzenarten charakterisirt sei. Er theilt ferner Cuviers Ansicht, daß durch die großen und allgemeinen Revolutionen der Erdoberfläche, welche je zwei auf einander folgende Perioden trennten, jene ganze Bevölkerung vernichtet und nach deren Untergang eine neue, davon specifisch verschiedene geschaffen wurde. Diese Neuschöpfung läßt Agassiz in der Weise geschehen, daß jedesmal die gesammte Erdbevölkerung in ihrer durchschnittlichen Individuenzahl und in den der Oeconomie der Natur entsprechenden Wechselbeziehungen der einzelnen Arten vom Schöpfer als Ganzes plötzlich in die Welt gesetzt worden sei. Hiermit tritt er einem der bestbegründeten und wichtigsten Gesetze der Thier- und Pflanzengeographie entgegen, dem Gesetze nämlich, daß jede Species einen einzigen ursprünglichen Entstehungsort oder einen sogenannten Schöpfungsmittelpunkt besitzt, von dem aus sie sich über die übrige Erde allmählich verbreitet hat. Statt dessen läßt Agassiz jede Species an verschiedenen Stellen der Erdoberfläche und sogleich in einer größeren Anzahl von Individuen geschaffen werden.

Das natürliche System der Organismen, dessen verschiedene über einander geordnete Gruppenstufen oder Kategorien, die Zweige, Classen, Ordnungen, Familien, Gattungen und Arten, wir der Abstammungslehre gemäß als verschiedene Aeste und Zweige des gemeinschaftlichen organischen Stammbaumes betrachten, ist nach Agassiz der unmittelbare Ausdruck des göttlichen Schöpfungsplanes, und indem der Naturforscher das natürliche System erforscht, denkt er die Schöpfungsgedanken Gottes nach. Hierin findet Agassiz den kräftigsten Beweis dafür, daß der Mensch das Ebenbild und Kind Gottes ist. Die verschiedenen Gruppenstufen oder Kategorien des natürlichen Systems entsprechen den verschiedenen Stufen der Ausbildung, welche der göttliche Schöpfungsplan erlangt hatte. Beim Entwurf und bei der Ausführung dieses Planes vertiefte sich der Schöpfer, von allgemeinsten Schöpfungsideen ausgehend, immer mehr in die besonderen Einzelheiten. Was also z. B. das Thierreich betrifft, so hatte Gott bei dessen Schöpfung zunächst vier grundverschiedene Ideen vom Thierkörper, welche er in dem verschiedenen Bauplane der vier großen Hauptformen, Typen oder Zweige des Thierreichs verkörperte, in den Wirbelthieren, Gliederthieren, Weichthieren und Strahlthieren. Indem nun der Schöpfer darüber nachdachte, in welcher Art und Weise er diese vier verschiedenen Baupläne mannichfaltig ausführen könne, schuf er zunächst innerhalb jeder der vier Hauptformen mehrere verschiedene Classen, z. B. in der Wirbelthierform die Classen der Säugethiere, Vögel, Reptilien, Amphibien und Fische. Weiterhin vertiefte sich dann Gott in die einzelnen Classen und brachte durch verschiedene Abstufungen im Bau jeder Classe deren einzelne Ordnungen hervor. Durch weitere Variation der Ordnungsform erschuf er die natürlichen Familien. Indem der Schöpfer ferner in jeder Familie die letzten Structureigenthümlichkeiten einzelner Theile variirte, entstanden die Gattungen oder Genera. Endlich zuletzt ging Gott im weiteren Ausdenken seines Schöpfungsplanes so sehr ins Einzelne, daß die einzelnen Arten oder Species ins Leben traten. Diese sind also die verkörperten Schöpfungsgedanken der speciellsten Art. Zu bedauern ist dabei nur, daß der Schöpfer diese seine speciellsten und am tiefsten durchgedachten „Schöpfungsgedanken" in so sehr unklarer und lockerer Form ausdrückte und ihnen einen so verschwommenen Stempel aufprägte, eine so freie Variations-Erlaubniß mitgab, daß kein einziger Naturforscher im Stande ist, die „guten" von den „schlechten Arten", die echten Species" von den Spielarten, Varietäten, Rassen u. s. w. scharf zu unterscheiden.

Sie sehen, der Schöpfer verfährt nach Agassiz' Vorstellung beim Hervorbringen der organischen Formen genau ebenso wie ein menschlicher Baukünstler, der sich die Aufgabe gestellt hat, möglichst viel verschiedene Bauwerke, zu möglichst mannichfaltigen Zwecken, in möglichst abweichendem Style, in möglichst verschiedenen Graden der Einfachheit, Pracht, Größe und Vollkommenheit auszudenken und auszuführen. Dieser Architekt würde zunächst vielleicht für alle diese Gebäude vier verschiedene Style anwenden, etwa den gothischen, byzantinischen, maurischen und chinesischen Styl. In jedem dieser Style würde er eine Anzahl von Kirchen, Palästen, Kasernen, Gefängnissen und Wohnhäusern bauen. Jede dieser verschiedenen Gebäudeformen würde er in roheren und vollkommneren, in größeren und kleineren, in einfachen und prächtigen Arten ausführen u. s. w. Insofern wäre jedoch der menschliche Architekt vielleicht noch besser als der göttliche Schöpfer daran, daß ihm in der Anzahl der Gruppenstufen alle Freiheit gelassen wäre. Der Schöpfer dagegen darf sich nach Agassiz immer nur innerhalb der genannten sechs Gruppenstufen oder Kategorien bewegen, innerhalb der Art, Gattung, Familie, Ordnung, Classe und Typus. Mehr als diese sechs Kategorien giebt es für ihn nicht.

Wenn Sie in Agassiz' Werk über die Classification selbst die weitere Ausführung und Begründung dieser seltsamen Ansichten lesen, so werden Sie kaum begreifen, wie man mit allem Anschein wissenschaftlichen Ernstes die Vermenschlichung (den Anthropomorphismus) des göttlichen Schöpfers so weit treiben, und eben durch die Ausführung im Einzelnen bis zum verkehrtesten Unsinn ausmalen kann. In dieser ganzen Vorstellungsreihe ist der Schöpfer weiter nichts als ein allmächtiger Mensch, der, von Langeweile geplagt, sich mit dem Ausdenken und Aufbauen möglichst mannichfaltiger Spielzeuge, der organischen Arten, belustigt. Nachdem er sich mit denselben eine Reihe von Jahrtausenden hindurch unterhalten, wird er ihrer überdrüssig; er vernichtet sie durch eine allgemeine Revolution der Erdoberfläche, indem er das ganze unnütze Spielzeug in Haufen zusammenwirft; dann ruft er, um sich an etwas Neuem und Besserem die Zeit zu vertreiben, eine neue und vollkommnere Thier- und Pflanzenwelt ins Leben. Um jedoch nicht die Mühe der ganzen Schöpfungsarbeit von vorn anzufangen, behält er immer den einmal ausgedachten Schöpfungsplan im Großen und Ganzen bei, und schafft nur lauter neue Arten, oder höchstens neue Gattungen, viel seltener neue Familien, Ordnungen oder gar Classen. Zu einem neuen Typus oder Style bringt er es nie. Dabei bleibt er immer streng innerhalb jener sechs Kategorien oder Gruppenstufen.

Nachdem der Schöpfer so nach Agassiz' Ansicht sich Millionen von Jahrtausenden hindurch mit dem Aufbauen und Zerstören einer Reihe verschiedener Schöpfungen unterhalten hatte, kömmt er endlich zuletzt — obwohl sehr spät! — auf den guten Gedanken, sich seinesgleichen zu erschaffen, und er formt den Menschen nach seinem Ebenbilde! Hiermit ist das Endziel aller Schöpfungsgeschichte erreicht und die Reihe der Erdrevolutionen abgeschlossen. Der Mensch, das Kind und Ebenbild Gottes, giebt demselben so viel zu thun, macht ihm so viel Vergnügen und Mühe, daß er nun niemals mehr Langeweile hat, und keine neue Schöpfung mehr eintreten zu lassen braucht. Sie sehen offenbar, wenn man einmal in der Weise, wie Agassiz, dem Schöpfer durchaus menschliche Attribute und Eigenschaften beilegt, und sein Schöpfungswerk durchaus analog einer menschlichen Schöpfungsthätigkeit betrachtet, so ist man nothwendig auch zur Annahme dieser ganz absurden Consequenzen gezwungen.

Die vielen inneren Widersprüche und die auffallenden Verkehrtheiten der Schöpfungsansichten von Agassiz, welche ihn nothwendig zu dem entschiedensten Widerstand gegen die Abstammungslehre führten, müssen aber um so mehr unser Erstaunen erregen, als derselbe durch seine früheren naturwissenschaftlichen Arbeiten in vieler Beziehung thatsächlich Darwin vorgearbeitet hat, insbesondere durch seine Thätigkeit auf dem paläontologischen Gebiete. Unter den zahlreichen Untersuchungen, welche der jungen Paläontologie schnell die allgemeine Theilnahme erwarben, schließen sich diejenigen von Agassiz, namentlich das berühmte Werk „über die fossilen Fische", zunächst ebenbürtig an die grundlegenden Arbeiten von Cuvier an. Nicht allein haben die versteinerten Fische, mit denen uns Agassiz bekannt machte, eine außerordentlich hohe Bedeutung für das Verständniß der ganzen Wirbelthiergruppe und ihrer geschichtlichen Entwickelung gewonnen; sondern wir sind dadurch auch zur sicheren Erkenntniß wichtiger allgemeiner Entwickelungsgesetze gelangt. Insbesondere hat Agassiz mit besonderem Nachdruck auf den merkwürdigen Parallelismus zwischen der embryonalen und der paläontologischen Entwickelung, zwischen der Ontogonie und Phylogenie hingewiesen. Diese bedeutungsvolle Uebereinstimmung, welche bereits die ältere Naturphilosophie erkannte, habe ich schon vorhin (S. 10) als eine der stärksten Stützen für die Abstammungslehre in Anspruch genommen. Niemand hatte vorher so bestimmt, wie es Agassiz that, hervorgehoben, daß von den Wirbelthieren zuerst nur Fische allein existirt haben, daß erst später Amphibien auftraten, und daß erst in noch viel späterer Zeit Vögel und Säugethiere erschienen; daß ferner von den Säugethieren, ebenso wie von den Fischen, anfangs unvollkommnere, niedere Ordnungen, später erst vollkommnere und höhere auftraten. Agassiz zeigte mithin, daß die paläontologische Entwickelung der ganzen Wirbelthiergruppe nicht allein der embryonalen parallel sei, sondern auch der systematischen Entwickelung, d. h. der Stufenleiter, welche wir überall im System von den niederen zu den höheren Classen, Ordnungen u. s. w. aufsteigend erblicken. Zuerst erschienen in der Erdgeschichte nur niedere, später erst höhere Formen. Diese wichtige Thatsache erklärt sich, ebenso wie die Uebereinstimmung der embryonalen und paläontologischen Entwickelung, ganz einfach und natürlich aus der Abstammungslehre, während sie ohne diese ganz unerklärlich ist. Dasselbe gilt ferner auch von dem großen Gesetz der fortschreitenden Entwickelung, von dem historischen Fortschritt der Organisation, welcher sowohl im Großen und Ganzen in der geschichtlichen Aufeinanderfolge aller Organismen sichtbar ist, als in der besonderen Vervollkommnung einzelner Theile des Thierkörpers. So z. B. erhielt das Skelet der Wirbelthiere, ihr Knochengerüst, erst langsam, allmählich und stufenweis den hohen Grad von Vollkommenheit, welchen es jetzt beim Menschen und den anderen höheren Wirbelthieren besitzt. Dieser von Agassiz thatsächlich anerkannte Fortschritt folgt aber mit Nothwendigkeit aus der von Darwin begründeten Züchtungslehre, welche die wirkenden Ursachen desselben nachweist. Wenn diese Lehre richtig ist, so muß nothwendig die Vollkommenheit und Mannichfaltigkeit der Thier- und Pflanzenarten im Laufe der organischen Erdgeschichte stufenweise zunehmen, und konnte erst in neuester Zeit ihre höchste Ausbildung erlangen.

Alle so eben angeführten, und noch einige andere allgemeine Entwickelungsgesetze, welche von Agassiz ausdrücklich anerkannt und mit Recht stark betont werden, und sogar von ihm selbst zum Theil erst aufgestellt wurden, sind, wie Sie später sehen werden, nur durch die Abstammungslehre erklärbar und bleiben ohne dieselbe völlig unbegreiflich. Nur die von Darwin entwickelte Wechselwirkung der Vererbung und Anpassung kann die wahre Ursache derselben sein.

Dagegen stehen sie alle in schroffem und unvereinbarem Gegensatz mit der vorher besprochenen Schöpfungshypothese von Agassiz, und mit allen Vorstellungen von der zweckmäßigen Werkthätigkeit eines persönlichen Schöpfers. Will man im Ernst durch die letztere jene merkwürdigen Erscheinungen und ihren inneren Zusammenhang erklären, so verirrt man sich nothwendig zu der Annahme, daß auch der Schöpfer selbst sich mit der organischen Natur, die er schuf und umbildete, entwickelt habe. Man kann sich dann nicht mehr von der Vorstellung los machen, daß der Schöpfer selbst nach Art des menschlichen Organismus seine Pläne entworfen, verbessert und endlich unter vielen Abänderungen ausgeführt habe. „Es wächst der Mensch mit seinen höher'n Zwecken". Wenn es nach der Ehrfurcht, mit der Agassiz auf jeder Seite vom Schöpfer spricht, scheinen könnte, daß wir dadurch zur erhabensten Vorstellung von seinem Wirken in der Natur gelangen, so findet in Wahrheit das Gegentheil statt. Der göttliche Schöpfer wird dadurch zu einem idealisirten Menschen erniedrigt, zu einem in der Entwickelung fortschreitenden Organismus. Gott ist im Grunde nach dieser niedrigen Vorstellung weiter Nichts, als ein „gasförmiges Wirbelthier".

Bei der weiten Verbreitung und dem hohen Ansehen, welches sich Agassiz' Werk erworben hat, und welches in Anbetracht der früheren wissenschaftlichen Verdienste des Verfassers wohl gerechtfertigt ist, glaubte ich es Ihnen schuldig zu sein, die gänzliche Unhaltbarkeit seiner allgemeinen Ansichten hier kurz hervorzuheben. Sofern dies Werk eine naturwissenschaftliche Schöpfungsgeschichte sein will, ist dasselbe unzweifelhaft gänzlich verfehlt. Es hat aber hohen Werth, als der einzige ausführliche und mit wissenschaftlichen Beweisgründen geschmückte Versuch, den in neuerer Zeit ein hervorragender Naturforscher zur Begründung einer teleologischen oder dualistischen Schöpfungsgeschichte unternommen hat. Die innere Unmöglichkeit einer solchen wird dadurch klar vor Jedermanns Augen gelegt. Kein Gegner von Agassiz hätte vermocht, die von ihm entwickelte dualistische Anschauung von der organischen Natur und ihrer Entstehung so schlagend zu widerlegen, als ihm dies selbst durch die überall hervortretenden inneren Widersprüche gelungen ist.

Die Gegner der monistischen oder mechanischen Weltanschauung haben das Werk von Agassiz mit Freuden begrüßt und erblicken darin eine vollendete Beweisführung für die unmittelbare Schöpfungsthätigkeit eines persönlichen Gottes. Allein sie übersehen dabei, daß dieser persönliche Schöpfer bloß ein mit menschlichen Attributen ausgerüsteter, idealisirter Organismus ist. Diese niedere dualistische Gottesvorstellung entspricht einer niederen thierischen Entwickelungsstufe des menschlichen Organismus. Der höher entwickelte Mensch der Gegenwart ist befähigt und berechtigt zu jener unendlich edleren und erhabeneren Gottesvorstellung, welche allein mit der monistischen Weltanschauung verträglich ist, und welche Gottes Geist und Kraft in allen Erscheinungen ohne Ausnahme erblickt. Diese monistische Gottesidee, welcher die Zukunft gehört, hat schon Giordano Bruno einst mit den Worten ausgesprochen: „Ein Geist findet sich in allen Dingen, und es ist kein Körper so klein, daß er nicht einen Theil der göttlichen Substanz in sich enthielte, wodurch er beseelt wird.“ Diese veredelte Gottesidee liegt derjenigen Religion zu Grunde, in deren Sinne die edelsten Geister des Alterthums wie der Neuzeit gedacht und gelebt haben, dem Pantheismus; und sie ist es, von welcher Goethe sagt: „Gewiß es giebt keine schönere Gottesverehrung, als diejenige, welche kein Bild bedarf, welche aus dem Wechselgespräch mit der Natur in unserem Busen entspringt.“ Durch sie gelangen wir zu der erhabenen pantheistischen Vorstellung von der Einheit Gottes und der Natur.

Vierter Vortrag.

Entwickelungstheorie nach Goethe und Oken.

Wissenschaftliche Unzulänglichkeit aller Vorstellungen von einer Schöpfung der einzelnen Arten. Nothwendigkeit der entgegengesetzten Entwickelungstheorien. Geschichtlicher Ueberblick über die wichtigsten Entwickelungstheorien. Griechische Philosophie. Die Bedeutung der Naturphilosophie. Goethe. Seine Verdienste als Naturforscher. Seine Metamorphose der Pflanzen. Seine Wirbeltheorie des Schädels. Seine Entdeckung des Zwischenkiefers beim Menschen. Goethe's Theilnahme an dem Streite zwischen Cuvier und Geoffroy S. Hilaire. Goethe's Entdeckung der beiden organischen Bildungstriebe, des conservativen Specificationstriebes (der Vererbung) und des progressiven Umbildungstriebes (der Anpassung). Goethe's Ansicht von der gemeinsamen Abstammung aller Wirbelthiere mit Inbegriff des Menschen. Entwickelungstheorie von Gottfried Reinhold Treviranus. Seine monistische Naturauffassung. Oken. Seine Naturphilosophie. Okens Vorstellung vom Urschleim (Protoplasmatheorie) und von den Infusorien (Zellentheorie).

Meine Herren! Alle verschiedenen Vorstellungen, welche wir uns über eine selbstständige, von einander unabhängige Entstehung der einzelnen organischen Arten durch Schöpfung machen können, laufen, folgerichtig durchdacht, auf einen sogenannten **Anthropomorphismus**, d. h. auf eine **Vermenschlichung** des Schöpfers hinaus, wie wir in dem letzten Vortrage bereits gezeigt haben. Es wird da der Schöpfer zu einem Organismus, der sich einen Plan entwirft, diesen Plan durchdenkt und verändert, und schließlich die Geschöpfe nach diesem Plane ausführt, wie ein menschlicher Architekt sein Bauwerk. Wenn selbst so hervorragende Naturforscher wie Linné, Cuvier und Agassiz, die Hauptvertreter der dualistischen Schöpfungshypothese, zu keiner genügenderen Ansicht gelangen konnten, so wird daraus am besten die Unzulänglichkeit aller derjenigen Vorstellungen hervorgehen, welche die Mannichfaltigkeit der organischen Natur aus einer solchen Schöpfung der einzelnen Arten ableiten wollen. Es haben zwar einige Naturforscher, welche das wissenschaftlich ganz Unbefriedigende dieser Vorstellungen einsahen, versucht, den Begriff des persönlichen Schöpfers durch denjenigen einer unbewußt wirkenden schöpferischen Naturkraft zu ersetzen; indessen ist dieser Ausdruck offenbar eine bloße umschreibende Redensart, sobald nicht näher gezeigt wird, worin diese Naturkraft besteht, und wie sie wirkt. Daher haben auch diese letzteren Versuche durchaus keine Geltung in der Wissenschaft errungen. Vielmehr hat man sich genöthigt gesehen, sobald man eine selbstständige Entstehung der verschiedenen Thier- und Pflanzenformen annahm, immer auf ebenso viele Schöpfungsacte zurückzugreifen, d. h. auf übernatürliche Eingriffe des Schöpfers in den natürlichen Gang der Dinge, der im übrigen ohne seine Mitwirkung abläuft.

Nun haben allerdings verschiedene teleologische Naturforscher, welche die wissenschaftliche Unzulässigkeit einer übernatürlichen „Schöpfung" fühlten, die letztere noch dadurch zu retten gesucht, daß sie unter Schöpfung „Nichts weiter als eine uns unbekannte, unfaßbare Weise der Entstehung" verstanden wissen wollten. Dieser sophistischen Ausflucht schneidet der treffliche Fritz Müller mit folgender schlagenden Gegenbemerkung jeden Rettungspfad ab: „Es soll dadurch nur in verblümter Weise das verschämte Geständniß ausgesprochen werden, daß man über die Entstehung der Arten „gar keine Meinung habe" und haben wolle. Nach dieser Erklärung des Wortes würde man ebensowohl von der Schöpfung der Cholera und der Syphilis, von der Schöpfung einer Feuersbrunst und eines Eisenbahnunglücks, wie von der Schöpfung des Menschen reden können." (Jenaische Zeitschrift f. M. u. N. V. B. S. 272.)

Gegenüber nun dieser vollständigen wissenschaftlichen Unzulässigkeit aller Schöpfungshypothesen sind wir gezwungen, zu den entgegengesetzten Entwickelungstheorien der Organismen unsere Zuflucht zu nehmen, wenn wir uns überhaupt eine vernünftige Vorstellung von der Entstehung der Organismen machen wollen. Wir sind gezwungen und verpflichtet dazu, selbst wenn diese Entwicklungstheorien nur einen Schimmer von Wahrscheinlichkeit auf eine mechanische, natürliche Entstehung der Thier- und Pflanzenarten fallen lassen; um so mehr aber, wenn, wie Sie sehen werden, diese Theorien eben so einfach und klar, als vollständig und umfassend die gesammten Thatsachen erklären. Diese Entwickelungstheorien sind keineswegs, wie sie oft fälschlich angesehen werden, willkürliche Einfälle, oder beliebige Erzeugnisse der Einbildungskraft, welche nur die Entstehung dieses oder jenes einzelnen Organismus annähernd zu erklären versuchen; sondern sie sind streng wissenschaftlich begründete Theorien, welche von einem festen und klaren Standpunkte aus die Gesammtheit der organischen Naturerscheinungen, und insbesondere die Entstehung der organischen Species auf das Einfachste erklären, und als die nothwendigen Folgen mechanischer Naturvorgänge nachweisen.

Wie ich bereits im zweiten Vortrage Ihnen zeigte, fallen diese Entwickelungstheorien naturgemäß mit derjenigen allgemeinen Weltanschauung zusammen, welche man gewöhnlich als die einheitliche oder monistische, häufig auch als die mechanische oder causale zu bezeichnen pflegt, weil sie nur mechanische oder nothwendig wirkende Ursachen (causae efficientes) zur Erklärung der Naturerscheinungen in Anspruch nimmt. Ebenso fallen auf der anderen Seite die von uns bereits betrachteten übernatürlichen Schöpfungshypothesen mit derjenigen, völlig entgegengesetzten Weltauffassung zusammen, welche man im Gegensatz zur ersteren die zwiespältige oder dualistische, oft auch die teleologische oder vitale nennt, weil sie die organischen Naturerscheinungen aus der Wirksamkeit zweckthätiger oder zweckmäßig wirkender Ursachen (causae finales) ableitet. Gerade in diesem tiefen inneren Zusammenhang der verschiedenen

Schöpfungstheorien mit den höchsten Fragen der Philosophie liegt für uns die Anreizung zu ihrer eingehenden Betrachtung.

Der Grundgedanke, welcher allen natürlichen Entwickelungstheorien nothwendig zu Grunde liegen muß, ist derjenige einer allmählichen Entwickelung aller (auch der vollkommensten) Organismen aus einem einzigen oder aus sehr wenigen, ganz einfachen oder ganz unvollkommenen Urwesen, welche nicht durch übernatürliche Schöpfung, sondern durch Urzeugung oder Archigonie (Generatio spontanea) aus anorganischer Materie entstanden. Eigentlich sind in diesem Grundgedanken zwei verschiedene Vorstellungen verbunden, welche aber in tiefem inneren Zusammenhang stehen, nämlich erstens die Vorstellung der Urzeugung oder Archigonie der ursprünglichen Stammwesen, und zweitens die Vorstellung der fortschreitenden Entwickelung der verschiedenen Organismenarten aus jenen einfachsten Stammwesen. Diese beiden wichtigen mechanischen Vorstellungen sind die unzertrennlichen Grundgedanken jeder streng wissenschaftlich durchgeführten Entwickelungstheorie. Weil dieselbe eine Abstammung der verschiedenen Thier- und Pflanzenarten von einfachsten gemeinsamen Stammarten behauptet, konnten wir sie auch als Abstammungslehre (Descendenztheorie), und weil damit zugleich eine Umbildung der Arten verbunden ist, als Umbildungslehre (Transmutationstheorie) oder Transformismus bezeichnen.

Während übernatürliche Schöpfungsgeschichten schon vor vielen Jahrtausenden, in jener unvordenklichen Urzeit entstanden sein müssen, als der Mensch, eben erst aus dem Affenzustande sich entwickelnd, zum ersten Male anfing, eingehender über sich selbst und über die Entstehung der ihn umgebenden Körperwelt nachzudenken, so sind dagegen die natürlichen Entwickelungstheorien nothwendig viel jüngeren Ursprungs. Wir können diesen erst bei gereifteren Culturvölkern begegnen, denen durch philosophische Bildung die Nothwendigkeit einer natürlichen Ursachenerkenntniß klar geworden war; und auch bei diesen dürfen wir zunächst nur von einzelnen bevorzugten Naturen erwarten, daß sie den Ursprung der Erscheinungswelt eben so wie deren Entwickelungsgang, als die nothwendige Folge von mechanischen, natürlich wirkenden Ursachen erkannten. Bei keinem Volke waren diese Vorbedingungen für die Entstehung einer natürlichen Entwickelungstheorie jemals so vorhanden, wie bei den Griechen des classischen Alterthums. Diesen fehlte aber auf der anderen Seite zu sehr die nähere Bekanntschaft mit den Thatsachen der Naturvorgänge und ihren Formen, und somit die erfahrungsmäßige Grundlage für eine weitere Durchbildung der Entwickelungstheorie. Die exacte Naturforschung und die überall auf empirischer Basis begründete Naturerkenntniß war ja dem Alterthum ebenso wie dem Mittelalter fast ganz unbekannt und ist erst eine Errungenschaft der neueren Zeit. Wir haben daher auch hier keine nähere Veranlassung, auf die natürlichen Entwickelungstheorien der verschiedenen griechischen Weltweisen einzugehen, da denselben zu sehr die erfahrungsmäßige Kenntniß sowohl von der organischen als von der anorganischen Natur abging.

Nur das wollen wir hier noch hervorheben, daß schon im siebenten Jahrhundert vor Christus die Häupter der Jonischen Naturphilosophie, die drei Milesier Thales, Anaximenes und Anaximander, namentlich aber der letztere, wichtige Grundsätze unseres heutigen Monismus aufstellten. Sie lehrten bereits ein einheitliches Naturgesetz als Urgrund der mannichfaltigen Erscheinungen, die Einheit der gesammten Natur und den beständigen Wechsel der Formen. Anaximander läßt die lebenden Wesen im Wasser durch den Einfluß der Sonnenwärme entstehen und nimmt an, daß der Mensch sich aus fischartigen Thieren entwickelt habe. Aber auch später finden wir in der Naturphilosophie des Heraklit und Empedocles, wie in den naturwissenschaftlichen Schriften des Demokritos und Aristoteles vielfach Anklänge an Vorstellungen, die wir zu den Grundpfeilern der heutigen Entwickelungslehre rechnen. Empedocles zeigt, wie Zweckmäßiges aus Unzweckmäßigem hervorgehen kann. Aristoteles nimmt die Urzeugung als die natürliche Entstehungsart der niederen organischen Wesen an. Er läßt z. B. Motten aus Wolle, Flöhe aus faulem Mist, Milben aus feuchtem Holz entstehen u. s. w. [18]).

Der Grundgedanke der Entwickelungstheorie, daß die verschiedenen Thier- und Pflanzenarten sich aus gemeinsamen Stammarten durch Umbildung entwickelt haben, konnte natürlich erst klar ausgesprochen werden, nachdem die Arten oder Species selbst genauer bekannt geworden, und nachdem auch schon die ausgestorbenen Species neben den lebenden in Betracht gezogen und eingehender mit letzteren verglichen worden waren. Dies geschah erst gegen Ende des vorigen und im Beginn unseres Jahrhunderts. Erst im Jahre 1801 sprach der große Lamarck die Principien der Entwickelungslehre aus, welche er 1809 in seiner classischen „Philosophie zoologique" weiter ausführte [2]). Während Lamarck und sein Landsmann Geoffroy S. Hilaire in Frankreich den Ansichten Cuviers gegenüber traten und eine natürliche Entwickelung der organischen Species durch Umbildung und Abstammung behaupteten, vertraten in Deutschland Goethe und Oken dieselbe Richtung und legten hier selbstständig die ersten Keime der Entwickelungstheorie. Da man gewöhnlich alle diese Naturforscher als „Naturphilosophen" zu bezeichnen pflegt, und da diese Bezeichnung in einem gewissen Sinne ganz richtig ist, so erscheint es wohl angemessen, hier einige Worte über die richtige Würdigung der Naturphilosophie vorauszuschicken.

Während man in England schon seit langer Zeit Naturwissenschaft und Philosophie in die engste Verbindung bringt und jeden von allgemeinen Gesichtspunkten geleiteten Naturforscher einen „Naturphilosophen" nennt, wird dagegen in Deutschland schon seit mehr als einem halben Jahrhundert die Naturwissenschaft streng von der Philosophie geschieden, und die naturgemäße Verschmelzung beider zu einer wahren „Naturphilosophie" wird nur von Wenigen anerkannt. An dieser Verkennung sind die phantastischen Ausschreitungen der früheren deutschen Naturphilosophen, Okens, Schellings u. s. w. Schuld, welche glaubten, die Naturgesetze aus ihrem Kopfe construiren zu können, ohne auf dem Boden der thatsächlichen Erfahrung stehen bleiben zu müssen. Als sich diese Anmaßungen in ihrer ganzen Leerheit herausgestellt hatten, schlugen die Naturforscher unter der „Nation von Denkern" in das gerade Gegentheil um, und glaubten, das hohe Ziel der Wissenschaft, die Erkenntniß der Wahrheit, auf dem Wege der nackten sinnlichen Erfahrung ohne jede philosophische Gedankenarbeit erreichen zu können. Von nun an, besonders seit dem Jahre 1830, machte sich bei den meisten Naturforschern eine starke Abneigung gegen jede allgemeinere, philosophische Betrachtung der Natur geltend. Man fand nun das eigentliche Ziel der Naturwissenschaft in der Erkenntniß des Einzelnen; in der Biologie schien dasselbe erreicht, wenn man mit Hülfe der feinsten Instrumente und Beobachtungsmittel die Formen und die Lebenserscheinungen aller einzelnen Organismen ganz genau erkannt haben würde. Zwar gab es immerhin unter diesen streng empirischen oder sogenannten exakten Naturforschern Einzelne, welche sich über diesen beschränkten Standpunkt erhoben und das letzte Ziel in einer Erkenntniß allgemeiner Organisationsgesetze finden wollten. Indessen die große Mehrzahl der Zoologen und Botaniker in den letzten vier Decennien wollte von solchen allgemeinen Gesetzen Nichts wissen; sie gestand höchstens zu, daß vielleicht in ganz entfernter Zukunft, wenn man einmal am Ende aller empirischen Erkenntniß angelangt sein würde, wenn alle einzelnen Thiere und Pflanzen vollständig untersucht worden seien, solche Gesetze aufgestellt werden könnten.

Wenn man die wichtigsten Fortschritte, die der menschliche Geist in der Erkenntniß der Wahrheit gemacht hat, zusammenfassend vergleicht, so erkennt man bald, daß es stets philosophische Gedankenoperationen sind, durch welche diese Fortschritte erzielt wurden. Die vorhergehende sinnliche Erfahrung und die dadurch gewonnene Kenntniß des Einzelnen kann nur die feste Grundlage für jene allgemeinen Gesetze liefern. Empirie und Philosophie stehen daher keineswegs in so ausschließendem Gegensatz zu einander, wie bisher von den Meisten angenommen wurde; sie ergänzen sich vielmehr nothwendig.

Der Philosoph, welchem der unumstößliche Boden der sinnlichen Erfahrung, der empirischen Kenntniß fehlt, gelangt in seinen allgemeinen Speculationen sehr leicht zu Fehlschlüssen, welche selbst ein mäßig gebildeter Naturforscher sofort widerlegen kann. Andrerseits können die rein empirischen Naturforscher, die sich nicht um philosophische Zusammenfassung ihrer sinnlichen Wahrnehmungen bemühen und nicht nach allgemeinen Erkenntnissen streben, die Wissenschaft nur in sehr geringem Maße fördern; der Hauptwerth ihrer mühsam gewonnenen Einzelkenntnisse liegt in den allgemeinen Resultaten, welche später umfassendere Geister aus denselben ziehen. Bei einem allgemeinen Ueberblick über den Entwickelungsgang der Biologie seit Linné finden Sie leicht, wie dies Baer ausgeführt hat, ein beständiges Schwanken zwischen diesen beiden Richtungen, ein Ueberwiegen einmal der empirischen (sogenannten exacten) und dann wieder der philosophischen (speculativen) Richtung. So hatte sich schon zu Ende des vorigen Jahrhunderts, im Gegensatz gegen Linné's rein empirische Schule, eine naturphilosophische Reaction erhoben, deren bewegende Geister, Kant, Lamarck, Geoffroy S. Hilaire, Goethe und Oken, durch ihre Gedankenarbeit Licht und Ordnung in das Chaos des aufgehäuften empirischen Rohmaterials zu bringen suchten. Gegenüber den vielfachen Irrthümern und den zu weit gehenden Speculationen dieser Naturphilosophen trat dann Cuvier auf, welcher eine zweite, rein empirische Periode herbeiführte. Diese erreichte ihre einseitigste Entwickelung während der Jahre 1830—1860, und nun folgte ein zweiter philosophischer Rückschlag, durch Darwin's Werk veranlaßt. Man fing nun im letzten Decennium wieder an, sich zur Erkenntniß der allgemeinen Naturgesetze hinzuwenden, denen doch schließlich alle einzelnen Erfahrungskenntnisse nur als Grundlage dienen, und durch welche letztere erst ihren wahren Werth erlangen. Durch die Gedanken-Arbeit der Philosophie wird die Naturkunde erst zur wahren Wissenschaft, zur „Naturphilosophie".

Unter den großen Naturphilosophen, denen wir die erste Begründung einer organischen Entwickelungstheorie verdanken, und welche neben Charles Darwin als die Urheber der Umbildungslehre glänzen, stehen obenan Jean Lamarck und Wolfgang Goethe. Ich wende mich zunächst zu unserm unvergleichlichen Goethe, welcher von Allen uns Deutschen am nächsten steht. Bevor ich jedoch seine besonderen Verdienste um die Entwickelungstheorie erläutere, scheint es mir passend, Einiges über seine Bedeutung als Naturforscher überhaupt zu sagen, da dieselbe gewöhnlich sehr verkannt wird.

Gewiß die meisten unter Ihnen verehren Goethe nur als Dichter und Menschen; nur Wenige werden eine Vorstellung von dem hohen Werth haben, den seine naturwissenschaftlichen Arbeiten besitzen, von dem Riesenschritt, mit dem er seiner Zeit vorauseilte, — so vorauseilte, daß eben die meisten Naturforscher der damaligen Zeit ihm nicht nachkommen konnten. Das Mißgeschick, daß seine naturphilosophischen Verdienste von seinen Zeitgenossen verkannt wurden, hat Goethe oft schmerzlich empfunden. An verschiedenen Stellen seiner naturwissenschaftlichen Schriften beklagt er sich bitter über die beschränkten Fachleute, welche seine Arbeiten nicht zu würdigen verstehen, welche den Wald vor lauter Bäumen nicht sehen, und welche sich nicht dazu erheben können, aus dem Wust des Einzelnen allgemeine Naturgesetze herauszufinden. Nur zu gerecht ist sein Vorwurf: „Der Philosoph wird gar bald entdecken, daß sich die Beobachter selten zu einem Standpunkt erheben, von welchem sie so viele bedeutend bezügliche Gegenstände übersehen können". Wesentlich allerdings wurde diese Verkennung verschuldet durch den falschen Weg, auf welchen Goethe in seiner Farbenlehre gerieth. Die Farbenlehre, die er selbst als das Lieblingskind seiner Muße bezeichnet, ist in ihren Grundlagen durchaus verfehlt, so viel Schönes sie auch im Einzelnen enthalten mag. Die exacte mathemathische Methode, mittelst welcher man allein zunächst in den anorganischen Naturwissenschaften, in der Physik vor Allem, Schritt für Schritt auf unumstößlich fester Basis weiter bauen kann, war Goethe durchaus zuwider. Er ließ sich in der Verwerfung derselben nicht allein zu großen Ungerechtigkeiten gegen die hervorragendsten Physiker hinreißen, sondern auch auf Irrwege verleiten, die seinen übrigen werthvollen Arbeiten sehr geschadet haben. Ganz etwas Anderes ist es in den organischen Naturwissenschaften, in welchen wir nur selten im Stande sind, von Anfang an gleich auf der unumstößlich festen mathematischen Basis vorzugehen, vielmehr gezwungen sind, wegen der unendlich schwierigen und verwickelten Natur der Aufgabe, uns zunächst Inductionsschlüsse zu bilden; d. h. wir müssen aus zahlreichen einzelnen Beobachtungen, die doch nicht ganz vollständig sind, ein allgemeines Gesetz zu begründen suchen. Die denkende Vergleichung der verwandten Erscheinungsreihen, die Combination ist hier das wichtigste Forschungsinstrument, und diese wurde von Goethe mit ebenso viel Glück als bewußter Wertherkenntniß bei seinen naturphilosophischen Arbeiten angewandt.

Von den Schriften Goethe's, die sich auf die organische Natur beziehen, ist am berühmtesten die Metamorphose der Pflanzen geworden, welche 1790 erschien; ein Werk, welches bereits den Grundgedanken der Entwickelungstheorie deutlich erkennen läßt. Denn Goethe war darin bemüht, ein einziges Grundorgan nachzuweisen, durch dessen unendlich mannichfaltige Ausbildung und Umbildung man sich den ganzen Formenreichthum der Pflanzenwelt entstanden denken könne; dieses Grundorgan fand er im Blatt. Wenn damals schon die Anwendung des Mikroskops eine allgemeine gewesen wäre, wenn Goethe den Bau der Organismen mit dem Mikroskop durchforscht hätte, so würde er noch weiter gegangen sein, und das Blatt bereits als ein Vielfaches von individuellen Theilen niederer Ordnung, von Zellen, erkannt haben. Er würde dann nicht das Blatt, sondern die Zelle als das eigentliche Grundorgan aufgestellt haben, durch dessen Vermehrung, Umbildung und Verbindung (Synthese) zunächst das Blatt entsteht; sowie weiterhin durch Umbildung, Variation und Zusammensetzung der Blätter alle die mannichfaltigen Schönheiten in Form und Farbe entstehen, welche wir ebenso an den echten Ernährungsblättern, wie an den Fortpflanzungsblättern oder den Blüthentheilen der Pflanzen bewundern. Indessen schon jener Grundgedanke war durchaus richtig. Goethe zeigte darin, daß man, um das

Ganze der Erscheinung zu erfassen, erstens vergleichen und dann zweitens einen einfachen Typus, eine einfache Grundform, ein Thema gewissermaßen suchen müsse, von dem alle übrigen Gestalten nur die unendlich mannichfaltigen Variationen seien.

Etwas Aehnliches, wie er hier in der Metamorphose der Pflanzen leistete, gab er dann für die Wirbelthiere in seiner berühmten Wirbeltheorie des Schädels. Goethe zeigte zuerst, unabhängig von Oken, welcher fast gleichzeitig auf denselben Gedanken kam, daß der Schädel des Menschen und aller anderen Wirbelthiere, zunächst der Säugethiere, Nichts weiter sei als das umgewandelte vorderste Stück der Wirbelsäule oder des Rückgrats. Die Knochenkapsel des Schädels erscheint danach aus mehreren Knochenringen zusammengesetzt, welche den Wirbeln des Rückgrats ursprünglich gleichwerthig sind. Allerdings ist diese Idee kürzlich durch die scharfsinnigen Untersuchungen von Gegenbaur[5]) sehr bedeutend modificirt worden. Dennoch gehörte sie in jener Zeit zu den größten Fortschritten der vergleichenden Anatomie und wurde für das Verständniß des Wirbelthierbaues eine der ersten Grundlagen. Wenn zwei Körpertheile, die auf den ersten Blick so verschieden aussehen, wie der Hirnschädel und die Wirbelsäule, sich als ursprünglich gleichartige, aus einer und derselben Grundlage hervorgebildete Theile nachweisen ließen, so war damit eine der schwierigsten naturphilosophischen Aufgaben gelöst. Auch hier begegnet uns wieder der Gedanke des einheitlichen Typus, der Gedanke des einzigen Themas, daß nur in den verschiedenen Arten und in den Theilen der einzelnen Arten unendlich variirt wird.

Es waren aber nicht bloß solche weitgreifende Gesetze, um deren Erkenntniß sich Goethe bemühte, sondern es waren auch zahlreiche einzelne, namentlich vergleichend-anatomische Untersuchungen, die ihn lange Zeit hindurch aufs lebhafteste beschäftigten. Unter diesen ist vielleicht keine interessanter, als die Entdeckung des Zwischenkiefers beim Menschen. Da diese in mehrfacher Beziehung von Bedeutnng für die Entwickelungstheorie ist, so erlaube ich mir,

Ihnen dieselbe kurz hier darzulegen. Es existiren bei sämmtlichen Säugethieren in der oberen Kinnlade zwei Knochenstückchen, welche in der Mittellinie des Gesichts, unterhalb der Nase, sich berühren, und in der Mitte zwischen den beiden Hälften des eigentlichen Oberkieferknochens gelegen sind. Dieses Knochenpaar, welches die vier oberen Schneidezähne trägt, ist bei den meisten Säugethieren ohne Weiteres sehr leicht zu erkennen; beim Menschen dagegen war es zu jener Zeit nicht bekannt, und berühmte vergleichende Anatomen legten sogar auf diesen Mangel des Zwischenkiefers einen sehr großen Werth, indem sie denselben als Hauptunterschied zwischen Menschen und Affen ansahen; es wurde der Mangel des Zwischenkiefers seltsamer Weise als der menschlichste aller menschlichen Charaktere hervorgehoben. Nun wollte es Goethe durchaus nicht in den Kopf, daß der Mensch, der in allen übrigen körperlichen Beziehungen offenbar nur ein hoch entwickeltes Säugethier sei, diesen Zwischenkiefer entbehren solle. Er zog aus der allgemeinen Verbreitung des Zwischenkiefers bei sämmtlichen Säugethieren den besonderen Schluß, daß derselbe auch beim Menschen vorkommen müsse; und er hatte keine Ruhe, bis er bei Vergleichung einer großen Anzahl von Schädeln wirklich den Zwischenkiefer auffand. Bei einzelnen Individuen ist derselbe die ganze Lebenszeit hindurch erhalten, während er gewöhnlich frühzeitig mit dem benachbarten Oberkiefer verwächst und nur bei sehr jugendlichen Menschenschädeln als selbstständiger Knochen nachzuweisen ist. Bei den menschlichen Embryonen kann man ihn jetzt jeden Augenblick vorzeigen. Der Zwischenkiefer ist also beim Menschen in der That vorhanden, und Goethe gebührt der Ruhm, diese in vielfacher Beziehung wichtige Thatsache zuerst festgestellt zu haben, und zwar gegen den Widerspruch der wichtigsten Fachautoritäten, z. B. des berühmten Anatomen Peter Camper. Besonders interessant ist dabei der Weg, auf dem er zu dieser Feststellung gelangte; es ist der Weg, auf dem wir beständig in den organischen Naturwissenschafteu fortschreiten, der Weg der Induction und Deduction. Die Induction ist ein Schluß aus zahlreichen einzelnen beobachteten Fällen auf ein allgemeines Gesetz; die Deduction dagegen ist ein Rückschluß aus diesem allgemeinen Gesetz auf einen einzelnen, noch nicht wirklich beobachteten Fall. Aus den damals gesammelten empirischen Kenntnissen ging der Inductionsschluß hervor, daß sämmtliche Säugethiere den Zwischenkiefer besitzen. Goethe zog daraus den Deductionsschluß, daß der Mensch, der in allen übrigen Beziehungen seiner Organisation nicht wesentlich von den Säugethieren verschieden sei, auch diesen Zwischenkiefer besitzen müsse; und letzterer fand sich in der That bei eingehender Untersuchung. Es wurde der Deductionsschluß durch die nachfolgende Erfahrung bestätigt oder verificirt.

Schon diese wenigen Züge mögen Ihnen den hohen Werth vor Augen führen, den wir Goethe's biologischen Forschungen zuschreiben müssen. Leider sind die meisten seiner darauf bezüglichen Arbeiten so versteckt in seinen gesammelten Werken, und die wichtigsten Beobachtungen und Bemerkungen so zerstreut in zahlreichen einzelnen Aufsätzen, die andere Themata behandeln, daß es schwer ist, sie herauszufinden. Auch ist bisweilen eine vortreffliche, wahrhaft wissenschaftliche Bemerkung so eng mit einem Haufen unbrauchbarer naturphilosophischer Phantasiegebilde verknüpft, daß letztere der ersteren großen Eintrag thun.

Für das außerordentliche Interesse, welches Goethe für die organische Naturforschung hegte, ist vielleicht Nichts bezeichnender, als die lebendige Theilnahme, mit welcher er noch in seinen letzten Lebensjahren den in Frankreich ausgebrochenen Streit zwischen Cuvier und Geoffroy S. Hilaire verfolgte. Goethe hat eine interessante Darstellung dieses merkwürdigen Streites und seiner allgemeinen Bedeutung, sowie eine treffliche Charakteristik der beiden großen Gegner in einer besonderen Abhandlung gegeben, welche er erst wenige Tage vor seinem Tode, im März 1832, vollendete. Diese Abhandlung führt den Titel: „Principes de Philosophie zoologique par Mr. Geoffroy de Saint-Hilaire“; sie ist Goethe's letztes Werk, und bildet in der Gesammtausgabe seiner Werke deren Schluß. Der

Streit selbst war in mehrfacher Beziehung von höchstem Interesse. Er drehte sich wesentlich um die Berechtigung der Entwickelungstheorie. Dabei wurde er im Schooße der französischen Academie von beiden Gegnern mit einer persönlichen Leidenschaftlichkeit geführt, welche in den würdevollen Sitzungen jener gelehrten Körperschaft fast unerhört war, und welche bewies, daß beide Naturforscher für ihre heiligsten und tiefsten Ueberzeugungen kämpften. Am 22sten Februar 1830 fand der erste Conflict statt, welchem bald mehrere andere folgten, der heftigste am 19. Juli 1830. Geoffroy als das Haupt der französischen Naturphilosophen vertrat die natürliche Entwickelungstheorie und die einheitliche (monistische) Naturauffassung. Er behauptete die Veränderlichkeit der organischen Species, die gemeinschaftliche Abstammung der einzelnen Arten von gemeinsamen Stammformen, und die Einheit der Organisation, oder die Einheit des Bauplanes, wie man sich damals ausdrückte. Cuvier war der entschiedenste Gegner dieser Anschauungen, wie es ja nach dem, was Sie gehört haben, nicht anders sein konnte. Er versuchte zu zeigen, daß die Naturphilosophen kein Recht hätten, auf Grund des damals vorliegenden empirischen Materials so weitgehende Schlüsse zu ziehen, und daß die behauptete Einheit der Organisation oder des Bauplanes der Organismen nicht existire. Er vertrat die teleologische (dualistische) Naturauffassung und behauptete, daß „die Unveränderlichkeit der Species eine nothwendige Bedingung für die Existenz der wissenschaftlichen Naturgeschichte sei." Cuvier hatte den großen Vortheil vor seinem Gegner voraus, für seine Behauptungen lauter unmittelbar vor Augen liegende Beweisgründe vorbringen zu können, welche allerdings nur aus dem Zusammenhang gerissene einzelne Thatsachen waren. Geoffroy dagegen war nicht im Stande, den von ihm verfochtenen höheren allgemeinen Zusammenhang der einzelnen Erscheinungen mit so greifbaren Einzelheiten belegen zu können. Daher behielt Cuvier in den Augen der Mehrheit den Sieg, und entschied für die folgenden drei Jahrzehnte die Niederlage der Naturphilosophie und die Herrschaft der streng empirischen Richtung. Goethe dagegen nahm natürlich entschieden für Geoffroy Partei. Wie lebhaft ihn noch in seinem 81sten Jahre dieser große Kampf beschäftigte, mag folgende, von Soret erzählte Anekdote bezeugen:

„Montag, 2. August 1830. Die Nachrichten von der begonnenen Julirevolution gelangten heute nach Weimar und setzten Alles in Aufregung. Ich ging im Laufe des Nachmittags zu Goethe. „Nun?" rief er mir entgegen, „was denken Sie von dieser großen Begebenheit? Der Vulcan ist zum Ausbruch gekommen; alles steht in Flammen, und es ist nicht ferner eine Verhandlung bei geschlossenen Thüren!" Eine furchtbare Geschichte! erwiderte ich. Aber was ließ sich bei den bekannten Zuständen und bei einem solchen Ministerium anders erwarten, als daß man mit der Vertreibung der bisherigen königlichen Familie endigen würde. „Wir scheinen uns nicht zu verstehen, mein Allerbester," erwiderte Goethe. „Ich rede gar nicht von jenen Leuten; es handelt sich bei mir um ganz andere Dinge. Ich rede von dem in der Academie zum öffentlichen Ausbruch gekommenen, für die Wissenschaft so höchst bedeutenden Streite zwischen Cuvier und Geoffroy de S. Hilaire." Diese Aeußerung Goethe's war mir so unerwartet, daß ich nicht wußte, was ich sagen sollte, und daß ich während einiger Minuten einen völligen Stillstand in meinen Gedanken verspürte. „Die Sache ist von der höchsten Bedeutung," fuhr Goethe fort, „und Sie können sich keinen Begriff davon machen, was ich bei der Nachricht von der Sitzung des 19. Juli empfinde. Wir haben jetzt an Geoffroy de Saint Hilaire einen mächtigen Alliirten auf die Dauer. Ich sehe aber zugleich daraus, wie groß die Theilnahme der französischen wissenschaftlichen Welt in dieser Angelegenheit sein muß, indem trotz der furchtbaren politischen Aufregung, die Sitzung des 19. Juli dennoch bei einem gefüllten Hause stattfand. Das Beste aber ist, daß die von Geoffroy in Frankreich eingeführte synthetische Behandlungsweise der Natur jetzt nicht mehr rückgängig zu machen ist. Diese Angelegenheit ist durch die freien Discussionen in der Academie, und zwar in Gegenwart eines großen Publicums, jetzt öffentlich geworden, sie läßt sich nicht mehr an geheime Ausschüsse verweisen und bei geschlossenen Thüren abthun und unterdrücken."

Von den zahlreichen interessanten und bedeutenden Sätzen, in welchen sich Goethe klar über seine Auffassung der organischen Natur und ihrer beständigen Entwickelung ausspricht, habe ich in meiner generellen Morphologie der Organismen [1]) eine Auswahl als Leitworte an den Eingang der einzelnen Bücher und Capitel gesetzt. Hier führe ich Ihnen zunächst eine Stelle aus dem Gedichte an, welches die Ueberschrift trägt: „die Metamorphose der Thiere" (1819).

„Alle Glieder bilden sich aus nach ew'gen Gesetzen,
„Und die seltenste Form bewahrt im Geheimen das Urbild.
„Also bestimmt die Gestalt die Lebensweise des Thieres,
„Und die Weise zu leben, sie wirkt auf alle Gestalten
„Mächtig zurück. So zeiget sich fest die geordnete Bildung,
„Welche zum Wechsel sich neigt durch äußerlich wirkende Wesen."

Schon hier ist der Gegensatz zwischen zwei verschiedenen organischen Bildungskräften angedeutet, welche sich gegenüber stehen, und durch ihre Wechselwirkung die Form des Organismus bestimmen; einerseits ein gemeinsames inneres, fest sich erhaltendes Urbild, welches den verschiedensten Gestalten zu Grunde liegt; andrerseits der äußerlich wirkende Einfluß der Umgebung und der Lebensweise, welcher umbildend auf das Urbild einwirkt. Noch bestimmter tritt dieser Gegensatz in folgendem Ausspruch hervor.

„Eine innere ursprüngliche Gemeinschaft liegt aller Organisation zu Grunde; die Verschiedenheit der Gestalten dagegen entspringt aus den nothwendigen Beziehungsverhältnissen zur Außenwelt, und man darf daher eine ursprüngliche, gleichzeitige Verschiedenheit und eine unaufhaltsam fortschreitende Umbildung mit Recht annehmen, um die ebenso constanten als abweichenden Erscheinungen begreifen zu können."

Das „Urbild" oder der „Typus", welcher als „innere ursprüngliche Gemeinschaft" allen organischen Formen zu Grunde liegt, ist die innere Bildungskraft, welche die ursprüngliche Bildungsrichtung erhält nnd durch Vererbung fortpflanzt. Die „unaufhaltsam fortschreitende Umbildung" dagegen, welche „aus den nothwendigen Beziehungsverhältnissen zur Außenwelt entspringt", bewirkt als äußere Bildungskraft, durch Anpassung an die umgebenden Lebensbedingungen, die unendliche „Verschiedenheit der Gestalten". Den inneren Bildungstrieb der Vererbung, welcher die Einheit des Urbildes erhält, nennt Goethe an einer anderen Stelle die Centripetalkraft des Organismus, seinen Specificationstrieb; im Gegensatz dazu nennt er den äußeren Bildungstrieb der Anpassung, welcher die Mannichfaltigkeit der organischen Gestalten hervorbringt, die Centrifugalkraft des Organismus, seinen Variationstrieb. Die betreffende Stelle, in welcher er ganz klar das „Gegengewicht" dieser beiden äußerst wichtigen organischen Bildungskräfte bezeichnet, lautet folgendermaßen: „Die Idee der Metamorphose ist gleich der Vis centrifuga und würde sich ins Unendliche verlieren, wäre ihr nicht ein Gegengewicht zugegeben: ich meine den Specificationstrieb, das zähe Beharrlichkeitsvermögen dessen, was einmal zur Wirklichkeit gekommen, eine Vis centripeta, welcher in ihrem tiefsten Grunde keine Aeußerlichkeit etwas anhaben kann."

Unter Metamorphose versteht Goethe nicht allein, wie es heutzutage gewöhnlich verstanden wird, die Formveränderungen, welche das organische Individuum während seiner individuellen Entwickelung erleidet, sondern in weiterem Sinne überhaupt die Umbildung der organischen Formen. Die „Idee der Metamorphose" ist beinahe gleichbedeutend mit unserer „Entwickelungstheorie". Dies ergiebt sich unter Anderem auch aus folgendem Ausspruch: „Der Triumph der physiologischen Metamorphose zeigt sich da, wo das Ganze sich in Familien, Familien sich in Geschlechter, Geschlechter in Sippen, und diese wieder in andere Mannichfaltigkeiten bis zur Individualität scheiden, sondern und umbilden. Ganz ins Unendliche geht dieses Geschäft der Natur; sie kann nicht ruhen, noch beharren, aber auch nicht Alles, was sie hervorbrachte, bewahren und erhalten. Aus dem Samen entwickeln sich immer abweichende, die Verhältnisse ihrer Theile zu einander verändert bestimmende Pflanzen."

In den beiden organischen Bildungstrieben, in dem conservativen, centripetalen, innerlichen Bildungstriebe der Vererbung oder der Specification einerseits, in dem progressiven, centrifugalen, äußerlichen Bildungstriebe der Anpassung oder der Metamorphose andrerseits, hatte Goethe bereits die beiden großen mechanischen Naturkräfte entdeckt, welche die wirkenden Ursachen der organischen Gestaltungen sind. Diese tiefe biologische Erkenntniß mußte ihn naturgemäß zu dem Grundgedanken der Abstammungslehre führen, zu der Vorstellung, daß die formverwandten organischen Arten wirklich blutsverwandt sind, und daß dieselben von gemeinsamen ursprünglichen Stammformen abstammen. Für die wichtigste von allen Thiergruppen, die Hauptabtheilung der Wirbelthiere, drückt dies Goethe in folgendem merkwürdigen Satze aus (1796!): „Dies also hätten wir gewonnen, ungescheut behaupten zu dürfen, daß alle vollkommneren organischen Naturen, worunter wir Fische, Amphibien, Vögel, Säugethiere und an der Spitze der letzten den Menschen sehen, alle nach einem Urbilde geformt seien, das nur in seinen sehr beständigen Theilen mehr oder weniger hin- und herweicht, und sich noch täglich durch Fortpflanzung aus- und umbildet."

Dieser Satz ist in mehrfacher Beziehung von Interesse. Die Theorie, daß „alle vollkommneren organischen Naturen", d. h. alle Wirbelthiere, von einem gemeinsamen Urbilde abstammen, daß sie aus diesem durch Fortpflanzung (Vererbung) und Umbildung (Anpassung) entstanden sind, ist daraus deutlich zu entnehmen. Besonders interessant aber ist, daß Goethe auch hier für den Menschen keine Ausnahme gestattet, ihn vielmehr ausdrücklich in den Stamm der übrigen Wirbelthiere hineinzieht. Die wichtigste specielle Folgerung der Abstammungslehre, daß der Mensch von anderen Wirbelthieren abstammt, läßt sich hier im Keime erkennen [3]).

Noch klarer spricht Goethe diese überaus wichtige Grund-Idee an einer anderen Stelle (1807) in folgenden Worten aus: „Wenn man Pflanzen und Thiere in ihrem unvollkommensten Zustande betrachtet, so sind sie kaum zu unterscheiden. So viel aber können wir sagen, daß die aus einer kaum zu sondernden Verwandtschaft als Pflanzen und Thiere nach und nach hervortretenden Geschöpfe nach zwei entgegengesetzten Seiten sich vervollkommnen, so daß die Pflanze sich zuletzt im Baume dauernd und starr, das Thier im Menschen zur höchsten Beweglichkeit und Freiheit sich verherrlicht." In diesem merkwürdigen Satze ist nicht allein das genealogische Verwandtschafts-Verhältniß des Pflanzenreichs zum Thierreiche höchst treffend beurtheilt, sondern auch bereits der Kern der einheitlichen oder monophyletischen Descendenz-Hypothese enthalten, deren Bedeutung ich Ihnen später auseinander zu setzen habe. (Vergl. über Goethe's Transformismus namentlich Kalischer's Schrift [9]).

Zu derselben Zeit, als Goethe in dieser Weise die Grundzüge der Descendenz-Theorie entwarf, finden wir bereits einen anderen deutschen Naturphilosophen angelegentlich mit derselben beschäftigt, nämlich Gottfried Reinhold Treviranus aus Bremen (geb. 1776, gest. 1837). Wie kürzlich Wilhelm Focke in Bremen gezeigt hat, entwickelte Treviranus schon in dem frühesten seiner größeren Werke, in der „Biologie oder Philosophie der lebenden Natur", bereits ganz im Anfange unseres Jahrhunderts, monistische Ansichten von der Einheit der Natur und von dem genealogischen Zusammenhang der Organismen-Arten, die ganz unserem jetzigen Standpunkte entsprechen. In den drei ersten Bänden der Biologie, die 1802, 1803 und 1805 erschienen, also schon mehrere Jahre vor den Hauptwerken von Oken und Lamarck, finden sich zahlreiche Stellen, welche in dieser Beziehung von Interesse sind. Ich will nur einige der wichtigsten hier anführen.

Ueber die Hauptfrage unserer Theorie, über den Ursprung der organischen Species, spricht sich Treviranus folgendermaßen aus: „Jede Form des Lebens kann durch physische Kräfte auf doppelte Art hervorgebracht sein: entweder durch Entstehung aus formloser Materie, oder durch Abänderung der Form bei dauernder Gestaltung, Im letzteren Falle kann die Ursache dieser Abänderung entweder in der Einwirkung eines ungleichartigen männlichen Zeugungsstoffes auf den weiblichen Keim, oder in dem erst nach der Erzeugung stattfindenden Einflusse anderer Potenzen liegen. — In jedem lebenden Wesen liegt die Fähigkeit zu einer endlosen Mannichfaltigkeit der Gestaltungen; jedes besitzt das Vermögen, seine Organisation den Veränderungen der äußeren Welt anzupassen, und dieses durch den Wechsel des Universums in Thätigkeit gesetzte Vermögen ist es, was die einfachen Zoophyten der Vorwelt zu immer höheren Stufen der Organisation gesteigert und eine zahllose Mannichfaltigkeit in die lebende Natur gebracht hat."

Unter Zoophyten versteht hier Treviranus die Organismen niedersten Ranges und einfachster Beschaffenheit, insbesondere jene neutralen, zwischen Thier und Pflanze in der Mitte stehenden Urwesen, die im Ganzen unseren Protisten entsprechen. „Diese Zoophyten", sagt er an einer anderen Stelle, „sind die Urformen, aus welchen alle Organismen der höheren Classen durch allmähliche Entwickelung entstanden sind. Wir sind ferner der Meinung, daß jede Art, wie jedes Individuum, gewisse Perioden des Wachsthums, der Blüthe und des Absterbens hat, daß aber ihr Absterben nicht Auflösung, wie bei dem Individuum, sondern Degeneration ist. Und hieraus scheint uns zu folgen, daß es nicht, wie man gewöhnlich annimmt, die großen Katastrophen der Erde sind, was die Thiere der Vorwelt vertilgt hat, sondern daß Viele diese überlebt haben, und daß sie vielmehr deswegen aus der jetzigen Natur verschwunden sind, weil die Arten, zu welchen sie gehörten, den Kreislauf ihres Daseins vollendet haben und in andere Gattungen übergegangen sind."

Wenn Treviranus an diesen und anderen Stellen Degeneration als die wichtigste Ursache der Umbildung der Thier- und Pflanzen-Arten ansieht, so versteht er darunter nicht „Entartung" oder Degeneration in dem heute gebräuchlichen Sinne. Vielmehr ist seine „Degeneration" ganz dasselbe, was wir heute Anpassung oder Abänderung durch den äußeren Bildungstrieb nennen. Daß Treviranus diese Umbildung der organischen Species durch Anpassung, und ihre Erhaltung durch Vererbung, die ganze Mannichfaltigkeit der organischen Formen aber durch die Wechselwirkung von Anpassung und Vererbung erklärte, geht auch aus mehreren anderen Stellen klar hervor. Wie tief er dabei die gegenseitige Abhängigkeit aller lebenden Wesen von einander, und überhaupt den universalen Causalnexus, d. h. den einheitlichen ursächlichen Zusammenhang zwischen allen Gliedern und Theilen des Weltalls erfaßte, zeigt unter andern noch folgender Satz der Biologie: „Das lebende Individuum ist abhängig von der Art, die Art von dem Geschlechte, dieses von der ganzen lebenden Natur, und die letztere von dem Organismus der Erde. Das Individuum besitzt zwar ein eigenthümliches Leben und bildet insofern eine eigene Welt. Aber eben weil das Leben desselben beschränkt ist, so macht es doch zugleich auch ein Organ in dem allgemeinen Organismus aus. Jeder lebende Körper besteht durch das Universum; aber das Universum besteht auch gegenseitig durch ihn."

Daß dieser großartigen mechanischen Auffassung des Universums zufolge Treviranus auch für den Menschen keine privilegirte Ausnahmestellung in der Natur zuließ, vielmehr die allmähliche Entwickelung desselben aus niederen Thierformen annahm, ist bei einem so tief und klar denkenden Naturphilosophen selbstverständlich. Und eben so selbstverständlich ist es andererseits, daß er keine Kluft zwischen organischer und anorganischer Natur anerkannte, vielmehr die absolute Einheit in der Organisation des ganzen Weltgebäudes behauptete. Dies bezeugt namentlich der folgende Satz: „Jede Untersuchung über den Einfluß der gesammten Natur auf die lebende Welt muß von dem Grundsatze ausgehen, daß alle lebenden Gestalten Producte physischer, noch in jetzigen Zeiten stattfindender, und nur dem Grade oder der Richtung nach veränderter Einflüsse sind." Hiermit ist, wie Treviranus selbst sagt, „das Grundproblem der Biologie gelöst", und, fügen wir hinzu, in rein monistischem oder mechanischem Sinne gelöst.

Als der bedeutendste der deutschen Naturphilosophen gilt gewöhnlich weder Treviranus, noch Goethe, sondern Lorenz Oken, welcher bei Begründung der Wirbeltheorie des Schädels als

Nebenbuhler Goethe's auftrat und Diesem nicht gerade freundlich gesinnt war. Bei der sehr verschiedenen Natur der beiden großen Männer, welche eine Zeitlang in nachbarschaftlicher Nähe lebten, konnten sie sich doch gegenseitig nicht wohl anziehen. Oken's Lehrbuch der Naturphilosophie, eines der bedeutendsten Erzeugnisse der damaligen naturphilosophischen Schule in Deutschland, erschien 1809, in demselben Jahre, in welchem auch Lamarck's fundamentales Werk, die „Philosophie zoologique" erschien. Schon 1802 hatte Oken einen „Grundriß der Naturphilosophie" veröffentlicht. Wie schon früher angedeutet wurde, finden wir bei Oken, versteckt unter einer Fülle von irrigen, zum Theil sehr abenteuerlichen und phantastischen Vorstellungen, eine Anzahl von werthvollen und tiefen Gedanken. Einige von diesen Ideen haben erst in neuerer Zeit, viele Jahre nachdem sie von ihm ausgesprochen wurden, allmählich wissenschaftliche Geltung erlangt. Ich will Ihnen hier von diesen, fast prophetisch ausgesprochenen Gedanken nur zwei anführen, welche zugleich zu der Entwickelungstheorie in der innigsten Beziehung stehen.

Eine der wichtigsten Theorien Oken's, welche früherhin sehr verschrieen, und namentlich von den sogenannten exacten Empirikern auf das stärkste bekämpft wurde, ist die Idee, daß die Lebenserscheinungen aller Organismen von einem gemeinschaftlichen chemischen Substrate ausgehen, gewissermaßen einem allgemeinen, einfachen „Lebensstoff", welchen er mit dem Namen „Urschleim" belegte. Er dachte sich darunter, wie der Name sagt, eine schleimartige Substanz, eine Eiweißverbindung, die in festflüssigem Aggregatzustande befindlich ist, und das Vermögen besitzt, durch Anpassung an verschiedene Existenzbedingungen der Außenwelt, und in Wechselwirkung mit deren Materie, die verschiedensten Formen hervorzubringen. Nun brauchen Sie blos das Wort Urschleim in das Wort Protoplasma oder Zellstoff umzusetzen, um zu einer der größten Errungenschaften zu gelangen, welche wir den mikroskopischen Forschungen der letzten zehn Jahre, insbesondere denjenigen von Max Schultze, verdanken.

Durch diese Untersuchungen hat sich herausgestellt, daß in allen lebendigen Naturkörpern ohne Ausnahme eine gewisse Menge einer schleimigen, eiweißartigen Materie in festflüssigem Dichtigkeitszustande sich vorfindet, und daß diese stickstoffhaltige Kohlenstoffverbindung ausschließlich der ursprüngliche Träger und Bewirker aller Lebenserscheinungen und aller organischen Formbildung ist. Alle anderen Stoffe, welche außerdem noch im Organismus vorkommen, werden erst von diesem activen Lebensstoff gebildet, oder von außen aufgenommen. Das organische Ei, die ursprüngliche Zelle, aus welcher sich jedes Thier und jede Pflanze zuerst entwickelt, besteht wesentlich nur aus einem runden Klümpchen solcher eiweißartigen Materie. Auch der Eidotter ist nur Eiweiß, mit Fettkernchen gemengt. Oken hatte also wirklich Recht, indem er, mehr ahnend als wissend, den Satz aussprach: „Alles Organische ist aus Schleim hervorgegangen, ist Nichts als verschieden gestalteter Schleim. Dieser Urschleim ist im Meere im Verfolge der Planeten-Entwickelung aus anorganischer Materie entstanden."

An die Urschleimtheorie Oken's, welche wesentlich mit der neuerlich erst fest begründeten, äußerst wichtigen Protoplasmatheorie zusammenfällt, schließt sich eine andere, eben so großartige Idee desselben Naturphilosophen eng an. Oken behauptete nämlich schon 1809, daß der durch Urzeugung im Meere entstehende Urschleim alsbald die Form von mikroskopisch kleinen Bläschen annehme, welche er Mile oder Infusorien nannte. „Die organische Welt hat zu ihrer Basis eine Unendlichkeit von solchen Bläschen." Die Bläschen entstehen aus den ursprünglichen festflüssigen Urschleimkugeln dadurch, daß die Peripherie derselben sich verdichtet. Die einfachsten Organismen sind einfache solche Bläschen oder Infusorien. Jeder höhere Organismus, jedes Thier und jede Pflanze vollkommnerer Art ist weiter Nichts als „eine Zusammenhäufung (Synthesis) von solchen infusorialen Bläschen, die durch verschiedene Combinationen sich verschieden gestalten und so zu höheren Organismen aufwachsen". Sie brauchen nun wiederum das Wort Bläschen oder Infusorium nur durch das Wort Zelle zu ersetzen, um zu einer der größten biologischen Theorien unseres Jahrhunderts, zur Zellentheorie, zu gelangen. Schleiden und Schwann haben zuerst im Jahre 1838 den empirischen Beweis geliefert, daß alle Organismen entweder einfache Zellen oder Zusammenhäufungen (Synthesen) von solchen Zellen sind; und die neuere Protoplasmatheorie hat nachgewiesen, daß der wesentlichste (und bisweilen der einzige!) Bestandtheil der echten Zelle das Protoplasma (der Urschleim) ist. Die Eigenschaften, die Oken seinen Infusorien zuschreibt, sind eben die Eigenschaften der Zellen, die Eigenschaften der elementaren Individuen, durch deren Zusammenhäufung, Verbindung und mannichfaltige Ausbildung die höheren Organismen eutstanden sind.

Diese beiden, außerordentlich fruchtbaren Gedanken Oken's wurden wegen der absurden Form, in der er sie aussprach, nur wenig berücksichtigt, oder gänzlich verkannt; und es war einer viel späteren Zeit vorbehalten, dieselben durch die Erfahrung zu begründen. Im engsten Zusammenhang mit diesen Vorstellungen standen auch andere Grundsätze seiner Entwickelungslehre. Vom Ursprung des Menschengeschlechts sagte er: „Der Mensch ist entwickelt, nicht erschaffen.“ So viele willkürliche Verkehrtheiten und ausschweifende Phantasiesprünge sich auch in Oken's Naturphilosophie finden mögen, so können sie uns doch nicht hindern, diesen großen und ihrer Zeit weit vorauseilenden Ideen unsere gerechte Bewunderung zu zollen. So viel geht aus den angeführten Behauptungen Goethe's und Oken's, und aus den demnächst zu erörternden Ansichten Lamarck's und Geoffroy's mit Sicherheit hervor, daß in den ersten Decennien unseres Jahrhunderts Niemand der natürlichen, durch Darwin neu begründeten Entwickelungstheorie so nahe kam, als die vielverschrieene Naturphilosophie.

Fünfter Vortrag.

Entwickelungstheorie von Kant und Lamarck.

Kant's Verdienste um die Entwickelungstheorie. Seine monistische Kosmologie und seine dualistische Biologie. Widerspruch von Mechanismus und Teleologie. Vergleichung der genealogischen Biologie mit der vergleichenden Sprachforschung. Ansichten zu Gunsten der Descendenztheorie von Leopold Buch, Baer, Schleiden, Unger, Schaaffhausen, Victor Carus, Büchner. Die französische Naturphilosophie. Lamarck's Philosophie zoologique. Lamarck's monistisches (mechanisches) Natursystem. Seine Ansichten von der Wechselwirkung der beiden organischen Bildungskräfte, der Vererbung und Anpassung. Lamarck's Ansicht von der Entwickelung des Menschengeschlechts aus affenartigen Säugethieren. Vertheidigung der Descendenztheorie durch Geoffroy S. Hilaire, Naudin und Lecoq. Die englische Naturphilosophie. Ansichten zu Gunsten der Descendenztheorie von Erasmus Darwin, W. Herbert, Grant, Freke, Herbert Spencer, Hooker, Huxley. Doppeltes Verdienst von Charles Darwin.

Meine Herren! Die teleologische Naturbetrachtung, welche die Erscheinungen in der organischen Welt durch die zweckmäßige Thätigkeit eines persönlichen Schöpfers oder einer zweckthätigen Endursache erklärt, führt nothwendig in ihren letzten Consequenzen zu ganz unhaltbaren Widersprüchen und zu einer zwiespältigen (dualistischen) Naturauffassung, welche zu der überall wahrnehmbaren Einheit und Einfachheit der obersten Naturgesetze im entschiedensten Widerspruch steht. Die Philosophen, welche jener Teleologie huldigen, müssen nothwendiger Weise zwei grundverschiedene Naturen annehmen: eine anorgische Natur, welche durch mechanisch wirkende Ursachen (causae efficientes), und eine organische Natur, welche im Gegensatze zu ersterer durch zweckmäßig thätige Ursachen (causae finales) erklärt werden muß. (Vergl. S. 31.)

Dieser Dualismus tritt uns auffallend entgegen, wenn wir die Naturanschauung eines der größten deutschen Philosophen, Kant's, betrachten, und die Vorstellungen in's Auge fassen, welche er sich von der Entstehung der Organismen bildete. Eine nähere Betrachtung dieser Vorstellungen ist hier schon deshalb geboten, weil wir in Immanuel Kant einen der wenigen Philosophen verehren, welche eine gediegene naturwissenschaftliche Bildung mit einer außerordentlichen Klarheit und Tiefe der Speculation verbinden. Der Königsberger Philosoph erwarb sich nicht bloß durch Begründung der kritischen Philosophie den höchsten Ruhm unter den speculativen Philosophen, sondern auch durch seine mechanische Kosmogenie einen glänzenden Namen unter den Naturforschern. Schon im Jahre 1755 machte er in seiner „allgemeinen Naturgeschichte und Theorie des Himmels[22])" den kühnen Versuch, „die Verfassung und den mechanischen Ursprung des ganzen Weltgebäudes nach Newton'schen Grundsätzen abzuhandeln", und mit Ausschluß aller Wunder aus dem natürlichen Entwickelungsgange der Materie mechanisch zu ererklären. Diese Kantische Kosmogenie oder die „kosmologische Gastheorie", welche wir nachher (im XIII. Vortrage) kurz erörtern werden, wurde späterhin von dem französischen Mathematiker Laplace und von dem englischen Astronomen Herschel ausführlicher begründet und erfreut sich noch heute einer fast allgemeinen Anerkennung. Schon allein wegen dieses wichtigen Werkes, in welchem exactes physikalisches Wissen mit der geistvollsten Speculation gepaart ist, verdient Kant den Ehrennamen eines Naturphilosophen im besten und reinsten Sinne des Wortes.

Nun findet sich aber in verschiedenen Schriften von Immanuel Kant, namentlich aus den jüngeren Jahren (von 1755—1775) eine Anzahl von höchst wichtigen Aussprüchen zerstreut, welche uns dazu berechtigen, Kant neben Lamarck und Goethe als den ersten und bedeutendsten Vorläufer Darwin's hervorzuheben. Der treffliche Philosoph Fritz Schultze in Jena hat sich kürzlich das große Verdienst erworben, diese wichtigen, aber sehr versteckten und wenig bekannten Stellen aus den Werken des großen Königsberger Philosophen zu sammeln und kritisch zu erläutern. (Fritz Schultze, „Kant und Darwin, ein Beitrag zur Geschichte der Entwickelungslehre" Jena, 1875.) Es geht daraus hervor, daß Kant bereits mit voller Klarheit den großen Gedanken der Natur-Einheit (S. 32, 46) und der allumfassenden einheitlichen Entwickelung erfaßt hatte; nicht allein behauptet er in Folge dessen die Abstammung der verschiedenen Organismen von gemeinsamen Stammformen (Descendenz-Theorie!), die „Abartung von dem Urbilde der Stammgattung durch natürliche Wanderungen" (Migrations-Theorie! S. 65); sondern er nimmt auch an (schon 1771!) „daß die ursprüngliche Gangart des Menschen die vierfüßige gewesen ist, daß die zweifüßige sich erst allmählich entwickelt und daß der Mensch erst allmählich sein Haupt über seine alten Kameraden, die Thiere, so stolz erhoben hat" (a. a. O. S. 47—50). Ja Kant ist sogar der Erste, der das Princip des „Kampfes um's Dasein" und der „Selectionstheorie" entdeckt hat, wie wir nachher noch sehen werden (a. a. O. S. 25, 56, 57, 61, 140 u. s. w.).

Wir würden daher unbedingt in der Geschichte der Entwickelungslehre unserem gewaltigen Königsberger Philosophen den ersten Platz einräumen müssen, wenn nicht leider diese bewunderungswürdigen monistischen Ideen des jungen Kant später durch den überwältigenden Einfluß der dualistischen christlichen Weltanschauung ganz zurückgedrängt worden wären. An ihre Stelle treten in den späteren Schriften Kant's theils ganz unhaltbare dualistische Vorstellungen, theils unklares Schwanken zwischen ersteren und letzteren. Wenn Sie Kant's Kritik der teleologischen Urtheilskraft, sein angesehenstes biologisches Werk, lesen, so gewahren Sie, daß er sich bei Betrachtung der organischen Natur wesentlich immer auf dem teleologischen oder dualistischen Standpunkt erhält, während er für die anorgische Natur unbedingt und ohne Rückhalt die mechanische oder monistische Erklärungsmethode annimmt. Er behauptet, daß sich im Gebiete der anorgischen Natur sämmtliche Erscheinungen aus mechanischen Ursachen, aus den bewegenden Kräften der Materie selbst erklären lassen, im Gebiete der organischen Natur dagegen nicht. In der gesammten Anorgologie (in der Geologie und Mineralogie, in der Meteorologie und Astronomie, in der Physik und Chemie der anorganischen Naturkörper) sollen alle Erscheinungen bloß durch Mechanismus (causa efficiens), ohne Dazwischenkunft eines Endzweckes erklärbar sein. In der gesammten Biologie dagegen, in der Botanik, Zoologie und Anthropologie, soll der Mechanismus nicht ausreichend sein, uns alle Erscheinungen zu erklären; vielmehr können wir dieselben nur durch Annahme einer zweckmäßig wirkenden Endursache (causa finalis) begreifen. An mehreren Stellen hebt Kant ausdrücklich hervor, daß man, von einem streng naturwissenschaftlich-philosophischen Standpunkt aus, für alle Erscheinungen ohne Ausnahme eine mechanische Erklärungsweise fordern müsse, und daß der Mechanismus allein eine wirkliche Erklärung einschließe. Zugleich meint er aber, daß gegenüber den belebten Naturkörpern, den Thieren und Pflanzen, unser menschliches Erkenntnißvermögen beschränkt sei, und nicht ausreiche, um hinter die eigentliche wirksame Ursache der organischen Vorgänge, insbesondere der Entstehung der organischen Formen, zu gelangen. Die Befugniß der menschlichen Vernunft zur mechanischen Erklärung aller Erscheinungen sei unbeschränkt, aber ihr Vermögen dazu begrenzt, indem man die organische Natur nur teleologisch betrachten könne.

Abweichend von diesem dualistischen Standpunkt behauptet Kant wieder an anderen Stellen die Nothwendigkeit einer genealogischen Auffassung des organischen Systems, wenn man überhaupt zu einem wissenschaftlichen Verständniß desselben gelangen wolle. Die wichtigste und merkwürdigste von diesen Stellen findet sich in der „Methodenlehre der teleologischen Urtheilskraft" (§. 79), welche 1790 in der „Kritik der Urtheilskraft" erschien. Bei dem außerordentlichen Interesse, welches diese Stelle sowohl für die Beurtheilung der Kantischen Philosophie, als für die Geschichte der Descendenztheorie besitzt, erlaube ich mir, Ihnen dieselbe hier wörtlich mitzutheilen.

„Es ist rühmlich, mittelst einer comparativen Anatomie die große Schöpfung organisirter Naturen durchzugehen, um zu sehen: ob sich daran nicht etwas einem System Aehnliches, und zwar dem Erzeugungsprincip nach, vorfinde, ohne daß wir nöthig haben, beim bloßen Beurtheilungsprincip, welches für die Einsicht ihrer Erzeugung keinen Aufschluß giebt, stehen zu bleiben, und muthlos allen Anspruch auf Natureinsicht in diesem Felde aufzugeben. Die Uebereinkunft so vieler Thiergattungen in einem gewissen gemeinsamen Schema, das nicht allein in ihrem Knochenbau, sondern auch in der Anordnung der übrigen Theile zum Grunde zu liegen scheint, wo bewunderungswürdige Einfalt des Grundrisses durch Verkürzung einer und Verlängerung anderer, durch Entwickelung dieser und Auswickelung jener Theile, eine so große Mannichfaltigkeit von Species hat hervorbringen können, läßt einen obgleich schwachen Strahl von Hoffnung ins Gemüth fallen, daß hier wohl Etwas mit dem Princip des Mechanismus der Natur, ohne das es ohnedies keine Naturwissenschaft geben kann, auszurichten sein möchte. Diese Analogie der Formen, sofern sie bei aller Verschiedenheit einem gemeinschaftlichen Urbilde gemäß erzeugt zu sein scheinen, verstärkt die Vermuthung einer wirklichen Verwandtschaft derselben in der Erzeugung von einer gemeinschaftlichen Urmutter durch die stufenartige Annäherung einer Thiergattung zur anderen, von derjenigen an, in welcher das Princip der Zwecke am meisten bewährt zu sein scheint, nämlich dem Menschen, bis zum Polyp, von diesem sogar bis zu Mosen und Flechten, und endlich zu der niedrigsten uns merklichen Stufe der Natur, zur rohen Materie: aus welcher und ihren Kräften nach mechanischen Gesetzen (gleich denen, danach sie in Krystallerzeugungen wirkt) die ganze Technik der Natur, die uns in organisirten Wesen so unbegreiflich ist, daß wir uns dazu ein anderes Princip zu denken genöthigt glauben, abzustammen scheint. Hier steht es nun dem Archäologen der Natur frei, aus den übrig gebliebenen Spuren ihrer ältesten Revolutionen, nach allem ihm bekannten oder gemuthmaßten Mechanismen derselben, jene große Familie von Geschöpfen (denn so müßte man sie sich vorstellen, wenn die genannte, durchgängig zusammenhängende Verwandtschaft einen Grund haben soll) entspringen zu lassen."

Man muß darüber erstaunen, wie tief und klar der große Denker hier die innere Nothwendigkeit der Abstammungslehre erkannte, und sie als den einzig möglichen Weg zur Erklärung der organischen Natur durch mechanische Gesetze, d. h. zu einer wahrhaft wissenschaftlichen Erkenntniß bezeichnete. Sobald man indessen diese Stelle im Zusammenhang mit dem übrigen Gedankengang der „Kritik der Urtheilskraft" betrachtet, und anderen geradezu widersprechenden Stellen gegenüber hält, zeigt sich deutlich, daß Kant in diesen und einigen ähnlichen Sätzen über sich selbst hinausging und seinen in der Biologie gewöhnlich eingenommenen teleologischen Standpunkt verließ. Selbst unmittelbar auf jenen wörtlich angeführten, bewunderungswürdigen Satz folgt ein Zusatz, welcher demselben die Spitze abbricht. Nachdem Kant so eben ganz richtig die „Entstehung der organischen Formen aus der rohen Materie nach mechanischen Gesetzen (gleich denen der Krystallerzeugung)", sowie eine stufenweise Entwickelung der verschiedenen Species durch Abstammung von einer gemeinschaftlichen Urmutter behauptet hat, fügt er hinzu: „Allein er (der Archäolog der Natur, d. h. der Paläontolog) muß gleichwohl zu dem Ende dieser allgemeinen Mutter eine auf alle diese Geschöpfe zweckmäßig gestellte Organisation beilegen, widrigenfalls die Zweckform der Producte des Thier- und Pflanzenreichs ihrer Möglichkeit nach gar nicht zu denken ist." Offenbar hebt dieser Zusatz den wichtigsten Grundgedanken des vorhergehenden Satzes, daß durch die Descendenztheorie eine rein mechanische Erklärung der organischen Natur möglich werde, vollständig wieder auf. Und daß diese teleologische Betrachtung der organischen Natur bei Kant vorherrschte, zeigt schon die Ueberschrift des merkwürdigen §. 79, welcher jene beiden widersprechenden Sätze enthält: „Von der nothwendigen Unterordnung des Princips des Mechanismus unter das teleologische in Erklärung eines Dinges als Naturzweck."

Am schärfsten spricht sich Kant gegen die mechanische Erklärung der organischen Natur in folgender Stelle aus (§. 74): „Es ist ganz gewiß, daß wir die organisirten Wesen und deren innere Möglichkeit nach bloß mechanischen Principien der Natur nicht einmal zureichend kennen lernen, viel weniger uns erklären können, und zwar so gewiß, daß man dreist sagen kann: Es ist für Menschen ungereimt, auch nur einen solchen Anschlag zu fassen, oder zu hoffen, daß noch etwa dereinst ein Newton aufstehen könne, der auch nur die Erzeugung eines Grashalms nach Naturgesetzen, die keine Absicht geordnet hat, begreiflich machen werde, sondern man muß diese Einsicht dem Menschen schlechterdings absprechen." Nun ist aber dieser unmögliche Newton siebenzig Jahre später in Darwin wirklich erschienen, und seine Selectionstheorie hat die Aufgabe thatsächlich gelöst, die Kant für absolut unlösbar hielt.

Im Anschluß an Kant und an die deutschen Naturphilosophen, mit deren Entwickelungstheorie wir uns im vorhergehenden Vortrage beschäftigt haben, erscheint es gerechtfertigt, jetzt noch kurz einiger anderer deutscher Naturforscher und Philosophen zu gedenken, welche im Laufe unseres Jahrhunderts mehr oder minder bestimmt gegen die herrschenden teleologischen Schöpfungsvorstellungen sich auflehnten, und den mechanischen Grundgedanken der Abstammungslehre geltend machten. Bald waren es mehr allgemeine philosophische Betrachtungen, bald mehr besondere empirische Wahrnehmungen, welche diese denkenden Männer auf die Vorstellung brachten, daß die einzelnen organischen Species von gemeinsamen Stammformen abstammen müßten. Unter ihnen will ich zunächst den großen deutschen Geologen Leopold Buch hervorheben. Wichtige Beobachtungen über die geographische Verbreitung der Pflanzen führten ihn in seiner trefflichen „physikalischen Beschreibung der canarischen Inseln" zu folgendem merkwürdigen Ausspruch:

„Die Individuen der Gattungen auf Continenten breiten sich aus, entfernen sich weit, bilden durch Verschiedenheit der Standörter, Nahrung und Boden Varietäten, welche, in ihrer Entfernung nie von anderen Varietäten gekreuzt und dadurch zum Haupttypus zurückgebracht, endlich constant und zur eignen Art werden. Dann erreichen sie vielleicht auf anderen Wegen auf das Neue die ebenfalls veränderte vorige Varietät, beide nun als sehr verschiedene und sich nicht wieder mit einander vermischende Arten. Nicht so auf Inseln. Gewöhnlich in enge Thäler, oder in den Bezirk schmaler Zonen gebannt, können sich die Individuen erreichen und jede gesuchte Fixirung einer Varietät wieder zerstören. Es ist dies ungefähr so, wie Sonderbarkeiten oder Fehler der Sprache zuerst durch das Haupt einer Familie, dann durch Verbreitung dieser selbst, über einen ganzen District einheimisch werden. Ist dieser abgesondert und isolirt, und bringt nicht die stete Verbindung mit andern die Sprache auf ihre vorherige Reinheit zurück, so wird aus dieser Abweichung ein Dialect. Verbinden natürliche Hindernisse, Wälder, Verfassung, Regierung, die Bewohner des abweichenden Districts noch enger, und trennen sie sich noch schärfer von den Nachbarn, so fixirt sich der Dialect, und es wird eine völlig verschiedene Sprache." (Uebersicht der Flora auf den Canarien, S. 133.)

Sie sehen, daß Buch hier auf den Grundgedanken der Abstammungslehre durch die Erscheinungen der Pflanzengeographie geführt wird, ein biologisches Gebiet, welches in der That eine Masse von Beweisen zu Gunsten derselben liefert. Darwin hat diese Beweise in zwei besonderen Capiteln seines Werkes (dem elften und zwölften) ausführlich erörtert. Buch's Bemerkung ist aber auch deshalb von Interesse, weil sie uns auf die äußerst lehrreiche Vergleichung der verschiedenen Sprachzweige und der Organismenarten führt, eine Vergleichung, welche sowohl für die vergleichende Sprachwissenschaft, als für die vergleichende Thier- und Pflanzenkunde vom größten Nutzen ist. Gleichwie z. B. die verschiedenen Dialecte, Mundarten, Sprachäste und Sprachzweige der deutschen, slavischen, griechisch-lateinischen und iranisch-indischen Grundsprache von einer einzigen gemeinschaftlichen indogermanischen Ursprache abstammen, und gleichwie sich deren

Unterschiede durch die Anpassung, ihre gemeinsamen Grundcharaktere durch die Vererbung erklären, so stammen auch die verschiedenen Arten, Gattungen, Familien, Ordnungen und Classen der Wirbelthiere von einer einzigen gemeinschaftlichen Wirbelthierform ab; auch hier ist die Anpassung die Ursache der Verschiedenheiten, die Vererbung die Ursache des gemeinsamen Grundcharakters. Dieser interessante Parallelismus in der divergenten Entwickelung der Sprach-Formen und der Organismen-Formen ist in sehr einleuchtender Weise von einem unserer ersten vergleichenden Sprachforscher erörtert worden, von dem genialen August Schleicher, der namentlich den Stammbaum der indogermanischen Sprachen in der scharfsinnigsten Weise phylogenetisch entwickelt hat[6]).

Von anderen hervorragenden deutschen Naturforschern, die sich mehr oder minder bestimmt für die Descendenztheorie aussprachen, und die auf ganz verschiedenen Wegen zu derselben hingeführt wurden, habe ich zunächst Carl Ernst Baer zu nennen, den großen Reformator der thierischen Entwickelungsgeschichte. In einem 1834 gehaltenen Vortrage, betitelt: „Das allgemeinste Gesetz der Natur in aller Entwickelung", erläutert derselbe vortrefflich, daß nur eine ganz kindische Naturbetrachtung die organischen Arten als bleibende und unveränderliche Typen ansehen könne, und daß im Gegentheil dieselben nur vorübergehende Zeugungsreihen sein können, die durch Umbildung aus gemeinsamen Stammformen sich entwickelt haben. Dieselbe Ansicht begründete Baer später (1859) durch die Gesetze der geographischen Verbreitung der Organismen.

J. M. Schleiden, welcher vor 40 Jahren hier in Jena durch seine streng empirisch-philosophische und wahrhaft wissenschaftliche Methode eine neue Epoche für die Pflanzenkunde begründete, erläuterte in seinen bahnbrechenden Grundzügen der wissenschaftlichen Botanik die philosophische Bedeutung des organischen Speciesbegriffes, und zeigte, daß derselbe nur in dem allgemeinen Gesetze der Specification seinen subjectiven Ursprung habe[7]). Die verschiedenen Pflanzenarten sind nur die specificirten Producte der Pflanzenbildungstriebe, welche durch die verschiedenen Combinationen der Grundkräfte der organischen Materie entstehen.

Der ausgezeichnete Wiener Botaniker F. Unger wurde durch seine gründlichen und umfassenden Untersuchungen über die ausgestorbenen Pflanzenarten zu einer paläontologischen Entwickelungsgeschichte des Pflanzenreichs geführt, welche den Grundgedanken der Abstammungslehre klar ausspricht. In seinem „Versuch einer Geschichte der Pflanzenwelt" (1852) behauptet er die Abstammung aller verschiedenen Pflanzenarten von einigen wenigen Stammformen, und vielleicht von einer einzigen Urpflanze, einer einfachsten Pflanzenzelle. Er zeigt, daß diese Anschauungsweise von dem genetischen Zusammenhang aller Pflanzenformen nicht nur physiologisch nothwendig, sondern auch empirisch begründet sei[8]).

In der Einleitung zu dem 1853 erschienenen „System der thierischen Morphologie" von Victor Carus steht folgender Ausspruch: „Die in den ältesten geologischen Lagern begrabenen Organismen sind als die Urahnen zu betrachten, aus denen durch fortgesetzte Zeugung und Accomodation an progressiv sehr verschiedene Lebensverhältnisse der Formenreichthum der jetzigen Schöpfung entstand."

In demselben Jahre (1853) erklärte sich der Bonner Anthropologe Schaffhausen in einem Aufsatze „über Beständigkeit und Umwandlung der Arten" entschieden zu Gunsten der Descendenztheorie. Die lebenden Pflanzen- und Thierarten sind nach ihm die umgebildeten Nachkommen der ausgestorbenen Species, aus denen sie durch allmähliche Abänderung entstanden sind. Das Auseinanderweichen (die Divergenz oder Sonderung) der nächstverwandten Arten geschieht durch Zerstörung der verbindenden Zwischenstufen. Auch für den thierischen Ursprung des Menschengeschlechts und seine allmähliche Entwickelung aus affenähnlichen Thieren, die wichtigste Consequenz der Abstammungslehre, sprach sich Schaffhausen (1857) aus.

Endlich ist von deutschen Naturphilosophen noch besonders Louis

Büchner hervorzuheben, welcher in seinem berühmten Buche „Kraft und Stoff" 1855 ebenfalls die Grundzüge der Descendenztheorie selbstständig entwickelte, und zwar vorzüglich auf Grund der unwiderleglichen empirischen Zeugnisse, welche uns die paläontologische und die individuelle Entwickelung der Organismen, sowie ihre vergleichende Anatomie, und der Parallelismus dieser Entwickelungsreihen liefert. Büchner zeigte sehr einleuchtend, daß schon hieraus eine Entwickelung der verschiedenen organischen Species aus gemeinsamen Stammformen nothwendig folge, und daß die Entstehung dieser ursprünglichen Stammformen nur durch Urzeugung denkbar sei[10]).

An der Spitze der französischen Naturphilosophie steht Jean Lamarck, welcher in der Geschichte der Abstammungslehre neben Darwin und Goethe den ersten Platz einnimmt. Ihm wird der unsterbliche Ruhm bleiben, zum ersten Male die Descendenztheorie als selbstständige wissenschaftliche Theorie ersten Ranges durchgeführt und als die naturphilosophische Grundlage der ganzen Biologie festgestellt zu haben. Obwohl Lamarck bereits 1744 geboren wurde, begann er doch mit Veröffentlichung seiner Theorie erst im Beginn unseres Jahrhunderts, im Jahre 1801, und begründete dieselbe erst ausführlicher 1809, in seiner classischen „Philosophie zoologique"[2]). Dieses bewunderungswürdige Werk ist die erste zusammenhängende und streng bis zu allen Consequenzen durchgeführte Darstellung der Abstammungslehre. Durch die rein mechanische Betrachtungsweise der organischen Natur und die streng philosophische Begründung von deren Nothwendigkeit erhebt sich Lamarck's Werk weit über die vorherrschend dualistischen Anschauungen seiner Zeit, und bis auf Darwin's Werk, welches gerade ein halbes Jahrhundert später erschien, finden wir kein zweites, welches wir in dieser Beziehung der Philosophie zoologique an die Seite setzen könnten. Wie weit dieselbe ihrer Zeit vorauseilte, geht wohl am besten daraus hervor, daß sie von den Meisten gar nicht verstanden und fünfzig Jahre hindurch todtgeschwiegen wurde. Lamarck's größter Gegner, Cuvier, erwähnt in seinem Bericht über die Fortschritte der Naturwissenschaften, in welchem die unbedeutendsten anatomischen Untersuchungen Aufnahme fanden, dieses epochemachende Werk mit keinem Worte. Auch Goethe, welcher sich so lebhaft für die französische Naturphilosophie, für „die Gedanken der verwandten Geister jenseits des Rheins", interessirte, gedenkt Lamarck's nirgends und scheint die Philosophie zoologique gar nicht gekannt zu haben. Den hohen Ruf, welchen Lamarck sich als Naturforscher erwarb, verdankt derselbe nicht seinem höchst bedeutenden allgemeinen Werke, sondern zahlreichen speciellen Arbeiten über niedere Thiere, insbesondere Mollusken, sowie einer ausgezeichneten „Naturgeschichte der wirbellosen Thiere", welche 1815—1822 in sieben Bänden erschien. Der erste Band dieses berühmten Werkes (1815) enhält in der allgemeinen Einleitung ebenfalls eine ausführliche Darstellung seiner Abstammungslehre. Von der ungemeinen Bedeutung der Philosophie zoologique kann ich Ihnen vielleicht keine bessere Vorstellung geben, als wenn ich hier daraus einige der wichtigsten Sätze wörtlich anführe:

„Die systematischen Eintheilungen, die Classen, Ordnungen, Familien, Gattungen und Arten, sowie deren Benennungen, sind willkürliche Kunsterzeugnisse des Menschen. Die Arten oder Species der Organismen sind von ungleichem Alter, nach einander entwickelt und zeigen nur relative, zeitweilige Beständigkeit; aus Varietäten gehen Arten hervor. Die Verschiedenheit in den Lebensbedingungen wirkt verändernd auf die Organisation, die allgemeine Form und die Theile der Thiere ein, ebenso der Gebrauch oder Nichtgebrauch der Organe. Im ersten Anfang sind nur die allereinfachsten und niedrigsten Thiere und Pflanzen entstanden und erst zuletzt diejenigen von der höchst zusammengesetzten Organisation. Der Entwickelungsgang der Erde und ihrer organischen Bevölkerung war ganz continuirlich, nicht durch gewaltsame Revolutionen unterbrochen. Das Leben ist nur ein physikalisches Phänomen. Alle Lebenserscheinungen beruhen auf mechanischen, auf physikalischen und chemischen Ursachen, die in der Beschaffenheit der organischen Materie selbst liegen. Die einfachsten Thiere und die einfachsten Pflanzen, welche auf der tiefsten Stufe der Organisationsleiter stehen, sind entstanden und entstehen noch heute durch Urzeugung (Generatio spontanea). Alle lebendigen Naturkörper oder Organismen sind denselben Naturgesetzen wie die leblosen Naturkörper oder die Anorgane unterworfen. Die Ideen und Thätigkeiten des Verstandes sind Bewegungserscheinungen des Centralnervensystems. Der Wille ist in Wahrheit niemals frei. Die Vernunft ist nur ein höherer Grad von Entwickelung und Verbindung der Urtheile."

Das sind nun in der That erstaunlich kühne, großartige und weitreichende Ansichten, welche Lamarck vor 70 Jahren in diesen Sätzen niederlegte, und zwar zu einer Zeit, in welcher deren Begründung durch massenhafte Thatsachen nicht entfernt so, wie heutzutage, möglich war. Sie sehen, daß Lamarck's Werk eigentlich ein vollständiges, streng monistisches (mechanisches) Natursystem ist, daß alle wichtigen allgemeinen Grundsätze der monistischen Biologie bereits von ihm vertreten werden: Die Einheit der wirkenden Ursachen in der organischen und anorganischen Natur, der letzte Grund dieser Ursachen in den chemischen und physikalischen Eigenschaften der Materie, der Mangel einer besonderen Lebenskraft oder einer organischen Endursache; die Abstammung aller Organismen von einigen wenigen, höchst einfachen Stammformen oder Urwesen, welche durch Urzeugung aus anorganischer Materie entstanden sind; der zusammenhängende Verlauf der ganzen Erdgeschichte, der Mangel der gewaltsamen und totalen Erdrevolutionen, und überhaupt die Undenkbarkeit jedes Wunders, jedes übernatürlichen Eingriffs in den natürlichen Weltlauf.

Daß Lamarck's bewunderungswürdige Geistesthat fast gar keine Anerkennung fand, liegt theils in der ungeheuren Weite des Riesenschritts, mit welchem er dem folgenden halben Jahrhundert vorauseilte, theils aber auch in der mangelhaften empirischen Begründung derselben, und in der oft etwas einseitigen Art seiner Beweisführung. Als die nächsten mechanischen Ursachen, welche die beständige Umbildung der organischen Formen bewirken, erkennt Lamarck ganz richtig die Verhältnisse der Anpassung an, während er die Formähnlichkeit der verschiedenen Arten, Gattungen, Familien u. s. w. mit vollem Rechte auf ihre Blutsverwandtschaft zurückführt, also durch die Vererbung erklärt. Die Anpassung besteht nach ihm darin, daß die beständige langsame Veränderung der Außenwelt eine entsprechende Veränderung in den Thätigkeiten und dadurch auch weiter in den Formen der Organismen bewirkt. Das größte Gewicht legt er dabei auf die Wirkung der Gewohnheit, auf den Gebrauch und Nichtgebrauch der Organe. Allerdings ist diese, wie Sie später sehen werden, für die Umbildung der organischen Formen von der höchsten Bedeutung. Allein in der Weise, wie Lamarck hieraus allein oder doch vorwiegend die Veränderung der Formen erklären wollte, ist das meistens doch nicht möglich. Er sagt z. B., daß der lange Hals der Giraffe entstanden sei durch das beständige Hinaufrecken des Halses nach hohen Bäumen, und das Bestreben, die Blätter von deren Aesten zu pflücken; da die Giraffe meistens in trockenen Gegenden lebt, wo nur das Laub der Bäume ihr Nahrung gewährt, war sie zu dieser Thätigkeit gezwungen. Ebenso sind die langen Zungen der Spechte, Colibris und Ameisenfresser durch die Gewohnheit entstanden, ihre Nahrung aus engen, schmalen und tiefen Spalten oder Canälen herauszuholen. Die Schwimmhäute zwischen den Zehen der Schwimmfüße bei Fröschen und anderen Wasserthieren sind lediglich durch das fortwährende Bemühen zu schwimmen, durch das Schlagen der Füße in das Wasser, durch die Schwimmbewegungen selbst entstanden. Durch Vererbung auf die Nachkommen wurden diese Gewohnheiten befestigt und durch weitere Ausbildung derselben schließlich die Organe ganz umgebildet. So richtig im Ganzen dieser Grundgedanke ist, so legt doch Lamarck zu ausschließlich das Gewicht auf die Gewohnheit (Gebrauch und Nichtgebrauch der Organe), allerdings eine der wichtigsten, aber nicht die einzige Ursache der Formveränderung. Dies kann uns jedoch nicht hindern, anzuerkennen, daß Lamarck die Wechselwirkung der beiden organischen Bildungstriebe, der Anpassung und Vererbung, ganz richtig begriff. Nur fehlte ihm dabei das äußerst wichtige Princip der „natürlichen Züchtung im Kampfe um das Dasein", welches Darwin erst 50 Jahre später aufstellte.

Als ein besonderes Verdienst Lamarck's ist nun noch hervorzuheben, daß er bereits versuchte, die Entwickelung des Menschengeschlechts aus anderen, zunächst affenartigen Säugethieren darzuthun. Auch hier war es wieder in erster Linie die Gewohnheit, der er den umbildenden, veredelnden Einfluß zuschrieb. Er nahm also an, daß die niedersten, ursprünglichen Urmenschen entstanden seien aus den menschenähnlichen Affen, indem die letzteren sich angewöhnt hätten, aufrecht zu gehen. Die Erhebung des Rumpfes, das beständige Streben, sich aufrecht zu erhalten, führte zunächst zu einer Umbildung der Gliedmaßen, zu einer stärkeren Differenzirung oder Sonderung der vorderen und hinteren Extremitäten, welche mit Recht als einer der wesentlichsten Unterschiede zwischen Menschen und Affen gilt. Hinten entwickelten sich Waden und platte Fußsohlen, vorn Greifarme und Hände. Der aufrechte Gang hatte zunächst eine freiere Umschau über die Umgebung zur Folge, und damit einen bedeutenden Fortschritt in der geistigen Entwickelung. Die Menschenaffen erlangten dadurch bald ein großes Uebergewicht über die anderen Affen, und weiterhin überhaupt über die umgebenden Organismen. Um die Herrschaft über diese zu behaupten, thaten sie sich in Gesellschaften zusammen, und es entwickelte sich, wie bei allen gesellig lebenden Thieren, das Bedürfniß einer Mittheilung ihrer Bestrebungen und Gedanken. So entstand das Bedürfniß der Sprache, deren anfangs rohe, ungegliederte Laute bald mehr und mehr in Verbindung gesetzt, ausgebildet und artikulirt wurden. Die Entwickelung der artikulirten Sprache war nun wieder der stärkste Hebel für eine weiter fortschreitende Entwickelung des Organismus und vor Allem des Gehirns, und so verwandelten sich allmählich und langsam die Affenmenschen in echte Menschen. Die wirkliche Abstammung der niedersten und rohesten Urmenschen von den höchst entwickelten Affen wurde also von Lamarck bereits auf das Bestimmteste behauptet, und durch eine Reihe der wichtigsten Beweisgründe unterstützt.

Als der bedeutendste der französischen Naturphilosophen gilt gewöhnlich nicht Lamarck, sondern Etienne Geoffroy St. Hilaire (der Aeltere), geb. 1771, derjenige, für welchen auch Goethe sich besonders interessirte, und den wir oben bereits als den entschiedensten Gegner Cuvier's kennen gelernt haben. Er entwickelte seine Ideen von der Umbildung der organischen Species bereits gegen Ende des vorigen Jahrhunderts, veröffentlichte dieselben aber erst im Jahre 1828, und vertheidigte sie dann in den folgenden Jahren, besonders 1830, tapfer gegen Cuvier. Geoffroy S. Hilaire nahm im Wesentlichen die Descendenztheorie Lamarck's an, glaubte jedoch, daß die Umbildung der Thier- und Pflanzenarten weniger durch die eigene Thätigkeit des Organismus, (durch Gewohnheit, Uebung, Gebrauch oder Nichtgebrauch der Organe) bewirkt werde, als vielmehr durch den „Monde ambiant", d. h. durch die beständige Veränderung der Außenwelt, insbesondere der Atmosphäre. Er faßt den Organismus gegenüber den Lebensbedingungen der Außenwelt mehr passiv oder leidend auf, Lamarck dagegen mehr activ oder handelnd. Geoffroy glaubt z. B., daß bloß durch Verminderung der Kohlensäure in der Atmosphäre aus eidechsenartigen Reptilien die Vögel entstanden seien, indem durch den größeren Sauerstoffgehalt der Athmungsproceß lebhafter und energischer wurde. Dadurch entstand eine höhere Bluttemperatur, eine gesteigerte Nerven- und Muskelthätigkeit, aus den Schuppen der Reptilien wurden die Federn der Vögel u. s. w. Auch dieser Vorstellung liegt ein richtiger Gedanke zu Grunde. Aber wenn auch gewiß die Veränderung der Atmosphäre, wie die Veränderung jeder andern äußern Existenzbedingung, auf den Organismus direct oder indirect umgestaltend einwirkt, so ist dennoch diese einzelne Ursache an sich viel zu unbedeutend, um ihr solche Wirkungen zuzuschreiben. Sie ist selbst unbedeutender, als die von Lamarck zu einseitig betonte Uebung und Gewohnheit. Das Hauptverdienst von Geoffroy besteht darin, dem mächtigen Einflusse von Cuvier gegenüber die einheitliche Naturanschauung, die Einheit der organischen Formbildung und den tiefen genealogischen Zusammenhang der verschiedenen organischen Gestalten geltend gemacht zu haben. Die berühmten Streitigkeiten zwischen den beiden großen Gegnern in der Pariser Academie, insbesondere die heftigen Conflicte am 22. Februar und am 19. Juli 1830, an denen Goethe den lebendigsten Antheil nahm, habe ich bereits in dem vorhergehenden Vortrage erwähnt (S. 77, 78). Damals blieb Cuvier der anerkannte Sieger, und seit jener Zeit ist in Frankreich sehr Wenig mehr für die weitere Entwickelung der Abstammungslehre, für den Ausbau einer monistischen Entwickelungstheorie, geschehen. Offenbar ist dies vorzugsweise dem hinderlichen Einflusse zuzuschreiben, welchen Cuvier's große Autorität ausübte. Noch heute sind die meisten französischen Naturforscher Schüler und blinde Anhänger Cuvier's. In keinem wissenschaftlich gebildeten Lande Europa's hat Darwin's Lehre so wenig gewirkt und ist so wenig verstanden worden, wie in Frankreich. Die Academie der Wissenschaften in Paris hat sogar den Vorschlag, Darwin zu ihrem Mitgliede zu ernennen, mehrmals verworfen, ehe sie sich selbst dieser höchsten Ehre für würdig erklärte. Unter den neueren französischen Naturforschern sind nur noch zwei angesehene Botaniker hervorzuheben, Naudin (1852) und Lecoq (1854), welche sich schon vor Darwin zu Gunsten der Veränderlichkeit und Umbildung der Arten auszusprechen wagten.

Nachdem wir nun die älteren Verdienste der deutschen und französischen Naturphilosophie um die Begründung der Abstammungslehre erörtert haben, wenden wir uns zu dem dritten großen Culturlande Europa's, zu dem freien England, welches seit dem Jahre 1859 der eigentliche Ausgangsheerd für die weitere Ausbildung und die definitive Feststellung der Entwickelungstheorie geworden ist. Im Anfange unseres Jahrhunderts haben die Engländer, welche jetzt so lebendig an jedem großen wissenschaftlichen Fortschritt der Menschheit Theil nehmen und die ewigen Wahrheiten der Naturwissenschaft in erster Linie fördern, an der festländischen Naturphilosophie und an deren bedeutendstem Fortschritte, der Descendenztheorie, nur wenig Antheil genommen. Fast der einzige ältere englische Naturforscher, den wir hier zu nennen haben, ist Erasmus Darwin, der Großvater des Reformators der Descendenztheorie. Er veröffentlichte im Jahre 1794 unter dem Titel „Zoonomia“ ein naturphilosophisches Werk, in welchem er ganz ähnliche Ansichten, wie Goethe und Lamarck, ausspricht, ohne jedoch von diesen Männern damals irgend Etwas gewußt zu haben. Die Descendenztheorie lag schon damals gleichsam in der Luft. Auch Erasmus Darwin legt großes Gewicht auf die Umgestaltung der Thier- und Pflanzenarten durch ihre eigene Lebensthätigkeit, durch die Angewöhnung an veränderte Existenzbedingungen u. s. w. Sodann spricht sich im Jahre 1822 W. Herbert dahin aus, daß die Arten oder Species der Thiere und Pflanzen Nichts weiter seien, als beständig gewordene Varietäten oder Spielarten. Ebenso erklärte 1826 Grant in Edinburg, daß neue Arten durch fortdauernde Umbildung aus bestehenden Arten hervorgehen. 1841 behauptete Freke, daß alle organischen Wesen von einer einzigen Urform abstammen müßten. Ausführlicher und in sehr klarer philosophischer Form bewies 1852 Herbert Spencer die Nothwendigkeit der Abstammungslehre und begründete dieselbe näher in seinen 1858 erschienenen vortrefflichen „Essays“ und in den später veröffentlichten „Principles of Biology“ [45]). Derselbe hat zugleich das große Verdienst, die Entwickelungstheorie auf die Psychologie angewandt und gezeigt zu haben, daß auch die Seelenthätigkeiten und die Geisteskräfte nur stufenweise erworben und allmählich entwickelt werden konnten. Endlich ist noch hervorzuheben, daß 1859 der Erste unter den englischen Zoologen, Huxley, die Descendenztheorie als die einzige Schöpfungshypothese bezeichnete, welche mit der wissenschaftlichen Physiologie vereinbar sei. In demselben Jahre erschien die „Einleitung in die Tasmanische Flora“, worin der berühmte englische Botaniker Hooker die Descendenztheorie annimmt und durch wichtige eigene Beobachtungen unterstützt.

Sämmtliche Naturforscher und Philosophen, welche Sie in dieser kurzen historischen Uebersicht als Anhänger der Entwickelungstheorie kennen gelernt haben, gelangten im besten Falle zu der Anschauung, daß alle verschiedenen Thier- und Pflanzenarten, die zu irgend einer Zeit auf der Erde gelebt haben und noch jetzt leben, die allmählich veränderten und umgebildeten Nachkommen von einer einzigen, oder von einigen wenigen, ursprünglichen, höchst einfachen Stammformen sind, welche letztere einst durch Urzeugung (Generatio spontanea) aus anorganischer Materie entstanden. Aber keiner von jenen Naturphilosophen gelangte dazu, diesen Grundgedanken der Abstammungslehre ursächlich zu begründen, und die Umbildung der organischen Species durch den wahren Nachweis ihrer mechanischen Ursachen wirklich zu erklären. Diese schwierigste Aufgabe vermochte erst Charles Darwin zu lösen, und hierin liegt die weite Kluft, welche denselben von seinen Vorgängern trennt.

Das außerordentliche Verdienst Charles Darwin's ist nach meiner Ansicht ein doppeltes: er hat erstens die Abstammungslehre, deren Grundgedanken schon Goethe und Lamarck klar aussprachen, viel umfassender entwickelt, viel eingehender verfolgt und viel strenger im Zusammenhang durchgeführt, als alle seine Vorgänger; und er hat zweitens eine neue Theorie aufgestellt, welche uns die natürlichen Ursachen der organischen Entwickelung, die wahren bewirkenden Ursachen der organischen Formbildung, der Veränderungen und Umformungen der Thier- und Pflanzenarten enthüllt. Das ist die Theorie von der natürlichen Züchtung (Selectio naturalis).

Wenn Sie bedenken, daß fast die gesammte Biologie vor Darwin den entgegengesetzten Anschauungen huldigte, und daß fast bei allen Zoologen und Botanikern die absolute Selbstständigkeit der organischen Species als selbstverständliche Voraussetzung aller Formbetrachtungen galt, so werden Sie jenes doppelte Verdienst Darwin's gewiß nicht gering anschlagen. Das falsche Dogma von der Beständigkeit und unabhängigen Erschaffung der einzelnen Arten hatte eine so hohe Autorität und eine so allgemeine Geltung gewonnen, und wurde außerdem durch den trügenden Augenschein bei oberflächlicher Betrachtung so sehr begünstigt, daß wahrlich kein geringer Grad von Muth, Kraft und Verstand dazu gehörte, sich reformatorisch gegen jenes allmächtige

Dogma zu erheben und das künstlich darauf errichtete Lehrgebäude zu zertrümmern. Außerdem brachte uns aber Darwin noch den neuen und höchst wichtigen Grundgedanken der „natürlichen Züchtung".

Man muß diese beiden Punkte scharf unterscheiden, — freilich geschieht es gewöhnlich nicht, — man muß scharf unterscheiden erstens die Abstammungslehre oder Descendenztheorie von Lamarck, welche bloß behauptet, daß alle Thier- und Pflanzenarten von gemeinsamen, einfachsten, spontan entstandenen Urformen abstammen — und zweitens die Züchtungslehre oder Selectionstheorie von Darwin, welche uns zeigt, warum diese fortschreitende Umbildung der organischen Gestalten stattfand, welche mechanisch wirkenden Ursachen die ununterbrochene Neubildung und immer größere Mannichfaltigkeit der Thiere und Pflanzen bedingen.

Eine gerechte Würdigung kann Darwin's unsterbliches Verdienst erst später erwarten, wenn die Entwickelungstheorie, nach Ueberwindung aller entgegengesetzten Schöpfungstheorien, als das oberste Erklärungsprincip der Anthropologie, und dadurch aller anderen Wissenschaften, anerkannt sein wird. Gegenwärtig, wo in dem heiß entbrannten Kampfe um die Wahrheit Darwin's Name den Anhängern der natürlichen Entwickelungstheorie als Parole dient, wird sein Verdienst in entgegengesetzter Richtung verkannt, indem die Einen es ebenso überschätzen, als es die Anderen herabsetzen.

Ueberschätzt wird Darwin's Verdienst, wenn man ihn als den Begründer der Descendenztheorie oder gar der gesammten Entwickelungstheorie bezeichnet. Wie Sie aus der historischen Darstellung dieses und der vorhergehenden Vorträge bereits entnommen haben, ist die Entwickelungstheorie als solche nicht neu; alle Naturphilosophen, welche sich nicht dem blinden Dogma einer übernatürlichen Schöpfung gebunden überliefern wollten, mußten eine natürliche Entwickelung annehmen. Aber auch die Descendenztheorie, als der umfassende biologische Theil der universalen Entwickelungstheorie, wurde von Lamarck bereits so klar ausgesprochen, und bis zu den wichtigsten Consequenzen ausgeführt, daß wir ihn als den eigentlichen Begründer derselben verehren müssen. Daher darf nicht die Descendenztheorie als Darwinismus bezeichnet werden, sondern nur die Selectionstheorie.

Unterschätzt wird Darwin's Verdienst natürlich von allen seinen Gegnern. Doch kann man von wissenschaftlichen Gegnern desselben, die durch gründliche biologische Bildung zur Abgabe eines Urtheils legitimirt wären, eigentlich nicht mehr reden. Denn unter allen gegen Darwin und die Descendenztheorie veröffentlichten Schriften kann mit Ausnahme derjenigen von Agassiz keine einzige Anspruch überhaupt auf Berücksichtigung, geschweige denn Widerlegung erheben; so offenbar sind sie alle entweder ohne gründliche Kenntniß der biologischen Thatsachen, oder ohne klares philosophisches Verständniß derselben geschrieben. Um die Angriffe von Theologen und anderen Laien aber, die überhaupt Nichts von der Natur wissen, brauchen wir uns nicht weiter zu kümmern.

Der einzige hervorragende wissenschaftliche Gegner, der bis vor Kurzem noch Darwin und der ganzen Entwickelungstheorie gegenüberstand, dessen principielle Opposition aber freilich auch nur als philosophische Curiosität Beachtung verdiente, war Louis Agassiz. In der 1869 in Paris erschienenen französischen Uebersetzung seines vorher von uns betrachteten „Essay on classification“[5]), hat Agassiz seinen schon früher vielfach geäußerten Gegensatz gegen den „Darwinismus“ in die entschiedenste Form gebracht. Er hat dieser Uebersetzung einen besonderen, 16 Seiten langen Abschnitt angehängt, welcher den Titel führt: „**Le Darwinisme. Classification de Haeckel.**“ In diesem sonderbaren Capitel stehen die wunderlichsten Dinge zu lesen, wie z. B.: „Die Darwin'sche Idee ist eine Conception a priori. — Der Darwinismus ist eine Travestie der Thatsachen. — Der Darwinismus schließt fast die ganze Masse der erworbenen Kenntnisse aus, um nur das zurückzubehalten und sich zu assimiliren, was seiner Doctrin dienen kann!“

Das heißt denn doch die ganze Sachlage vollständig auf den Kopf stellen! Der Biologe, der die Thatsachen kennt, muß über den Muth erstaunen, mit dem Agassiz solche Sätze ausspricht, Sätze, an denen kein wahrer Buchstabe ist, und die er selbst nicht glauben kann! Die unerschütterliche Stärke der Descendenztheorie liegt gerade darin, daß sämmtliche biologische Thatsachen eben nur durch sie erklärbar sind, ohne sie dagegen unverständliche Wunder bleiben. Alle unsere „erworbenen Kenntnisse" in der vergleichenden Anatomie und Physiologie, in der Embryologie und Paläontologie, in der Lehre von der geographischen und topographischen Verbreitung der Organismen u. s. w., sie sind alle unwiderlegliche Zeugnisse für die Wahrheit der Descendenztheorie.

Mit Louis Agassiz ist im December 1873 der letzte Gegner des Darwinismus in's Grab gestiegen, der überhaupt wissenschaftliche Beachtung verdiente. Seine letzte Schrift (erst nach seinem Tode in dem „Atlantic Monthly" vom Januar 1874 erschienen) behandelt die „Entwickelung und Permanenz des Typus" und ist speciell gegen Darwin's Ideen und gegen meine phylogenetischen Theorien gerichtet. Die außerordentliche Schwäche dieses letzten Versuches, der den Kern der Sache gar nicht berührt, beweist deutlicher, als alles Andere, daß das Arsenal unserer Gegner völlig erschöpft ist.

Ich habe in meiner generellen Morphologie [4]) und besonders im sechsten Buche derselben (in der generellen Phylogenie) den „Essay on classification" von Agassiz in allen wesentlichen Punkten eingehend widerlegt. In meinem 24sten Capitel habe ich demjenigen Abschnitte, den er selbst für den wichtigsten hielt (über die Gruppenstufen oder Kategorien des Systems) eine sehr ausführliche und streng wissenschaftliche Erörterung gewidmet, und gezeigt, daß dieser ganze Abschnitt ein reines Luftschloß, ohne jede Spur von realer Begründung ist. Agassiz hat sich aber wohl gehütet, auf diese Widerlegung irgendwie einzugehen, wie er ja auch nicht im Stande war, irgend etwas Stichhaltiges dagegen vorzubringen. Er kämpfte nicht mit Beweisgründen, sondern mit Phrasen! Eine derartige Gegnerschaft wird aber den vollständigen Sieg der Entwickelungstheorie nicht aufhalten, sondern nur beschleunigen!

Sechster Vortrag.

Entwickelungstheorie von Lyell und Darwin.

Charles Lyell's Grundsätze der Geologie. Seine natürliche Entwickelungsgeschichte der Erde. Entstehung der größten Wirkungen durch Summirung der kleinsten Ursachen. Unbegrenzte Länge der geologischen Zeiträume. Lyell's Widerlegung der Cuvier'schen Schöpfungsgeschichte. Begründung des ununterbrochenen Zusammenhangs der geschichtlichen Entwickelung durch Lyell und Darwin Biographische Notizen über Charles Darwin Seine wissenschaftlichen Werke. Seine Korallenrifftheorie. Entwickelung der Selectionstheorie. Ein Brief von Darwin. Gleichzeitige Veröffentlichung der Selectionstheorie von Charles Darwin und Alfred Wallace. Darwin's Studium der Hausthiere und Culturpflanzen. Andreas Wagner's Ansicht von der besonderen Schöpfung der Culturorganismen für den Menschen. Der Baum des Erkenntnisses im Paradies. Vergleichung der wilden und der Culturorganismen. Darwin's Studium der Haustauben Bedeutung der Taubenzucht. Gemeinsame Abstammung aller Taubenrassen.

Meine Herren! In den letzten drei Jahrzehnten, welche vor dem Erscheinen von Darwin's Werk verflossen, vom Jahre 1830 bis 1859, blieben in den organischen Naturwissenschaften die Schöpfungsvorstellungen durchaus herrschend, welche von Cuvier eingeführt waren. Man bequemte sich zu der unwissenschaftlichen Annahme, daß im Verlaufe der Erdgeschichte eine Reihe von unerklärlichen Erdrevolutionen periodisch die ganze Thier- und Pflanzenwelt vernichtet habe, und daß am Ende jeder Revolution, beim Beginne einer neuen Periode, eine neue, vermehrte und verbesserte Auflage der organischen Bevölkerung erschienen sei. Trotzdem die Anzahl dieser Schöpfungsauflagen durchaus streitig und in Wahrheit gar nicht festzustellen war, trotzdem die zahlreichen Fortschritte, welche in allen Gebieten der Zoologie und Botanik während dieser Zeit gemacht wurden, auf die Unhaltbarkeit jener bodenlosen Hypothese Cuvier's und auf die Wahrheit der natürlichen Entwickelungstheorie Lamarck's immer dringender hinwiesen, blieb dennoch die erstere fast allgemein bei den Biologen in Geltung. Dies ist vor Allem der hohen Autorität zuzuschreiben, welche sich Cuvier erworben hatte, und es zeigt sich hier wieder schlagend, wie schädlich der Glaube an eine bestimmte Autorität dem Entwickelungsleben der Menschen wird — die Autorität von der Goethe einmal treffend sagt: daß sie im Einzelnen verewigt, was einzeln vorübergehen sollte, daß sie ablehnt und an sich vorübergehen läßt, was festgehalten werden sollte, und daß sie hauptsächlich Schuld ist, wenn die Menschheit nicht vom Flecke kommt.

Nur durch das große Gewicht von Cuvier's Autorität, und durch die gewaltige Macht der menschlichen Trägheit, welche sich schwer entschließt, von dem breitgetretenen Wege der alltäglichen Vorstellungen abzugehen und neue, noch nicht bequem gebahnte Pfade zu betreten, läßt es sich begreifen, daß Lamarck's Descendenztheorie erst 1859 zur Geltung gelangte, nachdem Darwin ihr ein neues Fundament gegeben hatte. Der empfängliche Boden für dieselbe war längst vorbereitet, ganz besonders durch das Verdienst eines anderen englischen Naturforschers, des 1875 gestorbenen Charles Lyell, auf dessen hohe Bedeutung für die „natürliche Schöpfungsgeschichte" wir hier nothwendig einen Blick werfen müssen.

Unter dem Titel: Grundsätze der Geologie (Principles of geology) [11]) veröffentlichte Charles Lyell 1830 ein Werk, welches die Geologie, die Entwickelungsgeschichte der Erde, von Grund aus umgestaltete, und dieselbe in ähnlicher Weise reformirte, wie 30 Jahre später Darwin's Werk die Biologie. Lyell's epochemachendes Buch, welches Cuvier's Schöpfungshypothese an der Wurzel zerstörte, erschien in demselben Jahre, in welchem Cuvier seine großen Triumphe über die Naturphilosophie feierte, und seine Oberherrschaft über das morphologische Gebiet auf drei Jahrzehnte hinaus befestigte. Cuvier hatte durch seine künstliche Schöpfungshypothese und die damit verbundene Katastrophen-Theorie einer natürlichen Entwickelungstheorie geradezu den Weg verlegt und den Faden der natürlichen Erklärung abgeschnitten. Lyell brach derselben wieder freie Bahn, und führte einleuchtend den geologischen Beweis, daß jene dualistischen Vorstellungen Cuvier's ebensowohl ganz unbegründet, als auch ganz überflüssig seien. Er wies nach, daß diejenigen Veränderungen der Erdoberfläche, welche noch jetzt unter unsern Augen vor sich gehen, vollkommen hinreichend seien, Alles zu erklären, was wir von der Entwickelung der Erdrinde überhaupt wissen; und daß es vollständig überflüssig und unnütz sei, in räthselhaften Revolutionen die unerklärlichen Ursachen dafür zu suchen. Er zeigte, daß man weiter Nichts zu Hülfe zu nehmen brauche, als außerordentlich lange Zeiträume, um die Entstehung des Baues der Erdrinde auf die einfachste und natürlichste Weise aus denselben Ursachen zu erklären, welche noch heutzutage wirksam sind. Viele Geologen hatten sich früher gedacht, daß die höchsten Gebirgsketten, welche auf der Erdoberfläche hervortreten, ihren Ursprung nur ungeheuren, einen großen Theil der Erdoberfläche umgestaltenden Revolutionen, insbesondere colossalen vulkanischen Ausbrüchen verdanken könnten. Solche Bergketten z. B. wie die Alpen, oder wie die Cordilleren, sollten auf einmal aus dem feuerflüssigen Erdinnern durch einen ungeheuren Spalt der weit geborstenen Erdrinde emporgestiegen sein. Lyell zeigte dagegen, daß wir uns die Entwickelung solcher ungeheuren Gebirgsketten ganz natürlich aus denselben langsamen, unmerklichen Hebungen und Senkungen der Erdoberfläche erklären können, die noch jetzt fortwährend vor sich gehen, und deren Ursachen keineswegs wunderbar sind. Wenn diese Senkungen und Hebungen auch vielleicht im Jahrhundert nur ein paar Zoll oder höchstens einige Fuß betragen, so können sie doch bei einer Dauer von einigen Jahr-Millionen vollständig genügen, um die höchsten Gebirgsketten hervortreten zu lassen, ohne daß dazu jene räthselhaften und unbegreiflichen Revolutionen nöthig wären.

Auch die meteorologische Thätigkeit der Atmosphäre, die Wirksamkeit des Regens und des Schnees, ferner die Brandung der Küste, welche an und für sich nur unbedeutend zu wirken scheinen, müssen die größten Veränderungen hervorbringen, wenn man nur hinlänglich große Zeiträume für deren Wirksamkeit in Anspruch nimmt. Die Summirung der kleinsten Ursachen bringt die größten Wirkungen hervor. Der Wassertropfen höhlt den Stein aus.

Auf die unermeßliche Länge der geologischen Zeiträume, welche hierzu erforderlich sind, müssen wir nothwendig später noch einmal zurückkommen, da, wie Sie sehen werden, auch für Darwin's Theorie, eben so wie für diejenige Lyell's, die Annahme ganz ungeheurer Zeitmaaße absolut unentbehrlich ist. Wenn die Erde und ihre Organismen sich wirklich auf natürlichem Wege entwickelt haben, so muß diese langsame und allmähliche Entwickelung jedenfalls eine Zeitdauer in Anspruch genommen haben, deren Vorstellung unser Fassungsvermögen gänzlich übersteigt. Da Viele aber gerade hierin eine Hauptschwierigkeit jener Entwickelungstheorien erblicken, so will ich jetzt schon vorausgreifend bemerken, daß wir nicht einen einzigen vernünftigen Grund haben, irgend wie uns die hierzu erforderliche Zeit beschränkt zu denken. Wenn nicht allein viele Laien, sondern selbst hervorragende Naturforscher, als Haupteinwand gegen diese Theorien einwerfen, daß dieselben willkürlich zu lange Zeiträume in Anspruch nähmen, so ist dieser Einwand kaum zu begreifen. Denn es ist absolut nicht einzusehen, was uns in der Annahme derselben irgendwie beschränken sollte. Wir wissen längst allein schon aus dem Bau der geschichteten Erdrinde, daß die Entstehung derselben, der Absatz der neptunischen Gesteine aus dem Wasser, allermindestens mehrere Millionen Jahre gedauert haben muß. Ob wir aber hypothetisch für diesen Proceß zehn Millionen oder zehntausend Billionen Jahre annehmen, ist vom Standpunkte der strengsten Naturphilosophie gänzlich gleichgültig. Vor uns und hinter uns liegt die Ewigkeit. Wenn sich bei Vielen gegen die Annahme von so ungeheuren Zeiträumen das Gefühl sträubt, so ist das die Folge der falschen Vorstellungen, welche uns von frühester Jugend an über die angeblich kurze, nur wenige Jahrtausende umfassende Geschichte der Erde eingeprägt werden. Wie Albert Lange in seiner vortrefflichen Geschichte des Materialismus[12]) schlagend beweist, ist es vom streng kritischen Standpunkte aus jeder naturwissenschaftlichen Hypothese viel eher erlaubt, die Zeiträume zu groß, als zu klein anzunehmen. Jeder Entwickelungsvorgang läßt sich um so eher begreifen, je längere Zeit er dauert. Ein kurzer und beschränkter Zeitraum für denselben ist von vornherein das Unwahrscheinlichste.

Wir haben hier nicht Zeit, auf Lyell's vorzügliches Werk näher einzugehen, und wollen daher bloß das wichtigste Resultat desselben hervorheben, daß es nämlich Cuvier's Schöpfungsgeschichte mit ihren mythischen Revolutionen gründlich widerlegte, und an deren Stelle einfach die beständige langsame Umbildung der Erdrinde durch die fortdauernde Thätigkeit der noch jetzt auf die Erdoberfläche wirkenden Kräfte setzte, die Thätigkeit des Wassers und des vulkanischen Erdinnern. Lyell wies also einen continuirlichen, ununterbrochenen Zusammenhang der ganzen Erdgeschichte nach, und er bewies denselben so unwiderleglich, er begründete so einleuchtend die Herrschaft der „existing causes", der noch heute wirksamen, dauernden Ursachen in der Umbildung der Erdrinde, daß in kurzer Zeit die Geologie Cuvier's Hypothese vollkommen aufgab.

Nun ist es aber merkwürdig, daß die Paläontologie, die Wissenschaft von den Versteinerungen, soweit sie von den Botanikern und Zoologen betrieben wurde, von diesem großen Fortschritt der Geologie scheinbar unberührt blieb. Die Biologie nahm fortwährend noch jene wiederholte neue Schöpfung der gesammten Thier- und Pflanzenbevölkerung im Beginne jeder neuen Periode der Erdgeschichte an, obwohl diese Hypothese von den einzelnen, schubweise in die Welt gesetzten Schöpfungen ohne die Annahme der Revolutionen reiner Unsinn wurde und gar keinen Halt mehr hatte. Offenbar ist es vollkommen ungereimt, eine besondere neue Schöpfung der ganzen Thier- und Pflanzenwelt zu bestimmten Zeitabschnitten anzunehmen, ohne daß die Erdrinde selbst dabei irgend eine beträchtliche allgemeine Umwälzung erfährt. Trotzdem also jene Vorstellung auf das Engste mit der Katastrophentheorie Cuvier's zusammenhing, blieb sie dennoch herrschend, nachdem die letztere bereits zerstört war.

Es war nun dem großen englischen Naturforscher Charles Darwin vorbehalten, diesen Zwiespalt völlig zu beseitigen und zu zeigen, daß auch die Lebewelt der Erde eine ebenso continuirlich zusammenhängende Geschichte hat, wie die unorganische Rinde der Erde; daß auch die Thiere und Pflanzen ebenso allmählich durch Umwandlung oder Transformation auseinander hervorgegangen sind, wie die wechselnden Formen der Erdrinde, der Continente und der sie umschließenden und trennenden Meere aus früheren, ganz davon verschiedenen Formen enstanden sind. Wir können in dieser Beziehung wohl sagen, daß Darwin auf dem Gebiete der Zoologie und Botanik den gleichen Fortschritt herbeiführte, wie Lyell, sein großer Landsmann, auf dem Gebiete der Geologie. Durch Beide wurde der ununterbrochene Zusammenhang der geschichtlichen Entwickelung bewiesen, und eine allmähliche Umänderung der verschiedenen auf einander folgenden Zustände dargethan.

Das besondere Verdienst Darwin's ist nun, wie bereits in dem vorigen Vortrage bemerkt wurde, ein doppeltes. Er hat erstens die von Lamarck und Goethe aufgestellte Descendenztheorie in viel umfassenderer Weise als Ganzes behandelt und im Zusammenhang durchgeführt, als es von allen seinen Vorgängern geschehen war. Zweitens aber hat er dieser Abstimmungslehre durch seine, ihm eigenthümliche Züchtungslehre (die Selectionstheorie) das causale Fundament gegeben, d. h. er hat die wirkenden Ursachen der Veränderungen nachgewiesen, welche von der Abstammungslehre nur als Thatsachen behauptet werden. Die von Lamarck 1809 in die Biologie eingeführte Descendenztheorie behauptet, daß alle verschiedenen Thier- und Pflanzenarten von einer einzigen oder einigen wenigen, höchst einfachen, spontan entstandenen Urformen abstammen. Die von Darwin 1859 begründete Selectionstheorie zeigt uns, warum dies der Fall sein mußte, sie weist uns die wirkenden Ursachen so nach, wie es Kant nur wünschen konnte, und Darwin ist in der That auf dem Gebiete der organischen Naturwissenschaft der Newton geworden, dessen Kommen Kant prophetisch verneinen zu können glaubte.

Ehe Sie nun an Darwin's Theorie herantreten, wird es Ihnen vielleicht von Interesse sein, Einiges über die Persönlichkeit dieses großen Naturforschers zu hören, über sein Leben und die Wege, auf denen er zur Aufstellung seiner Lehre gelangte. Charles Robert Darwin ist am 12. Februar 1809 zu Shrewsbury am Severn-Fluß geboren, also gegenwärtig siebzig Jahre alt. Im siebzehnten Jahre (1825) bezog er die Universität Edinburg, und zwei Jahre später Christ's College zu Cambridge. Kaum 22 Jahre alt, wurde er 1831 zur Theilnahme an einer wissenschaftlichen Expedition berufen, welche von den Engländern ausgeschickt wurde, vorzüglich um die Südspitze Südamerika's genauer zu erforschen und verschiedene Punkte der Südsee zu untersuchen. Diese Expedition hatte, gleich vielen anderen, rühmlichen, von England ausgerüsteten Forschungsreisen, sowohl wissenschaftliche, als auch practische, auf die Schifffahrt bezügliche Aufgaben zu erfüllen. Das Schiff, von Capitän Fitzroy commandirt, führte in treffend symbolischer Weise den Namen „Beagle" oder Spürhund. Die Reise des Beagle, welche fünf Jahre dauerte, wurde für Darwin's ganze Entwickelung von der größten Bedeutung, und schon im ersten Jahre, als er zum erstenmal den Boden Südamerika's betrat, keimte in ihm der Gedanke der Abstammungslehre auf, den er dann späterhin zu so vollendeter Blüthe entwickelte. Die Reise selbst hat Darwin in einem von Dieffenbach in das Deutsche übersetzten Werke beschrieben, welches sehr anziehend geschrieben ist, und dessen Lectüre ich Ihnen angelegentlich empfehle [13]). In dieser Reisebeschreibung, welche sich weit über den gewöhnlichen Durchschnitt erhebt, tritt Ihnen nicht allein die liebenswürdige Persönlichkeit Darwin's in sehr anziehender Weise entgegen, sondern Sie können auch vielfach die Spuren der Wege erkennen, auf denen er zu seinen Vorstellungen gelangte. Als Resultat dieser Reise erschien zunächst ein großes wissenschaftliches Reisewerk, an dessen zoologischem und geologischem Theil sich Darwin bedeutend betheiligte, und ferner eine ausgezeichnete Arbeit desselben über die Bildung der Korallenriffe, welche allein genügt haben würde, Darwin's Namen mit bleibendem Ruhme zu krönen. Es wird Ihnen bekannt sein, daß die Inseln der Südsee größtentheils aus Korallenriffen bestehen oder von solchen umgeben sind. Die verschiedenen merkwürdigen Formen derselben und ihr Verhältniß zu den nicht aus Korallen gebildeten Inseln vermochte man sich früher nicht befriedigend zu erklären. Erst Darwin war es vorbehalten, diese schwierige Aufgabe zu lösen, indem er außer der aufbauenden Thätigkeit der Korallenthiere auch geologische Hebungen und Senkungen des Meeresbodens für die Entstehung der verschiedenen Riffgestalten in Anspruch nahm. Darwin's Theorie von der Entstehung der Korallenriffe ist, ebenso wie seine spätere Theorie von der Entstehung der organischen Arten, eine Theorie, welche die Erscheinungen vollkommen erklärt, und dafür nur die einfachsten natürlichen Ursachen in Anspruch nimmt, ohne sich hypothetisch auf irgend welche unbekannten Vorgänge zu beziehen. Unter den übrigen Arbeiten Darwin's ist noch seine ausgezeichnete Monographie der Cirrhipedien hervorzuheben, einer merkwürdigen Classe von Seethieren, welche im äußeren Ansehen den Muscheln gleichen und von Cuvier in der That für zweischalige Mollusken gehalten wurden, während dieselben in Wahrheit zu den Krebsthieren (Crustaceen) gehören.

Die außerordentlichen Strapatzen, denen Darwin während der fünfjährigen Reise des Beagle ausgesetzt war, hatten seine Gesundheit dergestalt zerrüttet, daß er sich nach seiner Rückkehr aus dem unruhigen Treiben Londons zurückziehen mußte, und seitdem in stiller Zurückgezogenheit auf seinem Gute Down, in der Nähe von Bromley in Kent (mit der Eisenbahn kaum eine Stunde von London entfernt) wohnte. Diese Abgeschiedenheit von dem unruhigen Getreibe der großen Weltstadt wurde jedenfalls äußerst segensreich für Darwin, und es ist wahrscheinlich, daß wir ihr theilweise mit die Entstehung der Selectionstheorie verdanken. Unbehelligt durch die verschiedenen Geschäfte, welche in London seine Kräfte zersplittert haben würden, konnte er seine ganze Thätigkeit auf das Studium des großen Problems concentriren, auf welches er durch jene Reise hingelenkt worden war. Um Ihnen zu zeigen, welche Wahrnehmungen während seiner Weltumsegelung vorzüglich den Grundgedanken der Selectionstheorie in ihm anregten, und in welcher Weise er denselben dann weiter entwickelte, erlauben Sie mir, Ihnen eine Stelle aus einem Briefe mitzutheilen, welchen Darwin am 8. October 1864 an mich richtete:

„In Südamerika traten mir besonders drei Classen von Erscheinungen sehr lebhaft vor die Seele: Erstens die Art und Weise, in welcher nahe verwandte Species einander vertreten und ersetzen, wenn man von Norden nach Süden geht; — Zweitens die nahe Verwandtschaft derjenigen Species, welche die Südamerika nahe gelegenen Inseln bewohnen, und derjenigen Species, welche diesem Festland eigenthümlich sind; dies setzte mich in tiefes Erstaunen, besonders die Verschiedenheit derjenigen Species, welche die nahe gelegenen Inseln des Galopagosarchipels bewohnen; — Drittens die nahe Beziehung der lebenden zahnlosen Säugethiere (Edentata) und Nagethiere (Rodentia) zu den ausgestorbenen Arten. Ich werde niemals mein Erstaunen vergessen, als ich ein riesengroßes Panzerstück ausgrub, ähnlich demjenigen eines lebenden Gürtelthiers.

„Als ich über diese Thatsachen nachdachte und einige ähnliche Erscheinungen damit verglich, schien es mir wahrscheinlich, daß nahe verwandte Species von einer gemeinsamen Stammform abstammen könnten. Aber einige Jahre lang konnte ich nicht begreifen, wie eine jede Form so ausgezeichnet ihren besonderen Lebensverhältnissen angepaßt werden konnte. Ich begann darauf systematisch die Hausthiere und die Gartenpflanzen zu studiren, und sah nach einiger Zeit deutlich ein, daß die wichtigste umbildende Kraft in des Menschen Zuchtwahlvermögen liege, in seiner Benutzung auserlesener Individuen zur Nachzucht. Dadurch daß ich vielfach die Lebensweise und Sitten der Thiere studirt hatte, war ich darauf vorbereitet, den Kampf um's Dasein richtig zu würdigen; und meine geologischen Arbeiten gaben mir eine Vorstellung von der ungeheuren Länge der verflossenen Zeiträume. Als ich dann durch einen glücklichen Zufall das Buch von Malthus „über die Bevölkerung" las, tauchte der Gedanke der natürlichen Züchtung in mir auf. Unter allen den untergeordneten Punkten war der letzte, den ich schätzen lernte, die Bedeutung und Ursache des Divergenzprincips."

Während der Muße und Zurückgezogenheit, in der Darwin nach der Rückkehr von seiner Reise lebte, beschäftigte er sich, wie aus dieser Mittheilung hervorgeht, zunächst vorzugsweise mit dem Studium der Organismen im Culturzustande, der Hausthiere und Gartenpflanzen. Unzweifelhaft war dies der nächste und richtigste Weg, um zur Selectionstheorie zu gelangen. Wie in allen seinen Arbeiten, verfuhr Darwin dabei äußerst sorgfältig und genau. Er hat mit bewunderungswürdiger Vorsicht und Selbstverleugnung vom Jahr 1837—1858, also 21 Jahre lang, über diese Sache Nichts veröffentlicht, selbst nicht eine vorläufige Skizze seiner Theorie, welche er schon 1844 niedergeschrieben hatte. Er wollte immer noch mehr sicher begründete empirische Beweise sammeln, um so die Theorie ganz vollständig, auf möglichst breiter Erfahrungsgrundlage festgestellt, mittheilen zu können. Zum Glück wurde er in diesem Streben nach möglichster Vervollkommnung, welches vielleicht dazu geführt haben würde, die Theorie überhaupt nicht zu veröffentlichen, durch einen Landsmann gestört, welcher unabhängig von Darwin die Selectionstheorie sich ausgedacht und aufgestellt hatte, und welcher 1858 die Grundzüge derselben an Darwin selbst einsendete, mit der Bitte, dieselben an Lyell zur Veröffentlichung in einem englischen Journale zu übergeben. Dieser Engländer ist Alfred Wallace[36]), einer der kühnsten und verdientesten naturwissenschaftlichen Reisenden der neueren Zeit. Viele Jahre war Wallace allein in den Wildnissen der

Sundainseln, in den dichten Urwäldern des indischen Archipels umhergestreift, und bei diesem unmittelbaren und umfassenden Studium eines der reichsten und interessantesten Erdstücke mit seiner höchst mannichfaltigen Thier- und Pflanzenwelt war er genau zu denselben allgemeinen Anschauungen über die Entstehung der organischen Arten wie Darwin gelangt. Lyell und Hooker, welche Beide Darwin's Arbeit seit langer Zeit kannten, veranlaßten ihn nun, einen kurzen Auszug aus seinen Manuscripten gleichzeitig mit dem eingesandten Manuscript von Wallace zu veröffentlichen, was auch im August 1858 im „Journal of the Linnean Society" geschah.

Im November 1859 erschien dann das epochemachende Werk Darwin's „Ueber die Entstehung der Arten", in welchem die Selectionstheorie ausführlich begründet ist. Jedoch bezeichnete Darwin selbst dieses Buch, von welchem 1872 die sechste Auflage und bereits 1860 eine deutsche Uebersetzung von Bronn erschien[1]), nur als einen vorläufigen Auszug aus einem größeren und ausführlicheren Werke, welches in umfassender empirischer Beweisführung eine Masse von Thatsachen zu Gunsten seiner Theorie enthalten sollte. Der erste Theil dieses von Darwin in Aussicht gestellten Hauptwerkes ist 1868 unter dem Titel: „Das Variiren der Thiere und Pflanzen im Zustande der Domestication" erschienen und von Victor Carus ins Deutsche übersetzt worden[14]). Er enthält eine reiche Fülle von den trefflichsten Belegen für die außerordentlichen Veränderungen der organischen Formen, welche der Mensch durch seine Cultur und künstliche Züchtung hervorbringen kann. So sehr wir auch Darwin für diesen Ueberfluß an beweisenden Thatsachen verbunden sind, so theilen wir doch keineswegs die Meinung jener Naturforscher, welche glauben, daß durch diese weiteren Ausführungen die Selectionstheorie eigentlich erst fest begründet werden mußte. Nach unserer Ansicht enthält bereits Darwin's erstes, 1859 erschienenes Werk diese Begründung in völlig ausreichendem Maaße. Die unangreifbare Stärke seiner Theorie liegt nicht in der Unmasse von einzelnen Thatsachen, welche man als Beweis dafür anführen kann, sondern in dem harmonischen Zusammenhang aller großen und allgemeinen Erscheinungsreihen der organischen Natur, welche übereinstimmend für die Wahrheit der Selectionstheorie Zeugniß ablegen.

Den bedeutendsten Folgeschluß der Descendenztheorie, die Abstammung des Menschengeschlechts von anderen Säugethieren, hat Darwin anfangs absichtlich verschwiegen. Erst nachdem dieser höchst wichtige Schluß von anderen Naturforschern entschieden als nothwendige Consequenz der Abstammungslehre festgestellt war, hat Darwin denselben ausdrücklich anerkannt, und damit „die Krönung seines Gebäudes" vollzogen. Dies geschah in dem höchst interessanten, erst 1871 erschienenen Werke über „die Abstammung des Menschen und die geschlechtliche Zuchtwahl", welches ebenfalls von Victor Carus in das Deutsche übersetzt worden ist [48]). Als ein Nachtrag zu diesem Buche kann das geistreiche physiognomische Werk angesehen werden, welches Darwin 1872 „über den Ausdruck der Gemüthsbewegungen bei dem Menschen und den Thieren" veröffentlicht hat [49]).

Von der größten Bedeutung für die Begründung der Selectionstheorie war das eingehende Studium, welches Darwin den Hausthieren und Culturpflanzen widmete. Die unendlich mannichfaltigen Formveränderungen, welche der Mensch an diesen domesticirten Organismen durch künstliche Züchtung erzeugt hat, sind für das richtige Verständniß der Thier- und Pflanzenformen von der allergrößten Wichtigkeit; und dennoch ist in kaum glaublicher Weise dieses Studium von den Zoologen und Botanikern bis in die neueste Zeit in der gröbsten Weise vernachlässigt worden. Es sind nicht allein dicke Bände, sondern ganze Bibliotheken angefüllt worden mit Beschreibungen der einzelnen Arten oder Species, und mit höchst kindischen Streitigkeiten darüber, ob diese Species gute oder ziemlich gute, schlechte oder ziemlich schlechte Arten seien, ohne daß dem Artbegriff selbst darin zu Leibe gegangen ist. Wenn die Naturforscher, statt auf diese unnützen Spielereien ihre Zeit zu verwenden, die Culturorganismen gehörig studirt und nicht die einzelnen todten Formen, sondern die Umbildung der lebendigen Gestalten in das Auge gefaßt hätten, so würde man nicht so lange in den Fesseln des Cuvier'schen Dogmas befangen gewesen sein. Weil nun aber diese Culturorganismen gerade der dogmatischen Auffassung von der Beharrlichkeit der Art, von der Constanz der Species so äußerst unbequem sind, so hat man sich großen Theils absichtlich nicht um dieselben bekümmert und es ist sogar vielfach, selbst von berühmten Naturforschern, der Gedanke ausgesprochen worden, diese Culturorganismen, die Hausthiere und Gartenpflanzen, seien Kunstproducte des Menschen, und deren Bildung und Umbildung könne gar nicht über das Wesen der Species und über die Entstehung der Formen bei den wilden, im Naturzustande lebenden Arten entscheiden.

Diese verkehrte Auffassung ging so weit, daß z. B. ein Münchener Zoologe, Andreas Wagner, alles Ernstes die lächerliche Behauptung aufstellte: Die Thiere und Pflanzen im wilden Zustande sind vom Schöpfer als bestimmt unterschiedene und unveränderliche Arten erschaffen worden; allein bei den Hausthieren und Culturpflanzen war dies deshalb nicht nöthig, weil er dieselben von vornherein für den Gebrauch des Menschen einrichtete. Der Schöpfer machte also den Menschen aus einem Erdenkloß, blies ihm lebendigen Odem in seine Nase und schuf dann für ihn die verschiedenen nützlichen Hausthiere und Gartenpflanzen, bei denen er sich in der That die Mühe der Speciesunterscheidung sparen konnte. Ob der Baum des Erkenntnisses im Paradiesgarten eine „gute" wilde Species, oder als Culturpflanze überhaupt „keine Species" war, erfahren wir leider durch Andreas Wagner nicht. Da der Baum des Erkenntnisses vom Schöpfer mitten in den Paradiesgarten gesetzt wurde, möchte man eher glauben, daß er eine höchst bevorzugte Culturpflanze, also überhaupt keine Species war. Da aber andrerseits die Früchte vom Baume des Erkenntnisses dem Menschen verboten waren, und viele Menschen, wie Wagner's eigenes Beispiel klar zeigt, niemals von diesen Früchten genossen haben, so ist er offenbar nicht für den Gebrauch des Menschen erschaffen und also wahrscheinlich eine wirkliche Species! Wie Schade, daß uns Wagner über diese wichtige und schwierige Frage nicht belehrt hat!

So lächerlich Ihnen nun diese Ansicht auch vorkommen mag, so ist dieselbe doch nur ein folgerichtiger Auswuchs einer falschen, in der That aber weit verbreiteten Ansicht von dem besonderen Wesen der Culturorganismen, und Sie können bisweilen von ganz angesehenen Naturforschern ähnliche Einwürfe hören. Gegen diese grundfalsche Auffassung muß ich mich von vornherein ganz bestimmt wenden. Das ist dieselbe Verkehrtheit, wie sie die Aerzte begehen, welche behaupten, die Krankheiten seien künstliche Erzeugnisse, keine Naturerscheinungen. Es hat viel Mühe gekostet, dieses Vorurtheil zu bekämpfen; und erst in neuerer Zeit ist die Ansicht zur allgemeinen Anerkennung gelangt, daß die Krankheiten Nichts sind, als natürliche Veränderungen des Organismus, wirklich natürliche Lebenserscheinungen, die nur hervorgebracht werden durch veränderte, abnorme Existenzbedingungen. Die Krankheit ist also nicht, wie die älteren Aerzte oft sagten, ein Leben außerhalb der Natur (vita praeter naturam), sondern ein natürliches Leben unter bestimmten, krank machenden, den Körper mit Gefahr bedrohenden Bedingungen. Ganz ebenso sind die Culturerzeugnisse nicht künstliche Producte des Menschen, sondern sie sind Naturproducte, welche unter eigenthümlichen Lebensbedingungen entstanden sind. Der Mensch vermag durch seine Cultur niemals unmittelbar eine neue organische Form zu erzeugen; sondern er kann nur die Organismen unter neuen Lebensbedingungen züchten, welche umbildend auf sie einwirken. Alle Hausthiere und alle Gartenpflanzen stammen ursprünglich von wilden Arten ab, welche erst durch die Cultur umgebildet wurden.

Die eingehende Vergleichung der Culturformen (Rassen und Spielarten) mit den wilden, nicht durch Cultur veränderten Organismen (Arten und Varietäten) ist für die Selectionstheorie von der größten Wichtigkeit. Was Ihnen bei dieser Vergleichung zunächst am Meisten auffällt, das ist die ungewöhnlich kurze Zeit, in welcher der Mensch im Stande ist, eine neue Form hervorzubringen, und der ungewöhnlich hohe Grad, in welchem diese vom Menschen producirte Form von der ursprünglichen Stammform abweichen kann. Während die wilden Thiere und Pflanzen, im freien Zustande, Jahr aus, Jahr ein dem sammelnden Zoologen und Botaniker annähernd in derselben Form erscheinen, so daß eben hieraus das falsche Dogma der Speciesconstanz entstehen konnte, so zeigen uns dagegen die Hausthiere und die Gartenpflanzen innerhalb weniger Jahre die größten Veränderungen. Die Vervollkommnung, welche die Züchtungskunst der Gärtner und der Landwirthe erreicht hat, gestattet es jetzt in sehr kurzer Zeit, in wenigen Jahren, eine ganz neue Thier- oder Pflanzenform willkürlich zu schaffen. Man braucht zu diesem Zwecke bloß den Organismus unter dem Einflusse der besonderen Bedingungen zu erhalten und fortzupflanzen, welche neue Bildungen zu erzeugen im Stande sind; und man kann schon nach Verlauf von wenigen Generationen neue Arten erhalten, welche von der Stammform in viel höherem Grade abweichen, als die sogenannten guten Arten im wilden Zustande von einander verschieden sind. Diese Thatsache ist äußerst wichtig und kann nicht genug hervorgehoben werden. Es ist nicht wahr, wenn behauptet wird, die Culturformen, die von einer und derselben Form abstammen, seien nicht so sehr von einander verschieden, wie die wilden Thier- und Pflanzenarten unter sich. Wenn man nur unbefangen Vergleiche anstellt, so läßt sich sehr leicht erkennen, daß eine Menge von Rassen oder Spielarten, die wir in einer kurzen Reihe von Jahren von einer einzigen Culturform abgeleitet haben, in höherem Grade von einander unterschieden sind, als sogenannte gute Arten („bonae species“) oder selbst verschiedene Gattungen (Genera) einer Familie im wilden Zustande sich unterscheiden.

Um diese äußerst wichtige Thatsache möglichst fest empirisch zu begründen, beschloß Darwin, eine einzelne Gruppe von Hausthieren speciell in dem ganzen Umfang ihrer Formenmannichfaltigkeit zu studiren, und er wählte dazu die Haustauben, welche in mehrfacher Beziehung für diesen Zweck ganz besonders geeignet sind. Er hielt sich lange Zeit hindurch auf seinem Gute alle möglichen Rassen und

Spielarten von Tauben, welche er bekommen konnte, und wurde mit reichlichen Zusendungen aus allen Weltgegenden unterstützt. Ferner ließ er sich in zwei Londoner Taubenclubs aufnehmen, welche die Züchtung der verschiedenen Taubenformen mit wahrhaft künstlerischer Virtuosität und unermüdlicher Leidenschaft betreiben. Endlich setzte er sich noch mit einigen der berühmtesten Taubenliebhaber in Verbindung. So stand ihm das reichste empirische Material zur Verfügung.

Die Kunst und Liebhaberei der Taubenzüchtung ist uralt. Schon mehr als 3000 Jahre vor Christus wurde sie von den Aegyptern betrieben. Die Römer der Kaiserzeit gaben ungeheure Summen dafür aus und führten genaue Stammbaumregister über ihre Abstammung, ebenso wie die Araber über ihre Pferde und die mecklenburgischen Edelleute über ihre eigenen Ahnen sehr sorgfältige genealogische Register führen. Auch in Asien war die Taubenzucht eine uralte Liebhaberei der reichen Fürsten, und zur Hofhaltung des Akber Khan, um das Jahr 1600, gehörten mehr als 20,000 Tauben. So entwickelten sich denn im Laufe mehrerer Jahrtausende, und in Folge der mannichfaltigen Züchtungsmethoden, welche in den verschiedensten Weltgegenden geübt wurden, aus einer einzigen ursprünglich gezähmten Stammform eine ungeheure Menge verschiedenartiger Rassen und Spielarten, welche in ihren extremen Formen ganz außerordentlich verschieden sind.

Eine der auffallendsten Taubenrassen ist die bekannte Pfauentaube, bei der sich der Schwanz ähnlich entwickelt wie beim Truthahn und eine Anzahl von 30—40 radartig gestellten Federn trägt; während die anderen Tauben eine viel geringere Anzahl von Schwanzfedern, fast immer 12, besitzen. Hierbei mag erwähnt werden, daß die Anzahl der Schwanzfedern bei den Vögeln als systematisches Merkmal von den Naturforschern sehr hoch geschätzt wird, so daß man ganze Ordnungen danach unterscheiden könnte. So besitzen z. B. die Singvögel fast ohne Ausnahme 12 Schwanzfedern, die Schrillvögel (Strisores) 10 u. s. w. Besonders ausgezeichnet sind ferner mehrere Taubenrassen durch einen Busch von Nackenfedern, welcher eine Art Perrücke bildet, andere durch abenteuerliche Umbildung des Schnabels und der Füße, durch eigenthümliche, oft sehr auffallende Verzierungen, z. B. Hautlappen, die sich am Kopf entwickeln; durch einen großen Kropf, welcher eine starke Hervortreibung der Speiseröhre am Hals bildet u. s. w. Merkwürdig sind auch die sonderbaren Gewohnheiten, die viele Tauben sich erworben haben, z. B. die Lachtauben, die Trommeltauben in ihren musikalischen Leistungen, die Brieftauben in ihrem topographischen Instinct. Die Purzeltauben haben die seltsame Gewohnheit, nachdem sie in großer Schaar in die Luft gestiegen sind, sich zu überschlagen und aus der Luft wie todt herabzufallen. Die Sitten und Gewohnheiten dieser unendlich verschiedenen Taubenrassen, die Form, Größe und Färbung der einzelnen Körpertheile, die Proportionen derselben unter einander, sind in erstaunlich hohem Maaße von einander verschieden, in viel höherem Maaße, als es bei den sogenannten guten Arten oder selbst bei ganz verschiedenen Gattungen unter den wilden Tauben der Fall ist. Und, was das Wichtigste ist, es beschränken sich jene Unterschiede nicht bloß auf die Bildung der äußerlichen Form, sondern erstrecken sich selbst auf die wichtigsten innerlichen Theile; es kommen sogar sehr bedeutende Abänderungen des Skelets und der Muskulatur vor. So finden sich z. B. große Verschiedenheiten in der Zahl der Wirbel und Rippen, in der Größe und Form der Lücken im Brustbein, in der Form und Größe des Gabelbeins, des Unterkiefers, der Gesichtsknochen u. s. w. Kurz das knöcherne Skelet, das die Morphologen für einen sehr beständigen Körpertheil halten, welcher niemals in dem Grade, wie die äußeren Theile, variire, zeigt sich so sehr verändert, daß man viele Taubenrassen als besondere Gattungen aufführen könnte. Zweifelsohne würde dies geschehen, wenn man alle diese verschiedenen Formen in wildem Naturzustande auffände.

Wie weit die Verschiedenheit der Taubenrassen geht, zeigt am Besten der Umstand, daß alle Taubenzüchter einstimmig der Ansicht sind, jede eigenthümliche oder besonders ausgezeichnete Taubenrasse müsse von einer besonderen wilden Stammart abstammen. Freilich nimmt Jeder eine verschiedene Zahl von Stammarten an. Und dennoch hat Darwin mit überzeugendem Scharfsinn den schwierigen Beweis geführt, daß dieselben ohne Ausnahme sämmtlich von einer einzigen wilden Stammart, der blauen Felstaube (Columba livia) abstammen müssen. In gleicher Weise läßt sich bei den meisten übrigen Hausthieren und bei den meisten Culturpflanzen der Beweis führen, daß alle verschiedenen Rassen Nachkommen einer einzigen ursprünglichen wilden Art sind, die vom Menschen in den Culturzustand übergeführt wurde.

Ein ähnliches Beispiel, wie die Haustaube, liefert unter den Säugethieren unser zahmes Kaninchen. Alle Zoologen ohne Ausnahme halten es schon seit langer Zeit für erwiesen, daß alle Rassen und Spielarten desselben von dem gewöhnlichen wilden Kaninchen, also von einer einzigen Stammart, abstammen. Und dennoch sind die extremsten Formen dieser Rassen in einem solchen Maaße von einander verschieden, daß jeder Zoologe, wenn er dieselben im wilden Zustande anträfe, sie unbedenklich nicht allein für ganz verschiedene „gute Species", sondern sogar für Arten von ganz verschiedenen Gattungen oder Genera der Leporiden-Familie erklären würde. Nicht nur ist die Färbung, Haarlänge und sonstige Beschaffenheit des Pelzes bei den verschiedenen zahmen Kaninchen-Rassen außerordentlich mannichfaltig und in den extremen Gegensätzen äußerst abweichend, sondern auch, was noch viel wichtiger ist, die typische Form des Skelets und seiner einzelnen Theile, besonders die Form des Schädels und des für die Systematik so wichtigen Gebisses, ferner das relative Längenverhältniß der Ohren, der Beine u. s. w. In allen diesen Beziehungen weichen die Rassen des zahmen Kaninchens unbestritten viel weiter von einander ab, als alle die verschiedenen Formen von wilden Kaninchen und Hasen, die als anerkannt „gute Species" der Gattung Lepus über die ganze Erde zerstreut sind. Und dennoch behaupten Angesichts dieser klaren Thatsache die Gegner der Entwickelungtheorie, daß die letzteren, die wilden Arten, nicht von einer gemeinsamen Stammform abstammen, während sie dies bei den ersteren, den zahmen Rassen, ohne Weiteres zugeben.

Mit Gegnern, welche so absichtlich ihre Augen vor dem sonnenklaren Lichte der Wahrheit verschließen, läßt sich dann freilich nicht weiter streiten.

Während so für die Haustaube, für das zahme Kaninchen, für das Pferd u. s. w. trotz der merkwürdigen Verschiedenheit ihrer Spielarten die Abstammung von einer einzigen wilden sogenannten „Species“ gesichert erscheint, so ist es dagegen für andere Hausthiere, namentlich die Hunde, Schweine und Rinder, allerdings wahrscheinlicher, daß die mannichfaltigen Rassen derselben von mehreren wilden Stammarten abzuleiten sind, welche sich nachträglich im Culturzustande mit einander vermischt haben. Indessen ist die Zahl dieser ursprünglichen wilden Stammarten immer viel geringer, als die Zahl der aus ihrer Vermischung und Züchtung hervorgegangenen Culturformen, und natürlich stammen auch jene ersteren ursprünglich von einer einzigen gemeinsamen Stammform der ganzen Gattung ab. Auf keinen Fall stammt jede besondere Culturrasse von einer eigenen wilden Art ab.

Im Gegensatz hierzu behaupten fast alle Landwirthe und Gärtner mit der größten Bestimmtheit, daß jede einzelne, von ihnen gezüchtete Rasse von einer besonderen wilden Stammart abstammen müsse, weil sie die Unterschiede der Rassen scharf erkennen, die Vererbung ihrer Eigenschaften sehr hochschätzen, und nicht bedenken, daß dieselben erst durch langsame Häufung kleiner, kaum merklicher Abänderungen entstanden sind. Auch in dieser Beziehung ist die Vergleichung der Culturrassen mit den wilden Species äußerst lehrreich.

Von vielen Seiten, und namentlich von den Gegnern der Entwickelungstheorie, ist die größte Mühe aufgewendet worden, irgend ein morphologisches oder physiologisches Merkmal, irgend eine charakteristische Eigenschaft aufzufinden, durch welche man die künstlich gezüchteten, cultivirten „Rassen“ von den natürlich entstandenen, wilden „Arten“ scharf und durchgreifend trennen könne. Alle diese Versuche sind gänzlich fehlgeschlagen und haben nur mit um so größerer Sicherheit zu dem entgegengesetzten Resultate geführt, daß eine solche Trennung gar nicht möglich ist. Ich habe dieses Verhältniß in meiner Kritik des Species-Begriffes ausführlich erörtert und durch Beispiele erläutert. (Gen. Morph. II, 323—364.)

Nur eine Seite dieser Frage mag hier kürzlich noch berührt werden, weil dieselbe nicht allein von den Gegnern, sondern selbst von einigen der bedeutendsten Anhänger des Darwinismus, z. B. von Huxley[17]), als eine der schwächsten Seiten desselben angesehen worden ist, nämlich das Verhältniß der Bastardzeugung oder des Hybridismus. Zwischen cultivirten Rassen und wilden Arten sollte der Unterschied bestehen, daß die ersteren der Erzeugung fruchtbarer Bastarde fähig sein sollten, die letzteren nicht. Je zwei verschiedene cultivirte Rassen oder wilde Varietäten einer Species sollten in allen Fällen die Fähigkeit besitzen, mit einander Bastarde zu erzeugen, welche sich unter einander oder mit einer ihrer Elternformen fruchtbar vermischen und fortpflanzen könnten; dagegen sollten zwei wirklich verschiedene Species, zwei cultivirte oder wilde Arten einer Gattung, niemals die Fähigkeit besitzen, mit einander Bastarde zu zeugen, die unter einander oder mit einer der elterlichen Arten sich fruchtbar kreuzen könnten.

Was zunächst die erste Behauptung betrifft, so wird sie einfach durch die Thatsache widerlegt, daß es Organismen giebt, die sich mit ihren nachweisbaren Vorfahren überhaupt nicht mehr vermischen, also auch keine fruchtbare Nachkommenschaft erzeugen können. So paart sich z. B. unser cultivirtes Meerscheinchen nicht mehr mit seinem wilden brasilianischen Stammvater. Umgekehrt geht die Hauskatze von Paraguay, welche von unserer europäischen Hauskatze abstammt, keine eheliche Verbindung mehr mit dieser ein. Zwischen verschiedenen Rassen unserer Haushunde, z. B. zwischen den großen Neufundländern und den zwerghaften Schooßhündchen, ist schon aus einfachen mechanischen Gründen eine Paarung unmöglich. Ein besonderes interessantes Beispiel aber bietet das Porto-Santo-Kaninchen dar (Lepus Huxleyi). Auf der kleinen Insel Porto-Santo bei Madeira wurden im Jahre 1419 einige Kaninchen ausgesetzt, die an Bord eines Schiffes von einem zahmen spanischen Kaninchen geboren worden waren. Diese Thierchen vermehrten sich in kurzer Zeit, da keine Raubthiere dort waren, so massenhaft, daß sie zur Landplage wurden und sogar eine dortige Colonie zur Aufhebung zwangen. Noch gegenwärtig bewohnen sie die Insel in Menge, haben sich aber im Laufe von 450 Jahren zu einer ganz eigenthümlichen Spielart — oder wenn man will „guten Art" — entwickelt, ausgezeichnet durch eigenthümliche Färbung, rattenähnliche Form, geringe Größe, nächtliche Lebensweise und außerordentliche Wildheit. Das Wichtigste jedoch ist, daß sich diese neue Art, die ich Lepus Huxleyi nenne, mit dem europäischen Kaninchen, von dem sie abstammt, nicht mehr kreuzt und keine Bastarde mehr damit erzeugt.

Auf der andern Seite kennen wir jetzt zahlreiche Beispiele von fruchtbaren echten Bastarden, d. h. von Mischlingen, die aus der Kreuzung von zwei ganz verschiedenen Arten hervorgegangen sind, und trotzdem sowohl unter einander, als auch mit einer ihrer Stammarten sich fortpflanzen. Den Botanikern sind solche „Bastard-Arten" (Species hybridae) längst in Menge bekannt, z. B. aus den Gattungen der Distel (Cirsium), des Goldregen (Cytisus), der Brombeere (Rubus) u. s. w. Aber auch unter den Thieren sind dieselben keineswegs selten, und vielleicht sogar sehr häufig. Man kennt fruchtbare Bastarde, die aus der Kreuzung von zwei verschiedenen Arten einer Gattung entstanden sind, aus mehreren Gattungen der Schmetterlings-Ordnung (Zygaena, Saturnia), der Karpfen-Familie, der Finken, Hühner, Hunde, Katzen u. s. w. Zu den interessantesten gehört das Hasen-Kaninchen (Lepus Darwinii), der Bastard von unsern einheimischen Hasen und Kaninchen, welcher in Frankreich schon seit 1850 zu gastronomischen Zwecken in vielen Generationen gezüchtet worden ist. Ich besitze selbst durch die Güte des Professor Conrad, welcher diese Züchtungsversuche auf seinem Gute wiederholt hat, solche Bastarde, welche aus reiner Inzucht hervorgegangen sind, d. h. deren beide Elteru selbst Bastarde von einem Hasenvater und einer Kaninchenmutter sind. Der so erzeugte Halbblut-Bastard, welchen ich Darwin zu Ehren benannt habe, scheint sich in reiner Inzucht so gut wie jede „echte Species" durch viele Generationen fortzupflanzen. Obwohl im Ganzen mehr seiner Kaninchenmutter ähnlich, besitzt derselbe doch in der Bildung der Ohren und der Hinterbeine bestimmte Eigenschaften seines Hasenvaters. Das Fleisch schmeckt vortrefflich, mehr hasenartig, obwohl die Farbe mehr kaninchenartig ist. Nun sind aber Hase (Lepus timidus) und Kaninchen (Lepus cuniculus) zwei so verschiedene Species der Gattung Lepus, daß kein Systematiker sie als Varietäten einer Art betrachten wird. Auch haben beide Arten so verschiedene Lebensweise und im wilden Zustande so große Abneigung gegen einander, daß sie sich aus freien Stücken nicht vermischen. Wenn man jedoch die neugeborenen Jungen beider Arten zusammen aufzieht, so kommt diese Abneigung nicht zur Entwickelung; sie vermischen sich mit einander und erzeugen den Lepus Darwinii.

Ein anderes ausgezeichnetes Beispiel von Kreuzung verschiedener Arten (wobei die beiden Species sogar verschiedenen Gattungen angehören!) liefern die fruchtbaren Bastarde von Schafen und Ziegen, die in Chile seit langer Zeit zu industriellen Zwecken gezogen werden. Welche unwesentlichen Umstände bei der geschlechtlichen Vermischung die Fruchtbarkeit der verschiedenen Arten bedingen, das zeigt der Umstand, daß Ziegenböcke und Schafe bei ihrer Vermischung fruchtbare Bastarde erzeugen, während Schafbock und Ziege sich überhaupt selten paaren, und dann ohne Erfolg. So sind also die Erscheinungen des Hybridismus, auf welche man irrthümlicherweise ein ganz übertriebenes Gewicht gelegt hat, für den Speciesbegriff gänzlich bedeutungslos. Die Bastardzeugung setzt uns eben so wenig, als irgend eine andere Erscheinung, in den Stand, die cultivirten Rassen von den wilden Arten durchgreifend zu unterscheiden. Dieser Umstand ist aber von der größten Bedeutung für die Selectionstheorie.

Siebenter Vortrag.

Die Züchtungslehre oder Selectionstheorie. (Der Darwinismus.)

Darwinismus (Selectionstheorie) und Lamarckismus (Descendenztheorie). Der Vorgang der künstlichen Züchtung: Auslese (Selection) der verschiedenen Einzelwesen zur Nachzucht. Die wirkenden Ursachen der Umbildung: Abänderung, mit der Ernährung zusammenhängend, und Vererbung, mit der Fortpflanzung zusammenhängend. Mechanische Natur dieser beiden physiologischen Functionen. Der Vorgang der natürlichen Züchtung: Auslese (Selection) durch den Kampf um's Dasein. Malthus' Bevölkerungstheorie Mißverhältniß zwischen der Zahl der möglichen (potentiellen) und der wirklichen (actuellen) Individuen jeder Organismenart. Allgemeiner Wettkampf um die Existenz. Umbildende und züchtende Kraft dieses Kampfes um's Dasein. Vergleichung der natürlichen und der künstlichen Züchtung. Selections-Princip bei Kant und Wells. Zuchtwahl im Menschenleben. Medicinische und clericale Züchtung.

Meine Herren! Wenn heutzutage häufig die gesammte Entwickelungstheorie, mit der wir uns in diesen Vorträgen beschäftigen, als Darwinismus bezeichnet wird, so geschieht dies eigentlich nicht mit Recht. Denn wie Sie aus der geschichtlichen Einleitung der letzten Vorträge gesehen haben werden, ist schon zu Anfang unseres Jahrhunderts der wichtigste Theil der organischen Entwickelungstheorie, nämlich die Abstammungslehre oder Descendenztheorie, ganz deutlich ausgesprochen, und insbesondere durch Lamarck in die Naturwissenschaft eingeführt worden. Man könnte daher diesen Theil der Entwickelungstheorie, welcher die gemeinsame Abstammung aller Thier-

und Pflanzenarten von einfachsten gemeinsamen Stammformen behauptet, seinem verdientesten Begründer zu Ehren mit vollem Rechte **Lamarckismus** nennen, wenn man einmal an den Namen eines einzelnen hervorragenden Naturforschers das Verdienst knüpfen will, eine solche Grundlehre zuerst durchgeführt zu haben. Dagegen würden wir mit Recht als **Darwinismus** die Selectionstheorie oder Züchtungslehre zu bezeichnen haben, denjenigen Theil der Entwickelungstheorie, welcher uns zeigt, auf welchem Wege und **warum** die verschiedenen Organismenarten aus jenen einfachsten Stammformen sich entwickelt haben.

Diese Selectionstheorie oder der Darwinismus im eigentlichen Sinne beruht wesentlich (wie bereits in dem letzten Vortrage angedeutet wurde) auf der Vergleichung derjenigen Thätigkeit, welche der Mensch bei der Züchtung der Hausthiere und Gartenpflanzen ausübt, mit denjenigen Vorgängen, welche in der freien Natur, außerhalb des Culturzustandes, zur Entstehung neuer Arten und neuer Gattungen führen. Wir müssen uns, um diese letzten Vorgänge zu verstehen, also zunächst zur künstlichen Züchtung des Menschen wenden, wie es auch von **Darwin** selbst geschehen ist. Wir müssen untersuchen, welche Erfolge der Mensch durch seine künstliche Züchtung erzielt, und welche Mittel er anwendet, um diese Erfolge hervorzubringen; und dann müssen wir uns fragen: „Giebt es in der Natur ähnliche Kräfte, ähnlich wirkende Ursachen, wie sie der Mensch hier anwendet?"

Was nun zunächst die **künstliche Züchtung** betrifft, so gehen wir von der Thatsache aus, die zuletzt erörtert wurde, daß deren Producte in nicht seltenen Fällen viel mehr von einander verschieden sind, als die Erzeugnisse der natürlichen Züchtung. In der That weichen die Rassen oder Spielarten oft in viel höherem Grade und in viel wichtigeren Eigenschaften von einander ab, als es viele sogenannte „gute Arten" oder Species, ja bisweilen sogar mehr, als es sogenannte „gute Gattungen" im Naturzustande thun. Vergleichen Sie z. B. die verschiedenen Aepfelsorten, welche die Gartenkunst von einer und derselben ursprünglichen Apfelform gezogen hat, oder vergleichen Sie die verschiedenen Pferderassen, welche die Thierzüchter aus einer und derselben ursprünglichen Form des Pferdes abgeleitet haben, so finden Sie leicht, daß die Unterschiede der am meisten verschiedenen Formen außerordentlich bedeutend sind, viel bedeutender, als die sogenannten „specifischen Unterschiede", welche die Zoologen und Botaniker bei Vergleichung der wilden Arten anwenden, um dadurch verschiedene sogenannte „gute Arten" zu unterscheiden.

Wodurch bringt nun der Mensch diese außerordentliche Verschiedenheit oder Divergenz mehrerer Formen hervor, die erwiesenermaßen von einer und derselben Stammform abstammen? Lassen Sie uns zur Beantwortung dieser Frage einen Gärtner verfolgen, der bemüht ist, eine neue Pflanzenform zu züchten, die sich durch eine schöne Blumenfarbe auszeichnet. Derselbe wird zunächst unter einer großen Anzahl von Pflanzen, welche Sämlinge einer und derselben Pflanze sind, eine Auswahl oder Selection treffen. Er wird diejenigen Pflanzen heraussuchen, welche die ihm erwünschte Blüthenfarbe am meisten ausgeprägt zeigen. Gerade diese Blüthenfarbe ist ein sehr veränderlicher Gegenstand. Zum Beispiel zeigen Pflanzen, welche in der Regel eine weiße Blüthe besitzen, sehr häufig Abweichungen in's Blaue oder Rothe hinein. Gesetzt nun, der Gärtner wünscht eine solche, gewöhnlich weiß blühende Pflanze in rother Farbe zu erhalten, so würde er sehr sorgfältig unter den mancherlei verschiedenen Individuen, die Abkömmlinge einer und derselben Samenpflanze sind, diejenigen heraussuchen, die am deutlichsten einen rothen Anflug zeigen, und diese ausschließlich aussäen, um neue Individuen derselben Art zu erzielen. Er würde die übrigen Samenpflanzen, die weiße oder weniger deutlich rothe Farbe zeigen, ausfallen lassen und nicht weiter cultiviren. Ausschließlich die einzelnen Pflanzen, deren Blüthen das stärkste Roth zeigen, würde er fortpflanzen, und die Samen, welche diese auserlesenen Pflanzen bringen, würde er wieder aussäen. Von den Samenpflanzen dieser zweiten Generation würde er wiederum diejenigen sorgfältig herauslesen, die das Rothe, das nun der größte Theil der Samenpflanzen zeigen würde, am deutlichsten ausgeprägt haben. Wenn eine solche Auslese durch eine Reihe von sechs oder zehn Generationen hindurch geschieht, wenn immer mit großer Sorgfalt diejenige Blüthe ausgesucht wird, die das tiefste Roth zeigt, so wird der Gärtner schließlich die gewünschte Pflanze mit rein rother Blüthenfarbe bekommen.

Ebenso verfährt der Landwirth, welcher eine besondere Thierrasse züchten will, also z. B. eine Schafsorte, welche sich durch besonders feine Wolle auszeichnet. Das einzige Verfahren, welches bei der Vervollkommnung der Wolle angewandt wird, besteht darin, daß der Landwirth mit der größten Sorgfalt und Ausdauer unter der ganzen Schafheerde diejenigen Individuen aussucht, die die feinste Wolle haben. Diese allein werden zur Nachzucht verwandt, und unter der Nachkommenschaft dieser Auserwählten werden abermals diejenigen herausgesucht, die sich durch die feinste Wolle auszeichnen u. s. f. Wenn diese sorgfältige Auslese eine Reihe von Generationen hindurch fortgesetzt wird, so zeichnen sich zuletzt die auserlesenen Zuchtschafe durch eine Wolle aus, welche sehr auffallend, und zwar nach dem Wunsche und zu Gunsten des Züchters, von der Wolle des ursprünglichen Stammvaters verschieden ist.

Die Unterschiede der einzelnen Individuen, auf die es bei dieser künstlichen Auslese ankommt, sind sehr klein. Ein gewöhnlicher ungeübter Mensch ist nicht im Stande, die ungemein feinen Unterschiede der Einzelwesen zu erkennen, welche ein geübter Züchter auf den ersten Blick wahrnimmt. Das Geschäft des Züchters ist keine leichte Kunst; dasselbe erfordert einen außerordentlich scharfen Blick, eine große Geduld, eine äußerst sorgsame Behandlungsweise der zu züchtenden Organismen. Bei jeder einzelnen Generation fallen die Unterschiede der Individuen dem Laien vielleicht gar nicht in das Auge; aber durch die Häufung dieser feinen Unterschiede während einer Reihe von Generationen wird die Abweichung von der Stammform zuletzt sehr bedeutend. Sie wird so auffallend, daß endlich die künstlich erzeugte Form von der ursprünglichen Stammform in weit höherem Grade abweichen kann, als zwei sogenannte gute Arten im

Naturzustande thun. Die Züchtungskunst ist jetzt so weit gediehen, daß der Mensch oft willkürlich bestimmte Eigenthümlichkeiten bei den cultivirten Arten der Thiere und Pflanzen erzeugen kann. Man kann an die geübtesten Gärtner und Landwirthe bestimmte Aufträge geben, und z. B. sagen: Ich wünsche diese Pflanzenart in der und der Farbe mit der und der Zeichnung zu haben. Wo die Züchtung so vervollkommnet ist, wie in England, sind die Gärtner und Landwirthe häufig im Stande, innerhalb einer bestimmten Zeitdauer, nach Verlauf einer Anzahl von Generationen, das verlangte Resultat auf Bestellung zu liefern. Einer der erfahrensten englischen Züchter, Sir John Sebright, konnte sagen „er wolle eine ihm aufgegebene Feder in drei Jahren hervorbringen, er bedürfe aber sechs Jahre, um eine gewünschte Form des Kopfes und Schnabels zu erlangen". Bei der Zucht der Merinoschafe in Sachsen werden die Thiere dreimal wiederholt neben einander auf Tische gelegt und auf das Sorgfältigste vergleichend studirt. Jedesmal werden nur die besten Schafe, mit der feinsten Wolle, ausgelesen, so daß zuletzt von einer großen Menge nur einzelne wenige, aber ganz auserlesen feine Thiere übrig bleiben. Nur diese letzten werden zur Nachzucht verwandt. Es sind also, wie Sie sehen, ungemein einfache Ursachen, mittelst welcher die künstliche Züchtung zuletzt große Wirkungen hervorbringt; und diese großen Wirkungen werden nur erzielt durch Summirung der einzelnen an sich sehr unbedeutenden Unterschiede, welche die fortwährend wiederholte Auslese oder Selection vergrößert.

Ehe wir nun zur Vergleichung dieser künstlichen Züchtung mit der natürlichen übergehen, wollen wir uns klar machen, welche natürlichen Eigenschaften der Organismen der künstliche Züchter oder Cultivateur benutzt. Man kann alle verschiedenen Eigenschaften, die hierbei in das Spiel kommen, schließlich zurückführen auf zwei physiologische Grundeigenschaften des Organismus, die sämmtlichen Thieren und Pflanzen gemeinschaftlich sind, und die mit den beiden Thätigkeiten der Fortpflanzung und Ernährung auf das Innigste zusammenhängen. Diese beiden Grundeigenschaften sind die Erblichkeit oder die Fähigkeit der **Vererbung**, und die **Veränderlichkeit** oder die Fähigkeit der **Anpassung**. Der Züchter geht aus von der Thatsache, daß alle Individuen einer und derselben Art verschieden sind, wenn auch in sehr geringem Grade, eine Thatsache, die sowohl von den Organismen im wilden wie im Culturzustande gilt. Wenn Sie sich in einem Walde umsehen, der nur aus einer einzigen Baumart, z. B. Buche, besteht, werden Sie ganz gewiß im ganzen Walde nicht zwei Bäume dieser Art finden, die absolut gleich sind, die in der Form der Verästelung, in der Zahl der Zweige und Blätter, der Blüthen und Früchte, sich vollkommen gleichen. Es finden sich individuelle Unterschiede überall, gerade so wie bei den Menschen. Es giebt nicht zwei Menschen, welche absolut identisch sind, vollkommen gleich in Größe, Gesichtsbildung, Zahl der Haare, Temperament, Charakter u. s. w. Ganz dasselbe gilt aber auch von den Einzelwesen aller verschiedenen Thier- und Pflanzenarten. Bei den meisten Organismen erscheinen allerdings die Unterschiede für den Laien sehr geringfügig. Es kommt aber hierbei wesentlich an auf die Uebung in der Erkenntniß dieser oft sehr feinen Formcharaktere. Ein Schafhirt z. B. kennt in seiner Heerde jedes einzelne Individuum bloß durch genaue Beobachtung der Eigeuschaften, während ein Laie nicht im Stande ist, alle die verschiedenen Individuen einer und derselben Heerde zu unterscheiden.

Die Thatsache der **individuellen Verschiedenheit** ist die äußerst wichtige Grundlage, auf welche sich das ganze Züchtungsvermögen des Menschen gründet. Wenn nicht überall jene individuellen Unterschiede wären, so könnte er nicht aus einer und derselben Stammform eine Masse verschiedener Spielarten oder Rassen erziehen. Nun ist aber in der That diese Erscheinung ganz allgemein. Wir müssen nothwendig dieselbe auch da voraussetzen, wo wir mit unseren groben sinnlichen Hülfsmitteln nicht im Stande sind, die Unterschiede zu erkennen. Bei den höheren Pflanzen, bei den Phanerogamen oder Blüthenpflanzen, wo die einzelnen individuellen Stöcke so zahlreiche Unterschiede in der Zahl der Aeste und Blätter, in der Bildung des Stammes und der Aeste zeigen, können wir fast immer jene Differenzen leicht wahrnehmen. Aber bei den niederen Pflanzen, z. B. Mosen, Algen, Pilzen, und bei den meisten Thieren, namentlich den niederen Thieren, ist dies nicht der Fall. Die individuelle Unterscheidung aller Einzelwesen einer Art ist hier meistens äußerst schwierig oder ganz unmöglich. Es liegt jedoch kein Grund vor, bloß denjenigen Organismen eine individuelle Verschiedenheit zuzuschreiben, bei denen wir sie sogleich erkennen können. Vielmehr können wir dieselbe mit voller Sicherheit als allgemeine Eigenschaft aller Organismen annehmen. Wir dürfen dies um so mehr, da wir im Stande sind, die Veränderlichkeit der Individuen zurückzuführen auf die mechanischen Verhältnisse der Ernährung. Wir können wirklich allein durch Beeinflussung der Ernährung auffallende individuelle Unterschiede da hervorbringen, wo sie unter nicht veränderten Ernährungsverhältnissen nicht wahrzunehmen sein würden. Die vielen verwickelten Bedingungen der Ernährung sind aber niemals bei zwei Individuen einer Art absolut gleich.

Ebenso nun, wie wir die Veränderlichkeit oder Anpassungsfähigkeit in ursächlichem Zusammenhang mit den allgemeinen Ernährungsverhältnissen der Thiere und Pflanzen sehen, ebenso finden wir die zweite fundamentale Lebenserscheinung, mit der wir es hier zu thun haben, nämlich die Vererbungsfähigkeit oder Erblichkeit, in unmittelbarem Zusammenhang mit den Erscheinungen der Fortpflanzung. Das zweite, was der Landwirth und der Gärtner bei der künstlichen Züchtung thut, nachdem er ausgesucht, also die Veränderlichkeit benutzt hat, ist, daß er die veränderten Formen durch Vererbung festzuhalten und auszubilden sucht. Er geht von der allgemeinen Thatsache aus, daß die Kinder ihren Eltern ähnlich sind: „Der Apfel fällt nicht weit vom Stamm.“ Diese Erscheinung der Erblichkeit ist bisher in sehr geringem Maaße wissenschaftlich untersucht worden, was zum Theil daran liegen mag, daß die Erscheinung zu alltäglich ist. Jedermann findet es ganz natürlich, daß eine jede Art ihres Gleichen erzeugt, daß nicht plötzlich ein Pferd eine Gans oder eine Gans einen Frosch erzeugt. Man ist gewöhnt, diese alltäglichen Vorgänge der Erblichkeit als selbstverständlich anzusehen. Nun ist aber diese Erscheinung nicht so selbstverständlich einfach, wie sie auf den ersten Blick erscheint, und namentlich wird sehr häufig bei der Betrachtung der Erblichkeit übersehen, daß die verschiedenen Nachkommen, die von einem und demselben Elternpaar herstammen, in der That niemals einander ganz gleich, auch niemals absolut gleich den Eltern, sondern immer ein wenig verschieden sind. Wir können den Grundsatz der Erblichkeit nicht dahin formuliren: „Gleiches erzeugt Gleiches", sondern wir müssen ihn vielmehr bedingter dahin aussprechen: „Aehnliches erzeugt Aehnliches". Der Gärtner wie der Landwirth benutzt in dieser Beziehung die Thatsache der Vererbung im weitesten Umfang, und zwar mit besonderer Rücksicht darauf, daß nicht allein diejenigen Eigenschaften von den Organismen vererbt werden, die sie bereits von den Eltern ererbt haben, sondern auch diejenigen, die sie selbst erworben haben. Das ist ein höchst wichtiger Punkt, auf den sehr Viel ankommt. Der Organismus vermag nicht allein auf seine Nachkommen diejenigen Eigenschaften, diejenige Gestalt, Farbe, Größe zu übertragen, die er selbst von seinen Eltern ererbt hat; er vermag auch Abänderungen dieser Eigenschaften zu vererben, die er erst während seines Lebens durch den Einfluß äußerer Umstände, des Klimas, der Nahrung, der Erziehung u. s. w. erworben hat.

Das sind die beiden Grundeigenschaften der Thiere und Pflanzen, welche die Züchter benutzen, um neue Formen zu erzeugen. So außerordentlich einfach das theoretische Princip der Züchtung ist, so schwierig und ungeheuer verwickelt ist im Einzelnen die practische Verwerthung dieses einfachen Princips. Der denkende, planmäßig arbeitende Züchter muß die Kunst verstehen, die allgemeine Wechselwirkung zwischen den beiden Grundeigenschaften der Erblichkeit und Veränderlichkeit richtig in jedem einzelnen Falle zu verwerthen.

Wenn wir nun die eigentliche Natur jener beiden wichtigen Lebenseigenschaften untersuchen, so finden wir, daß wir sie, gleich allen physiologischen Functionen, auf physikalische und chemische Ursachen zurückführen können; auf Eigenschaften und Bewegungserscheinungen der materiellen Theilchen, aus denen der Körper der Thiere und Pflanzen besteht. Wie wir später bei einer genaueren Betrachtung dieser beiden Functionen zu begründen haben werden, ist ganz allgemein ausgedrückt die Vererbung wesentlich bedingt durch die materielle Continuität, durch die theilweise stoffliche Gleichheit des erzeugenden und des gezeugten Organismus, der Eltern und des Kindes. Bei jedem Zeugungsacte wird eine gewisse Menge von Protoplasma oder eiweißartiger Materie von den Eltern auf das Kind übertragen, und mit diesem Protoplasma wird zugleich die demselben individuell eigenthümliche Molekular-Bewegung übertragen. Diese molekularen Bewegungserscheinungen des Protoplasma, welche die Lebenserscheinungen hervorrufen und als die wahre Ursache derselben wirken, sind aber bei allen lebenden Individuen mehr oder weniger verschieden; sie sind unendlich mannichfaltig.

Andererseits ist die Anpassung oder Abänderung lediglich die Folge der materiellen Einwirkungen, welche die Materie des Organismus durch die denselben umgebende Materie erfährt, in der weitesten Bedeutung des Wortes durch die Lebensbedingungen. Die äußeren Einwirkungen der letzteren werden vermittelt durch die molekularen Ernährungsvorgänge in den einzelnen Körpertheilen. Bei jedem Anpassungsacte wird im ganzen Individuum oder in einem Theile desselben die individuelle, jedem Theile eigenthümliche Molekularbewegung des Protoplasma durch mechanische, durch physikalische oder chemische Einwirkungen anderer Körper gestört und verändert. Es werden also die angeborenen, ererbten Lebensbewegungen des Plasma, die molekularen Bewegungserscheinungen der kleinsten eiweißartigen Körpertheilchen dadurch mehr oder weniger modificirt. Die Erscheinung der Anpassung oder Abänderung beruht mithin auf der materiellen Einwirkung, welche der Organismus durch seine Umgebung oder seine Existenzbedingungen erleidet, während die Vererbung in der theilweisen Identität des zeugenden und des erzeugten Organismus begründet ist. Das sind die eigentlichen, einfachen, mechanischen Grundlagen des künstlichen Züchtungsprocesses.

Darwin frug sich nun: Kommt ein ähnlicher Züchtungsproceß in der Natur vor, und giebt es in der Natur Kräfte, welche die Thätigkeit des Menschen bei der künstlichen Züchtung ersetzen können? Giebt es ein natürliches Verhältniß unter den wilden Thieren und Pflanzen, welches züchtend wirken kann, welches auslesend wirkt in ähnlicher Weise, wie bei der künstlichen Zuchtwahl oder Züchtung der planmäßige Wille des Menschen eine Auswahl übt? Auf die Entdeckung eines solchen Verhältnisses kam hier alles an und sie gelang Darwin in so befriedigender Weise, daß wir eben deshalb seine Züchtungslehre oder Selectionstheorie als vollkommen ausreichend betrachten, um die Entstehung der wilden Thier- und Pflanzenarten mechanisch zu erklären. Dasjenige Verhältniß, welches im freien Naturzustande züchtend und umbildend auf die Formen der Thiere und Pflanzen einwirkt, bezeichnet Darwin mit dem Ausdruck: „Kampf um's Dasein" (Struggle for life).

Der „Kampf ums Dasein" ist rasch ein Stichwort des Tages geworden. Trotzdem ist diese Bezeichnung vielleicht in mancher Beziehung nicht ganz glücklich gewählt, und würde wohl schärfer gefaßt werden können als „Mitbewerbung um die nothwendigen Existenzbedürfnisse". Man hat nämlich unter dem „Kampfe um das Dasein" manche Verhältnisse begriffen, die eigentlich im strengen Sinne nicht hierher gehören. Zu der Idee des „Struggle for life" gelangte Darwin, wie aus dem im letzten Vortrage mitgetheilten Briefe ersichtlich ist, durch das Studium des Buches von Malthus „über die Bedingungen und die Folgen der Volksvermehrung". In diesem wichtigen Werke wurde der Beweis geführt, daß die Zahl der Menschen im Ganzen durchschnittlich in geometrischer Progression wächst, während die Menge ihrer Nahrungsmittel nur in arithmetischer Progression zunimmt. Aus diesem Mißverhältnisse entspringen eine Masse von Uebelständen in der menschlichen Gesellschaft, welche einen beständigen Wettkampf der Menschen um die Erlangung der nothwendigen, aber nicht für Alle ausreichenden Unterhaltsmittel veranlassen.

Darwin's Theorie vom Kampfe um das Dasein ist gewissermaßen eine allgemeine Anwendung der Bevölkerungstheorie von Malthus auf die Gesammtheit der organischen Natur. Sie geht von der Erwägung aus, daß die Zahl der möglichen organischen Individuen, welche aus den erzeugten Keimen hervorgehen könnten, viel größer ist, als die Zahl der wirklichen Individuen, welche thatsächlich gleichzeitig auf der Erdoberfläche leben. Die Zahl der möglichen oder potentiellen Individuen wird uns gegeben durch die Zahl der Eier und der ungeschlechtlichen Keime, welche die Organismen erzeugen. Die Zahl dieser Keime, aus deren jedem unter günstigen Verhältnissen ein Individuum entstehen könnte, ist sehr viel größer, als die Zahl der wirklichen oder actuellen Individuen, d. h. derjenigen, welche wirklich aus diesen Keimen entstehen, zum Leben gelangen und sich fortpflanzen. Die bei weitem größte Zahl aller Keime geht in der frühesten Lebenszeit zu Grunde, und es sind immer nur einzelne bevorzugte Organismen, welche sich ausbilden können, welche namentlich die erste Jugendzeit glücklich überstehen und schließlich zur Fortpflanzung gelangen. Diese wichtige Thatsache wird einfach bewiesen durch die Vergleichung der Eierzahl bei den einzelnen Arten mit der Zahl der Individuen, die von diesen Arten existiren. Diese Zahlenverhältnisse zeigen die auffallendsten Widersprüche. Es giebt z. B. Hühnerarten, welche sehr zahlreiche Eier legen, und die dennoch zu den seltensten Vögeln gehören; und derjenige Vogel, der der gemeinste von allen sein soll, der Eissturmvogel (Procellaria glacialis), legt nur ein einziges Ei. Ebenso ist das Verhältniß bei anderen Thieren. Es giebt viele, sehr seltene, wirbellose Thiere, welche eine ungeheure Masse von Eiern legen; und wieder andere, die nur sehr wenige Eier produciren und doch zu den gemeinsten Thieren gehören. Denken Sie z. B. an das Verhältniß, welches sich bei den menschlichen Bandwürmern findet. Jeder Bandwurm erzeugt binnen kurzer Zeit Millionen von Eiern, während der Mensch, der den

Bandwurm beherbergt, eine viel geringere Zahl Eier in sich bildet; und dennoch ist glücklicher Weise die Zahl der Bandwürmer viel geringer, als die der Menschen. Unter den Pflanzen sind viele prachtvolle Orchideen, die Tausende von Samen erzeugen, sehr selten, und einige asterähnliche Compositen, die nur wenige Samen bilden, äußerst gemein.

Diese wichtige Thatsache ließe sich noch durch eine ungeheure Masse anderer Beispiele erläutern. Es bedingt also offenbar nicht die Zahl der wirklich vorhandenen Keime die Zahl der später in's Leben tretenden und sich am Leben erhaltenden Individuen, sondern es ist vielmehr die Zahl dieser letzteren durch ganz andere Verhältnisse bedingt, zumal durch die Wechselbeziehungen, in denen sich der Organismus zu seiner organischen, wie anorganischen Umgebung befindet. Jeder Organismus kämpft von Anbeginn seiner Existenz an mit einer Anzahl von feindlichen Einflüssen, er kämpft mit Thieren, welche von diesem Organismus leben, denen er als natürliche Nahrung dient, mit Raubthieren und mit Schmarotzerthieren; er kämpft mit anorganischen Einflüssen der verschiedensten Art, mit Temperatur, Witterung und anderen Umständen; er kämpft aber (und das ist viel wichtiger!) vor allem mit den ihm ähnlichsten, gleichartigen Organismen. Jedes Individuum einer jeden Thier- und Pflanzenart ist im heftigsten Wettstreit mit den anderen Individuen derselben Art begriffen, die mit ihm an demselben Orte leben. Die Mittel zum Lebensunterhalt sind in der Oeconomie der Natur nirgends in Fülle ausgestreut, vielmehr im Ganzen sehr beschränkt, und nicht entfernt für die Masse von Individuen ausreichend, die sich aus den Keimen entwickeln könnte. Daher müssen bei den meisten Thier- und Pflanzenarten die jugendlichen Individuen es sich recht sauer werden lassen, um die nöthigen Mittel zum Lebensunterhalte zu erlangen. Nothwendiger Weise entwickelt sich daraus ein Wettkampf zwischen denselben um die Erlangung dieser unentbehrlichen Existenzbedingungen.

Dieser große Wettkampf um die Lebensbedürfnisse findet überall und jederzeit statt, ebenso bei den Menschen und Thieren, wie bei den

Pflanzen, bei welchen auf den ersten Blick dies Verhältniß nicht so klar am Tage zu liegen scheint. Wenn ein kleines Ackerfeld übermäßig reichlich mit Weizen besäet ist, so kann von den zahlreichen jungen Weizenpflanzen (vielleicht von einigen Tausenden), die auf einem ganz beschränkten Raume emporkeimen, nur ein ganz kleiner Bruchtheil sich am Leben erhalten. Da findet ein Wettkampf um den Bodenraum statt, den jede Pflanze zur Befestigung ihrer Wurzel braucht; ein Wettkampf um Sonnenlicht und Feuchtigkeit. Ebenso finden Sie bei jeder Thierart, daß alle Individuen einer und derselben Art mit einander um die Erlangung der unentbehrlichen Lebensbedingungen im weiteren Sinne des Worts kämpfen. Allen sind sie gleich unentbehrlich; aber nur wenigen werden sie wirklich zu Theil. Alle sind berufen; aber wenige sind auserwählt! Die Thatsache des großen Wettkampfes ist ganz allgemein. Sie brauchen bloß Ihren Blick auf die menschliche Gesellschaft zu lenken, in der ja überall, in allen verschiedenen Fächern der menschlichen Thätigkeit, dieser Wettkampf ebenfalls existirt. Auch hier werden die Verhältnisse des Wettkampfes wesentlich durch die freie Concurrenz der verschiedenen Arbeiter einer und derselben Classe bestimmt. Auch hier, wie überall, schlägt dieser Wettkampf zum Vortheil der Sache aus, zum Vortheil der Arbeit, welche der Gegenstand der Concurrenz ist. Je größer und allgemeiner der Wettkampf oder die Concurrenz, desto schneller häufen sich die Verbesserungen und Erfindungen auf diesem Arbeitsgebiete, desto mehr vervollkommnen sich die Arbeiter.

Nun ist offenbar die Stellung der verschiedenen Individuen in diesem Kampfe um das Dasein ganz ungleich. Ausgehend wieder von der thatsächlichen Ungleichheit der Individuen, müssen wir überall nothwendig annehmen, daß nicht alle Individuen einer und derselben Art gleich günstige Aussichten haben. Schon von vornherein sind dieselben durch ihre verschiedenen Kräfte und Fähigkeiten verschieden im Wettkampfe gestellt, abgesehen davon, daß die Existenzbedingungen an jedem Punkt der Erdoberfläche verschieden sind und verschieden einwirken. Offenbar waltet hier ein unendlich verwickeltes Getriebe von Einwirkungen, die im Vereine mit der ursprünglichen Ungleichheit der Individuen während des bestehenden Wettkampfes um die Erlangung der Existenzbedingungen einzelne Individuen bevorzugen, andere benachtheiligen. Die bevorzugten Individuen werden über die anderen den Sieg erlangen, und während die letzteren in mehr oder weniger früher Zeit zu Grunde gehen, ohne Nachkommen zu hinterlassen, werden die ersteren allein jene überleben können und schließlich zur Fortpflanzung gelangen. Indem also voraussichtlich oder doch vorwiegend die im Kampfe um das Dasein begünstigten Einzelwesen zur Fortpflanzung gelangen, werden wir (schon allein in Folge dieses Verhältnisses) in der nächsten Generation, die von dieser erzeugt wird, Unterschiede von der vorhergehenden wahrnehmen. Es werden schon die Individuen dieser zweiten Generation, wenn auch nicht alle, doch zum Theil, durch Vererbung den individuellen Vortheil überkommen haben, durch welchen ihre Eltern über deren Nebenbuhler den Sieg davon trugen.

Nun wird aber — und das ist ein sehr wichtiges Vererbungsgesetz — wenn eine Reihe von Generationen hindurch eine solche Uebertragung eines günstigen Charakters stattfindet, derselbe nicht einfach in der ursprünglicheu Weise übertragen, sondern er wird fortwährend gehäuft und gestärkt und gelangt schließlich in einer späteren Generation zu einer Stärke, welche diese Generation schon sehr wesentlich von der ursprünglichen Stammform unterscheidet. Lassen Sie uns zum Beispiel eine Anzahl von Pflanzen einer und derselben Art betrachten, die an einem sehr trocknen Standort zusammen wachsen. Da die Haare der Blätter für die Aufnahme von Feuchtigkeit aus der Luft sehr nützlich sind, und da die Behaarung der Blätter sehr veränderlich ist, so werden an diesem ungünstigen Standorte, wo die Pflanzen direct mit dem Mangel an Wasser kämpfen und dann noch einen Wettkampf unter einander um die Erlangung des Wassers bestehen, die Individuen mit den dichtest behaarten Blättern bevorzugt sein. Diese werden allein aushalten, während die anderen, mit kahleren Blättern, zu Grunde gehen; die behaarteren werden sich fortpflanzen, und die Abkömmlinge derselben werden sich durchschnittlich durch dichte und starke Behaarung mehr auszeichnen, als es bei den Individuen der ersten Generation der Fall war. Geht dieser Proceß an einem und demselben Orte mehrere Generationen fort, so entsteht schließlich eine solche Häufung des Charakters, eine solche Vermehrung der Haare auf der Blattoberfläche, daß eine ganz neue Art erscheint.

Dabei ist zu berücksichtigen, daß in Folge der Wechselbeziehungen aller Theile jedes Organismus zu einander in der Regel nicht ein einzelner Theil sich verändern kann, ohne zugleich Aenderungen in anderen Theilen nach sich zu ziehen. Wenn also im letzten Beispiel die Zahl der Haare auf den Blättern bedeutend zunimmt, so wird dadurch anderen Theilen eine gewisse Menge von Nahrungsmaterial entzogen; das Material, welches zur Blüthenbildung oder Samenbildung verwendet werden könnte, wird verringert, und es wird dann die geringere Größe der Blüthe oder des Samens die mittelbare oder indirecte Folge des Kampfes um's Dasein werden, welcher zunächst nur eine Veränderung der Blätter bewirkte. Der Kampf um das Dasein wirkt also in diesem Falle züchtend und umbildend. Das Ringen der verschiedenen Individuen um die Erlangung der nothwendigen Existenzbedingungen, oder im weitesten Sinne gefaßt, die Wechselbeziehungen der Organismen zu ihrer gesammten Umgebung, bewirken Formveränderungen wie sie im Culturzustande durch die Thätigkeit des züchtenden Menschen hervorgebracht werden.

Auf den ersten Blick wird Ihnen dieser Gedanke vielleicht sehr unbedeutend und kleinlich erscheinen, und Sie werden nicht geneigt sein, der Thätigkeit jenes Verhältnisses ein solches Gewicht einzuräumen, wie dieselbe in der That besitzt. Ich muß mir daher vorbehalten, in einem späteren Vortrage an weiteren Beispielen das ungeheuer weit reichende Umgestaltungsvermögen der natürlichen Züchtung Ihnen vor Augen zu führen. Vorläufig beschränke ich mich darauf, nochmals die beiden Vorgänge der künstlichen und natürlichen Züchtung neben einander zu stellen und Uebereinstimmung und Unterschied in beiden Züchtungsprocessen scharf gegen einander zu halten.

Natürliche sowohl als künstliche Züchtung sind ganz einfache, natürliche, mechanische Lebensverhältnisse, welche auf der Wechselwirkung zweier physiologischer Functionen beruhen, nämlich der Anpassung und der Vererbung, Functionen, die als solche wieder auf physikalische und chemische Eigenschaften der organischen Materie zurückzuführen sind. Ein Unterschied beider Züchtungsformen besteht darin, daß bei der künstlichen Züchtung der Wille des Menschen planmäßig die Auswahl oder Auslese betreibt, während bei der natürlichen Züchtung der Kampf um das Dasein (jenes allgemeine Wechselverhältniß der Organismen) planlos wirkt, aber übrigens ganz dasselbe Resultat erzeugt, nämlich eine Auswahl oder Selection besonders gearteter Individuen zur Nachzucht. Die Veränderungen, welche durch die Züchtung hervorgebracht werden, schlagen bei der künstlichen Züchtung zum Vortheil des züchtenden Menschen aus, bei der natürlichen Züchtung dagegen zum Vortheil des gezüchteten Organismus selbst, wie es in der Natur der Sache liegt.

Das sind die wesentlichsten Unterschiede und Uebereinstimmungen zwischen beiderlei Züchtungsarten. Dann ist aber noch zu berücksichtigen, daß ein weiterer Unterschied in der Zeitdauer besteht, welche für den Züchtungsproceß in beiderlei Arten erforderlich ist. Der Mensch vermag bei der künstlichen Zuchtwahl in viel kürzerer Zeit sehr bedeutende Veränderungen hervorzubringen, während bei der natürlichen Zuchtwahl Aehnliches erst in viel längerer Zeit zu Stande gebracht wird. Das beruht darauf, daß der Mensch die Auslese viel sorgfältiger betreiben kann. Der Mensch kann unter einer großen Anzahl von Individuen mit der größten Sorgfalt einzelne herauslesen, die übrigen ganz fallen lassen, und bloß die bevorzugten zur Fortpflanzung verwenden, während das bei der natürlichen Zuchtwahl nicht der Fall ist. Da werden sich eine Zeit lang neben den bevorzugten, zuerst zur Fortpflanzung gelangenden Individuen auch noch einzelne oder viele von den übrigen, weniger ausgezeichneten Individuen fortpflanzen. Ferner ist der Mensch im Stande, die Kreuzung zwischen der ursprünglichen und der neuen Form zu verhüten, die bei der natürlichen Züchtung oft nicht zu vermeiden ist. Wenn aber eine solche Kreuzung, d. h. eine geschlechtliche Verbindung der neuen Abart mit der ursprünglichen Stammform stattfindet, so schlägt die dadurch erzeugte Nachkommenschaft leicht in die letztere zurück. Bei der natürlichen Züchtung kann eine solche Kreuzung nur dann sicher vermieden werden, wenn die neue Abart sich durch Wanderung von der alten Stammform absondert und isolirt.

Die natürliche Züchtung wirkt daher sehr viel langsamer; sie erfordert viel längere Zeiträume, als der künstliche Züchtungsproceß. Aber eine wesentliche Folge dieses Unterschiedes ist, daß dann auch das Product der künstlichen Zuchtwahl viel leichter wieder verschwindet, und die neu erzeugte Form in die ältere zurückschlägt, während das bei der natürlichen Züchtung nicht der Fall ist. Die neuen Arten oder Species, welche aus der natürlichen Züchtung entstehen, erhalten sich viel constanter, schlagen viel weniger leicht in die Stammform zurück, als es bei den künstlichen Züchtungsproducten der Fall ist, und sie erhalten sich auch demgemäß eine viel längere Zeit hindurch beständig, als die künstlichen Rassen, die der Mensch erzeugt. Aber das sind nur untergeordnete Unterschiede, die sich durch die verschiedenen Bedingungen der natürlichen und der künstlichen Auslese erklären, und die auch wesentlich nur die Zeitdauer betreffen. Das Wesen und die Mittel der Formveränderung sind bei der künstlichen und natürlichen Züchtung ganz dieselben.

Die gedankenlosen und unwissenden Gegner Darwin's werden nicht müde zu behaupten, daß seine Selectionstheorie eine bodenlose Vermuthung oder wenigstens eine Hypothese sei, welche erst bewiesen werden müsse. Daß diese Behauptung vollkommen unbegründet ist, können Sie schon aus den so eben erörterten Grundzügen der Züchtungslehre selbst entnehmen. Darwin nimmt als wirkende Ursachen für die Umbildung der organischen Gestalten keinerlei unbekannte Naturkräfte oder hypothetische Verhältnisse an, sondern einzig und allein die allgemein bekannten Lebensthätigkeiten aller Organismen, welche wir als Vererbung und Anpassung bezeichnen. Jeder physiologisch gebildete Naturforscher weiß, daß diese beiden Functionen unmittelbar mit den Thätigkeiten der Fortpflanzung und Ernährung zusammenhängen, und gleich allen anderen Lebenserscheinungen mechanische Naturprocesse sind, d. h. auf molekularen Bewegungserscheinungen der organischen Materie beruhen. Daß die Wechselwirkung dieser beiden Functionen an einer beständigen langsamen Umbildung der organischen Formen arbeitet, und daß diese zur Entstehung neuer Arten führt, wird mit Nothwendigkeit durch den Kampf um's Dasein bedingt. Dieser ist aber eben so wenig ein hypothetisches oder des Beweises bedürftiges Verhältniß, als jene Wechselwirkung der Vererbung und Anpassung. Vielmehr ist der Kampf um's Dasein eine mathematische Nothwendigkeit, welche aus dem Mißverhältniß zwischen der beschränkten Zahl der Stellen im Naturhaushalt und der übermäßigen Zahl der organischen Keime entspringt. Durch die activen und passiven Wanderungen der Thiere und Pflanzen, welche überall und zu jeder Zeit stattfinden, wird außerdem noch die Entstehung neuer Arten in hohem Maße begünstigt und gefördert. Die Entstehung neuer Species durch die natürliche Züchtung, oder was dasselbe ist, durch die Wechselwirkung der Vererbung und Anpassung im Kampfe um's Dasein, ist mithin eine mathematische Naturnothwendigkeit, welche keines weiteren Beweises bedarf. Wer auch bei dem gegenwärtigen Zustande unseres Wissens immer noch nach Beweisen für die Selectionstheorie verlangt, der beweist dadurch nur, daß er entweder dieselbe nicht vollständig versteht, oder mit den biologischen Thatsachen, mit dem empirischen Wissensschatz der Anthropologie, Zoologie und Botanik nicht hinreichend vertraut ist.

Wie fast jede große und bahnbrechende Idee, so hat auch Darwin's Selectionstheorie schon in früherer Zeit ihre Vorläufer gehabt; und zwar ist es wieder unser großer Königsberger Philosoph Immanuel Kant, bei dem wir schon ein Jahrhundert vor Darwin die ersten Keime jener Theorie vorfinden. Wie Fritz Schultze in seiner früher (S. 90) hervorgehobenen Schrift über „Kant und Darwin" (1875) zuerst gezeigt hat, erhebt sich Kant schon um das Jahr

1757 (also mehr als hundert Jahre vor dem Erscheinen von Darwin's Hauptwerk) in seiner „physischen Geographie" zu verschiedenen Aussprüchen, „in denen sowohl der Gedanke einer Entwickelungsgeschichte der organischen Arten, als auch der Hinweis auf die Wichtigkeit der Zuchtwahl, der Anpassung und der Vererbung deutlich niedergelegt sind"; so z. B. in folgendem Satze: „Es ist aus der Verschiedenheit der Kost, der Luft und der Erziehung zu erklären, warum einige Hühner ganz weiß werden; und wenn man unter den vielen Küchlein, die von denselben Eltern geboren werden, nur die aussucht, die weiß sind, und sie zusammenthut, bekommt man endlich eine weiße Rasse, die nicht leicht anders ausschlägt." Ferner sagt er in der Abhandlung „von den verschiedenen Rassen der Menschen" (1775): „Auf der Möglichkeit, durch sorgfältige Aussonderung der ausartenden Geburten von den einschlagenden endlich einen dauerhaften Familienschlag zu errichten, beruht die Meinung, einen von Natur edlen Schlag Menschen zu ziehen, worin Verstand, Tüchtigkeit und Rechtschaffenheit erblich wären." Und wie wichtig dabei für Kant das Princip des „Kampfes um's Dasein" war, geht u. A. aus folgender Stelle der „pragmatischen Anthropologie" hervor: „Die Natur hat den Keim der Zwietracht in die Menschengattung gelegt, und diese ist das Mittel, die Perfectionirung des Menschen durch fortschreitende Cultur zu bewirken. Der innere oder äußere Krieg ist die Triebfeder, aus dem rohen Naturzustande in den bürgerlichen überzugehen, als ein Maschinenwesen, wo die einander entgegenstrebenden Kräfte zwar durch Reibung einander Abbruch thun, aber doch durch den Stoß oder Zug anderer Triebfedern im Gange erhalten werden."

Nächst diesen ältesten Spuren der Selections-Theorie bei Kant finden wir die ersten Andeutungen derselben in einer 1818 erschienenen (bereits 1813 vor der Royal Society gelesenen) Abhandlung von Dr. W. C. Wells, betitelt: „Nachricht über eine Frau der weißen Rasse, deren Haut zum Theil der eines Negers gleicht." Der Verfasser derselben führt an, daß Neger und Mulatten sich durch

Immunität gegen gewisse Tropenkrankheiten vor der weißen Rasse auszeichnen. Bei dieser Gelegenheit bemerkt er, daß alle Thiere bis zu einem gewissen Grade abzuändern streben, daß die Landwirthe durch Benutzung dieser Eigenschaft und durch Zuchtwahl ihre Hausthiere veredeln, und fährt dann fort: „Was aber im letzten Falle durch Kunst geschieht, scheint mit gleicher Wirksamkeit, wenn auch langsamer, bei der Bildung der Menschenrassen, die für die von ihnen bewohnten Gegenden eingerichtet sind, durch die Natur zu geschehen. Unter den zufälligen Varietäten von Menschen, die unter den wenigen und zerstreuten Einwohnern der mittleren Gegenden von Afrika auftreten, werden einige besser als andere die Krankheiten des Landes überstehen. In Folge davon wird sich diese Rasse vermehren, während die Anderen abnehmen, und zwar nicht bloß weil sie unfähig sind, die Erkrankungen zu überstehen, sondern weil sie nicht im Stande sind, mit ihren kräftigeren Nachbarn zu concurriren. Ich nehme als ausgemacht an, daß die Farbe dieser kräftigeren Rasse dunkel sein wird. Da aber die Neigung Varietäten zu bilden noch besteht, so wird sich eine immer dunklere Rasse im Laufe der Zeit ausbilden; und da die dunkelste am besten für das Klima paßt, so wird diese zuletzt in ihrer Heimath, wenn nicht die einzige, doch die herrschende werden."

Obwohl in diesem Aufsatze von Wells das Princip der natürlichen Züchtung deutlich ausgesprochen und anerkannt ist, so wird es doch bloß in sehr beschränkter Ausdehnung auf die Entstehung der Menschenrassen angewendet und nicht weiter für den Ursprung der Thier- und Pflanzen-Arten verwerthet. Das hohe Verdienst Darwin's, die Selectionstheorie selbstständig ausgebildet und zur vollen und verdienten Geltung gebracht zu haben, wird durch jene früheren, verborgen gebliebenen Bemerkungen von Kant und von Wells eben so wenig geschmälert, als durch einige fragmentarische Bemerkungen über natürliche Züchtung von Patrick Matthew, die in einem 1831 erschienenen Buche über „Schiffsbauholz und Baumcultur" versteckt sind. Auch der berühmte Reisende Alfred Wallace, der unabhängig von Darwin die Selectionstheorie ausgebildet und 1858 gleichzeitig mit Darwin's erster Mittheilung veröffentlicht hatte, steht sowohl hinsichtlich der tiefen Auffassung, als der ausgedehnten Anwendung derselben, weit hinter seinem größeren und älteren Landsmanne zurück, der durch seine höchst umfassende und geniale Ausbildung der ganzen Lehre sich gerechten Anspruch erworben hat, die Theorie mit seinem Namen verbunden zu sehen.

Wenn die natürliche Züchtung, wie wir behaupten, die wichtigste unter den bewirkenden Ursachen ist, welche die wundervolle Mannichfaltigkeit des organischen Lebens auf der Erde hervorgebracht haben, so müssen auch die interessanten Erscheinungen des Menschenlebens zum größten Theile aus derselben Ursache erklärbar sein. Denn der Mensch ist ja nur ein höher entwickeltes Wirbelthier, und alle Seiten des Menschenlebens finden ihre Parallelen, oder richtiger ihre niederen Entwickelungszustände, im Thierreiche vorgebildet. Die Völkergeschichte oder die sogenannte „Weltgeschichte" muß dann größtentheils durch „natürliche Züchtung" erklärbar sein, muß ein physikalisch-chemischer Proceß sein, der auf der Wechselwirkung der Anpassung und Vererbung in dem Kampfe der Menschen um's Dasein beruht. Und das ist in der That der Fall. Indessen ist nicht nur die natürliche, sondern auch die künstliche Züchtung vielfach in der Weltgeschichte wirksam.

Ein ausgezeichnetes Beispiel von künstlicher Züchtung der Menschen in großem Maßstabe liefern die alten Spartaner, bei denen auf Grund eines besonderen Gesetzes schon die neugeborenen Kinder einer sorgfältigen Musterung und Auslese unterworfen werden mußten. Alle schwächlichen, kränklichen oder mit irgend einem körperlichen Gebrechen behafteten Kinder wurden getödtet. Nur die vollkommen gesunden und kräftigen Kinder durften am Leben bleiben, und sie allein gelangten später zur Fortpflanzung. Dadurch wurde die spartanische Rasse nicht allein beständig in auserlesener Kraft und Tüchtigkeit erhalten, sondern mit jeder Generation wurde ihre körperliche Vollkommenheit gesteigert. Gewiß verdankt das Volk von Sparta dieser künstlichen Auslese oder Züchtung zum großen Theil seinen seltenen Grad von männlicher Kraft und rauher Heldentugend.

Auch manche Stämme unter den rothen Indianern Nordamerika's, die gegenwärtig im Kampfe um's Dasein den übermächtigen Eindringlingen der weißen Rasse trotz der tapfersten Gegenwehr erliegen, verdanken ihren besonderen Grad von Körperstärke und kriegerischer Tapferkeit einer ähnlichen sorgfältigen Auslese der neugebornen Kinder. Auch hier werden alle schwachen oder mit irgend einem Fehler behafteten Kinder sofort getödtet und nur die vollkommen kräftigen Individuen bleiben am Leben und pflanzen die Rasse fort. Daß durch diese künstliche Züchtung die Rasse im Laufe zahlreicher Generationen bedeutend gekräftigt wird, ist an sich nicht zu bezweifeln und wird durch viele bekannte Thatsachen genügend bewiesen.

Das Gegentheil von der künstlichen Züchtung der wilden Rothhäute und der alten Spartaner bildet die individuelle Auslese, welche in unseren modernen Culturstaaten durch die vervollkommnete Heilkunde der Neuzeit ausgeübt wird. Denn obwohl immer noch wenig im Stande, innere Krankheiten wirklich zu heilen, besitzt und übt dieselbe doch mehr als früher die Kunst, schleichende, chronische Krankheiten auf lange Jahre hinauszuziehen. Gerade solche verheerende Uebel, wie Schwindsucht, Scrophelkrankheit, Syphilis, ferner viele Formen der Geisteskrankheiten, sind in besonderem Maße erblich und werden von den siechen Eltern auf einen Theil ihrer Kinder oder gar auf die ganze Nachkommenschaft übertragen. Je länger nun die kranken Eltern mit Hülfe der ärztlichen Kunst ihre sieche Existenz hinausziehen, desto zahlreichere Nachkommenschaft kann von ihnen die unheilbaren Uebel erben, desto mehr Individuen werden dann auch wieder in der folgenden Generation, Dank jener künstlichen „medicinischen Züchtung", von ihren Eltern mit dem schleichenden Erbübel angesteckt.

Viel gefährlicher und verheerender als diese medicinische ist die clericale Züchtung, jener höchst folgenschwere Selections-Proceß, der von jeder mächtigen und einheitlich organisirten Hierarchie ausgeübt wird. In allen Staaten, in welchen ein solcher centralisirter Clerus seinen verderblichen Einfluß auf die Erziehung der Jugend, auf das Familienwesen und somit auf die wichtigsten Grundlagen des ganzen Volkslebens Jahrhunderte hindurch ausgeübt hat, sind die traurigen Folgen der demoralisirenden „clericalen Selection" deutlich im Verfalle der gesammten Bildung und Sitte sichtbar. Man denke nur an Spanien, an das „allerchristlichste" Land Europa's! Bei der römisch-katholischen Kirche, deren höchste Machtentfaltung im Mittelalter mit dem tiefsten Sinken der wissenschaftlichen Forschung und der allgemeinen Sittlichkeit zusammenfällt, ist das ganz besonders offenbar. Denn hier sind die Priester durch die raffinirt-unmoralische Einrichtung des Cölibats gezwungen, sich in das innerste Heiligthum des Familienlebens einzudrängen; und indem sie hier besondere Fruchtbarkeit entwickeln, verderben sie ihre unsittlichen Charakterzüge auf eine unverhältnißmäßig zahlreiche Nachkommenschaft. Mächtig unterstützt wurde dieser katholische Züchtungs-Proceß durch die Inquisition, welche alle edleren und besseren Charaktere sorgfältig aus dem Wege räumte.

Auf der anderen Seite ist hervorzuheben, daß andere Formen der künstlichen Züchtung im Culturleben der Menschheit auch einen sehr günstigen Einfluß ausüben. Wie sehr das bei vielen Verhältnissen unserer vorgeschrittenen Civilisation und namentlich der verbesserten Schulbildung und Erziehung der Fall ist, liegt auf der Hand. Direct wohlthätig wirkt als künstlicher Selections-Proceß auch die Todesstrafe. Zwar wird von Vielen gegenwärtig die Abschaffung der Todesstrafe als eine „liberale Maßregel" gepriesen. Aber in Wahrheit ist die Todesstrafe für die große Menge der unverbesserlichen Verbrecher und Taugenichtse nicht nur die gerechte Vergeltung, sondern auch eine große Wohlthat für den besseren Theil der Menschheit; dieselbe Wohlthat, welche für das Gedeihen eines wohl cultivirten Gartens die Ausrottung des wuchernden Unkrauts ist. Wie durch sorgfältiges Ausjäten des Unkrauts nur Licht, Luft und Bodenraum für die edlen Nutzpflanzen gewonnen wird, so würde durch unnachsichtliche Ausrottung aller unverbesserlichen Verbrecher nicht allein dem besseren Theile der Menschheit der „Kampf um's Dasein" erleichtert, sondern auch ein vortheilhafter künstlicher Züchtungs-Proceß ausgeübt, indem jenem entarteten Auswurfe der Menschheit die Möglichkeit benommen würde, seine verderblichen Eigenschaften durch Vererbung zu übertragen.

Gegen den verderblichen Einfluß vieler künstlichen Züchtungsprocesse finden wir glücklicher Weise ein heilsames Gegengewicht in dem überall waltenden und unüberwindlichen Einflusse der viel stärkeren natürlichen Züchtung. Denn diese ist überall auch im Menschenleben, wie im Thier- und Pflanzenleben, das wichtigste umgestaltende Princip und der kräftigste Hebel des Fortschritts und der Vervollkommnung. Der Kampf um's Dasein oder die „Concurrenz" bringt es mit sich, daß im Großen und Ganzen der Bessere, weil der Vollkommnere, über den Schwächeren und Unvollkommneren siegt. Im Menschenleben aber wird dieser Kampf um's Dasein immer mehr zu einem Kampfe des Geistes werden, nicht zu einem Kampfe der Mordwaffen. Dasjenige Organ, welches beim Menschen vor allen anderen durch den veredelnden Einfluß der natürlichen Zuchtwahl vervollkommnet wird, ist das Gehirn. Der Mensch mit dem vollkommensten Verstande bleibt zuletzt Sieger und vererbt auf seine Nachkommen die Eigenschaften des Gehirns, die ihm zum Sieg verholfen hatten. So dürfen wir denn mit Fug und Recht hoffen, daß trotz aller Anstrengungen der rückwärts strebenden Gewalten der Fortschritt des Menschengeschlechts zur Freiheit — und dadurch zur möglichsten Vervollkommnung — unter dem segensreichen Einflusse der natürlichen Züchtung immer mehr und mehr zur Wahrheit werden wird.

Achter Vortrag.

Vererbung und Fortpflanzung.

Allgemeinheit der Erblichkeit und der Vererbung. Auffallende besondere Aeußerungen derselben. Menschen mit vier, sechs oder sieben Fingern und Zehen. Stachelschweinmenschen. Vererbung von Krankheiten, namentlich von Geisteskrankheiten. Erbsünde. Erbliche Monarchie. Erbadel. Erbliche Talente und Seeleneigenschaften. Materielle Ursachen der Vererbung. Zusammenhang der Vererbung mit der Fortpflanzung. Urzeugung und Fortpflanzung. Ungeschlechtliche oder monogone Fortpflanzung. Fortpflanzung durch Selbsttheilung Moneren und Amoeben. Fortpflanzung durch Knospenbildung, durch Keimknospenbildung und durch Keimzellenbildung. Geschlechtliche oder amphigone Fortpflanzung. Zwitterbildung oder Hermaphroditismus. Geschlechtstrennung oder Gonochorismus. Jungfräuliche Zeugung oder Parthenogenesis. Materielle Uebertragung der Eigenschaften beider Eltern auf das Kind bei der geschlechtlichen Fortpflanzung. Unterschied der Vererbung bei der geschlechtlichen und bei der ungeschlechtlichen Fortpflanzung.

Meine Herren! Als die formbildende Naturkraft, welche die verschiedenen Gestalten der Thier- und Pflanzenarten erzeugt, haben Sie in dem letzten Vortrage nach Darwin's Theorie die natürliche Züchtung kennen gelernt. Wir verstanden unter diesem Ausdruck die allgemeine Wechselwirkung, welche im Kampfe um das Dasein zwischen der Erblichkeit und der Veränderlichkeit der Organismen stattfindet; zwischen zwei physiologischen Functionen, welche allen Thieren und Pflanzen eigenthümlich sind, und welche sich auf andere Lebensthätigkeiten, auf die Functionen der Fortpflanzung und Ernährung zurückführen lassen. Alle die verschiedenen Formen der Organismen, welche man gewöhnlich geneigt ist als Producte einer zweckmäßig thätigen Schöpferkraft anzusehen, konnten wir nach jener Züchtungstheorie auffassen als die nothwendigen Producte der zwecklos wirkenden natürlichen Züchtung, der unbewußten Wechselwirkung zwischen jenen beiden Eigenschaften der Veränderlichkeit und der Erblichkeit. Bei der außerordentlichen Wichtigkeit, welche diesen Lebenseigenschaften der Organismen demgemäß zukommt, müssen wir zunächst dieselben etwas näher in das Auge fassen, und wir wollen uns heute mit der Vererbung beschäftigen.

Genau genommen müssen wir unterscheiden zwischen der Erblichkeit und der Vererbung. Die **Erblichkeit** ist die Vererbungskraft, die **Fähigkeit** der Organismen, ihre Eigenschaften auf ihre Nachkommen durch die Fortpflanzung zu übertragen. Die **Vererbung** oder Heredität dagegen bezeichnet die wirkliche Ausübung dieser Fähigkeit, die **thatsächlich** stattfindende Uebertragung.

Erblichkeit und Vererbung sind so allgemeine, alltägliche Erscheinungen, daß die meisten Menschen dieselben überhaupt nicht beachten, und daß die wenigsten geneigt sind, besondere Reflexionen über den Werth und die Bedeutung dieser Lebenserscheinungen anzustellen. Man findet es allgemein ganz natürlich und selbstverständlich, daß jeder Organismus seines Gleichen erzeugt, und daß die Kinder den Eltern im Ganzen wie im Einzelnen ähnlich sind. Gewöhnlich pflegt man die Erblichkeit nur in jenen Fällen hervorzuheben und zu besprechen, wo sie eine besondere Eigenthümlichkeit betrifft, die an einem menschlichen Individuum, ohne ererbt zu sein, zum ersten Male auftrat und von diesem auf seine Nachkommen übertragen wurde. In besonders auffallendem Grade zeigt sich so die Vererbung bei bestimmten Krankheiten und bei ganz ungewöhnlichen, monströsen Abweichungen von der gewöhnlichen Körperbildung.

Unter diesen Fällen von Vererbung monströser Abänderungen sind besonders lehrreich diejenigen, welche eine abnorme Vermehrung oder Verminderung der Fünfzahl der menschlichen Finger und Zehen betreffen. Es kommen nicht selten menschliche Familien vor, in denen mehrere Generationen hindurch sechs Finger an jeder Hand oder sechs Zehen an jedem Fuße beobachtet werden. Seltener sind Beispiele von Siebenzahl oder von Vierzahl der Finger und Zehen. Die ungewöhnliche Bildung geht immer zuerst von einem einzigen Individuum aus, welches aus unbekannten Ursachen mit einem Ueberschuß über die gewöhnliche Fünfzahl der Finger und Zehen geboren wird und diesen durch Vererbung auf einen Theil seiner Nachkommen überträgt. In einer und derselben Familie kann man die Sechszahl der Finger und Zehen nun drei, vier und mehr Generationen hindurch verfolgen. In einer spanischen Familie waren nichl weniger als vierzig Individuen durch diese Ueberzahl ausgezeichnet. In allen Fällen ist die Vererbung der sechsten überzähligen Zehe oder des sechsten Fingers nicht bleibend und durchgreifend, weil die sechsfingerigen Menschen sich immer wieder mit fünffingerigen vermischen. Würde eine sechsfingerige Familie sich in reiner Inzucht fortpflanzen, würden sechsfingerige Männer immer nur sechsfingerige Frauen heirathen, so könnte durch Fixirung dieses Charakters eine besondere sechsfingerige Menschenart entstehen. Da aber die sechsfingerigen Männer immer fünffingerige Frauen heirathen, und umgekehrt, so zeigt ihre Nachkommenschaft meistens sehr gemischte Zahlenverhältnisse und schlägt schließlich nach Verlauf einiger Generationen wieder in die normale Fünfzahl zurück. So können z. B. von 8 Kindern eines sechsfingerigen Vaters und einer fünffingerigen Mutter 2 Kinder an allen Händen und Füßen 6 Finger und 6 Zehen haben, 4 Kinder gemischte Zahlenverhältnisse und 2 Kinder überall die gewöhnliche Fünfzahl. In einer spanischen Familie hatten sämmtliche Kinder bis auf das jüngste an Händen und Füßen die Sechszahl; nur das jüngste hatte überall fünf Finger und Zehen, und der sechsfingerige Vater des Kindes wollte dieses letzte daher nicht als das seinige anerkennen.

Sehr auffallend zeigt sich ferner die Vererbungskraft in der Bildung und Färbung der menschlichen Haut und Haare. Es ist allbekannt, wie genau in vielen menschlichen Familien eine eigenthümliche Beschaffenheit des Hautsystems, z. B. eine besonders weiche oder spröde Haut, eine besondere Ueppigkeit des Haarwuchses, eine besondere Farbe und Größe der Augen u. s. w. viele Generationen hindurch forterbt. Ebenso werden besondere locale Auswüchse und Flecke der Haut, sogenannte Muttermale, Leberflecke und andere Pigmentanhäufungen, die an bestimmten Stellen vorkommen, gar nicht selten mehrere Generationen hindurch so genau vererbt, daß sie bei den Nachkommen an denselben Stellen sich zeigen, an denen sie bei den Eltern vorhanden waren. Besonders berühmt geworden sind die Stachelschweinmenschen aus der Familie Lambert, welche im vorigen Jahrhundert in London lebte. Edward Lambert, der 1717 geboren wurde, zeichnete sich durch eine ganz ungewöhnliche und monströse Bildung der Haut aus. Der ganze Körper war mit einer zolldicken hornartigen Kruste bedeckt, welche sich in Form zahlreicher stachelförmiger und schuppenförmiger Fortsätze (bis über einen Zoll lang) erhob. Diese monströse Bildung der Oberhaut oder Epidermis vererbte Lambert auf seine Söhne und Enkel, aber nicht auf die Enkelinnen. Die Uebertragung blieb also hier in der männlichen Linie, wie es auch sonst oft der Fall ist. Ebenso vererbt sich übermäßige Fettentwickelung an gewissen Körperstellen oft nur innerhalb der weiblichen Linie. Wie genau sich die charakteristische Gesichtsbildung erblich überträgt, braucht wohl kaum erinnert zu werden; bald bleibt dieselbe innerhalb der männlichen, bald innerhalb der weiblichen Linie; bald vermischt sie sich in beiden Linien.

Sehr lehrreich und allbekannt sind ferner die Vererbungserscheinungen pathologischer Zustände, besonders der menschlichen Krankheitsformen. Es sind insbesondere bekanntlich Krankheiten der Athmungsorgane, der Drüsen und des Nervensystems, welche sich sehr leicht erblich übertragen. Sehr häufig tritt plötzlich in einer sonst gesunden Familie eine derselben bisher unbekannte Erkrankung auf; sie wird erworben durch äußere Ursachen, durch krankmachende Lebensbedingungen. Diese Krankheit, welche bei einem einzelnen Individuum durch äußere Ursachen bewirkt wurde, pflanzt sich von letzterem auf seine Nachkommen fort, und diese haben nun alle oder zum Theil an derselben Krankheit zu leiden. Bei Lungenkrankheiten, z. B. Schwindsucht, ist das traurige Verhältniß der Erblichkeit allbekannt, ebenso bei Leberkrankheiten, bei Syphilis, bei Geisteskrankheiten. Diese letzteren sind von ganz besonderem Interesse. Ebenso wie besondere Charakterzüge des Menschen, Stolz, Ehrgeiz, Leichtsinn u. s. w. streng durch die Vererbung auf die Nachkommenschaft übertragen werden, so gilt das auch von den besonderen, abnormen Aeußerungen der Seelenthätigkeit, welche man als fixe Ideen, Schwermuth, Blödsinn und überhaupt als Geisteskrankheiten bezeichnet. Es zeigt sich hier deutlich und unwiderleglich, daß die Seele des Menschen, ebenso wie die Seele der Thiere, eine rein mechanische Thätigkeit, eine Summe von molekularen Bewegungserscheinungen der Gehirntheilchen ist, und daß sie mit ihrem Substrate, ebenso wie jede andere Körpereigenschaft, durch die Fortpflanzung materiell übertragen, d. h. vererbt wird.

Diese äußerst wichtige und unleugbare Thatsache erregt, wenn man sie ausspricht, gewöhnlich großes Aergerniß, und doch wird sie eigentlich stillschweigend allgemein anerkannt. Denn worauf beruhen die Vorstellungen von der „Erbsünde", der „Erbweisheit", dem „Erbadel" u. s. w. anders, als auf der Ueberzeugung, daß die menschliche Geistesbeschaffenheit durch die Fortpflanzung — also durch einen rein materiellen Vorgang! — körperlich von den Eltern auf die Nachkommen übertragen wird? — Die Anerkennung dieser großen Bedeutung der Erblichkeit äußert sich in einer Menge von menschlichen Einrichtungen, wie z. B. in der Kasteneintheilung vieler Völker in Kriegerkasten, Priesterkasten, Arbeiterkasten u. s. w. Offenbar beruht ursprünglich die Einrichtung solcher Kasten auf der Vorstellung von der hohen Wichtigkeit erblicher Vorzüge, welche gewissen Familien beiwohnten, und von denen man voraussetzte, daß sie immer wieder von den Eltern auf die Nachkommen übertragen werden würden. Die Einrichtung des erblichen Adels und der erblichen Monarchie ist auf die Vorstellung einer solchen Vererbung besonderer Tugenden zurückzuführen. Allerdings sind es leider nicht nur die Tugenden, sondern auch die Laster, welche durch Vererbung übertragen und gehäuft werden, und wenn Sie in der Weltgeschichte die verschiedenen Individuen der einzelnen Dynastien vergleichen, so werden Sie zwar überall eine große Anzahl von Beweisen für die Erblichkeit auffinden können, aber weniger für die Erblichkeit der Tugenden, als der entgegengesetzten Eigenschaften. Denken Sie z. B. nur an die römischen Kaiser, an die Julier und die Claudier, oder an die Bourbonen in Frankreich, Spanien und Italien!

In der That dürfte kaum irgendwo eine solche Fülle von schlagenden Beispielen für die merkwürdige Vererbung der feinsten körperlichen und geistigen Züge gefunden werden, als in der Geschichte der regierenden Häuser in den erblichen Monarchien. Ganz besonders gilt dies mit Bezug auf die vorher erwähnten Geisteskrankheiten. Gerade in regierenden Familien sind Geisteskrankheiten in ungewöhnlichem Maße erblich. Schon der berühmte Irrenarzt Esquirol wies nach, daß die Zahl der Geisteskranken in den regierenden Häusern zu ihrer Anzahl in der gewöhnlichen Bevölkerung sich verhält, wie 60 zu 1, d. h. daß Geisteskrankheit in den bevorzugten Familien der regierenden Häuser sechzig mal so häufig vorkommt, als in der gewöhnlichen Menschheit. Würde eine gleiche genaue Statistik auch für den erblichen Adel durchgeführt, so dürfte sich leicht herausstellen, daß auch dieser ein ungleich größeres Contingent von Geisteskranken stellt, als die gemeine, nichtadelige Menschheit. Diese Erscheinung wird uns kaum mehr wundern, wenn wir bedenken, welchen Nachtheil sich diese privilegirten Kasten selbst durch ihre unnatürliche einseitige Erziehung und durch ihre künstliche Absperrung von der übrigen Menschheit zufügen. Es werden dadurch manche dunkle Schattenseiten der menschlichen Natur besonders entwickelt, gleichsam künstlich gezüchtet, und pflanzen sich nun nach den Vererbungsgesetzen mit immer verstärkter Kraft und Einseitigkeit durch die Reihe der Generationen fort.

Wie sich in der Generationsfolge mancher Dynastien die edle Vorliebe für Wissenschaft und Kunst durch viele Generationen erblich überträgt und erhält, wie dagegen in vielen anderen Dynastien Jahrhunderte hindurch eine besondere Neigung für das Kriegshandwerk, für Unterdrückung der menschlichen Freiheit und für andere rohe Gewaltthätigkeiten vererbt wird, ist aus der Völkergeschichte Ihnen hinreichend bekannt. Ebenso vererben sich in manchen Familien viele Generationen hindurch ganz bestimmte Fähigkeiten für einzelne Geistesthätigkeiten, z. B. Dichtkunst, Tonkunst, bildende Kunst, Mathematik, Naturforschung, Philosophie u. s. w. In der Familie Bach hat es nicht weniger als zweiundzwanzig hervorragende musikalische Talente gegeben. Natürlich beruht die Vererbung solcher Geisteseigenthümlichkeiten, wie die Vererbung der Geisteseigenschaften überhaupt, auf dem materiellen Vorgang der Zeugung. Auch hier ist die Lebenserscheinung, die Kraftäußerung, unmittelbar (wie überall in der Natur) verbunden mit verschiedenen Mischungsverhältnissen des Stoffes. Die Mischung und Molekularbewegung des Stoffes ist es, welche bei der Zeugung übertragen wird.

Bevor wir nun die verschiedenen und zum Theil sehr interessanten und bedeutenden Gesetze der Vererbung näher untersuchen, wollen wir über die eigentliche Natur dieses Vorganges uns verständigen. Man pflegt vielfach die Erblichkeitserscheinungen als etwas ganz Räthselhaftes anzusehen, als eigenthümliche Vorgänge, welche durch die Naturwissenschaft nicht ergründet, in ihren Ursachen und eigentlichem Wesen nicht erfaßt werden könnten. Man pflegt gerade hier sehr allgemein übernatürliche Einwirkungen anzunehmen. Es läßt sich aber schon jetzt, bei dem heutigen Zustande der Physiologie, mit vollkommener Sicherheit nachweisen, daß alle Erblichkeitserscheinungen durchaus natürliche Vorgänge sind, daß sie durch mechanische Ursachen bewirkt werden, und daß sie auf materiellen Bewegungserscheinungen im Körper der Organismen beruhen, welche wir als Theilerscheinungen der Fortpflanzung betrachten können. Alle Erblichkeitserscheinungen und Vererbungsgesetze lassen sich auf die materiellen Vorgänge der Fortpflanzung zurückführen.

Jeder einzelne Organismus, jedes lebendige Individuum verdankt sein Dasein entweder einem Acte der elternlosen Zeugung oder Urzeugung (Generatio spontanea, Archigonia), oder einem Acte der elterlichen Zeugung oder Fortpflanzung (Generatio parentalis, Tocogonia). Auf die Urzeugung oder Archigonie, durch welche bloß Organismen der allereinfachsten Art, Moneren, entstehen können, werden wir in einem späteren Vortrage zurückkommen. Jetzt haben wir uns nur mit der Fortpflanzung oder Tocogonie zu beschäftigen, deren nähere Betrachtung für das Verständniß der Vererbung von der größten Wichtigkeit ist. Die Meisten von Ihnen werden von den Fortpflanzungserscheinungen wahrscheinlich nur diejenigen kennen, welche Sie allgemein bei den höheren Pflanzen und Thieren beobachten, die Vorgänge der geschlechtlichen Fortpflanzung oder der Amphigonie. Viel weniger allgemein bekannt sind die Vorgänge der ungeschlechtlichen Fortpflanzung oder der Monogonie. Gerade diese sind aber bei weitem mehr als die vorhergehenden geeignet, ein erklärendes Licht auf die Natur der mit der Fortpflanzung zusammenhängenden Vererbung zu werfen.

Aus diesem Grunde ersuche ich Sie, jetzt zunächst bloß die Erscheinungen der ungeschlechtlichen oder monogonen Fortpflanzung (Monogonia) in das Auge zu fassen. Diese tritt in mannichfach verschiedener Form auf, als Selbsttheilung, Knospenbildung und Keimzellen- oder Sporenbildung. Am lehrreichsten ist es hier, zunächst die Fortpflanzung bei den einfachsten Organismen zu betrachten, welche wir kennen, und auf welche wir später bei der Frage von der Urzeugung zurückkommen müssen. Diese allereinfachsten uns bis jetzt bekannten, und zugleich die denkbar einfachsten Organismen sind die wasserbewohnenden Moneren: sehr kleine lebendige Körperchen, welche eigentlich streng genommen den Namen des Organismus gar nicht verdienen. Denn die Bezeichnung

„Organismus" für die lebenden Wesen beruht auf der Vorstellung, daß jeder belebte Naturkörper aus Organen zusammengesetzt ist, aus verschiedenartigen Theilen, die als Werkzeuge, ähnlich den verschiedenen Theilen einer künstlichen Maschine, in einander greifen und zusammenwirken, um die Thätigkeit des Ganzen hervorzubringen. Nun haben wir aber in den Moneren vor wenigen Jahren kleine Organismen kennen gelernt, welche in der That nicht aus Organen zusammengesetzt sind, sondern ganz und gar aus einer structurlosen gleichartigen Materie bestehen. Der ganze Körper dieser Moneren ist zeitlebens weiter Nichts, als ein formloses bewegliches Schleimklümpchen, aus einer eiweißartigen Kohlenstoffverbindung bestehend. Einfachere, unvollkommnere Organismen sind gar nicht denkbar [15]).

Die ersten vollständigen Beobachtungen über die Naturgeschichte eines Moneres (Protogenes primordialis) habe ich 1864 bei Nizza angestellt. Andere sehr merkwürdige Moneren habe ich später (1866) auf der canarischen Insel Lanzarote und (1867) an der Meerenge von Gibraltar beobachtet. Die vollständige Lebensgeschichte eines dieser canarischen Moneren, der orangerothen **Protomyxa aurantiaca**, ist auf Tafel I (S. 167) dargestellt und in deren Erklärung beschrieben (im Anhang). Auch in der Nordsee, an der norwegischen Küste bei Bergen, habe ich (1869) einige eigenthümliche Moneren aufgefunden. Ein interessantes Moner des süßen Wassers hat Cienkowski (1865) unter dem Namen Vampyrella beschrieben, ein anderes Sorokin unter dem Namen Gloidium (1878). Das merkwürdigste aber vielleicht von allen Moneren hat (1868) der berühmte englische Zoolog Huxley entdeckt und Bathybius Haeckelii genannt. „Bathybius" heißt: in der Tiefe lebend. Dieser wunderbare Organismus lebt nämlich in den ungeheuren Abgründen des Meeres, welche uns im letzten Jahrzehnt durch die mühevollen Untersuchungen der Engländer bekannt geworden sind, und welche über 12,000, ja an manchen Stellen über 24,000 Fuß Tiefe erreichen. Hier findet sich zwischen den zahlreichen Polythalamien und Radiolarien, die den feinen kreideartigen Schlamm dieser Abgründe bevölkern, auch massenhaft der Bathybius vor, theils in Gestalt rundlicher oder formloser Schleimklumpen, theils in Form von maschigen Schleimnetzen, welche Steintrümmer und andere Gegenstände überziehen. Dieselben bestehen, gleich den anderen Moneren, einzig und allein aus structurlosem Plasma oder Protoplasma, d. h. aus derselben eiweißartigen Kohlenstoffverbindung, welche in unendlich vielen Modificationen als der wesentlichste und nie fehlende Träger der Lebenserscheinungen in allen Organismen sich findet. Eine ausführliche Beschreibung und Abbildung des Bathybius und der übrigen Moneren habe ich 1870 in meiner „Monographie der Moneren" gegeben, aus der auch Tafel I copirt ist [15]). Neuerdings ist zwar die Existenz des Bathybius vielfach bestritten, aber keineswegs bestimmt widerlegt worden. (Vergl. meinen Aufsatz über „Bathybius und die Moneren" im „Kosmos", Bd. I, S. 293.)

Im Ruhezustande erscheinen die meisten Moneren als kleine Schleimkügelchen, für das unbewaffnete Auge nicht sichtbar oder eben sichtbar, höchstens von der Größe eines Stecknadelkopfes. Wenn das Moner sich bewegt, bilden sich an der Oberfläche der kleinen Schleimkugel formlose fingerartige Fortsätze oder sehr feine strahlende Fäden, sogenannte Scheinfüße oder Pseudopodien. Diese Scheinfüße sind einfache, unmittelbare Fortsetzungen der structurlosen eiweißartigen Masse, aus der der ganze Körper besteht. Wir sind nicht im Stande, verschiedenartige Theile in demselben wahrzunehmen, und wir können den directen Beweis für die absolute Einfachheit der festflüssigen Eiweißmasse dadurch führen, daß wir die Nahrungsaufnahme der Moneren unter dem Mikroskope verfolgen. Wenn kleine Körperchen, die zur Ernährung derselben tauglich sind, z. B. kleine Theilchen von zerstörten organischen Körpern oder mikroskopische Pflänzchen und Infusionsthierchen, zufällig in Berührung mit den Moneren kommen, so bleiben sie an der klebrigen Oberfläche des festflüssigen Schleimklümpchens hängen, erzeugen hier einen Reiz, welcher stärkeren Zufluß der schleimigen Körpermasse zur Folge hat und werden endlich ganz von dieser umschlossen, oder sie werden durch Verschiebungen der einzelnen Eiweißtheilchen des Monerenkörpers in diesen hineingezogen und dort verdaut, durch einfache Diffusion (Endosmose) ausgezogen.

Ebenso einfach wie die Ernährung ist die **Fortpflanzung** dieser Urwesen, die man eigentlich weder Thiere noch Pflanzen nennen kann. Alle Moneren pflanzen sich nur auf dem ungeschlechtlichen Wege fort, durch Monogonie; und zwar im einfachsten Falle durch diejenige Art der Spaltung, welche wir an die Spitze der verschiedenen Fortpflanzungsformen stellen, durch Selbsttheilung. Wenn ein solches Klümpchen, z. B. eine Protamoeba oder ein Protogenes, eine gewisse Größe durch Aufnahme fremder Eiweißmaterie erhalten hat, so zerfällt es in zwei Stücke; es bildet sich eine Einschnürung, welche ringförmig herumgeht, und schließlich zur Trennung der beiden Hälften führt. (Vergl. Fig. 1.) Jede Hälfte rundet sich als-

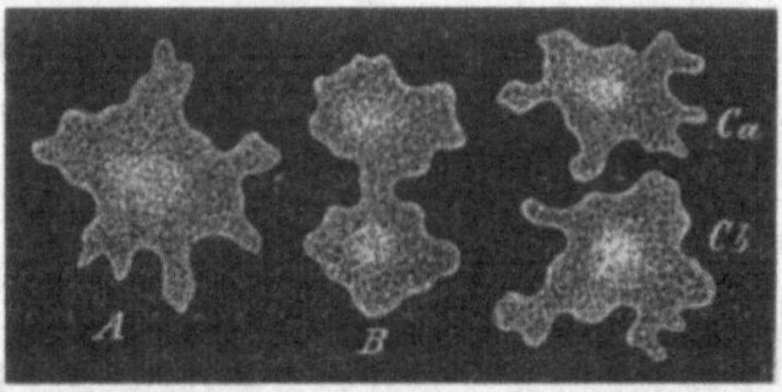

Fig. 1. Fortpflanzung eines einfachsten Organismus, eines Moneres, durch Selbsttheilung. *A.* Das ganze Moner, eine Protamoeba. *B.* Dieselbe zerfällt durch eine mittlere Einschnürung in zwei Hälften. *C.* Jede der beiden Hälften hat sich von der andern getrennt und stellt nun ein selbstständiges Individuum dar.

bald ab und erscheint nun als ein selbstständiges Individuum, welches das einfache Spiel der Lebenserscheinungen, Ernährung und Fortpflanzung, von Neuem beginnt. Bei anderen Moneren (Vampyrella und Gloidium) zerfällt der Körper bei der Fortpflanzung nicht in zwei, sondern vier gleiche Stücke, und bei noch anderen (Protomonas, Protomyxa, Myxastrum) sogleich in eine große Anzahl von kleinen Schleimkügelchen, deren jedes durch einfaches Wachsthum dem elterlichen Körper wieder gleich wird (Tafel I). Es zeigt sich hier deutlich, daß der Vorgang der Fortpflanzung weiter Nichts ist, als ein Wachsthum des Organismus über sein individuelles Maß hinaus.

Die einfache Fortpflanzungsweise der Moneren durch Selbsttheilung ist eigentlich die allgemeinste und weitest verbreitete von allen verschiedenen Fortpflanzungsarten; denn durch denselben einfachen Proceß der Theilung pflanzen sich auch die Zellen fort, diejenigen einfachen organischen Individuen, welche in sehr großer Zahl den Körper der allermeisten Organismen, den menschlichen Körper nicht ausgenommen, zusammensetzen. Abgesehen von den Organismen niedersten Ranges, welche noch nicht einmal den Formwerth einer Zelle haben (Moneren), oder zeitlebens eine einfache Zelle darstellen (wie die meisten Protisten) ist der Körper jedes organischen Individuums aus einer großen Anzahl von Zellen zusammengesetzt. Jede organische Zelle ist bis zu einem gewissen Grade ein selbstständiger Organismus, ein sogenannter „Elementarorganismus" oder ein „Individuum erster Ordnung". Jeder höhere Organismus ist gewissermaßen eine Gesellschaft oder ein Staat von solchen vielgestaltigen, durch Arbeitstheilung mannichfaltig ausgebildeten Elementarindividuen[11]). Ursprünglich ist jede organische Zelle auch nur ein einfaches Schleimklümpchen, gleich einem Moner, jedoch von diesem dadurch verschieden, daß die gleichartige Eiweißmasse in zwei verschiedene Bestandtheile sich gesondert hat: ein inneres, festeres Eiweißkörperchen, den Zellkern (Nucleus), und einen äußeren, weicheren Eiweißkörper, den Zellschleim (Protoplasma). Außerdem bilden viele Zellen späterhin noch einen dritten (jedoch häufig fehlenden) Formbestandtheil, indem sie sich einkapseln, eine äußere Hülle oder Zellhaut (Membrana) ausschwitzen. Alle übrigen Formbestandtheile, die sonst noch in den Zellen vorkommen, sind von untergeordneter Bedeutung und interessiren uns hier nicht.

Ursprünglich ist auch jeder mehrzellige Organismus eine einfache Zelle, und er wird dadurch mehrzellig, daß jene Zelle sich

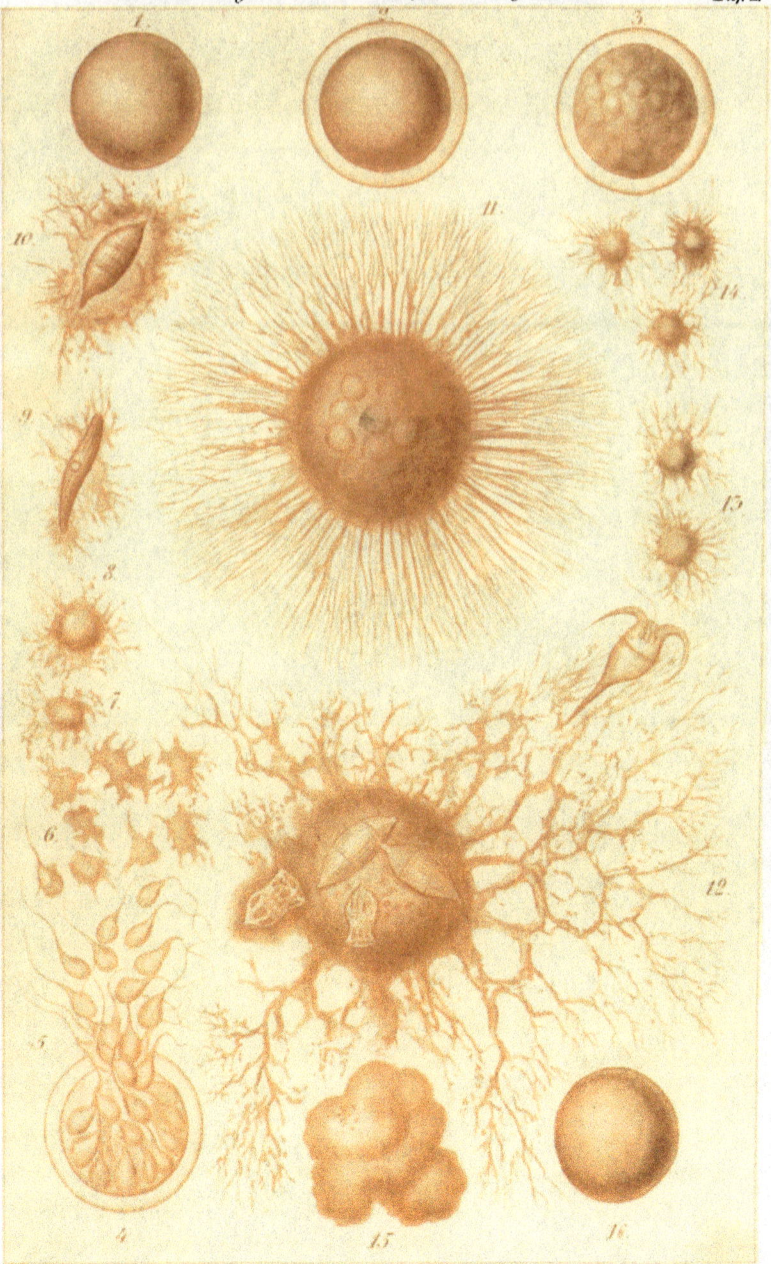

E. Haeckel del. W. Grehmann sc.

Protomyxa aurantiaca.

durch Theilung fortpflanzt, und daß die so entstehenden neuen Zellenindividuen beisammen bleiben und durch Arbeitstheilung eine Gemeinde oder einen Staat bilden. Die Formen und Lebenserscheinungen aller mehrzelligen Organismen sind lediglich die Wirkung oder der Ausdruck der gesammten Formen und Lebenserscheinungen aller einzelnen sie zusammensetzenden Zellen. Das Ei, aus welchem sich die meisten Thiere und Pflanzen entwickeln, ist eine einfache Zelle.

Die einzelligen Organismen, d. h. diejenigen, welche zeitlebens den Formwerth einer einzigen Zelle beibehalten, z. B. die Amoeben (Fig. 2), pflanzen sich in der Regel auf die einfachste Weise

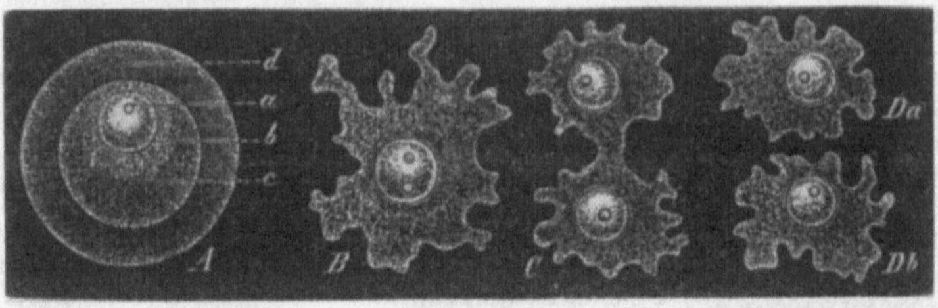

Fig. 2. Fortpflanzung eines einzelligen Organismus, einer Amoeba sphaerococcus, durch Selbstheilung. *A.* Die eingekapselte Amoeba, eine einfache kugelige Zelle, bestehend aus einem Protoplasmaklumpen *(c)*, welcher einen Kern *(b)* und ein Kernkörperchen *(a)* einschließt und von einer Zellhaut oder Kapsel umgeben ist. *B.* Die freie Amoeba, welche die Cyste oder Zellhaut gesprengt und verlassen hat. *C.* Dieselbe beginnt sich zu theilen, indem ihr Kern in zwei Kerne zerfällt und der Zellschleim zwischen beiden sich einschnürt. *D.* Die Theilung ist vollendet, indem auch der Zellschleim vollständig in zwei Hälften zerfallen ist *(Da* und *Db)*.

durch Theilung fort. Dieser Proceß unterscheidet sich von der vorher bei den Moneren beschriebenen Selbsttheilung nur dadurch, daß zunächst aus dem festeren Zellkern (Nucleus) sich zwei neue Kerne bilden. Die beiden jungen Kerne entfernen sich von einander und wirken nun wie zwei verschiedene Anziehungsmittelpunkte auf die umgebende weichere Eiweißmasse, den Zellschleim (Protoplasma). Dadurch zerfällt schließlich auch dieser in zwei Hälften, und es sind nun zwei neue Zellen vorhanden, welche der Mutterzelle gleich sind. War die Zelle von einer Membran umgeben, so theilt sich diese entweder nicht, wie bei der Eifurchung (Fig. 3, 4), oder sie folgt passiv der activen Einschnürung des Protoplasma, oder es wird von jeder jungen Zelle eine neue Haut ausgeschwitzt.

Ganz ebenso wie die selbstständigen einzelligen Organismen, z. B. Amoeba (Fig. 2) pflanzen sich nun auch die unselbstständigen Zellen fort, welche in Gemeinden oder Staaten vereinigt bleiben und so den Körper der höheren Organismen zusammensetzen. Ebenso vermehrt sich auch durch einfache Theilung die Zelle, mit welcher die meisten Thiere und Pflanzen ihre individuelle Existenz beginnen, nämlich das Ei. Wenn sich aus einem Ei ein Thier, z. B. ein Säugethier (Fig. 3, 4) entwickelt, so beginnt dieser Entwickelungs-

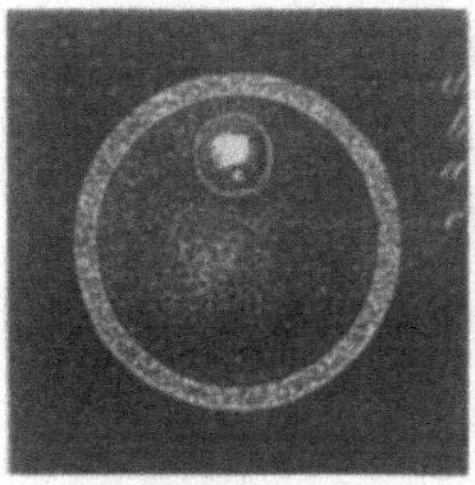

Fig. 3. Ei eines Säugethieres (eine einfache Zelle). *a* Kernkörperchen oder Nucleolus (sogenannter Keimfleck des Eies); *b* Kern oder Nucleus (sogenanntes Keimbläschen des Eies); *c* Zellschleim oder Protoplasma (sogenannter Dotter des Eies); *d* Zellhaut oder Membrana (Dotterhaut) des Eies, beim Säugethier wegen ihrer Durchsichtigkeit Membrana pellucida genannt.

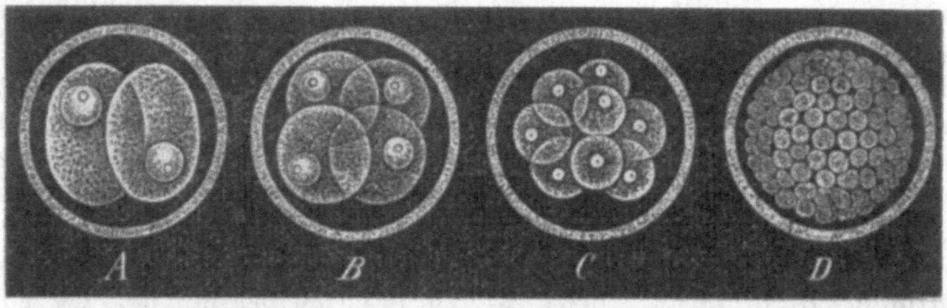

Fig. 4. Erster Beginn der Entwickelung des Säugethiereies, sogenannte „Eifurchung" (Fortpflanzung der Eizelle durch wiederholte Selbsttheilung). Fig. 4*A*. Das Ei zerfällt durch Bildung der ersten Furche in zwei Zellen. Fig. 4*B*. Diese zerfallen durch Halbirung in 4 Zellen. Fig. 4*C*. Diese letzteren sind in 8 Zellen zerfallen. Fig. 4*D*. Durch fortgesetzte Theilung ist ein kugeliger Haufen von zahlreichen Zellen entstanden.

proceß stets damit, daß die einfache Eizelle (Fig. 3) durch fortgesetzte Selbsttheilung einen Zellenhaufen bildet (Fig. 4). Die äußere Hülle oder Zellhaut des kugeligen Eies bleibt ungetheilt. Zuerst zerfällt der Zellenkern des Eies (das sogenannte Keimbläschen) durch Selbsttheilung in zwei Kerne, dann folgt der Zellschleim (der Dotter des Eies) nach (Fig. 4A). In gleicher Weise zerfallen durch die fortgesetzte Selbsttheilung die zwei Zellen in vier (F. 4B), diese in acht (Fig. 4C), in sechzehn, zweiunddreißig u. s. w., und es entsteht schließlich ein kugeliger Haufe von sehr zahlreichen kleinen Zellen (Fig. 4D). Diese bauen nun durch weitere Vermehrung und ungleichartige Ausbildung (Arbeitstheilung) allmählich den zusammengesetzten mehrzelligen Organismus auf. Jeder von uns hat im Beginne seiner individuellen Entwickelung denselben, in Fig. 4 dargestellten Proceß durchgemacht. Das in Fig. 3 abgebildete Säugethierei und die in Fig. 4 dargestellte Entwickelung desselben könnte eben so gut vom Menschen, als vom Affen, vom Hunde, vom Pferde oder von irgend einem anderen placentalen Säugethier herrühren.

Wenn Sie nun zunächst nur diese einfachste Form der Fortpflanzung, die Selbsttheilung, betrachten, so werden Sie es gewiß nicht wunderbar finden, daß die Theilungsproducte des ursprünglichen Organismus dieselben Eigenschaften besitzen, wie das elterliche Individuum. Sie sind ja Theilhälften des elterlichen Organismus, und da die Materie, der Stoff, in beiden Hälften derselbe ist, da die beiden jungen Individuen gleich viel und gleich beschaffene Materie von dem elterlichen Individuum überkommen haben, so müssen natürlich auch die Lebenserscheinungen, die physiologischen Eigenschaften, in den beiden Kindern dieselben sein. In der That sind in jeder Beziehung, sowohl hinsichtlich ihrer Form und ihres Stoffes, als hinsichtlich ihrer Lebenserscheinungen, die beiden Tochterzellen nicht von einander und von der Mutterzelle zu unterscheiden. Sie haben von ihr die gleiche Natur g e e r b t.

Nun findet sich aber dieselbe einfache Fortpflanzung durch Theilung nicht bloß bei den einfachen Zellen, sondern auch bei höher stehenden mehrzelligen Organismen, z. B. bei den Korallenthieren. Viele derselben, welche schon einen höheren Grad von Zusammensetzung und Organisation zeigen, pflanzen sich dennoch einfach durch Theilung fort. Hier zerfällt der ganze Organismus mit allen seinen Organen in zwei gleiche Hälften, sobald er durch Wachsthum ein gewisses Maß der Größe erreicht hat. Jede Hälfte ergänzt sich alsbald wieder durch Wachsthum zu einem vollständigen Individuum. Auch hier finden Sie es gewiß selbstverständlich, daß die beiden Theilungsproducte die Eigenschaften des elterlichen Organismus theilen, da sie ja selbst Substanzhälften desselben sind.

An die Fortpflanzung durch Theilung schließt sich zunächst die Fortpflanzung durch Knospenbildung an. Diese Art der Monogonie ist außerordentlich weit verbreitet. Sie findet sich sowohl bei den einfachen Zellen (obwohl seltener), als auch bei den aus vielen Zellen zusammengesetzten höheren Organismen. Ganz allgemein verbreitet ist die Knospenbildung im Pflanzenreich, seltener im Thierreich. Jedoch kommt sie auch hier in dem Stamme der Pflanzenthiere, insbesondere bei den Korallen und bei einem großen Theile der Medusen sehr häufig vor, ferner auch bei einem Theile der Würmer (Plattwürmern, Ringelwürmern, Mosthieren und Mantelthieren). Die meisten verzweigten Thierstöcke, welche auch äußerlich den verzweigten Pflanzenstöcken so ähnlich sind, entstehen gleich diesen durch Knospenbildung.

Die Fortpflanzung durch Knospenbildung (Gemmatio) ist von der Fortpflanzung durch Theilung wesentlich verschieden. Die beiden durch Knospung neu erzeugten Organismen sind nicht von gleichem Alter und daher anfänglich auch nicht von gleichem Werthe, wie es bei der Theilung der Fall ist. Bei der letzteren können wir offenbar keines der beiden neu erzeugten Individuen als das elterliche, als das erzeugende ansehen, weil beide ja gleichen Antheil an der Zusammensetzung des ursprünglichen, elterlichen Individuums haben. Wenn dagegen ein Organismus eine Knospe treibt, so ist die letztere das Kind des ersteren. Beide Individuen sind von ungleichem Alter und daher zunächst auch von ungleicher Größe und ungleichem Formwerth. Wenn z. B. eine Zelle durch Knospenbildung sich fortpflanzt, so sehen wir nicht, daß die Zelle in zwei gleiche Hälften zerfällt, sondern es bildet sich an einer Stelle eine Hervorragung, welche größer und größer wird, und welche sich mehr oder weniger von der elterlichen Zelle absondert und nun selbstständig wächst. Ebenso bemerken wir bei der Knospenbildung einer Pflanze oder eines Thieres, daß an einer Stelle des ausgebildeten Individuums eine kleine locale Wucherung entsteht, welche größer und größer wird, und ebenfalls durch selbstständiges Wachsthum sich mehr oder weniger von dem elterlichen Organismus absondert. Die Knospe kann später, nachdem sie eine gewisse Größe erlangt hat, entweder vollkommen von dem Elternindividuum sich ablösen, oder sie kann mit diesem im Zusammenhang bleiben und einen Stock bilden, dabei aber doch ganz selbstständig weiter leben. Während das Wachsthum, welches die Fortpflanzung einleitet, bei der Theilung ein totales ist und den ganzen Körper betrifft, ist dasselbe dagegen bei der Knospenbildung ein partielles und betrifft nur einen Theil des elterlichen Organismus. Aber auch hier behält die Knospe, das neu erzeugte Individuum, welches mit dem elterlichen Organismus so lange im unmittelbarsten Zusammenhang steht und aus diesem hervorgeht, dessen wesentliche Eigenschaften und ursprüngliche Bildungsrichtung bei.

An die Knospenbildung schließt sich unmittelbar eine dritte Art der ungeschlechtlichen Fortpflanzung an, diejenige durch **Keimknospenbildung** (Polysporogonia). Bei niederen, unvollkommenen Organismen, unter den Thieren insbesondere bei den Pflanzenthieren und Würmern, finden Sie bisweilen, daß im Innern eines aus vielen Zellen zusammengesetzten Individuums eine kleine Zellengruppe von den umgebenden Zellen sich absondert, und daß diese kleine isolirte Zellengruppe allmählich zu einem Individuum heranwächst, welches dem elterlichen ähnlich wird und früher oder später aus diesem heraustritt. So entstehen z. B. im Körper der Saugwürmer (Trematoden) oft zahlreiche, aus vielen Zellen zusammengesetzte Körperchen, **Keimknospen** oder Polysporen, welche sich schon frühzeitig ganz von dem Elternkörper absondern und diesen verlassen, nachdem sie einen gewissen Grad selbstständiger Ausbildung erreicht haben.

Offenbar ist die Keimknospenbildung von der echten Knospenbildung nur wenig verschieden. Andrerseits aber berührt sie sich mit einer vierten Form der ungeschlechtlichen Fortpflanzung, welche beinahe schon zur geschlechtlichen Zeugung hinüberführt, nämlich mit der Keimzellenbildung (Monosporogonia), welche auch oft schlechtweg die Sporenbildung (Sporogonia) genannt wird. Hier ist es nicht mehr eine Zellengruppe, sondern eine einzelne Zelle, welche sich im Innern des zeugenden Organismus von den umgebenden Zellen absondert, und sich erst weiter entwickelt, nachdem sie aus jenem ausgetreten ist. Nachdem diese Keimzelle oder Monospore (gewöhnlich kurzweg Spore genannt) das Elternindividuum verlassen hat, vermehrt sie sich durch Theilung und bildet so einen vielzelligen Organismus, welcher durch Wachsthum und allmähliche Ausbildung die erblichen Eigenschaften des elterlichen Organismus erlangt. So geschieht es sehr häufig bei den niederen Pflanzen.

Obwohl die Keimzellenbildung der Keimknospenbildung sehr nahe steht, entfernt sie sich doch offenbar von dieser, wie von den vorher angeführten anderen Formen der ungeschlechtlichen Fortpflanzung sehr wesentlich dadurch, daß nur ein ganz kleiner Theil des zeugenden Organismus die Fortpflanzung und somit auch die Vererbung vermittelt. Bei der Selbsttheilung, wo der ganze Organismus in zwei Hälften zerfällt, bei der Knospenbildung, wo ein ansehnlicher und bereits mehr oder minder entwickelter Körpertheil von dem zeugenden Individuum sich absondert, finden wir es sehr begreiflich, daß Formen und Lebenserscheinungen in dem zeugenden und dem erzeugten Organismus dieselben sind. Viel schwieriger ist es schon bei der Keimknospenbildung, und noch schwerer bei der Keimzellenbildung zu begreifen, wie dieser ganz kleine, ganz unentwickelte Körpertheil, diese Zellengruppe oder einzelne Zelle nicht bloß gewisse elterliche Eigenschaften unmittelbar mit in ihre selbstständige

Existenz hinübernimmt, sondern auch nach ihrer Trennung vom elterlichen Individuum sich zu einem vielzelligen Körper entwickelt, und in diesem die Formen und die Lebenserscheinungen des ursprünglichen, zeugenden Organismus wieder zu Tage treten läßt. Diese letzte Form der monogonen Fortpflanzung, die Keimzellen- oder Sporenbildung, führt uns hierdurch bereits unmittelbar zu der am schwierigsten zu erklärenden Form der Fortpflanzung, zur geschlechtlichen Zeugung, hinüber.

Die geschlechtliche (amphigone oder sexuelle) Zeugung (Amphigonia) ist die gewöhnliche Fortpflanzungsart bei allen höheren Thieren und Pflanzen. Offenbar hat sich dieselbe erst sehr spät im Verlaufe der Erdgeschichte aus der ungeschlechtlichen Fortpflanzung, und zwar zunächst aus der Keimzellenbildung entwickelt. In den frühesten Perioden der organischen Erdgeschichte pflanzten sich alle Organismen nur auf ungeschlechtlichem Wege fort, wie es gegenwärtig noch zahlreiche niedere Organismen thun, insbesondere alle diejenigen, welche auf der niedrigsten Stufe der Organisation stehen, welche man weder als Thiere noch als Pflanzen mit vollem Rechte betrachten kann, und welche man daher am besten als Urwesen oder Protisten aus dem Thier- und Pflanzenreich ausscheidet. Allein bei den höheren Thieren und Pflanzen erfolgt gegenwärtig die Vermehrung der Individuen in der Regel größtentheils durch geschlechtliche Fortpflanzung.

Während bei allen vorhin erwähnten Hauptformen der ungeschlechtlichen Fortpflanzung, bei der Theilung, Knospenbildung, Keimknospenbildung und Keimzellenbildung, die abgesonderte Zelle oder Zellengruppe für sich allein im Stande war, sich zu einem neuen Individuum auszubilden, so muß dieselbe dagegen bei der geschlechtlichen Fortpflanzung erst durch einen anderen Zeugungsstoff befruchtet werden. Der befruchtende männliche Samen oder das Sperma, eine Flüssigkeit, die viele kleine bewegliche Zellen enthält, muß sich erst mit der weiblichen Keimzelle, dem Ei, vermischen, ehe sich dieses zu einem neuen Individuum entwickeln kann. Diese beiden verschiedenen Zeugungsstoffe, der männliche Samen und das weibliche Ei, werden entweder von einem und demselben Individuum erzeugt (Zwitterbildung, Hermaphroditismus) oder von zwei verschiedenen Individuen (Geschlechtstrennung, Gonochorismus).

Die einfachere und ältere Form der geschlechtlichen Fortpflanzung ist die **Zwitterbildung** (Hermaphroditismus). Sie findet sich bei der großen Mehrzahl der Pflanzen, aber nur bei einer großen Minderzahl der Thiere, z. B. bei den Gartenschnecken, Blutegeln, Regenwürmern und vielen anderen Würmern. Jedes einzelne Individuum erzeugt als **Zwitter** (Hermaphroditus) in sich beiderlei Geschlechtsstoffe, Eier und Samen. Bei den meisten höheren Pflanzen enthält jede Blüthe sowohl die männlichen Organe (Staubfäden und Staubbeutel) als die weiblichen Organe (Griffel und Fruchtknoten). Jede Gartenschnecke erzeugt an einer Stelle ihrer Geschlechtsdrüse Eier, an einer andern Sperma. Viele Zwitter können sich selbst befruchten; bei anderen ist eine Copulation und gegenseitige Befruchtung zweier Individuen nothwendig, um die Eier zur Entwickelung zu veranlassen. Das ist schon der Uebergang zur Geschlechtstrennung.

Die **Geschlechtstrennung** (Gonochorismus), die verwickeltere von beiden Arten der geschlechtlichen Zeugung, hat sich wahrscheinlich erst in einer späteren Zeit der organischen Erdgeschichte aus der Zwitterbildung entwickelt. Sie ist gegenwärtig die allgemeine Fortpflanzungsart der höheren Thiere, findet sich dagegen nur bei einer geringeren Anzahl von Pflanzen (z. B. manchen Wasserpflanzen: Hydrocharis, Vallisneria; und Bäumen: Weiden, Pappeln). Jedes organische Individuum als **Nichtzwitter** (Gonochoristus) erzeugt in sich nur einen von beiden Zeugungsstoffen, entweder männlichen oder weiblichen. Die **weiblichen** Individuen bilden sowohl bei den Thieren, als bei den Pflanzen **Eier** oder Eizellen. Die Eier der Pflanzen werden gewöhnlich bei den Blüthenpflanzen (Phanerogamen) „Embryobläschen", bei den Blüthenlosen (Cryptogamen) „Befruchtungskugeln" genannt. Die männlichen Individuen sondern bei den Thieren den befruchtenden Samen (**Sperma**) ab, bei den

Pflanzen dem Sperma entsprechende Körperchen (Pollenkörner oder Blüthenstaub bei den Phanerogamen, bei den Cryptogamen ein Sperma, welches gleich demjenigen der meisten Thiere aus lebhaft beweglichen, in einer Flüssigkeit schwimmenden Geißelzellen besteht, den Zoospermien, Spermatozoen oder Spermazellen).

Eine interessante Uebergangsform von der geschlechtlichen Zeugung zu der (nächststehenden) ungeschlechtlichen Keimzellenbildung bietet die sogenannte jungfräuliche Zeugung dar (Parthenogenesis). Diese ist in neuerer Zeit bei den Insecten, besonders durch Siebold's verdienstvolle Untersuchungen, vielfach nachgewiesen worden; Keimzellen, die sonst den gewöhnlichen Eizellen ganz ähnlich erscheinen und ebenso entstehen, können sich zu neuen Individuen entwickeln, ohne des befruchtenden Samens zu bedürfen. Die merkwürdigsten und lehrreichsten von den verschiedenen parthenogenetischen Erscheinungen bieten uns diejenigen Fälle, in denen dieselben Keimzellen, je nachdem sie befruchtet werden oder nicht, verschiedene Individuen erzeugen. Bei unseren gewöhnlichen Honigbienen entsteht aus den Eiern der Königin ein männliches Individuum (eine Drohne), wenn das Ei nicht befruchtet wird; ein weibliches (eine Königin oder Arbeiterin), wenn das Ei befruchtet wird. Es zeigt sich hier deutlich, daß in der That eine tiefe Kluft zwischen geschlechtlicher und geschlechtsloser Zeugung nicht existirt, daß beide Formen vielmehr unmittelbar zusammenhängen. Uebrigens ist die Parthenogenesis der Insecten wohl als Rückschlag der geschlechtlichen Fortpflanzung (welche die Stammeltern der Insecten besaßen) in die frühere ungeschlechtliche Fortpflanzung aufzufassen; die Männchen sind überflüssig geworden! Jedenfalls ist sowohl bei Pflanzen als bei Thieren die geschlechtliche Zeugung, die als ein so wunderbarer Vorgang erscheint, erst in späterer Zeit aus der älteren ungeschlechtlichen Zeugung hervorgegangen. In beiden Fällen ist die Vererbung eine nothwendige Theilerscheinung der Fortpflanzung.

Bei allen verschiedenen Formen der Fortpflanzung ist das Wesentliche dieses Vorgangs immer die Ablösung eines Theiles des elterlichen Organismus und die Befähigung desselben zur individuellen, selbstständigen Existenz. In allen Fällen dürfen wir daher von vornherein schon erwarten, daß die kindlichen Individuen dieselben Lebenserscheinungen und Formeigenschaften erlangen werden, welche die elterlichen Individuen besitzen; denn sie sind ja „Fleisch und Bein der Eltern"! Immer ist es nur eine größere oder geringere Quantität von der elterlichen Materie, und zwar von dem eiweißartigen Protoplasma oder Zellschleim, welche auf das kindliche Individuum übergeht. Mit der Materie werden aber auch deren Lebenseigenschaften, die molekularen Bewegungen des Plasma, übertragen, welche sich dann in ihrer Form äußern. Wenn Sie sich die angeführte Kette von verschiedenen Fortpflanzungsformen in ihrem Zusammenhange vor Augen stellen, so verliert die Vererbung durch geschlechtliche Zeugung sehr Viel von dem Räthselhaften und Wunderbaren, das sie auf den ersten Blick für den Laien besitzt. Es erscheint anfänglich höchst wunderbar, daß bei der geschlechtlichen Fortpflanzung des Menschen, wie aller höheren Thieren, das kleine Ei, eine winzige, für das bloße Auge oft kaum sichtbare Zelle, im Stande ist, alle Eigenschaften des mütterlichen Organismus auf den kindlichen zu übertragen; und nicht weniger räthselhaft muß es erscheinen, daß zugleich die wesentlichen Eigenschaften des väterlichen Organismus auf den kindlichen übertragen werden vermittelst des männlichen Sperma, welches die Eizelle befruchtete; vermittelst einer schleimigen Masse, in der feine Geißelzellen, die Zoospermien, sich umherbewegen. Sobald Sie aber jene zusammenhängende Stufenleiter der verschiedenen Fortpflanzungsarten vergleichen, bei welcher der kindliche Organismus als überschüssiges Wachsthumsproduct des Eltern-Individuums sich immer mehr von ersterem absondert und immer frühzeitiger die selbstständige Laufbahn betritt; sobald Sie zugleich erwägen, daß auch das Wachsthum und die Ausbildung jedes höheren Organismus bloß auf der Vermehrung der ihn zusammensetzenden Zellen, auf der einfachen Fortpflanzung durch

Theilung beruht, so wird es Ihnen klar, daß alle diese merkwürdigen Vorgänge in eine Reihe gehören.

Das Leben jedes organischen Individuums ist Nichts weiter, als eine zusammenhängende Kette von sehr verwickelten materiellen Bewegungs-Erscheinungen. Diese Bewegungen sind als Veränderungen in der Lage und Zusammensetzung der Molekeln zu denken, der kleinsten (aus Atomen in höchst mannichfaltiger Weise zusammengesetzten) Theilchen der belebten Materie. Die specifisch bestimmte Richtung dieser gleichartigen, anhaltenden, immanenten Lebensbewegung wird in jedem Organismus durch die chemische Mischung des eiweißartigen Zeugungsstoffes bedingt, welcher ihm den Ursprung gab. Bei dem Menschen, wie bei den höheren Thieren, welche geschlechtlich sich fortpflanzen, beginnt die individuelle Lebensbewegung in dem Momente, in welchem die Eizelle von den Samenfäden des Sperma befruchtet wird, in welchem beide Zeugungsstoffe sich thatsächlich vermischen; von da an wird nun die Richtung der Lebensbewegung durch die specifische, oder richtiger individuelle Beschaffenheit sowohl des Samens als des Eies bestimmt. Ueber die rein mechanische, materielle Natur dieses Vorganges kann kein Zweifel sein. Aber staunend und bewundernd müssen wir hier vor der unendlich verwickelten Molekular-Structur der eiweißartigen Materie still stehen. Staunen müssen wir über die unleugbare Thatsache, daß die einfache Eizelle der Mutter, der einzige Samenfaden oder die flimmernde Spermazelle des Vaters so genau die molekulare individuelle Lebensbewegung dieser beiden Individuen auf das Kind überträgt, daß nachher die feinsten körperlichen und geistigen Eigenthümlichkeiten der beiden Eltern an diesem wieder erscheinen.

Hier stehen wir vor einer mechanischen Naturerscheinung, von welcher Virchow, der berühmte Begründer der „Cellularpathologie", mit vollem Rechte sagt: „Wenn der Naturforscher dem Gebrauche der Geschichtschreiber und Kanzelredner zu folgen liebte, ungeheure und in ihrer Art einzige Erscheinungen mit dem hohlen Gepränge schwerer und tönender Worte zu überziehen, so wäre hier der Ort dazu; denn wir sind an eines der großen Mysterien der thierischen Natur getreten, welche die Stellung des Thieres gegenüber der ganzen übrigen Erscheinungswelt enthalten. Die Frage von der Zellenbildung, die Frage von der Erregung anhaltender gleichartiger Bewegung, endlich die Fragen von der Selbstständigkeit des Nervensystems und der Seele — das sind die großen Aufgaben, an denen der Menschengeist seine Kraft mißt. Die Beziehung des Mannes und des Weibes zur Eizelle zu erkennen, heißt fast so viel, als alle jene Mysterien lösen. Die Entstehung und Entwickelung der Eizelle im mütterlichen Körper, die Uebertragung körperlicher und geistiger Eigenthümlichkeiten des Vaters durch den Samen auf dieselbe, berühren alle Fragen, welche der Menschengeist je über des Menschen Sein aufgeworfen hat." Und, fügen wir hinzu, sie lösen diese höchsten Fragen mittelst der Descendenztheorie in rein mechanischem, rein monistischem Sinne!

Daß also auch bei der geschlechtlichen Fortpflanzung des Menschen und aller höheren Organismen die Vererbung, ein rein mechanischer Vorgang, unmittelbar durch den materiellen Zusammenhang des zeugenden und des gezeugten Organismus bedingt ist, ebenso wie bei der einfachsten ungeschlechtlichen Fortpflanzung der niederen Organismen, darüber kann kein Zweifel mehr sein. Doch will ich Sie bei dieser Gelegenheit sogleich auf einen wichtigen Unterschied aufmerksam machen, welchen die Vererbung bei der geschlechtlichen und bei der ungeschlechtlichen Fortpflanzung darbietet. Es ist eine längst bekannte Thatsache, daß die individuellen Eigenthümlichkeiten des zeugenden Organismus viel genauer durch die ungeschlechtliche als durch die geschlechtliche Fortpflanzung auf das erzeugte Individuum übertragen werden. Die Gärtner machen von dieser Thatsache schon lange vielfach Gebrauch. Wenn z. B. von einer Baumart mit steifen, aufrecht stehenden Aesten zufällig ein einzelnes Individuum herabhängende Zweige bekömmt, so kann der Gärtner in der Regel diese Eigenthümlichkeit nicht durch geschlechtliche, sondern nur durch ungeschlechtliche Fortpflanzung vererben. Die von einem solchen Trauerbaum abgeschnittenen Zweige, als Stecklinge gepflanzt, bilden späterhin Bäume, welche ebenfalls hängende Aeste haben, wie z. B. die Trauerweiden, Trauerbuchen. Samenpflanzen dagegegen, welche man aus den Samen eines solchen Trauerbaumes zieht, erhalten in der Regel wieder die ursprüngliche, steife und aufrechte Zweigform der Voreltern. In sehr auffallender Weise kann man dasselbe auch an den sogenannten „Blutbäumen" wahrnehmen, d. h. Spielarten von Bäumen, welche sich durch rothe oder rothbraune Farbe der Blätter auszeichnen. Abkömmlinge von solchen Blutbäumen (z. B. Blutbuchen), welche man durch ungeschlechtliche Fortpflanzung, durch Stecklinge erzeugt, zeigen die eigenthümliche Farbe und Beschaffenheit der Blätter, welche das elterliche Individuum auszeichnet, während andere, aus den Samen der Blutbäume gezogene Individuen in die grüne Blattfarbe zurückschlagen.

Dieser Unterschied in der Vererbung wird Ihnen sehr natürlich vorkommen, sobald Sie erwägen, daß der materielle Zusammenhang zwischen zeugenden und erzeugten Individuen bei der ungeschlechtlichen Fortpflanzung viel inniger ist und viel länger dauert, als bei der geschlechtlichen. Die individuelle Richtung der molekularen Lebensbewegung kann sich daher bei der ungeschlechtlichen Fortpflanzung viel länger und gründlicher in dem kindlichen Organismus befestigen und viel strenger vererben. Alle diese Erscheinungen im Zusammenhang betrachtet bezeugen klar, daß die Vererbung der körperlichen und geistigen Eigenschaften ein rein materieller, mechanischer Vorgang ist. Durch die Fortpflanzung wird eine größere oder geringere Quantität eiweißartiger Stofftheilchen, und damit zugleich die diesen Protoplasma-Molekeln anhaftende individuelle Bewegungsform vom elterlichen Organismus auf den kindlichen übertragen. Indem diese Bewegungsform sich beständig erhält, müssen auch die feineren Eigenthümlichkeiten, die am elterlichen Organismus haften, früher oder später am kindlichen Organismus wieder erscheinen.

Neunter Vortrag.

Vererbungsgesetze. Anpassung und Ernährung.

Unterscheidung der erhaltenden und fortschreitenden Vererbung. Gesetze der erhaltenden oder conservativen Erblichkeit: Vererbung ererbter Charaktere. Ununterbrochene oder continuirliche Vererbung. Unterbrochene oder latente Vererbung. Generationswechsel. Rückschlag. Verwilderung. Geschlechtliche oder sexuelle Vererbung. Secundäre Sexualcharaktere. Gemischte oder amphigone Vererbung. Bastardzeugung. Abgekürzte oder vereinfachte Vererbung. Gesetze der fortschreitenden oder progressiven Erblichkeit: Vererbung erworbener Charaktere. Angepaßte oder erworbene Vererbung. Befestigte oder constituirte Vererbung. Gleichzeitliche oder homochrone Vererbung. Gleichörtliche oder homotope Vererbung. Anpassung und Veränderlichkeit. Zusammenhang der Anpassung und der Ernährung. Unterscheidung der indirecten und directen Anpassung.

Meine Herren! Von den beiden allgemeinen Lebensthätigkeiten der Organismen, der Anpassung und der Vererbung, welche in ihrer Wechselwirkung die verschiedenen Organismenarten hervorbringen, haben wir im letzten Vortrage die Vererbung betrachtet und wir haben versucht, diese in ihren Wirkungen so räthselhafte Lebensthätigkeit zurückzuführen auf eine andere physiologische Function der Organismen, auf die Fortpflanzung. Diese letztere beruht ihrerseits wieder, wie alle anderen Lebenserscheinungen der Thiere und Pflanzen, auf physikalischen und chemischen Verhältnissen. Allerdings erscheinen diese bisweilen äußerst verwickelt, lassen sich aber doch im Grunde auf einfache, mechanische Ursachen, auf A n z i e h u n g s-

und Abstoßungsverhältnisse der Stofftheilchen oder Molekeln, auf Bewegungserscheinungen der Materie zurückführen.

Bevor wir nun zur zweiten, der Vererbung entgegenwirkenden Function, der Erscheinung der Anpassung oder Abänderung, übergehen, ist es zweckmäßig, zuvor noch erst einen Blick auf die verschiedenen Aeußerungsweisen der Erblichkeit zu werfen, welche man vielleicht schon jetzt als „Vererbungsgesetze" aufstellen kann. Leider ist für diesen so außerordentlich wichtigen Gegenstand sowohl in der Zoologie, als auch in der Botanik, bisher nur sehr Wenig geschehen, und namentlich die eigentlichen Physiologen haben sich darum fast gar nicht gekümmert. Fast Alles, was man von den verschiedenen Vererbungsgesetzen weiß, beruht auf den Erfahrungen der Landwirthe und der Gärtner. Daher ist es nicht zu verwundern, daß im Ganzen diese äußerst interessanten und wichtigen Erscheinungen nicht mit der wünschenswerthen wissenschaftlichen Schärfe untersucht und in die Form von naturwissenschaftlichen Gesetzen gebracht worden sind. Was ich Ihnen demnach im Folgenden von den verschiedenen Vererbungsgesetzen mittheilen werde, sind nur einige vorläufige Bruchstücke, herausgenommen aus dem unendlich reichen Schatze, welcher für die Erkenntniß hier offen liegt.

Wir können zunächst alle verschiedenen Erblichkeitserscheinungen in zwei Gruppen bringen, welche wir als Vererbung ererbter Charaktere und Vererbung erworbener Charaktere unterscheiden; und wir können die erstere als die erhaltende (conservative) Vererbung, die zweite als die fortschreitende (progressive) Vererbung bezeichnen. Diese Unterscheidung beruht auf der äußerst wichtigen Thatsache, daß die Einzelwesen einer jeden Art von Thieren und Pflanzen nicht allein diejenigen Eigenschaften auf ihre Nachkommen vererben können, welche sie selbst von ihren Vorfahren ererbt haben, sondern auch die individuellen Eigenschaften, die sie erst während ihres Lebens erworben haben. Diese letzteren werden durch die fortschreitende, die ersteren durch die erhaltende Erblichkeit übertragen. Zunächst haben wir nun hier die Erscheinungen der conservativen oder **erhaltenden Vererbung** zu untersuchen; d. h. der Vererbung solcher Eigenschaften, welche der betreffende Organismus von seinen Eltern oder Vorfahren schon erhalten hat.

Unter den Erscheinungen der conservativen Vererbung tritt uns zunächst als das allgemeinste Gesetz dasjenige entgegen, welches wir das **Gesetz der ununterbrochenen oder continuirlichen Vererbung** nennen können. Dasselbe hat unter den höheren Thieren und Pflanzen so allgemeine Gültigkeit, daß der Laie zunächst seine Wirksamkeit überschätzen und es für das einzige, allein maßgebende Vererbungsgesetz halten dürfte. Es besteht dieses Gesetz einfach darin, daß innerhalb der meisten Thier- oder Pflanzenarten jede Generation im Ganzen der andern gleich ist, daß die Eltern ebenso den Großeltern, wie den Kindern ähnlich sind. „Gleiches erzeugt Gleiches", sagt man gewöhnlich, richtiger aber: „Aehnliches erzeugt Aehnliches". Denn in der That sind die Nachkommen oder Descendenten eines jeden Organismus demselben niemals in allen Stücken absolut gleich, sondern immer nur in einem mehr oder weniger hohen Grade ähnlich. Dieses Gesetz ist so allgemein bekannt, das ich keine Beispiele anzuführen brauche.

In einem gewissen Gegensatze zu demselben steht **das Gesetz der unterbrochenen oder latenten Vererbung**, welche man auch als abwechselnde oder alternirende Vererbung bezeichnen könnte. Dieses wichtige Gesetz erscheint hauptsächlich in Wirksamkeit bei vielen niederen Thieren und Pflanzen, und äußert sich hier im Gegensatz zu dem ersteren darin, daß die Kinder den Eltern nicht gleich, sondern sehr unähnlich sind, und daß erst die dritte oder eine spätere Generation der ersten wieder ähnlich wird. Die Enkel sind den Großeltern gleich, den Eltern aber ganz unähnlich. Es ist das eine merkwürdige Erscheinung, welche bekanntermaßen in geringerem Grade auch in den menschlichen Familien sehr häufig auftritt. Zweifelsohne wird Jeder von Ihnen einzelne Familienglieder kennen, welche in dieser oder jener Eigenthümlichkeit viel mehr dem Großvater oder der Großmutter, als dem Vater oder der Mutter gleichen.

Bald sind es körperliche Eigenschaften, z. B. Gesichtszüge, Haarfarbe, Körpergröße, bald geistige Eigenheiten, z. B. Temperament, Energie, Verstand, welche in dieser Art sprungweise vererbt werden. Ebenso wie beim Menschen können Sie diese Thatsache bei den Hausthieren beobachten. Bei den am meisten veränderlichen Hausthieren, beim Hund, Pferd, Rind, machen die Thierzüchter sehr häufig die Erfahrung, daß ihr Züchtungsproduct mehr dem großelterlichen, als dem elterlichen Organismus ähnlich ist. Wollen Sie dies Gesetz allgemein ausdrücken und die Reihe der Generationen mit den Buchstaben des Alphabets bezeichnen, so wird A = C = E, ferner B = D = F u. s. f.

Noch viel auffallender, als bei den höheren, tritt Ihnen bei den niederen Thieren und Pflanzen diese sehr merkwürdige Thatsache entgegen, und zwar in dem berühmten Phänomen des Generationswechsels (Metagenesis). Hier finden Sie sehr häufig z. B. unter den Plattwürmern, Mantelthieren, Pflanzenthieren, ferner unter den Farnkräutern und Mosen, daß das organische Individuum bei der Fortpflanzung zunächst eine Form erzeugt, die gänzlich von der Elternform verschieden ist, und daß erst die Nachkommen dieser Generation der erstern wieder ähnlich werden. Dieser regelmäßige Generationswechsel wurde 1819 von dem Dichter Chamisso auf seiner Weltumsegelung bei den Salpen entdeckt, cylindrischen und glasartig durchsichtigen Mantelthieren, welche an der Oberfläche des Meeres schwimmen. Hier erzeugt die größere Generation, welche als Einsiedler lebt und ein hufeisenförmiges Auge besitzt, auf ungeschlechtlichem Wege (durch Knospenbildung) eine gänzlich verschiedene kleinere Generation. Die Individuen dieser zweiten kleineren Generation leben in Ketten vereinigt und besitzen ein kegelförmiges Auge. Jedes Individuum einer solchen Kette erzeugt auf geschlechtlichem Wege (als Zwitter) wiederum einen geschlechtslosen Einsiedler der ersten, größeren Generation. Es sind also hier bei den Salpen immer die erste, dritte, fünfte Generation, und ebenso die zweite, vierte, sechste Generation einander ganz ähnlich. Nun ist es aber nicht immer bloß eine Generation, die so überschlagen wird, sondern in anderen Fällen auch mehrere, so daß also die erste Generation der vierten, siebenten u. s. w. gleicht, die zweite der fünften und achten, die dritte der sechsten und neunten, und so weiter fort. Drei in dieser Weise verschiedene Generationen wechseln z. B. bei den zierlichen Seetönnchen (Doliolum) mit einander ab, kleinen Mantelthieren, welche den Salpen nahe verwandt sind. Hier ist A = D = G, ferner B = E = H, und C = F = I. Bei den Blattläusen folgt auf jede geschlechtliche Generation eine Reihe von acht bis zehn bis zwölf ungeschlechtlichen Generationen, die unter sich ähnlich und von der geschlechtlichen verschieden sind. Dann tritt erst wieder eine geschlechtliche Generation auf, die der längst verschwundenen gleich ist.

Wenn Sie dieses merkwürdige Gesetz der latenten oder unterbrochenen Vererbung weiter verfolgen und alle dahin gehörigen Erscheinungen zusammenfassen, so können Sie auch die bekannten Erscheinungen des Rückschlags darunter begreifen. Unter Rückschlag oder Atavismus versteht man die allen Thierzüchtern bekannte merkwürdige Thatsache, daß bisweilen einzelne Thiere eine Form annehmen, welche schon seit vielen Generationen nicht vorhanden war und einer längst entschwundenen Generation angehört. Eines der merkwürdigsten hierher gehörigen Beispiele ist die Thatsache, daß bei einzelnen Pferden bisweilen ganz charakteristische dunkle Streifen auftreten, ähnlich denen des Zebra, Quagga und anderer wilder Pferdearten Afrika's. Hauspferde von den verschiedensten Rassen und von allen Farben zeigen bisweilen solche dunkle Streifen, z. B. einen Längsstreifen des Rückens, Querstreifen der Schultern und der Beine u. s. w. Die plötzliche Erscheinung dieser Streifen läßt sich nur erklären als eine Wirkung der latenten Vererbung, als ein Rückschlag in die längst verschwundene uralte gemeinsame Stammform aller Pferdearten, welche zweifelsohne gleich den Zebras, Quaggas u. s. w. gestreift war. Ebenso erscheinen auch bei anderen Hausthieren oft plötzlich gewisse Eigenschaften wieder, welche ihre längst ausgestorbenen wilden Stammeltern auszeichneten. Auch unter den Pflanzen kann man den Rückschlag sehr häufig beobachten. Sie kennen wohl Alle das wilde gelbe Löwenmaul (Linaria vulgaris), eine auf unseren Aeckern und Wegen sehr gemeine Pflanze. Die rachenförmige gelbe Blüthe derselben enthält zwei lange und zwei kurze Staubfäden. Bisweilen aber erscheint eine einzelne Blüthe (Peloria), welche trichterförmig und ganz regelmäßig aus fünf einzelnen gleichen Abschnitten zusammengesetzt ist, mit fünf gleichartigen Staubfäden. Diese Peloria können wir nur erklären als einen Rückschlag in die längst entschwundene uralte gemeinsame Stammform aller derjenigen Pflanzen, welche gleich dem Löwenmaul eine rachenförmige zweilippige Blüthe mit zwei langen und zwei kurzen Staubfäden besitzen. Jene Stammform besaß gleich der Peloria eine regelmäßige fünftheilige Blüthe mit fünf gleichen, später erst allmählich ungleich werdenden Staubfäden. (Vergl. oben S. 14, 16.) Alle solche Rückschläge sind unter das Gesetz der unterbrochenen oder latenten Vererbung zu bringen, wenn gleich die Zahl der Generationen, die übersprungen wird, ganz ungeheuer groß sein kann.

Wenn Culturpflanzen oder Hausthiere verwildern, wenn sie den Bedingungen des Culturlebens entzogen werden, so gehen sie Veränderungen ein, welche nicht bloß als Anpassung an die neuerworbene Lebensweise erscheinen, sondern auch theilweise als Rückschlag in die uralte Stammform, aus welcher die Culturformen erzogen worden sind. So kann man die verschiedenen Sorten des Kohls, die ungemein in ihrer Form verschieden sind, durch absichtliche Verwilderung allmählich auf die ursprüngliche Stammform zurückführen. Ebenso schlagen die verwilderten Hunde, Pferde, Rinder u. s. w. oft mehr oder weniger in eine längst ausgestorbene Generation zurück. Es kann eine erstaunlich lange Reihe von Generationen verfließen, ehe diese latente Vererbungskraft erlischt.

Als ein drittes Gesetz der erhaltenden oder conservativen Vererbung können wir das Gesetz der geschlechtlichen oder sexuellen Vererbung bezeichnen, nach welchem jedes Geschlecht auf seine Nachkommen desselben Geschlechts Eigenthümlichkeiten überträgt, welche es nicht auf die Nachkommen des andern Geschlechts vererbt. Die sogenannten „secundären Sexualcharaktere", welche in mehrfacher Beziehung von außerordentlichem Interesse sind, liefern für dieses Gesetz überall zahlreiche Beispiele. Als untergeordnete oder secundäre Sexualcharaktere bezeichnet man solche Eigenthümlichkeiten des einen der beiden Geschlechter, welche nicht unmittelbar mit den Geschlechtsorganen selbst zusammenhängen. Solche Charaktere, welche bloß dem männlichen Geschlecht zukommen, sind z. B. das Geweih des Hirsches, die Mähne des Löwen, der Sporn des Hahns. Hierher gehört auch der menschliche Bart, eine Zierde, welche gewöhnlich dem weiblichen Geschlecht versagt ist. Aehnliche Charaktere, welche bloß das weibliche Geschlecht auszeichnen, sind z. B. die entwickelten Brüste mit den Milchdrüsen der weiblichen Säugethiere, der Beutel der weiblichen Beutelthiere. Auch Körpergröße und Hautfärbung ist bei den weiblichen Thieren vieler Arten abweichend. Alle diese secundären Geschlechtseigenschaften werden, ebenso wie die Geschlechtsorgane selbst, vom männlichen Organismus nur auf den männlichen vererbt, nicht auf den weiblichen und umgekehrt. Die entgegengesetzten Thatsachen sind Ausnahmen von der Regel.

Ein viertes hierher gehöriges Vererbungsgesetz steht in gewissem Sinne im Widerspruch mit dem letzterwähnten, und beschränkt dasselbe, nämlich das Gesetz der gemischten oder beiderseitigen (amphigonen) Vererbung. Dieses Gesetz sagt aus, daß ein jedes organische Individuum, welches auf geschlechtlichem Wege erzeugt wird, von beiden Eltern Eigenthümlichkeiten annimmt, sowohl vom Vater als von der Mutter. Diese Thatsache, daß von jedem der beiden Geschlechter persönliche Eigenschaften auf alle, sowohl männliche als weibliche Kinder übergehen, ist sehr wichtig. Goethe drückt sie von sich selbst in dem hübschen Verse aus:

„Vom Vater hab' ich die Statur, des Lebens ernstes Führen,
„Vom Mütterchen die Frohnatur und Lust zu fabuliren."

Diese Erscheinung wird Ihnen allen so bekannt sein, daß ich

hier darauf nicht weiter einzugehen brauche. Durch den verschiedenen Antheil ihres Charakters, welchen Vater und Mutter auf ihre Kinder vererben, werden vorzüglich die individuellen Verschiedenheiten der Geschwister bedingt.

Unter dieses Gesetz der gemischten oder amphigonen Vererbung gehört auch die sehr wichtige und interessante Erscheinung der Bastardzeugug (Hybridismus). Richtig gewürdigt, genügt sie allein schon vollständig, um das herrschende Dogma von der Constanz der Arten zu widerlegen. Pflanzen sowohl als Thiere, welche zwei ganz verschiedenen Species angehören, können sich mit einander geschlechtlich vermischen und eine Nachkommenschaft erzeugen, die in vielen Fällen sich selbst wieder fortpflanzen kann, und zwar entweder (häufiger) durch Vermischung mit einem der beiden Stammeltern, oder aber (seltener) durch reine Inzucht, indem Bastard sich mit Bastard vermischt, Das letztere ist z. B. bei den Bastarden von Hasen und Kaninchen festgestellt (Lepus Darwinii, S. 131). Allbekannt sind die Bastarde zwischen Pferd und Esel, zwei ganz verschiedenen Arten einer Gattung (Equus). Diese Bastarde sind verschieden, je nachdem der Vater oder die Mutter zu der einen oder zu der anderen Art, zum Pferd oder zum Esel gehört. Das Maulthier (Mulus), welches von einer Pferdestute und einem Eselhengst erzeugt ist, hat ganz andere Eigenschaften als der Maulesel (Hinnus), der Bastard vom Pferdehengst und der Eselstute. In jedem Fall ist der Bastard (Hybrida), der aus der Kreuzung zweier verschiedener Arten erzeugte Organismus, eine Mischform, welche Eigenschaften von beiden Eltern angenommen hat; allein die Eigenschaften des Bastards sind ganz verschieden, je nach der Form der Kreuzung. So zeigen auch die Mulattenkinder, welche von einem Europäer mit einer Negerin erzeugt werden, eine andere Mischung der Charaktere, als diejenigen Bastarde, welche ein Neger mit einer Europäerin erzeugt. Bei diesen Erscheinungen der Bastardzeugung sind wir (wie bei den anderen vorher erwähnten Vererbungsgesetzen) jetzt noch nicht im Stande, die bewirkenden Ursachen im Einzelnen nachzuweisen. Aber kein Naturforscher zweifelt daran, daß die Ursachen hier überall rein mechanisch, in der Natur der organischen Materie selbst begründet sind. Wenn wir feinere Untersuchungsmittel als unsere groben Sinnesorgane und deren Hülfsmittel hätten, so würden wir jene Ursachen erkennen, und auf die chemischen und physikalischen Eigenschaften der Materie zurückführen können.

Als ein fünftes Gesetz müssen wir nun unter den Erscheinungen der conservativen oder erhaltenden Vererbung noch das Gesetz der abgekürzten oder vereinfachten Vererbung anführen. Dieses Gesetz ist sehr wichtig für die Keimesgeschichte oder Ontogenie, d. h. für die Entwickelungsgeschichte der organischen Individuen. Wie ich bereits im ersten Vortrage (S. 10) erwähnte und später noch ausführlich zu erläutern habe, ist die Ontogenie oder die Entwickelungsgeschichte der Individuen weiter nichts als eine kurze und schnelle, durch die Gesetze der Vererbung und Anpassung bedingte Wiederholung der Phylogenie, d. h. der paläontologischen Entwickelungsgeschichte des ganzen organischen Stammes oder Phylum, zu welchem der betreffende Organismus gehört. Wenn Sie z. B. die individuelle Entwickelung des Menschen, des Affen, oder irgend eines anderen höheren Säugethieres innerhalb des Mutterleibes vom Ei an verfolgen, so finden Sie, daß der aus dem Ei entstehende Keim oder Embryo eine Reihe von sehr verschiedenen Formen durchläuft, welche im Ganzen übereinstimmt oder wenigstens parallel ist mit der Formenreihe, welche die historische Vorfahrenkette der höheren Säugethiere uns darbietet. Zu diesen Vorfahren gehören gewisse Fische, Amphibien, Beutelthiere u. s. w. Allein der Parallelismus oder die Uebereinstimmung dieser beiden Entwickelungsreihen ist niemals ganz vollständig. Vielmehr sind in der Ontogenie immer Lücken und Sprünge, welche dem Ausfall einzelner Stadien der Phylogenie entsprechen. Wie Fritz Müller in seiner ausgezeichneten Schrift „Für Darwin"[16]) an dem Beispiel der Crustaceen oder Krebse vortrefflich erläutert hat, „wird die in der individuellen Entwickelungsgeschichte erhaltene geschichtliche Urkunde allmählich verwischt, indem die Entwickelung einen immer geraderen Weg vom Ei zum fertigen Thiere einschlägt." Diese Verwischung oder Abkürzung wird durch das Gesetz der abgekürzten Vererbung bedingt, und ich will dasselbe hier deshalb besonders hervorheben, weil es von großer Bedeutung für das Verständniß der Embryologie ist; es erklärt die anfangs befremdende Thatsache, daß nicht alle Entwickelungsformen, welche unsere Stammeltern durchlaufen haben, in der Formenreihe unserer eigenen individuellen Entwickelung noch sichtbar sind.

Den bisher erörterten Gesetzen der erhaltenden oder conservativen Vererbung stehen gegenüber die Vererbungs-Erscheinungen der zweiten Reihe, die Gesetze der fortschreitenden oder progressiven Vererbung. Sie beruhen, wie erwähnt, darauf, daß der Organismus nicht allein diejenigen Eigenschaften auf seine Nachkommen überträgt, die er bereits von den Voreltern ererbt hat, sondern auch eine Anzahl von denjenigen individuellen Eigenthümlichkeiten, welche er selbst erst während seines Lebens erworben hat. Die Anpassung verbindet sich hier bereits mit der Vererbung und wirkt mit ihr zusammen.

Unter diesen wichtigen Erscheinungen der fortschreitenden oder progressiven Vererbung können wir an die Spitze als das allgemeinste das Gesetz der angepaßten oder erworbenen Vererbung stellen. Dasselbe besagt eigentlich weiter Nichts, als was ich eben schon aussprach, daß unter bestimmten Umständen der Organismus fähig ist, alle Eigenschaften auf seine Nachkommen zu vererben, welche er selbst erst während seines Lebens durch Anpassung erworben hat. Am deutlichsten zeigt sich diese Erscheinung natürlich dann, wenn die neu erworbene Eigenthümlichkeit die ererbte Form bedeutend abändert. Das war in den Beispielen der Fall, welche ich Ihnen in dem vorigen Vortrage von der Vererbung überhaupt angeführt habe, bei den Menschen mit sechs Fingern und Zehen, den Stachelschweinmenschen, den Blutbuchen, Trauerweiden u. s. w. Auch die Vererbung erworbener Krankheiten, z. B. der Schwindsucht, des Wahnsinns, beweist dies Gesetz sehr auffällig, ebenso die Vererbung des Albinismus. Albinos oder Kakerlaken nennt man solche

Individuen, welche sich durch Mangel der Farbstoffe oder Pigmente in der Haut auszeichnen. Solche kommen bei Menschen, Thieren und Pflanzen sehr verbreitet vor. Bei Thieren, welche eine bestimmte dunkle Farbe haben, werden nicht selten einzelne Individuen geboren, welche der Farbe gänzlich entbehren, und bei den mit Augen versehenen Thieren ist dieser Pigmentmangel auch auf die Augen ausgedehnt, so daß die gewöhnlich lebhaft oder dunkel gefärbte Regenbogenhaut oder Iris des Auges farblos ist, aber wegen der durchschimmernden Blutgefäße roth erscheint. Bei manchen Thieren, z. B. den Kaninchen, Mäusen, sind solche Albinos mit weißem Fell und rothen Augen so beliebt, daß man sie in großer Menge als besondere Rasse fortpflanzt. Dies wäre nicht möglich ohne das Gesetz der angepaßten Vererbung.

Welche von einem Organismus erworbenen Abänderungen sich auf seine Nachkommen übertragen werden, welche nicht, ist von vornherein nicht zu bestimmen, und wir kennen leider die bestimmten Bedingungen nicht, unter denen die Vererbung erfolgt. Wir wissen nur im Allgemeinen, daß gewisse erworbene Eigenschaften sich viel leichter vererben als andere, z. B. als die durch Verwundung entstehenden Verstümmelungen. Diese letzteren werden in der Regel nicht erblich übertragen; sonst müßten die Descendenten von Menschen, die ihre Arme oder Beine verloren haben, auch mit dem Mangel des entsprechenden Armes oder Beines geboren werden. Ausnahmen sind aber auch hier vorhanden, und man hat z. B. eine schwanzlose Hunderasse dadurch gezogen, daß man mehrere Generationen hindurch beiden Geschlechtern des Hundes consequent den Schwanz abschnitt. Noch vor einigen Jahren kam hier in der Nähe von Jena auf einem Gute der Fall vor, daß beim unvorsichtigen Zuschlagen des Stallthores einem Zuchtstier der Schwanz an der Wurzel abgequetscht wurde, und die von diesem Stiere erzeugten Kälber wurden sämmtlich schwanzlos geboren. Das ist allerdings eine Ausnahme. Es Es ist aber sehr wichtig, die Thatsache festzustellen, daß unter gewissen uns unbekannten Bedingungen auch solche gewaltsame Veränderungen erblich übertragen werden, in gleicher Weise wie viele Krankheiten.

In sehr vielen Fällen ist die Abänderung, welche durch angepaßte Vererbung übertragen und erhalten wird, angeboren, so bei dem vorher erwähnten Albinismus. Dann beruht die Abänderung auf derjenigen Form der Anpassung, welche wir die indirecte oder potentielle nennen. Ein sehr auffallendes Beispiel dafür liefert das hornlose Rindvieh von Paraguay in Südamerika. Daselbst wird eine besondere Rindviehrasse gezogen, die ganz der Hörner entbehrt. Sie stammt von einem einzigen Stiere ab, welcher im Jahre 1770 von einem gewöhnlichen gehörnten Elternpaare geboren wurde, und bei welchem der Mangel der Hörner durch irgend welche unbekannte Ursache veranlaßt worden war. Alle Nachkommen dieses Stieres, welche er mit einer gehörnten Kuh erzeugte, entbehrten der Hörner vollständig. Man fand diese Eigenschaft vortheilhaft, und indem man die ungehörnten Rinder unter einander fortpflanzte, erhielt man eine hornlose Rindviehrasse, welche gegenwärtig die gehörnten Rinder in Paraguay fast verdrängt hat. Ein ähnliches Beispiel liefern die nordamerikanischen Otterschafe. Im Jahre 1791 lebte in Massachusetts in Nordamerika ein Landwirth, Seth Wright mit Namen. In seiner wohlgebildeten Schafheerde wurde auf einmal ein Lamm geboren, welches einen auffallend langen Leib und ganz kurze und krumme Beine hatte. Es konnte daher keine große Sprünge machen und namentlich nicht über den Zaun in des Nachbars Garten springen, eine Eigenschaft, welche dem Besitzer wegen der Abgrenzung des dortigen Gebiets durch Hecken sehr vortheilhaft erschien. Er kam also auf den Gedanken, diese Eigenschaft auf die Nachkommen zu übertragen, und in der That erzeugte er durch Kreuzung dieses Schafbocks mit wohlgebildeten Mutterschafen eine ganze Rasse von Schafen, die alle die Eigenschaften des Vaters hatten, kurze und gekrümmte Beine und einen langen Leib. Sie konnten alle nicht über die Hecken springen und wurden deshalb in Massachusetts damals sehr beliebt und verbreitet.

Ein zweites Gesetz, welches ebenfalls unter die Reihe der progressiven oder fortschreitenden Vererbung gehört, können wir das

Gesetz der befestigten oder constituirten Vererbung nennen. Dasselbe äußert sich darin, daß Eigenschaften, die von einem Organismus während seines individuellen Lebens erworben wurden, um so sicherer auf seine Nachkommen erblich übertragen werden, je längere Zeit hindurch die Ursachen jener Abänderung einwirkten, und daß diese Abänderung um so sicherer Eigenthum auch aller folgenden Generationen wird, je längere Zeit hindurch auch auf diese die abändernde Ursache einwirkt. Die durch Anpassung oder Abänderung neu erworbene Eigenschaft muß in der Regel erst bis zu einem gewissen Grade befestigt oder constituirt sein, ehe mit Wahrscheinlichkeit darauf zu rechnen ist, daß sich dieselbe auch auf die Nachkommenschaft erblich überträgt. In dieser Beziehung verhält sich die Vererbung ähnlich wie die Anpassung. Je längere Zeit hindurch eine neu erworbene Eigenschaft bereits durch Vererbung übertragen ist, desto sicherer wird sie auch in den kommenden Generationen sich erhalten. Wenn also z. B. ein Gärtner durch methodische Behandlung eine neue Aepfelsorte gezüchtet hat, so kann er um so sicherer darauf rechnen, die erwünschte Eigenthümlichkeit dieser Sorte zu erhalten, je länger er dieselbe bereits vererbt hat. Dasselbe zeigt sich deutlich in der Vererbung von Krankheiten. Je länger bereits in einer Familie Schwindsucht oder Wahnsinn erblich ist, desto tiefer gewurzelt ist das Uebel, desto wahrscheinlicher werden auch alle folgenden Generationen davon ergriffen werden.

Endlich können wir die Betrachtung der Erblichkeitserscheinungen schließen mit den beiden ungemein wichtigen Gesetzen der gleichörtlichen und der gleichzeitlichen Vererbung. Wir verstehen darunter die Thatsache, daß Veränderungen, welche von einem Organismus während seines Lebens erworben und erblich auf seine Nachkommen übertragen wurden, bei diesen an derselben Stelle des Körpers hervortreten, an welcher der elterliche Organismus zuerst von ihnen betroffen wurde, und daß sie bei den Nachkommen auch im gleichen Lebensalter erscheinen, wie bei dem ersteren.

Das Gesetz der gleichzeitlichen oder homochronen

Vererbung, welches Darwin das Gesetz der „Vererbung in correspondirendem Lebensalter“ nennt, läßt sich wiederum sehr deutlich an der Vererbung von Krankheiten nachweisen, zumal von solchen, die wegen ihrer Erblichkeit sehr verderblich werden. Diese treten im kindlichen Organismus in der Regel zu einer Zeit auf, welche derjenigen entspricht, in welcher der elterliche Organismus die Krankheit erwarb. Erbliche Erkrankungen der Lunge, der Leber, der Zähne, des Gehirns, der Haut u. s. w. erscheinen bei den Nachkommen gewöhnlich in der gleichen Zeit oder nur wenig früher, als sie beim elterlichen Organismus eintraten oder von diesem überhaupt erworben wurden. Das Kalb bekommt seine Hörner in demselben Lebensalter wie seine Eltern. Ebenso erhält das junge Hirschkalb sein Geweih in derselben Lebenszeit, in welcher es bei seinem Vater und Großvater hervorgesproßt war. Bei jeder der verschiedenen Weinsorten reifen die Trauben zur selben Zeit, wie bei ihren Voreltern. Bekanntlich ist diese Reifzeit bei den verschiedenen Sorten sehr verschieden; da aber alle von einer einzigen Art abstammen, ist diese Verschiedenheit von den Stammeltern der einzelnen Sorten erst erworben worden und hat sich dann erblich fortgepflanzt.

Das Gesetz der gleichörtlichen oder homotopen Vererbung endlich, welches mit dem letzterwähnten Gesetze im engsten Zusammenhange steht, und welches man auch „das Gesetz der Vererbung an correspondirender Körperstelle“ nennen könnte, läßt sich wiederum in pathologischen Erblichkeitsfällen sehr deutlich erkennen. Große Muttermale z. B. oder Pigmentanhäufungen an einzelnen Hautstellen, ebenso Geschwülste der Haut, erscheinen oft Generationen hindurch nicht allein in demselben Lebensalter, sondern auch an derselben Stelle der Haut. Ebenso ist übermäßige Fettentwickelung an einzelnen Körperstellen erblich. Eigentlich aber sind für dieses Gesetz, wie für das vorige, zahllose Beispiele überall in der Embryologie zu finden. Sowohl das Gesetz der gleichzeitlichen als das Gesetz der gleichörtlichen Vererbung sind Grundgesetze der Embryologie oder Ontogenie. Denn wir erklären uns durch diese Gesetze die merkwürdige Thatsache, daß die verschiedenen auf einander folgenden Formzustände während der individuellen Entwickelung in allen Generationen einer und derselben Art stets in derselben Reihenfolge auftreten, und daß die Umbildungen des Körpers immer an denselben Stellen erfolgen. Diese scheinbar einfache und selbstverständliche Erscheinung ist doch überaus wunderbar und merkwürdig; wir können die näheren Ursachen derselben nicht erklären, aber mit Sicherheit behaupten, daß sie auf der unmittelbaren Uebertragung der organischen Materie vom elterlichen auf den kindlichen Organismus beruhen, wie wir es im Vorigen für den Vererbungsproceß im Allgemeinen aus den Thatsachen der Fortpflanzung nachgewiesen haben.

Nachdem wir so die wichtigsten Vererbungsgesetze hervorgehoben haben, wenden wir uns zur zweiten Reihe der Erscheinungen, welche bei der natürlichen Züchtung in Betracht kommen, nämlich zu denen der Anpassung oder Abänderung. Diese Erscheinungen stehen, im Großen und Ganzen betrachtet, in einem gewissen Gegensatze zu den Vererbungserscheinungen, und die Schwierigkeit, welche die Betrachtung beider darbietet, besteht zunächst darin, daß beide sich auf das Vollständigste durchkreuzen und verweben. Daher sind wir nur selten im Stande, bei den Formveränderungen, die unter unsern Augen geschehen, mit Sicherheit zu sagen, wieviel davon auf die Vererbung, wieviel auf die Abänderung zu beziehen ist. Alle Formcharaktere, durch welche sich die Organismen unterscheiden, sind entweder durch die Vererbung oder durch die Anpassung verursacht; da aber beide Functionen beständig in Wechselwirkung zu einander stehen, ist es für den Systematiker außerordentlich schwer, den Antheil jeder der beiden Functionen an der speciellen Bildung der einzelnen Formen zu erkennen. Dies ist gegenwärtig um so schwieriger, als man sich noch kaum der ungeheuren Bedeutung dieser Thatsache bewußt geworden ist, und als die meisten Naturforscher die Theorie der Anpassung ebenso wie die der Vererbung vernachlässigt haben. Die soeben aufgestellten Vererbungsgesetze, wie die sogleich anzuführenden Gesetze der Anpassung, bilden gewiß nur einen kleinen Bruchtheil der vorhandenen, meist noch nicht untersuchten Erscheinungen dieses Gebietes; und da jedes dieser Gesetze mit jedem anderen in Wechselbeziehung treten kann, so geht daraus die unendliche Verwickelung von physiologischen Thätigkeiten hervor, die bei der Formbildung der Organismen in der That wirksam sind.

Was nun die Erscheinung der Abänderung oder Anpassung im Allgemeinen betrifft, so müssen wir dieselbe, ebenso wie die Thatsache der Vererbung, als eine ganz allgemeine physiologische Grundeigenschaft aller Organismen ohne Ausnahme hinstellen, als eine Lebensäußerung, welche von dem Begriffe des Organismus gar nicht zu trennen ist. Streng genommen müssen wir auch hier, wie bei der Vererbung, zwischen der Anpassung selbst und der Anpassungsfähigkeit unterscheiden. Unter Anpassung (Adaptatio) oder Abänderung (Variatio) verstehen wir die Thatsache, daß der Organismus in Folge von Einwirkungen der umgebenden Außenwelt gewisse neue Eigenthümlichkeiten in seiner Lebensthätigkeit, Mischung und Form annimmt, welche er nicht von seinen Eltern geerbt hat; diese erworbenen individuellen Eigenschaften stehen den ererbten gegenüber, welche seine Eltern und Voreltern auf ihn übertragen haben. Dagegen nennen wir Anpassungsfähigkeit (Adaptabilitas) oder Veränderlichkeit (Variabilitas) die allen Organismen inne wohnende Fähigkeit, derartige neue Eigenschaften unter dem Einflusse der Außenwelt zu erwerben.

Die unleugbare Thatsache der organischen Anpassung oder Abänderung ist allbekannt und an tausend uns umgebenden Erscheinungen jeden Augenblick wahrzunehmen. Allein gerade deshalb, weil die Erscheinungen der Abänderung durch äußere Einflüsse selbstverständlich erscheinen, hat man dieselben bisher noch fast gar nicht einer genaueren wissenschaftlichen Untersuchung unterzogen. Es gehören dahin alle Erscheinungen, welche wir als die Folgen der Angewöhnung und Abgewöhnung, der Uebung und Nichtübung betrachten, oder als die Folgen der Dressur, der Erziehung, der Acclimatisation, der Gymnastik u. s. w. Auch viele bleibende Veränderungen durch krankmachende Ursachen, viele Krankheiten sind weiter nichts als gefährliche Anpassungen des Organismus an verderbliche Lebensbedingungen. Bei den Culturpflanzen und Hausthieren tritt die Erscheinung der Abänderung so auffallend und mächtig hervor, daß eben darauf der Thierzüchter und Gärtner seine ganze Thätigkeit gründet, oder vielmehr auf die Wechselbeziehung, in welche er diese Erscheinungen mit denen der Vererbung setzt. Ebenso ist es bei den Pflanzen und Thieren im wilden Zustande allbekannt, daß sie abändern oder variiren. Jede systematische Bearbeitung einer Thier- oder Pflanzengruppe müßte, wenn sie ganz vollständig und erschöpfend sein wollte, bei jeder einzelnen Art eine Menge von Abänderungen anführen, welche mehr oder weniger von der herrschenden oder typischen Hauptform der Species abweichen. In der That finden Sie in jedem genauer gearbeiteten systematischen Specialwerk bei den meisten Arten eine Anzahl von solchen Variationen oder Umbildungen angeführt, welche bald als individuelle Abweichungen, bald als sogenannte Spielarten, Rassen, Varietäten, Abarten oder Unterarten bezeichnet werden. Oft entfernen sich dieselben außerordentlich weit von der Stammart, und doch sind sie lediglich durch die Anpassung des Organismus an die äußeren Lebensbedingungen entstanden.

Wenn wir nun zunächst die allgemeinen Ursachen dieser Anpassungserscheinungen zu begründen suchen, so kommen wir zu dem Resultate, daß dieselben in Wirklichkeit so einfach sind, als die Ursachen der Erblichkeitserscheinungen. Wie wir für die Vererbungsthatsachen die Fortpflanzung als allgemeine Grundursache nachwiesen, die Uebertragung der elterlichen Materie auf den kindlichen Körper, so können wir für die Thatsachen der Anpassung oder Abänderung, als die allgemeine Grundursache, die physiologische Thätigkeit der Ernährung oder des Stoffwechsels hinstellen. Wenn ich hier die „Ernährung" als Grundursache der Abänderung und Anpassung anführe, so nehme ich dieses Wort im weitesten Sinne, und verstehe darunter die gesammten materiellen Veränderungen, welche der Organismus in allen seinen Theilen durch die Einflüsse der ihn umgebenden Außenwelt erleidet. Es gehört also zur Ernährung nicht allein die Aufnahme der wirklich nährenden Stoffe und der Einfluß der verschiedenartigen Nahrung, sondern auch z. B. die Einwirkung des Wassers und der Atmosphäre, der Einfluß des Sonnenlichts, der Temperatur und aller derjenigen meteorologischen Erscheinungen, welche man unter dem Begriff „Klima" zusammenfaßt. Auch der mittelbare und unmittelbare Einfluß der Bodenbeschaffenheit und des Wohnorts gehört hierher, ferner der äußerst wichtige und vielseitige Einfluß, welchen die umgebenden Organismen, die Freunde und Nachbarn, die Feinde und Räuber, die Schmarotzer oder Parasiten u. s. w. auf jedes Thier und auf jede Pflanze ausüben. Alle diese und noch viele andere höchst wichtige Einwirkungen, welche alle den Organismus mehr oder weniger in seiner materiellen Zusammensetzung verändern, müssen hier beim Stoffwechsel in Betracht gezogen werden. Demgemäß wird die **Anpassung** die Folge aller jener materiellen Veränderungen sein, welche die äußeren Existenz-Bedingungen in der **Ernährung der Elementartheile**, die Einflüsse der umgebenden Außenwelt im **Stoffwechsel** des Organismus hervorbringen.

Wie sehr jeder Organismus von seiner gesammten äußeren Umgebung abhängt und durch deren Wechsel verändert wird, ist Ihnen Allen im Allgemeinen bekannt. Denken Sie bloß daran, wie die menschliche Thatkraft von der Temperatur der Luft abhängig ist, oder die Gemüthsstimmung von der Farbe des Himmels. Je nachdem der Himmel wolkenlos und sonnig ist, oder mit trüben, schweren Wolken bedeckt, ist unsere Stimmung heiter oder trübe. Wie anders empfinden nnd denken wir im Walde während einer stürmischen Winternacht und während eines heitern Sommertages! Alle diese verschiedenen Stimmungen unserer Seele beruhen auf rein materiellen Veränderungen unseres Gehirns, auf molekularen Plasma-Bewegungen, welche mittelst der Sinne durch die verschiedene Einwirkung des Lichtes, der Wärme, der Feuchtigkeit u. s. w. hervorgebracht werden. „Wir sind ein Spiel von jedem Druck der Luft!"

Nicht minder wichtig und tiefgreifend sind die Einwirkungen, welche unser Geist und unser Körper durch die verschiedene Qualität und Quantität der Nahrungsmittel im engeren Sinne erfährt. Unsere Geistesarbeit, die Thätigkeit unseres Verstandes und unserer Phantasie ist gänzlich verschieden, je nachdem wir vor und während derselben Thee und Kaffee, oder Wein und Bier genossen haben. Unsere Stimmungen, Wünsche und Gefühle sind ganz anders, wenn wir hungern und wenn wir gesättigt sind. Der Nationalcharakter der Engländer und der Gauchos in Südamerika, welche vorzugsweise von Fleisch, von stickstoffreicher Nahrung leben, ist gänzlich verschieden von demjenigen der kartoffelessenden Irländer und der reisessenden Chinesen, welche vorwiegend stickstofflose Nahrung genießen. Auch lagern die letzteren viel mehr Fett ab, als die ersteren. Hier wie überall gehen die Veränderungen des Geistes mit entsprechenden Umbildungen des Körpers Hand in Hand; beide sind durch rein materielle Ursachen bedingt. Ganz ebenso wie der Mensch, werden aber auch alle anderen Organismen durch die verschiedenen Einflüsse der Ernährung abgeändert und umgebildet. Ihnen allen ist bekannt, daß wir ganz willkürlich die Form, Größe, Farbe u. s. w. bei unseren Culturpflanzen und Hausthieren durch Veränderung der Nahrung abändern können, daß wir z. B. einer Pflanze ganz bestimmte Eigenschaften nehmen oder geben können, je nachdem wir sie einem größeren oder geringeren Grade von Sonnenlicht und Feuchtigkeit aussetzen. Da diese Erscheinungen ganz allgemein verbreitet und bekannt sind, und wir sogleich zur Betrachtung der verschiedenen Anpassungsgesetze übergehen werden, wollen wir uns hier nicht länger bei den allgemeinen Thatsachen der Abänderung aufhalten.

Gleichwie die verschiedenen Vererbungsgesetze sich naturgemäß in die beiden Reihen der conservativen und der progressiven Vererbung sondern lassen, so kann man unter den Anpassungsgesetzen ebenfalls zwei verschiedene Reihen unterscheiden, nämlich erstens die Reihe der indirecten oder mittelbaren, und zweitens die Reihe der directen oder unmittelbaren Anpassungsgesetze. Letztere kann man auch als actuelle, erstere als potentielle Anpassungsgesetze bezeichnen.

Die erste Reihe, welche die Erscheinungen der unmittelbaren oder indirecten (potentiellen) Anpassung umfaßt, ist im Ganzen bis jetzt sehr wenig berücksichtigt worden, und es bleibt das Verdienst Darwin's, auf diese Reihe von Veränderungen ganz besonders hingewiesen zu haben. Es ist etwas schwierig, diesen Gegenstand gehörig klar darzustellen; ich werde versuchen, Ihnen denselben nachher durch Beispiele deutlich zu machen. Ganz allgemein ausgedrückt besteht die indirecte oder potentielle Anpassung in der Thatsache, daß gewisse Veränderungen im Organismus, welche durch den Einfluß der Nahrung (im weitesten Sinne) und überhaupt der äußeren Existenzbedingungen bewirkt werden, nicht in der individuellen Formbeschaffenheit des betroffenen Organismus selbst, sondern in derjenigen seiner Nachkommen sich äußern und in die Erscheinung treten. So wird namentlich bei den Organismen, welche sich auf geschlechtlichem Wege fortpflanzen, das Reproductionssystem oder der Geschlechtsapparat oft durch äußere Wirkungen, welche im Uebrigen den Organismus wenig berühren, dergestalt beeinflußt, daß die Nachkommenschaft desselben eine ganz veränderte Bildung zeigt. Sehr auffällig kann man das an den künstlich erzeugten Monstrositäten sehen. Man kann Monstrositäten oder Mißgeburten dadurch erzeugen, daß man den elterlichen Organismus einer bestimmten, außerordentlichen Lebensbedingung unterwirft. Diese ungewohnte Lebensbedingung erzeugt aber nicht eine Veränderung des Organismus selbst, sondern eine Veränderung seiner Nachkommen. Man kann das nicht als Vererbung bezeichnen, weil ja nicht eine im elterlichen Organismus vorhandene Eigenschaft als solche erblich auf die Nachkommen übertragen wird. Vielmehr tritt eine Abänderung, welche den elterlichen Organismus betraf, aber nicht wahrnehmbar afficirte, erst in der eigenthümlichen Bildung seiner Nachkommen wirksam zu Tage. Bloß der Anstoß zu dieser neuen Bildung wird durch das Ei der Mutter oder durch den Samenfaden des Vaters bei der Fortpflanzung übertragen. Die Neubildung ist im elterlichen Organismus bloß der Möglichkeit nach (potentia) vorhanden: im kindlichen wird sie zur Wirklichkeit (actu).

Indem man diese sehr wichtige und sehr allgemeine Erscheinung bisher ganz vernachlässigt hatte, war man geneigt, alle wahrnehmbaren Abänderungen und Umbildungen der organischen Formen als Anpassungserscheinungen der zweiten Reihe zu betrachten, derjenigen der unmittelbaren oder directen (actuellen) Anpassung. Das Wesen dieser Anpassungsgesetze liegt darin, daß die den Organismus betreffende Veränderung (in der Ernährung u. s. w.) bereits in dessen eigener Umbildung und nicht erst in derjenigen seiner Nachkommen sich äußert. Hierher gehören alle die bekannten Erscheinungen, bei denen wir den umgestaltenden Einfluß des Klimas, der Nahrung, der Erziehung, Dressur u. s. w. unmittelbar an den betroffenen Individuen selbst in seiner Wirkung verfolgen können.

Wie die beiden Erscheinungsreihen der conservativen und der progressiven Vererbung trotz ihres principiellen Unterschiedes vielfach in einander greifen und sich gegenseitig modificiren, vielfach zusammenwirken und sich durchkreuzen, so gilt das in noch höherem Maße von den beiden entgegengesetzten und doch innig zusammenhängenden Erscheinungsreihen der indirecten und der directen Anpassung. Einige Naturforscher, namentlich Darwin und Carl Vogt, schreiben den indirecten oder potentiellen Anpassungen eine viel bedeutendere oder selbst eine fast ausschließliche Wirksamkeit zu. Die Mehrzahl der Naturforscher aber war bisher geneigt, umgekehrt das Hauptgewicht auf die Wirkung der directen oder actuellen Anpassungen zu legen. Ich halte diesen Streit vorläufig für ziemlich unnütz. Nur selten sind wir in der Lage, im einzelnen Abänderungsfalle beurtheilen zu können, wie viel davon auf Rechnung der directen, wieviel auf Rechnung der indirecten Anpassung kömmt. Wir kennen im Ganzen diese außerordentlich wichtigen und verwickelten Verhältnisse noch viel zu wenig, und können daher nur im Allgemeinen die Behauptung aufstellen, daß die Umbildung der organischen Formen entweder bloß der directen, oder bloß der indirecten, oder endlich drittens dem Zusammenwirken der directen und der indirecten Anpassung zuzuschreiben ist.

Zehnter Vortrag.

Anpassungsgesetze.

Gesetze der indirecten oder potentiellen Anpassung. Individuelle Anpassung Monströse oder sprungweise Anpassung. Geschlechtliche oder sexuelle Anpassung. Gesetze der directen oder actuellen Anpassung. Allgemeine oder universelle Anpassung. Gehäufte oder cumulative Anpassung Gehäufte Einwirkung der äußeren Existenzbedingungen und gehäufte Gegenwirkung des Organismus. Der freie Wille. Gebrauch und Nichtgebrauch der Organe. Uebung und Gewohnheit. Wechselbezügliche oder correlative Anpassung. Wechselbeziehungen der Entwickelung. Correlation der Organe. Erklärung der indirecten oder potentiellen Anpassung durch die Correlation der Geschlechtsorgane und der übrigen Körpertheile. Abweichende oder divergente Anpassung. Unbeschränkte oder unendliche Anpassung.

Meine Herren! Die Erscheinungen der Anpassung oder Abänderung, welche in Verbindung und in Wechselwirkung mit den Vererbungserscheinungen die ganze unendliche Mannichfaltigkeit der Thier- und Pflanzenformen hervorbringen, hatten wir im letzten Vortrage in zwei verschiedene Gruppen gebracht, erstens die Reihe der indirecten oder potentiellen und zweitens die Reihe der directen oder actuellen Anpassungen. Wir wenden uns nun heute zu einer näheren Betrachtung der verschiedenen allgemeinen Gesetze, welche wir unter diesen beiden Reihen von Abänderungserscheinungen zu erkennen im Stande sind. Lassen Sie uns zunächst die merkwürdigen und sehr wichtigen, obwohl bisher sehr vernachlässigten Erscheinungen der indirecten oder mittelbaren Abänderung in's Auge fassen.

Die indirecte oder potentielle Anpassung äußert sich, wie Sie sich erinnern werden, in der auffallenden und äußerst wichtigen Thatsache, daß die organischen Individuen Umbildungen erleiden und neue Formen annehmen in Folge von Ernährungsveränderungen, welche nicht sie selbst, sondern ihren elterlichen Organismus betrafen. Der umgestaltende Einfluß der äußeren Existenzbedingungen, des Klimas, der Nahrung rc. äußert hier seine Wirkung nicht direct, in der Umbildung des Organismus selbst, sondern indirect, in derjenigen seiner Nachkommen.

Als das oberste und allgemeinste von den Gesetzen der indirecten Abänderung können wir das Gesetz der individuellen Anpassung hinstellen, nämlich den wichtigen Satz, daß alle organischen Individuen von Anbeginn ihrer individuellen Existenz an ungleich, wenn auch oft höchst ähnlich sind. Zum Beweis dieses Satzes können wir zunächst auf die Thatsache hinweisen, daß beim Menschen allgemein alle Geschwister, alle Kinder eines Elternpaares von Geburt an ungleich sind. Es wird Niemand behaupten, daß zwei Geschwister bei der Geburt noch vollkommen gleich sind, daß die Größe aller einzelnen Körpertheile, die Zahl der Kopfhaare, der Oberhautzellen, der Blutzellen in beiden Geschwistern ganz gleich sei, daß beide dieselben Anlagen und Talente mit auf die Welt gebracht haben. Ganz besonders beweisend für dieses Gesetz der individuellen Verschiedenheit ist aber die Thatsache, daß bei denjenigen Thieren, welche mehrere Junge werfen, z. B. bei den Hunden und Katzen, alle Jungen eines jeden Wurfes von einander verschieden sind, bald durch geringere, bald durch auffallendere Differenzen in der Größe, Färbung, Länge der einzelnen Körpertheile, Stärke u. s. w. Nun gilt aber dieses Gesetz ganz allgemein. Alle organischen Individuen sind von Anfang an durch gewisse, wenn auch oft höchst feine Unterschiede ausgezeichnet, und die Ursache dieser individuellen Unterschiede, wenn auch im Einzelnen uns gewöhnlich ganz unbekannt, liegt theilweise oder ausschließlich in gewissen Einwirkungen, welche die Fortpflanzungsorgane des elterlichen Organismus erfahren haben.

Weniger wichtig und allgemein, als dieses Gesetz der individuellen Abänderung, ist ein zweites Gesetz der indirecten Anpassung, welches wir das Gesetz der monströsen oder sprungweisen Anpassung nennen wollen. Hier sind die Abweichungen des kindlichen Organismus von der elterlichen Form so auffallend, daß wir sie in der Regel als Mißgeburten oder Monstrositäten bezeichnen können. Diese werden in vielen Fällen, wie es durch Experimente nachgewiesen ist, dadurch erzeugt, daß man den elterlichen Organismus einer bestimmten Behandlung unterwirft, in eigenthümliche Ernährungsverhältnisse versetzt, z. B. Luft und Licht ihm entzieht oder andere auf seine Ernährung mächtig einwirkende Einflüsse in bestimmter Weise abändert. Die neue Existenzbedingung bewirkt eine starke und auffallende Abänderung der Gestalt, aber nicht an dem unmittelbar davon betroffenen Organismus, sondern erst an dessen Nachkommenschaft. Die Art und Weise dieser Einwirkung im Einzelnen zu erkennen, ist uns auch hier nicht möglich, und wir können nur ganz im Allgemeinen den ursächlichen Zusammenhang zwischen der monströsen Bildung des Kindes und einer gewissen Veränderung in den Existenzbedingungen seiner Eltern, sowie deren Einfluß auf die Fortpflanzungsorgane der letzteren, feststellen. In diese Reihe der monströsen oder sprungweisen Abänderungen gehören wahrscheinlich die früher erwähnten Erscheinungen des Albinismus, sowie die einzelnen Fälle von Menschen mit sechs Fingern und Zehen, von ungehörnten Rindern, sowie von Schafen und Ziegen mit vier oder sechs Hörnern. Wahrscheinlich verdankt in allen diesen Fällen die monströse Abänderung ihre Entstehung einer Ursache, welche zunächst nur das Reproductionssystem des elterlichen Organismus, das Ei der Mutter oder das Sperma des Vaters afficirte.

Als eine dritte eigenthümliche Aeußerung der indirecten Anpassung können wir das Gesetz der geschlechtlichen oder sexuellen Anpassung bezeichnen. So nennen wir die merkwürdige Thatsache, daß bestimmte Einflüsse, welche auf die männlichen Fortpflanzungsorgane einwirken, nur in der Formbildung der männlichen Nachkommen, und ebenso andere Einflüsse, welche die weiblichen Geschlechtsorgane betreffen, nur in der Gestaltveränderung der weiblichen Nachkommen ihre Wirkung äußern. Diese merkwürdige Erscheinung ist noch sehr dunkel und wenig beachtet, wahrscheinlich aber von großer Bedeutung für die Entstehung der früher betrachteten „secundären Sexualcharaktere".

Alle die angeführten Erscheinungen der geschlechtlichen, der sprungweisen und der individuellen Anpassung, welche wir als „Gesetze der indirecten oder mittelbaren (potentiellen) Anpassung" zusammenfassen können, sind uns in ihrem eigentlichen Wesen, in ihrem tieferen ursächlichen Zusammenhang noch äußerst wenig bekannt. Nur soviel läßt sich schon jetzt mit Sicherheit behaupten, daß sehr zahlreiche und wichtige Umbildungen der organischen Formen diesem Vorgange ihre Entstehung verdanken. Viele und auffallende Formveränderungen sind lediglich bedingt durch Ursachen, welche zunächst nur auf die Ernährung des elterlichen Organismus und zwar auf dessen Fortpflanzungsorgane einwirkten. Offenbar sind hierbei die wichtigen Wechselbeziehungen, in denen die Geschlechtsorgane zu den übrigen Körpertheilen stehen, von der größten Bedeutung. Von diesen werden wir sogleich bei dem Gesetze der wechselbezüglichen Anpassung noch mehr zu sagen haben. Wie mächtig überhaupt Veränderungen in den Lebensbedingungen, in der Ernährung auf die Fortpflanzung der Organismen einwirken, beweist allein schon die merkwürdige Thatsache, daß zahlreiche wilde Thiere, die wir in unseren zoologischen Gärten halten, und ebenso viele in unserer botanischen Gärten verpflanzte exotische Gewächse nicht mehr im Stande sind, sich fortzupflanzen, so z. B. die meisten Raubvögel, Papageien und Affen. Auch der Elephant und die bärenartigen Raubthiere werfen in der Gefangenschaft fast niemals Junge. Ebenso werden viele Pflanzen im Culturzustande unfruchtbar. Es erfolgt zwar die Verbindung der beiden Geschlechter, aber keine Befruchtung oder keine Entwickelung der befruchteten Keime. Hieraus ergiebt sich unzweifelhaft, daß die durch den Culturzustand veränderte Ernährungsweise die Fortpflanzungsfähigkeit gänzlich aufzuheben, also den größten Einfluß auf die Geschlechtsorgane auszuüben im Stande ist. Ebenso können andere Anpassungen oder Ernährungsveränderungen des elterlichen Organismus zwar nicht den gänzlichen Ausfall der Nachkommenschaft, wohl aber bedeutende Umbildungen in deren Form veranlassen.

Viel bekannter als die Erscheinungen der indirecten oder potentiellen Anpassung sind diejenigen der **directen oder actuellen Anpassung**, zu deren näherer Betrachtung wir uns jetzt wenden. Es gehören hierher alle diejenigen Abänderungen der Organismen, welche man als die Folgen der Uebung, Gewohnheit, Dressur, Erziehung u. s. w. betrachtet, ebenso diejenigen Umbildungen der organischen Formen, welche unmittelbar durch den Einfluß der Nahrung, des Klimas und anderer äußerer Existenzbedingungen bewirkt werden. Wie schon vorher bemerkt, tritt hier bei der directen oder unmittelbaren Anpassung der umbildende Einfluß der äußeren Ursache unmittelbar in der Form des betroffenen Organismus selbst, und nicht erst in derjenigen seiner Nachkommenschaft wirksam zu Tage.

Unter den verschiedenen Gesetzen der directen oder actuellen Anpassung können wir als das oberste und umfassendste das **Gesetz der allgemeinen oder universellen Anpassung** an die Spitze stellen. Dasselbe läßt sich kurz in dem Satze aussprechen: „Alle organischen Individuen werden im Laufe ihres Lebens durch Anpassung an verschiedene Lebensbedingungen einander ungleich, obwohl die Individuen einer und derselben Art sich meistens sehr ähnlich bleiben." Eine gewisse Ungleichheit der organischen Individuen wurde, wie Sie sahen, schon durch das Gesetz der individuellen (indirecten) Anpassung bedingt. Allein diese ursprüngliche Ungleichheit der Einzelwesen wird späterhin dadurch noch gesteigert, daß jedes Individuum sich während seines selbstständigen Lebens seinen eigenthümlichen Existenzbedingungen unterwirft und anpaßt. Alle verschiedenen Einzelwesen einer jeden Art, so ähnlich sie in ihren ersten

Lebensstadien auch sein mögen, werden im weitern Verlaufe der Existenz einander mehr oder minder ungleich. In geringeren oder bedeutenderen Eigenthümlichkeiten entfernen sie sich von einander, und das ist eine natürliche Folge der verschiedenen Bedingungen, unter denen alle Individuen leben. Es giebt nicht zwei einzelne Wesen irgend einer Art, die unter ganz gleichen äußeren Umständen ihr Leben vollbringen. Die Lebensbedingungen der Nahrung, der Feuchtigkeit, der Luft, des Lichtes, ferner die Lebensbedingungen der Gesellschaft, die Wechselbeziehungen zu den umgebenden Individuen derselben Art und anderer Arten, sind bei allen Einzelwesen verschieden; diese Verschiedenheit wirkt zunächst auf die Functionen, weiterhin auf die Formen jedes einzelnen Organismus umbildend ein.

Wenn Geschwister einer menschlichen Familie schon von Anfang an gewisse individuelle Ungleichheiten zeigen, die wir als Folge der individuellen (indirecten) Anpassung betrachten können, so erscheinen uns dieselben noch weit mehr verschieden in späterer Lebenszeit, wo die einzelnen Geschwister verschiedene Erfahrungen durchgemacht, und sich verschiedenen Lebensverhältnissen angepaßt haben. Die ursprünglich angelegte Verschiedenheit des individuellen Entwickelungsganges wird offenbar um so größer, je länger das Leben dauert, je mehr verschiedenartige äußere Bedingungen auf die einzelnen Individuen Einfluß erlangen. Das können Sie am einfachsten an den Menschen selbst, sowie an den Hausthieren und Culturpflanzen nachweisen, bei denen Sie willkürlich die Lebensbedingungen modificiren können. Zwei Brüder, von denen der eine zum Arbeiter, der andere zum Priester erzogen wird, entwickeln sich in körperlicher und geistiger Beziehung ganz verschieden; ebenso zwei Hunde eines und desselben Wurfes, von denen der eine zum Jagdhund, der andere zum Kettenhund erzogen wird. Dasselbe gilt aber auch von den organischen Individuen im Naturzustande. Wenn Sie z. B. in einem Kiefern- oder in einem Buchenwalde, der bloß aus Bäumen einer einzigen Art besteht, sorgfältig alle Bäume mit einander vergleichen, so finden Sie allemal, daß von allen hundert oder tausend Bäumen nicht zwei Individuen in der Größe des Stammes und der einzelnen Theile, in der Zahl der Zweige, Blätter, Früchte u. s. w. völlig übereinstimmen. Ueberall finden Sie individuelle Ungleichheiten, welche zum Theil wenigstens bloß die Folge der verschiedenen Lebensbedingungen sind, unter denen sich alle Bäume entwickelten. Freilich läßt sich niemals mit Bestimmtheit sagen, wie viel von dieser Ungleichheit aller Einzelwesen jeder Art ursprünglich (durch die indirecte individuelle Anpassung bedingt), wie viel davon erworben (durch die directe universelle Anpassung bewirkt) sein mag.

Nicht minder wichtig und allgemein als die universelle Anpassung ist eine zweite Erscheinungsreihe der directen Anpassung, welche wir das Gesetz der gehäuften oder cumulativen Anpassung nennen können. Unter diesem Namen fasse ich eine große Anzahl von sehr wichtigen Erscheinungen zusammen, die man gewöhnlich in zwei ganz verschiedene Gruppen bringt. Man unterscheidet in der Regel erstens solche Veränderungen der Organismen, welche unmittelbar durch den anhaltenden Einfluß äußerer Bedingungen (durch die dauernde Einwirkung der Nahrung, des Klimas, der Umgebung u. s. w.) erzeugt werden, und zweitens solche Veränderungen, welche mittelbar durch Gewohnheit und Uebung, durch Angewöhnung an bestimmte Lebensbedingungen, durch Gebrauch oder Nichtgebrauch der Organe entstehen. Diese letzteren Einflüsse sind insbesondere von Lamarck als wichtige Ursachen der Umbildung der organischen Formen hervorgehoben, während man die ersteren schon sehr lange in weiteren Kreisen als solche anerkannt hat.

Die scharfe Unterscheidung, welche man zwischen diesen beiden Gruppen der gehäuften oder cumulativen Anpassung gewöhnlich macht, und welche auch Darwin noch sehr hervorhebt, verschwindet, sobald man eingehender und tiefer über das eigentliche Wesen und den ursächlichen Grund der beiden scheinbar sehr verschiedenen Anpassungsreihen nachdenkt. Man gelangt dann zu der Ueberzeugung, daß man es in beiden Fällen immer mit zwei verschieden wirkenden Ursachen zu thun hat, nämlich einerseits mit der äußeren Einwirkung oder Action der anpassend wirkenden Lebensbedingung, und andrerseits mit der inneren Gegenwirkung oder Reaction des Organismus, welcher sich jener Lebensbedingung unterwirft und anpaßt. Wenn man die gehäufte Anpassung in ersterer Hinsicht für sich betrachtet, indem man die umbildenden Wirkungen der andauernden äußeren Existenzbedingungen auf diese letzteren allein bezieht, so legt man einseitig das Hauptgewicht auf die äußere Einwirkung, und man vernachlässigt die nothwendig eintretende innere Gegenwirkung des Organismus. Wenn man umgekehrt die gehäufte Anpassung einseitig in der zweiten Richtung verfolgt, indem man die umbildende Selbstthätigkeit des Organismus, seine Gegenwirkung gegen den äußeren Einfluß, seine Veränderung durch Uebung, Gewohnheit, Gebrauch oder Nichtgebrauch der Organe hervorhebt, so vergißt man, daß diese Gegenwirkung oder Reaction erst durch die Einwirkung der äußeren Existenzbedingung hervorgerufen wird. Es ist also nur ein Unterschied der Betrachtungsweise, auf welchem die Unterscheidung jener beiden verschiedenen Gruppen beruht, und ich glaube, daß man sie mit vollem Rechte zusammenfassen kann. Das Wesentlichste bei diesen gehäuften Anpassungserscheinungen ist immer, daß die Veränderung des Organismus, welche zunächst in seiner Function und weiterhin in seiner Formbildung sich äußert, entweder durch lange andauernde oder durch oft wiederholte Einwirkungen einer äußeren Ursache veranlaßt wird. Die kleinste Ursache kann durch Häufung oder Cumulation ihrer Wirkung die größten Erfolge erzielen.

Die Beispiele für diese Art der directen Anpassung sind unendlich zahlreich. Wo Sie nur hineingreifen in das Leben der Thiere und Pflanzen, finden Sie überall einleuchtende und überzeugende Veränderungen dieser Art vor Augen. Wir wollen hier zunächst einige durch die Nahrung selbst unmittelbar bedingte Anpassungserscheinungen hervorheben. Jeder von Ihnen weiß, daß man die Hausthiere, die man für gewisse Zwecke züchtet, verschieden umbilden kann durch die verschiedene Quantität und Qualität der Nahrung, welche man ihnen darreicht. Wenn der Landwirth bei der Schafzucht feine Wolle erzeugen will, so giebt er den Schafen anderes Futter, als wenn er gutes Fleisch oder reichliches Fett erzielen will. Die auserlesenen Rennpferde und Luxuspferde erhalten besseres Futter, als die schweren Lastpferde und Karrengaule. Die Körperform des Menschen selbst, der Grad der Fettablagerung z. B., ist ganz verschieden nach der Nahrung. Bei stickstoffreicher Kost wird wenig, bei stickstoffarmer Kost viel Fett abgelagert. Leute, die mit Hülfe der neuerdings beliebten Banting-Kur mager werden wollen, essen nur Fleisch und Eier, kein Brod, keine Kartoffeln. Welche bedeutenden Veränderungen man an Culturpflanzen, lediglich durch veränderte Quantität und Qualität der Nahrung hervorbringen kann, ist allbekannt. Dieselbe Pflanze erhält ein ganz anderes Aussehen, wenn man sie an einem trockenen, warmen Ort dem Sonnenlicht ausgesetzt hält, oder wenn man sie an einer kühlen, feuchten Stelle im Schatten hält. Viele Pflanzen bekommen, wenn man sie an den Meeresstrand versetzt, nach einiger Zeit dicke, fleischige Blätter; und dieselben Pflanzen, an ausnehmend trockene und heiße Standorte versetzt, bekommen dünne, behaarte Blätter. Alle diese Formveränderungen entstehen unmittelbar durch den gehäuften Einfluß der veränderten Nahrung.

Aber nicht nur die Quantität und Qualität der Nahrungsmittel wirkt mächtig verändernd und umbildend auf den Organismus ein, sondern auch alle anderen äußeren Existenzbedingungen, vor Allen die nächste organische Umgebung, die Gesellschaft von freundlichen oder feindlichen Organismen. Ein und derselbe Baum entwickelt sich ganz anders an einem offenen Standort, wo er von allen Seiten frei steht, als im Walde, wo er sich den Umgebungen anpassen muß, wo er ringsum von den nächsten Nachbarn gedrängt und zum Emporschießen gezwungen wird. Im ersten Fall wird die Krone weit ausgebreitet, im letzten dehnt sich der Stamm in die Höhe und die Krone bleibt klein und gedrungen. Wie mächtig alle diese Umstände, wie mächtig der feindliche oder freundliche Einfluß der umgebenden Organismen, der Parasiten u. s. w. auf jedes Thier und jede Pflanze einwirken, ist so bekannt, daß eine Anführung weiterer Beispiele überflüssig erscheint. Die Veränderung der Form, die Umbildung, welche dadurch bewirkt wird, ist niemals bloß die unmittelbare Folge des äußeren Einflusses, sondern muß immer zurückgeführt werden auf die entsprechende Gegenwirkung, auf die Selbstthätigkeit des Organismus, die man als Angewöhnung, Uebung, Gebrauch oder Nichtgebrauch der Organe bezeichnet. Daß man diese letzteren Erscheinungen in der Regel getrennt von der ersteren betrachtet, liegt erstens an der schon hervorgehobenen einseitigen Betrachtungsweise, und dann zweitens daran, daß man sich eine ganz falsche Vorstellung von dem Wesen und dem Einfluß der Willensthätigkeit bei den Thieren gebildet hatte.

Die Thätigkeit des Willens, welche der Angewöhnung, der Uebung, dem Gebrauch oder Nichtgebrauch der Organe bei den Thieren zu Grunde liegt, ist gleich jeder anderen Thätigkeit der thierischen Seele durch materielle Vorgänge im Centralnervensystem bedingt, durch eigenthümliche Bewegungen, welche von der eiweißartigen Materie der Ganglienzellen und der mit ihnen verbundenen Nervenfasern ausgehen. Der Wille der höheren Thiere ist in dieser Beziehung, ebenso wie die übrigen Geistesthätigkeiten, von demjenigen des Menschen nur quantitativ (nicht qualitativ) verschieden. Der Wille des Thieres, wie des Menschen ist niemals frei. Das weitverbreitete Dogma von der Freiheit des Willens ist naturwissenschaftlich durchaus nicht haltbar. Jeder Physiologe, der die Erscheinungen der Willensthätigkeit bei Menschen und Thiere naturwissenschaftlich untersucht, kommt mit Nothwendigkeit zu der Ueberzeugung, daß der Wille eigentlich niemals frei, sondern stets durch äußere oder innere Einflüsse bedingt ist. Diese Einflüsse sind größtentheils Vorstellungen, die entweder durch Anpassung oder durch Vererbung erworben, und auf eine von diesen beiden physiologischen Functionen zurückführbar sind. Sobald man seine eigene Willensthätigkeit streng untersucht, ohne das herkömmliche Vorurtheil von der Freiheit des Willens, so wird man gewahr, daß jene scheinbar freie Willenshandlung durch vorhergehende Vorstellungen bewirkt wird, die entweder in ererbten oder in anderweitig erworbenen Vorstellungen wurzeln, und in letzter Linie also wiederum durch Anpassungs- oder Vererbungsgesetze bedingt sind. Dasselbe gilt von der Willensthätigkeit aller Thiere. Sobald man diese eingehend im Zusammenhang mit ihrer Lebensweise betrachtet, und in ihrer Beziehung zu den Veränderungen, welche die Lebensweise durch die äußeren Bedingungen erfährt, so überzeugt man sich alsbald, daß eine andere Auffassung nicht möglich ist. Daher müssen auch die Veränderungen der Willensbewegung, welche aus veränderter Ernährung folgen, und welche als Uebung, Gewohnheit u. s. w. umbildend wirken, unter jene materiellen Vorgänge der gehäuften Anpassung gerechnet werden.

Indem sich der thierische Wille den veränderten Existenzbedingungen durch andauernde Gewöhnung, Uebung u. s. w. anpaßt, vermag er die bedeutendsten Umbildungen der organischen Formen zu bewirken. Mannichfaltige Beispiele hierfür sind überall im Thierleben zu finden. So verkümmern z. B. bei den Hausthieren manche Organe, indem sie in Folge der veränderten Lebensweise außer Thätigkeit treten. Die Enten und Hühner, welche im wilden Zustande ausgezeichnet fliegen, verlernen diese Bewegung mehr oder weniger im Culturzustande. Sie gewöhnen sich daran, mehr ihre Beine, als ihre Flügel zu gebrauchen, und in Folge davon werden die dabei gebrauchten Theile der Muskulatur und des Skelets in ihrer Ausbildung und Form wesentlich verändert. Für die verschiedenen Rassen der Hausente, welche alle von der wilden Ente (Anas boschas) abstammen, hat dies Darwin durch eine sehr sorgfältige vergleichende Messung und Wägung der betreffenden Skelettheile nachgewiesen. Die Knochen des Flügels sind bei der Hausente schwächer, die Knochen des Beines dagegen umgekehrt stärker entwickelt, als bei der wilden Ente. Bei den Straußen und anderen Laufvögeln, welche sich das Fliegen gänzlich abgewöhnt haben, ist in Folge dessen der Flügel ganz verkümmert, zu einem völlig „rudimentären Organ" herabgesunken (S. 10). Bei vielen Hausthieren, insbesondere bei vielen Rassen von Hunden und Kaninchen, bemerken Sie ferner, daß dieselben durch den

Culturzustand herabhängende Ohren bekommen haben. Dies ist einfach eine Folge des verminderten Gebrauchs der Ohrmuskeln. Im wilden Zustande müssen diese Thiere ihre Ohren gehörig anstrengen, um einen nahenden Feind zu bemerken, und es hat sich dadurch ein starker Muskelapparat entwickelt, welcher die äußeren Ohren in aufrechter Stellung erhält, und nach allen Richtungen dreht. Im Culturzustande haben dieselben Thiere nicht mehr nöthig, so aufmerksam zu lauschen; sie spitzen und drehen die Ohren nur wenig; die Ohrmuskeln kommen außer Gebrauch, verkümmern allmählich, und die Ohren sinken nun schlaff herab oder werden rudimentär.

Wie in diesen Fällen die Function und dadurch auch die Form des Organs durch Nichtgebrauch rückgebildet wird, so wird dieselbe andrerseits durch stärkeren Gebrauch mehr entwickelt. Dies tritt uns besonders deutlich entgegen, wenn wir das Gehirn und die dadurch bewirkten Seelenthätigkeiten bei den wilden Thieren und den Hausthieren, welche von ihnen abstammen, vergleichen. Insbesoudere der Hund und das Pferd, welche in so erstaunlichem Maße durch die Cultur veredelt sind, zeigen im Vergleiche mit ihren wilden Stammverwandten einen außerordeutlichen Grad von Ausbildung der Geistesthätigkeit, und offenbar ist die damit zusammenhängende Umbildung des Gehirns größtentheils durch die andauernde Uebung bedingt. Allbekannt ist es ferner, wie schnell und mächtig die Muskeln durch anhaltende Uebung wachsen und ihre Form verändern. Vergleichen Sie z. B. Arme und Beine eines geübten Turners mit denjenigen eines unbeweglichen Stubensitzers.

Wie mächtig äußere Einflüsse die Gewohnheiten der Thiere, ihre Lebensweise beeinflussen und dadurch weiterhin auch ihre Form umbilden, zeigen sehr auffallend manche Beispiele von Amphibien und Reptilien. Unsere häufigste einheimische Schlange, die Ringelnatter, legt Eier, welche zu ihrer Entwickelung noch drei Wochen brauchen. Wenn man sie aber in Gefangenschaft hält und in den Käfig keinen Sand streut, so legt sie die Eier nicht ab, sondern behält sie bei sich, so lange bis die Jungen entwickelt sind. Der Unterschied zwischen lebendig gebärenden Thieren und solchen, die Eier legen, wird hier einfach durch die Veränderung des Bodens, auf welchem das Thier lebt, verwischt.

Außerordentlich interessant sind in dieser Beziehung auch die Wassermolche oder Tritonen, welche man gezwungen hat, ihre ursprünglichen Kiemen beizubehalten. Die Tritonen, Amphibien, welche den Fröschen nahe verwandt sind, besitzen gleich diesen in ihrer Jugend äußere Athmungsorgane, Kiemen, mit welchen sie, im Wasser lebend, Wasser athmen. Später tritt bei den Tritonen eine Metamorphose ein, wie bei den Fröschen. Sie gehen auf das Land, verlieren die Kiemen und gewöhnen sich an das Lungenathmen. Wenn man sie nun daran verhindert, indem man sie in einem geschlossenen Wasserbecken hält, so verlieren sie die Kiemen nicht. Diese bleiben vielmehr bestehen, und der Wassermolch verharrt zeitlebens auf jener niederen Ausbildungsstufe, welche seine tiefer stehenden Verwandten, die Kiemenmolche oder Sozobranchien niemals überschreiten. Der Wassermolch erreicht seine volle Größe, wird geschlechtsreif und pflanzt sich fort, ohne die Kiemen zu verlieren.

Großes Aufsehen erregte unter den Zoologen vor einigen Jahren der Axolotl (Siredon pisciformis), ein dem Triton nahe verwandter Kiemenmolch aus Mexico, welchen man schon seit langer Zeit kennt und in den letzten Jahren im Pariser Pflanzengarten im Großen gezüchtet hat. Dieses Thier hat auch äußere Kiemen, wie der Wassermolch, behält aber dieselben gleich allen anderen Sozobranchien zeitlebens bei. Für gewöhnlich bleibt dieser Kiemenmolch mit seinen Wasserathmungsorganen im Wasser und pflanzt sich hier auch fort. Nun krochen aber plötzlich im Pflanzengarten unter Hunderten dieser Thiere eine geringe Anzahl aus dem Wasser auf das Land, verloren ihre Kiemen und verwandelten sich in eine kiemenlose Molchform, welche von einer nordamerikanischen Tritonengattung (Amblystoma) nicht mehr zu unterscheiden ist und nur noch durch Lungen athmet. In diesem letzten höchst merkwürdigen Falle können wir unmittelbar den großen Sprung von einem wasserathmenden zu einem luftathmenden Thiere verfolgen, einen Sprung, der allerdings bei der individuellen Entwickelungsgeschichte der Frösche und Salamander in jedem Frühling beobachtet werden kann. Ebenso aber, wie jeder einzelne Frosch und jeder einzelne Salamander aus dem ursprünglich kiemenathmenden Amphibium späterhin in ein lungenathmendes sich verwandelt, so ist auch die ganze Gruppe der Frösche und Salamander ursprünglich aus kiemenathmenden, dem Siredon verwandten Thieren entstanden. Die Sozobranchien sind noch bis auf den heutigen Tag auf jener niedrigen Stufe stehen geblieben. Die Ontogenie erläutert auch hier die Phylogenie, die Entwickelungsgeschichte der Individuen diejenige der ganzen Gruppe (S. 10).

An die gehäufte oder cumulative Anpassung schließt sich als eine dritte Erscheinung der directen oder actuellen Anpassung das **Gesetz der wechselbezüglichen oder correlativen Anpassung** an. Nach diesem wichtigen Gesetze werden durch die actuelle Anpassung nicht nur diejenigen Theile des Organismus abgeändert, welche unmittelbar durch die äußere Einwirkung betroffen werden, sondern auch andere, nicht unmittelbar davon berührte Theile. Dies ist eine Folge des organischen Zusammenhanges, und namentlich der einheitlichen Ernährungsverhältnisse, welche zwischen allen Theilen jedes Organismus bestehen. Wenn z. B. bei einer Pflanze durch Versetzung an einen trockenen Standort die Behaarung der Blätter zunimmt, so wirkt diese Veränderung auf die Ernährung anderer Theile zurück und kann eine Verkürzung der Stengelglieder und somit eine gedrungenere Form der ganzen Pflanze zur Folge haben. Bei einigen Rassen von Schweinen und Hunden, z. B. bei dem türkischen Hunde, welche durch Anpassung an ein wärmeres Klima ihre Behaarung mehr oder weniger verloren, wurde zugleich das Gebiß zurückgebildet. So zeigen auch die Walfische und die Edentaten (Schuppenthiere, Gürtelthiere rc.), welche sich durch ihre eigenthümliche Hautbedeckung am meisten von den übrigen Säugethieren entfernt haben, die größten Abweichungen in der Bildung des Gebisses. Ferner bekommen solche Rassen von Hausthieren (z. B. Rindern, Schweinen), bei denen sich die Beine verkürzen, in der Regel auch einen kurzen und gedrungenen Kopf. So zeichnen sich u. a. die Taubenrassen, welche die längsten Beine haben, zugleich auch durch die längsten Schnäbel aus. Dieselbe Wechselbeziehung zwischen der Länge der Beine und des Schnabels zeigt sich ganz allgemein in der Ordnung der Stelzvögel (Grallatores), beim Storch, Kranich, der Schnepfe u. s. w. Die Wechselbeziehungen, welche in dieser Weise zwischen verschiedenen Theilen des Organismus bestehen, sind äußerst merkwürdig, und im Einzelnen ihrer Ursache nach uns unbekannt. Im Allgemeinen können wir natürlich sagen: die Ernährungsveränderungen, die einen einzelnen Theil betreffen, müssen nothwendig auf die übrigen Theile zurückwirken, weil die Ernährung eines jeden Organismus eine zusammenhängende, centralisirte Thätigkeit ist. Allein warum nun gerade dieser oder jener Theil in dieser merkwürdigen Wechselbeziehung zu einem andern steht, ist uns in den meisten Fällen ganz unbekannt. Wir kennen eine große Anzahl solcher Wechselbeziehungen in der Bildung, namentlich bei den früher bereits erwähnten Abänderungen der Thiere und Pflanzen, die sich durch Pigmentmangel auszeichnen, den Albinos oder Kakerlaken. Der Mangel des gewöhnlichen Farbestoffs bedingt hier gewisse Veränderungen in der Bildung anderer Theile, z. B. des Muskelsystems, des Knochensystems, also organischer Systeme, die zunächst gar nicht mit dem Systeme der äußeren Haut zusammenhängen. Sehr häufig sind diese schwächer entwickelt und daher der ganze Körperbau zarter und schwächer, als bei den gefärbten Thieren derselben Art. Ebenso werden auch die Sinnesorgane und das Nervensystem durch diesen Pigmentmangel eigenthümlich afficirt. Weiße Katzen mit blauen Augen sind fast immer taub. Die Schimmel zeichnen sich vor den gefärbten Pferden durch die besondere Neigung zur Bildung sarcomatöser Geschwülste aus. Auch beim Menschen ist der Grad der Pigmententwickelung in der äußeren Haut vom größten Einflusse auf die Empfänglichkeit des Organismus für gegewisse Krankheiten, so daß z. B. Europäer mit dunkler Hautfarbe, schwarzen Haaren und braunen Augen sich leichter in den Tropengegenden acclimatisiren und viel weniger den dort herrschenden Krankheiten (Leberentzündungen, gelbem Fieber u. s. w.) unterworfen sind, als Europäer mit heller Hautfarbe, blondem Haar und blauen Augen. (Vergl. oben S. 134.)

Vorzugsweise merkwürdig sind unter diesen Wechselbeziehungen der Bildung verschiedener Organe diejenigen, welche zwischen den Geschlechtsorganen und den übrigen Theilen des Körpers bestehen. Keine Veränderung eines Theiles wirkt so mächtig zurück auf die übrigen Körpertheile, als eine bestimmte Behandlung der Geschlechtsorgane. Die Landwirthe, welche bei Schweinen, Schafen u. s. w. reichliche Fettbildung erzielen wollen, entfernen die Geschlechtsorgane durch Herausschneiden (Castration), und zwar geschieht dies bei Thieren beiderlei Geschlechts. In Folge davon tritt übermäßige Fettentwickelung ein. Dasselbe thut auch Seine Heiligkeit, der „unfehlbare" Papst, bei den Castraten, welche in der Peterskirche zu Ehren Gottes singen müssen. Diese Unglücklichen werden in früher Jugend castrirt, damit sie ihre hohen Knabenstimmen beibehalten. In Folge dieser Verstümmelung der Genitalien bleibt der Kehlkopf auf der jugendlichen Entwickelungsstufe stehen. Zugleich bleibt die Muskulatur des ganzen Körpers schwach entwickelt, während sich unter der Haut reichliche Fettmengen ansammeln. Aber auch auf die Ausbildung des Centralnervensystems, der Willensenergie u. s. w. wirkt jene Verstümmelung mächtig zurück, und es ist bekannt, daß die menschlichen Castraten oder Eunuchen ebenso wie die castrirten männlichen Hausthiere des bestimmten psychischen Charakters, welcher das männliche Geschlecht auszeichnet, gänzlich entbehren. Der Mann ist eben Leib und Seele nach nur Mann durch seine männliche Generationsdrüse.

Diese äußerst wichtigen und einflußreichen Wechselbeziehungen zwischen den Geschlechtsorganen und den übrigen Körpertheilen, vor allem dem Gehirn, finden sich in gleicher Weise bei beiden Geschlechtern. Es läßt sich dies schon von vornherein deshalb erwarten, weil bei den meisten Thieren die beiderlei Organe aus gleicher Grundlage sich entwickeln. Beim Menschen, wie bei allen übrigen Wirbelthieren, sind in der ursprünglichen Anlage des Keimes die männlichen und weiblichen Organe neben einander vorhanden. Jedes Individuum ist ursprünglich ein Zwitter oder Hermaphrodit (S. 176), wie es die den Wirbelthieren nächstverwandten Ascidien noch heute zeitlebens sind. Erst allmählich entstehen im Laufe der embryonalen Entwickelung (beim Menschen in der neunten Woche seines Embryolebens) die Unterschiede der beiden Geschlechter, indem beim Weibe allein der Eierstock, beim Manne allein der Testikel zur Entwickelung gelangt, hingegen die andere Geschlechtsdrüse verkümmert. Jede Veränderung des weiblichen Eierstocks äußert eine nicht minder bedeutende Rückwirkung auf den gesammten weiblichen Organismus, wie jede Veränderung des Testikels auf den männlichen Organismus. Die Wichtigkeit dieser Wechselbeziehung hat Virchow in seinem vortrefflichen Aufsatz „das Weib und die Zelle" mit folgenden Worten ausgesprochen: „Das Weib ist eben Weib nur durch seine Generationsdrüse; alle Eigenthümlichkeiten seines Körpers und Geistes oder seiner Ernährung und Nerventhätigkeit: die süße Zartheit und Rundung der Glieder bei der eigenthümlichen Ausbildung des Beckens, die Entwickelung der Brüste bei dem Stehenbleiben der Stimmorgane, jener schöne Schmuck des Kopfhaares bei dem kaum merklichen, weichen Flaum der übrigen Haut, und dann wiederum diese Tiefe des Gefühls, diese Wahrheit der unmittelbaren Anschauung, diese Sanftmuth, Hingebung und Treue — kurz, Alles, was wir an dem wahren Weibe Weibliches bewundern und verehren, ist nur eine Dependenz des Eierstocks. Man nehme den Eierstock hinweg, und das Mannweib in seiner häßlichsten Halbheit steht vor uns."

Dieselbe innige Correlation oder Wechselbeziehung zwischen den Geschlechtsorganen und den übrigen Körpertheilen findet sich auch bei den Pflanzen eben so allgemein wie bei den Thieren vor. Wenn man bei einer Gartenpflanze reichlichere Früchte zu erzielen wünscht, beschränkt man den Blätterwuchs durch Abschneiden eines Theils der Blätter. Wünscht man umgekehrt eine Zierpflanze mit einer Fülle von großen und schönen Blättern zu erhalten, so verhindert man die

Blüthen- und Fruchtbildung durch Abschneiden der Blüthenknospen. In beiden Fällen entwickelt sich das eine Organsystem auf Kosten des anderen. So ziehen auch die meisten Abänderungen der vegetativen Blattbildung bei den wilden Pflanzen eine entsprechende Umbildung in den generativen Blüthentheilen nach sich. Die hohe Bedeutung dieser „Compensation der Entwickelung", dieser „Correlation der Theile" ist bereits von Goethe, von Geoffroy S. Hilaire und von anderen Naturphilosophen hervorgehoben worden. Sie beruht wesentlich darauf, daß die directe oder actuelle Anpassung keinen einzigen Körpertheil wesentlich verändern kann, ohne zugleich auf den ganzen Organismus einzuwirken.

Die correlative Anpassung der Fortpflanzungsorgane und der übrigen Körpertheile verdient deshalb eine ganz besondere Berücksichtigung, weil sie vor Allem geeignet ist, ein erklärendes Licht auf die vorher betrachteten dunkeln und räthselhaften Erscheinungen der indirecten oder potentiellen Anpassung zu werfen. Denn ebenso wie jede Veränderung der Geschlechtsorgane mächtig auf den übrigen Körper zurückwirkt, so muß natürlich umgekehrt auch jede eingreifende Veränderung eines anderen Körpertheils mehr oder weniger auf die Generationsorgane zurückwirken. Diese Rückwirkung wird sich aber erst in der Bildung der Nachkommenschaft, welche aus den veränderten Generationstheilen entsteht, wahrnehmbar äußern. Gerade jene merkwürdigen, aber unmerklichen und an sich ungeheuer geringfügigen Veränderungen des Genitalsystems, der Eier und des Sperma, welche durch solche Wechselbeziehungen hervorgebracht werden, sind vom größten Einflusse auf die Bildung der Nachkommenschaft, und alle vorher erwähnten Erscheinungen der indirecten oder potentiellen Anpassung können schließlich auf die wechselbezügliche Anpassung zurückgeführt werden.

Eine weitere Reihe von ausgezeichneten Beispielen der correlativen Anpassung liefern die verschiedenen Thiere und Pflanzen, welche durch das Schmarotzerleben oder den Parasitismus rückgebildet sind. Keine andere Veränderung der Lebensweise wirkt so bedeutend auf die

Formbildung der Organismen ein, wie die Angewöhnung an das Schmarotzerleben. Pflanzen verlieren dadurch ihre grünen Blätter, wie z. B. unsere einheimischen Schmarotzerpflanzen: Orobanche, Lathraea, Monotropa. Thiere, welche ursprünglich selbstständig und frei gelebt haben, dann aber eine parasitische Lebensweise auf andern Thieren oder auf Pflanzen annehmen, geben zunächst die Thätigkeit ihrer Bewegungsorgane und ihrer Sinnesorgane auf. Der Verlust der Thätigkeit zieht aber den Verlust der Organe, durch welche sie bewirkt wurde, nach sich, und so finden wir z. B. viele Krebsthiere oder Crustaceen, die in der Jugend einen ziemlich hohen Organisationsgrad, Beine, Fühlhörner und Augen besaßen, im Alter als Parasiten vollkommen degenerirt wieder, ohne Augen, ohne Bewegungswerkzeuge und ohne Fühlhörner. Aus der munteren, beweglichen Jugendform ist ein unförmlicher, unbeweglicher Klumpen geworden. Nur die nöthigsten Ernährungs- und Fortpflanzungsorgane sind noch in Thätigkeit. Der ganze übrige Körper ist rückgebildet. Offenbar sind diese tiefgreifenden Umbildungen großentheils directe Folgen der gehäuften oder cumulativen Anpassung, des Nichtgebrauchs und der mangelnden Uebung der Organe; aber zum anderen Theile kommen dieselben sicher auch auf Rechnung der wechselbezüglichen oder correlativen Anpassung. (Vergl. Taf. X und XI.)

Ein siebentes Anpassungsgesetz, das vierte in der Gruppe der directen Anpassungen, ist **das Gesetz der abweichenden oder divergenten Anpassung**. Wir verstehen darunter die Erscheinung, daß ursprünglich gleichartig angelegte Theile sich durch den Einfluß äußerer Bedingungen in verschiedener Weise ausbilden. Dieses Anpassungsgesetz ist ungemein wichtig für die Erklärung der Arbeitstheilung oder des Polymorphismus. An uns selbst können wir es sehr leicht erkennen, z. B. in der Thätigkeit unserer beiden Hände. Die rechte Hand wird gewöhnlich von uns an ganz andere Arbeiten gewöhnt, als die linke; es entsteht in Folge der abweichenden Beschäftigung auch eine verschiedene Bildung der beiden Hände. Die rechte Hand, welche man gewöhnlich viel mehr braucht, als die linke, zeigt stärker entwickelte Nerven, Muskeln und Knochen. Dasselbe gilt auch vom ganzen Arm. Knochen und Fleisch des rechten Arms sind bei den meisten Menschen in Folge stärkeren Gebrauchs stärker und schwerer als die des linken Arms. Da nun aber der bevorzugte Gebrauch des rechten Arms bei der mittelländischen Menschenart (S. 604) schon seit Jahrtausenden eingebürgert und vererbt ist, so ist auch die stärkere Form und Größe des rechten Arms bereits erblich geworden. Der treffliche holländische Naturforscher P. Harting hat durch Messung und Wägung an Neugeborenen gezeigt, daß auch bei diesen bereits der rechte Arm den linken übertrifft.

Nach demselben Gesetze der divergenten Anpassung sind auch häufig die beiden Augen verschieden entwickelt. Wenn man sich z. B. als Naturforscher gewöhnt, immer nur mit dem einen Auge (am besten mit dem linken) zu mikroskopiren, und mit dem andern nicht, so erlangt das eine Auge eine ganz andere Beschaffenheit, als das andere, und diese Arbeitstheilung ist von großem Vortheil. Das eine Auge wird kurzsichtiger, geeignet für das Sehen in die Nähe, das andere Auge weitsichtiger, schärfer für den Blick in die Ferne. Wenn man dagegen abwechselnd mit beiden Augen mikroskopirt, so erlangt man nicht auf dem einen Auge den Grad der Kurzsichtigkeit, auf dem andern den Grad der Weitsichtigkeit, welchen man dnrch zweckmäßige Vertheilung dieser verschiedenen Gesichtsfunctionen auf beide Augen erreicht. Zunächst wird auch hier wieder durch die Gewohnheit die Function, die Thätigkeit der ursprünglich gleich gebildeten Organe ungleich, divergent; allein die Function wirkt wiederum auf die Form und die innere Structur des Organs zurück.

Unter den Pflanzen können wir die abweichende oder divergente Anpassung besonders bei den Schlinggewächsen sehr leicht wahrnehmen. Aeste einer und derselben Schlingpflanze, welche ursprünglich gleichartig angelegt sind, erhalten eine ganz verschiedene Form und Ausdehnung, einen ganz verschiedenen Krümmungsgrad und Durchmesser der Spiralwindung, je nachdem sie um einen dünneren oder dickeren Stab sich herumwinden. Ebenso ist auch die abweichende

Veränderung der Formen ursprünglich gleich angelegter Theile, welche divergent nach verschiedenen Richtungen unter abweichenden äußeren Bedingungen sich entwickeln, in vielen anderen Fällen deutlich nachweisbar. Indem diese abweichende oder divergente Anpassung mit der fortschreitenden Vererbung in Wechselwirkung tritt, wird sie die Ursache der Arbeitstheilung der verschiedenen Organe.

Ein achtes und letztes Anpassungsgesetz können wir als das Gesetz der unbeschränkten oder unendlichen Anpassung bezeichnen. Wir wollen damit einfach ausdrücken, daß uns keine Grenze für die Veränderung der organischen Formen durch den Einfluß der äußeren Existenzbedingungen bekannt ist. Wir können von keinem einzigen Theil des Organismus behaupten, daß er nicht mehr veränderlich sei, daß, wenn man ihn unter neue äußere Bedingungen brächte, er durch diese nicht verändert werden würde. Noch niemals hat sich in der Erfahrung eine Grenze für die Abänderung nachweisen lassen. Wenn z. B. ein Organ durch Nichtgebrauch degenerirt, so geht diese Degeneration schließlich bis zum vollständigen Schwunde des Organs fort, wie es bei den Augen vieler Thiere der Fall ist. Andrerseits können wir durch fortwährende Uebung, Gewohnheit und immer gesteigerten Gebrauch eines Organs dasselbe in einem Maße vervollkommnen, wie wir es von vornherein für unmöglich gehalten haben würden. Wenn man die uncivilisirten Wilden mit den Culturvölkern vergleicht, so findet man bei jenen eine Ausbildung der Sinnesorgane, Gesicht, Geruch, Gehör, von der die Culturvölker keine Ahnung haben. Umgekehrt ist bei den höheren Culturvölkern das Gehirn, die Geistesthätigkeit in einem Grade entwickelt, von welchem die rohen Wilden keine Vorstellung besitzen.

Allerdings scheint für jeden Organismus eine Grenze der Anpassungsfähigkeit durch den Typus seines Stammes oder Phylum gegeben zu sein, d. h. durch die wesentlichen Grundeigenschaften dieses Stammes, welche von dem gemeinsamen Stammvater desselben ererbt sind und sich durch conservative Vererbung auf alle Descendenten desselben übertragen. So kann z. B. niemals ein Wirbelthier statt des charakteristischen Rückenmarks der Wirbelthiere das Bauchmark der Gliederthiere sich erwerben. Allein innerhalb der erblichen Grundform, innerhalb dieses unveräußerlichen Typus, ist der Grad der Anpassungsfähigkeit unbeschränkt. Die Biegsamkeit und Flüssigkeit der organischen Form äußert sich innerhalb desselben frei nach allen Richtungen hin, und in ganz unbeschränktem Umfang. Es giebt aber einzelne Thiere, wie z. B. die durch Parasitismus rückgebildeten Krebsthiere und Würmer, welche selbst jene Grenze des Typus zu überspringen scheinen, und durch erstaunlich weit gehende Degeneration alle wesentlichen Charaktere ihres Stammes eingebüßt haben. Was die Anpassungsfähigkeit des Menschen betrifft, so ist dieselbe, wie bei allen anderen Thieren, ebenfalls unbegrenzt, und da sich dieselbe beim Menschen vor Allem in der Umbildung des Gehirns äußert, so läßt sich durchaus keine Grenze der Erkenntniß setzen, welche der Mensch bei weiter fortschreitender Geistesbildung nicht würde überschreiten können. Auch der menschliche Geist genießt also nach dem Gesetze der unbeschränkten Anpassung eine unendliche Perspective für seine Vervollkommnung in der Zukunft.

Diese Bemerkungen genügen wohl, um die Tragweite der Anpassungserscheinungen hervorzuheben und ihnen das größte Gewicht zuzuschreiben. Die Anpassungsgesetze, die Thatsachen der Veränderung durch den Einfluß äußerer Bedingungen, sind von ebenso großer Bedeutung, wie die Vererbungsgesetze. Alle Anpassungserscheinungen lassen sich in letzter Linie zurückführen auf die Ernährungsverhältnisse des Organismns, in gleicher Weise wie die Vererbungserscheinungen in den Fortpflanzungsverhältnissen begründet sind; diese aber sowohl als jene sind weiter zurückzuführen auf chemische und physikalische Gründe, also auf mechanische Ursachen. Lediglich durch die Wechselwirkung derselben entstehen nach Darwin's Selectionstheorie die neuen Formen der Organismen, die Umbildungen, welche die künstliche Züchtung im Culturzustande, die natürliche Züchtung im Naturzustande hervorbringt.

Elfter Vortrag.

Die natürliche Züchtung durch den Kampf um's Dasein. Arbeitstheilung und Fortschritt.

Wechselwirkung der beiden organischen Bildungstriebe, der Vererbung und Anpassung. Natürliche und künstliche Züchtung. Kampf um's Dasein oder Wettkampf um die Lebensbedürfnisse. Mißverhältniß zwischen der Zahl der möglichen (potentiellen) und der Zahl der wirklichen (actuellen) Individuen. Verwickelte Wechselbeziebungen aller benachbarten Organismen. Wirkungsweise der natürlichen Züchtung. Gleichfarbige Zuchtwahl als Ursache der sympathischen Färbungen. Geschlechtliche Zuchtwahl als Ursache der secundären Sexualcharaktere. Gesetz der Sonderung oder Arbeitstheilung (Polymorphismus, Differenzirung, Divergenz des Charakters). Uebergang der Varietäten in Species. Begriff der Species. Bastardzeugung. Gesetz des Fortschritts oder der Vervollkommnung (Progressus, Teleosis).

Meine Herren! Um zu einem richtigen Verständniß des Darwinismus zu gelangen, ist es vor Allem nothwendig, die beiden organischen Functionen genau in das Auge zu fassen, die wir in den letzten Vorträgen betrachtet haben, die Vererbung und Anpassung. Wenn man nicht einerseits die rein mechanische Natur dieser beiden physiologischen Thätigkeiten und die mannichfaltige Wirkung ihrer verschiedenen Gesetze in's Auge faßt, und wenn man nicht andrerseits erwägt, wie verwickelt die Wechselwirkung dieser verschiedenen Vererbungs- und Anpassungsgesetze nothwendig sein muß, so wird man nicht begreifen, daß diese beiden Functionen für sich allein die ganze Mannichfaltigkeit der Thier- und Pflanzenformen sollen erzeugen können; und doch ist das in der That der Fall.

Wir sind wenigstens bis jetzt nicht im Stande gewesen, andere formbildende Ursachen aufzufinden, als diese beiden; und wenn wir die nothwendige und unendlich verwickelte Wechselwirkung der Vererbung und Anpassung richtig verstehen, so haben wir auch gar nicht mehr nöthig, noch nach anderen unbekannten Ursachen der Umbildung der organischen Gestalten zu suchen. Jene beiden Grundursachen erscheinen uns dann völlig genügend.

Schon früher, lange bevor Darwin seine Selectionstheorie aufstellte, nahmen einige Naturforscher, insbesondere Goethe, als Ursache der organischen Formenmannichfaltigkeit die Wechselwirkung zweier verschiedener Bildungstriebe an, eines conservativen oder erhaltenden, und eines umbildenden oder fortschreitenden Bildungstriebes. Ersteren nannte Goethe den centripetalen oder Specificationstrieb, letzteren den centrifugalen oder den Trieb der Metamorphose (S. 81). Diese beiden Triebe entsprechen vollständig den beiden Functionen der Vererbung und der Anpassung. Die Vererbung ist der centripetale oder innere Bildungstrieb, welcher bestrebt ist, die organische Form in ihrer Art zu erhalten, die Nachkommen den Eltern gleich zu gestalten, und Generationen hindurch immer Gleichartiges zu erzeugen. Die Anpassung dagegen, welche der Vererbung entgegenwirkt, ist der centrifugale oder äußere Bildungstrieb, welcher beständig bestrebt ist, durch die veränderlichen Einflüsse der Außenwelt die organischen Formen umzubilden, neue Formen aus den vorhandenen zu schaffen und die Constanz der Species, die Beständigkeit der Art, gänzlich aufzuheben. Je nachdem die Vererbung oder die Anpassung das Uebergewicht erhält, bleibt die Speciesform beständig oder sie bildet sich in eine neue Art um. Der in jedem Augenblick stattfindende Grad der Formbeständigkeit bei den verschiedenen Thier- und Pflanzenarten ist einfach das nothwendige Resultat des augenblicklichen Uebergewichts, welches die eine dieser beiden Bildungskräfte (oder physiologischen Functionen) über die andere erlangt hat.

Wenn wir nun zurückkehren zu der Betrachtung des Züchtungsvorganges, der Auslese oder Selection, die wir bereits im siebenten Vortrag in ihren Grundzügen untersuchten, so werden wir jetzt um so klarer und bestimmter erkennen, daß sowohl die künstliche als die natürliche Züchtung einzig und allein auf der Wechselwirkung dieser beiden formbildenden Kräfte oder Functionen beruhen. Wenn Sie die Thätigkeit des künstlichen Züchters, des Landwirths oder Gärtners, scharf in's Auge fassen, so erkennen Sie, daß nur jene beiden Bildungskräfte von ihm zur Hervorbringung neuer Formen benutzt werden. Die ganze Kunst der künstlichen Zuchtwahl beruht eben nur auf einer denkenden und vernünftigen Anwendung der Vererbungs- und Anpassungsgesetze, auf einer kunstvollen und planmäßigen Benutzung und Regulirung derselben. Dabei ist der vervollkommnete menschliche Wille die auslesende, züchtende Kraft.

Ganz ähnlich verhält sich die natürliche Züchtung. Auch diese benutzt bloß jene beiden organischen Bildungskräfte, jene physiologischen Grundeigenschaften der Anpassung und Vererbung, um die verschiedenen Arten oder Species hervorzubringen. Dasjenige züchtende Prinzip aber, diejenige auslesende Kraft, welche bei der künstlichen Züchtung durch den planmäßig wirkenden und bewußten Willen des Menschen vertreten wird, ist bei der natürlichen Züchtung der planlos wirkende und unbewußte Kampf um's Dasein. Was wir unter „Kampf um's Dasein" verstehen, haben wir im siebenten Vortrage bereits auseinandergesetzt. Gerade die Erkenntniß dieses äußerst wichtigen Verhältnisses ist eines der größten Verdienste Darwin's. Da aber dieses Verhältniß sehr häufig unvollkommen oder falsch verstanden wird, ist es nothwendig, dasselbe jetzt noch näher in's Auge zu fassen, und an einigen Beispielen die Wirksamkeit des Kampfes um's Dasein, die Thätigkeit der natürlichen Züchtung durch den Kampf um's Dasein zu erläutern.

Wir gingen bei der Betrachtung des Kampfes um's Dasein von der Thatsache aus, daß die Zahl der Keime, welche alle Thiere und Pflanzen erzeugen, unendlich viel größer ist, als die Zahl der Individuen, welche wirklich in das Leben treten und sich längere oder kürzere Zeit am Leben erhalten können. Die meisten Organismen erzeugen während ihres Lebens Tausende oder Millionen von Keimen, aus deren jedem sich unter günstigen Umständen ein neues Individuum entwickeln könnte. Bei den meisten Thieren und Pflanzen sind diese Keime Eier, d. h. Zellen, welche zu ihrer weiteren Entwickelung der geschlechtlichen Befruchtung bedürfen. Dagegen bei den Protisten, niedersten Organismen, welche weder Thiere noch Pflanzen sind, und welche sich bloß ungeschlechtlich fortpflanzen, bedürfen die Keimzellen oder Sporen keiner Befruchtung. In allen Fällen steht die Zahl sowohl dieser ungeschlechtlichen als jener geschlechtlichen Keime in gar keinem Verhältniß zur Zahl der wirklich lebenden Individuen.

Im Großen und Ganzen genommen bleibt die Zahl der lebenden Thiere und Pflanzen auf unserer Erde durchschnittlich fast dieselbe. Die Zahl der Stellen im Naturhaushalt ist beschränkt, und an den meisten Punkten der Erdoberfläche sind diese Stellen immer annähernd besetzt. Gewiß finden überall in jedem Jahre Schwankungen in der absoluten und in der relativen Individuenzahl aller Arten statt. Allein im Großen und Ganzen genommen werden diese Schwankungen nur geringe Bedeutung haben gegenüber der Thatsache, daß die Gesammtzahl aller Individuen durchschnittlich beinahe constant bleibt. Der Wechsel, der überall stattfindet, besteht darin, daß in einem Jahre diese und im anderen Jahre jene Reihe von Thieren und Pflanzen überwiegt, und daß in jedem Jahre der Kampf um's Dasein dieses Verhältniß wieder etwas anders gestaltet.

Jede einzelne Art von Thieren und Pflanzen würde in kurzer Zeit die ganze Erdoberfläche dicht bevölkert haben, wenn sie nicht mit einer Menge von Feinden und feindlichen Einflüssen zu kämpfen hätte. Schon Linné berechnete, daß, wenn eine einjährige Pflanze nur zwei Samen hervorbrächte (und es giebt keine, die so wenig erzeugt), sie in 20 Jahren schon eine Million Individuen geliefert haben würde. Darwin berechnete vom Elephanten, der sich am langsamsten von allen Thieren zu vermehren scheint, daß in 500 Jahren die Nachkommenschaft eines einzigen Paares bereits 15 Millionen Individuen betragen würde, vorausgesetzt, das jeder Elephant während der Zeit seiner Fruchtbarkeit (vom 30. bis 90. Jahre) nur 3 Paar Junge erzeugte. Ebenso würde die Zahl der Menschen, wenn man die mittlere Fortpflanzungszahl zu Grunde legt, und wenn keine Hindernisse der natürlichen Vermehrung im Wege stünden, bereits in 25 Jahren sich verdoppelt haben. In jedem Jahrhundert würde die Gesammtzahl der menschlichen Bevölkerung um das sechszehnfache gestiegen sein. Nun wissen Sie aber, daß die Gesammtzahl der Menschen nur sehr langsam wächst, und daß die Zunahme der Bevölkerung in verschiedenen Gegenden sehr verschieden ist. Während europäische Stämme sich über den ganzen Erdball ausbreiten, gehen andere Stämme, ja sogar ganze Arten oder Species des Menschengeschlechts mit jedem Jahre mehr ihrem völligen Aussterben entgegen. Dies gilt namentlich von den Rothhäuten Amerikas und ebenso von den schwarzbraunen Eingeborenen Australiens. Selbst wenn diese Völker sich reichlicher fortpflanzten, als die weiße Menschenart Europas, würden sie dennoch früher oder später der letzteren im Kampfe um's Dasein erliegen. Von allen menschlichen Individuen aber, ebenso wie von allen übrigen Organismen, geht bei weitem die überwiegende Mehrzahl in der frühesten Lebenszeit zu Grunde. Von der ungeheuren Masse von Keimen, die jede Art erzeugt, gelangen nur sehr wenige wirklich zur Entwickelung, und von diesen wenigen ist es wieder nur ein ganz kleiner Bruchtheil, welcher das Alter erreicht, in dem er sich fortpflanzen kann. (Vergl. S. 145.)

Aus diesem Mißverhältniß zwischen der ungeheuren Ueberzahl der organischen Keime und der geringen Anzahl von auserwählten Individuen, die wirklich neben und mit einander fortbestehen können, folgt mit Nothwendigkeit jener allgemeine Kampf um's Dasein, jenes beständige Ringen um die Existenz, jener unaufhörliche Wettkampf um die Lebensbedürfnisse, von welchem ich Ihnen bereits im siebenten Vortrage ein Bild entwarf. Jener Kampf um's Dasein ist es, welcher die natürliche Zuchtwahl ausübt, welcher die Wechselwirkung der Vererbungs- und Anpassungserscheinungen züchtend benutzt und dadurch an einer beständigen Umbildung aller organischen Formen arbeitet. Immer werden in jenem Kampf um die Erlangung der nothwendigen Existenzbedingungen diejenigen Individuen ihre Nebenbuhler besiegen, welche irgend eine individuelle Begünstigung, eine vortheilhafte Eigenschaft besitzen, die ihren Mitbewerbern fehlt. Freilich können wir nur in den wenigsten Fällen, nur bei näher bekannten Thieren und Pflanzen, uns eine ungefähre Vorstellung von der unendlich complicirten Wechselwirkung der zahlreichen Verhältnisse machen, welche alle hierbei in Frage kommen. Denken Sie nur daran, wie unendlich mannichfaltig und verwickelt die Beziehungen jedes einzelnen Menschen zu den übrigen und überhaupt zu der ihn umgebenden Außenwelt sind. Aehnliche Beziehungen walten aber auch zwischen allen Thieren und Pflanzen, die an einem Orte mit einander leben. Alle wirken gegenseitig, activ oder passiv, auf einander ein. Jedes Thier kämpft, wie jede Pflanze, direct mit einer Anzahl von Feinden, insbesondere mit Raubthieren und Parasiten. Die zusammenstehenden Pflanzen kämpfen mit einander um den Bodenraum, den ihre Wurzeln bedürfen, um die nothwendige Menge von Licht, Luft, Feuchtigkeit u. s. w. Ebenso ringen die Thiere eines jeden Bezirks mit einander um ihre Nahrung, Wohnung u. s. w. Es wird in diesem äußerst lebhaften und verwickelten Kampf jeder noch so kleine persönliche Vorzug, jeder individuelle Vortheil möglicherweise den Ausschlag zu Gunsten seines Besitzers geben können. Dieses bevorzugte einzelne Individuum bleibt im Kampfe Sieger und pflanzt sich fort, während seine Mitbewerber zu Grunde gehen, ehe sie zur Fortpflanzung gelangen. Der persönliche Vorzug, welcher ihm den Sieg verlieh, wird auf seine Nachkommen vererbt, und kann durch weitere Befestigung und Vervollkommnung die Ursache zur Bildung einer neuen Art werden.

Die unendlich verwickelten Wechselbeziehungen, welche zwischen den Organismen eines jeden Bezirks bestehen, und welche als die eigentlichen Bedingungen des Kampfes um's Dasein angesehen werden müssen, sind uns größtentheils unbekannt und meistens auch sehr schwierig zu erforschen. Nur in einzelnen Fällen haben wir dieselben bisher bis zu einem gewissen Grade verfolgen können, so z. B. in dem von Darwin angeführten Beispiel von den Beziehungen der Katzen zum rothen Klee in England. Die rothe Kleeart (Trifolium pratense), welche in England eines der vorzüglichsten Futterkräuter für das Rindvieh bildet, bedarf, um zur Samenbildung zu gelangen, des Besuchs der Hummeln. Indem diese Insecten den Honig aus dem Grunde der Kleeblüthe saugen, bringen sie den Blüthenstaub mit der Narbe in Berührung und vermitteln so die Befruchtung der Blüthe, welche ohne sie niemals erfolgt. Darwin hat durch Versuche gezeigt, daß rother Klee, den man von dem Besuche der Hummeln absperrt, keinen einzigen Samen liefert. Die Zahl der Hummeln ist bedingt durch die Zahl ihrer Feinde, unter denen die Feldmäuse die verderblichsten sind. Je mehr die Feldmäuse überhand nehmen, desto weniger wird der Klee befruchtet. Die Zahl der Feldmäuse ist wiederum von der Zahl ihrer Feinde abhängig, zu denen namentlich die Katzen gehören. Daher giebt es in der Nähe der Dörfer und Städte, wo viel Katzen gehalten werden, besonders viel Hummeln. Eine große Zahl von Katzen ist also offenbar von großem Vortheil für die Befruchtung des Klees. Man kann nun, wie es von Karl Vogt geschehen ist, an dieses Beispiel noch weitere Erwägungen anknüpfen. Denn das Rindvieh, welches sich von dem rothen Klee nährt, ist eine der wichtigsten Grundlagen des Wohlstandes von England. Die Engländer conserviren ihre körperlichen und geistigen Kräfte vorzugsweise dadurch, daß sie sich größtentheils von trefflichem Fleisch, namentlich ausgezeichnetem Rostbeaf und Beafsteak nähren. Dieser vorzüglichen Fleischnahrung verdanken die Britten zum großen Theil das Uebergewicht ihres Gehirns und Geistes über die anderen Nationen. Offenbar ist dieses aber indirect abhängig von den Katzen, welche die Feldmäuse verfolgen. Man kann auch mit Huxley auf die alten Jungfern zurückgehen, welche vorzugsweise die Katzen hegen und pflegen und somit für die Befruchtung des Klees und den Wohlstand Englands von hoher Wichtigkeit sind. An diesem Beispiel können Sie erkennen, daß, je weiter man dasselbe verfolgt, desto größer der Kreis der Wirkungen und der Wechselbeziehungen wird. Man kann aber mit Bestimmtheit behaupten, daß bei jeder Pflanze und bei jedem Thiere eine Masse solcher Wechselbeziehungen existiren. Nur sind wir selten im Stande, die Kette derselben so herzustellen, und zu übersehen, wie es hier annähernd der Fall ist.

Ein anderes merkwürdiges Beispiel von wichtigen Wechselbeziehungen ist nach Darwin folgendes: In Paraguay finden sich keine verwilderten Rinder und Pferde, wie in den benachbarten Theilen Südamerikas, nördlich und südlich von Paraguay. Dieser auffallende Umstand erklärt sich einfach dadurch, daß in diesem Lande eine kleine Fliege sehr häufig ist, welche die Gewohnheit, hat, ihre Eier in den Nabel der neugeborenen Rinder und Pferde zu legen. Die neugeborenen Thiere sterben in Folge dieses Eingriffs, und jene kleine gefürchtete Fliege ist also die Ursache, daß die Rinder und Pferde in diesem District niemals verwildern. Angenommen, daß durch irgend einen insektenfressenden Vogel jene Fliege zerstört würde, so würden in Paraguay ebenso wie in den benachbarten Theilen Südamerikas diese großen Säugethiere massenhaft verwildern, und da dieselben eine Menge von bestimmten Pflanzenarten verzehren, würde die ganze Flora, und in Folge davon wiederum die ganze Fauna dieses Landes eine andere werden. Daß dadurch zugleich auch die ganze Oekonomie und somit der Charakter der menschlichen Bevölkerung sich ändern würde, braucht nicht erst gesagt zu werden.

So kann das Gedeihen oder selbst die Existenz ganzer Völkerschaften durch eine einzige kleine, an sich höchst unbedeutende Thier- oder Pflanzen-Form indirect bedingt werden. Es giebt kleine oceanische Inseln, deren menschliche Bewohner wesentlich nur von einer Palmenart leben. Die Befruchtung dieser Palme wird vorzüglich durch Insecten vermittelt, die den Blüthenstaub von den männlichen auf die weiblichen Palmbäume übertragen. Die Estistenz dieser nützlichen Insekten wird durch insektenfressende Vögel gefährdet, die ihrerseits wieder von Raubvögeln verfolgt werden. Die Raubvögel aber unterliegen oft dem Angriffe einer kleinen parasitischen Milbe, die sich zu Millionen in ihrem Federkleide entwickelt. Dieser kleine gefährliche Parasit kann wiederum durch parasitische Pilze getödtet werden. Pilze, Raubvögel und Insecten würden in diesem Falle das Gedeihen der Palmen und somit der Menschen begünstigen, Vogelmilben und insektenfressende Vögel dagegen gefährden.

Interessante Beispiele für die Veränderung der Wechselbeziehungen im Kampf um's Dasein liefern auch jene isolirten und von Menschen unbewohnten oceanischen Inseln, auf denen zu verschiedenen Malen von Seefahrern Ziegen oder Schweine ausgesetzt wurden. Diese Thiere verwilderten und nahmen an Zahl aus Mangel an Feinden bald so übermäßig zu, daß die ganze übrige Thier- und Pflanzenbevölkerung darunter litt, und daß schließlich die Insel beinahe verödete, weil den zu massenhaft sich vermehrenden großen Säugethieren die hinreichende Nahrung fehlte. In einigen Fällen wurden auf einer solchen von Ziegen oder Schweinen übervölkerten Insel später von anderen Seefahrern ein Paar Hunde ausgesetzt, die sich in diesem Futterüberfluß sehr wohl befanden, sich wieder sehr rasch vermehrten und furchtbar unter den Heerden aufräumten, so daß nach einer Anzahl von Jahren den Hunden selbst das Futter fehlte, und auch sie beinahe ausstarben. So wechselt beständig in der Oekonomie der Natur das Gleichgewicht der Arten, je nachdem die eine oder andere Art sich auf Kosten der übrigen vermehrt. In den meisten Fällen sind freilich die Beziehungen der verschiedenen Thier- und Pflanzenarten zu einander viel zu verwickelt, als daß wir ihnen nachkommen könnten, und ich überlasse es Ihrem eigenen Nachdenken, sich auszumalen, welches unendlich verwickelte Getriebe an jeder Stelle der Erde in Folge dieses Kampfes stattfinden muß. In letzter Instanz sind die Triebfedern, welche den Kampf bedingen, und welche den Kampf an allen verschiedenen Stellen verschieden gestalten und modificiren, die Triebfedern der Selbsterhaltung, und zwar sowohl der

Erhaltungstrieb der Individuen (Ernährungstrieb), als der Erhaltungstrieb der Arten (Fortpflanzungstrieb). Diese beiden Grundtriebe der organischen Selbsterhaltung sind es, von denen sogar Schiller, der Idealist (nicht Goethe, der Realist!) sagt:

„Einstweilen bis den Bau der Welt
„Philosophie zusammenhält,
„Erhält sich ihr Getriebe
„Durch Hunger und durch Liebe."

Diese beiden mächtigen Grundtriebe sind es, welche durch ihre verschiedene Ausbildung in den verschiedenen Arten den Kampf um's Dasein so ungemein mannichfaltig gestalten, und welche den Erscheinungen der Vererbung und Anpassnng zu Grunde liegen. Wir konnten alle Vererbung auf die Fortpflanzung, alle Anpassung auf die Ernährung als die materielle Grundursache zurückführen.

Der Kampf um das Dasein wirkt bei der natürlichen Züchtung ebenso züchtend oder auslesend, wie der Wille des Menschen bei der künstlichen Züchtung. Aber dieser wirkt planmäßig und bewußt, jener planlos und unbewußt. Dieser wichtige Unterschied zwischen der künstlichen und natürlichen Züchtung verdient besondere Beachtung. Denn wir lernen hierdurch verstehen, warum zweckmäßige Einrichtungen ebenso durch zwecklos wirkende mechanische Ursachen, wie durch zweckmäßig thätige Endursachen erzeugt werden können. Die Produkte der natürlichen Züchtung sind ebenso und noch mehr zweckmäßig eingerichtet, wie die Kunstprodukte des Menschen, und dennoch verdanken sie ihre Entstehung nicht einer zweckmäßig thätigen Schöpferkraft, sondern einem unbewußt und planlos wirkenden mechanischen Verhältniß. Wenn man nicht tiefer über die Wechselwirkung der Vererbung und Anpassung unter dem Einfluß des Kampfes um's Dasein nachgedacht hat, so ist man zunächst nicht geneigt, solche Erfolge von diesem natürlichen Züchtungsprozeß zu erwarten, wie derselbe in der That liefert. Es ist daher wohl angemessen, hier ein Paar besonders einleuchtende Beispiele von der Wirksamkeit der natürlichen Züchtung anzuführen.

Lassen Sie uns zunächst die von Darwin hervorgehobene gleichfarbige Zuchtwahl oder die sogenannte „sympathische Farbenwahl" der Thiere betrachten. Schon frühere Naturforscher haben es sonderbar gefunden, daß zahlreiche Thiere im Großen und Ganzen dieselbe Färbuug zeigen wie der Wohnort, oder die Umgebung, in der sie sich beständig aufhalten. So sind z. B. die Blattläuse und viele andere auf Blättern lebende Insekten grün gefärbt. Die Wüstenbewohner: Springmäuse, Wüstenfüchse, Gazellen, Löwen u. s. w. sind meist gelb oder gelblichbraun gefärbt, wie der Sand der Wüste. Die Polarthiere, welche auf Eis und Schnee leben, sind weiß oder grau, wie Eis und Schnee. Viele von diesen ändern ihre Färbung im Sommer und Winter. Im Sommer, wenn der Schnee theilweis vergeht, wird das Fell dieser Polarthiere graubraun oder schwärzlich wie der nackte Erdboden, während es im Winter wieder weiß wird. Schmetterlinge und Kolibris, welche die bunten, glänzenden Blüthen umschweben, gleichen diesen in der Färbung. Darwin erklärt nun diese auffallende Thatsache ganz einfach dadurch, daß eine solche Färbung, die mit der des Wohnortes übereinstimmt, den betreffenden Thieren von größtem Nutzen ist. Wenn diese Thiere Raubthiere sind, so werden sie sich dem Gegenstand ihres Appetits viel sicherer und unbemerkter nähern können, und ebenso werden die von ihnen verfolgten Thiere viel leichter entfliehen können, wenn sie sich in der Färbung möglichst wenig von ihrer Umgebung unterscheiden. Wenn also ursprünglich eine Thierart in allen Farben variirte, so werden diejenigen Individuen, deren Farbe am meisten derjenigen ihrer Umgebung glich, im Kampf um's Dasein am meisten begünstigt gewesen sein. Sie blieben unbemerkter, erhielten sich und pflanzten sich fort, während die anders gefärbten Individuen oder Spielarten ausstarben.

Aus derselben gleichfarbigen Zuchtwahl habe ich in meiner „generellen Morphologie" versucht, die merkwürdige Wasserähnlichkeit der pelagischen Glasthiere zu erklären, die wunderbare Thatsache daß die Mehrzahl der pelagischen Thiere, d. h. derer, welche an der Oberfläche der offenen See leben, bläulich oder ganz farblos und glasartig durchsichtig ist, wie das Wasser selbst. Solche farblose, glasartige Thiere kommen in den verschiedensten Klassen vor. Es gehören dahin unter den Fischen die Helmichthyiden, durch deren glashellen Körper hindurch man die Schrift eines Buches lesen kann; unter den Weichthieren die Flossenschnecken und Kielschnecken; unter den Würmern die Salpen, Alciope und Sagitta; ferner sehr zahlreiche pelagische Krebsthiere (Crustaceen) und der größte Theil der Medusen (Schirmquallen, Kammquallen u. s. w.). Alle diese pelagischen Thiere, welche an der Oberfläche des offenen Meeres schwimmen, sind glasartig durchsichtig und farblos, wie das Wasser selbst, während ihre nächsten Verwandten, die auf dem Grunde des Meeres leben, gefärbt und undurchsichtig wie die Landbewohner sind. Auch diese merkwürdige Thatsache läßt sich ebenso wie die sympathische Färbung der Landbewohner durch die natürliche Züchtung erklären. Unter den Voreltern der pelagischen Glasthiere, welche einen verschiedenen Grad von Farblosigkeit und Durchsichtigkeit zeigten, werden diejenigen, welche am meisten farblos und durchsichtig waren, offenbar in dem lebhaften Kampf um's Dasein, der an der Meeresoberfläche stattfindet, am meisten begünstigt gewesen sein. Sie konnten sich ihrer Beute am leichtesten unbemerkt nähern, und wurden selbst von ihren Feinden am wenigsten bemerkt. So konnten sie sich leichter erhalten und fortpflanzen, als ihre mehr gefärbten und undurchsichtigen Verwandten, und schließlich erreichte, durch gehäufte Anpassung und Vererbung, durch natürliche Auslese im Laufe vieler Generationen, der Körper denjenigen Grad von glasartiger Durchsichtigkeit und Farblosigkeit, den wir gegenwärtig an den pelagischen Glasthieren bewundern.

Nicht minder interessant und lehrreich, als die gleichfarbige Zuchtwahl, ist diejenige Art der natürlichen Züchtung, welche Darwin die sexuelle oder geschlechtliche Zuchtwahl nennt; durch sie wird besonders die Entstehung der sogenannten „secundären Sexualcharaktere“ erklärt. Wir haben diese untergeordneten Geschlechtscharaktere, die in so vieler Beziehung lehrreich sind, schon früher erwähnt; wir verstanden darunter solche Eigenthümlichkeiten der Thiere und

Pflanzen, welche bloß einem der beiden Geschlechter zukommen, und welche nicht in unmittelbarer Beziehung zu der Fortpflanzungsthätigkeit selbst stehen. (Vergl. oben S. 188.) Solche secundäre Geschlechtscharaktere kommen in großer Mannichfaltigkeit bei den Thieren vor. Sie wissen Alle, wie auffallend sich bei vielen Vögeln und Schmetterlingen die beiden Geschlechter durch Größe und Färbung unterscheiden. Meistens ist hier das Männchen das größere und schönere Geschlecht. Oft besitzt dasselbe besondere Zierrathe oder Waffen, wie z. B. der Sporn und Federkragen des Hahns, das Geweih der männlichen Hirsche und Rehe u. s. w. Alle diese Eigenthümlichkeiten des einen Geschlechtes haben mit der Fortpflanzung selbst, welche durch die „primären Sexualcharaktere", die eigentlichen Geschlechtsorgane, vermittelt wird, unmittelbar Nichts zu thun.

Die Entstehung dieser merkwürdigen „secundären Sexualcharaktere" erklärt nun Darwin einfach durch die Auslese oder Selection, welche bei der Fortpflanzung der Thiere geschieht. Bei den meisten Thieren ist die Zahl der Individuen beiderlei Geschlechts mehr oder weniger ungleich; entweder ist die Zahl der weiblichen oder die der männlichen Individuen größer, und wenn die Fortpflanzungszeit herannaht, findet in der Regel ein Kampf zwischen den betreffenden Nebenbuhlern um Erlangung der Thiere des anderen Geschlechtes statt. Es ist bekannt, mit welcher Kraft und Heftigkeit gerade bei den höchsten Thieren, bei den Säugethieren und Vögeln, besonders bei den in Polygamie lebenden, dieser Kampf gefochten wird. Bei den Hühnervögeln, wo auf einen Hahn zahlreiche Hennen kommen, findet zur Erlangung eines möglichst großen Harems ein lebhafter Kampf zwischen den mitbewerbenden Hähnen statt. Dasselbe gilt von vielen Wiederkäuern. Bei den Hirschen und Rehen z. B. entstehen zur Zeit der Fortpflanzung gefährliche Kämpfe zwischen den Männchen um den Besitz der Weibchen. Der secundäre Sexualcharakter, welcher hier die Männchen auszeichnet, das Geweih der Hirsche und Rehe, das den Weibchen fehlt, ist nach Darwin die Folge jenes Kampfes. Hier ist also nicht, wie beim Kampf um die individuelle Existenz, die Selbsterhaltung, sondern die Erhaltung der Art, die Fotpflanzung, das Motiv und die bestimmende Ursache das Kampfes. Es giebt eine ganze Menge von Waffen, die in dieser Weise von den Thieren erworben wurden, sowohl passive Schutzwaffen als active Angriffswaffen. Eine solche Schutzwaffe ist zweifelsohne die Mähne des Löwen, die dem Weibchen abgeht; sie ist bei den Bissen, die die männlichen Löwen sich am Halse beizubringen suchen, wenn sie um die Weibchen kämpfen, ein tüchtiges Schutzmittel; und daher sind die mit der stärksten Mähne versehenen Männchen in dem sexuellen Kampfe am Meisten begünstigt. Eine ähnliche Schutzwaffe ist die Wamme des Stiers und der Federkragen des Hahns. Active Angriffswaffen sind dagegen das Geweih des Hirsches, der Hauzahn des Ebers, der Sporn des Hahns und der entwickelte Oberkiefer des männlichen Hirschkäfers; alles Instrumente, welche beim Kampfe der Männchen um die Weibchen zur Vernichtung oder Vertreibung der Nebenbuhler dienen.

In den letzterwähnten Fällen sind es die unmittelbaren Vernichtungskämpfe der Nebenbuhler, welche die Entstehung des secundären Sexualcharakters bedingen. Außer diesen unmittelbaren Vernichtungskämpfen sind aber bei der geschlechtlichen Auslese auch die mehr mittelbaren Wettkämpfe von großer Wichtigkeit, welche auf die Nebenbuhler nicht minder umbildend einwirken. Diese bestehen vorzugsweise darin, daß das werbende Geschlecht dem anderen zu gefallen sucht: durch äußeren Putz, durch Schönheit, oder durch eine melodische Stimme. Unzweifelhaft ist die schöne Stimme der Singvögel wesentlich auf diesem Wege entstanden. Bei vielen Vögeln findet ein wirklicher Sängerkrieg zwischen den Männchen statt, die um den Besitz der Weibchen kämpfen. Von mehreren Singvögeln weiß man, daß zur Zeit der Fortpflanzung die Männchen sich zahlreich vor den Weibchen versammeln und vor ihnen ihren Gesang erschallen lassen, und daß dann die Weibchen denjenigen Sänger, welcher ihnen am besten gefällt, zu ihrem Gemahl erwählen. Bei anderen Singvögeln lassen die einzelnen Männchen in der Einsamkeit des Waldes ihren Gesang ertönen, um die Weibchen anzulocken, und diese folgen dem anziehendsten Locktone. Ein ähnlicher musikalischer Wettkampf, der allerdings weniger melodisch ist, findet bei den Cikaden und Heuschrecken statt. Bei den Cikaden hat das Männchen am Unterleib zwei trommelartige Instrumente und erzeugt damit die scharfen zirpenden Töne, welche die alten Griechen seltsamer Weise als schöne Musik priesen. Bei den Heuschrecken bringen die Männchen, theils indem sie die Hinterschenkel wie Violinbogen an den Flügeldecken reiben, theils durch Reiben der Flügeldecken an einander, Töne hervor, die für uns allerdings nicht melodisch sind, die aber den weiblichen Heuschrecken so gut gefallen, daß sie die am besten geigenden Männchen sich aussuchen.

Bei anderen Insekten und Vögeln ist es nicht der Gesang oder überhaupt die musikalische Leistung, sondern der Putz oder die Schönheit des einen Geschlechts, welches das andere anzieht. So finden wir, daß bei den meisten Hühnervögeln die Hähne durch Hautlappen auf dem Kopfe sich auszeichnen, oder durch einen schönen Schweif, den sie radartig ausbreiten, wie z. B. der Pfau und der Truthahn. Auch der prachtvolle Schweif des Paradiesvogels ist eine ausschließliche Zierde des männlichen Geschlechts. Ebenso zeichnen sich bei sehr vielen anderen Vögeln und bei sehr vielen Insekten, namentlich Schmetterlingen, die Männchen durch besondere Farben oder andere Zierden vor den Weibchen aus. Offenbar sind dieselben Produkte der sexuellen Züchtung. Da den Weibchen diese Reize und Verzierungen fehlen, so müssen wir schließen, daß dieselben von den Männchen im Wettkampf um die Weibchen erst mühsam erworben worden sind, wobei die Weibchen auslesend wirkten.

Die Anwendung dieses interessanten Schlusses auf die menschliche Gesellschaft können Sie sich selbst leicht im Einzelnen ausmalen. Offenbar sind auch hier dieselben Ursachen bei der Ausbildung der secundären Sexualcharaktere wirksam gewesen. Ebensowohl die Vorzüge, welche den Mann, als diejenigen, welche das Weib auszeichnen, verdanken ihren Ursprung ganz gewiß größtentheils der sexuellen Auslese des anderen Geschlechts. Im Alterthum und im Mittelalter, besonders in der romantischen Ritterzeit, waren es die unmittelbaren Vernichtungskämpfe, die Turniere und Duelle, welche die Brautwahl vermittelten; der Stärkere führte die Braut heim. In neuerer Zeit dagegen sind die mittelbaren Wettkämpfe der Nebenbuhler beliebter, welche mittelst musikalischer Leistungen, Spiel und Gesang, oder mittelst körperlicher Reize, natürlicher Schönheit oder künstlichen Putzes, in unseren sogenannten „feinen" und „hochcivilisirten" Gesellschaften ausgekämpft werden. Bei weitem am Wichtigsten aber von diesen verschiedenen Formen der Geschlechtswahl des Menschen ist die am meisten veredelte Form derselben, nämlich die psychische Auslese, bei welcher die geistigen Vorzüge des einen Geschlechts bestimmend auf die Wahl des anderen einwirken. Indem der am höchsten veredelte Kulturmensch sich bei der Wahl der Lebensgefährtin Generationen hindurch von den Seelenvorzügen derselben leiten ließ, und diese auf die Nachkommenschaft vererbte, half er mehr, als durch vieles Andere, die tiefe Kluft schaffen, welche ihn gegenwärtig von den rohesten Naturvölkern und von unseren gemeinsamen thierischen Voreltern trennt. Ueberhaupt ist die Rolle, welche die gesteigerte sexuelle Zuchtwahl, und ebenso die Rolle, welche die vorgeschrittene Arbeitstheilung zwischen beiden Geschlechtern beim Menschen spielt, höchst bedeutend; und ich glaube, daß hierin eine der mächtigsten Ursachen zu suchen ist, welche die phylogenetische Entstehung und die historische Entwickelung des Menschengeschlechts bewirkten.

Da Darwin in seinem 1871 erschienenen, höchst interessanten Werke über „die Abstammung des Menschen und die geschlechtliche Zuchtwahl"[48]) diesen Gegenstand in der geistreichsten Weise erörtert und durch die merkwürdigsten Beispiele erläutert hat, verweise ich Sie bezüglich des Näheren auf dieses Werk. Lassen Sie uns dagegen jetzt noch einen Blick auf zwei äußerst wichtige organische Grundgesetze werfen, welche sich durch die Selectionstheorie als nothwendige Folgen der natürlichen Züchtung im Kampf um's Dasein erklären lassen, nämlich das Gesetz der Arbeitstheilung oder Differenzirung und das Gesetz des Fortschritts oder der Vervollkommnung. Man war früher, als man in der geschichtlichen Entwickelung, in der individuellen Entwickelung und in der vergleichenden Anatomie der Thiere und Pflanzen durch die Erfahrung diese beiden Gesetze kennen lernte, geneigt, dieselben wieder auf eine unmittelbare schöpferische Einwirkung zurückzuführen. Es sollte in dem zweckmäßigen Plane des Schöpfers gelegen haben, die Formen der Thiere und Pflanzen im Laufe der Zeit immer mannichfaltiger auszubilden und immer vollkommener zu gestalten. Wir werden offenbar einen großen Schritt in der Erkenntniß der Natur thun, wenn wir diese teleologische und anthropomorphe Vorstellung zurückweisen, und die beiden Gesetze der Arbeitstheilung und Vervollkommnung als nothwendige Folgen der natürlichen Züchtung im Kampfe um's Dasein nachweisen können.

Das erste große Gesetz, welches unmittelbar und mit Nothwendigkeit aus der natürlichen Züchtung folgt, ist dasjenige der Sonderung oder Differenzirung, welche man auch häufig als Arbeitstheilung oder Polymorphismus bezeichnet und welche Darwin als Divergenz des Charakters erläutert. Wir verstehen darunter die allgemeine Neigung aller organischen Individuen, sich in immer höherem Grade ungleichartig auszubilden und von dem gemeinsamen Urbilde zu entfernen. Die Ursache dieser allgemeinen Neigung zur Sonderung und der dadurch bewirkten Hervorbildung ungleichartiger Formen aus gleichartiger Grundlage ist nach Darwin einfach auf den Umstand zurückzuführen, daß der Kampf um's Dasein zwischen je zwei Organismen um so heftiger entbrennt, je näher sich dieselben in jeder Beziehung stehen, je gleichartiger sie sind. Dies ist ein ungemein wichtiges und eigentlich äußerst einfaches Verhältniß, welches aber gewöhnlich gar nicht gehörig in's Auge gefaßt wird.

Es wird Jedem von Ihnen einleuchten, daß auf einem Acker von bestimmter Größe neben den Kornpflanzen, die dort ausgesäet sind, eine große Anzahl von Unkräutern existiren können, und zwar an Stellen, welche nicht von den Kornpflanzen eingenommen werden könnten.

Die trockeneren, sterileren Stellen des Bodens, auf denen keine Kornpflanze gedeihen würde, können noch zum Unterhalt von Unkraut verschiedener Art dienen; und zwar werden davon um so mehr verschiedene Arten und Individuen neben einander existiren können, je besser die verschiedenen Unkrautarten geeignet sind, sich den verschiedenen Stellen des Ackerbodens anzupassen. Ebenso ist es mit den Thieren. Offenbar können in einem und demselben beschränkten Bezirk eine viel größere Anzahl von thierischen Individuen zusammenleben, wenn dieselben von mannichfach verschiedener Natur, als wenn sie alle gleich sind. Es giebt Bäume (wie z. B. die Eiche), auf welchen ein paar Hundert verschiedene Insektenarten neben einander leben. Die einen nähren sich von den Früchten des Baumes, die anderen von den Blättern, noch andere von der Rinde, der Wurzel u. s. f. Es wäre ganz unmöglich, daß die gleiche Zahl von Individuen auf diesem Baume lebte, wenn alle von einer Art wären, wenn z. B. alle nur von der Rinde oder nur von den Blättern lebten. Ganz dasselbe ist in der menschlichen Gesellschaft der Fall. In einer und derselben kleinen Stadt kann eine bestimmte Anzahl von Handwerkern nur leben, wenn dieselben verschiedene Geschäfte betreiben. Die Arbeitstheilung, welche sowohl der ganzen Gemeinde, als auch dem einzelnen Arbeiter den größten Nutzen bringt, ist eine unmittelbare Folge des Kampfes um's Dasein, der natürlichen Züchtung; denn dieser Kampf ist um so leichter zu bestehen, je mehr sich die Thätigkeit und somit auch die Form der verschiedenen Individuen von einander entfernt. Natürlich wirkt die verschiedene Function umbildend auf die Form zurück, und die physiologische Arbeitstheilung bedingt nothwendig die morphologische Differenzirung, die „Divergenz des Charakters“ [37]).

Nun bitte ich Sie wieder zu erwägen, daß alle Thier- und Pflanzenarten veränderlich sind, und die Fähigkeit besitzen, sich an verschiedenen Orten den localen Verhältnissen anzupassen. Die Spielarten, Varietäten oder Rassen einer jeden Species werden sich den Anpassungsgesetzen gemäß um so mehr von der ursprünglichen Stammart entfernen, je verschiedenartiger die neuen Verhältnisse sind, denen sie sich anpassen. Wenn wir nun diese von einer gemeinsamen Grundform ausgehenden Varietäten uns in Form eines verzweigten Strahlenbüschels vorstellen, so werden diejenigen Spielarten am besten neben einander existiren und sich fortpflanzen können, welche am weitesten von einander entfernt sind, welche an den Enden der Reihe oder auf entgegengesetzten Seiten des Büschels stehen. Die in der Mitte stehenden Uebergangsformen dagegen haben den schwierigsten Stand im Kampfe um's Dasein. Die nothwendigen Lebensbedürfnisse sind bei den extremen, am weitesten auseinander gehenden Spielarten am meisten verschieden, und daher werden diese in dem allgemeinen Kampfe um's Dasein am wenigsten in ernstlichen Conflict gerathen. Die vermittelnden Zwischenformen dagegen, welche sich am wenigsten von der ursprünglichen Stammform entfernt haben, theilen mehr oder minder dieselben Lebensbedürfnisse, und daher werden sie in der Mitbewerbung um dieselben am meisten zu kämpfen haben und am gefährlichsten bedroht sein. Wenn also zahlreiche Varietäten oder Spielarten einer Species auf einem und demselben Fleck der Erde mit einander leben, so können viel eher die Extreme, die am meisten abweichenden Formen, neben einander fort bestehen, als die vermittelnden Zwischenformen, welche mit jedem der verschiedenen Extreme zu kämpfen haben. Die letzteren werden auf die Dauer den feindlichen Einflüssen nicht widerstehen können, welche die ersteren siegreich überwinden. Diese allein erhalten sich, pflanzen sich fort und sind nun nicht mehr durch vermittelnde Uebergangsformen mit der ursprünglichen Stammart verbunden. So entstehen aus Varietäten „gute Arten“. Der Kampf um's Dasein begünstigt nothwendig die allgemeine Divergenz oder das Auseinandergehen der organischen Formen, die beständige Neigung der Organismen, neue Arten zu bilden. Diese beruht nicht auf einer mystischen Eigenschaft, auf einem unbekannten Bildungstrieb der Organismen, sondern auf der Wechselwirkung der Vererbung und Anpassung im Kampfe um's Dasein. Indem von den Varietäten einer jeden Species die vermittelnden Zwischenformen erlöschen und die Uebergangsglieder aussterben, geht der Divergenzproceß immer weiter, und bildet in den Extremen Gestalten aus, die wir als neue Arten unterscheiden.

Obgleich alle Naturforscher die Variabilität oder Veränderlichkeit aller Thier- und Pflanzenarten zugeben müssen, haben doch die meisten bisher bestritten, daß die Abänderung oder Umbildung der organischen Form die ursprüngliche Grenze des Speciescharakters überschreite. Unsere Gegner halten an dem Satze fest: „Soweit auch eine Art in Varietätenbüschel aus einander gehen mag, so sind die Spielarten oder Varietäten derselben doch niemals in dem Grade von einander unterschieden, wie zwei wirkliche gute Arten.“ Diese Behauptung, die gewöhnlich von Darwin's Gegnern an die Spitze ihrer Beweisführung gestellt wird, ist vollkommen unhaltbar und unbegründet. Dies wird Ihnen sofort klar, sobald Sie kritisch die verschiedenen Versuche vergleichen, den Begriff der Species oder Art festzustellen. Was eigentlich eine „echte oder gute Art“ („bona species“) sei, diese Frage vermag kein Naturforscher zu beantworten, obgleich jeder Systematiker täglich diese Ausdrücke gebraucht, und trotzdem ganze Bibliotheken über die Frage geschrieben worden sind, ob diese oder jene beobachtete Form eine Species oder Varietät, eine wirklich gute oder schlechte Art sei. Die am meisten verbreitete Antwort auf diese Frage war folgende: „Zu einer Art gehören alle Individuen, die in allen wesentlichen Merkmalen übereinstimmen. Wesentliche Speciescharaktere sind aber solche, welche beständig oder constant sind, und niemals abändern oder variiren.“ Sobald nun aber der Fall eintrat, daß ein Merkmal, das man bisher für wesentlich hielt, dennoch abänderte, so sagte man: „Dieses Merkmal ist für die Art nicht wesentlich gewesen, denn wesentliche Charaktere variiren nicht.“ Man bewegte sich also in einem offenbaren Zirkelschluß, und die Naivetät ist wirklich erstaunlich, mit der diese Kreisbewegung der Artdefinition in Tausenden von Büchern als unumstößliche Wahrheit hingestellt und immer noch wiederholt wird.

Ebenso wie dieser, so sind auch alle übrigen Versuche, welche man zu einer festen und logischen Begriffsbestimmung der organischen

„Species“ gemacht hat, völlig fruchtlos und vergeblich gewesen. Der Natur der Sache nach kann es nicht anders sein. Der Begriff der Species ist ebenso gut relativ, und nicht absolut wie der Begriff der Varietät, Gattung, Familie, Ordnung, Klasse u. s. w. Ich habe dies in der Kritik des Speciesbegriffs in meiner generellen Morphologie theoretisch nachgewiesen (Gen. Morph. II, 323—364). Praktisch habe ich diesen Beweis in meinem „System der Kalkschwämme“ geliefert (1872). Bei diesen merkwürdigen Thieren erscheint die übliche Species-Unterscheidung völlig willkürlich. Ich will mit dieser Erörterung hier keine Zeit verlieren, und nur noch ein paar Worte über das Verhältniß der Species zur Bastardzeugung sagen. Früher galt es als Dogma, daß zwei gute Arten niemals mit einander Bastarde zeugen könnten, welche sich als solche fortpflanzten. Man berief sich dabei fast immer auf die Bastarde von Pferd und Esel, die Maulthiere und Maulesel, die in der That nur selten sich fortpflanzen können. Allein solche unfruchtbare Bastarde sind, wie sich herausgestellt hat, seltene Ausnahmen, und in der Mehrzahl der Fälle sind Bastarde zweier ganz verschiedenen Arten fruchtbar und können sich fortpflanzen. Fast immer können sie mit einer der beiden Elternarten, bisweilen aber auch rein unter sich fruchtbar sich vermischen. Daraus können aber nach dem „Gesetze der vermischten Vererbung“ ganz neue Formen entstehen.

In der That ist so die Bastardzeugung eine Quelle der Entstehung neuer Arten, verschieden von der bisher betrachteten Quelle der natürlichen Züchtung. Schon früher habe ich gelegentlich solche Bastard-Arten (Species hybridae) angeführt, insbesondere das Hasenkaninchen (Lepus Darwinii), welches aus der Kreuzung von Hasen-Männchen mit Kaninchen-Weibchen entsprungen ist, das Ziegenschaf (Capra ovina), welches aus der Paarung des Ziegenbocks mit dem weiblichen Schafe entstanden ist, ferner verschiedene Arten der Disteln (Cirsium), der Brombeeren (Rubus) u. s. w. (S. 130—132). Vielleicht sind viele wilde Species auf diesem Wege entstanden, wie es auch Linné schon annahm.

Jedenfalls aber beweisen diese Bastard-Arten, die sich so gut wie reine Species erhalten und fortpflanzen, daß die Bastardzeugung nicht dazu dienen kann, den Begriff der Species irgendwie zu charakterisiren.

Daß die vielen vergeblichen Versuche, den Speciesbegriff theoretisch festzustellen, mit der praktischen Speciesunterscheidung gar Nichts zu thun haben, wurde schon früher angeführt (S. 45). Die verschiedenartige praktische Verwerthung des Speciesbegriffs, wie sie sich in der systematischen Zoologie und Botanik durchgeführt findet, ist sehr lehrreich für die Erkenntniß der menschlichen Thorheit. Die bei weitem überwiegende Mehrzahl der Zoologen und Botaniker war bisher bei Unterscheidung und Beschreibung der verschiedenen Thier- und Pflanzenformen vor Allem bestrebt, die verwandten Formen als „gute Species" scharf zu trennen. Allein eine scharfe und folgerichtige Unterscheidung solcher „echten und guten Arten" zeigte sich fast nirgends möglich. Es giebt nicht zwei Zoologen, nicht zwei Botaniker, welche in allen Fällen darüber einig wären, welche von den nahe verwandten Formen einer Gattung gute Arten seien und welche nicht. Alle Autoren haben darüber verschiedene Ansichten. Bei der Gattung Hieracium z. B., einer der gemeinsten deutschen Pflanzengattungen, hat man über 300 Arten in Deutschland allein unterschieden. Der Botaniker Fries läßt davon aber nur 106, Koch nur 52 als „gute Arten" gelten, und Andere nehmen deren kaum 20 an. Ebenso groß sind die Differenzen bei den Brombeerarten (Rubus). Wo der eine Botaniker über hundert Arten macht, nimmt der zweite bloß etwa die Hälfte, ein dritter nur fünf bis sechs oder noch weniger Arten an. Die Vögel Deutschlands kennt man seit längerer Zeit sehr genau. Bechstein hat in seiner sorgfältigen Naturgeschichte der deutschen Vögel 367 Arten unterschieden, L. Reichenbach 379, Meyer und Wolf 406, und der vogelkundige Pastor Brehm sogar mehr als 900 verschiedene Arten. Von den Kalkschwämmen habe ich selbst in meiner Monographie dieser höchst veränderlichen Pflanzenthiere gezeigt, daß man darunter nach Belieben 3 Arten oder 21 oder 111 oder 289 oder 591 Species unterscheiden kann[50]).

Sie sehen also, daß die größte Willkür hier wie in jedem anderen Gebiete der zoologischen und botanischen Systematik herrscht, und der Natur der Sache nach herrschen muß. Denn es ist ganz unmöglich, Varietäten, Spielarten und Rassen von den sogenannten „guten Arten" scharf zu unterscheiden. Varietäten sind beginnende Arten. Aus der Variabilität oder Anpassungsfähigkeit der Arten folgt mit Nothwendigkeit unter dem Einflusse des Kampfes um's Dasein die immer weiter gehende Sonderung oder Differenzirung der Spielarten, die beständige Divergenz der neuen Formen, und indem diese durch Erblichkeit eine Anzahl von Generationen hindurch constant erhalten werden, während die vermittelnden Zwischenformen aussterben, bilden sie selbstständige „neue Arten". Die Entstehung neuer Species durch die Arbeitstheilung oder Sonderung, Divergenz oder Differenzirung der Varietäten, ist mithin eine nothwendige Folge der natürlichen Züchtung[37]).

Dasselbe gilt nun auch von dem zweiten großen Gesetze, welches wir unmittelbar aus der natürlichen Züchtung ableiten, und welches dem Divergenzgesetze zwar sehr nahe verwandt, aber keineswegs damit identisch ist, nämlich von dem Gesetze des Fortschritts (Progressus) oder der Vervollkommnung (Teleosis). Auch dieses große und wichtige Gesetz ist gleich dem Differenzirungsgesetze längst empirisch durch die paläontologische Erfahrung festgestellt worden, ehe uns Darwin's Selectionstheorie den Schlüssel zu seiner ursächlichen Erklärung lieferte. Die meisten ausgezeichneten Paläontologen haben das Fortschrittsgesetz als allgemeinstes Resultat ihrer Untersuchungen über die Versteinerungen und deren historische Reihenfolge hingestellt, so namentlich der verdienstvolle Bronn, dessen Untersuchungen über die Gestaltungsgesetze und Entwickelungsgesetze der Organismen, obwohl wenig gewürdigt, dennoch vortrefflich sind, und die allgemeinste Beachtung verdienen[18]). Die allgemeinen Resultate, zu welchen Bronn bezüglich des Differenzirungs- und Fortschrittsgesetzes auf rein empirischem Wege, durch außerordentlich fleißige und sorgfältige Untersuchungen gekommen ist, sind glänzende Bestätigungen der Selectionstheorie.

Das Gesetz des Fortschritts oder der Vervollkommnung constatirt auf Grund der paläontologischen Erfahrung die äußerst wichtige Thatsache, daß zu allen Zeiten des organischen Lebens auf der Erde eine beständige Zunahme in der Vollkommenheit der organischen Bildungen stattgefunden hat. Seit jener unvordenklichen Zeit, in welcher das Leben auf unserem Planeten mit der Urzeugung von Moneren begann, haben sich die Organismen aller Gruppen beständig im Ganzen wie im Einzelnen vervollkommnet und höher ausgebildet. Die stetig zunehmende Mannichfaltigkeit der Lebensformen war stets zugleich von Fortschritten in der Organisation begleitet. Je tiefer Sie in die Schichten der Erde hinabsteigen, in welchen die Reste der ausgestorbenen Thiere und Pflanzen begraben liegen, je älter die letzteren mithin sind, desto einförmiger, einfacher und unvollkommener sind ihre Gestalten. Dies gilt sowohl von den Organismen im Großen und Ganzen, als von jeder einzelnen größeren oder kleineren Gruppe derselben, abgesehen natürlich von jenen Ausnahmen, die durch Rückbildung einzelner Formen entstehen.

Zur Bestätigung dieses Gesetzes will ich Ihnen hier wieder nur die wichtigste von allen Thiergruppen, den Stamm der Wirbelthiere, anführen. Die ältesten fossilen Wirbelthierreste, welche wir kennen, gehören der tiefstehenden Fischklasse an. Auf diese folgten späterhin die vollkommneren Amphibien, dann die Reptilien, und endlich in noch viel späterer Zeit die höchstorganisirten Wirbelthierklassen, die Vögel und Säugethiere. Von den letzteren erschienen zuerst nur die niedrigsten und unvollkommensten Formen, ohne Placenta, die Beutelthiere, und viel später wiederum die vollkommneren Säugethiere, mit Placenta. Auch von diesen traten zuerst nur niedere, später höhere Formen auf, und erst in der jüngeren Tertiärzeit entwickelte sich aus den letzteren allmählich der Mensch.

Verfolgen Sie die historische Entwickelung des Pflanzenreichs, so finden Sie hier dasselbe Gesetz bestätigt. Auch von den Pflanzen existirte anfänglich bloß die niedrigste und unvollkommenste Klasse, diejenige der Algen oder Tange. Auf diese folgte später die Gruppe der farnkrautartigen Pflanzen oder Filicinen. Aber noch existirten keine Blüthenpflanzen oder Phanerogamen. Diese begannen erst später mit den Gymnospermen (Nadelhölzern und Cycadeen), welche in ihrer ganzen Bildung tief unter den übrigen Blüthenpflanzen (Angiospermen) stehen, und den Uebergang von den Filicinen zu den Angiospermen vermitteln. Diese letzteren entwickelten sich wiederum viel später, und zwar waren auch hier anfangs bloß kronenlose Blüthenpflanzen (Monocotyledonen und Monochlamydeen), später erst kronenblüthige (Dichlamydeen) vorhanden. Endlich gingen unter diesen wieder die niederen Diapetalen den höheren Gamopetalen voraus. Diese ganze Reihenfolge ist ein unwiderleglicher Beweis für das Gesetz der fortschreitenden Entwickelung.

Fragen wir nun, wodurch diese Thatsache bedingt ist, so kommen wir wiederum, gerade so wie bei der Thatsache der Differenzirung, auf die natürliche Züchtung im Kampf um das Dasein zurück. Wenn Sie noch einmal den ganzen Vorgang der natürlichen Züchtung, wie er durch die verwickelte Wechselwirkung der verschiedenen Vererbungs- und Anpassungsgesetze sich gestaltet, sich vor Augen stellen, so werden Sie als die nächste nothwendige Folge nicht allein die Divergenz des Charakters, sondern auch die Vervollkommnung desselben erkennen. Wir sehen ganz dasselbe in der Geschichte des menschlichen Geschlechts. Auch hier ist es natürlich und nothwendig, daß die fortschreitende Arbeitstheilung beständig die Menschheit fördert, und in jedem einzelnen Zweige der menschlichen Thätigkeit zu neuen Erfindungen und Verbesserungen antreibt. Im Großen und Ganzen beruht der Fortschritt selbst auf der Differenzirung und ist daher gleich dieser eine unmittelbare Folge der natürlichen Züchtung durch den Kampf um's Dasein.

Zwölfter Vortrag.

Entwickelungsgesetze der organischen Stämme und Individuen. Phylogenie und Ontogenie.

Entwickelungsgesetze der Menschheit: Differenzirung und Vervollkommnung. Mechanische Ursache dieser beiden Grundgesetze. Fortschritt ohne Differenzirung und Differenzirung ohne Fortschritt. Entstehung der rudimentären Organe durch Nichtgebrauch und Abgewöhnung. Ontogenesis oder individuelle Entwickelung der Organismen. Allgemeine Bedeutung derselben. Ontogenie oder individuelle Entwickelungsgeschichte der Wirbelthiere, mit Inbegriff des Menschen. Eifurchung. Bildung der drei Keimblätter. Entwickelungsgeschichte des Centralnervensystems, der Extremitäten, der Kiemenbogen und des Schwanzes bei den Wirbelthieren. Ursächlicher Zusammenhang und Parallelismus der Ontogenesis und Phylogenesis, der individuellen und der Stammesentwickelung. Ursächlicher Zusammenhang und Parallelismus der Phylogenesis und der systematischen Entwickelung. Parallelismus der drei organischen Entwickelungsreihen.

Meine Herren! Wenn der Mensch seine Stellung in der Natur begreifen und sein Verhältniß zu der für ihn erkennbaren Erscheinungswelt naturgemäß erfassen will, so ist es durchaus nothwendig, daß er objectiv die Naturgeschichte des Menschen mit derjenigen der übrigen Organismen, und besonders der Thiere vergleicht. Wir haben bereits früher gesehen, daß die wichtigen physiologischen Gesetze der Vererbung und der Anpassung in ganz gleicher Weise für den menschlichen Organismus, wie für die Thiere und Pflanzen ihre

Geltung haben, und hier wie dort in Wechselwirkung mit einander stehen. Daher wirkt auch die natürliche Züchtung durch den Kampf um's Dasein ebenso in der menschlichen Gesellschaft, wie im Leben der Thiere und Pflanzen umgestaltend ein, und ruft hier wie dort immer neue Formen hervor. Ganz besonders wichtig ist diese Vergleichung der menschlichen und der thierischen Verhältnisse bei Betrachtung des Divergenzgesetzes und des Fortschrittsgesetzes, der beiden Grundgesetze, die wir am Ende des letzten Vortrags als unmittelbare und nothwendige Folgen der natürlichen Züchtung im Kampf um's Dasein nachgewiesen haben.

Ein vergleichender Ueberblick über die Völkergeschichte oder die sogenannte „Weltgeschichte" zeigt Ihnen zunächst als allgemeinstes Resultat eine beständig zunehmende Mannichfaltigkeit der menschlichen Thätigkeit, im einzelnen Menschenleben sowohl als im Familien- und Staatenleben Diese Differenzirung oder Sonderung, diese stetig zunehmende Divergenz des menschlichen Charakters und der menschlichen Lebensform wird durch die immer weiter gehende und tiefer greifende Arbeitstheilung der Individuen hervorgebracht. Während die ältesten und niedrigsten Stufen der menschlichen Kultur uns überall nahezu dieselben rohen und einfachen Verhältnisse vor Augen führen, bemerken wir in jeder folgenden Periode der Geschichte eine größere Mannichfaltigkeit in Sitten, Gebräuchen und Einrichtungen bei den verschiedenen Nationen. Die zunehmende Arbeitstheilung bedingt eine steigende Mannichfaltigkeit der Formen in jeder Beziehung. Das spricht sich selbst in der menschlichen Gesichtsbildung aus. Unter den niedersten Volksstämmen gleichen sich die meisten Individuen so sehr, daß die europäischen Reisenden dieselben oft gar nicht unterscheiden können. Mit zunehmender Kultur defferenzirt sich die Physiognomie der Individuen in entsprechendem Grade. Endlich bei den höchst entwickelten Kulturvölkern geht die Divergenz der Gesichtsbildung bei allen stammverwandten Individuen so weit, daß wir nur selten in die Verlegenheit kommen, zwei Gesichter gänzlich mit einander zu verwechseln.

Als zweites oberstes Grundgesetz tritt uns in der Völkergeschichte das große Gesetz des Fortschritts oder der Vervollkommnung entgegen. Im Großen und Ganzen ist die Geschichte der Menschheit die Geschichte ihrer fortschreitenden Entwickelung. Freilich kommen überall und zu jeder Zeit Rückschritte im Einzelnen vor, oder es werden schiefe Bahnen des Fortschritts eingeschlagen, welche nur einer einseitigen und äußerlichen Vervollkommnung entgegenführen, und dabei von dem höheren Ziele der inneren und werthvolleren Veredelung sich mehr und mehr entfernen. Allein im Großen und Ganzen ist und bleibt die Entwickelungsbewegung der ganzen Menschheit eine fortschreitende, indem der Mensch sich immer weiter von seinen affenartigen Vorfahren entfernt und immer mehr seinen selbstgesteckten idealen Zielen nähert.

Wenn Sie nun erkennen wollen, durch welche Ursachen eigentlich diese beiden großen Entwickelungsgesetze der Menschheit, das Divergenzgesetz und das Fortschrittsgesetz bedingt sind, so müssen Sie dieselben mit den entsprechenden Entwickelungsgesetzen der Thierheit vergleichen, und Sie werden bei tieferem Eingehen nothwendig zu dem Schlusse kommen, daß sowohl die Erscheinungen wie ihre Ursachen in beiden Fällen ganz dieselben sind. Ebenso in dem Entwickelungsgange der Menschenwelt wie in demjenigen der Thierwelt sind die beiden Grundgesetze der Differenzirung und Vervollkommnung lediglich durch rein mechanische Ursachen bedingt, lediglich die nothwendigen Folgen der natürlichen Züchtung im Kampf um's Dasein.

Vielleicht hat sich Ihnen bei der vorhergehenden Betrachtung die Frage aufgedrängt: „Sind nicht diese beiden Gesetze identisch? Ist nicht immer der Fortschritt nothwendig mit der Divergenz verbunden?" Diese Frage ist oft bejaht worden, und Carl Ernst Bär z. B., einer der größten Forscher im Gebiete der Entwickelungsgeschichte, hat als eines der obersten Gesetze, die den Bildungsgang des werdenden Thierkörpers beherrschen, den Satz ausgesprochen: „Der Grad der Ausbildung (oder Vervollkommnung) besteht in der Stufe der Sonderung (oder Differenzirung) der Theile" [20]. So richtig dieser Satz im Ganzen ist, so hat er dennoch keine allgemeine Gültigkeit. Vielmehr zeigt sich in vielen einzelnen Fällen, daß Divergenz und Fortschritt keineswegs durchweg zusammenfallen. Nicht jeder Fortschritt ist eine Differenzirung, und nicht jede Differenzirung ist ein Fortschritt.

Was zunächst die Vervollkommnung oder den Fortschritt betrifft, so hat man schon früher, durch rein anatomische Betrachtungen geleitet, das Gesetz aufgestellt, daß allerdings die Vervollkommnung des Organismus größtentheils auf der Arbeitstheilung der einzelnen Organe und Körpertheile beruht, daß es jedoch auch andere organische Umbildungen giebt, welche einen Fortschritt in der Organisation bedingen. Eine solche ist besonders die Zahlverminderung gleichartiger Theile. Vergleichen Sie z. B. die niederen krebsartigen Gliederthiere, welche sehr zahlreiche Beinpaare besitzen, mit den Spinnen, die stets nur vier Beinpaare, und mit den Insekten, die stets nur drei Beinpaare besitzen. Hier finden Sie dieses Gesetz, wie durch zahlreiche ähnliche Beispiele, bestätigt. Die Zahlreduction der Beinpaare ist ein Fortschritt in der Organisation der Gliederthiere. Ebenso ist die Zahlreduction der gleichartigen Wirbelabschnitte des Rumpfes bei den Wirbelthieren ein Fortschritt in deren Organisation. Die Fische und Amphibien mit einer sehr großen Anzahl von gleichartigen Wirbeln sind schon deshalb unvollkommener und niedriger als die Vögel und Säugethiere, bei denen die Wirbel nicht nur im Ganzen viel mehr differenzirt, sondern auch die Zahl der gleichartigen Wirbel viel geringer ist. Nach demselben Gesetze der Zahlverminderung sind ferner die Blüthen mit zahlreichen Staubfäden unvollkommener als die Blüthen der verwandten Pflanzen mit einer geringen Staubfädenzahl u. s. w. Wenn also ursprünglich eine sehr große Anzahl von gleichartigen Theilen im Körper vorhanden war, und wenn diese Zahl im Laufe zahlreicher Generationen allmählich abnahm, so war diese Umbildung eine Vervollkommnung[18]).

Ein anderes Fortschrittsgesetz, welches von der Differenzirung ganz unabhängig, ja sogar dieser gewissermaßen entgegengesetzt erscheint, ist das Gesetz der Centralisation. Im Allgemeinen ist der ganze Organismus um so vollkommener, je einheitlicher er organisirt ist, je mehr die Theile dem Ganzen untergeordnet, je mehr die Functionen und ihre Organe centralisirt sind. So ist z. B. das Blutgefäßsystem da am vollkommensten, wo ein centralisirtes Herz existirt. Ebenso ist die zusammengedrängte Markmasse, welche das Rückenmark der Wirbelthiere und das Bauchmark der höheren Gliederthiere bildet, vollkommener, als die decentralisirte Ganglienkette der niederen Gliederthiere und das zerstreute Gangliensystem der Weichthiere. Bei der Schwierigkeit, welche die Erläuterung dieser verwickelten Fortschrittsgesetze im Einzelnen hat, kann ich hier nicht näher darauf eingehen, und muß Sie bezüglich derselben auf Bronn's treffliche „Morphologische Studien" [18]) und auf meine generelle Morphologie verweisen (Gen. Morph. I, 370, 550; II, 257—266).

Während Sie hier Fortschrittserscheinungen kennen lernten, die ganz unabhängig von der Divergenz sind, so begegnen Sie andrerseits sehr häufig Differenzirungen, welche keine Vervollkommnungen, sondern vielmehr das Gegentheil, Rückschritte sind. Es ist leicht einzusehen, daß die Umbildungen, welche jede Thier- und Pflanzenart erleidet, nicht immer Verbesserungen sein können. Vielmehr sind viele Differenzirungserscheinungen, welche von unmittelbarem Vortheil für den Organismus sind, insofern schädlich, als sie die allgemeine Leistungsfähigkeit desselben beeinträchtigen. Häufig findet ein Rückschritt zu einfacheren Lebensbedingungen und durch Anpassung an dieselben eine Differenzirung in rückschreitender Richtung statt. Wenn z. B. Organismen, die bisher frei lebten, sich an das parasitische Leben gewöhnen, so bilden sie sich dadurch zurück. Solche Thiere, die bisher ein wohlentwickeltes Nervensystem und scharfe Sinnesorgane, sowie freie Bewegung besaßen, verlieren dieselben, wenn sie sich an parasitische Lebensweise gewöhnen; sie bilden sich dadurch mehr oder minder zurück. Hier ist, für sich betrachtet, die Differenzirung ein Rückschritt, obwohl sie für den parasitischen Organismus selbst von Vortheil ist. Im Kampf um's Dasein würde ein solches Thier, das sich gewöhnt hat, auf Kosten Anderer zu leben, durch Beibehaltung seiner Augen und Bewegungswerkzeuge, die ihm nichts mehr nützen, nur an Material verlieren; und wenn es diese Organe einbüßt, so kommt dafür eine Masse von Ernährungsmaterial, das zur Erhaltung dieser Theile verwandt wurde, anderen Theilen zu Gute. Im Kampf um's Dasein zwischen den verschiedenen Parasiten werden daher diejenigen, welche am wenigsten Ansprüche machen, im Vortheil vor den anderen sein, und dies begünstigt ihre Rückbildung.

Ebenso wie in diesem Falle mit den ganzen Organismen, so verhält es sich auch mit den Körpertheilen des einzelnen Organismus. Auch eine Differenzirung dieser Theile, welche zu einer theilweisen Rückbildung, und schließlich selbst zum Verlust einzelner Organe führt, ist an sich betrachtet ein Rückschritt, kann aber für den Organismus im Kampf um's Dasein von Vortheil sein. Man kämpft leichter und besser, wenn man unnützes Gepäck fortwirft. Daher begegnen wir überall im entwickelteren Thier- und Pflanzenkörper Divergenzprocessen, welche wesentlich die Rückbildung und schließlich den Verlust einzelner Theile bewirken. Hier tritt uns nun vor Allen die höchst wichtige und lehrreiche Erscheinungsreihe der rudimentären oder verkümmerten Organe entgegen.

Sie erinnern sich, daß ich schon im ersten Vortrage diese außerordentlich merkwürdige Erscheinungsreihe als eine der wichtigsten in theoretischer Beziehung hervorgehoben habe, als einen der schlagendsten Beweisgründe für die Wahrheit der Abstammungslehre. Wir bezeichneten als rudimentäre Organe solche Theile des Körpers, die für einen bestimmten Zweck eingerichtet und dennoch ganz zwecklos sind. Ich erinnere Sie an die Augen derjenigen Thiere, welche in Höhlen oder unter der Erde im Dunkeln leben, und daher niemals ihre Augen gebrauchen können. Bei diesen Thieren finden wir unter der Haut versteckt wirkliche Augen, oft gerade so gebildet wie die Augen der wirklich sehenden Thiere; und dennoch functioniren diese Augen niemals, und können nicht functioniren, schon einfach aus dem Grunde, weil dieselben von dem undurchsichtigen Felle überzogen sind und daher kein Lichtstrahl in sie hineinfällt (vergl. oben S. 13). Bei den Vorfahren dieser Thiere, welche frei am Tageslichte lebten, waren die Augen wohl entwickelt, von der durchsichtigen Hornhaut überzogen und dienten wirklich zum Sehen. Aber als sie sich nach und nach an unterirdische Lebensweise gewöhnten, sich dem Tageslicht entzogen und ihre Augen nicht mehr brauchten, wurden dieselben rückgebildet.

Sehr anschauliche Beispiele von rudimentären Organen sind ferner die Flügel von Thieren, welche nicht fliegen können, z. B. unter den Vögeln die Flügel der straußartigen Laufvögel, (Strauß, Casuar u. s. w.), bei welchen sich die Beine außerordentlich entwickelt haben. Diese Vögel haben sich das Fliegen abgewöhnt und haben dadurch den Gebrauch der Flügel verloren; allein die Flügel sind noch da, obwohl in verkümmerter Form. Sehr häufig finden Sie solche verkümmerte Flügel in der Klasse der Insekten, von denen die meisten fliegen können. Aus vergleichend anatomischen und anderen Gründen können wir mit Sicherheit den Schluß ziehen, daß alle jetzt lebenden Insekten (alle Heuschrecken, Käfer, Bienen, Wanzen, Fliegen, Schmetterlinge u. s. w.) von einer einzigen gemeinsamen Elternform, einem Stamminsekt abstammen, welches zwei entwickelte Flügelthiere und drei Beinpaare besaß. Nun giebt es aber sehr zahlreiche Insekten, bei denen entweder eines oder beide Flügelpaare mehr oder minder rückgebildet, und viele, bei denen sie sogar völlig verschwunden sind. In der ganzen Ordnung der Fliegen oder Dipteren z. B. ist das hintere Flügelpaar, bei den Drehflüglern oder Strepsipteren dagegen das vordere Flügelpaar verkümmert oder fast ganz verloren. Außerdem finden Sie in jeder Insektenordnung einzelne Gattungen oder Arten, bei denen die Flügel mehr oder minder rückgebildet oder verschwunden sind. Insbesondere ist letzteres bei Parasiten der Fall. Oft sind die Weibchen flügellos, während die Männchen geflügelt sind, z. B. bei den Leuchtkäfern oder Johanniskäfern (Lampyris), bei den Strepsipteren u. s. w. Offenbar ist diese theilweise oder gänzliche Rückbildung der Insektenflügel durch natürliche Züchtung im Kampf um's Dasein entstanden. Denn wir finden die Insekten vorzugsweise dort ohne Flügel, wo das Fliegen ihnen nutzlos oder sogar entschieden schädlich sein würde. Wenn z. B. Insekten, welche Inseln bewohnen, viel und gut fliegen, so kann es leicht vorkommen, daß sie beim Fliegen durch den Wind in das Meer geweht werden, und wenn (wie es immer der Fall ist) das Flugvermögen individuell verschieden entwickelt ist, so haben die schlechtfliegenden Individuen einen Vorzug vor den gutfliegenden; sie werden weniger leicht in das Meer geweht, und bleiben länger am Leben als die gutfliegenden Individuen derselben Art. Im Verlaufe vieler Generationen muß durch die Wirksamkeit der natürlichen Züchtung dieser Umstand nothwendig zu einer vollständigen Verkümmerung der Flügel führen. Wir hätten uns diesen Schluß rein theoretisch entwickeln können und finden ihn nun durch viele Beobachtungen bestätigt. In der That ist auf isolirt gelegenen Inseln das Verhältniß der flügellosen Insekten zu den mit Flügeln versehenen ganz auffallend groß, viel größer als bei den Insekten des Festlandes. So sind z. B. nach Wollaston von den 550 Käferarten, welche die Insel Madeira bewohnen, 200 flügellos oder mit so unvollkommenen Flügeln versehen, daß sie nicht mehr fliegen können; und von 29 Gattungen, welcher jener Insel ausschließlich eigenthümlich sind, enthalten nicht weniger als 23 nur solche Arten. Offenbar ist dieser merkwürdige Umstand nicht durch die besondere Weisheit des Schöpfers zu erklären, sondern durch die natürliche Züchtung; indem hier der erbliche Nichtgebrauch der Flügel, die Abgewöhnung des Fliegens im Kampfe mit den gefährlichen Winden, den trägeren Käfern einen großen Vortheil im Kampfe um's Dasein gewährte. Bei anderen flügellosen Insekten war der Flügelmangel aus anderen Gründen vortheilhaft. An sich betrachtet ist der Verlust der Flügel ein Rückschritt; aber für den Organismus unter diesen besonderen Lebensverhältnissen ist er ein Vortheil im Kampf um's Dasein.

Von anderen rudimentären Organen will ich hier noch beispielsweise die Lungen der Schlangen und der schlangenartigen Eidechsen erwähnen. Alle Wirbelthiere, welche Lungen besitzen, Amphibien,

Reptilien, Vögel und Säugethiere, haben ein Paar Lungen, eine rechte und eine linke. Wenn aber der Körper sich außerordentlich verdünnt und in die Länge streckt, wie bei den Schlangen und schlangenartigen Eidechsen, so hat die eine Lunge neben der andern nicht mehr Platz, und es ist für den Mechanismus der Athmung ein offenbarer Vortheil, wenn nur eine Lunge entwickelt ist. Eine einzige große Lunge leistet hier mehr, als zwei kleine neben einander, und daher finden wir bei diesen Thieren fast durchgängig die rechte oder die linke Lunge allein ausgebildet. Die andere ist ganz verkümmert, obwohl als unnützes Rudiment vorhanden. Ebenso ist bei allen Vögeln der rechte Eierstock verkümmert und ohne Function; der linke Eierstock allein ist entwickelt und liefert alle Eier.

Daß auch der Mensch solche ganz unnütze und überflüßige rudimentäre Organe besitzt, habe ich bereits im ersten Vortrage erwähnt, und damals die Muskeln, welche die Ohren bewegen, als solche angeführt. Außerdem gehört hierher das Rudiment des Schwanzes, welches der Mensch in seinen 3—5 Schwanzwirbeln besitzt, und welches beim menschlichen Embryo während der beiden ersten Monate der Entwickelung noch frei hervorsteht. (Vgl. Taf. II und III.) Späterhin verbirgt es sich vollständig im Fleische. Dieses verkümmerte Schwänzchen des Menschen ist ein unwiderleglicher Zeuge für die unleugbare Thatsache, daß er von geschwänzten Voreltern abstammt. Beim Weibe ist das Schwänzchen gewöhnlich um einen Wirbel länger, als beim Manne. Auch rudimentäre Muskeln sind am Schwanze des Menschen noch vorhanden, welche denselben vormals bewegten.

Ein anderes rudimentäres Organ des Menschen, welches aber bloß dem Manne zukommt, und welches ebenso bei sämmtlichen männlichen Säugethieren sich findet, sind die Milchdrüsen an der Brust, welche in der Regel bloß beim weiblichen Geschlechte in Thätigkeit treten. Indessen kennt man von verschiedenen Säugethieren, namentlich vom Menschen, vom Schafe und von der Ziege, einzelne Fälle, in denen die Milchdrüsen auch beim männlichen Geschlechte wohl entwickelt waren und Milch zur Ernährung des Jungen lieferten. Daß auch die rudimentären Ohrenmuskeln des Menschen von einzelnen Personen in Folge andauernder Uebung noch zur Bewegung der Ohren verwendet werden können, wurde bereits früher erwähnt (S. 12). Ueberhaupt sind die rudimentären Organe bei verschiedenen Individuen derselben Art oft sehr verschieden entwickelt, bei den einen ziemlich groß, bei den anderen sehr klein. Dieser Umstand ist für ihre Erklärung sehr wichtig, ebenso wie der andere Umstand, daß sie allgemeinen bei den Embryonen, oder überhaupt in sehr früher Lebenszeit, viel größer und stärker im Verhältniß zum übrigen Körper sind, als bei den ausgebildeten und erwachsenen Organismen. Insbesondere ist dies leicht nachzuweisen an den rudimentären Geschlechtsorganen der Pflanzen (Staubfäden und Griffeln), welche ich früher bereits angeführt habe. Diese sind verhältnißmäßig viel größer in der jungen Blüthenknospe als in der entwickelten Blüthe.

Schon damals (S. 14) bemerkte ich, daß die rudimentären oder verkümmerten Organe zu den stärksten Stützen der monistischen oder mechanistischen Weltanschauung gehören. Wenn die Gegner derselben, die Dualisten und Teleologen, das ungeheure Gewicht dieser Thatsachen begriffen, müßten sie dadurch zur Verzweiflung gebracht werden. Die lächerlichen Erklärungsversuche derselben, daß die rudimentären Organe vom Schöpfer „der Symmetrie halber" oder „zur formalen Ausstattung" oder „aus Rücksicht auf seinen allgemeinen Schöpfungsplan" den Organismen verliehen seien, beweisen zur Genüge die völlige Ohnmacht jener verkehrten Weltanschauung. Ich muß hier wiederholen, daß, wenn wir auch gar Nichts von den übrigen Entwickelungserscheinungen wüßten, wir ganz allein schon auf Grund der rudimentären Organe die Descendenztheorie für wahr halten müßten. Kein Gegner derselben hat vermocht, auch nur einen schwachen Schimmer von einer annehmbaren Erklärung auf diese äußerst merkwürdigen und bedeutenden Erscheinungen fallen zu lassen. Es giebt beinahe keine irgend höher entwickelte Thier- oder Pflanzenform, die nicht irgend welche rudimentäre Organe hätte, und fast immer läßt sich nachweisen, daß dieselben Produkte der natürlichen Züchtung sind, daß sie durch Nichtgebrauch oder durch Abgewöhnung verkümmert sind. Es ist der umgekehrte Bildungsproceß, wie wenn neue Organe durch Angewöhnung an besondere Lebensbedingungen und den Gebrauch eines noch unentwickelten Theiles entstehen. Zwar wird gewöhnlich von unsern Gegnern behauptet, daß die Entstehung ganz neuer Theile ganz und gar nicht durch die Descendenztheorie zu erklären sei. Indessen kann ich Ihnen versichern, daß diese Erklärung für denjenigen, der vergleichend-anatomische und physiologische Kenntnisse besitzt, nicht die mindeste Schwierigkeit hat. Jeder, der mit der vergleichenden Anatomie und Entwickelungsgeschichte vertraut ist, findet in der Entstehung ganz neuer Organe ebenso wenig Schwierigkeit, als hier auf der anderen Seite in dem völligen Schwunde der rudimentären Organe. Das Vergehen der letzteren ist an sich betrachtet das Gegentheil vom Entstehen der ersteren. Beide Processe sind Differenzirungserscheinungen, die wir gleich allen übrigen ganz einfach und mechanisch aus der Wirksamkeit der natürlichen Züchtung im Kampf um das Dasein erklären können.

Die unendlich wichtige Betrachtung der rudimentären Organe und ihre Entstehung, die Vergleichung ihrer paläontologischen und ihrer embryologischen Entwickelung führt uns jetzt naturgemäß zur Erwägung einer der wichtigsten und größten biologischen Erscheinungsreihen, nämlich des Parallelismus, welchen uns die Fortschritts- und Divergenzerscheinungen in dreifach verschiedener Beziehung darbieten. Als wir im Vorhergehenden von Vervollkommnung und Arbeitstheilung sprachen, verstanden wir darunter diejenigen Fortschritts- und Sonderungsbewegungen, und diejenigen dadurch bewirkten Umbildungen, welche in dem langen und langsamen Verlaufe der Erdgeschichte zu einer beständigen Veränderung der Flora und Fauna, zu einem Entstehen neuer und Vergehen alter Thier- und Pflanzenarten geführt haben. Ganz denselben Erscheinungen des Fortschritts und der Differenzirung begegnen wir nun aber auch, und zwar in derselben Reihenfolge, wenn wir die Entstehung, die Entwickelung und den Lebenslauf jedes einzelnen organischen Individuums verfolgen. Die individuelle Entwickelung oder die Ontogenesis jedes einzelnen Organismus vom Ei an aufwärts bis zur vollendeten Form, besteht in nichts anderem, als im Wachsthum und in einer Reihe von Differenzirungs- und Fortschrittsbewegungen. Dies gilt in gleicher Weise von den Thieren, wie von den Pflanzen und Protisten. Wenn Sie z. B. die Ontogenie oder die Keimesgeschichte verschiedener Säugethiere, des Menschen, des Affen, des Hundes, des Schafes u. s. w. vergleichen, so finden Sie überall wesentlich dieselben Erscheinungen. Jedes dieser Thiere entwickelt sich ursprünglich aus einer einfachen Zelle, dem Ei. Die Zelle vermehrt sich durch Theilung, bildet einen Zellenhaufen, und durch Wachsthum dieses Zellenhaufens, durch ungleichartige Ausbildung der ursprünglich gleichartigen Zellen, durch Arbeitstheilung und Vervollkommnung derselben, entsteht der vollkommene Organismus, dessen verwickelte Zusammensetzung wir bewundern.

Hier scheint es mir nun unerläßlich, Ihre besondere Aufmerksamkeit auf jene unendlich wichtigen und interessanten Vorgänge hinzulenken, welche die Ontogenesis oder die individuelle Entwickelung der Organismen, und ganz vorzüglich diejenige der Wirbelthiere mit Einschluß des Menschen begleiten. Ich möchte diese außerordentlich merkwürdigen und lehrreichen Erscheinungen, deren ausführliche Darstellung Sie in meiner „Anthropogenie“[56]) finden, ganz besonders Ihrem eingehendsten Nachdenken empfehlen; einerseits, weil dieselben zu den stärksten Stützen der Descendenztheorie und der monistischen Weltanschauung gehören, andererseits, weil sie bisher nur von Wenigen entsprechend ihrer unermeßlichen allgemeinen Bedeutung gewürdigt worden sind.

Man muß in der That erstaunen, wenn man die tiefe Unkenntniß erwägt, welche noch gegenwärtig in den weitesten Kreisen über die Thatsachen der individuellen Entwickelung des Menschen und der Organismen überhaupt herrscht. Diese Thatsachen, deren allgemeine Bedeutung man nicht hoch genug anschlagen kann, wurden in ihren wichtigsten Grundzügen schon vor mehr als einem Jahrhundert, im Jahre 1759, von dem großen deutschen Naturforscher Caspar Friedrich Wolff in seiner classischen „Theoria generationis“ festgestellt. Aber gleichwie Lamarck's 1809 begründete Descendenztheorie ein halbes Jahrhundert hindurch schlummerte und erst 1859 durch Darwin zu neuem unsterblichem Leben erweckt wurde, so blieb auch Wolff's Theorie der Epigenesis fast ein halbes Jahrhundert hindurch unbekannt, und erst nachdem Oken 1806 seine Entwickelungsgeschichte des Darmkanals veröffentlicht und Meckel 1812 Wolff's Arbeit über denselben Gegenstand in's Deutsche übersetzt hatte, wurde Wolff's Theorie allgemeiner bekannt und bildete seitdem die Grundlage aller folgenden Untersuchungen über individuelle Entwickelungsgeschichte. Das Studium der Ontogenesis nahm nun einen mächtigen Aufschwung, und bald erschienen die classischen Untersuchungen der beiden Freunde Christian Pander (1817) und Carl Ernst Bär (1819). Insbesondere wurde durch Bär's epochemachende „Entwickelungsgeschichte der Thiere“[20]) die Ontogenie der Wirbelthiere in allen ihren bedeutendsten Thatsachen durch so vortreffliche Beobachtungen festgestellt, und durch so vorzügliche philosophische Reflexionen erläutert, daß sie für das Verständniß dieser wichtigsten Thiergruppe, zu welcher ja auch der Mensch gehört, die unentbehrliche Grundlage wurde. Jene Thatsachen würden für sich allein schon ausreichen, die Frage von der Stellung des Menschen in der Natur und somit das höchste aller Probleme zu lösen. Betrachten Sie aufmerksam und vergleichend die acht Figuren, welche auf den nachstehenden Tafeln II und III abgebildet sind, und Sie werden erkennen, daß man die philosophische Bedeutung der Embryologie nicht hoch genug anschlagen kann. (Siehe S. 272, 273.)

Nun darf man wohl fragen: Was wissen unsere sogenannten „gebildeten“ Kreise, die auf die hohe Kultur des neunzehnten Jahrhunderts sich so Viel einbilden, von diesen wichtigsten biologischen Thatsachen, von diesen unentbehrlichen Grundlagen für das Verständniß ihres eigenen Organismus? Was wissen unsere speculativen Philosophen und Theologen davon, welche durch reine Speculationen oder durch göttliche Inspirationen das Verständniß des menschlichen

Organismus gewinnen zu können meinen? Ja, was wissen selbst die meisten Naturforscher davon, die Mehrzahl der sogenannten „Zoologen“ (mit Einschluß der Entomologen!) nicht ausgenommen?

Die Antwort auf diese Frage fällt sehr beschämend aus, und wir müssen wohl oder übel eingestehen, daß jene unschätzbaren Thatsachen der menschlichen Keimesgeschichte noch heute den Meisten ganz unbekannt sind. Selbst von Vielen, welche sie kennen, werden sie doch keineswegs in gebührender Weise gewürdigt. Hierbei werden wir deutlich gewahr, auf welchem schiefen und einseitigen Wege sich die vielgerühmte Bildung des neunzehnten Jahrhunderts noch gegenwärtig befindet. Unwissenheit und Aberglauben sind die Grundlagen, auf denen sich die meisten Menschen das Verständniß ihres eigenen Organismus und seiner Beziehungen zur Gesammtheit der Dinge aufbauen, und jene handgreiflichen Thatsachen der Entwickelungsgeschichte, welche das Licht der Wahrheit darüber verbreiten könnten, werden ignorirt. Allerdings sind diese bedeutungsvollen Thatsachen nicht geeignet, Wohlgefallen bei denjenigen zu erregen, welche einen durchgreifenden Unterschied zwischen dem Menschen und der übrigen Natur annehmen und namentlich den thierischen Ursprung des Menschengeschlechts nicht zugeben wollen. Insbesondere müssen bei denjenigen Völkern, bei denen in Folge von falscher Auffassung der Erblichkeitsgesetze eine erbliche Kasteneintheilung existirt, die Mitglieder der herrschenden privilegirten Kasten dadurch sehr unangenehm berührt werden. Bekanntlich geht heute noch in vielen Kulturländern die erbliche Abstufung der Stände so weit, daß z. B. der Adel ganz anderer Natur, als der Bürgerstand zu sein glaubt, und daß Edelleute, welche ein entehrendes Verbrechen begehen, zur Strafe dafür aus der Adelskaste ausgestoßen und in die Pariakaste des „gemeinen“ Bürgerstandes hinabgeschleudert werden. Was sollen diese Edelleute noch von dem Vollblut, das in ihren privilegirten Adern rollt, denken, wenn sie erfahren, daß alle menschlichen Embryonen, adelige ebenso wie bürgerliche, während der ersten beiden Monate der Entwickelung von den geschwänzten Embryonen des Hundes und anderer Säugethiere kaum zu unterscheiden sind?

Da die Absicht dieser Vorträge lediglich ist, die allgemeine Erkenntniß der natürlichen Wahrheiten zu fördern, und eine naturgemäße Anschauung von den Beziehungen des Menschen zur übrigen Natur in weiteren Kreisen zu verbreiten, so werden Sie es hier gewiß gerechtfertigt finden, wenn ich jene weit verbreiteten Vorurtheile von einer privilegirten Ausnahmestellung des Menschen in der Schöpfung nicht berücksichtige. Vielmehr werde ich Ihnen einfach die embryologischen Thatsachen vorführen, aus denen Sie selbst sich die Schlüsse von der Grundlosigkeit jener Vorurtheile bilden können. Ich möchte Sie um so mehr bitten, über diese Thatsachen der Keimesgeschichte eingehend nachzudenken, als es meine feste Ueberzeugung ist, daß die allgemeine Kenntniß derselben nur die intellectuelle Veredelung und somit die geistige Vervollkommnung des Menschengeschlechts fördern kann.

Aus dem unendlich reichen und interessanten Erfahrungsmaterial, das uns die Keimesgeschichte der Wirbelthiere bietet, will ich zunächst einige Thatsachen hervorheben, welche sowohl für die Descendenztheorie im Allgemeinen, als für deren Anwendung auf den Menschen von der höchsten Bedeutung sind. Der Mensch ist im Beginn seiner individuellen Existenz ein einfaches Ei, eine einzige kleine Zelle, so gut wie jeder andere thierische Organismus, welcher auf dem Wege der geschlechtlichen Zeugung entsteht. Das menschliche Ei ist wesentlich demjenigen aller anderen Säugethiere gleich, und namentlich von dem Ei der höheren Säugethiere absolut nicht zu unterscheiden. Das in Fig. 5 abgebildete Ei könnte ebenso gut vom Menschen oder vom Affen, als vom Hunde, vom Pferde oder irgend einem anderen höheren Säugethiere herrühren. Nicht allein die Form und Structur, sondern auch die Größe des Eies ist bei den meisten Säugethieren dieselbe wie beim Menschen, nämlich ungefähr $^1/_{10}$''' Durchmesser, der 120ste Theil eines Zolles, so daß man das Ei unter günstigen Umständen mit bloßem Auge eben als ein feines Pünktchen wahrnehmen kann. Die Unterschiede, welche zwischen den Eiern der verschiedenen Säugethiere und Menschen wirklich vorhanden sind, bestehen nicht in der Formbildung, sondern in der chemischen Mischung, in der molekularen Zusammensetzung der eiweißartigen Kohlenstoffverbindung, aus welcher das Ei wesentlich besteht. Diese feinen individuellen Unterschiede aller Eier, welche auf der indirecten oder potentiellen Anpassung (und zwar speciell auf dem Gesetze der individuellen Anpassung) beruhen, sind zwar für die außerordentlich groben Erkenntnißmittel des Menschen nicht direct sinnlich wahrnehmbar, aber durch wohlbegründete indirecte Schlüsse als die ersten Ursachen des Unterschiedes aller Individuen erkennbar.

Fig. 5.

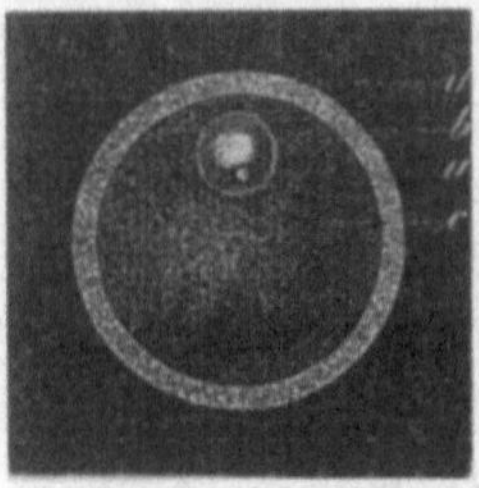

Fig. 5. Das Ei des Menschen, hundertmal vergrößert *a* Kernkörperchen oder Nucleolus (sogenannter Keimfleck des Eies); *b* Kern oder Nucleus (sogenanntes Keimbläschen des Eies); *c* Zellstoff oder Protoplasma (sogenannter Dotter des Eies); *d* Zellhaut oder Membrana (Dotterhaut des Eies, beim Säugethier wegen ihrer Durchsichtigkeit Zona pellucida genannt). Die Eier der anderen Säugethiere haben ganz dieselbe Form.

Das Ei des Menschen ist, wie das aller anderen Säugethiere, ein kugeliges Bläschen, welches alle wesentlichen Bestandtheile einer einfachen organischen Zelle enthält (Fig. 5). Der wesentlichste Theil desselben ist der schleimartige *Zellstoff* oder das Protoplasma (c), welches beim Ei „Dotter" genannt wird, und der davon umschlossene *Zellenkern* oder Nucleus (b), welcher hier den besonderen Namen des „Keimbläschens" führt. Der letztere ist ein zartes, glashelles Eiweißkügelchen von ungefähr $\frac{1}{20}$''' Durchmesser, und umschließt noch ein viel kleineres, scharf abgegrenztes rundes Körnchen (a), das *Kernkörperchen* oder den Nucleolus der Zelle (beim Ei „Keimfleck" genannt). Nach außen ist die kugelige Eizelle des Säugethiers durch eine dicke, glasartige Haut, die *Zellenmembran* oder Dotterhaut, abgeschlossen, welche hier den besonderen Namen der Zona pellucida führt (d). Die Eier vieler niederen Thiere (z. B. vieler Medusen) sind dagegen nackte Zellen, ohne jede äußere Hülle.

Sobald das Ei (Ovulum) des Säugethieres seinen vollen Reifegrad erlangt hat, tritt dasselbe aus dem Eierstock des Weibes, in dem es entstand, heraus, und gelangt in den Eileiter, und durch diese enge Röhre in den weiteren Keimbehälter oder Fruchtbehälter (Uterus). Wird inzwischen das Ei durch den entgegenkommenden männlichen Samen (Sperma) befruchtet, so entwickelt es sich in diesem Behälter weiter zum Keim (Embryon), und verläßt denselben nicht eher, als bis der Keim vollkommen ausgebildet und fähig ist, als junges Säugethier durch den Geburtsact in die Welt zu treten.

Die Formveränderungen und Umbildungen, welche das befruchtete Ei innerhalb des Keimbehälters durchlaufen muß, ehe es die Gestalt des jungen Säugethieres annimmt, sind äußerst merkwürdig, und verlaufen vom Anfang an beim Menschen ganz ebenso wie bei den übrigen Säugethieren. Zunächst benimmt sich das befruchtete Säugethierei gerade so, wie ein einzelliger Organismus, welcher sich auf seine Hand selbstständig fortpflanzen und vermehren will, z. B. eine Amoebe (vergl. Fig. 2, S. 179). Die einfache Eizelle zerfällt nämlich durch den Proceß der Zellentheilung, welchen ich Ihnen bereits früher beschrieben habe, in zwei Zellen. (Fig. 6 A)

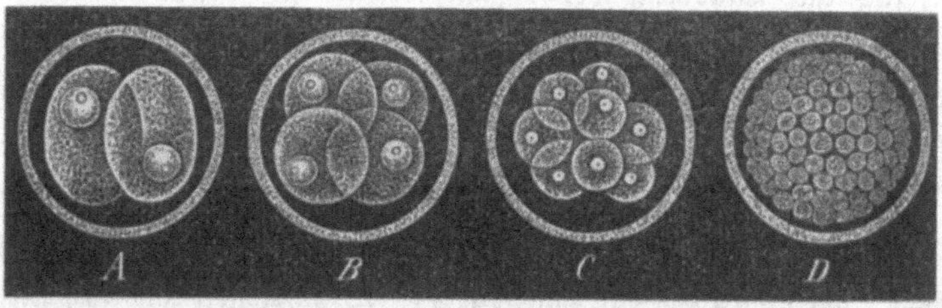

Fig. 6. Erster Beginn der Entwickelung des Säugethiereies, sogenannte „Eifurchung" (Vermehrung der Eizelle durch wiederholte Selbsttheilung). *A.* Das Ei zerfällt durch Bildung der ersten Furche in zwei Zellen. *B.* Diese zerfallen durch Halbirung in vier Zellen. *C.* Diese letzteren sind in acht Zellen zerfallen. *D.* Durch fortgesetzte Theilung ist ein kugeliger Haufen von zahlreichen Zellen entstanden, die Brombeerform oder der Maulbeerkeim (Morula).

Derselbe Vorgang der Zellentheilung wiederholt sich nun mehrmals hinter einander. In der gleichen Weise entstehen aus zwei Zellen (Fig. 6A) vier (Fig. 6B); aus vier werden acht (Fig. 6C), aus acht sechszehn, aus diesen zweiunddreißig u. s. w. Jedesmal geht die Theilung des Zellkerns oder Nucleus derjenigen des Zellstoffs oder Protoplasma vorher. Weil die Theilung des letzteren immer mit der Bildung einer oberflächlichen ringförmigen Furche beginnt, nennt man den ganzen Vorgang gewöhnlich die Furchung des Eies, und die Producte desselben, die kleinen, durch fortgesetzte Zweitheilung entstehenden Zellen die Furchungskugeln. Indessen ist der ganze Vorgang weiter Nichts als eine einfache, oft wiederholte Zellentheilung, und die Produkte desselben sind echte, nackte Zellen. Schließlich entsteht aus der fortgesetzten Theilung oder „Furchung" des Säugethiereies der sogenannte Maulbeerkeim (Morula), eine maulbeerförmige oder brombeerförmige Kugel, welche aus sehr zahlreichen kleinen Kugeln, nackten kernhaltigen Zellen zusammengesetzt ist (Fig. 6 D). Diese Zellen sind die Bausteine, aus denen sich der Leib des jungen Säugethiers aufbaut. Jeder von uns war einmal eine solche einfache, brombeerförmige, aus lauter kleinen Zellen zusammengesetzte Kugel, eine Morula.

Die weitere Entwickelung des kugeligen Zellenhaufens, welcher den jungen Säugethierkörper jetzt präsentirt, besteht zunächst darin, daß derselbe sich in eine kugelige Blase verwandelt, indem im Inneren sich Flüssigkeit ansammelt. Diese Blase nennt man Keimblase (Vesicula blastodermica). Die Wand derselben ist anfangs aus lauter gleichartigen Zellen zusammengesetzt. Bald aber entsteht an einer Stelle der Wand eine scheibenförmige Verdickung, indem sich hier die Zellen rasch vermehren; und diese Verdickung ist nun die Anlage für den eigentlichen Leib des Keimes oder Embryo, während der übrige Theil der Keimblase bloß zur Ernährung des Embryo verwendet wird. Die verdickte Scheibe der Embryonalanlage nimmt bald eine länglich runde und dann, indem rechter und linker Seitenrand ausgeschweift werden, eine sohlenförmige oder bisquitförmige Gestalt an (Fig. 7, Seite 271). In diesem Stadium der Entwickelung, in der ersten Anlage des Keims oder Embryo, sind nicht allein alle Säugethiere mit Inbegriff des Menschen, sondern sogar alle Wirbelthiere überhaupt, alle Säugethiere, Vögel, Reptilien, Amphibien und

Fische im Wesentlichen noch gleich; theils kann man sie gar nicht, theils nur durch ihre Größe, oder durch unwesentliche Formdifferenzen, sowie durch die Bildung der Eihüllen von einander unterscheiden. Bei Allen besteht der ganze Leib aus weiter nichts, als aus zwei dünnen Schichten oder Lagen von einfachen Zellen; diese liegen wie zwei runde dünne Blätter über einander und heißen daher die „primären Keimblätter". Das äußere oder obere Keimblatt ist das Hautblatt (Exoderma), das innere oder untere hingegen des Darmblatt (Eutoderma). Bald verdicken sich die beiden primären Keimblätter und zerfallen durch Flächenspaltung in die vier secundären Keimblätter. Auch diese bestehen aus weiter Nichts, als aus gleichartigen Zellen; jedes hat aber eine andere Bedeutung für den Aufbau des Wirbelthierkörpers. Aus dem oberen oder äußeren Keimblatt entsteht bloß die äußere Oberhaut (Epidermis) nebst den Centraltheilen des Nervensystems (Rückenmark und Gehirn); aus dem unteren oder inneren Blatt entsteht bloß die innere zarte Haut (Epithelium), welche den ganzen Darmkanal vom Schlund bis zum After, nebst allen seinen Anhangsdrüsen (Lunge, Leber, Speicheldrüsen u. s. w.) auskleidet; aus den zwischen jenen gelegenen mittleren beiden Keimblättern entstehen alle übrigen Organe. (Vergl. über die Vorgänge der Keimes-Entwickelung beim Menschen und bei den Thieren meine „Anthropogenie" [56]) und meine „Studien zur Gasträa-Theorie" [15]).

Die Vorgänge nun, durch welche aus so einfachem Baumaterial, aus den vier einfachen, nur aus Zellen zusammengesetzten Keimblättern, die verschiedenartigen und höchst verwickelt zusammengesetzten Theile des reifen Wirbelthierkörpers entstehen, sind erstens wiederholte Theilungen und dadurch Vermehrung der Zellen, zweitens Arbeitstheilung oder Differenzirung dieser Zellen, und drittens Verbindung der verschiedenartig ausgebilden oder differenzirten Zellen zur Bildung der verschiedenen Organe. So entsteht der stufenweise Fortschritt oder die Vervollkommnung, welche in der Ausbildung des embryonalen Leibes Schritt für Schritt zu verfolgen ist. Die einfachen Embryonalzellen, welche den Wirbelthierkörper zusammensetzen wollen, verhalten sich wie Bürger, welche einen Staat gründen wollen. Die einen ergreifen diese, die anderen jene Thätigkeit, und bilden dieselbe zum Besten des Ganzen aus. Durch diese Arbeitstheilung oder Differenzirung, und die damit im Zusammenhang stehende Vervollkommung (den organischen Fortschritt), wird es dem ganzen Staate möglich, Leistungen zu vollziehen, welche dem einzelnen Individuum unmöglich wären. Der ganze Wirbelthierkörper, wie jeder andere mehrzellige Organismus, ist ein republikanischer Zellenstaat, und daher kann derselbe organische Functionen vollziehen, welche die einzelne Zelle als Einsiedler (z. B. eine Amoebe oder eine einzellige Pflanze) niemals leisten könnte[37]).

Es wird keinem vernünftigen Menschen einfallen, in den zweckmäßigen Einrichtungen, welche zum Wohle des Ganzen und der Einzelnen in jedem menschlichen Staate getroffen sind, die zweckmäßige Thätigkeit eines persönlichen überirdischen Schöpfers erkennen zu wollen. Vielmehr weiß Jedermann, daß jene zweckmäßigen Organisationseinrichtungen des Staates die Folge von dem Zusammenwirken der einzelnen Bürger und ihrer Regierung, sowie von deren Anpassung an die Existenzbedingungen der Außenwelt sind. Ganz ebenso müssen wir aber auch den mehrzelligen Organismus beurtheilen. Auch in diesem sind alle zweckmäßigen Einrichtungen lediglich die natürliche und nothwendige Folge des Zusammenwirkens, der Differenzirung und Vervollkommnung der einzelnen Staatsbürger, der Zellen; und nicht etwa die künstlichen Einrichtungen eines zweckmäßig thätigen Schöpfers. Wenn Sie diesen Vergleich recht erwägen und weiter verfolgen, wird Ihnen deutlich die Verkehrtheit jener dualistischen Naturanschauung klar werden, welche in der Zweckmäßigkeit der Organisation die Wirkung eines schöpferischen Bauplans sucht.

Lassen Sie uns nun die individuelle Entwickelung des Wirbelthierkörpers noch einige Schritte weiter verfolgen, und sehen, was die Staatsbürger dieses embryonalen Organismus zunächst aufangen. In der Mittellinie der geigenförmigen Scheibe, welche aus den vier zelligen Keimblättern zusammengesetzt ist, entsteht eine gerade feine Furche, die sogenannte „Primitivrinne", durch welche der geigenförmige Leib in zwei gleiche Seitenhälften abgetheilt wird, ein rechtes und ein linkes Gegenstück oder Antimer. Beiderseits jener Rinne oder Furche erhebt sich das obere oder äußere Keimblatt in Form einer Längsfalte, und beide Falten wachsen dann über der Rinne in der Mittellinie zusammen und bilden so ein cylindrisches Rohr. Dieses Rohr heißt das Markrohr oder Medullarrohr, weil es die Anlage des Centralnervensystems, des Rückenmarks (Medulla spinalis) ist. Anfangs ist dasselbe vorn und hinten zugespitzt, und so bleibt dasselbe bei den niedersten Wirbelthieren, den gehirnlosen und schädellosen Lanzetthieren (Amphioxus) zeitlebens. Bei allen übrigen Wirbelthieren aber, die wir von letzteren als Schädelthiere oder Kranioten unterscheiden, wird alsbald ein Unterschied zwischen vorderem und hinterem Ende des Medullarrohrs sichtbar, indem das erstere sich aufbläht und in eine rundliche Blase, die Anlage des Gehirns verwandelt.

Bei allen Kranioten, d. h. bei allen mit Schädel und Gehirn versehenen Wirbelthieren, zerfällt das Gehirn, welches anfangs bloß die blasenförmige Auftreibung vom vorderen Ende des Rückenmarks ist, bald in fünf hinter einander liegende Blasen, indem sich vier oberflächliche quere Einschnürungen bilden. Diese fünf Hirnblasen, aus denen sich späterhin alle verschiedenen Theile des so verwickelt gebauten Gehirns hervorbilden, sind an dem in Fig. 7 abgebildeten Embryo in ihrer ursprünglichen Anlage zu erblicken. Es ist ganz gleich, ob wir den Embryo eines Hundes, eines Huhnes, einer Schildkröte oder irgend eines anderen höheren Wirbelthieres betrachten. Denn die Embryonen der verschiedenen Schädelthiere (mindestens der drei höheren Klassen, der Reptilien, Vögel und Säugethiere) sind in dem, Fig. 7 dargestellten Stadium noch gar nicht zu unterscheiden. Die ganze Körperform ist noch höchst einfach, eine dünne, blattförmige Scheibe. Gesicht, Beine, Eingeweide u. s. w. fehlen noch gänzlich. Aber die fünf Hirnblasen sind schon deutlich von einander abgesetzt.

Fig. 7.

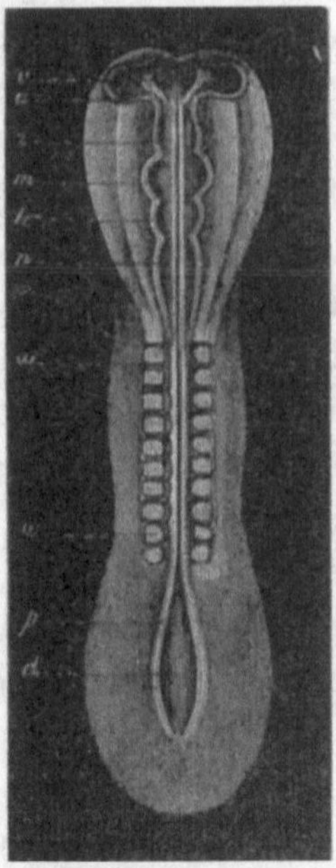

Fig. 7. Embryo eines Säugethieres oder Vogels, in dem soeben die fünf Hirnblasen angelegt sind. *v* Vorderhirn. *z* Zwischenhirn. *m* Mittelhirn. *h* Hinterhirn. *n* Nachhirn. *p* Rückenmark. *a* Augenblasen *w* Urwirbel. *d* Rückenstrang oder Chorda.

Die erste Blase, das Vorderhirn (v) ist insofern die wichtigste, als sie vorzugsweise die sogenannten großen Hemisphären, oder die Halbkugeln des großen Gehirns bildet, desjenigen Theiles, welcher der Sitz der höheren Geistesthätigkeiten ist. Je höher diese letzteren sich bei dem Wirbelthier entwickeln, desto mehr wachsen die beiden Seitenhälften des Vorderhirns oder die großen Hemisphären auf Kosten der vier übrigen Blasen und legen sich von vorn und oben her über die anderen herüber. Beim Menschen, wo sie verhältnißmäßig am stärksten entwickelt sind, entsprechend der höheren Geistesentwickelung, bedecken sie später die übrigen Theile von oben her fast ganz. (Vergl. Taf. II und III.) Die zweite Blase, das Zwischenhirn (z) bildet besonders denjenigen Gehirntheil, welchen man Sehhügel nennt, und steht in der nächsten Beziehung zu den Augen (a), welche als zwei Blasen rechts und links aus dem Vorderhirn hervorwachsen und später am Boden des Zwischenhirns liegen. Die dritte Blase, das Mittelhirn (m) geht größtentheils in der Bildung der sogenannten Vierhügel auf, eines hochgewölbten Gehirntheiles, welcher besonders bei den Reptilien und bei den Vögeln stark ausgebildet ist (Fig. E, F, Taf. II), während er bei den Säugethieren viel mehr zurücktritt (F. G, H, Taf. III). Die vierte Blase, das Hinterhirn (h) bildet die sogenannten kleinen Hemisphären oder die Halbkugeln nebst dem Mitteltheil des kleinen Gehirns (Cerebellum), einen Gehirntheil, über dessen Bedeutung man die widersprechendsten Vermuthungen hegt, der aber vorzugsweise die Coordination der Bewegungen zu regeln scheint. Endlich die fünfte Blase, das Nachhirn (n), bildet sich zu demjenigen sehr wichtigen Theile des Centralnervensystems aus, welchen man das Nackenmark oder das verlängerte Mark (Medulla oblongata) nennt. Es ist das Centralorgan der Athembewegungen und anderer wichtiger Functionen, und seine Verletzung führt sofort den Tod herbei, während man die großen Hemisphären des Vorderhirns (oder das Organ der „Seele" im engeren Sinne) stückweise abtragen und zuletzt ganz vernichten kann, ohne daß das Wirbelthier deßhalb stirbt; nur seine höheren Geistesthätigkeiten schwinden dadurch.

Diese fünf Hirnblasen sind ursprünglich bei allen Wirbelthieren, die überhaupt ein Gehirn besitzen, gleichmäßig angelegt, und bilden sich erst allmählich bei den verschiedenen Gruppen so verschiedenartig aus, daß es nachher sehr schwierig ist, in den ganz entwickelten Gehirnen die gleichen Theile wieder zu erkennen. In dem frühen Entwickelungsstadium, welches in Fig. 7 dargestellt ist, erscheint es noch ganz unmöglich, die Embryonen der verschiedenen Säugethiere, Vögel und Reptilien von einander zu unterscheiden. Wenn Sie dagegen die viel weiter entwickelten Embryonen auf Taf. II und III mit einander vergleichen, werden Sie schon deutlich die ungleichartige Ausbildung erkennen, und namentlich wahrnehmen, daß das Gehirn der beiden Säugethiere (G) und (H) schon stark von dem der Vögel (F) und Reptilien (E) abweicht. Bei letzteren beiden zeigt bereits das Mittelhirn, bei den ersteren dagegen das Vorderhirn sein Uebergewicht. Aber auch noch in diesem Stadium ist das Gehirn des Vogels (F) von dem der Schildkröte (E) kaum verschieden, und ebenso ist das Gehirn des Hundes (G) demjenigen des Menschen (H) jetzt noch fast gleich. Wenn Sie dagegen die Gehirne dieser vier Wirbelthiere im ausgebildeten Zustande mit einander vergleichen, so finden Sie dieselben in allen anatomischen Einzelheiten so sehr verschieden, daß Sie nicht einen Augenblick darüber in Zweifel sein können, welchem Thiere jedes Gehirn angehört.

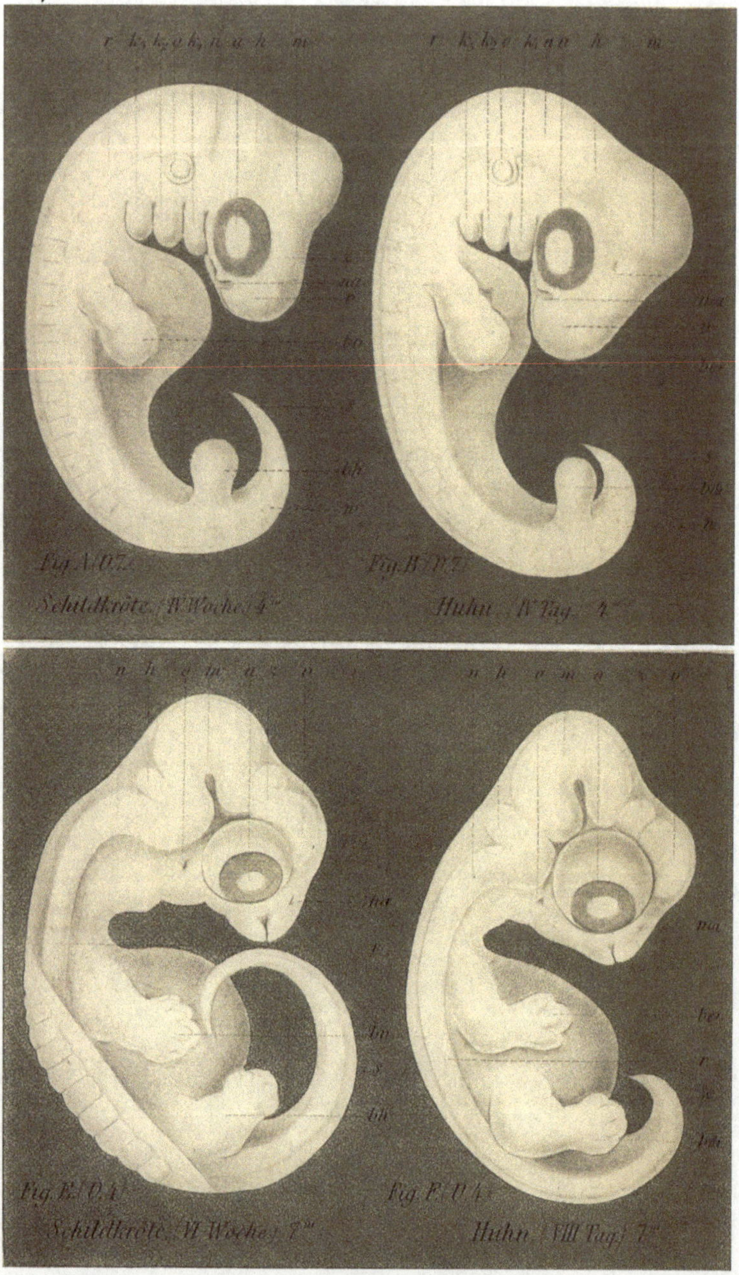

v. Vorderhirn. z. Zwischenhirn. m. Mittelhirn. h. Hinterhirn.
n. Nachhirn. w. Wirbel. r. Rückenmark.

Taf. III.

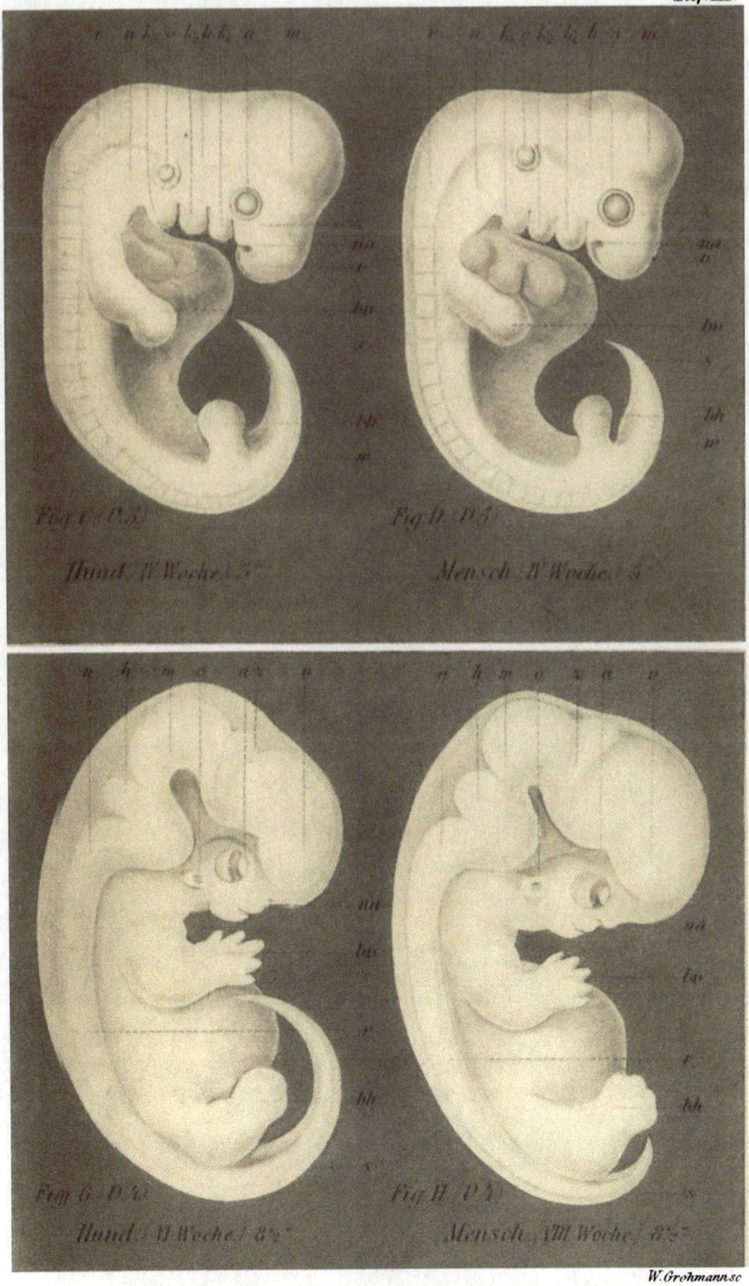

W. Grohmann sc

na. Nase. a. Auge. o. Ohr. $k_1. k_2. k_3.$ Kiemenbogen. s. Schwanz.
bv. Vorderbein. bh. Hinterbein.

Ich habe Ihnen hier die ursprüngliche Gleichheit und die erst allmählich eintretende und dann immer wachsende Sonderung oder Differenzirung des Embryo bei den verschiedenen Wirbelthieren speciell an dem Beispiele des Gehirns erläutert, weil gerade dieses Organ der Seelenthätigkeit von ganz besonderem Interesse ist. Ich hätte aber eben so gut das Herz oder die Gliedmaßen, kurz jeden anderen Körpertheil statt dessen anführen können, da sich immer dasselbe Schöpfungswunder hier wiederholt: nämlich die Thatsache, daß alle Theile ursprünglich bei den verschiedenen Wirbelthieren gleich sind, und daß erst allmählich ihre Verschiedenheiten sich ausbilden. In meinen Vorträgen über „Entwickelungsgeschichte des Menschen"[56]) finden Sie den Beweis für jedes einzelne Organ geführt.

Es giebt gewiß wenige Körpertheile, welche so verschiedenartig ausgebildet sind, wie die Gliedmaßen oder Extremitäten der verschiedenen Wirbelthiere. (Vergl. Taf. IV, S. 363, und deren Erklärung im Anhang.) Nun bitte ich Sie, in Fig. A—H auf Taf. II und III die vorderen Extremitäten (b v) der verschiedenen Embryonen mit einander zu vergleichen, und Sie werden kaum im Stande sein, irgend welche bedeutende Unterschiede zwischen dem Arm des Menschen (H b v), dem Flügel des Vogels (F b v), dem schlanken Vorderbem des Hundes (G b v) und dem plumpen Vorderbein der Schildkröte (E b v) zu erkennen. Eben so wenig werden Sie bei Vergleichung der hinteren Extremität (b h) in diesen Figuren herausfinden, wodurch das Bein des Menschen (H b h) und des Vogels (F b h), das Hinterbein des Hundes (G b h) und der Schildkröte (E b h) sich unterscheiden. Vordere sowohl als hintere Extremitäten sind jetzt noch kurze und breite Platten, an deren Endausbreitung die Anlagen der fünf Zehen noch durch eine Schwimmhaut verbunden sind. In einem noch früheren Stadium (Fig. A—D) sind die fünf Zehen noch nicht einmal angelegt, und es ist ganz unmöglich, auch nur vordere und hintere Gliedmaßen zu unterscheiden. Diese sowohl als jene sind nichts als ganz einfache, rundliche Fortsätze, welche aus der Seite des Rumpfes hervorgesproßt sind. In dem frühen Stadium, welches

Fig. 7 darstellt, fehlen dieselben überhaupt noch ganz, und der ganze Embryo ist ein einfacher Rumpf ohne eine Spur von Gliedmaßen.

An den auf Taf. II und III dargestellten Embryonen aus der vierten Woche der Entwickelung (Fig. A—D), in denen Sie jetzt wohl noch keine Spur des erwachsenen Thieres werden erkennen können, möchte ich Sie noch besonders aufmerksam machen auf eine äußerst wichtige Bildung, welche allen Wirbelthieren ursprünglich gemeinsam ist, welche aber späterhin zu den verschiedensten Organen umgebildet wird. Sie kennen gewiß alle die Kiemenbogen der Fische, jene knöchernen Bogen, welche zu drei oder vier hinter einander auf jeder Seite des Halses liegen, und welche die Athmungsorgane der Fische, die Kiemen, tragen (Doppelreihen von rothen Blättchen, welche das Volk „Fischohren" nennt). Diese Kiemenbogen nun sind beim Menschen (D) und beim Hunde (C), beim Huhne (B) und bei der Schildkröte (A) ursprünglich ganz eben so vorhanden, wie bei allen übrigen Wirbelthieren. (In Fig. A—D sind die drei Kiemenbogen der rechten Halsseite mit den Buchstaben k 1, k 2, k 3 bezeichnet.) Allein nur bei den Fischen bleiben dieselben in der ursprünglichen Anlage bestehen und bilden sich zu Athmungsorganen aus. Bei den übrigen Wirbelthieren werden dieselben theils zur Bildung des Gesichts, theils zur Bildung des Gehörorgans verwendet.

Endlich will ich nicht verfehlen, Sie bei Vergleichung der auf Taf. II und III abgebildeten Embryonen nochmals auf das Schwänzchen des Menschen (s) aufmerksam zu machen, welches derselbe mit allen übrigen Wirbelthieren in der ursprünglichen Anlage theilt. Die Auffindung „geschwänzter Menschen" wurde lange Zeit von vielen Monisten mit Sehnsucht erwartet, um darauf eine nähere Verwandtschaft des Menschen mit den übrigen Säugethieren begründen zu können. Und eben so hoben ihre dualistischen Gegner oft mit Stolz hervor, daß der gänzliche Mangel des Schwanzes einen der wichtigsten körperlichen Unterschiede zwischen dem Menschen und den Thieren bilde, wobei sie nicht an die vielen schwanzlosen Thiere dachten, die es wirklich giebt. Nun besitzt aber der Mensch in den ersten Monaten der

Entwickelung eben so gut einen wirklichen Schwanz, wie die nächstverwandten schwanzlosen Affen (Orang, Schimpanse, Gorilla) und wie die Wirbelthiere überhaupt. Während derselbe aber bei den meisten, z. B. beim Hunde (Fig. C, G), im Laufe der Entwickelung immer länger wird, bildet er sich beim Menschen (Fig. D, H) und bei den ungeschwänzten Säugethieren von einem gewissen Zeitpunkt der Entwickelung an zurück und verwächst zuletzt völlig. Indessen ist auch beim ausgebildeten Menschen der Rest des Schwanzes als verkümmertes oder rudimentäres Organ noch in den drei bis fünf Schwanzwirbeln (Vertebrae coccygeae) zu erkennen, welche das hintere oder untere Ende der Wirbelsäule bilden (S. 258).

Die meisten Menschen wollen noch gegenwärtig die wichtigste Folgerung der Descendenztheorie, die paläontologische Entwickelung des Menschen aus affenähnlichen und weiterhin aus niederen Säugethieren nicht anerkennen, und halten eine solche Umbildung der organischen Form für unmöglich. Ich frage Sie aber, sind die Erscheinungen der individuellen Entwickelung des Menschen, von denen ich Ihnen hier die Grundzüge vorgeführt habe, etwa weniger wunderbar? Ist es nicht im höchsten Grade merkwürdig, daß alle Wirbelthiere aus den verschiedensten Klassen, Fische, Amphibien, Reptilien, Vögel und Säugethiere, in den ersten Zeiten ihrer embryonalen Entwickelung geradezu nicht zu unterscheiden sind; und daß selbst viel später noch, in einer Zeit, wo bereits Reptilien und Vögel sich deutlich von den Säugethieren unterscheiden, Hund und Mensch noch beinahe identisch sind? Fürwahr, wenn man jene beiden Entwickelungsreihen mit einander vergleicht, und sich fragt, welche von beiden wunderbarer ist, so muß uns die Ontogenie oder die kurze und schnelle Entwickelungsgeschichte des Individuums viel räthselhafter erscheinen, als die Phylogenie oder die lange und langsame Entwickelungsgeschichte des Stammes. Denn eine und dieselbe großartige Formwandelung und Umbildung wird von der letzteren im Lauf von vielen tausend Jahren, von der ersteren dagegen im Laufe weniger Monate vollbracht. Offenbar ist diese überaus schnelle und auffallende Umbildung des Individuums in der Ontogenesis, welche wir thatsächlich durch directe Beobachtung feststellen können, an sich viel wunderbarer, viel erstaunlicher, als die entsprechende, aber viel langsamere und allmählichere Umbildung, welche die lange Vorfahrenkette desselben Individuums in der Phylogenesis durchgemacht hat.

Beide Reihen der organischen Entwickelung, die Ontogenesis des Individuums, und die Phylogenesis des Stammes, zu welchem dasselbe gehört, stehen im innigsten ursächlichen Zusammenhange. Ich habe diese Theorie, welche ich für äußerst wichtig halte, im zweiten Bande meiner generellen Morphologie [4]) ausführlich zu begründen versucht und in meiner „Anthropogenie" [56]) am Menschen selbst durchgeführt. Wie ich dort zeigte, ist die Ontogenesis, oder die Entwickelung des Individuums, eine kurze und schnelle, durch die Gesetze der Vererbung und Anpassung bedingte Wiederholung (Recapitulation) der Phylogenesis oder der Entwickelung des zugehörigen Stammes, d. h. der Vorfahren, welche die Ahnenkette des betreffenden Individuums bilden. Dieser fundamentale Satz ist das wichtigste allgemeine Gesetz der organischen Entwickelung, das biogenetische Grundgesetz. (Vergl. meine „Studien zur Gasträa-Theorie", 1877, S. 70.)

In diesem innigen Zusammenhang der Keimes- und Stammesgeschichte erblicke ich einen der wichtigsten und unwiderleglichsten Beweise der Descendenztheorie. Es vermag Niemand diese Erscheinungen zu erklären, wenn er nicht auf die Vererbungs- und Anpassungsgesetze zurückgeht; durch diese erst sind sie erklärlich. Ganz besonders verdienen dabei die Gesetze unsere Beachtung, welche wir früher als die Gesetze der abgekürzten, der gleichzeitlichen und der gleichörtlichen Vererbung erläutert haben. Indem sich ein so hochstehender und verwickelter Organismus, wie es der menschliche oder der Organismus jedes anderen Säugethiers ist, von jener einfachen Zellenstufe an aufwärts erhebt, indem er fortschreitet in seiner Differenzirung und Vervollkommnung, durchläuft er dieselbe Reihe von Umbildungen, welche seine thierischen Ahnen vor undenklichen

Zeiten, während ungeheurer Zeiträume durchlaufen haben. Schon früher habe ich auf diesen äußerst wichtigen Parallelismus der individuellen und Stammesentwickelung hingewiesen (S. 10). Gewisse, sehr frühe und tief stehende Entwickelungsstadien des Menschen und der höheren Wirbelthiere überhaupt entsprechen durchaus gewissen Bildungen, welche zeitlebens bei niederen Fischen fortdauern. Es folgt dann eine Umbildung des fischähnlichen Körpers zu einem amphibienartigen. Viel später erst entwickelt sich aus diesem der Säugethierkörper mit seinen bestimmten Charakteren, und man kann hier wieder in den auf einander folgenden Entwickelungsstadien eine Reihe von Stufen fortschreitender Umbildung erkennen, welche offenbar den Verschiedenheiten verschiedener Säugethier-Ordnungen und Familien entsprechen. In derselben Reihenfolge sehen wir aber auch die Vorfahren des Menschen und der höheren Säugethiere in der Erdgeschichte nach einander auftreten: zuerst Fische, dann Amphibien, später niedere und zuletzt erst höhere Säugethiere. So läuft die embryonale Entwickelung des Individuums durchaus parallel der paläontologischen Entwickelung des ganzen zugehörigen Stammes; und diese äußerst interessante und wichtige Erscheinung ist einzig und allein durch die Wechselwirkung der Vererbungs- und Anpassungsgesetze zu erklären.

Das zuletzt angeführte Beispiel von dem Parallelismus der paläontologischen und der individuellen Entwickelungsreihe lenkt nun unsere Aufmerksamkeit noch auf eine dritte Entwickelungsreihe, welche zu diesen beiden in den innigsten Beziehungen steht und denselben ebenfalls im Ganzen parallel läuft. Das ist nämlich diejenige Entwickelungsreihe von Formen, welche das Untersuchungsobject der vergleichenden Anatomie ist, und welche wir kurz die systematische Entwickelung nennen wollen. Wir verstehen darunter die Kette von verschiedenartigen, aber doch verwandten und zusammenhängenden Formen, welche zu irgend einer Zeit der Erdgeschichte, also z. B. in der Gegenwart, neben einander existiren. Indem die vergleichende Anatomie die verschiedenen ausgebildeten Formen der entwickelten Organismen mit einander vergleicht, sucht sie das gemeinsame Urbild zu erkennen, welches den mannichfaltigen Formen der verwandten Arten, Gattungen, Klassen u. s. w. zu Grunde liegt, und welches durch deren Differenzirung nur mehr oder minder versteckt wird. Sie sucht die Stufenleiter des Fortschritts festzustellen, welche durch den verschiedenen Vervollkommnungsgrad der divergenten Zweige des Stammes bedingt ist. Um bei dem angeführten Beispiele zu bleiben, so zeigt uns die vergleichende Anatomie, wie die einzelnen Organe und Organsysteme des Wirbelthierstammes in den verschiedenen Klassen, Familien und Arten desselben sich ungleichartig entwickelt, differenzirt und vervollkommnet haben. Sie erklärt uns, in welchen Beziehungen die Reihenfolge der Wirbelthierklassen von den Fischen aufwärts durch die Amphibien zu den Säugethieren, und hier wieder von den niederen zu den höheren Säugethierordnungen, eine aufsteigende Stufenleiter bildet. Welches klare Licht die Erkenntniß dieser stufenweisen Entwickelung der Organe verbreitet, können Sie aus den vergleichend-anatomischen Arbeiten von Goethe, Meckel, Cuvier, Johannes Müller, Gegenbaur und Huxley sehen[5]).

Die Entwickelungsreihe der ausgebildeten Formen, welche die vergleichende Anatomie in den verschiedenen Divergenz- und Fortschrittsstufen des organischen Systems nachweist, und welche wir die systematische Entwickelungsreihe nannten, ist parallel der paläontologischen Entwickelungsreihe, weil sie das anatomische Resultat der letzteren betrachtet, und sie ist parallel der individuellen Entwickelungsreihe, weil diese selbst wiederum der paläontologischen parallel ist. Wenn zwei Parallelen einer dritten parallel sind, so müssen sie auch unter einander parallel sein.

Die mannichfaltige Differenzirung und der ungleiche Grad von Vervollkommnung, welchen die vergleichende Anatomie in der Entwickelungsreihe des Systems nachweist, ist wesentlich bedingt durch die zunehmende Mannichfaltigkeit der Existenzbedingungen, denen sich die verschiedenen Gruppen im Kampf um das Dasein anpaßten, und durch den verschiedenen Grad von Schnelligkeit und Vollständigkeit, mit welchem diese Anpassung geschah. Die conservativen Gruppen, welche die ererbten Eigenthümlichkeiten am zähesten festhielten, blieben in Folge dessen auf der tiefsten und rohesten Entwickelungsstufe stehen. Die am schnellsten und vielseitigsten fortschreitenden Gruppen, welche sich den vervollkommneten Existenzbedingungen am bereitwilligsten anpaßten, erreichten selbst den höchsten Vollkommenheitsgrad. Je weiter sich die organische Welt im Laufe der Erdgeschichte entwickelte, desto größer mußte die Divergenz der niederen conservativen und der höheren progressiven Gruppen werden, wie das ja eben so auch aus der Völkergeschichte ersichtlich ist. Hieraus erklärt sich auch die historische Thatsache, daß die vollkommensten Thier- und Pflanzengruppen sich in verhältnißmäßig kurzer Zeit zu sehr bedeutender Höhe entwickelt haben, während die niedrigsten, conservativsten Gruppen durch alle Zeiten hindurch auf der ursprünglichen, rohesten Stufe stehen geblieben, oder nur sehr langsam und allmählich etwas fortgeschritten sind. Auch die Ahnenreihe des Menschen zeigt dies Verhältniß deutlich. Die Haifische der Jetztzeit stehen den Urfischen, welche zu den ältesten Wirbelthierahnen des Menschen gehören, noch sehr nahe, ebenso die heutigen niedersten Amphibien (Kiemenmolche und Salamander) den Amphibien, welche sich aus jenen zunächst entwickelten. Und eben so sind unter den späteren Vorfahren des Menschen die Monotremen und Beutelthiere, die ältesten Säugethiere, zugleich die unvollkommensten Thiere dieser Klasse, die heute noch leben. Die uns bekannten Gesetze der Vererbung und Anpassung genügen vollständig, um diese äußerst wichtige und interessante Erscheinung zu erklären, die man kurz als den Parallelismus der individuellen, der paläontologischen und der systematischen Entwickelung, des betreffenden Fortschrittes und der betreffenden Differenzirung bezeichnen kann. Kein Gegner der Descendenztheorie ist im Stande gewesen, für diese höchst wunderbare Thatsache eine Erklärung zu liefern, während sie sich nach der Descendenztheorie aus den Gesetzen der Vererbung und Anpassung vollkommen erklärt.

Wenn Sie diesen Parallelismus der drei organischen Entwickelungsreihen schärfer in's Auge fassen, so müssen sie noch folgende nähere Bestimmung hinzufügen. Die Ontogenie oder die individuelle Entwickelungsgeschichte jedes Organismus (Embryologie und Metamorphologie) bildet eine einfache, unverzweigte oder leiterförmige Kette von Formen; und eben so derjenige Theil der Phylogenie, welcher die paläontologische Entwickelungsgeschichte der directen Vorfahren jenes individuellen Organismus enthält. Dagegen bildet die ganze Phylogenie, welche uns in dem natürlichen System jedes organischen Stammes oder Phylum entgegentritt, und welche die paläontologische Entwickelung aller Zweige dieses Stammes untersucht, eine verzweigte oder baumförmige Entwickelungsreihe, einen wirklichen Stammbaum. Untersuchen Sie vergleichend die entwickelten Zweige dieses Stammbaums und stellen Sie dieselben nach dem Grade ihrer Differenzirung und Vervollkommnung zusammen, so erhalten Sie die baumförmig verzweigte systematische Entwickelungsreihe der vergleichenden Anatomie. Genau genommen ist also diese letztere der ganzen Phylogenie und mithin nur theilweise der Ontogenie parallel; denn die Ontogenie selbst ist nur einem Theile der Phylogenie parallel.

Alle im Vorhergehenden erläuterten Erscheinungen der organischen Entwickelung, insbesondere dieser dreifache genealogische Parallelismus, und die Differenzirungs- und Fortschrittsgesetze, welche in jeder dieser drei organischen Entwickelungsreihen sichtbar sind, sodann die ganze Erscheinungsreihe der rudimentären Organe, sind äußerst wichtige Belege für die Wahrheit der Descendenztheorie. Denn sie sind nur durch diese zu erklären, während die Gegner derselben auch nicht die Spur einer Erklärung dafür aufbringen können. Ohne die Abstammungslehre läßt sich die Thatsache der organischen Entwickelung überhaupt nicht begreifen. Wir würden daher gezwungen sein, auf Grund derselben Lamarck's Abstammungstheorie anzunehmen, auch wenn wir nicht Darwin's Züchtungstheorie besäßen.

Dreizehnter Vortrag.

Entwickelungstheorie des Weltalls und der Erde. Urzeugung. Kohlenstofftheorie. Plastidentheorie.

Entwickelungsgeschichte der Erde. Kant's Entwickelungstheorie des Weltalls oder die kosmologische Gastheorie. Entwickelung der Sonnen, Planeten und Monde. Erste Entstehung des Wassers. Vergleichung der Organismen und Anorgane. Organische und anorgische Stoffe. Dichtigkeitsgrade oder Aggregatzustände. Eiweißartige Kohlenstoffverbindungen. Organische und anorgische Formen. Krystalle und strukturlose Organismen ohne Organe. Stereometrische Grundformen der Krystalle und der Organismen. Organische und anorgische Kräfte. Lebenskraft. Wachsthum und Anpassung bei Krystallen und bei Organismen. Bildungstriebe der Krystalle. Einheit der organischen und anorgischen Natur. Urzeugung oder Archigonie. Autogonie und Plasmogonie. Entstehung der Moneren durch Urzeugung. Entstehung der Zellen aus Moneren. Zellentheorie. Plastidentheorie. Plastiden oder Bildnerinnen. Cytoden und Zellen. Vier verschiedene Arten von Plastiden.

Meine Herren! Durch unsere bisherigen Betrachtungen haben wir vorzugsweise die Frage zu beantworten versucht, durch welche Ursachen neue Arten von Thieren und Pflanzen aus bestehenden Arten hervorgegangen sind. Wir haben diese Frage dahin beantwortet, daß einerseits die Bastardzeugung, andererseits die natürliche Züchtung im Kampf um's Dasein, die Wechselwirkung der Vererbungs- und Anpassungsgesetze völlig genügend ist, um die unendliche Mannichfaltigkeit der verschiedenen, scheinbar zweckmäßig nach einem Bauplane organisirten Thiere und Pflanzen mechanisch zu erzeugen.

Inzwischen wird sich Ihnen schon wiederholt die Frage aufgedrängt haben: Wie entstanden die ersten Organismen, oder der eine ursprüngliche Stammesorganismus, von welchem wir alle übrigen ableiten?

Diese Frage hat Lamarck[2]) durch die Hypothese der Urzeugung oder Archigonie beantwortet. Darwin dagegen geht über dieselbe hinweg, indem er ausdrücklich hervorhebt, daß er „Nichts mit dem Ursprung der geistigen Grundkräfte, noch mit dem des Lebens selbst zu schaffen habe". Am Schlusse seines Werkes spricht er sich darüber bestimmter in folgenden Worten aus: „Ich nehme an, daß wahrscheinlich alle organischen Wesen, die jemals auf dieser Erde gelebt, von irgend einer Urform abstammen, welcher das Leben zuerst vom Schöpfer eingehaucht worden ist". Außerdem beruft sich Darwin zur Beruhigung Derjenigen, welche in der Descendenztheorie den Untergang der ganzen „sittlichen Weltordnung" erblicken, auf einen berühmten Schriftsteller und Geistlichen, welcher ihm geschrieben hatte: „Er habe allmählich einsehen gelernt, daß es eine ebenso erhabene Vorstellung von der Gottheit sei, zu glauben, daß sie nur einige wenige, der Selbstentwickelung in andere und nothwendige Formen fähige Urtypen geschaffen, als daß sie immer wieder neue Schöpfungsakte nöthig gehabt habe, um die Lücken auszufüllen, welche durch die Wirkung ihrer eigenen Gesetze entstanden seien." Diejenigen, denen der Glaube an eine übernatürliche Schöpfung ein Gemüthsbedürfniß ist, können sich bei dieser Vorstellung beruhigen. Sie können jenen Glauben mit der Descendenztheorie vereinbaren: denn sie können in der Erschaffung eines einzigen ursprünglichen Organismus, der die Fähigkeit besaß, alle übrigen durch Vererbung und Anpassung aus sich zu entwickeln, wirklich weit mehr Erfindungskraft und Weisheit des Schöpfers bewundern, als in der unabhängigen Erschaffung der verschiedenen Arten.

Wenn wir uns in dieser Weise die Entstehung der ersten irdischen Organismen, von denen alle übrigen abstammen, durch die zweckmäßige und planvolle Thätigkeit eines persönlichen Schöpfers erklären wollten, so würden wir damit auf eine wissenschaftliche Erkenntniß derselben verzichten, und aus dem Gebiete der wahren Wissenschaft auf das gänzlich getrennte Gebiet der dichtenden Glaubenschaft hinübertreten. Wir würden durch die Annahme eines übernatürlichen Schöpfungsaktes einen Sprung in das Unbegreifliche thun. Ehe wir uns zu diesem letzten Schritte entschließen und damit auf eine wissenschaftliche Erkenntniß jenes Vorgangs verzichten, sind wir jedenfalls zu dem Versuche verpflichtet, denselben durch eine mechanische Hypothese zu beleuchten. Wir müssen jedenfalls untersuchen, ob denn wirklich jener Vorgang so wunderbar ist, oder ob wir uns eine haltbare Vorstellung von einer ganz natürlichen Erstehung jenes ersten Stammorganismus machen können. Auf das Wunder der Schöpfung würden wir dann gänzlich verzichten können.

Es wird hierbei nothwendig sein, zunächst etwas weiter auszuholen und die natürliche Schöpfungsgeschichte der Erde und, noch weiter zurückgehend, die natürliche Schöpfungsgeschichte des ganzen Weltalls in ihren allgemeinen Grundzügen zu betrachten. Vermuthlich ist Ihnen wohl bekannt, daß aus dem Bau der Erde, wie wir ihn gegenwärtig kennen, die Vorstellung abgeleitet und bis jetzt noch nicht widerlegt ist, daß das Innere unserer Erde sich in einem feurigflüssigen Zustande befindet, und daß die aus verschiedenen Schichten zusammengesetzte feste Rinde, auf deren Oberfläche die Organismen leben, nur eine sehr dünne Kruste oder Schale um den feurigflüssigen Kern bildet. Zu dieser Anschauung sind wir durch verschiedene übereinstimmende Erfahrungen und Schlüsse gelangt. Zunächst spricht dafür die Erfahrung, daß die Temperatur der Erdrinde nach dem Innern hin stetig zunimmt. Je tiefer wir hinabsteigen, desto höher steigt die Wärme des Erdbodens, und zwar in dem Verhältniß, daß auf jede 100 Fuß Tiefe die Temperatur ungefähr um einen Grad zunimmt. In einer Tiefe von 6 Meilen würde demnach bereits eine Hitze von 1500° herrschen, hinreichend, um die meisten festen Stoffe unserer Erdrinde in geschmolzenem, feuerflüssigem Zustande zu erhalten. Diese Tiefe ist aber erst der 286ste Theil des ganzen Erddurchmessers (1717 Meilen). Wir wissen ferner, daß Quellen, die aus beträchtlicher Tiefe hervorkommen, eine sehr hohe Temperatur besitzen, und zum Theil selbst das Wasser im kochenden Zustande an die Oberfläche befördern. Sehr wichtige Zeugen sind endlich die vulkanischen Erscheinungen, das Hervorbrechen feuerflüssiger Gesteinsmassen durch einzelne berstende Stellen der Erdrinde hindurch. Alle diese Erscheinungen führen uns mit großer Sicherheit zu der wichtigen Annahme, daß die feste Erdrinde, vergleichbar der Schale eines Apfels, nur einen ganz geringen Bruchtheil von dem ganzen Durchmesser der Erdkugel bildet, und daß diese sich noch heute größtentheils in geschmolzenem oder feuerflüssigem Zustande befindet.

Wenn wir nun auf Grund dieser Annahme über die einstige Entwickelungsgeschichte des Erdballs nachdenken, so werden wir folgerichtig noch einen Schritt weiter geführt, nämlich zu der Annahme, daß in früherer Zeit die ganze Erde ein feurigflüssiger Körper, und daß die Bildung einer dünnen erstarrten Rinde auf der Oberfläche dieses Balles erst ein späterer Vorgang war. Erst allmählich, durch Ausstrahlung der inneren Gluthhitze an den kalten Weltraum, verdichtete sich die Oberfläche des glühenden Erdballs zu einer dünnen Rinde. Daß die Temperatur der Erde früher allgemein eine viel höhere war, wird durch viele Erscheinungen bezeugt. Unter Anderem spricht dafür die gleichmäßige Vertheilung der Organismen in früheren Zeiten der Erdgeschichte. Während bekanntlich jetzt den verschiedenen Erdzonen und ihren örtlichen Temperaturen verschiedene Bevölkerungen von Thieren und Pflanzen entsprechen, war dies früher entschieden nicht der Fall, und wir sehen aus der Vertheilung der Versteinerungen in den älteren Zeiträumen, daß erst sehr spät, in einer verhältnißmäßig neuen Zeit der organischen Erdgeschichte (im Beginn der sogenannten cänolithischen oder Tertiärzeit), eine Sonderung der Zonen und dem entsprechend auch ihrer organischen Bevölkerung stattfand. Während der ungeheuer langen Primär- und Secundärzeit lebten tropische Pflanzen, welche einen sehr hohen Temperaturgrad bedürfen, nicht allein in der heutigen heißen Zone unter dem Aequator, sondern auch in der heutigen gemäßigten und kalten Zone. Auch viele andere Erscheinungen haben eine allmähliche Abnahme der Temperatur des Erdkörpers im Ganzen, und insbesondere eine erst spät eingetretene Abkühlung der Erdrinde von den Polen her kennen gelehrt. In seinen ausgezeichneten „Untersuchungen über die Entwickelungsgesetze der organischen Welt“ hat der vortreffliche Bronn [19]) die zahlreichen geologischen und paläontologischen Beweise dafür zusammengestellt.

Auf diese Erscheinungen einerseits und auf die mathematisch-astronomischen Erkenntnisse vom Bau des Weltgebäudes andererseits gründet sich nun die Theorie, daß die ganze Erde vor undenklicher Zeit, lange vor der ersten Entstehung von Organismen auf derselben, ein feuerflüssiger Ball war. Diese Theorie aber steht wiederum in Uebereinstimmung mit der großartigen Theorie von der Entstehung des Weltgebäudes und speciell unseres Planetensystems, welche auf Grund von mathematischen und astronomischen Thatsachen 1755 unser kritischer Philosoph Kant [22]) aufstellte, und welche später die berühmten Mathematiker Laplace und Herschel ausführlicher begründeten. Diese Kosmogenie oder Entwickelungstheorie des Weltalls steht noch heute in fast allgemeiner Geltung; sie ist durch keine bessere ersetzt worden, und Mathematiker, Astronomen und Geologen haben dieselbe durch mannichfaltige Beweise immer fester zu stützen versucht.

Die Kosmogenie Kant's behauptet, daß das ganze Weltall in unvordenklichen Zeiten ein gasförmiges Chaos bildete. Alle Materien, welche auf der Erde und anderen Weltkörpern gegenwärtig in verschiedenen Dichtigkeitszuständen, in festem, fest-flüssigem, tropfbar-flüssigem und elastisch-flüssigem oder gasförmigem Aggregatzustande sich gesondert finden, bildeten ursprünglich zusammen eine einzige gleichartige, den Weltraum gleichmäßig erfüllende Masse, welche in Folge eines außerordentlich hohen Temperaturgrades in gasförmigem oder luftförmigem, äußerst dünnem Zustande sich befand. Die Millionen von Weltkörpern, welche gegenwärtig auf die verschiedenen Sonnensysteme vertheilt sind, existirten damals noch nicht. Sie entstanden erst in Folge einer allgemeinen Drehbewegung oder Rotation, bei welcher sich eine Anzahl von festeren Massengruppen mehr als die übrige gasförmige Masse verdichteten, und nun auf letztere als Anziehungsmittelpunkte wirkten. So entstand eine Scheidung des chaotischen Urnebels oder Weltgases in eine Anzahl von rotirenden Nebelbällen, welche sich mehr und mehr verdichteten. Auch unser Sonnensystem war ein solcher riesiger gasförmiger Dunstball, dessen Theilchen sich sämmtlich um einen gemeinsamen Mittelpunkt, den Sonnenkern, herumdrehten. Der Nebelball selbst nahm durch die Rotationsbewegung, gleich allen übrigen, eine Sphäroidform oder abgeplattete Kugelgestalt an.

Während die Centripetalkraft die rotirenden Theilchen immer näher an den festen Mittelpunkt des Nebelballs heranzog, und so diesen mehr und mehr verdichtete, war umgekehrt die Centrifugalkraft bestrebt, die peripherischen Theilchen immer weiter von jenem zu entfernen und sie abzuschleudern. An dem Aequatorialrande der an beiden Polen abgeplatteten Kugel war diese Centrifugalkraft am stärksten, und sobald sie bei weitergehender Verdichtung das Uebergewicht über die Centripetalkraft erlangte, löste sich hier eine ringförmige Nebelmasse von dem rotirenden Balle ob. Diese Nebelringe zeichneten die Bahnen der zukünftigen Planeten vor. Allmählich verdichtete sich die Nebelmasse des Ringes zu einem Planeten, der sich um seine eigene Axe drehte und zugleich um den Centralkörper rotirte. In ganz gleicher Weise aber wurden von dem Aequator der Planetenmasse, sobald die Centrifugalkraft wieder das Uebergewicht über die Centripetalkraft gewann, neue Nebelringe abgeschleudert, welche in gleicher Weise um die Planeten sich bewegten, wie diese um die Sonne. Auch diese Nebelringe verdichteten sich wieder zu rotirenden Bällen. So entstanden die Monde, von denen nur einer um die Erde, aber vier um den Jupiter, sechs um den Uranus sich bewegen. Der Ring des Saturnus stellt uns noch heute einen Mond auf jenem früheren Entwickelungsstadium dar. Indem bei immer weiter schreitender Abkühlung sich diese einfachen Vorgänge der Verdichtung und Abschleuderung vielfach wiederholten, entstanden die verschiedenen Sonnensysteme, die Planeten, welche sich rotirend um ihre centrale Sonne, und die Trabanten oder Monde, welche sich drehend um ihren Planeten bewegten.

Der anfängliche gasförmige Zustand der rotirenden Weltkörper ging allmählich durch fortschreitende Abkühlung und Verdichtung in den feurigflüssigen oder geschmolzenen Aggregatzustand über. Durch den Verdichtungsvorgang selbst wurden große Mengen von Wärme frei, und so gestalteten sich die rotirenden Sonnen, Planeten und Monde bald zu glühenden Feuerbällen, gleich riesigen geschmolzenen Metalltropfen, welche Licht und Wärme ausstrahlten. Durch den damit verbundenen Wärmeverlust verdichtete sich wiederum die geschmolzene Masse an der Oberfläche der feuerflüssigen Bälle und so entstand eine dünne feste Rinde, welche einen feurigflüssigen Kern umschloß. In allen diesen Beziehungen wird sich unsere mütterliche Erde nicht wesentlich verschieden von den übrigen Weltkörpern verhalten haben.

Für den Zweck dieser Vorträge hat es weiter kein besonderes Interesse, die „natürliche Schöpfungsgeschichte des Weltalls" mit seinen verschiedenen Sonnensystemen und Planetensystemen im Einzelnen zu verfolgen und durch alle verschiedenen astronomischen und geologischen Beweismittel mathematisch zu begründen. Ich begnüge mich daher mit den eben angeführten Grundzügen derselben und verweise Sie bezüglich des Näheren auf Kant's „Allgemeine Naturgeschichte und Theorie des Himmels" [22]), sowie auf das treffliche Werk von Carus Sterne, „Werden und Vergehen". [27]) Nur die Bemerkung will ich noch hinzufügen, daß diese bewunderungswürdige Theorie, welche man auch die kosmologische Gastheorie genannt hat, mit allen uns bis jetzt bekannten allgemeinen Erscheinungsreihen im Einklang steht. Ferner ist dieselbc rein mechanisch oder monistisch, nimmt ausschließlich die ureigenen Kräfte der ewigen Materie für sich in Anspruch, und schließt jeden übernatürlichen Vorgang, jede zweckmäßige und bewußte Thätigkeit eines persönlichen Schöpfers vollständig aus. Kant's kosmologische Gastheorie nimmt daher in der Anorgologie, und insbesondere in der Geologie eine ähnliche herrschende Stellung ein, und krönt in ähnlicher Weise unsere Gesammterkenntniß, wie Lamarck's biologische Descendenztheorie in der ganzen Biologie, und namentlich in der Anthropologie. Beide stützen sich ausschließlich auf mechanische oder bewußtlose Ursachen (Causae efficientes), nirgends auf zweckthätige oder bewußte Ursachen (Causae finales). (Vergl. oben S. 89—92.) Beide erfüllen somit alle Anforderungen einer wissenschaftlichen Theorie und werden so lange in Geltung bleiben, bis sie durch bessere ersetzt werden.

Allerdings will ich andererseits nicht verhehlen, daß der großartigen Kosmogenie Kant's einige Schwächen anhaften, welche uns nicht gestatten, ihr dasselbe unbedingte Vertrauen zu schenken, wie Lamarck's Descendenztheorie. Große Schwierigkeiten verschiedener Art hat die Vorstellung des uranfänglichen gasförmigen Chaos, das den ganzen Weltraum erfüllte. Eine größere und ungelöste Schwierigkeit aber liegt darin, daß die kosmologische Gastheorie uns gar keinen Anhaltepunkt liefert für die Erklärung des ersten Anstoßes, der die Rotationsbewegung in dem gaserfüllten Weltraum verursachte. Beim Suchen nach einem solchen Anstoß werden wir unwillkürlich zu der falschen Frage nach dem „ersten Anfang" verführt. Einen ersten Anfang können wir uns aber für die ewigen Bewegungserscheinungen des Weltalls eben so wenig denken, als ein schließliches Ende.

Das Weltall ist nach Raum und Zeit unbeschränkt und unermeßlich. Es ist ewig und es ist unendlich. Aber auch für die ununterbrochene und ewige Bewegung, in welcher sich alle Theilchen des Weltalls beständig befinden, können wir uns keinen Anfang und kein Ende denken. Die großen Gesetze von der Erhaltung der Kraft [38]) und von der Erhaltung des Stoffes, die Grundlagen unserer ganzen Naturanschauung, lassen keine andere Vorstellung zu. Die Welt, soweit sie dem Erkenntnißvermögen des Menschen zugänglich ist, erscheint als eine zusammenhängende Kette von materiellen Bewegungserscheinungen, die einen fortwährenden ursächlichen Wechsel der Formen bedingen. Jede Form, als das zeitweilige Resultat einer Summe von Bewegungserscheinungen, ist als solches vergänglich und von beschränkter Dauer. Aber in dem beständigen

Wechsel der Formen bleibt die Materie und die davon untrennbare Kraft ewig und unzerstörbar.

Wenn nun auch Kant's kosmologische Gastheorie nicht im Stande ist, die Entwickelungsgeschichte des ganzen Weltalls in befriedigender Weise über jenen Zustand des gasförmigen Chaos hinaus aufzuklären, und wenn auch außerdem noch mancherlei gewichtige Bedenken, namentlich von chemischer und geologischer Seite her, sich gegen sie aufwerfen lassen, so müssen wir ihr doch anderseits das große Verdienst lassen, den ganzen Bau des unserer Beobachtung zugänglichen Weltgebäudes, die „Anatomie" der Sonnensysteme und speciell unseres Planetensystems, vortrefflich durch ihre Entwickelungsgeschichte zu erklären. Vielleicht war diese Entwickelung in der That eine ganz andere; vielleicht entstanden die Planeten, und also auch unsere Erde, durch Aggregation aus zahllosen kleinen, im Weltraum zerstreuten Meteoriten? Eine solche Theorie ist u. A. von Radenhausen, dem geistreichen Verfasser der trefflichen Werke „Isis" und „Osiris" aufgestellt worden.[33]) Aber meines Erachtens bieten diese und ähnliche Kosmogenien noch größere Schwierigkeiten, als diejenige von Kant.

Nach diesem allgemeinen Blick auf die monistische Kosmogenie oder die natürliche Entwickelungsgeschichte des Weltalls lassen Sie uns zu einem winzigen Bruchtheil desselben zurückkehren, zu unserer mütterlichen Erde. Wir hatten dieselbe im Zustande einer feurigflüssigen, an beiden Polen abgeplatteten Kugel verlassen, deren Oberfläche sich durch Abkühlung zu einer ganz dünnen festen Rinde verdichtet hatte. Die erste Erstarrungskruste wird die ganze Oberfläche des Erdsphäroids als eine zusammenhängende, glatte, dünne Schale gleichmäßig überzogen haben. Bald aber wurde dieselbe uneben und höckerig. Indem nämlich bei fortschreitender Abkühlung der feuerflüssige Kern sich mehr und mehr verdichtete und zusammenzog, und so der ganze Erddurchmesser sich verkleinerte, mußte die dünne, starre Rinde, welche der weicheren Kernmasse nicht nachfolgen konnte, über derselben vielfach zusammenbrechen. Es würde zwischen beiden ein leerer

Raum entstanden sein, wenn nicht der äußere Atmosphärendruck die zerbrechliche Rinde nach innen hinein getrieben hätte. Andere Unebenheiten entstanden wahrscheinlich dadurch, daß an verschiedenen Stellen die abgekühlte Rinde durch den Erstarrungsproceß selbst sich zusammenzog und Sprünge oder Risse bekam. Der feuerflüssige Kern quoll von Neuem durch diese Sprünge hervor und erstarrte abermals. So entstanden schon frühzeitig mancherlei Erhöhungen und Vertiefungen, welche die ersten Grundlagen der Berge und der Thäler wurden.

Nachdem die Temperatur des abgekühlten Erdballs bis auf einen gewissen Grad gesunken war, erfolgte ein sehr wichtiger neuer Vorgang, nämlich die erste Entstehung des Wassers. Das Wasser war bisher nnr in Dampfform in der den Erdball umgebenden Atmosphäre vorhanden gewesen. Offenbar konnte das Wasser sich erst zu tropfbar-flüssigem Zustande verdichten, nachdem die Temperatur der Atmosphäre bedeutend gesunken war. Nun begann die weitere Umbildung der Erdrinde durch die Kraft des Wassers. Indem dasselbe beständig in Form von Regen niederfiel, hierbei die Erhöhungen der Erdrinde abspülte, die Vertiefungen durch den abgespülten Schlamm ausfüllte, und diesen schichtenweise ablagerte, bewirkte es die außerordentlich wichtigen neptunischen Umbildungen der Erdrinde, welche seitdem ununterbrochen fortdauerten, und auf welche wir im nächsten Vortrage noch einen näheren Blick werfen werden.

Erst nachdem die Erdrinde so weit abgekühlt war, daß das Wasser sich zu tropfbarer Form verdichtet hatte, erst als die bis dahin trockene Erdkruste zum ersten Male von flüssigem Wasser bedeckt wurde, konnte die Entstehung der ersten Organismen erfolgen. Denn alle Thiere und alle Pflanzen, alle Organismen überhaupt, bestehen zum großen Theile oder zum größten Theile aus tropfbar-flüssigem Wasser, welches mit anderen Materien in eigenthümlicher Weise sich verbindet, und diese in den fest-flüssigen Aggregatzustand versetzt. Wir können also aus diesen allgemeinen Grundzügen der anorganischen Erdgeschichte zunächst die wichtige Thatsache folgern, daß zu irgend einer bestimmten Zeit das organische Leben auf der Erde seinen Anfang hatte, daß die irdischen Organismen nicht von jeher existirten, sondern in irgend einem Zeitpunkte zum ersten Mal entstanden.

Wie haben wir uns nun diese Entstehung der ersten Organismen zu denken? Hier ist derjenige Punkt, an welchem die meisten Naturforscher noch heutzutage geneigt sind, den Versuch einer natürlichen Erklärung aufzugeben, und zu dem Wunder einer unbegreiflichen Schöpfung zu flüchten. Mit diesem Schritte treten sie, wie schon vorher bemerkt wurde, außerhalb des Gebietes der naturwissenschaftlichen Erkenntniß und verzichten auf jede weitere Einsicht in den nothwendigen Zusammenhang der Naturgeschichte. Ehe wir muthlos diesen letzten Schritt thun, ehe wir an der Möglichkeit jeder Erkenntniß dieses wichtigen Vorganges verzweifeln, wollen wir wenigstens einen Versuch machen, denselben zu begreifen. Lassen Sie uns sehen, ob denn wirklich die Entstehung eines ersten Organismus aus anorganischem Stoffe, die Entstehung eines lebendigen Körpers aus lebloser Materie etwas ganz Undenkbares, außerhalb aller bekannten Erfahrung Stehendes sei? Lassen Sie uns mit einem Worte die Frage von der Urzeugung oder Archigonie untersuchen! Vor allem ist hierbei erforderlich, sich die hauptsächlichsten Eigenschaften der beiden Hauptgruppen von Naturkörpern, der sogenannten leblosen oder anorgischen und der belebten oder organischen Körper klar zu machen, und das Gemeinsame einerseits, das Unterscheidende beider Gruppen andrerseits festzustellen. Auf diese Vergleichung der Organismen und Anorgane müssen wir hier um so mehr eingehen, als sie gewöhnlich sehr vernachlässigt wird, und als sie doch zu einem richtigen, einheitlichen oder monistischen Verständniß der Gesammtnatur ganz nothwendig ist. Am zweckmäßigsten wird es hierbei sein, die drei Grundeigenschaften jedes Naturkörpers, Stoff, Form und Kraft, gesondert zu betrachten. Beginnen wir zunächst mit dem Stoff.

Durch die Chemie sind wir dahin gelangt, sämmtliche uns bekannte Körper zu zerlegen in eine geringe Anzahl von Elementen oder Grundstoffen, nicht weiter zerlegbaren Körpern, z. B. Kohlenstoff, Sauerstoff, Stickstoff, Schwefel, ferner die verschiedenen Metalle: Kalium, Natrium, Eisen, Gold u. s. w. Man zählt jetzt 64—66 solcher Elemente oder Grundstoffe. Die Mehrzahl derselben ist ziemlich unwichtig und selten, nur die Minderzahl ist allgemeiner verbreitet und setzt nicht allein die meisten Anorgane, sondern auch sämmtliche Organismen zusammen. Vergleichen wir nun diejenigen Elemente, welche den Körper der Organismen aufbauen, mit denjenigen, welche in den Anorganen sich finden, so haben wir zunächst die höchst wichtige Thatsache hervorzuheben, daß im Thier- und Pflanzenkörper kein Grundstoff vorkommt, der nicht auch außerhalb desselben in der leblosen Natur zu finden wäre. Es giebt keine besonderen organischen Elemente oder Grundstoffe.

Die chemischen und physikalischen Unterschiede, welche zwischen den Organismen und den Anorganen existiren, haben also ihren materiellen Grund nicht in einer verschiedenen Natur der sie zusammensetzenden Grundstoffe, sondern in der verschiedenen Art und Weise, in welcher die letzteren zu chemischen Verbindungen zusammengesetzt sind. Diese verschiedene Verbindungsweise bedingt zunächst gewisse physikalische Eigenthümlichkeiten, insbesondere in der Dichtigkeit der Materie, welche auf den ersten Blick eine tiefe Kluft zwischen beiden Körpergruppen zu begründen scheinen. Die geformten anorgischen oder leblosen Naturkörper, die Krystalle und die amorphen Gesteine, befinden sich in einem Dichtigkeitszustande, den wir den festen nennen, und den wir dem tropfbar-flüssigen Dichtigkeitszustande des Wassers und dem gasförmigen Dichtigkeitszustande der Luft entgegensetzen. Es ist Ihnen bekannt, daß diese drei verschiedenen Dichtigkeitsgrade oder Aggregatzustände der Anorgane durchaus nicht den verschiedenen Elementen eigenthümlich, sondern die Folgen eines bestimmten Temperaturgrades sind. Jeder anorgische feste Körper kann durch Erhöhung der Temperatur zunächst in den tropfbar-flüssigen oder geschmolzenen, und durch weitere Erhitzung in den gasförmigen oder elastisch-flüssigen Zustand versetzt werden. Ebenso kann jeder gasförmige Körper durch gehörige Erniedrigung der Temperatur zunächst in den tropfbar-flüssigen und weiterhin in den festen Dichtigkeitszustand übergeführt werden.

Im Gegensatze zu diesen drei Dichtigkeitszuständen der Anorgane befindet sich der lebendige Körper aller Organismen, Thiere sowohl als Pflanzen, in einem ganz eigenthümlichen, vierten Aggregatzustande. Dieser ist weder fest, wie Gestein, noch tropfbar-flüssig, wie Wasser, vielmehr hält er zwischen diesen beiden Zuständen die Mitte, und kann daher als der fest-flüssige oder gequollene Aggregatzustand bezeichnet werden. In allen lebenden Körpern ohne Ausnahme ist eine gewisse Menge Wasser mit fester Materie in ganz eigenthümlicher Art und Weise verbunden, und eben durch diese charakteristische Verbindung des Wassers mit der organischen Materie entsteht jener weiche, weder feste noch flüssige, Aggregatzustand, welcher für die mechanische Erklärung der Lebenserscheinungen von der größten Bedeutung ist. Die Ursache desselben liegt wesentlich in den physikalischen und chemischen Eigenschaften eines einzigen Grundstoffs, des Kohlenstoffs.

Von allen Elementen ist der Kohlenstoff für uns bei weitem das wichtigste und interessanteste, weil bei allen uns bekannten Thier- und Pflanzenkörpern dieser Grundstoff die größte Rolle spielt. Er ist dasjenige Element, welches durch seine eigenthümliche Neigung zur Bildung verwickelter Verbindungen mit den andern Elementen die größte Mannichfaltigkeit in der chemischen Zusammensetzung, und daher auch in den Formen und Lebenseigenschaften der Thier- und Pflanzenkörper hervorruft. Der Kohlenstoff zeichnet sich ganz besonders dadurch aus, daß er sich mit den andern Elementen in unendlich mannichfaltigen Zahlen- und Gewichtsverhältnissen verbinden kann. Es entstehen zunächst durch Verbindung des Kohlenstoffs mit drei andern Elementen, dem Sauerstoff, Wasserstoff und Stickstoff (zu denen sich meist auch noch Schwefel und häufig Phosphor gesellt), jene äußerst wichtigen Verbindungen, welche wir als das erste und unentbehrlichste Substrat aller Lebenserscheinungen kennen gelernt haben, die eiweißartigen Verbindungen oder Albuminkörper (Proteïnstoffe). Schon früher (S. 164) haben wir in den Moneren Organismen der allereinfachsten Art kennen gelernt, deren ganzer Körper in vollkommen ausgebildetem Zustande aus weiter Nichts besteht, als aus einem Plasson-Stückchen, einem fest-flüssigen eiweißartigen Klümpchen; Organismen, welche für die Lehre von der ersten Entstehung des Lebens von der allergrößten Bedeutung sind. Aber auch die meisten übrigen Organismen sind zu einer gewissen Zeit ihrer Existenz, wenigstens in der ersten Zeit ihres Lebens, als Eizellen oder Keimzellen, im Wesentlichen weiter Nichts als einfache Klümpchen eines solchen eiweißartigen Bildungsstoffes, des Zellschleimes oder Protoplasma. Sie sind dann von den Moneren nur dadurch verschieden, daß im Innern des eiweißartigen Körperchens sich der Zellenkern (Nucleus) von dem umgebenden Zellstoff (Protoplasma) gesondert hat. Wie wir schon früher zeigten, sind Zellen von ganz einfacher Beschaffenheit die Staatsbürger, welche durch ihr Zusammenwirken und ihre Sonderung den Körper auch der vollkommensten Organismen, einen republikanischen Zellenstaat, aufbauen (S. 269). Die entwickelten Formen und Lebenserscheinungen des letzteren werden lediglich durch die Thätigkeit jener eiweißartigen Plastiden zu Stande gebracht.

Es darf als einer der größten Triumphe der neueren Biologie, insbesondere der Gewebelehre, angesehen werden, daß wir jetzt im Stande sind, das Wunder der Lebenserscheinungen auf diese Stoffe zurückzuführen, daß wir die unendlich mannichfaltigen und verwickelten physikalischen und chemischen Eigenschaften der Eiweißkörper als die eigentliche Ursache der organischen oder Lebenserscheinungen nachgewiesen haben. Alle verschiedenen Formen der Organismen sind zunächst und unmittelbar das Resultat der Zusammensetzung aus verschiedenen Formen von Zellen. Die unendlich mannichfaltigen Verschiedenheiten in der Form, Größe und Zusammensetzung der Zellen sind aber erst allmählich durch die Arbeitstheilung und Vervollkommnung der einfachen gleichartigen Plassonklümpchen entstanden, welche ursprünglich allein den Zellenleib bildeten. Daraus folgt mit Nothwendigkeit, daß auch die Grunderscheinungen des organischen Lebens, Ernährung und Fortpflanzung, ebenso in ihren höchst zusammengesetzten wie in ihren einfachsten Aeußerungen, auf die materielle Beschaffenheit jenes eiweißartigen Bildungsstoffes, des Plasson, zurückzuführen sind. Aus jenen beiden haben sich die übrigen Lebensthätigkeiten erst allmählich hervorgebildet. So hat denn gegenwärtig die allgemeine Erklärung des Lebens für uns nicht mehr Schwierigkeit, als die Erklärung der physikalischen Eigenschaften der anorgischen Körper. Alle Lebenserscheinungen und Gestaltungsprocesse der Organismen sind eben so unmittelbar durch die chemische Zusammensetzung und die physikalischen Kräfte der organischen Materie bedingt, wie die Lebenserscheinungen der anorgischen Krystalle, d. h. die Vorgänge ihres Wachsthums und ihrer specifischen Formbildung, die unmittelbaren Folgen ihrer chemischen Zusammensetzung und ihres physikalischen Zustandes sind. Die letzten Ursachen bleiben uns freilich in beiden Fällen gleich verborgen. Wenn Gold und Kupfer im tesseralen, Wismuth und Antimon im hexagonalen, Jod und Schwefel im rhombischen Krystallsystem krystallisiren, so ist uns dies im Grunde nicht mehr und nicht weniger räthselhaft, als jeder elementare Vorgang der organischen Formbildung, jede Selbstgestaltung der organischen Zelle. Auch in dieser Beziehung können wir gegenwärtig den fundamentalen Unterschied zwischen Organismen und anorganischen Körpern nicht mehr festhalten, von welchem man früher allgemein überzeugt war.

Betrachten wir zweitens die Uebereinstimmungen und Unterschiede, welche die Formbildung der organischen und anorgischen Naturkörper uns darbietet. Als Hauptunterschied in dieser Beziehung sah man früher die einfache Structur der letzteren, den zusammengesetzten Bau der ersteren an. Der Körper aller Organismen sollte aus ungleichartigen oder heterogenen Theilen zusammengesetzt sein, aus Werkzeugen oder Organen, welche zum Zweck des Lebens zusammenwirken. Dagegen sollten auch die vollkommensten Anorgane, die Krystalle, durch und durch aus gleichartiger oder homogener Materie bestehen. Dieser Unterschied erscheint sehr wesentlich. Allein er verliert alle Bedeutung dadurch, daß wir in den letzten Jahren die höchst merkwürdigen und wichtigen Moneren kennen gelernt haben [15]). (Vergl. oben S. 164—167). Der ganze Körper dieser einfachsten von allen Organismen ist nur ein fest-flüssiges, formloses und structurloses Eiweißklümpchen; er besteht in der That nur aus einer chemischen Verbindung oder einer amorphen Mischung, und ist eben so vollkommen einfach in seiner Structur, wie jeder Krystall, der aus einer einzigen anorgischen Verbindung, z. B. einem Metallsatze, oder einer sehr zusammengesetzten Kieselerde-Verbindung besteht.

Ebenso wie in der inneren Structur oder Zusammensetzung, hat man auch in der äußeren Form durchgreifende Unterschiede zwischen den Organismen und Anorganen finden wollen, insbesondere in der mathematisch bestimmbaren Krystallform der letzteren. Allerdings ist die Krystallisation vorzugsweise eine Eigenschaft der sogenannten Anorgane. Die Krystalle werden begrenzt von ebenen Flächen, welche in geraden Linien und unter bestimmten meßbaren Winkeln zusammenstoßen. Die Thier- und Pflanzen-Form dagegen scheint auf den ersten Blick keine derartige geometrische Bestimmung zuzulassen. Sie ist meistens von gebogenen Flächen und krummen Linien begrenzt, welche unter veränderlichen Winkeln zusammenstoßen. Allein wir haben in neuerer Zeit in den Radiolarien und in vielen anderen Protisten eine große Anzahl von niederen Organismen kennen gelernt, bei denen der Körper in gleicher Weise, wie bei den Krystallen, auf eine mathematisch bestimmbare Grundform sich zurückführen läßt, bei denen die Gestalt im Ganzen wie im Einzelnen durch geometrisch bestimmbare Flächen, Kanten und Winkel begrenzt wird. In meiner allgemeinen **Grundformenlehre** oder **Promorphologie** habe ich hierfür die ausführlichen Beweise geliefert, und zugleich ein allgemeines Formensystem aufgestellt, dessen ideale stereometrische Grundformen eben so gut die realen Formen der anorgischen Krystalle wie der organischen Individuen erklären (Gener. Morphol. I, 375—574). Außerdem giebt es übrigens auch vollkommen amorphe Organismen, wie die Moneren, Amöben u. s. w., welche jeden Augenblick ihre Gestalt wechseln, und bei denen man eben so wenig eine bestimmte Grundform nachweisen kann, als es bei den formlosen oder amorphen Anorganen, bei den nicht krystallisirten Gesteinen, Niederschlägen u. s. w.

der Fall ist. Wir sind also nicht im Stande, irgend einen principiellen Unterschied in der äußeren Form oder in der inneren Structur der Anorgane und Organismen aufzufinden.

Wenden wir uns drittens an die Kräfte oder an die Bewegungserscheinungen dieser beiden verschiedenen Körpergruppen. Hier stoßen wir auf die größten Schwierigkeiten. Die Lebenserscheinungen, wie sie die meisten Menschen nur von hoch ausgebildeten Organismen, von vollkommneren Thieren und Pflanzen kennen, erscheinen so räthselhaft, so wunderbar, so eigenthümlich, daß die Meisten der bestimmten Ansicht sind, in der anorgischen Natur komme gar nichts Aehnliches oder nur entfernt damit Vergleichbares vor. Man nennt ja eben deshalb die Organismen belebte und die Anorgane leblose Naturkörper. Daher erhielt sich bis in unser Jahrhundert hinein, selbst in der Wissenschaft die sich mit der Erforschung der Lebenserscheinungen beschäftigt, in der Physiologie, die irrthümliche Ansicht, daß die physikalischen und chemischen Eigenschaften der Materie nicht zur Erklärung der Lebenserscheinungen ausreichten. Heutzutage, namentlich seit dem letzten Jahrzehnt, darf diese Ansicht als völlig überwunden angesehen werden. In der Physiologie wenigstens hat sie nirgends mehr eine Stätte. Es fällt heutzutage keinem Physiologen mehr ein, irgend welche Lebenserscheinungen als das Resultat einer wunderbaren Lebenskraft aufzufassen, einer besonderen zweckmäßig thätigen Kraft, welche außerhalb der Materie steht, und welche die physikalisch-chemischen Kräfte gewissermaßen nur in ihren Dienst nimmt. Die heutige Physiologie ist zu der streng monistischen Ueberzeugung gelangt, daß sämmtliche Lebenserscheinungen, und vor allen die beiden Grunderscheinungen der Ernährung und Fortpflanzung, rein physikalisch-chemische Vorgänge, und eben so unmittelbar von der materiellen Beschaffenheit des Organismus abhängig sind, wie alle physikalischen und chemischen Eigenschaften oder Kräfte eines jeden Krystalles lediglich durch seine materielle Zusammensetzung bedingt werden. Da nun derjenige Grundstoff, welcher die eigenthümliche materielle Zusammensetzung der Organismen bedingt, der Kohlenstoff ist, so müssen wir alle Lebenserscheinungen, und vor allen die beiden Grunderscheinungen der Ernährung und Fortpflanzung, in letzter Linie auf die Eigenschaften des Kohlenstoffs zurückführen. Lediglich die eigenthümlichen, chemisch-physikalischen Eigenschaften des Kohlenstoffs, und namentlich der festflüssige Aggregatzustand und die leichte Zersetzbarkeit der höchst zusammengesetzten eiweißartigen Kohlenstoffverbindungen, sind die mechanischen Ursachen jener eigenthümlichen Bewegungserscheinungen, durch welche sich die Organismen von den Anorganen unterscheiden, und die man im engeren Sinne das „Leben" zu nennen pflegt.

Um diese „Kohlenstofftheorie", welche ich im zweiten Buche meiner generellen Morphologie ausführlich begründet habe, richtig zu würdigen, ist es vor Allem nöthig, diejenigen Bewegungserscheinungen scharf in's Auge zu fassen, welche beiden Gruppen von Naturkörpern gemeinsam sind. Unter diesen steht obenan das Wachsthum. Wenn Sie irgend eine anorganische Salzlösung langsam verdampfen lassen, so bilden sich darin Salzkrystalle, welche bei weiter gehender Verdunstung des Wassers langsam an Größe zunehmen. Dieses Wachsthum erfolgt dadurch, daß immer neue Theilchen aus dem flüssigen Aggregatzustande in den festen übergehen und sich an den bereits gebildeten festen Krystallkern nach bestimmten Gesetzen anlagern. Durch solche Anlagerung oder Apposition der Theilchen entstehen die mathematisch bestimmten Krystallformen. Eben so durch Aufnahme neuer Theilchen geschieht auch das Wachsthum der Organismen. Der Unterschied ist nur der, daß beim Wachsthum der Organismen in Folge ihres fest-flüssigen Aggregatzustandes die neu aufgenommenen Theilchen in's Innere des Organismus vorrücken (Intussusception), während die Anorgane nur durch Apposition, durch Ansatz neuer, gleichartiger Materie von außen her zunehmen. Indeß ist dieser wichtige Unterschied des Wachsthums durch Intussusception und durch Apposition augenscheinlich nur die nothwendige und unmittelbare Folge des verschiedenen Dichtigkeitszustandes oder Aggregatzustandes der Organismen und der Anorgane.

Ich kann hier an dieser Stelle leider nicht näher die mancherlei höchst interessanten Parallelen und Analogien verfolgen, welche sich zwischen der Bildung der vollkommensten Anorgane, der Krystalle und der Bildung der einfachsten Organismen, der Moneren und der nächst verwandten Formen, vorfinden. Ich muß Sie in dieser Beziehung auf die eingehende Vergleichung der Organismen und der Anorgane verweisen, welche ich im fünften Kapitel meiner generellen Morphologie durchgeführt habe (Gen. Morph. I, 111 bis 166). Dort habe ich ausführlich bewiesen, daß durchgreifende Unterschiede zwischen den organischen und anorganischen Naturkörpern weder in Bezug auf Form und Structur, noch in Bezug auf Stoff und Kraft existiren, daß die wirklich vorhandenen Unterschiede von der eigenthümlichen Natur des Kohlenstoffs abhängen, und daß keine unübersteigliche Kluft zwischen organischer und anorganischer Natur existirt. Besonders einleuchtend erkennen Sie diese höchst wichtige Thatsache, wenn Sie die Entstehung der Formen bei den Krystallen und bei den einfachsten organischen Individuen vergleichend untersuchen. Auch bei der Bildung der Krystallindividuen treten zweierlei verschiedene, einander entgegenwirkende Bildungstriebe in Wirksamkeit. Die innere Gestaltungskraft oder der innere Bildungstrieb, welcher der Erblichkeit der Organismen entspricht, ist bei dem Krystalle der unmittelbare Ausfluß seiner materiellen Constitution oder seiner chemischen Zusammensetzung. Die Form des Krystalles, soweit sie durch diesen inneren, ureigenen Bildungstrieb bestimmt wird, ist das Resultat der specifisch bestimmten Art und Weise, in welcher sich die kleinsten Theilchen der krystallisirenden Materie nach verschiedenen Richtungen hin gesetzmäßig an einander lagern. Jener selbstständigen inneren Bildungskraft, welche der Materie selbst unmittelbar anhaftet, wirkt eine zweite formbildende Kraft geradezu entgegen. Diese äußere Gestal=

tungskraft oder den äußeren Bildungstrieb können wir bei den Krystallen eben so gut wie bei den Organismen als Anpassung bezeichnen. Jedes Krystallindividuum muß sich während seiner Entstehung ganz eben so wie jedes organische Individuum den umgebenden Einflüssen und Existenzbedingungen der Außenwelt unterwerfen und anpassen. In der That ist die Form und Größe eines jeden Krystalles abhängig von seiner gesammten Umgebung, z. B. von dem Gefäß, in welchem die Krystallisation stattfindet, von der Temparatur und von dem Luftdruck, unter welchem der Krystall sich bildet, von der Anwesenheit oder Abwesenheit ungleichartiger Körper u. s. w. Die Form jedes einzelnen Krystalles ist daher ebenso wie die Form jedes einzelnen Organismus das Resultat der Gegenwirkung zweier einander gegenüber stehender Factoren, des inneren Bildungstriebes, der durch die chemische Constitution der eigenen Materie gegeben ist, und des äußeren Bildungstriebes, welcher durch die Einwirkung der umgebenden Materie bedingt ist. Beide in Wechselwirkung stehende Gestaltungskräfte sind im Organismus eben so wie im Krystall rein mechanischer Natur, unmittelbar an dem Stoffe des Körpers haftend. Wenn man das Wachsthum und die Gestaltung der Organismen als einen Lebensproceß bezeichnet, so kann man dasselbe eben so gut von dem sich bildenden Krystall behaupten. Die teleologische Naturbetrachtung, welche in den organischen Formen zweckmäßig eingerichtete Schöpfungsmaschinen erblickt, muß folgerichtiger Weise dieselben auch in den Krystallformen anerkennen. Die Unterschiede, welche sich zwischen den einfachsten organischen Individuen und den anorganischen Krystallen vorfinden, sind durch den festen Aggregatzustand der letzteren, durch den fest-flüssigen Zustand der ersteren bedingt. Im Uebrigen sind die bewirkenden Ursachen der Form in beiden vollständig dieselben. Ganz besonders klar drängt sich Ihnen diese Ueberzeugung auf, wenn Sie die höchst merkwürdigen Erscheinungen von dem Wachsthum, der Anpassung und der „Wechselbeziehung oder Correlation der Theile" bei den entstehenden Krystallen mit den entsprechenden Erscheinungen bei der Entstehung der einfachsten organischen Individuen (Moneren und Zellen) vergleichen. Die Analogie zwischen Beiden ist so groß, daß wirklich keine scharfe Grenze zu ziehen ist. In meiner generellen Morphologie habe ich hierfür eine Anzahl von schlagenden Thatsachen angeführt (Gen. Morph. I, 146, 156, 158).

Wenn Sie diese „Einheit der organischen und anorganischen Natur“, diese wesentliche Uebereinstimmung der Organismen und Anorgane in Stoff, Form und Kraft, sich lebhaft vor Augen halten, wenn Sie sich erinnern, daß wir nicht im Stande sind, irgend welche fundamentalen Unterschiede zwischen diesen beiderlei Körpergruppen festzustellen (wie sie früherhin allgemein angenommen wurden), so verliert die Frage von der Urzeugung sehr viel von der Schwierigkeit, welche sie auf den ersten Blick zu haben scheint. Es wird uns dann die Entwickelung des ersten Organismus aus anorganischer Materie viel leichter denkbar und viel verständlicher erscheinen, als es bisher der Fall war, wo man jene künstliche absolute Scheidewand zwischen organischer oder belebter und anorganischer oder lebloser Natur aufrecht erhielt.

Bei der Frage von der Urzeugung oder Archigonie, die wir jetzt bestimmter beantworten können, erinnern Sie sich zunächst daran, daß wir unter diesem Begriff ganz allgemein die elternlose Zeugung eines organischen Individuums, die Entstehung eines Organismus unabhängig von einem elterlichen oder zeugenden Organismus verstehen. In diesem Sinne haben wir früher die Urzeugung (Archigonia) der Elternzeugung oder Fortpflanzung (Tocogonia) entgegengesetzt (S. 164). Bei der letzteren entsteht das organische Individuum dadurch, daß ein größerer oder geringerer Theil von einem bereits bestehenden Organismus sich ablöst und selbstständig weiter wächst (Gen. Morph. II, 32).

Von der Urzeugung, welche man auch oft als freiwillige oder ursprüngliche Zeugung bezeichnet (Generatio spontanea, aequivoca, primaria etc.), müssen wir zunächst zwei wesentlich verschiedene Arten unterscheiden, nämlich die Autogonie und die Plasmogonie.

Unter Autogonie verstehen wir die Entstehung eines einfachsten organischen Individuums in einer anorganischen Bildungsflüssigkeit, d. h. in einer Flüssigkeit, welche die zur Zusammensetzung des Organismus erforderlichen Grundstoffe in einfachen und beständigen Verbindungen gelöst enthält (z. B. Kohlensäure, Ammoniak, binäre Salze u. s. w.); Plasmogonie dagegen nennen wir die Urzeugung dann, wenn der Organismus in einer organischen Bildungsflüssigkeit entsteht, d. h. in einer Flüssigkeit, welche jene erforderlichen Grundstoffe in Form von verwickelten und lockeren Kohlenstoffverbindungen gelöst enthält (z. B. Eiweiß, Fett, Kohlenhydraten rc.) (Gen. Morph. I, 174; II, 33).

Der Vorgang der Autogonie sowohl als der Plasmogonie ist bis jetzt noch nicht direct mit voller Sicherheit beobachtet. In älterer und neuerer Zeit hat man über die Möglichkeit oder Wirklichkeit der Urzeugung sehr zahlreiche und zum Theil auch interessante Versuche angestellt. Allein diese Experimente beziehen sich fast sämmtlich nicht auf die Autogonie, sondern auf die Plasmogonie, auf die Entstehung eines Organismus aus bereits gebildeter organischer Materie. Offenbar hat aber für unsere Schöpfungsgeschichte dieser letztere Vorgang nur ein untergeordnetes Interesse. Es kommt für uns vielmehr darauf an, die Frage zu lösen: „Giebt es eine Autogonie? Ist es möglich, daß ein Organismus nicht aus vorgebildeter organischer, sondern aus rein anorgischer Materie entsteht?“ Daher können wir hier auch ruhig alle jene zahlreichen Experimente, welche sich nur auf die Plasmogonie beziehen, und in dem letzten Jahrzehnt mit besonderem Eifer betrieben worden sind, bei Seite lassen; zumal sie meist ein negatives Resultat hatten. Angenommen auch, es würde dadurch die Wirklichkeit der Plasmogonie streng bewiesen, so wäre damit noch nicht die Autogonie erklärt.

Die Versuche über Autogonie haben bis jetzt ebenfalls kein sicheres positives Resultat geliefert. Jedoch müssen wir uns von vorn herein auf das bestimmteste dagegen verwahren, daß durch diese Experimente die Unmöglichkeit der Urzeugung überhaupt nachgewiesen sei. Die allermeisten Naturforscher, welche bestrebt waren, diese Frage experimentell zu entscheiden, und welche bei Anwendung aller möglichen Vorsichtsmaßregeln unter ganz bestimmten Verhältnissen keine Organismen entstehen sahen, stellten auf Grund dieser negativen Resultate sofort die Behauptung auf: „Es ist überhaupt unmöglich, daß Organismen von selbst, ohne elterliche Zeugung, entstehen.“ Diese leichtfertige und unüberlegte Behauptung stützten sie einfach und allein auf das negative Resultat ihrer Experimente, welche doch weiter Nichts beweisen konnten, als daß unter diesen oder jenen, höchst künstlichen Verhältnissen, wie sie durch die Experimentatoren geschaffen wurden, kein Organismus sich bildete. Man kann auf keinen Fall aus jenen Versuchen, welche meistens unter den unnatürlichsten Bedingungen in höchst künstlicher Weise angestellt wurden, den Schluß ziehen, daß die Urzeugung überhaupt unmöglich sei. Die Unmöglichkeit eines solchen Vorganges kann überhaupt niemals bewiesen werden. Denn wie können wir wissen, daß in jener ältesten unvordenklichen Urzeit nicht ganz andere Bedingungen, als gegenwärtig, existirten, welche eine Urzeugung ermöglichten? Ja, wir können sogar mit voller Sicherheit positiv behaupten, daß die allgemeinen Lebensbedingungen der Primordialzeit gänzlich von denen der Gegenwart verschieden gewesen sein müssen. Denken Sie allein an die Thatsache, daß die ungeheuren Massen von Kohlenstoff, welche wir gegenwärtig in den primären Steinkohlengebirgen abgelagert finden, erst durch die Thätigkeit des Pflanzenlebens in feste Form gebracht, und die mächtig zusammengepreßten und verdichteten Ueberreste von zahllosen Pflanzenleichen sind, die sich im Laufe vieler Millionen Jahre anhäuften. Allein zu der Zeit, als auf der abgekühlten Erdrinde nach der Entstehung des tropfbar-flüssigen Wassers zum ersten Male Organismen durch Urzeugung sich bildeten, waren jene unermeßlichen Kohlenstoffquantitäten in ganz anderer Form vorhanden, wahrscheinlich größtentheils in Form von Kohlensäure in der Atmosphäre vertheilt. Die ganze Zusammensetzung der Atmosphäre war also außerordentlich von der jetzigen verschieden. Ferner waren, wie sich aus chemischen, physikalischen und geologischen Gründen schließen läßt, der Dichtigkeitszustand und die electrischen Verhältnisse der Atmosphäre ganz andere. Eben so war auch jedenfalls die chemische und physikalische Beschaffenheit des Urmeeres, welches damals als eine ununterbrochene Wasserhülle die ganze Erdoberfläche im Zusammenhang bedeckte, ganz eigenthümlich. Temperatur, Dichtigkeit, Salzgehalt u. s. w. müssen sehr von denen der jetzigen Meere verschieden gewesen sein. Es bleibt also auf jeden Fall für uns, wenn wir auch sonst Nichts weiter davon wissen, die Annahme wenigstens nicht bestreitbar, daß zu jener Zeit unter ganz anderen Bedingungen eine Urzeugung möglich gewesen sei, die heutzutage vielleicht nicht mehr möglich ist.

Nun kommt aber dazu, daß durch die neueren Fortschritte der Chemie und Physiologie das Räthselhafte und Wunderbare, das zunächst der viel bestrittene und doch nothwendige Vorgang der Urzeugung an sich zu haben scheint, größtentheils oder eigentlich ganz zerstört worden ist. Es ist noch nicht fünfzig Jahre her, daß sämmtliche Chemiker behaupteten, wir seien nicht im Stande, irgend eine zusammengesetzte Kohlenstoffverbindung oder eine sogenannte „organische Verbindung" künstlich in unseren Laboratorien herzustellen. Nur die mystische „Lebenskraft" sollte diese Verbindungen zu Stande bringen können. Als daher 1828 Wöhler in Göttingen zum ersten Male dieses Dogma thatsächlich widerlegte, und auf künstlichem Wege aus rein anorgischen Körpern (Cyan- und Ammoniakverbindungen) den rein „organischen" Harnstoff darstellte, war man im höchsten Grade erstaunt und überrascht. In der neueren Zeit ist es nun durch die Fortschritte der synthetischen Chemie gelungen, derartige „organische" Kohlenstoffverbindungen rein künstlich in großer Mannichfaltigkeit in unseren Laboratorien aus anorgischen Substanzen herzustellen, z. B. Alkohol, Essigsäure, Ameisensäure u. s. w. Selbst viele höchst verwickelte Kohlenstoffverbindungen werden jetzt künstlich zusammengesetzt, so daß alle Aussicht vorhanden ist, auch die am meisten zusammengesetzten und zugleich die wichtigsten von allen, die Eiweißverbindungen oder Plassonkörper, früher oder später künstlich in unseren chemischen Werkstätten zu erzeugen. Dadurch ist aber die tiefe Kluft zwischen organischen und anorgischen Körpern, die man früher allgemein festhielt, größtentheils oder eigentlich ganz beseitigt, und für die Vorstellung der Urzeugung der Weg gebahnt.

Von noch größerer, ja von der allergrößten Wichtigkeit für die Hypothese der Urzeugung sind endlich die höchst merkwürdigen Moneren, jene schon vorher mehrfach erwähnten Lebewesen, welche nicht nur die einfachsten beobachteten, sondern auch überhaupt die denkbar einfachsten von allen Organismen sind[15]). Schon früher, als wir die einfachsten Erscheinungen der Fortpflanzung und Vererbung untersuchten, habe ich Ihnen diese wunderbaren „Organismen ohne Organe" beschrieben. Wir kennen jetzt schon acht verschiedene Gattungen solcher Moneren, von denen einige im süßen Wasser, andere im Meere leben (vergl. oben S. 164—167, sowie Taf. I und deren Erklärung unten im Anhang). In vollkommen ausgebildetem und frei beweglichem Zustande stellen sie sämmtlich weiter Nichts dar, als ein structurloses Klümpchen einer eiweißartigen Kohlenstoffverbindung. Nur durch die Art der Fortpflanzung und Entwickelung, sowie der Nahrungsaufnahme, sind die einzelnen Gattungen und Arten ein wenig verschieden. Durch die Entdeckung dieser Organismen, die von der allergrößten Bedeutung ist, verliert die Annahme einer Urzeugung den größten Theil ihrer Schwierigkeiten. Denn da denselben noch jede Organisation, jeder Unterschied ungleichartiger Theile fehlt, da alle Lebenserscheinungen von einer und derselben gleichartigen und formlosen Materie vollzogen werden, so können wir uns ihre Entstehung durch Urzeugung sehr wohl denken. Geschieht dieselbe durch Plasmogonie, ist bereits lebensfähiges Plasma vorhanden, so braucht dasselbe bloß sich zu individualisiren, in gleicher Weise, wie bei der Krystallbildung sich die Mutterlauge der Krystalle individualisirt. Geschieht dagegen die Urzeugung der Moneren durch wahre Autogonie, so ist dazu noch erforderlich, daß vorher jenes lebensfähige Plasson, jener Urschleim, aus einfacheren Kohlenstoffverbindungen sich bildet. Da wir jetzt im Stande sind, in unseren chemischen Laboratorien ähnliche zusammengesetzte Kohlenstoffverbindungen künstlich herzustellen, so liegt durchaus kein Grund für die Annahme vor, daß nicht auch in der freien Natur sich Verhältnisse finden, unter denen ähnliche Verbindungen entstehen können. Sobald man früherhin die Vorstellung der Urzeugung zu fassen suchte, scheiterte man an der organologischen Zusammensetzung auch der einfachsten Organismen, welche man damals kannte. Erst seitdem wir mit den höchst wichtigen Moneren bekannt geworden sind, erst seitdem wir in ihnen Organismen kennen gelernt haben, welche gar nicht aus Organen zusammengesetzt sind, welche bloß aus einer einzigen chemischen Verbindung bestehen, und dennoch wachsen, sich ernähren und fortpflanzen, ist jene Hauptschwierigkeit gelöst. Die Hypothese der Urzeugung hat dadurch denjenigen Grad von Wahrscheinlichkeit gewonnen, welcher sie berechtigt, die Lücke zwischen Kant's Kosmogenie und Lamarck's Descendenztheorie auszufüllen. Es giebt sogar schon unter den bis jetzt bekannten Moneren eine Art, die vielleicht noch heutzutage beständig durch Urzeugung entsteht. Das ist der wunderbare, von Huxley entdeckte und beschriebene Bathybius. Wie ich schon früher erwähnte (S. 165), findet sich dieses Moner in den größten Tiefen des Meeres, zwischen 12,000 und 24,000 Fuß, wo es den Boden theils in Form von netzförmigen Plasmasträngen und Geflechten, theils in Form von unregelmäßigen größeren und kleineren Plasmaklumpen überzieht. (Vgl. meinen Aufsatz über „Bathybius und die Moneren“ im „Kosmos“, Bd. I, 1877, und im „Protistenreich“, 1878.)

Nur solche homogene, noch gar nicht differenzirte Organismen, welche in ihrer gleichartigen Zusammensetzung aus einerlei Theilchen den anorganischen Krystallen gleichstehen, konnten durch Urzeugung entstehen, und konnten die Ureltern aller übrigen Organismen werden. Bei der weiteren Entwickelung derselben haben wir als den wichtigsten Vorgang zunächst die Bildung eines Kernes (Nucleus) in dem structurlosen Eiweißklümpchen anzusehen. Diese können wir uns physikalisch als Verdichtung der innersten, centralen Eiweißtheilchen vorstellen, womit eine chemische Veränderung derselben Hand in Hand ging. Die dichtere centrale Masse, welche anfangs allmählich in das peripherische Plasma überging, sonderte sich später ganz von diesem ab und bildete so ein selbstständiges rundes, chemisch etwas verschiedenes Eiweißkörperchen, den Kern. Durch diesen Vorgang ist aber bereits aus dem Moner eine Zelle geworden. Daß nun die weitere Entwickelung aller übrigen Organismen aus einer solchen Zelle keine Schwierigkeit hat, wird aus den bisherigen Vorträgen klar geworden sein. Denn jedes Thier und jede Pflanze ist im Beginn des individuellen Lebens eine einfache Zelle. Der Mensch so gut wie jedes andere Thier ist anfangs weiter Nichts, als eine einfache Eizelle, ein einziges Schleimklümpchen, worin sich ein Kern befindet (S. 170, Fig. 3).

Eben so wie der Kern der organischen Zellen durch Sonderung aus der inneren oder centralen Masse der ursprünglich gleichartigen Plasmaklümpchen entstand, so bildete sich die erste Zellhaut oder Membran an deren Oberfläche. Auch diesen einfachen aber höchst wichtigen Vorgang können wir, wie schon oben bemerkt, entweder durch einen chemischen Niederschlag oder eine physikalische Verdichtung in der oberflächlichsten Rindenschicht erklären, oder auch durch eine Ausscheidung. Eine der ersten Anpassungsthätigkeiten, welche die durch Urzeugung entstandenen Moneren ausübten, wird die Verdichtung einer äußeren Rindenschicht gewesen sein, welche als schützende Hülle das weichere Innere gegen die angreifenden Einflüsse der Außenwelt abschloß. War aber erst durch Verdichtung der homogenen Moneren im Inneren ein Zellenkern, an der Oberfläche eine Zellhaut entstanden, so waren damit alle die fundamentalen Formen der Bausteine gegeben, aus denen durch unendlich mannichfaltige Zusammensetzung sich erfahrungsgemäß der Körper sämmtlicher höheren Organismen aufbaut.

Wie schon früher erwähnt, beruht unser ganzes Verständniß des Organismus wesentlich auf der von Schleiden nnd Schwann im Jahre 1838 aufgestellten Zellentheorie. Danach ist jeder

Organismus entweder eine einfache Zelle oder eine Gemeinde, ein Staat von eng verbundenen Zellen. Die gesammten Formen und Lebenserscheinungen eines jeden Organismus sind das Gesammtresultat der Formen und Lebenserscheinungen aller einzelnen ihn zusammensetzenden Zellen. In Folge der neueren Fortschritte der Zellenlehre ist es nöthig geworden, die Elementarorganismen oder die organischen „Individuen erster Ordnung", welche man gewöhnlich als „Zellen" bezeichnet, mit dem allgemeineren und passenderen Namen der Bildnerinnen oder Plastiden zu belegen. Wir unterscheiden unter diesen Bildnerinnen zwei Hauptgruppen, nämlich Cytoden und echte Zellen. Die Cytoden sind kernlose Plasmastücke, gleich den Moneren (S. 167, Fig. 1). Die Zellen dagegen sind Plasmastücke, welche einen Kern oder Nucleus enthalten (S. 169, Fig. 2). Jede dieser beiden Hauptformen von Plastiden zerfällt wieder in zwei untergeordnete Formgruppen, je nachdem sie eine äußere Umhüllung (Haut, Schale oder Membran) besitzt oder nicht. Wir können demnach allgemein folgende vier verschiedene Plastidenarten unterscheiden: 1. Urcytoden (S. 167, Fig 1 A); 2. Hüllcytoden; 3. Urzellen (S. 169, Fig. 2 B); 4. Hüllzellen (S. 169, Fig. 2 A).

Was das Verhältniß dieser vier Plastidenformen zur Urzeugung betrifft, so ist folgendes das Wahrscheinlichste: 1. die Urcytoden (Gymnocytoda), nackte Plasmastücke ohne Kern, gleich den heute noch lebenden Moneren, sind die einzigen Plastiden, welche unmittelbar durch Urzeugung entstanden; 2. die Hüllcytoden (Lepocytoda), Plasmastücke ohne Kern, welche von einer Hülle (Membran oder Schale) umgeben sind, entstanden aus den Urcytoden entweder durch Verdichtung der oberflächlichsten Plasmaschichten oder durch Ausscheidung einer Hülle; 3. die Urzellen (Gymnocyta) oder nackte Zellen, Plasmastücke mit Kern, aber ohne Hülle, entstanden aus den Urcytoden durch Verdichtung der innersten Plasmatheile zu einem Kerne oder Nucleus, durch Differenzirung von centralem Kerne und peripherischem Zellstoff; 4. die Hüllzellen (Lepocyta) oder Hautzellen, Plasmastücke mit Kern und mit äußerer Hülle (Membran oder Schale), entstanden entweder aus den Hüllcytoden durch Bildung eines Kernes oder aus den Urzellen durch Bildung einer Membran. Alle übrigen Formen von Bildnerinnen oder Plastiden, welche außerdem noch vorkommen, sind erst nachträglich durch natürliche Züchtung, durch Abstammung mit Anpassung, durch Differenzirung und Umbildung aus jenen vier Grundformen entstanden.

Durch diese Plastidentheorie, durch diese Ableitung aller verschiedenen Plastidenformen und somit auch aller aus ihnen zusammengesetzten Organismen von den Moneren, kommt ein einfacher und natürlicher Zusammenhang in die gesammte Entwickelungstheorie. Die Entstehung der ersten Moneren durch Urzeugung erscheint uns als ein einfacher und nothwendiger Vorgang in dem Entwickelungsproceß des Erdkörpers. Ich gebe zu, daß dieser Vorgang, so lange er noch nicht direct beobachtet oder durch das Experiment wiederholt ist, eine reine Hypothese bleibt. Allein ich wiederhole, daß diese Hypothese für den ganzen Zusammenhang der natürlichen Schöpfungsgeschichte unentbehrlich ist, daß sie an sich durchaus nichts Gezwungenes und Wunderbares mehr hat, und daß sie keinenfalls jemals positiv widerlegt werden kann. Auch ist zu berücksichtigen, daß der Vorgang der Urzeugung, selbst wenn er alltäglich und stündlich noch heute stattfände, auf jeden Fall äußerst schwierig zu beobachten und mit untrüglicher Sicherheit als solcher festzustellen sein würde. Den heute noch lebenden Moneren gegenüber finden wir uns aber in folgende Alternative versetzt: Entweder stammen dieselben wirklich direct von den zuerst entstandenen oder „erschaffenen" ältesten Moneren ab, und dann müßten sie sich schon viele Millionen Jahre hindurch unverändert fortgepflanzt und in der ursprünglichen Form einfacher Plasmastückchen erhalten haben. Oder die heutigen Moneren sind erst viel später im Laufe der organischen Erdgeschichte durch wiederholte Urzeugungs-Acte entstanden, und dann kann die Urzeugung eben so gut noch heute stattfinden; sie kann sich unendlich oft wiederholen. Offenbar hat die letztere Annahme viel mehr Wahrscheinlichkeit für sich als die erstere.

Wenn Sie die Hypothese der Urzeugung nicht annehmen, so müssen Sie an diesem einzigen Punkte der Entwickelungstheorie zum Wunder einer übernatürlichen Schöpfung Ihre Zuflucht nehmen. Der Schöpfer muß dann den ersten Organismus oder die wenigen ersten Organismen, von denen alle übrigen abstammen, jedenfalls einfachste Moneren oder Urcytoden, als solche geschaffen und ihnen die Fähigkeit beigelegt haben, sich in mechanischer Weise weiter zu entwickeln. Ich überlasse es einem Jeden von Ihnen, zwischen dieser Vorstellung und der Hypothese der Urzeugung zu wählen. Mir scheint die Vorstellung, daß der Schöpfer an diesem einzigen Punkte willkürlich in den gesetzmäßigen Entwickelungsgang der Materie eingegriffen habe, der im Uebrigen ganz ohne seine Mitwirkung verläuft, ebenso unbefriedigend für das gläubige Gemüth, wie für den wissenschaftlichen Verstand zu sein. Nehmen wir dagegen für die Entstehung der ersten Organismen die Hypothese der Urzeugung an, welche aus den oben erörterten Gründen, insbesondere durch die Entdeckung der Moneren, ihre frühere Schwierigkeit verloren hat, so gelangen wir zur Herstellung eines ununterbrochenen natürlichen Zusammenhanges zwischen der Entwickelung der Erde und der von ihr geborenen Organismen, und wir erkennen auch in dem letzten noch zweifelhaften Punkte die Einheit der gesammten Natur und die Einheit ihrer Entwickelungsgesetze.

Vierzehnter Vortrag.

Wanderung und Verbreitung der Organismen. Die Chorologie und die Eiszeit der Erde.

Chorologische Thatsachen und Ursachen. Einmalige Entstehung der meisten Arten an einem einzigen Orte: „Schöpfungsmittelpunkte". Ausbreitung durch Wanderung. Active und passive Wanderungen der Thiere und Pflanzen. Transportmittel. Transport der Keime durch Wasser und Wind. Beständige Veränderung der Verbreitungsbezirke durch Hebungen und Senkungen des Bodens. Chorologische Bedeutung der geologischen Vorgänge. Einfluß des Klima-Wechsels. Eiszeit oder Glacial-Periode. Ihre Bedeutung für die Chorologie. Bedeutung der Wanderungen für die Entstehung neuer Arten. Isolirung der Kolonisten. Wagners „Migrationsgesetz". Verhältniß der Migrationstheorie zur Selectionstheorie. Uebereinstimmung ihrer Folgerungen mit der Descendenztheorie.

Meine Herren! Wie ich schon zu wiederholten Malen hervorgehoben habe, wie aber nie genug betont werden kann, liegt der eigentliche Werth und die unüberwindliche Stärke der Descendenztheorie nicht darin, daß sie uns diese oder jene einzelne Erscheinung erläutert, sondern darin, daß sie uns die Gesammtheit der biologischen Phänomene erklärt, daß sie uns alle botanischen und zoologischen Erscheinungsreihen in ihrem inneren Zusammenhange verständlich macht. Daher wird jeder denkende Forscher um so fester und tiefer von ihrer Wahrheit durchdrungen, je mehr er seinen Blick von einzelnen biologischen Wahrnehmungen zu einer allgemeinen Betrachtung des Gesammtgebietes des Thier- und Pflanzenlebens erhebt.

Lassen Sie uns nun jetzt, von diesem umfassenden Standpunkt aus, ein biologisches Gebiet überblicken, dessen mannichfaltige und verwickelte Erscheinungen besonders einfach und lichtvoll durch die Descendenztheorie erklärt werden. Ich meine die Chorologie oder die Lehre von der räumlichen Verbreitung der Organismen über die Erdoberfläche. Darunter verstehe ich nicht nur die geographische Verbreitung der Thier- und Pflanzenarten über die verschiedenen Erdtheile und deren Provinzen, über Festländer und Inseln, Meere und Flüsse; sondern auch die topographische Verbreitung derselben in verticaler Richtung, ihr Hinaufsteigen auf die Höhen der Gebirge, ihr Hinabsteigen in die Tiefen des Oceans.

Wie Ihnen bekannt sein wird, haben die sonderbaren chorologischen Erscheinungsreihen, welche die horizontale Verbreitung der Organismen über die Erdtheile, und ihre verticale Verbreitung in Höhen und Tiefen darbieten, schon seit längerer Zeit allgemeines Interesse erweckt. In neuerer Zeit haben namentlich Alexander Humboldt, Frederick Schouw und Griesebach die Geographie der Pflanzen, Berghaus, Schmarda und Wallace die Geographie der Thiere in weiterem Umfange behandelt. Aber obwohl diese und manche andere Naturforscher unsere Kenntnisse von der Verbreitung der Thier- und Pflanzenformen vielfach gefördert und uns ein weites Gebiet des Wissens voll wunderbarer und interessanter Erscheinungen zugänglich gemacht haben, so blieb doch die ganze Chorologie immer nur ein zerstreutes Wissen von einer Masse einzelner Thatsachen. Eine Wissenschaft konnte man sie nicht nennen, so lange uns die wirkenden Ursachen zur Erklärung dieser Thatsachen fehlten. Diese Ursachen hat uns erst die mit der Selectionstheorie eng verbundene Migrationstheorie, die Lehre von den Wanderungen der Thier- und Pflanzenarten, enthüllt, und erst seit Darwin können wir von einer selbstständigen chorologischen Wissenschaft reden. Nächst Darwin haben namentlich Wallace und Moriz Wagner dieselbe gefördert.

Wenn man die gesammten Erscheinungen der geographischen und topographischen Verbreitung der Organismen an und für sich betrachtet, ohne Rücksicht auf die allmähliche Entwickelung der Arten, und wenn man zugleich, dem herkömmlichen Aberglauben folgend, die einzelnen Thier- und Pflanzenarten als selbstständig erschaffene und von einander unabhängige Formen betrachtet, so bleibt nichts anderes übrig, als jene Erscheinungen wie eine bunte Sammlung von unbegreiflichen und unerklärlichen Wundern anzustaunen. Sobald man aber diesen niederen Standpunkt verläßt und mit der Annahme einer Stammverwandtschaft der verschiedenen Species sich zur Höhe der Entwickelungstheorie erhebt, so fällt sogleich ein vollständig erklärendes Licht auf jenes mystische Wundergebiet, und wir sehen, daß sich alle jene chorologischen Thatsachen ganz einfach und leicht aus der Annahme einer gemeinsamen Abstammung der Arten und ihrer passiven und activen Wanderung verstehen lassen.

Der wichtigste Grundsatz, von dem wir in der Chorologie ausgehen müssen, und von dessen Wahrheit uns jede tiefere Betrachtung der Selectionstheorie überzeugt, ist, daß in der Regel jede Thier- und Pflanzenart nur einmal im Lauf der Zeit und nur an einem Orte der Erde, an ihrem sogenannten „Schöpfungsmittelpunkte", durch natürliche Züchtung entstanden ist. Ich theile diese Ansicht Darwin's unbedingt in Bezug auf die große Mehrzahl der höheren und vollkommenen Organismen, in Bezug auf die allermeisten Thiere und Pflanzen, bei denen die Arbeitstheilung oder Differenzirung der sie zusammensetzenden Zellen und Organe einen gewissen Grad erreicht hat. Denn es ist ganz unglaublich, oder könnte doch nur durch einen höchst seltenen Zufall geschehen, daß alle die mannichfaltigen und verwickelten Umstände, alle die verschiedenen Bedingungen des Kampfes um's Dasein, die bei der Entstehung einer neuen Art durch natürliche Züchtung wirksam sind, genau in derselben Vereinigung und Verbindung mehr als einmal in der Erdgeschichte, oder gleichzeitig an mehreren verschiedenen Punkten der Erdoberfläche zusammen gewirkt haben.

Dagegen halte ich es für sehr wahrscheinlich, daß gewisse höchst unvollkommene Organismen vom einfachsten Bau, also Species von höchst indifferenter Natur, wie z. B. manche einzellige Protisten, namentlich aber die einfachsten von allen, die Moneren, mehrmals oder gleichzeitig an mehreren Stellen der Erde entstanden seien. Denn die wenigen einfachen Bedingungen, durch welche ihre specifische Gestalt im Kampfe um's Dasein umgebildet wurde, können sich wohl öfter im Laufe der Zeit, oder unabhängig von einander an verschiedenen Stellen der Erde wiederholt haben. Ferner können auch diejenigen höheren specifischen Formen, welche nicht durch natürliche Züchtung, sondern durch Bastardzeugung entstanden sind, die früher erwähnten Bastardarten (S. 130, 245), wiederholt an verschiedenen Orten neu entstanden sein. Da uns jedoch diese verhältnißmäßig geringe Anzahl von Organismen hier vorläufig noch nicht näher interessirt, so können wir in chorologischer Beziehung von ihnen absehen, und brauchen bloß die Verbreitung der großen Mehrzahl der Thier- und Pflanzenarten in Betracht zu ziehen, bei denen die einmalige Entstehung jeder Species an einem einzigen Orte, an ihrem sogenannten „Schöpfungsmittelpunkte", aus vielen wichtigen Gründen als hinreichend gesichert angesehen werden kann.

Jede Thier- und Pflanzenart hat nun von Anbeginn ihrer Existenz an das Streben besessen, sich über die beschränkte Localität ihrer Entstehung, über die Schranken ihres „Schöpfungsmittelpunktes" oder besser gesagt ihrer Urheimath oder ihres Geburtsortes hinaus auszubreiten. Das ist eine nothwendige Folge der früher erörterten Bevölkerungs- und Uebervölkerungsverhältnisse (S. 144, 228). Je stärker eine Thier- oder Pflanzenart sich vermehrt, desto weniger reicht ihr beschränkter Geburtsort für ihren Unterhalt aus, desto heftiger wird der Kampf um's Dasein, desto rascher tritt eine Uebervölkerung der Heimath und in Folge dessen Auswanderung ein. Diese Wanderungen sind allen Organismen gemeinsam und sie sind die eigentliche Ursache der weiten Verbreitung der verschiedenen Organismenarten über die Erdoberfläche. Wie die Menschen aus den übervölkerten Staaten, so wandern Thiere und Pflanzen allgemein aus ihrer übervölkerten Urheimath aus.

Auf die hohe Bedeutung dieser sehr interessanten Wanderungen der Organismen haben schon früher viele ausgezeichnete Naturforscher, insbesondere Lyell [11]), Schleiden u. A. wiederholt aufmerksam gemacht. Die Transportmittel, durch welche dieselben geschehen, sind äußerst mannichfaltig. Darwin hat dieselben im elften und zwölften Capitel seines Werks, welche der „geographischen Verbreitung" ausschließlich gewidmet sind, vortrefflich erörtert. Die Transportmittel sind theils active, theils passive; d. h. der Organismus bewerkstelligt seine Wanderungen theils durch freie Ortsbewegungen, die von ihm selbst ausgehen, theils durch Bewegungen anderer Naturkörper, an denen er sich nicht selbstthätig betheiligt.

Die activen Wanderungen spielen selbstverständlich die größte Rolle bei den frei beweglichen Thieren. Je freier die Bewegung eines Thieres nach allen Richtungen hin durch seine Organisation erlaubt ist, desto leichter kann diese Thierart wandern, und desto rascher sich über die Erde ausbreiten. Am meisten begünstigt sind in dieser Beziehung natürlich die fliegenden Thiere, und insbesondere unter den Wirbelthieren die Vögel, unter den Gliederthieren die Insecten. Leichter als alle anderen Thiere konnten sich diese beiden Klassen alsbald nach ihrer Entstehung über die ganze Erde verbreiten, und daraus erklärt sich auch zum Theil die ungemeine innere Einförmigkeit, welche diese beiden großen Thierklassen vor allen anderen auszeichnet. Denn obwohl dieselben eine außerordentliche Anzahl von verschiedenen Arten enthalten, und obwohl die Insectenklasse allein mehr verschiedene Species besitzen soll, als alle übrigen Thierklassen zusammengenommen, so stimmen dennoch alle diese unzähligen Insectenarten, und ebenso andererseits die verschiedenen Vögelarten, in allen wesentlichen Eigenthümlichkeiten ihrer Organisation ganz auffallend überein. Daher kann man sowohl in der Klasse der Insecten, als in derjenigen der Vögel, nur eine sehr geringe Anzahl von größeren natürlichen Gruppen oder „Ordnungen" unterscheiden, und diese wenigen Ordnungen weichen im inneren Bau nur sehr wenig von einander ab. Die artenreichen Vögelordnungen sind lange nicht so weit von einander verschieden, wie die viel weniger artenreichen Ordnungen der Säugethierklasse; und die an Genera- und Speciesformen äußerst reichen Insectenordnungen stehen sich im inneren Bau viel näher, als die viel kleineren Ordnungen der Krebsklasse. Die durchgehende Parallele zwischen den Vögeln und Insecten ist auch in dieser systematischen Beziehung sehr interessant; und die größte Bedeutung ihres Formenreichthums für die wissenschaftliche Morphologie liegt darin, daß sie uns zeigen, wie innerhalb des engsten anatomischen Spielraums, und ohne tiefere Veränderungen der wesentlichen inneren Organisation, die größte Mannichfaltigkeit der äußeren Körperform sich ausbilden kann. Offenbar liegt der Grund dafür in der fliegenden Lebensweise und in der freiesten Ortsbewegung. In Folge dessen haben sich Vögel sowohl als Insecten sehr rasch über die ganze Erdoberfläche verbreitet, haben an allen möglichen, anderen Thieren unzugänglichen Localitäten sich angesiedelt, und nun durch oberflächliche Anpassung an bestimmte Localverhältnisse ihre specifische Form vielfach modificirt.

Nächst den fliegenden Thieren haben natürlich am rascheſten und weitesten sich diejenigen ausgebreitet, die nächstdem am besten wandern konnten, die besten Läufer unter den Landbewohnern, die besten Schwimmer unter den Wasserbewohnern. Das Vermögen derartiger activer Wanderungen ist aber nicht bloß auf diejenigen Thiere beschränkt, welche ihr ganzes Leben hindurch sich freier Ortsbewegung erfreuen. Denn auch die festsitzenden Thiere, wie z. B. die Korallen, die Röhrenwürmer, die Seescheiden, die Seelilien, die Taschen, die Rankenkrebse und viele andere niedere Thiere, die auf Seepflanzen, Steinen u. dgl. festgewachsen sind, genießen doch in ihrer Jugend wenigstens freie Ortsbewegung. Sie alle wandern, ehe sie sich festsetzen. Gewöhnlich ist der erste frei bewegliche Jugendzustand derselben eine flimmernde Larve, ein rundliches Körperchen, welches mittelst eines Kleides von beweglichen Flimmerhaaren im Wasser umherschwärmt und den Namen Gastrula führt.

Aber nicht auf die Thiere allein ist das Vermögen der freien Ortsbewegung und somit auch der activen Wanderung beschränkt, sondern selbst viele Pflanzen erfreuen sich desselben. Viele niedere Wasserpflanzen, insbesondere aus der Tangklasse, schwimmen in ihrer ersten Jugend, gleich den eben erwähnten niederen Thieren, mittelst beweglicher Flimmerhaare, entweder einer schwingenden Geißel oder eines zitternden Wimperpelzes, frei im Wasser umher und setzen sich erst später fest. Selbst bei vielen höheren Pflanzen, die wir als kriechende und kletternde bezeichnen, können wir von einer activen Wanderung sprechen. Der langgestreckte Stengel oder Wurzelstock derselben kriecht oder klettert während seines langen Wachsthums nach neuen Standorten und erobert sich mittelst seiner weitverzweigten Aeste einen neuen Wohnort, in dem er sich durch Knospen befestigt, und neue Kolonien von anderen Individuen seiner Art hervorruft.

So einflußreich nun aber auch diese activen Wanderungen der meisten Thiere und vieler Pflanzen sind, so würden sie allein doch bei weitem nicht ausreichen, uns die Chorologie der Organismen zu erklären. Vielmehr sind bei weitem wichtiger und von ungleich größerer Wirkung, wenigstens für die meisten Pflanzen und für viele Thiere, von jeher die passiven Wanderungen gewesen. Solche passive Ortsveränderungen werden durch äußerst mannichfaltige Ursachen hervorgebracht. Luft und Wasser in ihrer ewigen Bewegung, Wind und Wellen in ihrer mannichfaltigen Strömung spielen dabei die größte Rolle. Der Wind hebt allerorten und allerzeiten leichte Organismen, kleine Thiere und Pflanzen, namentlich aber die jugendlichen Keime derselben, Thiereier und Pflanzensamen, in die Höhe, und führt sie weithin über Land und Meer. Wo dieselben in das Wasser fallen, werden sie von Strömungen oder Wellen erfaßt und nach anderen Orten hingeführt. Wie weit in vielen Fällen Baumstämme, hartschalige Früchte und andere schwer verwesliche Pflanzentheile durch den Lauf der Flüsse und durch die Strömungen des Meeres von ihrer ursprünglichen Heimath weggeführt werden, ist aus zahlreichen Beispielen bekannt. Palmenstämme aus Westindien werden durch den Golfstrom nach den britischen und norwegischen Küsten gebracht. Alle großen Ströme führen Treibholz aus den Gebirgen und oft Alpenpflanzen aus ihrer Quellen-Heimath in die Ebenen hinab und weiter bis zu ihrer Ausmündung in das Meer. Zwischen dem Wurzelwerk dieser fortgetriebenen Pflanzen, zwischen dem Gezweige der fortgeschwemmten Baumstämme sitzen oft zahlreiche Bewohner derselben, welche an der passiven Wanderung Theil nehmen müssen. Die Baumrinde ist mit Moos, Flechten und parasitischen Insecten bedeckt. Andere Insecten, Spinnen u. dergl., selbst kleine Reptilien und Säugethiere, sitzen geborgen in dem hohlen Stamme oder halten sich fest an den Zweigen. In der Erde, die zwischen die Wurzelfasern eingeklemmt ist, in dem Staube, welcher in den Rindenspalten festsitzt, befinden sich zahllose Keime von kleineren Thieren und Pflanzen. Landet nun der fortgetriebene Stamm glücklich an einer fremden Küste oder einer fernen Insel, so können die Gäste, welche an der unfreiwilligen Reise Theil nehmen mußten, ihr Fahrzeug verlassen und sich in dem neuen Vaterlande ansiedeln.

Eine seltsame besondere Form dieses Wassertransportes vermitteln die schwimmenden Eisberge, die sich alljährlich von dem ewigen Eise der Polarmeere ablösen. Obwohl jene kalten Zonen im Ganzen sehr spärlich bevölkert sind, so können doch manche von ihren Bewohnern, die sich zufällig auf einem Eisberge während seiner Ablösung befanden, mit demselben von den Strömungen fortgeführt und an wärmeren Küsten gelandet werden. So ist schon oft mit abgelösten Eisblöcken des nördlichen Eismeeres eine ganze kleine Bevölkerung von Thieren und Pflanzen nach den nördlichen Küsten von Europa und Amerika geführt worden. Ja sogar einzelne Eisfüchse und Eisbären sind so nach Island und den britischen Inseln gelangt.

Keine geringere Bedeutung als der Wassertransport besitzt für die passiven Wanderungen der Lufttransport. Der Staub, der unsere Straßen und Dächer bedeckt, die Erdkruste, welche auf trockenen Feldern und ausgetrockneten Wasserbecken sich befindet, die leichte Humusdecke des Waldbodens, kurz die ganze Oberfläche des trockenen Landes enthält Millionen von kleinen Organismen und von Keimen derselben. Viele von diesen kleinen Thieren und Pflanzen können ohne Schaden vollständig austrocknen und erwachen wieder zum Leben, sobald sie befeuchtet werden. Jeder Windstoß hebt mit dem Staube unzählige solche kleine Lebewesen in die Höhe und führt sie oft meilenweit nach anderen Orten hin. Aber auch größere Organismen, und namentlich Keime von solchen, können oft weite passive Luftreisen machen. Bei vielen Pflanzen sind die Samenkörner mit leichten Federkronen versehen, die wie Fallschirme wirken und ihr Schweben in der Luft erleichtern, ihr Niederfallen erschweren. Spinnen machen auf ihrem leichten Fadengespinnste, dem sogenannten „fliegenden Weiber-Sommer", meilenweite Luftreisen. Junge Frösche werden durch Wirbelwinde oft zu Tausenden in die Luft erhoben und fallen als sogenannter „Froschregen" an einem entfernten Orte nieder. Vögel und Insecten können durch Stürme über den halben Erdkreis weggeführt werden. Sie fallen in den vereinigten Staaten nieder, nachdem sie sich in England erhoben hatten. In Kalifornien aufgeflogen, kommen sie in China erst wieder zur Ruhe. Mit den Vögeln und Insecten können aber wieder viele andere Organismen die Reise von einem Continent zum andern machen. Selbstverständlich wandern mit allen Organismen die auf ihnen wohnenden Parasiten, deren Zahl Legion ist: die Flöhe, Läuse, Milben, Pilze u. s. w. In der Erde, die oft zwischen den Zehen der Vögel beim Auffliegen hängen bleibt, sitzen wiederum kleine Thiere und Pflanzen oder Keime von solchen. Und so kann die freiwillige oder unfreiwillige Wanderung eines einzigen größeren Organismus eine kleine Flora oder Fauna mit vielen verschiedenen Arten aus einem Welttheil in den andern hinüber führen.

Außer den angegebenen Transportmitteln giebt es nun auch noch viele andere, die die Verbreitung der Thier- und Pflanzen-Arten über weite Strecken der Erdoberfläche, und insbesondere die allgemeine Verbreitung der sogenannten kosmopolitischen Species erklären. Doch würden wir uns hieraus allein bei weitem nicht alle chorologischen Thatsachen erklären können. Wie kommt es z. B., daß viele Süßwasserbewohner in zahlreichen, weit von einander getrennten und ganz gesonderten Flußgebieten oder Seen leben? Wie kommt es, daß viele

Gebirgsbewohner, die in der Ebene gar nicht existiren können, auf gänzlich getrennten und weit entfernten Gebirgsketten gefunden werden? Daß jene Süßwasserbewohner die zwischen ihren Wassergebieten liegenden Landstrecken, daß diese Gebirgsbewohner die zwischen ihren Gebirgsheimathen liegenden Ebenen in irgend einer Weise activ oder passiv durchwandert hätten, ist schwer anzunehmen und in vielen Fällen gar nicht denkbar. Hier kommt uns nun als mächtiger Bundesgenosse die Geologie zur Hülfe. Sie löst uns jene schwierigen Räthsel vollständig.

Die Entwickelungsgeschichte der Erde zeigt uns, daß die Vertheilung von Land und Wasser an ihrer Oberfläche sich in ewigem und ununterbrochenem Wechsel befindet. Ueberall finden in Folge von geologischen Veränderungen des Erdinnern, bald hier bald dort stärker vortretend oder nachlassend, Hebungen und Senkungen des Bodens statt. Wenn dieselben auch so langsam geschehen, daß sie im Laufe des Jahrhunderts die Meeresküste nur um wenige Zolle, oder selbst nur um ein paar Linien heben oder senken, so bewirken sie doch im Laufe langer Zeiträume erstaunliche Resultate. Und an langen, an unermeßlich langen Zeiträumen hat es in der Erdgeschichte niemals gefehlt. Im Laufe der vielen Millionen Jahre, seit schon organisches Leben auf der Erde existirt, haben Land und Meer sich beständig um die Herrschaft gestritten. Continente und Inseln sind unter Meer versunken, und neue sind aus seinem Schooße emporgestiegen. Seen und Meere sind langsam gehoben worden und ausgetrocknet, und neue Wasserbecken sind durch Senkung des Bodens entstanden. Halbinseln wurden zu Inseln, indem die schmale Landzunge, die sie mit dem Festlande verband, unter Wasser sank. Die Inseln eines Archipelagus wurden zu Spitzen einer zusammenhängenden Gebirgskette, wenn der ganze Boden ihres Meeres bedeutend gehoben wurde.

So war einst das Mittelmeer ein Binnensee, als noch an Stelle der Gibraltarstraße Afrika durch eine Landenge mit Spanien zusammenhing. England hat mit dem europäischen Festlande selbst während der neueren Erdgeschichte, als schon Menschen existirten, wiederholt zusammengehangen und ist wiederholt davon getrennt worden. Ja sogar Europa und Nordamerika haben unmittelbar in Zusammenhang gestanden. Die Südsee bildete einst einen großen pacifischen Continent, und die zahllosen kleinen Inseln, die heute in derselben zerstreut liegen, waren bloß die höchsten Kuppen der Gebirge, die jenen Continent bedeckten. Der indische Ocean existirte in Form eines Continents, der von den Sunda-Inseln längs des südlichen Asiens sich bis zur Ostküste von Afrika erstreckte. Dieser einstige große Continent, den der Engländer Sclater wegen der für ihn charakteristischen Halbaffen Lemuria genannt hat, ist zugleich von großer Bedeutung als die wahrscheinliche Wiege des Menschengeschlechts, das hier sich vermuthlich zuerst aus anthropoiden Affen hervorbildete. Ganz besonders interessant ist aber der wichtige Nachweis, welchen Alfred Wallace [36]) mit Hülfe chorologischer Thatsachen geführt hat, daß der heutige malayische Archipel eigentlich aus zwei ganz verschiedenen Abtheilungen besteht. Die westliche Abtheilung, der indo-malayische Archipel, umfaßt die großen Inseln Borneo, Java und Sumatra, und hing früher durch Malakka mit dem asiatischen Festlande und wahrscheinlich auch mit dem eben genannten Lemurien zusammen. Die östliche Abtheilung dagegen, der austral-malayische Archipel, Celebes, die Molukken, Neuguinea, die Salomons-Inseln u. s. w. umfassend, stand früherhin mit Australien in unmittelbarem Zusammenhang. Beide Abtheilungen waren vormals zwei durch eine Meerenge getrennte Continente, sind aber jetzt größtentheils unter den Meeresspiegel versunken. Die Lage jener früheren Meerenge, deren Südende zwischen Bali und Lombok hindurch geht, hat Wallace bloß auf Grund seiner genauen chorologischen Beobachtungen in der scharfsinnigsten Weise fest zu bestimmen vermocht.

So haben, seitdem tropfbar-flüssiges Wasser auf der Erde existirt, die Grenzen von Wasser und Land sich in ewigem Wechsel verändert, und man kann behaupten, daß die Umrisse der Continente und Inseln nicht eine Stunde, ja nicht eine Minute hindurch sich jemals gleich geblieben sind. Denn ewig und ununterbrochen nagt die Brandung an dem Saume der Küsten; und was das Land an diesen Stellen beständig an Ausdehnung verliert, das gewinnt es an anderen Stellen durch Anhäufung von Schlamm, der sich zu festem Gestein verdichtet und wieder über den Meeresspiegel als neues Land sich erhebt. Nichts kann irriger sein, als die Vorstellung von einem festen und unveränderlichen Umrisse unserer Continente, wie sie uns in früher Jugend schon durch unseren mangelhaften, der geologischen Basis entbehrenden geographischen Unterricht eingeprägt wird.

Nun brauche ich Sie wohl kaum noch darauf aufmerksam zu machen, wie äußerst wichtig von jeher diese geologischen Veränderungen der Erdoberfläche für die Wanderungen der Organismen und in Folge dessen für ihre Chorologie gewesen sein müssen. Wir lernen dadurch begreifen, wie dieselben oder ganz nahe verwandte Thier- und Pflanzen-Arten auf verschiedenen Inseln vorkommen können, obwohl sie nicht das Wasser zwischen denselben durchwandern können, und wie andere, das Süßwasser bewohnende Arten in verschiedenen geschlossenen Seebecken wohnen können, obgleich sie nicht das Land zwischen denselben zu überschreiten vermögen. Jene Inseln waren früher Bergspitzen eines zusammenhängenden Festlandes, und diese Seen standen einstmals in unmittelbarem Zusammenhang. Durch geologische Senkung wurden die ersteren, durch Hebung die letzteren getrennt. Wenn wir nun ferner bedenken, wie oft und wie ungleichmäßig an den verschiedenen Stellen der Erde solche wechselnde Hebungen und Senkungen stattfanden und in Folge dessen die Grenzen der geographischen Verbreitungsbezirke der Arten sich veränderten, wenn wir bedenken, wie außerordentlich mannichfaltig dadurch die activen und passiven Wanderungen der Organismen beeinflußt werden mußten, so lernen wir vollständig die bunte Mannichfaltigkeit des Bildes begreifen, welches uns gegenwärtig die Vertheilung der Thier- und Pflanzen-Arten darbietet.

Noch ein anderer wichtiger Factor ist aber hier hervorzuheben, der ebenfalls für die volle Erklärung jenes bunten geographischen Bildes von großer Bedeutung ist, und manche sehr dunkle Thatsachen aufhellt, die wir ohne ihn nicht begreifen würden. Das ist nämlich der allmähliche Klima-Wechsel, welcher während des langen Verlaufs der organischen Erdgeschichte stattgefunden hat. Wie wir schon im vorhergehenden Vortrage gesehen haben, muß beim Beginne des organischen Lebens auf der Erde allgemein eine viel höhere und gleichmäßigere Temperatur geherrscht haben, als gegenwärtig stattfindet. Die Zonen-Unterschiede, die jetzt sehr auffallend hervortreten, fehlten damals noch gänzlich. Wahrscheinlich viele Millionen Jahre hindurch herrschte auf der ganzen Erde ein Klima, welches dem heißesten Tropenklima der Jetztzeit nahe stand oder dasselbe noch übertraf. Der höchste Norden, bis zu welchem der Mensch jetzt vorgedrungen ist, war damals mit Palmen und anderen Tropengewächsen bedeckt, deren versteinerte Reste wir noch jetzt dort finden. Sehr langsam und allmählich nahm späterhin die Temperatur ab; aber immer noch blieben die Pole so warm, daß die ganze Erdoberfläche für Organismen bewohnbar war. Erst in einer verhältnißmäßig sehr jungen Periode der Erdgeschichte, nämlich im Beginn der Tertiärzeit, erfolgte, wie es scheint, die erste wahrnehmbare Abkühlung der Erdrinde von den beiden Polen her, und somit die erste Differenzirung oder Sonderung verschiedener Temperatur-Gürtel oder klimatischer Zonen. Die langsame und allmähliche Abnahme der Temperatur bildete sich nun innerhalb der Tertiärperiode immer weiter aus, bis zuletzt an beiden Polen der Erde das erste Eis entstand.

Wie wichtig dieser Klima-Wechsel für die geographische Verbreitung der Organismen und für die Entstehung zahlreicher neuer Arten werden mußte, braucht kaum ausgeführt zu werden. Die Thier- und Pflanzen-Arten, die bis zur Tertiärzeit hin überall auf der Erde bis zu den Polen ein angenehmes tropisches Klima gefunden hatten, waren nunmehr gezwungen, entweder sich der eindringenden Kälte anzupassen oder vor derselben zu fliehen. Diejenigen Species, welche sich anpaßten und an die sinkende Temperatur gewöhnten, wurden durch diese Acclimatisation selbst unter dem Einflusse der natürlichen Züchtung in neue Arten umgewandelt. Die anderen Arten, welche vor der Kälte flohen, mußten auswandern und in den niederen Breiten ein milderes Klima suchen. Dadurch mußteu die bisherigen Verbreitungs-Bezirke der Arten gewaltig verändert werden.

Nun blieb aber in dem letzten großen Abschnitte der Erdgeschichte, in der auf die Tertiärzeit folgenden Quartär-Periode (oder in der Diluvial-Zeit) die Wärme-Abnahme der Erde von den Polen her keineswegs stehen. Vielmehr sank die Temperatur nun tiefer und tiefer, ja selbst weit unter den heutigen Grad herab. Das nördliche und mittlere Asien, Europa und Nord-Amerika bedeckte sich vom Nordpol her in großer Ausdehnung mit einer zusammenhängenden Eisdecke, welche in unserem Erdtheile bis gegen die Alpen gereicht zu haben scheint. In ähnlicher Weise drang auch vom Südpol her die Kälte vor, und überzog einen großen, jetzt eisfreien Theil der südlichen Halbkugel mit einer starren Eisdecke. So blieb zwischen diesen gewaltigen lebentödtenden Eiscontinenten nur noch ein schmaler Gürtel übrig, auf welchen das Leben der organischen Welt sich zurückziehen konnte. Diese Periode, während welcher der Mensch bereits existirte, und welche den ersten Hauptabschnitt der sogenannten Diluvialzeit bildet, ist jetzt allgemein unter dem Namen der Eiszeit oder Glacialperiode bekannt und berühmt.

Der erste Naturforscher, der den Gedanken der Eiszeit klar erfaßte und mit Hülfe der sogenannten Wanderblöcke oder erratischen Steinblöcke, sowie der „Gletscher-Schliffe" die große Ausdehnung der früheren Vergletscherung von Mittel-Europa nachwies, war der geistvolle Karl Schimper. Von ihm angeregt, und durch die selbstständigen Untersuchungen des ausgezeichneten Geologen Charpentier bedeutend gefördert, unternahm es später der Schweizer Natnrforscher Louis Agassiz, die Theorie von der Eiszeit weiter auszuführen. In England machte sich besonders der Geologe Forbes um sie verdient, und verwerthete sie auch bereits für die Theorie von den Wanderungen und der dadurch bedingten geographischen Verbreitung der Arten. Agassiz hingegen schadete späterhin der Theorie durch einseitige Uebertreibung, indem er, der Katastrophen-Theorie Cuvier's zu Liebe, durch die plötzlich hereinbrechende Kälte der Eiszeit und die damit verbundene „Revolution“ den gänzlichen Untergang der damals lebenden Schöpfung erklären wollte.

Auf die Eiszeit selbst und die scharfsinnigen Untersuchungen über ihre Grenzen näher einzugehen, habe ich hier keine Veranlassung, und kann um so mehr darauf verzichten, als die ganze neuere geologische Literatur davon voll ist. Sie finden eine ausführliche Erörterung derselben vorzüglich in den Werken von Cotta[31]), Lyell[30]), Zittel[32]) u. s. w. Für uns ist hier nur das hohe Gewicht von Bedeutung, welches sie für die Erklärung der schwierigsten chorologischen Probleme besitzt, und welches von Darwin sehr richtig erkannt wurde.

Es kann nämlich keinem Zweifel unterliegen, daß diese Vergletscherung der heutzutage gemäßigten Zonen einen außerordentlich bedeutenden Einfluß auf die geographische und topographische Vertheilung der Organismen ausüben und dieselbe gänzlich umgestalten mußte. Während die Kälte langsam von den Polen her gegen den Aequator vorrückte und Land und Meer mit einer zusammenhängenden Eisdecke überzog, mußte sie natürlich die ganze lebende Organismen-Welt vor sich her treiben. Thiere und Pflanzen mußten auswandern, wenn sie nicht erfrieren wollten. Da nun aber zu jener Zeit vermuthlich die gemäßigte und die Tropenzone nicht weniger dicht als gegenwärtig mit Pflanzen und Thieren bevölkert gewesen sein wird, so muß sich zwischen diesen und den von den Polen her kommenden Eindringlingen ein furchtbarer Kampf um's Dasein erhoben haben. In diesem Kampfe, der jedenfalls viele Jahrtausende dauerte, werden viele Arten zu Grunde gegangen, viele Arten abgeändert und zu neuen Species umgebildet worden sein. Die bisherigen Verbreitungsbezirke der Arten aber mußten völlig verändert werden. Und dieser Kampf muß auch dann noch fortgedauert haben, ja er muß von Neuem entbrannt, und in neuen Formen weiter geführt worden sein, als die Eiszeit ihren Höhepunkt überschritten hatte, und als nunmehr in der postglacialen Periode die Temperatur wieder zunahm und die Organismen nach den Polen hin zurückzuwandern begannen.

Jedenfalls ist dieser gewaltige Klimawechsel, mag man sonst demselben eine größere oder eine geringere Bedeutung zuschreiben, eines derjenigen Ereignisse in der Erdgeschichte, die am bedeutendsten auf die Vertheilung der organischen Formen eingewirkt haben. Namentlich wird aber ein sehr wichtiges und schwieriges chorologisches Verhältniß dadurch in der einfachsten Weise erklärt: das ist die specifische Uebereinstimmung vieler unserer Alpenbewohner mit vielen Bewohnern der Polarländer. Es giebt eine große Anzahl von ausgezeichneten Thier- und Pflanzen-Formen, die diesen beiden, weit getrennten Erdgegenden gemeinsam sind und nirgends in dem weiten, ebenen Zwischenraume zwischen beiden gefunden werden. Eine Wanderung derselben von den Polarländern nach den Alpenhöhen oder umgekehrt wäre unter den gegenwärtigen klimatischen Verhältnissen undenkbar oder doch höchstens nur in wenigen seltenen Fällen anzunehmen. Eine solche Wanderung konnte aber stattfinden, ja sie mußte stattfinden während des allmählichen Eintrittes und Rückzuges der Eiszeit. Da die Vergletscherung von Nord-Europa bis gegen unsere Alpenkette vordrang, so werden die derselben folgenden Polarbewohner, Gentianen und Saxifragen, Eisfüchse und Schneehasen, damals unser deutsches Vaterland und überhaupt Mitteleuropa bevölkert haben. Als nun die Temperatur wieder zunahm, zog sich nur ein Theil dieser arktischen Bevölkerung mit dem zurückweichenden Eise in die Polarzone wieder zurück. Ein anderer Theil derselben stieg statt dessen an den Bergen der Alpenkette in die Höhe und fand hier das ihm zusagende kalte Klima. So erklärt sich ganz einfach jenes Problem.

Wir haben die Lehre von den Wanderungen der Organismen oder die Migrationstheorie bisher vorzüglich insofern verfolgt, als sie uns die Ausstrahlung jeder Thier- und Pflanzenart von einer einzigen Urheimath, von einem „Schöpfungsmittelpunkte“ aus erklärt, und ihre Ausbreitung über einen größeren oder geringeren Theil der Erdoberfläche erläutert. Nun sind aber die Wanderungen der Thiere und Pflanzen für die Entwickelungstheorie auch noch außerdem deshalb von großer Bedeutung, weil wir darin ein sehr wichtiges Hülfsmittel für die Entstehung neuer Arten erblicken müssen. Wenn

Thiere und Pflanzen auswandern, so treffen sie, ebenso wie auswandernde Menschen, in der neuen Heimath Verhältnisse an, die mehr oder weniger von den gewohnten, Generationen hindurch ererbten, Existenzbedingungen verschieden sind. Diesen neuen, ungewohnten Lebensbedingungen müssen sich die Auswanderer entweder fügen und anpassen, oder sie gehen zu Grunde. Durch die Anpassung selbst wird aber ihr eigenthümlicher, specifischer Charakter verändert, um so mehr, je größer der Unterschied zwischen der neuen und der alten Heimath ist. Das neue Klima, die neue Nahrung, vor Allem aber die neue Nachbarschaft anderer Thiere und Pflanzen wirkt auf den ererbten Charakter der eingewanderten Species umbildend ein, und wenn dieselbe nicht zäh genug ist, diesen Einflüssen zu widerstehen, so muß früher oder später eine neue Art daraus hervorgehen. In den meisten Fällen wird diese Umformung der eingewanderten Species unter dem Einflusse des veränderten Kampfes um's Dasein so rasch vor sich gehen, daß schon nach wenigen Generationen eine neue Art daraus entstanden ist.

Von besonderer Bedeutung ist in dieser Beziehung die Wanderung für alle Organismen mit getrennten Geschlechtern. Denn bei diesen wird die Entstehung neuer Arten durch natürliche Züchtung immer dadurch erschwert oder verzögert, daß sich die variirenden Abkömmlinge gelegentlich wieder mit der unveränderten Stammform geschlechtlich vermischen, und so durch Kreuzung in die ursprüngliche Form zurückschlagen. Wenn dagegen solche Abarten ausgewandert sind, wenn sie durch weite Entfernungen oder durch Schranken der Wanderung, durch Meere, Gebirge u. s. w. von der alten Heimath getrennt sind, so ist die Gefahr einer Vermischung mit der Stammform aufgehoben, und die Isolirung der ausgewanderten Form, die durch Anpassung in eine neue Art übergeht, verhindert ihre Kreuzung und dadurch ihren Rückschlag in die Stammform.

Diese Bedeutung der Wanderung für die Isolirung der neu entstehenden Arten und die Verhütung baldiger Rückkehr in die Stammformen wurde vorzüglich von dem geistreichen Reisenden Moritz

Wagner in München hervorgehoben. In einem besonderen Schriftchen über „Die Darwin'sche Theorie und das Migrationsgesetz der Organismen" führte Wagner aus seiner eigenen reichen Erfahrung eine große Anzahl von treffenden Beispielen an, welche die von Darwin im elften und zwölften Kapitel seines Buches gegebene Migrationstheorie bestätigen, und welche ganz besonders den Nutzen der völligen Isolirung der ausgewanderten Organismen für die Entstehung neuer Species erörtern. Wagner faßte die einfachen Ursachen, „welche die Form räumlich abgrenzt und in ihrer typischen Verschiedenheit begründet haben" in folgenden drei Sätzen zusammen: „1. Je größer die Summe der Veränderungen in den bisherigen Lebensbedingungen ist, welche emigrirende Individuen bei Einwanderung in einem neuen Gebiete finden, desto intensiver muß die jedem Organismus inne wohnende Variabilität sich äußern. 2. Je weniger diese gesteigerte individuelle Veränderlichkeit der Organismen im ruhigen Fortbildungsproceß durch die Vermischung zahlreicher nachrückender Einwanderer der gleichen Art gestört wird, desto häufiger wird der Natur durch Summirung und Vererbung der neuen Merkmale die Bildung einer neuen Varietät (Abart oder Rasse), d. i. einer beginnenden Art, gelingen. 3. Je vortheilhafter für die Abart, die in den einzelnen Organen erlittenen Veränderungen sind, je besser letztere den umgebenden Verhältnissen sich anpassen, und je länger die ungestörte Züchtung einer beginnenden Varietät von Colonisten in einem neuen Territorium ohne Mischung mit nachrückenden Einwanderern derselben Art fortdauert, desto häufiger wird aus der Abart eine neue Art entstehen."

Diesen drei Sätzen von Moritz Wagner kann Jeder beistimmen. Für vollkommen irrig müssen wir dagegen seine Vorstellung halten, daß die Wanderung und die darauf folgende Isolirung der ausgewanderten Individuen eine nothwendige Bedingung für die Entstehung neuer Arten sei. Wagner sagt: „Ohne eine lange Zeit dauernde Trennung der Colonisten von ihren früheren Artgenossen kann die Bildung einer neuen Rasse nicht gelingen, kann die Zuchtwahl überhaupt nicht stattfinden. Unbeschränkte Kreuzung, ungehinderte geschlechtliche Vermischung aller Individuen einer Species wird stets Gleichförmigkeit erzeugen und Varietäten, deren Merkmale nicht durch eine Reihe von Generationen fixirt worden sind, wieder in den Urschlag zurückstoßen."

Diesen Satz, in welchem Wagner selbst das Hauptresultat seiner Arbeit zusammenfaßt, würde er nur in dem Falle überhaupt vertheidigen können, wenn alle Organismen getrennten Geschlechts wären, wenn jede Entstehung neuer Individuen nur durch Vermischung männlicher und weiblicher Individuen möglich wäre. Das ist nun aber durchaus nicht der Fall. Merkwürdiger Weise sagt Wagner gar Nichts von den zahlreichen Zwittern, die, im Besitz von beiderlei Geschlechtsorganen, der Selbstbefruchtung fähig sind; und ebenso Nichts von den zahllosen Organismen, die überhaupt noch nicht geschlechtlich differenzirt sind.

Nun hat es aber seit frühester Zeit der organischen Erdgeschichte tausende von Organismenarten gegeben, und giebt deren tausende noch heute, bei denen noch gar kein Geschlechtsunterschied, überhaupt noch gar keine geschlechtliche Fortpflanzung vorkommt, und die sich ausschließlich auf ungeschlechtlichem Wege, durch Theilung, Knospung, Sporenbildung u. s. w. fortpflanzen. Die große Masse der Protisten, die Moneren, Amoeben, Myxomyceten, Rhizopoden, Infusorien u. s. w., kurz fast alle die niederen Organismen, die wir in dem zwischen Thier- und Pflanzenreich stehenden Protistenreich aufführen werden, pflanzen sich ausschließlich auf ungeschlechtlichem Wege fort! Und zu diesem gehört eine der formenreichsten Organismenklassen, ja sogar in gewisser Beziehung die formenreichste von allen, indem alle möglichen geometrischen Grundformen in ihr verkörpert sind. Das ist die wunderbare Klasse der Rhizopoden oder Wurzelfüßer, welche die kalkschaligen Thalamophoren und die kieselschaligen Radiolarien umfaßt. (Vergl. den XVI. Vortrag.)

Auf alle diese ungeschlechtlichen Organismen würde also selbstverständlich die Wagner'sche Theorie gar nicht anwendbar sein. Dasselbe würde aber ferner auch von allen jenen Zwittern oder Hermaphroditen gelten, bei denen jedes Individuum, im Besitze von männlichen und weiblichen Organen, der Selbstbefruchtung fähig ist. Das ist z. B. bei den Strudelwürmern, Saugwürmern und Bandwürmern, wie überhaupt bei sehr vielen Würmern der Fall, ferner bei den wichtigen Mantelthieren, den wirbellosen Verwandten der Wirbelthiere, und bei sehr vielen anderen Organismen aus verschiedenen Gruppen. Viele von diesen Arten sind durch natürliche Züchtung entstanden, ohne daß eine „Kreuzung" der entstehenden Species mit ihrer Stammform überhaupt möglich war.

Wie ich schon im achten Vortrage Ihnen zeigte, ist die Entstehung der beiden Geschlechter und somit die ganze geschlechtliche Fortpflanzung überhaupt als ein Vorgang aufzufassen, der erst in späterer Zeit der organischen Erdgeschichte in Folge von Differenzirung oder Arbeitstheilung eingetreten ist. Die ältesten Organismen der Erde können sich jedenfalls nur auf dem einfachsten ungeschlechtlichen Wege fortgepflanzt haben. Selbst jetzt noch vermehren sich fast alle Protisten, ebenso wie alle die zahllosen Zellenformen, welche den Körper der höheren Organismen zusammensetzen, nur durch ungeschlechtliche Zeugung. Und doch entstehen hier überall durch Differenzirung in Folge von natürlicher Züchtung „neue Arten".

Aber selbst wenn wir bloß die Thier- und Pflanzenarten mit getrennten Geschlechtern hier in Betracht ziehen wollten, so würden wir doch auch für diese Wagner's Hauptsatz, daß „die Migration der Organismen und deren Coloniebildung die nothwendige Bedingung der natürlichen Zuchtwahl seien", bestreiten müssen. Schon August Weismann hat in seiner Schrift „Ueber den Einfluß der Isolirung auf die Artbildung" jenen Satz hinreichend widerlegt und gezeigt, daß auch in einem und demselben Wohnbezirke eine Species sich in mehrere Arten durch natürliche Züchtung spalten kann. Indem ich mich diesen Bemerkungen anschließe, möchte ich aber noch besonders den hohen Werth nochmals hervorheben, den die Arbeitstheilung oder Differenzirung als die nothwendige Folge der natürlichen Züchtung besitzt. Alle die verschiedenen Zellenarten, die den Körper der höheren Organismen zusammensetzen, die Nervenzellen, Muskelzellen, Drüsenzellen u. s. w., alle diese „guten Arten", diese „bonae species" von Elementarorganismen, sind bloß durch Arbeitstheilung in Folge von natürlicher Züchtung entstanden, trotzdem sie nicht nur niemals räumlich isolirt, sondern sogar seit ihrer Entstehung immer im engsten räumlichen Verbande neben einander existirt haben. Dasselbe aber, was von diesen Elementarorganismen oder „Individuen erster Ordnung" gilt, das gilt auch von den vielzelligen Organismen höherer Ordnung, die als „gute Arten" erst später aus ihrer Zusammensetzung entstanden sind[37]).

Wir sind demnach zwar mit Darwin und Wallace der Ansicht, daß die Wanderung der Organismen und ihre Isolirung in der neuen Heimath eine sehr günstige und vortheilhafte Bedingung für die Entstehung neuer Arten ist; daß sie aber dafür eine nothwendige Bedingung sei, und daß ohne dieselbe keine neuen Arten entstehen können, wie Wagner behauptet, konnen wir nicht zugeben. Wenn Wagner diese Ansicht, „daß die Migration die nothwendige Bedingung der natürlichen Zuchtwahl sei", als ein besonderes „Migrationsgesetz" aufstellt, so halten wir dasselbe durch die angeführten Thatsachen für widerlegt. Die Separation durch Migration ist nur ein besonderer Fall von Selection. Wir haben überdies schon früher gezeigt, daß eigentlich die Entstehung neuer Arten durch natürliche Züchtung eine mathematische und logische Nothwendigkeit ist, welche ohne Weiteres aus der einfachen Verbindung von drei großen Thatsachen folgt. Diese drei fundamentalen Thatsachen sind: der Kampf um's Dasein, die Anpassungsfähigkeit und die Vererbungsfähigkeit der Organismen.

Auf die zahlreichen interessanten Erscheinungen, welche die geographische und topographische Verbreitung der Organismenarten im Einzelnen darbietet, und welche sich vollständig aus der Theorie der Selection und Migration erklären, können wir hier nicht eingehen.

Näheres darüber enthalten die angeführten Schriften von Darwin, Wallace und Moritz Wagner. Die wichtige Lehre von den Verbreitungsschranken, den Flüssen, Meeren und Gebirgen, ist dort vortrefflich erörtert und durch zahlreiche Beispiele erläutert. Nur drei Erscheinungen mögen noch wegen ihrer besonderen Bedeutung hier hervorgehoben werden. Das ist erstens die nahe Formverwandtschaft, die auffallende „Familienähnlichkeit" welche zwischen den charakteristischen Localformen jedes Erdtheils und ihren ausgestorbenen, fossilen Vorfahren in demselben Erdtheil existirt; — zweitens die nicht minder auffallende „Familienähnlichkeit", zwischen den Bewohnern von Inselgruppen und denjenigen des nächst angrenzenden Festlandes, von welchem aus die Inseln bevölkert wurden; — und endlich drittens der ganz eigenthümliche Charakter, welchen die Flora und Fauna der Inseln überhaupt in ihrer Zusammensetzung zeigt.

Alle diese von Darwin, Wallace und Wagner angeführten chorologischen Thatsachen, namentlich die merkwürdigen Erscheinungen der beschränkten Local-Faunen und Floren, die Verhältnisse der Inselbewohner zu den Festlandbevölkerungen, die weite Verbreitung der sogenannten „kosmopolitischen Species", die nahe Verwandtschaft localer Species der Gegenwart mit den ausgestorbenen Arten desselben beschränkten Gebietes, die nachweisliche Ausstrahlung jeder Art von einem einzigen Schöpfungsmittelpunkte — alle diese und alle übrigen Erscheinungen, welche uns die geographische und topographische Verbreitung der Organismen darbietet, erklären sich einfach und vollständig aus der Selections- und Migrationstheorie, während sie ohne dieselbe überhaupt nicht zu begreifen sind. Wir erblicken daher in allen diesen Erscheinungsreihen einen neuen gewichtigen Beweis für die Wahrheit der Descendenztheorie.

Fünfzehnter Vortrag.

Schöpfungsperioden und Schöpfungsurkunden.

Reform der Systematik durch die Descendenztheorie. Das natürliche System als Stammbaum. Paläontologische Urkunden des Stammbaumes. Die Versteinerungen als Denkmünzen der Schöpfung. Ablagerung der neptunischen Schichten und Einschluß der organischen Reste. Eintheilung der organischen Erdgeschichte in fünf Hauptperioden: Zeitalter der Tangwälder, Farnwälder, Nadelwälder, Laubwälder und Culturwälder. System der neptunischen Schichten. Unermeßliche Dauer der während ihrer Bildung verflossenen Zeiträume. Ablagerung der Schichten nur während der Senkung, nicht während der Hebung des Bodens Andere Lücken der Schöpfungsurkunde. Metamorphischer Zustand der ältesten neptunischen Schichten. Geringe Ausdehnung der paläontologischen Erfahrungen. Geringer Bruchtheil der versteinerungsfähigen Organismen und organischen Körpertheile. Seltenheit vieler versteinerten Arten. Mangel fossiler Zwischenformen. Die Schöpfungsurkunden der Ontogenie und der vergleichenden Anatomie.

Meine Herren! Von dem umgestaltenden Einfluß, welchen die Abstammungslehre auf alle Wissenschaften ausüben muß, wird wahrscheinlich nächst der Anthropologie kein anderer Wissenschaftszweig so sehr betroffen werden, als der beschreibende Theil der Naturgeschichte, die systematische Zoologie und Botanik. Die meisten Naturforscher, die sich bisher mit der Systematik der Thiere und Pflanzen beschäftigten, sammelten, benannten und ordneten die verschiedenen Arten dieser Naturkörper mit einem ähnlichen Interesse, wie die Alterthumsforscher und Ethnographen die Waffen und Geräthschaften der verschiedenen

Völker sammeln. Viele erhoben sich selbst nicht über denjenigen Grad der Wißbegierde, mit dem man Wappen, Briefmarken und ähnliche Curiositäten zu sammeln, zu etikettiren und zu ordnen pflegt. In ähnlicher Weise wie diese Sammler an der Formenmannichfaltigkeit, Schönheit oder Seltsamkeit der Wappen, Briefmarken u. s. w. ihre Freude finden, und dabei die erfinderische Bildungskunst der Menschen bewundern, in ähnlicher Weise ergötzten sich die meisten Naturforscher an den mannichfaltigen Formen der Thiere und Pflanzen, und erstaunten über die reiche Phantasie des Schöpfers, über seine unermüdliche Schöpfungsthätigkeit und über die seltsame Laune, in welcher er neben so vielen schönen und nützlichen Organismen auch eine Anzahl häßlicher und unnützer Formen gebildet habe.

Diese kindliche Behandlung der systematischen Zoologie und Botanik wird durch die Abstammungslehre gründlich vernichtet. An die Stelle des oberflächlichen und spielenden Interesses, mit welchem die Meisten bisher die organischen Gestalten betrachteten, tritt das weit höhere Interesse des erkennenden Verstandes, welcher in der Formverwandtschaft der Organismen ihre wahre Stammverwandtschaft erblickt. Das natürliche System der Thiere und Pflanzen, welches man früher entweder nur als Namenregister zur übersichtlichen Ordnung der verschiedenen Formen oder als Sachregister zum kurzen Ausdruck ihres Aehnlichkeitsgrades schätzte, erhält durch die Abstammungslehre den ungleich höheren Werth eines wahren Stammbaumes der Organismen. Diese Stammtafel soll uns den genealogischen Zusammenhang der kleineren und größeren Gruppen enthüllen. Sie soll zu zeigen versuchen, in welcher Weise die verschiedenen Klassen, Ordnungen, Familien, Gattungen und Arten des Thier- und Pflanzenreichs den verschiedenen Zweigen, Aesten und Astgruppen ihres Stammbaums entsprechen. Jede weitere und höher stehende Kategorie oder Gruppenstufe des Systems (z. B. Klasse, Ordnung) umfaßt eine Anzahl von größeren und stärkeren Zweigen des Stammbaums, jede engere und tiefer stehende Kategorie (z. B. Gattung, Art) nur eine kleinere und schwächere

Gruppe von Aestchen. Nur wenn wir in dieser Weise das natürliche System als Stammbaum betrachten, können wir den wahren Werth desselben erkennen.

Indem wir an dieser genealogischen Auffassung des organischen Systems, welcher ohne Zweifel allein die Zukunft gehört, festhalten, können wir uns jetzt zu einer der wesentlichsten, aber auch schwierigsten Aufgaben der „natürlichen Schöpfungsgeschichte" wenden, nämlich zur wirklichen Construction der organischen Stammbäume. Lassen Sie uns sehen, wie weit wir vielleicht schon jetzt im Stande sind, alle verschiedenen organischen Formen als die divergenten Nachkommen einer einzigen oder einiger wenigen gemeinschaftlichen Stammformen nachzuweisen. Wie können wir uns aber den wirklichen Stammbaum der thierischen und pflanzlichen Formengruppen aus den dürftigen und fragmentarischen, bis jetzt darüber gewonnenen Erfahrungen construiren? Die Antwort hierauf liegt schon zum Theil in demjenigen, was wir früher über den Parallelismus der drei Entwickelungsreihen bemerkt haben, über den wichtigen ursächlichen Zusammenhang, welcher die paläontologische Entwickelung der ganzen organischen Stämme mit der embryologischen Entwickelung der Individuen und mit der systematischen Entwickelung der Gruppenstufen verbindet.

Zunächst werden wir uns zur Lösung dieser schwierigen Aufgabe an die Paläontologie oder Versteinerungskunde zu wenden haben. Denn wenn wirklich die Descendenztheorie wahr ist, wenn wirklich die versteinerten Reste der vormals lebenden Thiere und Pflanzen von den ausgestorbenen Urahnen und Vorfahren der jetzigen Organismen herrühren, so müßte uns eigentlich ohne Weiteres die Kenntniß und Vergleichung der Versteinerungen den Stammbaum der Organismen aufdecken. So einfach und einleuchtend nach dem theoretisch entwickelten Prinzip Ihnen dies erscheinen wird, so außerordentlich schwierig und verwickelt gestaltet sich die Aufgabe, wenn man sie wirklich in Angriff nimmt. Ihre practische Lösung würde schon sehr schwierig sein, wenn die Versteinerungen einigermaßen vollständig erhalten wären. Das ist aber keineswegs der Fall. Vielmehr ist die handgreifliche Schöpfungsurkunde, welche in den Versteinerungen begraben liegt, über alle Maaßen unvollständig. Daher erscheint es jetzt vor Allem nothwendig, diese Urkunde kritisch zu prüfen, und den Werth, welchen die Versteinerungen für die Entwickelungsgeschichte der organischen Stämme besitzen, zu bestimmen. Da wir die allgemeine Bedeutung der Versteinerungen als „Denkmünzen der Schöpfung" bereits früher erörtert haben, als wir Cuvier's Verdienste um die Petrefactenkunde betrachteten, so können wir jetzt sogleich zur Untersuchung der Bedingungen und Verhältnisse übergehen, unter denen die organischen Körperreste versteinert und in mehr oder weniger kenntlicher Form erhalten wurden.

In der Regel finden wir Versteinerungen oder Petrefacten nur in denjenigen Gesteinen eingeschlossen, welche schichtenweise als Schlamm im Wasser abgelagert wurden, und welche man deshalb neptunische, geschichtete oder sedimentäre Gesteine nennt. Die Ablagerung solcher Schichten konnte natürlich erst beginnen, nachdem im Verlaufe der Erdgeschichte die Verdichtung des Wasserdampfes zu tropfbar-flüssigem Wasser erfolgt war. Seit diesem Zeitpunkt, welchen wir im letzten Vortrage bereits betrachtet hatten, begann nicht allein das Leben auf der Erde, sondern auch eine ununterbrochene und höchst wichtige Umgestaltung der erstarrten anorganischen Erdrinde. Das Wasser begann seitdem jene außerordentlich wichtige mechanische Wirksamkeit, durch welche die Erdoberfläche fortwährend, wenn auch langsam, umgestaltet wird. Ich darf wohl als bekannt voraussetzen, welchen außerordentlich bedeutenden Einfluß in dieser Beziehung noch jetzt das Wasser in jedem Augenblick ausübt. Indem es als Regen niederfällt, die obersten Schichten der Erdrinde durchsickert und von den Erhöhungen in die Vertiefungen herabfließt, löst es verschiedene mineralische Bestandtheile des Bodens chemisch auf und spült mechanisch die locker zusammenhängenden Theilchen ab. An den Bergen herabfließend führt das Wasser den Schutt derselben in die Ebene und lagert ihn als Schlamm im stehenden

Wasser ab. So arbeitet es beständig an einer Erniedrigung der Berge und Ausfüllung der Thäler. Ebenso arbeitet die Brandung des Meeres ununterbrochen an der Zerstörung der Küsten und an der Auffüllung des Meerbodens durch die herabgeschlämmten Trümmer. So würde schon die Thätigkeit des Wassers allein, wenn sie nicht durch andere Umstände wieder aufgewogen würde, mit der Zeit die ganze Erde nivelliren. Es kann keinem Zweifel unterliegen, daß die Gebirgsmassen, welche alljährlich als Schlamm dem Meere zugeführt werden und sich auf dessen Boden absetzen, so bedeutend sind, daß im Verlauf einer längeren oder kürzeren Periode, vielleicht von wenigen Millionen Jahren, die Erdoberfläche vollkommen geebnet und von einer zusammenhängenden Wasserschale umschlossen werden würde. Daß dies nicht geschieht, verdanken wir der fortdauernden vulkanischen Gegenwirkung des feurig-flüssigen Erdinneren. Diese Reaction des geschmolzenen Kerns gegen die feste Rinde bedingt ununterbrochen wechselnde Hebungen und Senkungen an den verschiedensten Stellen der Erdoberfläche. Meistens geschehen diese Hebungen und Senkungen sehr langsam; allein indem sie Jahrtausende hindurch fortdauern, bringen sie durch Summirung der kleinen Einzelwirkungen nicht minder großartige Resultate hervor, wie die entgegenwirkende und nivellirende Thätigkeit des Wassers.

Indem die Hebungen und Senkungen der verschiedenen Erdtheile im Laufe von Jahrmillionen vielfach mit einander wechseln, kömmt bald dieser bald jener Theil der Erdoberfläche über oder unter den Spiegel des Meeres. Beispiele dafür habe ich schon in dem vorhergehenden Vortrage angeführt (S. 321). Es giebt wahrscheinlich keinen Oberflächentheil der Erdrinde, der nicht in Folge dessen schon wiederholt über oder unter dem Meeresspiegel gewesen wäre. Durch diesen vielfachen Wechsel erklärt sich die Mannichfaltigkeit und die verschiedenartige Zusammensetzung der zahlreichen neptunischen Gesteinschichten, welche sich an den meisten Stellen in beträchtlicher Dicke über einander abgelagert haben. In den verschiedenen Geschichtsperioden, während deren die Ablagerung statt fand, lebte eine mannichfach verschiedene

Bevölkerung von Thieren und Pflanzen. Wenn die Leichen derselben auf den Boden der Gewässer herabsanken, drückten sie ihre Körperform in dem weichen Schlamme ab, und unverwesliche Theile, harte Knochen, Zähne, Schalen u. s. w. wurden unzerstört in demselben eingeschlossen. Sie blieben in dem Schlamm, der sich zu neptunischem Gestein verdichtete, erhalten, und dienen nun als Versteinerungen zur Charakteristik der betreffenden Schichten. Durch sorgfältige Vergleichung der verschiedenen über einander gelagerten Schichten und der in ihnen enthaltenen Versteinerungen ist es so möglich geworden, sowohl das relative Alter der Schichten und Schichtengruppen zu bestimmen, als auch die Hauptmomente der Phylogenie oder der Entwickelungsgeschichte der Thier- und Pflanzenstämme empirisch festzustellen.

Die verschiedenen über einander abgelagerten Schichten der neptunischen Gesteine, welche in sehr mannichfaltiger Weise aus Kalk, Thon und Sand zusammengesetzt sind, haben die Geologen gruppenweise in ein ideales System zusammengestellt, welches dem ganzen Zusammenhange der organischen Erdgeschichte entspricht, d. h. desjenigen Theiles der Erdgeschichte, während dessen organisches Leben existirte. Wie die sogenannte „Weltgeschichte" in größere oder kleinere Perioden zerfällt, welche durch den zeitweiligen Entwickelungszustand der bedeutendsten Völker charakterisirt und durch hervorragende Ereignisse von einander abgegrenzt werden, so theilen wir auch die unendlich längere organische Erdgeschichte in eine Reihe von größeren oder kleineren Perioden ein. Jede dieser Perioden ist durch eine charakteristische Flora und Fauna, durch die besonders starke Entwickelung einer bestimmten Pflanzen- oder Thiergruppe ausgezeichnet, und jede ist von der vorhergehenden und folgenden Periode durch einen auffallenden theilweisen Wechsel in der Zusammensetzung der Thier- und Pflanzenbevölkerung getrennt.

Für die nachfolgende Uebersicht des historischen Entwickelungsganges, den die großen Thier- und Pflanzenstämme genommen haben, ist es nothwendig, zunächst hier die systematische Classification der neptunischen Schichtengruppen und der denselben entsprechenden größeren und kleineren Geschichtsperioden anzugeben. Wie Sie sogleich sehen werden, sind wir im Stande, die ganze Masse der übereinanderliegenden Sedimentgesteine in fünf oberste Hauptgruppen oder Terrains, jedes Terrain in mehrere untergeordnete Schichtengruppen oder Systeme, und jedes System von Schichten wiederum in noch kleinere Gruppen oder Formationen einzutheilen; endlich kann auch jede Formation wieder in Etagen oder Unterformationen, und jede von diesen wiederum in noch kleinere Lagen, Bänke u. s. w. geschieden werden. Jedes der fünf großen Terrains wurde während eines großen Hauptabschnittes der Erdgeschichte, während eines Zeitalters, abgelagert; jedes System während einer kürzeren Periode, jede Formation während einer noch kürzeren Epoche u. s. w. Indem wir so die Zeiträume der organischen Erdgeschichte und die während derselben abgelagerten neptunischen und versteinerungsführenden Erdschichten in ein gegliedertes System bringen, verfahren wir genau wie die Historiker, welche die Völkergeschichte in die drei Hauptabschnitte des Alterthums, des Mittelalters und der Neuzeit, und jeden dieser Abschnitte wieder in untergeordnete Perioden und Epochen eintheilen. Wie aber der Historiker durch diese scharfe systematische Eintheilung und durch die bestimmte Abgrenzung der Perioden durch einzelne Jahreszahlen nur die Uebersicht erleichtern und keineswegs den ununterbrochenen Zusammenhang der Ereignisse und der Völkerentwickelung leugnen will, so gilt ganz dasselbe auch von unserer systematischen Eintheilung, Specification oder Classification der organischen Erdgeschichte. Auch hier geht der rothe Faden der zusammenhängenden Entwickelung überall ununterbrochen hiudurch. Wir verwahren uns also ausdrücklich gegen die Anschauung, als wollten wir durch unsere scharfe Abgrenzung der größeren und kleineren Schichtengruppen und der ihnen entsprechenden Zeiträume irgendwie an Cuvier's Lehre von den Erdrevolutionen und von den wiederholten Neuschöpfungen der organischen Bevölkerung anknüpfen. Daß diese irrige Lehre durch Lyell längst gründlich widerlegt ist, habe ich Ihnen bereits früher gezeigt. (Vergl. S. 113.)

Die fünf großen Hauptabschnitte der organischen Erdgeschichte oder der paläontologischen Entwickelungsgeschichte bezeichnen wir als primordiales, primäres, secundäres, tertiäres und quartäres Zeitalter. Jedes ist durch die vorwiegende Entwickelung bestimmter Thier- und Pflanzengruppen in demselben bestimmt charakterisirt, und wir könnten demnach auch die fünf Zeitalter einerseits durch die natürlichen Hauptgruppen des Pflanzenreichs, andererseits durch die verschiedenen Classen des Wirbelthierstammes anschaulich bezeichnen. Dann wäre das erste oder primordiale Zeitalter dasjenige der Tange und Schädellosen, das zweite oder primäre Zeitalter das der Farne und Fische, das dritte oder secundäre Zeitalter das der Nadelwälder und Schleicher, das vierte oder tertiäre Zeitalter das der Laubwälder und Säugethiere, endlich das fünfte oder quartäre Zeitalter dasjenige des Menschen und seiner Cultur. Die Abschnitte oder Perioden, welche wir in jedem der fünf Zeitalter unterscheiden (S. 344), werden durch die verschiedenen Systeme von Schichten bestimmt, in die jedes der fünf großen Terrains zerfällt (S. 345). Lassen Sie uns jetzt noch einen flüchtigen Blick auf die Reihe dieser Systeme und zugleich auf die Bevölkerung der fünf großen Zeitalter werfen.

Den ersten und längsten Hauptabschnitt der organischen Erdgeschichte bildet die Primordialzeit oder das Zeitalter der Tangwälder, das auch das archolithische oder archozoische Zeitalter genannt werden kann. Es umfaßt den ungeheuren Zeitraum von der ersten Urzeugung, von der Entstehung des ersten irdischen Organismus, bis zum Ende der silurischen Schichtenbildung. Während dieses unermeßlichen Zeitraums, welcher wahrscheinlich viel länger war, als alle übrigen vier Zeiträume zusammengenommen, lagerten sich die drei mächtigsten von allen neptunischen Schichtensystemen ab, nämlich zu unterst das laurentische, darüber das cambrische und darüber das silurische System. Die ungefähre Dicke oder Mächtigkeit dieser drei Systeme zusammengenommen beträgt siebzigtausend Fuß. Davon kommen ungefähr 30,000 auf das laurentische, 18,000 auf das cambrische und 22,000 auf das silurische System. Die durchschnittliche Mächtigkeit aller vier übrigen Terrains, des primären, secundären, tertiären und quartären zusammengenommen, mag dagegen etwa höchstens 60,000 Fuß betragen, und schon hieraus, abgesehen von vielen anderen Gründen, ergiebt sich, daß die Dauer der Primordialzeit wahrscheinlich viel länger war, als die Dauer der folgenden Zeitalter bis zur Gegenwart zusammengenommen. Viele Millionen von Jahrhunderten müssen zur Ablagerung solcher Schichtenmassen erforderlich gewesen sein. Leider befindet sich der bei weitem größte Theil der primordialen Schichtengruppen in dem sogleich zu erörternden metamorphischen Zustande, und dadurch sind die in ihnen enthaltenden Versteinerungen, die ältesten und wichtigsten von allen, größtentheils zerstört und unkenntlich geworden. Nur in einem Theile der cambrischen und silurischen Schichten sind Petrefakten in größerer Menge und in kenntlichem Zustande erhalten worden. Als die älteste von allen deutlich erhaltenen Versteinerungen gilt das „kanadische Morgenwesen" (Eozoon canadense), dessen organische Natur freilich noch zweifelhaft ist und vielfach bestritten wird. Dasselbe ist in den untersten laurentischen Schichten (in der Ottawoformation, am Lorenzstrome) gefunden worden.

Trotzdem die primordialen oder archolithischen Versteinerungen uns nur zum bei weitem kleinsten Theile in kenntlichem Zustande erhalten sind, besitzen dieselben dennoch den Werth unschätzbarer Documente für diese älteste und dunkelste Zeit der organischen Erdgeschichte. Zunächst scheint daraus hervorzugehen, daß während dieses ganzen ungeheuren Zeitraums nur Wasserbewohner existirten. Wenigstens ist bis jetzt unter allen archolithischen Petrefakten noch kein einziges gefunden worden, welches man mit Sicherheit auf einen landbewohnenden Organismus beziehen könnte. Alle Pflanzenreste, die wir aus der Primordialzeit besitzen, gehören zu der niedrigsten von allen Pflanzengruppen, zu der im Wasser lebenden Classe der Tange oder Algen. Diese bildeten in dem warmen Urmeere der Primordialzeit mächtige Wälder, von deren Formenreichthum und Dichtigkeit uns noch heutigen Tages ihre Epigonen, die Tangwälder des atlantischen

Sargassomeeres, eine ungefähre Vorstellung geben mögen. Die colossalen Tangwälder der archolithischen Zeit ersetzten damals die noch gänzlich fehlende Waldvegetation des Festlandes. Gleich den Pflanzen lebten auch alle Thiere, von denen man Reste in den archolithischen Schichten gefunden hat, im Wasser. Von den Gliederfüßern finden sich nur Krebsthiere, noch keine Spinnen und Insecten. Von den Wirbelthieren sind nur sehr wenige Fischreste bekannt, welche sich in den jüngsten von allen primordialen Schichten, in der oberen Silurformation vorfinden. Dagegen müssen die kopflosen Wirbelthiere, welche wir Schädellose oder Akranien nennen, und aus denen sich die Fische erst entwickeln konnten, massenhaft während der Primordialzeit gelebt haben. Daher können wir sie sowohl nach den Schädellosen als nach den Tangen benennen.

Die Primärzeit oder das Zeitalter der Farnwälder, der zweite Hauptabschnitt der organischen Erdgeschichte, welchen man auch das paläolithische oder paläozoische Zeitalter nennt, dauerte vom Ende der silurischen Schichtenbildung bis zum Ende der permischen Schichtenbildung. Auch dieser Zeitraum war von sehr langer Dauer und zerfällt wiederum in drei Perioden, während deren sich drei mächtige Schichtensysteme ablagerten, nämlich zu unterst das devonische System oder der alte rothe Sandstein, darüber das carbonische oder Steinkohlensystem, und darüber das permische System oder der neue rothe Sandstein und der Zechstein. Die durchschnittliche Dicke dieser drei Systeme zusammengenommen mag etwa 42,000 Fuß betragen, woraus sich schon die ungeheure Länge der für ihre Bildung erforderlichen Zeiträume ergiebt.

Die devonischen und permischen Formationen sind vorzüglich reich an Fischresten, sowohl an Urfischen, als an Schmelzfischen. Aber noch fehlen in der primären Zeit gänzlich die Knochenfische. In der Steinkohle finden sich die ältesten Reste von landbewohnenden Thieren, und zwar sowohl Gliederthieren (Spinnen und Insecten) als Wirbelthieren (Amphibien). Im permischen System kommen zu den Amphibien noch die höher entwickelten Schleicher oder Reptilien, und zwar unseren Eidechsen nahverwandte Formen (Proterosaurus ꝛc.). Trotzdem können wir das primäre Zeitalter das der Fische nennen, weil diese wenigen Amphibien und Reptilien ganz gegen die ungeheure Menge der paläolithischen Fische zurücktreten. Ebenso wie die Fische unter den Wirbelthieren, so herrschten unter den Pflanzen während dieses Zeitraums die Farnpflanzen oder Filicinen vor, und zwar sowohl echte Farnkräuter und Farnbäume (Laubfarne oder Phyllopteriden) als Schaftfarne (Calamophyten) und Schuppenfarne (Lepidophyten). Diese landbewohnenden Farne oder Filicinen bildeten die Hauptmasse der dichten paläolithischen Inselwälder, deren fossile Reste uns in den ungeheuer mächtigen Steinkohlenlagern des carbonischen Systems und in den schwächeren Kohlenlagern des devonischen und permischen Systems erhalten sind. Sie berechtigen uns, die Primärzeit eben sowohl das Zeitalter der Farne, als das der Fische zu nennen.

Der dritte große Hauptabschnitt der paläontologischen Entwickelungsgeschichte wird durch die Secundärzeit oder das Zeitalter der Nadelwälder gebildet, welches auch das mesolithische oder mesozoische Zeitalter genannt wird. Es reicht vom Ende der permischen Schichtenbildung bis zum Ende der Kreideschichtenbildung, und zerfällt abermals in drei große Perioden. Die während dessen abgelagerten Schichtensysteme sind zu unterst das Triassystem, in der Mitte das Jurasystem, und zu oberst das Kreidesystem. Die durchschnittliche Dicke dieser drei Systeme zusammengenommen bleibt schon weit hinter derjenigen der primären Systeme zurück und beträgt im Ganzen nur ungefähr 15,000 Fuß. Die Secundärzeit wird demnach wahrscheinlich nicht halb so lang als die Primärzeit gewesen sein.

Wie in der Primärzeit die Fische, so herrschen in der Secundärzeit die Schleicher oder Reptilien über alle übrigen Wirbelthiere vor. Zwar entstanden während dieses Zeitraums die ersten Vögel und Säugethiere; auch lebten damals die riesigen Labyrinthodonten; und zu den zahlreich vorhandenen Urfischen und Schmelzfischen der älteren Zeit gesellten sich die ersten echten Knochenfische.

Uebersicht
der paläontologischen Perioden oder der größeren Zeitabschnitte der organischen Erdgeschichte.

I. Erster Zeitraum: **Archolithisches Zeitalter.** Primordial=Zeit.
(Zeitalter der Schädellosen und der Tangwälder)

1.	Aeltere Archolith=Zeit	oder	Laurentische Periode.
2.	Mittlere Archolith=Zeit	=	Cambrische Periode.
3.	Neuere Archolith=Zeit	=	Silurische Periode.

II Zweiter Zeitraum: **Paläolithisches Zeitalter.** Primär=Zeit.
(Zeitalter der Fische und der Farnwälder.)

4.	Aeltere Paläolith=Zeit	oder	Devonische Periode.
5.	Mittlere Paläolith=Zeit	=	Steinkohlen=Periode.
6.	Neuere Paläolith=Zeit	=	Permische Periode

III. Dritter Zeitraum: **Mesolithisches Zeitalter.** Secundär=Zeit.
(Zeitalter der Reptilien und der Nadelwälder)

7.	Aeltere Mesolith=Zeit	oder	Trias=Periode.
8.	Mittlere Mesolith=Zeit	=	Jura=Periode.
9.	Neuere Mesolith=Zeit	=	Kreide=Periode

IV. Vierter Zeitraum: **Caenolithisches Zeitalter.** Tertiär=Zeit.
(Zeitalter der Säugethiere und der Laubwälder.)

10.	Aeltere Caenolith=Zeit	oder	Eocaene Periode.
11.	Mittlere Caenolith=Zeit	=	Miocaene Periode.
12.	Neuere Caenolith=Zeit	=	Pliocaene Periode.

V. Fünfter Zeitraum: **Anthropolithisches Zeitalter.** Quartär=Zeit.
(Zeitalter der Menschen und der Culturwälder.)

13.	Aeltere Anthropolith=Zeit	oder	Eiszeit Glaciale Periode.
14.	Mittlere Anthropolith=Zeit	=	Postglaciale Periode.
15.	Neuere Anthropolith=Zeit	=	Cultur=Periode.

(Die Culturperiode ist die historische Zeit oder die Periode der Ueberlieferungen.)

Uebersicht
der paläontologischen Formationen oder der versteinerungsführenden Schichten der Erdrinde.

Terrains	Systeme	Formationen	Synonyme der Formationen
V. Antropolithische Terrains oder anthropozoische (quartäre) Schichtengruppen	XIV. Recent (Alluvium)	36. **Praesent**	Oberalluviale
		35. **Recent**	Unteralluviale
	XIII. Pleistocaen (Diluvium)	34. **Postglacial**	Oberdiluviale
		33. **Glacial**	Unterdiluviale
IV. Caenolithische Terrains oder caenozoische (tertiäre) Schichtengruppen	XII. Pliocaen (Neutertiär)	32. **Arvern**	Oberpliocaene
		31. **Subapennin**	Unterpliocaene
	XI. Miocaen (Mitteltertiär)	30. **Falun**	Obermiocaene
		29. **Limburg**	Untermiocaene
	X. Eocaen (Alttertiär)	28. **Gyps**	Obereocaene
		27. **Grobkalk**	Mitteleocaene
		26. **Londonthon**	Untereocaene
III. Mesolithische Terrains oder mesozoische (secundäre) Schichtengruppen	IX. Kreide	25. **Weißkreide**	Oberkreide
		24. **Grünsand**	Mittelkreide
		23. **Neocom**	Unterkreide
		22. **Wealden**	Wälderformation
	VIII. Jura.	21. **Portland**	Oberoolith
		20. **Oxford**	Mitteloolith
		19. **Bath**	Unteroolith
		18. **Lias**	Liasformation
	VII. Trias.	17. **Keuper**	Obertrias
		16. **Muschelkalk**	Mitteltrias
		15. **Buntsand**	Untertrias
II. Paläolithische Terrains oder paläozoische (primäre) Schichtengruppen	VI. Permisches (Dyas)	14 **Zechstein**	Oberpermische
		13. **Neurothsand**	Unterpermische
	V. Carbonisches (Steinkohle)	12. **Kohlensand**	Obercarbonische
		11. **Kohlenkalk**	Untercarbonische
	IV. Devonisches (Altrothsand)	10. **Pilton**	Oberdevonische
		9. **Ilfracombe**	Mitteldevonische
		8. **Linton**	Unterdevonische
I. Archolithische Terrains oder archozoische (primordiale) Schichtengruppen	III. Silurisches	7. **Ludlow**	Obersilurische
		6. **Landovery**	Mittelsilurische
		5. **Landeilo**	Untersilurische
	II. Cambrisches	4. **Potsdam**	Obercambrische
		3. **Longmynd**	Untercambrische
	I. Laurentisches	2. **Labrador**	Oberlaurentische
		1. **Ottawa**	Unterlaurentische

Aber die charakteristische und überwiegende Wirbelthierclasse der Secundärzeit bildeten die höchst mannichfaltig entwickelten Reptilien. Neben solchen Schleichern, welche den heute noch lebenden Eidechsen, Krokodilen und Schildkröten sehr nahe standen, wimmelte es in der mesolithischen Zeit überall von abenteuerlich gestalteten Drachen. Insbesondere sind die merkwürdigen fliegenden Eidechsen oder Pterosaurier und die kolossalen Landdrachen oder Dinosaurier der Secundärzeit ganz eigenthümlich, da sie weder vorher noch nachher lebten. Wie man demgemäß die Secundärzeit das Zeitalter der Schleicher oder Reptilien nennen könnte, so könnte sie andrerseits auch das Zeitalter der Nadelwälder, oder genauer der Gymnospermen oder Nacktsamenpflanzen heißen. Denn diese Pflanzengruppe, vorzugsweise durch die beiden wichtigen Classen der Nadelhölzer oder Coniferen und der Farnpalmen oder Cycadeen vertreten, setzte während der Secundärzeit ganz überwiegend den Bestand der Wälder zusammen. Die farnartigen Pflanzen traten dagegen zurück und die Laubhölzer entwickelten sich erst gegen Ende des Zeitalters, in der Kreidezeit.

Viel kürzer und weniger eigenthümlich als diese drei ersten Zeitalter war der vierte Hauptabschnitt der organischen Erdgeschichte, die Tertiärzeit oder das Zeitalter der Laubwälder. Dieser Zeitraum, welcher auch caenolithisches oder caenozoisches Zeitalter heißt erstreckte sich vom Ende der Kreideschichtenbildung bis zum Ende der pliocaenen Schichtenbildung. Die während dessen abgelagerten Schichten erreichen nur ungefähr eine mittlere Mächtigkeit von 3000 Fuß und bleiben demnach weit hinter den drei ersten Terrains zurück. Auch sind die drei Systeme, welche man in dem tertiären Terrain unterscheidet, nur schwer von einander zu trennen. Das älteste derselben heißt eocaenes oder alttertiäres, das mittlere miocaenes oder mitteltertiäres und das jüngste pliocaenes oder neutertiäres System.

Die gesammte Bevölkerung der Tertiärzeit nähert sich im Ganzen und im Einzelnen schon viel mehr derjenigen der Gegenwart, als es in den vorhergehenden Zeitaltern der Fall war. Unter den Wirbelthieren überwiegt von nun an die Classe der Säugethiere bei weitem alle übrigen. Ebenso herrscht in der Pflanzenwelt die formenreiche Gruppe der Decksamenpflanzen oder Angiospermen vor, deren Laubhölzer die charakteristischen Laubwälder der Tertiärzeit bildeten. Die Abtheilung der Angiospermen besteht aus den beiden Classen der Einkeimblättrigen oder Monocotyledonen und der Zweikeimblättrigen oder Dicotyledonen. Zwar hatten sich Angiospermen aus beiden Classen schon in der Kreidezeit gezeigt, und Säugethiere traten schon im letzten Abschnitt der Triaszeit auf. Allein beide Gruppen, Säugethiere und Decksamenpflanzen, erreichen ihre eigentliche Entwickelung und Oberherrschaft erst in der Tertiärzeit, so daß man diese mit vollem Rechte danach benennen kann.

Den fünften und letzten Hauptabschnitt der organischen Erdgeschichte bildet die Quartärzeit oder Culturzeit, derjenige, gegen die Länge der vier übrigen Zeitalter verschwindend kurze Zeitraum, den wir gewöhnlich in komischer Selbstüberhebuug die „Weltgeschichte" zu nennen pflegen. Da die Ausbildung des Menschen und seiner Cultur, welche mächtiger als alle früheren Vorgänge auf die organische Welt umgestaltend einwirkte, dieses Zeitalter charakterisirt, so könnte man dasselbe auch die Menschenzeit, das anthropolithische oder anthropozoische Zeitalter nennen. Es könnte allenfalls auch das Zeitalter der Culturwälder heißen, weil selbst auf den niederen Stufen der menschlichen Cultur ihr umgestaltender Einfluß sich bereits in der Benutzung der Wälder und ihrer Erzeugnisse, und somit auch in der Physiognomie der Landschaft bemerkbar macht. Geologisch wird der Beginn dieses Zeitalters, welches bis zur Gegenwart reicht, durch das Ende der pliocaenen Schichtenablagerung begrenzt.

Die neptunischen Schichten, welche während des verhältnißmäßig kurzen quartären Zeitraums abgelagert wurden, sind an den verschiedenen Stellen der Erde von sehr verschiedener, meist aber von sehr geringer Dicke. Man bringt dieselben in zwei verschiedene Systeme, von denen man das ältere als diluvial oder pleistocaen, das neuere als alluvial oder recent bezeichnet. Das Diluvial-System zerfällt selbst wieder in zwei Formationen, in die älteren glacialen und die neueren postglacialen Bildungen. Während der älteren Diluvialzeit nämlich fand jene außerordentlich merkwürdige Erniedrigung der Erdtemperatur statt, welche zu einer ausgedehnten Vergletscherung der gemäßigten Zonen führte. Die hohe Bedeutung, welche diese „Eiszeit" oder Glacial-Periode für die geographische und topographische Verbreitung der Organismen gewonnen hat, ist bereits im vorhergehenden Vortrage auseinandergesetzt worden (S. 324). Auch die auf die Eiszeit folgende „Nacheiszeit", die postglaciale Periode oder die neuere Diluvialzeit, während welcher die Temperatur wiederum stieg, und das Eis sich nach den Polen zurückzog, war für die gegenwärtige Gestaltung der chorologischen Verhältnisse höchst bedeutungsvoll.

Der biologische Charakter der Quartärzeit liegt wesentlich in der Entwickelung und Ausbreitung des menschlichen Organismus und seiner Cultur. Weit mehr als jeder andere Organismus hat der Mensch umgestaltend, zerstörend und neubildend auf die Thier- und Pflanzenbevölkerung der Erde eingewirkt. Aus diesem Grunde, — nicht weil wir dem Menschen im Uebrigen eine privilegirte Ausnahmestellung in der Natur einräumen, — können wir mit vollem Rechte die Ausbreitung des Menschen mit seiner Cultur als Beginn eines besonderen letzten Hauptabschnitts der organischen Erdgeschichte bezeichnen. Wahrscheinlich fand allerdings die körperliche Entwickelung des Urmenschen aus menschenähnlichen Affen bereits in der jüngeren oder pliocaenen, vielleicht sogar schon in der mittleren oder miocaenen Tertiärzeit statt. Allein die eigentliche Entwickelung der menschlichen Sprache, welche wir als den wichtigsten Hebel für die Ausbildung der eigenthümlichen Vorzüge des Menschen und seiner Herrschaft über die übrigen Organismen betrachten, fällt wahrscheinlich erst in jenen Zeitraum, welchen man aus geologischen Gründen als pleistocaene oder diluviale Zeit von der vorhergehenden Pliocaenperiode trennt. Jedenfalls ist derjenige Zeitraum, welcher seit der Entwickelung der menschlichen Sprache bis zur Gegenwart verfloß, mag derselbe auch viele Jahrtausende und vielleicht Hunderttausende von Jahren in Anspruch genommen haben, verschwindend gering gegen die unermeßliche Länge der Zeiträume, welche vom Beginn des organischen Lebens auf der Erde bis zur Entstehung des Menschengeschlechts verflossen.

Die vorstehende tabellarische Uebersicht zeigt Ihnen rechts (S. 345) die Reihenfolge der paläontologischen Terrains, Systeme und Formationen, d. h. der größeren und kleineren neptunischen Schichtengruppen, welche Versteinerungen einschließen, von den obersten oder alluvialen bis zu den untersten oder laurentischen Ablagerungen hinab. Die links gegenüberstehende Tabelle (S. 344) führt Ihnen die historische Eintheilung der entsprechenden Zeiträume vor, der größeren und kleineren paläontologischen Perioden, und zwar in umgekehrter Reihenfolge, von der ältesten laurentischen bis auf die jüngste quartäre Zeit hinauf. (Vergl. auch S. 352.)

Man hat viele Versuche angestellt, die Zahl der Jahrtausende, welche diese Zeiträume zusammensetzen, annähernd zu berechnen. Man verglich die Dicke der Schlammschichten, welche erfahrungsgemäß während eines Jahrhunderts sich absetzen, und welche nur wenige Linien oder Zolle betragen, mit der gesammten Dicke der geschichteten Gesteinsmassen, deren ideales System wir soeben überblickt haben. Diese Dicke mag im Ganzen durchschnittlich ungefähr 130,000 Fuß betragen, und hiervon kommen 70,000 auf das primordiale oder archolithische, 42,000 auf das primäre oder paläolithische, 15,000 auf das secundäre oder mesolithische und endlich nur 3000 auf das tertiäre oder caenolithische Terrain. Die sehr geringe und nicht annähernd bestimmbare durchschnittliche Dicke des quartären oder anthropolithischen Terrains kommt dabei gar nicht in Betracht. Man kann sie höchstens durchschnittlich auf 500—700 Fuß anschlagen. Selbstverständlich haben aber alle diese Maßangaben nur einen ganz durchschnittlichen und annähernden Werth, und sollen nur dazu dienen, das relative Maßverhältniß der Schichtensysteme und der ihnen entsprechenden Zeitabschnitte ganz ungefähr zu überblicken. Auch werden die Maße sehr verschieden abgeschätzt.

Wenn man nun die gesammte Zeit der organischen Erdgeschichte, d. h. den ganzen Zeitraum seit Beginn des Lebens auf der Erde bis auf den heutigen Tag, in hundert gleiche Theile theilt, und wenn man dann, dem angegebenen durchschnittlichen Dickenverhältniß der Schichtensysteme entsprechend, die relative Zeitdauer der fünf Hauptabschnitte oder Zeitalter nach Procenten berechnet, so ergiebt sich folgendes Resultat. (Vergl. S. 352.)

I.	Archolithische oder Primordialzeit	53,6
II.	Paläolithische oder Primärzeit	32,1
III.	Mesolithische oder Secundärzeit	11,5
IV.	Caenolithische oder Tertiärzeit	2,3
V.	Anthropolithische oder Quartärzeit	0,5
	Summa	100,0

Es beträgt demnach die Länge des archolithischen Zeitraums, während dessen noch gar keine landbewohnende Thiere und Pflanzen existirten, mehr als die Hälfte, mehr als 53 Procent, dagegen die Länge des anthropolithischen Zeitraums, während dessen der Mensch existirte, kaum ein halbes Procent von der ganzen Länge der organischen Erdgeschichte. Es ist aber ganz unmöglich, die Länge dieser Zeiträume auch nur annähernd nach Jahren zu berechnen.

Die Dicke der Schlammschichten, welche während eines Jahrhunderts sich in der Gegenwart ablagern, und welche man als Basis für diese Berechnung benutzen wollte, ist an den verschiedenen Stellen der Erde unter den ganz verschiedenen Bedingungen, unter denen überall die Ablagerung stattfindet, natürlich ganz verschieden. Sie ist sehr gering auf dem Boden des hohen Meeres, in den Betten breiter Flüsse mit kurzem Laufe, und in Landseen, welche sehr dürftige Zuflüsse erhalten. Sie ist verhältnißmäßig bedeutend an Meeresküsten mit starker Brandung, am Ausfluß großer Ströme mit langem Lauf und in Landseen mit starken Zuflüssen. An der Mündung des Missisippi, welcher sehr bedeutende Schlammmassen mit sich fortführt, würden in 100,000 Jahren wohl etwa 600 Fuß abgelagert werden. Auf dem Grunde des offenen Meeres, weit von den Küsten entfernt, werden sich während dieses langen Zeitraums nur wenige Fuß Schlamm absetzen. Selbst an den Küsten, wo verhältnißmäßig viel Schlamm abgelagert wird, mag die Dicke der dadurch während eines Jahrhunderts gebildeten Schichten, wenn sie nachher sich zu festem Gesteine verdichtet haben, doch nur wenige Zolle oder Linien betragen. Jedenfalls aber bleiben alle auf diese Verhältnisse gegründeten Berechnungen ganz unsicher, und wir können uns auch nicht einmal annähernd die ungeheure Länge der Zeiträume vorstellen, welche zur Bildung jener neptunischen Schichtensysteme erforderlich waren. Nur relative, nicht absolute Zeitmaße sind hier anwendbar.

Man würde übrigens auch vollkommen fehl gehen, wenn man die Mächtigkeit jener Schichtensysteme allein als Maßstab für die inzwischen wirklich verflossene Zeit der Erdgeschichte betrachten wollte. Denn Hebungen und Senkungen der Erdrinde haben beständig mit einander gewechselt, und aller Wahrscheinlichkeit nach entspricht der mineralogische und paläontologische Unterschied, den man zwischen je zwei auf einanderfolgenden Schichtensystemen und zwischen je zwei Formationen derselben wahrnimmt, einem beträchtlichen Zwischenraum von vielen Jahrtausenden, während dessen die betreffende Stelle der Erdrinde über das Wasser gehoben war. Erst nach Ablauf dieser Zwischenzeit, als eine neue Senkung diese Stelle wieder unter Wasser brachte, fand die Ablagerung einer neuen Bodenschicht statt. Da aber inzwischen die anorgischen und organischen Verhältnisse an diesem Orte eine beträchtliche Umbildung erfahren hatten, mußte die neugebildete Schlammschicht aus verschiedenen Bodenbestandtheilen zusammengesetzt sein und ganz verschiedene Versteinerungen einschließen.

Die auffallenden Unterschiede, die zwischen den Versteinerungen zweier übereinander liegenden Schichten so häufig stattfinden, sind einfach und leicht nur durch die Annahme zu erklären, daß derselbe Punkt der Erdoberfläche wiederholten Senkungen und Hebungen ausgesetzt wurde. Noch gegenwärtig finden solche Hebungen und Senkungen, welche man der Reaction des feuer-flüssigen Erdkerns gegen die erstarrte Rinde zuschreibt, in weiter Ausdehnung statt.

<table>
<tr><td colspan="2">IV. **Caenolithische Schichten-Systeme.** 3000 Fuß.</td><td>Eocaen, Miocaen, Pliocaen.</td></tr>
<tr><td colspan="2" rowspan="3">III. **Mesolithische Schichten-Systeme.**
Ablagerungen der Secundärzeit.
Circa 15,000 Fuß.</td><td>IX. Kreide-System.</td></tr>
<tr><td>VIII. Jura-System.</td></tr>
<tr><td>VII. Trias-System</td></tr>
<tr><td colspan="2" rowspan="3">II. **Paläolithische Schichten-Systeme.**
Ablagerungen der Primärzeit.
Circa 42,000 Fuß.</td><td>VI. Permisches System.</td></tr>
<tr><td>V. Steinkohlen-System.</td></tr>
<tr><td>IV. Devonisches System.</td></tr>
<tr><td rowspan="3">**Tabelle**
zur Uebersicht der neptunischen versteinerungsführenden Schichten-Systeme der Erdrinde mit Bezug auf ihre verhältnißmäßige durchschnittliche Dicke.
(130,000 Fuß circa)</td><td rowspan="3">I. **Archolithische Schichten-Systeme.**
Ablagerungen der Primordialzeit.
Circa 70,000 Fuß.</td><td>III. Silurisches System.
Circa 22,000 Fuß.</td></tr>
<tr><td>II. Cambrisches System.
Circa 18,000 Fuß.</td></tr>
<tr><td>I. Laurentisches System.
Circa 30,000 Fuß.</td></tr>
</table>

So steigt z. B. die Küste von Schweden und ein Theil von der Westküste Südamerikas beständig langsam empor, während die Küste von Holland und ein Theil von der Ostküste Südamerikas allmählich untersinkt. Das Steigen wie das Sinken geschieht nur sehr langsam und beträgt im Jahrhundert bald nur einige Linien, bald einige Zoll oder höchstens einige Fuß. Wenn aber diese Bewegung Hunderte von Jahrtausenden hindurch ununterbrochen andauert, wird sie fähig, die höchsten Gebirge zu bilden.

Offenbar haben ähnliche Hebungen und Senkungen, wie sie an jenen Stellen noch heute zu messen sind, während des ganzen Verlaufes der organischen Erdgeschichte ununterbrochen an verschiedenen Stellen mit einander gewechselt. Das ergiebt sich mit Sicherheit aus der geographischen Verbreitung der Organismen (Vergl. S. 320). Nun ist es aber für die Beurtheilung unserer paläontologischen Schöpfungsurkunde außerordentlich wichtig, sich klar zu machen, daß bleibende Schichten sich bloß während langsamer Senkung des Bodens unter Wasser ablagern können, nicht aber während andauernder Hebung. Wenn der Boden langsam mehr und mehr unter den Meeresspiegel versinkt, so gelangen die abgelagerten Schlammschichten in immer tieferes und ruhigeres Wasser, wo sie sich ungestört zu Gestein verdichten können. Wenn sich dagegen umgekehrt der Boden langsam hebt, so kommen die soeben abgelagerten Schlammschichten, welche Reste von Pflanzen und Thieren umschließen, sogleich wieder in den Bereich des Wogenspiels, und werden durch die Kraft der Brandung alsbald nebst den eingeschlossenen organischen Resten zerstört. Aus diesem einfachen, aber sehr gewichtigen Grunde können also nur während einer andauernden Senkung des Bodens sich reichlichere Schichten ablagern, in denen die organischen Reste erhalten bleiben. Wenn je zwei verschiedene über einander liegende Formationen oder Schichten mithin zwei verschiedenen Senkungsperioden entsprechen, so müssen wir zwischen diesen letzteren einen langen Zeitraum der Hebung annehmen, von dem wir gar nichts wissen, weil uns keine fossilen Reste von den damals lebenden Thieren und Pflanzen aufbewahrt werden konnten. Offenbar verdienen aber diese spurlos dahingegangenen Hebungszeiträume nicht geringere Berücksichtigung als die damit abwechselnden Senkungszeiträume, von deren organischer Bevölkerung uns die versteinerungsführenden Schichten eine ungefähre Vorstellung geben. Wahrscheinlich waren die ersteren durchschnittlich von nicht geringerer Dauer als die letzteren.

Schon hieraus ergiebt sich, wie unvollständig unsere Urkunde nothwendig sein muß, um so mehr, da sich theoretisch erweisen läßt, daß gerade während der Hebungszeiträume das Thier- und Pflanzenleben an Mannichfaltigkeit zunehmen mußte. Denn indem neue Strecken Landes über das Wasser gehoben werden, bilden sich neue Inseln. Jede neue Insel ist aber ein neuer Schöpfungsmittelpunkt, weil die zufällig dorthin verschlagenen Thiere und Pflanzen auf dem neuen Boden im Kampf um's Dasein reiche Gelegenheit finden, sich eigenthümlich zu entwickeln und neue Arten zu bilden. Die Bildung neuer Arten hat offenbar während dieser Zwischenzeiten, aus denen uns leider keine Versteinerungen erhalten bleiben konnten, vorzugsweise stattgefunden, während umgekehrt bei der langsamen Senkung des Bodens eher Gelegenheit zum Aussterben zahlreicher Arten und zu einem Rückschritt in der Artenbildung gegeben war. Auch die Zwischenformen zwischen den alten und den neu sich bildenden Species werden vorzugsweise während jener Hebungszeiträume gelebt haben und konnten daher ebenfalls keine fossilen Reste hinterlassen.

Zu den sehr bedeutenden und empfindlichen Lücken der paläontologischen Schöpfungsurkunde, welche durch die Hebungszeiträume bedingt werden, kommen nun leider noch viele andere Umstände hinzu, welche den hohen Werth derselben außerordentlich verringern. Dahin gehört vor Allen der metamorphische Zustand der ältesten Schichtengruppen, gerade derjenigen, welche die Reste der ältesten Flora und Fauna, der Stammformen aller folgenden Organismen enthalten, und dadurch von ganz besonderem Interesse sein würden. Gerade diese Gesteine, und zwar der größere Theil der primordialen oder archolithischen Schichten, fast das ganze laurentische und ein großer Theil des cambrischen Systems, enthalten gar keine kenntlichen Reste mehr, und zwar aus dem einfachen Grunde, weil diese Schichten durch den Einfluß des feuer-flüssigen Erdinnern nachträglich wieder verändert oder metamorphosirt worden sind. Durch die Hitze des glühenden Erdkerns sind diese tiefsten neptunischen Rindenschichten in ihrer ursprünglichen Schichtenstructur gänzlich umgewandelt und in einen krystallinischen Zustand übergeführt worden. Dabei ging aber die Form der darin eingeschlossenen organischen Reste ganz verloren. Nur hie und da wurde sie durch einen glücklichen Zufall erhalten, wie es bei Manchen der ältesten bekannten Petrefacten, aus den untersten cambrischen und laurentischen Schichten, der Fall ist. Jedoch können wir aus den Lagern von krystallinischer Kohle (Graphit) und krystallinischem Kalk (Marmor), welche sich in den metamorphischen Gesteinen eingelagert finden, mit Sicherheit auf die frühere Anwesenheit von versteinerten Pflanzen- und Thierresten in denselben schließen.

Außerordentlich unvollständig wird unsere Schöpfungsurkunde durch den Umstand, daß erst ein sehr kleiner Theil der Erdoberfläche genauer geologisch untersucht ist, vorzugsweise England, Deutschland und Frankreich. Dagegen wissen wir nur sehr Wenig von den übrigen Theilen Europas, von Rußland, Spanien, Italien, der Türkei. Hier sind uns nur einzelne Stellen der Erdrinde aufgeschlossen; der bei weitem größte Theil derselben ist uns unbekannt. Dasselbe gilt von Nordamerika und von Ostindien. Hier sind wenigstens einzelne Strecken untersucht. Dagegen vom größten Theil Asiens, des umfangreichsten aller Welttheile, wissen wir fast Nichts, — von Afrika, ausgenommen das Kap der guten Hoffnung und die Mittelmeerküste, fast Nichts, — von Neuholland fast Nichts, von Südamerika nur sehr Wenig. Sie sehen also, daß erst ein ganz kleines Stück, wohl kaum der tausendste Theil von der gesammten Erdoberfläche gründlich paläontologisch erforscht ist. Wir können daher wohl hoffen, bei weiterer Ausbreitung der geologischen Untersuchungen, denen namentlich die Anlage von Eisenbahnen und Bergwerken sehr zu Hilfe kommen wird, noch einen großen Theil wichtiger Versteinerungen aufzufinden. Ein Fingerzeig dafür ist uns durch die merkwürdigen Versteinerungen gegeben, die man an den wenigen genauer untersuchten Punkten von Afrika und Asien, in den Kapgegenden und am Himalaya, aufgefunden hat. Eine Reihe von ganz neuen und sehr eigenthümlichen Thierformen ist uns dadurch bekannt geworden. Freilich müssen wir andrerseits erwägen, daß der ausgedehnte Boden der jetzigen Meere vorläufig für die paläontologischen Forschungen ganz unzugänglich ist, und daß wir den größten Theil der hier seit uralten Zeiten begrabenen Versteinerungen entweder niemals oder im besten Fall erst nach Verlauf vieler Jahrtausende werden kennen lernen, wenn durch allmähliche Hebungen der gegenwärtige Meeresboden mehr zu Tage getreten sein wird. Wenn Sie bedenken, daß die ganze Erdoberfläche zu ungefähr drei Fünftheilen aus Wasser und nur zu zwei Fünftheilen aus Festland besteht, so können Sie ermessen, daß auch in dieser Beziehung die paläontologische Urkunde eine ungeheure Lücke enthält.

Nun kommen aber noch eine Reihe von Schwierigkeiten für die Paläontologie hinzu, welche in der Natur der Organismen selbst begründet sind. Vor allen ist hier hervorzuheben, daß in der Regel nur harte und feste Körpertheile der Organismen auf den Boden des Meeres und der süßen Gewässer gelangen und hier in Schlamm eingeschlossen und versteinert werden können. Es sind also namentlich die Knochen und Zähne der Wirbelthiere, die Kalkschalen der Weichthiere, die Chitinskelete der Gliederthiere, die Kalkskelete der Sternthiere und Corallen, ferner die holzigen, festen Theile der Pflanzen, die einer solchen Versteinerung fähig sind. Die weichen und zarten Theile dagegen, welche bei den allermeisten Organismen den bei weitem größten Theil des Körpers bilden, gelangen nur sehr selten unter so günstigen Verhältnissen in den Schlamm, daß sie versteinern, oder daß ihre äußere Form deutlich in dem erhärteten Schlamme sich abdrückt. Nun bedenken Sie, daß ganze große Classen von Organismen, wie z. B. die Medusen, die nackten Mollusken, welche keine Schale haben, ein großer Theil der Gliederthiere, fast alle Würmer und selbst die niedersten Wirbelthiere gar keine festen und harten, versteinerungsfähigen Körpertheile besitzen. Ebenso sind gerade die wichtigsten Pflanzentheile, die Blüthen, meistens so weich und zart, daß sie sich nicht in kenntlicher Form conserviren können. Von allen diesen wichtigen Organismen werden wir naturgemäß auch gar keine versteinerten Reste zu finden erwarten können. Ferner sind die Jugendzustände fast aller Organismen so weich und zart, daß sie gar nicht versteinerungsfähig sind. Was wir also von Versteinerungen in den neptunischen Schichtensystemen der Erdrinde vorfinden, das sind im Ganzen nur wenige Formen, und meistens nur einzelne Bruchstücke.

Sodann ist zu berücksichtigen, daß die Meerbewohner in einem viel höheren Grade Aussicht haben, ihre todten Körper in den abgelagerten Schlammschichten versteinert zu erhalten, als die Bewohner der süßen Gewässer und des Festlandes. Die das Land bewohnenden Organismen können in der Regel nur dann versteinert werden, wenn ihre Leichen zufällig ins Wasser fallen und auf dem Boden in erhärtenden Schlammschichten begraben werden, was von mancherlei Bedingungen abhängig ist. Daher kann es uns nicht Wunder nehmen, daß die bei weitem größte Mehrzahl der Versteinerungen Organismen angehört, die im Meere lebten, und daß von den Landbewohnern verhältnißmäßig nur sehr wenige im fossilen Zustande erhalten sind. Welche Zufälligkeiten hierbei in's Spiel kommen, mag Ihnen allein der Umstand beweisen, daß man von vielen fossilen Säugethieren, insbesondere von fast allen Säugethieren der Secundärzeit, weiter Nichts kennt, als den Unterkiefer. Dieser Knochen ist erstens verhältnißmäßig fest und löst sich zweitens sehr leicht von dem todten Cadaver, das auf dem Wasser schwimmt, ab. Während die Leiche vom Wasser fortgetrieben und zerstört wird, fällt der Unterkiefer auf den Grund des Wassers hinab und wird hier vom Schlamm umschlossen. Daraus erklärt sich allein die merkwürdige Thatsache, daß in einer Kalkschicht des Jurasystems bei Oxford in England, in den Schiefern von Stonesfield, bis jetzt bloß die Unterkiefer von zahlreichen Beutelthieren gefunden worden sind, den ältesten Säugethieren, welche wir kennen. Von dem ganzen übrigen Körper derselben war auch nicht ein Knochen mehr vorhanden. Die Gegner der Entwickelungstheorie würden nach der bei ihnen gebräuchlichen Logik hieraus den Schluß ziehen müssen, daß der Unterkiefer der einzige Knochen im Leibe jener merkwürdigen Thiere war.

Für die kritische Würdigung der vielen unbedeutenden Zufälle, die unsere Kenntniß der Versteinerungen in der bedeutendsten Weise beeinflussen, sind ferner auch die Fußspuren sehr lehrreich, welche sich in großer Menge in verschiedenen ausgedehnten Sandsteinlagern, z. B. in dem rothen Sandstein von Connecticut in Nordamerika, finden. Diese Fußtritte rühren offenbar von Wirbelthieren, wahrscheinlich von Reptilien her, von deren Körper selbst uns nicht die geringste Spur erhalten geblieben ist. Die Abdrücke, welche ihre Füße im Schlamm hinterlassen haben, verrathen uns allein die vormalige Existenz von diesen uns sonst ganz unbekannten Thieren.

Welche Zufälligkeiten außerdem noch die Grenzen unserer paläontologischen Kenntnisse bestimmen, können Sie daraus ermessen, daß man von sehr vielen wichtigen Versteinerungen nur ein einziges oder nur ein paar Exemplare kennt. Es sind noch nicht zwanzig Jahre her, seit wir mit dem unvollständigen Abdruck eines Vogels aus dem Jurasystem bekannt wurden, dessen Kenntniß für die Phylogenie der ganzen Vögelclasse von der allergrößten Wichtigkeit ist. Alle bisher bekannten Vögel stellten eine sehr einförmig organisirte Gruppe dar, und zeigten keine auffallenden Uebergangsbildungen zu anderen Wirbelthierclassen, auch nicht zu den nächstverwandten Reptilien. Jener fossile Vogel aus dem Jura dagegen besaß keinen gewöhnlichen Vogelschwanz, sondern einen Eidechsenschwanz, und bestätigte dadurch die aus anderen Gründen vermuthete Abstammung der Vögel von den Eidechsen. Durch dieses einzige Petrefact wurde also nicht nur unsere Kenntniß von dem Alter der Vogelclasse, sondern auch von ihrer Blutsverwandtschaft mit den Reptilien wesentlich erweitert. Eben so sind unsere Kenntnisse von anderen Thiergruppen oft durch die zufällige Entdeckung einer einzigen

Versteinerung wesentlich umgestaltet worden. Da wir aber wirklich von vielen wichtigen Petrefacten nur sehr wenige Exemplare oder nur Bruchstücke kennen, so muß auch aus diesem Grunde die paläontologische Urkunde höchst unvollständig sein.

Eine weitere und sehr empfindliche Lücke derselben ist durch den Umstand bedingt, daß die Zwischenformen, welche die verschiedenen Arten verbinden, in der Regel nicht erhalten sind, und zwar aus dem einfachen Grunde, weil dieselben (nach dem Princip der Divergenz des Charakters) im Kampfe um's Dasein ungünstiger gestellt waren, als die am meisten divergirenden Varietäten, die sich aus einer und derselben Stammform entwickelten. Die Zwischenglieder sind im Ganzen immer rasch ausgestorben und haben sich nur selten vollständig erhalten. Die am stärksten divergirenden Formen dagegen konnten sich längere Zeit hindurch als selbstständige Arten am Leben erhalten, sich in zahlreichen Individuen ausbreiten und demnach auch leichter versteinert werden. Dadurch ist jedoch nicht ausgeschlossen, daß nicht in vielen Fällen auch die verbindenden Zwischenformen der Arten sich so vollständig versteinert erhielten, daß sie noch gegenwärtig die systematischen Paläontologen in die größte Verlegenheit versetzen und endlose Streitigkeiten über die ganz willkürlichen Grenzen der Species hervorrufen.

Ein ausgezeichnetes Beispiel der Art liefert die berühmte vielgestaltige Süßwasserschnecke aus dem Stubenthal bei Steinheim in Würtemberg, welche bald als Paludina, bald als Valvata, bald als Planorbis multiformis beschrieben worden ist. Die schneeweißen Schalen dieser kleinen Schnecke setzen mehr als die Hälfte von der ganzen Masse eines tertiären Kalkhügels zusammen, und offenbaren dabei an dieser einen Localität eine solche wunderbare Formen-Mannichfaltigkeit, daß man die am meisten divergirenden Extreme als wenigstens zwanzig ganz verschiedene Arten beschreiben und diese sogar in vier ganz verschiedene Gattungen versetzen könnte. Aber alle diese extremen Formen sind durch so massenhafte verbindende Zwischenformen verknüpft, und diese liegen so gesetzmäßig über und neben einander, daß Hilgendorf daraus auf das Klarste den Stammbaum der ganzen Formengruppe entwickeln konnte. Ebenso finden sich bei sehr vielen anderen fossilen Arten (z. B. vielen Ammoniten, Terebrateln, Seeigeln, Seelilien u. s. w.) die verknüpfenden Zwischenformen in solcher Masse, daß sie die „fossilen Speciesträmer" zur Verzweiflung bringen.

Wenn Sie nun alle vorher angeführten Verhältnisse erwägen, deren Reihe sich leicht noch vermehren ließe, so werden Sie sich nicht darüber wundern, daß der natürliche Schöpfungsbericht oder die Schöpfungsurkunde, wie sie durch die Versteinerungen gebildet wird, ganz außerordentlich lückenhaft und unvollständig ist. Aber dennoch haben die wirklich gefundenen Versteinerungen den größten Werth. Ihre Bedeutung für die natürliche Schöpfungsgeschichte ist nicht geringer als die Bedeutung, welche die berühmte Inschrift von Rosette und das Decret von Kanopus für die Völkergeschichte, für die Archäologie und Philologie besitzen. Wie es durch diese beiden uralten Inschriften möglich wurde, die Geschichte des alten Egyptens außerordentlich zu erweitern, und die ganze Hieroglyphenschrift zu entziffern, so genügen uns in vielen Fällen einzelne Knochen eines Thieres oder unvollständige Abdrücke einer niederen Thier- oder Pflanzenform, um die wichtigsten Anhaltspunkte für die Geschichte einer ganzen Gruppe und die Erkenntniß ihres Stammbaums zu gewinnen. Ein paar kleine Backzähne, die in der Keuper-Formation der Trias gefunden wurden, haben für sich allein den sicheren Beweis geliefert, daß schon in der Triaszeit Säugethiere existirten.

Von der Unvollkommenheit des geologischen Schöpfungsberichtes sagt Darwin, in Uebereinstimmung mit Lyell, dem berühmten, kürzlich verstorbenen Geologen: „Der natürliche Schöpfungsbericht, wie ihn die Paläontologie liefert, ist eine Geschichte der Erde, unvollständig erhalten und in wechselnden Dialecten geschrieben, wovon aber nur der letzte, bloß auf einige Theile der Erdoberfläche sich beziehende Band bis auf uns gekommen ist. Doch auch von diesem Bande ist nur hie und da ein kurzes Capitel erhalten, und von jeder Seite sind nur da und dort einige Zeilen übrig. Jedes Wort der langsam wechselnden Sprache dieser Beschreibung, mehr oder weniger verschieden in der ununterbrochenen Reihenfolge der einzelnen Abschnitte, mag den anscheinend plötzlich wechselnden Lebensformen entsprechen, welche in den unmittelbar auf einander liegenden Schichten unserer weit von einander getrennten Formationen begraben liegen."

Wenn Sie diese außerordentliche Unvollständigkeit der paläontologischen Urkunde sich beständig vor Augen halten, so wird es Ihnen nicht wunderbar erscheinen, daß wir noch auf so viele unsichere Hypothesen angewiesen sind, wenn wir wirklich den Stammbaum der verschiedenen organischen Gruppen entwerfen wollen. Jedoch besitzen wir glücklicher Weise außer den Versteinerungen auch noch andere Urkunden für die Stammesgeschichte, welche in vielen Fällen von nicht geringerem und in den meisten sogar von viel höherem Werthe sind als die Petrefacten. Die bei weitem wichtigste von diesen anderen Schöpfungsurkunden ist ohne Zweifel die Ontogenie oder Keimesgeschichte, die Entwickelungsgeschichte des organischen Individuums (Embryologie und Metamorphologie). Diese wiederholt uns kurz in großen, markigen Zügen das Bild der Formenreihe, welche die Vorfahren des betreffenden Individuums von der Wurzel ihres Stammes an durchlaufen haben. Indem wir diese paläontologische Entwickelungsgeschichte der Vorfahren als Stammesgeschichte oder Phylogenie bezeichneten, konnten wir das wichtige biogenetische Grundgesetz aussprechen: „Die Ontogenie ist eine kurze und schnelle, durch die Gesetze der Vererbung und Anpassung bedingte Wiederholung oder Recapitulation der Phylogenie." Indem jedes Thier und jedes Gewächs vom Beginn seiner individuellen Existenz an eine Reihe von ganz verschiedenen Formzuständen durchläuft, deutet es uns in schneller Folge und in allgemeinen Umrissen die lange und langsam wechselnde Reihe von Formzuständen an, welche seine Ahnen seit den ältesten Zeiten durchlaufen haben (Vergl. meine „Anthropogenie).[56])

Allerdings ist die Skizze, welche uns die Ontogenie der Organismen von ihrer Phylogenie giebt, in den meisten Fällen mehr oder weniger verwischt, und zwar um so mehr, je mehr die Anpassung im Laufe der Zeit das Uebergewicht über die Vererbung erlangt hat, und je mächtiger das Gesetz der abgekürzten Vererbung und das Gesetz der wechselbezüglichen Anpassung eingewirkt haben. Allein dadurch wird der hohe Werth nicht vermindert, welchen die wirklich treu erhaltenen Züge jener Skizze besitzen. Besonders für die Erkenntniß der frühesten paläontologischen Entwickelungszustände ist die Ontogenie von ganz unschätzbarem Werthe, weil gerade von den ältesten Entwickelungszuständen der Stämme und Classen uns gar keine versteinerten Reste erhalten worden sind und auch schon wegen der weichen und zarten Körperbeschaffenheit derselben nicht erhalten bleiben konnten. Keine Versteinerung könnte uns von der unschätzbar wichtigen Thatsache berichten, welche die Ontogenie uns erzählt, daß die ältesten gemeinsamen Vorfahren aller verschiedenen Thier- und Pflanzenarten ganz einfache Zellen, gleich den Eiern waren. Keine Versteinerung könnte uns die unendlich werthvolle, durch die Ontogenie festgestellte Thatsache beweisen, daß durch einfache Vermehrung, Gemeindebildung und Arbeitstheilung jener Zellen die unendlich mannichfaltigen Körperformen der vielzelligen Organismen entstanden. So hilft uns die Ontogenie über viele und große Lücken der Paläontologie hinweg.

Zu den unschätzbaren Schöpfungsurkunden der Paläontologie und Ontogenie gesellen sich nun drittens die nicht minder wichtigen Zeugnisse für die Blutsverwandtschaft der Organismen, welche uns die vergleichende Anatomie liefert. Wenn äußerlich sehr verschiedene Organismen in ihrem inneren Bau nahezu übereinstimmen, so können wir daraus mit Sicherheit schließen, daß diese Uebereinstimmung ihren Grund in der Vererbung, jene Ungleichheit dagegen ihren Grund in der Anpassung hat. Betrachten Sie z. B. vergleichend die Hände oder Vorderpfoten der neun verschiedenen Säugethiere, welche auf der gegenüberstehenden Tafel IV abgebildet sind, und bei

Hand von neun verschiedenen Säugethieren.

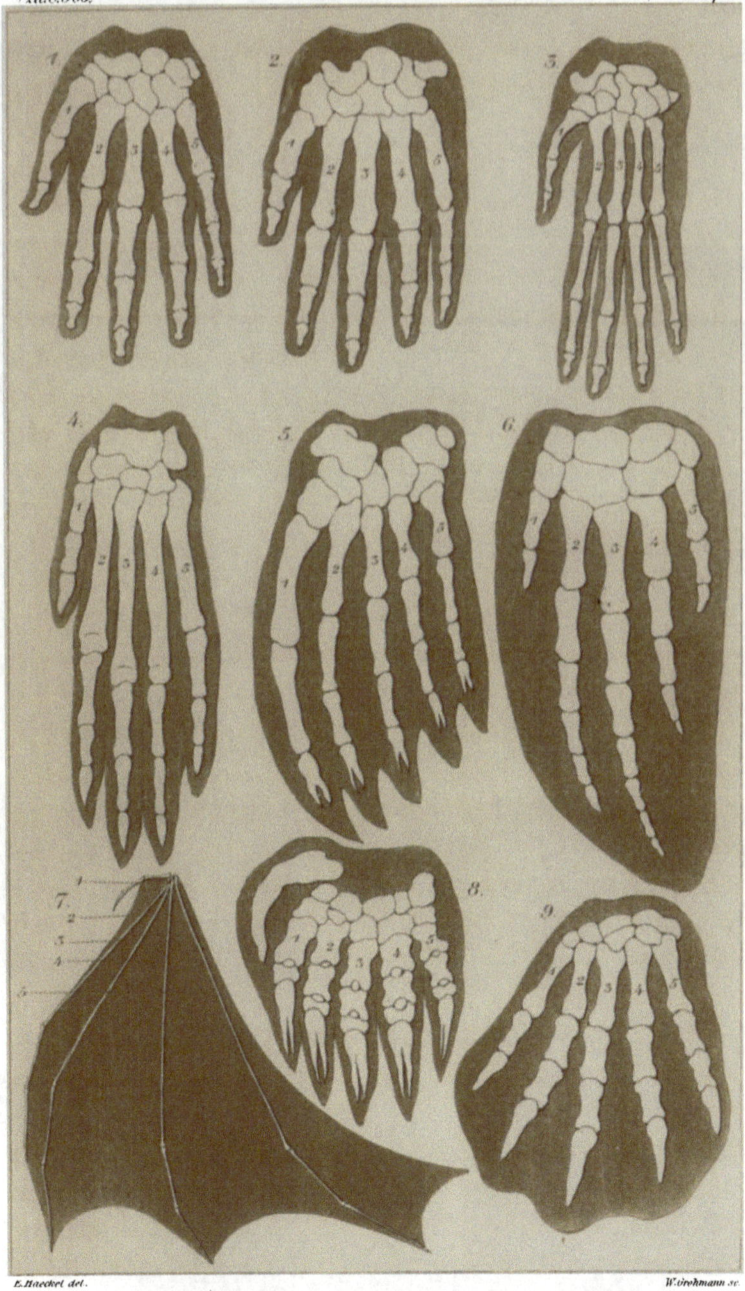

E. Haeckel del. W. Grohmann sc.

1. Mensch. 2. Gorilla. 3. Orang. 4. Hund. 5. Seehund. 6. Delphin.
7. Fledermaus. 8. Maulwurf. 9. Schnabelthier.

denen das knöcherne Skelet=Gerüst im Innern der Hand und der fünf Finger sichtbar ist. Ueberall finden sich bei der verschiedensten äußeren Form dieselben Knochen in derselben Zahl, Lagerung und Verbindung wieder. Daß die Hand des Menschen (Fig. 1) von derjenigen seiner nächsten Verwandten, des Gorilla (Fig. 2) und des Orang (Fig. 3), sehr wenig verschieden ist, wird vielleicht sehr natürlich erscheinen. Wenn aber auch die Vorderpfote des Hundes (Fig. 4), sowie die Brustflosse (die Hand) des Seehundes (Fig. 5) und des Delphins (Fig. 6) ganz denselben wesentlichen Bau zeigt, so wird dies schon mehr überraschen. Und noch wunderbarer wird es Ihnen vorkommen, daß auch der Flügel der Fledermaus (Fig. 7), die Grabschaufel des Maulwurfs (Fig. 8) und der Vorderfuß des unvollkommensten aller Säugethiere, des Schnabelthiers (Fig. 9) ganz aus denselben Knochen zusammengesetzt ist. Nur die Größe und Form der Knochen ist vielfach geändert. Die Zahl und die Art ihrer Anordnung und Verbindung ist dieselbe geblieben. (Vergl. auch die Erklärung der Taf. IV im Anhang.) Es ist ganz undenkbar, daß irgend eine andere Ursache, als die gemeinschaftliche Vererbung von gemeinsamen Stammeltern diese wunderbare Homologie oder Gleichheit im wesentlichen inneren Bau bei so verschiedener äußerer Form verursacht habe. Und wenn Sie nun im System von den Säugethieren weiter hinuntersteigen, und finden, daß sogar bei den Vögeln die Flügel, bei den Reptilien und Amphibien die Vorderfüße, wesentlich in derselben Weise aus denselben Knochen zusammengesetzt sind, wie die Arme des Menschen und die Vorderbeine der übrigen Säugethiere, so können Sie schon daraus auf die gemeinsame Abstammung aller dieser Wirbelthiere mit voller Sicherheit schließen. Der Grad der inneren Formverwandtschaft enthüllt Ihnen hier, wie überall, den Grad der wahren Stammverwandtschaft.

Sechszehnter Vortrag.

Stammbaum und Geschichte des Protistenreichs.

Specielle Durchführung der Descendenztheorie in dem natürlichen System der Organismen. Construction der Stammbäume. Abstammung aller mehrzelligen Organismen von einzelligen. Abstammung der Zellen von Moneren. Begriff der organischen Stämme oder Phylen. Zahl der Stämme des Thierreichs und des Pflanzenreichs. Einheitliche oder monophyletische und vielheitliche oder polyphyletische Descendenzhypothese. Das Reich der Protisten oder Urwesen Die Classen des Protistenreichs. Moneren. Amoeben. Geißelschwärmer oder Flagellaten. Flimmerkugeln oder Catallacten. Infusorien. Ciliaten und Acineten. Labyrinthläufer oder Labyrinthuleen. Kieselzellen oder Diatomeen. Myxomyceten. Wurzelfüßer oder Rhizopoden. Bemerkungen zur allgemeinen Naturgeschichte der Protisten: ihre Lebenserscheinungen, chemische Zusammensetzung und Formbildung (Individualität und Grundform). Phylogenie des Protistenreichs.

Meine Herren! Durch die denkende Vergleichung der individuellen und paläontologischen Entwickelung, sowie durch die vergleichende Anatomie der Organismen, durch die vergleichende Betrachtung ihrer entwickelten Formverhältnisse, gelangen wir zur Erkenntniß ihrer stufenweis verschiedenen F o r m v e r w a n d t s c h a f t. Dadurch gewinnen wir aber zugleich einen Einblick in ihre wahre S t a m m v e r w a n d t s c h a f t, welche nach der Descendenztheorie der eigentliche Grund der Formverwandtschaft ist. Wir gelangen also, indem wir die empirischen Resultate der Embryologie, Paläontologie und Anatomie zusammenstellen, vergleichen, und zur gegenseitigen Ergänzung benutzen, zur annähernden Erkenntniß des natürlichen Systems, welches nach unserer Ansicht der Stammbaum der Organismen ist. Allerdings bleibt unser menschliches Wissen, wie überall, so ganz besonders hier, nur Stückwerk, schon wegen der außerordentlichen Unvollständigkeit und Lückenhaftigkeit der empirischen Schöpfungsurkunden. Indessen dürfen wir uns dadurch nicht abschrecken lassen, jene höchste Aufgabe der Biologie in Angriff zu nehmen. Lassen Sie uns vielmehr sehen, wie weit es schon jetzt möglich ist, trotz des unvollkommenen Zustandes unserer embryologischen, paläontologischen und anatomischen Kenntnisse, eine annähernde Hypothese von dem verwandtschaftlichen Zusammenhang der Organismen aufzustellen.

Darwin giebt uns in seinen Werken auf diese speciellen Fragen der Descendenztheorie keine Antwort. Er äußert nur gelegentlich seine Vermuthung, „daß die Thiere von höchstens vier oder fünf, und die Pflanzen von eben so vielen oder noch weniger Stammarten herrühren". Da aber auch diese wenigen Hauptformen noch Spuren von verwandtschaftlicher Verkettung zeigen, und da selbst Pflanzen- und Thierreich durch vermittelnde Uebergangsformen verbunden sind, so gelangt er weiterhin zu der Annahme, „daß wahrscheinlich alle organischen Wesen, die jemals auf dieser Erde gelebt, von irgend einer Urform abstammen". Gleich Darwin haben auch die anderen Anhänger der Descendenztheorie dieselbe meistens bloß im Allgemeinen behandelt, und nicht den Versuch gemacht, sie auch speciell durchzuführen, und das „natürliche System" wirklich als „Stammbaum der Organismen" zu behandeln. Wenn wir daher hier dieses schwierige Unternehmen wagen, so müssen wir uns ganz auf unsere eigenen Füße stellen.

Ich habe 1866 in der systematischen Einleitung zu meiner allgemeinen Entwickelungsgeschichte (im zweiten Bande der generellen Morphologie) eine Anzahl von hypothetischen Stammtafeln für die größeren Organismengruppen aufgestellt, und damit thatsächlich den ersten Versuch gemacht, die Stammbäume der Organismen in der Weise, wie es die Entwickelungstheorie erfordert, wirklich zu construiren. Dabei war ich mir der außerordentlichen Schwierigkeiten dieser Aufgabe vollkommen bewußt. Indem ich trotz aller abschreckenden Hindernisse dieselbe dennoch in Angriff nahm, beanspruchte ich weiter Nichts, als den ersten Versuch gemacht und zu weiteren und besseren Versuchen angeregt zu haben. Die meisten Zoologen und Botaniker sind von diesem Anfang sehr wenig befriedigt gewesen, und am wenigsten natürlich in dem engen Specialgebiete, in welchem ein Jeder besonders arbeitet. Allein wenn irgendwo, so ist gewiß hier das Tadeln viel leichter als das Bessermachen. Daß bisher erst so wenige Versuche gemacht wurden, meine Stammbäume durch bessere oder überhaupt durch andere zu ersetzen, beweist am besten die ungeheure Schwierigkeit der unendlich verwickelten Aufgabe. Aber gleich allen anderen wissenschaftlichen Hypothesen, welche zur Erklärung der Thatsachen dienen, werden auch meine genealogischen Hypothesen so lange auf Berücksichtigung Anspruch machen dürfen, bis sie durch bessere ersetzt werden.

Hoffentlich wird dieser Ersatz recht bald geschehen, und ich wünschte Nichts mehr, als daß mein erster Versuch recht viele Naturforscher anregen möchte, wenigstens auf dem engen, ihnen genau bekannten Specialgebiete des Thier- oder Pflanzenreichs die genaueren Stammbäume für einzelne Gruppen aufzustellen. Durch zahlreiche derartige Versuche wird unsere genealogische Erkenntniß im Laufe der Zeit langsam fortschreiten, und mehr und mehr der Vollendung näher kommen, obwohl mit Bestimmtheit vorauszusehen ist, daß ein vollendeter Stammbaum niemals wird erreicht werden. Es fehlen uns und werden uns immer fehlen die unerläßlichen paläntologischen Grundlagen. Die ältesten Urkunden werden uns ewig verschlossen bleiben aus den früher bereits angeführten Ursachen. Die ältesten, durch Urzeugung entstandenen Organismen, die Stammeltern aller folgenden, müssen wir uns nothwendig als Moneren denken, als einfache weiche structurlose Eiweißklümpchen, ohne jede bestimmte Form, ohne irgend welche harte und geformte Theile. Diese und ihre nächsten Abkömmlinge waren daher der Erhaltung im versteinerten Zustande durchaus nicht fähig. Ebenso fehlt uns aber aus den im letzten Vortrage ausführlich erörterten Gründen der bei weitem größte Theil von den zahllosen paläontologischen Documenten, die zur sicheren Durchführung der Stammesgeschichte oder Phylogenie und zur wahren Erkenntniß der organischen Stammbäume eigentlich erforderlich wären. Wenn wir daher das Wagniß ihrer hypothetischen Construction dennoch unternehmen, so sind wir vor Allem auf die Unterstützung der beiden anderen Urkundenreihen hingewiesen, welche das paläontologische Archiv in wesentlichster Weise ergänzen, der Keimesgeschichte und der vergleichenden Anatomie.

Ziehen wir diese höchst werthvollen Urkunden gehörig denkend und vergleichend zu Rathe, so machen wir zunächst die außerordentlich bedeutungsvolle Wahrnehmung, daß die allermeisten Organismen, insbesondere alle höheren Thiere und Pflanzen, aus einer Vielzahl von Zellen zusammengesetzt sind, ihren Ursprung aber aus einem Ei nehmen, und daß dieses Ei bei den Thieren ebenso wie bei den Pflanzen eine einzige ganz einfache Zelle ist: ein Klümpchen einer Eiweißverbindung, in welchem ein anderer eiweißartiger Körper, der Zellkern, eingeschlossen ist. Diese kernhaltige Zelle wächst und vergrößert sich. Durch Theilung bildet sich ein Zellenhäufchen, und aus diesem entstehen durch Arbeitstheilung in der früher beschriebenen Weise die vielfach verschiedenen Formen, welche die ausgebildeten Thier- und Pflanzenarten uns vor Augen führen. Dieser unendlich wichtige Vorgang, welchen wir alltäglich bei der embryologischen Entwickelung jedes thierischen und pflanzlichen Individuums mit unseren Augen Schritt für Schritt unmittelbar verfolgen können, und welchen wir in der Regel durchaus nicht mit der verdienten Ehrfurcht betrachten, belehrt uns sicherer und vollständiger, als alle Versteinerungen es thun könnten, über die ursprüngliche paläontologische Entwickelung aller mehrzelligen Organismen, aller höheren Thiere und Pflanzen. Denn da die Ontogenie oder die embryologische Entwickelung jedes einzelnen Individuums nichts weiter ist, als ein kurzer Auszug der Phylogenie, eine Recapitulation der paläontologischen Entwickelung seiner Vorfahrenkette, so können wir daraus zunächst mit voller Sicherheit den eben so einfachen als bedeutenden Schluß ziehen, daß alle mehrzelligen Thiere und Pflanzen ursprünglich von einzelligen Organismen abstammen. Die uralten primordialen Vorfahren des Menschen so gut wie aller anderen Thiere und aller aus vielen Zellen zusammengesetzten Pflanzen waren einfache, isolirt lebende Zellen. Dieses unschätzbare Geheimniß des organischen Stammbaumes wird uns durch das Ei der Thiere und durch die wahre Eizelle der Pflanzen mit untrüglicher Sicherheit verrathen. Wenn die Gegner der Descendenztheorie uns entgegenhalten, es sei wunderbar und unbegreiflich, daß ein äußerst complicirter vielzelliger Organismus aus einem einfachen einzelligen Organismus im Laufe der Zeit hervorgegangen sei, so entgegnen wir einfach, daß wir dieses unglaubliche Wunder jeden Augenblick nachweisen und mit unseren Augen verfolgen können. Denn die Embryologie der Thiere und Pflanzen führt uns in kürzester Zeit denselben Vorgang greifbar vor Augen, welcher im Laufe ungeheurer Zeiträume bei der Entstehung des ganzen Stammes stattgefunden hat.

Auf Grund der keimesgeschichtlichen Urkunden können wir also mit voller Sicherheit behaupten, daß alle mehrzelligen Organismen eben so gut wie alle einzelligen ursprünglich von einfachen Zellen abstammen; hieran würde sich sehr natürlich der Schluß reihen, daß die älteste Wurzel des Thier- und Pflanzenreichs gemeinsam ist. Denn die verschiedenen uralten „Stammzellen", aus denen sich die wenigen verschiedenen Hauptgruppen oder „Stämme" (Phylen) des Thier- und Pflanzenreichs entwickelt haben, können ihre Verschiedenheit selbst erst erworben haben, und können selbst von einer gemeinsamen „Urstammzelle" abstammen. Wo kommen aber jene wenigen „Stammzellen" oder diese eine „Urstammzelle" her? Zur Beantwortung dieser genealogischen Grundfrage müssen wir auf die früher erörterte Plastidentheorie und die Urzeugungshypothese zurückgreifen. (S. 309.)

Wie wir damals zeigten, können wir uns durch Urzeugung unmittelbar nicht Zellen entstanden denken, sondern nur Moneren, Urwesen der denkbar einfachsten Art, gleich den noch jetzt lebenden Protamoeben, Protomyxen u. s. w. (S. 167, Fig. 1). Nur solche structurlose Schleimkörperchen, deren ganzer eiweißartiger Leib so gleichartig in sich wie ein anorgischer Krystall ist, und dennoch die beiden organischen Grundfunctionen der Ernährung und Fortpflanzung vollzieht, konnten unmittelbar im Beginn der laurentischen Zeit aus anorgischer Materie durch Autogonie entstehen. Während einige Moneren auf der ursprünglichen einfachen Bildungsstufe verharrten, bildeten sich andere allmählich zu Zellen um, indem der innere Kern des Eiweißleibes sich von dem äußeren Zellschleim sonderte. Andererseits bildete sich durch Differenzirung der äußersten Zellschleimschicht sowohl um einfache (kernlose) Cytoden, als um nackte (aber kernhaltige) Zellen eine äußere Hülle (Membran oder Schale). Durch diese beiden Sonderungsvorgänge in dem einfachen Urschleim des Monerenleibes, durch die Bildung eines Kerns im Innern, einer Hülle an der äußeren Oberfläche des Plasmakörpers, entstanden aus den ursprünglichen einfachsten Cytoden, den Moneren, jene vier verschiedenen Arten von Plastiden oder Individuen erster Ordnung, aus denen weiterhin alle übrigen Organismen durch Differenzirung und Zusammensetzung sich entwickeln konnten. Jedenfalls sind die Moneren die Urquellen alles Lebens!

Hier wird sich Ihnen nun zunächst die Frage aufdrängen: Stammen alle organischen Cytoden und Zellen, und mithin auch jene Stammzellen, welche wir vorher als die Stammeltern der wenigen großen Hauptgruppen des Thier- und Pflanzenreichs betrachtet haben, von einer einzigen ursprünglichen Monerenform ab, oder giebt es mehrere verschiedene organische Stämme, deren jeder von einer eigenthümlichen selbstständig durch Urzeugung entstandenen Monerenart abzuleiten ist. Mit anderen Worten: Ist die ganze organische Welt gemeinsamen Ursprungs, oder verdankt sie mehrfachen Urzeugungsacten ihre Entstehung? Diese genealogische Grundfrage scheint auf den ersten Blick ein außerordentliches Gewicht zu haben. Indessen werden Sie bei näherer Betrachtung bald sehen, daß sie dasselbe nicht besitzt, vielmehr im Grunde von sehr untergeordneter Bedeutung ist.

Lassen Sie uns hier zunächst den Begriff des organischen Stammes feststellen. Wir verstehen unter Stamm oder Phylum die Gesammtheit aller derjenigen Organismen, deren Abstammung von einer gemeinsamen Stammform aus anatomischen und entwickelungsgeschichtlichen Gründen nicht zweifelhaft sein kann, oder doch wenigstens in hohem Maße wahrscheinlich ist. Unsere Stämme oder Phylen fallen also wesentlich dem Begriffe nach zusammen mit jenen wenigen „großen Classen" oder „Hauptclassen", von denen auch Darwin glaubt, daß eine jede nur blutsverwandte Organismen enthält, und von denen er sowohl im Thierreich als im Pflanzenreich nur sehr wenige, in jedem Reiche etwa vier bis fünf annimmt. Im Thierreich würden diese Stämme im Wesentlichen mit jenen vier bis sieben Hauptabtheilungen zusammenfallen, welche die Zoologen seit Baer und Cuvier als „Hauptformen, Generalpläne, Zweige oder Kreise" des Thierreichs unterscheiden. (Vergl. S. 48.) Baer und Cuvier unterschieden deren nur vier, nämlich 1. die Wirbelthiere (Vertebrata); 2. die Gliederthiere (Articulata); 3. die Weichthiere (Mollusca) und 4. die Strahlthiere (Radiata). Gegenwärtig unterscheidet man gewöhnlich sieben, indem man den Stamm der Gliederthiere in die beiden Stämme der Gliederfüßer (Arthropoda) und der Würmer (Vermes) trennt, und ebenso den Stamm der Strahlthiere in die drei Stämme der Sternthiere (Echinoderma), der Pflanzenthiere (Zoophyta) und der Urthiere (Protozoa) zerlegt. Innerhalb jedes der sieben Stämme zeigen alle dazu gehörigen Thiere trotz großer Mannichfaltigkeit der äußeren Form dennoch im inneren Bau so zahlreiche und wichtige gemeinsame Grundzüge, daß wir an ihrer Stammverwandtschaft kaum zweifeln können. Dasselbe gilt auch von den sechs großen Hauptclassen, welche die neuere Botanik im Pflanzenreiche unterscheidet, nämlich 1. die Blumenpflanzen (Phanerogamae); 2. die Farne (Filicinae); 3. die Mose (Muscinae); 4. die Flechten (Lichenes); 5. die Pilze (Fungi) und 6. die Tange (Algae). Die letzten drei Gruppen zeigen selbst wiederum unter sich so nahe Beziehungen, daß man sie als Thalluspflanzen (Thallophyta) den drei ersten Hauptclassen gegenüber stellen, und somit die Zahl der Phylen oder Hauptgruppen des Pflanzenreichs auf vier beschränken könnte. Auch Mose und Farne könnte man als Prothalluspflanzen (Prothallota) zusammenfassen und dadurch die Zahl der Pflanzenstämme auf drei erniedrigen: Blumenpflanzen, Prothalluspflanzen und Thalluspflanzen.

Nun sprechen aber gewichtige Thatsachen der Anatomie und der Entwickelungsgeschichte sowohl im Thierreich als im Pflanzenreich für die Vermuthung, daß auch diese wenigen Hauptclassen oder Stämme noch an ihrer Wurzel zusammenhängen, d. h. daß ihre niedersten und ältesten Stammformen unter sich wiederum stammverwandt oder wenigstens nicht zu unterscheiden sind. Man kann auch noch einen Schritt weiter gehen und mit Darwin annehmen, daß die beiden Stammbäume des Thier- und Pflanzenreichs an ihrer tiefsten Wurzel zusammenhängen, daß auch die niedersten und ältesten Thiere und Pflanzen von einem einzigen gemeinsamen Urwesen abstammen. Natürlich könnte nach unserer Ansicht dieser gemeinsame Urorganismus nur ein durch Urzeugung entstandenes Moner sein.

Vorsichtiger werden wir vorläufig jedenfalls verfahren, wenn wir diesen letzten Schritt noch vermeiden, und wahre Stammverwandtschaft nur innerhalb jedes Stammes oder Phylum annehmen, wo sie durch die Thatsachen der vergleichenden Anatomie, Ontogenie und Paläontologie ziemlich sicher gestellt wird. Aber schon jetzt können wir bei dieser Gelegenheit darauf hinweisen, daß zwei verschiedene Grundformen der genealogischen Hypothesen möglich sind, und daß alle verschiedenen Untersuchungen der Descendenztheorie über den Ursprung der organischen Formengruppen sich künftig entweder mehr in der einen oder mehr in der andern von diesen beiden Richtungen bewegen werden. Die einheitliche (einstämmige oder monophyletische) Abstammungshypothese wird bestrebt sein, den ersten Ursprung sowohl aller einzelnen Organismengruppen als auch der Gesammtheit derselben auf eine einzige gemeinsame, durch Urzeugung entstandene Monerenart zurückzuführen (S. 398). Die vielheitliche (vielstämmige oder polyphyletische) Descendenzhypothese dagegen wird annehmen, daß mehrere verschiedene Monerenarten durch Urzeugung entstanden sind, und daß diese mehreren verschiedenen Hauptclassen (Stämmen oder Phylen) den Ursprung gegeben haben (S. 399). Im Grunde ist der scheinbar sehr bedeutende Gegensatz zwischen diesen beiden Hypothesen von sehr geringer Wichtigkeit. Diese beiden, sowohl die einheitliche oder monophyletische, als die vielheitliche oder polyphyletische Descendenzhypothese, müssen nothwendig auf Moneren als auf die älteste Wurzel des einen oder der vielen organischen Stämme zurückgehen. Da aber der ganze Körper aller Moneren nur aus einer einfachen, structurlosen und formlosen Masse, einer eiweißartigen Kohlenstoffverbindung besteht, so können die Unterschiede der verschiedenen Moneren nur chemischer Natur sein und nur in einer verschiedenen atomistischen Zusammensetzung jener schleimartigen Eiweißverbindung bestehen. Diese feinen und verwickelten Mischungsverschiedenheiten der unendlich mannichfaltig zusammengesetzten Eiweißverbindungen sind aber vorläufig für die rohen und groben Erkenntnißmittel des Menschen gar nicht erkennbar, und daher auch für unsere vorliegende Aufgabe zunächst von weiter keinem Interesse.

Die Frage von dem einheitlichen oder vielheitlichen Ursprung wird sich auch innerhalb jedes einzelnen Stammes immer wiederholen, wo es sich um den Ursprung einer kleineren oder größeren Gruppe handelt. Im Pflanzenreiche z. B. werden die einen Botaniker mehr geneigt sein, die sämmtlichen Blumenpflanzen von einer einzigen Farnform abzuleiten, während die andern die Vorstellung vorziehen werden, daß mehrere verschiedene Phanerogamengruppen aus mehreren verschiedenen Farngruppen hervorgegangen sind. Ebenso werden im Thierreiche die einen Zoologen mehr zu Gunsten der Annahme sein, daß sämmtliche placentale Säugethiere von einer einzigen Beutelthierform abstammen, die andern dagegen mehr zu Gunsten der entgegengesetzten Annahme, daß mehrere verschiedene Gruppen von Placentalthieren aus mehreren verschiedenen Beutelthiergruppen hervorgegangen sind. Was das Menschengeschlecht selbst betrifft, so werden die Einen den Ursprung desselben aus einer einzigen Affenform vorziehen, während die Andern sich mehr zu der Vorstellung neigen werden, daß mehrere verschiedene Menschenarten unabhängig von einander aus mehreren verschiedenen Affenarten entstanden sind. Ohne uns hier schon bestimmt für die eine oder die andere Auffassung auszusprechen, wollen wir dennoch die Bemerkung nicht unterdrücken, daß im Allgemeinen **für die höchsten und höheren Formengruppen die einstämmigen oder monophyletischen Descendenzhypothesen** mehr innere Wahrscheinlichkeit besitzen, **dagegen für die niederen und niedersten Abtheilungen die vielstämmigen oder polyphyletischen Abstammungshypothesen.** Der früher erörterte chorologische Satz von dem einfachen „Schöpfungsmittelpunkte“ oder der einzigen Urheimath der meisten Species führt zu der Annahme, daß auch die Stammform einer jeden größeren und kleineren natürlichen Gruppe nur **einmal** im Laufe der Zeit und nur an **einem Orte** der Erde entstanden ist. Für alle einigermaßen differenzirten und höher entwickelten Classen und Classen-Gruppen des Thier- und Pflanzenreichs darf man diese einfache Stammeswurzel, diesen monophyletischen Ursprung als gesichert annehmen (vergl. S. 313). Für die einfachen Organismen niedersten Ranges gilt dies aber nicht. Vielmehr wird wahrscheinlich die entwickelte Descendenztheorie der Zukunft den polyphyletischen Ursprung für viele niedere und unvollkommene Gruppen der beiden organischen Reiche nachweisen (Vergl. meinen Aufsatz über „Einstämmigen und vielstämmigen Ursprung“ im „Kosmos“ Bd. IV, 1879).

Immerhin kann man vorläufig (— als heuristische Hypothese! —) für das Thierreich einerseits, für das Pflanzenreich andererseits eine **einstämmige oder monophyletische Descendenz** annehmen. Hiernach würden also die oben genannten sieben Stämme oder Phylen des Thierreichs an ihrer untersten Wurzel zusammenhängen, und ebenso die erwähnten drei bis sechs Hauptclassen oder Phylen des Pflanzenreichs von einer gemeinsamen ältesten Stammform abzuleiten sein. Wie der Zusammenhang dieser Stämme zu denken ist, werde ich in den nächsten Vorträgen erläutern. Zunächst aber müssen wir uns hier noch mit einer sehr merkwürdigen Gruppe von Organismen beschäftigen, welche weder in den Stammbaum des Pflanzenreichs, noch in den Stammbaum des Thierreichs ohne künstlichen Zwang eingereiht werden können. Diese interessanten und wichtigen Organismen sind die Urwesen, Zellinge oder Protisten.

Sämmtliche Organismen, welche wir als Protisten zusammenfassen, zeigen in der äußeren Form, im inneren Bau und in den Lebenserscheinungen entweder einen so einfachen indifferenten Charakter oder eine so merkwürdige Mischung von thierischen und pflanzlichen Eigenschaften, daß sie mit klarem Rechte weder dem Thierreiche, noch dem Pflanzenreiche zugetheilt werden können, und daß seit mehr als zwanzig Jahren ein endloser und fruchtloser Streit darüber geführt wird, ob sie in jenes oder in dieses einzuordnen seien. Die meisten Protisten oder Urwesen sind von so geringer Größe, daß man sie mit bloßem Auge gar nicht wahrnehmen kann. Daher ist die Mehrzahl derselben erst im Laufe der letzten fünfzig Jahre bekannt geworden, seit man mit Hülfe der verbesserten und allgemein verbreiteten Mikroskope diese winzigen Organismen häufiger beobachtete und genauer untersuchte. Aber sobald man dadurch näher mit ihnen vertraut wurde, erhoben sich auch alsbald unaufhörliche Streitigkeiten über ihre eigentliche Natur und ihre Stellung im natürlichen Systeme der Organismen. Viele von diesen zweifelhaften Urwesen wurden von den Botanikern für Thiere, von den Zoologen für Pflanzen erklärt; es wollte sie keiner von Beiden haben. Andere wurden umgekehrt sowohl von den Botanikern für Pflanzen, als von den Zoologen für Thiere erklärt; Jeder wollte sie haben.

Diese Widersprüche sind nicht etwa durch unsere unvollkommene Kenntniß der Protisten, sondern wirklich durch die Natur dieser Wesen bedingt. Die meisten Protisten bleiben zeitlebens einfache Zellen; da nun die organische Zelle das gemeinsame Grundelement sowohl für den vielzelligen Pflanzenkörper wie für den vielzelligen Thierkörper ist, da jener sowohl wie dieser ursprünglich nur aus einer Zelle, der Eizelle, entsteht, so folgt aus der einzelligen Beschaffenheit der Protisten Nichts für ihre Stammverwandtschaft. Außerdem zeigen die meisten Protisten eine so bunte Vermischung von thierischen und pflanzlichen Zellcharakteren, daß es lediglich der Willkür des einzelnen Beobachters überlassen bleibt, ob er sie dem Thier- oder Pflanzenreich einreihen will. Je nachdem er diese beiden Reiche definirt, je nachdem er diesen oder jenen Charakter als bestimmend für die Thiernatur oder für die Pflanzennatur ansieht, wird er die einzelnen Protistenclassen bald dem Thierreiche, bald dem Pflanzenreiche zutheilen. Diese systematische Schwierigkeit ist aber dadurch zu einem ganz unauflöslichen Knoten geworden, daß alle neueren Untersuchungen über die niedersten Organismen die bisher angenommene scharfe Grenze zwischen Thier- und Pflanzenreich überhaupt völlig verwischt oder wenigstens dergestalt zerstört haben, daß ihre Wiederherstellung nur mittelst einer ganz künstlichen Definition beider Reiche möglich ist. Aber auch in diese Definition wollen viele Protisten durchaus nicht hineinpassen.

Aus diesen und vielen andern Gründen ist es jedenfalls, wenigstens vorläufig, das Beste, die zweifelhaften Zwitterwesen sowohl aus dem Thierreiche als aus dem Pflanzenreiche auszuweisen, und in einem zwischen beiden mitten innestehenden dritten organischen Reiche zu vereinigen. Dieses vermittelnde Zwischenreich habe ich als Reich der Zellinge oder Urwesen (Protista) in meiner allgemeinen Anatomie (im ersten Bande der generellen Morphologie Band I S. 191—238) ausführlich begründet. In meiner Monographie der Moneren [15]) und in meiner populären Schrift über „das Protistenreich" [41]) habe ich später dasselbe in etwas veränderter Begrenzung und in schärferer Definition erläutert. Als selbstständige Classen des Protistenreichs kann man gegenwärtig die 12—13 Classen ansehen, welche in nachstehender Tabelle (S. 377) aufgeführt sind. Diese lassen sich wieder in vier größeren Gruppen oder Hauptclassen zusammenfassen, nämlich: 1. die Moneren, 2. die Bacillarien, 3. die Infusorien, und 4. die Rhizopoden.

Wahrscheinlich wird die Anzahl der Protisten durch die fortschreitenden Untersuchungen über die Naturgeschichte der einfachsten Lebensformen, die erst seit kurzer Zeit mit größerem Eifer betrieben werden, in Zukunft noch beträchtlich vermehrt werden. Mit den meisten der genannten Classen ist man erst in den letzten zwanzig Jahren genauer bekannt geworden. Die höchst interessanten Moneren und Labyrinthuleen, sowie die Catallacten, sind sogar erst vor wenigen Jahren überhaupt entdeckt worden; und der fabelhafte Formenreichthum der Radiolarien, die die tiefsten Meeres-Abgründe bevölkern, ist uns erst durch die wundervollen Entdeckungen der Challenger-Expedition erschlossen worden. Wahrscheinlich sind auch sehr zahlreiche Protistengruppen in früheren Perioden ausgestorben, ohne uns bei ihrer größtentheils sehr weichen Körperbeschaffenheit fossile Reste hinterlassen zu haben. Einen sehr beträchtlichen Zuwachs würde unser Protistenreich erhalten, wenn wir auch die große Gruppe der einzelligen Pflanzen (Siphoneen, Desmidiaceen u. s. w.), sowie die formenreiche Classe der Pilze (Fungi) an dasselbe annectiren wollten. In der That weichen die Pilze durch so wichtige Eigenthümlichkeiten von den echten Pflanzen ab, daß man sie schon mehrmals von diesen letzteren ganz hat trennen wollen. Nur provisorisch lassen wir sie hier im Pflanzenreich stehen.

Der Stammbaum des Protistenreichs ist noch in das tiefste Dunkel gehüllt. Die eigenthümliche Verbindung von thierischen und pflanzlichen Eigenschaften, der indifferente und unbestimmte Charakter ihrer Formverhältnisse und Lebenserscheinungen, dabei andrerseits eine Anzahl von wichtigen, ganz eigenthümlichen Merkmalen, welche die meisten der genannten Classen scharf von den anderen trennen, vereiteln vorläufig noch jeden Versuch, ihre Blutsverwandtschaft unter einander, oder mit den niedersten Thieren einerseits, mit den niedersten Pflanzen andrerseits, bestimmter zu erkennen. Es ist sehr wahrscheinlich, daß die genannten und noch viele andere uns unbekannte Protistenclassen ganz selbstständige organische Stämme oder Phylen darstellen, deren jeder sich aus einem, vielleicht sogar aus mehreren, durch Urzeugung entstandenen Moneren unabhängig entwickelt hat.

Systematische Uebersicht
über die größeren und kleineren Gruppen des Protistenreichs.

Hauptclassen des Protistenreichs.	Classen des Protistenreichs.	Ordnungen der Protistenclassen.	Ein Gattungsname als Beispiel.
I. Monera	1. Monera	1. Lobomonera	Protamoeba
		2. Rhizomonera	Protomyxa
		3. Tachymonera	Bacterium
II. Bacillariae	2. Diatomeae	4. Naviculatae	Navicula
		5. Echinellatae	Cocconema
		6. Lacernatae	Frustulia
	3. Labyrinthuleae	7. Labyrinthuleae	Labyrinthula
III. Infusoria	4. Flagellata	8. Nudoflagellatae	Euglena
		9. Thecoflagellatae	Dinobryum
		10. Cilioflagellatae	Peridinium
		11. Cystoflagellatae	Noctiluca
	5. Catallacta	12. Catallacta	Magosphaera
	6. Ciliata	13. Holotricha	Paramaecium
		14. Heterotricha	Stentor
		15. Hypotricha	Euplotes
		16. Peritricha	Vorticella
	7. Acinetae	17. Monacinetae	Podophrya
		18. Synacinetae	Dendrosoma
	8. Gregarinae	19. Monocystida	Monocystis
		20. Polycystida	Didymophyes
IV. Rhizopoda	9. Lobosa	21. Gymnolobosa	Amoeba
		22. Thecolobosa	Arcella
	10. Myxomycetes	23. Physareae	Aethalium
		24. Stemoniteae	Stemonitis
		25. Trichiaceae	Trichia
		26. Lycogaleae	Lycogala
	11. Thalamophora	27. Monostegia	Gromia
		28. Polystegia	Miliola
		29. Monothalamia	Lagena
		30. Polythalamia	Polystomella
	12. Heliozoa	31. Aphrothoraca	Actinophrys
		32. Chalarothoraca	Acanthocystis
		33. Desmothoraca	Hedriocystis
	13. Radiolaria	34. Colloideae	Thalassicolla
		35. Sphaeroideae	Haliomma
		36. Discoideae	Euchitonia
		37. Cyrtoideae	Lithocampe
		38. Cricoideae	Petalospyris
		39. Solenariae	Aulosphaera
		40. Acanthariae	Acanthometra

Will man dieser vielstämmigen oder polyphyletischen Descendenzhypothese nicht beipflichten, und zieht man die einstämmige oder monophyletische Annahme von der Blutsverwandtschaft aller Organismen vor, so wird man die verschiedenen Protistenclassen als niedere Wurzelschößlinge zu betrachten haben, aus derselben einfachen Monerenwurzel heraussprossend, aus welcher die beiden mächtigen und vielverzweigten Stammbäume einerseits des Thierreichs, andrerseits des Pflanzenreichs entstanden sind. (Vergl. S. 398 und 399.) Bevor wir auf diese schwierige Frage näher eingehen, wird es wohl passend sein, noch Einiges über den Inhalt der vorstehend angeführten Protistenclassen und ihre allgemeine Naturgeschichte vorauszuschicken.

Auf der tiefsten Stufe des Protistenreiches, wie der organischen Welt überhaupt, stehen die schon mehrfach besprochenen Moneren oder „Urlinge" (Monera), die höchst merkwürdigen „Organismen ohne Organe" (Fig. 8). Sowohl auf allen Entwickelungsstufen

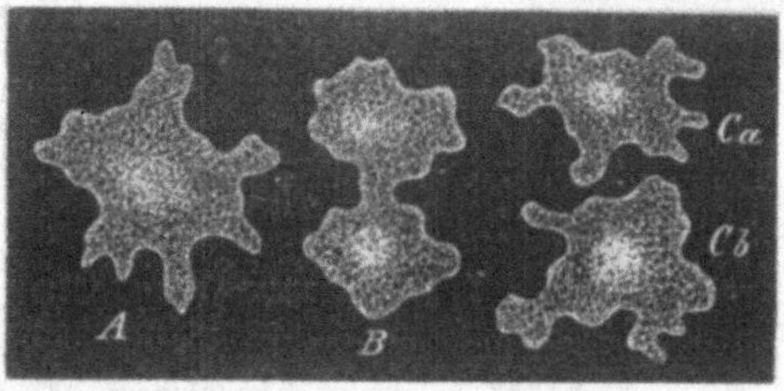

Fig. 8. Protamoeba primitiva, ein Moner des süßen Wassers, stark vergrößert. *A.* Das ganze Moner mit seinen formwechselnden Fortsätzen. *B.* Dasselbe beginnt sich in zwei Hälften zu theilen. *C.* Die Trennung der beiden Hälften ist vollständig geworden und jede stellt nun ein selbstständiges Individuum dar.

wie in völlig entwickeltem Zustande, besteht ihr Leib bloß aus einem einfachen Stückchen „Urschleim", Sarcode oder Plasson. Insbesondere fehlt constant der Kern, welcher in allen echten Zellen sich findet. Durch die vollkommene Gleichartigkeit ihrer ganzen eiweißartigen Körpermasse, durch den völligen Mangel einer Zusammensetzung aus ungleichartigen Theilchen schließen sich, rein morphologisch betrachtet, die Moneren näher an die Anorgane als an die Organismen an. Sie vermitteln offenbar den Uebergang zwischen anorgischer und organischer Körperwelt, wie ihn die Hypothese der Urzeugung annimmt (vergl. oben S. 305). Die Formen und die Lebenserscheinungen der jetzt noch lebenden Moneren (Protamoeba, Protogenes, Protomyxa etc.) habe ich in meiner „Monographie der Moneren“ [15]) ausführlich beschrieben und abgebildet, auch das Wichtigste davon kurz im achten Vortrage angeführt (S. 164—167). Daher wiederhole ich hier nur als Beispiel die Abbildung der süßwasserbewohnenden Protamoeba (Fig. 8). Die Lebensgeschichte der orangerothen **Protomyxa aurantiaca**, welche ich auf der canarischen Insel Lanzerote beobachtet habe, ist auf Tafel I (S. 168) abgebildet (vergl. die Erklärung derselben im Anhang). Außerdem füge ich hier noch die Abbildung einer Form des Bathybius hinzu, jenes merkwürdigen von Huxley entdeckten Moneres, das in Gestalt von nackten Protoplasma-Klumpen und Schleimnetzen die größten Meerestiefen bewohnt (S. 165). Zwar ist die Existenz des Bathybius neuerdings mehrfach

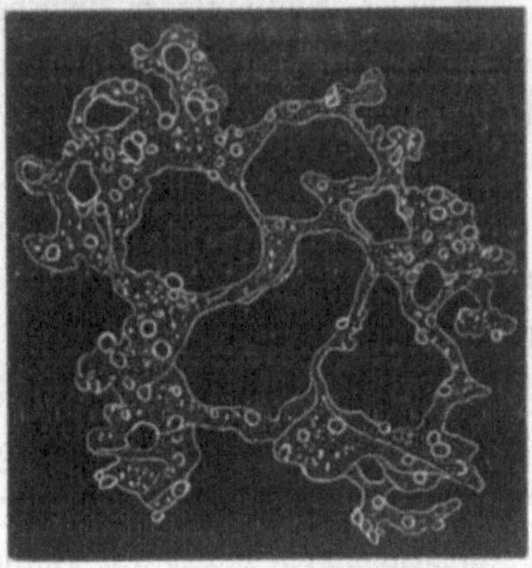

Fig. 9. Bathybius Haeckelii, das „Urschleim-Wesen“ der größten Meerestiefen. Die Figur zeigt in starker Vergrößerung bloß jene Form des Bathybius, welche ein nacktes Protoplasma-Netzwerk darstellt, ohne die Diskolithen und Cyatholithen, welche in anderen Formen desselben Moneres gefunden werden, und welche wahrscheinlich als Ausscheidungs-Producte desselben anzusehen sind.

bestritten, indessen keineswegs bestimmt widerlegt worden. (Vergl. meinen Aufsatz über „Bathybius und die Moneren“ im ersten Bande des „Kosmos“ und im „Protistenreich“, 1878). Wahrscheinlich gehören zu den Moneren auch die berühmten **Bacterien** oder **Vibrionen**, äußerst kleine, lebhaft bewegliche, kernlose Protisten, welche als die Ursache vieler ansteckenden Krankheiten (z. B. Milzbrand) betrachtet und meist zu den Pilzen gerechnet werden.

Als zweite Classe des Protistenreichs betrachten wir die Lobosen oder **Amoebinen** (Lobosa), welche wegen ihrer einfachen und indifferenten Zellen-Natur von besonderem Interesse sind. Es gehören hierher die nackten **Amoeben** (Gymnolobosa) und die beschalten **Arcellen** (Thecolobosa). Die gewöhnlichen Amoeben sind der Typus der einfachen, kernhaltigen, aber noch formlosen Zelle. Ganz ähnliche, nackte, kernhaltige Zellen kommen überall im Anfange der Entwickelung sowohl bei echten Pflanzen, als bei echten Thieren vor. Die Fortpflanzungszellen z. B. von vielen Algen (Sporen und Eier) existiren längere oder kürzere Zeit im Wasser in Form von nackten, kernhaltigen Zellen, die von einfachen Amoeben und von den nackten Eiern mancher Thiere (z. B. der Schwämme, Siphonophoren und Medusen) geradezu nicht zu unterscheiden sind. (Vergl. die Abbildung vom nackten Ei des Blasentangs im XVII. Vortrag.) Eigentlich ist jede nackte einfache Zelle, gleichviel ob sie aus dem Thier- oder Pflanzenkörper kommt, von einer selbstständigen Amoebe nicht wesentlich verschieden. Denn diese letztere ist selbst Nichts weiter als eine einfache Urzelle, ein nacktes Klümpchen von Zellschleim oder **Protoplasma**, welches einen **Kern** oder **Nucleus** enthält. Die Zusammenziehungsfähigkeit oder Contractilität dieses Protoplasma aber, welche die freie Amoebe im Ausstrecken und Einziehen formwechselnder Fortsätze zeigt, ist eine allgemeine Lebenseigenschaft des organischen Plasson eben sowohl in den thierischen wie in den pflanzlichen Plastiden. Wenn eine frei bewegliche, ihre Form beständig ändernde Amoebe in den Ruhezustand übergeht, so zieht sie sich kugelig zusammen und umgiebt sich mit einer ausgeschwitzten Membran. Dann ist sie der Form nach eben so wenig von einem thierischen Ei als von einer einfachen kugeligen Pflanzenzelle zu unterscheiden (Fig. 10 A).

Nackte kernhaltige Zellen, gleich den in Fig. 10 B abgebildeten, welche in beständigem Wechsel formlose fingerähnliche Fortsätze ausstrecken und wieder einziehen, und welche man deshalb als **Amoeben** bezeichnet, finden sich vielfach und sehr weit verbreitet im süßen Wasser und im Meere, ja sogar auf dem Lande kriechend vor. Dieselben nehmen ihre Nahrung in derselben Weise auf, wie es früher (S. 166) von den Protamoeben beschrieben wurde. Bisweilen kann man ihre Fortpflanzung durch Theilung (Fig. 10 C, D) beobachten, die ich be-

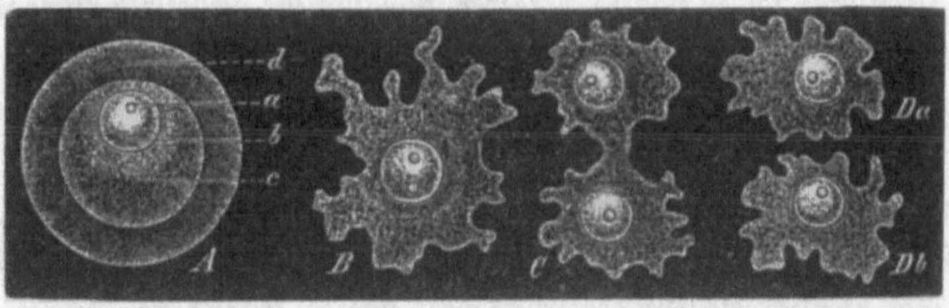

Fig. 10. Amoeba sphaerococcus (eine Amoebenform des süßen Wassers ohne contractile Blase) stark vergrößert. *A.* Die eingekapselte Amoebe im Ruhezustand, bestehend aus einem kugeligen Plasmaklumpen *(c)*, welcher einen Kern *(b)* nebst Kernkörperchen *(a)* einschließt. Die einfache Zelle ist von einer Cyste oder Zellenmembran *(d)* umschlossen. *B.* Die freie Amoebe, welche die Cyste oder Zellhaut gesprengt und verlassen hat. *C.* Dieselbe beginnt sich zu theilen, indem ihr Kern in zwei Kerne zerfällt und der Zellschleim zwischen beiden sich einschnürt. *D.* Die Theilung ist vollendet, indem auch das Protoplasma vollständig in zwei Hälften zerfallen ist *(Da* und *Db)*.

reits in einem früheren Vortrage Ihnen geschildert habe (S. 169). Viele von diesen formlosen Amoeben sind neuerdings als jugendliche Entwickelungszustände von anderen Protisten (namentlich den Myxomyceten) oder als abgelöste Zellen von niederen Thieren und Pflanzen erkannt worden. Die farblosen Blutzellen der Thiere, z. B. auch die im menschlichen Blute, sind von Amoeben nicht zu unterscheiden. Sie können gleich diesen feste Körperchen in ihr Inneres aufnehmen, wie ich zuerst 1859 durch Fütterung derselben mit feinzertheilten Farbstoffen nachgewiesen habe. Andere Amoeben dagegen (wie die in Fig. 12 abgebildeten) scheinen selbstständige „gute Species" zu sein, indem sie sich viele Generationen hindurch unverändert fortpflanzen. Außer den eigentlichen oder nackten Amoeben (Gymnolobosae), finden wir weitverbreitet, besonders im süßen Wasser, auch beschalte Amoeben (Thecolobosae), deren nackter Protoplasmaleib theilweis durch eine feste Schale (Arcella) oder selbst durch ein aus Steinchen zusammengeklebtes Gehäuse (Difflugia) geschützt ist.

Obgleich diese Schale mannichfaltige und zierliche Formen annimmt, entspricht dennoch ihr lebendiger Inhalt nur einer einzigen einfachen Zelle, die sich wie eine nackte Amoebe verhält.

Die einfachen nackten Amoeben sind für die gesammte Biologie, und insbesondere für die Stammesgeschichte, nächst den Moneren die wichtigsten von allen Organismen. Denn offenbar entstanden diese einfachsten einzelligen Wesen ursprünglich aus einfachen Moneren (Protamoeba) dadurch, daß der erste wichtige Sonderungsvorgang in ihrem homogenen Schleimkörper oder Plasson stattfand, nämlich die Differenzirung des inneren Kerns von dem umgebenden Protoplasma. Dadurch war der große Fortschritt von einer einfachen (kernlosen) Cytode zu einer echten (kernhaltigen) Zelle geschehen (vergl. Fig. 8 A und Fig. 10 B). Indem einige von diesen Zellen sich frühzeitig durch Ausschwitzung einer erstarrenden Membran abkapselten, bildeten sie die ersten Pflanzenzellen, während andere, nackt bleibende, sich zu den ersten Thierzellen entwickeln konnten. In der Anwesenheit oder dem Mangel einer umhüllenden starren Membran liegt der wichtigste, obwohl keineswegs durchgreifende Formunterschied der pflanzlichen und der thierischen Zellen. Indem die Pflanzenzellen sich schon frühzeitig durch Einschließung in ihre starre, dicke und feste Cellulose-Schale abkapseln, (gleich der ruhenden Amoebe, Fig. 10 A) bleiben sie selbstständiger und den Einflüssen der Außenwelt weniger zugänglich, als die weichen, meistens nackten oder nur von einer dünnen und biegsamen Haut umhüllten Thierzellen. Daher vermögen aber auch die ersteren nicht so wie die letzteren zur Bildung höherer, zusammengesetzter Gewebstheile, z. B. Nervenfasern, Muskelfasern zusammenzutreten. Zugleich wird sich bei den ältesten einzelligen Organismen schon frühzeitig der wichtigste Unterschied in der thierischen und pflanzlichen Nahrungsaufnahme ausgebildet haben. Die ältesten einzelligen Thiere konnten als nackte Zellen, so gut wie die freien Amoeben (Fig. 10 B) und die farblosen Blutzellen, feste Körperchen in das Innere ihres weichen Leibes aufnehmen, während die ältesten einzelligen Pflanzen, durch ihre Membran abgekapselt, hierzu nicht mehr fähig waren und bloß flüssige Nahrung (mittelst Diffusion) durch dieselbe durchtreten lassen konnten.

Auf die letztere Weise nähren sich auch die sonderbaren Gregarinen (Gregarinae. Das sind einzellige, ziemlich große Protisten, welche schmarotzend im Darme und in der Leibeshöhle vieler Thiere leben, sich wurmähnlich bewegen und zusammenziehen, und früher irrthümlich zu den Würmern gestellt wurden. Von den Amoeben unterscheiden sich die Gregarinen durch den Mangel der veränderlichen Fortsätze und durch eine dicke structurlose Hülle oder Membran, die ihren Zellenleib umschließt. Man kann sie als Amoeben auffassen, welche sich an parasitische Lebensweise gewöhnt und in Folge dessen mit einer ausgeschwitzten Hülle umgeben haben. Bald bleiben die Gregarinen einfache Zellen, bald legen sie sich zu Ketten von zwei oder drei Zellen an einander. Bei der Fortpflanzung ziehen sie sich kugelig zusammen, der Kern löst sich im Protoplasma auf und letzteres zerfällt in zahlreiche kleine Kügelchen. Diese umgeben sich mit spindelförmigen Hüllen und werden so zu sogenannten Psorospermien (oder Pseudo-Navicellen). Später schlüpft aus der Hülle ein kleines Moner heraus, welches sich durch Neubildung eines Kerns in eine Amoebe verwandelt. Indem letztere wächst und sich mit einer Hülle umgiebt, wird sie zur Gregarine.

Als eine vierte Protisten-Classe schließen sich hier die Geißelschwärmer oder Geißler an (Flagellata, Fig. 11). Gleich den Lobosen sind sie interessant durch ihre indifferente Natur und ihren neutralen Charakter, so daß sie von den Zoologen meistens für einzellige Thiere, von den Botanikern für einzellige Pflanzen erklärt werden. In der That zeigen sie gleich nahe und wichtige Beziehungen zum Pflanzenreich wie zum Thierreich. Einige Flagellaten sind von den frei beweglichen Jugendzuständen echter Pflanzen, namentlich den Schwärmsporen vieler Tange, nicht zu unterscheiden, während andere sich scheinbar den echten Thieren anschließen. In Wirklichkeit sind sie neutrale Protisten und stehen den bewimperten

Infusorien (Ciliata) sehr nahe. Die Geißelschwärmer sind einfache Zellen, welche entweder einzeln (Fig. 11) oder zu Colonien vereinigt

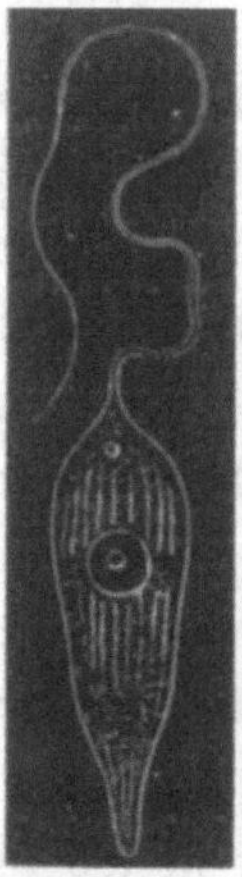

Fig. 11. Ein einzelner Geißelschwärmer (Euglena striata) stark vergrößert. Oben ist die fadenförmige schwingende Geißel sichtbar, in der Mitte der runde Zellenkern mit seinem Kernkörperchen.

im süßen und salzigen Wasser leben. Ihr charakteristischer Körpertheil ist ein sehr beweglicher, einfacher oder mehrfacher, peitschenförmiger Anhang (Geißel oder Flagellum), mittelst dessen sie lebhaft im Wasser umherschwärmen. Die rothen oder grünen Euglenen und Astasien färben durch ihre ungeheuren Mengen im Frühjahr oft plötzlich das Wasser roth oder grün. Die Classe zerfällt in vier Ordnungen. Die erste Ordnung, die Nacktgeißler (Nudiflagellata), wozu die Euglenen (Fig. 11) gehören, besitzen einen nackten Zellenleib, wogegen derselbe bei den Panzergeißlern (Thecoflagellata) von einer Hülle umgeben ist. Die kieselschaligen Peridinien oder Wimpergeißler (Cilioflagellata) besitzen außerdem noch einen besonderen Wimperring. Die größten und eigenthümlichsten Formen sind aber die Meerleuchten oder Blasengeißler (Cystoflagellata), welche im Dunkeln Licht ausstrahlen und oft in solcher Masse auftreten, daß die Meeresoberfläche meilenweit leuchtet. Eine von diesen Meeresleuchten (Leptodiscus medusoides) ahmt Form und Bewegungen einer wahren Meduse nach und ist trotzdem nur eine einfache schirmförmige Zelle.

Eine sehr merkwürdige neue Protistenform, welche ich Flimmerkugel (Magosphaera) genannt habe, ist im September 1869 von mir an der norwegischen Küste entdeckt und in meinen biologischen Studien[15]) eingehend geschildert worden (S. 137, Taf. V). Bei der Insel Gis-Oe in der Nähe von Bergen fing ich an der Oberfläche des Meeres schwimmende äußerst zierliche kleine Kugeln (Fig. 12), zusammengesetzt aus einer Anzahl von (ungefähr 30—40) wimpernden birnförmigen Zellen, die mit ihren spitzigen Enden strahlenartig im Mittelpunkt der Kugel vereinigt waren. Nach einiger Zeit löste sich die Kugel auf. Die einzelnen Zellen schwammen

Fig 12. Die norwegische Flimmerkugel (Magosphaera planula) mittelst ihres Flimmerkleides umherschwimmend, von der Oberfläche gesehen.

selbstständig im Wasser umher, ähnlich gewissen bewimperten Infusorien oder Ciliaten. Die Zellen senkten sich nachher zu Boden, zogen ihre Wimperhaare in den Leib zurück und gingen allmählich in die Form einer kriechenden Amoebe über (ähnlich Fig. 10 B). Die letztere kapselte sich später ein (wie in Fig. 10 A) und zerfiel dann durch fortgesetzte Zweitheilung in eine große Anzahl von Zellen (ganz wie bei der Eifurchung, Fig. 6, S. 266). Die Zellen bedeckten sich mit Flimmerhärchen, durchbrachen die Kapselhülle und schwammen nun wieder in der Form einer wimpernden Kugel umher (Fig. 12). Offenbar läßt sich dieser wunderbare Organismus, der bald als einfache Amoebe, bald als einzelne bewimperte Zelle, bald als vielzellige Wimperkugel erscheint, in keiner der anderen Protistenclassen unterbringen und muß als Repräsentant einer neuen selbstständigen Gruppe angesehen werden. Da dieselbe zwischen mehreren Protisten in der Mitte steht und dieselben mit einander verknüpft, kann sie den Namen der Vermittler oder Catallacten führen.

Die bisher besprochenen Protistenclassen, namentlich die Lobosen und Flagellaten, werden häufig zu jener großen Abtheilung von niederen Organismen gestellt, die man früher als Infusionsthierchen (Infusoria) zusammenfaßte. Man vereinigte darin viel verschiedene Protisten mit echten Pflanzen und echten Thieren, z. B. den wurmartigen Räderthierchen. Als Infusorien im engeren Sinne werden aber auch jetzt noch häufig diejenigen Protisten bezeichnet, die wir hier unter dem Namen der „Wimperthierchen oder Wimperlinge“ (Ciliata) anschließen. Diese vielgestaltigen und interessanten kleinen Geschöpfe, welche in großen Massen alle süßen und salzigen Gewässer bevölkern, zeigen uns, wie weit es die einzelne Zelle in ihrem Streben nach Vollkommenheit bringen kann. Denn obgleich die Wimperlinge mit so lebhafter willkürlicher Bewegung und mit so zarter sinnlicher Empfindung ausgestattet sind, daß sie früher allgemein für hochorganisirte Thiere gehalten wurden, sind doch auch sie nur einfache Zellen. Die Oberfläche dieser verschiedenartig gestalteten Zellen ist mit zarten Wimperhärchen bedeckt, die sowohl die Ortsbewegung, wie die Empfindung und die Nahrungsaufnahme vermitteln. Im Inneren liegt ein einfacher Zellkern. Theils pflanzen sie sich durch Theilung, theils durch Knospung oder Sporenbildung fort. Bei keiner Gruppe von Protisten treten uns so deutlich und unleugbar die Aeußerungen des Seelenlebens der einzelnen Zelle entgegen, wie bei diesen einzelligen Wimperlingen, und deshalb sind sie für die monistische Lehre von der Zellseele von ganz besonderem Interesse. (Vergl. meinen Aufsatz über „Zellseelen und Seelenzellen“, Ges. Popul. Vorträge I. Heft.)[30]

Als nächste Verwandte der Ciliaten und als eine besondere Infusorienclasse werden gewöhnlich im System der Protisten an jene die Starrlinge oder Acineten angeschlossen (Acinetae). Im Gegensatze zu den geschmeidigen und lebhaft beweglichen Wimperlingen sitzen diese einzelligen Starrlinge meistens im Wasser unbeweglich fest und strecken steife haarfeine Saugröhren aus, durch welche sie andere Infusorien aussaugen. Gleich den Ciliaten vermehren sich auch die Acineten bald durch Theilung, bald durch Knospung oder Bildung von beweglichen Schwärmsporen.

Während die vorstehend betrachteten Protistenclassen, die Acineten und Ciliaten, Flagellaten und Catallacten, Gregarinen und Lobosen jetzt gewöhnlich als „Urthiere oder Protozoa“ gelten, wird die nun folgende große Hauptclasse, die der Bacillarien, in der

Regel zu den „Urpflanzen oder Protophyten" gestellt. Es gehört dahin die große Classe der Diatomeen und die kleine Abtheilung der Labyrinthuleen. Im Gegensatze zu den ersteren sind diese Bacillarien einzellige Organismen ohne äußere Fortsätze, welche sich auf unbekannte Weise fortbewegen. Die Diatomeen bevölkern in ungeheuren Massen und in einer unendlichen Mannichfaltigkeit der zierlichsten Formen das Meer und die süßen Gewässer. Die meisten Diatomeen sind mikroskopisch kleine Zellen, welche entweder einzeln (Fig. 13) oder in großer Menge vereinigt leben, und entweder fest-

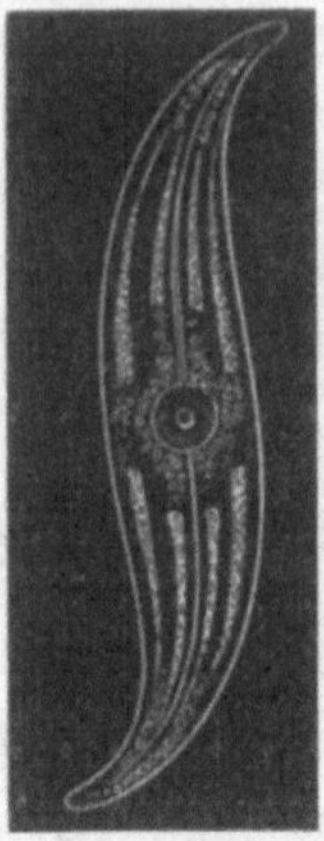

Fig. 13. Navicula hippocampus (stark vergrößert). In der Mitte der kieselschaligen Zelle ist der Zellenkern (Nucleus) nebst seinen Kernkörperchen (Nucleolus) sichtbar.

gewachsen sind oder sich in eigenthümlicher Weise rutschend, schwimmend oder kriechend umherbewegen. Ihr weicher Zellenleib, der durch einen charakteristischen Farbstoff bräunlich gelb gefärbt ist, wird stets von einer festen und starren Kieselschale umschlossen, welche die zierlichsten und mannichfaltigsten Formen besitzt. Diese Kieselhülle besteht eigentlich aus zwei Hälften, die nur locker zusammenhängen und sich verhalten, wie eine Schachtel und ihr Deckel. In der Fuge zwischen beiden finden sich eine oder ein paar Spalten, wodurch der eingeschlossene weiche Zellenleib mit der Außenwelt communicirt. Die Kieselschalen finden sich massenhaft versteinert vor und setzen manche Gesteine, z. B. den Biliner Polirschiefer und das schwedische Bergmehl, vorwiegend zusammen.

Wahrscheinlich den Diatomeen nächstverwandt sind die Labyrinthläufer (Labyrinthuleae), welche erst 1867 von Cienkowski an Pfählen im Seewasser entdeckt wurden (Fig. 14). Es sind spindelförmige, meistens dottergelb gefärbte Zellen, welche bald in dichten Haufen zu Klumpen vereinigt sitzen, bald in höchst eigenthümlicher Weise sich umherbewegen. Sie bilden dann in noch unerklärter Weise

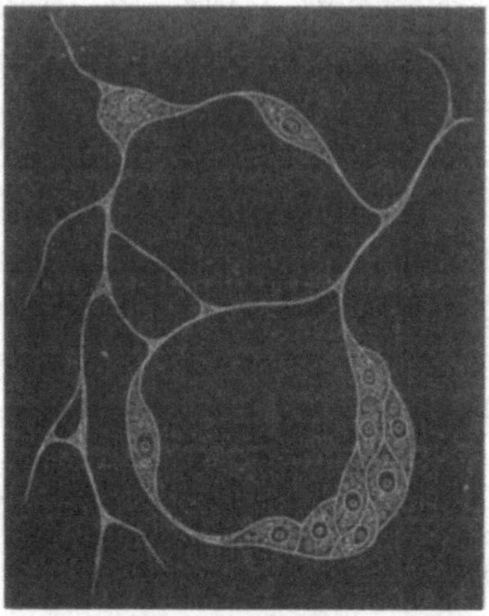

Fig. 14. Labyrinthula macrocystis (stark vergrößert). Unten eine Gruppe von zusammengehäuften Zellen, von denen sich links eine soeben abtrennt; oben zwei einzelne Zellen, welche in dem starren netzförmigen Gerüste ihrer „Fadenbahn“ umherrutschen.

ein netzförmiges Gerüst von labyrinthisch verschlungenen Strängen, und in der starren „Fadenbahn“ dieses Gerüstes rutschen sie umher. Der Gestalt nach würde man die Zellen der Labyrinthuleen für einfachste Pflanzen, der Bewegung nach für einfachste Thiere halten. In der That sind sie weder Thiere noch Pflanzen.

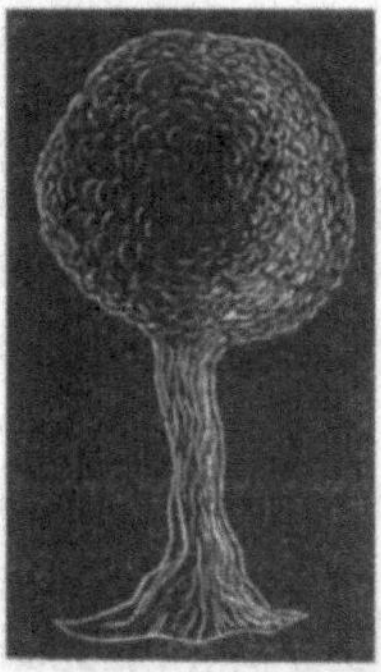

Fig. 15. Ein gestielter Fruchtkörper (Sporenblase, mit Sporen angefüllt) von einem Myxomyceten (Physarum albipes), schwach vergrößert.

Eine sehr sonderbare, zehnte Protistenclasse bilden die merkwürdigen Schleimpilze (Myxomycetes). Diese galten früher allgemein für Pflanzen, für echte Pilze, bis vor zehn Jahren der Botaniker de Bary durch Entdeckung ihrer Ontogenese nachwies, daß dieselben gänzlich von den Pilzen verschieden und eher als niedere Thiere zu betrachten sind. Allerdings ist der reife Fruchtkörper derselben eine rundliche, oft mehrere Zoll große, mit feinem Sporenpulver und weichen Flocken gefüllte Blase (Fig. 15), wie bei den bekannten Bovisten oder Bauchpilzen (Gastromycetes). Allein aus den Keimkörnern oder Sporen derselben kommen nicht die charakteristischen Fadenzellen oder Hyphen der echten Pilze hervor, sondern nackte Zellen, welche anfangs in Form von Geißelschwärmern umherschwimmen (Fig. 11), später nach Art der Amoeben umherkriechen (Fig. 10B) und endlich mit anderen ihresgleichen zu großen Schleimkörpern oder „Plasmodien" zusammenfließen. Das sind unregelmäßige ausgedehnte Netze von Protoplasma, welche in beständigem Wechsel ihre unregelmäßige Form langsam ändern. Später ziehen sie sich auf einen runden Klumpen zusammen und verwandeln sich unmittelbar in den blasenförmigen Fruchtkörper. Wahrscheinlich kennen Sie Alle eines von jenen Plasmodien, dasjenige von Aethalium septicum, welches im Sommer als sogenannte „Lohblüthe" in Form einer schöngelben, oft mehrere Fuß breiten, salbenartigen Schleimmasse netzförmig die Lohhaufen und Lohbeete der Gerber durchzieht. Die schleimigen frei kriechenden Jugendzustände dieser Myxomyceten, welche meistens auf faulenden Pflanzenstoffen, Baumrinden u. s. w. in feuchten Wäldern leben, werden mit gleichem Recht oder Unrecht von den Zoologen für Thiere, wie die reifen und ruhenden blasenförmigen Fruchtzustände von den Botanikern für Pflanzen erklärt.

Die netzförmigen kriechenden Plasmodien der Schleimpilze haben die größte Aehnlichkeit mit den regellosen Protoplasmanetzen der sogenannten Rhizopoden, und werden daher jetzt oft schon zu dieser wichtigen Hauptclasse von Protisten gerechnet, zu welcher Viele auch die Lobosen stellen. Die Rhizopoden, Netzinge oder Wurzelfüßer (Rhizopoda) bevölkern das Meer seit den ältesten Zeiten der organischen Erdgeschichte in einer außerordentlichen Formenmannichfaltigkeit, theils auf dem Meeresboden kriechend, theils in verschiedenen Tiefen schwebend, theils an der Oberfläche schwimmend. Nur sehr wenige leben im süßen Wasser (z. B. Gromia, Actinophrys, Actinosphaerium). Die meisten besitzen feste, aus Kalkerde oder Kieselerde bestehende und höchst zierlich zusammengesetzte Schalen, welche in versteinertem Zustande sich vortrefflich erhalten. Oft sind dieselben zu dicken Gebirgsmassen angehäuft, obwohl die einzelnen Individuen sehr klein und häufig für das bloße Auge kaum oder gar nicht sichtbar sind. Nur wenige erreichen einen Durchmesser von einigen Linien oder selbst von ein paar Zollen. Ihren Namen führt die ganze Classe davon, daß ihr nackter schleimiger Leib an der ganzen Oberfläche Tausende von äußerst feinen Schleimfäden ausstrahlt, falschen Füßchen, Scheinfüßchen oder Pseudopodien, welche sich wurzelförmig verästeln, netzartig verbinden, und in beständigem Formwechsel gleich den einfacheren Schleimfüßchen der Amoeboiden oder Protoplasten befindlich sind. Diese veränderlichen Scheinfüßchen dienen sowohl zur Ortsbewegung, als zur Nahrungsaufnahme.

Die Hauptclasse der Rhizopoden (nach Ausschluß der Myxomyceten und Lobosen) zerfällt in drei verschiedene Classen, die Kammerlinge oder Thalamophoren, die Sonnlinge oder Heliozoen und die Strahlinge oder Radiolarien. Die erste und niederste von diesen drei Classen bilden die Kammerlinge (Thalamophora). Hier besteht nämlich der ganze weiche Leib noch aus einfachem schleimigen Zellstoff oder aus Protoplasma, das bald einen Kern, bald mehrere Kerne einschließt. Allein trotz dieser primitiven Leibesbeschaffenheit schwitzen die Kammerlinge dennoch eine feste, meistens aus Kalkerde bestehende Schale aus, welche eine große Mannichfaltigkeit zierlicher Formbildung zeigt. Bei den älteren und einfacheren Thalamophoren ist diese Schale eine einfache, glockenförmige, röhrenförmige oder schneckenhausförmige Kammer, aus deren Mündung ein Bündel von Schleimfäden hervortritt. Im Gegensatz zu diesen Einkammerlingen (Monothalamia) besitzen die Vielkammerlinge (Polythalamia), zu denen die große Mehrzahl gehört, ein Gehäuse, welches aus zahlreichen kleinen Kammern in sehr künstlicher Weise zusammengesetzt ist. Bald liegen diese Kammern in einer Reihe hinter einander, bald in concentrischen Kreisen oder Spiralen ringförmig um einen Mittelpunkt herum, und dann oft in vielen Etagen übereinander, gleich den Logen eines großen Amphitheaters. Diese Bildung besitzen z. B. die Nummuliten, deren linsenförmige Kalkschalen, zu Milliarden angehäuft, an der Mittelmeerküste ganze Gebirge zusammensetzen. Die Steine, aus denen die egyptischen Pyramiden aufgebaut sind, bestehen aus solchem Nummulitenkalk. In den meisten Fällen sind die Schalenkammern der Polythalamien in einer Spirallinie um einander gewunden. Die Kammern stehen mit einander durch Gänge und Thüren in Verbindung, gleich den Zimmern eines großen Palastes, und sind nach außen gewöhnlich durch zahlreiche kleine Fenster geöffnet, aus denen der schleimige Körper formwechselnde Scheinfüßchen ausstrecken kann. Und dennoch, trotz des außerordentlich verwickelten und zierlichen Baues dieses Kalklabyrinthes, trotz der unendlichen Mannichfaltigkeit in dem Bau und der Verzierung seiner zahlreichen Kammern, trotz der Regelmäßigkeit nnd Eleganz ihrer Ausführung, ist dieser ganze künstliche Palast das ausgeschwitzte Product einer vollkommen formlosen und structurlosen Schleimmasse! Fürwahr, wenn nicht schon die ganze neuere Anatomie der thierischen und pflanzlichen Gewebe unsere Plastidentheorie stützte, wenn nicht alle allgemeinen Resultate derselben übereinstimmend bekräftigten, daß das ganze Wunder der Lebenserscheinungen und Lebensformen auf die active Thätigkeit der formlosen Eiweißverbindungen des Protoplasma zurückzuführen ist, die Polythalamien allein schon müßten unserer Theorie den Sieg verleihen. Denn hier können wir in jedem Augenblick die wunderbare, aber unleugbare und zuerst von Dujardin und Max Schultze festgestellte Thatsache durch das Mikroskop nachweisen, daß der formlose Schleim des weichen Plasmakörpers, dieser wahre „Lebensstoff", die zierlichsten, regelmäßigsten und verwickeltsten Bildungen auszuscheiden vermag. Dies ist einfach eine Folge von vererbter Anpassung, und wir lernen dadurch verstehen, wie derselbe „Urschleim", dasselbe Protoplasma, im Körper der Thiere und Pflanzen die verschiedensten und complicirtesten Zellenformen erzeugen kann.

Zu der zweiten Classe der Wurzelfüßer, den Sonnlingen (Heliozoa), gehört unter Anderen das sogenannte „Sonnenthierchen", welches sich in unseren süßen Gewässern sehr häufig findet. Schon im vorigen Jahrhundert wurde dasselbe von Pastor Eichhorn in Danzig beobachtet und nach ihm Actinosphaerium Eichhornii getauft. Es erscheint dem bloßen Auge als ein gallertiges graues Schleimkügelchen von der Größe eines Stecknadelknopfes. Unter dem Mikroskope sieht man Tausende feiner Schleimfäden von dem centralen Plasmakörper ausstrahlen, und bemerkt, daß eine innere zellige Markschicht von der äußeren blasigen Rindenschicht zu unterscheiden ist. Dadurch erhebt sich das kleine Sonnenwesen, trotz des Mangels einer Schale, bereits über die structurlosen Acyttarien und bildet den Uebergang von diesen zu den Radiolarien.

Die Strahlinge (**Radiolaria**) bilden die dritte und letzte Classe der Rhizopoden. In ihren niederen Formen schließen sie sich eng an die Sonnlinge und Kammerlinge an, während sie sich in ihren höheren Formen weit über diese erheben. Von beiden unterscheiden sie sich wesentlich dadurch, daß der centrale Theil des Körpers aus vielen Zellen zusammengesetzt und von einer festen Membran umhüllt ist. Diese geschlossene, meistens kugelige „Centralkapsel" ist in eine schleimige Plasmaschicht eingehüllt, von welcher überall Tausende von höchst feinen Fäden, die verästelten und zusammenfließenden Scheinfüßchen, ausstrahlen. Dazwischen sind zahlreiche gelbe Zellen von räthselhafter Bedeutung zerstreut, welche Stärkemehlkörner enthalten. Die meisten Radiolarien zeichnen sich durch ein sehr entwickeltes Skelet aus, welches aus Kieselerde besteht und eine wunderbare Fülle der zierlichsten und seltsamsten Formen zeigt. (Vergl. Taf. XVI nebst Erklärung.) Bald bildet dieses Kieselskelet eine einfache Gitterkugel (Fig. 16 s), bald ein künstliches System von mehreren concentrischen Gitterkugeln, welche in einander geschachtelt und durch radiale Stäbe verbunden sind. Meistens strahlen zierliche, oft baumförmig verzweigte Stacheln von der Oberfläche der Kugeln aus. Anderemale besteht das ganze Skelet bloß aus einem Kieselstern und ist dann meistens aus zwanzig, nach einem bestimmten mathematischen Gesetze vertheilten und in einem gemeinsamen Mittelpunkte vereinigten Stacheln zusammengesetzt. Bei noch anderen Radiolarien bildet das Skelet zierliche vielkammerige Gehäuse wie bei den Polythalamien. Es giebt wohl keine andere Gruppe von Organismen, welche eine solche Fülle der verschiedenartigsten Grundformen und eine so geometrische Regelmäßigkeit, verbunden mit der

Tiefsee-Radiolarien des Challenger.

Taf. XVI.

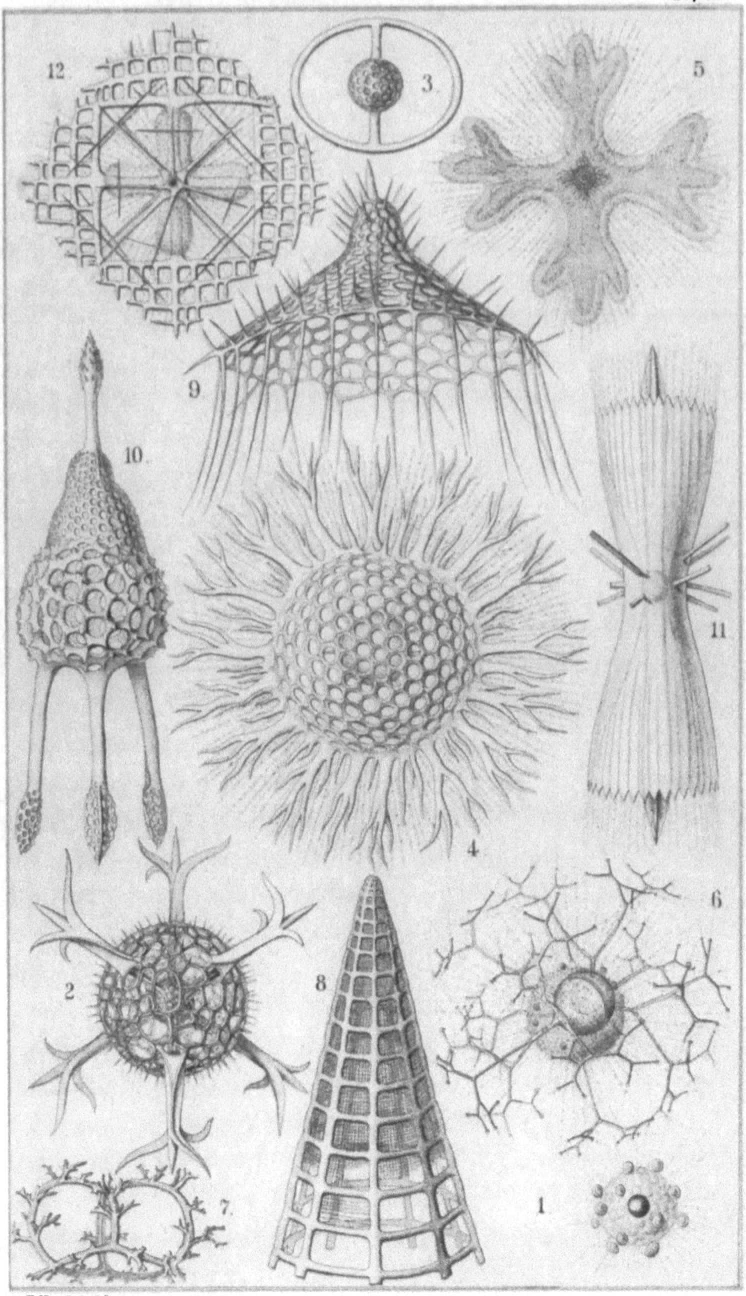

E. Haeckel del.

A. Giltsch lith.

zierlichsten Architektonik, in ihren Skeletbildungen entwickelte. Die meisten der bis jetzt bekannt gewordenen Formen habe ich in der Meerenge von Messina beobachtet und in dem Atlas abgebildet, der meine Monographie der Radiolarien begleitet[23]). Eine der einfachsten Formen ist die Cyrtidosphaera echinoides von Nizza (Fig. 16).

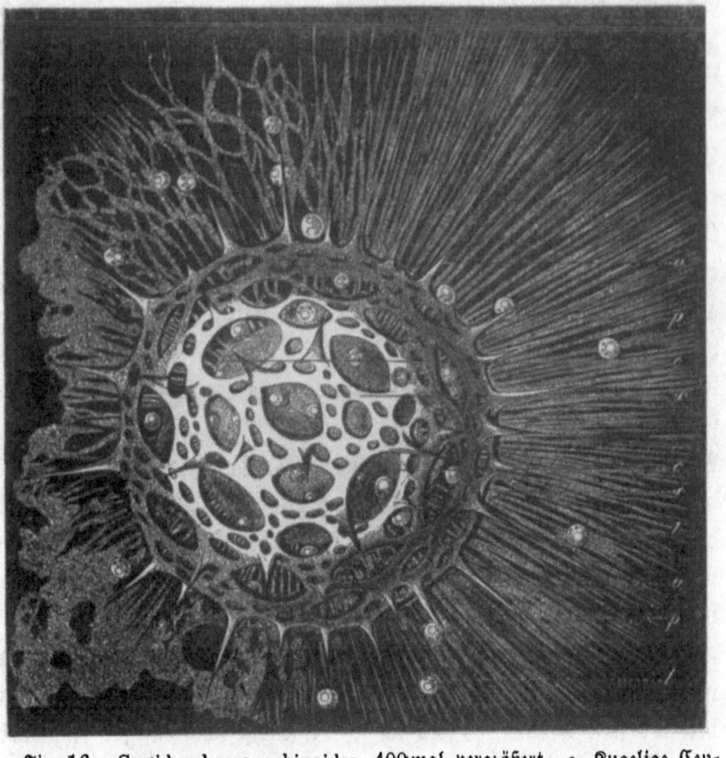

Fig. 16. Cyrtidosphaera echinoides, 400mal vergrößert. c. Kugelige Centralkapsel. s. Gitterförmig durchbrochene Kieselschale. a. Radiale Stacheln, welche von derselben ausstrahlen. p. Pseudopodien oder Scheinfüßchen, welche von der die Centralkapsel umgebenden Schleimhülle ausstrahlen. l. Gelbe kugelige Zellen, welche dazwischen gestreut sind, und Amylumkörner enthalten.

Das Skelet besteht hier bloß aus einer einfachen Gitterkugel (s), welche kurze radiale Stacheln (a) trägt, und welche die Centralkapsel (c) locker umschließt. Von der Schleimhülle, welche die letztere umgiebt, strahlen sehr zahlreiche und feine Scheinfüßchen (p) aus, welche links zum Theil zurückgezogen und in eine klumpige Schleimmasse verschmolzen sind. Dazwischen sind viele gelbe Zellen (l) zerstreut.

Während die Thalamophoren meistens nur auf dem Grunde des Meeres leben, auf Steinen und Seepflanzen, zwischen Sand und Schlamm mittelst ihrer Scheinfüßchen umherkriechend, scheinen dagegen die Radiolarien sowohl an der Oberfläche des Meeres, als in den verschiedensten Tiefen desselben massenhaft zu schweben. Die denkwürdigen und epochemachenden Entdeckungen der Challenger-Expedition haben vor wenigen Jahren die überraschende Thatsache ergeben, daß der Schlamm des Meeresbodens oft gerade in den tiefsten Abgründen, (— bis zu 27,000 Fuß hinab!) größtentheils aus Radiolarien besteht. Sie finden sich hier in ungeheuren Mengen beisammen, sind aber meistens sehr klein. Früher hat man sie völlig übersehen und erst seit zwanzig Jahren genauer kennen gelernt. Fast nur diejenigen Radiolarien, welche in Gesellschaften beisammen leben (Polycyttarien), bilden Gallertklumpen von einigen Millimetern Durchmesser. Dagegen die meisten isolirt lebenden (Monocyttarien) kann man mit bloßem Auge nicht sehen. Trotzdem finden sich ihre versteinerten Schalen in solchen Massen angehäuft, daß sie bisweilen ganze Berge zusammensetzen, z. B. die Nikobareninseln bei Hinterindien und die Insel Barbados in den Antillen.

Da die Meisten von Ihnen mit den vorstehend angeführten Protistenclassen vermuthlich nur wenig oder vielleicht gar nicht genauer bekannt sein werden, so will ich jetzt zunächst noch einiges Allgemeine über ihre Naturgeschichte bemerken. Die große Mehrzahl aller Protisten lebt im Meere, theils freischwimmend an der Oberfläche der See, theils auf dem Meeresboden kriechend, oder an Steinen, Muscheln, Pflanzen u. s. w. festgewachsen. Sehr viele Arten von Protisten leben auch im süßen Wasser, aber nur eine sehr geringe Anzahl auf dem festen Lande (z. B. die Myxomyceten, einige Lobosen). Die meisten können nur durch das Mikroskop wahrgenommen werden, ausgenommen, wenn sie zu Millionen von Individuen zusammengehäuft vorkommen. Nur wenige erreichen einen Durchmesser von mehreren Millimetern oder selbst einigen Centimetern. Was ihnen aber an Körpergröße abgeht, ersetzen sie durch die Production erstaunlicher Massen von Individuen, und greifen dadurch oft sehr bedeutend in die Oeconomie der Natur ein. Die unverweslichen Ueberreste der gestorbenen Protisten, wie die Kieselschalen der Diatomeen und Radiolarien, die Kalkschalen der Thalamophoren, setzen oft dicke Gebirgsmassen zusammen.

In ihren Lebenserscheinungen, insbesondere in Bezug auf Ernährung und Fortpflanzung, schließen sich die einen Protisten mehr den Pflanzen, die anderen mehr den Thieren an. Die Nahrungsaufnahme sowohl als der Stoffwechsel gleichen bald mehr denjenigen der niederen Thiere, bald mehr denjenigen der niederen Pflanzen. Freie Ortsbewegung kommt vielen Protisten zu, während sie anderen fehlt; allein hierin liegt gar kein entscheidender Charakter, da wir auch unzweifelhafte Thiere kennen, denen die freie Ortsbewegung ganz abgeht, und echte Pflanzen, welche dieselbe besitzen. Eine Seele besitzen alle Protisten so gut wie alle Thiere und wie alle Pflanzen. Die Seelenthätigkeit der Protisten äußert sich in ihrer Reizbarkeit, d. h. in den Bewegungen und anderen Veränderungen, welche in Folge von mechanischen, elektrischen, chemischen Reizen u. s. w. in ihrem contractilen Protoplasma eintreten. Bewußtsein, Willens- und Denk-Vermögen sind vielleicht in demselben geringen Grade vorhanden, wie bei vielen niederen Thieren, während manche von den höheren Thieren in diesen Beziehungen wenig hinter den niederen Menschen zurückstehen. Am meisten entwickelt erscheint die Zellseele in den einzelligen Ciliaten, die eben deshalb früher für vollkommene Thiere gehalten wurden. Wie bei allen übrigen Organismen, so sind auch bei den Protisten die Seelenthätigkeiten auf Molecular-Bewegungen im Protoplasma zurückzuführen.

Der wichtigste physiologische Charakter des Protistenreichs liegt in der ausschließlich ungeschlechtlichen Fortpflanzung aller hierher gehörigen Organismen. Die echten Thiere und Pflanzen vermehren sich fast ausschließlich nur auf geschlechtlichem Wege. Die niederen Thiere und Pflanzen vermehren sich zwar auch vielfach auf ungeschlechtlichem Wege, durch Theilung, Knospenbildung, Keimbildung u. s. w.; allein daneben findet sich bei denselben doch fast immer noch die geschlechtliche Fortpflanzung, oft mit ersterer regelmäßig in Generationen abwechselnd (Metagenesis S. 185). Sämmtliche Protisten dagegen pflanzen sich ausschließlich nur auf dem ungeschlechtlichen Wege fort, und der Gegensatz der beiden Geschlechter ist bei ihnen überhaupt noch nicht durch Differenzirung entstanden. Es giebt weder männliche noch weibliche Protisten. Einzelne Ausnahmen von dieser Regel scheinen sich bei den Flagellaten (z. B. Volvocinen) zu finden. Die sogenannte „Conjugation" (oder „Copulation"), welche bei vielen Protisten sich findet, kann allerdings als ein Vorspiel oder Anfang geschlechtlicher Zeugung angesehen werden. Aber ein Unterschied der männlichen und weiblichen Zellen ist meistens noch nicht erkennbar.

Wie die Protisten in ihren Lebenserscheinungen zwischen Thieren und Pflanzen (und zwar vorzüglich zwischen den niedersten Formen derselben) mitten inne stehen, so gilt dasselbe auch von der chemischen Zusammensetzung ihres Körpers. Einer der wichtigsten Unterschiede in der chemischen Zusammensetzung des Thier- und Pflanzenkörpers besteht in seiner charakteristischen Skeletbildung. Das Skelet oder das feste Gerüste des Körpers besteht bei den meisten echten Pflanzen aus der stickstofffreien Cellulose, welche ein Ausschwitzungsproduct des stickstoffhaltigen Zellschleimes oder Protoplasma ist. Bei den meisten echten Thieren dagegen besteht das Skelet gewöhnlich entweder aus stickstoffhaltigen Verbindungen (Chitin u. s. w.), oder aus Kalkerde. In dieser Beziehung verhalten sich die einen Protisten mehr wie Pflanzen, die anderen mehr wie Thiere. Bei Vielen ist auch das Skelet vorzugsweise oder ganz aus Kieselerde gebildet, welche sowohl im Thier- als Pflanzenkörper vorkommt. Der active Lebensstoff ist aber in allen Fällen das schleimige Protoplasma.

In Bezug auf die Formbildung der Protisten ist insbesondere hervorzuheben, daß die Individualität ihres Körpers fast immer auf der tiefsten Stufe der Entwickelung stehen bleibt. Sehr viele Protisten bleiben zeitlebens einfache Plastiden oder Individuen erster Ordnung. Bei den Moneren sind diese Plastiden oder „Elementar-Organismen" bloße Cytoden, bei den meisten Protisten einfache Zellen. Andere bilden zwar durch Vereinigung von mehreren Individuen Colonien oder Staaten von Plastiden; allein auch diese höheren Individuen zweiter Ordnung verharren meistens auf einer sehr niedrigen Ausbildungsstufe. Die Bürger dieser Plastidengemeinden bleiben sehr gleichartig, gehen gar nicht oder nur in sehr geringem Grade Arbeitstheilung ein, und vermögen daher ebenso wenig ihren staatlichen Organismus zu höheren Leistungen zu befähigen, als etwa in Bezug auf das menschliche Gemeinwesen die Wilden Neuhollands dies können. Der Zusammenhang der Plastiden bleibt auch meistens sehr locker, und jede einzelne bewahrt ihre individuelle Selbstständigkeit.

Daher bilden auch die Protisten niemals echte Gewebe (Nerven, Muskeln, Gefäße, Parenchym), wie die echten Thiere und Pflanzen. Niemals bringen es die Protisten zur Bildung von Keimblättern, wie sie alle echten Thiere im Beginne der Keimung bilden. Ebenso wenig entwickeln sie sich zu einem Thallus oder einem thallusartigen Zellcomplex, wie die echten Pflanzen. Die große Mehrzahl der Protisten bleibt zeitlebens einzellig.

Ein zweiter Formcharakter, welcher nächst der niederen Individualitätsstufe die Protisten besonders auszeichnet, ist der niedere Ausbildungsgrad ihrer stereometrischen Grundform. Wie ich in meiner Grundformenlehre (im vierten Buche der generellen Morphologie) gezeigt habe, ist bei den meisten Organismen sowohl in der Gesammtbildung des Körpers als in der Form der einzelnen Theile eine bestimmte geometrische Grundform nachzuweisen. Diese ideale Grundform, welche durch die Zahl, Lagerung, Verbindung und Differenzirung der zusammensetzenden Theile bestimmt ist, verhält sich zu der realen organischen Form ähnlich, wie sich die ideale geometrische Grundform der Krystalle zu ihrer unvollkommenen realen Form verhält. Bei den meisten Körpern und Körpertheilen von Thieren und Pflanzen ist diese Grundform eine Pyramide, und zwar bei den sogenannten „strahlig-regulären" Formen eine reguläre Pyramide, bei den höher differenzirten, sogenannten „bilateral-symmetrischen" Formen eine irreguläre Pyramide. (Vergl. die Tabellen S. 556—558 im ersten Bande der gen. Morph.) Bei den Protisten ist diese Pyramidenform, welche im Thier- und Pflanzenreiche vorherrscht, im Ganzen selten, und statt dessen ist die Form entweder ganz unregelmäßig (amorph oder irregulär), oder es ist die Grundform eine einfachere, reguläre, geometrische Form; insbesondere sehr häufig die Kugel, der Cylinder, das Ellipsoid, das Sphäroid, der Doppelkegel, der Kegel, das reguläre Polyeder (Tetraeder, Hexaeder, Octaeder, Dodekaeder, Icosaeder) u. s. w. Alle diese niederen Grundformen des promorphologischen Systems sind bei den Protisten vorherrschend. Jedoch kommen daneben auch noch die höheren regulären und bilateralen Grundformen vor, welche im Thier- und Pflanzenreich vorwiegen. Auch in dieser Hinsicht schließen sich oft von nächstverwandten Protisten die einen (z. B. die Thalamophoren) mehr den Thieren, die anderen (z. B. die Radiolarien) mehr den Pflanzen an.

Was nun die paläontologische Entwickelung des Protistenreichs betrifft, so kann man darüber sehr verschiedene, aber immer nur höchst unsichere genealogische Hypothesen aufstellen. Vielleicht sind die einzelnen Classen desselben selbstständige Stämme oder Phylen, die sich sowohl unabhängig von einander als von dem Thierreich und von dem Pflanzenreich entwickelt haben. Selbst wenn wir die monophyletische Descendenzhypothese annehmen, und für alle Organismen ohne Ausnahme, die jemals auf der Erde gelebt haben und noch jetzt leben, die gemeinsame Abstammung von einer einzigen Monerenform behaupten, selbst in diesem Falle ist der Zusammenhang der neutralen Protisten einerseits mit dem Pflanzenstamm, andrerseits mit dem Thierstamm nur sehr locker. Wir hätten sie dann als niedere Wurzelschößlinge anzusehen, welche sich unmittelbar aus der Wurzel jenes zweistämmigen organischen Stammbaums entwickelt haben, oder vielleicht als tief unten abgehende Zweige eines gemeinsamen niederen Protistenstammes, welcher in der Mitte zwischen den beiden divergirendeu hohen und mächtigen Stämmen des Thier- und Pflanzenreichs aufgeschossen ist. Die einzelnen Protistenclassen, mögen sie nun an ihrer Wurzel gruppenweise enger zusammenhängen oder nur ein lockeres Büschel von Wurzelschößlingen bilden, würden in diesem Falle weder mit den rechts nach dem Thierreiche, noch mit den links nach dem Pflanzenreiche einseitig abgehenden Organismengruppen Etwas zu thun haben (S. 400).

Nehmen wir dagegen die vielheitliche oder polyphyletische Descendenzhypothese an, so würden wir uns eine mehr oder minder große Anzahl von organischen Stämmen oder Phylen vorzustellen haben, welche alle neben einander und unabhängig aus dem gemeinsamen Boden der Urzeugung aufschießen (Vergl. S. 401). Es würden dann zahlreiche verschiedene Moneren durch Urzeugung entstanden sein, deren Unterschiede nur in geringen, für uns nicht erkennbaren Differenzen ihrer chemischen Zusammensetzung und in Folge dessen auch ihrer Entwickelungsfähigkeit beruhen. Eine geringe Anzahl von Moneren würde dem Pflanzenreich, und eben so andrerseits eine geringe Anzahl von Monereu dem Thierreich den Ursprung gegeben haben. Zwischen diesen beiden Gruppen aber würde sich, unabhängig davon, eine größere Anzahl von selbstständigen Stämmen entwickelt haben, die auf einer tieferen Organisationsstufe stehen blieben, und sich weder zu echten Pflanzen, noch zu echten Thieren entwickelten.

Eine sichere Entscheidung zwischen der monophyletischen und polyphyletischen Hypothese ist bei dem gegenwärtigen unvollkommenen Zustande unserer phylogenetischen Erkenntniß noch ganz unmöglich. Die verschiedenen Protistengruppen und die von ihnen kaum trennbaren niedersten Formen einerseits des Thierreichs, andrerseits des Pflanzenreichs, zeigen unter einander einen zu innigen Zusammenhang und eine zu bunte Mischung der maßgebenden Eigenthümlichkeiten.

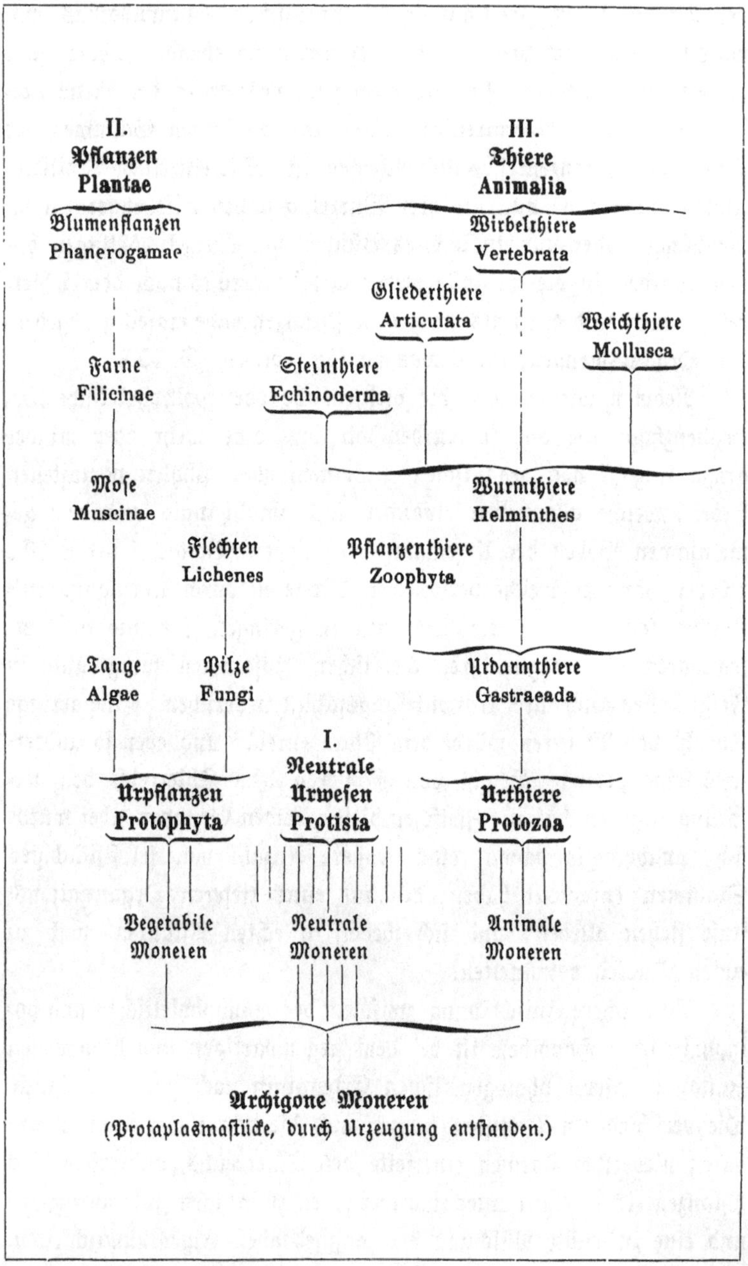
II.
Pflanzen
Plantae
Blumenflanzen
Phanerogamae
III.
Thiere
Animalia
Wirbelthiere
Vertebrata
Gliederthiere
Articulata
Weichthiere
Mollusca
Farne
Filicinae
Steinthiere
Echinoderma
Mose
Muscinae
Wurmthiere
Helminthes
Flechten
Lichenes
Pflanzenthiere
Zoophyta
Tange
Algae
Pilze
Fungi
Urdarmthiere
Gastraeada
I.
Neutrale
Urwesen
Protista
Urpflanzen
Protophyta
Urthiere
Protozoa
Vegetabile
Moneren
Neutrale
Moneren
Animale
Moneren
Archigone Moneren
(Protaplasmastücke, durch Urzeugung entstanden.)

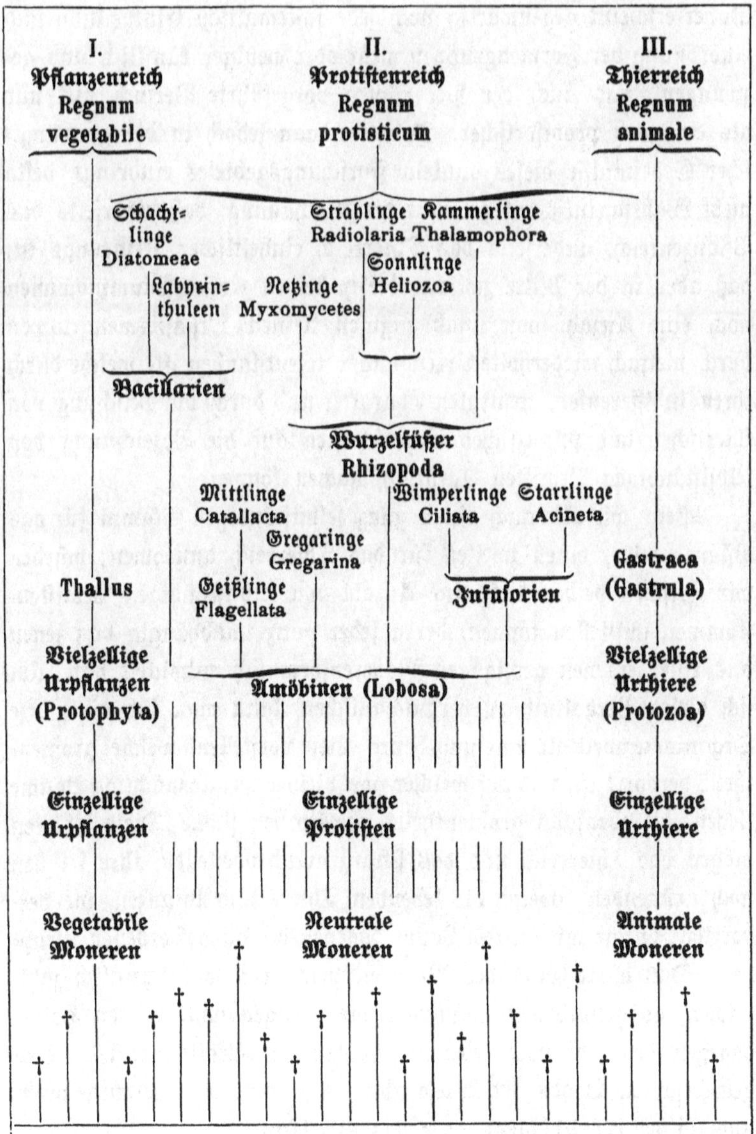

NB. Die mit einem † bezeichneten Linien bedeuten ausgestorbene Protisten-Stämme, welche durch wiederholte Urzeugungs-Acte selbstständig entstanden sind.

Daher erscheint gegenwärtig noch jede systematische Eintheilung und Anordnung der Formengruppen mehr oder weniger künstlich und gezwungen, und auch der hier Ihnen vorgeführte Versuch gilt nur als ein ganz provisorischer. Je tiefer man jedoch in die genealogischen Geheimnisse dieses dunkeln Forschungsgebietes eindringt, desto mehr Wahrscheinlichkeit gewinnt die Anschauung, daß einerseits das Pflanzenreich, anderseits das Thierreich einheitlichen Ursprungs ist, daß aber in der Mitte zwischen diesen beiden großen Stammbäumen noch eine Anzahl von unabhängigen kleinen Organismengruppen durch vielfach wiederholte Urzeugungsacte entstanden ist, welche durch ihren indifferenten, neutralen Charakter und durch die Mischung von thierischen und pflanzlichen Eigenschaften auf die Bezeichnung von selbstständigen Protisten Anspruch machen können.

Wenn wir also auch einen ganz selbstständigen Stamm für das Pflanzenreich, einen zweiten für das Thierreich annehmen, würden wir zwischen beiden doch eine Anzahl von selbstständigen Protistenstämmen aufstellen können, deren jeder ganz unabhängig von jenen aus einer eigenen archigonen Monerenform sich entwickelt hat. Um sich dieses Verhältniß zu veranschaulichen, kann man sich die ganze Organismenwelt als eine ungeheure Wiese vorstellen, welche größtentheils verdorrt ist, und auf welcher zwei vielverzweigte mächtige Bäume stehen, die ebenfalls größtentheils abgestorben sind. Diese letzteren mögen das Thierreich und das Pflanzenreich vorstellen, ihre frischen noch grünenden Zweige die lebenden Thiere und Pflanzen, die verdorrten Zweige mit welkem Laube dagegen die ausgestorbenen Gruppen. Das dürre Gras der Wiese entspricht den wahrscheinlich zahlreichen, ausgestorbenen Stämmen, die wenigen noch grünen Halme dagegen den jetzt noch lebenden Phylen des Protistenreichs. Den gemeinsamen Boden der Wiese aber, aus dem alle hervorgesproßt sind, bildet der Urschleim oder das Plasson.

Siebenzehnter Vortrag.

Stammbaum und Geschichte des Pflanzenreichs.

Das natürliche System des Pflanzenreichs. Eintheilung des Pflanzenreichs in sechs Hauptclassen und achtzehn Classen. Unterreich der Blumenlosen (Cryptogamen). Stammgruppe der Thalluspflanzen. Tange oder Algen (Urtange, Grüntange, Brauntange, Rothtange, Mostange). Fadenpflanzen oder Inophyten (Flechten und Pilze) Stammgruppe der Prothalluspflanzen. Mose oder Muscinen (Lebermose, Laubmose). Farne oder Filicinen (Laubfarne, Schaftfarne, Wasserfarne, Schuppenfarne). Unterreich der Blumenpflanzen (Phanerogamen). Nacktsamige oder Gymnospermen. Palmfarne (Cycadeen). Nadelhölzer (Coniferen). Meningos (Gnetaceen). Decksamige oder Angiospermen. Monocotylen. Dicotylen. Kelchblüthige (Apetalen). Sternblüthige (Astropetalen). Glockenblüthige (Gamopetalen).

Meine Herren! Jeder Versuch, den wir zur Erkenntniß des Stammbaums irgend einer kleineren oder größeren Gruppe von blutsverwandten Organismen unternehmen, hat sich zunächst an das bestehende „natürliche System“ dieser Gruppe anzulehnen. Denn obgleich das natürliche System der Thiere, Protisten und Pflanzen niemals endgültig festgestellt werden, vielmehr immer nur einen mehr oder weniger annähernden Grad von Erkenntniß der wahren Stammverwandtschaft erreichen wird, so wird es nichtsdestoweniger jederzeit die hohe Bedeutung eines hypothetischen Stammbaums behalten. Allerdings wollen die meisten Zoologen, Protistiker und Botaniker durch ihr „natürliches System“ nur im Lapidarstyl die subjectiven Anschauungen ausdrücken, die ein jeder von ihnen von der objectiven

„Formverwandtschaft" der Organismen besitzt. Allein die wahre Formverwandtschaft ist ja im Grunde, wie Sie gesehen haben, nur die nothwendige Folge der wahren „Stammverwandtschaft". Daher wird jeder Morphologe, welcher unsere Erkenntniß des natürlichen Systems fördert, gleichzeitig, er mag wollen oder nicht, auch unsere Erkenntniß des Stammbaumes fördern. Je mehr das natürliche System seinen Namen wirklich verdient, je fester es sich auf die übereinstimmenden Resultate der vergleichenden Anatomie, Ontogenie und Paläontologie gründet, desto sicherer dürfen wir dasselbe als den annähernden Ausdruck des wahren Stammbaums betrachten.

Indem wir uns nun zu unserer heutigen Aufgabe die Stammesgeschichte des Pflanzenreichs stecken, werden wir, jenem Grundsatze gemäß, zunächst einen Blick auf das natürliche System des Pflanzenreichs zu werfen haben, wie dasselbe heutzutage von den meisten Botanikern mit mehr oder minder unbedeutenden Abänderungen angenommen wird. Danach zerfällt zunächst die ganze Masse aller Pflanzenformen in zwei Hauptgruppen. Diese obersten Hauptabtheilungen oder Unterreiche sind noch dieselben, welche bereits vor mehr als einem Jahrhundert Carl Linné, der Begründer der systematischen Naturgeschichte, unterschied, und welche er Cryptogamen oder Geheimblühende und Phanerogamen oder Offenblühende nannte. Die letzteren theilte Linné in seinem künstlichen Pflanzensystem nach der verschiedenen Zahl, Bildung und Verbindung der Staubgefäße, sowie nach der Vertheilung der Geschlechtsorgane, in 23 verschiedene Classen, und diesen fügte er dann als 24ste und letzte Classe die Cryptogamen an.

Die Cryptogamen, die geheimblühenden oder blumenlosen Pflanzen, welche früherhin nur wenig beobachtet wurden, haben durch die eingehenden Forschungen der Neuzeit eine so große Mannichfaltigkeit der Formen und eine so tiefe Verschiedenheit im gröberen und feineren Bau offenbart, daß wir unter denselben nicht weniger als dreizehn verschiedene Classen unterscheiden müssen, während wir die Zahl der Classen unter den Blüthenpflanzen oder Phanerogamen auf fünf beschränken können. Diese achtzehn Classen des Pflanzenreichs aber gruppiren sich naturgemäß wiederum dergestalt, daß wir im Ganzen sechs Hauptclassen (oder Kladen, d. h. Aeste) des Pflanzenreichs unterscheiden können. Zwei von diesen sechs Hauptclassen fallen auf die Blüthenpflanzen, vier dagegen auf die Blüthenlosen. Wie sich jene 18 Classen auf diese sechs Hauptclassen, und die letzteren auf die Hauptabtheilungen des Pflanzenreichs vertheilen, zeigt die nachstehende Tabelle (S. 408).

Das Unterreich der Cryptogamen oder Blumenlosen kann man zunächst naturgemäß in zwei Hauptabtheilungen oder Stammgruppen zerlegen, welche sich in ihrem inneren Bau und in ihrer äußeren Form sehr wesentlich unterscheiden, nämlich die Thalluspflanzen und die Prothalluspflanzen. Die Stammgruppe der Thalluspflanzen umfaßt die beiden großen Hauptclassen der Tange oder Algen, welche im Wasser leben, und der Fadner, Fadenpflanzen oder Inophyten (Flechten und Pilze), welche außerhalb des Wassers, auf der Erde, auf Steinen, Baumrinden, auf verwesenden organischen Körpern u. s. w. wachsen. Die Stammgruppe der Prothalluspflanzen dagegen enthält die beiden formenreichen Hauptclassen der Mose und Farne.

Alle Thalluspflanzen oder Thallophyten sind sofort daran zu erkennen, daß man an ihrem Körper die beiden morphologischen Grundorgane der übrigen Pflanzen, Stengel und Blätter, noch nicht unterscheiden kann. Vielmehr ist der ganze Leib aller Tange und aller Fadenpflanzen eine aus einfachen Zellen zusammengesetzte Masse, welche man als Laubkörper oder Thallus bezeichnet. Dieser Thallus ist noch nicht in Axorgane (Stengel und Wurzel) und Blattorgane differenzirt. Hierdurch, sowie durch viele andere Eigenthümlichkeiten, stellen sich die Thallophyten allen übrigen Pflanzen, nämlich den beiden Hauptgruppen der Prothalluspflanzen und der Blüthenpflanzen, gegenüber und man hat deshalb auch häufig die letzteren beiden als Stockpflanzen oder Cormophyten zusammengefaßt. Das Verhältniß dieser drei Stammgruppen zu einander, entsprechend jenen beiden verschiedenen Auffassungen, macht Ihnen nachstehende Uebersicht deutlich:

I. Blumenlose (Cryptogamae).	A. Thalluspflanzen (Thallophyta).	I. Thalluspflanzen (Thallophyta)
	B. Prothalluspflanzen (Prothallota).	II. Stockpflanzen (Cormophyta).
II. Blumenpflanzen (Phanerogamae).	C. Blumenpflanzen (Phanerogamae).	

Die Stockpflanzen oder Cormophyten, in deren Organisation bereits der Unterschied von Axorganen (Stengel und Wurzel) und Blattorganen entwickelt ist, bilden gegenwärtig und schon seit sehr langer Zeit die Hauptmasse der Pflanzenwelt. Allein so war es nicht immer. Vielmehr fehlten die Stockpflanzen, und zwar nicht allein die Blumenpflanzen, sondern auch die Prothalluspflanzen, noch gänzlich während jenes unermeßlich langen Zeitraums, welcher als das archolithische oder primordiale Zeitalter den Beginn und den ersten Hauptabschnitt der organischen Erdgeschichte bildet. Sie erinnern sich, daß während dieses Zeitraums sich die laurentischen, cambrischen und silurischen Schichtensysteme ablagerten, deren Dicke zusammengenommen ungefähr 70,000 Fuß beträgt. Da nun die Dicke aller darüber liegenden jüngeren Schichten, von den devonischen bis zu den Ablagerungen der Gegenwart, zusammen nur ungefähr 60,000 Fuß erreicht, so konnten wir hieraus schon den auch aus anderen Gründen wahrscheinlichen Schluß ziehen, daß jenes archolithische oder primordiale Zeitalter eine längere Dauer besaß, als die ganze darauf folgende Zeit bis zur Gegenwart. Während dieses ganzen unermeßlichen Zeitraums, der vielleicht viele Millionen von Jahrhunderten umschloß, scheint das Pflanzenleben auf unserer Erde ausschließlich durch die Stammgruppe der Thalluspflanzen, und zwar nur durch die Hauptclasse der wasserbewohnenden Thalluspflanzen, durch die Tange oder Algen, vertreten gewesen zu sein. Wenigstens gehören alle versteinerten Pflanzenreste, welche wir mit Sicherheit aus der Primordialzeit kennen, ausschließlich dieser Hauptclasse an. Da auch alle Thierreste dieses ungeheuren Zeitraums nur wasserbewohnenden Thieren angehören, so schließen wir daraus, daß landbewohnende Organismen damals noch gar nicht existirten.

Schon aus diesen Gründen muß die erste und unvollkommenste Hauptclasse des Pflanzenreichs, die Abtheilung der Tange oder Algen, für uns von ganz besonderer Bedeutung sein. Dazu kommt noch das hohe Interesse, welches uns diese Hauptclasse, auch an sich betrachtet, gewährt. Trotz ihrer höchst einfachen Zusammensetzung aus gleichartigen oder nur wenig differenzirten Zellen zeigen die Tange dennoch eine außerordentliche Mannichfaltigkeit verschiedener Formen. Einerseits gehören dazu die einfachsten und unvollkommensten aller Gewächse, andrerseits sehr entwickelte und eigenthümliche Gestalten. Ebenso wie in der Vollkommenheit und Mannichfaltigkeit ihrer äußeren Formbildung unterscheiden sich die verschiedenen Algengruppen auch in der Körpergröße. Auf der tiefsten Stufe finden wir die winzig kleinen Protococcus-Arten, von denen mehrere Hunderttausend auf den Raum eines Stecknadelknopfs gehen. Auf der höchsten Stufe bewundern wir in den riesenmäßigen Makrocysten, welche eine Länge von 300—400 Fuß erreichen, die höchsten von allen Gestalten des Pflanzenreichs. Vielleicht ist auch ein großer Theil der Steinkohlen aus Tangen entstanden. Und wenn nicht aus diesen Gründen, so müßten die Algen schon deshalb unsere besondere Aufmerksamkeit erregen, weil sie die Anfänge des Pflanzenlebens bilden und die ältesten Stammformen aller übrigen Pflanzengruppen enthalten.

Die meisten Bewohner des Binnenlandes können sich nur eine sehr unvollkommene Vorstellung von dieser höchst interessanten Hauptclasse des Pflanzenreichs machen, weil sie davon nur die verhältnißmäßig kleinen und einfachen Vertreter kennen, welche das süße Wasser bewohnen. Die schleimigen grünen Wasserfäden und Wasserflocken in unseren Teichen und Brunnentrogen, die hellgrünen Schleimüberzüge auf allerlei Holzwerk, welches längere Zeit mit Wasser in Berührung war, die gelbgrünen schaumigen Schleimdecken auf den Tümpeln unserer Dörfer, die grünen Haarbüscheln gleichenden Faden-

Systematische Uebersicht
der sechs Hauptclassen und achtzehn Classen des Pflanzenreichs.

Stammgruppen oder Unterreiche des Pflanzenreichs	Hauptclassen oder Kladen des Pflanzenreichs	Classen des Pflanzenreichs	Systematischer Name der Classen
A. Thallus-Pflanzen Thallophyta	I. Tange *Algae*	1. Urpflanzen	1. Protophyta
		2. Grüntange	2. Conferveae
		3. Brauntange	3. Fucoideae
		4. Rothtange	4. Florideae
		5. Mostange	5. Characeae
	II. Fadner *Inophyta*	6. Pilze	6. Fungi
		7. Flechten	7. Lichenes
B. Prothallus-Pflanzen Prothallota	III. Mose *Muscinae*	8. Lebermose	8. Hepaticae (*Thallobrya*)
		9. Laubmose	9. Frondosae (*Phyllobrya*)
	IV. Farne *Filicinae*	10. Laubfarne	10. Pterideae (*Filices*)
		11. Wasserfarne	11. Rhizocarpeae (*Hydropterides*)
		12. Schaftfarne	12. Calamariae (*Calamophyta*)
		13. Schuppenfarne	13. Selagineae (*Lepidophyta*)
C. Blumen-Pflanzen Phanerogamae	V. Nacktsamige *Gymnospermae*	14. Farnpalmen	14. Cycadeae
		15. Nadelhölzer	15. Coniferae
		16. Meningos	16. Gnetaceae
	VI. Decksamige *Angiospermae*	17. Einkeimblättrige	17. Monocotylae
		18. Zweikeimblättrige	18. Dicotylae

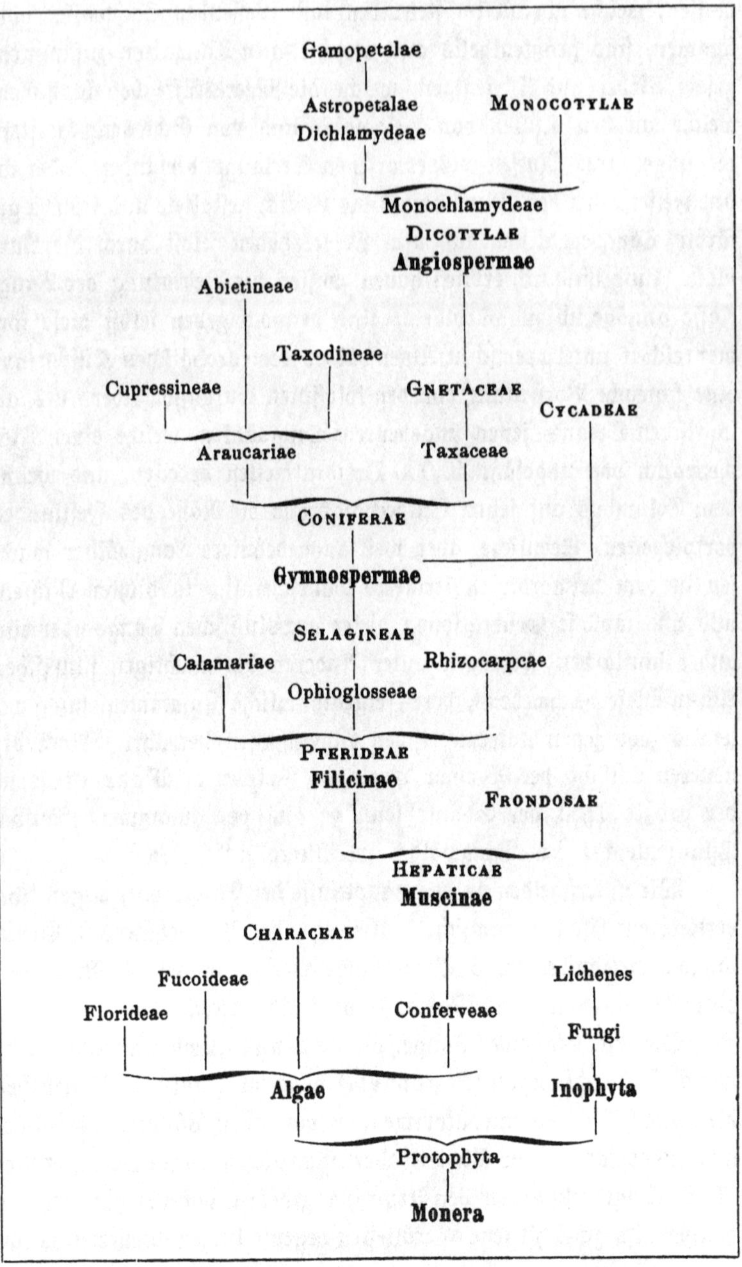
Gamopetalae
Astropetalae
Dichlamydeae
MONOCOTYLAE
Monochlamydeae
DICOTYLAE
Angiospermae
Abietineae
Taxodineae
Cupressineae
GNETACEAE
CYCADEAE
Araucariae
Taxaceae
CONIFERAE
Gymnospermae
SELAGINEAE
Calamariae
Rhizocarpeae
Ophioglosseae
PTERIDEAE
Filicinae
FRONDOSAE
HEPATICAE
Muscinae
CHARACEAE
Fucoideae
Lichenes
Florideae
Conferveae
Fungi
Algae
Inophyta
Protophyta
Monera

massen, welche überall im stehenden und fließenden Süßwasser vorkommen, sind größtentheils aus verschiedenen Tangarten zusammengesetzt. Aber nur Diejenigen, welche die Meeresküste besucht haben, welche an den Küsten von Helgoland und von Schleswig-Holstein die ungeheuren Massen ausgeworfenen Seetangs bewundert, oder an den Felsenufern des Mittelmeeres die zierlich gestaltete und lebhaft gefärbte Tangvegetation auf dem Meeresboden selbst durch die klare blaue Fluth hindurch erblickt haben, wissen die Bedeutung der Tangclasse annähernd zu würdigen. Und dennoch geben selbst diese formenreichen untermeerischen Algenwälder der europäischen Küsten nur eine schwache Vorstellung von den kolossalen Sargassowäldern des atlantischen Oceans, jenen ungeheuren Tangbänken, welche einen Flächenraum von ungefähr 40,000 Quadratmeilen bedecken, und welche dem Columbus auf seiner Entdeckungsreise die Nähe des Festlandes vorspiegelten. Aehnliche, aber weit ausgedehntere Tangwälder wuchsen in dem primordialen Urmeere wahrscheinlich in dichten Massen, und wie zahllose Generationen dieser archolithischen Tange über einander hinstarben, bezeugen unter Anderen die mächtigen silurischen Alaunschiefer Schwedens, deren eigenthümliche Zusammensetzung wesentlich von jenen untermeerischen Algenmassen herrührt. Nach der neueren Ansicht des Bonner Geologen Friedrich Mohr ist sogar der größte Theil der Steinkohlenflötze aus den zusammengehäuften Pflanzenleichen der Tangwälder im Meere entstanden.

Wir unterscheiden in der Hauptclasse der Tange oder Algen fünf verschiedene Classen, nämlich: 1. Urtange oder Protophyten, 2. Grüntange oder Conferveen, 3. Brauntange oder Fucoideen, 4. Rothtange oder Florideen und 5. Mostange oder Characeen.

Die erste Classe der Tange, die Urtange (Archephyceae), können auch Urpflanzen (Protophyta) genannt werden, weil dieselben die einfachsten und unvollkommensten von allen Pflanzen enthalten, und insbesondere jene ältesten aller pflanzlichen Organismen, welche allen übrigen Pflanzen den Ursprung gegeben haben. Es gehören hierher also zunächst jene allerältesten vegetabilischen Moneren, welche im Beginne der laurentischen Periode durch Urzeugung entstanden sind. Ferner müssen wir dahin alle jene Pflanzenformen von einfachster Organisation rechnen, welche aus jenen sich zunächst in laurentischer Zeit entwickelt haben, und welche den Formwerth einer einzigen Plastide besaßen. Zunächst waren dies solche Urpflänzchen, deren ganzer Körper eine einfache Cytode (eine kernlose Plastide) bildete, und weiterhin solche, die bereits durch Sonderung von Kern und Protoplasma den höheren Formwerth einer einfachen Zelle erreicht hatten (vergl. oben S. 308). Noch in der Gegenwart leben verschiedene einfachste Tangformen, welche von diesen ursprünglichen Urpflanzen sich nur wenig entfernt haben. Dahin gehören die Tangfamilien der Codiolaceen, Protococcaceen, Desmidiaceen, Palmellaceen) Hydrodictyeen, und noch manche Andere. Auch die merkwürdige Gruppe der Phycochromaceen (Chroococcaceen und Oscillarineen) würde hierher zu ziehen sein, falls man diese nicht lieber als einen selbstständigen Stamm des Protistenreichs ansehen will (vergl. S. 376).

Die monoplastiden Protophyten, d. h. die aus einer einzigen Plastide bestehenden Urtange, sind vom größten Interesse, weil hier der pflanzliche Organismus seinen ganzen Lebenslauf als ein einfachstes „Individuum erster Ordnung" vollendet, entweder als kernlose Cytode, oder als kernhaltige Zelle. Vorzüglich die Untersuchungen von Alexander Braun und von Carl Nägeli, zwei um die Entwickelungs-Theorie sehr verdienten Botanikern, haben uns näher mit denselben bekannt gemacht. Zu den monocytoden Urpflanzen gehören die höchst merkwürdigen Schlauchalgen oder Siphoneen, deren ansehnlicher Körper in wunderbarer Weise die Formen mancher höheren Pflanzen nachahmt. Einige von diesen Siphoneen erreichen eine Größe von mehreren Fußen und gleichen einem zierlichen Mose (Bryopsis) oder einem Bärlappe oder gar einer vollkommenen Blüthenpflanze mit Stengel, Wurzeln und Blättern (Caulerpa, Fig. 17). Und dennoch besteht dieser ganze große und vielfach äußerlich differenzirte Körper innerlich aus einem ganz einfachen Schlauche, der nur den Formwerth einer einzigen Cytode besitzt.

Fig. 17. Caulerpa denticulata, eine monoplastide Siphonee in natürlicher Größe. Die ganze verzweigte Urpflanze, welche aus einem kriechenden Stengel mit Wurzelfaser-Büscheln und gezähnten Laubblättern zu bestehen scheint, ist in Wirklichkeit nur eine einzige Plastide, und zwar eine (kernlose) Cytode, noch nicht einmal von dem Formwerth einer (kernhaltigen) Zelle.

Diese wunderbaren Siphoneen, Vaucherien und Caulerpen zeigen uns, wie weit es die einzelne Cytode als ein einfachstes Individuum erster Ordnung durch fortgesetzte Anpassung an die Verhältnisse der Außenwelt bringen kann. Auch die einzelligen Urpflanzen, welche sich durch den Besitz eines Kernes von den monocytoden unterscheiden, bilden durch vielseitige Anpassung eine große Mannichfaltigkeit von zierlichen Formen, besonders die reizenden Desmidiaceen, von denen als Beispiel in Fig. 18 eine Art von Euastrum abgebildet ist. Es ist sehr wahrscheinlich, daß ähnliche Urpflanzen, deren weicher Körper aber nicht der fossilen Erhaltung fähig war, in großer Masse und Mannichfaltigkeit einst das laurentische Urmeer bevölkerten und

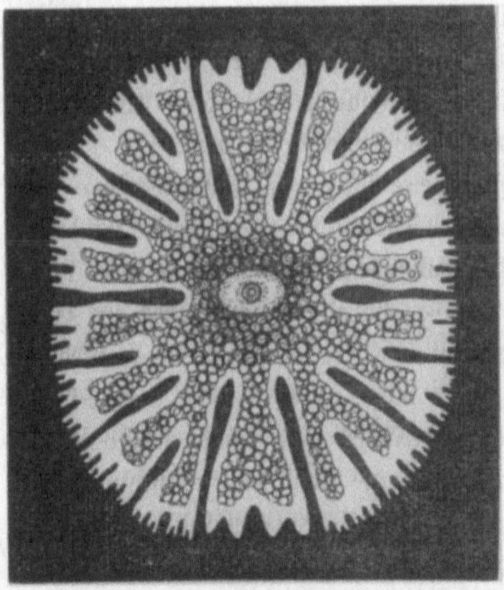

Fig. 18. Euastrum rota, eine einzellige Desmidiacee, stark vergrößert. Der ganze zierliche sternförmige Körper der Urpflanze hat den Formwerth einer einzigen Zelle. In der Mitte derselben liegt der Kern nebst Kernkörperchen.

einen großen Formenreichthum entfalteten, ohne doch die Individualitätsstufe einer einfachen Plastide zu überschreiten. Uebrigens wird vielleicht das Pflanzensystem der Zukunft diese einzelligen „Urpflanzen" später in das Protistenreich stellen, was allerdings logisch richtiger sein würde.

An die Urpflanzen oder Urtange schließt sich als zweite Classe der Algen zunächst die Gruppe der Grüntange oder Grünalgen an (Conferveae oder Chlorophyceae). Gleich der Mehrzahl der ersteren sind auch sämmtliche Grüntange grün gefärbt, und zwar durch denselben Farbstoff, das Blattgrün oder Chlorophyll, welches auch die Blätter aller höheren Gewächse grün färbt. Zu dieser Classe gehören außer einer großen Anzahl von niederen Seetangen die allermeisten Tange des süßen Wassers, die gemeinen Wasserfäden oder Conferven, die grünen Schleimkugeln oder Glöosphären, der hellgrüne Wassersalat oder die Ulven, welche einem sehr dünnen und langen Salatblatte gleichen, ferner zahlreiche mikroskopisch kleine Tange, welche in dichter Masse zusammengehäuft einen hellgrünen schleimigen Ueberzug über allerlei im Wasser liegende Gegenstände, Holz, Steine u. s. w. bilden, sich aber durch die Zusammensetzung und Differenzirung ihres Körpers bereits über die einfachen Urtange erheben. Da die Grüntange, gleich den Urtangen, meistens einen sehr weichen Körper besitzen, waren sie nur sehr selten der Versteinerung fähig. Wahrscheinlich hat aber auch diese Algenclasse (gleich der vorigen, aus der sie sich zunächst entwickelte), bereits während der laurentischen Zeit die süßen und salzigen Gewässer der Erde in der größten Ausdehnung und Mannichfaltigkeit bevölkert.

In der dritten Classe, derjenigen der Brauntange oder Schwarztange (Fucoideae oder Phaeophyceae), erreicht die Hauptclasse der Algen ihren höchsten Entwickelungsgrad, wenigstens in Bezug auf die körperliche Größe. Die charakteristische Farbe der Fucoideen ist meist ein mehr oder minder dunkles Braun, bald mehr in Olivengrün und Gelbgrün, bald mehr in Braunroth und Schwarz übergehend. Hierher gehören die größten aller Tange, welche zugleich die längsten von allen Pflanzen sind, die kolossalen Riesentange, unter denen Macrocystis pyrifera an der californischen Küste eine Länge von 400 Fuß erreicht. Aber auch unter unseren einheimischen Tangen gehören die ansehnlichsten Formen zu dieser Gruppe, so namentlich der stattliche Zuckertang (Laminaria), dessen schleimige olivengrüne Thalluskörper, riesigen Blättern von 10—15 Fuß Länge, ½—1 Fuß Breite gleichend, in großen Massen an der Küste der Nord- und Ostsee ausgeworfen werden. Auch der in unseren Meeren gemeine Blasentang (Fucus vesiculosus), dessen mehrfach gabelförmig gespaltenes Laub durch viele eingeschlossene Luftblasen (wie bei vielen anderen Brauntangen) auf dem Wasser schwimmend erhalten wird, gehört zu dieser Classe; ebenso der freischwimmende Sargassotang (Sargassum bacciferum), welcher die schwimmenden Wiesen oder Bänke des Sargassomeeres bildet. Obwohl jedes Individuum von diesen großen Tangbäumen aus vielen Millionen von Zellen zusammengesetzt ist, besteht es dennoch im Beginne seiner Existenz, gleich allen höheren Pflanzen, aus einer einzigen Zelle, einem einfachen Ei. Dieses Ei ist z. B. bei unserm gemeinen Blasentang eine nackte, hüllenlose Zelle, und ist als solche den nackten Eiern niederer Seethiere, z. B. der Medusen, zum Verwechseln ähnlich (Fig. 19). Fucoideen oder Brauntange sind es wahrscheinlich zum größten Theile gewesen, welche während der Primordialzeit die charakteristischen Tangwälder dieses end-

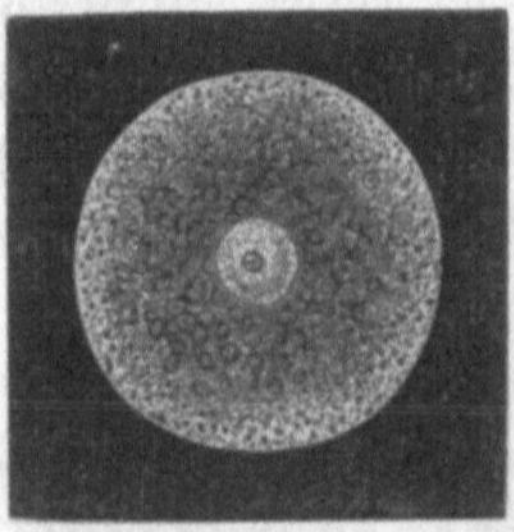

Fig 19. Das Ei des gemeinen Blasentang (Fucus vesiculosus), eine einfache nackte Zelle, stark vergrößert. In der Mitte der nackten Protoplasma-Kugel schimmert der helle Kern hindurch.

losen Zeitraums zusammengesetzt haben. Die versteinerten Reste, welche uns von denselben (vorzüglich aus der silurischen Zeit) erhalten sind, können uns allerdings nur eine schwache Vorstellung davon geben, weil die Formen dieser Tange, gleich den meisten anderen, sich nur schlecht zur Erhaltung im fossilen Zustande eignen. Jedoch ist vielleicht, wie schon bemerkt, ein großer Theil der Steinkohle aus denselben zusammengesetzt.

Weniger bedeutend ist die vierte Classe der Tange, diejenige der Rosentange oder Rothtange (Florideae oder Rhodophyceae). Zwar entfaltet auch diese Classe einen großen Reichthum verschiedener Formen. Allein die meisten derselben sind von viel geringerer Größe als die Brauntange. Uebrigens stehen sie den letzteren an Vollkommenheit und Differenzirung der äußeren Form keineswegs nach, übertreffen dieselben vielmehr in mancher Beziehung. Hierher gehören die schönsten und zierlichsten aller Tange, welche sowohl durch die feine Fiederung und Zertheilung ihres Laubkörpers, wie durch reine und zarte rothe Färbung zu den reizendsten Pflanzen gehören. Die charakteristische rothe Farbe ist bald ein tiefes Purpur-, bald ein brennendes Scharlach-, bald ein zartes Rosenroth, und geht einerseits in violette und purpurblaue, andererseits in braune und grüne Tinten in bewunderungswürdiger Pracht über. Wer einmal eines unserer nordischen Seebäder besucht hat, wird gewiß schon mit Staunen die reizenden Formen dieser Florideen betrachtet haben, welche auf weißem Papier, zierlich angetrocknet, vielfach zum Verkaufe geboten werden. Die meisten Rothtange sind leider so zart, daß sie gar nicht der Versteinerung fähig sind, so die prachtvollen Ptiloten, Plocamien, Delesserien u. s. w. Doch giebt es einzelne Formen, wie die Chondrien und Sphärococcen, welche einen härteren, oft fast knorpelharten

Thallus besitzen, und von diesen sind uns auch manche versteinerte Reste, namentlich aus den silurischen, devonischen und Kohlenschichten, später besonders aus dem Jura, erhalten worden. Wahrscheinlich nahm auch diese Classe an der Zusammensetzung der archolithischen Tangflora wesentlichen Antheil.

Die fünfte und letzte Classe unter den Algen bilden die Mostange (Characeae). Hierher gehören die tangartigen Armleuchterpflanzen (Chara) und Glanzmose (Nitella), welche mit ihren grünen, fadenförmigen, quirlartig von gabelspaltigen Aesten umstellten Stengeln in unseren Teichen und Tümpeln oft dichte Bänke bilden. Einerseits nähern sich die Characeen im anatomischen Bau, besonders der Fortpflanzungsorgane, den Mosen und werden diesen neuerdings unmittelbar angereiht. Andrerseits stehen sie durch viele Eigenschaften tief unter den echten Mosen und schließen sich vielmehr den Grüntangen oder Conferveen an. Man könnte sie daher wohl als übrig gebliebene und eigenthümlich ausgebildete Abkömmlinge von jenen Grüntangen betrachten, aus denen sich die wahren Mose entwickelt haben. Durch manche Eigenthümlichkeiten sind übrigens die Characeen so sehr von allen übrigen Pflanzen verschieden, daß viele Botaniker sie als eine besondere Hauptabtheilung des Pflanzenreichs betrachten.

Was die Verwandtschaftsverhältnisse der verschiedenen Tangclassen zu einander und zu den übrigen Pflanzen betrifft, so bilden höchst wahrscheinlich, wie schon bemerkt, die Urtange oder Archephyceen die gemeinsame Wurzel des Stammbaums, nicht allein für die verschiedenen Tangclassen, sondern für das ganze Pflanzenreich. Deshalb können sie auch mit Recht als Urpflanzen oder Protophyten bezeichnet werden. Aus den nackten vegetabilischen Moneren, welche sich im ersten Beginn der laurentischen Periode entwickelten, werden zunächst Hüllcytoden entstanden sein (S. 308), indem der nackte, structurlose Eiweißleib der Moneren sich an der Oberfläche krustenartig verdichtete oder eine Hülle ausschwitzte. Späterhin werden dann aus diesen Hüllcytoden echte Pflanzenzellen geworden sein, indem im Innern sich ein Kern oder Nucleus von dem umgebenden Zellstoff oder Plasma sonderte. Die drei Classen der Grüntange, Brauntange und Rothtange, sind vielleicht drei gesonderte Stämme, welche unabhängig von einander aus der gemeinsamen Wurzelgruppe der Urtange entstanden sind und sich dann (ein jeder in seiner Art) weiter entwickelt und vielfach in Ordnungen und Familien verzweigt haben. Die Brauntange und Rothtange haben keine nähere Blutsverwandtschaft zu den übrigen Classen des Pflanzenreichs. Diese letzteren sind vielmehr aus den Urtangen entstanden, und zwar entweder direct oder durch Vermittlung der Grüntange. Wahrscheinlich sind einerseits die Mose (aus welchen später die Farne sich entwickelten) aus einer Gruppe der Grüntange, andrerseits die Pilze und Flechten aus einer Gruppe der Urtange hervorgegangen. Die Phanerogamen haben sich jedenfalls erst viel später aus den Farnen entwickelt.

Als zweite Hauptclasse des Pflanzenreichs haben wir oben die Fadner oder Fadenpflanzen (Inophyta) angeführt. Wir verstehen darunter die beiden naheverwandten Classen der Flechten und Pilze. Das sind sehr merkwürdige Organismen, die ursprünglich eigentlich nicht in das Pflanzenreich gehören. Die Pilze, welche die Hauptmasse und Stammgruppe der Fadenpflanzen bilden, sind vielmehr logischer Weise eigentlich in das Protistenreich zu stellen. Es ist sehr wahrscheinlich, daß viele niedere Pilze (wie z. B. manche Gährungspilze, Mikrococcus-Formen u. s. w.) einer Anzahl von verschiedenen archigonen (d. h. durch Urzeugung entstandenen) Moneren ihren Ursprung verdanken. Sowohl die Flechten als die Pilze unterscheiden sich von den echten Pflanzen durch die Zusammensetzung ihres weichen Körpers aus einem dichten Geflecht von sehr langen, vielfach verschlungenen, eigenthümlichen Fadenzellen, den sogenannten Hyphen, weshalb wir sie eben in der Hauptclasse der Fadenpflanzen zusammenfassen. Diese „Hyphen" sind Cytoden, keine echten Zellen. Denn sie enthalten niemals einen Zellkern, wie ihn jede echte Pflanzenzelle (in ihrer Jugend wenigstens) besitzt.

Die erste Classe der Fadenpflanzen, die Pilze (Fungi), werden irrthümlich oft Schwämme genannt und daher mit den echten thierischen Schwämmen oder Spongien verwechselt. Sie zeigen zum Theil allerdings nahe Verwandtschaftsbeziehungen zu den niedersten Algen; insbesondere sind die Tangpilze oder Phycomyceten (die Saprolegnieen und Peronosporen) eigentlich nur durch den Mangel des Blattgrüns oder Chorophylls von den vorher genannten Schlauchalgen oder Siphoneen (den Vaucherien und Caulerpen) verschieden. Andrerseits aber haben alle eigentlichen Pilze so viel Eigenthümliches und weichen namentlich durch ihre Ernährungsweise so sehr von allen übrigen Pflanzen ab, daß man sie richtiger in das Protistenreich stellen sollte. Die übrigen Pflanzen leben größtentheils von anorgischer Nahrung, von einfachen Verbindungen, welche sie zu verwickelteren zusammensetzen. Sie erzeugen Protoplasma durch Zusammensetzung von Wasser, Kohlensäure und Ammoniak. Sie athmen Kohlensäure ein und Sauerstoff aus. Die Pilze dagegen leben, gleich den Thieren, von organischer Nahrung, von verwickelten und lockeren Kohlenstoffverbindungen, welche sie von anderen Organismen erhalten und zersetzen. Sie athmen Sauerstoff ein und Kohlensäure aus, wie die Thiere. Auch bilden sie niemals das Blattgrün oder Chlorophyll, welches für die meisten übrigen Pflanzen so charakteristisch ist. Eben so erzeugen sie niemals Stärkemehl oder Amylum. Daher haben schon wiederholt hervorragende Botaniker den Vorschlag gemacht, die Pilze ganz aus dem Pflanzenreiche zu entfernen und als ein besonderes drittes Reich zwischen Thier- und Pflanzenreich zu setzen. Dadurch würde unser Protistenreich einen sehr bedeutenden Zuwachs erhalten. Da aber viele Pilze sich auf geschlechtlichem Wege fortpflanzen, und da die meisten Botaniker, der herkömmlichen Anschauung gemäß, die Pilze als echte Pflanzen betrachten, lassen wir sie hier vorläufig noch im Pflanzenreiche stehen. Der phyletische Ursprung der Pilze wird wohl noch lange im Dunkeln bleiben. Die bereits angedeutete nahe Verwandtschaft der Phycomyceten und Siphoneen (besonders der Saprolegnieen und Vaucherien) läßt daran denken, daß ein Theil der Pilze von letzteren abstammt. Andrerseits sprechen jedoch auch gewichtige Thatsachen für die Vermuthung, daß die meisten Pilze selbstständigen Ursprungs sind.

Die zweite Classe der Inophyten, die Flechten (Lichenes), sind in phylogenetischer Beziehung sehr merkwürdig. Die überraschenden Entdeckungen der letzten Jahre haben nämlich gelehrt, daß jede Flechte eigentlich aus zwei ganz verschiedenen Pflanzen zusammengesetzt ist, aus einer niederen Algenform (Nostochaceae, Chroococcaceae) und aus einer parasitischen Pilzform (Ascomycetes), welche auf der ersteren schmarotzt, und von den assimilirten Stoffen lebt, die diese bereitet. Die grünen, chlorophyllhaltigen Zellen (Gonidien), welche man in jeder Flechte findet, gehören der Alge an. Die farblosen Fäden (Hyphen) dagegen, welche dicht verwebt, die Hauptmasse des Flechtenkörpers bilden, gehören dem schmarotzenden Pilze an. Immer aber sind beide Pflanzenformen, Pilz und Alge, die man doch als Angehörige zweier ganz verschiedener Classen betrachtet, so fest mit einander verbunden und so innig durchwachsen, daß Jedermann die Flechte als einen einheitlichen Organismus betrachtet. Die meisten Flechten bilden mehr oder weniger unansehnliche, formlose oder unregelmäßig zerrissene, krustenartige Ueberzüge auf Steinen, Baumrinden u. s. w. Die Farbe derselben wechselt in allen möglichen Abstufungen vom reinsten Weiß, durch Gelb, Roth, Grün, Braun, bis zum dunkelsten Schwarz. Wichtig sind viele Flechten in der Oeconomie der Natur dadurch, daß sie sich auf den trockensten und unfruchtbarsten Orten, insbesondere auf dem nackten Gestein, ansiedeln können, auf welchem keine andere Pflanze leben kann. Die harte, schwarze Lava, welche in vulkanischen Gegenden viele Quadratmeilen Boden bedeckt, und welche oft Jahrhunderte lang jeder Pflanzenansiedelung den hartnäckigsten Widerstand leistet, wird zuerst immer von Flechten bewältigt. Weiße oder graue Steinflechten (Stereocaulon) sind es, welche auf den ödesten und todtesten Lavafeldern mit der Urbarmachung des nackten Felsenbodens beginnen und denselben für die nachfolgende höhere Vegetation erobern. Ihre absterbenden Leiber bilden die erste Dammerde, in welcher nachher Mose, Farne und Blüthenpflanzen festen Fuß fassen können. Auch gegen klimatische Unbilden sind die zähen Flechten unempfindlicher als alle anderen Pflanzen. Daher überziehen ihre trockenen Krusten die nackten Felsen noch in den höchsten, großentheils mit ewigem Schnee bedeckten Gebirgshöhen, in denen keine andere Pflanze mehr ausdauern kann.

Indem wir nun die Pilze, Flechten und Tange, welche gewöhnlich als Thalluspflanzen zusammengefaßt werden, verlassen, betreten wir das Gebiet der zweiten großen Hauptabtheilung des Pflanzenreichs, der Prothalluspflanzen (Prothallota oder Prothallophyta), welche von Anderen als phyllogonische Cryptogamen bezeichnet werden (im Gegensatz zu den Thalluspflanzen oder thallogonischen Cryptogamen). Dieses Gebiet umfaßt die beiden Hauptclassen der Mose und Farne. Hier begegnen wir bereits allgemein (wenige der untersten Stufen ausgenommen) der Sonderung des Pflanzenkörpers in zwei verschiedene Grundorgane: Axenorgane (oder Stengel und Wurzel) und Blätter (oder Seitenorgane). Hierin gleichen die Prothalluspflanzen bereits den Blumenpflanzen, weßhalb man sie neuerdings auch häufig mit diesen als Stockpflanzen oder Cormophyten zusammenfaßt. Andererseits gleichen die Mose und Farne den Thalluspflanzen durch den Mangel der Blumenbildung und der Samenbildung; und daher stellte sie Linné mit diesen als Cryptogamen zusammen, im Gegensatze zu den samenbildenden Pflanzen oder Blumenpflanzen (den Phanerogamen oder Anthophyten).

Unter dem Namen „Prothalluspflanzen" vereinigen wir die nächstverwandten Mose und Farne deshalb, weil bei Beiden sich ein sehr eigenthümlicher und charakteristischer Generationswechsel in der individuellen Entwickelung findet. Jede Art nämlich tritt in zwei verschiedenen Generationen auf, von denen man die eine gewöhnlich als Vorkeim oder Prothallium bezeichnet, die andere dagegen als den eigentlichen Stock oder Cormus des Moses oder des Farns betrachtet. Die erste und ursprüngliche Generation, der Vorkeim oder Prothallus, auch das Prothallium oder Protonema genannt, steht noch auf jener niederen Stufe der Formbildung, welche alle Thalluspflanzen zeitlebens zeigen, d. h. es sind Stengel und Blattorgane noch nicht gesondert und der ganze zellige Körper des Vorkeims stellt einen einfachen Thallus dar. Die zweite und vollkommenere Generation der Mose und Farne dagegen, der Stock oder Cormus, bildet einen viel höher organisirten Körper, welcher wie bei den Blumenpflanzen in Stengel und Blatt gesondert ist; ausgenommen sind die niedersten Mose, bei welchen auch diese Generation noch auf der niederen Stufe der ursprünglichen Thallusbildung stehen bleibt. Mit Ausnahme dieser letzteren erzeugt allgemein bei den Mosen und Farnen die erste Generation, der thallusförmige Vorkeim, eine stockförmige zweite Generation mit Stengel und Blättern; diese erzeugt wiederum den Thallus der ersten Generation u. s. w. Es ist also, wie bei dem gewöhnlichen einfachen Generationswechsel der Thiere, die erste Generation der dritten, fünften u. s. w., die zweite dagegen der vierten, sechsten u. s. w. gleich. (Vergl. oben S. 185.)

Von den beiden Hauptclassen der Prothalluspflanzen stehen die Mose im Allgemeinen auf einer viel tieferen Stufe der Ausbildung, als die Farne, und vermitteln durch ihre niedersten Formen (namentlich in anatomischer Beziehung) den Uebergang von den Thalluspflanzen und speciell von den Tangen zu den Farnen. Der genealogische Zusammenhang der Mose und Farne, welcher dadurch angedeutet wird, läßt sich jedoch nur zwischen den unvollkommensten Formen beider Hauptclassen nachweisen. Die vollkommneren und höheren Gruppen der Mose und Farne stehen in keiner näheren Beziehung zu einander und entwickeln sich nach entgegengesetzten Richtungen hin. Jedenfalls sind die Mose direct aus Thalluspflanzen und zwar wahrscheinlich aus Grüntangen entstanden. Die Farne dagegen stammen wahrscheinlich von ausgestorbenen unbekannten Muscinen ab, die den niedrigsten der heutigen Lebermose sehr nahe standen. Für die Schöpfungsgeschichte sind die Farne von weit höherer Bedeutung als die Mose.

Die Hauptclasse der Mose (Muscinae, auch Musci oder Bryophyta genannt) enthält die niederen und unvollkommneren Pflanzen der Prothalloten-Gruppe, welche noch gefäßlos sind. Meistens ist ihr Körper so zart und vergänglich, daß er sich nur sehr schlecht zur kenntlichen Erhaltung in versteinertem Zustande eignet. Daher sind die fossilen Reste von allen Mosclassen selten und unbedeutend. Vermuthlich haben sich die Mose schon in sehr früher Zeit aus den Thalluspflanzen, und zwar aus den Grüntangen entwickelt. Wasser bewohnende Uebergangsformen von letzteren zu den Mosen gab es wahrscheinlich schon in der Primordialzeit und landbewohnende in der Primärzeit. Die Mose der Gegenwart, aus deren stufenweis verschiedener Ausbildung die vergleichende Anatomie Einiges auf ihre Stammesgeschichte schließen kann, zerfallen in zwei verschiedene Classen, nämlich in die Lebermose und die Laubmose.

Die erste und ältere Classe der Mose, welche sich unmittelbar an die Grüntange oder Conferveen anreiht, bilden die Lebermose (Hepaticae oder Thallobrya). Die hierher gehörigen Mose sind meistens kleine und unansehnliche, aber zierliche Pflänzchen. Die niedersten Formen derselben besitzen noch in beiden Generationen einen einfachen Thallus, wie die Thalluspflanzen, so z. B. die Riccien und Marchantien. Die höheren Lebermose dagegen, die Jungermannien und Verwandte, beginnen allmählich Stengel und Blatt zu sondern, und die höchsten schließen sich unmittelbar an die Laubmose an. Die Lebermose zeigen durch diese Uebergangsbildung ihre directe Abstammung von den Thallophyten, und zwar von den Grüntangen an.

Diejenigen Mose, welche der Laie gewöhnlich allein kennt, und welche auch in der That den hauptsächlichsten Bestandtheil der ganzen Hauptclasse bilden, gehören zur zweiten Classe, den Laubmosen (Musci frondosi, Musci im engeren Sinne oder Phyllobrya). Unter die Laubmose gehören die meisten jener zierlichen Pflänzchen, die zu dichten Gruppen vereinigt den seidenglänzenden Mosteppich unserer Wälder bilden, oder auch in Gemeinschaft mit Lebermosen und

Flechten die Rinde der Bäume überziehen. Als Wasserbehälter, welche die Feuchtigkeit sorgfältig aufbewahren, sind sie für die Oeconomie der Natur von der größten Wichtigkeit. Wo der Mensch schonungslos die Wälder abholzt und ausrodet, da verschwinden mit den Bäumen auch die Laubmose, welche ihre Rinde bedecken oder im Schutze ihres Schattens den Boden bekleiden und die Lücken zwischen den größeren Gewächsen ausfüllen. Mit den Laubmosen verschwinden aber die nützlichen Wasserbehälter, welche Regen und Thau sammeln und für die Zeit der Trockniß aufbewahren. So entsteht eine trostlose Dürre des Bodens, welche das Aufkommen jeder ergiebigen Vegetation vereitelt. In dem größten Theile Süd-Europas, in Griechenland, Italien, Sicilien, Spanien sind durch die rücksichtslose Ausrodung der Wälder die Mose vernichtet und dadurch der Boden seiner nützlichsten Feuchtigkeitsvorräthe beraubt worden; die vormals blühendsten und üppigsten Landstriche sind in dürre, öde Wüsten verwandelt. Leider nimmt auch in Deutschland neuerdings diese rohe Barbarei immer mehr überhand. Wahrscheinlich haben die kleinen Laubmose jene außerordentlich wichtige Rolle schon seit sehr langer Zeit, vielleicht seit Beginn der Primärzeit gespielt. Da aber ihre zarten Leiber ebenso wenig wie die der übrigen Mose für die deutliche Erhaltung im fossilen Zustande geeignet sind, so kann uns hierüber die Paläontologie keine Auskunft geben.

Weit mehr als von den Mosen wissen wir durch die Versteinerungskunde von den Farnen. Diese zweite Hauptklasse der Prothalluspflanzen hat eine außerordentliche Bedeutung für die Geschichte der Pflanzenwelt gehabt. Die Farne, oder genauer ausgedrückt, die „farnartigen Pflanzen" (Filicinae oder Pteridoidae, auch Pteridophyta oder Gefäßcryptogamen genannt), bilden während eines außerordentlich langen Zeitraums, nämlich während des ganzen primären oder paläolithischen Zeitalters, die Hauptmasse der Pflanzenwelt, so daß wir dasselbe geradezu als das Zeitalter der Farnwälder bezeichnen konnten. Seit Anbeginn der devonischen Zeit, in welcher zum ersten Male landbewohnende Organismen auftraten, während der Ablagerung der devonischen, carbonischen und permischen Schichten, überwogen die farnartigen Pflanzen so sehr alle übrigen, daß jene Benennung dieses Zeitalters in der That gerechtfertigt ist. In den genannten Schichtensystemen, vor allen aber in den ungeheuer mächtigen Steinkohlenflötzen der carbonischen oder Steinkohlenzeit, finden wir so zahlreiche und zum Theil wohl erhaltene Reste von Farnen, daß wir uns daraus ein ziemlich lebendiges Bild von der ganz eigenthümlichen Landflora des paläolithischen Zeitalters machen können. Im Jahre 1855 betrug die Gesammtzahl der damals bekannten paläolithischen Pflanzenarten ungefähr Eintausend, und unter diesen befanden sich nicht weniger als 872 farnartige Pflanzen. Unter den übrigen 128 Arten befanden sich 77 Gymnospermen (Nadelhölzer und Palmfarne), 40 Thalluspflanzen (größtentheils Tange) und gegen 20 nicht sicher bestimmbare Cormophyten.

Wie schon bemerkt, haben sich die Farne wahrscheinlich aus niederen Lebermosen hervorgebildet, und zwar im Beginn der Primärzeit, in der devonischen Periode. In ihrer Organisation erheben sich die Farne bereits bedeutend über die Mose und schließen sich in ihren höheren Formen schon an die Blumenpflanzen an. Während bei den Mosen noch ebenso wie bei den Thalluspflanzen der ganze Körper aus ziemlich gleichartigen, wenig oder nicht differenzirten Zellen zusammengesetzt ist, entwickeln sich im Gewebe der Farne bereits jene eigenthümlich differenzirten Zellenstränge, welche man als Pflanzengefäße und Gefäßbündel bezeichnet, und welche auch bei den Blumenpflanzen allgemein vorkommen. Daher vereinigt man wohl auch die Farne als „Gefäßcryptogamen" mit den Phanerogamen, und stellt diese „Gefäßpflanzen" den „Zellenpflanzen" gegenüber, d. h. den „Zellencryptogamen" (Mosen und Thalluspflanzen). Dieser hochwichtige Fortschritt in der Pflanzenorganisation, die Bildung der Gefäße und Gefäßbündel, fand demnach erst in der devonischen Zeit statt, also im Beginn der zweiten nnd kleineren Hälfte der organischen Erdgeschichte. (Vergl. Taf. XVII und deren Erklärung unten im Anhang.)

Farnwald der Steinkohlenzeit.

Taf. XVII.

E. Haeckel del.

A. Giltsch lith.

Die Hauptclasse der Farne oder Filicinen zerfällt in vier verschiedene Classen, nämlich 1. die Laubfarne oder Pterideen, 2. die Wasserfarne oder Rhizocarpeen, 3. die Schaftfarne oder Calamarien und 4. die Schuppenfarne oder Selagineen. Die bei weitem wichtigste und formenreichste von diesen vier Classen, welche den Hauptbestandtheil der paläolithischen Wälder bildete, waren die Laubfarne, und demnächst die Schuppenfarne. Dagegen traten die Schaftfarne schon damals mehr gegen diese beiden Classen zurück, und von den Wasserfarnen wissen wir nicht einmal mit Bestimmtheit, ob sie damals schon lebten. Es muß uns schwer fallen, uns eine Vorstellung von dem ganz eigenthümlichen Charakter jener düsteren paläolithischen Farnwälder zu bilden, in denen der ganze bunte Blumenreichthum unserer gegenwärtigen Flora noch völlig fehlte, und welche noch von keinem Vogel, von keinem Säugethier belebt wurden. (Vergl. Taf. XVII.) Von Blumenpflanzen existirten damals nur die niedersten Classen, die nacktsamigen Nadelhölzer und Farnpalmen, mit unscheinbaren Blüthen.

Als die Stammgruppe der Farne, die sich zunächst aus den Lebermosen entwickelt hat, ist die Classe der Farne im engeren Sinne, der Laubfarne oder Wedelfarne, zu betrachten (Filices oder Pterideae, auch Phyllopterides genannt). In der gegenwärtigen Flora unserer gemäßigten Zonen spielt diese Classe nur eine untergeordnete Rolle, da sie hier meistens nur durch die niedrigen stammlosen Farnkräuter vertreten ist. In der heißen Zone dagegen, namentlich in den feuchten, dampfenden Wäldern der Tropengegenden, erhebt sie sich noch heutigentags zur Bildung der hochstämmigen, palmenähnlichen Farnbäume. Diese schönen Baumfarne der Gegenwart, welche zu den Hauptzierden unserer Gewächshäuser gehören, können uns aber nur eine schwache Vorstellung von den stattlichen und prachtvollen Laubfarnen der Primärzeit geben, deren mächtige Stämme damals dichtgedrängt ganze Wälder zusammensetzten. Man findet diese Stämme namentlich in den Steinkohlenflötzen der Carbonzeit massenhaft über einander gehäuft, und dazwischen vortrefflich erhaltene Abdrücke von den zierlichen Wedeln oder Blättern, welche in schirmartig ausgebreitetem Busche den Gipfel des Stammes krönten. Die einfache oder mehrfache Zusammensetzung und Fiederung dieser Wedel, der zierliche Verlauf der verästelten Nerven oder Gefäßbündel in ihrem zarten Laube ist an den Abdrücken der paläolithischen Farnwedel noch so deutlich zu erkennen, wie an den Farnwedeln der Jetztzeit. Bei vielen kann man selbst die Fruchthäufchen, welche auf der Unterfläche der Wedel vertheilt sind, ganz deutlich nachweisen. Nach der Steinkohlenzeit nahm das Uebergewicht der Laubfarne bereits ab, und schon gegen Ende der Secundärzeit spielten sie eine fast eben so untergeordnete Rolle wie in der Gegenwart.

Aus den Laubfarnen oder Pterideen scheinen sich als drei divergirende Aeste die Calamarien, Ophioglosseen und Rhizocarpeen entwickelt zu haben (vergl. S. 405). Von diesen drei Gruppen sind auf der niedersten Stufe die Schaftfarne stehen geblieben (Calamariae oder Calamophyta). Sie umfassen drei verschiedene Ordnungen, von denen nur eine noch gegenwärtig lebt, nämlich die Schafthalme oder Schachtelhalme (Equisetaceae). Die beiden anderen Ordnungen, die Riesenhalme (Calamiteae) und die Sternblatthalme (Asterophylliteae), sind längst ausgestorben. Alle Schaftfarne zeichnen sich durch einen hohlen und gegliederten Schaft, Stengel oder Stamm aus, an welchem Aeste und Blätter, wenn sie vorhanden sind, quirlförmig um die Stengelglieder herumstehen. Die hohlen Stengelglieder sind durch Querscheidewände von einander getrennt. Bei den Schafthalmen und Calamiten ist die Oberfläche von längsverlaufenden parallelen Rippen durchzogen, wie bei einer cannellirten Säule, und die Oberhaut enthält so viel Kieselerde, daß sie zum Scheuern und Poliren verwendet werden kann. Bei den Sternblatthalmen oder Asterophylliten waren die sternförmig in Quirle gestellten Blätter stärker entwickelt als bei den beiden anderen Ordnungen. In der Gegenwart leben von den Schaftfarnen nur noch die unansehnlichen Schafthalme oder Equisetum-Arten unserer Sümpfe und Wiesen, welche während der ganzen Primär- und Secundärzeit durch mächtige Bäume aus der Gattung Equisetites vertreten waren. Zur selben Zeit lebte auch die nächstverwandte Ordnung der Riesenhalme (Calamites), deren starke Stämme gegen 50 Fuß Höhe erreichten. Die Ordnung der Sternblatthalme (Asterophyllites) dagegen enthielt kleinere, zierliche Pflanzen von sehr eigenthümlicher Form, und blieb ausschließlich auf die Primärzeit beschränkt. (Vergl. Taf. XVII, linke Seite).

Am wenigsten bekannt von allen Farnen ist uns die Geschichte der dritten Classe, der Wurzelfarne oder Wasserfarne (Rhizocarpeae oder Hydropterides). In ihrem Bau schließen sich diese im süßen Wasser lebenden Farne einerseits an die Laubfarne, andrerseits an die Schuppenfarne an. Es gehören hierher die wenig bekannten Mosfarne (Salvinia), Kleefarne (Marsilea) und Pillenfarne (Pilularia) in den süßen Gewässern unserer Heimath, ferner die größere schwimmende Azolla der Tropenteiche. Die meisten Wasserfarne sind von zarter Beschaffenheit und deshalb wenig zur Versteinerung geeignet. Daher mag es wohl rühren, daß ihre fossilen Reste so selten sind, und daß die ältesten derselben, die wir kennen, im Jura gefunden wurden. Wahrscheinlich ist aber die Classe viel älter und hat sich bereits während der paläolithischen Zeit aus anderen Farnen durch Anpassung an das Wasserleben entwickelt.

Als eine besondere Farnclasse werden jetzt bisweilen die Zungenfarne (Ophioglosseae oder Glossopterides) betrachtet. Gewöhnlich werden diese Farne, zu welchen von unseren einheimischen Gattungen außer dem Ophioglossum auch das Botrychium gehört, nur als eine kleine Unterabtheilung der Laubfarne angesehen. Sie verdienen aber deshalb besonders hervorgehoben zu werden, weil sie eine wichtige, phylogenetisch vermittelnde Zwischenform zwischen den Pterideen und Lepidophyten darstellen und demnach auch zu den directen Vorfahren der Blumenpflanzen zu rechnen sind.

Die letzte und höchst entwickelte Farnclasse bilden die Schuppenfarne (Lepidophyta oder Selagineae). Wie die Zungenfarne aus den Laubfarnen, so sind später die Schuppenfarne aus den Zungenfarnen entstanden. Die Selagineen entwickelten sich höher als alle übrigen Farne und bilden bereits den Uebergang zu den Blumenpflanzen, die sich aus ihnen zunächst hervorgebildet haben. Nächst den Wedelfarnen waren sie am meisten an der Zusammensetzung der paläolithischen Farnwälder betheiligt. Auch diese Classe enthält, gleichwie die Classe der Schaftfarne, drei nahe verwandte, aber doch mehrfach verschiedene Ordnungen, von denen nur noch eine am Leben, die beiden anderen aber bereits gegen Ende der Steinkohlenzeit ausgestorben sind. Die heute noch lebenden Schuppenfarne gehören zur Ordnung der Bärlappe (Lycopodiaceae). Es sind meistens kleine und zierliche, mosähnliche Pflänzchen, deren zarter, in vielen Windungen schlangenartig auf dem Boden kriechender und vielverästelter Stengel dicht von schuppenähnlichen und sich deckenden Blättchen eingehüllt ist. Die zierlichen Lycopodium-Ranken unserer Wälder, welche die Gebirgsreisenden um ihre Hüte winden, werden Ihnen Allen bekannt sein, ebenso die noch zartere Selaginella, welche als sogenanntes „Rankenmos" den Boden unserer Gewächshäuser mit dichtem Teppich ziert. Die größten Bärlappe der Gegenwart leben auf den Sudainseln und erheben sich dort zu Stämmen von einem halben Fuß Dicke und 25 Fuß Höhe. Aber in der Primärzeit und Secundärzeit waren noch größere Bäume dieser Gruppe weit verbreitet, von denen die ältesten vielleicht zu den Stammeltern der Nadelhölzer gehören (Lycopodites). Die mächtigste Entwickelung erreichte jedoch die Classe der Schuppenfarne während der Primärzeit nicht in den Bärlappbäumen, sondern in den beiden Ordnungen der Schuppenbäume (Lepidodendreae) und der Siegelbäume (Sigillarieae). Diese beiden Ordnungen treten schon in der Devonzeit mit einzelnen Arten auf, erreichen jedoch ihre massenhafte und erstaunliche Ausbildung erst in der Steinkohlenzeit, und sterben bereits gegen Ende derselben oder in der darauf folgenden permischen Periode wieder aus. Die Schuppenbäume oder Lepidodendren waren wahrscheinlich den Bärlappen noch näher verwandt, als die Siegelbäume. Sie erhoben sich zu prachtvollen, unverästelten und gerade aufsteigenden Stämmen, die sich am Gipfel nach Art eines Kronleuchters gabelspaltig in zahlreiche Aeste theilten. Diese trugen eine Krone von Schuppenblättern und waren gleich dem Stamm in zierlichen Spirallinien von den Narben oder Ansatzstellen der abgefallenen Blätter bedeckt. (Taf. XVII, rechts oben.) Man kennt Schuppenbäume von 40—60 Fuß Länge und 12—15 Fuß Durchmesser am Wurzelende. Einzelne Stämme waren mehr als hundert Fuß lang. Noch viel massenhafter finden sich in der Steinkohle die nicht minder hohen, aber schlankeren Stämme der merkwürdigen Siegelbäume oder Sigillarien angehäuft, die an manchen Orten hauptsächlich die Steinkohlenflötze zusammensetzen. Ihre Wurzelstöcke hat man früher als eine ganz besondere Pflanzenform (Stigmaria) beschrieben. Die Siegelbäume sind in vieler Beziehung den Schuppenbäumen sehr ähnlich, weichen jedoch durch ihren anatomischen Bau schon mehrfach von diesen und von den Farnen überhaupt ab. Sie erscheinen auch den ausgestorbenen devonischen Lycopterideen verwandt, welche charakteristische Eigenschaften der Bärlappe und der Laubfarne in sich vereinigten, und welche nach den wichtigen phylogenetischen Untersuchungen von Strasburger als die hypothetische Stammform der Blumenpflanzen zu betrachten sind.

Indem wir nun die dichten Farnwälder der Primärzeit verlassen, welche vorzugsweise aus den Laubfarnen, aus den Schuppenbäumen und Siegelbäumen zusammengesetzt sind, treten wir in die nicht minder charakteristischen Nadelwälder der Secundärzeit hinüber. Damit treten wir aber zugleich aus dem Bereiche der blumenlosen und samenlosen Pflanzen oder Cryptogamen in die zweite Hauptabtheilung des Pflanzenreichs, in das Unterreich der samenbildenden Pflanzen, der Blumenpflanzen oder Phanerogamen hinein. Diese formenreiche Abtheilung, welche die Hauptmasse der jetzt lebenden Pflanzenwelt, und namentlich die große Mehrzahl der landbewohnenden Pflanzen enthält, ist jedenfalls viel jüngeren Alters, als die Abtheilung der Cryptogamen. Denn sie kann erst im Laufe des paläolithischen Zeitalters aus dieser letzteren sich entwickelt haben. Mit voller Gewißheit können wir behaupten, daß während des ganzen archolithi=

schen Zeitalters, also während der ersten und längeren Hälfte der organischen Erdgeschichte, noch gar keine Blumenpflanzen existirten, und daß sie sich erst während der Primärzeit aus farnartigen Cryptogamen entwickelten. Die anatomische und embryologische Verwandtschaft der Phanerogamen mit diesen letztern ist so innig, daß wir daraus mit Sicherheit auch auf ihren genealogischen Zusammenhang, ihre wirkliche Stammverwandtschaft schließen können. Die Blumenpflanzen können unmittelbar weder aus Thalluspflanzen noch aus Mosen, sondern nur aus Farnen oder Filicinen entstanden sein. Höchst wahrscheinlich sind die Schuppenfarne oder Selagineen, und zwar die vorher genannten Lycopterideen, welche der heutigen Selaginella sehr nahe standen, die unmittelbaren Vorfahren der Phanerogamen gewesen.

Schon seit langer Zeit hat man auf Grund des inneren anatomischen Baues und der embryologischen Entwickelung das Unterreich der Phanerogamen in zwei große Hauptclassen eingetheilt, in die Nacktsamigen oder Gymnospermen und in die Decksamigen oder Angiospermen. Diese letzteren sind in jeder Beziehung vollkommener und höher organisirt als die ersteren, und haben sich erst später, im Laufe der Secundärzeit, aus jenen entwickelt. Die Gymnospermen bilden sowohl anatomisch als embryologisch die vermittelnde Uebergangsgruppe von den Farnen zu den Angiospermen.

Die niedere, unvollkommenere und ältere von den beiden Hauptclassen der Blumenpflanzen, die der Nacktsamigen (Gymnospermae oder Archispermae) erreichte ihre mannichfaltigste Ausbildung und weiteste Verbreitung während der mesolithischen oder Secundärzeit. Sie ist für dieses Zeitalter nicht minder charakteristisch, wie die Farngruppe für das vorhergehende primäre, und wie die Angiospermengruppe für das nachfolgende tertiäre Zeitalter. Wir konnten daher die Secundärzeit auch als den Zeitraum der Gymnospermen, oder nach ihren bedeutendsten Vertretern als das Zeitalter der Nadelhölzer bezeichnen. Die Nacktsamigen zerfallen in drei Classen, die Coniferen, Cycadeen und Gnetaceen. Wir finden versteinerte Reste derselben bereits in der Steinkohle vor, und müssen daraus schließen, daß der Uebergang von Schuppenfarnen in Gymnospermen bereits während der Steinkohlenzeit, oder vielleicht selbst schon in der devonischen Zeit, erfolgt ist. Immerhin spielen die Nacktsamigen während der ganzen folgenden Primärzeit nur eine sehr untergeordnete Rolle und gewinnen die Herrschaft über die Farne erst im Beginn der Secundärzeit.

Von den drei Classen der Gymnospermen steht diejenige der Farnpalmen (Cycadeae) auf der niedersten Stufe und schließt sich, wie schon der Name sagt, unmittelbar an die Farne an, so daß sie früher selbst von manchen Botanikern mit dieser Gruppe in Systeme vereinigt wurde. In der äußeren Gestalt gleichen sie sowohl den Palmen als den Farnbäumen oder baumartigen Laubfarnen, und tragen eine aus Fiederblättern zusammengesetzte Krone, welche entweder auf einem dicken niedrigen Strunke oder auf einem schlanken, einfachen, säulenförmigen Stamme sitzt. In der Gegenwart ist diese einst formenreiche Classe nur noch durch wenige, in der heißen Zone lebende, Formen dürftig vertreten, durch die niedrigen Zapfenfarne (Zamia), die dickstämmigen Brodfarne (Encephalartos), und die schlankstämmigen Rollfarne (Cycas). Man findet sie häufig in unseren Treibhäusern, wo sie gewöhnlich mit Palmen verwechselt werden. Eine viel größere Formenmannichfaltigkeit als die lebenden bieten uns die ausgestorbenen und versteinerten Zapfenfarne, welche namentlich in der Mitte der Secundärzeit (während der Juraperiode) in größter Masse auftraten und damals vorzugsweise den Charakter der Wälder bestimmten.

In größerer Formenmannichfaltigkeit als die Classe der Palmfarne hat sich bis auf unsere Zeit der andere Zweig der Gymnospermengruppe erhalten, die Classe der Nadelhölzer oder Zapfenbäume (Coniferae). Noch gegenwärtig spielen die dazu gehörigen Cypressen, Wachholder und Lebensbäume (Thuja), die Taxus- und Ginkobäume (Salisburya), die Araucarien und Cedern, vor allen aber die formenreiche Gattung Pinus mit ihren zahlreichen und bedeutenden Arten, den verschiedenen Kiefern, Pinien, Tannen, Fichten,

Lärchen u. s. w. in den verschiedensten Gegenden der Erde eine sehr bedeutende Rolle, und setzen ausgedehnte Waldgebiete fast allein zusammen. Doch erscheint diese Entwickelung der Nadelhölzer schwach im Vergleiche zu der ganz überwiegenden Herrschaft, welche sich diese Classe während der älteren Secundärzeit, in der Triasperiode, über die übrigen Pflanzen erworben hatte. Damals bildeten mächtige Zapfenbäume in verhältnißmäßig wenigen Gattungen und Arten, aber in ungeheuren Massen von Individuen beisammen stehend, den Hauptbestandtheil der mesolithischen Wälder. Sie rechtfertigen die Benennung der Secundärzeit als des „Zeitalters der Nadelwälder", obwohl die Coniferen schon in der Jurazeit von den Cycadeen überflügelt wurden.

Die Stammgruppe der Coniferen spaltete sich schon frühzeitig in zwei Aeste, in die Araucarien einerseits, die Taxaceen oder Eibenbäume andererseits. Von den ersteren stammt die Hauptmasse der Nadelhölzer ab. Aus den letzteren hingegen entwickelte sich die dritte Classe der Gymnospermen, die **Meningos** oder Gnetaceae. Diese kleine, aber sehr interessante Classe enthält nur drei verschiedene Gattungen: Gnetum, Welwitschia und Ephedra; sie ist von großer Bedeutung als die unmittelbare Uebergangsgruppe von den Coniferen zu den Angiospermen, und zwar speciell zu den Dicotylen.

Aus den Nadelwäldern der mesolithischen oder Secundärzeit treten wir in die Laubwälder der caenolithischen oder Tertiärzeit hinüber und gelangen dadurch zur Betrachtung der sechsten und letzten Hauptclasse des Pflanzenreichs, der **Decksamigen** (Angiospermae oder Metaspermae). Die ersten sicheren Versteinerungen von Decksamigen finden wir in den Schichten des Kreidesystems, und zwar kommen hier neben einander Reste von den beiden Classen vor, in welche man die Hauptclasse der Angiospermen allgemein eintheilt, nämlich **Einkeimblättrige** oder **Monocotylen** und **Zweikeimblättrige** oder **Dicotylen**. Indessen ist die ganze Gruppe wahrscheinlich älteren Ursprungs und schon während der Trias-Periode entstanden. Wir kennen nämlich eine Anzahl von zweifelhaften und nicht sicher bestimmbaren fossilen Pflanzenresten

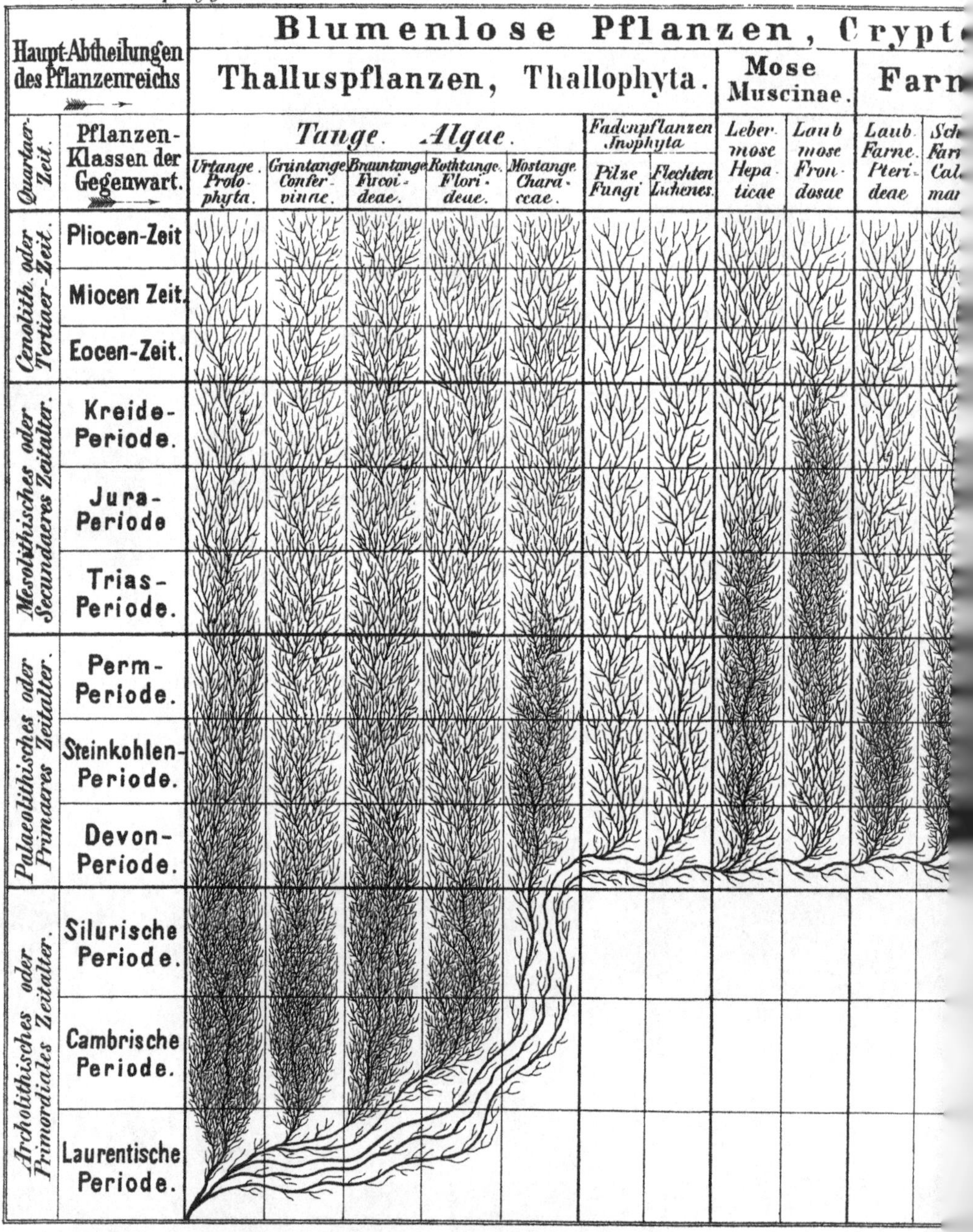
Blumenlose Pflanzen, Crypt
Haupt-Abtheilungen des Pflanzenreichs
Thalluspflanzen, Thallophyta.
Mose Muscinae.
Farn
Quartaer-Zeit.
Pflanzen-Klassen der Gegenwart.
Tange. Algae.
Fadenpflanzen Inophyta
Urtange. Protophyta.
Grüntange Confervinae.
Brauntange Fucoideae.
Rothtange. Florideae.
Mostange Characeae.
Pilze Fungi
Flechten Lichenes.
Lebermose Hepaticae
Laubmose Frondosae
Laub Farne. Pterideae
Cenolith. oder Tertiaer-Zeit.
Pliocen-Zeit
Miocen Zeit.
Eocen-Zeit.
Mesolithisches oder Secundaeres Zeitalter.
Kreide-Periode.
Jura-Periode
Trias-Periode.
Palaeolithisches oder Primaeres Zeitalter.
Perm-Periode.
Steinkohlen-Periode.
Devon-Periode.
Archolithisches oder Primordiales Zeitalter.
Silurische Periode.
Cambrische Periode.
Laurentische Periode.

Taf. V.

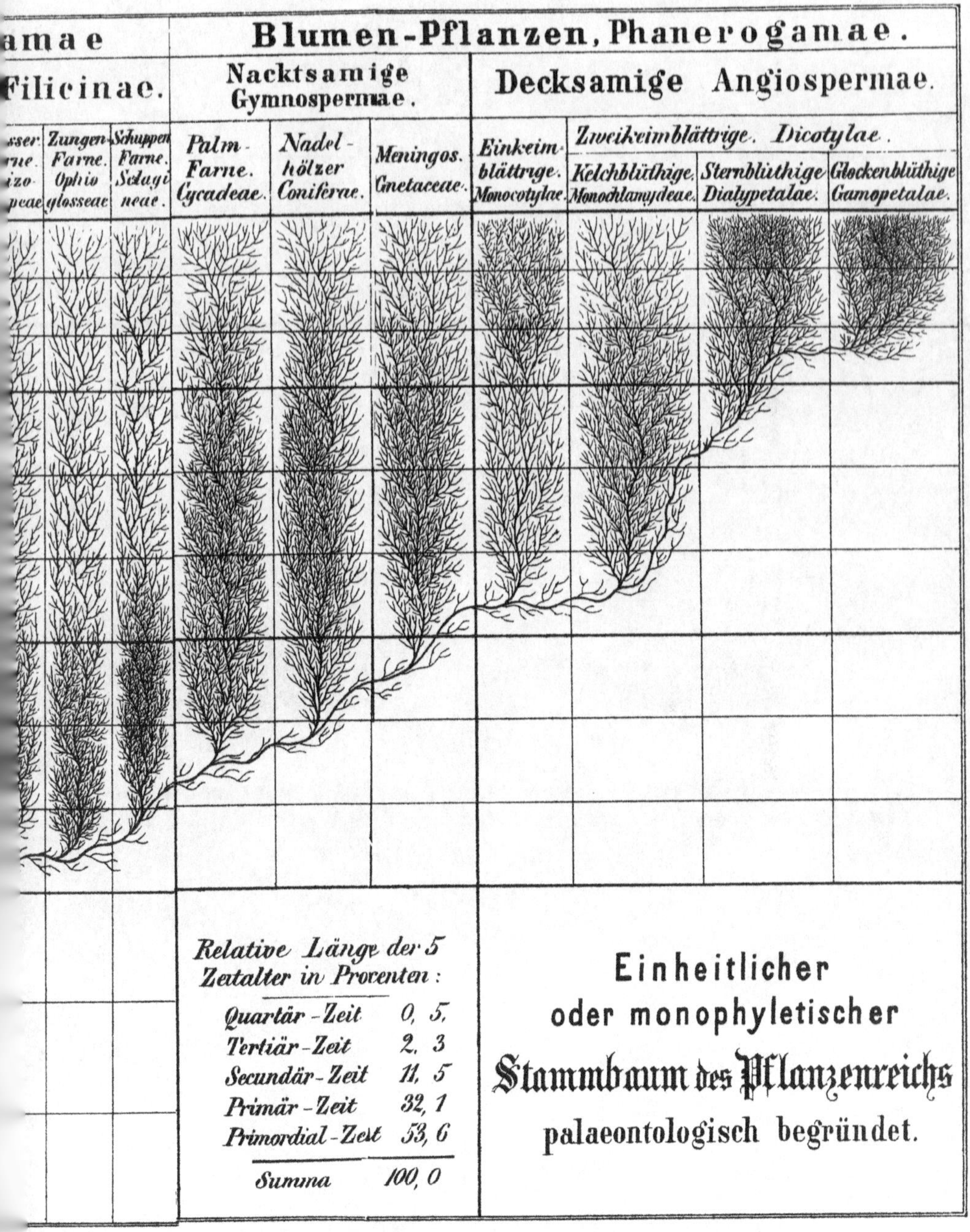

Einheitlicher oder monophyletischer Stammbaum des Pflanzenreichs palaeontologisch begründet.

aus der Jurazeit und aus der Triaszeit, welche von manchen Botanikern bereits für Angiospermen, von anderen dagegen für Gymnospermen gehalten werden. Was die beiden Classen der Decksamigen betrifft, Monocotylen und Dicotylen, so haben sich höchst wahrscheinlich zunächst aus den Gnetaceen die Dicotylen, hingegen die Monocotylen erst später aus einer Seitenlinie oder einem Zweige der Dicotylen entwickelt.

Die Classe der Einkeimblättrigen oder Einsamenlappigen (Monocotylae oder Monocotyledones, auch Endogenae genannt) umfaßt diejenigen Blumenpflanzen, deren Samen nur ein einziges Keimblatt oder einen sogenannten Samenlappen (Cotyledon) besitzt. Jeder Blattkreis ihrer Blume enthält in der großen Mehrzahl der Fälle drei Blätter, und es ist sehr wahrscheinlich, daß die gemeinsame Mutterpflanze aller Monocotylen eine regelmäßige und dreizählige Blüthe besaß. Die Blätter sind meistens einfach, von einfachen, graden Gefäßbündeln oder sogenannten „Nerven" durchzogen. Zu dieser Classe gehören die umfangreichen Familien der Binsen und Gräser, Lilien und Schwertlilien, Orchideen und Dioscoreen, ferner eine Anzahl einheimischer Wasserpflanzen, die Wasserlinsen, Rohrkolben, Seegräser u. s. w., und endlich die prachtvollen, höchst entwickelten Familien der Aroideen und Pandaneen, der Bananen und Palmen. Im Ganzen ist die Monocotylenclasse trotz aller Formenmannichfaltigkeit, die sie in der Tertiärzeit und in der Gegenwart entwickelt hat, viel einförmiger organisirt, als die Dicotylenclasse, und auch ihre geschichtliche Entwickelung bietet ein viel geringeres Interesse. Versteinerte Reste sind selten gut erhalten. Jedenfalls existirten sie bereits in der Kreidezeit, vielleicht schon in der Trias-Periode.

Viel größeres historisches und anatomisches Interesse bietet in der Entwickelung ihrer untergeordneten Gruppen die zweite Classe der Decksamigen, die Zweikeimblättrigen oder Zweisamenlappigen (Dicotylae oder Dicotyledones, auch Exogenae benannt). Die Blumenpflanzen dieser Classe besitzen, wie ihr Name sagt, gewöhnlich zwei Samenlappen oder Keimblätter (Cotyledonen). Die

Grundzahl in der Zusammensetzung ihrer Blüthe ist gewöhnlich nicht drei, wie bei den meisten Monocotylen, sondern vier oder fünf, oder ein Vielfaches davon. Ferner sind ihre Blätter gewöhnlich höher differenzirt und mehr zusammengesetzt, als die der Monocotylen, und von gekrümmten, verästelten Gefäßbündeln oder „Adern" durchzogen. Zu dieser Classe gehören die meisten Laubbäume, und da dieselbe in der Tertiärzeit schon ebenso wie in der Gegenwart das Uebergewicht über die Gymnospermen und Farne besaß, so konnten wir das caenolithische Zeitalter auch als das der Laubwälder bezeichnen.

Obwohl die Mehrzahl der Dicotylen zu den höchsten und vollkommensten Pflanzen gehört, so schließt sich doch die niederste Abtheilung derselben unmittelbar an die Gymnospermen, und zwar an die Gnetaceen an. Bei den niederen Dicotylen ist, wie bei den Monocotylen, Kelch und Blumenkrone noch nicht gesondert. Man nennt sie daher Kelchblüthige (Monochlamydeae oder Apetalae). Diese Unterclasse ist wahrscheinlich als die Stammgruppe der Angiospermen anzusehen und existirte schon während der Trias- oder Jura-Zeit. Es gehören dahin die meisten kätzchentragenden Laubbäume: die Birken und Erlen, Weiden und Pappeln, Buchen und Eichen, ferner die nesselartigen Pflanzen: Nesseln, Hanf und Hopfen, Feigen, Maulbeeren und Rüstern, endlich die wolfsmilchartigen, lorbeerartigen, amaranthartigen Pflanzen u. s. w.

Erst später, in der Kreidezeit, erscheint die zweite und vollkommnere Unterclasse der Dicotylen, die Gruppe der Kronenblüthigen (Dichlamydeae oder Corolliflorae). Diese entstanden aus den Kelchblüthigen dadurch, daß sich die einfache Blüthenhülle der letzteren in Kelch und Krone differenzirte. Die Unterclasse der Kronenblüthigen zerfällt wiederum in zwei große Hauptabtheilungen oder Legionen, deren jede eine große Menge von verschiedenen Ordnungen, Familien, Gattungen und Arten enthält. Die erste Legion führt den Namen der Sternblüthigen oder Diapetalen, die zweite den Namen der Glockenblüthigen oder Gamopetalen.

Die tiefer stehende und unvollkommnere von den beiden Legionen der Kronenblüthigen sind die Sternblüthigen (Astropetalae, auch Polypetalae oder Dialypetalae genannt). Hierher gehören die umfangreichen Familien der Doldenblüthigen oder Umbelliferen, der Kreuzblüthigen oder Cruciferen, ferner die Ranunculaceen und Crassulaceen, Wasserrosen und Cistrosen, Malven und Geranien, und neben vielen anderen namentlich noch die großen Abtheilungen der Rosenblüthigen (welche außer den Rosen die meisten unserer Obstbäume umfassen), und der Schmetterlingsblüthigen (welche unter anderen die Wicken, Bohnen, Klee, Ginster, Acacien und Mimosen enthalten). Bei allen diesen Diapetalen bleiben die Blumenblätter getrennt und verwachsen nicht mit einander, wie es bei den Gamopetalen der Fall ist. Die letzteren haben sich erst in der Tertiärzeit aus den Diapetalen entwickelt, während diese schon in der Kreidezeit neben den Kelchblüthigen auftraten.

Die höchste und vollkommenste Gruppe des Pflanzenreichs bildet die zweite Abtheilung der Kronenblüthigen, die Legion der Glockenblüthigen (Gamopetalae, auch Monopetalae oder Sympetalae genannt). Hier verwachsen die Blumenblätter, welche bei den übrigen Blumenpflanzen meistens ganz getrennt bleiben, regelmäßig zu einer mehr oder weniger glocken-, trichter- oder röhrenförmigen Krone. Es gehören hierher unter anderen die Glockenblumen und Winden, Primeln und Haidekräuter, Gentianen und Loniceren, ferner die Familie der Oelbaumartigen (Oelbaum, Liguster, Flieder und Esche) und endlich neben vielen anderen Familien die umfangreichen Abtheilungen der Lippenblüthigen (Labiaten) und der Zusammengesetztblüthigen (Compositen). In diesen letzteren erreicht die Differenzirung und Vervollkommnung der Phanerogamenblüthe ihren höchsten Grad, und wir müssen sie daher als die vollkommensten von allen an die Spitze des Pflanzenreichs stellen. Dem entsprechend tritt die Legion der Glockenblüthigen oder Gamopetalen am spätesten von allen Hauptgruppen des Pflanzenreichs in der organischen Erdgeschichte auf, nämlich erst in der caenolithischen oder Tertiärzeit. Selbst in der älteren Tertiärzeit ist sie noch sehr selten, nimmt erst in der mittleren langsam zu und erreicht erst in der neueren Tertiärzeit und in der Quartärzeit ihre volle Ausbildung.

Wenn Sie nun, in der Gegenwart angelangt, nochmals die ganze geschichtliche Entwickelung des Pflanzenreichs überblicken, so werden sie nicht umhin können, darin lediglich eine großartige Bestätigung der Descendenztheorie zu finden. Die beiden großen Grundgesetze der organischen Entwickelung, die wir als die nothwendigen Folgen der natürlichen Züchtung im Kampf um's Dasein nachgewiesen haben, die Gesetze der Differenzirung und der Vervollkommnung, machen sich in der Entwickelung der größeren und kleineren Gruppen des natürlichen Pflanzensystems überall geltend. In jeder größeren und kleineren Periode der organischen Erdgeschichte nimmt das Pflanzenreich sowohl an Mannichfaltigkeit, als an Vollkommenheit zu, wie Ihnen schon ein Blick auf Taf. V deutlich zeigt. Während der ganzen langen Primordialzeit existirt nur die niederste und unvollkommenste Hauptclasse der Tange. Zu ihnen gesellen sich in der Primärzeit die höheren und vollkommneren Cryptogamen, insbesondere die Hauptclasse der Farne. Schon während der Steinkohlenzeit beginnen sich aus letzteren die Phanerogamen zu entwickeln, anfänglich jedoch nur durch die niedere Hauptclasse der Nacktsamigen oder Gymnospermen repräsentirt. Erst während der Secundärzeit geht aus diesen die höhere Hauptclasse der Decksamigen oder Angiospermen hervor. Auch von diesen sind anfänglich nur die niederen, kronenlosen Gruppen, die Monocotylen und die Apetalen vorhanden. Erst während der Kreidezeit entwickeln sich aus letzteren die höheren Kronenblüthigen. Aber auch diese höchste Abtheilung ist in der Kreidezeit nur durch die tiefer stehenden Sternblüthigen oder Diapetalen vertreten, und ganz zuletzt erst, in der Tertiärzeit, gehen aus diesen die höher stehenden Glockenblüthigen oder Gamopetalen hervor, die vollkommensten von allen Blumenpflanzen. So erhob sich in jedem jüngeren Abschnitt der organischen Erdgeschichte das Pflanzenreich stufenweise zu einem höheren Grade der Vollkommenheit und der Mannichfaltigkeit.

Achtzehnter Vortrag.

Stammbaum und Geschichte des Thierreichs.

I. Pflanzenthiere und Wurmthiere.

Das natürliche System des Thierreichs. System von Linné und Lamarck. Die vier Typen von Baer und Cuvier. Vermehrung derselben auf sieben Typen. Genealogische Bedeutung der sieben Typen als selbstständiger Stämme des Thierreichs. Die fünf ersten Keimformen und die entsprechenden fünf ältesten Stammformen der Thiere: Moneren, Amoeben, Moräa, Blastäa, Gasträa. Monophyletische und polyphyletische Descendenzhypothese des Thierreichs. Abstammung der Pflanzenthiere und Würmer von der Gastraea. Cölenterien und Bilaterien. Gemeinsamer Ursprung der vier höheren Thierstämme aus dem Würmerstamm. Eintheilung der sechs Thierstämme in 20 Hauptclassen und 40 Classen. Stamm der Pflanzenthiere. Gastraeaden (Gastraea und Gastrula). Schwämme oder Spongien (Schleimschwämme, Faserschwämme, Kalkschwämme). Nesselthiere oder Akalephen (Polypen, Korallen, Schirmquallen, Staatsquallen, Kammquallen). Stamm der Wurmthiere oder Helminthen. Einaxige und zweiseitige Grundform. Nervensystem. Urwürmer. Plattwürmer. Rundwürmer. Mosthiere. Räderthiere. Sternwürmer. Mantelthiere.

Meine Herren! Das natürliche System der Organismen, welches wir ebenso im Thierreich wie im Pflanzenreich zunächst als Leitfaden für unsere genealogischen Untersuchungen benutzen müssen, ist hier wie dort erst neueren Ursprungs, und wesentlich durch die Fortschritte unseres Jahrhunderts in der vergleichenden Anatomie und Ontogenie bedingt. Die Classificationsversuche des vorigen Jahrhunderts bewegten sich fast sämmtlich noch in der Bahn des künstlichen Systems, welches zuerst Karl Linné in strengerer Form aufgestellt hatte. Das künstliche System unterscheidet sich von dem natürlichen wesentlich dadurch, daß es nicht die gesammte Organisation und die innere, auf der Stammverwandtschaft beruhende Formverwandtschaft zur Grundlage der Eintheilung macht, sondern nur einzelne und dazu meist noch äußerliche, leicht in die Augen fallende Merkmale. So unterschied Linné seine 24 Classen des Pflanzenreichs wesentlich nach der Zahl, Bildung und Verbindung der Staubgefäße. Ebenso unterschied derselbe im Thierreiche sechs Classen wesentlich nach der Beschaffenheit des Herzens und des Blutes. Diese sechs Classen waren: 1. die Säugethiere; 2. die Vögel; 3. die Amphibien; 4. die Fische; 5. die Insecten und 6. die Würmer.

Diese sechs Thierclassen Linnés sind aber keineswegs von gleichem Werthe, und es war schon ein wichtiger Fortschritt, als Lamarck zu Ende des vorigen Jahrhunderts die vier ersten Classen als Wirbelthiere (Vertebrata) zusammenfaßte, und diesen die übrigen Thiere, die Insecten und Würmer Linné's, als eine zweite Hauptabtheilung, als Wirbellose (Invertebrata) gegenüberstellte. Eigentlich griff Lamarck damit auf den Vater der Naturgeschichte, auf Aristoteles zurück, welcher diese beiden großen Hauptgruppen bereits unterschieden, und die ersteren Blutthiere (Enaema), die letzteren Blutlose (Anaema), genannt hatte.

Den nächsten großen Fortschritt zum natürlichen System des Thierreichs thaten einige Decennien später zwei der verdienstvollsten Zoologen, George Cuvier und Carl Ernst Baer. Wie schon früher erwähnt wurde, stellten dieselben fast gleichzeitig, und unabhängig von einander, die Behauptung auf, daß mehrere grundverschiedene Hauptgruppen im Thierreich zu unterscheiden seien, von denen jede einen ganz eigenthümlichen Bauplan oder Typus besitze. In jeder dieser Hauptabtheilungen giebt es eine baumförmig verzweigte Stufenleiter von sehr einfachen und unvollkommenen bis zu höchst zusammengesetzten und entwickelten Formen. Der Ausbildungsgrad innerhalb eines jeden Typus ist ganz unabhängig von dem eigenthümlichen Bauplan, der dem Typus als besonderer Charakter zu Grunde liegt. Dieser „Typus" wird durch das eigenthümliche Lagerungsverhältniß der wichtigsten Körpertheile und die Verbindungsweise der Organe bestimmt. Der Ausbildungsgrad dagegen ist abhängig von der mehr oder weniger weitgehenden Arbeitstheilung oder Differenzirung der Plastiden und Organe. Diese außerordentlich wichtige und fruchtbare Idee begründete Baer auf die individuelle Entwickelungsgeschichte der Thiere, während Cuvier sich bloß an die Resultate der vergleichenden Anatomie hielt. Doch erkannte weder dieser noch jener die wahre Ursache jenes merkwürdigen Verhältnisses. Diese wird uns erst durch die Descendenztheorie enthüllt. Sie zeigt uns, daß der gemeinsame Typus oder Bauplan durch die Vererbung, der Grad der Ausbildung oder Sonderung dagegen durch die Anpassung bedingt ist.

Sowohl Cuvier als Baer unterscheiden im Thierreich vier verschiedene Typen oder Baupläne und theilen dasselbe dem entsprechend in vier große Hauptabtheilungen (Zweige oder Kreise) ein. Die erste von diesen wird durch die Wirbelthiere (Vertebrata) gebildet, welche die vier ersten Classen Linné's umfassen: die Säugethiere, Vögel, Amphibien und Fische. Den zweiten Typus bilden die Gliederthiere (Articulata), welche die Insecten Linné's, also die eigentlichen Insecten, die Tausendfüße, Spinnen und Krebse, außerdem aber auch einen großen Theil der Würmer, insbesondere die gegliederten Würmer, enthalten. Die dritte Hauptabtheilung umfaßt die Weichthiere (Mollusca): die Kracken, Schnecken, Muscheln, und einige verwandte Gruppen. Der vierte und letzte Kreis des Thierreichs endlich ist aus den verschiedenen Strahlthieren (Radiata) zusammengesetzt, welche sich auf den ersten Blick von den drei vorhergehenden Typen durch ihre „strahlige", blumenähnliche Körperform unterscheiden. Während nämlich bei den Weichthieren, Gliederthieren und Wirbelthieren der Körper aus zwei symmetrisch-gleichen Seitenhälften besteht, aus zwei Gegenstücken oder Antimeren, von denen das eine das Spiegelbild des anderen darstellt, so ist dagegen bei den sogenannten Strahlthieren der Körper aus mehr als zwei, gewöhnlich vier, fünf oder sechs Gegenstücken zusammengesetzt, welche wie bei einer Blume um eine gemeinsame Hauptaxe gruppirt sind. So auffallend dieser Unterschied zunächst auch erscheint, so ist er doch im Grunde nur untergeordnet, und keineswegs hat die „Strahlform" bei allen „Strahlthieren" dieselbe Bedeutung.

Die Aufstellung dieser natürlichen Hauptgruppen, Typen oder Kreise des Thierreichs durch Cuvier und Baer war der größte Fortschritt in der Classification der Thiere seit Linné. Die drei Gruppen der Wirbelthiere, Gliederthiere und Weichthiere sind so naturgemäß, daß sie noch heutzutage in wenig verändertem Umfang beibehalten werden. Dagegen mußte die ganz unnatürliche Vereinigung der Strahlthiere bei genauerer Erkenntniß alsbald aufgelöst werden. Zuerst wies Leuckart 1848 nach, daß darunter zwei grundverschiedene Typen vermischt seien, nämlich einerseits die Sternthiere (Echinoderma): die Seesterne, Seelilien, Seeigel und Seegurken; andrerseits die Pflanzenthiere (Coelenterata oder Zoophyta): die Schwämme, Polypen, Korallen, Schirmquallen und Kammquallen.

Schon vorher (1845) hatte der ausgezeichnete Münchener Zoologe Siebold die Infusionsthierchen oder Infusorien mit den Wurzelfüßern oder Rhizopoden in einer besonderen Hauptabtheilung als Urthiere (Protozoa) vereinigt. Dadurch stieg die Zahl der thierischen Typen oder Kreise auf sechs. Endlich wurde dieselbe noch dadurch um einen siebenten Typus vermehrt, daß die neueren Zoologen die Hauptabtheilung der Gliederthiere oder Articulaten in zwei Gruppen trennten, einerseits die mit gegliederten Beinen versehenen Gliederfüßer (Arthropoda), welche den Insecten im Sinne Linné's entsprechen, nämlich die eigentlichen (sechsbeinigen) Insecten, die Tausendfüße, Spinnen und Krebse; andrerseits die fußlosen oder mit ungegliederten Füßen versehenen Würmer (Vermes). Diese letzteren umfassen nur die eigentlichen Würmer (die Rundwürmer, Plattwürmer u. s. w.) und entsprechen daher keineswegs den Würmern im Sinne Linné's, welcher dazu auch noch die Weichthiere, Strahlthiere und viele andere niedere Thiere gerechnet hatte.

So wäre denn nach der Anschauung der neueren Zoologen, welche Sie fast in allen Hand- und Lehrbüchern der gegenwärtigen Thierkunde vertreten finden, das Thierreich aus sieben ganz verschiedenen Hauptabtheilungen oder Typen zusammengesetzt, deren jede durch einen charakteristischen, ihr ganz eigenthümlichen sogenannten Bauplan ausgezeichnet, und von jeder der anderen völlig verschieden ist. In dem natürlichen System des Thierreichs, welches ich Ihnen jetzt als den wahrscheinlichen Stammbaum desselben entwickeln werde, schließe ich mich im Großen und Ganzen dieser üblichen Eintheilung an, jedoch nicht ohne einige Modificationen, welche ich in Betreff der Genealogie für sehr wichtig halte, und welche unmittelbar durch unsere historische Auffassung der thierischen Formbildung bedingt sind.

Die sogenannten Urthiere (Protozoa), die Infusorien, Rhizopoden u. s. w. bilden keinen wahren „Typus". Sie sind überhaupt keine echten Thiere, sondern müssen in das neutrale Protistenreich gestellt werden. Damit wollen wir jedoch ihren verwandtschaftlichen Zusammenhang sowohl mit dem Thierreich, als mit dem Pflanzenreich keineswegs leugnen. Vielmehr ist es sicher, daß sowohl die echten, vielzelligen Thiere, als die echten, vielzelligen Pflanzen, ursprünglich von einzelligen Protisten abstammen. (Vergl. oben S. 396—402.)

Ueber den Stammbaum des Thierreiches erhalten wir (ebenso wie über denjenigen des Pflanzenreiches) offenbar die sichersten Aufschlüsse durch die vergleichende Anatomie und Ontogenie. Außerdem giebt uns auch über die historische Aufeinanderfolge vieler Gruppen die Paläontologie höchst schätzbare Auskunft. Zunächst können wir aus zahlreichen Thatsachen der vergleichenden Anatomie und Ontogenie auf die gemeinsame Abstammung aller derjenigen Thiere schließen, die zu einem sogenannten „Typus" gehören. Denn trotz aller Mannichfaltigkeit in der äußeren Form, welche innerhalb jedes dieser Typen sich entwickelt, ist dennoch die Grundlage des inneren Baues, das wesentliche Lagerungsverhältniß der Körpertheile, welches den Typus bestimmt, so constant, bei allen Gliedern jedes Typus so übereinstimmend, daß man dieselben eben wegen dieser inneren Formverwandtschaft im natürlichen System in einer einzigen Hauptgruppe vereinigen muß. Daraus folgt aber unmittelbar, daß diese Vereinigung auch im Stammbaum des Thierreichs stattfinden muß. Denn die wahre Ursache jener innigen Formverwandtschaft kann nur die wirkliche Stammverwandtschaft sein. Wir können also vorläufig an dem wichtigen Satz festhalten, daß alle Thiere, welche zu einem und demselben Kreis oder Typus gehören, von einer und derselben ursprünglichen Stammform abstammen. Mit anderen Worten, der Begriff des Kreises oder Typus, wie er in der Zoologie seit Baer und Cuvier für die wenigen obersten Hauptgruppen oder „Unterreiche" des Thierreichs gebräuchlich ist, fällt zusammen mit dem Begriffe des Stammes oder Phylum, wie ihn die Descendenztheorie für die Gesammtheit derjenigen Organismen anwendet, welche höchstwahrscheinlich stammverwandt sind und eine gemeinsame ursprüngliche Wurzel besitzen.

Wenn wir nun aus den oben angeführten Gründen die sogenannten „Urthiere" oder Protozoen aus dem Thierreiche ausschließen und in das Protistenreich verweisen, so bleiben noch sechs sogenannte „Typen" übrig, die wir demgemäß als eben so viele Stämme oder Phylen zu betrachten hätten. Hier tritt uns nun als zweites phylogenetisches Problem die Frage entgegen: Wo kommen diese sechs Thierstämme her? Sind die sechs ursprünglichen Stammformen derselben ganz selbstständigen Ursprungs, oder sind auch sie unter einander in entfernterem Grade blutsverwandt?

Anfänglich könnte man geneigt sein, diese Frage in polyphyletischem Sinne dahin zu beantworten, daß für jeden der sechs großen Thierstämme mindestens eine selbstständige und von den anderen gänzlich unabhängige Stammform angenommen werden muß. Allein bei eingehendem Nachdenken über dieses schwierige Problem gelangt man doch schließlich zu der monophyletischen Ueberzeugung, daß auch diese sechs Stammformen ganz unten an der Wurzel zusammenhängen, daß auch sie wieder von einer einzigen, gemeinsamen

Urform abzuleiten sind. Auch im Thierreich, wie im Pflanzenreich, gewinnt bei näherer und eingehenderer Betrachtung die einstämmige oder monophyletische Descendenz-Hypothese das Uebergewicht über die entgegengesetzte, vielstämmige oder polyphyletische Hypothese.

Vor Allem und in erster Linie ist es die vergleichende Keimesgeschichte oder Ontogenie, welche uns zu dieser monophyletischen Ueberzeugung von dem einheitlichen Ursprunge des ganzen Thierreichs (nach Ausschluß der Protozoen oder Protisten) führt. Der Zoologe, welcher die individuelle Entwickelungsgeschichte der Thierstämme denkend vergleicht und die Bedeutung des biogenetischen Grundgesetzes begriffen hat (S. 361), wird sich der Ueberzeugung nicht verschließen, daß auch für die sechs angeführten Thierstämme eine gemeinsame Wurzelform angenommen werden kann, und daß alle Thiere mit Inbegriff des Menschen auf eine einzige gemeinsame Stammform zurückgeführt werden können. Aus jenen ontogenetischen Thatsachen ergiebt sich die nachstehende phylogenetische Hypothese, welche ich in meinen „Studien zur Gastraea-Theorie" [15]), in der „Anthropogenie" [56]) sowie in der „Philosophie der Kalkschwämme" näher erläutert habe (Monographie der Kalkschwämme, Band I, S. 464, 465 u. s. w. „Die Keimblätter-Theorie und der Stammbaum des Thierreichs").

Die erste Stufe des organischen Lebens bildeten auch im Thierreiche (wie im Pflanzenreiche und Protistenreiche) ganz einfache Moneren, durch Urzeugung entstanden. Noch jetzt wird die einstmalige Existenz dieses denkbar einfachsten Formzustandes dadurch bezeugt, daß die Eizelle der meisten Thiere (— bald vor, bald nach eingetretener Befruchtung —) zunächst ihren Kern verliert, somit auf die niedere Bildungsstufe einer kernlosen Cytode zurücksinkt und dann einem Moner gleicht. Diesen merkwürdigen Vorgang deute ich nach dem Gesetze der latenten Vererbung (S. 184) als einen phylogenetischen Rückschlag der Zellenform in die ursprüngliche Cytodenform. Die Monerula, wie wir diese kernlose Ei-Cytode nennen können, wiederholt nach dem biogenetischen Grundgesetze noch heute die älteste aller Lebensformen, die gemeinsame Stammform aller Organismen, das Moner. (Vergl. S. 446 und Fig. 20 A, S. 448.)

Der zweite ontogenetische Vorgang besteht darin, daß sich in der Monerula ein neuer Kern bildet, und somit die kernlose Ei-Cytode sich auf's Neue zu dem Form-Werthe einer wahren Zelle erhebt. Diese Zelle ist die Cytula, die Stammzelle oder die sogenannte „erste Furchungskugel". (Fig. 20 B, S. 448.) Dem entsprechend haben wir als die zweite phylogenetische Stammform des Thierreichs die einfache kernhaltige thierische Zelle oder das einzellige Urthier anzusehen, welches noch heute in den Amoeben der Gegenwart uns lebendig vor Augen tritt. Gleich diesen noch jetzt lebenden einfachen Amoeben, und gleich den nackten, davon nicht zu unterscheidenden Eizellen vieler niederen Thiere (der Schwämme, Medusen u. s. w.), waren auch jene uralten phyletischen Stamm-Amoeben ganz einfache nackte Zellen, die sich mittelst formwechselnder Fortsätze kriechend in dem laurentischen Urmeere umherbewegten und auf dieselbe Weise, wie die heutigen Amoeben, ernährten und fortpflanzten (vergl. S. 169 und 380). Die Existenz dieser einzelligen, einer Amoebe gleichen Stammform des ganzen Thierreichs wird unwiderleglich durch die höchst wichtige Thatsache bewiesen, daß das unbefruchtete, wie das befruchtete Ei aller Thiere, vom Schwamm und vom Wurm bis zur Ameise und zum Menschen hinauf eine einfache Zelle ist.

Aus dem einzelligen Zustande entwickelte sich in dritter Linie der einfachste vielzellige Zustand, nämlich ein Haufen oder eine kleine Gemeinde von einfachen, gleichartigen Zellen. Noch jetzt entsteht bei der ontogenetischen Entwickelung jeder thierischen Eizelle durch wiederholte Theilung derselben (durch die sogenannte „Eifurchung") zunächst ein kugeliger Haufen von gleichartigen nackten Zellen (vergl. Fig. 4, S. 170, und Fig. 20 C, D, E, S. 448). Wir nannten diesen Zellenhaufen wegen seiner Aehnlichkeit mit einer Maulbeere oder Brombeere das Maulbeer-Stadium oder den Maulbeer-Keim (Morula). In allen verschiedenen Thierstämmen kehrt dieser Morula-Körper in derselben einfachen Gestalt wieder, und gerade aus diesem wichtigen Umstande können wir nach dem biogenetischen Grundgesetze mit der größten Sicherheit schließen, daß auch die älteste vielzellige Stammform des Thierreichs einer solchen Morula glich, und einen einfachen Haufen von lauter amoebenartigen, unter sich gleichen Urzellen darstellte. Wir wollen diese älteste Amoeben-Gesellschaft, diese einfachste Thierzellen-Gemeinde, welche durch die Morula recapitulirt wird, Moraea oder Synamoebium nennen.

Aus dem Synamoebium entwickelte sich weiterhin in früher laurentischer Urzeit eine vierte Stammform des Thierreichs, welche die Gestalt einer Hohlkugel hatte, und die wir daher Kugelblase (**Blastaea** oder **Planaea**) nennen wollen. Diese **Blastaea** entstand aus der Moraea dadurch, daß im Inneren des kugeligen Zellenhaufens sich Flüssigkeit ansammelte. Dadurch wurden die sämmtlichen gleichartigen Zellen an die Oberfläche gedrängt und bildeten nunmehr als einfache Zellenschicht die dünne Wand einer kugeligen Blase. Die amoeboiden Fortsätze der Zellen begannen sich rascher und regelmäßiger zu bewegen und verwandelten sich in bleibende Flimmerhaare. Durch die Flimmerbewegung dieser letzteren wurde der ganze vielzellige Körper in kräftigere und schnellere Bewegung versetzt, und ging aus der kriechenden in die schwimmende Ortsbewegung über. Auf diese uralten phylogenetischen Vorgänge dürfen wir aus sicheren ontogenetischen Thatsachen schließen. Denn in ganz derselben Weise geht noch gegenwärtig bei der Keimung niederer Thiere aus den verschiedensten Thierstämmen die Morula in eine flimmernde Larvenform über, welche bald Blastula, bald „Blastosphära", Blasenkeim oder Planula genannt wird. (Fig. 20 F, G, S. 448.) Diese Blastula ist ein blasenförmiger kugeliger Körper, welcher mittelst Flimmerbewegung im Wasser umherschwimmt. Die dünne Wand der kugeligen, mit Flüssigkeit gefüllten Blase besteht aus einer einzigen Schicht von flimmernden Zellen, der sogenannten Keimhaut (**Blastoderma**).

Aus der Blastula entwickelt sich bei Thieren aller Stämme weiterhin zunächst eine außerordentlich wichtige und interessante Thierform, welche ich in meiner Monographie der Kalkschwämme mit dem Namen

Becherkeim oder Gastrula (d. h. Magenlarve oder Darmlarve) belegt habe (Fig. 20 I, K, S. 448). Diese Gastrula gleicht äußerlich der Blastula, unterscheidet sich aber wesentlich dadurch von ihr, daß ihr innerer Hohlraum sich durch eine Mündung nach außen öffnet und daß die Zellenwand desselben nicht einschichtig, sondern zweischichtig ist. Die Gastrula entsteht aus der Blastula dadurch, daß die Wand der letzteren in das Innere eingestülpt wird (Fig. 20 H). Zuletzt berührt die eingestülpte Hälfte der Blase die andere Hälfte und der ursprüngliche Hohlraum (die „Keimhöhle") verschwindet. Der wichtige, durch die Einstülpung entstandene Hohlraum ist der Urdarm oder „Urmagen" (Protogaster), die erste Anlage des ernährenden Darmcanals; seine Oeffnung ist der Urmund (Prostoma oder Blastoporus), die erste Mundöffnung. Die beiden Zellenschichten der Darmwand, welche zugleich die Körperwand der hohlen Gastrula ist, sind die beiden primären Keimblätter: Hautblatt (Exoderma) und Darmblatt (Entoderma). Die höchst wichtige Larvenform der Gastrula kehrt in derselben Gestalt in der Ontogenese von Thieren aller Stämme wieder: bei den Schwämmen, Medusen, Korallen, Würmern, Mantelthieren, Sternthieren, Weichthieren, ja sogar bei den niedersten Wirbelthieren (Amphioxus, vergl. Taf. XII, Fig. B4; Ascidia, ebendaselbst Fig. A4).

Aus der ontogenetischen Verbreitung der Gastrula bei den verschiedensten Thierclassen, von den Pflanzenthieren bis zu den Wirbelthieren hinauf, können wir nach dem biogenetischen Grundgesetze mit Sicherheit den wichtigen Schluß ziehen, daß während der laurentischen Periode eine gemeinsame Stammform der sechs Thierstämme existirte, welche im Wesentlichen der Gastrula gleichgebildet war, und welche wir Gastraea nennen wollen. Diese Gastraea besaß einen ganz einfachen, kugeligen, eiförmigen oder länglich runden Körper, der eine einfache Höhle von gleicher Gestalt, den Urdarm, umschloß; an einem Pole der Längsaxe öffnete sich der Urdarm durch einen Mund, der zur Nahrungsaufnahme diente. Die Körperwand (und zugleich Darmwand) bestand aus zwei Zellenschichten oder „Keimblättern":

Entoderm oder Darmblatt, und Exoderm oder Hautblatt; durch die Flimmerbewegung des letzteren schwamm die Gastraea frei umher. Auch bei denjenigen höheren Thieren, bei denen die ursprüngliche Gastrula-Form in der Keimesgeschichte durch gefälschte oder abgekürzte Vererbung (S. 190) verloren gegangen ist, hat sich dennoch die Zusammensetzung des Gastraea-Körpers auf diejenige Keimform vererbt, die zunächst aus der Morula entsteht. Diese Keimform ist eine runde Scheibe, die auf einem kugeligen „Nahrungsdotter" aufliegt und aus zwei Zellenlagen oder Blättern besteht. Die äußere Zellenschicht, das animale oder dermale Keimblatt, entspricht dem Exoderm der Gastraea; aus ihr entwickelt sich die äußere Oberhaut (Epidermis) mit ihren Drüsen und Anhängen, so wie das Centralnervensystem. Die innere Zellenschicht, das vegetative oder gastrale Keimblatt, ist ursprünglich das Entoderm der Gastraea; aus ihr entwickelt sich die ernährende innere Haut (Epithelium) des Darmcanals und seiner Drüsen. (Vergl. meine „Anthropogenie"[56], Vortrag XVI.)

Wir hätten demnach durch die vergleichende Keimesgeschichte für unsere Hypothese von der monophyletischen Descendenz des Thierreichs bereits fünf primordiale Entwickelungsstufen gewonnen: 1) das Moner; 2) die Amoebe; 3) die Moraea; 4) die Blastaea und 5) die Gastraea. Die einstmalige Existenz dieser fünf ältesten, auf einander folgenden Stammformen, welche im laurentischen Zeitalter gelebt haben müssen, folgt unmittelbar aus dem biogenetischen Grundgesetz, aus dem Parallelismus und dem mechanischen Causalzusammenhang der Keimes- und Stammesgeschichte (vgl. S. 449). Die vier ersten Formstufen (die animalen Moneren, Amoeben, Moraeaden und Blastaeaden) würden ihrer einfachen Beschaffenheit wegen noch zu den Protisten zu rechnen oder als eigentliche Urthiere (Protozoa) an letztere anzuschließen sein. Mit der fünften Formstufe hingegen, mit der Gastraea, beginnt das eigentliche Thierreich und damit eine weit höhere Organisation. Ihre beiden Keimblätter bilden die ursprüngliche Grundlage für alle Organe des Thierkörpers.

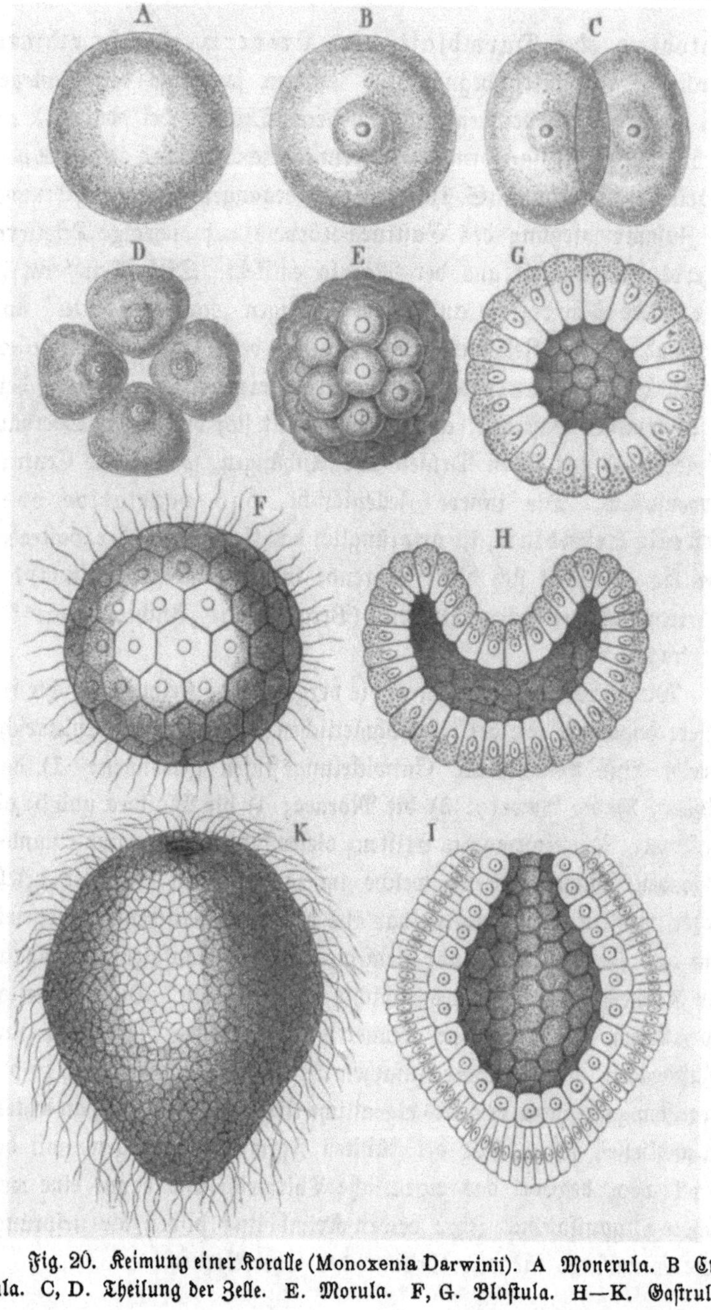

Fig. 20. Keimung einer Koralle (Monoxenia Darwinii). A Monerula. B Cytula. C, D. Theilung der Zelle. E. Morula. F, G. Blastula. H—K. Gastrula.

Formwerth der fünf ersten Entwickelungsstufen des Thierkörpers, verglichen in der individuellen und phyletischen Entwickelung	**Ontogenesis.** Die fünf ersten Stufen der Keimes-Entwickelung	**Phylogenesis.** Die fünf ersten Stufen der Stammes-Entwickelung
Erstes Entwickelungs-Stadium **Eine einfachste Cytode** (Eine kernlose Plastide)	1. **Monerula** Kernloses Thier-Ei (der ursprüngliche Kern der befruchteten Eizelle ist verschwuuden) Fig. 20 A	1. **Moneres** Aelteste animale Moneren (durch Urzeugung entstanden)
Zweites Entwickelungs-Stadium **Eine einfache Zelle** (Eine kernhaltige Plastide)	2. **Cytula** Stammzelle oder „Erste Furchungskugel" Fig. 20 B.	2. **Amoeba** (oder Cytaea) Aelteste animale Amoeben
Drittes Entwickelungs-Stadium **Eine solide Gemeinde** (ein dichtes Aggregat) **von gleichartigen einfachen Zellen**	3. **Morula** (Maulbeerkeim) Kugeliger Haufen von gleichartigen „Furchungskugeln" Fig. 20 E	3. **Moraea** (Synamoebium oder Amoebenstock) Aelteste Haufen von geselligen gleichartigen Amoeben
Viertes Entwickelungs-Stadium Eine kugelige oder eiförmige, mit Flüssigkeit gefüllte **Blase, deren dünne Wand aus einer einzigen Schicht von gleichartigen flimmernden Zellen besteht**	4. **Blastula** (Blasenkeim) Hohle blasenförmige Larve (oder Embryo), deren dünne Wand aus einer einzigen Zellenschicht besteht Fig. 20 F, G	4. **Blastaea** (Flimmerschwärmer) Hohles blasenförmiges Urthier, dessen dünne Wand aus einer einzigen flimmernden Zellenschicht besteht
Fünftes Entwickelungs-Stadium Ein kugeliger oder eiförmiger **Körper mit einfacher Darmhöhle und Mundöffnung: Darmwand aus zwei Blättern zusammengesetzt:** außen Exoderm (Hautblatt, Dermalblatt); innen Entoderm (Darmblatt, Gastralblatt)	5. **Gastrula** (Becherkeim) Vielzellige Larve mit Darm und Mund; Darmwand zweiblättrig (Ursprüngliche Keimform der Darmthiere) Fig. 20 I, K	5. **Gastraea** Vielzelliges Darmthier mit Darm und Mund; Darmwand zweiblättrig (Ursprüngliche Stammform aller echten Thiere: Darmthiere oder Metazoa)

Die phyletische Entwickelung der sechs Thierstämme, welche somit sämmtlich von der Gastraea abstammen, schlug von diesem gemeinsamen Ausgangspunkte aus einen zweifach verschiedenen Weg ein. Mit anderen Worten: die Gastraeaden (wie wir die durch den bleibenden Gastraea-Typus charakterisirte Formen-Gruppe nennen können) spalteten sich in zwei divergirende Linien oder Zweige. Der eine Zweig der Gastraeaden gab die freie Ortsbewegung auf, setzte sich auf dem Meeresboden fest, und wurde so zum Protascus, zu der gemeinsamen Stammform der Pflanzenthiere (Zoophyta). Der andre Zweig der Gastraeaden behielt die freie Ortsbewegung bei, setzte sich nicht fest, und entwickelte sich weiterhin zur Prothelmis, der gemeinsamen Stammform der Wurmthiere (Helminthes).

Dieser letztere Stamm (in dem Umfang, wie ihn heutzutage die moderne Zoologie begrenzt) ist phylogenetisch vom höchsten Interesse. Unter den Würmern nämlich finden sich, wie wir nachher sehen werden, neben sehr zahlreichen eigenthümlichen Thierfamilien und neben vielen selbstständigen Classen auch einzelne sehr merkwürdige Thierformen, welche als unmittelbare Uebergangsformen zu den vier höheren Thierstämmen betrachtet werden können. Sowohl die vergleichende Anatomie als die Ontogenie dieser Würmer läßt uns in ihnen die nächsten Blutsverwandten derjenigen ausgestorbenen Thiere erkennen, welche die ursprünglichen Stammformen der vier höheren Thierstämme waren. Diese letzteren, die Weichthiere, Sternthiere, Gliederthiere und Wirbelthiere, stehen mithin unter einander in keiner näheren Blutsverwandtschaft, sondern sind an vier verschiedenen Stellen aus dem Stamme der Würmer entsprungen.

Wir gelangen demnach auf Grund der vergleichenden Anatomie und Ontogenie zu demjenigen monophyletischen Stammbaum des Thierreichs, dessen Grundzüge auf S. 453 dargestellt sind. Hiernach sind die Phylen oder Stämme des Thierreichs genealogisch von sehr verschiedenem Werthe. Die ursprüngliche Stammgruppe des ganzen Thierreichs bildete eine Abtheilung von Protisten, die sogenannten Urthiere (Protozoa). Aus diesen Protozoen entwickelte sich die bedeutungsvolle Stammform der Gastraea, und aus dieser entsprangen als zwei divergirende Aeste die beiden Stämme der Pflanzenthiere (Zoophyta) und der Würmer (Vermes). Aus vier verschiedenen Gruppen des Würmerstammes entwickelten sich die vier höheren Thierstämme: einerseits die Sternthiere (Echinoderma) und Gliederthiere (Articulata), andererseits die Weichthiere (Mollusca) und Wirbelthiere (Vertebrata). Im Gegensatz zu den darmlosen Urthieren (Protozoa), die niemals Keimblätter bilden, kann man alle übrigen Thiere mit Darm und mit zwei Keimblättern unter dem Namen Darmthiere (Metazoa) zusammenfassen. Logisch richtiger ist es, die „Urthiere" ganz aus dem Thierreiche zu entfernen und in das Protistenreich zu stellen.

Nachdem wir so den monophyletischen Stammbaum des Thierreichs in seinen wichtigsten Grundzügen festgestellt haben, wenden wir uns zu einer näheren Betrachtung der historischen Entwickelung, welche die sechs Stämme des Thierreichs und die darin zu unterscheidenden Classen eingeschlagen haben. Die Zahl dieser Classen ist im Thierreiche viel größer als im Pflanzenreiche, schon aus dem einfachen Grunde, weil der Thierkörper, entsprechend seiner viel mannichfaltigeren und vollkommneren Lebensthätigkeit, sich in viel mehr verschiedenen Richtungen differenziren und vervollkommnen konnte. Während wir daher das ganze Pflanzenreich in sechs Hauptclassen und achtzehn Classen eintheilen konnten, müssen wir unter den sechs Stämmen des Thierreichs wenigstens zwanzig Hauptclassen und vierzig bis fünfzig Classen unterscheiden. (Vergl. S. 452.)

Unter den sechs Hauptgruppen der echten Thiere oder Metazoen tritt zunächst der Hauptstamm der Pflanzenthiere allen übrigen, allen Bilaterien oder zweiseitigen Thieren gegenüber. Bald werden diese Pflanzenthiere mit dem älteren Namen Zoophyta oder Phytozoa, bald mit dem neueren Namen Coelenterata oder Coelenteria bezeichnet. Man kann unter den Pflanzenthieren drei Hauptclassen unterscheiden: die Urdarmthiere (Gastraeadae), die Schwammthiere (Spongiae) und die Nesselthiere (Acalephae oder Cnidariae).

Systematische Uebersicht
über die 20 Hauptclassen und 40 Classen des Thierreichs.

Stämme des Thierreichs.	Hauptclassen des Thierreichs.	Classen des Thierreichs.	Systematischer Name der Thierclassen.
A. Pflanzenthiere Zoophyta *(Coelenteria)*	I. Gastraeadae	1. Urdarmthiere	1. Gastraeadae
	II. Spongiae	2. Schwämme	2. Spongiae
	III. Acalephae	3. Polypen	3. Hydrusae
		4. Schirmquallen	4. Medusae
		5. Staatsquallen	5. Siphonophorae
		6. Kammquallen	6. Ctenophorae
		7. Korallen	7. Coralla
B. Wurmthiere Helminthes *(Vermes)*	IV. Acoelomi	8. Urwürmer	8. Archelminthes
		9. Plattwürmer	9. Plathelminthes
	V. Scolecida	10. Rundwürmer	10. Nematelminthes
		11. Räderthiere	11. Rotatoria
		12. Sternwürmer	12. Gephyrea
	VI. Himatega	13. Mosthiere	13. Bryozoa
		14. Armfüßer	14. Brachiopoda
	VII. Tunicata	15. Mantelthiere	15. Tunicata
C. Weichthiere Mollusca *(Malacia)*	VIII. Conchades	16. Muscheln	16. Acephala
	IX. Cochlides	17. Schnecken	17. Cochlides
	X. Teuthodes	18. Kracken	18. Cephalopoda
D. Sternthiere Echinoderma *(Estrellae)*	XI. Protestrellae	19. Seesterne	19. Asteriae
	XII. Anthestrellae	20. Seestrahlen	20. Ophiurae
		21. Seelilien	21. Crinoida
	XIII. Thecestrellae	22. Seeknospen	22. Blastoida
		23. Seeigel	23. Echinida
		24. Seegurken	24. Holothuriae
E. Gliederthiere Articulata *(Arthrozoa)*	XIV. Annelida	25. Egel	25. Hirudinea
		26. Borstenwürmer	26. Chaetopoda
	XV. Crustacea	27. Krebsthiere	27. Carides
		28. Schildthiere	28. Aspides
	XVI. Tracheata	29. Urluftröhrer	29. Protracheata
		30. Tausendfüßer	30. Myriapoda
		31. Spinnen	31. Arachnida
		32. Insecten	32. Insecta
F. Wirbelthiere Vertebrata *(Spondylia)*	XVII. Acrania	33. Schädellose	33. Acrania
	XVIII. Cyclostoma	34. Rundmäuler	34. Cyclostoma
	XIX. Anamnia	35. Fische	35. Pisces
		36. Lurchfische	36. Dipneusta
		37. Lurche	37. Amphibia
	XX. Amniota	38. Schleicher	38. Reptilia
		39. Vögel	39. Aves
		40. Säugethiere	40. Mammalia

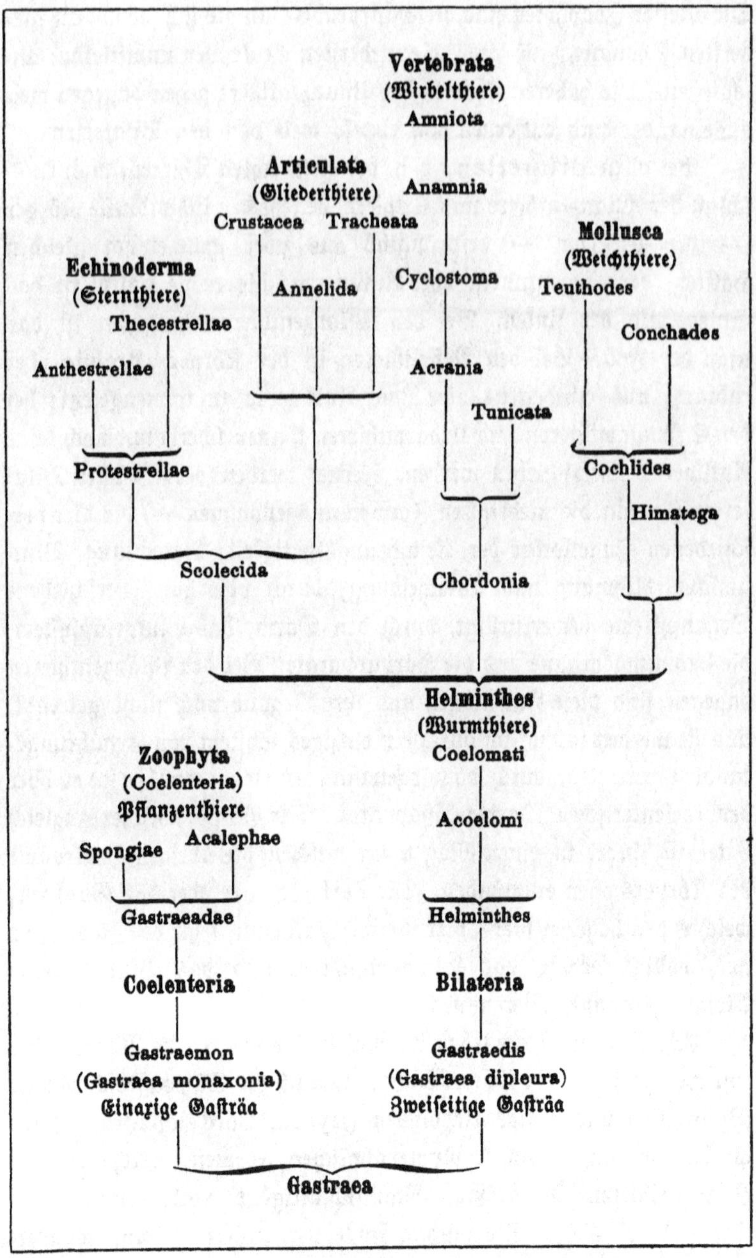
Vertebrata
(Wirbelthiere)
Amniota
Articulata
(Gliederthiere)
Anamnia
Crustacea
Tracheata
Mollusca
(Weichthiere)
Echinoderma
(Sternthiere)
Annelida
Cyclostoma
Teuthodes
Thecestrellae
Conchades
Anthestrellae
Acrania
Tunicata
Protestrellae
Cochlides
Himatega
Scolecida
Chordonia
Helminthes
(Wurmthiere)
Coelomati
Zoophyta
(Coelenteria)
Pflanzenthiere
Acoelomi
Spongiae
Acalephae
Gastraeadae
Helminthes
Coelenteria
Bilateria
Gastraemon
(Gastraea monaxonia)
Einaxige Gasträa
Gastraedis
(Gastraea dipleura)
Zweiseitige Gasträa
Gastraea

Die ältesten Zoophyten sind die Gastraeaden, an die sich sowohl die niedersten Spongien, als auch die niedersten Acalephen unmittelbar anschließen. Die höheren Formen der Pflanzenthiere gehen dagegen weit auseinander und entfernen sich ebenso weit von den Bilaterien.

Bei allen Bilaterien, d. h. bei allen echten Thieren, nach Ausschluß der Pflanzenthiere und Urthiere, besteht der individuelle Körper (— die Person —) ursprünglich aus zwei symmetrisch gleichen Hälften, den Gegenstücken oder Antimeren; die rechte Hälfte ist das Spiegelbild der linken. Bei den Pflanzenthieren hingegen ist das nicht der Fall. Bei den Nesselthieren ist der Körper „strahlig oder radiär", aus mindestens vier Paar Antimeren zusammengesetzt; bei den Schwammthieren und Urdarmthieren können überhaupt noch keine Antimeren unterschieden werden. Ferner werden bei fast allen Bilaterien (— nur die niedrigsten Formen ausgenommen —) die vier verschiedenen Functionen der Ernährungsthätigkeit: Verdauung, Blutumlauf, Athmung und Ausscheidung, durch vier ganz verschiedene Organsysteme bewerkstelligt, durch den Darm, das Blutgefäßsystem, die Athmungsorgane und die Harnapparate. Bei den Pflanzenthieren dagegen sind diese Functionen und ihre Organe noch nicht getrennt, und sie werden sämmtlich durch ein einziges System von Ernährungscanälen vertreten, durch das sogenannte Gastrocanalsystem oder den coelenterischen Darmgefäßapparat. Der Mund, welcher zugleich After ist, führt in einen Magen, in welchen die übrigen Hohlräume des Körpers offen einmünden. Die Leibeshöhle oder das Coelom, welches den höheren vier Thierstämmen zukommt, fehlt den Zoophyten noch völlig, ebenso das Blutgefäßsystem und das Blut, ebenso Athmungsorgane, Nieren u. s. w.

Alle Pflanzenthiere leben im Wasser, die meisten im Meere. Nur sehr wenige leben im süßen Wasser, nämlich die Süßwasserschwämme (Spongilla) und einige Urpolypen (Hydra, Cordylophora). Eine Probe von den zierlichen blumenähnlichen Formen, welche bei den Pflanzenthieren in größter Mannichfaltigkeit vorkommen, giebt Taf. VII (S. 456). Die reichste Fülle von prächtigen und wundervollen Gestalten finden wir namentlich in der Hauptclasse der Nesselthiere, unter denen die festsitzenden Polypen und Corallen einerseits, die frei schwimmenden Medusen, Siphonophoren und Ctenophoren andererseits um den Preis der Schönheit wetteifern.

Von den drei Hauptclassen oder Stammästen der Pflanzenthiere zeichnen sich die Nesselthiere durch die eigenthümlichen Nesselorgane ihrer Haut aus; die Schwämme hingegen durch ihre charakteristischen Hautporen; die Urdarmthiere besitzen weder die Nesselorgane der ersteren, noch die Hautporen der letzteren. Ferner finden wir bei den Nesselthieren meistens um den Mund herum einen Kranz von Fühlern oder Tentakeln, die sowohl zum Tasten, wie zum Greifen als Fangarme dienen. Diese Tentakeln fehlen sowohl den Schwammthieren wie den Urdarmthieren.

Die erste Hauptclasse der Zoophyten, die kleine Gruppe der Urdarmthiere (Gastraeadae), ist aus den oben angeführten Gründen als die gemeinsame ursprüngliche Stammgruppe nicht allein aller Pflanzenthiere, sondern überhaupt aller echten Thiere zu betrachten. Denn bei allen echten Thieren oder Metazoen beginnt ja die individuelle Entwickelung des Körpers mit der Bildung einer wahren Gastrula. Aus dieser höchst wichtigen Thatsache müssen wir nach dem biogonetischen Grundgesetze den Schluß ziehen, daß die gemeinsame, uralte, längst ausgestorbene Stammform des Thierreichs, die Gastraea, jener Gastrula im Wesentlichen gleich gebildet war: ein einfacher, länglich runder, becherförmiger Körper mit einer Axe, dessen Magenhöhle durch einen Mund nach außen geöffnet und dessen Wand aus zwei Zellenschichten, den beiden primären Keimblättern, zusammengesetzt war (Fig. 20 I, K, S. 448). Außer dieser schwimmenden hypothetischen Gastraea müssen wir aber zu den Gastraeaden auch noch einige merkwürdige lebende Pflanzenthiere von einfachster Organisation rechnen, die Cyemarien und Physemarien.

Die Cyemarien oder Dicyemiden, mit der einzigen Gattung Dicyema, sind kleine Seethiere, welche schmarotzend in den Nieren der Cephalopoden oder Kracken leben. Wie Eduard van Beneden

Systematische Ueberſicht
über die Hauptclaſſen und Claſſen der Pflanzenthiere.

Hauptclaſſen der Pflanzenthiere.	Charactere der Hauptclaſſen.	Claſſen (oder Unterclaſſen).	Eine Gattung als Beiſpiel.
I. **Urdarmthiere** Gastraeadae	Pflanzenthiere ohne Hautporen und ohne Neſſelzellen (Grundform einaxig).	1. Gastraemones	Gastraea
		2. Cyémaria	Dicyema
		3. Protascones	Protascus
		4. Physemaria	Haliphysema
II. **Schwämme** Spongiae oder Porifera	Pflanzenthiere mit Hautporen, ohne Neſſelzellen (Grundform einaxig).	1. Myxospongiae	Archispongia
		2. Calcispongiae	Olynthus
		3. Ceraspongiae	Euspongia
		4. Rhaphispongiae	Spongilla
		5. Phloeospongiae	Geodia
		6. Hyalospongiae	Euplectella
III. **Neſſelthiere** Acalephae oder Cnidariae	Pflanzenthiere ohne Hautporen, mit Neſſelzellen (Grundform ſtrahlig oder kreuzaxig).	1. Hydrusae	Hydra
		2. Medusae	Aurelia
		3. Siphonophorae	Physalia
		4. Ctenophorae	Cydippe
		5. Coralla	Actinia

neuerlich gezeigt hat, ſind dieſelben als eine eigenthümliche Claſſe oder Ordnung der Gaſtraeaden zu betrachten, ausgezeichnet dadurch, daß eine große Entoderm-Zelle den ganzen Magenraum erfüllt.

Die Phyſemarien gleichen der Ascula, der feſtſitzenden Jugendform der Spongien und Acalephen. Da ſowohl die Schwammthiere als die Neſſelthiere bei ihrer Entwickelung aus dem Ei eine echte Gaſtrula-Form durchlaufen, und da die niederſten Repräſentanten beider Hauptclaſſen der entſprechenden phylogenetiſchen Stamm-

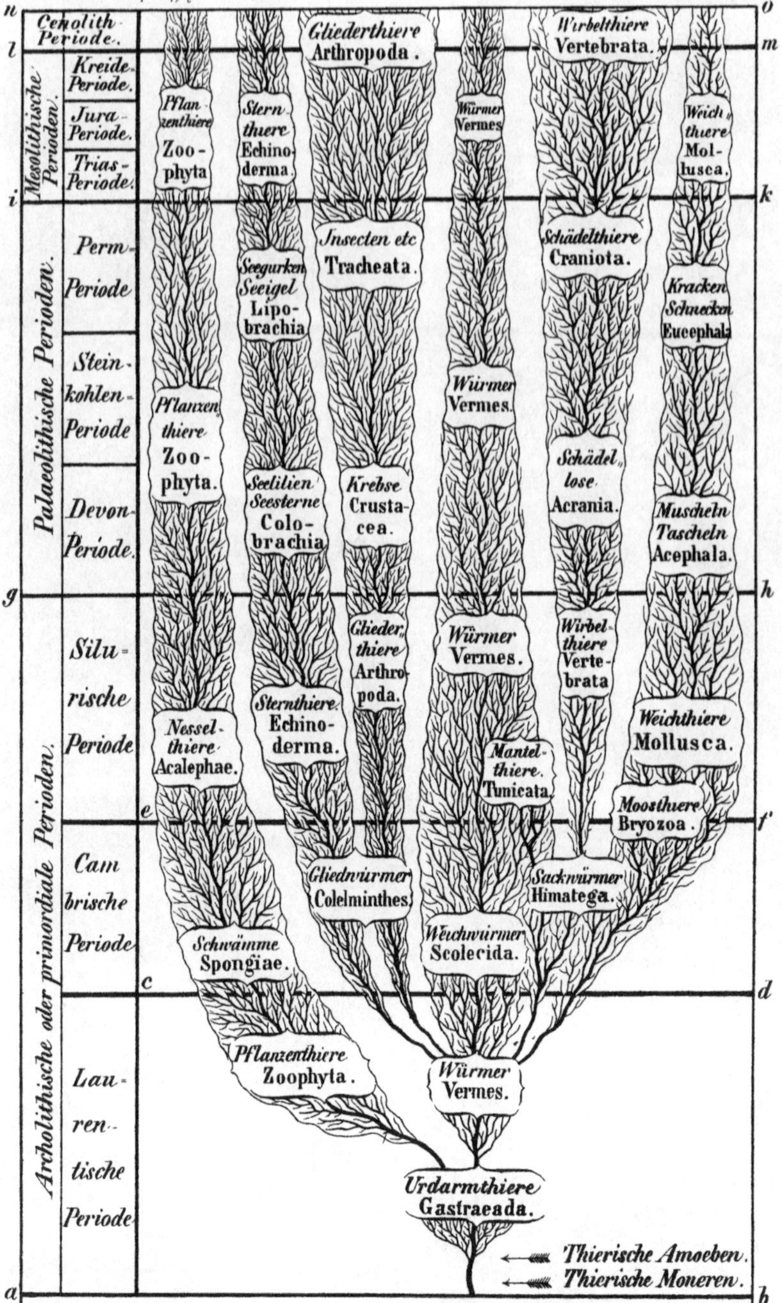

Historisches Wachsthum der sechs Thierstämme. Siehe die Erklärung.

form der Gastraea noch sehr nahe stehen, so ist vorläufig die Hypothese gestattet, daß beide Hauptclassen aus einer und derselben ausstorbenen Stammform entsprungen seien. Diese hypothetische Stammform würde der Protascus sein, der im Grunde Nichts Anderes ist, als eine festgesetzte Gastraea. Ihre frühere Existenz wird wahrscheinlich durch die Ascula, jene ontogenetische Entwickelungs-Form, welche sowohl bei den Schwammthieren wie bei den Nesselthieren zunächst aus der Gastrula hervorgeht. Nachdem nämlich diese Gastrula eine Zeitlang im Wasser umhergeschwommen ist, sinkt sie zu Boden und setzt sich daselbst fest. Die Ascula, wie wir diese festsitzende Jugendform nennen, ist ein einfacher Schlauch, dessen Höhle (die Magenhöhle oder Darmhöhle) sich an dem oberen (der basalen Ansatzstelle entgegengesetzten) Pole der Längsaxe durch einen Mund nach außen öffnet. Der ganze Körper ist hier gewissermaßen noch Magen oder Darm, wie bei der Gastrula. Die Wand des Schlauches, die Körperwand und zugleich Darmwand der Ascula ist, besteht aus zwei Zellenschichten oder Blättern, einem flimmerndem Entoderm oder Darmblatt (entsprechend dem inneren oder vegetativen Keimblatt der höheren Thiere) und einem nicht flimmernden Exoderm oder Hautblatt (entsprechend dem äußeren oder animalen Keimblatt der höheren Thiere). Freilich ist die Art und Weise der Ascula-Bildung bei den Schwammthieren und Nesselthieren etwas verschieden, und es können daraus auch Gründe für die entgegengesetzte Hypothese abgeleitet werden, daß Schwammthiere und Nesselthiere unabhängig von einander aus verschiedenen Gastraeaden entsprungen sind.

Sowohl die frei umherschwimmende Gastraea als auch der festsitzende Protascus werden während der laurentischen Periode durch zahlreiche verschiedene Gattungen und Arten vertreten gewesen sein, die wir alle in der Zoophyten-Classe der Gastraeaden zusammenfassen können. Als einen letzten, wenig veränderten Ueberrest dieser Gastraeaden-Classe können wir die heute noch lebenden Gattungen Haliphysema und Gastrophysema betrachten, die ich als Classe der Schlauchthiere (Physemaria) bezeichne. Eine genaue Beschreibung und Abbildung dieser merkwürdigen Physemarien habe ich in meinen „Studien zur Gastraea-Theorie" gegeben (III. Die Physemarien, Gastraeaden der Gegenwart. Taf. IX—XIV. 1876.) [15]). Es sind einfache Schläuche von 1—3 Millimeter Länge, die auf dem Meeresboden festsitzen. Eine kurze, an der Mundöffnung befindliche Geißelspirale strudelt die Nahrung in die einfache Magenhöhle hinein, deren Wand aus zwei Zellenschichten, den beiden primären Keimblättern besteht. Das äußere Keimblatt oder Exoderma bildet ein Skelet aus Sandkörnchen und anderen fremden Körpern; das innere Keimblatt ist ein Geißel-Epithel, das zur Ernährung dient.

Diesen Physemarien noch sehr nahe stehen die einfachsten Formen der ächten Schwämme oder Schwammthiere, Spongiae oder Porifera. Sie unterscheiden sich wesentlich nun dadurch, daß die Magenwand von zahlreichen feinen Hautlöchern oder Poren durchbohrt ist. Alle Schwämme (— nicht zu verwechseln mit den Pilzen, S. 417 —) leben im Meere, mit einziger Ausnahme des grünen Süßwasser-Schwammes (Spongilla). Lange Zeit galten diese Thiere für Pflanzen, später für Protisten; in den meisten Lehrbüchern werden sie noch jetzt zu den Urthieren gerechnet. Seitdem ich jedoch die Entwickelung derselben aus der Gastrula und den Aufbau ihres Körpers aus zwei Keimblättern (wie bei allen höheren Thieren) nachgewiesen habe, erscheint ihre nahe Verwandtschaft mit den Physemarien und Nesselthieren, (und zunächst mit den Hydrapolypen), endgültig begründet. Insbesondere hat der Olynthus, den ich als die gemeinsame Stammform der Kalkschwämme betrachte, hierüber vollständigen und sicheren Aufschluß gegeben.

Die mannichfaltigen, aber noch wenig untersuchten Thierformen, welche in der Poriferen-Classe vereinigt sind, lassen sich auf sechs Ordnungen vertheilen. Die erste Ordnung bilden die weichen, gallertigen Schleimschwämme (Myxospongiae), welche sich durch den Mangel aller harten Skelet-Theile auszeichnen. Dahin gehören einerseits die Stammformen der ganzen Classe, als deren Typus uns Archispongia gilt, andrerseits die weichen Gallertschwämme (Halisarca). Das Porträt der Archispongia, des ältesten Urschwammes, erhalten wir, wenn wir uns aus dem Olynthus die dreistrahligen Kalknadeln entfernt denken.

Die zweite Ordnung der Spongien enthält die Hornschwämme (Ceraspongiae), deren weicher Körper durch ein festes, faseriges Skelet gestützt wird. Dieses Faser-Skelet besteht aus einem Gerüste von sogenannten „Hornfasern", aus einer schwer zerstörbaren und sehr elastischen organischen Substanz. Am reinsten und gleichmäßigsten ist dieses Hornfaser-Geflecht bei unserem gewöhnlichen Badeschwamme (Euspongia officinalis), dessen gereinigtes Skelet wir jeden Morgen zum Waschen benutzen. Bei anderen Hornschwämmen werden Sandkörner und andere fremde Körper bei der Bildung der Hornfasern in diesen abgelagert, bei anderen Kieselnadeln.

An diese letzteren schließen sich unmittelbar die Nadelschwämme an (Raphispongiae). Bei diesen besteht das Skelet größtentheils aus einfachen Kieselnadeln, bald mit, bald ohne Hornsubstanz. Dahin gehört die große Gruppe der Halichondrien, sowie der Süßwasserschwamm (Spongilla).

Eine vierte Ordnung bilden die schönen Glasschwämme (Hyalospongiae oder Hexactinellae). Ihr Skelet besteht aus sechsstrahligen Kieselnadeln, welche oft zu einem äußerst zierlichen Gitterwerke verflochten sind, so namentlich bei dem berühmten „Venusblumenkorb" (Euplectella).

Durch dreistrahlige oder vierstrahlige Kieselnadeln sind die Rindenschwämme oder Ankerschwämme ausgezeichnet (Phloeospongiae). Die Systematik dieser, wie der vorhergehenden Kieselschwämme, ist von besonderem Interesse für die Descendenz-Theorie, wie zuerst Oscar Schmidt, der beste Kenner dieser Thiergruppe, nachgewiesen hat. Kaum irgendwo läßt sich die unbegrenzte Biegsamkeit der Species-Form und ihr Verhältniß zur Anpassung und Vererbung so einleuchtend Schritt für Schritt verfolgen; kaum irgendwo läßt sich die Species so schwer abgrenzen und definiren.

In noch höherem Maße als von den großen Ordnungen der Kieselschwämme, gilt dieser Satz von der kleinen, aber höchst interessanten Ordnung der Kalkschwämme (Calcispongiae), über welche ich 1872 nach eingehenden fünfjährigen Untersuchungen eine ausführliche Monographie veröffentlicht habe.[50]) Die sechzig Tafeln Abbildungen, welche diese Monographie begleiten, erläutern die außerordentliche Formbiegsamkeit dieser kleinen Spongien, bei denen man von „guten Arten" im Sinne der gewöhnlichen Systematik überhaupt nicht sprechen kann. Hier giebt es nur schwankende Formen-Reihen, welche ihre Species-Form nicht einmal auf die nächsten Nachkommen rein vererben, sondern durch Anpassung an untergeordnete äußere Existenz-Bedingungen unaufhörlich abändern. Hier kommt es sogar häufig vor, daß aus einem und demselben Stocke verschiedene Arten hervorwachsen, welche in dem üblichen Systeme zu mehreren ganz verschiedenen Gattungen gehören; so z. B. bei der merkwürdigen Ascometra. Die ganze äußere Körper-Gestalt ist bei den Kalkschwämmen noch viel biegsamer und flüssiger als bei den Kieselschwämmen, von welchen sie sich durch den Besitz von Kalknadeln unterscheiden, die ein zierliches Skelet bilden. Mit der größten Sicherheit läßt sich aus der vergleichenden Anatomie und Ontogenie der Kalkschwämme die gemeinsame Stammform der ganzen Gruppe erkennen, der schlauchförmige Olynthus. Aus dem Olynthus hat sich zunächst die Unter-Ordnung der Asconen entwickelt, aus welchen die beiden anderen Unter-Ordnungen der Kalkschwämme, die Leuconen und Syconen, erst später als divergirende Zweige hervorgegangen sind. Innerhalb dieser Unter-Ordnungen läßt sich wiederum die Descendenz der einzelnen Formen Schritt für Schritt verfolgen. So bestätigen die Kalkschwämme in jeder Beziehung den schon früher von mir ausgesprochenen Satz: „Die ganze Naturgeschichte der Spongien ist eine zusammenhängende und schlagende Beweisführung für Darwin."[50])

Viel formenreicher, mannichfaltiger und höher entwickelt als die Spongien und Gastraeaden, ist die dritte Hauptclasse der Pflanzenthiere, die Nesselthiere (Acalephae oder Cnidariae). Wir unterscheiden in dieser Hauptclasse folgende fünf Classen: 1. Die Polypen (Hydrusae), 2. die Schirmquallen (Medusae), 3. die Staatsquallen (Siphonophorae), 4. die Kammquallen (Ctenophorae) und 5. die Korallen (Coralla). Als die gemeinsame Stammform der ganzen Gruppe ist die längst ausgestorbene Archydra zu betrachten, ein kleiner mariner „Urpolyp", welcher in den beiden noch heute lebenden Süßwasser-Polypen (Hydra und Cordylophora) zwei nahe Verwandte hinterlassen hat. Die Archydra war den Physemarien und den einfachsten Spongien-Formen (Archispongia und Olynthus) wahrscheinlich sehr nahe verwandt, und unterschied sich von ihnen wesentlich wohl nur durch den Besitz der Nesselorgane und den Mangel der Hautporen. Aus der Archydra entwickelten sich zunächst die verschiedenen Hydroid-Polypen, von denen einige zu den Stammformen der Korallen, andere zu den Stammformen der Medusen wurden. Aus verschiedenen Zweigen der letzteren entwickelten sich später die Siphonophoren und Ctenophoren.

Die Nesselthiere unterscheiden sich von den Schwämmen, mit denen sie in der charakteristischen Bildung des ernährenden Canalsystems wesentlich übereinstimmen, insbesondere durch den Mangel der Hautporen, sowie durch den beständigen Besitz der Nesselorgane. Das sind kleine, mit Gift gefüllte Bläschen, welche in großer Anzahl, meist zu vielen Millionen, in der Haut der Nesselthiere vertheilt sind. Sie dienen als Waffen, indem sie bei Berührung aus derselben hervortreten und ihren giftigen Inhalt entleeren.

Als die älteste und niederste unter den fünf Classen der Nesselthiere ist diejenige der kleinen Polypen (Hydrusae) zu betrachten. Sie unterscheiden sich von einem Protascus oder einer festsitzenden Gastraea wesentlich nur durch ihre Nesselorgane und durch einen Kranz von Fühlern oder Tentakeln, der den Mund umgiebt. Wenige leben isolirt als einzelne Personen; die meisten bilden durch Knospung Stöckchen, die aus vielen Personen zusammengesetzt sind. Solche finden sich überall auf dem Meeresboden festgewachsen und gleichen zierlichen Bäumchen. Die niedersten und einfachsten Angehörigen dieser Classe sind die kleinen Süßwasserpolypen (Hydra und Cordylophora). Wir können sie als die wenig veränderten Nachkommen jener uralten

Urpolypen (Archydrae) ansehen, welche während der Primordialzeit der ganzen Abtheilung der Nesselthiere den Ursprung gaben. Der merkwürdige, überall in unseren Teichen verbreitete gemeine Süßwasserpolyp (Hydra) gehört wegen seines einfachen typischen Baues und wegen seiner großen Theilungsfähigkeit zu den interessantesten niederen Thieren.

Die zweite Klasse der Nesselthiere bilden die schönen Schirmquallen oder Medusen (Medusae). (Taf. VII, Fig. 8—12.) Sie sind in allen Meeren verbreitet und erscheinen oft an der Oberfläche schwimmend in ungeheuren Schwärmen. Die meisten Schirmquallen haben die Form einer Glocke, eines Hutpilzes oder eines Regenschirms, von dessen Rand viele zarte und lange Fangfäden herabhängen. Sie gehören zu den schönsten und interessantesten Bewohnern des Meeres. Einige erreichen eine ansehnliche Größe, bis zu einem Meter Durchmesser. Dabei besteht aber ihr durchsichtiger, glasartiger Körper kaum aus einem Prozent thierischer Substanz, aus 99—99½ Procent Seewasser. Ihre merkwürdige Lebensgeschichte, insbesondere der verwickelte Generationswechsel der Polypen und Medusen, liefert uns sehr wichtige Zeugnisse für die Wahrheit der Abstammungslehre. Denn aus den Eiern der Medusen entstehen meistens nicht wieder Medusen, sondern vielmehr Polypen der vorigen Classe (Tubularien und Campanarien). Diese letzteren aber treiben Knospen, die sich ablösen und zu Medusen werden. Wie nun durch diesen „Generationswechsel" noch jetzt täglich Medusen aus Polypen entstehen, so ist auch ursprünglich phylogenetisch die frei schwimmende Medusenform aus der festsitzenden Polypenform hervorgegangen.

Aus der Classe der Schirmquallen hat sich als eine dritte Classe der Nesselthiere diejenige der prächtigen Staatsquallen entwickelt (Siphonophora). Das sind schwimmende Colonien oder Stöcke von Medusen, die durch Arbeitstheilung eine außerordentlich verschiedenartige Form angenommen haben. (Vergl. Taf. VII, Fig. 13 und deren Erklärung unten im Anhang, sowie meinen Aufsatz über „Arbeitstheilung in Natur und Menschenleben".)[50]

Aus einem anderen Zweige der Schirmquallen hat sich wahrscheinlich die vierte Classe der Nesselthiere, die eigenthümliche Abtheilung der Kammquallen (Ctenophorae) entwickelt. Diese Quallen, welche oft auch Rippenquallen oder Gurkenquallen genannt werden, besitzen einen gurkenförmigen Körper, welcher, gleich dem Körper der meisten Schirmquallen, krystallhell und durchsichtig wie geschliffenes Glas ist. Ausgezeichnet sind die Kammquallen oder Rippenquallen durch ihre eigenthümlichen Bewegungsorgane, nämlich acht Reihen von rudernden Wimperblättchen, die wie acht Rippen von einem Ende der Längsaxe (vom Munde) zum entgegengesetzten Ende verlaufen. Von den beiden Hauptabtheilungen derselben haben sich die Engmündigen (Stenostoma) wohl erst später aus den Weitmündigen (Eurystoma) entwickelt. (Vergl. Taf. VII, Fig. 16.)

Eine fünfte Classe der Nesselthiere endlich bilden die schönen Korallen (Coralla). Auch diese stammen, gleich allen anderen Akalephen, von Polypen oder Hydrusen ab. Gleich den drei vorigen Classen leben auch die Korallen ausschließlich im Meere und sind namentlich in den wärmeren Meeren durch eine Fülle von zierlichen und bunten blumenähnlichen Gestalten vertreten. Sie heißen daher auch Blumenthiere (Anthozoa). Die meisten sind auf dem Meeresboden festgewachsen und enthalten ein inneres Kalkgerüste. Viele von ihnen erzeugen durch fortgesetztes Wachsthum so gewaltige Stöcke, daß ihre Kalkgerüste die Grundlage ganzer Inseln bilden; so die berühmten Korallen-Riffe und Atolle der Südsee, über deren merkwürdige Formen wir erst durch Darwin[13]) aufgeklärt worden sind. Die Gegenstücke oder Antimeren, d. h. die gleichartigen Hauptabschnitte des Körpers, welche strahlenförmig vertheilt um die mittlere Hauptaxe des Körpers herumstehen, sind bei den Korallen bald zu vier, bald zu sechs, bald zu acht vorhanden. Danach unterscheiden wir als drei Legionen die vierzähligen (Tetracoralla), die sechszähligen (Hexacoralla) und die achtzähligen Korallen (Octocoralla). Die vierzähligen Korallen bilden die gemeinsame Stammgruppe der Classe, aus welcher sich die sechszähligen und achtzähligen als zwei divergirende Aeste entwickelt haben. (Vergl. meine „Arabischen Korallen", 1876.)[37])

Die tiefe Kluft, welche die formenreiche Stammgruppe der Pflanzenthiere von allen übrigen echten Thieren trennt, ist aus den schon angedeuteten Gründen (S. 454) so bedeutend, daß wir diese letzteren sämmtlich als Bilateria, d. h. „zweiseitige oder zweihälftige Thiere", jenen ersteren gegenüber stellen können. Bei allen diesen Bilaterien — d. h. also bei allen Wurmthieren, Weichthieren, Sternthieren, Gliederthieren und Wirbelthieren — besteht der Körper ursprünglich, wie beim Menschen, aus zwei Seitenhälften (Gegenstücken oder Antimeren), welche symmetrisch gleich sind. Die rechte Hälfte oder das rechte Antimer ist das Gegenstück der linken. In beiden Hälften finden sich dieselben Organe, in derselben Verbindung und in gleicher relativer, aber entgegengesetzter absoluter Lagerung. Daher wird bei allen diesen Bilaterien (— im Gegensatze zu den Pflanzenthieren —) die Lagerung aller Körpertheile durch drei Richtaxen oder Euthynen bestimmt: Längsaxe, Pfeilaxe und Queraxe. Die Längsaxe oder Hauptaxe geht der Länge nach durch den Körper der Person hindurch, vom vorderen „Mundpol" zum hinteren „Gegenmundpol". Die Pfeilaxe oder Dickenaxe (Dorsoventralaxe) geht von oben nach unten, vom Rückenpol zum Bauchpol. Die Queraxe oder Seitenaxe endlich (Lateralaxe) geht quer durch den Körper hindurch, vom rechten zum linken Pol. Diese letztere Axe ist gleichpolig, während die beiden ersteren ungleichpolig sind. Daher finden wir bei allen Bilaterien oder zweihälftigen Thieren ursprünglich den Gegensatz von Rechts und Links, von Rücken und Bauch, während dieser Gegensatz den Pflanzenthieren oder Coelenterien noch fehlt. Die tiefe Kluft, welche dadurch zwischen den Coelenterien und Bilaterien besteht, geht bis zur gemeinsamen Stammform der Gastraea hinab. Aus wichtigen Gründen der vergleichenden Entwicklungsgeschichte dürfen wir annehmen, daß schon die Gastraea-Ahnen der Bilaterien jene zweiseitige Grundform erworben hatten, während sie den Gastraea-Ahnen der Coelenterien noch fehlte. (Vergl. S. 453.)

Taf. VII

Offenbar steht dieser wichtige Unterschied in ursächlichem Zusammenhang mit der ursprünglichen Bewegungsweise beider Hauptgruppen des Thierreichs. Die ältesten Formen der Pflanzenthiere oder Coelenterien setzten sich fest auf dem Meeresboden, oder sie bewegten sich frei schwimmend im Meere, ohne bestimmte Richtung. Sie behielten in Folge dessen die einaxige Grundform bei, wie sie ursprünglich ihre Stammform, die einaxige Gastraea (Gastraea monaxonia) besaß; oder sie erwarben eine kreuzaxige, strahlige oder radiale Grundform. Die zweiseitigen Thiere oder Bilaterien hingegen bewegten sich von Anfang an, schwimmend im Meere oder kriechend auf dem Meeresboden, in einer bestimmten Richtung, die sich gleich blieb. Dadurch wurde der ursprünglich einaxige Körper ihrer Gastraea-Ahnen zweiseitig, und schon die älteste gemeinsame Stammform aller Bilaterien muß diese zweiseitige Grundform erworben haben; schon sie besaß jene charakteristischen drei Richtaxen und war somit eine zweiseitige oder richtaxige Gastraea (Gastraea dipleura).

Die fünf Stämme oder Phylen des Thierreichs, welche wir demgemäß als Bilaterien zusammenfassen, unterscheiden sich in erster Linie sehr auffallend durch die Beschaffenheit des wichtigsten aller Organe, des Seelen-Organs oder Central-Nervensystems. Bei den Wurmthieren (Helminthes) hat dasselbe die ursprüngliche Beschaffenheit beibehalten, wie wir sie bei der ältesten Stammgruppe der Bilaterien voraussetzen müssen. Es ist ein sogenanntes Urhirn (Protoganglion), ein einfacher Nervenknoten, von welchem Fäden ausstrahlen, und welcher wegen seiner Lage oberhalb des Mundes oder Schlundes auch oft als „Oberschlundknoten" (Ganglion suprapharyngeum) bezeichnet wird. Dieses Urhirn hat sich ursprünglich aus einer Scheitelplatte, aus der Außenfläche des Hautblattes der Gastraea dipleura, der Stammform der Bilaterien entwickelt. Bei den meisten Wurmthieren behält dieses Urhirn seine ursprüngliche einfache Beschaffenheit bei, und nur bei wenigen hat es sich weiter entwickelt zu einem einfachen „Schlundring".

Systematische Uebersicht
über die Classen und Ordnungen der Nesselthiere (Acalephae).

Classen der Nesselthiere	Legionen der Nesselthiere	Ordnungen der Nesselthiere	Eine Gattung als Beispiel
I. Polypen Hydrusae	1. Hydropolypen *Hydromenae*	1. Hydrariae	Hydra
		2. Sertulariae	Plumularia
	2. Korallpolypen *Hydrocoralla*	3. Milleporidae	Millepora
		4. Stylasteridae	Stylaster
II. Schirmquallen Medusae	3. Schleierquallen *Craspedotae* *(Aphacellae)*	5. Anthomedusae	Codonium
		6. Leptomedusae	Aequorea
		7. Trachymedusae	Aglaura
		8. Narcomedusae	Aegina
	4. Lappenquallen *Acraspedae* *(Phacellotae)*	9. Scyphomedusae	Lucernaria
		10. Peromedusae	Periphylla
		11. Conomedusae	Charybdea
		12. Discomedusae	Aurelia
III. Staatsquallen Siphonophorae	5. Knorpelquallen *Chondrophorae*	13. Velellidae	Velella
	6. Blasenquallen *Physophorae*	14. Agalmidae	Agalma
		15. Rhizophysidae	Rhizophysa
	7. Kelchquallen. *Calycophorae*	16. Hippopodinae	Hippopodius
		17. Diphyidae	Diphyes
IV. Kammquallen Ctenophorae	8. Weitmündige *Eurystomae*	18. Beroidae	Beroe
	9. Engmündige *Stenostomae*	19. Saccatae	Cydippe
		20. Lobatae	Eucharis
		21. Taeniatae	Cestum
V. Korallen Anthozoa	10. Vierstrahlige Korallen *Tetracoralla*	22. Corallarcha	Protocorallium
		23. Rugosa	Stauria
	11. Achtstrahlige Korallen *Octocoralla*	24. Alcyonida	Alcyonium
		25. Tubulosa	Tubipora
		26. Gorgonida	Eucorallium
		27. Pennatulida	Pennatula
	12. Sechsstrahlige Korallen *Hexacoralla*	28. Antipatharia	Antipathes
		29. Halirhoda	Actinia
		30. Perforata	Madrepora
		31. Eporosa	Astraea

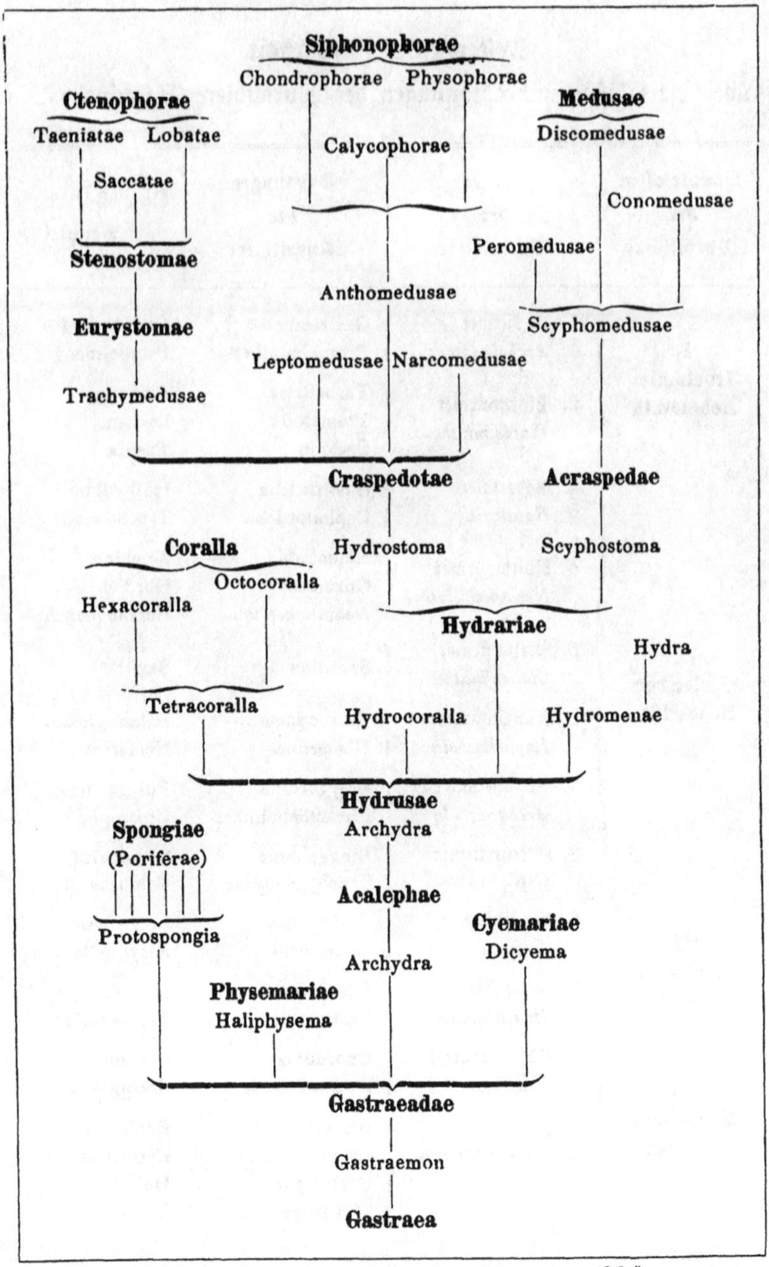
Siphonophorae
Chondrophorae
Physophorae
Ctenophorae
Medusae
Taeniatae
Lobatae
Discomedusae
Calycophorae
Saccatae
Conomedusae
Peromedusae
Stenostomae
Anthomedusae
Eurystomae
Scyphomedusae
Leptomedusae
Narcomedusae
Trachymedusae
Craspedotae
Acraspedae
Coralla
Hydrostoma
Scyphostoma
Octocoralla
Hexacoralla
Hydrariae
Hydra
Tetracoralla
Hydrocoralla
Hydromenae
Hydrusae
Archydra
Spongiae
(Poriferae)
Acalephae
Cyemariae
Dicyema
Protospongia
Archydra
Physemariae
Haliphysema
Gastraeadae
Gastraemon
Gastraea

Systematische Uebersicht
über die Classen und Ordnungen der Wurmthiere (Helminthes).

Hauptclassen der Wurmthiere	Classen der Wurmthiere	Ordnungen der Wurmthiere	Eine Gattung als Beispiel
I. Acoelomier Acoelomia	1. Urwürmer *Archelminthes*	Gastraedina	Gastraedis †
		Prothelminthes	Prothelmis †
	2. Plattwürmer *Plathelminthes*	Turbellaria	Planaria
		Trematoda	Distoma
		Cestoda	Taenia
II. Scoleciden Scolecida	3. Räderthiere *Rotatoria*	Gastrotricha	Ichthydium
		Cephalotricha	Trochozoon
	4. Rundwürmer *Nemathelminthes*	Nematoda	Trichina
		Gordiacea	Gordius
		Acanthocephala	Echinorhynchus
	5. Pfeilwürmer *Chaetognathi*	Sagittina	Sagitta
	6. Rüsselwürmer *Rhynchocoela*	Enteropneusta	Balanoglossus
		Nemertina	Nemertes
	7. Urringelwürmer *Archannelida*	Polygordina	Polygordius
		Phracthelminthes	Crossopodia
	8. Sternwürmer *Gephyrea*	Liogephyrae	Sipunculus
		Trachygephyrae	Echiurus
III. Himategen Himatega	9. Mosthiere *Bryozoa*	Endoprocta	Loxosoma
		Ectoprocta	Alcyonella
	10. Armfüßler *Brachiopoda*	Ecardines	Lingula
		Testicardines	Terebratula
IV. Tunicaten Tunicata	11. Chordawürmer *Copelata*	Chordonia	Chordotus †
		Appendicariae	Oecopleura
	12. Tonnenwürmer *Acopeta*	Ascidiae	Phallusia
		Luciae	Pyrosoma
		Cyclomyaria	Doliolum
		Thaliadae	Salpa

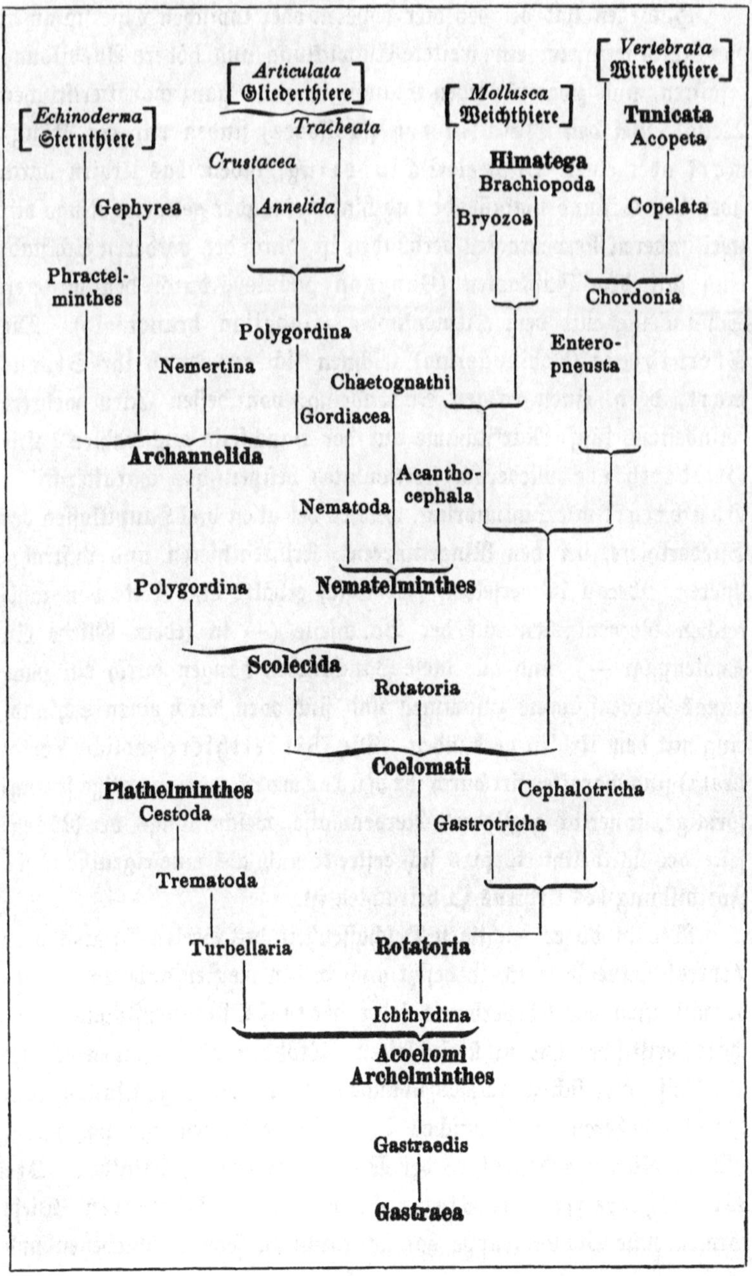
Vertebrata
Wirbelthiere
Articulata
Gliederthiere
Mollusca
Weichthiere
Echinoderma
Sternthiere
Tracheata
Tunicata
Acopeta
Crustacea
Himatega
Brachiopoda
Gephyrea
Annelida
Copelata
Bryozoa
Phractelminthes
Chordonia
Polygordina
Enteropneusta
Nemertina
Chaetognathi
Gordiacea
Archannelida
Acanthocephala
Nematoda
Polygordina
Nematelminthes
Scolecida
Rotatoria
Coelomati
Plathelminthes
Cephalotricha
Cestoda
Gastrotricha
Trematoda
Turbellaria
Rotatoria
Ichthydina
Acoelomi
Archelminthes
Gastraedis
Gastraea

Hingegen hat bei den vier höheren oder typischen Thierstämmen das Nervencentrum eine weitere Entwicklung und höhere Ausbildung erfahren, und zwar für jeden Stamm in einer ganz charakteristischen Weise. Bei den Weichthieren (Mollusca) finden wir ein Ringmark oder einen Doppel-Schlundring, indem das Urhirn durch zwei, den Schlund umfassende und hinter einander gelegene Ringe mit zwei anderen Nervenknoten verbunden ist, durch den vorderen Schlundring mit dem Fußknoten (Ganglion pedale), durch den hinteren Schlundring mit dem Kiemenknoten (Ganglion branchiale). Die Sternthiere (Echinoderma) zeichnen sich aus durch ihr Sternmark, d. h. einen eckigen Schlundring, von dessen Ecken mehrere (mindestens fünf) Markstämme auf der Bauchseite ausstrahlen. Die Gliederthiere wiederum (Articulata) besitzen das charakteristische Bauchmark mit Schlundring, welches bei allen drei Hauptklassen der Gliederthiere, bei den Ringelthieren, Krustenthieren und Luftrohrthieren, überall in derselben Form sich erhält: eine Kette von zahlreichen Nervenknoten auf der Bauchseite (— in jedem Gliede ein Knotenpaar —); und alle diese Bauchknoten hängen durch ein paar Längs-Nervenstämme zusammen und sind vorn durch einen Schlundring mit dem Urhirn verbunden. Die Wirbelthiere endlich (Vertebrata) sind charakterisirt durch ihr Rückenmark, eine mächtige strangförmige, innerlich gegliederte Nervenmasse, welche längs der Rückenseite des Wirbelthierkörpers sich erstreckt und als eine eigenthümliche Fortbildung des Urhirns zu betrachten ist.

Wie in dieser wichtigen Beschaffenheit des Seelen-Organs oder Central-Nervensystems, so besitzt auch in den meisten anderen Grundverhältnissen des Körperbaues jeder der fünf Bilaterienstämme seine charakteristischen Eigenthümlichkeiten. Trotzdem aber scheinen sie doch alle fünf unter sich zusammenzuhängen. Denn die Organisation jedes der vier höheren oder typischen Thierstämme können wir phylogenetisch ableiten aus derjenigen der Wurmthiere oder Helminthen. Die Wurmthiere sind die Stammgruppe aller Bilaterien. Diese formenreiche Stammgruppe hat sich theils zu sehr verschiedenen und ganz selbstständigen Würmerklassen entwickelt, theils aber in die ursprünglichen Wurzelformen der vier höheren Phylen umgebildet. Jedes der letzteren können wir uns bildlich als einen hochstämmigen Baum vorstellen, dessen Stamm uns in seiner Verzweigung die verschiedenen Classen, Ordnungen, Familien u. s. w. repräsentirt. Das Phylum der Würmer dagegen würden wir uns als einen niedrigen Busch oder Strauch zu denken haben, aus dessen Wurzel eine Masse von selbstständigen Zweigen nach verschiedenen Richtungen hin emporschießen. Aus diesem dicht verzweigten niedrigen Busche, dessen meiste Zweige abgestorben sind, erheben sich vier hohe, viel verzweigte Stämme. Das sind die vier höheren Phylen, die Sternthiere und Gliederthiere, Weichthiere und Wirbelthiere. Nur unten an der Wurzel stehen diese vier Stämme durch die gemeinsame Stammgruppe des Würmerstammes mit einander in entfernter Verbindung.

Die außerordentlichen Schwierigkeiten, welche die Systematik der Wurmthiere oder Würmer schon aus diesem Grunde darbietet, werden nun aber dadurch noch sehr gesteigert, daß wir fast gar keine versteinerten Reste von ihnen besitzen. Die allermeisten Würmer besaßen und besitzen noch heute einen so weichen Leib, daß sie keine charakteristischen Spuren in den neptunischen Erdschichten hinterlassen konnten. Wir sind daher auch hier wieder vorzugsweise auf die Schöpfungsurkunden der vergleichenden Anatomie und Ontogenie angewiesen, wenn wir den äußerst schwierigen Versuch unternehmen wollen, in das Dunkel des Würmer-Stammbaums einige hypothetische Streiflichter fallen zu lassen. Ich will jedoch ausdrücklich hervorheben, daß diese Skizze, wie alle ähnlichen Versuche, nur einen ganz provisorischen Werth besitzt.

Die zahlreichen Classen, welche man im Stamme der Würmer unterscheiden kann, und welche fast jeder Zoologe in anderer Weise nach seinen subjectiven Anschauungen gruppirt und umschreibt, zerfallen zunächst in zwei wesentlich verschiedene Gruppen oder Hauptclassen, welche ich (in meiner Monographie der Kalkschwämme [50]) als Acoelomen und Coelomaten unterschieden habe. Alle die niederen

Würmer nämlich, welche man in der Classe der Plattwürmer (Plathelminthes) zusammenfaßt (die Strudelwürmer, Saugwürmer, Bandwürmer) unterscheiden sich sehr auffallend von den übrigen Würmern dadurch, daß sie noch gar kein Blut und keine Leibeshöhle (kein Coelom) besitzen. Wir nennen sie deshalb Acoelomi. Die wahre Leibeshöhle oder das Coelom fehlt ihnen noch eben so vollständig, wie den sämmtlichen Pflanzenthieren; sie schließen sich in dieser wichtigen Beziehung unmittelbar an letztere an. Hingegen besitzen alle übrigen Wurmthiere (gleich den vier höheren Thierstämmen) eine wahre Leibeshöhle und ein damit zusammenhängendes Blutgefäß-System, mit Blut gefüllt; wir fassen sie daher als Coelomati zusammen. Unter diesen Coelomaten unterscheiden wir wieder als drei Hauptclassen die Scolecida, Himatega und Tunicata.

Die Hauptclasse der blutlosen Würmer (Acoelomi) enthält nach unserer phylogenetischen Auffassung außer den heute noch lebenden Plattwürmern auch die unbekannten ausgestorbenen Stammformen des ganzen Helminthen-Stammes, welche wir Urwürmer (Archelminthes) nennen wollen. Der Typus dieser Urwürmer, die uralte Prothelmis, läßt sich unmittelbar von der Gastraea, und zwar von der zweiseitigen Gastraea-Form (Gastraedis) ableiten (S. 449). Noch heute kehrt die Gastrula-Form, das getreue historische Porträt der Gastraea, als vorübergehende Larvenform in der Keimesgeschichte der verschiedensten Würmer wieder. Unter den heute noch lebenden Würmern stehen den Urwürmern am nächsten die flimmernden Strudelwürmer (Turbellaria), die Stammgruppe der heutigen Plattwürmer (Plathelminthes). Aus den frei im Wasser lebenden Strudelwürmern sind durch Anpassung an parasitische Lebensweise die schmarotzenden Saugwürmer (Trematoda) entstanden, und aus diesen durch noch weiter gehenden Parasitismus und stärkere Rückbildung die Bandwürmer (Cestoda).

Aus einem oder aus mehreren Zweigen der Acoelomier haben sich erst später die übrigen Classen der Wurmthiere entwickelt, die ungegliederten Helminthen mit Blut und mit Leibeshöhle

(Coelomati): die drei Hauptclassen der Scoleciden, Himategen und Tunicaten, unter denen man mindestens zehn Classen unterscheiden muß. (Vergl. S. 468.) Wie man sich die dunkle Phylogenie dieser Coelomaten annähernd etwa vorstellen kann, zeigt der Stammbaum auf Seite 469. Wir wollen die Classen hier nur ganz kurz namhaft machen, da ihre Verwandtschaft und Abstammung uns heutzutage noch sehr verwickelt und dunkel erscheint. Erst zahlreichere und genauere Untersuchungen über die Keimesgeschichte der Coelomaten werden uns künftig einmal auch über ihre Stammesgeschichte aufklären.

In der Hauptclasse der Scoleciden unterscheiden wir sechs Classen. Von diesen sind zunächst phylogenetisch besonders wichtig die Räderthierchen (Rotatoria). Sie sind sehr klein, zum Theil mikroskopisch, weshalb sie früher irrthümlich mit den echten Infusorien (S. 385) als „Infusionsthierchen" vereinigt wurden. Sowohl in süßen als in salzigen Wassern sind sie sehr verbreitet und schwimmen mittelst eines eigenthümlichen Flimmer-Apparates, des sogenannten „Räder-Organs" umher. Dieses Räder-Organ kehrt in Gestalt von „Flimmerschnüren, Wimpersegeln" u. s. w. sowohl bei den Larven oder Jugendformen der meisten anderen Coelomaten, als auch bei den jungen Larven der höheren Thierstämme wieder. Die uralten Stammformen derselben, die sich zunächst aus den Urwürmern entwickelten, werden Räderthierchen sehr nahe gestanden haben. Die heute noch lebenden Räderthierchen zerfallen in zwei Ordnungen, die Gastrotricha (mit der typischen Gattung Ichthydium) und die Cephalotricha (mit der Urform Trochozoon); beide sind phylogenetisch von hoher Bedeutung.

Eine zweite wichtige Classe von Scoleciden sind die Rundwürmer (Nematelminthes), die sich durch ihre drehrunde und langgestreckte, cylindrische Gestalt und sehr einfachen Körperbau auszeichnen. Sie leben zum größten Theil als Schmarotzer im Inneren anderer Thiere und Pflanzen sehr verbreitet. Von menschlichen Parasiten gehören dahin namentlich die berüchtigten Trichinen, die Spulwürmer (Ascaris), Peitschenwürmer (Trichocephalus), Fadenwürmer (Filaria) u. s. w. Außer den eigentlichen Rundwürmern oder Nematoden, werden zu den Nemathelminthen auch noch die parasitischen Gordiaceen gerechnet, die ihren Darmcanal theilweise, und die Acanthocephalen, die denselben durch ihr Schmarotzerthum ganz verloren haben (ähnlich den Bandwürmern). Auch die sonderbaren Pfeilwürmer (Chaetognathi), welche in großen Mengen an der Meeresoberfläche schwimmen, werden oft dazu gerechnet; sie stehen aber doch durch ihren eigenthümlichen Bau sehr isolirt da, ebenso wie die beiden Ordnungen der Rüsselwürmer (Rhynchocoela); von diesen nähern sich die Enteropneusten den Tunicaten, die Nemertinen den Anneliden. Auch die meerbewohnenden Sternwürmer (Gephyrea) stehen den Anneliden schon sehr nahe. Als die eigentlichen Stammformen der Anneliden und überhaupt der Gliederthiere, sind aber die Urringelwürmer (Archannelida) zu betrachten, und insbesondere die Polygordinen (Polygordius), die andrerseits noch den Nematoden sehr nahe verwandt sind. Vielleicht gehörten in diese Classe auch die versteinerten silurischen Panzerwürmer (Phractelminthes), die möglicherweise die Stammformen der Echinodermen oder Sternthiere sind.

Die Hauptclasse der Armwürmer (Himatega) umfaßt die beiden Classen der Mosthiere (Bryozoa) und Armfüßler (Brachiopoda), von denen die ersteren größtentheils, die letzteren ausschließlich im Meere leben. Beide Classen scheinen nahe verwandt zu sein und wurden früher zu den Weichthieren (Mollusca) gerechnet, oder auch als Molluscoida bezeichnet. In der That dürften nahe verwandtschaftliche Beziehungen zwischen beiden Gruppen bestehen. Andererseits stehen die Mosthiere wieder den Räderthieren sehr nahe. Die Armfüßler hingegen, deren Jugendformen den Mosthieren theilweise gleichen, sind von so eigenthümlicher Organisation, daß man sie neuerdings als besondere Hauptclasse oder sogar als besonderen selbständigen Thierstamm (Phylum oder Typus) abgetrennt hat.

Zu den merkwürdigsten Thieren gehört die Haupt-Classe der Mantelthiere (Tunicata). Sie leben alle im Meere, wo die einen auf dem Boden festsitzen, die anderen frei umherschwimmen. Bei allen besitzt der ungegliederte Körper die Gestalt eines einfachen tonnenförmigen Sackes, welcher von einem dicken, oft knorpelähnlichen Mantel eng umschlossen ist. Dieser Mantel besteht aus derselben stickstofflosen Kohlenstoffverbindung, welche im Pflanzenreich als „Cellulose" eine so große Rolle spielt und den größten Theil der pflanzlichen Zellmembranen und somit auch des Holzes bildet. Gewöhnlich besitzt der tonnenförmige Körper keinerlei äußere Anhänge. Niemand würde darin irgend eine Spur von Verwandtschaft mit den hoch differenzirten Wirbelthieren erkennen. Und doch kann diese nicht mehr zweifelhaft sein, seitdem im Jahre 1867 die Untersuchungen von Kowalevsky darüber plötzlich ein höchst überraschendes und merkwürdiges Licht verbreitet haben. Aus diesen hat sich nämlich ergeben, daß die individuelle Entwickelung der festsitzenden einfachen Seescheiden (Ascidia, Phallusia) in den wichtigsten Beziehungen mit derjenigen des niedersten Wirbelthieres, des Lanzetthieres (Amphioxus lanceolatus) übereinstimmt. Insbesondere besitzen die geschwänzten Jugendzustände der Ascidien die Anlage des Rückenmarks und des darunter gelegenen Axenstabes (Chorda dorsalis), d. h. der beiden wichtigsten und am meisten charakteristischen Organe des Wirbelthierkörpers. Unter allen uns bekannten wirbellosen Thieren besitzen demnach die Mantelthiere zweifelsohne die nächste Blutsverwandtschaft mit den Wirbelthieren, und sind als nächste Verwandte der Chordathiere (Chordonia) zu betrachten, d. h. derjenigen Würmer, aus denen sich dieser letztere Stamm entwickelt hat. (Vergl. Taf. X und XI.)

Man kann in der Hauptclasse der Mantelthiere zwei Classen unterscheiden, die Copelaten und Acopeten. Zu den Copelata gehören die kleinen Appendicarien (Oecopleura u. s. w.), welche mittelst eines Ruderschwanzes im Meere umherschwimmen und auf der Stufe der Ascidien-Larven stehen bleiben. Auch die ausgestorbenen Chordathiere (Chordonia), die gemeinsamen Stammformen der Mantelthiere und Wirbelthiere, können zu diesen Copelaten gerechnet werden. Die übrigen Tunicaten, die Acopeta, haben den Ruderschwanz verloren und haben sich einen eigenthümlichen Kiemenkorb mit Kiemenhöhle gebildet. Es gehören dahin die festsitzenden Ascidien, und die frei schwimmenden Gattungen Pyrosoma, Doliolum und Salpa, von denen Jede eine besondere Ordnung repräsentirt.

Während so verschiedene Coelomaten-Zweige des vielgestaltigen Würmer-Stammes uns mehrfache genealogische Anknüpfungspunkte an die vier höheren Thierstämme bieten und wichtige phylogenetische Andeutungen über deren Ursprung geben, zeigen anderseits die niederen acoelomen Würmer nahe Verwandtschafts-Beziehungen zu den Pflanzenthieren und stehen offenbar den Gastraeaden noch sehr nahe. Sehr wichtig ist in dieser Beziehung vor Allem der Mangel des Bluts und der Leibeshöhle bei den Acoelomiern; in dieser Hinsicht sind letztere wahre „Coelenterien". Sie unterscheiden sich aber wieder wesentlich von den wahren Coelenterien oder Zoophyten durch ihre zweiseitige Grundform, wegen derer wir sie zu den Bilaterien stellen müssen.

So verschiedenartig nun auch alle die niederen Thiere erscheinen, die wir hier als Wurmthiere oder Helminthen zusammengefaßt haben, so stimmen doch alle wesentlich überein in der zweiseitigen Grundform, in dem Mangel echter Gliedmaßen, und in der einfachen Beschaffenheit des Centralnervensystems, das nur einen Knoten, das Urhirn besitzt; besonders aber stimmen alle überein durch den völligen Mangel der Körper-Gliederung oder Metameren-Bildung, wie wir sie bei den höheren Thieren meistens vorfinden. Durch ihren einfachen ungegliederten Leib unterscheiden sich die Wurmthiere namentlich auffallend von den Ringelwürmern oder Anneliden, die bisher meistens zu ihnen gerechnet wurden, aber vielmehr zu den Gliederthieren gehören. Erst mit der Gliederung tritt die Möglichkeit einer weit vollkommneren Organisation ein, wie wir sie vor Allen bei den Gliederthieren und Wirbelthieren finden.

Neunzehnter Vortrag.

Stammbaum und Geschichte des Thierreichs. II. Weichthiere, Sternthiere, Gliederthiere.

Stamm der Weichthiere oder Mollusken. Drei Hauptclassen der Weichthiere: Schnecken (Cochliden). Muscheln (Conchaden). Kracken (Cephalopoden). Stamm der Sternthiere oder Echinodermen. Abstammung derselben von den gegliederten Würmern (Panzerwürmern oder Phrakthelminthen). Generationswechsel der Echinodermen. Sechs Classen der Sternthiere: Seesterne (Asteriden). Seestrahlen (Ophiuren). Seelilien (Crinoiden). Seeknospen (Blastoiden) Seeigel (Echiniden). Seegurken (Holothurien) Stamm der Gliederthiere oder Articulaten. Drei Hauptclassen der Gliederthiere: Ringelthiere oder Anneliden (Egel und Borstenwürmer). Crustenthiere oder Crustaceen (Krebsthiere und Schildthiere). Luftrohrthiere oder Tracheaten (Protracheaten, Myriapoden, Arachniden, Insecten). Kauende und saugende Insecten. Stammbaum und Geschichte der acht Insecten-Ordnungen.

Meine Herren! Die großen natürlichen Hauptgruppen des Thierreichs, welche wir als Stämme oder Phylen unterschieden haben (die „Typen" von Baer und Cuvier) sind nicht alle von gleicher systematischer Bedeutung für unsere Phylogenie oder Stammesgeschichte. Dieselben lassen sich weder in einzige Stufenreihe über einander ordnen, noch als ganz unabhängige Phylen, noch als gleichwerthige Zweige eines einzigen Stammbaums betrachten. Vielmehr stellt sich, wie wir im letzten Vortrage gesehen haben, die Gastraea als die gemeinsame Stammform aller Stämme heraus. Diese uralte Gastraea-Stammform, deren frühere Existenz noch heute durch die Gastrula-

Keimform der verschiedensten Thiere handgreiflich bewiesen wird, hat zunächst eine Anzahl verschiedener Gastraeaden erzeugt; und diese müssen wir ihrer primitiven Organisation nach als einfachste Pflanzenthiere betrachten. Aus den Gastraeaden haben sich später einerseits die übrigen Pflanzenthiere, anderseits die Wurmthiere oder Würmer entwickelt. Den vielgestaltigen und weitverzweigten Stamm der Würmer müssen wir aber wiederum als die gemeinsame Stammgruppe betrachten, aus welcher (an ganz verschiedenen Zweigen) die übrigen Stämme, die vier höheren Phylen des Thierreichs, hervorgesproßt sind (vergl. den hypothetischen Stammbaum S. 453).

Lassen Sie uns nun einen genealogischen Blick auf diese vier höheren oder typischen Thierstämme werfen und versuchen, ob wir nicht schon jetzt die wichtigsten Grundzüge ihres Stammbaums zu erkennen im Stande sind. Wenn auch dieser Versuch noch sehr unvollkommen ausfällt, so werden wir damit doch wenigstens einen ersten Anfang gemacht und den Weg für spätere eingehendere Versuche geebnet haben.

Welche Reihenfolge wir bei Betrachtung der vier höheren Stämme des Thierreichs einschlagen, ist an sich ganz gleichgültig. Denn unter sich haben diese vier Phylen gar keine näheren verwandtschaftlichen Beziehungen, und haben sich vielmehr von ganz verschiedenen Aesten der Würmergruppe abgezweigt. Als den unvollkommensten, am tiefsten stehenden von diesen Stämmen, wenigstens in Bezug auf die morphologische Ausbildung, kann man den Stamm der Weichthiere (Mollusca) betrachten. Dieser Stamm enthält drei Hauptclassen: die Schnecken (Cochlides), die Muscheln (Conchades) und die Kracken (Teuthodes). Die Schnecken bilden die Hauptmasse und die Stammgruppe des Mollusken-Stammes. Aus ihnen sind die Muscheln durch Rückbildung, die Kracken durch Fortbildung hervorgegangen.

Charakteristisch für alle Weichthiere ist der ungegliederte sackförmige Körper, dessen Bauchfläche einen verschieden gestalteten, meist sohlenförmigen und zum Kriechen dienenden Fuß bildet, während die Haut der Rückenfläche sich ringsum in Gestalt einer mantelartigen Falle, des sogenannten Mantels, abhebt. Zwischen Fußrand und

Mantelrand ist ursprünglich eine Höhle vorhanden, in der die zur Athmung dienenden Kiemen liegen (Mantelhöhle oder Kiemenhöhle). Nirgends begegnen wir hier der ausgeprägten Gliederung (Articulation oder Metamerenbildung) des Körpers, welche schon die Ringelwürmer auszeichnet, und welche bei den übrigen drei Stämmen, den Sternthieren, Gliederthieren und Wirbelthieren, die wesentlichste Ursache der höheren Formentwickelung, Differenzirung und Vervollkommnung wird. Vielmehr stellt bei allen Weichthieren, bei allen Muscheln, Schnecken u. s. w. der ganze Körper einen einfachen ungegliederten Sack dar, in dessen Höhle die Eingeweide liegen. Nur der vorderste Theil des Körpers setzt sich als Kopf mehr oder minder deutlich vom ungegliederten Rumpfe ab. Bei den meisten Schnecken ist dieser Kopf mäßig entwickelt und trägt ein paar Augen und ein paar Fühler oder Tentakeln, sowie den Mund mit Kiefern und Gebiß (Zunge mit vielzähniger Reibeplatte). Bei den Muscheln ist der Kopf rückgebildet, bei den Kracken dagegen sehr hoch entwickelt.

Das Nervensystem der Weichthiere ist sehr charakteristisch und besteht aus einem Urhirn oder Gehirnknoten, welcher durch einen vorderen Schlundring mit einem unten gelegenen Fußknoten und durch einen hinteren Schlundring mit einem hinten gelegenen Kiemenknoten verbunden ist. Bei der großen Mehrzahl der Weichthiere ist der weiche sackförmige Körper von einer Kalkschale oder einem Kalkgehäuse geschützt, welches ursprünglich ein flacher, den Rücken deckender Schild oder Napf ist. Bei den meisten Schnecken und Kracken wächst es in eine spiral gewundene Röhre, das bekannte „Schneckenhaus" aus. Bei den Muscheln aber zerfällt es in zwei seitliche Klappen, die auf dem Rücken durch ein „Schloßband" zusammenhängen. Wegen dieser festen Kalkschalen werden die Weichthiere auch Schalthiere (Conchylia) genannt (Ostracoderma des Aristoteles). Trotzdem diese harten Skelete massenhaft in allen neptunischen Schichten sich versteinert finden, sagen uns dieselben dennoch nicht viel über die geschichtliche Entwickelung des Stammes aus. Denn diese fällt größtentheils in die Primordialzeit. Selbst schon in den silurischen Schichten finden

Systematische Uebersicht
über die Classen und Ordnungen der Weichthiere (Mollusca).

Classen der Weichthiere	Ordnungen der Weichthiere	Unterordnungen der Weichthiere	Gattungsnamen als Beispiele
I. Urweichthiere Promollusca	1. Urschnecken *Procochlides*	1. Veligerina	Veligera
	2. Plattenschnecken *Placophora*	2. Chitonida	Chiton
II. Sohlenschnecken Gastropoda	3. Vorderkiemer *Prosobranchia*	3. Chiastoneura	Fissurella
		4. Orthoneura	Murex
		5. Heteropoda	Carinaria
	4. Hinterkiemer *Opisthobranchia*	6. Tectibranchia	Aplysia
		7. Nudibranchia	Doris
		8. Saccoglossa	Elysia
	5. Lungenschnecken *Pulmonata*	9. Branchiopneusta	Lymnaeus
		10. Nephropneusta	Helix
III. Schaufelschnecken Scaphopoda	6. Schaufelschnecken *Scaphopoda*	11. Dentalida	Dentalium
IV. Muscheln Acephala (Conchades)	7. Muscheln ohne Athemröhren *Asiphonia*	12. Palaeoconchae	Arca
		13. Monomyaria	Ostrea
		14. Najades	Unio
	8. Muscheln mit Athemröhren *Siphoniata*	15. Disiphonia	Tellina
		16. Gamosiphonia	Solen
		17. Inclusa	Teredo
V. Sackschnecken Saccomorpha	9. Sackschnecken *Saccomorpha*	18. Entoconchida	Entoconcha
VI. Flossenschnecken Pteropoda	10. Flossenschnecken *Pteropoda*	19. Propteropoda	Conularia
		20. Thecosomata	Hyalaea
		21. Gymnosomata	Clio
VII. Kracken Cephalopoda (Teuthodes)	11. Vierkiemige *Tetrabranchia*	22. Protheutides	Orthoceras
		23. Polyolenae	Nautilus
	12. Zweikiemige *Dibranchia*	24. Decolenae	Sepia
		25. Octolenae	Octopus

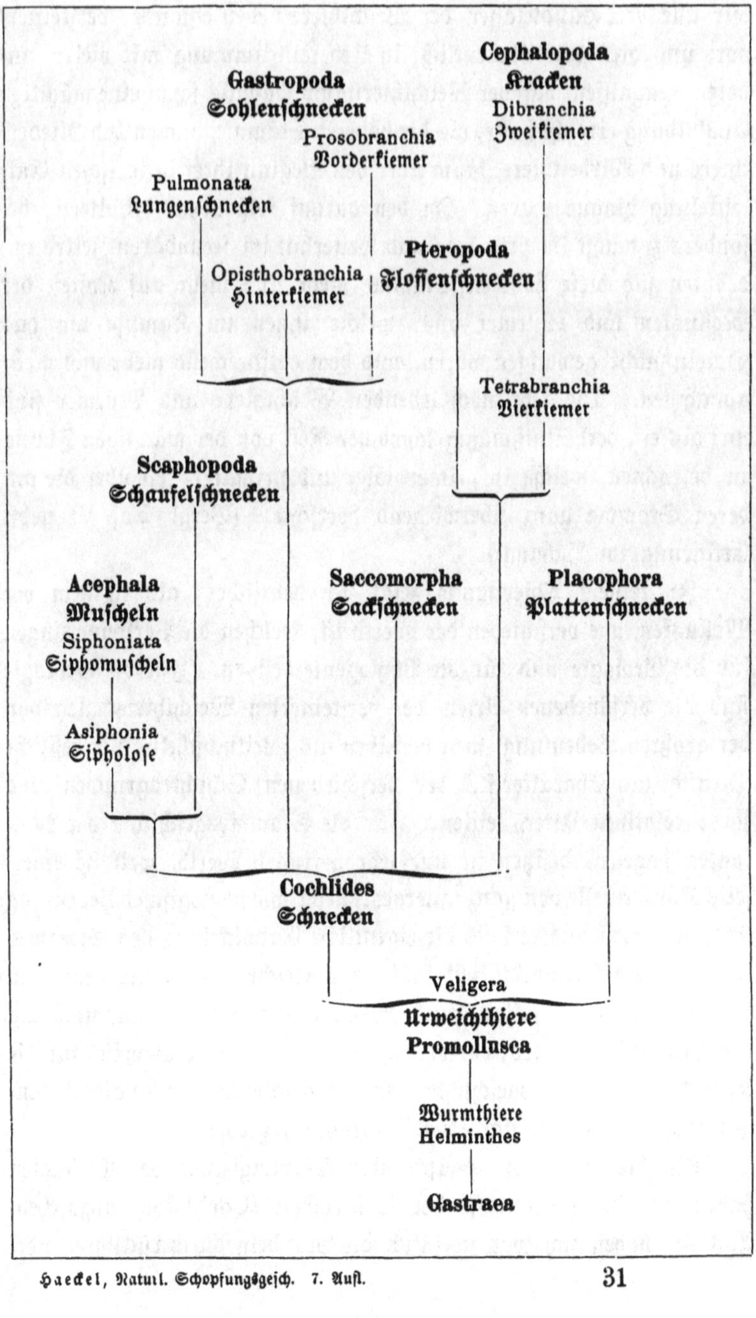

Cephalopoda
Kracken
Dibranchia
Zweikiemer
Gastropoda
Sohlenschnecken
Prosobranchia
Vorderkiemer
Pulmonata
Lungenschnecken
Pteropoda
Flossenschnecken
Opisthobranchia
Hinterkiemer
Tetrabranchia
Vierkiemer
Scaphopoda
Schaufelschnecken
Acephala
Muscheln
Siphoniata
Siphomuscheln
Asiphonia
Sipholose
Saccomorpha
Sackschnecken
Placophora
Plattenschnecken
Cochlides
Schnecken
Veligera
Urweichthiere
Promollusca
Wurmthiere
Helminthes
Gastraea

wir alle drei Hauptclassen der Weichthiere neben einander versteinert vor, und dies beweist deutlich, in Uebereinstimmung mit vielen anderen Zeugnissen, daß der Weichthierstamm damals schon eine mächtige Ausbildung erreicht hatte, als die höheren Stämme, namentlich Gliederthiere und Wirbelthiere, kaum über den Beginn ihrer historischen Entwickelung hinaus waren. In den darauf folgenden Zeitaltern, besonders zunächst im primären und weiterhin im secundären Zeitraum, dehnten sich diese höheren Stämme mehr und mehr auf Kosten der Mollusken und Würmer aus, welche ihnen im Kampfe um das Dasein nicht gewachsen waren, und dem entsprechend mehr und mehr abnahmen. Die jetzt noch lebenden Weichthiere und Würmer sind nur als ein verhältnißmäßig schwacher Rest von der mächtigen Fauna zu betrachten, welche in primordialer und primärer Zeit über die anderen Stämme ganz überwiegend herrschte. (Vergl. Taf. VI nebst Erklärung im Anhang.)

In keinem Thierstamm zeigt sich deutlicher, als in dem der Mollusken, wie verschieden der Werth ist, welchen die Versteinerungen für die Geologie und für die Phylogenie besitzen. Für die Geologie sind die verschiedenen Arten der versteinerten Weichthierschalen von der größten Bedeutung, weil dieselben als „Leitmuscheln" vortreffliche Dienste zur Charakteristik der verschiedenen Schichtengruppen und ihres relativen Alters leisten. Für die Stammesgeschichte der Mollusken dagegen besitzen sie nur sehr geringen Werth, weil sie einerseits Körpertheile von ganz untergeordneter morphologischer Bedeutung sind, und weil andererseits die eigentliche Entwickelung des Stammes in die ältere Primordialzeit fällt, aus welcher uns keine deutlichen Versteinerungen erhalten sind. Wenn wir daher den Stammbaum der Mollusken construiren wollen, so sind wir vorzugsweise auf die Urkunden der Keimesgeschichte und der vergleichenden Anatomie angewiesen, aus denen sich etwa Folgendes ergiebt.

Als die eigentliche Haupt- oder Stammgruppe der Mollusken haben wir die Hauptclasse der Schnecken (Cochlides) anzusehen. Aus ihr haben sich wahrscheinlich die Muscheln durch rückschreitende, die Kracken umgekehrt durch fortschreitende Umbildung entwickelt; erstere haben den Kopf verloren, letztere denselben höher ausgebildet. Die Hauptclasse der Schnecken zerfällt in fünf Classen, die trotz sehr verschiedenartiger und mannigfaltiger Ausbildung durch ihre gemeinsame Jugendform als nächstverwandte Abkömmlinge einer uralten gemeinsamen Stammform sich ausweisen. Diese hypothetische, seit Millionen von Jahren ausgestorbene Stammform, die Urschnecke (Veligera oder Procochlis) wird wesentlich von derselben Beschaffenheit gewesen sein, wie die interessante Segellarve (Veliger), die heute noch in der Keimesgeschichte der meisten Mollusken vorübergehend erscheint. Ihren Namen trägt die Segellarve von einem großen flimmernden zweilappigen „Segel" oder „Räder-Organ" (Velum), welches auf der Stirnfläche des jungen Weichthieres erscheint, während den Rücken eine kleine napfförmige Schale deckt.

Als älteste Weichthiere, welche der gemeinsamen Stammform aller Mollusken am nächsten stehen, können entweder die Zeugobranchien (Fissurella) oder die nahe verwandten Placophoren (Chiton) angesehen werden. Diese letzteren, die Plattenschnecken (Placophora), werden jetzt als eine besondere Klasse betrachtet, ausgezeichnet dadurch, daß die Rückenschale in acht hinter einander gelegene Kalkplatten zerfällt. In der primitiven Beschaffenheit des inneren Körperbaues stehen ihnen unter den übrigen Schnecken am nächsten die paarkiemigen Schnecken (Zeugobranchia), welche zur großen Klasse der Sohlenschnecken (Gastropoda) gerechnet werden. Ihr Fuß ist eine platte Sohle, auf der die Schnecke kriecht, wie von unseren gewöhnlichen Landschnecken allbekannt ist. Unter den Sohlenschnecken werden als drei Hauptabtheilungen die Vorderkiemer, Hinterkiemer und Lungenschnecken unterschieden. Bei den Vorderkiemern (Prosobranchia) liegt die Kieme vor, bei den Hinterkiemern (Opisthobranchia) hinter dem Herzen. Bei den Lungenschnecken (Pulmonata), zu denen die gewöhnlichen Weinbergschnecken (Helix) und Gartenschnecken (Limax) gehören, hat sich die Kiemenhöhle durch Anpassung an Luftathmung in eine Lungenhöhle verwandelt. Diese Lungenschnecken sind die einzigen Mollusken, welche den ursprünglichen Wasseraufenthalt verlassen und sich an das Landleben angepaßt haben.

Eine der merkwürdigsten Weichthierformen ist die Wunderschnecke (Entoconcha mirabilis), welche die besondere Classe der Sackschnecken (Saccomorpha) bildet. Diese Wunderschnecke entdeckte der große Berliner Zoologe Johannes Müller in der Bucht von Muggia bei Triest. Sie ist in entwickeltem Zustande ein einfacher Sack oder Schlauch, welcher mit Eiern und Sperma angefüllt und an den Darm einer Seegurke (Synapta) angeheftet gefunden wird. Nimmermehr würde man auf die Vermuthung gekommen sein, daß dieser einfache Eierschlauch eine umgewandelte Schnecke wäre, wenn nicht aus den Eiern sich junge Schnecken entwickelten, die ganz den Segellarven (Veliger) gewöhnlicher Kiemenschnecken (Natica) gleichen und ein Flimmersegel nebst Schale besitzen. Offenbar ist hier durch Anpassung an die schmarotzende Lebensweise die Schnecke so entartet, daß sie nach und nach alle Organe, bis auf die Haut und die Geschlechtsorgane verloren hat. Unter den Weichthieren steht dieser Fall einzig da, während er unter den Krebsthieren bei den Sackkrebsen (Sacculina) sich sehr oft wiederholt. Die Keimesgeschichte allein giebt uns bei diesen völlig rückgebildeten Schmarotzern Aufschluß über ihre Herkunft und Stammesgeschichte.

Wahrscheinlich ebenfalls durch Rückbildung, die jedoch vorzugsweise nur den Kopf betroffen hat, sind aus einer Gruppe der Schnecken die Muscheln (Conchades) entstanden. Wegen dieses Kopfmangels werden die Muscheln oft auch Kopflose genannt (Acephala), oder wegen ihrer blattförmigen Kiemen Blattkiemer (Lamellibranchia), oder wegen ihres beilförmig zugeschärften Fußes Beilfüßer (Pelecypoda), oder wegen ihrer zweiklappigen Schale Zweiklapper (Bivalva). Alle Muscheln haben den Kopf verloren und damit auch die Kiefern und die charakteristische, mit Zähnen besetzte Reibeplatte der Zunge (Radula), die bei allen übrigen Mollusken (— die entarteten Wunderschnecken ausgenommen —) sich findet. Auch die beiden Augen des Kopfes haben alle Muscheln eingebüßt; zum Ersatz dafür haben sich jedoch manche Muschelthiere eine große Anzahl von neuen Augen angeschafft, die in einer langen Reihe an beiden Rändern ihres weiten Mantels sitzen! Die ursprünglich einfache Rückenschale ist bei den Muscheln in drei Stücke zerfallen, in zwei Seitenklappen und ein längs des Rückens verlaufendes „Schloßband", welches beide Klappen in einem „Schlosse" oder Gelenke vereinigt und zusammenhält.

Unsere phylogenetische Hypothese, daß die Muscheln durch Rückbildung und Verlust des Kopfes aus einer Schneckengruppe entstanden sind, wird sowohl durch die vergleichende Anatomie und Keimesgeschichte bestätigt, als auch durch den Umstand, daß noch heute eine verbindende Zwischenform zwischen Beiden existirt; das ist die Gattung Dentalium, welche die besondere Classe der Schaufelschnecken (Scaphopoda) bildet. An sie schließen sich sehr nahe die Bohrmuscheln an, die nebst den Messermuscheln und Venusmuscheln zur Ordnung der Siphoniaten gehören. Bei diesen Siphoniaten finden sich entwickelte Athemröhren, welche der Ordnung der Asiphonien fehlen. Zu letzteren gehören die Austern und Perlmuttermuscheln, sowie unsere gewöhnlichen Teichmuscheln oder Najaden.

Eine eigenthümliche Molluskenclasse bilden die Flossenschnecken oder Flossenkracken (Pteropoda), nächtliche Seethiere, welche in großen Schwärmen die Meere bevölkern. Mittelst zweier großer, am Kopfe stehender Flossenlappen oder Flügel (entstanden durch Umbildung des vordersten Fußtheils) flattern sie im Meere umher, wie „See-Schmetterlinge". Sie bilden in mancher Beziehung den Uebergang von den Schnecken zu den Kracken (Teuthoda). Die Hauptmasse dieser letzteren bildet die merkwürdige, schon von Aristoteles vielfach untersuchte Classe der Tintenfische oder Kopffüßler (Cephalopoda). Auch diese leben sämmtlich schwimmend im Meere. Durch ihre beträchtliche Größe und vollkommnere Organisation, namentlich die hohe Entwickelung des großen Kopfes, erheben sie sich bedeutend über die Schnecken, obwohl sie unzweifelhaft von diesen abstammen. Sie zeichnen sich vor den Schnecken durch acht, zehn oder mehr lange Arme aus, welche im Kranze den Mund umgeben und eigenthümliche Kopfgliedmaßen darstellen (gleich den „Kopfkegeln" der Flossenschnecken). Die Kracken, welche noch jetzt in unseren Meeren leben, die Sepien, Kalmare, Argonautenboote und Perlboote, sind nur dürftige Reste von der formenreichen Schaar, welche diese Classe in den Meeren der primordialen, primären und secundären Zeit bildete. Die zahlreichen versteinerten Ammonshörner (Ammonites), Perlboote (Nautilus) und Donnerkeile (Belemnites) legen noch heutzutage von jenem längst erloschenen Glanze des Stammes Zeugniß ab. Die meisten dieser ausgestorbenen Kracken gehören zur Legion der Vierkiemigen (Tetrabranchia), von denen heute nur noch das sonderbare Perlboot lebt (Nautilus). Alle übrigen Cephalopoden der Gegenwart sind Zweikiemige (Dibranchia).

Die verschiedenen Ordnungen, welche man unter den Molluskenclassen unterscheidet, und deren systematische Reihenfolge Ihnen die vorstehende Tabelle (S. 480) anführt, liefern in ihrer historischen und ihrer entsprechenden systematischen Entwickelung mannichfache Beweise für die Gültigkeit des Fortschrittsgesetzes. Da jedoch diese untergeordneten Molluskengruppen an sich weiter von keinem besonderen Interesse sind, verweise ich Sie auf die gegenüberstehende Skizze ihres Stammbaums (S. 481) und auf den ausführlichen Stammbaum der Weichthiere, welchen ich in meiner generellen Morphologie gegeben habe, und wende mich sogleich weiter zur Betrachtung des Sternthierstammes.

Zum Stamme der Sternthiere (Echinoderma oder Estrellae) gehören die Seesterne, Seestrahlen, Seelilien, Seeknospen, Seeigel und Seegurken (Taf. IX). Sie bilden eine der interessantesten und dennoch wenigst bekannten Abtheilungen des Thierreichs. Alle leben im Meere. Jeder von Ihnen, der einmal an der See war, wird wenigstens zwei Formen derselben, die Seesterne und Seeigel, gesehen haben. Wegen ihrer sehr eigenthümlichen Organisation sind die Sternthiere als ein ganz selbstständiger Stamm des Thierreichs zu betrachten, und namentlich gänzlich von den Nesselthieren oder Akalephen zu trennen, mit denen sie noch jetzt oft irrthümlich als Strahlthiere oder Radiaten zusammengefaßt werden (so z. B. von Agassiz, welcher auch diesen Irrthum Cuvier's neben manchen anderen vertheidigt).

Alle Echinodermen sind ausgezeichnet und zugleich von allen anderen Thieren verschieden durch einen sehr merkwürdigen Bewegungs-Apparat. Dieser besteht aus einem verwickelten System von Canälen oder Röhren, die von außen mit Seewasser gefüllt werden. Das Seewasser wird in dieser Wasserleitung theils durch schlagende Wimperhaare, theils durch Zusammenziehungen der muskulösen Röhrenwände selbst, die Gummischläuchen vergleichbar sind, fortbewegt. Aus den Röhren wird das Wasser in sehr zahlreiche hohle Füßchen hineingepreßt, welche dadurch prall ausgedehnt und nun zum Gehen und zum Ansaugen benutzt werden. Außerdem sind die Sternthiere auch durch eine eigenthümliche Verkalkung der Haut ausgezeichnet, welche bei den meisten zur Bildung eines festen, geschlossenen, aus vielen Platten zusammengesetzten Panzers führt. Bei fast allen Echinodermen ist der Körper aus fünf Strahltheilen oder Parameren zusammengesetzt, welche rings um die Hauptaxe des Körpers sternförmig herum stehen und sich in dieser Axe berühren. Nur bei einigen Seesternarten steigt die Zahl dieser Strahltheile über fünf hinaus, auf 6—9, 10—12, oder selbst 20—40; und in diesem Falle ist die Zahl der Strahltheile bei den verschiedenen Individuen der Species meist nicht beständig, sondern wechselnd.

Charakteristisch ist ferner für die Sternthiere die besondere Form ihres Central-Nervensystems. Wie sich die Wurmthiere durch ihr einfaches Urhirn auszeichnen, die Weichthiere durch ihren Doppel-Schlundring, die Gliederthiere durch ihr Bauchmark und die Wirbelthiere durch ihr Rückenmark, so besitzen die Sternthiere ihr eigenthümliches Sternmark, einen Mundring, von dessen Ecken in jeden Strahltheil ein Bauchmark ausstrahlt (in der Regel also fünf). Dieser Nervenstrahl verläuft, gleich dem Bauchmark der Gliederthiere, an der Bauchseite jedes gegliederten Strahltheils oder Parameres bis an dessen Ende.

Die geschichtliche Entwickelung und der Stammbaum der Echinodermen werden uns durch ihre zahlreichen und meist vortrefflich erhaltenen Versteinerungen, durch ihre sehr merkwürdige individuelle Entwickelungsgeschichte und durch ihre interessante vergleichende Anatomie so vollständig enthüllt, wie es außerdem bei keinem anderen Thierstamme, selbst die Wirbelthiere vielleicht nicht ausgenommen, der Fall ist. Durch eine kritische Benutzung jener drei Archive und eine denkende Vergleichung ihrer Resultate gelangen wir zu folgender Genealogie der Sternthiere, die ich in meiner generellen Morphologie begründet habe (Gen. Morph. II, Taf. IV, S. LXI—LXXVII).

Die älteste und ursprüngliche Gruppe der Sternthiere, die Stammgruppe des ganzen Phylum, ist die Classe der Seesterne (Asterida). Dafür spricht außer zahlreichen und wichtigen Beweisgründen der Anatomie und Entwickelungsgeschichte vor allen die hier noch unbeständige und wechselnde Zahl der Strahltheile oder Parameren, welche bei allen übrigen Echinodermen ausnahmslos auf fünf fixirt ist. Jeder Seestern besteht aus einer mittleren kleinen Körperscheibe, an deren Umkreis in einer Ebene fünf oder mehr lange gegliederte Arme befestigt sind. Jeder Arm des Seesterns entspricht in seiner ganzen Organisation wesentlich einem gegliederten Wurm vergleichbar manchen Ringelwürmern oder Anneliden. Ich betrachte daher den Seestern als einen echten Stock oder Cormus von fünf oder mehr gegliederten Würmern, welche durch sternförmige Keimknospenbildung aus einem centralen Mutter-Wurme entstanden sind. Von diesem letzteren haben die sternförmig verbundenen Geschwister die gemeinschaftliche Mundöffnung und die gemeinsame Verdauungshöhle (Magen) übernommen, die in der mittleren Körperscheibe liegen. Das verwachsene Ende, welches in die gemeinsame Mittelscheibe mündet, ist wahrscheinlich das Hinterende der ursprünglichen selbstständigen Würmer.

In ganz ähnlicher Weise sind auch bei den ungegliederten Würmern bisweilen mehrere Individuen zur Bildung eines sternförmigen Stockes vereinigt. Das ist namentlich bei den Botrylliden der Fall, zusammengesetzten Seescheiden oder Ascidien, welche zur Classe der Mantelthiere (Tunicaten) gehören. Auch hier sind die einzelnen

Würmer mit ihrem hinteren Ende, wie ein Rattenkönig, verwachsen, und haben sich hier eine gemeinsame Auswurfsöffnung, eine Centralkloake gebildet, während am vorderen Ende noch jeder Wurm seine eigene Mundöffnung besitzt. Bei den Seesternen würde die letztere im Laufe der historischen Stockentwickeluug zugewachsen sein, während sich die Centralkloake zu einem gemeinsamen Mund für den ganzen Stock ausbildete.

Die Seesterne würden demnach Würmerstöcke sein, welche sich durch sternförmige Knospenbildung aus echten gegliederten Würmern oder Colelminthen entwickelt haben. Diese Hypothese wird auf das Stärkste durch die vergleichende Anatomie und Ontogenie der gegliederten Seesterne (Colastra) und der gegliederten Würmer gestützt. Unter den letzteren stehen in Bezug auf den inneren Bau die vielgliedrigen Ringelwürmer (Annelida), die wir zu den Gliederthieren stellen, den einzelnen Armen oder Strahltheilen der Seesterne, d. h. den ursprünglichen Einzelwürmern, ganz nahe. Jeder der fünf Arme des Seesterns ist aus einer großen Anzahl hinter einander liegender gleichartiger Glieder oder Metameren kettenartig zusammengesetzt, ebenso wie jeder gegliederte Wurm und jeder Krebs. Wie bei diesen letzteren, so verläuft auch bei den ersteren in der Mittellinie des Bauchtheils ein centraler Nervenstrang, das Bauchmark. An jedem Metamere sind ein paar ungegliederte Füße und außerdem meistens ein oder mehrere Stacheln angebracht, ähnlich wie bei vielen Ringelwürmern. Auch vermag der abgetrennte Seestern-Arm ein selbstständiges Leben zu führen. Bei manchen Seestern-Arten (Ophidiaster, Linckia, Brisinga etc.) sind sogar die abgelösten Arme im Stande, durch sternförmige Knospenbildung den ganzen Seestern, die mittlere Scheibe nebst den übrigen Armen, neu zu bilden. Das sind die sogenannten „Kometenformen" der Seesterne. (Vergl. Zeitschr. für wissensch. Zoologie, Bd. XXX, Suppl. 1878.)

Die wichtigsten Beweise für die Wahrheit meiner Hypothese liefert die Ontogenie oder die Keimesgeschichte der Echinodermen. Die höchst merkwürdigen Thatsachen dieser Ontogenie entdeckte erst im Jahre 1848 der große Berliner Zoologe Johannes Müller.

Systematische Uebersicht
über die Classen und Ordnungen der Sternthiere (Estrellae).

Hauptclassen der Sternthiere	Classen der Sternthiere	Ordnungen der Sternthiere	Gattungsnamen als Beispiele
I. Ursternthiere Protestrellae Sternthiere ohne innere Centralisation	I. Seesterne *Asteriae*	1. Aeltere Seeigel *Palasteriae*	Helminthaster Brisinga
		2. Jüngere Seeigel *Colasteriae*	Ophidiaster Astropecten
II. Blumen-Sternthiere Anthestrellae Sternthiere mit theilweiser innerer Centralisation	II. Seestrahlen *Ophiurae*	3. Unverästelte Seestrahlen *Ophianthi*	Ophiolepis Ophioderma
		4. Verästelte Seestrahlen *Euryaleae*	Astroporpa Astrophytum
	III. Seelilien *Crinoida*	5. Langarmige Seelilien *Anthoidea*	Pentacrinus Comatula
		6. Kurzarmige Seelilien *Cystoidea*	Agelacrinus Sphaeronites
III. Kapsel-Sternthiere Thecestrellae Sternthiere mit vollständiger innerer und äußerer Centralisation	IV. Seeknospen *Blastoida*	7. Regelmäßige Seeknospen *Eublastoida*	Pentremites Elaeacrinus
		8. Zweiseitige Seeknospen *Dysblastoida*	Codonaster Eleutherocrinus
	V. Seeigel *Echini*	9. Aeltere Seeigel *Palechini*	Melonites Protechinus
		10. Jüngere Seeigel *Opsechini*	Sphaerechinus Spatangus
	VI. Seegurken *Holothuriae*	11. Seegurken mit Füßchen *Eupodia*	Pentacta Rhopalodina
		12. Seegurken ohne Füßchen *Apodia*	Molpadia Synapta

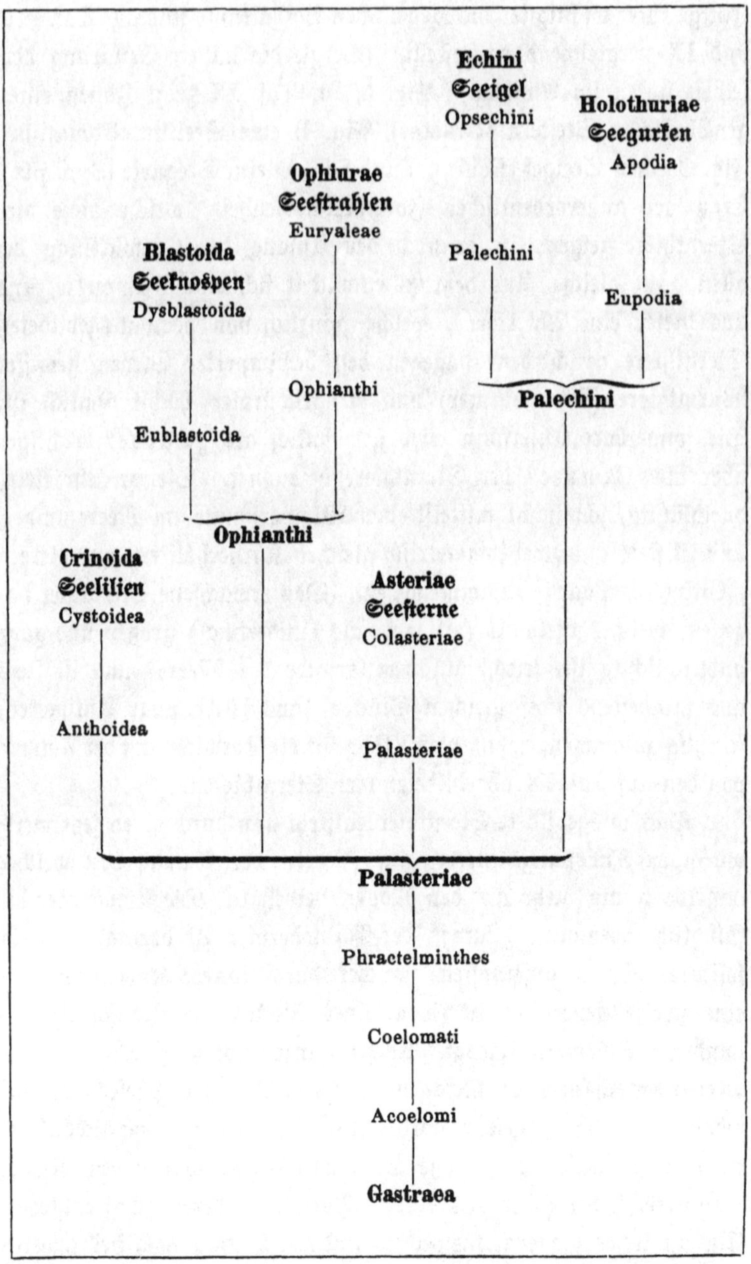
Echini
Seeigel
Opsechini
Holothuriae
Seegurken
Apodia
Ophiurae
Seestrahlen
Euryaleae
Blastoida
Seeknospen
Dysblastoida
Palechini
Eupodia
Ophianthi
Palechini
Eublastoida
Ophianthi
Crinoida
Seelilien
Cystoidea
Asteriae
Seesterne
Colasteriae
Anthoidea
Palasteriae
Palasteriae
Phractelminthes
Coelomati
Acoelomi
Gastraea

Einige ihrer wichtigsten ontogenetischen Verhältnisse sind auf Taf. VIII und IX vergleichend dargestellt. (Vergl. die nähere Erklärung derselben unten im Anhang.) Fig. A auf Taf. IX zeigt Ihnen einen gewöhnlichen Seestern (Uraster), Fig. B eine Seelilie (Comatula), Fig. C einen Seeigel (Echinus) und Fig. D eine Seegurke (Synapta). Trotz der außerordentlichen Formverschiedenheit, welche diese vier Sternthiere zeigen, ist dennoch der Anfang der Entwickelung bei allen ganz gleich. Aus dem Ei entwickelt sich eine Gastrula, und aus dieser eine Thierform, welche gänzlich von dem ausgebildeten Sternthiere verschieden, dagegen den bewimperten Larven gewisser Wurmthiere (Sternwürmer) und Ringelwürmer höchst ähnlich ist. Die sonderbare Thierform wird gewöhnlich als „Larve", richtiger aber als „Amme" der Sternthiere bezeichnet. Sie ist sehr klein, durchsichtig, schwimmt mittelst einer Wimperschnur im Meere umher, und ist stets aus zwei symmetrisch gleichen Körperhälften, aus einem „Antimeren-Paar", zusammengesetzt. Das erwachsene Sternthier dagegen, welches vielmals (oft mehr als hundertmal) größer und ganz undurchsichtig ist, kriecht auf dem Grunde des Meeres und ist stets aus mindestens fünf gleichen Stücken (aus fünf Paar Antimeren) strahlig zusammengesetzt. Taf. VIII zeigt die Entwickelung der Ammen von den auf Taf. IX abgebildeten vier Sternthieren.

Das ausgebildete Sternthier entsteht nun durch einen sehr merkwürdigen Knospungs-Proceß im Innern der Amme, von welcher dasselbe wenig mehr als den Magen beibehält. Die Amme oder die fälschlich sogenannte „Larve" der Echinodermen ist demnach als ein solitärer Wurm aufzufassen, welcher durch innere Knospenbildung eine zweite Generation in Form eines Stockes von sternförmig verbundenen Würmern erzeugt. Dieser ganze Proceß ist echter Generationswechsel oder Metagenesis, keine „Metamorphose", wie gewöhnlich unrichtig gesagt wird. Denn nur durch wirkliche Vermehrung, nicht durch bloße Verwandlung, können aus einem Antimeren-Paar (oder aus einem „Paramer") deren fünf entstehen. Ein ähnlicher Generationswechsel findet sich auch noch bei anderen

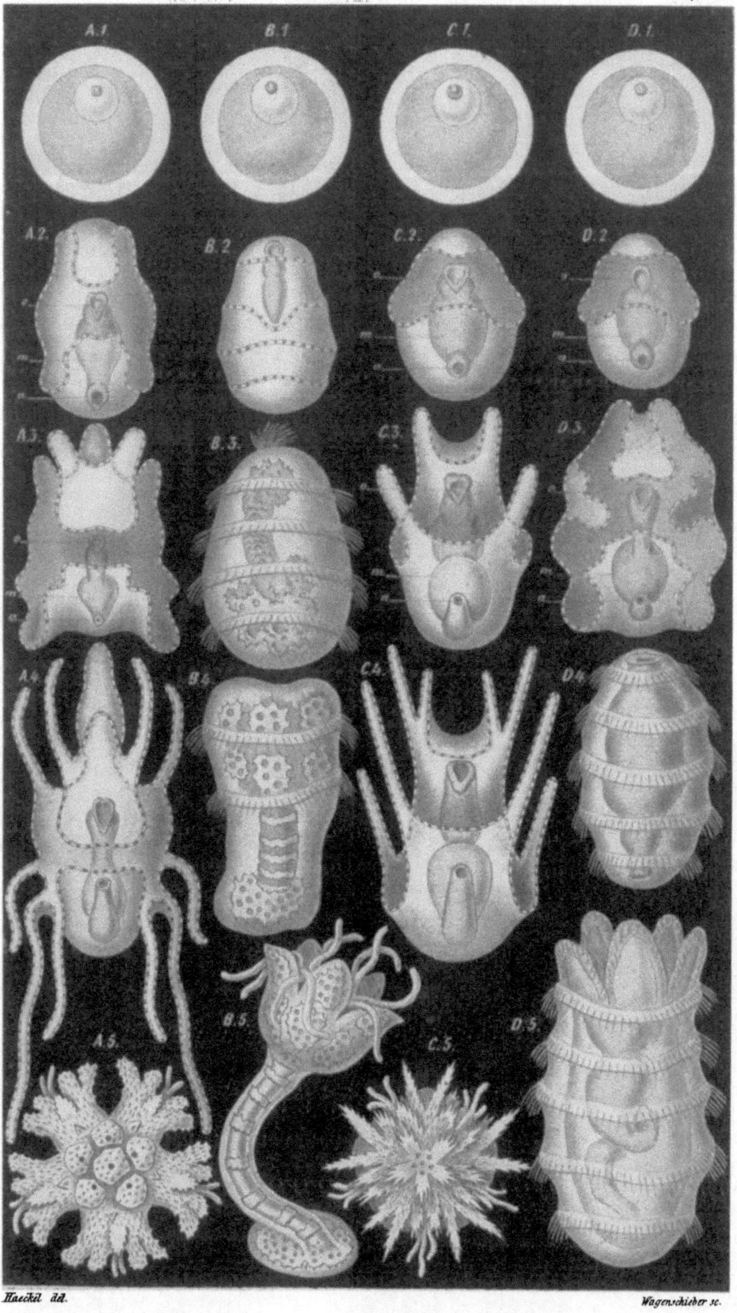

Haeckel del. Wagenschieber sc.

Sternthiere. Zweite Generation: Würmer-Stock. Taf. IX.

Haeckel del. Wagenschieber sc

Würmern, nämlich bei einigen Sternwürmern (Sipunculiden) und Schnurwürmern (Nemertinen). Erinnern wir uns nun des biogenetischen Grundgesetzes (S. 361) und beziehen wir die Ontogenie der Echinodermen auf ihre Phylogenie, so wird uns auf einmal die ganze historische Entwickelung der Sternthiere klar und verständlich, während sie ohne jene Hypothese ein unlösbares Räthsel bleibt (vergl. Gen. Morph. II, S. 95—99).

Außer den angeführten Gründen legen auch noch viele andere Thatsachen (besonders aus der vergleichenden Anatomie der Echinodermen) das deutlichste Zeugniß für die Richtigkeit meiner Hypothese ab. Ich habe diese Stammhypothese 1866 aufgestellt, ohne eine Ahnung davon zu haben, daß auch noch versteinerte Gliedwürmer existiren, welche jenen hypothetisch vorausgesetzten Stammformen zu entsprechen scheinen. Solche sind aber inzwischen wirklich bekannt geworden. In einer Abhandlung „über ein Aequivalent der takonischen Schiefer Nordamerikas in Deutschland" beschrieben 1867 Geinitz und Liebe eine Anzahl von gegliederten silurischen Würmern, welche den von mir gemachten Voraussetzungen entsprechen. Diese höchst merkwürdigen Würmer kommen in den silurischen Dachschiefern von Wurzbach im reußischen Oberlande zahlreich in vortrefflich erhaltenem Zustande vor. Sie haben den Bau eines gegliederten Seesternarms, und müssen offenbar einen festen Hautpanzer, ein viel härteres und festeres Hautskelet besessen haben, als es sonst bei den Würmern vorkommt. Die Zahl der Körperglieder oder Metameren ist sehr beträchtlich, so daß die Würmer bei einer Breite von ¼—½ Zoll eine Länge von 2—3 Fuß und mehr erreichen. Die vortrefflich erhaltenen Abdrücke, namentlich von Phyllodocites thuringiacus und Crossopodia Henrici, gleichen auffallend den skeletirten Armen mancher gegliederten Seesterne (Colastra). Ich bezeichne diese uralte Würmergruppe, zu welcher vermuthlich die Stammväter der Seesterne gehört haben, als Panzerwürmer (Phracthelminthes, S. 468, 469).

Da die Classe der Seesterne die ursprüngliche Form des stern=

förmigen Wurmstockes am getreuesten erhalten hat, und da ihnen noch die innere Centralisation der übrigen Sternthiere fehlt, so kann man sie als besondere Hauptklasse, als Ursternthiere (Protestrellae) allen übrigen entgegenstellen. Diese letzteren bilden dann die beiden Hauptclassen der Blumensternthiere (Anthestrellae) und Kapselsternthiere (Thecestrellae), jene mit unvollständiger, diese mit vollständiger Centralisation der Organe. Die Blumensternthiere (Anthestrellae) bilden die beiden Klassen der Seestrahlen und Seelilien. Die Seestrahlen (Ophiurae) stehen den Seesternen noch sehr nahe; doch ist die centrale Scheibe schon scharf von den fünf Armen abgesetzt. Weiter entfernen sich von ihnen die Seelilien (Crinoida), welche die freie Ortsbewegung der übrigen Sternthiere aufgegeben, sich festgesetzt, und dann einen mehr oder minder langen Stiel entwickelt haben. Dadurch sind sie in vielen Beziehungen stark rückgebildet worden. Einige Seelilien (z. B. die Comateln, Fig. B auf Taf. VIII und IX) lösen sich jedoch späterhin von ihrem Stiele wieder ab. Die ursprünglichen Wurmindividuen sind zwar bei den Ophiuren und Crinoiden nicht mehr so selbstständig und ausgebildet erhalten, wie bei den Seesternen; aber dennoch bilden sie stets mehr oder minder gegliederte, von der gemeinsamen Mittelscheibe abgesetzte Arme.

Die dritte Hauptclasse der Echinodermen bilden die Kapselsternthiere (Thecestrellae), die drei Classen der Seeknospen, Seeigel und Seegurken. Hier sind stets die gegliederten Arme nicht mehr als selbstständige Körpertheile erkennbar, vielmehr durch weitgehende Centralisation des Stockes vollkommen in der Bildung der gemeinsamen aufgeblasenen Mittelscheibe aufgegangen, so daß diese jetzt als eine einfache armlose Büchse oder Kapsel erscheint. Der ursprüngliche Individuenstock ist scheinbar dadurch wieder zum Formwerth eines einfachen Individuums, einer einzelnen Person, herabgesunken. Die Seeknospen (Blastoida) sind uns nur in versteinertem Zustande bekannt, wahrscheinlich aus einer Abtheilung der Anthestrellen, entweder der Ophiuren oder der Crinoiden entstanden.

Dagegen ist wahrscheinlich aus einem Zweige der Asteriden die formenreiche Classe der Seeigel (Echinida) hervorgegangen. Sie führt ihren Namen von den zahlreichen, oft sehr großen Stacheln, welche die feste, aus Kalkplatten sehr zierlich zusammengesetzte Schale bedecken (Fig. C, Taf. VIII und IX). Die Schale selbst hat die Grundform einer fünfseitigen Pyramide. Die einzelnen Abtheilungen der Seeigel bestätigen in ihrer historischen Aufeinanderfolge, eben so wie die einzelnen versteinert erhaltenen Gruppen der Seelilien und Seesterne, in ausgezeichneter Weise die Gesetze des Fortschritts und der Differenzirung. (Gen. Morph. II, Taf. IV.)

Während uns die Geschichte dieser Sternthierclassen durch die zahlreichen und vortrefflich erhaltenen Versteinerungen sehr genau erzählt wird, wissen wir dagegen von der geschichtlichen Entwickelung der letzten Classe, der Seegurken (Holothuriae), fast Nichts. Aeußerlich zeigen diese sonderbaren gurkenförmigen Sternthiere eine trügerische Aehnlichkeit mit Würmern (Fig. D, Taf. VIII und IX). Die Skeletbildung der Haut ist hier sehr unvollkommen und daher konnten keine deutlichen Reste von ihrem langgestreckten walzenförmigen wurmähnlichen Körper in fossilem Zustande erhalten bleiben. Dagegen läßt sich aus der vergleichenden Anatomie und Ontogenie der Holothurien erschließen, daß dieselben wahrscheinlich aus einer Abtheilung der Seeigel durch Erweichung und Rückbildung des Hautskelets entstanden sind.

Von den Sternthieren wenden wir uns zu dem fünften und höchst entwickelten Stamm unter den wirbellosen Thieren, zu dem Phylum der Gliederthiere (Articulata). Unter diesem Namen faßte zuerst Cuvier 1817 vier Classen von wirbellosen Thieren zusammen, die sich alle durch die auffallende äußere Gliederung ihres Körpers und durch ein charakteristisches Nervensystem, ein Bauchmark mit Schlundring, auszeichnen. Jene vier Classen waren die Ringelwürmer (Annelida), die Krustenthiere (Crustacea), die Spinnen (Arachnida) und die Insecten (Insecta). Die drei letzten Classen besitzen gegliederte Beine und ihre Leibesringe sind sehr ungleichartig. Hingegen ist die Gliederung der Ringelwürmer mehr gleichartig, und sie haben entweder gar keine oder nur ungegliederte Beine. Deshalb wurden diese letzteren später gewöhnlich zu den fußlosen Würmern oder Wurmthieren gestellt; die anderen Gliederthiere aber als besonderer Typus unter dem Namen Gliederfüßler (Arthropoda) zusammengefaßt. Die neueren Zoologen unterschieden in diesem Typus nach dem Vorgange Bronn's zwei Hauptgruppen, nämlich 1) die Krustenthiere (Crustacea), welche Wasser durch Kiemen athmen; und 2) die Luftrohrthiere (Tracheata), welche Luft durch Luftröhren athmen. Die letzteren wurden in drei Classen getheilt, in Tausendfüßer (Myriapoda), Spinnen (Arachnida) und echte sechsbeinige Insecten (Insecta).

Diese neuere, gegenwärtig übliche Auffassung und Eintheilung der Gliederfüßler oder Arthropoden hat aber in neuester Zeit durch unsere bessere Erkenntniß ihrer Entwickelungsgeschichte wieder eine wesentliche Wendung erfahren. Die Kluft zwischen Crustaceen und Tracheaten hat sich immer mehr erweitert, während die letzteren wieder den Anneliden näher gerückt sind. Entscheidend ist hier namentlich die Entdeckung des feineren Baues und der Entwickelung von einer uralten merkwürdigen Gliederthierform geworden, die bisher allgemein zu den Ringelwürmern gerechnet wurde. Das ist der interessante tausendfußähnliche Peripatus, der in feuchter Erde in den heißen Erdtheilen lebt. Ein verdienstvoller Zoologe der berühmten Challenger-Expedition, Moseley, hat gezeigt, daß der Peripatus wirkliche Luftröhren besitzt und so die unmittelbare Verbindung zwischen den Ringelwürmern und Luftrohrthieren herstellt.

In Folge dieser wichtigen Entdeckung, und in unbefangener vergleichender Würdigung der gesammten Organisation und Entwickelung halte ich es jetzt für das Richtigste, den Stamm oder Typus der Gliederfüßler (Arthropoda) aufzugeben und wieder zu der alten Auffassung der Gliederthiere (Articulata) von Cuvier zurückzukehren. Mit Berücksichtigung der neueren wichtigen Fortschritte in unserer Kenntniß ihres Körperbaues und ihrer Entwickelung unterscheide ich unter den Gliederthieren drei Hauptclassen: 1. Anneliden, 2. Crustaceen und 3. Tracheaten. Die Ringelthiere (Annelida) zerfallen in zwei Classen: Egel (Hirudinea) und Borstenwürmer (Chaetopoda), erstere ohne Füße, letztere mit ungegliederten Füßen. Die Krustenthiere (Crustacea) theile ich ebenfalls in zwei Classen: Krebsthiere (Carides) und Schildthiere (Aspides), erstere mit zwei Paar Fühlhörnern, letztere mit einem Paar. Die Luftrohrthiere endlich (Tracheata) müssen in vier Classen getheilt werden. Die erste Classe bilden die Urluftröhrer (Protracheata), von denen jetzt nur noch der Peripatus lebt, mit zahlreichen ungegliederten Beinpaaren; die zweite Classe die Tausendfüßer (Myriapoda) mit zahlreichen gegliederten Beinpaaren; die dritte Classe die Spinnen (Arachnida) mit vier Beinpaaren, und die vierte Classe endlich die echten Insecten (Insecta) mit sechs Beinpaaren.

Alle diese Gliederthiere oder Articulaten stimmen darin überein, daß ihr Körper ursprünglich aus einer größeren Zahl (mindestens 8—10, oft 20—50 und mehr) Gliedern zusammengesetzt ist, die in der Längsaxe hinter einander liegen und die wir Rumpfsegmente, Ringe oder Metameren nennen. Aeußerlich tritt diese Gliederung meistens deutlich hervor, indem die Haut von einer festen Chitin-Hülle umgeben und diese zwischen je zwei Gliedern ringförmig eingeschnürt ist. Noch mehr aber spricht sich die Gliederung in der Wiederholung innerer Organe aus, indem z. B. auf jedes Glied oder Metamer ursprünglich ein Abschnitt des Gefäßsystems, des Muskelsystems, des Nervensystems 2c. kommt. Höchst charakteristisch ist in dieser Beziehung vor allen die Bildung des centralen Nervensystems, welches stets ein Bauchmark mit Schlundring darstellt. Auf jedes Glied kommt nämlich ursprünglich ein Ganglien-Paar, und alle diese Nervenknoten sind durch Längsfäden zu einer langen Kette verbunden, die auf der Bauchseite, unter dem Darm verläuft. Der vorderste Knoten dieser Kette, der „untere Schlundknoten", liegt im Kopfe, und ist durch einen ringförmigen, den Schlund umfassenden

Systematische Uebersicht
über die Classen und Ordnungen der Gliederthiere (Articulata).

Hauptclassen der Gliederthiere	Charactere der Classen	Classen der Gliederthiere	Ordnungen der Gliederthiere
I. Ringelthiere **Annelida** Stets Schleifencanäle Keine Luftröhren	1. Keine Beine Statt deren Saugnäpfe	1. Egel *Hirudinea*	Rhynchobdellea Guathobdellea
	2. Zahlreiche ungegliederte Beinpaare oder Borsten	2. Borstenwürmer *Chaetopoda*	Oligochaeta Polychaeta
II. Krustenthiere **Crustacea** Keine Schleifencanäle Keine Luftröhren	3. Nauplius-Keim Zwei Paar Fühlhörner	3. Krebsthiere *Carides*	Branchiopoda Copepoda Cirripeda Edriophthalma Podophthalma
	4. Kein Nauplius-Keim Ein Paar Fühlhörner	4. Schildthiere *Aspides*	Trilobita Merostoma
III. Luftrohrthiere **Tracheata** Keine Schleifencanäle Stets Luftröhren oder Tracheen	5. Zahlreiche ungegliederte Beinpaare	5. Urluftröhrer *Protracheata*	Peripatida
	6. Zahlreiche gegliederte Beinpaare	6. Tausendfüßer *Myriapoda*	Chilopoda Diplopoda
	7. Vier gegliederte Beinpaare	7. Spinnen *Arachnida*	Arthrogastres Araneae Acarida
	8. Drei gegliederte Beinpaare (und ursprünglich zwei Paar Flügel)	8. Insecten *Insecta*	Archiptera Neuroptera Orthoptera Coleoptera Hymenoptera Hemiptera Diptera Lepidoptera

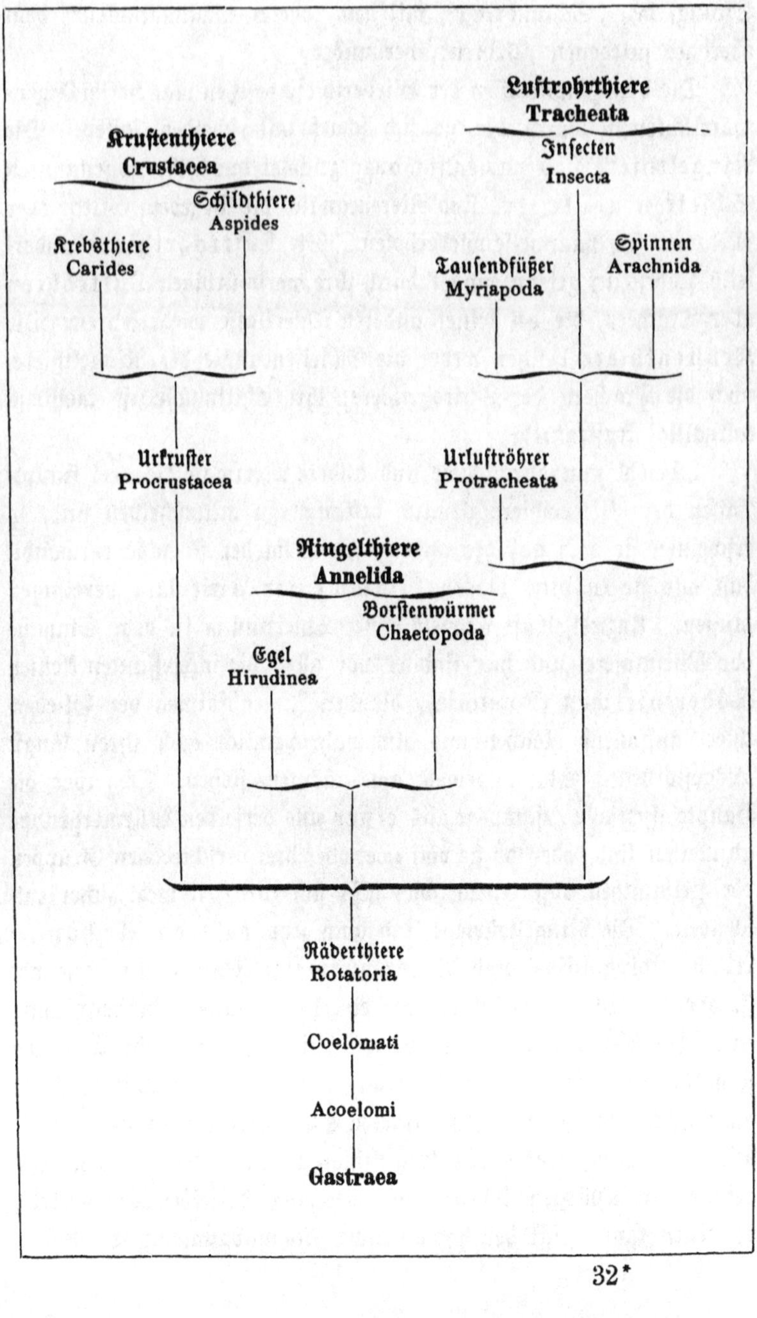
Luftrohrthiere
Tracheata
Krustenthiere
Crustacea
Insecten
Insecta
Schildthiere
Aspides
Krebsthiere
Carides
Spinnen
Arachnida
Tausendfüßer
Myriapoda
Urkruster
Procrustacea
Urluftröhrer
Protracheata
Ringelthiere
Annelida
Borstenwürmer
Chaetopoda
Egel
Hirudinea
Räderthiere
Rotatoria
Coelomati
Acoelomi
Gastraea

Strang, den „Schlundring", mit dem „oberen Schlundknoten", dem oberhalb gelegenen „Urhirn", verbunden.

Die drei Hauptclassen der Gliederthiere besitzen mancherlei Eigenthümlichkeiten, durch die sie sich scharf unterscheiden lassen. Die Ringelthiere sind namentlich ausgezeichnet durch ihre sogenannten Schleifencanäle; das sind Nierencanäle, die in jedem Gliede oder Metamer sich paarweise wiederholen. Die Luftrohrthiere anderseits sind scharf gekennzeichnet durch ihre merkwürdigen Luftröhren oder Tracheen, die bei keiner anderen Thierklasse wiederkehren. Die Krustenthiere besitzen weder die Schleifencanäle der Ringelthiere, noch die Tracheen der Luftrohrthiere; ihre Chitinhülle ist meistens kalkhaltig, krustenartig.

Obwohl nun durch diese und andere Merkmale die drei Hauptklassen der Gliederthiere ziemlich bestimmt zu unterscheiden sind, so erscheinen sie doch auf der anderen Seite wieder so nahe verwandt, daß wir sie in dem einen Stamme der Articulata vereinigen müssen. Unzweifelhaft wurzelt dieser Thierstamm in dem Stamme der Wurmthiere, und hier sind es vor allen die interessanten kleinen Räderthierchen (Rotatoria), die den Jugendformen der Gliederthiere auffallend gleichen und also wahrscheinlich auch ihren längst ausgestorbenen Stammformen am nächsten stehen. Ob aber die Hauptclassen alle zusammen aus einer und derselben Würmergruppe abzuleiten sind, oder ob sie von zwei oder drei verschiedenen Gruppen der Helminthen abstammen, das läßt sich zur Zeit nicht sicher entscheiden. Die Ringelwürmer sind auch sehr nahe den Archanneliden (Polygordius) und Sternwürmern (Gephyrea) verwandt (s. oben S. 468). Selbst für die einzelnen Classen, die wir unter jenen drei Hauptklassen unterscheiden, ist der einheitliche Ursprung nicht überall festgestellt. Jedenfalls dürfen wir alle Luftrohrthiere als Nachkommen einer gemeinsamen Stammform betrachten, ebenso alle Krebsthiere, ebenso alle Ringelthiere u. s. w. Wie man sich ungefähr den phylogenetischen Zusammenhang derselben gegenwärtig vorstellen kann, zeigt der hypothetische Stammbaum auf S. 499.

Die Ringelthiere oder Ringelwürmer (Annelida), die früher zu den Helminthen gestellt wurden, zerfallen in zwei umfangreiche Classen, die Egel und Borstenwürmer. Die Egel (Hirudinea), zu denen der medicinische Blutegel und viele andere Parasiten gehören, besitzen keine Beine, dafür aber Saugnäpfe, durch die sie sich ansaugen. Die Borstenwürmer (Chaetopoda), die größtentheils im Meere leben, haben dagegen meistens an jedem Gliede ein oder zwei Paar kurze, ungegliederte Beine, die mit Borstenbündeln bewaffnet sind. Andere Borstenwürmer, wie z. B. der Regenwurm und die Süßwasser-Schlängel, haben bloß Borstenbündel in der Haut, statt der Beine. Alle Ringelwürmer zeichnen sich aus durch die charakteristischen Schleifencanäle, vielgewundene Nierencanäle, von denen auf jedes Metamer ein Paar kommt.

Die Hauptclasse der Krustenthiere (Crustacea) führt ihren Namen von der harten, krustenartigen Hautbedeckung, einem festen, oft verkalkten Chitin-Panzer. Die meisten Krustenthiere leben im Meere, eine geringe Zahl im Süßwasser und auf dem Lande. Sie werden jetzt in zwei Classen getheilt, die Schildthiere oder Aspiden und die Krebsthiere oder Cariden. Die Classe der Schildthiere (Aspides) ist in der Gegenwart nur noch durch eine einzige lebende Gattung, den großen Pfeilschwanz (Limulus) vertreten. Außerdem aber gehören dahin eine Masse von ausgestorbenen Formen, die riesigen Gigantostraken oder Eurypteriden, sowie die uralte Gruppe der Trilobiten oder Paläaden.

Die zweite Classe der Crustaceen, die Krebsthiere (Carides), enthalten eine viel größere Anzahl von mannichfaltig gestalteten Arten. Die Keimesgeschichte dieser Thiere ist außerordentlich interessant, und verräth uns, eben so wie diejenige der Wirbelthiere, deutlich die wesentlichen Grundzüge ihrer Stammesgeschichte. Fritz Müller hat in seiner ausgezeichneten, bereits angeführten Schrift „Für Darwin" [16]) dieses merkwürdige Verhältniß vortrefflich erläutert. Die gemeinschaftliche Stammform aller Krebse, welche sich bei den meisten noch heutzutage zunächst aus dem Ei entwickelt, ist ursprünglich eine und dieselbe: der sogenannte Nauplius. Dieser merkwürdige Urkrebs stellt eine sehr einfache ungegliederte Thierform dar, deren Körper meistens die Gestalt einer rundlichen, ovalen oder birnförmigen Scheibe hat, und auf seiner Bauchseite nur drei Beinpaare trägt. Von diesen ist das erste ungespalten, die beiden folgenden Paare gabelspaltig. Vorn über dem Munde sitzt ein einfaches unpaares Auge. Trotzdem die verschiedenen Ordnungen der Cariden-Classe in dem Bau ihres Körpers und seiner Anhänge sich sehr weit von einander entfernen, bleibt dennoch ihre jugendliche Naupliusform immer im Wesentlichen dieselbe. Werfen Sie, um sich hiervon zu überzeugen, einen vergleichenden Blick auf Taf. X und XI, deren nähere Erklärung unten im Anhange gegeben wird. Auf Taf. XI sehen Sie die ausgebildeten Repräsentanten von sechs verschiedenen Krebsordnungen, einen Blattfüßer (Limnetis, Fig. Ac), einen Rankenkrebs (Lepas, Fig. Dc), einen Wurzelkrebs (Sacculina, Fig. Ec), einen Ruderkrebs (Cyclops, Fig. Bc), eine Fischlaus (Lernaeocera, Fig. Cc) und endlich eine hoch organisirte Garnele (Peneus, Fig. Fc). Diese sechs Krebse weichen in der ganzen Körperform, in der Zahl und Bildung der Beine u. s. w., wie Sie sehen, sehr stark von einander ab. Wenn Sie dagegen die aus dem Ei geschlüpften frühesten Jugendformen oder „Nauplius" dieser sechs verschiedenen Krebse betrachten, die auf Taf. X mit entsprechenden Buchstaben bezeichnet sind (Fig. An—En), so werden Sie durch die große Uebereinstimmung dieser letzteren überrascht sein. Die verschiedenen Nauplius-Formen jener sechs Ordnungen unterscheiden sich nicht stärker, wie etwa sechs verschiedene „gute Species" einer Gattung. Wir können daher mit Sicherheit auf eine gemeinsame Abstammung aller jener Ordnungen von einem gemeinsamen Urkrebse schließen, der dem heutigen Nauplius im Wesentlichen gleich gebildet war.

Wie man sich ungefähr die Abstammung der auf S. 504 aufgezählten Krebs-Ordnungen von der gemeinsamen Stammform des Nauplius gegenwärtig vorstellen kann, zeigt Ihnen der gegenüberstehende Stammbaum (S. 505). Aus der ursprünglich als selbstständige Gattung existirenden Nauplius-Form haben sich als divergente

Nauplius-Jugendform von sechs Krebsthieren. Taf. X.

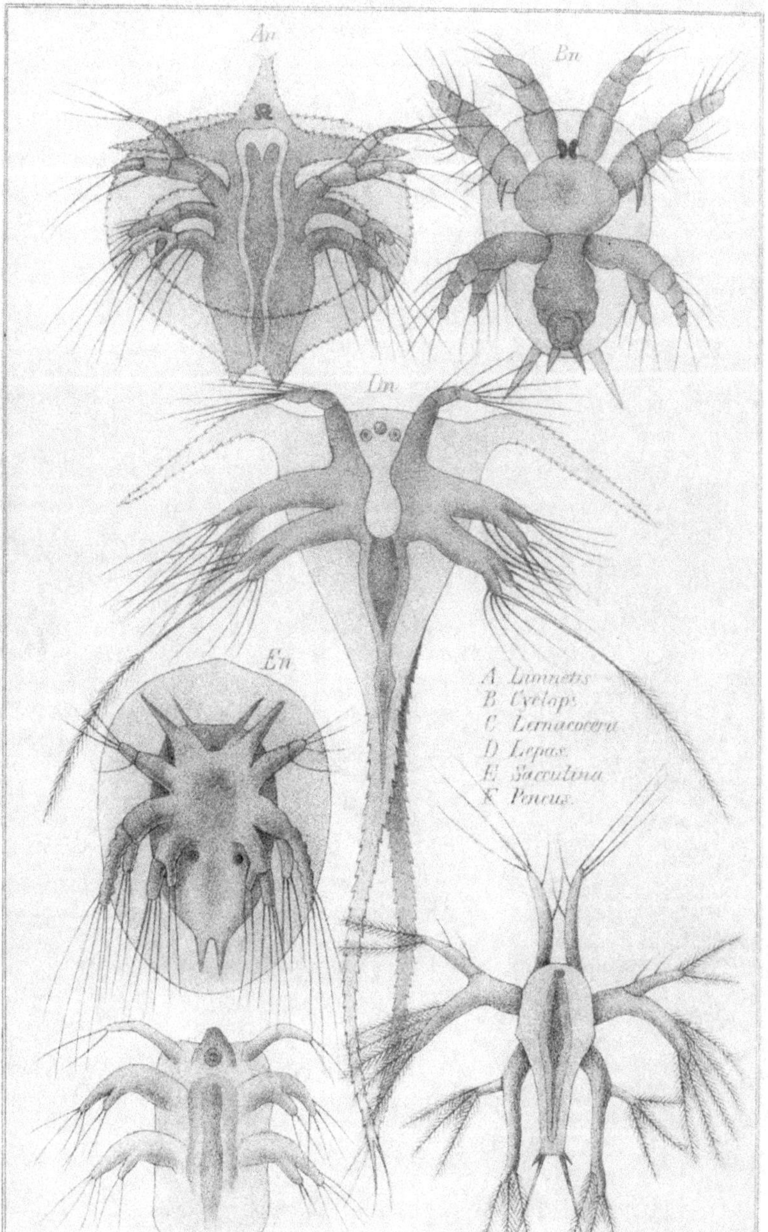

Haeckel del. Lith. Anst. v. E. Giltsch, Jena

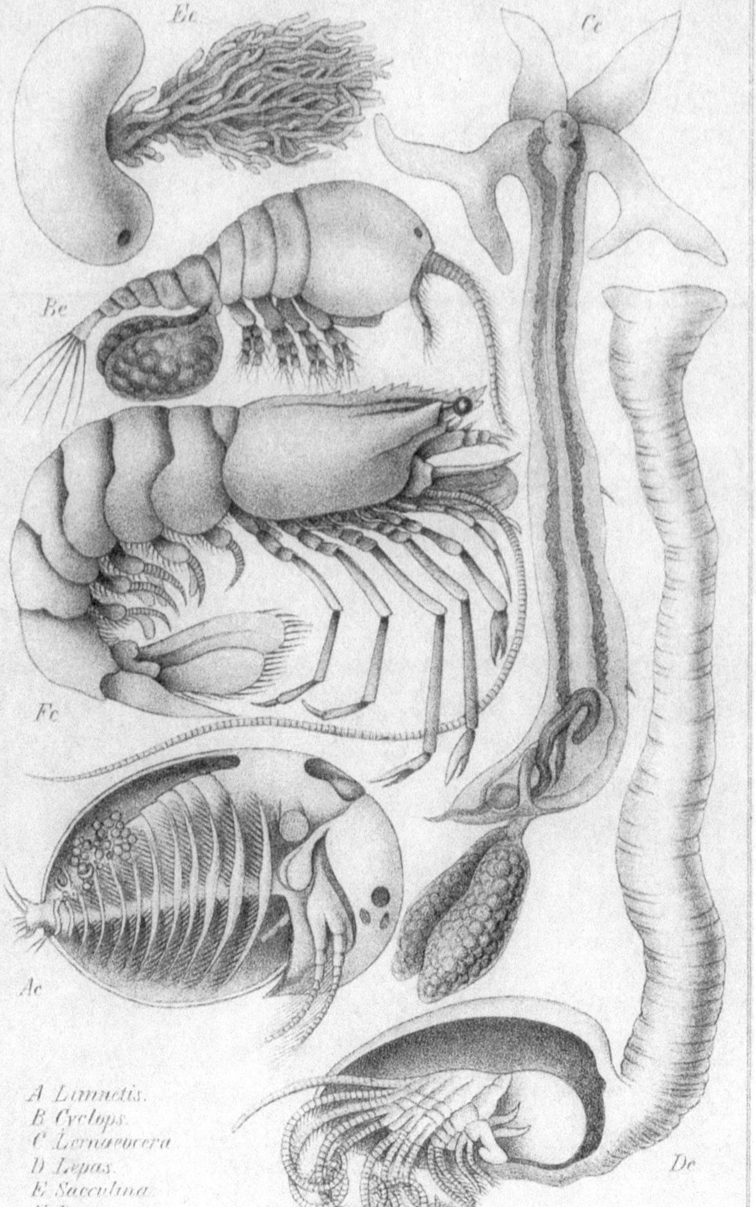

A Limnetis.
B Cyclops.
C Lernaeocera
D Lepas.
E Sacculina
F Peneus.

Haeckel del. Lith. Anst. v. E. Giltsch. Jena

Zweige nach verschiedenen Richtungen hin die drei Legionen der niederen Krebse entwickelt, welche als Kiemenfüßige (Branchiopoda), Ruderfüßige (Copepoda) und Rankenfüßige (Cirripeda) unterschieden werden. Aber auch die beiden Legionen der höheren Krebse, die sitzäugigen Panzerkrebse (Edriophthalma) und die stieläugigen Panzerkrebse (Podophthalma) haben aus der gemeinsamen Naupliusform ihren Ursprung genommen. Noch heute bildet die Nebalia eine unmittelbare Uebergangsform von den Phyllopoden zu den Schizopoden, d. h. zu der Stammform der stieläugigen und sitzäugigen Panzerkrebse. Jedoch hat sich hier der Nauplius zunächst in eine andere Larvenform, die sogenannte Zoëa, umgewandelt, welche eine hohe phylogenetische Bedeutung besitzt.

Diese seltsame Zoëa hat wahrscheinlich zunächst der Ordnung der Spaltfüßer oder Schizopoden (Mysis etc.) den Ursprung gegeben, welche noch heutigen Tages durch die Nebalien unmittelbar mit den Blattfüßern oder Phyllopoden zusammenhängen. Diese letzteren aber stehen von allen lebenden Krebsen der ursprünglichen Stammform des Nauplius am nächsten. Aus den Spaltfüßern haben sich als zwei divergente Zweige nach verschiedenen Richtungen hin die stieläugigen und die sitzäugigen Panzerkrebse oder Malocostraken entwickelt, die ersteren durch die Garneelen (Peneus etc.), die letzteren durch die Kumaceen (Cuma etc.) noch heute mit den Schizopoden zusammenhängend. Zu den Stieläugigen gehört der Flußkrebs, der Hummer und die übrigen Langschwänze oder Makruren, aus denen sich erst später in der Kreidezeit durch Rückbildung des Schwanzes die kurzschwänzigen Krabben oder Brachyuren entwickelt haben. Die Sitzäugigen spalten sich in die beiden Zweige der Flohkrebse (Amphipoden) und der Asseln (Isopoden), zu welchen letzteren unsere gemeine Mauerassel und Kellerassel gehört.

In der Keimesgeschichte der Schildthiere oder Aspiden finden wir nicht die characteristische Nauplius-Larve, welche mit Sicherheit auf eine gemeinsame Abstammung aller Krebsthiere oder Cariden schließen läßt. Auch haben die ersteren nur ein Paar,

Systematische Uebersicht
über die Krustenthiere oder Crustaceen.

Classen der Crustaceen	Legionen der Crustaceen	Ordnungen der Crustaceen	Ein Gattungsname als Beispiel
I. Krebsthiere Carides Mit zwei Antennenpaaren, mit Nauplius-Keimform	I. Branchiopoda Kiemenfüßige Krebse	1. Archicarides	Nauplius
		2. Phyllopoda	Limnetis
		3. Cladocera	Daphnia
		4. Ostracoda	Cypris
	II. Copepoda Ruderfüßige Krebse	5. Eucopepoda	Cyclops
		6. Siphonostoma	Lernaeocera
	III. Cirripeda Rankenfüßige Krebse	7. Pectostraca	Lepas
		8. Rhizocephala	Sacculina
	IV. Edriophthalma Sitzäugige Panzerkrebse	9. Cumacea	Cuma
		10. Amphipoda	Gammarus
		11. Laemodipoda	Caprella
		12. Isopoda	Oniscus
	V. Podophthalma Stieläugige Panzerkrebse	13. Zoëpoda	Zoëa
		14. Schizopoda	Mysis
		15. Stomatopoda	Squilla
		16. Decapoda	Astacus
II. Schildthiere Aspides Mit einem Antennenpaar, ohne Nauplius-Keimform	I. Trilobita Scheerenlose Schildthiere	17. Palaeadae	Paradoxides
		18. Asaphadae	Asaphus
	II. Merostoma Scheerentragende Schildthiere	19. Eurypterida	Pterygotus
		20. Xiphosura	Limulus

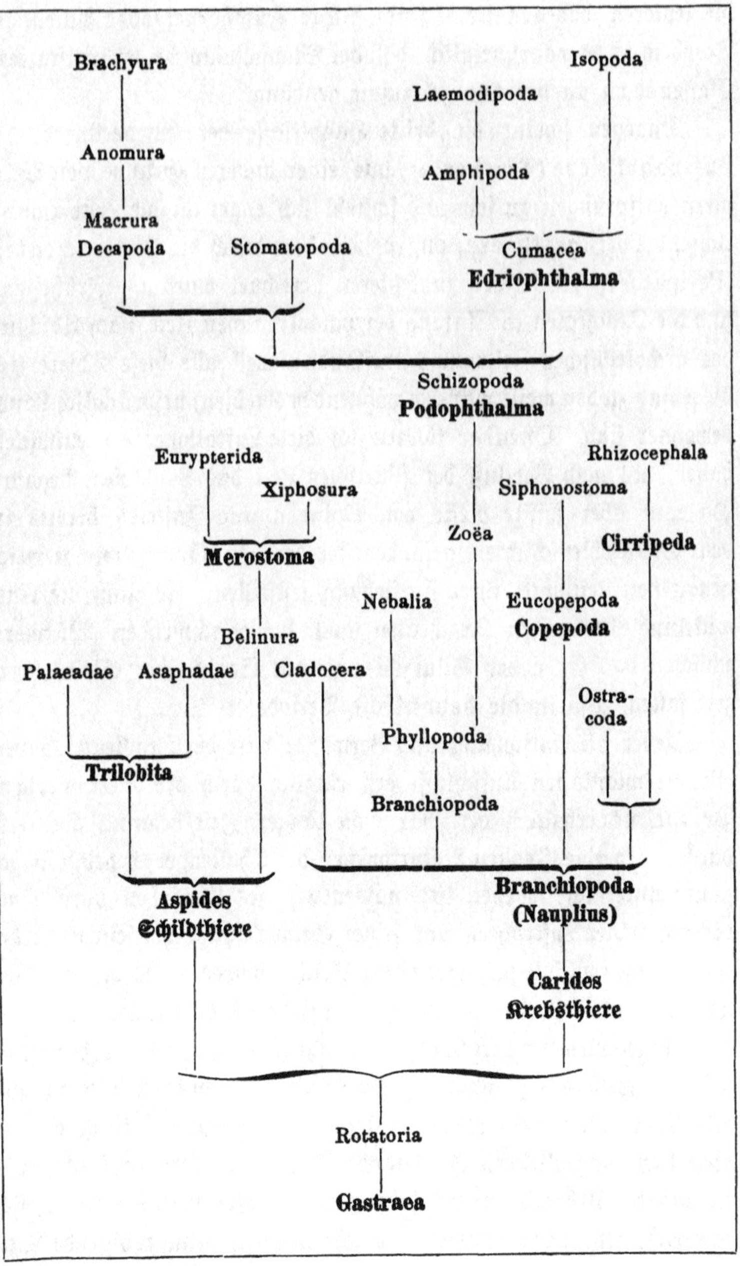
Brachyura
Isopoda
Laemodipoda
Anomura
Amphipoda
Macrura
Decapoda
Stomatopoda
Cumacea
Edriophthalma
Schizopoda
Podophthalma
Eurypterida
Rhizocephala
Xiphosura
Siphonostoma
Zoëa
Merostoma
Cirripeda
Nebalia
Eucopepoda
Copepoda
Belinura
Palaeadae
Asaphadae
Cladocera
Ostra-
coda
Phyllopoda
Trilobita
Branchiopoda
Aspides
Schildthiere
Branchiopoda
(Nauplius)
Carides
Krebsthiere
Rotatoria
Gastraea

die letzteren dagegen stets zwei Paar Fühlhörner oder Antennen. Trotzdem ist es wahrscheinlich, daß der Stammbaum beider Crustaceen-Classen doch an der Wurzel zusammenhängt.

Dagegen scheint die dritte Hauptclasse der Gliederthiere, die Luftrohrthiere (Tracheata), aus einer anderen Gruppe von Würmern entsprungen zu sein und schließt sich enger an die erste Hauptclasse, die Ringelthiere, an, insbesondere durch die Protracheaten (Peripatus), die früher zu letzteren gerechnet wurden. Frühestens sind die Tracheaten im Anfang der paläolithischen Zeit, nach Abschluß des archolithischen Zeitraums entstanden, weil alle diese Thiere (im Gegensatz zu den meist wasserbewohnenden Krebsen) ursprünglich Landbewohner sind. Offenbar können sich diese Luftathmer erst entwickelt haben, als nach Verfluß der silurischen Zeit das Landleben begann. Da nun aber fossile Reste von Spinnen und Insecten bereits in den Steinkohlenschichten gefunden werden, so können wir ziemlich genau den Zeitpunkt ihrer Entstehung feststellen. Es muß die Entwickelung der ersten Tracheaten aus kiemenathmenden Würmern zwischen das Ende der Silurzeit und den Beginn der Steinkohlenzeit fallen, also in die devonische Periode.

Ueber die Entstehung und Verwandtschaft der Tracheaten haben wir die wichtigsten Aufschlüsse erst kürzlich durch den merkwürdigen Peripatus erhalten, der zwar schon längere Zeit bekannt, aber erst durch die verdienstvollen Naturforscher der Challenger Expedition genauer untersucht worden ist; namentlich hat Moseley durch Entdeckung seiner Luftröhren und seiner Entwickelung ihm seinen natürlichen Platz im System angewiesen. Früher wurde dieses merkwürdige Thier, welches in der heißen Zone auf der Erde kriechend lebt, zu den Ringelwürmern gerechnet und gleicht ihnen äußerlich in der cylindrischen Form des gleichmäßig geringelten Körpers. Dieser ist aus 20—30 Gliedern oder Metameren zusammengesetzt und trägt eben so viele kurze ungegliederte Fußpaare mit Krallen. Der Kopf ist wenig entwickelt. Ueberall in der Haut unregelmäßig vertheilt finden sich zahlreiche sehr feine Luftlöcher, welche in enge, blind endigende Luftröhren-Büschel hineinführen. Das deutet darauf hin, daß bei diesen Peripatiden, die als einziges Ueberbleibsel der uralten devonischen Urluftrohr-Thiere (Protracheata) zu betrachten sind, die characteristischen Luftathmungs-Organe aus Hautdrüsen von Anneliden entstanden waren, denen sie auch in der übrigen Organisation sehr nahe stehen.

Bei den drei übrigen Classen der Tracheaten, bei den Myriapoden, Arachniden und Insecten sind die Luftröhren oder Tracheen nicht mehr unregelmäßig über die ganze Haut in zahllosen kleinen Büscheln vertheilt, sondern vielmehr regelmäßig in zwei Längsreihen von größeren Büscheln geordnet. Diese münden jederseits durch eine Reihe von Luftlöchern nach außen, durch welche die Luft in die blind geendigten Röhren eintritt. In jeder der beiden Längsreihen verbinden sich gewöhnlich die ursprünglich getrennten Büschel durch Verbindungsröhren oder Anastomosen, und durch stärkere Entwickelung und Ausweitung dieser letzteren entstehen zwei starke Längsstämme, die bei vielen Insecten als Haupttheil des Luftröhren-Systems erscheinen.

Am nächsten an die Protracheaten oder Peripatiden schließen sich von den übrigen Tracheaten die Tausendfüßer (Myriapoda) an, die gleich den ersteren an dunkeln, feuchten Orten in und auf der Erde leben. Auch hier ist der Körper noch sehr ähnlich den Ringelthieren, aus einer großen Anzahl von gleichmäßig gebildeten Rumpfgliedern oder Metameren zusammengesetzt, von denen jedes ursprünglich ein Paar kurze, mit Krallen versehene Beine trägt. Bei der ersten Ordnung der Tausendfüßer, bei den Einfachfüßern (Chilopoda) hat sich dieses ursprüngliche Verhältniß erhalten. Bei der zweiten Ordnung hingegen, bei den Doppelfüßern (Diplopoda) sind je zwei Körperringe oder Metameren mit einander paarweise verschmolzen, so daß jeder Ring scheinbar zwei Beinpaare trägt. Die Zahl derselben ist oft sehr groß, 60—80, bei einigen selbst über hundert. Zu den Chilopoden gehört Scolopendra und Polyzonias, zu den Chilognathen hingegeu Julus und Glomeris.

Während bei den Protracheaten und Myriapoden die Zahl der Ringe und Beinpaare an dem langgestreckten wurmförmigen Körper stets sehr groß ist, erscheint sie dagegen sehr reducirt bei der dritten Tracheaten=Classe, den Spinnen (Arachnida). Gewöhnlich schreibt man ihnen zum Unterschiede von den stets sechsbeinigen Insecten vier Beinpaare zu. Wie jedoch die Scorpionspinnen und die Geißelscorpione deutlich zeigen, sind eigentlich auch bei ihnen, wie bei den Insecten, nur drei echte Beinpaare vorhanden. Das scheinbare vierte Beinpaar der Spinnen (das vorderste) ist eigentlich ein Kieferpaar. Unter den heute noch lebenden Spinnen giebt es eine kleine Gruppe, welche wahrscheinlich der gemeinsamen Stammform der ganzen Classe sehr nahe steht. Das ist die Ordnung der Scorpionspinnen oder Solifugen (Solpuga, Galeodes), von der mehrere große, wegen ihres giftigen Bisses sehr gefürchtete Arten in Afrika und Asien leben. Der Körper besteht hier, wie wir es bei dem gemeinsamen Stammvater der Tracheaten voraussetzen müssen, aus drei getrennten Abschnitten, einem Kopfe, welcher ein Paar Antennen (umgewandelt in „Kieferfühler") und zwei Paar Kiefer trägt, einer Brust, an deren drei Ringen drei echte Beinpaare befestigt sind, und einem vielgliedrigen Hinterleibe. In der Gliederung des Leibes stehen demnach die Solifugen eigentlich den Insecten näher, als den übrigen Spinnen; nur ein Kieferpaar ist verloren gegangen. Aus den devonischen Urspinnen, welche den heutigen Solifugen nahe verwandt waren, haben sich wahrscheinlich als drei divergente Zweige die Streckspinnen, Weberspinnen und Schneiderspinnen entwickelt. (S. 511.)

Die Streckspinnen (Arthrogastres) erscheinen als die älteren und ursprünglicheren Formen, bei denen sich die frühere Leibesgliederung besser erhalten hat, als bei den Rundspinnen. Die wichtigsten Formen dieser Unterclasse sind die Scorpione, welche durch die Phryniden oder Geißelscorpione mit den Solifugen verbunden werden. Als ein rückgebildeter Seitenzweig erscheinen die kleinen Bücherscorpione, welche unsere Bibliotheken und Herbarien bewohnen. In der Mitte zwischen den Scorpionen und den Rundspinnen stehen die langbeinigen Schneiderspinnen (Opiliones), welche vielleicht aus einem besonderen Zweige der Solifugen entstanden sind. Die Pycnogoniden oder Spinnenkrebse und die Arktisken oder Bärwürmer, welche man gewöhnlich noch jetzt unter den Spinnen aufführt, sind von dieser Classe ganz auszuschließen. Die ersteren sind wahrscheinlich unter die Crustaceen, die letzteren unter die Ringelthiere zu stellen.

Versteinerte Reste von Streckspinnen finden sich bereits in der Steinkohle. Dagegen kommt die zweite Unterclasse der Arachniden, die Weberspinnen (Araneae), versteinert zuerst im Jura, also sehr viel später, vor. Sie haben sich wahrscheinlich aus einem Zweige der Solifugen dadurch entwickelt, daß die Leibesringe mehr oder weniger mit einander verschmolzen. Bei den eigentlichen Weberspinnen, welche wir wegen ihrer feinen Webekünste bewundern, geht die Verschmelzung der Rumpfglieder oder Metameren so weit, daß der Rumpf nur noch aus zwei Stücken besteht, einer Kopfbrust, welche die Kiefer und die vier Beinpaare trägt, und einem anhangslosen Hinterleib, an welchem die Spinnwarzen sitzen. Bei den Milben (Acarida), welche wahrscheinlich aus einem verkümmerten Seitenzweige der Weberspinnen durch Entartung (insbesondere durch Schmarotzerleben) entstanden sind, verschmelzen sogar noch diese beiden Rumpfstücke mit einander zu einer ungegliederten Masse.

Die dritte und letzte Classe unter den tracheenathmenden Arthropoden ist die der Insecten (Insecta oder Hexapoda), die umfangreichste von allen Thierclassen, und nächst derjenigen der Säugethiere auch die wichtigste von allen. Trotzdem die Insecten eine größere Mannichfaltigkeit von Gattungen und Arten entwickeln, als die übrigen Thiere zusammengenommen, sind das alles doch im Grunde nur oberflächliche Variationen eines einzigen Themas, welches in seinen wesentlichen Charakteren sich ganz beständig erhält. Bei allen Insecten sind die drei Abschnitte des Rumpfes, Kopf, Brust und Hinterleib deutlich getrennt. Der Hinterleib oder das Abdomen trägt, wie bei den Spinnen, gar keine gegliederten Anhänge. Der mittlere Abschnitt, die Brust oder der Thorax, trägt auf der Bauchseite die

Systematische Uebersicht
über die Luftrohrthiere oder Tracheaten.

Classen der Tracheaten	Unterclassen der Tracheaten	Ordnungen der Tracheaten	Gattungsnamen als Beispiele
I. Urluftröhrer **Protracheata**	I. Stamminsecten *Onychophora*	1. Peripatiden Peripatida	Properipatus Peripatus
II. Tausendfüßer **Myriapoda**	II. Einfachfüßer *Chilopoda*	2. Einfachfüßer Chilopoda	Scolopendra Geophilus
	III. Doppelfüßer *Diplopoda*	3. Doppelfüßer Diplopoda	Julus Polydesmus
III. Spinnen **Arachnida**	IV. Streckspinnen *Arthrogastres*	4. Scorpionspinnen Solifugae	Solpuga Galeodes
		5. Geißelscorpione Phrynida	Phrynus Thelyphonus
		6. Scorpione Scorpioda	Scorpio Buthus
		7. Bücherscorpione Pseudoscorpioda	Obisium Chelifer
		8. Schneiderspinnen Opilionida	Phalangium Opilio
	V. Weberspinnen *Araneae*	9. Vierlunger Tetrapneumones	Mygale Cteniza
		10. Zweilunger Dipneumones	Epeira Tegenaria
	VI. Milben *Acarida*	11. Rundmilben Sphaeracara	Sarcoptes Demodex
		12. Streckmilben Macracara	Linguatula Pentastoma
VI. Insecten **Insecta** oder **Hexapoda**	VII. Kauende Insecten *Masticantia*	13. Urflügler Archiptera	Ephemera Libellula
		14. Netzflügler Neuroptera	Hemerobius Phryganea
		15. Gradflügler Orthoptera	Locusta Forficula
		16. Käfer Coleoptera	Cicindela Melolontha
		17. Hautflügler Hymenoptera	Apis Formica
	VIII. Saugende Insecten *Sugentia*	18. Halbflügler Hemiptera	Aphis Cimex
		19. Fliegen Diptera	Culex Musca
		20. Schmetterlinge Lepidoptera	Bombyx Papilio

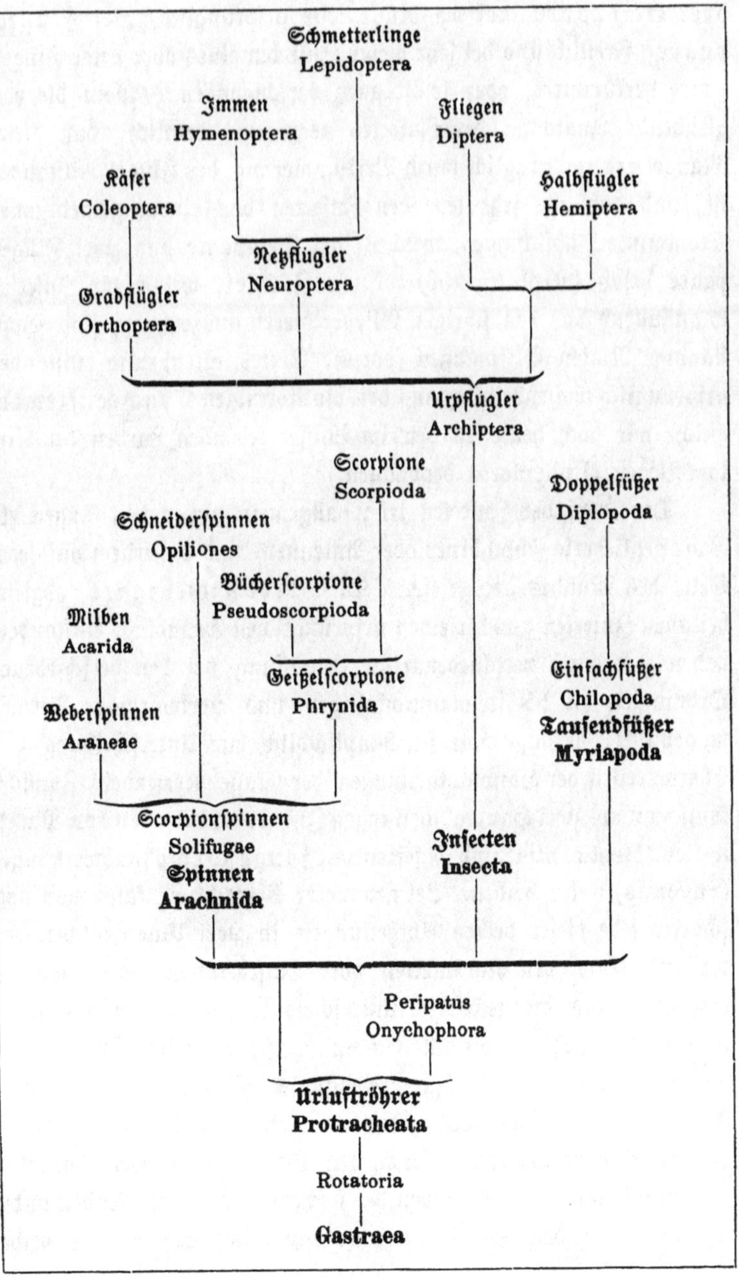
Schmetterlinge
Lepidoptera
Immen
Hymenoptera
Fliegen
Diptera
Käfer
Coleoptera
Halbflügler
Hemiptera
Netzflügler
Neuroptera
Gradflügler
Orthoptera
Urflügler
Archiptera
Scorpione
Scorpioda
Doppelfüßer
Diplopoda
Schneiderspinnen
Opiliones
Bücherscorpione
Pseudoscorpioda
Milben
Acarida
Geißelscorpione
Phrynida
Einfachfüßer
Chilopoda
Tausendfüßer
Myriapoda
Weberspinnen
Araneae
Scorpionspinnen
Solifugae
Spinnen
Arachnida
Insecten
Insecta
Peripatus
Onychophora
Urluftröhrer
Protracheata
Rotatoria
Gastraea

drei Beinpaare, auf der Rückenseite ursprünglich zwei Flügelpaare. Freilich sind bei sehr vielen Insecten eines oder beide Flügelpaare verkümmert, oder selbst ganz verschwunden. Allein die vergleichende Anatomie der Insecten zeigt uns deutlich, daß dieser Mangel erst nachträglich durch Verkümmerung der Flügel entstanden ist, und daß alle jetzt lebenden Insecten von einem gemeinsamen Stamminsect abstammen, welches drei Beinpaare und zwei Flügelpaare besaß (vergl. S. 256). Diese Flügel, welche die Insecten so auffallend vor den übrigen Gliederthieren auszeichnen, sind selbstständige Rücken-Gliedmaßen (dorsale Extremitäten) und entstanden ursprünglich wahrscheinlich aus den blattförmigen Tracheenkiemen, welche wir noch heute an den im Wasser lebenden Larven der Eintagsfliegen (Ephemera) beobachten.

Der Kopf der Insecten trägt allgemein außer den Augen ein Paar gegliederte Fühlhörner oder Antennen, und außerdem auf jeder Seite des Mundes drei Kiefer. Diese drei Kieferpaare, obgleich bei allen Insecten aus derselben ursprünglichen Grundlage entstanden, haben sich durch verschiedenartige Anpassung bei den verschiedenen Ordnungen zu höchst mannichfaltigen und merkwürdigen Formen umgebildet, so daß man sie hauptsächlich zur Unterscheidung und Characteristik der Hauptabtheilungen der Classe verwendet. Zunächst kann man als zwei Hauptabtheilungen Insecten mit kauenden Mundtheilen (Masticantia) und Insecten mit saugenden Mundwerkzeugen (Sugentia) unterscheiden. Bei genauerer Betrachtung kann man noch schärfer jede dieser beiden Abtheilungen in zwei Untergruppen vertheilen. Unter den Kauinsecten oder Masticantien können wir die beißenden und die leckenden unterscheiden. Zu den Beißenden (Mordentia) gehören die ältesten und ursprünglichsten Insecten, die vier Ordnungen der Urflügler, Netzflügler, Gradflügler und Käfer. Die Leckenden (Lambentia) werden bloß durch die eine Ordnung der Hautflügler gebildet. Unter den Sauginsecten oder Sugentien können wir die beiden Gruppen der stechenden und schlürfenden unterscheiden. Zu den Stechenden (Pungentia) gehören die beiden

Ordnungen der Halbflügler und Fliegen, zu den Schlürfenden (Sorbentia) bloß die Schmetterlinge.

Den ältesten Insecten, welche die Stammformen der ganzen Classe enthalten, stehen von den heute noch lebenden Insecten am nächsten die beißenden, und zwar die Ordnung der Urflügler (Archiptera oder Pseudoneuroptera). Dahin gehören vor allen die Eintagsfliegen (Ephemera), deren im Wasser lebende Larven uns wahrscheinlich noch heute in ihren blattförmigen Tracheenkiemen die Organe zeigen, aus denen die Insectenflügel entstanden. Ferner gehören in diese Ordnung die bekannten Wasserjungfern oder Libellen, die flügellosen Zuckergäste (Lepisma) und Springschwänze (Collembola), die Blasenfüßer (Physopoda), und die gefürchteten Termiten, von denen sich versteinerte Reste schon in der Steinkohle finden. Unmittelbar hat sich wahrscheinlich aus den Urflüglern die Ordnung der Netzflügler (Neuroptera) entwickelt, welche sich von ihnen wesentlich nur durch die vollkommene Verwandlung unterscheiden. Es gehören dahin die Florfliegen (Planipennia), die Schmetterlingsfliegen (Phryganida), und die Fächerflügler (Strepsiptera). Fossile Insecten, welche den Uebergang von den Urflüglern (Libellen) zu den Netzflüglern (Sialiden) vermitteln, kommen schon in der Steinkohle vor (Dictyophlebia).

Aus einem anderen Zweige der Urflügler hat sich durch Differenzirung der beiden Flügelpaare schon frühzeitig die Ordnung der Gradflügler (Orthoptera) entwickelt. Diese Abtheilung besteht aus der formenreichen Gruppe der Schaben, Heuschrecken, Gryllen u. s. w. (Ulonata), und aus der kleinen Gruppe der bekannten Ohrwürmer (Labidura), welche durch die Kneifzange am hinteren Körperende ausgezeichnet sind. Sowohl von Schaben als von Gryllen und Heuschrecken kennt man Versteinerungen aus der Steinkohle.

Auch die vierte Ordnung der beißenden Insecten, die der Käfer (Coleoptera), kommt bereits in der Steinkohle versteinert vor. Diese außerordentlich umfangreiche Ordnung, der bevorzugte Liebling der Insectenliebhaber und Sammler, zeigt am deutlichsten von allen, welche unendliche Formenmannichfaltigkeit sich durch Anpassung an verschiedene Lebensverhältnisse äußerlich entwickeln kann, ohne daß deshalb der innere Bau und die Grundform des Körpers irgendwie wesentlich umgebildet wird. Wahrscheinlich haben sich die Käfer aus einem Zweige der Gradflügler entwickelt, von denen sie sich wesentlich nur durch ihre vollkommene Verwandlung unterscheiden.

An diese vier Ordnungen der beißenden Insecten schließt sich nun zunächst die eine Ordnung der leckenden Insecten an, die interessante Gruppe der Immen oder Hautflügler (Hymenoptera). Dahin gehören diejenigen Insecten, welche sich durch ihre entwickelten Culturzustände, durch ihre weitgehende Arbeitstheilung, Gemeindebildung und Staatenbildung zu bewunderungswürdiger Höhe des Geisteslebens, der intellectuellen Vervollkommnung und der Characterstärke erhoben haben und dadurch nicht allein die meisten Wirbellosen, sondern überhaupt die meisten Thiere übertreffen. Es sind das vor allen die Ameisen und die Bienen, sodann die Wespen, Blattwespen, Holzwespen, Schlupfwespen, Gallwespen u. s. w. Sie kommen zuerst versteinert im Jura vor, in größerer Menge jedoch erst in den Tertiärschichten. Wahrscheinlich haben sich die Hautflügler aus einem Zweige entweder der Urflügler oder der Netzflügler entwickelt.

Von den beiden Ordnungen der stechenden Insecten, den Hemipteren und Dipteren, ist die ältere diejenige der Halbflügler (Hemiptera), auch Schnabelkerfe (Rhynchota) genannt. Dahin gehören die drei Unterordnungen der Blattläuse (Homoptera), der Wanzen (Heteroptera), und der Läuse (Pediculina). Von ersteren beiden finden sich fossile Reste schon im Jura. Aber schon im permischen System kommt ein merkwürdiges Insect vor (Eugereon), welches auf die Abstammung der Hemipteren von den Neuropteren hinzudeuten scheint. Vermuthlich sind von den drei Unterordnungen der Hemipteren die ältesten die Homopteren, zu denen außer den eigentlichen Blattläusen auch noch die Schildläuse, die Blattflöhe und die Zirpen oder Cicaden gehören. Aus zwei verschiedenen Zweigen der Homopteren werden sich die Läuse durch weitgehende Entartung (vorzüglich Verlust der Flügel), die Wanzen dagegen durch Vervollkommnung (Sonderung der beiden Flügelpaare) entwickelt haben.

Die zweite Ordnung der stechenden Insecten, die Fliegen oder Zweiflügler (Diptera) finden sich zwar auch schon im Jura versteinert neben den Halbflüglern vor; allein dieselben haben sich doch wahrscheinlich erst nachträglich aus den Hemipteren durch Rückbildung der Hinterflügel entwickelt. Nur die Vorderflügel sind bei den Dipteren vollständig geblieben. Die Hauptmasse dieser Ordnung bilden die langgestreckten Mücken (Nemocera) und die gedrungenen eigentlichen Fliegen (Brachycera), von denen die ersteren wohl älter sind. Doch finden sich von Beiden schon Reste im Jura vor. Durch Degeneration in Folge von Parasitismus haben sich aus ihnen wahrscheinlich die beiden kleinen Gruppen der puppengebärenden Lausfliegen (Pupipara) und der springenden Flöhe (Aphaniptera) entwickelt.

Die achte und letzte Insectenordnung, und zugleich die einzige mit wirklich schlürfenden Mundtheilen sind die Schmetterlinge (Lepidoptera). Diese Ordnung erscheint in mehreren morphologischen Beziehungen als die vollkommenste Abtheilung der Insecten und hat sich demgemäß auch erst am spätesten entwickelt. Man kennt nämlich von dieser Ordnung Versteinerungen nur aus der Tertiärzeit, während die drei vorhergehenden Ordnungen bis zum Jura, die vier beißenden Ordnungen dagegen sogar bis zur Steinkohle hinaufreichen. Die nahe Verwandtschaft einiger Motten (Tineae) und Eulen (Noctuae) mit einigen Schmetterlingsfliegen (Phryganida) macht es wahrscheinlich, daß sich die Schmetterlinge aus dieser Gruppe, also aus der Ordnung der Netzflügler oder Neuropteren entwickelt haben.

Wie Sie sehen, bestätigt Ihnen die ganze Geschichte der Insectenclasse und weiterhin auch die Geschichte des ganzen Gliederthier-Stammes wesentlich die großen Gesetze der Differenzirung und Vervollkommnung, welche wir nach Darwin's Selectionstheorie als die nothwendigen Folgen der natürlichen Züchtung anerkennen müssen. Der ganze formenreiche Stamm beginnt in archolithischer Zeit mit niedersten Coelomaten-Formen, welche den Räderthierchen (im weiteren Sinne) angehörten. Aus solchen noch unvollkommen gegliederten Würmern, welche die Anlage des characteristischen Bauchmarks erwarben, entwickelten sich die Stammformen der drei divergirenden, aber doch nahe verwandten Unterstämme, die wir als Ringelthiere, Krustenthiere und Luftrohrthiere unterschieden. Am nächsten den Wurmthieren (Archanneliden und Gephyreen) blieben die Ringelthiere oder Anneliden stehen, die anfangs noch fußlos waren wie die Egel, später Fußstummel mit Borsten erwarben wie die Borstenwürmer. Ebenfalls schon im archolithischen Zeitalter, und zwar in der cambrischen Periode, entwickelten sich daneben die Crustenthiere oder Krustaceen. Von diesen sind die Schildthiere, und namentlich die Trilobiten, durch zahlreiche Versteinerungen bereits im devonischen und silurischen, ja sogar schon im cambrischen System vertreten. Wahrscheinlich ebenso alt sind auch die Urkrebse oder Archicariden. Die Gestalt dieser Urkrebse ist uns noch heute in der gemeinsamen Jugendform der verschiedenen Krebse, in dem merkwürdigen Nauplius, annähernd erhalten. Aus dem Nauplius entwickelte sich weiterhin die seltsame Zoëa, die gemeinsame Jugendform aller höheren oder Panzerkrebse.

Viel jünger als die wasserathmenden Ringelthiere und Crustenthiere sind die luftathmenden Luftrohrthiere oder Tracheaten. Ihre Entstehung fällt erst in die devonische Periode. Die gemeinsame Stammform dieser Tracheaten, die zwischen dem Ende der Silurzeit und dem Beginn der Steinkohlenzeit entstanden sein muß, stand wahrscheinlich dem heutigen Peripatus sehr nahe. Aus solchen Protracheaten entwickelten sich während der devonischen Zeit die drei Stammformen der Tausendfüßer, Spinnen und Insecten, die alle schon in der Steinkohle versteinert sich finden. Von den Insecten existirten lange Zeit hindurch nur die vier beißenden Ordnungen, Urflügler, Netzflügler, Gradflügler und Käfer, von denen die erste wahrscheinlich die gemeinsame Stammform der drei anderen ist. Erst viel später entwickelten sich aus den beißenden Insecten, welche die ursprüngliche Form der drei Kieferpaare am reinsten bewahrten, als drei divergente Zweige die leckenden, stechenden und schlürfenden Insecten. Wie diese Ordnungen in der Erdgeschichte auf einander folgen, zeigt Ihnen nochmals übersichtlich die nachstehende Tabelle.

A. Insecten mit kauenden Mundtheilen Masticantia	I. Beißende Insecten *Mordentia*	1. Urflügler Archiptera	M. I. A. A.	**Zuerst versteinert in der Steinkohle**
		2. Netzflügler Neuroptera	M. C. A. A.	
		3. Gradflügler Orthoptera	M. I. A. D.	
		4. Käfer Coleoptera	M. C. A. D.	
	II. Leckende Insecten *Lambentia*	5. Hautflügler Hymenoptera	M. C. A. A.	**Zuerst versteinert im Jura**
B. Insecten mit saugenden Mundtheilen Sugentia	III. Stechende Insecten *Pungentia*	6. Halbflügler Hemiptera	M. I. A. A.	
		7. Fliegen Diptera	M. C. A. D.	
	IV. Schlürfende Insecten *Sorbentia*	8. Schmetterlinge Lepidoptera	M. C. A. A.	**Zuerst versteinert im Tertiär**

Anmerkung: Bei den acht einzelnen Ordnungen der Insecten ist zugleich der Unterschied in der Metamorphose oder Verwandlung und in der Flügelbildung durch folgende Buchstaben angegeben: M. I. = Unvollständige Metamorphose. M. C. = Vollständige Metamorphose (Vergl. Gen. Morph. II, S. XCIX). A. A. = Gleichartige Flügel (Vorder- und Hinterflügel im Bau und Gewebe nicht oder nur wenig verschieden). A. D. = Ungleichartige Flügel (Vorder- und Hinterflügel durch starke Differenzirung im Bau und Gewebe sehr verschieden).

Zwanzigster Vortrag.

Stammbaum und Geschichte des Thierreichs.
III. Wirbelthiere.

Die Schöpfungsurkunden der Wirbelthiere (Vergleichende Anatomie, Embryologie und Paläontologie). Das natürliche System der Wirbelthiere. Die vier Classen der Wirbelthiere von Linné und Lamarck. Vermehrung derselben auf acht Classen. Hauptclasse der Rohrherzen oder Schädellosen (Lanzetthiere). Blutsverwandtschaft der Schädellosen mit den Mantelthieren. Uebereinstimmung in der embryonalen Entwickelung des Amphioxus und der Ascidien. Ursprung des Wirbelthierstammes aus der Würmergruppe. Hauptclasse der Unpaarnasen oder Rundmäuler (Inger und Lampreten). Hauptclasse der Anamnien oder Amnionlosen. Fische (Urfische, Schmelzfische, Knochenfische). Lurchfische oder Dipneusten. Lurche oder Amphibien (Panzerlurche, Nacktlurche). Hauptclasse der Amnionthiere oder Amnioten. Reptilien (Stammreptilien, Eidechsen, Schlangen, Crocodile, Schildkröten, Seedrachen oder Halisaurier, Flugreptilien, Drachen, Säugerreptilien). Vögel (Urvögel, Zahnvögel, Straußvögel, Kielvögel).

Meine Herren! Unter den natürlichen Hauptgruppen der Organismen, welche wir wegen der Blutsverwandtschaft aller darin vereinigten Arten als Stämme oder Phylen bezeichnen, ist keine einzige von so hervorragender und überwiegender Bedeutung, als der Stamm der Wirbelthiere. Denn nach dem übereinstimmenden Urtheil aller Zoologen ist auch der Mensch ein Glied dieses Stammes und kann seiner ganzen Organisation und Entwickelung nach unmöglich von den übrigen Wirbelthieren getrennt werden. Wie wir aber aus der individuellen Entwickelungsgeschichte des Menschen schon früher die unbestreitbare Thatsache erkannt haben, daß derselbe in seiner Entwickelung aus dem Ei anfänglich nicht von den übrigen Wirbelthieren, und namentlich den Säugethieren, verschieden ist, so müssen wir nothwendig mit Beziehung auf seine paläontologische Entwickelungsgeschichte schließen, daß das Menschengeschlecht sich historisch wirklich aus niederen Wirbelthieren entwickelt hat, und daß dasselbe zunächst von den Säugethieren abstammt. Dieser Umstand einerseits, anderseits aber das vielseitige höhere Interesse, das auch in anderer Beziehung die Wirbelthiere vor den übrigen Organismen in Anspruch nehmen, wird es rechtfertigen, daß wir den Stammbaum der Wirbelthiere und dessen Ausdruck, das natürliche System, hier besonders genau untersuchen.

Glücklicherweise sind die Schöpfungsurkunden, welche uns bei der Aufstellung der Stammbäume immer leiten müssen, grade für diesen wichtigen Thierstamm, aus dem unser eigenes Geschlecht entsprossen ist, besonders vollständig. Durch Cuvier ist schon im Anfange unseres Jahrhunderts die vergleichende Anatomie und Paläontologie, durch Baer die Keimesgeschichte der Wirbelthiere zu einer sehr hohen Ausbildung gelangt. Späterhin haben vorzüglich die vergleichend-anatomischen Untersuchungen von Johannes Müller und Rathke, und in neuester Zeit diejenigen von Gegenbaur und Huxley unsere Erkenntniß von den natürlichen Verwandschaftsverhältnissen der verschiedenen Wirbelthiergruppen bedeutend gefördert. Insbesondere haben die classischen Arbeiten von Gegenbaur, welche überall von dem Grundgedanken der Descendenztheorie durchdrungen sind, den Beweis geführt, daß das vergleichend-anatomische Material, wie bei allen übrigen Thieren, so ganz besonders im Wirbelthierstamm, erst durch die Anwendung der Abstammungslehre seine wahre Bedeutung und Geltung erhält. Auch hier, wie überall, sind die Analogien auf die Anpassung, die Homologien auf die Vererbung zurückzuführen. Wenn wir sehen, daß die Gliedmaßen der verschiedensten Wirbelthiere trotz ihrer außerordentlich verschiedenen äußeren Form dennoch wesentlich denselben inneren Bau besitzen, wenn wir sehen, daß dem Arme des Menschen und des Affen, dem Flügel der Fledermaus und des Vogels, der Brustflosse der Walfische und der Seedrachen, den Vorderbeinen der Hufthiere und der Frösche immer dieselben Knochen in derselben charakteristischen Lagerung, Gliederung und Verbindung zu Grunde liegen, so können wir diese wunderbare Uebereinstimmung und Homologie nur durch die gemeinsame Vererbung von einer einzigen Stammform erklären. Die auffallenden Unterschiede dieser homologen Körpertheile dagegen rühren von der Anpassung an verschiedene Existenzbedingungen her (vergl. Taf. IV, S. 363).

Ebenso wie die vergleichende Anatomie ist auch die Ontogenie oder die individuelle Entwickelungsgeschichte für den Stammbaum der Wirbelthiere von ganz besonderer Wichtigkeit. Die ersten aus dem Ei entstehenden Entwickelungszustände sind bei allen Wirbelthieren im Wesentlichen ganz gleich, und behalten um so länger ihre Uebereinstimmung, je näher sich die betreffenden ausgebildeten Wirbelthierformen im natürlichen System, d. h. im Stammbaum, stehen. Wie weit diese Uebereinstimmung der Keimformen oder Embryonen selbst bei den höchst entwickelten Wirbelthieren noch jetzt geht, das habe ich Ihnen schon früher gelegentlich erläutert (vergl. S. 264—276). Die völlige Uebereinstimmung in Form und Bau, welche z. B. zwischen den Embryonen des Menschen und des Hundes, des Vogels und der Schildkröte selbst noch in den auf Taf. II und III dargestellten Entwickelungszuständen besteht, ist eine Thatsache von unermeßlicher Bedeutung und liefert uns die wichtigsten Anhaltspunkte zur Construction des Stammbaums.

Endlich sind auch die paläontologischen Schöpfungsurkunden grade bei den Wirbelthieren von ganz besonderem Werthe. Denn die versteinerten Wirbelthierreste gehören größtentheils dem knöchernen Skelete dieser Thiere an, einem Organsysteme, welches für das Verständniß ihres Organismus von der größten Bedeutung ist. Allerdings ist auch hier, wie überall, die Versteinerungsurkunde äußerst unvollständig und lückenhaft. Allein immerhin sind uns von den ausgestorbenen Wirbelthieren wichtigere Reste im versteinerten Zustande erhalten, als von den meisten anderen Thiergruppen, und einzelne Trümmer geben oft die bedeutendsten Fingerzeige über das Verwandtschaftsverhältniß und die historische Aufeinanderfolge der verschiedenen Gruppen.

Die Bezeichnung Wirbelthiere (Vertebrata) rührt, wie ich schon früher erwähnte, von dem großen Lamarck her, welcher zuerst gegen Ende des vorigen Jahrhunderts unter diesem Namen die vier oberen Thierclassen Linné's zusammenfaßte: die Säugethiere, Vögel, Amphibien und Fische. Die beiden niederen Classen Linné's, die Insecten und Würmer, stellte Lamarck den Wirbelthieren als Wirbellose gegenüber (Invertebrata, später auch häufig Evertebrata genannt).

Die Eintheilung der Wirbelthiere in die vier genannten Classen wurde auch von Cuvier und seinen Nachfolgern, und in Folge dessen von vielen Zoologen noch bis auf die Gegenwart festgehalten. Aber schon 1822 erkannte der ausgezeichnete Anatom Blainville aus der vergleichenden Anatomie, und fast gleichzeitig unser großer Embryologe Baer aus der Ontogenie der Wirbelthiere, daß Linné's Classe der Amphibien eine unnatürliche Vereinigung von zwei ganz verschiedenen Classen sei. Diese beiden Classen hatte schon 1820 Merrem als zwei Hauptgruppen der Amphibien unter dem Namen der Pholidoten und Batrachier getrennt. Die Batrachier, welche heutzutage gewöhnlich als Amphibien (im engeren Sinne!) bezeichnet werden, umfassen die Frösche, Salamander, Kiemenmolche, Cäcilien und die ausgestorbenen Labyrinthodonten. Sie schließen sich in ihrer ganzen Organisation eng an die Fische an. Die Pholidoten oder Reptilien dagegen sind viel näher den Vögeln verwandt. Es gehören dahin die Eidechsen, Schlangen, Krokodile und Schildkröten und die vielgestaltigen Formengruppen der mesolithischen Drachen und Seedrachen, der fliegenden Reptilien u. s. w.

Im Anschluß an diese naturgemäße Scheidung der Amphibien in zwei Classen theilte man nun den ganzen Stamm der Wirbelthiere in zwei Hauptgruppen. Die erste Hauptgruppe, die Fische und Amphibien, athmen entweder zeitlebens oder doch in der Jugend durch Kiemen, und werden daher als Kiemenwirbelthiere bezeichnet (Branchiata oder Anallantoidia). Die zweite Hauptgruppe dagegen, Reptilien, Vögel und Säugethiere, athmen zu keiner Zeit ihres Lebens durch Kiemen, sondern ausschließlich durch Lungen, und heißen deshalb auch passend kiemenlose oder Lungenwirbelthiere (Ebranchiata oder Allantoidia). So richtig diese Unterscheidung auch ist, so können wir doch bei derselben nicht stehen bleiben, wenn wir zu einem wahren natürlichen System des Wirbelthierstammes, und zu einem naturgemäßen Verständniß seines Stammbaums gelangen wollen. Vielmehr müssen wir dann, wie ich in meiner generellen Morphologie gezeigt habe, noch drei weitere Wirbelthierclassen unterscheiden, indem wir die bisherige Fischclasse in vier verschiedene Classen auflösen (Gen. Morph. Bd. II, Taf. VII, S. CXVI—CLX).

Die erste und niederste von diesen Classen wird durch die Schädellosen (Acrania) oder Rohrherzen (Leptocardia) gebildet, von denen heutzutage nur noch ein einziger Repräsentant lebt, das merkwürdige Lanzetthierchen (Amphioxus lanceolatus). Als zweite Classe schließen sich an diese zunächst die Unpaarnasen (Monorhina) oder Rundmäuler (Cyclostoma) an, zu denen die Inger (Myxinoiden) und die Lampreten (Petromyzonten) gehören. Die dritte Classe erst würden die echten Fische (Pisces) bilden und an diese würden sich als vierte Classe die Lurchfische (Dipneusta) anschließen: Uebergangsformen von den Fischen zu den Amphibien. Durch diese Unterscheidung, welche, wie Sie gleich sehen werden, für die Genealogie der Wirbelthiere sehr wichtig ist, wird die ursprüngliche Vierzahl der Wirbelthierclassen auf das Doppelte gesteigert.

Zu diesen acht, noch heute lebenden Classen kann man auch noch eine neunte, ausgestorbene Classe hinzufügen. Durch die vergleichend-anatomischen Untersuchungen von Gegenbaur nämlich hat sich herausgestellt, daß die merkwürdige Abtheilung der Seedrachen (Halisauria), welche man bisher unter den Reptilien aufführte, wahrscheinlich bedeutend von diesen verschieden und als eine besondere Classe anzusehen ist, welche sich noch vor den Amphibien von dem Wirbelthierstamme abgezweigt hat. Es gehören dahin die berühmten Ichthyosauren und Plesiosauren der Jura- und Kreidezeit, und die älteren Simosauren der Triaszeit, welche sich alle näher an die Fische als an die Amphibien anzuschließen scheinen. Jedoch bedürfen dieselben noch genauerer Untersuchung, und wir lassen sie vorläufig noch bei den Reptilien stehen.

Diese acht oder neun Classen der Wirbelthiere sind aber keineswegs von gleichem genealogischen Werthe. Vielmehr müssen wir dieselben in der Weise, wie es Ihnen bereits die systematische Uebersicht auf S. 452 zeigte, auf vier verschiedene Hauptclassen vertheilen. Zunächst können wir die drei höchsten Classen, die Säugethiere, Vögel und Schleicher als eine natürliche Hauptclasse unter dem Namen der Amnionthiere (Amniota) zusammenfassen. Diesen stellen sich naturgemäß als eine zweite Hauptclasse die Amnionlosen (Anamnia) gegenüber, nämlich die drei Classen der Lurche, Lurchfische und Fische. Die genannten sechs Classen, sowohl die Amnionlosen als die Amnionthiere, stimmen unter sich in zahlreichen Merkmalen überein, durch welche sie sich von den beiden niedersten Classen (den Unpaarnasen und Rohrherzen) unterscheiden. Wir können sie daher in der natürlichen Hauptgruppe der Paarnasen (Amphirhina) vereinigen. Endlich sind diese Paarnasen wiederum viel näher den Rundmäulern oder Unpaarnasen, als den Schädellosen oder Rohrherzen verwandt. Wir können daher mit vollem Rechte die Paarnasen mit den Unpaarnasen in einer obersten Hauptgruppe zusammenstellen und diese als Schädelthiere (Craniota) oder Centralherzen (Pachycardia) der einzigen Classe der Schädellosen oder Rohrherzen gegenüberstellen. Durch diese, von mir in der generellen Morphologie vorgeschlagene Classification der Wirbelthiere wird es möglich, die wichtigsten genealogischen Beziehungen ihrer acht Classen klar zu übersehen. Das systematische Verhältniß dieser Gruppen zu einander läßt sich durch folgende Uebersicht kurz ausdrücken:

A. Schädellose (Acrania)			1. Rohrherzen	1. Leptocardia
B. Schädelthiere (Craniota) oder Centralherzen (Pachycardia)	a. Unpaarnasen *Monorhina*		2. Rundmäuler	2. Cyclostoma
	b. Paarnasen *Amphirhina*	I. Amnionlose Anamnia	3. Fische	3. Pisces
			4. Lurchfische	4. Dipneusta
			5. Lurche	5. Amphibia
		II. Amnionthiere Amniota	6. Schleicher	6. Reptilia
			7. Vögel	7. Aves
			8. Säugethiere	8. Mammalia

Auf der niedrigsten Organisationsstufe von allen uns bekannten Wirbelthieren steht der einzige noch lebende Vertreter der ersten Classe, das Lanzetfischchen oder Lanzetthierchen (Amphioxus lanceolatus; Taf. XIII, Fig. B). Dieses höchst interessante und wichtige Thierchen, welches über die älteren Wurzeln unseres Stammbaumes ein überraschendes Licht verbreitet, ist offenbar der letzte Mohikaner, der letzte überlebende Repräsentant einer formenreichen niederen Wirbelthierclasse, welche während der Primordialzeit sehr entwickelt war, uns aber leider wegen des Mangels aller festen Skelettheile gar keine versteinerten Reste hinterlassen konnte. Das kleine Lanzetfischchen lebt heute noch weitverbreitet in verschiedenen Meeren, z. B. in der Ostsee, Nordsee, im Mittelmeere, gewöhnlich auf flachem Grunde im Sand vergraben. Der Körper hat, wie der Name sagt, die Gestalt eines schmalen, an beiden Enden zugespitzten, lanzetförmigen Blattes. Erwachsen ist dasselbe etwa zwei Zoll lang, und röthlich schimmernd, halb durchsichtig. Aeußerlich hat das Lanzetthierchen so wenig Aehnlichkeit mit einem Wirbelthier, daß sein erster Entdecker, Pallas, es für eine unvollkommene Nachtschnecke hielt. Beine besitzt es nicht, und ebensowenig Kopf, Schädel und Gehirn. Das vordere Körperende ist äußerlich von dem hinteren fast nur durch die Mundöffnung zu unterscheiden. Aber dennoch besitzt der Amphioxus in seinem inneren Bau die wichtigsten Merkmale, durch welche sich alle Wirbelthiere von allen Wirbellosen unterscheiden, vor allem den Axenstab und das Rückenmark. Der Axenstab (Chorda dorsalis) ist ein cylindrischer, vorn und hinten zugespitzter, grader Knorpelstab, welcher die centrale Axe des inneren Skelets und die Grundlage der Wirbelsäule bildet. Unmittelbar über diesem Axenstabe, auf der Rückenseite desselben, liegt das Rückenmark (Medulla spinalis), ebenfalls ursprünglich ein grader, vorn und hinten zugespitzter, inwendig aber hohler Strang, welcher das Hauptstück und Centrum des Nervensystems bei allen Wirbelthieren bildet (vergl. oben S. 270). Bei allen Wirbelthieren ohne Ausnahme, auch den Menschen mit inbegriffen, werden diese wichtigsten Körpertheile während der embryonalen Entwickelung aus dem Ei ursprünglich in derselben einfachsten Form angelegt, welche sie beim Amphioxus zeitlebens behalten. Erst später entwickelt sich durch Auftreibung des vorderen Endes aus dem Rückenmark das Gehirn, und aus der Chordascheide der das Gehirn umschließende Schädel. Da bei dem Amphioxus diese beiden wichtigen Organe gar nicht zur Entwickelung gelangen, so können wir die durch ihn vertretene Thierclasse mit Recht als Schädellose (Acrania) bezeichnen, im Gegensatze zu allen übrigen, den Schädelthieren (Craniota). Gewöhnlich werden die Schädellosen Rohrherzen oder Röhrenherzen (Leptocardia) genannt, weil ein centralisirtes Herz noch fehlt, und das Blut durch die Zusammenziehungen der röhrenförmigen Blutgefäße selbst im Körper umhergetrieben wird. Die Schädelthiere, welche dagegen ein centralisirtes, beutelförmiges Herz besitzen, müßten dann im Gegensatz dazu Beutelherzen oder Centralherzen (Pachycardia) genannt werden.

Offenbar haben sich die Schädelthiere oder Centralherzen erst in späterer Primordialzeit aus Schädellosen oder Rohrherzen, welche dem Amphioxus nahe standen, allmählich entwickelt. Darüber läßt uns die Keimesgeschichte der Schädelthiere nicht in Zweifel. Wo stammen nun aber diese Schädellosen selbst her? Auf diese wichtige Frage hat uns, wie ich schon im vorletzten Vortrage erwähnte, erst die jüngste Zeit eine höchst überraschende Antwort gegeben. Aus den 1867 veröffentlichten Untersuchungen von Kowalewsky über die individuelle Entwickelung des Amphioxus und der festsitzenden Seescheiden, Ascidiae (aus der Classe der Mantelthiere, Tunicata) hat sich ergeben, daß die Keimesgeschichte dieser beiden ganz verschiedenen Thierformen in ihrer ersten Jugend merkwürdig übereinstimmt. Die frei umherschwimmenden Larven der Ascidien (Taf. XII, Fig. A) entwickeln die unzweifelhafte Anlage zum Rückenmark (Fig. 5g) und zum Axenstab (Fig. 5c) und zwar ganz in derselben Weise, wie der Amphioxus (Taf. XII, Fig. B). Allerdings bilden sie diese wichtigsten Organe des Wirbelthierkörpers späterhin nicht weiter aus. Vielmehr gehen sie eine rückschreitende Verwandlung ein, setzen sich auf dem Meeresboden fest, und wachsen zu unförmlichen Klumpen aus, in denen man kaum noch bei äußerer Betrachtung ein Thier vermuthet (Taf. XIII, Fig. A). Allein das Rückenmark, als die Anlage des Centralnervensystems, und der Axenstab, als die erste Grundlage der Wirbelsäule, sind so wichtige, den Wirbelthieren so ausschließlich eigenthümliche Organe, daß wir daraus sicher auf die wirkliche Blutsverwandtschaft der Wirbelthiere mit den Mantelthieren schließen können. Natürlich wollen wir damit nicht sagen, daß die Wirbelthiere von den Mantelthieren abstammen, sondern nur, daß beide Gruppen aus gemeinsamer Wurzel entsprossen sind, und daß die Mantelthiere von allen Wirbellosen diejenigen sind, welche die nächste Blutsverwandtschaft zu den Wirbelthieren besitzen. Offenbar haben sich während der Primordialzeit die echten Wirbelthiere aus wurmartigen Chordathieren (Chordonia) fortschreitend entwickelt, aus welcher nach einer anderen, rückschreitenden Richtung hin die entarteten Mantelthiere hervorgingen. (Vergl. die nähere Erklärung von Taf. XII und XIII im Anhang; sowie die ausführliche Darstellung des Amphioxus und der Ascidie im XIII. und XIV. Vortrage meiner Anthropogenie [56]).

Aus den Schädellosen hat sich zunächst eine zweite niedere Classe von Wirbelthieren entwickelt, welche noch tief unter den Fischen steht, und welche in der Gegenwart nur durch die Inger (Myxinoiden) und Lampreten (Petromyzonten) vertreten wird. Auch diese Classe konnte wegen des Mangels aller festen Körpertheile leider eben so wenig als die Schädellosen versteinerte Reste hinterlassen. Aus ihrer

Taf. XII. Ascidia (A) und Amphioxus (B)

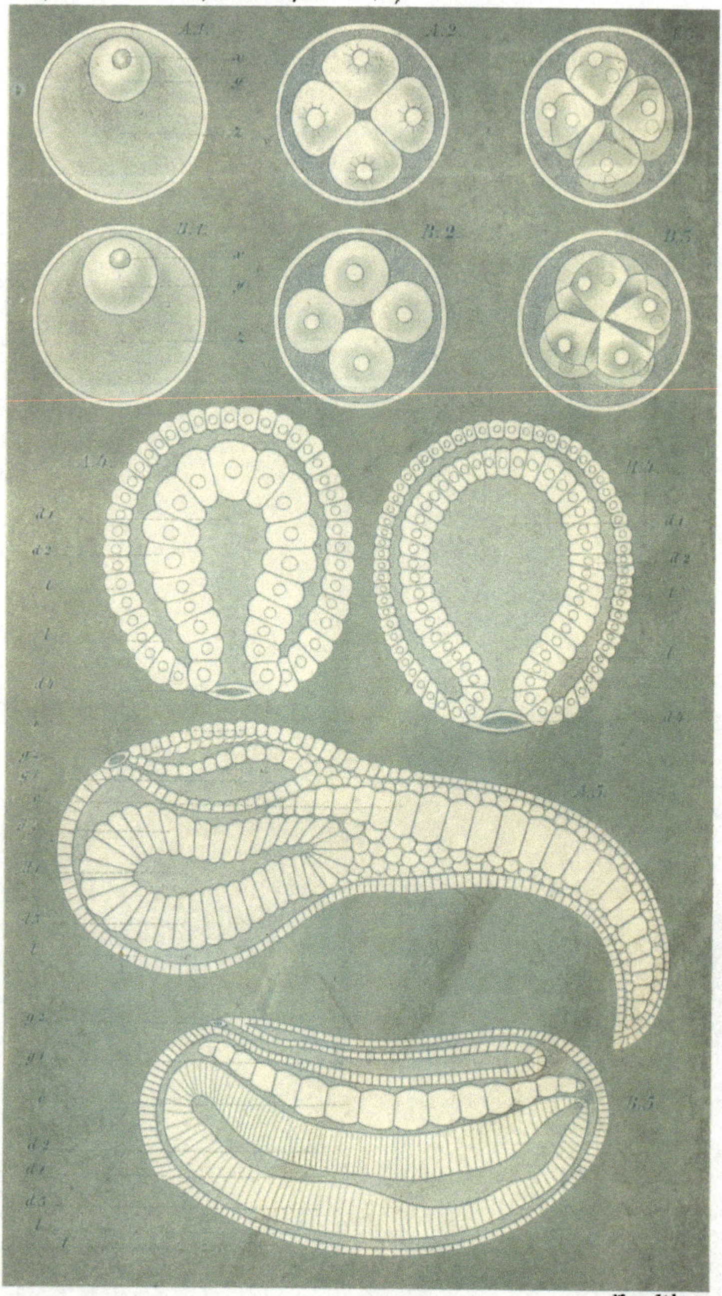

Wagenschieber sc.

Ascidia (A.) und Amphioxus (B.) Taf. XIII.

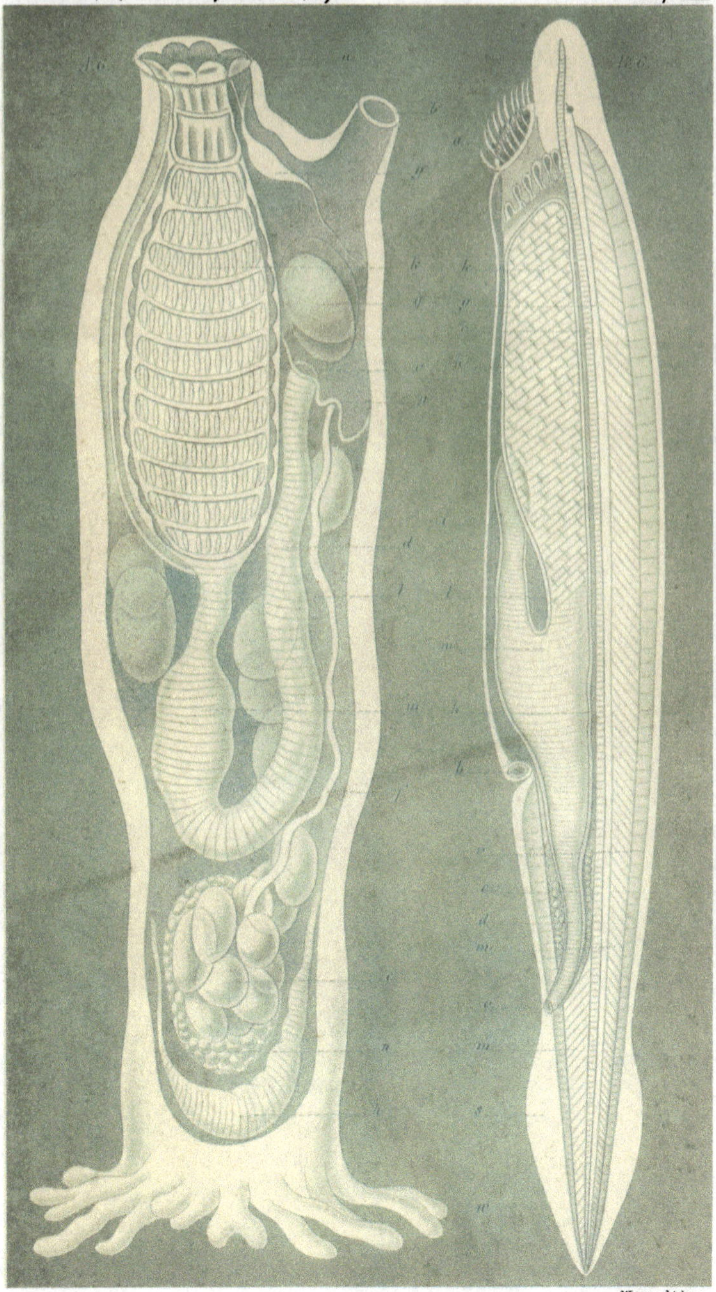

Wagenschieber sc.

ganzen Organisation und Keimesgeschichte geht aber deutlich hervor, daß sie eine sehr wichtige Mittelstufe zwischen den Schädellosen und den Fischen darstellt, und daß die wenigen noch lebenden Glieder derselben nur die letzten überlebenden Reste von einer gegen Ende der Primordialzeit vermuthlich reich entwickelten Thiergruppe sind. Wegen des kieferlosen, kreisrunden, zum Saugen verwendeten Maules, das die Inger und Lampreten besitzen, wird die ganze Classe gewöhnlich Rundmäuler (Cyclostoma) genannt. Man kann sie auch Unpaarnasen (Monorhina) nennen; denn alle Cyclostomen besitzen ein einfaches unpaares Nasenrohr, während bei allen übrigen Wirbelthieren (wieder mit Ausnahme des Amphioxus) die Nase aus zwei paarigen Seitenhälften, einer rechten und linken Nase, besteht. Wir konnten deshalb diese letzteren (Anamnien und Amnioten) auch als Paarnasen (Amphirhina) zusammenfassen. Die Paarnasen besitzen sämmtlich ein ausgebildetes Kieferskelet (Oberkiefer und Unterkiefer), während dieses den Unpaarnasen ganz fehlt.

Auch abgesehen von der eigenthümlichen Nasenbildung und dem Mangel der Kieferbildung unterscheiden sich die Unpaarnasen von den Paarnasen noch durch viele andere Eigenthümlichkeiten. So fehlt ihnen namentlich ganz das wichtige sympathische Nervennetz und die Milz der letzteren. Von der Schwimmblase und den beiden Beinpaaren, welche bei allen Paarnasen wenigstens in der ersten Anlage vorhanden sind, fehlt den Unpaarnasen (ebenso wie den Schädellosen) noch jede Spur. Es ist daher gewiß ganz gerechtfertigt, wenn wir sowohl die Monorhinen als die Schädellosen gänzlich von den Fischen trennen, mit denen sie bis jetzt irrthümlich vereinigt waren.

Die erste genauere Kenntniß der Monorhinen oder Cyclostomen verdanken wir dem genialen Berliner Zoologen Johannes Müller, dessen classisches Werk über die „vergleichende Anatomie der Myxinoiden" die Grundlage unserer neueren Ansichten über den Bau der Wirbelthiere bildet. Er unterschied unter den Cyclostomen zwei verschiedene Gruppen, welchen wir den Werth von Unterclassen geben.

Systematische Uebersicht
über die Hauptclassen, Classen und Unterclassen der Wirbelthiere.
(Gen. Morph. Bd. II, Taf. VII, S. CXVI—CLX.)

I. Schädellose (Acrania) oder Rohrherzen (Leptocardia)
Wirbelthiere ohne Kopf, ohne Schädel und Gehirn, ohne centralisirtes Herz.

1. **Schädellose** **Acrania**	I. Rohrherzen *Leptocardia*	1. Lanzetthiere	1. Amphioxida

II. Schädelthiere (Craniota) oder Centralherzen (Pachycardia)
Wirbelthiere mit Kopf, mit Schädel und Gehirn, mit centralisirtem Herzen.

Hauptclassen der Schädelthiere	Classen der Schädelthiere	Unterclassen der Schädelthiere	Systematischer Name der Unterclassen
2. **Unpaarnasen** **Monorhina**	II. Rundmäuler *Cyclostoma*	2. Inger oder Schleimfische	2. Hyperotreta (Myxinoida)
		3. Lampreten oder Pricken	3. Hyperoartia (Petromyzontia)
3. **Amnionlose** **Anamnia**	III. Fische *Pisces*	4. Urfische	4. Selachii
		5. Schmelzfische	5. Ganoides
		6. Knochenfische	6. Teleostei
	IV. Lurchfische *Dipneusta*	7. Einlunger	7. Monopneumones
		8. Zweilunger	8. Dipneumones
	V. Lurche *Amphibia*	9. Panzerlurche	9. Phractamphibia
		10. Schlangenlurche	10. Gymnophiona
		11. Schwanzlurche	11. Urodela
		12. Froschlurche	12. Batrachia
4. **Amnionthiere** **Amniota**	VI. Schleicher *Reptilia*	13. Stammreptilien	13. Tocosauria
		14. Eidechsen	14. Autosauria
		15. Schlangen	15. Ophidia
		16. Crocodile	16. Crocodilia
		17. Schildkröten	17. Chelonia
		18. Seedrachen	18. Halisauria
		19. Flugdrachen	19. Pterosauria
		20. Drachen	20. Dinosauria
		21. Säugerreptilien	21. Therosauria
	VII. Vögel *Aves*	22. Urvögel	22. Saururae
		23. Zahnvögel	23. Odontornithes
		24. Straußvögel	24. Ratitae
		25. Kielvögel	25. Carinatae
	VIII. Säugethiere *Mammalia*	26. Kloakenthiere	26. Monotrema
		27. Beutelthiere	27. Marsupialia
		28. Placentalthiere	28. Placentalia

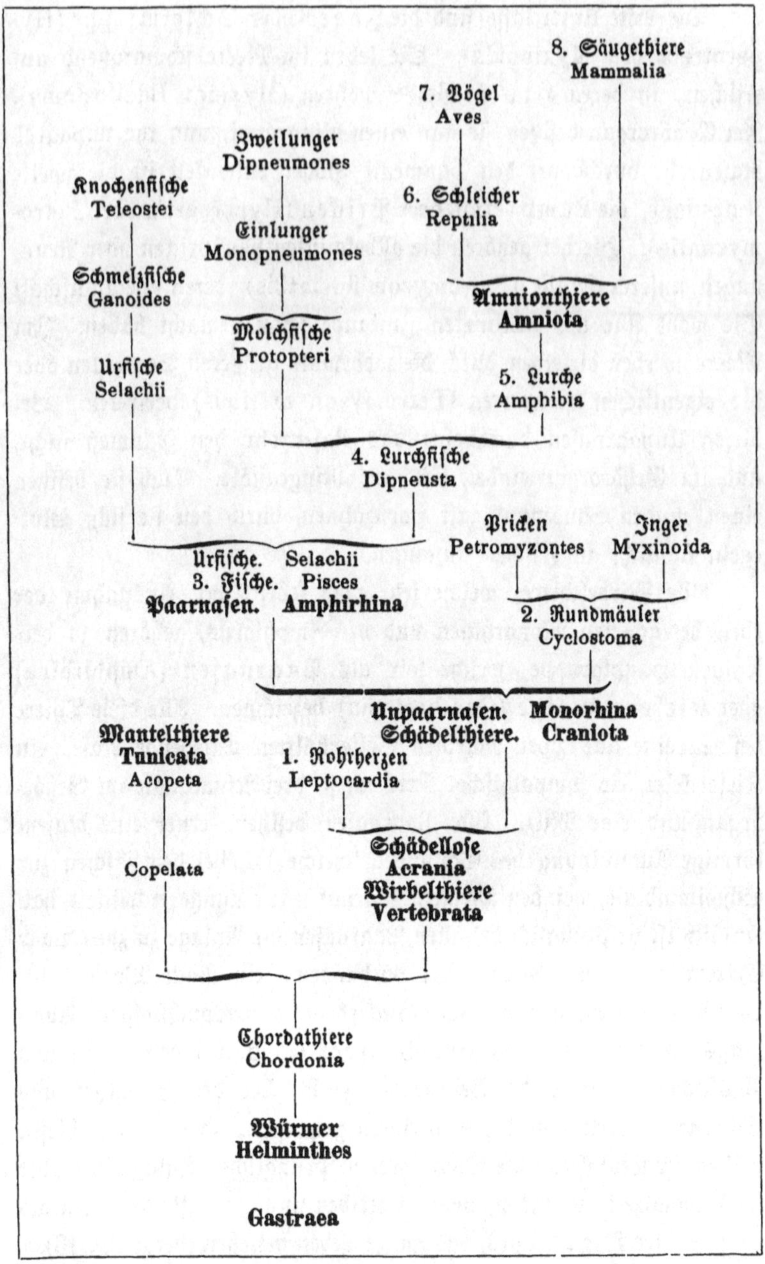
8. Säugethiere
Mammalia
7. Vögel
Aves
Zweilunger
Dipneumones
Knochenfische
Teleostei
6. Schleicher
Reptilia
Einlunger
Monopneumones
Schmelzfische
Ganoides
Amnionthiere
Amniota
Molchfische
Protopteri
Urfische
Selachii
5. Lurche
Amphibia
4. Lurchfische
Dipneusta
Pricken
Petromyzontes
Inger
Myxinoida
Urfische. Selachii
3. Fische. Pisces
Paarnasen. Amphirhina
2. Rundmäuler
Cyclostoma
Unpaarnasen. Monorhina
Schädelthiere. Craniota
Mantelthiere
Tunicata
Acopeta
1. Rohrherzen
Leptocardia
Schädellose
Acrania
Wirbelthiere
Vertebrata
Copelata
Chordathiere
Chordonia
Würmer
Helminthes
Gastraea

Die erste Unterclasse sind die Inger oder Schleimfische (Hyperotreta oder Myxinoida). Sie leben im Meere schmarotzend auf Fischen, in deren Haut sie sich einbohren (Myxine, Bdellostoma). Im Gehörorgan besitzen sie nur einen Ringcanal, und ihr unpaares Nasenrohr durchbohrt den Gaumen. Höher entwickelt ist die zweite Unterclasse, die Lampreten oder Pricken (Hyperoartia oder Petromyzontia). Hierher gehören die allbekannten Flußpricken oder Neunaugen unserer Flüsse (Petromyzon fluviatilis), deren Bekanntschaft Sie wohl Alle im marinirten Zustande schon gemacht haben. Im Meere werden dieselben durch die mehrmals größeren Seepricken oder die eigentlichen Lampreten (Petromyzon marinus) vertreten. Bei diesen Unpaarnasen durchbohrt das Nasenrohr den Gaumen nicht, und im Gehörorgan finden sich zwei Ringcanäle. Auch sie besitzen einen runden Saugmund mit Hornzähnen, durch den sie sich, Blutegeln ähnlich, an Fischen ansaugen.

Alle Wirbelthiere, welche jetzt noch leben, mit Ausnahme der eben betrachteten Monorhinen und des Amphioxus, gehören zu derjenigen Hauptgruppe, welche wir als Paarnasen (Amphirhina) oder Kiefermündige (Gnathostoma) bezeichnen. Alle diese Thiere besitzen eine aus zwei paarigen Seitenhälften bestehende Nase, ein Kieferskelet, ein sympathisches Nervennetz, drei Ringcanäle im Gehörorgan und eine Milz. Alle Paarnasen besitzen ferner eine blasenförmige Ausstülpung des Schlundes, welche sich bei den Fischen zur Schwimmblase, bei den übrigen Paarnasen zur Lunge entwickelt hat. Endlich ist ursprünglich bei allen Paarnasen die Anlage zu zwei Paar Extremitäten oder Gliedmaßen vorhanden, ein Paar Vorderbeine oder Brustflossen, und ein Paar Hinterbeine oder Bauchflossen. Allerdings ist bisweilen das eine Beinpaar (z. B. bei den Aalen und Walfischen) oder beide Beinpaare (z. B. bei den Caecilien und Schlangen) verkümmert oder verloren gegangen; aber selbst in diesen Fällen ist wenigstens die Spur ihrer ursprünglichen Anlage in früher Embryonalzeit zu finden, oder es bleiben unnütze Reste derselben als rudimentäre Organe durch das ganze Leben bestehen (vergl. S. 13).

Aus allen diesen wichtigen Anzeichen können wir mit voller Sicherheit schließen, daß sämmtliche Paarnasen von einer einzigen gemeinschaftlichen Stammform abstammen, welche während der Primordialzeit direct oder indirect sich aus den Monorhinen entwickelt hatte. Diese Stammform muß die eben angeführten Organe, namentlich auch die Anlage zur Schwimmblase und zu zwei Beinpaaren oder Flossenpaaren besessen haben. Von allen jetzt lebenden Paarnasen stehen offenbar die niedersten Formen der Haifische dieser längst ausgestorbenen, unbekannten, hypothetischen Stammform, welche wir als Stammpaarnasen oder Vorfische (Proselachii) bezeichnen können, am nächsten (vergl. Taf. XII). Wir dürfen daher die Gruppe der Urfische oder Selachier, in deren Rahmen diese Proselachier hineingepaßt haben, als die Stammgruppe nicht allein für die Fischclasse, sondern für die ganze Hauptclasse der Paarnasen betrachten. Den sicheren Beweis dafür liefern die „Untersuchungen zur vergleichenden Anatomie der Wirbelthiere" von Carl Gegenbaur, welche sich ebenso durch die sorgfältigste Beobachtung, wie durch die scharfsinnigste Reflexion auszeichnen.

Die Classe der Fische (Pisces), mit welcher wir demgemäß die Reihe der Paarnasen beginnen, unterscheidet sich von den übrigen fünf Classen dieser Reihe vorzüglich dadurch, daß die Schwimmblase niemals zur Lunge entwickelt, vielmehr nur als hydrostatischer Apparat thätig ist. In Uebereinstimmung damit finden wir den Umstand, daß die Nase bei den Fischen durch zwei blinde Gruben vorn auf der Schnauze gebildet wird, welche niemals den Gaumen durchbohren und also nie in die Rachenhöhle münden. Dagegen sind die beiden Nasenhöhlen bei den übrigen sechs Classen der Paarnasen zu Luftwegen umgebildet, welche den Gaumen durchbohren und so den Lungen Luft zuführen. Die echten Fische (nach Ausschluß der Dipneusten) sind demnach die einzigen Paarnasen, welche ausschließlich durch Kiemen und niemals durch Lungen athmen. Sie leben dem entsprechend alle im Wasser, und ihre beiden Beinpaare haben die ursprüngliche Form von rudernden Flossen beibehalten.

Systematische Uebersicht
der sieben Legionen und fünfzehn Ordnungen der Fischclasse.

Unterclassen der Fischclasse	Legionen der Fischclasse	Ordnungen der Fischclasse	Beispiele aus den Ordnungen
A. Urfische *Selachii*	I. Quermäuler *Plagiostomi*	1. Haifische Squalacei	Stachelhai, Menschenhai, u. s. w.
		2. Rochen Rajacei	Stachelrochen, Zitterrochen, u. s. w.
	II. Seekatzen *Holocephali*	3. Seekatzen Chimaeracei	Chimären, Kalorhynchen, u. s w.
B. Schmelzfische *Ganoides*	III. Gepanzerte Schmelzfische *Tabuliferi*	4. Schildkrötenfische Pamphracti	Cephalaspiden, Placodermen, u. s. w.
		5. Störfische Sturiones	Löffelstör, Stör, Hausen, u. s. w.
	IV. Eckschuppige Schmelzfische *Rhombiferi*	6. Schindellose Efulcri	Doppelflosser, Pflasterzähner, u. s w.
		7. Schindelflossige Fulcrati	Paläonisken, Knochenhechte, u. s. w.
		8. Fahnenflossige Semaeopteri	Afrikanischer Flösselhecht, u. s. w.
	V. Rundschuppige Schmelzfische *Cycliferi*	9. Hohlgrätenfische Coeloscolopes	Holoptychier, Coelacanthiden, u. s w.
		10. Dichtgrätenfische Pycnoscolopes	Coccolepiden, Amiaden, u. s. w.
C. Knochenfische *Teleostei*	VI. Knochenfische mit Luftgang der Schwimmblase *Physostomi*	11. Häringsartige Thrissogenes	Häringe, Lachse, Karpfen, Welse, u. s. w.
		12. Aalartige Enchelygenes	Aale, Schlangenaale, Zitteraale, u. s w.
	VII. Knochenfische ohne Luftgang der Schwimmblase *Physoclisti*	13. Reihenkiemer Stichobranchii	Barsche, Lippfische, Dorsche, Schollen, u. s. w.
		14. Heftkiefer Plectognathi	Kofferfische, Igelfische, u. s. w.
		15. Büschelkiemer Lophobranchii	Seenadeln, Seepferdchen, u. s. w.

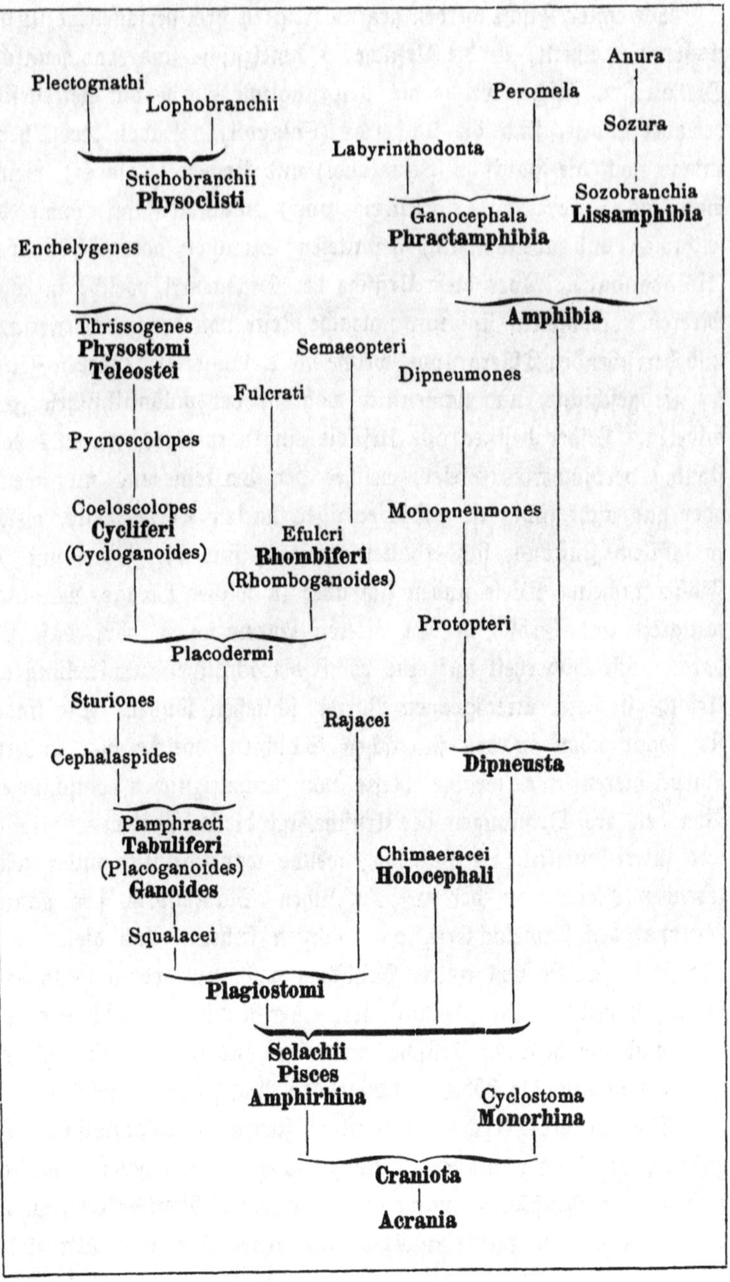
Anura
Plectognathi
Lophobranchii
Peromela
Sozura
Labyrinthodonta
Stichobranchii
Physoclisti
Sozobranchia
Lissamphibia
Ganocephala
Phractamphibia
Enchelygenes
Amphibia
Thrissogenes
Physostomi
Teleostei
Semaeopteri
Dipneumones
Fulcrati
Pycnoscolopes
Coeloscolopes
Cycliferi
(Cycloganoides)
Monopneumones
Efulcri
Rhombiferi
(Rhomboganoides)
Protopteri
Placodermi
Sturiones
Rajacei
Cephalaspides
Dipneusta
Pamphracti
Tabuliferi
(Placoganoides)
Ganoides
Chimaeracei
Holocephali
Squalacei
Plagiostomi
Selachii
Pisces
Amphirhina
Cyclostoma
Monorhina
Craniota
Acrania

Die echten Fische werden gegenwärtig in drei verschiedene Unterclassen eingetheilt, in die Urfische, Schmelzfische und Knochenfische. Die ältesten Fische, welche die ursprüngliche Form am getreuesten bewahrt haben, sind die Urfische (Selachii). Davon leben heutzutage noch die Haifische (Squalacei) und Rochen (Rajacei), welche man als Quermäuler (Plagiostomi) zusammenfaßt, sowie die seltsamen und abenteuerlich gestalteten Seekatzen oder Chimären (Holocephali). Aber diese Urfische der Gegenwart, welche in allen Meeren vorkommen, sind nur schwache Reste von der gestaltenreichen und herrschenden Thiergruppe, welche die Selachier in früheren Zeiten der Erdgeschichte, und namentlich während der paläolithischen Zeit, bildeten. Leider besitzen alle Urfische ein knorpeliges, niemals vollständig verknöchertes Skelet, welches der Versteinerung nur wenig oder gar nicht fähig ist. Die einzigen harten Körpertheile, welche in fossilem Zustande sich erhalten konnten, sind die Zähne und die Flossenstacheln. Diese finden sich aber in solcher Menge, Mannichfaltigkeit und Größe in den älteren Formationen vor, daß wir daraus mit Sicherheit auf eine höchst beträchtliche Entwickelung der Urfische in jener altersgrauen Vorzeit schließen können. Sie finden sich sogar schon in den silurischen Schichten, welche von anderen Wirbelthieren nur wenige Reste von Schmelzfischen einschließen. Von den drei Ordnungen der Urfische sind die bei weitem wichtigsten und interessantesten die Haifische, welche wahrscheinlich unter allen lebenden Paarnasen der ursprünglichen Stammform der ganzen Gruppe, den Proselachiern, am nächsten stehen. Aus diesen Proselachiern, welche von echten Haifischen wohl nur wenig verschieden waren, haben sich wahrscheinlich nach einer Richtung hin die Schmelzfische und die heutigen Urfische, nach einer anderen Richtung hin die Dipneusten und die höher aufsteigenden Amphibien entwickelt.

Die Schmelzfische (Ganoides) stehen in anatomischer Beziehung vollständig in der Mitte zwischen den Urfischen einerseits und den Knochenfischen andrerseits. In vielen Merkmalen stimmen sie mit jenen, in vielen anderen mit diesen überein. Wir ziehen daraus den Schluß, daß sie auch genealogisch den Uebergang von den Urfischen zu den Knochenfischen vermittelten. In noch höherem Maaße als die Urfische sind auch die Ganoiden heutzutage größtentheils ausgestorben, wogegen sie während der ganzen paläolithischen und mesolithischen Zeit in großer Mannichfaltigkeit und Masse entwickelt waren. Nach der verschiedenen Form der äußeren Hautbedeckung theilt man die Schmelzfische in drei Legionen: Gepanzerte, Eckschuppige und Rundschuppige. Die gepanzerten Schmelzfische (Tabuliferi) sind die ältesten und schließen sich unmittelbar an die Selachier an, aus denen sie entsprungen sind. Fossile Reste von ihnen finden sich, obwohl selten, bereits im oberen Silur vor (Pteraspis ludensis aus den Ludlowschichten). Riesige, gegen 30 Fuß lange Arten derselben, mit mächtigen Knochentafeln gepanzert, finden sich namentlich im devonischen System. Heute aber lebt von dieser Legion nur noch die kleine Ordnung der Störfische (Sturiones), nämlich die Löffelstöre (Spatularides), und die Störe (Accipenserides), zu denen u. A. der Hausen gehört, welcher uns den Fischleim oder die Hausenblase liefert, der Stör und Sterlett, deren Eier wir als Caviar verzehren u. s. w. Aus den gepanzerten Schmelzfischen haben sich wahrscheinlich als zwei divergente Zweige die eckschuppigen und die rundschuppigen entwickelt. Die eckschuppigen Schmelzfische (Rhombiferi), welche man durch ihre viereckigen oder rhombischen Schuppen auf den ersten Blick von allen anderen Fischen unterscheiden kann, sind heutzutage nur noch durch wenige Ueberbleibsel vertreten, nämlich durch den Flösselhecht (Polypterus) in afrikanischen Flüssen (vorzüglich im Nil), und durch den Knochenhecht (Lepidosteus) in amerikanischen Flüssen. Aber während der paläolithischen und der ersten Hälfte der mesolithischen Zeit bildete diese Legion die Hauptmasse der Fische. Weniger formenreich war die dritte Legion, die rundschuppigen Schmelzfische (Cycliferi), welche vorzugsweise während der Devonzeit und Steinkohlenzeit lebten. Jedoch war diese Legion, von der heute nur noch der Kahlhecht (Amia) in nordamerikanischen Flüssen übrig ist, insofern viel wichtiger, als sich aus ihr die dritte Unterclasse der Fische, die der Knochenfische, entwickelte.

Die Knochenfische (Teleostei) bilden in der Gegenwart die Hauptmasse der Fischclasse. Es gehören dahin die allermeisten Seefische, und alle unsere Süßwasserfische, mit Ausnahme der eben erwähnten Schmelzfische. Wie zahlreiche Versteinerungen deutlich beweisen, ist diese Classe erst um die Mitte des mesolithischen Zeitalters aus den Schmelzfischen, und zwar aus den rundschuppigen oder Cycliferen entstanden. Die Thrissopiden der Jurazeit (Thrissops, Leptolepis, Tharsis), welche unseren heutigen Häringen am nächsten stehen, sind wahrscheinlich die ältesten von allen Knochenfischen, und unmittelbar aus den rundschuppigen Schmelzfischen, welche der heutigen Amia nahe standen, hervorgegangen. Bei den älteren Knochenfischen, den Physostomen, war ebenso wie bei den Ganoiden die Schwimmblase noch zeitlebens durch einen bleibenden Luftgang (eine Art Luftröhre) mit dem Schlunde in Verbindung. Das ist auch heute noch bei den zu dieser Gruppe gehörigen Häringen, Lachsen, Karpfen, Welsen, Aalen u. s. w. der Fall. Während der Kreidezeit trat aber bei einigen Physostomen eine Verwachsung, ein Verschluß jenes Luftganges ein, und dadurch wurde die Schwimmblase völlig von dem Schlunde abgeschnürt. So entstand die zweite Legion der Knochenfische, die der Physoklisten, welche erst während der Tertiärzeit ihre eigentliche Ausbildung erreichte, und bald an Mannichfaltigkeit bei weitem die Physostomen übertraf. Es gehören hierher die meisten Seefische der Gegenwart, namentlich die umfangreichen Familien der Dorsche, Schollen, Thunfische, Lippfische, Umberfische u. s. w., ferner die Heftkiemer (Kofferfische und Igelfische) und die Büschelkiemer (Seenadeln und Seepferdchen). Dagegen sind unter unseren Flußfischen nur wenige Physoklisten, z. B. der Barsch und der Stichling; die große Mehrzahl der Flußfische sind Physostomen.

Zwischen den echten Fischen und den Amphibien mitten inne steht die merkwürdige Classe der Lurchfische oder Molchfische (Dipneusta oder Protopteri). Davon leben heute nur noch wenige

Repräsentanten, nämlich der amerikanische Molchfisch (Lepidosiren paradoxa) im Gebiete des Amazonenstroms, und der afrikanische Molchfisch (Protopterus annectens) in verschiedenen Gegenden Afrikas. Ein dritter großer Molchfisch (Ceratodus Forsteri) ist kürzlich in Australien entdeckt worden. Während der trockenen Jahreszeit, im Sommer, vergraben sich diese seltsamen Thiere in dem eintrocknenden Schlamm in ein Nest von Blättern, und athmen dann Luft durch Lungen, wie die Amphibien. Während der nassen Jahreszeit aber, im Winter, leben sie in Flüssen und Sümpfen, und athmen Wasser durch Kiemen, gleich den Fischen. Aeußerlich gleichen sie aalförmigen Fischen, und sind wie diese mit Schuppen bedeckt; auch in manchen Eigenthümlichkeiten ihres inneren Baues, des Skelets, der Extremitäten ꝛc. gleichen sie mehr den Fischen, als den Amphibien. In anderen Merkmalen dagegen stimmen sie mehr mit den letzteren überein, vor allen in der Bildung der Lungen, der Nase und des Herzens. Aus diesen Gründen herrscht unter den Zoologen ein ewiger Streit darüber, ob die Lurchfische eigentlich Fische oder Amphibien seien. In der That sind sie wegen der vollständigen Mischung des Charakters weder das eine noch das andere, und werden wohl am richtigsten als eine besondere Wirbelthierclasse aufgefaßt, welche den Uebergang zwischen jenen beiden Classen vermittelt. Unter den heute noch lebenden Dipneusten besitzt Ceratodus eine einfache unpaare Lunge (Monopneumones), während Protopterus und Lepidosiren ein Paar Lungen haben (Dipneumones). Auch in anderen Beziehungen zeigt Ceratodus Spuren von höherem Alter, als die beiden anderen. Alle drei Gattungen sind jedenfalls uralt, und die letzten überlebenden Reste einer vormals formenreichen Gruppe, welche aber wegen Mangels fester Skelettheile keine versteinerten Spuren hinterlassen konnte. Sie verhalten sich in dieser Beziehung ganz ähnlich den Monorhinen und den Leptocardiern, mit denen sie gewöhnlich zu den Fischen gerechnet werden. Jedoch finden sich Zähne, welche denen des Ceratodus gleichen, in der Trias. Wahrscheinlich sind ausgestorbene Dipneusten der paläolithischen Periode, welche sich in devonischer Zeit aus Urfischen entwickelt hatten, als die Stammformen der Amphibien und somit auch aller höheren Wirbelthiere zu betrachten.

Die nun folgenden Wirbelthierclassen, nämlich die Amphibien und die Amnioten (Reptilien, Vögel und Säugethiere) lassen sich alle auf Grund ihrer charakteristischen fünfzehigen Fußbildung (Pentadactylie) von einer gemeinsamen, aus den Selachiern entsprungenen Stammform ableiten, welche an jeder der vier Gliedmaßen fünf Zehen besaß. Wenn hier weniger als fünf Zehen ausgebildet sind, so müssen die fehlenden im Laufe der Zeit durch Anpassung verloren gegangen sein. Die ältesten uns bekannten von diesen fünfzehigen Vertebraten sind die Lurche (Amphibia). Wir theilen diese Classe in zwei Unterclassen ein, in die Panzerlurche und Nacktlurche, von denen die ersteren durch die Bedeckung des Körpers mit Knochentafeln oder Schuppen ausgezeichnet sind.

Die erstere und ältere Unterclasse der Amphibien bilden die Panzerlurche (Phractamphibia), die ältesten landbewohnenden Wirbelthiere, von denen uns fossile Reste erhalten sind. Wohlerhaltene Versteinerungen derselben finden sich schon in der Steinkohle vor, nämlich die den Fischen noch am nächsten stehenden Schmelzköpfe (Ganocephala), der Archegosaurus von Saarbrücken, und das Dendrerpeton aus Nordamerika. Auf diese folgen dann später die riesigen Wickelzähner (Labyrinthodonta), schon im permischen System durch Zygosaurus, später aber vorzüglich in der Trias durch Mastodonsaurus, Trematosaurus, Capitosaurus u. s. w. vertreten. Diese furchtbaren Raubthiere scheinen in der Körperform zwischen den Krokodilen, Salamandern und Fröschen in der Mitte gestanden zu haben, waren aber den beiden letzteren mehr durch ihren inneren Bau verwandt, während sie durch die feste Panzerbedeckung mit starken Knochentafeln den ersteren glichen. Schon gegen Ende der Triaszeit scheinen diese gepanzerten Riesenlurche ausgestorben zu sein. Aus der ganzen folgenden Zeit kennen wir keine Versteinerungen von Panzerlurchen. Möglicherweise sind als letzte verkümmerte Reste dieser Unterclasse die heute noch lebenden Blindwühlen oder Caecilien

(Gymnophiona) zu betrachten, kleine beschuppte Amphibien von der Form und Lebensweise des Regenwurms.

Die zweite Unterclasse der Amphibien, die Nacktlurche (Lissamphibia), entstanden wahrscheinlich schon während der Secundärzeit, obgleich wir fossile Reste derselben erst aus der Tertiärzeit kennen. Sie unterscheiden sich von den Panzerlurchen durch ihre nackte, glatte, schlüpfrige Haut, welche jeder Schuppen- oder Panzerbedeckung entbehrt. Durch Rückbildung und Verlust der letzteren haben sich die Lissamphibien aus einem Zweige der Phractamphibien entwickelt. Gewöhnlich werden die Nacktlurche in zwei Ordnungen getheilt: Geschwänzte (Urodela) und Schwanzlose oder Froschlurche (Anura); die ersteren kann man wieder in Kiemenlurche (Sozobranchia) und Kiemenlose (Lipobranchia) theilen. Diese drei Ordnungen von Nacktlurchen, welche noch jetzl leben, die Kiemenlurche, Schwanzlurche und Froschlurche, wiederholen uns noch heutzutage in ihrer individuellen Entwickelung sehr deutlich den historischen Entwickelungsgang der ganzen Unterclasse. Die ältesten Formen sind die Kiemenlurche (Sozobranchia), welche zeitlebens auf der ursprünglichen Stammform der Nacktlurche stehen bleiben und einen langen Schwanz nebst wasserathmenden Kiemen beibehalten. Sie stehen am nächsten den Dipneusten, von denen sie sich aber schon äußerlich durch den Mangel des Schuppenkleides unterscheiden. Die meisten Kiemenlurche leben in Nordamerika, unter anderen der früher erwähnte Axolotl oder Siredon (vergl. oben S. 215). In Europa ist diese Ordnung nur durch eine Form vertreten, durch den berühmten Olm (Proteus anguineus), welcher die Adelsberger Grotte und andere Höhlen Krains bewohnt und durch den Aufenthalt im Dunkeln rudimentäre Augen bekommen hat, die nicht mehr sehen können (s. oben S. 13). Aus den Kiemenlurchen hat sich durch Verlust der äußeren Kiemen die Ordnung der Schwanzlurche (Sozura) entwickelt, zu welcher unser schwarzer, gelbgefleckter Landsalamander (Salamandra maculosa) und unsere flinken Wassermolche (Triton) gehören. Manche von ihnen (z. B. die nordamerikanischen Gattungen Amphiuma und Menopoma) haben noch die Kiemenspalte beibehalten, trotzdem sie die Kiemen selbst verloren haben. Alle aber behalten den Schwanz zeitlebens. Bisweilen conserviren die Tritonen auch die Kiemen und bleiben so ganz auf der Stufe der Kiemenlurche stehen, wenn man sie nämlich zwingt, beständig im Wasser zu bleiben (vergl. oben S. 215). Die dritte Ordnung, die Schwanzlosen oder Froschlurche (Anura oder Batrachia), verlieren bei der Metamorphose nicht nur die Kiemen, durch welche sie in früher Jugend (als sogenannte „Kaulquappen") Wasser athmen, sondern auch den Schwanz, mit dem sie herumschwimmen. Sie durchlaufen also während ihrer Keimesgeschichte den Entwickelungsgang der ganzen Unterclasse, indem sie zuerst Kiemenlurche, später Schwanzlurche und zuletzt Froschlurche sind. Offenbar ergiebt sich daraus, daß die Froschlurche sich erst später aus den Schwanzlurchen, wie diese selbst aus den ursprünglich allein vorhandenen Kiemenlurchen entwickelt haben.

Indem wir nun von den Amphibien zu der nächsten Wirbelthierclasse, den Reptilien, übergehen, bemerken wir eine sehr bedeutende Vervollkommnung in der stufenweise fortschreitenden Organisation der Wirbelthiere. Alle bisher betrachteten Paarnasen oder Amphirhinen, und namentlich die beiden großen Classen der Fische und Lurche stimmen in einer Anzahl von wichtigen Charakteren überein, durch welche sie sich von den drei noch übrigen Wirbelthierclassen, den Reptilien, Vögeln und Säugethieren, sehr wesentlich unterscheiden. Bei diesen letzteren bildet sich während der embryonalen Entwickelung rings um den Embryo eine von seinem Nabel auswachsende besondere zarte Hülle, die Wasserhaut oder das Amnion, welche mit dem Fruchtwasser oder Amnionwasser gefüllt ist, und in diesem den Embryo oder den Keim blasenförmig umschließt. Wegen dieser sehr wichtigen und charakteristischen Bildung können wir jene drei höchst entwickelten Wirbelthierclassen als Amnionthiere (Amniota) zusammenfassen. Die drei soeben betrachteten Classen der Paarnasen dagegen, denen das Amnion, eben so wie allen niederen Wirbelthieren

(Unpaarnasen und Schädellosen) fehlt, können wir jenen als Amnionlose (Anamnia) entgegensetzen.

Die Bildung der Wasserhaut oder des Amnion, durch welche sich die Reptilien, Vögel und Säugethiere von allen anderen Wirbelthieren unterscheiden, ist offenbar ein höchst wichtiger Vorgang in der Ontogenie und der ihr entsprechenden Phylogenie der Wirbelthiere. Er fällt zusammen mit einer Reihe von anderen Vorgängen, welche wesentlich die höhere Entwickelung der Amnionthiere bestimmten. Dahin gehört vor allen der gänzliche Verlust der Kiemen, dessenwegen man schon früher die Amnioten als Kiemenlose (Ebranchiata) allen übrigen Wirbelthieren als Kiemenathmenden (Branchiata) entgegengesetzt hatte. Bei allen bisher betrachteten Wirbelthieren fanden sich athmende Kiemen entweder zeitlebens, oder doch wenigstens, wie bei Fröschen und Molchen, in früher Jugend. Bei den Reptilien, Vögeln und Säugethieren dagegen kommen zu keiner Zeit des Lebens wirklich athmende Kiemen vor, und die auch hier vorhandenen Kiemenbogen gestalten sich im Laufe der Keimesgeschichte zu ganz anderen Gebilden, zu Theilen des Kieferapparats und des Gehörorgans (vergl. oben S. 274). Alle Amnionthiere besitzen im Gehörorgane eine sogenannte „Schnecke“ und ein dieser entsprechendes „rundes Fenster“, welche den Amnionlosen fehlen. Bei diesen letzteren liegt der Schädel des Embryo in der gradlinigen Fortsetzung der Wirbelsäule. Bei den Amnionthieren dagegen erscheint die Schädelbasis von der Bauchseite her eingeknickt, so daß der Kopf auf die Brust herabsinkt (Taf. III, Fig. C, D, G, H). Auch entwickeln sich erst bei den Amnioten die Thränenorgane im Auge.

Wann fand nun im Laufe der organischen Erdgeschichte dieser wichtige Vorgang statt? Wann entwickelte sich aus einem Zweige der Amnionlosen (und zwar jedenfalls aus einem Zweige der Amphibien) der gemeinsame Stammvater aller Amnionthiere?

Auf diese Frage geben uns die versteinerten Wirbelthierreste zwar keine ganz bestimmte, aber doch eine annähernde Antwort. Die ältesten fossilen Vertebraten-Reste, die wir mit Sicherheit auf Amnioten beziehen können, sind Skelete einiger **Reptilien** aus dem **permischen** System (Proterosaurus, Parasaurus, Sphenosaurus und einige andere). Diese Reptilien scheinen zu den ältesten Amnionthieren zu gehören und unseren gewöhnlichen Eidechsen sehr nahe zu stehen. Alle übrigen versteinerten Reste, welche wir bis jetzt von Amnionthieren kennen, gehören der **Secundärzeit**, **Tertiärzeit** und **Quartärzeit** an. Freilich kennen wir von jenen ältesten permischen Eidechsen bloß das **Skelet**. Da wir nun von den entscheidenden Merkmalen der Weichtheile Nichts wissen, so ist es wohl möglich, daß dieselben noch amnionlose Thiere waren, welche den Amphibien näher als den Reptilien standen, vielleicht auch zu den Uebergangsformen zwischen beiden Classen gehörten. Anderseits finden sich unzweifelhafte Amnionthiere bereits in der Trias versteinert vor, und zwar von sehr verschiedenen Gruppen. Wahrscheinlich fand daher eine mannichfaltigere phylogenetische Entwickelung und Ausbreitung der Amnioten-Hauptclasse **erst in der Triaszeit**, im **Beginn des mesolithischen Zeitalters** statt. Wie wir schon früher sahen, ist offenbar gerade dieser Zeitraum einer der wichtigsten Wendepunkte in der organischen Erdgeschichte. An die Stelle der paläolithischen Farnwälder traten damals die Nadelwälder der Trias. In vielen Abtheilungen der wirbellosen Thiere traten wichtige Umgestaltungen ein: aus den getäfelten Seelilien (Phatnocrina) entwickelten sich die gegliederten (Colocrina). Die Opsechiniden oder die Seeigel mit zwanzig Plattenreihen traten an die Stelle der paläolithischen Palechiniden, der Seeigel mit mehr als zwanzig Plattenreihen. Die Cystideen, Blastoideen, Trilobiten und andere charakteristische wirbellose Thiergruppen der Primärzeit waren so eben ausgestorben. Kein Wunder, wenn die umgestaltenden Anpassungsverhältnisse im Beginn der Triaszeit auch auf den Wirbelthierstamm mächtig einwirkten und eine reiche Formen-Entwicklung der Amnionthiere veranlaßten.

Andere Zoologen, wie namentlich **Huxley**, sind dagegen der Ansicht, daß eine mannichfaltige Entwicklung der Reptilien-Classe schon in der **permischen** Periode stattfand und daß mithin ihre erste Entstehung in eine noch frühere Zeit zu setzen ist. Jedoch haben sich die angeblichen Reptilien-Reste, die man früher im Steinkohlensystem oder gar im devonischen Systeme gefunden zu haben glaubte, später entweder nicht als Reptilienreste, oder als viel jüngeren Alters (meistens der Trias angehörig) herausgestellt. (Vergl. Taf. XIV.)

Die gemeinsame hypothetische Stammform aller Amnionthiere, welche wir als Protamnion bezeichnen können, und welche möglicherweise dem fossilen Proterosaurus nahe verwandt war, stand vermuthlich im Ganzen hinsichtlich ihrer äußeren Körperform und inneren Organisation in der Mitte zwischen den Salamandern und Eidechsen. Ihre Nachkommenschaft spaltete sich schon frühzeitig in zwei verschiedene Linien, von denen die eine die gemeinsame Stammform der Sauropsiden (der Reptilien und Vögel), die andere die Stammform der Säugethiere wurde.

Die Schleicher (Reptilia oder Pholidota, auch Sauria im weitesten Sinne genannt) bleiben von allen drei Classen der Amnionthiere auf der tiefsten Bildungsstufe stehen und entfernen sich am wenigsten von ihren Stammvätern, den Amphibien. Daher wurden sie früher allgemein zu diesen gerechnet, obwohl sie in ihrer ganzen Organisation viel näher den Vögeln als den Amphibien verwandt sind. Gegenwärtig leben von den Reptilien nur noch vier Ordnungen, nämlich die Eidechsen, Schlangen, Crocodile und Schildkröten. Diese bilden aber nur noch einen schwachen Rest von der ungemein mannichfaltig und bedeutend entwickelten Reptilienschaar, welche während der mesolithischen oder Secundärzeit lebte und damals alle anderen Wirbelthierclassen beherrschte. Die ausnehmende Entwickelung der Reptilien während der Secundärzeit ist so charakteristisch, daß wir diese danach eben so gut, wie nach den Gymnospermen, benennen konnten (S. 343). Von den 40 Familien, welche die nachstehende Tabelle Ihnen vorführt, gehören 22, und von den neun Ordnungen gehören fünf ausschließlich der Secundärzeit an. Diese mesolithischen Gruppen sind durch ein † bezeichnet. Mit einziger Ausnahme der Schlangen, die erst tertiär erscheinen, finden sich alle Ordnungen schon im Jura oder der Trias versteinert vor; die ältesten, die Tocosaurier, schon im permischen System.

Die erste Ordnung der Reptilien, die der Stammschleicher (Tocosauria), umfaßt die ältesten und niedrigsten Formen sowohl der Reptilien, als überhaupt aller Amnionthiere. Wir fassen daher in dieser Gruppe vorläufig drei Familien zusammen: die Protamnioten, Proreptilien und Proterosaurier. Die erste Familie bilden die hypothetischen Uramnioten (Protamniota), die wir aus den oben angeführten Gründen als die gemeinsamen Stammformen aller Amnionthiere ansehen müssen. Es befanden sich darunter die merkwürdigen Uebergangsformen von gewissen salamanderähnlichen Amphibien, zu jenen ältesten, eidechsen-ähnlichen Reptilien, die zuerst den Besitz von Amnion und Allantois erwarben. Diese Protamnioten haben spätestens in der permischen Periode, vielleicht schon in der vorhergehenden Steinkohlenzeit existirt. Sie bilden die gemeinsame Wurzel, auf welche einerseits die ältesten Stammformen der Säugethiere (Promammalia), anderseits diejenigen der Vögel und eigentlichen Reptilien (Proreptilia) zurückzuführen sind. Diesen letzteren wahrscheinlich nahe verwandt waren die Ureidechsen oder Proterosaurier, die ältesten fossilen Reptilien, die wir bis jetzt kennen, und die schon im permischen System versteinert vorkommen (Proterosaurus, Parasaurus, Sphenosaurus etc.). Der älteste bekannte Abdruck dieser wichtigen Proterosauria, die unseren gewöhnlichen Eidechsen und namentlich den Monitoren sehr ähnlich waren, ist der thüringer Proterosaurus Speneri, der schon 1710 im Kupferschiefer von Eisenach entdeckt und von dem Berliner Arzte Spener zuerst beschrieben wurde.

Aus den Tokosauriern, die als die gemeinsame Stammgruppe aller Amnionthiere von besonderer Bedeutung sind, haben sich wahrscheinlich schon während der permischen Periode mannichfaltig divergirende Zweige von Reptilien entwickelt, welche dann in der folgenden Trias-Periode zu höherer Ausbidung und in der Jura-Zeit zu voller Blüthe gelangten. Ueber den verwandtschaftlichen Zusammenhang derselben kann man sich bei den gegenwärtigen Zustande un-

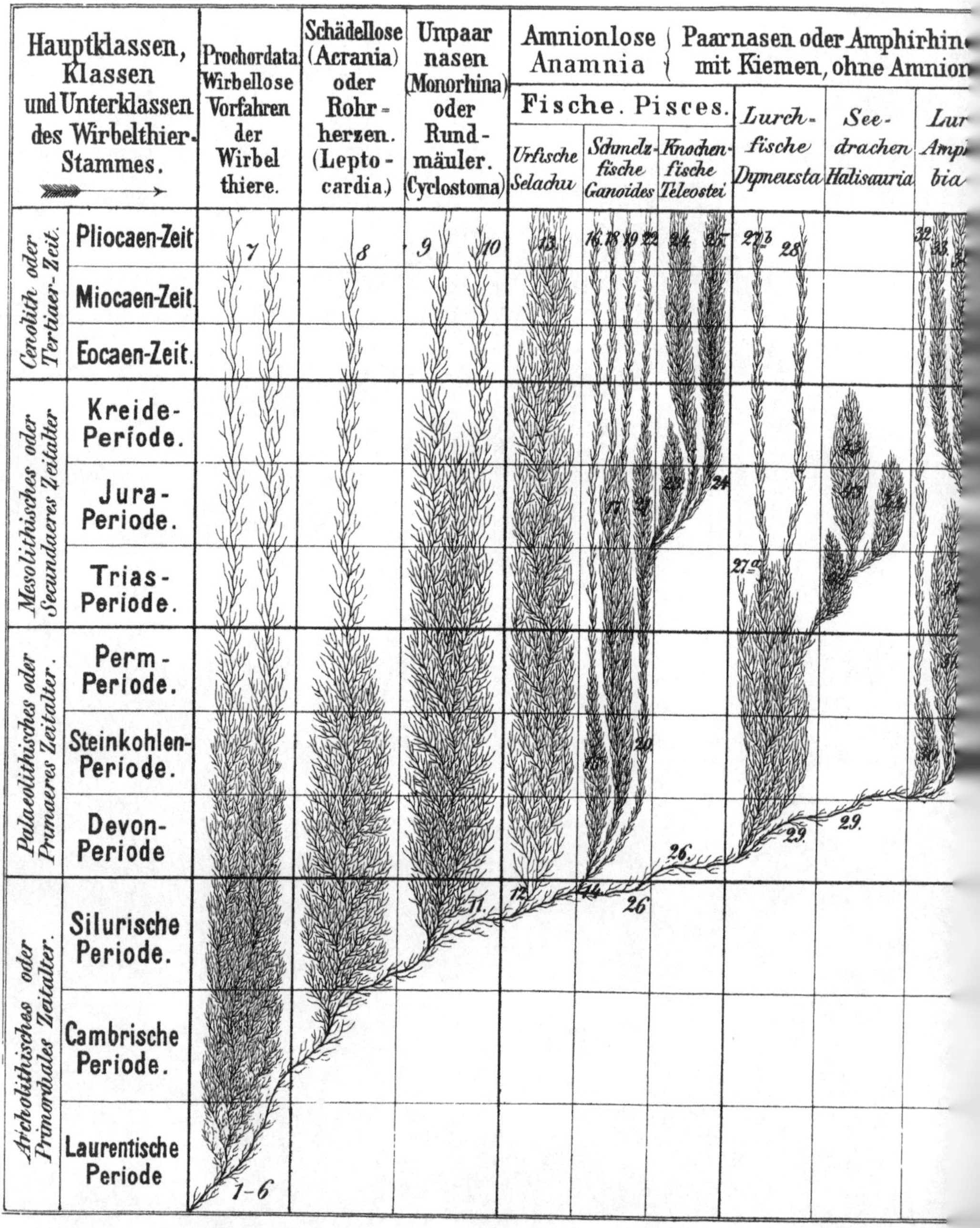
Hauptklassen, Klassen und Unterklassen des Wirbelthier-Stammes.
Prochordata Wirbellose Vorfahren der Wirbelthiere.
Schädellose (Acrania) oder Rohrherzen. (Leptocardia.)
Unpaarnasen (Monorhina) oder Rundmäuler. (Cyclostoma)
Amnionlose Anamnia
Paarnasen oder Amphirhin
mit Kiemen, ohne Amnion
Fische. Pisces.
Urfische Selachii
Schmelzfische Ganoides
Knochenfische Teleostei
Lurchfische Dipneusta
Seedrachen Halisauria
Lur Amp bia
Cenolith. oder Tertiaer-Zeit.
Pliocaen-Zeit
Miocaen-Zeit.
Eocaen-Zeit.
Mesolithisches oder Secundaeres Zeitalter
Kreide-Periode.
Jura-Periode.
Trias-Periode.
Palaeolithisches oder Primaeres Zeitalter.
Perm-Periode.
Steinkohlen-Periode.
Devon-Periode
Archolithisches oder Primordiales Zeitalter.
Silurische Periode.
Cambrische Periode.
Laurentische Periode
1-6
7
8
9
10
11.
12.
13.
14.
26.
26
27b
27a
28
29.
29.
32.
33.

Taf. XIV.

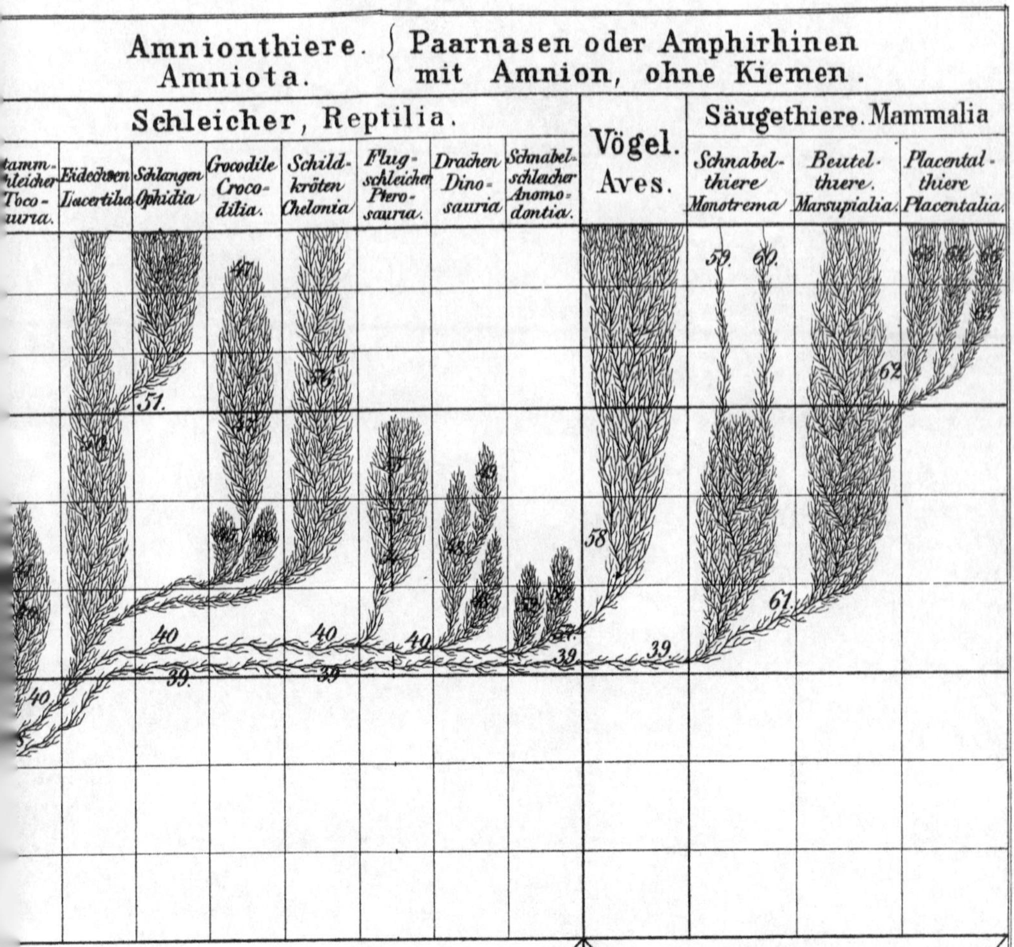

Einheitlicher
oder monophyletischer
Stammbaum
des Wirbelthierstammes
palaeontologisch begründet.

Relative Länge der 5 Zeitalter in Procenten:

V. Quartär-Zeit	0,5
IV. Tertiär-Zeit	2,3
III. Secundär-Zeit	11,5
II. Primär-Zeit	32,1
I. Primordial-Zeit	53,6
Summa	100,0.

Druck v. E. Giltsch

serer Kenntnisse ungefähr diejenige vorläufige Hypothese bilden, deren einfachster Ausdruck der Stammbaum auf S. 549 ist. Als die conservativste und am wenigsten veränderte Ordnung ist wohl diejenige der eigentlichen Eidechsen (Autosauria oder Lacertilia) zu betrachten. Aus einem Zweige derselben entwickelten sich später die Schlangen (Ophidia). Andere Zweige des Reptilien-Stammes, die direct oder indirect aus den Tokosauriern hervorgingen, sind die Crocodile und Schildkröten. Zwei verschiedene Gruppen von Reptilien lernten fliegen und wurden Luftbewohner, einerseits die Flugeidechsen (Pterosauria), anderseits die Vögel; letztere stammen von den Ornithosceliden ab, einem Zweige der Dinosaurier. Aus einer ganz anderen Gruppe, den Therosauriern, gingen die Stammformen der Säugethiere hervor. Endlich bilden eine ganz besonderere Gruppe die Seedrachen (Halisauria), deren Stellung unter den Reptilien überhaupt noch zweifelhaft ist.

Die Wirbelthiere, die wir unter dem Namen der Seedrachen (Halisauria oder Enaliosauria) zusammenfassen, sind schon längst (schon seit der Kreidezeit) ausgestorben. Als furchtbare Raubthiere bevölkerten sie die mesolithischen Meere in großen Mengen und in höchst sonderbaren Formen, zum Theil von 30—40 Fuß Länge. Sehr zahlreiche und vortrefflich erhaltene Versteinerungen und Abdrücke, sowohl von ganzen Seedrachen als von einzelnen Theilen derselben, haben uns mit ihrem Körperbau bekannt gemacht. Gewöhnlich werden dieselben jetzt zu den Reptilien gestellt, während einige Anatomen ihnen einen viel tieferen Rang, in unmittelbarem Anschluß an die Fische, anweisen. Die neueren Untersuchungen von Gegenbaur, welche vor allem die maßgebende Bildung der Gliedmaßen in das rechte Licht setzen, scheinen nämlich zu dem überraschenden Resultate zu führen, daß die Seedrachen eine isolirt stehende Gruppe bilden, ziemlich weit entfernt sowohl von den Reptilien und Amphibien, als von den eigentlichen Fischen. Die Skeletbildung ihrer vier Beine, welche zu kurzen, breiten Ruderflossen umgeformt sind (ähnlich wie bei den Fischen und Walfischen), scheint zu beweisen, daß sich die Halisaurier früher als die Amphibien von dem Wirbelthierstamme abgezweigt haben. Denn die Amphibien sowohl als die drei höheren Wirbelthierclassen stammen alle von einer gemeinsamen Stammform ab, welche an jedem Beine nur fünf Zehen oder Finger besaß. Die Seedrachen dagegen besitzen (entweder deutlich entwickelt oder doch in der Anlage des Fußskelets ausgeprägt) mehr als fünf Finger, wie die Urfische. Andrerseits haben sie Luft durch Lungen, wie die Dipneusten, geathmet, trotzdem sie beständig im Meere umherschwammen. Sie haben sich daher vielleicht (im Zusammenhang mit den Lurchfischen?) von den Selachiern abgezweigt, aber nicht weiter in höhere Wirbelthiere fortgesetzt. Sie bilden eine ausgestorbene Seitenlinie. (Vergl. Taf. XIV.)

Die genauer bekannten Seedrachen vertheilen sich auf vier, ziemlich stark von einander sich entfernende Familien, die Urdrachen, Schlangendrachen, Fischdrachen und Schnabeldrachen. Die Urdrachen (Simosauria) sind die ältesten Seedrachen und lebten bloß während der Triasperiode. Besonders häufig findet man ihre Skelette im Muschelkalk, und zwar zahlreiche verschiedene Gattungen. Sie scheinen im Ganzen den Plesiosauren sehr ähnlich gewesen zu sein und werden daher wohl auch mit diesen zu einer Ordnung (Sauropterygia) vereinigt. Die Schlangendrachen (Plesiosauria) lebten zusammen mit den Ichthyosauren in der Jura- und Kreidezeit. Sie zeichneten sich durch einen ungemein langen und schlanken Hals aus, welcher oft länger als der ganze Körper war und einen kleinen Kopf mit kurzer Schnauze trug. Wenn sie den Hals gebogen aufrecht trugen, werden sie einem Schwane ähnlich gewesen sein; aber statt der Flügel und Beine hatten sie zwei Paar kurze, platte, ovale Ruderflossen.

Ganz anders war die Körperform der Fischdrachen (Ichthyosauria), welche auch wohl als Fischflosser (Ichthyopterygia) den beiden vorigen Familien entgegengesetzt werden. Sie besaßen einen sehr langgestreckten Fischrumpf und einen schweren Kopf mit verlängerter platter Schnauze, dagegen einen sehr kurzen Hals. Sie werden äußerlich gewissen Delphinen sehr ähnlich gewesen sein. Der

Schwanz ist bei ihnen sehr lang, bei den vorigen dagegen sehr kurz. Auch die beiden Paar Ruderflossen sind breiter und zeigen einen wesentlich anderen Bau. Die echten Ichthyosaurier haben furchtbare Zähne in den Kiefern; diese sind verloren gegangen bei den nordamerikanischen Schnabeldrachen (Sauranodontia). Vielleicht haben sich die Fischdrachen und die Schlangendrachen als zwei divergente Zweige aus den Urdrachen entwickelt. Vielleicht haben aber auch die Simosaurier bloß den Plesiosauriern den Ursprung gegeben, während die Ichthyosaurier sich tiefer unten von dem gemeinsamen Stamme abgezweigt haben. Die Sauranodonten stammen von Ichthyosauriern ab. Jedenfalls sind alle Seedrachen direct oder indirect von den Selachiern abzuleiten, vielleicht aber auch direct von einem Zweige der Tokosaurier.

Unter den vier Reptilien-Ordnungen, welche gegenwärtig noch leben, und welche schon seit Beginn der Tertiärzeit allein die Classe vertreten haben, schließen sich die Eidechsen (Autosauria oder Lacertilia) offenbar am nächsten an die ausgestorbenen Stammreptilien an, besonders durch die schon genannten Monitoren. Aus einem Zweige der Eidechsenordnung hat sich die Abtheilung der Schlangen (Ophidia) entwickelt und zwar wahrscheinlich erst im Beginn der Tertiärzeit. Wenigstens kennt man versteinerte Schlangen bis jetzt bloß aus tertiären Schichten. Viel früher sind die Crocodile (Crocodilia) entstanden, von denen die ältesten, die Thecodonten oder Belodonten schon in der Trias, die Teleosaurier massenhaft versteinert schon im Jura gefunden werden; die jetzt allein noch lebenden Gaviale und Alligatoren dagegen kommen erst in den Kreide- und Tertiärschichten fossil vor.

Am meisten isolirt unter den vier lebenden Reptilien-Ordnungen steht die merkwürdige Gruppe der Schildkröten (Chelonia). Diese sonderbaren Thiere kommen zuerst versteinert im Jura vor. Sie nähern sich durch einige Charaktere den Amphibien, durch andere den Crocodilen, und durch gewisse Eigenthümlichkeiten sogar den Vögeln, so daß ihr wahrer Platz im Stammbaum der Reptilien unsicher ist.

Systematische Uebersicht
der Ordnungen und Familien der Reptilien.

(Die mit einem † bezeichneten Gruppen sind in der Secundärzeit ausgestorben.)

Ordnungen der Reptilien	Familien der Reptilien	Familien der Reptilien	Ein Gattungsname als Beispiel
I. Stammreptilien Tocosauria †	1. Uramnioten	1. Protamniota	† Protamnion
	2. Urschleicher	2. Proreptilia	† Archaeosaurus
	3. Ureidechsen	3. Proterosauria	† Proterosaurus
II. Eidechsen Autosauria	4. Geckonen	4. Ascalobotae	Platydactylus
	5. Monitoren	5. Monitores	Monitor
	6. Lacertinen	6. Lacertina	Lacerta
	7. Wirtelechsen	7. Chalcidia	Zonurus
	8. Scinccoiden	8. Scinccoidea	Anguis
	9. Mosasaurier	9. Mosasauria	† Mosasaurus
	10. Ringeleidechsen	10. Glyptoderma	Amphisbaena
	11. Chamaeleonen	11. Vermilingues	Chamaeleo
III. Schlangen Ophidia	12. Nattern	12. Aglyphodonta	Coluber
	13. Baumschlangen	13. Opisthoglypha	Dipsas
	14. Giftnattern	14. Proteroglypha	Hydrophis
	15. Ottern	15. Solenoglypha	Vipera
	16. Wurmschlangen	16. Opoterodonta	Typhlops
IV. Crocodile Crocodilia	17. Thecodonten	17. Thecodontia	† Belodon
	18. Teleosaurier	18. Teleosauria	† Teleosaurus
	19. Gaviale	19. Gaviales	Gavialis
	20. Alligatoren	20. Alligatores	Alligator
V. Schildkröten Chelonia	21. Seeschildkröten	21. Thalassita	Chelone
	22. Flußschildkröten	22. Potamita	Trionyx
	23. Sumpfschildkröten	23. Elodita	Emys
	24. Landschildkröten	24. Chersita	Testudo
VI. Seedrachen Halisauria †	25. Urdrachen	25. Simosauria	† Simosaurus
	26. Schlangendrachen	26. Plesiosauria	† Plesiosaurus
	27. Fischdrachen	27. Ichthyosauria	† Ichthyosaurus
	28. Schnabelrachen	28. Sauranodontia	† Sauranodon
VII. Flugdrachen Pterosauria †	29. Langschwänzige	29. Dimorphodontia	† Dimorpodon
	30. Flugeidechsen	30. Rhamphorhynchi	† Rhamphorhynchus
	31. Kurzschwänzige	31. Pterodactyli	† Pterodactylus
	32. Flugeidechsen	32. Pteranodontia	† Pteranodon
VIII. Drachen Dinosauria †	33. Zwergdrachen	33. Nanosauria	† Nanosaurus
	34. Riesendrachen	34. Harpagosauria	† Megalosaurus
	35. Elephantendrachen	35. Titanosauria	† Iguanodon
	36. Vogeleidechsen	36. Ornithoscelides	† Compsognathus
IX. Säugerreptilien Therosauria †	37. Pelycosaurier	37. Pelycosauria	† Pelycosaurus
	38. Rüsseleidechsen	38. Rhynchocephalia	† Rhynchocephalus
	39. Hundszähner	39. Cynodontia	† Dicynodon
	40. Fehlzähner	40. Cryptodontia	† Udenodon

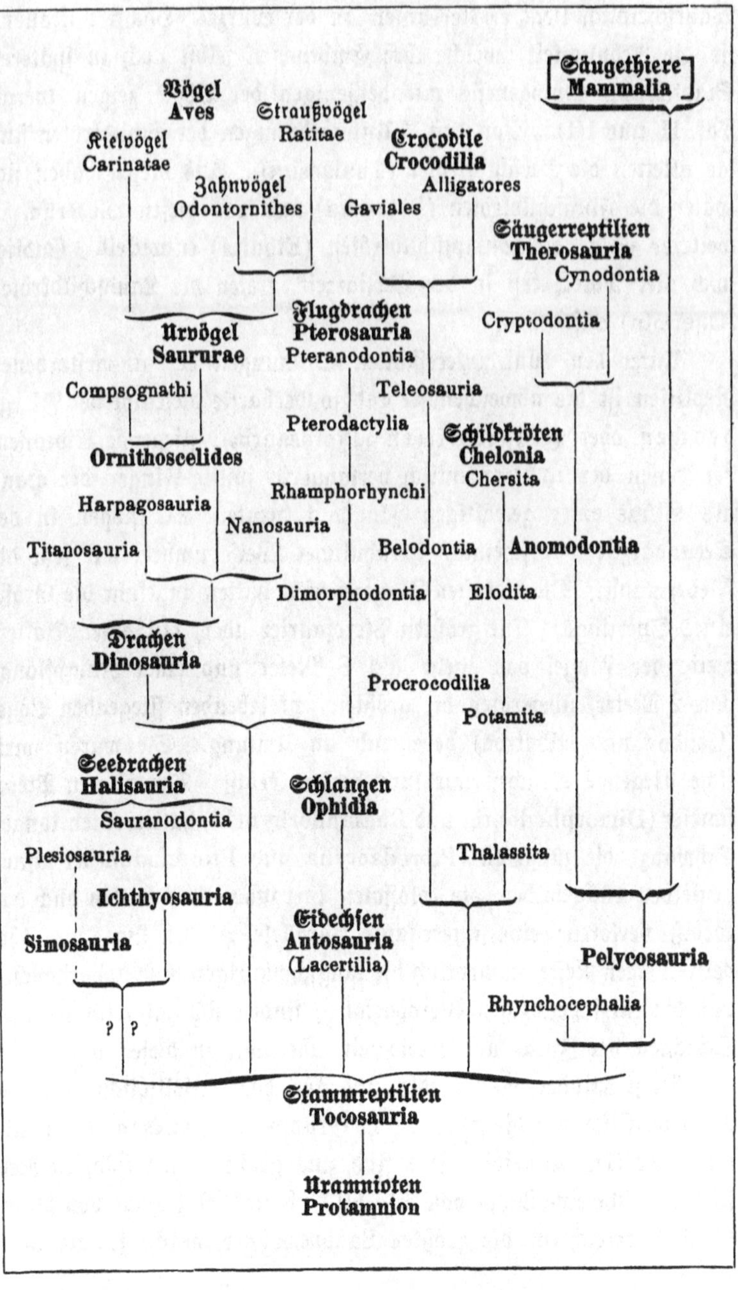
[Säugethiere
Mammalia]
Vögel
Aves
Straußvögel
Ratitae
Kielvögel
Carinatae
Crocodile
Crocodilia
Alligatores
Zahnvögel
Odontornithes
Gaviales
Säugerreptilien
Therosauria
Cynodontia
Flugdrachen
Pterosauria
Pteranodontia
Cryptodontia
Urvögel
Saururae
Compsognathi
Teleosauria
Pterodactylia
Schildkröten
Chelonia
Chersita
Ornithoscelides
Rhamphorhynchi
Harpagosauria
Nanosauria
Titanosauria
Belodontia
Anomodontia
Dimorphodontia
Elodita
Drachen
Dinosauria
Procrocodilia
Potamita
Seedrachen
Halisauria
Schlangen
Ophidia
Sauranodontia
Plesiosauria
Thalassita
Ichthyosauria
Eidechsen
Autosauria
(Lacertilia)
Simosauria
Pelycosauria
Rhynchocephalia
? ?
Stammreptilien
Tocosauria
Uramnioten
Protamnion

Wahrscheinlich liegt er tief unten an der Wurzel. Höchst auffallend ist die Aehnlichkeit, welche ihre Embryonen selbst noch in späteren Stadien der Ontogenesis mit denjenigen der Vögel zeigen (vergl. Taf. II und III). Von den 4 Unterordnungen der Schildkröten sind die ältesten die Seeschildkröten (Thalassita). Aus diesen haben sich später die Flußschildkröten (Potamita) und aus diesen wiederum in weiterer Folge die Sumpfschildkröten (Elodita) entwickelt. Endlich noch viel später, erst in der Tertiärzeit, treten die Landschildkröten (Chersita) auf.

Unter den fünf interessanten Ordnungen der ausgestorbenen Reptilien ist die abweichendste und sonderbarste diejenige der Flugdrachen oder Flugreptilien (Pterosauria); fliegende Eidechsen, bei denen der außerordentlich verlängerte fünfte Finger der Hand als Stütze einer gewaltigen Flughaut diente. Sie flogen in der Secundärzeit wahrscheinlich in ähnlicher Weise umher, wie jetzt die Fledermäuse. Die kleinsten Flugeidechsen hatten ungefähr die Größe eines Sperlings. Die größten Pterosaurier aber, mit einer Klafterweite der Flügel von mehr als 8 Meter und einer Rumpflänge von 2 Meter, übertrafen die größten jetzt lebenden fliegenden Vögel (Condor und Albatros) bedeutend an Umfang. Sie waren wirkliche fliegende Drachen mit furchtbarem Gebiß. Die älteren Pterosaurier (Dimorphodontia und Rhamphorhynchi) hatten einen langen Schwanz; die jüngeren (Pterodactylia und Pteranodontia) hatten denselben rückgebildet; die colossalen Pteranodontien hatten auch das Gebiß verloren; eine interessante Parallele zu den Vögeln. Ihre versteinerten Reste, namentlich die langschwänzigen Rhamphorhynchen und die kurzschwänzigen Pterodactylen, finden sich zahlreich in allen Schichten der Jura- und Kreidezeit, aber nur in diesen vor.

Nicht minder merkwürdig und für das mesolithische Zeitalter charakteristisch war die formenreiche Gruppe der Drachen oder Lindwürmer (Dinosauria). Das sind zum großen Theil colossale Reptilien, welche eine Länge von 60—80 Fuß und eine Höhe von 20 bis 30 Fuß erreichten, die größten Landbewohner, welche jemals unser

Erdball getragen hat. Sie lebten ausschließlich in der Secundärzeit; beginnen mit der unteren Trias und hören mit der oberen Kreide wieder auf. Die meisten Reste derselben finden sich im Jura und in der unteren Kreide, namentlich in der Wälderformation. Die Mehrzahl waren furchtbare Raubthiere (Megalosaurus von 20—30, Pelorosaurus von 40—60 Fuß Länge). Iguanodon jedoch und viele Andere lebten von Pflanzennahrung und spielten in den Wäldern der Kreidezeit wahrscheinlich eine ähnliche Rolle, wie die ebenso schwerfälligen, aber kleineren Elephanten, Flußpferde und Nashörner der Gegenwart. Zu diesen colossalen Pflanzenfressern gehört das größte aller bekannten Landthiere, der ungeheure Atlasdrache (Atlantosaurus), der eine Länge von 80 Fuß bei einer Höhe von 30 Fuß erreichte; er kann zum Frühstück einen ganzen Baum verspeist haben. Seine Wirbel hatten über einen Fuß Durchmesser. Dieses erstaunliche Ungeheuer ist 1877 in den Kreideschichten von Colorado in Nordamerika von dem berühmten Paläontologen Marsh entdeckt worden, dem wir auch die Entdeckung vieler anderer höchst interessanter fossiler Wirbelthiere verdanken; diese befinden sich in der unvergleichlichen paläontologischen Sammlung von Yale College. Neben jenen Riesen finden sich aber auch viele kleinere Formen unter den Dinosauriern, bis zur Größe einer Katze und einer Eidechse herab. Morphologisch sind sie vor Allem interessant durch den Knochenbau ihrer Gliedmaßen, namentlich des Schultergürtels und Beckengürtels. Denn diese führen allmählich zu der charakteristischen Bildung dieser Theile bei den Vögeln hinüber, weshalb Huxley die Dinosaurier geradezu Vogelbeinige (Ornithoscelides) nannte. Im engeren Sinne gebührt dieser Name dem merkwürdigen Compsognathus aus dem Jura von Solenhofen, der unmittelbar zu den Vögeln hinüberführt.

Wie die Dinosaurier zu den Vögeln, so bilden die Säugerreptilien (Therosauria oder Theromorpha) die Uebergangsgruppe von den Uramnioten zu den Säugethieren. Der verdienstvolle amerikanische Paläontologe Cope, dem wir ebenfalls viele der wichtigsten fossilen Vertebratenfunde verdanken, hat kürzlich gezeigt, daß diese Therosaurier (meistens der Trias angehörig) durch eine lange Reihe von Zwischenformen von den Tocosauriern zu den Säugethieren, und zunächst zu den Monotremen hinüberführen. Das geht deutlich aus dem Bau ihrer Gliedmaßen, namentlich des Schultergürtels und Beckengürtels hervor. Die ältesten Therosaurier sind die Pelycosauria; obgleich sie schon Landbewohner waren, besaßen sie doch statt der gegliederten Wirbelsäule noch eine einfache Chorda. Später folgen auf sie die Anomodontia, die theils wenige große Hundszähne besaßen (Cynodontia), theils die Zähne ganz verloren hatten (Cryptodontia). Aus einer Gruppe der Therosaurier entwickelten sich wahrscheinlich während der Triasperiode die Stammformen der Säugethiere, die Promammalien.

Die Classe der Vögel (Aves) ist, wie schon bemerkt, durch ihren inneren Bau und durch ihre embryonale Entwickelung den Reptilien so nahe verwandt, daß sie ohne allen Zweifel aus einem Zweige dieser Classe wirklich ihren Ursprung genommen hat. Wie Ihnen allein schon ein Blick auf Taf. II und III zeigt, sind die Embryonen der Vögel zu einer Zeit, in der sie bereits sehr wesentlich von den Embryonen der Säugethiere verschieden erscheinen, von denen der Schildkröten und anderer Reptilien noch kaum zu unterscheiden. Die Dotterfurchung ist bei den Vögeln und Reptilien partiell, bei den Säugethieren total. Die rothen Blutzellen der ersteren besitzen einen Kern, die der letzteren dagegen nicht. Die Haare der Säugethiere entwickeln sich in anderer Weise, als die Federn der Vögel und die Schuppen der Reptilien. Der Unterkiefer der letzteren ist viel verwickelter zusammengesetzt, als derjenige der Säugethiere. Auch fehlt diesen letzteren das Quadratbein der ersteren. Während bei den Säugethieren (wie bei den Amphibien) die Verbindung zwischen dem Schädel und dem ersten Halswirbel durch zwei Gelenkhöcker oder Condylen geschieht, sind diese dagegen bei den Vögeln und Reptilien zu einem einzigen verschmolzen. Daher faßt Huxley die beiden letzteren Classen mit vollem Rechte in einer Gruppe als Sauropsida zusammen und stellt diesen die Säugethiere gegenüber.

Die Abzweigung der Vögel von den Reptilien fand jedenfalls erst während der mesolithischen Zeit, und zwar wahrscheinlich während der Triasperiode statt. Die ältesten fossilen Vogelreste sind im oberen Jura gefunden worden (Archaeopteryx). Aber schon in der Triaszeit lebten verschiedene Dinosaurier, die in mehrfacher Hinsicht den Uebergang von den Tocosauriern zu den Stammvätern der Vögel, den hypothetischen Protornithen, zu bilden scheinen. Zu diesen merkwürdigen Uebergangsformen gehört namentlich der schon erwähnte Compsognathus aus dem Jura von Solenhofen.

Die große Mehrzahl der Vögel erscheint, trotz aller Mannichfaltigkeit in der Färbung des schönen Federkleides und in der Bildung des Schnabels und der Füße, höchst einförmig organisirt, in ähnlicher Weise, wie die Insectenclasse. Den äußeren Existenzbedingungen hat sich die Vogelform auf das Vielfältigste angepaßt, ohne dabei irgend wesentlich von dem streng erblichen Typus der charakteristischen inneren Bildung abzuweichen. Die sogenannten „Ordnungen" der Vögel unterscheiden sich daher in viel geringerem Grade von einander, als die verschiedenen Ordnungen der Reptilien oder der Säugethiere. Im Ganzen unterscheiden wir nur vier Ordnungen von Vögeln: 1) die Urvögel (Saururae); 2) die Zahnvögel (Odontornithes); 3) die Straußvögel (Ratitae) und 4) die Kielvögel (Carinatae).

Die erste Ordnung, die Urvögel (Saururae) sind bis jetzt bloß durch eine einzige und noch dazu unvollständig erhaltene fossile Art bekannt, welche aber als die älteste und dabei sehr eigenthümliche Vogelversteinerung eine sehr hohe Bedeutung beansprucht. Das ist der Urgreif oder die Archaeopteryx lithographica, welche bis jetzt erst in zwei Exemplaren im lithographischen Schiefer von Solenhofen, im oberen Jura von Baiern, gefunden wurde. Wir dürfen ihn als einen nahen Verwandten der hypothetischen Protornis betrachten, der gemeinsamen Stammform aller Vögel. Dieser merkwürdige Vogel scheint im Ganzen Größe und Wuchs eines starken Raben gehabt zu haben, wie namentlich die wohl erhaltenen Beine zeigen; Kopf und Brust fehlen leider. Die Flügelbildung weicht schon etwas von derjenigen der anderen Vögel ab, noch viel mehr aber der Schwanz. Bei allen übrigen Vögeln ist der Schwanz sehr kurz, aus wenigen kurzen Wirbeln zusammengesetzt. Die letzten derselben sind zu einer dünnen, senkrecht stehenden Knochenplatte verwachsen, an welcher sich die Steuerfedern des Schwanzes fächerförmig ansetzen. Die Archäopteryx dagegen hat einen langen Schwanz, wie die Eidechsen, aus zahlreichen (20) langen und dünnen Wirbeln zusammengesetzt; und an jedem Wirbel sitzen zweizeilig ein Paar starke Steuerfedern, so daß der ganze Schwanz regelmäßig gefiedert erscheint. Dieselbe Bildung der Schwanzwirbelsäule zeigt sich bei den Embryonen der übrigen Vögel vorübergehend, so daß offenbar der Schwanz der Archäopteryx die ursprüngliche, von den Reptilien ererbte Form des Vogelschwanzes darstellt. Wahrscheinlich lebten ähnliche Urvögel mit Eidechsenschwanz um die mittlere Secundärzeit in großer Menge; der Zufall hat uns aber erst diesen einen Rest bis jetzt enthüllt.

Eine zweite, ebenfalls ausgestorbene Vogel-Ordnung bilden die merkwürdigen Zahnvögel (Odontornithes), welche Marsh in der Kreide von Nord-Amerika entdeckt hat. Sie hatten bereits den kurzen Fächerschwanz der gewöhnlichen Kielvögel, aber im Schnabel trugen sie noch zahlreiche Zähne, wie wahrscheinlich auch die Urvögel. Zum Theil waren sie sehr groß. Hesperornis, der einem schwimmenden und fleischfressenden Straußvogel glich, erreichte über 2 Meter Länge.

Die dritte Ordnung, die Straußvögel (Ratitae), auch Laufvögel (Cursores) genannt, sind gegenwärtig nur noch durch wenige lebende Arten vertreten, durch den zweizehigen afrikanischen Strauß, die dreizehigen amerikanischen und neuholländischen Strauße, die indischen Casuare, und die vierzehigen Kiwis oder Apteryx von Neuseeland. Auch die ausgestorbenen Riesenvögel von Madagaskar (Aepyornis) und von Neuseeland (Dinornis), welche viel größer waren als die jetzt lebenden größten Strauße, gehören zu dieser Gruppe. Wahrscheinlich sind die straußartigen Vögel durch Abgewöhnung des Fliegens, durch die damit verbundene Rückbildung der Flugmuskeln und des denselben zum Ansatz dienenden Brustbeinkammes, und durch entsprechend stärkere Ausbildung der Hinterbeine zum Laufen, aus einem Zweige der kielbrüstigen Vögel entstanden. Vielleicht sind dieselben jedoch auch, wie Huxley meint, nächste Verwandte der Dinosaurier, namentlich des Kompsognathus, und stehen dann den Urvögeln näher als die Kielvögel.

Zu den Kielvögeln (Carinatae) gehören alle jetzt lebenden Vögel, mit Ausnahme der straußartigen oder Ratiten. Sie haben sich wahrscheinlich iu der zweiten Hälfte der Secundärzeit, in der Jurazeit oder in der Kreidezeit, aus den fiederschwänzigen Urvögeln durch Verwachsung der hinteren Schwanzwirbel und Verkürzung des Schwanzes entwickelt. Aus der Secundärzeit kennt man von ihnen nur sehr wenige Reste, und zwar nur aus dem letzten Abschnitt derselben, aus der Kreide. Diese Reste gehören mehreren Schwimmvögeln und Stelzvögeln an. Alle übrigen bis jetzt bekannten versteinerten Vogelreste sind in den Tertiärschichten gefunden. Da alle diese Kielvögel unter sich sehr nahe verwandt sind und durch mannichfaltige Beziehungen vielfach verknüpft erscheinen, so ist ihre Stammesgeschichte sehr schwierig zu enträthseln.

Systematische Uebersicht
über die Ordnungen und Familien der Vögel.

Ordnungen der Vögel	Charactere der Ordnungen	Familien der Vögel	Eine Gattung als Beispiel
I. Urvögel Saururae	Zähne im Schnabel Langer Eidechsenschwanz (gefiedert) Brustbein mit Kiel	1. Protornithes	Protornis
		2. Archaeopteryges	Archaeopteryx
II. Zahnvögel Odontornithes	Zähne im Schnabel Kurzer Büschelschwanz (gebüschelt) Brustbein ohne Kiel	3. Hesperornithes	Hesperornis
		4. Ichthyornithes	Ichthyornis
III. Straußvögel Ratitae	Keine Zähne im Schnabel Kurzer Büschelschwanz (gebüschelt) Brustbein ohne Kiel	5. Apterygida	Apteryx
		6. Dinornithes	Dinornis
		7. Casuaridae	Casuarius
		8. Rheidae	Rhea
		9. Struthionidae	Struthio
IV. Kielvögel Carinatae	Keine Zähne im Schnabel Kurzer Fächerschwanz (gefächert) Brustbein mit Kiel	10. Dromaeognathae	Tinamus
		11. Spheniscidae	Aptenodytes
		12. Pygopodes	Colymbus
		13. Longipennes	Larus
		14. Steganopoda	Pelecanus
		15. Lamellirostres	Cygnus
		16. Ciconaria	Ardea
		17. Grallae	Scolopax
		18. Rasores	Gallus
		19. Gyrantes	Columba
		20. Passerina	Fringilla
		21. Macrochires	Cypselus
		22. Picariae	Picus
		23. Coccyges	Rhamphactus
		24. Psittacidae	Psittacus
		25. Raptatores	Aquila

Einundzwanzigster Vortrag.

Stammbaum und Geschichte des Thierreichs.

IV. Säugethiere.

System der Säugethiere nach Linné und nach Blainville. Drei Unterclassen der Säugethiere (Ornithodelphien, Didelphien, Monodelphien). Ornithodelphien oder Monotremen. Schnabelthiere (Ornithostomen). Didelphien oder Marsupialien. Pflanzenfressende und fleischfressende Beutelthiere. Monodelphien oder Placentalien (Placentalthiere). Bedeutung der Placenta. Zottenplacentner. Gürtelplacentner. Scheibenplacentner. Decidualose oder Indeciduen. Hufthiere. Unpaarhufer und Paarhufer. Walthiere. Deciduathiere oder Deciduaten. Halbaffen. Zahnarme. Nagethiere. Scheinhufer. Insectenfresser. Raubthiere. Fledeıthiere. Affen.

Meine Herren! Es giebt nur wenige Ansichten in der Systematik der Organismen, über welche die Naturforscher von jeher einig gewesen sind. Zu diesen wenigen unbestrittenen Punkten gehört die bevorzugte Stellung der Säugethierclasse an der Spitze des Thierreichs. Der Grund dieses Privilegiums liegt theils in dem besonderen Interesse, dem mannichfaltigen Nutzen und dem vielen Vergnügen, das in der That die Säugethiere mehr als alle anderen Thiere dem Menschen darbieten; theils und noch mehr aber in dem Umstande, daß der Mensch selbst ein Glied dieser Classe ist. Denn wie verschiedenartig auch sonst die Stellung des Menschen in der Natur und im System der Thiere beurtheilt worden ist, niemals ist je ein Naturforscher darüber in Zweifel gewesen, daß der Mensch, mindestens rein morphologisch betrachtet, zur Classe der Säugethiere gehöre. Daraus folgt aber für uns ohne Weiteres der höchst bedeutende Schluß, daß der Mensch auch seiner Blutsverwandtschaft nach ein Glied dieser Thierclasse ist, und aus längst ausgestorbenen Säugethierformen sich historisch entwickelt hat. Dieser Umstand allein schon wird es rechtfertigen, daß wir hier der Geschichte und dem Stammbaum der Säugethiere unsere besondere Aufmerksamkeit zuwenden. Lassen Sie uns zu diesem Zwecke wieder zunächst das System dieser Thierclasse untersuchen.

Von den älteren Naturforschern wurden die Säugethiere mit vorzüglicher Rücksicht auf die Bildung des Gebisses und der Füße in eine Reihe von 8—16 Ordnungen eingetheilt. Auf der tiefsten Stufe dieser Reihe standen die Walfische, welche durch ihre fischähnliche Körpergestalt sich am meisten vom Menschen, der höchsten Stufe, zu entfernen schienen. So unterschied Linné folgende acht Ordnungen: 1. Cete (Wale); 2. Belluae (Flußpferde und Pferde); 3. Pecora (Wiederkäuer); 4. Glires (Nagethiere und Nashorn); 5. Bestiae (Insectenfresser, Beutelthiere und verschiedene Andere); 6. Ferae (Raubthiere); 7. Bruta (Zahnarme und Elephanten); 8. Primates (Fledermäuse, Halbaffen, Affen und Menschen). Nicht viel über diese Classification von Linné erhob sich diejenige von Cuvier, welche für die meisten folgenden Zoologen maßgebend wurde. Cuvier unterschied folgende acht Ordnungen: 1. Cetacea (Wale); 2. Ruminantia (Wiederkäuer); 3. Pachyderma (Hufthiere nach Ausschluß der Wiederkäuer); 4. Edentata (Zahnarme); 5. Rodentia (Nagethiere); 6. Carnassia (Beutelthiere, Raubthiere, Insectenfresser und Flederthiere); 7. Quadrumana (Halbaffen und Affen); 8. Bimana (Menschen).

Den bedeutendsten Fortschritt in der Classification der Säugethiere that schon 1816 der ausgezeichnete, bereits vorher erwähnte Anatom Blainville, welcher zuerst mit tiefem Blick die drei natürlichen Hauptgruppen oder Unterclassen der Säugethiere erkannte und sie nach der Bildung ihrer Fortpflanzungsorgane als Ornithodelphien, Didelphien und Monodelphien unterschied. Da diese Eintheilung heutzutage mit Recht bei allen wissenschaftlichen Zoologen wegen ihrer tiefen Begründung durch die Entwickelungsgeschichte als die beste gilt, so lassen Sie uns derselben auch hier folgen.

Die erste Unterclasse bilden die Kloakenthiere oder Zitzenlosen auch Gabler oder Gabelthiere genannt (Monotrema oder Ornithodelphia). Sie sind heute nur noch durch zwei lebende Säugethierarten vertreten, die beide auf Neuholland und das benachbarte Vandiemensland beschränkt sind: das wegen seines Vogelschnabels sehr bekannte Wasserschnabelthier (Ornithorhynchus paradoxus) und das weniger bekannte, igelähnliche Landschnabelthier (Echidna hystrix). Diese beiden seltsamen Thiere, welche man in der Ordnung der Schnabelthiere (Ornithostoma) zusammenfaßt, sind offenbar die letzten überlebenden Reste einer vormals formenreichen Thiergruppe, welche in der älteren Secundärzeit allein die Säugethierclasse vertrat, und aus der sich erst später, wahrscheinlich in der Jurazeit, die zweite Unterclasse, die Didelphien, entwickelte. Leider sind uns von dieser ältesten Stammgruppe der Säugethiere, welche wir als Stammsäuger (Promammalia) bezeichnen wollen, bis jetzt noch keine fossilen Reste mit voller Sicherheit bekannt. Doch gehören dazu möglicherweise die ältesten bekannten von allen versteinerten Säugethieren, namentlich der Microlestes antiquus, von dem man bis jetzt allerdings nur einige kleine Backzähne kennt. Diese sind in den obersten Schichten der Trias, im Keuper, und zwar zuerst (1847) in Deutschland (bei Degerloch unweit Stuttgart), später auch (1858) in England (bei Frome) gefunden worden. Aehnliche Zähne sind neuerdings auch in der nordamerikanischen Trias gefunden und als Dromatherium sylvestre beschrieben. Diese merkwürdigen Zähne, aus deren charakteristischer Form man auf ein insectenfressendes Säugethier schließen kann, sind die einzigen Reste von Säugethieren, welche man bis jetzt in den älteren Secundärschichten, in der Trias, gefunden hat. Vielleicht gehören aber außer diesen auch noch manche andere, im Jura und in der Kreide gefundenc Säugethierzähne, welche jetzt gewöhnlich Beutelthieren zugeschrieben werden, eigentlich Kloakenthieren an. Bei dem Mangel der charakteristischen Weichtheile läßt sich dies nicht sicher unterscheiden. Jedenfalls müssen dem Auftreten der Beutelthiere zahlreiche, mit entwickeltem Gebiß und mit einer Kloake versehene Monotremen vorausgegangen sein.

Die Bezeichnung: „Kloakenthiere“ (Monotrema) im weiteren Sinne haben die Ornithodelphien wegen der Kloake erhalten, durch deren Besitz sie sich von allen anderen Säugethieren unterscheiden und dagegen mit den Vögeln, Reptilien, Amphibien, überhaupt mit den niederen Wirbelthieren übereinstimmen. Die Kloakenbildung besteht darin, daß der letzte Abschnitt des Darmcanals die Mündungen des Urogenitalapparates, d. h. der vereinigten Harn- und Geschlechtsorgane, aufnimmt, während diese bei allen übrigen Säugethieren (Didelphien sowohl als Monodelphien) getrennt vom Mastdarm ausmünden. Jedoch ist auch bei diesen in der ersten Zeit des Embryolebens die Kloakenbildung vorhanden, und erst später (beim Menschen gegen die zwölfte Woche der Entwickelung) tritt die Trennung der beiden Mündungsöffnungen ein. „Gabelthiere“ hat man die Kloakenthiere auch wohl genannt, weil die vorderen Schlüsselbeine mittelst des Brustbeins mit einander in der Mitte zu einem Knochenstück verwachsen sind, ähnlich dem bekannten „Gabelbein“ der Vögel. Bei den übrigen Säugethieren bleiben die beiden Schlüsselbeine vorn völlig getrennt und verwachsen nicht mit dem Brustbein. Ebenso sind die hinteren Schlüsselbeine oder Korakoidknochen bei den Gabelthieren viel stärker als bei den übrigen Säugethieren entwickelt und verbinden sich mit dem Brustbein.

Auch in vielen anderen Charakteren, namentlich in der Bildung der inneren Geschlechtsorgane, des Gehörlabyrinthes und des Gehirns, schließen sich die Schnabelthiere näher den übrigen Wirbelthieren als den Säugethieren an; so daß man sie selbst als eine besondere Classe von diesen hat trennen wollen. Jedoch gebären sie, gleich allen anderen Säugethieren, lebendige Junge, welche eine Zeit lang von der Mutter mit ihrer Milch ernährt werden. Während aber bei allen übrigen die Milch durch die Saugwarzen oder Zitzen der Milchdrüse entleert wird, fehlen diese den Schnabelthieren gänzlich, und die Milch tritt einfach aus einer ebenen, siebförmig durchlöcherten Hautstelle hervor. Man kann sie daher auch als Zitzenlose (Amasta) bezeichnen.

Die auffallende Schnabelbildung der beiden noch lebenden Schnabelthiere; welche mit Verkümmerung der Zähne verbunden ist, muß offenbar nicht als wesentliches Merkmal der ganzen Unterclasse der Kloakenthiere, sondern als ein zufälliger Anpassungscharakter angesehen werden, welcher die letzten Reste der Classe von der ausgestorbenen Hauptgruppe eben so unterscheidet, wie die Bildung eines ebenfalls zahnlosen Rüssels manche Zahnarme (z. B. die Ameisenfresser) vor den übrigen Placentalthieren auszeichnet. Die unbekannten ausgestorbenen Stammsäugethiere oder Promammalien, die in der Triaszeit lebten, und von denen die beiden heutigen Schnabelthiere nur einen einzelnen, verkümmerten und einseitig ausgebildeten Ast darstellen, besaßen wahrscheinlich ein sehr entwickeltes Gebiß, gleich den Therosauriern, von denen sie abstammen, und gleich den Beutelthieren, die sich zunächst aus ihnen entwickelten.

Die Beutelthiere oder Beutler (Didelphia oder Marsupialia), die zweite von den drei Unterclassen der Säugethiere, vermittelt in jeder Hinsicht, sowohl in anatomischer und embryologischer, als in genealogischer und historischer Beziehung, den Uebergang zwischen den beiden anderen, den Kloakenthieren und Placentalthieren. Zwar leben von dieser Gruppe noch jetzt zahlreiche Vertreter, namentlich die allbekannten Känguruhs, Beutelratten und Beutelhunde. Allein im Ganzen geht offenbar auch diese Unterclasse, gleich den vorhergehenden, ihrem völligen Aussterben entgegen, und die noch lebenden Glieder derselben sind die letzten überlebenden Reste einer großen und formenreichen Gruppe, welche während der mittleren und jüngeren Secundärzeit vorzugsweise die Säugethierclasse vertrat. Wahrscheinlich haben sich die Beutelthiere um die Mitte der mesolithischen Zeit, während der Juraperiode, aus einem Zweige der Kloakenthiere entwickelt. Später, gegen Ende der Kreidezeit, oder im Beginn der

Tertiärzeit, ging wiederum aus den Beutelthieren die Gruppe der Placentalthiere hervor, welcher die ersteren dann bald im Kampfe um's Dasein unterlagen. Alle fossilen Reste von Säugethieren, welche wir aus der Secundärzeit kennen, gehören entweder ausschließlich Beutelthieren oder (zum Theil vielleicht?) Kloakenthieren an. Damals scheinen Beutelthiere über die ganze Erde verbreitet gewesen zu sein. Selbst in Europa (England, Frankreich) finden wir wohl erhaltene Reste derselben. Dagegen sind die letzten Ausläufer der Unterclasse, welche jetzt noch leben, auf ein sehr enges Verbreitungsgebiet beschränkt, nämlich auf Neuholland, auf den australischen und einen kleinen Theil des asiatischen Archipelagus. Einige wenige Formen leben auch noch in Amerika; hingegen lebt in der Gegenwart kein einziges Beutelthier mehr auf dem Festlande von Asien, Afrika und Europa.

Die Beutelthiere führen ihren Namen von der bci den meisten wohl entwickelten beutelförmigen Tasche (Marsupium), welche sich an der Bauchseite der weiblichen Thiere vorfindet, und in welcher die Mutter ihre Jungen noch eine geraume Zeit lang nach der Geburt umherträgt. Dieser Beutel wird durch zwei charakteristische Beutelknochen gestützt, welche auch den Schnabelthieren zukommen, den Placentalthieren dagegen fehlen. Das junge Beutelthier wird in viel unvollkommneren Gestalt geboren, als das junge Placentalthier, und erreicht erst, nachdem es einige Zeit im Beutel sich entwickelt hat, denjenigen Grad der Ausbildung, welchen das letztere schon gleich bei seiner Geburt besitzt. Bei dem Riesenkänguruh, welches Mannshöhe erreicht, ist das neugeborene Junge, das kaum einen Monat von der Mutter im Fruchtbehälter getragen wurde, nicht mehr als zolllang; dasselbe erreicht seine wesentliche Ausbildung erst nachher in dem Beutel der Mutter, wo es gegen neun Monate, an der Zitze der Milchdrüse festgesaugt, hängen bleibt.

Die verschiedenen Abtheilungen, welche man gewöhnlich als sogenannte Familien in der Unterclasse der Beutelthiere unterscheidet, verdienen eigentlich den Rang von selbstständigen Ordnungen, da sie sich in der mannichfaltigen Differenzirung des Gebisses und der Gliedmaßen in ähnlicher Weise, wenn auch nicht so scharf, von einander unterscheiden, wie die verschiedenen Ordnungen der Placentalthiere. Zum Theil entsprechen sie den letzteren vollkommen. Offenbar hat die Anpassung an ähnliche Lebensverhältnisse in den beiden Unterclassen der Marsupialien und Placentalien entsprechende Umbildungen der ursprünglichen Grundform bewirkt. Man kann demnach ungefähr acht Ordnungen von Beutelthieren unterscheiden, von denen die eine Hälfte die Hauptgruppe oder Legion der pflanzenfressenden, die andere Hälfte die Legion der fleischfressenden Marsupialien bildet. Von beiden Legionen finden sich (falls man nicht auch den vorher erwähnten Mikrolestes und das Dromatherium der Trias hierher ziehen will) die ältesten fossilen Reste im Jura vor, und zwar in den Schiefern von Stonesfield, bei Oxford in England. Diese Schiefer gehören der Bathformation oder dem unteren Oolith an, derjenigen Schichtengruppe, welche unmittelbar über dem Lias, der ältesten Jurabildung, liegt (vergl. S. 345). Allerdings bestehen die Beutelthierreste, welche in den Schiefern von Stonesfield gefunden wurden, und ebenso diejenigen, welche man später in den Purbeckschichten fand, nur aus Unterkiefern (vergl. S. 358). Allein glücklicherweise gehört gerade der Unterkiefer zu den am meisten charakteristischen Skelettheilen der Beutelthiere. Er zeichnet sich nämlich durch einen hakenförmigen Fortsatz des nach unten und hinten gekehrten Unterkieferwinkels aus, welcher weder den Placentalthieren, noch den (heute lebenden) Schnabelthieren zukömmt, und wir können aus der Anwesenheit dieses Fortsatzes an den Unterkiefern von Stonesfield schließen, daß sie Beutelthieren angehört haben.

Von den pflanzenfressenden Beutelthieren (Botanophaga) kennt man bis jetzt aus dem Jura nur wenige Versteinerungen, darunter den Stereognathus oolithicus aus den Schiefern von Stonesfield (unterer Oolith) und den Plagiaulax Becklesii aus den mittleren Purbeckschichten (oberer Oolith). Dagegen finden sich in Neuholland versteinerte Reste von riesigen ausgestorbenen pflanzenfressenden Beutelthieren der Diluvialzeit (Diprotodon und Nototherium), welche weit größer als die größten jetzt noch lebenden Marsupialien waren.

Diprotodon australis, dessen Schädel allein drei Fuß lang ist, übertraf das Flußpferd oder den Hippopotamus, dem es im Ganzen an schwerfälligem und plumpem Körperbau glich, noch an Größe. Man kann diese ausgestorbene Gruppe, welche wahrscheinlich den riesigen placentalen Hufthieren der Gegenwart, den Flußpferden und Rhinoceros, entspricht, wohl als Hufbeutler (Barypoda) bezeichnen. Diesen sehr nahe steht die Ordnung der Känguruhs oder Springbeutler (Macropoda). Sie entsprechen durch die sehr verkürzten Vorderbeine, die sehr verlängerten Hinterbeine und den sehr starken Schwanz, der als Springstange dient, den Springmäusen unter den Nagethieren. Durch ihr Gebiß erinnern sie dagegen an die Pferde, und durch ihre zusammengesetzte Magenbildung an die Wiederkäuer. Eine dritte Ordnung von pflanzenfressenden Beutelthieren gleicht durch ihr Gebiß den Nagethieren und durch ihre unterirdische Lebensweise noch besonders den Wühlmäusen. Wir können dieselben daher als Nagebeutler oder wurzelfressende Beutelthiere (Rhizophaga) bezeichnen. Sie sind gegenwärtig nur noch durch das australische Wombat (Phascolomys) vertreten. Eine vierte und letzte Ordnung von pflanzenfressenden Beutelthieren endlich bilden die Kletterbeutler oder früchtefressenden Beutelthiere (Carpophaga), welche in ihrer Lebensweise und Gestalt theils den Eichhörnchen, theils den Affen entsprechen (Phalangista, Phascolarctus).

Die zweite Legion der Marsupialien, die fleischfressenden Beutelthiere (Zoophaga), zerfallen ebenfalls in vier Hauptgruppen oder Ordnungen. Die älteste von diesen ist die der Urbeutler oder insectenfressenden Beutelthiere (Cantharophaga). Zu dieser gehören wahrscheinlich die Stammformen der ganzen Legion, und vielleicht auch der ganzen Unterclasse. Wenigstens gehören alle stonesfielder Unterkiefer (mit Ausnahme des erwähnten Stereognathus) insectenfressenden Beutelthieren an, welche in dem jetzt noch lebenden Myrmecobius ihren nächsten Verwandten besitzen. Doch war bei einem Theile jener oolithischen Urbeutler die Zahl der Zähne größer, als bei den meisten übrigen Säugethieren. Denn jede Unterkieferhälfte

Systematische Uebersicht
der Legionen, Ordnungen und Unterordnungen der Säugethiere.

I. Erste Unterclasse der Säugethiere:
Gabler oder Kloakenthiere (Monotrema oder Ornithodelphia).
Säugethiere mit Kloake, ohne Placenta, mit Beutelknochen.

I. Stammsäuger Promammalia	Unbekannte ausgestorbene Säugethiere der Triaszeit		(Microlestes?) (Dromatherium?)
II. Schnabelthiere Ornithostoma	1. Wasser-Schnabelthiere	1. Ornithorhynchida	1. Ornithorhynchus paradoxus
	2 Land-Schnabelthiere	2. Echidnida	2. Echidna hystrix

II. Zweite Unterclasse der Säugethiere:
Beutler oder Beutelthiere (Marsupialia oder Didelphia).
Säugethiere ohne Kloake, ohne Placenta, mit Beutelknochen.

Legionen der Beutelthiere	Ordnungen der Beutelthiere	Systematischer Name der Ordnungen	Familien der Beutelthiere
III. Pflanzenfressende Beutelthiere Botanophaga	1. Huf-Beutelthiere (Hufbeutler)	1. Barypoda	1. Stereognathida 2. Nototherida 3. Diprotodontia
	2. Känguruh-Beutelthiere (Springbeutler)	2. Macropoda	4. Plagiaulacida 5. Halmaturida 6. Dendrolagida
	3. Wurzelfressende Beutelthiere (Nagebeutler)	3. Rhizophaga	7. Phascolomyida
	4. Früchtefressende Beutelthiere (Kletterbeutler)	4. Carpophaga	8. Phascolarctida 9. Phalangistida 10. Petaurida
IV. Fleischfressende Beutelthiere Zoophaga	5. Insectenfressende Beutelthiere (Urbeutler)	5. Cantharophaga	11. Thylacotherida 12. Spalacotherida 13. Myrmecobida 14. Peramelida
	6. Zahnarme Beutelthiere (Rüsselbeutler)	6. Edentula	15. Tarsipedina
	7. Raub-Beutelthiere (Raubbeutler)	7. Creophaga	16. Dasyurida 17. Thylacinida 18. Thylacoleonida
	8. Affenfüßige Beutelthiere (Handbeutler)	8. Pedimana	19. Chironectida 20. Didelphyida

Systematische Uebersicht der Placentalthiere.

III. Dritte Unterclasse der Säugethiere: Placentalia.

Säugethiere ohne Kloake, ohne Beutelknochen, mit Placenta.

Legionen der Placentalthiere	Ordnungen der Placentalthiere	Unterordnungen der Placentalthiere	Systematische Namen
	III, 1. Indecidua. Placentalthiere mit Decidua.		
V. Hufthiere Ungulata	I. Unpaarhufer *Perissodactyla*	1. Stammhufthiere	Protochela
		2. Tapirpferde	Hippotapiri
	II. Paarhufer *Artiodactyla*	3. Schweinethiere	Choeromorpha
		4. Wiederkäuer	Ruminantia
VI. Walthiere Cetomorpha	III. Seerinder *Sirenia*	5. Vierfüßige Sirenen	Halitherida
		6. Zweifüßige Sirenen	Halicorida
	IV. Walthiere *Cetacea*	7. Zeuglodonten	Zeuglodontia
		8. Delphine	Delphinaria
		9 Bartenwale	Balaenaria
	III, 2. Deciduata. Placentalthiere mit Decidua.		
VII. Zahnarme Edentata	V. Scharrthiere *Effodientia*	10. Ameisenfresser	Vermilinguia
		11. Gürtelthiere	Cingulata
	VI. Faulthiere *Bradypoda*	12. Riesenfaulthiere	Gravigrada
		13. Zwergfaulthiere	Tardigarda
VIII. Laubfresser Trogontia	VII. Nagethiere *Rodentia*	14. Eichhornartige	Sciuromorpha
		15. Mäuseartige	Myomorpha
		16. Hufthierartige	Hystrichomorpha
		17. Hasenartige	Lagomorpha
	VIII. Scheinhufthiere *Chelophora*	18. Klippdasse	Lamnungnia
		19. Tillodonten	Tillodontia
		20. Toxodonten	Toxodontia
		21. Elephanten	Proboscidea
IX. Fleischfresser Carnassia	IX. Raubthiere *Carnivora*	22. Landraubthiere	Fissipedia
		23. Seeraubthiere	Pinnipedia
	X. Insectenfresser *Insectivora*	24. Blinddarmträger	Menotyphla
		25. Blinddarmlose	Lipotyphla
X. Affenthiere Primates	XI. Halbaffen *Prosimiae*	26. Fingerthiere	Leptodactyla
		27. Flatterthiere	Ptenopleura
		28. Langfüßer	Macrotarsi
		29. Kurzfüßer	Brachytarsi
	XII. Flederthiere *Chiroptera*	30. Flederhunde	Pterocynes
		31. Fledermäuse	Nycterides
	XIII. Affen *Simiae*	32. Plattnasen	Platyrrhinae
		33. Krallenaffen	Arctopitheci
		34. Schmalnasen	Catarrhinae
		35. Menschen	Anthropi

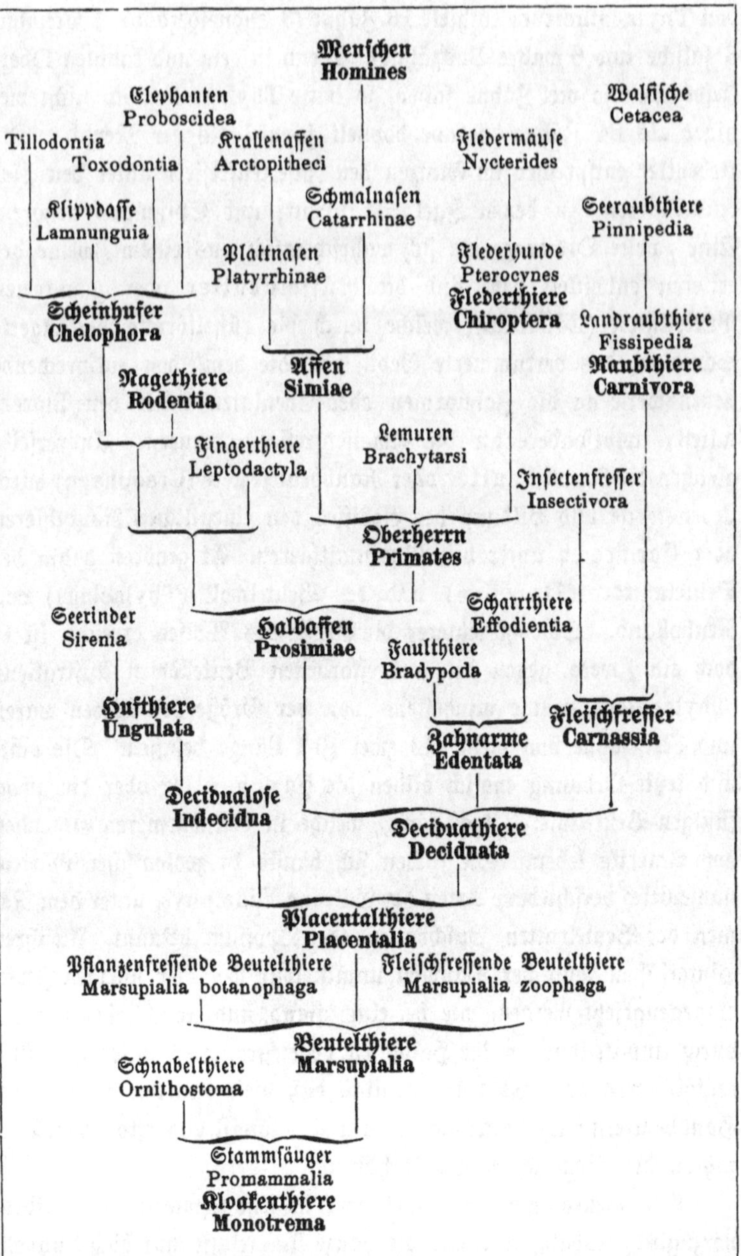
Menschen
Homines
Elephanten
Proboscidea
Walfische
Cetacea
Tillodontia
Krallenaffen
Fledermäuse
Toxodontia
Arctopitheci
Nycterides
Schmalnasen
Catarrhinae
Klippdasse
Lamnunguia
Seeraubthiere
Pinnipedia
Plattnasen
Platyrrhinae
Flederhunde
Pterocynes
Scheinhufer
Chelophora
Flederthiere
Chiroptera
Landraubthiere
Fissipedia
Affen
Simiae
Nagethiere
Rodentia
Raubthiere
Carnivora
Fingerthiere
Leptodactyla
Lemuren
Brachytarsi
Insectenfresser
Insectivora
Oberherrn
Primates
Seerinder
Sirenia
Scharrthiere
Effodientia
Halbaffen
Prosimiae
Faulthiere
Bradypoda
Hufthiere
Ungulata
Fleischfresser
Carnassia
Zahnarme
Edentata
Decidualose
Indecidua
Deciduathiere
Deciduata
Placentalthiere
Placentalia
Pflanzenfressende Beutelthiere
Marsupialia botanophaga
Fleischfressende Beutelthiere
Marsupialia zoophaga
Beutelthiere
Marsupialia
Schnabelthiere
Ornithostoma
Stammsäuger
Promammalia
Kloakenthiere
Monotrema

von Thylacotherium enthielt 16 Zähne (3 Schneidezähne, 1 Eckzahn, 6 falsche und 6 wahre Backzähne). Wenn in dem unbekannten Oberkiefer eben so viel Zähne saßen, so hatte Thylacotherium nicht weniger als 64 Zähne, gerade doppelt so viel als der Mensch. Die Urbeutler entsprechen im Ganzen den Insectenfressern unter den Placentalthieren, zu denen Igel, Maulwurf und Spitzmaus gehören. Eine zweite Ordnung, die sich wahrscheinlich aus einem Zweige der ersteren entwickelt hat, sind die Rüsselbeutler oder zahnarmen Beutelthiere (Edentula), welche durch die rüsselförmig verlängerte Schnauze, das verkümmerte Gebiß und die demselben entsprechende Lebensweise an die Zahnarmen oder Edentaten unter den Placentalien, insbesondere an die Ameisenfresser, erinnern. Andrerseits gleichen die Raubbeutler oder Raubbeutelthiere (Creophaga) durch Lebensweise und Bildung des Gebisses den eigentlichen Raubthieren oder Carnivoren unter den Placentalthieren. Es gehören dahin der Beutelmarder (Dasyurus) und der Beutelwolf (Thylacinus) von Neuholland. Obwohl letzterer die Größe des Wolfes erreicht, ist er doch ein Zwerg gegen die ausgestorbenen Beutellöwen Australiens (Thylacoleo), welche mindestens von der Größe des Löwen waren und Reißzähne von mehr als zwei Zoll Länge besaßen. Die achte und letzte Ordnung endlich bilden die Handbeutler oder die affenfüßigen Beutelthiere (Pedimana), welche in den wärmeren Gegenden von Amerika leben. Sie finden sich häufig in zoologischen Gärten, namentlich verschiedene Arten der Gattung Didelphys, unter dem Namen der Beutelratten, Buschratten oder Opossum bekannt. An ihren Hinterfüßen kann der Daumen unmittelbar den vier übrigen Zehen entgegengesetzt werden, wie bei einer Hand, und sie schließen sich dadurch unmittelbar an die Halbaffen oder Prosimien unter den Placentalthieren an. Es wäre möglich, daß diese letzteren wirklich den Handbeutlern nächstverwandt sind und aus längst ausgestorbenen Vorfahren derselben sich entwickelt haben.

Die Geneologie der Beutelthiere ist sehr schwierig zu errathen, vorzüglich deshalb, weil wir die ganze Unterclasse nur höchst unvollständig kennen, und die jetzt lebenden Marsupialien offenbar nur die letzten Reste des früheren Formenreichthums darstellen. Vielleicht haben sich die Handbeutler, Raubbeutler und Rüsselbeutler als drei divergente Aeste aus der gemeinsamen Stammgruppe der Urbeutler entwickelt. In ähnlicher Weise sind vielleicht andererseits die Nagebeutler, Springbeutler und Hufbeutler als drei auseinandergehende Zweige aus der gemeinsamen pflanzenfressenden Stammgruppe, den Kletterbeutlern hervorgegangen. Kletterbeutler aber und Urbeutler könnten zwei divergente Aeste der gemeinsamen Stammformen aller Beutelthiere sein, der Stammbeutler (Prodidelphia), welche während der älteren Secundärzeit aus den Kloakenthieren entstanden.

Die dritte und letzte Unterclasse der Säugethiere bilden die Placentalthiere oder Placentalien (Monodelphia oder Placentalia). Sie ist bei weitem die wichtigste, umfangreichste und vollkommenste von den drei Unterclassen. Denn zu ihr gehören alle bekannten Säugethiere nach Ausschluß der Beutelthiere und Schnabelthiere. Auch der Mensch gehört dieser Unterclasse an und hat sich aus niederen Stufen derselben entwickelt.

Die Placentalthiere unterscheiden sich, wie ihr Name sagt, von den übrigen Säugethieren vor Allem durch den Besitz eines sogenannten Mutterkuchens oder Aderkuchens (Placenta). Das ist ein sehr eigenthümliches und merkwürdiges Organ, welches bei der Ernährung des im Mutterleibe sich entwickelnden Jungen eine höchst wichtige Rolle spielt. Es entwickelt sich aus der embryonalen Allantois, die bei den übrigen Amnioten in Gestalt einer Blase aus dem Darm des Embryo hervorragt. Die Placenta oder der Mutterkuchen (auch Nachgeburt genannt) ist ein weicher, schwammiger, rother Körper von sehr verschiedener Form und Größe, welcher zum größten Theile aus einem unentwirrbaren Geflecht von Adern oder Blutgefäßen besteht. Seine Bedeutung beruht auf dem Stoffaustausch des ernährenden Blutes zwischen dem mütterlichen Fruchtbehälter oder Uterus und dem Leibe des Keimes oder Embryo (s. oben S. 266). Weder bei den Beutelthieren, noch bei den Schnabelthieren ist dieses höchst wichtige Organ entwickelt. Von diesen beiden Unterclassen unterscheiden sich aber auch außerdem die Placentalthiere noch durch manche andere Eigenthümlichkeiten, so namentlich durch den Mangel der Beutelknochen, durch die höhere Ausbildung der inneren Geschlechtsorgane und durch die vollkommnere Entwickelung des Gehirns, namentlich des sogenannten Schwielenkörpers oder Balkens (corpus callosum), welcher als mittlere Commissur oder Querbrücke die beiden Halbkugeln des großen Gehirns mit einander verbindet. Auch fehlt den Placentalien der eigenthümliche Hakenfortsatz des Unterkiefers, welcher die Beutelthiere auszeichnet. Wie in diesen anatomischen Beziehungen die Beutelthiere zwischen den Gabelthieren und Placentalthieren in der Mitte stehen, wird Ihnen am besten durch nachfolgende Zusammenstellung der wichtigsten Charaktere der drei Unterclassen klar werden.

Drei Unterclassen der Säugethiere	Kloakenthiere Monotrema oder Ornithodelphia	Beutelthiere Marsupialia oder Didelphia	Placentalthiere Placentalia oder Monodelphia
1. Kloakenbildung	bleibend	embryonal	embryonal
2. Zitzen oder Milchwarzen	fehlend	vorhanden	vorhanden
3. Vordere Schlüsselbeine oder Claviculae in der Mitte mit dem Brustbein verwachsen	verwachsen	nicht verwachsen	nicht verwachsen
4. Beutelknochen	vorhanden	vorhanden	fehlend
5. Schwielenkörper des Gehirns	nicht entwickelt	nicht entwickelt	stark entwickelt
6. Placenta oder Mutterkuchen	fehlend	fehlend	vorhanden

Die Placentalthiere sind in weit höherem Maaße mannichfaltig differenzirt und vervollkommnet, als die Beutelthiere und man hat daher dieselben längst in eine Anzahl von Ordnungen gebracht, die sich hauptsächlich durch die Bildung des Gebisses und der Füße unterscheiden. Noch wichtiger aber, als diese, ist die verschiedenartige Ausbildung der Placenta und die Art ihres Zusammenhanges mit dem mütterlichen Fruchtbehälter (Uterus). In den beiden niederen Legionen der Placentalthiere nämlich, bei den Hufthieren und Walthieren, entwickelt sich zwischen dem mütterlichen und kindlichen Theil der Placenta nicht jene eigenthümliche schwammige Haut, welche man als hinfällige Haut oder Decidua bezeichnet. Diese findet sich ausschließlich bei den vier höher stehenden Legionen der Placentalthiere, und wir können diese letzteren daher nach Huxley in der Hauptgruppe der Deciduathiere (Deciduata) vereinigen. Diesen stehen die beiden erstgenannten Legionen als Decidualose (Indecidua) gegenüber.

Die Placenta unterscheidet sich bei den verschiedenen Ordnungen der Placentalthiere aber nicht allein durch die wichtigen inneren Structurverschiedenheiten, welche mit dem Mangel oder der Abwesenheit einer Decidua verbunden sind, sondern auch durch die äußere Form des Mutterkuchens selbst. Bei den Indeciduen (Hufthieren und Walthieren) besteht derselbe meistens aus zahlreichen einzelnen, zerstreuten Zotten oder Gefäßknöpfen, und man kann daher diese Gruppe auch als Zottenplacentner (Villiplacentalia) bezeichnen. Bei den Deciduaten dagegen sind die einzelnen Gefäßzotten zu einem zusammenhängenden Kuchen vereinigt, und dieser erscheint in zweierlei verschiedener Gestalt. In den einen nämlich umgiebt er den Embryo in Form eines geschlossenen Gürtels oder Ringes, so daß nur die beiden Pole der länglichrunden Eiblase von Zotten frei bleiben. Das ist der Fall bei den Raubthieren (Carnassia) und den Scheinhufern (Chelophora), die man deshalb als Gürtelplacentner (Zonoplacentalia) zusammengefaßt hat. In den anderen Deciduathieren dagegen, zu welchen auch der Mensch gehört, bildet die Placenta eine einfache runde Scheibe, und man nennt sie daher Scheibenplacentner (Discoplacentalia). Dazu gehören die Nagethiere, Insectenfresser, Flederthiere und Affen, von welchen letzteren auch der Mensch im zoologischen Systeme nicht zu trennen ist. Indessen scheinen diese Unterschiede in der Form der Placenta nicht so wichtig und durchgreifend zu sein, wie man bis vor Kurzem angenommen hat.

Daß die Placentalthiere erst aus den Beutelthieren sich entwickelt haben, darf auf Grund ihrer vergleichenden Anatomie und Entwickelungsgeschichte als ganz sicher angesehen werden. Wahrscheinlich fand diese höchst wichtige Entwickelung, die erste Entstehung der Placenta schon gegen Ende der Kreide-Periode, vielleicht auch erst im Beginn der Tertiärzeit, während der frühesten Eocaen-Zeit, statt. Dagegen ist es sehr schwierig, die Frage zu beantworten, ob alle Placentalthiere aus einem oder aus mehreren getrennten Zweigen der Beutlergruppe entstanden sind; mit anderen Worten, ob die Entstehung der Placenta einmal oder mehrmal statt hatte. Als ich in meiner generellen Morphologie zum ersten Mal den Stammbaum der Säugethiere zu begründen versuchte, zog ich auch hier, wie meistens, die monophyletische oder einwurzelige Descendenzhypothese der polyphyletischen oder vielwurzeligen vor. Ich nahm an, daß alle Placentner von einer einzigen Placental-Stammform, d. h. von einer Beutelthierform abstammten, die zum ersten Male eine Placenta zu bilden begann. Für diese monophyletische Hypothese spricht namentlich auch die Thatsache, daß das Gebiß der ältesten Placentalthiere, die wir fossil im untersten Eocaen finden, meistens in gleicher Weise aus 44 Zähnen zusammengesetzt ist, nämlich in jeder der vier Kieferhälften 3 Schneidezähne, 1 Eckzahn, 4 Lückenzähne und 3 Backenzähne (Gebiß-Formel: $\frac{3.1.4.3.}{3.1.4.3.}$). Da wir diese nämliche charakteristische Zusammensetzung des Gebisses sowohl bei ältesten Fleischfressern (alt-eocänen Raubthieren), als bei ältesten Pflanzenfressern (alt-eocänen Hufthieren) antreffen, so ist die Hypothese gestattet, daß dieses Gebiß von der gemeinsamen Stammform aller Placentalthiere auf deren verschiedene Zweige vererbt wurde. Jedoch giebt es andrerseits auch gewichtige Gründe für die andere polyphyletische Annahme, daß nämlich mehrere von Anfang verschiedene Placentalien-Gruppen aus mehreren verschiedenen Beutler-Gruppen entstanden seien, daß also die Placenta selbst sich mehrmals unabhängig von einander gebildet habe. Dies ist unter anderen die Ansicht des ausgezeichneten englischen Zoologen Huxley. In diesem Falle könnte man zunächst als zwei ganz getrennte Gruppen die Indeciduen und Deciduaten auffassen. Von den Indeciduen wäre möglicherweise die Ordnung der Hufthiere, als die Stammgruppe, aus den pflanzenfressenden Hufbeutlern oder Barypoden entstanden. Unter den Deciduaten dagegen würde vielleicht die Ordnung der Halbaffen, als gemeinsame Stammgruppe der übrigen Ordnungen, aus den Handbeutlern oder Pedimanen entstanden sein. Es wäre aber auch denkbar, daß die Deciduaten selbst wieder aus mehreren verschiedenen Beutler-Ordnungen entstanden seien, die Raubthiere z. B. aus den Raubbeutlern, die Nagethiere aus den Nagebeutlern, die Halbaffen aus den Handbeutlern u. s. w. Da wir zur Zeit noch kein genügendes Erfahrungsmaterial besitzen, um diese äußerst schwierige Frage zu lösen, so lassen wir dieselbe auf sich beruhen, und wenden uns zur Geschichte der verschiedenen Placentalien-Ordnungen, deren Stammbaum sich oft in großer Vollständigkeit feststellen läßt.

Die wichtigste und umfangreichste Gruppe unter den Decidualosen oder Zottenplacentnern bildet die Legion der Hufthiere (Ungulata). Sie gehören in vieler Beziehung zu den interessantesten Säugethieren und zeigen deutlich, wie uns das wahre Verständniß der natürlichen Verwandtschaft der Thiere niemals allein durch das Studium der noch lebenden Formen, sondern stets nur durch gleichmäßige Berücksichtigung ihrer ausgestorbenen und versteinerten Stammverwandten erschlossen werden kann. Wenn man in herkömmlicher Weise allein die lebenden Hufthiere berücksichtigt, so erscheint es ganz naturgemäß dieselben in drei gänzlich verschiedene Ordnungen einzutheilen, nämlich 1. die Pferde oder Einhufer (Solidungula oder Equina); 2. die Wiederkäuer oder Zweihufer (Bisulca oder Ruminantia); und 3. die Dickhäuter oder Vielhufer (Multungula oder Pachyderma). Sobald man aber die ausgestorbenen Hufthiere der Tertiärzeit mit in Betracht zieht, von denen wir sehr zahlreiche und wichtige Reste besitzen, so zeigt sich bald, daß jene Eintheilung, namentlich aber die Begrenzung der Dickhäuter, eine ganz künstliche ist. Denn jene drei Gruppen sind nur abgeschnittene Aeste des Hufthierstammbaums, welche durch ausgestorbene Zwischenformen auf das engste zusammenhängen. Die eine Hälfte der Dickhäuter, Nashorn, Tapir und Paläotherien zeigen sich auf das nächste mit den Pferden verwandt, und besitzen gleich diesen unpaarzehige Füße. Die andere Hälfte der Dickhäuter dagegen, Schweine, Flußpferde und Anoplotherien, sind durch ihre paarzehigen Füße viel enger mit den Wiederkäuern, als mit jenen ersteren verbunden. Wir müssen daher zunächst als zwei natürliche Hauptgruppen unter den Hufthieren die beiden Ordnungen der Paarhufer und der Unpaarhufer unterscheiden, welche sich als zwei divergente Aeste aus der alttertiären Stammgruppe der Stammhufer oder Protungulaten entwickelt haben.

Die Ordnung der **Unpaarhufer** (Perissodactyla) umfaßt diejenigen Ungulaten, bei denen die mittlere (oder dritte) Zehe des Fußes stärker als die übrigen entwickelt ist, so daß sie die eigentliche Mitte des Hufes bildet. Man kann die Perissodactylen in zwei Unterordnungen theilen, in die **Urhufthiere** (Protochela) und die **Tapirpferde** (Hippotapiri). Zu den ersteren gehört zunächst die uralte gemeinsame Stammgruppe aller Hufthiere, die **Stammhufer** (Protungulata), welche schon in den ältesten eocaenen Schichten versteinert vorkommen (Coryphodon, Lophiodon). An diese schließt sich die Gruppe der **Nashornthiere** (Nasicornia) an. Außer den lebenden Rhinoceros gehören dahin die merkwürdigen ausgestorbenen Familien der Dinocerata, Brontotherida und Elasmotherida. Die zweite Unterordnung der Perissodactylen, die Tapirpferde (Hippotapiri) umfaßt wieder zwei nahe verwandte Gruppen, die Tapirartigen und Pferdeartigen. Als gemeinsame Stammgruppe derselben kann man die eocaenen **Palaeotherien** betrachten. Aus dieser haben sich einerseits die Tapire, anderseits die Pferde entwickelt. Von besonderem Interesse für die Stammesgeschichte ist der Stammbaum der **Pferde**, weil man diesen in seltener Vollständigkeit durch zahlreiche fossile Beweisstücke Schritt für Schritt belegen kann, wie nachstehende Tabelle zeigt (S. 576). Zwischen dem ältesten eocaenen fünfzehigen Coryphodon und dem heutigen einzehigen Pferde sind alle fossilen Zwischenstufen versteinert in Amerika gefunden worden. Dies ist um so interessanter, als bekanntlich zur Zeit der Entdeckung von Amerika das Pferd in dieser seiner Urheimath ausgestorben war.

Die zweite Hauptgruppe der Hufthiere, die Ordnung der Paarhufer (Artiodactyla) enthält diejenigen Hufthiere, bei denen die mittlere (dritte) und die vierte Zehe des Fußes nahezu gleich stark entwickelt sind, so daß die Theilungsebene zwischen Beiden die Mitte des ganzen Fußes bildet. Sie zerfällt in die beiden Unterordnungen der Schweineförmigen und der Wiederkäuer. Zu den Schweineförmigen (Choeromorpha) gehört zunächst der andere Zweig der Stammhufer, die Anoplotherien, welche wir als die gemeinsame Stammform aller Paarhufer oder Artiodactylen betrachten (Dichobune etc.). Aus den Anoplotherien entsprangen als zwei divergente Zweige einerseits die Urschweine oder Anthrakotherien, welche zu den Schweinen und Flußpferden, andrerseits die Urwiederkäuer (Proruminantia), welche zu den Wiederkäuern hinüberführten (Oreodontien und Xiphodontien). An diese ältesten Wiederkäuer (Ruminantia) schließen sich zunächst die Urhirsche oder Dremotherien an, denen unter den lebenden die Traguliden am nächsten stehen, und aus denen vielleicht als zwei divergente Zweige die Hirschförmigen (Elaphia) und die Hohlhörnigen (Cavicornia) sich entwickelt haben.

Einen sehr eigenthümlichen, schon von der Wurzel des Wiederkäuer-Stammes abgezweigten Seitenast bilden die Kamelthiere (Tylopoda), deren Stammbaum von den Poëbrotherien aufwärts sich Schritt für Schritt verfolgen läßt, wie bei den Pferden. Wie sich die zahlreichen Familien der Hufthiere dieser genealogischen Hypothese entsprechend gruppiren, zeigt Ihnen die nachstehende systematische Uebersicht.

Aus Hufthieren, welche sich an das ausschließliche Leben im Wasser gewöhnten, und dadurch fischähnlich umbildeten, ist wahrscheinlich die merkwürdige Legion der Walthiere (Cetomorpha) entsprungen. Obwohl diese Thiere äußerlich manchen echten Fischen sehr ähnlich erscheinen, sind sie dennoch wirkliche Säugethiere.

Stammbaumlinie der Pferde.

[N.B. Diese Tabelle zeigt, wie der einzehige Fuß der heutigen Pferde durch Rückbildung aus dem dreizehigen Fuß der miocenen Mittelpferde, und dieser aus dem fünfzehigen Fuß der ältesten eocenen Perissodactylen hervorgegangen ist. Alle Zwischenstufen sind versteinert in Nordamerika gefunden.]

Pferde-Gattung	Tertiärschicht	Vorderbein	Hinterbein
Lebendes Pferd *Equus*	**Gegenwart und Quartärzeit**	1 Zehe	1 Zehe
Ober-Pliocenes Pferd *Pliohippus*	**Ober-Pliocen**	1 Hauptzehe und 2 Nebenzehen	1 Zehe
Unter-Pliocenes Pferd *Protohippus* (Hipparion)	**Unter-Pliocen**	1 Hauptzehe und 2 Nebenzehen	1 Hauptzehe und 2 Nebenzehen
Ober-Miocenes Pferd *Miohippus* (Anchitherium)	**Ober-Miocen**	3 Zehen, mittlerer größer	3 Zehen, mittlerer größer
Unter-Miocenes Pferd *Mesohippus*	**Unter-Miocen**	3 Zehen	3 Zehen
Ober-Eocenes Pferd *Orohippus*	**Ober-Eocen**	4 Zehen	3 Zehen
Urpferd (Stammform der Pferde) *Eohippus*	**Mittel-Eocen**	4 Zehen und 1 rudiment.	3 Zehen
Stammform der Pferdelinie *Hippodon*	**Unter-Eocen**	5 Zehen, mittlerer größer	4 Zehen
Stammform aller Hufthiere *Coryphodon*	**Unterstes Eocen** (und Kreide?)	5 Zehen fast von gleicher Größe	5 Zehen fast von gleicher Größe

Die Walthiere stehen durch ihren gesammten inneren Bau, sofern derselbe nicht durch Anpassung an das Wasserleben bedeutend verändert ist, den Hufthieren von allen übrigen bekannten Säugethieren am nächsten, und theilen namentlich mit ihnen den Mangel der Decidua und der zottenförmigen Placenta. Noch heute bildet das Flußpferd (Hippopotamus) eine Art von Uebergangsform zu den Seerindern (Sirenia). Sicher darf man demnach annehmen, daß wenigstens die Ordnung der Seerinder (Sirenia) oder die pflanzenfressenden Walthiere unmittelbar aus einem Zweige der Hufthiere hervorgegangen sind. Dagegen ist die Ordnung der fleischfressenden Walthiere, die Cetacea, wahrscheinlich anderen Ursprungs. Sie scheinen von demselben Zweige der Placentalien abzustammen, der auch den Raubthieren den Ursprung gegeben hat. Wenigstens scheinen eine vermittelnde Uebergangsform zwischen Beiden die ausgestorbenen riesigen Zeuglodonten (Zeugloceta) zu bilden, deren fossile Skelete vor einiger Zeit als angebliche „Seeschlangen" (Hydrarchus) großes Aufsehen erregten. Aus diesen Zeuglodonten, die sich an die Seeraubthiere (Pinnipedia) eng anschließen, sind vielleicht zunächst die Delphine (Delphinaria) und aus diesen später die colossalen Bartenwale (Balaenaria), die größten Thiere der Gegenwart, hervorgegangen.

Eine sehr isolirt stehende Säugethier-Gruppe bildet die seltsame Legion der Zahnarmen (Edentata). Sie ist aus den beiden, wahrscheinlich nicht nahe verwandten Ordnungen der Scharrthiere und der Faulthiere zusammengesetzt. Die Ordnung der Scharrthiere (Effodienta) besteht aus den beiden Unterordnungen der Ameisenfresser (Vermilinguia), zu denen auch die Schuppenthiere gehören, und der Gürtelthiere (Cingulata), die früher durch die riesigen Glyptodonten vertreten waren. Die Ordnung der Faulthiere (Bradypoda) besteht aus den beiden Unterordnungen der kleinen jetzt noch lebenden Zwergfaulthiere (Tardigrada) und der ausgestorbenen schwerfälligen Riesenfaulthiere (Gravigrada). Die ungeheuren versteinerten Reste dieser colossalen Pflanzenfresser deuten darauf hin,

Systematische Uebersicht
der Ordnungen und Familien der Hufthiere.

(N.B. Die ausgestorbenen Familien sind durch ein † bezeichnet.)

Ordnung	Unterordnungen der Hufthiere	Sectionen der Hufthiere	Familien der Hufthiere	Systematischer Name der Familien
Unpaarzehige Perissodactyla	I. Urhufthiere Protochela	I. Stammhufthiere *Protungulata*	1. Urunpaarhufer	† Coryphodontia
			2. Lophiodonten	† Lophiodontia
		II. Nashornthiere *Nasicornia*	3. Brontotherien	† Brontotherida
			4. Zahnhörner	† Dinocerata
			5. Nashörner	Rhinocerata
			6. Nashornpferde	† Elasmotherida
	II. Tapirpferde Hippotapiri	III. Tapirthiere *Tapiromorpha*	7. Paläotherien	† Palaeotherida
			8. Tapire	Tapirida
			9. Lamatapire	† Macrauchenida
		IV. Pferdethiere *Hippomorpha*	10. Urpferde	† Hippodontia
			11. Mittelpferde	† Anchitherida
			12. Pferde	Equina
Paarzehige Hufthiere. Artiodactyla	III. Schweinförmige Choeromorpha (oder Hügelzähnige, Bunodontia)	V. Schweinthiere *Setigera*	13. Urpaarhufer	† Anoplotherida
			14. Urschweine	† Anthracotherida
			15. Schweine	Suillida
		VI. Plumpthiere *Obesa*	16. Schweinpferde	† Choeropotamida
			17. Flußpferde	Hippopotamida
	IV. Wiederkäuer Ruminantia (oder Mondzähnige, Selenodontia)	VII. Urwiederkäuer *Proruminantia*	18. Oreodontien	† Oreodontia
			19. Xiphodontien	† Xiphodontia
			20. Dremotherien	† Dremotherida
			21. Moschushirsche	Tragulida
		VIII. Hirschthiere *Elaphia*	22. Moschusthiere	Moschida
			23. Hirsche	Cervina
			24. Urgiraffen	† Sivatherida
			25. Giraffen	Devexa
		IX. Hohlhörner *Cavicornia*	26. Urgazellen	† Antilocaprina
			27. Gazellen	Antilopina
			28. Ziegen	Caprina
			29. Schafe	Ovina
			30. Rinder	Bovina
		X. Kamelthiere *Tylopoda*	31. Urkamele	† Poëbrotherida
			32. Altkamele	† Procamelida
			33. Lamas	Auchenida
			34. Kamele	Camelida

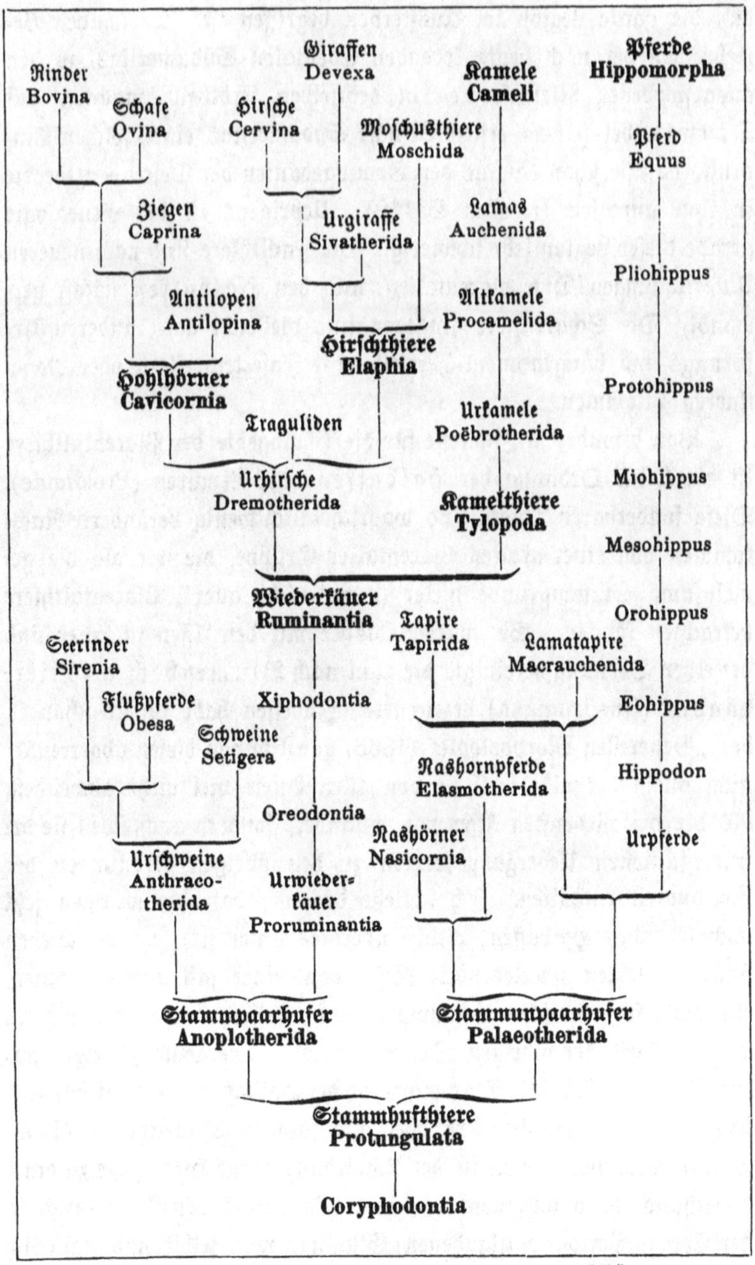
Rinder
Bovina
Schafe
Ovina
Giraffen
Devexa
Hirsche
Cervina
Kamele
Cameli
Pferde
Hippomorpha
Moschusthiere
Moschida
Pferd
Equus
Ziegen
Caprina
Urgiraffe
Sivatherida
Lamas
Auchenida
Pliohippus
Antilopen
Antilopina
Altkamele
Procamelida
Hirschthiere
Elaphia
Hohlhörner
Cavicornia
Protohippus
Traguliden
Urkamele
Poëbrotherida
Urhirsche
Dremotherida
Miohippus
Kamelthiere
Tylopoda
Mesohippus
Wiederkäuer
Ruminantia
Orohippus
Tapire
Tapirida
Seerinder
Sirenia
Lamatapire
Macrauchenida
Flußpferde
Obesa
Xiphodontia
Eohippus
Schweine
Setigera
Nashornpferde
Elasmotherida
Hippodon
Oreodontia
Nashörner
Nasicornia
Urpferde
Urschweine
Anthraco-
therida
Urwieder-
käuer
Proruminantia
Stammpaarhufer
Anoplotherida
Stammunpaarhufer
Palaeotherida
Stammhufthiere
Protungulata
Coryphodontia

daß die ganze Legion im Aussterben begriffen ist. Die nahen Beziehungen der noch heute lebenden Edentaten Südamerikas zu den ausgestorbenen Riesenformen in demselben Erdtheil, machten auf Darwin bei seinem ersten Besuche Südamerikas einen solchen Eindruck, daß sie schon damals den Grundgedanken der Descendenztheorie in ihm anregten (s. oben S. 119). Uebrigens ist die Genealogie gerade dieser Legion sehr schwierig. Die Faulthiere sind nach neueren Untersuchungen Discoplacentalien, und den Halbaffen nächst verwandt. Die Scharrthiere hingegen sind vielleicht ganz anderen Ursprungs und hängen möglicherweise mit Insectenfressern oder Nagethieren zusammen.

Von besonderem Interesse für die Phylogenie der Placentalthiere ist die kleine Ordnung der Halbaffen oder Lemuren (Prosimiae). Diese sonderbaren Thiere sind wahrscheinlich wenig veränderte Nachkommen von einer uralten Placentalien-Gruppe, die wir als die gemeinsame Stammgruppe vieler (wenn nicht aller!) Placentalthiere betrachten können. Sie wurden bisher mit den Affen in einer und derselben Ordnung vereinigt, die man nach Blumenbach als Vierhänder (Quadrumana) bezeichnete. Indessen habe ich sie schon in der „Generellen Morphologie" (1866) gänzlich von diesen abgetrennt; nicht allein deshalb, weil sie von allen Affen viel mehr abweichen, als die verschiedensten Affen von einander, sondern auch, weil sie die interessantesten Uebergangsformen zu den übrigen Ordnungen der Deciduaten enthalten. Ich schließe daraus, daß die wenigen jetzt noch lebenden Halbaffen, welche überdies unter sich sehr verschieden sind, die letzten überlebenden Reste von einer fast ausgestorbenen, einstmals formenreichen Stammgruppe darstellen, aus welcher sich ein großer Theil der übrigen Deciduaten als divergente Zweige entwickelt haben. Die alte Stammgruppe der Halbaffen selbst hat sich vielleicht aus den Handbeutlern oder affenfüßigen Beutelthieren (Pedimana) entwickelt, welche in der Umbildung ihrer Hinterfüße zu einer Greifhand ihnen auffallend gleichen. Die uralten (wahrscheinlich in der Eocaen-Periode entstandenen) Stammformen selbst sind natürlich längst ausgestorben, ebenso die allermeisten Uebergangsformen zwischen denselben und den übrigen Deciduaten-Ordnungen. Aber einzelne Reste der letzteren haben sich in den noch heute lebenden Halbaffen erhalten. Unter diesen bildet das merkwürdige Fingerthier von Madagaskar (Chiromys madagascariensis) den Rest der Leptodactylen-Gruppe und den Uebergang zu den Nagethieren. Der seltsame Pelzflatterer der Südsee-Inseln und Sunda-Inseln (Galeopithecus), das einzige Ueberbleibsel der Ptenopleuren-Gruppe, ist eine vollkommene Zwischenstufe zwischen den Halbaffen und Flederthieren. Die Langfüßer (Tarsius, Otolicnus) bilden den letzten Rest eines Stammzweiges (Macrotarsi), der zu den Insectenfressern hinüberführt. Die Kurzfüßer endlich (Brachytarsi) vermitteln den Anschluß an die echten Affen. Zu den Kurzfüßern gehören die langschwänzigen Maki (Lemur), und die kurzschwänzigen Indri (Lichanotus) und Lori (Stenops), von denen namentlich die letzteren sich den vermuthlichen Vorfahren des Menschen unter den Halbaffen sehr nahe anzuschließen scheinen. Sowohl die Kurzfüßer als die Langfüßer leben weit zerstreut auf den Inseln des südlichen Asiens und Afrikas, namentlich auf Madagaskar, einige auch auf dem afrikanischen Festlande. Kein Halbaffe ist bisher lebend oder fossil in Amerika gefunden. Alle führen eine einsame, nächtliche Lebensweise und klettern auf Bäumen umher (vergl. S. 321).

Die umfangreichste unter allen Placentalien-Gruppen ist diejenige der Laubfresser oder Schneidezähnigen (Trogontia), unter welchem Namen wir hier die Nagethiere (Rodentia) und Scheinhufthiere (Chelophora) vereinigen. Auf einer sehr niedrigen Stufe der Ausbildung ist die formenreiche Ordnung der Nagethiere (Rodentia) stehen geblieben. Unter diesen stehen die Eichhornartigen (Sciuromorpha) den Fingerthieren am nächsten. Aus dieser Stammgruppe haben sich wahrscheinlich als zwei divergente Zweige die Mäuseartigen (Myomorpha) und die Stachelschweinartigen (Hystrichomorpha) entwickelt, von denen jene durch eocaene Myoxiden, diese durch eocaene Psammoryctiden unmittelbar mit den Eichhornartigen zusammenhängen. Die vierte Unterordnung, die Hasenartigen (Lagomorpha), haben sich wohl erst später aus einer von jenen drei Unterordnungen entwickelt.

An die Nagethiere schließt sich sehr eng die merkwürdige Ordnung der Scheinhufer (Chelophora) an. Von diesen leben heutzutage nur noch zwei, in Asien und Afrika einheimische Gattungen, nämlich die Elephanten (Elephas) und die Klippdasse (Hyrax). Beide wurden bisher gewöhnlich zu den echten Hufthieren oder Ungulaten gestellt, mit denen sie in der Hufbildung der Füße übereinstimmen. Allein eine gleiche Umbildung der ursprünglichen Nägel oder Krallen zu Hufen findet sich auch bei echten Nagethieren, und gerade unter diesen Hufnagethieren (Subungulata), welche ausschließlich Südamerika bewohnen, finden sich neben kleineren Thieren (z. B. Meerschweinchen und Goldhasen) auch die größten aller Nagethiere, die gegen vier Fuß langen Wasserschweine (Hydrochoerus capybara). Die Klippdasse, welche auch äußerlich den Nagethieren, namentlich den Hufnagern sehr ähnlich sind, wurden bereits früher von einigen berühmten Zoologen als eine besondere Unterordnung (Lamnunguia) wirklich zu den Nagethieren gestellt. Dagegen betrachtete man die Elephanten, falls man sie nicht zu den Hufthieren rechnete, gewöhnlich als Vertreter einer besonderen Ordnung, welche man Rüsselthiere (Proboscidea) nannte. Nun stimmen aber die Elephanten und Klippdasse merkwürdig in der Bildung ihrer Placenta überein, und entfernen sich dadurch jedenfalls gänzlich von den Hufthieren. Diese letzteren besitzen niemals eine Decidua, während Elephant und Hyrax echte Deciduaten sind. Allerdings ist die Placenta derselben nicht scheibenförmig, sondern gürtelförmig, wie bei den Raubthieren. Allein es ist leicht möglich, daß sich die gürtelförmige Placenta erst secundär aus der scheibenförmigen entwickelt hat. In diesem Falle könnte man daran denken, daß die Scheinhufer aus einem Zweige der Nagethiere, und ähnlich vielleicht die Raubthiere aus einem Zweige der Insectenfresser sich entwickelt haben. Jedenfalls stehen die Elephanten und die Klippdasse auch in anderen Beziehungen, namentlich in der Bildung wichtiger Skelettheile, der Gliedmaßen u. s. w., den Nagethieren und namentlich den Hufnagern, näher als den echten Hufthieren. Dazu kommt noch, daß mehrere ausgestorbene Formen in mancher Beziehung zwischen Elephanten und Nagethieren in der Mitte stehen. Daß die noch jetzt lebenden Elephanten und Klippdasse nur die letzten Ausläufer von einer einstmals formenreichen Gruppe von Scheinhufern sind, wird nicht allein durch die sehr zahlreichen versteinerten Arten von Elephant und Mastodon bewiesen (unter denen manche noch größer, manche aber auch viel kleiner, als die jetzt lebenden Elephanten sind), sondern auch durch die merkwürdigen miocaenen Dinotherien (Gonyognatha), zwischen denen und den nächstverwandten Elephanten noch eine lange Reihe von unbekannten verbindenden Zwischenformen liegen muß. Auch die merkwürdigen ausgestorbenen Tillodontien (Tillotheriae) und Toxodontien (Toxodon) haben wahrscheinlich zu derselben Ordnung der Chelophoren gehört. Alles zusammengenommen ist heutzutage die wahrscheinlichste von allen Hypothesen, die man sich über die Entstehung und die Verwandtschaft dieser Chelophoren bilden kann, daß dieselben die letzten Ueberbleibsel einer formenreichen Gruppe sind, die sich aus den Nagethieren, und zwar wahrscheinlich aus Verwandten der Subungulaten, entwickelt hatte.

In ähnlicher Weise, wie die beiden pflanzenfressenden Ordnungen der Trogontien, die Rodentien und Chelophoren, verhalten sich zueinander die beiden fleischfressenden Ordnungen der Insectenfresser und Raubthiere, die wir in der Legion der Fleischfresser (Carnassia) vereinigen. Die Ordnung der Insectenfresser (Insectivora) ist eine sehr alte Gruppe, welche der gemeinsamen ausgestorbenen Stammform der Deciduaten, und also auch den heutigen Halbaffen, nächstverwandt erscheint. Sie hat sich wahrscheinlich aus Halbaffen entwickelt, welche den heute noch lebenden Langfüßern (Macrotarsi) nahe standen. Sie spaltet sich in zwei Ordnungen, Menotyphla und Lipotyphla. Von diesen sind die älteren wahrscheinlich die Menotyphlen, welche sich durch den Besitz eines Blinddarms oder Typhlon von den Lipotyphlen unterscheiden. Zu den Menotyphlen gehören die kletternden Tupajas der Sunda-Inseln und die springenden Macroscelides Afrikas. Die Lipotyphlen sind bei uns durch die Spitzmäuse, Maulwürfe und Igel vertreten. Durch Gebiß und Lebensweise schließen sich die Insectenfresser mehr den Raubthieren, durch die scheibenförmige Placenta und die großen Samenblasen dagegen mehr den Nagethieren an.

Ebenfalls schon im Beginn der Eocaen-Zeit erscheint neben den Insectenfressern die nahe verwandte Ordnung der Raubthiere (Carnivora). Das ist eine sehr formenreiche, aber doch sehr einheitlich organisirte und natürliche Gruppe. Die Raubthiere werden wohl auch Gürtelplacentner (Zonoplacentalia) im engeren Sinne genannt, obwohl eigentlich gleicherweise die Scheinhufer oder Chelophoren diese Bezeichnung verdienen. Sie zerfallen in zwei, äußerlich sehr verschiedene, aber innerlich nächstverwandte Unterordnungen, die Landraubthiere und die Seeraubthiere. Zu den Landraubthieren (Ferae oder Fissipedia) gehören die Bären, Hunde, Katzen u. s. w., deren Stammbaum sich mit Hülfe vieler ausgestorbener Zwischenformen annähernd errathen läßt. Zu den Seeraubthieren oder Robben (Pinnipedia) gehören die Seebären, Seelöwen, Seehunde, und als eigenthümlich angepaßte Seitenlinie die Walrosse oder Walrobben. Obwohl die Seeraubthiere äußerlich den Landraubthieren sehr unähnlich erscheinen, sind sie denselben dennoch durch ihren inneren Bau, ihr Gebiß und ihre eigenthümliche, gürtelförmige Placenta nächst verwandt und offenbar aus einem Zweige derselben, vermuthlich den Marderartigen (Mustelina) hervorgegangen. Noch heute bilden unter den letzteren die Fischottern (Lutra) und noch mehr die Seeottern (Enhydris) eine unmittelbare Uebergangsform zu den Robben, und zeigen uns deutlich, wie der Körper der Landraubthiere durch Anpassung an das Leben im Wasser robbenähnlich umgebildet wird, und wie aus den Gangbeinen der ersteren die Ruderflossen der Seeraubthiere entstanden sind. Die letzteren verhalten sich demnach zu den ersteren ganz ähnlich wie unter den Indeciduen die Sirenien zu den Hufthieren. In gleicher Weise wie das Flußpferd noch heute zwischen den extremen Zweigen der Rinder und der Seerinder in der Mitte steht, bildet die Seeotter noch heute eine übriggebliebene Zwischenstufe zwischen den weit entfernten Zweigen der Hunde und der Seehunde. Hier wie dort hat die gänzliche Umgestaltung der äußeren Körperform, welche durch Anpassung an ganz verschiedene Lebensbedingungen bewirkt wurde, die tiefe Grundlage der erblichen inneren Eigenthümlichkeiten nicht zu verwischen vermocht.

An der Spitze aller Säugethiere, und somit der Wirbelthiere überhaupt, steht die höchst entwickelte Legion der Affenthiere oder der „Oberherrn" des Thierreichs, Primates. Unter diesem Namen vereinigte schon Linné vor mehr als einem Jahrhundert die vier Ordnungen der Halbaffen, Fledermäuse, Affen und Menschen („Vespertilio, Lemur, Simia, Homo"). An die Halbaffen (Lemures oder Prosimiae), die wir schon besprochen haben, schließt sich unmittelbar die merkwürdige Ordnung der fliegenden Säugethiere oder Flederthiere an (Chiroptera). Sie hat sich durch Anpassung an fliegende Lebensweise in ähnlicher Weise auffallend umgebildet, wie die Seeraubthiere durch Anpassung an schwimmende Lebensweise. Wahrscheinlich hat auch diese Ordnung ihre Wurzel in den Halbaffen, mit denen sie noch heute durch die Pelzflatterer (Galeopithecus) eng verbunden ist. Von den beiden Unterordnungen der Flederthiere haben sich vermuthlich die insectenfressenden oder Fledermäuse (Nycterides) erst später aus den früchtefressenden oder Flederhunden (Pterocynes) entwickelt; denn die letzteren stehen in mancher Beziehung den Halbaffen noch näher als die ersteren.

Als letzte Säugethierordnung hätten wir nun endlich noch die echten Affen (Simiae) zu besprechen. Da aber im zoologischen Systeme zu dieser Ordnung auch das Menschengeschlecht gehört, und da dasselbe sich aus einem Zweige dieser Ordnung ohne allen Zweifel historisch entwickelt hat, so wollen wir die genauere Untersuchung ihres Stambaumes und ihrer Geschichte einem besonderen Vortrage vorbehalten.

Zweiundzwanzigster Vortrag.

Ursprung und Stammbaum des Menschen.

Die Anwendung der Descendenztheorie auf den Menschen. Unermeßliche Bedeutung und logische Nothwendigkeit derselben. Stellung des Menschen im natürlichen System der Thiere, insbesondere unter den discoplacentalen Säugethieren. Unberechtigte Trennung der Vierhänder und Zweihänder. Berechtigte Trennung der Halbaffen von den Affen. Stellung des Menschen in der Ordnung der Affen. Schmalnasen (Affen der alten Welt) und Plattnasen (amerikanische Affen). Unterschiede beider Gruppen. Entstehung des Menschen aus Schmalnasen. Menschenaffen oder Anthropoiden. Afrikanische Menschenaffen (Gorilla und Schimpanse). Asiatische Menschenaffen (Orang und Gibbon). Vergleichung der verschiedenen Menschenaffen und der verschiedenen Menschenrassen. Ueberſicht der Ahnenreihe des Menschen: Wirbellose Ahnen und Wirbelthier-Ahnen.

Meine Herren! Von allen einzelnen Fragen, welche durch die Abstammungslehre beantwortet werden, von allen besonderen Folgerungen, die wir aus derselben ziehen müssen, ist keine einzige von solcher Bedeutung, als die Anwendung dieser Lehre auf den Menschen selbst. Wie ich schon im Beginn dieser Vorträge (S. 6) hervorgehoben habe, müssen wir aus dem allgemeinen Inductionsgesetze der Descendenztheorie mit der unerbittlichen Nothwendigkeit strengster Logik den besonderen Deductionsschluß ziehen, daß der Mensch sich aus niederen Wirbelthieren, und zunächst aus affenartigen Säugethieren allmählich und schrittweise entwickelt hat. Daß diese Lehre ein unzertrennlicher Bestandtheil der Abstammungslehre, und somit auch der allgemeinen Entwickelungstheorie überhaupt ist, das wird ebenso von allen denkenden Anhängern, wie von allen folgerichtig schließenden Gegnern derselben anerkannt.

Wenn diese Lehre aber wahr ist, so wird die Erkenntniß vom thierischen Ursprung und Stammbaum des Menschengeschlechts nothwendig tiefer, als jeder andere Fortschritt des menschlichen Geistes, in die Beurtheilung aller menschlichen Verhältnisse und zunächst in das Getriebe aller menschlichen Wissenschaften eingreifen. Sie muß früher oder später eine vollständige Umwälzung in der ganzen Weltanschauung der Menschheit hervorbringen. Ich bin der festen Ueberzeugung, daß man in Zukunft diesen unermeßlichen Fortschritt in der Erkenntniß als Beginn einer neuen Entwickelungsperiode der Menschheit feiern wird. Er läßt sich nur vergleichen mit dem Schritte des Copernicus, der zum ersten Male klar auszusprechen wagte, daß die Sonne sich nicht um die Erde bewege, sondern die Erde um die Sonne. Ebenso wie durch das Weltsystem des Copernicus und seiner Nachfolger die geocentrische Weltanschauung des Menschen umgestoßen wurde, die falsche Ansicht, daß die Erde der Mittelpunkt der Welt sei, und daß sich die ganze übrige Welt um die Erde drehe, ebenso wird durch die, schon von Lamarck versuchte Anwendung der Descendenztheorie auf den Menschen die anthropocentrische Weltanschauung umgestoßen, der eitle Wahn, daß der Mensch der Mittelpunkt der irdischen Natur und das ganze Getriebe derselben nur dazu da sei, um dem Menschen zu dienen. In gleicher Weise, wie das Weltsystem des Copernicus durch Newton's Gravitationstheorie mechanisch begründet wurde, sehen wir später die Descendenztheorie des Lamarck durch Darwin's Selectionstheorie ihre ursächliche Begründung erlangen. Ich habe diesen in mehrfacher Hinsicht lehrreichen Vergleich in meinen Vorträgen „über die Entstehung und den Stammbaum des Menschengeschlechts" weiter ausgeführt[50].

Um nun diese äußerst wichtige Anwendung der Abstammungslehre auf dem Menschen mit der unentbehrlichen Unparteilichkeit und Objectivität durchzuführen, muß ich Sie vor Allem bitten, sich (für kurze Zeit wenigstens) aller hergebrachten und allgemein üblichen Vorstellungen über die „Schöpfung des Menschen“ zu entäußern, und die tief eingewurzelten Vorurtheile abzustreifen, welche uns über diesen Punkt schon in frühester Jugend eingepflanzt werden. Wenn Sie dies nicht thun, können Sie nicht objectiv das Gewicht der wissenschaftlichen Beweisgründe würdigen, welche ich Ihnen für die thierische Abstammung des Menschen, für seine Entstehung aus affenähnlichen Säugethieren anführen werde. Wir können hierbei nichts besseres thun, als mit Huxley uns vorzustellen, daß wir Bewohner eines anderen Planeten wären, die bei Gelegenheit einer wissenschaftlichen Weltreise auf die Erde gekommen wären, und da ein sonderbares zweibeiniges Säugethier, Mensch genannt, in großer Anzahl über die ganze Erde verbreitet, angetroffen hätten. Um dasselbe zoologisch zu untersuchen, hätten wir eine Anzahl von Individuen desselben, in verschiedenem Alter und aus verschiedenen Ländern, gleich den anderen auf der Erde gesammelten Thieren in ein großes Faß mit Weingeist gepackt, und nähmen nun nach unserer Rückkehr auf den heimischen Planeten ganz objectiv die vergleichende Anatomie aller dieser erdbewohnenden Thiere vor. Da wir gar kein persönliches Interesse an dem, von uns selbst gänzlich verschiedenen Menschen hätten, so würden wir ihn ebenso unbefangen und objectiv wie die übrigen Thiere der Erde untersuchen und beurtheilen. Dabei würden wir uns selbstverständlich zunächst aller Ansichten und Muthmaßungen über die Natur seiner Seele enthalten oder über die geistige Seite seines Wesens, wie man es gewöhnlich nennt. Wir beschäftigen uns vielmehr zunächst nur mit der körperlichen Seite und derjenigen natürlichen Auffassung derselben, welche uns durch die Entwickelungsgeschichte an die Hand gegeben wird.

Offenbar müssen wir hier zunächst, um die Stellung des Menschen unter den übrigen Organismen der Erde richtig zu bestimmen, wieder den unentbehrlichen Leitfaden des natürlichen Systems in die Hand nehmen. Wir müssen möglichst scharf und genau die Stellung zu bestimmen suchen, welche dem Menschen im natürlichen System der

Thiere zukömmt. Dann können wir, wenn überhaupt die Descendenztheorie richtig ist, aus der Stellung im System wiederum auf die wirkliche Stammverwandtschaft zurückschließen und den Grad der Blutsverwandtschaft bestimmen, durch welchen der Mensch mit den menschenähnlichen Thieren zusammenhängt. Der hypothetische Stammbaum des Menschengeschlechts wird sich uns dann als das Endresultat dieser vergleichend-anatomischen und systematischen Untersuchung ganz von selbst ergeben.

Wenn Sie nun auf Grund der vergleichenden Anatomie und Ontogenie die Stellung des Menschen in dem natürlichen System der Thiere aufsuchen, mit welchem wir uns in den beiden letzten Vorträgen beschäftigten, so tritt Ihnen zunächst die unumstößliche Thatsache entgegen, daß der Mensch dem Stamm oder Phylum der **Wirbelthiere** angehört. Alle körperlichen Eigenthümlichkeiten, durch welche sich alle Wirbelthiere so auffallend von allen Wirbellosen unterscheiden, besitzt auch der Mensch. Eben so wenig ist es jemals zweifelhaft gewesen, daß unter allen Wirbelthieren die **Säugethiere** dem Menschen am nächsten stehen, und daß er alle charakteristischen Merkmale besitzt, durch welche sich die Säugethiere vor allen übrigen Wirbelthieren auszeichnen. Wenn Sie dann weiterhin die drei verschiedenen Hauptgruppen oder Unterclassen der Säugethiere in's Auge fassen, deren gegenseitiges Verhältniß wir im letzten Vortrage erörterten, so kann nicht der geringste Zweifel darüber obwalten, daß der Mensch zu den **Placentalthieren** gehört, und alle die wichtigen Eigenthümlichkeiten mit den übrigen Placentalien theilt, durch welche sich diese von den Beutelthieren und von den Kloakenthieren unterscheiden. Endlich ist von den beiden Hauptgruppen der Placentalthiere, Deciduaten und Indeciduen, die Gruppe der **Deciduaten** zweifelsohne diejenige, welche auch den Menschen umfaßt. Denn der menschliche Embryo entwickelt sich mit einer echten Decidua, und unterscheidet sich dadurch wesentlich von allen Decidualosen. Unter den Deciduathieren haben wir als zwei Legionen die Zonoplacentalien mit gürtelförmiger Placenta (Raubthiere und Scheinhufer) und die Discoplacentalien mit scheibenförmiger Placenta (alle übrigen Deciduaten) unterschieden. Der Mensch besitzt eine scheibenförmige Placenta, gleich allen anderen Discoplacentalien, und wir würden nun also zunächst die Frage zu beantworten haben, welche Stellung der Mensch in dieser Gruppe einnimmt.

Im letzten Vortrage hatten wir folgende fünf Ordnungen von Discoplacentalien unterschieden: 1) die Halbaffen; 2) die Nagethiere; 3) die Insectenfresser; 4) die Flederthiere; 5) die Affen. Wie Jeder von Ihnen weiß, steht von diesen fünf Ordnungen die letzte, diejenige der Affen, dem Menschen in jeder körperlichen Beziehung weit näher, als die vier übrigen. Es kann sich daher nur noch um die Frage handeln, ob man im System der Säugethiere den Menschen geradezu in die Ordnung der echten Affen einreihen, oder ob man ihn neben und über derselben als Vertreter einer besonderen sechsten Ordnung der Discoplacentalien betrachten soll.

Linné vereinigte in seinem System den Menschen mit den echten Affen, den Halbaffen und den Fledermäusen in einer und derselben Ordnung, welche er Primates nannte, d. h. Oberherrn, gleichsam die höchsten Würdenträger des Thierreichs. Der Göttinger Anatom Blumenbach dagegen trennte den Menschen als eine besondere Ordnung unter dem Namen Bimana oder Zweihänder, indem er ihm die vereinigten Affen oder Halbaffen unter dem Namen Quadrumana oder Vierhänder entgegensetzte. Diese Eintheilung wurde auch von Cuvier und demnach von den allermeisten folgenden Zoologen angenommen. Erst 1863 zeigte Huxley in seinen vortrefflichen „Zeugnissen für die Stellung des Menschen in der Natur“ [27]), daß dieselbe auf falschen Ansichten beruhe, und daß die angeblichen „Vierhänder“ (Affen und Halbaffen) eben so gut „Zweihänder“ sind, wie der Mensch selbst. Der Unterschied des Fußes von der Hand beruht nicht auf der physiologischen Eigenthümlichkeit, daß die erste Zehe oder der Daumen den vier übrigen Fingern oder Zehen an der Hand entgegenstellbar ist, am Fuße dagegen nicht. Denn es giebt wilde Völkerstämme, welche die erste oder große Zehe den vier übrigen am Fuße ebenso gegenüber stellen können, wie an der Hand. Sie können also ihren „Greiffuß" ebenso gut als eine sogenannte „Hinterhand" benutzen, wie die Affen. Die chinesischen Bootsleute rudern, die bengalischen Handwerker weben mit dieser Hinterhand. Die Neger, bei denen die große Zehe besonders stark und frei beweglich ist, umfassen damit die Zweige, wenn sie auf Bäume klettern, gerade wie die „vierhändigen" Affen. Ja selbst die neugeborenen Kinder der höchstentwickelten Menschenrassen greifen in den ersten Monaten ihres Lebens noch eben so geschickt mit der „Hinterhand", wie mit der „Vorderhand", und halten einen hingereichten Löffel eben so fest mit der großen Zehe, wie mit dem Daumen! Auf der anderen Seite differenziren sich aber bei den höheren Affen, namentlich beim Gorilla, Hand und Fuß schon ganz ähnlich wie beim Menschen (vergl. Taf. IV, S. 363).

Der wesentliche Unterschied von Hand und Fuß ist also nicht ein physiologischer, sondern ein morphologischer, und ist durch den charakteristischen Bau des knöchernen Skelets und der sich daran ansetzenden Muskeln bedingt. Die Fußwurzelknochen sind wesentlich anders angeordnet, als die Handwurzelknochen, und den Fuß bewegen drei besondere Muskeln, welche der Hand fehlen (ein kurzer Beugemuskel, ein kurzer Streckmuskel und ein langer Wadenbeinmuskel). In allen diesen Beziehungen verhalten sich die Affen und Halbaffen genau so wie der Mensch, und es war daher vollkommen unrichtig, wenn man den Menschen von den ersteren als eine besondere Ordnung auf Grund seiner stärkeren Differenzirung von Hand und Fuß trennen wollte. Ebenso verhält es sich aber auch mit allen übrigen körperlichen Merkmalen, durch welche man etwa versuchen wollte, den Menschen von den Affen zu trennen, mit der relativen Länge der Gliedmaßen, dem Bau des Schädels, des Gehirns u. s. w. In allen diesen Beziehungen ohne Ausnahme sind die Unterschiede zwischen dem Menschen und den höheren Affen geringer, als die entsprechenden Unterschiede zwischen den höheren und den niederen Affen.

Auf Grund der sorgfältigsten und genauesten anatomischen Ver-

Systematische Uebersicht
der Familien und Gattungen der Affen.

Sectionen der Affen	Familien der Affen	Gattungen oder Genera der Affen	Systematischer Name der Genera
I. Affen der neuen Welt (Hesperopitheci) oder plattnasige Affen (Platyrhinae).			
A. Platyrhinen mit Krallen Arctopitheci	I. Seidenaffen *Hapalida*	1. Pinselaffe	1. Midas
		2. Löwenaffe	2. Jacchus
B. Platyrhinen mit Kuppennägeln Dysmopitheci	II. Plattnasen mit Schlappschwanz *Aphyocerca*	3. Eichhornaffe	3. Chrysothrix
		4. Springaffe	4. Callithrix
		5. Nachtaffe	5. Nyctipithecus
		6. Schweifaffe	6. Pithecia
	III. Plattnasen mit Greifschwanz *Labidocerca*	7. Rollaffe	7. Cebus
		8 Klammeraffe	8. Ateles
		9. Wollaffe	9. Lagothrix
		10. Brüllaffe	10. Mycetes
II. Affen der alten Welt (Heopitheci) oder schmalnasige Affen (Catarhinae).			
C. Geschwänzte Catarhinen Menocerca	IV. Geschwänzte Catarhinen mit Backentaschen *Ascoparea*	11. Pavian	11. Cynocephalus
		12. Makako	12. Inuus
		13. Meerkatze	13. Cercopithecus
	V. Geschwänzte Catarhinen ohne Backentaschen *Anasca*	14. Schlankaffe	14. Semnopithecus
		15. Stummelaffe	15. Colobus
		16. Nasenaffe	16. Nasalis
D. Schwanzlose Catarhinen Lipocerca	VI. Menschenaffen *Anthropoides*	17. Gibbon	17. Hylobates
		18. Orang	18. Satyrus
		19. Schimpanse	19. Engeco
		20. Gorilla	20. Gorilla
	VII. Menschen *Anthropi*	21. Affenmensch oder sprachloser Mensch	21 Pithecanthropus (Alalus)
		22. Sprechender Mensch	22. Homo

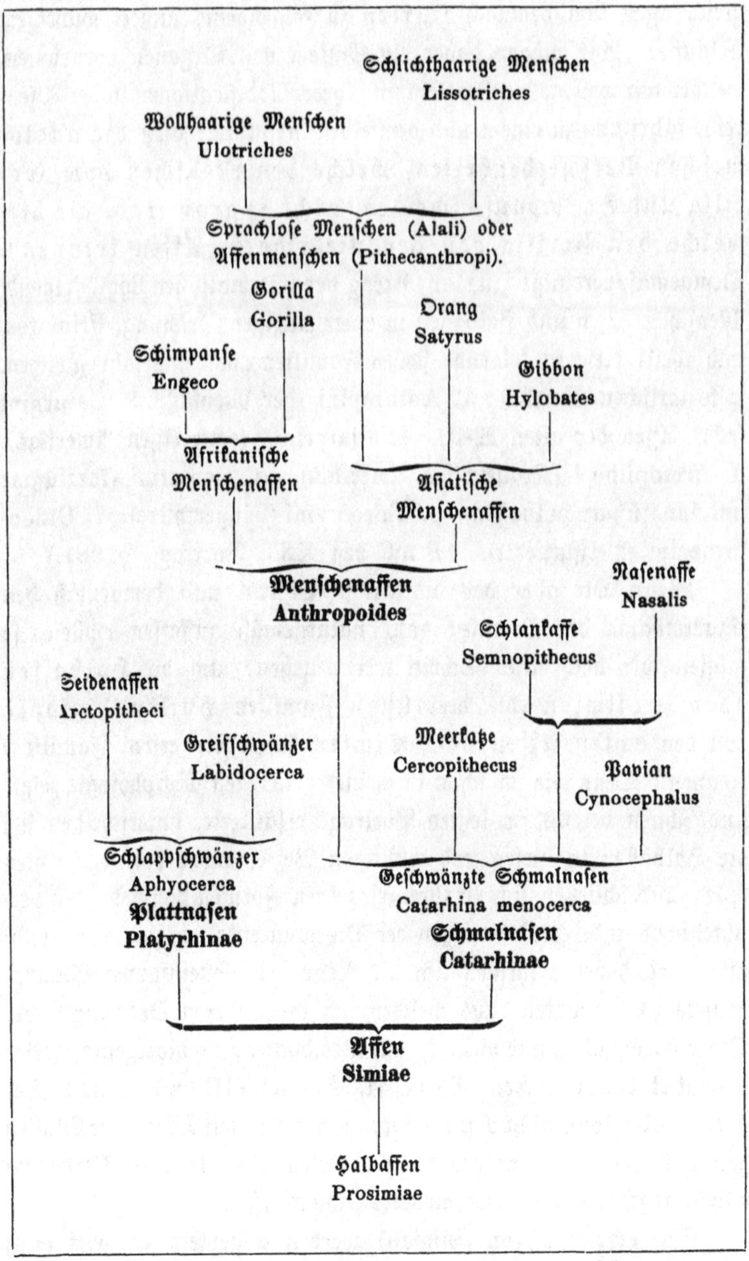
Schlichthaarige Menschen
Lissotriches
Wollhaarige Menschen
Ulotriches
Sprachlose Menschen (Alali) oder
Affenmenschen (Pithecanthropi).
Gorilla
Gorilla
Orang
Satyrus
Schimpanse
Engeco
Gibbon
Hylobates
Afrikanische
Menschenaffen
Asiatische
Menschenaffen
Menschenaffen
Anthropoides
Nasenaffe
Nasalis
Schlankaffe
Semnopithecus
Seidenaffen
Arctopitheci
Greifschwänzer
Labidocerca
Meerkatze
Cercopithecus
Pavian
Cynocephalus
Schlappschwänzer
Aphyocerca
Geschwänzte Schmalnasen
Catarhina menocerca
Plattnasen
Platyrhinae
Schmalnasen
Catarhinae
Affen
Simiae
Halbaffen
Prosimiae

gleichungen kam demnach Huxley zu folgendem, äußert wichtigem Schlusse: „Wir mögen daher ein System von Organen vornehmen, welches wir wollen, die Vergleichung ihrer Modificationen in der Affenreihe führt uns zu einem und demselben Resultate: daß die anatomischen Verschiedenheiten, welche den Menschen vom Gorilla und Schimpanse scheiden, nicht so groß sind, als die, welche den Gorilla von den niedrigeren Affen trennen". Demgemäß vereinigt Huxley, streng der systematischen Logik folgend, Menschen, Affen und Halbaffen in einer einzigen Ordnung, Primates, und theilt diese in folgende sieben Familien „von ungefähr gleichem systematischen Werthe": 1. Anthropini (der Mensch). 2. Catarhini (echte Affen der alten Welt). 3. Platyrhini (echte Affen Amerikas). 4. Arctopitheci (Krallenaffen Amerikas). 5. Lemurini (kurzfüßige und langfüßige Halbaffen). 6. Chiromyini (Fingerthiere). 7. Galeopithecini (Pelzflatterer). (Vergl. den XXI. Vortrag, S. 581.)

Wenn wir aber das natürliche System und demgemäß den Stammbaum der Privaten ganz naturgemäß auffassen wollen, so müssen wir noch einen Schritt weiter gehen, und die Halbaffen oder Prosimien (die drei letzten Familien Huxley's) gänzlich von den echten Affen oder Simien (den vier ersten Familien) trennen. Denn wie ich schon in meiner generellen Morphologie zeigte und Ihnen bereits im letzten Vortrage erläuterte, unterscheiden sich die Halbaffen in vielen und wichtigen Beziehungen von den echten Affen und schließen sich in ihren einzelnen Formen vielmehr den verschiedenen anderen Ordnungen der Discoplacentalien an. Die Halbaffen sind daher wahrscheinlich als Reste der gemeinsamen Stammgruppe zu betrachten, aus welcher sich die anderen Ordnungen der Discoplacentalien, und vielleicht alle Deciduaten, als divergente Zweige entwickelt haben. (Gen. Morph. II, S. CXLVIII und CLII.) Der Mensch aber kann nicht von der Ordnung der echten Affen oder Simien getrennt werden, da er den höheren echten Affen in jeder Beziehung näher steht, als diese den niederen echten Affen.

Die echten Affen (Simiae) werden allgemein in zwei ganz

natürliche Hauptgruppen getheilt, nämlich in die Affen der neuen Welt (amerikanische Affen) und in die Affen der alten Welt, welche in Asien und Afrika einheimisch sind, und früher auch in Europa vertreten waren. Diese beiden Abtheilungen unterscheiden sich namentlich in der Bildung der Nase und man hat sie danach benannt. Die amerikanischen Affen haben plattgedrückte Nasen, so daß die Nasenlöcher nach außen stehen, nicht nach unten; sie heißen deshalb Plattnasen (Platyrhinae). Dagegen haben die Affen der alten Welt eine schmale Nasenscheidewand und die Nasenlöcher sehen nach unten, wie beim Menschen; man nennt sie deshalb Schmalnasen (Catarhinae). Ferner ist das Gebiß, welches bekanntlich bei der Classification der Säugethiere eine hervorragende Rolle spielt, in beiden Gruppen charakteristisch verschieden. Alle Catarhinen oder Affen der alten Welt haben ganz dasselbe Gebiß, wie der Mensch, nämlich in jedem Kiefer, oben und unten, vier Schneidezähne, dann jederseits einen Eckzahn und fünf Backzähne, von denen zwei Lückenzähne und drei Mahlzähne sind, zusammen 32 Zähne. Dagegen alle Affen der neuen Welt, alle Platyrhinen, besitzen vier Backzähne mehr, nämlich drei Lückenzähne und drei Mahlzähne jederseits oben und unten. Sie haben also zusammen 36 Zähne. Nur eine kleine Gruppe bildet davon eine Ausnahme, nämlich die Krallenaffen (Arctopitheci), bei denen der dritte Mahlzahn verkümmert, und die demnach in jeder Kieferhälfte drei Lückenzähne und zwei Mahlzähne haben. Sie unterscheiden sich von den übrigen Platyrhinen auch dadurch, daß sie an den Fingern der Hände und den Zehen der Füße Krallen tragen, und keine Nägel, wie der Mensch und die übrigen Affen. Diese kleine Gruppe südamerikanischer Affen, zu welcher unter anderen die bekannten niedlichen Pinseläffchen (Midas) und Löwenäffchen (Jacchus) gehören, ist wohl nur als ein eigenthümlich entwickelter Seitenzweig der Platyrhinen aufzufassen.

Fragen wir nun, welche Resultate aus diesem System der Affen für den Stammbaum derselben folgen, so ergiebt sich daraus unmittelbar, daß sich alle Affen der neuen Welt aus einem Stamme entwickelt haben, weil sie alle das charakteristische Gebiß und die Nasenbildung der Platyrhinen besitzen. Eben so folgt daraus, daß alle Affen der alten Welt abstammen müssen von einer und derselben gemeinschaftlichen Stammform, welche die Nasenbildung und das Gebiß aller jetzt lebenden Catarhinen besaß. Ferner kann es kaum zweifelhaft sein, daß die Affen der neuen Welt, als ganzer Stamm genommen, entweder von denen der alten Welt abstammen, oder (unbestimmter und vorsichtiger ausgedrückt) daß Beide divergente Aeste eines und desselben Affenstammes sind. Für die Abstammung des Menschen folgt hieraus der unendlich wichtige Schluß, welcher auch für die Verbreitung des Menschen auf der Erdoberfläche die größte Bedeutung besitzt, daß der Mensch sich aus den Catarhinen entwickelt hat. Denn wir sind nicht im Stande, einen zoologischen Charakter aufzufinden, der den Menschen von den nächstverwandten Affen der alten Welt in einem höheren Grade unterschiede, als die entferntesten Formen dieser Gruppe unter sich verschieden sind. Es ist dies das wichtigste Resultat der sehr genauen vergleichend-anatomischen Untersuchungen Huxley's, welches nicht genau berücksichtigt werden kann. In jeder Beziehung sind die anatomischen Unterschiede zwischen dem Menschen und den menschenähnlichsten Catarhinen (Orang, Gorilla, Schimpanse) geringer, als die anatomischen Unterschiede zwischen diesen und den niedrigsten, tiefst stehenden Catarhinen, insbesondere den hundeähnlichen Pavianen. Dieses höchst bedeutsame Resultat ergiebt sich aus einer unbefangenen anatomischen Vergleichung der verschiedenen Formen von Catarhinen als unzweifelhaft.

Wenn wir also überhaupt, der Descendenztheorie entsprechend, das natürliche System der Thiere als Leitfaden unserer Betrachtung anerkennen, und darauf unseren Stammbaum begründen, so müssen wir nothwendig zu dem unabweislichen Schlusse kommen, daß das Menschengeschlecht ein Aestchen der Catarhinengruppe ist und sich aus längst ausgestorbenen Affen dieser Gruppe in der alten Welt entwickelt hat. Einige Anhänger der Descendenztheorie haben gemeint, daß die amerikanischen Menschen sich unabhängig von denen der alten Welt aus amerikanischen Affen entwickelt hättem. Diese Hypothese halte ich für ganz irrig. Denn die völlige Uebereinstimmung aller Menschen mit den Catarhinen in Bezug auf die charakteristische Bildung der Nase und des Gebisses beweist deutlich, daß sie eines Ursprungs sind, und sich aus einer gemeinsamen Wurzel erst entwickelt haben, nachdem die Platyrhinen oder amerikanischen Affen sich bereits von dieser abgezweigt hatten. Die amerikanischen Ureinwohner sind vielmehr, wie auch zahlreiche ethnographische Thatsachen beweisen, aus Asien, und theilweise vielleicht auch aus Polynesien (oder selbst aus Europa) eingewandert.

Einer genaueren Feststellung des menschlichen Stammbaums stehen gegenwärtig noch große Schwierigkeiten entgegen. Nur das läßt sich noch weiterhin behaupten, daß die nächsten Stammeltern des Menschengeschlechts schwanzlose Catarhinen (Lipocerca) waren, ähnlich den heute noch lebenden Menschenaffen, die sich offenbar erst später aus den geschwänzten Catarhinen (Menocerca), als der ursprünglicheren Affenform, entwickelt haben. Von jenen schwanzlosen Catarhinen, die jetzt auch häufig Menschenaffen oder Anthropoiden genannt werden, leben heutzutage noch vier verschiedene Gattungen mit ungefähr einem Dutzend verschiedener Arten. Der größte Menschenaffe ist der berühmte Gorilla (Gorilla engena oder Pongo gorilla genannt), welcher den Menschen an Größe und Stärke übertrifft, in der Tropenzone des westlichen Afrika einheimisch ist und am Flusse Gaboon erst 1847 von dem Missionär Savage entdeckt wurde. Diesem schließt sich als nächster Verwandter der längst bekannte Schimpanse an (Engeco troglodytes oder Pongo troglodytes), ebenfalls im westlichen und centralen Afrika einheimisch, aber bedeutend kleiner als der Gorilla. Der dritte von den drei großen menschenähnlichen Affen ist der auf Borneo und anderen Sunda-Inseln einheimische Orang oder Orang-Utang, von welchem man neuerdings zwei nahe verwandte Arten unterscheidet, den großen Orang (Satyrus orang oder Pithecus satyrus) und den kleinen Orang (Satyrus morio oder Pithecus morio). Endlich lebt noch im südlichen Asien die Gattung Gibbon (Hylobates), von welcher man 4—8 verschiedene Arten unterscheidet. Sie sind bedeutend kleiner als die drei erstgenannten Anthropoiden und entfernen sich in den meisten Merkmalen schon weiter vom Menschen.

Die schwanzlosen Menschenaffen haben neuerdings, namentlich seit der genaueren Bekanntschaft mit dem Gorilla und seit ihrer Verknüpfung mit der Anwendung der Descendenztheorie auf den Menschen ein so allgemeines Interesse erregt, und eine solche Fluth von Schriften hervorgerufen, daß ich hier keine Veranlassung finde, näher auf dieselben einzugehen. Was ihre Beziehungen zum Menschen betrifft, so finden Sie dieselben in den trefflichen Schriften von Huxley[26]), Carl Vogt[27]), Büchner[13]) und Rolle[28]) ausführlich erörtert. Ich beschränke mich daher auf die Mittheilung des wichtigsten allgemeinen Resultates, welches ihre allseitige Vergleichung mit dem Menschen ergeben hat, daß nämlich jeder von den vier Menschenaffen dem Menschen in einer oder einigen Beziehungen näher steht, als die übrigen, daß aber keiner als der absolut in jeder Beziehung menschenähnlichste bezeichnet werden kann. Der Orang steht dem Menschen am nächsten in Bezug auf die Gehirnbildung, der Schimpanse durch wichtige Eigenthümlichkeiten der Schädelbildung, der Gorilla hinsichtlich der Ausbildung der Füße und Hände, und der Gibbon endlich in der Bildung des Brustkastens.

Es ergiebt sich also aus der sorgfältigen vergleichenden Anatomie der Anthropoiden ein ganz ähnliches Resultat, wie es Weisbach aus der statistischen Zusammenstellung und denkenden Vergleichung der sehr zahlreichen und sorgfältigen Körpermessungen erhalten hat, die Scherzer und Schwarz während der Reise der österreichischen Fregatte Novara um die Erde an Individuen verschiedener Menschenrassen angestellt haben. Weisbach faßt das Endresultat seiner gründlichen Untersuchungen in folgenden Worten zusammen: „Die Affenähnlichkeit des Menschen concentrirt sich keineswegs bei einem oder dem anderen Volke, sondern vertheilt sich derart auf die einzelnen Körperabschnitte bei den verschiedenen Völkern, daß jedes mit irgend einem Erbstücke dieser Verwandtschaft, freilich das eine mehr, das andere weniger, bedacht ist, und selbst wir Europäer durchaus nicht beanspruchen dürfen, dieser Verwandtschaft vollständig fremd zu sein". (Novara-Reise, Anthropolog. Theil).

Ausdrücklich will ich hier noch hervorheben, was eigentlich freilich selbstverständlich ist, daß kein einziger von allen jetzt lebenden Affen, und also auch keiner von den genannten Menschenaffen der Stammvater des Menschengeschlechts sein kann. Von denkenden Anhängern der Descendenztheorie ist diese Meinung auch niemals behauptet, wohl aber von ihren gedankenlosen Gegnern ihnen untergeschoben worden. Die affenartigen Stammeltern des Menschengeschlechts sind längst ausgestorben. Vielleicht werden wir ihre versteinerten Gebeine noch dereinst theilweis in Tertiärgesteinen des südlichen Asiens oder Afrikas auffinden. Jedenfalls werden dieselben im zoologischen System in der Gruppe der schwanzlosen Schmalnasen (**Catarhina lipocerca**) oder Anthropoiden untergebracht werden müssen.

Die genealogischen Hypothesen, zu welchen uns die Anwendung der Descendenztheorie auf den Menschen in den letzten Vorträgen bis hierher geführt hat, ergeben sich für jeden klar und consequent denkenden Menschen unmittelbar aus den Thatsachen der vergleichenden Anatomie, Ontogenie und Paläontologie. Natürlich kann unsere Phylogenie nur ganz im Allgemeinen die Grundzüge des menschlichen Stammbaums andeuten, und sie läuft um so mehr Gefahr des Irrthums, je strenger sie im Einzelnen auf die uns bekannten besonderen Thierformen bezogen wird. Indessen lassen sich doch schon jetzt mindestens die nachstehend aufgeführten zweiundzwanzig Ahnenstufen des Menschen mit annähernder Sicherheit unterscheiden. Von diesen gehören vierzehn Stufen zu den Wirbelthieren, acht Stufen zu den wirbellosen Vorfahren des Menschen.

Thierische Vorfahrenkette oder Ahnenreihe des Menschen.

(Vergl. den XX. und XXI. Vortrag, sowie Taf. XIV und S. 352.)

Erste Hälfte der menschlichen Vorfahrenkette:

Wirbellose Ahnen des Menschen.

Erste Stufe: Moneren (Monera).

Die ältesten Vorfahren des Menschen wie aller anderen Organismen waren lebendige Wesen der denkbar einfachsten Art, Organismen ohne Organe, gleich den heute noch lebenden Moneren. Sie bestanden aus einem ganz einfachen, durch und durch gleichartigen, structurlosen und formlosen Klümpchen einer schleimartigen oder eiweißartigen Materie (Plasson), wie die heute noch lebende Protamoeba primitiva (vergl. S. 167, Fig. 1). Der Formwerth dieser ältesten menschlichen Urahnen war noch nicht einmal demjenigen einer Zelle gleich, sondern nur dem einer Cytode (vergl. S. 308). Denn wie bei allen Moneren war Protoplasma und Zellenkern noch nicht gesondert. Die ersten von diesen Moneren entstanden im Beginn der laurentischen Periode durch Urzeugung oder Archigonie aus sogenannten „anorganischen Verbindungen", aus einfachen Verbindungen von Kohlenstoff, Sauerstoff, Wasserstoff und Stickstoff. Die Annahme einer solchen Urzeugung, einer mechanischen Entstehung der ersten Organismen aus anorgischer Materie, haben wir im dreizehnten Vortrage als eine nothwendige und berechtigte Hypothese nachgewiesen (vergl. S. 301). Den directen, auf das biogenetische Grundgesetz (S. 361) gestützten Beweis für die frühere Existenz dieser ältesten Ahnenstufe liefert möglicherweise noch heute der Umstand, daß nach den Angaben vieler Beobachter im Beginn der Ei-Entwickelung der Zellenkern verschwindet und somit die Eizelle auf die niedere Stufe der Cytode zurücksinkt (Monerula, S. 443; Rückschlag der kernhaltigen Plastide in die kernlose). Aus den wichtigsten allgemeinen Gründen ist die Annahme dieser ersten Stufe nothwendig.

Zweite Stufe: **Amoeben (Amoebae).**

Die zweite Ahnenstufe des Menschen, wie aller höheren Thiere und Pflanzen, wird durch eine einfache Zelle gebildet, d. h. ein Stückchen Protoplasma, das einen Kern umschließt. Aehnliche „einzellige Organismen" leben noch heute in großer Menge. Unter diesen werden die gewöhnlichen, einfachen Amoeben (S. 169, Fig. 2) von jenen Urahnen nicht wesentlich verschieden gewesen sein. Der Formwerth jeder Amoebe ist wesentlich gleich demjenigen, welchen das Ei des Menschen, und ebenso das Ei aller anderen Thiere, noch heute besitzt (vergl. S. 170, Fig. 3). Die nackten Eizellen der Schwämme, welche ganz wie Amoeben umherkriechen, sind von diesen nicht zu unterscheiden. Die Eizelle des Menschen, welche gleich der der meisten anderen Thiere von einer Membran umschlossen ist, gleicht einer eingekapselten Amoebe. Die ersten einzelligen Thiere dieser Art entstanden aus Moneren durch Differenzirung des inneren Kerns und des äußeren Protoplasma, und lebten schon in früherer Primordialzeit. Den unumstößlichen Beweis, daß solche einzellige Urthiere als directe Vorfahren des Menschen wirklich existirten, liefert gemäß des biogenetischen Grundgesetzes (S. 276) die Thatsache, daß das Ei des Menschen weiter nichts als eine einfache Zelle ist. (Vergl. S. 444.)

Dritte Stufe: **Synamoebien (Moraeada).**

Um uns von der Organisation derjenigen Vorfahren des Menschen, die sich zunächst aus den einzelligen Urthieren entwickelten, eine ungefähre Vorstellung zu machen, müssen wir diejenigen Veränderungen verfolgen, welche das menschliche Ei im Beginn der individuellen

Entwickelung erleidet. Gerade hier leitet uns die Keimesgeschichte mit größter Sicherheit auf die Spur der Stammesgeschichte. Nun haben wir schon früher gesehen, daß das Ei des Menschen (ebenso wie das aller anderen Säugethiere) nach erfolgter Befruchtung durch wiederholte Selbsttheilung in einen Haufen von einfachen und gleichartigen, amoebenähnlichen Zellen zerfällt (S. 448, Fig. 4D, E). Alle diese „Furchungskugeln" sind anfänglich einander gleich, ohne Hülle, nackte, kernhaltige Zellen. Bei vielen Thieren führen dieselben Bewegungen nach Art der Amoeben aus. Dieser ontogenetische Entwickelungszustand, den wir wegen seiner Maulbeerform Morula nannten (S. 444), führt den sicheren Beweis, daß in früher Primordialzeit Vorfahren des Menschen existirten, welche den Formwerth eines Haufens von gleichartigen, locker verbundenen Zellen besaßen. Man kann dieselben als Amoeben-Gemeinden (Synamoebia) oder Maulbeer-Kugeln (Moraea) bezeichnen (vergl. S. 448, Fig. 20E). Solche Moraeaden entstanden aus den einzelligen Urthieren der zweiten Stufe durch wiederholte Selbsttheilung und bleibende Vereinigung dieser Theilungsproducte.

Vierte Stufe: **Flimmerkugeln (Blastaeada).**

Aus der Morula oder der „Maulbeerkugel" entwickelt sich im Laufe der Keimung bei sehr vielen Thieren ein merkwürdiger Keimzustand, welchen zuerst Baer entdeckt und mit dem Namen Keimblase oder Keimhautblase belegt hat (Blastula oder Vesicula blastodermica). Das ist eine mit Flüssigkeit gefüllte Hohlkugel, deren dünne Wand aus einer einzigen Zellenschicht besteht. (Keimhaut oder Blastoderma). Indem sich im Inneren der Morula Flüssigkeit ansammelt, werden die Zellen sämmtlich nach der Peripherie gedrängt. Bei den meisten niederen Thieren, aber auch noch bei dem niedersten Wirbelthiere, dem Lanzetthiere oder Amphioxus, nennt man diese Keimform Flimmerlarve (Blastula oder Blastosphaera), weil die an der Oberfläche gelegenen gleichartigen Zellen haarfeine Fortsätze oder Flimmerhaare ausstrecken, welche sich schlagend im Wasser bewegen, und dadurch den ganzen Körper rotirend umhertreiben. Beim Menschen, wie bei allen Säugethieren, entsteht zwar auch heute noch aus der Morula dieselbe Keimhautblase (S. 267); aber ohne Flimmerhaare; diese sind durch Anpassung verloren gegangen. Aber die wesentlich gleiche Bildung dieser flimmernden Hohlkugel, die sich vielfach durch Vererbung erhalten hat, deutet auf eine ebenso gebildete uralte Stammform, die wir Flimmerschwärmer (Blastaea) nennen können. Diese Blastaea war eine Hohlkugel, deren Wand eine einzige Schicht Flimmerzellen bildete (S. 448, Fig. 20, F, G). Den sicheren Beweis dafür liefert der Amphioxus, welcher einerseits dem Menschen blutsverwandt ist, andrerseits aber noch das Stadium der ursprünglichen Blastula bis heute conservirt hat.

Fünfte Stufe: **Urdarmthiere (Gastraeada).**

Im Laufe der individuellen Entwickelung entsteht sowohl beim Amphioxus, wie bei den verschiedensten niederen Thieren aus der Blastula zunächst die äußerst wichtige Larvenform, welche wir Darmlarve oder Gastrula genannt haben (S. 448, Fig. 20, J, K). Nach dem biogenetischen Grundgesetze beweist diese Gastrula die frühere Existenz einer ebenso gebauten selbstständigen Urthier-Form, welche wir Urdarmthier oder Gastraea nannten (S. 446). Solche Gastraeaden müssen schon während der älteren Primordialzeit existirt und unter ihnen müssen sich auch Vorfahren des Menschen befunden haben. Den sicheren Beweis dafür liefert der Amphioxus, welcher trotz seiner Blutsverwandtschaft mit dem Menschen noch heute das Stadium der ursprünglichen Gastrula mit einfacher Darmanlage und zweiblättriger Darmwand durchläuft (vergl. Taf. XII, Fig. B4).

Sechste Stufe: **Urwürmer (Archelminthes).**

Die menschlichen Vorfahren der sechsten Stufe, die aus den Gastraeaden der fünften Stufe hervorgingen, waren niedere Würmer, welche unter allen uns bekannten Wurmformen den Strudelwürmern oder Turbellarien am nächsten standen, oder doch wenigstens im Ganzen deren Formwerth besaßen. Sie waren gleich den heutigen Strudelwürmern auf der ganzen Körperoberfläche mit Wimpern überzogen und besaßen einen einfachen Körper von länglichrunder Gestalt ohne alle Anhänge. Eine wahre Leibeshöhle (Coelom) und Blut war bei diesen acoelomen Würmern noch nicht vorhanden. Sie entstanden schon in früher Primordialzeit aus den Gastraeaden durch Bildung eines mittleren Keimblattes oder Muskelblattes, sowie durch weitere Differenzirung der inneren Körpertheile zu verschiedenen Organen; insbesondere die erste Bildung eines Nervensystems, der einfachsten Sinnesorgane, der einfachsten Organe für Ausscheidung (Nieren) und Fortpflanzung (Geschlechtsorgane). Der Beweis dafür, daß auch menschliche Vorfahren von ähnlicher Bildung existirten, ist in dem Umstande zu suchen, daß uns die vergleichende Anatomie und Ontogenie auf niedere acoelome Würmer, als auf die gemeinsame Stammform nicht nur aller höheren Würmer, sondern auch der vier höheren Thierstämme, hinweist. Diesen uralten acoelomen Urwürmern stehen aber von allen uns bekannten Thieren die Turbellarien am nächsten. (S. 470, 472.)

Siebente Stufe: **Weichwürmer (Scolecida).**

Zwischen den Urwürmern der vorigen Stufe und den Chordathieren der nächsten Stufe müssen wir mindestens noch eine verbindende Zwischenstufe nothwendig annehmen. Denn die Tunicaten, welche unter allen uns bekannten Thieren der achten Stufe am nächsten stehen, und die Turbellarien, welche der sechsten Stufe zunächst gleichen, sind zwar beide der niederen Abtheilung der ungegliederten Würmer angehörig, aber dennoch entfernen sich diese beiden Abtheilungen in ihrer Organisation so weit von einander, daß wir nothwendig die frühere Existenz von ausgestorbenen Zwischenformen zwischen beiden annehmen müssen. Wir können diese Verbindungsglieder, von denen uns wegen ihrer weichen Körperbeschaffenheit keine fossilen Reste übrig blieben, als Weichwürmer oder Scoleciden zusammenfassen. Sie entwickelten sich aus den Strudelwürmern der sechsten Stufe dadurch, daß sich eine wahre Leibeshöhle (ein Coelom) und Blut im Inneren ausbildete. Welche von den heutigen Coelomaten diesen ausgestorbenen Scoleciden am nächsten stehen, ist schwer zu sagen, vielleicht die Eichelwürmer oder Enteropneusten (Balanoglossus). Den Beweis, daß auch directe Vorfahren des Menschen zu diesen Scoleciden gehörten, liefert die vergleichende Anatomie und Ontogenie der Würmer und des Amphioxus. Der Formwerth dieser Stufe wird übrigens in der weiten Lücke zwischen Urwürmern und Mantelthieren durch mehrere sehr verschiedene Zwischenstufen vertreten gewesen sein. (S. 469, 474.)

Achte Stufe: **Chordathiere (Chordonia).**

Als Chordathiere oder Chordonier führen wir hier an achter Stelle diejenigen Coelomaten auf, aus denen sich unmittelbar die ältesten schädellosen Wirbelthiere entwickelten. Unter den Coelomaten der Gegenwart sind die Ascidien die nächsten Verwandten dieser höchst merkwürdigen Würmer, welche die tiefe Kluft zwischen Wirbellosen und Wirbelthieren überbrückten. Daß solche Chordonier-Vorfahren des Menschen während der Primordialzeit wirklich existirten, dafür liefert den sicheren Beweis die höchst merkwürdige und wichtige Uebereinstimmung, welche die Keimesgeschichte des Amphioxus und der Ascidien darbietet. (Vergl. Taf. XII und XIII, ferner S. 475, 526 ꝛc.). Aus dieser Thatsache läßt sich die frühere Existenz von Chordathieren erschließen, welche von allen heute uns bekannten Würmern den Mantelthieren (Tunicata) und besonders den Appendicarien und den einfachen Seescheiden (Ascidia, Phallusia) am nächsten standen. Sie entwickelten sich aus den Würmern der siebenten Stufe durch Ausbildung eines Rückenmarks und durch Bildung eines darunter gelegenen Axenstabes (Chorda dorsalis). Gerade die Lagerung dieses centralen Axenstabes zwischen dem Rückenmark auf der Rückenseite und dem Darmrohr auf der Bauchseite, ist für sämmtliche Wirbelthiere mit Inbegriff des Menschen höchst charakteristisch, ebenso aber auch für die Appendicarien und die Ascidien-Larven. Der Formwerth dieser Stufe entspricht ungefähr demjenigen, welchen die genannten Larven der einfachen Seescheiden zu der Zeit besitzen, wo sie die Anlage des Rückenmarks und des Axenstabes zeigen. (Taf XII, Fig. A5; vergl. die Erklärung dieser Figuren unten im Anhang.)

Zweite Hälfte der menschlichen Vorfahrenkette:

Wirbelthier-Ahnen des Menschen.

Neunte Stufe: **Schädellose (Acrania).**

Die Reihe der menschlichen Vorfahren, welche wir ihrer ganzen Organisation nach bereits als Wirbelthiere betrachten müssen, beginnt mit Schädellosen oder Acraniern, von deren Beschaffenheit uns das heute noch lebende Lanzetthierchen (Amphioxus lanceolatus, Taf. XII B, XIII B) eine entfernte Vorstellung giebt. Indem dieses Thierchen durch seine frühesten Embryonalzustände ganz mit den Ascidien übereinstimmt, durch seine weitere Entwickelung sich aber als echtes Wirbelthier zeigt, vermittelt es von Seiten der Wirbelthiere den unmittelbaren Zusammenhang mit den Wirbellosen. Wenn auch die menschlichen Vorfahren der neunten Stufe in vielen Beziehungen von dem Amphioxus, als dem letzten überlebenden Reste der Schädellosen, ziemlich verschieden waren, so müssen sie ihm doch in den wesentlichsten Eigenthümlichkeiten, in dem Mangel von Schädel und Gehirn geglichen haben. Schädellose von solcher Bildung, aus denen die Schädelthiere erst später sich entwickelten, lebten während der Primordialzeit und entstanden aus den ungegliederten Chordoniern der achten Stufe durch Gliederung des Rumpfes (Bildung von Metameren oder Rumpfsegmenten), sowie durch weitere Differenzirung aller Organe. Wahrscheinlich begann mit dieser Stufe auch die Trennung der beiden Geschlechter (Gonochorismus), während alle vorher genannten wirbellosen Ahnen (abgesehen von den 3—4 ersten geschlechtslosen Stufen) noch Zwitterbildung (Hermaphroditismus) besessen haben werden (vergl. S. 176). Den sicheren Beweis für die frühere Existenz solcher schädellosen und gehirnlosen Ahnen des Menschen liefert die vergleichende Anatomie und Ontogenie des Amphioxus und der Cranioten. (S. 524.)

Zehnte Stufe: **Unpaarnasen (Monorhina).**

Aus den schädellosen Vorfahren des Menschen gingen zunächst Schädelthiere oder Cranioten von der unvollkommensten Beschaffenheit hervor. Unter allen heute noch lebenden Schädelthieren nimmt die tiefste Stufe die Classe der Rundmäuler oder Cyclostomen ein, die Inger (Myxinoiden) und Lampreten (Petromyzonten). Aus der inneren Organisation dieser Unpaarnasen oder Monorhinen können wir uns ein ungefähres Bild von der Beschaffenheit der menschlichen Ahnen der zehnten Stufe machen. Wie bei jenen ersteren, so wird auch bei diesen letzteren Schädel und Gehirn noch von der einfachsten Form gewesen sein, und viele wichtige Organe, wie z. B. Schwimmblase, sympathischer Nerv, innere Kiemenbogen, Kieferskelet und beide Beinpaare, noch völlig gefehlt haben. Jedoch sind die Beutelkiemen und das runde Saugmaul der Cyclostomen wohl als Anpassungscharaktere zu betrachten, welche bei der entsprechenden Ahnenstufe nicht vorhanden waren. Die Unpaarnasen entstanden während der Primordialzeit aus den Schädellosen dadurch, daß das vordere Ende des Rückenmarks sich zum Gehirn umbildete und rings um dieses letztere sich ein Schädel entwickelte. Der sichere Beweis, daß solche kieferlose Vorfahren des Menschen existirten, liegt in der „vergleichenden Anatomie der Myxinoiden". (S. 527, 530.)

Elfte Stufe: **Urfische (Selachii).**

Die Urfisch-Ahnen zeigten unter allen uns bekannten Wirbelthieren wahrscheinlich die meiste Aehnlichkeit mit den heute noch lebenden Haifischen (Squalacei) (S. 534). Sie entstanden aus Unpaarnasen durch Theilung der unpaaren Nase in zwei paarige Seitenhälften, durch Bildung eines sympathischen Nervennetzes, echter Kiemenbogen, eines Kieferskelets, einer Schwimmblase und zweier

Beinpaare (Brustflossen oder Vorderbeine, und Bauchflossen oder Hinterbeine). Die innere Organisation dieser Stufe wird im Ganzen derjenigen der niedersten uns bekannten Haifische entsprochen haben; doch war die Schwimmblase, die bei diesen nur als Rudiment noch existirt, stärker entwickelt. Sie lebten bereits in der Silurzeit, wie sich aus den fossilen silurischen Haifisch-Resten (Zähnen und Flossenstacheln) ergiebt. Den sicheren Beweis, daß die silurischen Ahnen des Menschen und aller anderen Paarnasen den Selachiern nächst verwandt waren, liefert die vergleichende Anatomie der letzteren. Sie zeigt, daß die Organisations-Verhältnisse aller Amphirhinen sich aus denjenigen der Selachier ableiten lassen.

Zwölfte Stufe: **Lurchfische (Dipneusta).**

Unsere zwölfte Ahnenstufe wird durch Wirbelthiere gebildet, welche wahrscheinlich eine entfernte Aehnlichkeit mit den heute noch lebenden Molchfischen (Ceratodus, Protopterus, Lepidosiren, S. 537) besaßen. Sie entstanden aus den Urfischen (wahrscheinlich in der Devonzeit, im Beginn der Primärzeit) durch Anpassung an das Landleben und Umbildung der Schwimmblase zu einer luftathmenden Lunge, sowie der Nasengruben (welche nunmehr in die Mundhöhle mündeten) zu Luftwegen. Mit dieser Stufe begann die Reihe der durch Lungen luftathmenden Vorfahren des Menschen. Ihre Organisation wird in mancher Hinsicht derjenigen des heutigen Ceratodus und Protopterus entsprochen haben, jedoch auch mannichfach verschieden gewesen sein. Sie lebten wohl schon im Beginn der devonischen Zeit. Den Beweis für ihre Existenz führt die vergleichende Anatomie, indem sie in den Dipneusten ein Mittelglied zwischen den Selachiern und Amphibien nachweist.

Dreizehnte Stufe: **Kiemenlurche (Sozobranchia).**

Aus denjenigen Lurchfischen, welche wir als die Stammformen aller lungenathmenden Wirbelthiere betrachten, entwickelte sich als wichtigste Hauptlinie die Classe der Lurche oder Amphibien (S. 538,

539). Mit ihnen begann die fünfzehige Fußbildung (die Pentadactylie), die sich von da auf die höheren Wirbelthiere und zuletzt auch auf den Menschen vererbte. Als unsere ältesten Vorfahren aus der Amphibien-Classe sind die Kiemenlurche zu betrachten. Sie behielten neben den Lungen noch zeitlebens bleibende Kiemen, ähnlich dem heute noch lebenden Proteus und Axolotl (S. 215). Sie entstanden aus den Dipneusten durch Umbildung der rudernden Fischflossen zu fünfzehigen Beinen, und durch höhere Differenzirung verschiedener Organe, namentlich der Wirbelsäule. Jedenfalls existirten sie um die Mitte der paläolithischen oder Primärzeit, vielleicht schon vor der Steinkohlenzeit. Denn fossile Amphibien finden sich schon in der Steinkohle. Den Beweis dafür, daß derartige Kiemenlurche zu unsern directen Vorfahren gehörten, liefert die vergleichende Anatomie und Ontogenie der Amphibien und Säugethiere.

Vierzehnte Stufe: **Schwanzlurche (Sozura).**

Auf unsere amphibischen Vorfahren, die zeitlebens ihre Kiemen behielten, folgten späterhin andere Amphibien, welche durch Metamorphose im späteren Alter die in der Jugend noch vorhandenen Kiemen verloren, aber den Schwanz behielten, ähnlich den heutigen Salamandern und Molchen (Tritonen, vergl. S. 539). Sie entstanden aus den Kiemenlurchen dadurch, daß sie sich daran gewöhnten, nur noch in der Jugend durch Kiemen, im späteren Alter aber bloß durch Lungen zu athmen. Wahrscheinlich lebten sie schon in der zweiten Hälfte der Primärzeit, während der permischen Periode, vielleicht schon während der Steinkohlenzeit. Der Beweis für ihre Existenz liegt darin, daß die Schwanzlurche ein nothwendiges Mittelglied zwischen der vorigen und der folgenden Stufe bilden.

Fünfzehnte Stufe: **Uramnioten (Protamnia).**

Als Protamnion haben wir früher die gemeinsame Stammform der drei höheren Wirbelthierclassen bezeichnet, aus welcher als zwei divergente Zweige die Proreptilien einerseits, die Promammalien andrerseits sich entwickelten (S. 543). Sie entstand aus unbekannten Schwanzlurchen durch gänzlichen Verlust der Kiemen, Bildung des Amnion, der Schnecke und des runden Fensters im Gehörorgan, und der Thränenorgane. Ihre Entstehung fällt spätestens in den letzten Abschnitt der Primärzeit, in die permische Periode. Unter den bekannten fossilen Wirbelthieren stehen ihnen am nächsten die permischen Stammreptilien (Proterosauria); vielleicht auch die Pelycosauria, die als Stammformen der Säugereptilien (Therosauria) zu betrachten sind (vergl. oben S. 551). Der sichere Beweis für ihre einstmalige Existenz liegt in der vergleichenden Anatomie und Ontogenie der Amnionthiere. Denn alle Reptilien, Vögel und Säugethiere mit Inbegriff des Menschen stimmen in so zahlreichen wichtigen Eigenthümlichkeiten überein, daß sie mit voller Sicherheit als Descendenten einer einzigen gemeinsamen Stammform, des Protamnion, zu erkennen sind.

Sechzehnte Stufe: **Stammsäuger (Promammalia).**

Unter unseren Vorfahren von der sechszehnten bis zur zweiundzwanzigsten Stufe wird uns bereits heimischer zu Muthe. Sie gehören alle der großen und wohlbekannten Classe der Säugethiere an, deren Grenzen auch wir selbst bis jetzt noch nicht überschritten haben. Die gemeinsame, längst ausgestorbene und unbekannte Stammform aller Säugethiere, die wir als Promammale bezeichneten, stand jedenfalls unter allen jetzt noch lebenden Thieren dieser Classe de Schnabelthieren oder Ornithostomen am nächsten (Ornith rhynchus, Echidna, S. 559). Jedoch war sie von letzteren dur vollständige Bezahnung des Gebisses verschieden. Die Schnabelbil dung der heutigen Schnabelthiere ist jedenfalls als ein später ent standener Anpassungscharakter zu betrachten. Als Zwischenforme zwischen den Promammalien und Protamnien (oder Proterosauriern? sind wahrscheinlich die neuerdings entdeckten Säugereptilie (Therosauria) zu betrachten (vergl. S. 551). Die Promammalie entstanden aus dieser Gruppe wahrscheinlich erst im Beginn de

Secundärzeit, in der Trias-Periode, durch mancherlei Fortschritte in der inneren Organisation, sowie durch Umbildung der Epidermis-schuppen zu Haaren und Bildung einer Milchdrüse, welche Milch zur Ernährung der Jungen lieferte. Der sichere Beweis dafür, daß die Promammalien, als die gemeinsamen Stammformen aller Säugethiere, auch zu unseren Ahnen gehörten, liegt in der vergleichenden Anatomie und Ontogenie der Säugethiere und des Menschen.

Siebzehnte Stufe: **Beutelthiere (Marsupialia).**

Die drei Unterclassen der Säugethiere stehen, wie wir früher sahen, der Art im Zusammenhang, daß die Beutelthiere sowohl in anatomischer, als auch in ontogenetischer und phylogenetischer Beziehung den unmittelbaren Uebergang zwischen den Monotremen und Placentalthieren vermitteln (S. 561). Daher müssen sich auch Vorfahren des Menschen unter den Beutelthieren befunden haben. Sie entstanden aus den Monotremen, zu denen auch die Stammsäuger oder Promammalien gehörten, durch Trennung der Kloake in Mastdarm und Urogenitalsinus, durch Bildung einer Brustwarze an der Milchdrüse, und durch theilweise Rückbildung der Schlüsselbeine. Die ältesten Beutelthiere lebten jedenfalls bereits in der Jura-Periode (vielleicht schon in der Trias-Zeit) und durchliefen während der Kreidezeit eine Reihe von Stufen, welche die Entstehung der Placentalien vorbereiteten. Den sicheren Beweis für unsere Abstammung von Beutelthieren, welche den heute noch lebenden Opossum und Känguruh im wesentlichen inneren Bau nahe standen, liefert die vergleichende Anatomie und Ontogenie der Säugethiere.

Achtzehnte Stufe: **Halbaffen (Prosimiae).**

Eine der wichtigsten und interessantesten Ordnungen unter den Säugethieren bildet, wie wir schon früher sahen, die kleine Gruppe der Halbaffen. Sie enthält wahrscheinlich die unmittelbaren Stammformen der echten Affen, und somit auch des Menschen. Unsere Halbaffen-Ahnen besaßen vermuthlich nur ziemlich entfernte äußere Aehn-

39*

lichkeit mit den heute noch lebenden kurzfüßigen Halbaffen (Brachytarsi), namentlich den Maki, Indri und Lori (S. 580). Sie entstanden (wahrscheinlich im Beginn der caenolithischen oder Tertiärzeit) aus unbekannten, den Beutelratten verwandten Beutelthieren durch Bildung einer Placenta, Verlust des Beutels und der Beutelknochen, und stärkere Entwickelung des Schwielenkörpers im Gehirn. Der sichere Beweis, daß die echten Affen, und somit auch unser eigenes Geschlecht, direct von den Halbaffen herkommen, ist in der vergleichenden Anatomie und Ontogenie der Placentalthiere zu suchen.

Neunzehnte Stufe: **Schwanzaffen (Menocerca).**

Unter den beiden Abtheilungen der echten Affen, die sich aus den Halbaffen entwickelten, besitzt nur diejenige der Schmalnasen oder Catarhinen nähere Blutsverwandtschaft mit dem Menschen. Unsere älteren Vorfahren aus dieser Gruppe waren vielleicht ähnlich den heute noch lebenden Nasenaffen und Schlankaffen (Semnopithecus), mit demselben Gebiß und derselben Schmalnase wie der Mensch; aber noch mit dichtbehaartem Körper und einem langen Schwanze (S. 597). Diese geschwänzten schmalnasigen Affen (Catarhina menocerca) entstanden aus den Halbaffen durch Umbildung des Gebisses und Verwandlung der Krallen an den Zehen in Nägel, wahrscheinlich schon in der älteren Tertiärzeit. Der sichere Beweis für unsere Abstammung von geschwänzten Catarhinen liegt in der vergleichenden Anatomie und Ontogenie der Affen und Menschen.

Zwanzigste Stufe: **Menschenaffen (Anthropoides).**

Unter allen heute noch lebenden Affen stehen dem Menschen am nächsten die großen schwanzlosen Schmalnasen, der Orang und Gibbon in Asien, der Gorilla und Schimpanse in Afrika. Diese Menschenaffen oder Anthropoiden entstanden wahrscheinlich während der mittleren Tertiärzeit, in der miocaenen Periode. Sie entwickelten sich aus den geschwänzten Catarhinen der vorigen Stufe, mit denen sie im Wesentlichen übereinstimmen, durch Verlust des Schwanzes, theilweisen Verlust der Behaarung und überwiegende Entwickelung des Gehirntheiles über den Gesichtstheil des Schädels. Directe Vorfahren des Menschen sind unter den heutigen Anthropoiden nicht mehr zu suchen, wohl aber unter den unbekannten ausgestorbenen Menschenaffen der Miocaenzeit. Den sicheren Beweis für die frühere Existenz derselben liefert die vergleichende Anatomie der Menschenaffen und der Menschen. (S. 599.)

Einundzwanzigste Stufe: **Affenmenschen (Pithecanthropi).**

Obwohl die vorhergehende Ahnenstufe den echten Menschen bereits so nahe steht, daß man kaum noch eine vermittelnde Zwischenstufe anzunehmen braucht, können wir als eine solche dennoch die sprachlosen Urmenschen (Alali) betrachten. Diese Affenmenschen oder Pithekanthropen lebten wahrscheinlich erst gegen Ende der Tertiärzeit. Sie entstanden aus den Menschenaffen oder Anthropoiden durch die vollständige Angewöhnung an den aufrechten Gang und die dem entsprechende stärkere Differenzirung der beiden Beinpaare. Die „Vorderhand" der Anthropoiden wurde bei ihnen zur Menschenhand, die „Hinterhand" dagegen zum Gangfuß. Obgleich diese Affenmenschen so nicht bloß durch ihre äußere Körperbildung, sondern auch durch ihre innere Geistesentwickelung dem eigentlichen Menschen schon viel näher als die Menschenaffen gestanden haben werden, fehlte ihnen dennoch das eigentliche Hauptmerkmal des Menschen, die articulirte menschliche Wortsprache und die damit verbundene Entwickelung des höheren Selbstbewußtseins und der Begriffsbildung. Der sichere Beweis, daß solche sprachlose Urmenschen oder Affenmenschen dem sprechenden Menschen vorausgegangen sein müssen, ergiebt sich für den denkenden Menschen aus der vergleichenden Sprachforschung (aus der „vergleichenden Anatomie" der Sprache), und namentlich aus der Entwickelungsgeschichte der Sprache, sowohl bei jedem Kinde („glottische Ontogenese"), als bei jedem Volke („glottische Phylogenese"). (Vergl. S. 620.)

Zweiundzwanzigste Stufe: **Menschen (Homines).**

Die echten Menschen entwickelten sich aus den Affenmenschen der vorhergehenden Stufe durch die allmähliche Ausbildung der thierischen Lautsprache zur gegliederten oder articulirten Wortsprache. Mit der Entwickelung dieser Function ging natürlich diejenige ihrer Organe, die höhere Differenzirung des Kehlkopfs und des Gehirns, Hand in Hand. Der Uebergang von den sprachlosen Affenmenschen zu den echten oder sprechenden Menschen erfolgte spätestens im Beginn der Quartärzeit oder der Diluvial-Periode, wahrscheinlich aber schon früher, in der jüngeren Tertiärzeit. Da nach der übereinstimmenden Ansicht der meisten bedeutenden Sprachforscher nicht alle menschlichen Sprachen von einer gemeinsamen Ursprache abzuleiten sind, so müssen wir einen mehrfachen Ursprung der Sprache und dem entsprechend auch einen mehrfachen Uebergang von den sprachlosen Affenmenschen zu den echten, sprechenden Menschen annehmen. (Vergl. unten S. 621, 622.)

Mit Bezug auf die früher erläuterten natürlichen Hauptabtheilungen des Thier-Systems kann man die vorstehend angeführten 22 Hauptstufen unserer Vorfahren-Kette auf folgende 3 größere Gruppen vertheilen: I. Protisten-Ahnen (1. und 2. einzellige, 3. und 4. vielzellige Protisten; II. Würmer-Ahnen (5. Urdarmthiere, 6.—8. echte Wurmthiere); III. Wirbelthier-Ahnen (9.—14. niedere, 15.—22. höhere Wirbelthier-Ahnen). Die chronologische, mehr oder minder wahrscheinliche Vertheilung derselben auf die verschiedenen Haupt-Perioden der Erdgeschichte stellen wir in folgender Uebersicht nochmals zusammen. (Vergl. Cap. XV—XIX meiner „Anthropogenie", III. Aufl. 1877.)

Ahnenreihe des menschlichen Stammbaums.

MN. = Grenze zwischen den wirbellosen Ahnen und den Wirbelthier-Ahnen.

Zeitalter der organischen Erdgeschichte	Geologische Perioden der organischen Erdgeschichte	Thierische Ahnenstufen des Menschen	Lebende nächste Verwandte der Ahnenstufen
I. Archolithische oder Primordial-Zeit	1. Laurentische Periode 2. Cambrische Periode 3. Silurische Periode (Vergl. S. 352 und Taf. XIV nebst Erklärung)	1. Moneren (Monera)	Protogenes Protamoeba
		2. Einzellige Urthiere	Einfache Amoeben (Autamoebae)
		3. Vielzellige Moräaden	Maulbeerkeime (Morula)
		4. Hohlkugeln (Blastaeada)	Blastula-Larven (Blasenkeime)
		5. Urdarmthiere (Gastraeada)	Gastrula-Larven (Becherkeime)
		6. Urwürmer (Archelminthes)	Strudelwürmer Räderthiere
		7. Weichwürmer (Scolecida)	Eichelwurm Balanoglossus
		8. Chordathiere (Chordonia)	Seescheiden (Ascidiae)
		M - - - - - - - - - -	- - - - - - - - - - N
		9. Schädellose (Acrania)	Lanzetthiere (Amphioxi)
		10. Unpaarnasen (Monorhina)	Lampreten (Petromyzontes)
		11. Urfische (Selachii)	Haifische (Squalacei)
II. Palaeolithische oder Primär-Zeit	4. Devon-Periode 5. Steinkohlen-Periode 6 Permische Periode	12. Lurchfische (Dipneusta)	Molchfische (Protoptera)
		13. Kiemenlurche (Sozobranchia)	Olm (Proteus) Axolotl (Siredon)
		14. Schwanzlurche (Sozura)	Wassermolche (Tritones)
		15. Uramnioten (Protamnia)	Eidechsen Autosauria
III. Mesolithische oder Secundär-Zeit	7. Trias-Periode 8. Jura-Periode 9. Kreide-Periode	16. Ursäuger (Promammalia)	Schnabelthiere (Monotrema)
		17. Beutelthiere (Marsupialia)	Beutelratten (Didelphyes)
IV. Caenolithische oder Tertiär-Zeit	10. Eocaen-Periode 11. Miocaen-Periode 12. Pliocaen-Periode	18. Halbaffen (Prosimiae)	Lori (Stenops) Maki (Lemur)
		19. Geschwänzte Catarhinen	Nasenaffen, Schlankaffen
		20. Menschenaffen oder schwanzlose Catarhinen	Gorilla, Schimpanse, Orang, Gibbon
		21. Sprachlose Menschen oder Affenmenschen	Stumme, Kretinen und Microcephalen
V. Quartär-Zeit	13. Diluvial-Periode 14. Alluvial-Periode	22. Sprechende Menschen	Australier und Papuas

Dreiundzwanzigster Vortrag.

Wanderung und Verbreitung des Menschengeschlechts. Menschenarten und Menschenrassen.

Alter des Menschengeschlechts. Ursachen der Entstehung desselben. Der Ursprung der menschlichen Sprache. Einstämmiger (monophyletischer) und vielstämmiger (polyphyletischer) Ursprung des Menschengeschlechts. Abstammung der Menschen von vielen Paaren. Classification der Menschenrassen. System der zwölf Menschenarten. Wollhaarige Menschen oder Ulotrichen. Büschelhaarige (Papuas, Hottentotten). Vließhaarige (Kaffern, Neger). Schlichthaarige Menschen oder Lissotrichen. Straffhaarige (Australier, Malayen, Mongolen, Arktiker, Amerikaner). Lockenhaarige (Dravidas, Nubier, Mittelländer). Bevölkerungszahlen. Urheimath des Menschen (Südasien oder Lemurien). Beschaffenheit des Urmenschen. Zahl der Ursprachen (Monoglottonen und Polyglottonen). Divergenz und Wanderung des Menschengeschlechts. Geographische Verbreitung der Menschenarten.

Meine Herren! Der reiche Schatz von Kenntnissen, welchen wir in der vergleichenden Anatomie und Entwickelungsgeschichte der Wirbelthiere besitzen, gestattet uns schon jetzt, die wichtigsten Grundzüge des menschlichen Stammbaums in der Weise festzustellen, wie es in den letzten Vorträgen geschehen ist. Dessen ungeachtet dürfen Sie aber nicht erwarten, die menschliche Stammesgeschichte oder Phylogenie, die fortan die tiefste Grundlage der Anthropologie und somit auch aller anderen Wissenschaften bilden wird, in allen Einzelheiten jetzt schon befriedigend übersehen zu können. Vielmehr muß der Ausbau dieser wichtigsten Wissenschaft, zu der wir nun den ersten Grund legen können, den genaueren und eingehenderen Forschungen der Zukunft vorbehalten bleiben. Das gilt auch von denjenigen speciellen Verhältnissen der menschlichen Phylogenie, auf welche wir jetzt schließlich noch einen flüchtigen Blick werfen wollen, nämlich von den Fragen nach Zeit und Ort der Entstehung des Menschengeschlechts, sowie der verschiedenen Arten und Rassen, in welche sich dasselbe differenzirt hat.

Was zunächst den Zeitraum der Erdgeschichte betrifft, innerhalb dessen langsam und allmählich die Umbildung der menschenähnlichsten Affen zu den affenähnlichsten Menschen statt fand, so läßt sich dieser natürlich nicht nach Jahren, auch nicht nach Jahrhunderten bestimmen. Nur das können wir aus den, in den letzten Vorträgen angeführten Gründen mit voller Sicherheit behaupten, daß der Mensch jedenfalls von placentalen Säugethieren abstammt. Da aber von diesen Placentalthieren versteinerte Reste nur in den tertiären Gesteinen gefunden werden, so kann auch das Menschengeschlecht frühestens innerhalb der Tertiärzeit aus den vervollkommneten Menschenaffen sich entwickelt haben. Das Wahrscheinlichste ist, daß dieser wichtigste Vorgang in der irdischen Schöpfungsgeschichte gegen Ende der Tertiärzeit stattfand, also in der pliocaenen, vielleicht schon in der miocaenen Periode, vielleicht aber auch erst im Beginn der Diluvialzeit. Jedenfalls lebte der Mensch als solcher in Mitteleuropa schon während der Diluvialzeit, gleichzeitig mit vielen großen, längst ausgestorbenen Säugethieren, namentlich dem diluvialen Elephanten oder Mammuth (Elephas primigenius), dem wollhaarigen Nashorn (Rhinoceros tichorhinus), dem Riesenhirsch (Cervus euryceros), dem Höhlenbär (Ursus spelaeus), der Höhlenhyäne (Hyaena spelaea), dem Höhlentiger (Felis spelaea) ꝛc. Die Resultate, welche die neuere Geologie und Archäologie über diesen fossilen Menschen der Diluvialzeit und seine thierischen Zeitgenossen an das Licht gefördert hat, sind vom höchsten Interesse. Da aber eine eingehende Betrachtung derselben den uns gesteckten Raum bei weitem überschreiten würde, so begnüge ich mich hier damit, ihre hohe Bedeutung im Allgemeinen hervorzuheben, und verweise Sie bezüglich des Besonderen auf die zahlreichen Schriften, welche in neuester Zeit über die Urgeschichte des Menschen erschienen sind, namentlich auf die vortrefflichen Werke von Charles Lyell[30]), Carl Vogt[27]), Friedrich Rolle[28]), John Lubbock[44]), L. Büchner[43]) u. s. w.

Die zahlreichen interessanten Entdeckungen, mit denen uns diese ausgedehnten Untersuchungen der letzten Jahre über die Urgeschichte des Menschengeschlechts beschenkt haben, stellen die wichtige (auch aus vielen anderen Gründen schon längst wahrscheinliche) Thatsache außer Zweifel, daß die Existenz des Menschengeschlechts als solchen jedenfalls auf mehr als zwanzigtausend Jahre zurückgeht. Wahrscheinlich sind aber seitdem mehr als hunderttausend Jahre, vielleicht viele Hunderte von Jahrtausenden verflossen, und es muß im Gegensatz dazu sehr komisch erscheinen, wenn noch heute unsere Kalender die „Erschaffung der Welt nach Calvisius" vor 5825 Jahren geschehen lassen.

Mögen Sie nun den Zeitraum, während dessen das Menschengeschlecht bereits als solches existirte und sich über die Erde verbreitete, auf zwanzigtausend, oder auf hunderttausend, oder auf viele hunderttausend Jahre anschlagen, jedenfalls ist derselbe verschwindend gering gegen die unfaßbare Länge der Zeiträume, welche für die stufenweise Entwickelung der langen Ahnenkette des Menschen erforderlich waren. Das geht schon hervor aus der sehr geringen Dicke, welche alle diluvialen Ablagerungen im Verhältniß zu den tertiären, und diese wiederum im Verhältniß zu den vorhergegangenen besitzen (vergl. S. 352). Aber auch die unendlich lange Reihe der schrittweise sich langsam entwickelnden Thiergestalten, von dem einfachsten Moner bis zum Amphioxus, von diesem bis zum Urfisch, vom Urfisch bis zum ersten Säugethiere und von diesem wiederum bis zum Menschen, erheischt zu ihrer historischen Entwickelung eine Reihenfolge von Zeiträumen, die wahrscheinlich viele Millionen von Jahrtausenden umfassen (vergl. S. 115).

Diejenigen Entwickelungsvorgänge, welche zunächst die Entstehung der affenähnlichsten Menschen aus den menschenähnlichsten Affen veranlaßten, sind in zwei Anpassungsthätigkeiten der letzteren zu suchen, welche vor allen anderen die Hebel zur Menschwerdung waren: der aufrechte Gang und die gegliederte Sprache. Diese beiden physiologischen Functionen entstanden nothwendig zugleich mit zwei entsprechenden morphologischen Umbildungen, mit denen sie in der engsten Wechselwirkung stehen, nämlich Differenzirung der beiden Gliedmaßenpaare und Differenzirung des Kehlkopfs. Die wichtige Vervollkommnung dieser Organe und ihrer Functionen mußte aber drittens nothwendig auf die Differenzirung des Gehirns und der davon abhängigen Seelenthätigkeiten mächtig zurückwirken, und damit war der Weg für die unendliche Laufbahn eröffnet, in welcher sich seitdem der Mensch fortschreitend entwickelt, und seine thierischen Vorfahren so weit überflügelt hat.

Als den ersten und ältesten Fortschritt von diesen drei mächtigen Entwickelungsbewegungen des menschlichen Organismus haben wir wohl die höhere Differenzirung und Vervollkommnung der Extremitäten hervorzuheben, welche durch die Gewöhnung an den aufrechten Gang herbeigeführt wurde. Indem die Vorderfüße immer ausschließlicher die Function des Greifens und Betastens, die Hinterfüße dagegen immer ausschließlicher die Function des Auftretens und Gehens übernahmen und beibehielten, bildete sich jener Gegensatz zwischen Hand und Fuß aus, welcher zwar dem Menschen nicht ausschließlich eigenthümlich, aber doch viel stärker bei ihm entwickelt ist, als bei den menschenähnlichsten Affen. Diese Differenzirung der vorderen und hinteren Extremität war aber nicht allein für ihre eigene Ausbildung und Vervollkommnung höchst vortheilhaft, sondern sie hatte zugleich eine ganze Reihe von sehr wichtigen Veränderungen in der übrigen Körperbildung im Gefolge. Die ganze Wirbelsäule, namentlich aber Beckengürtel und Schultergürtel, sowie die dazu gehörige Muskulatur, erlitten dadurch diejenigen Umbildungen, durch welche sich der menschliche Körper von demjenigen der menschenähnlichsten Affen unterscheidet. Wahrscheinlich vollzogen sich diese Umbildungen schon lange vor Entstehung der gegliederten Sprache, und es existirte das Menschengeschlecht schon geraume Zeit mit seinem aufrechten Gange und der dadurch herbeigeführten charakteristischen menschlichen Körperform, ehe sich die eigentliche Ausbildung der menschlichen Sprache und damit der zweite und wichtigere Theil der Menschwerdung vollzog. Wir können daher wohl mit Recht als eine besondere (21ste) Stufe unserer menschlichen Ahnenreihe den sprachlosen Menschen (Alalus) oder Affenmenschen (Pithecanthropus) unterscheiden, welcher zwar körperlich dem Menschen in allen wesentlichen Merkmalen schon gleichgebildet, aber noch ohne den Besitz der gegliederten Wortsprache war.

Die Entstehung der gegliederten Wortsprache, und die damit verbundene höhere Differenzirung und Vervollkommnung des Kehlkopfs haben wir erst als die spätere, zweite und wichtigste Stufe in dem Entwickelungsvorgang der Menschwerdung zu betrachten. Sie war es ohne Zweifel, welche vor allem die tiefe Kluft zwischen Mensch und Thier schaffen half, und welche zunächst auch die bedeutendsten Fortschritte in der Seelenthätigkeit und der damit verbundenen Vervollkommnung des Gehirns veranlaßte. Allerdings existirt eine Sprache als Mittheilung von Empfindungen, Bestrebungen und Gedanken auch bei sehr vielen Thieren, theils als Gebärdensprache oder Zeichensprache, theils als Tastsprache oder Berührungssprache, theils als Lautsprache oder Tonsprache. Allein eine wirkliche Wortsprache oder Begriffssprache, eine sogenannte „gegliederte oder articulirte" Sprache, welche die Laute durch Abstraction zu Worten umbildet und die Worte zu Sätzen verbindet, ist, so viel wir wissen, ausschließliches Eigenthum des Menschen.

Mehr als alles Andere mußte die Entstehung der menschlichen Sprache veredelnd und umbildend auf das menschliche Seelenleben und somit auf das Gehirn einwirken. Die höhere Differenzirung und Vervollkommnung des Gehirns, und des Geisteslebens als der höchsten Function des Gehirns, entwickelte sich in unmittelbarer Wechselwirkung mit seiner Aeußerung durch die Sprache. Daher konnten die bedeutendsten Vertreter der vergleichenden Sprachforschung in der Entwickelung der menschlichen Sprache mit Recht den wichtigsten Scheidungsproceß des Menschen von seinen thierischen Vorfahren erblicken. Dies hat namentlich August Schleicher in seinem Schriftchen „Ueber die Bedeutung der Sprache für die Naturgeschichte des Menschen" hervorgehoben [34]). In diesem Verhältniß ist einer der engsten Berührungspunkte zwischen der vergleichenden Zoologie und der vergleichenden Sprachkunde gegeben, und hier stellt die Entwickelungstheorie für die letztere die Aufgabe, den Ursprung der Sprache Schritt für Schritt zu verfolgen. Diese eben so interessante als wichtige Aufgabe ist in neuester Zeit von mehreren Seiten mit Glück in Angriff genommen worden, so insbesondere von Lazarus Geiger und Wilhelm Bleek [35]), welcher seit vielen Jahren in Südafrika mit dem Studium der Sprachen der niedersten Menschenrassen beschäftigt und dadurch besonders zur Lösung dieser Frage befähigt war. Wie sich die verschiedenen Sprachformen, gleich allen anderen organischen Formen und Functionen, durch den Proceß der natürlichen Züchtung entwickelt, und in viele Arten und Abarten zersplittert haben, hat vorzüglich August Schleicher der Selectionstheorie entsprechend erörtert [6]).

Den Proceß der Sprachbildung selbst hier weiter zu verfolgen, haben wir keinen Raum, und ich verweise Sie in dieser Beziehung namentlich auf die wichtige, eben erwähnte Schrift von Wilhelm Bleek „über den Ursprung der Sprache" [35]). Dieser ausgezeichnete Sprachforscher sprach in einem an mich gerichteten Briefe die Ansicht aus, daß alle verschiedenen menschlichen Sprachen einen einheitlichen oder monphyletischen Ursprung haben. „Sie alle besitzen wahre Pronomina und die davon abhängende Eintheilung der Redetheile. Nun aber zeigt die Geschichte der Sprachentwickelung uns klar, wie der Besitz der wahren Pronomina durch Anpassung erworben ist, und dies in einer Weise, die unmöglich mehr als einmal stattgefunden haben kann." Dagegen sind andere berühmte Sprachforscher der Ansicht, daß die menschliche Sprache einen vielheitlichen oder polyphyletischen Ursprung hat. So behauptet namentlich Schleicher, eine der ersten Autoritäten auf diesem Gebiete, daß „schon die ersten Anfänge der Sprache, im Laute sowohl als nach den Begriffen und Anschauungen, welche lautlich reflectirt wurden, und ferner nach ihrer Entwickelungsfähigkeit, verschieden gewesen sein müssen. Denn es ist positiv unmöglich, alle Sprachen auf eine und dieselbe Ursprache zurückzuführen. Vielmehr ergeben sich der vorurtheilsfreien Forschung so viele Ursprachen, als sich Sprachstämme unterscheiden lassen“ [34]). Eben so nehmen auch Friedrich Müller [42]) und andere bedeutende Linguisten eine selbstständige und unabhängige Entstehung der Sprachstämme und ihrer Ursprachen an. Bekanntlich entsprechen aber die Grenzen dieser Sprachstämme und ihrer Verzweigungen keineswegs immer den Grenzen der verschiedenen Menschenarten oder sogenannten „Rassen“, welche wir auf Grund körperlicher Charaktere im Menschengeschlecht unterscheiden. Hierin, sowie in den verwickelten Verhältnissen der Rassenmischung und der vielfältigen Bastardbildung, liegt die große Schwierigkeit, welche die weitere Verfolgung des menschlichen Stammbaums in seine einzelnen Zweige, die Arten, Rassen, Abarten u. s. w., darbietet.

Trotz dieser großen und bedenklichen Schwierigkeiten können wir nicht umhin, hier noch einen flüchtigen Blick auf diese weitere Verzweigung des menschlichen Stammbaums zu werfen und dabei die viel besprochene Frage vom einheitlichen oder vielheitlichen Ursprung des Menschengeschlechts, seinen Arten oder Rassen, vom Standpunkte der Descendenztheorie aus zu beleuchten. Bekanntlich stehen sich in dieser Frage seit langer Zeit zwei große Parteien gegenüber, die Monophyleten und Polyphyleten. Die Monophyleten (oder Monogenisten) behaupten den einheitlichen Ursprung und die Blutsverwandtschaft aller Menschenarten. Die Polyphyleten (oder Polygenisten) dagegen sind der Ansicht, daß die verschiedenen Menschenarten oder Rassen selbstständigen Ursprungs sind. Nach den vorhergehenden genealogischen Untersuchungen kann es Ihnen nicht zweifelhaft sein, daß im weiteren Sinne jedenfalls die monophyletische Ansicht die richtige ist. Denn vorausgesetzt auch, daß die Umbildung menschenähnlicher Affen zu Menschen mehrmals stattgefunden hätte, so würden doch jene Affen selbst durch den einheitlichen Stammbaum der ganzen Affenordnung wiederum zusammenhängen. Es könnte sich daher immer nur um einen näheren oder entfernteren Grad der eigentlichen Blutsverwandtschaft handeln. Im engeren Sinne könnte dagegen die polyphyletische Anschauung insofern Recht behalten, als die verschiedenen Ursprachen sich vielleicht ganz unabhängig von einander entwickelt haben. Wenn man also die Entstehung der gegliederten Wortsprache als den eigentlichen Hauptakt der Menschwerdung ansieht, wenn man ferner einen vielheitlichen Ursprung der Sprache annimmt und wenn man zugleich die Arten des Menschengeschlechts nach ihrem Sprachstamme unterscheiden will, so könnte man sagen, daß die verschiedenen Menschenarten unabhängig von einander entstanden seien, indem verschiedene Zweige der aus den Affen unmittelbar entstandenen sprachlosen Urmenschen sich selbstständig ihre Ursprachen bildeten. Immerhin würden natürlich auch diese an ihre Wurzel entweder weiter oben oder tiefer unten wieder zusammenhängen und also doch schließlich alle von einem gemeinsamen Urstamme abzuleiten sein.

Wenn wir nun an dieser letzteren Ueberzeugung allerdings festhalten, und wenn wir aus vielen Gründen der Ansicht sind, daß die verschiedenen Species der Urmenschen alle von einer gemeinsamen Affenmenschen-Form abstammen, so wollen wir damit natürlich nicht sagen, daß „alle Menschen von einem Paare abstammen“. Diese letztere Annahme, welche unsere moderne indogermanische Bildung aus dem semitischen Mythus der mosaischen Schöpfungsgeschichte herübergenommen hat, ist auf keinen Fall haltbar. Der ganze berühmte Streit, ob das Menschengeschlecht von einem Paar abstammt oder nicht, beruht auf einer vollkommen falschen Fragestellung. Er ist ebenso sinnlos, wie der Streit, ob alle Jagdhunde oder alle Rennpferde von einem Paare abstammen. Mit demselben Rechte könnte man fragen, ob alle Deutschen oder alle Engländer „von einem Paare abstammen“ u. s. w. Ein „erstes Menschenpaar“ oder ein „erster Mensch“ hat überhaupt niemals existirt, so wenig es jemals ein erstes Paar oder ein erstes Individuum von Engländern, Deutschen, Rennpferden oder Jagdhunden gegeben hat. Immer erfolgt natürlich die Entstehung einer neuen Art aus einer bestehenden Art in der Weise, daß eine lange Kette von vielen verschiedenen Individuen an dem langsamen Umbildungsproceß betheiligt ist. Angenommen, daß wir alle die verschiedenen Paare von Menschenaffen und Affenmenschen neben einander vor uns hätten, die zu den wahren Vorfahren des Menschengeschlechts gehören, so würde es doch ganz unmöglich sein, ohne die größte Willkür eines von diesen Affenmenschen-Paaren als „das erste Paar" zu bezeichnen. Ebensowenig kann man auch jede der zwölf Menschenrassen oder Species, die wir sogleich betrachten wollen, von einem „ersten Paare", ableiten.

Die Schwierigkeiten, denen wir bei der Classification der verschiedenen Menschenrassen oder Menschenarten begegnen, sind ganz dieselben, welche uns die Systematik der Thier- und Pflanzenarten bereitet. Hier wie dort sind die scheinbar ganz verschiedenen Formen doch meistens durch eine Kette von vermittelnden Uebergangsformen mit einander verknüpft. Hier wie dort kann der Streit, was Art oder Species, und was Rasse oder Varietät ist, niemals entschieden werden. Bekanntlich nahm man seit Blumenbach an, daß das Menschengeschlecht in fünf Rassen oder Varietäten zerfalle, nämlich: 1) die äthiopische oder schwarze Rasse (afrikanische Neger); 2) die malayische oder braune Rasse (Malayen, Polynesier und Australier); 3) die mongolische oder gelbe Rasse (die Hauptbevölkerung Asiens und die Eskimos Nordamerikas); 4) die amerikanische oder rothe Rasse (die Ureinwohner Amerikas); und 5) die kaukasische oder weiße Rasse (Europäer, Nordafrikaner und Südwest-Asiaten). Diese fünf Menschenrassen sollten alle, der jüdischen Schöpfungssage entsprechend, „von einem Paare", Adam und Eva, abstammen, und demgemäß nur Varietäten einer Art oder Species sein. Indessen kann bei unbefangener Vergleichung kein Zweifel darüber existiren, daß die Unterschiede dieser fünf Rassen eben so groß und noch größer sind, als die „specifischen Unterschiede", auf deren Grund die Zoologen und

Botaniker anerkannt gute Thier- und Pflanzenarten („bonae species") unterscheiden. Mit Recht behauptet daher der treffliche Paläontologe Quenstedt: „Wenn Neger und Kaukasier Schnecken wären, so würden die Zoologen mit allgemeiner Uebereinstimmung sie für zwei ganz vortreffliche Species ausgeben, die nimmermehr durch allmähliche Abweichung von einem Paare entstanden sein könnten."

Die Merkmale, durch welche man gewöhnlich die Menschenrassen unterscheidet, sind theils der Haarbildung, theils der Hautfarbe, theils der Schädelbildung entnommen. In letzterer Beziehung unterscheidet man als zwei extreme Formen Langköpfe und Kurzköpfe. Bei den Langköpfen (Dolichocephali), deren stärkste Ausbildung sich bei den Negern und Australiern findet, ist der Schädel langgestreckt, schmal, von rechts nach links zusammengedrückt. Bei den Kurzköpfen (Brachycephali) dagegen ist der Schädel umgekehrt von vorn nach hinten zusammengedrückt, kurz und breit, wie es namentlich bei den Mongolen in die Augen springt. Die zwischen beiden Extremen in der Mitte stehenden Mittelköpfe (Mesocephali) sind namentlich bei den Amerikanern vorherrschend. In jeder dieser drei Gruppen kommen Schiefzähnige (Prognathi) vor, bei denen die Kiefer, wie bei der thierischen Schnauze, stark vorspringen und die Vorderzähne daher schief nach vorn gerichtet sind, und Gradzähnige (Orthognathi), bei denen die Kiefer wenig vorspringen und die Vorderzähne senkrecht stehen. Man hat in den letzten zwanzig Jahren sehr viel Mühe und Zeit an die genaueste Untersuchung und Messung der Schädelformen gewendet, ohne daß diese durch entsprechende Resultate belohnt worden wäre. Denn innerhalb einer einzigen Species, wie z. B. der mittelländischen, kann die Schädelform so variiren, daß man in derselben extreme Gegensätze findet. Viel bessere Anhaltpunkte für die Classification der menschlichen Species liefert die Beschaffenheit der Behaarung und der Sprache, weil diese sich viel strenger als die Schädelform vererben.

Insbesondere scheint die vergleichende Sprachforschung hier maßgebend zu werden. In der neuesten vortrefflichen Bearbeitung der Menschenrassen, welcher der Wiener Sprachforscher Friedrich Müller in seiner ausgezeichneten Ethnographie[42]) gegeben hat, ist die Sprache mit Recht in den Vordergrund gestellt. Demnächst ist die Beschaffenheit des Kopfhaares von großer Bedeutung. Obwohl an sich allerdings ein untergeordneter morphologischer Charakter, scheint sie sich dennoch ziemlich streng innerhalb der Rasse zu vererben. Von den zwölf Menschen-Species, die wir unterscheiden (S. 628), zeichnen sich die vier niederen Arten durch die wollige Beschaffenheit der Kopfhaare aus; jedes Haar ist bandartig abgeplattet und erscheint daher auf dem Querschnitt länglich rund. Wir können diese vier Arten von Wollhaarigen (Ulotriches) in zwei Gruppen bringen, in Büschelhaarige und Vließhaarige. Bei den Büschelhaarigen (Lophocomi), den Papuas und Hottentotten, wachsen die Kopfhaare, ungleichmäßig vertheilt, in kleinen Büscheln. Bei den Vließhaarigen (Eriocomi) dagegen, den Kaffern und Negern, sind die Wollhaare gleichmäßig über die ganze Kopfhaut vertheilt. Alle Ulotrichen oder Wollhaarigen sind schiefzähnig und langköpfig. Die Farbe der Haut, des Haares und der Augen ist stets sehr dunkel. Alle sind Bewohner der südlichen Erdhälfte; nur in Afrika überschreiten sie den Aequator. Im Allgemeinen stehen sie auf einer viel tieferen Entwickelungsstufe und den Affen viel näher, als die meisten Lissotrichen oder Schlichthaarigen. Einer wahren inneren Cultur und einer höheren geistigen Durchbildung sind die Ulotrichen unfähig, auch unter so günstigen Anpassungsbedingungen, wie sie ihnen jetzt in den vereinigten Staaten Nordamerikas geboten werden. Kein kraushaariges Volk hat jemals eine bedeutende „Geschichte" gehabt.

Bei den acht höheren Menschenrassen, die wir als Schlichthaarige (Lissotriches) zusammenfassen, ist das Kopfhaar niemals eigentlich wollig, auch wenn es bei einzelnen Individuen sich stark kräuselt. Jedes einzelne Haar ist nämlich cylindrisch (nicht bandförmig) und daher auf dem Querschnitt kreisrund (nicht länglich rund).

Auch die acht lissotrichen Species können wir auf zwei Gruppen vertheilen: Straffhaarige und Lockenhaarige. Zu den Straffhaarigen (Euthycomi), bei denen das Kopfhaar ganz glatt und straff, nicht gekräuselt ist, gehören die Australier, Malayen, Mongolen, Arktiker und Amerikaner. Zu den Lockenhaarigen (Euplocami) dagegen, bei denen das Kopfhaar mehr oder weniger lockig und auch der Bart mehr als bei allen anderen Arten entwickelt ist, gehören die Dravidas, Nubier und Mittelländer. (Vergl. Taf. XV am Ende.)

Bevor wir nun den Versuch wagen, die phyletische Divergenz des Menschengeschlechts und den genealogischen Zusammenhang seiner verschiedenen Arten hypothetisch zu beleuchten, wollen wir eine kurze Schilderung der zwölf genannten Species und ihrer Verbreitung vorausschicken. Um die geographische Verbreitung derselben klar zu übersehen, müssen wir uns um drei oder vier Jahrhunderte zurückversetzen, in die Zeit, wo die indische Inselwelt und Amerika eben erst entdeckt war, und wo die gegenwärtige vielfache Mischung der Species, insbesondere die Ueberfluthung durch die indogermanische Rasse, noch nicht so vorgeschritten war. Wir beginnen, von den niedersten Stufen aufsteigend, mit den wollhaarigen Menschen (Ulotriches), welche sämmtlich prognathe Dolichocephalen sind.

Unter den jetzt noch lebenden Menschenarten steht der ursprünglichen Stammform der wollhaarigen Menschen am nächsten vielleicht der Papua (Homo papua). Diese Species bewohnt gegenwärtig nur noch die große Insel Neuguinea und den östlich davon gelegenen Archipel von Melanesien (die Salomons-Inseln, Neu-Kaledonien, die neuen Hebriden u. s. w.). Zerstreute Reste derselben finden sich aber auch noch im Innern der Halbinsel Malacca, sowie auf vielen anderen Inseln des großen pacifischen Archipels; meistens in den unzugänglichen gebirgigen Theilen des Innern, so namentlich auf den Philippinen. Auch die kürzlich ausgestorbenen Tasmanier oder die Bevölkerung von Vandiemsland gehörte zu dieser Art. Aus diesen und anderen Umständen geht hervor, daß die Papuas früher einen viel weiteren Verbreitungsbezirk im Südosten Asiens besaßen. Sie wurden aus diesem durch die Malayen verdrängt, und nach Osten fortgeschoben. Alle Papuas sind von schwarzer Hautfarbe.

Systematische Uebersicht
der 12 Menschen-Arten und ihrer 36 Rassen. (Vergl. Taf. XV.)

Species	Rasse	Heimath	Einwanderung von
1. Papua Homo papua	1. Negritos	Malacca, Philippinen	Westen
	2. Neuguineer	Neuguinea	Westen
	3. Melanesier	Melanesien	Nordwesten
	4. Tasmanier	Vandiemensland	Nordosten
2. Hottentotte H. hottentottus	5. Hottentotten	Capland	Nordosten
	6. Buschmänner	Capland	Nordosten
3. Kaffer Homo cafer	7. Zulukaffern	Oestliches Südafrika	Norden
	8. Beschuanen	Centrales Südafrika	Nordosten
	9. Congokaffern	Westliches Südafrika	Osten
4. Neger Homo niger	10. Tibu-Neger	Tibu-Land	Südosten
	11. Sudan-Neger	Sudan	Osten
	12. Senegambier	Senegambien	Osten
	13. Nigritier	Nigritien	Osten
5. Australier H. australis	14. Nordaustralier	Nordaustralien	Norden
	15. Südaustralier	Südaustralien	Norden
6. Malaye Homo malayus	16. Sundanesier	Sunda-Archipel	Westen
	17. Polynesier	Pacifischer Archipel	Westen
	18. Madagassen	Madagascar	Osten
7. Mongole Homo mongolus	19. Indochinesen	Tibet, China	Süden
	20. Coreo-Japaner	Corea, Japan	Südwesten
	21. Altajer	Mittelasien, Nordasien	Süden
	22. Uralier	Nordwestasien, Nord-europa, Ungarn	Südosten
8. Arktiker H. arcticus	23. Hyperboräer	Nordöstlichstes Asien	Südwesten
	24. Eskimos	Nördlichstes Amerika	Westen
9. Amerikaner Homo americanus	25. Nordamerikaner	Nordamerika	Nordwesten
	26. Mittelamerikaner	Mittelamerika	Norden
	27. Südamerikaner	Südamerika	Norden
	28. Patagonier	Südlichstes Amerika	Norden
10. Dravidas H. dravida	29. Dekanesen	Vorder-Indien	Osten?
	20. Singalesen	Ceylon	Norden?
11. Nubier H. nuba	31. Dongolesen	Nubien	Osten
	32. Fulater	Fula-Land (Mittelafrika)	Osten
12. Mittelländer Homo mediterraneus	33 Kaukasier	Kaukasus	Südosten
	34. Basken	Nördlichstes Spanien	Süden?
	35. Hamosemiten	Arabien, Nordafrika ꝛc.	Osten
	36. Indogermanen	Südwestasien, Europa ꝛc.	Südosten

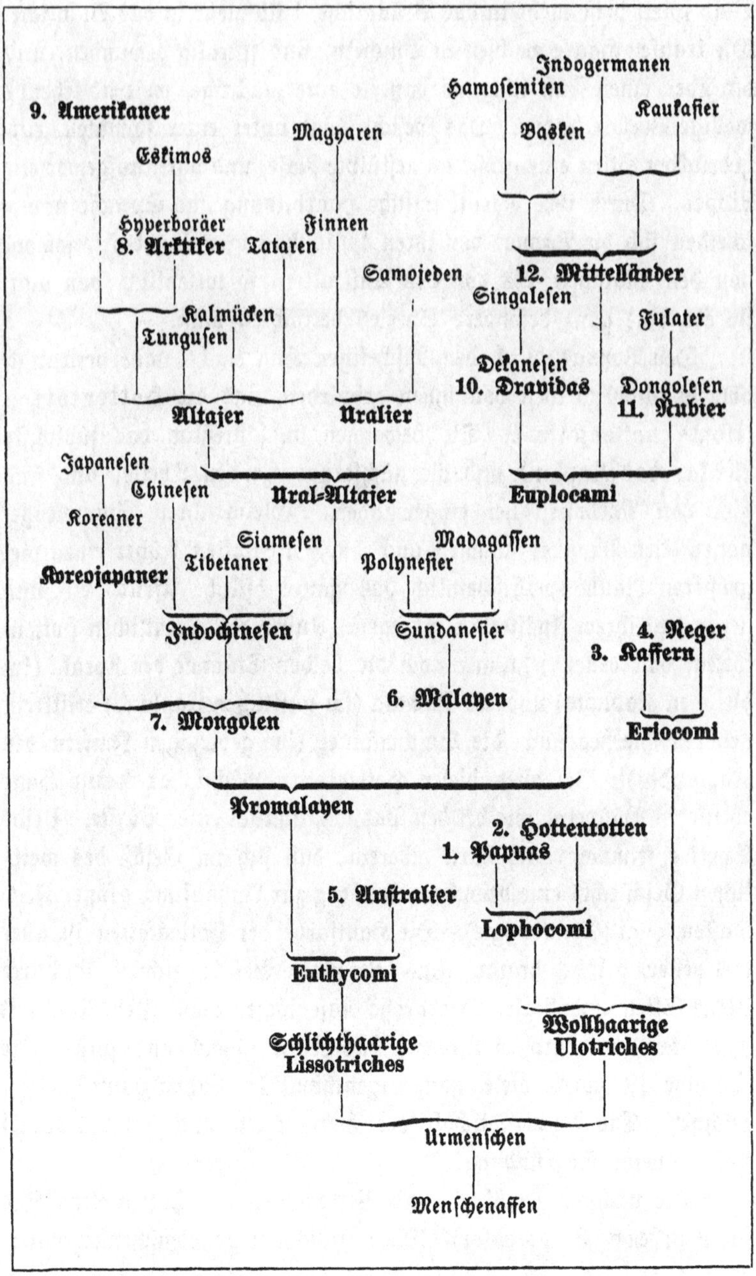
Indogermanen
Hamosemiten
9. Amerikaner
Kaukasier
Magyaren
Basken
Eskimos
Hyperboräer
8. Arktiker
Finnen
Tataren
Samojeden
12. Mittelländer
Singalesen
Kalmücken
Fulater
Tungusen
Dekanesen
10. Dravidas
Dongolesen
11. Nubier
Altajer
Uralier
Japanesen
Chinesen
Ural-Altajer
Euplocami
Koreaner
Siamesen
Madagassen
Tibetaner
Polynesier
Koreojapaner
Indochinesen
Sundanesier
4. Neger
3. Kaffern
6. Malayen
7. Mongolen
Eriocomi
Promalayen
2. Hottentotten
1. Papuas
5. Australier
Lophocomi
Euthycomi
Schlichthaarige
Lissotriches
Wollhaarige
Ulotriches
Urmenschen
Menschenaffen

Bald spielt diese mehr in das Bräunliche, bald mehr in das Bläuliche. Die krausen Haare wachsen in Büscheln, sind spiralig gewunden, und oft über einen Fuß lang, so daß sie eine mächtige, weit abstehende wollige Perücke bilden. Das Gesicht zeigt unter einer schmalen, eingedrückten Stirn eine große aufgestülpte Nase, und dicke, aufgeworfene Lippen. Durch ihre eigenthümliche Haarbildung und Sprache unterscheiden sich die Papuas von ihren schlichthaarigen Nachbarn, sowohl von den Malayen, als von den Australiern so wesentlich, daß man sie als eine ganz besondere Species betrachten muß.

Den Papuas durch den büscheligen Haarwuchs nahe verwandt, obwohl räumlich weit von ihnen geschieden, sind die Hottentotten (Homo hottentottus). Sie bewohnen ausschließlich das südlichste Afrika, das Kapland und die nächstangrenzenden Theile, und sind hier von Nordosten her eingewandert. Gleich ihren Stammesgenossen, den Papuas, nahmen auch die Hottentotten früher einen viel größeren Raum (wahrscheinlich das ganze östliche Afrika) ein und gehen jetzt ihrem Aussterben entgegen. Außer den eigentlichen Hottentotten, von denen jetzt nur noch die beiden Stämme der Koraka (im östlichen Kapland) und der Namaka (im westlichen Kapland) existiren, gehören hierher auch die Buschmänner (im gebirgigen Innern des Kaplandes). Bei allen diesen Hottentotten wächst das krause Haar ebenso in Büscheln, wie bei den Papuas, ähnlich einer Bürste. Beide Species stimmen auch darin überein, daß sich im Gesäß des weiblichen Geschlechts eine besondere Neigung zur Anhäufung großer Fettmassen zeigt (Steatopygie). Die Hautfarbe der Hottentotten ist aber viel heller, gelblich braun. Das sehr platte Gesicht zeichnet sich durch kleine Stirn und Nase, aber große Nasenlöcher aus. Der Mund ist sehr breit, mit großen Lippen, das Kinn schmal und spitz. Die Sprache ist durch viele ganz eigenthümliche Schnalzlaute ausgezeichnet. Die Verwandtschaft der Hottentotten und Papuas bedarf noch näherer Begründung.

Die nächsten Nachbarn und Verwandten der Hottentotten sind die Kaffern (Homo cafer). Diese kraushaarige Menschenart unter=

scheidet sich jedoch von den Hottentotten und Papuas dadurch, daß das wollige Haar nicht büschelweise vertheilt ist, sondern als dichtes Vließ den Kopf bedeckt (wie bei den Negern). Doch ist dieser Unterschied nicht streng durchgreifend. Die Farbe der Haut durchläuft alle Abstufungen von dem gelblichen Braun der Hottentotten bis zu dem Braunschwarz oder reinen Schwarz des echten Negers. Während man früher der Kaffernrasse einen sehr engen Verbreitungsbezirk anwies und sie meist nur als eine Varietät des echten Negers betrachtete, zählt man dagegen jetzt zu dieser Species fast die gesammte Bevölkerung des äquatorialen Afrika von 20 Grad südlicher bis 4 Grad nördlicher Breite, mithin alle Südafrikaner mit Ausschluß der Hottentotten. Insbesondere gehören dahin an der Ostküste die Zulu-, Zambesi- und Mosambik-Völker, im Inneren die große Völkerfamilie der Beschuanen oder Setschuanen, und an der Westküste die Herrero- und Congo-Stämme. Auch sie sind, wie die Hottentotten, von Nordosten her eingewandert. Von den Negern, mit denen man die Kaffern gewöhnlich vereinigte, unterscheiden sie sich sehr wesentlich durch die Schädelbildung und die Sprache. Das Gesicht ist lang und schmal, die Stirn hoch und gewölbt, die Nase vorspringend, oft gebogen, die Lippen nicht so stark aufgeworfen und das Kinn spitz. Die mannichfaltigen Sprachen der verschiedenen Kaffern-Stämme lassen sich alle von einer ausgestorbenen Ursprache, der Bantu-Sprache, ableiten.

Zum echten Neger (Homo niger) gehören gegenwärtig, nachdem man Kaffern, Hottentotten und Nubier von ihm abgetrennt hat, nur noch die Tibus im östlichen Theile der Sahara, die Sudan-Völker oder Sudaner, welche zunächst im Süden dieser großen Wüste wohnen, und die Bevölkerung der westafrikanischen Küstenländer, von der Mündung des Senegal im Norden, bis unterhalb der Niger-Mündung im Süden (Senegambier und Nigritier). Die echten Neger sind demnach zwischen den Aequator und den nördlichen Wendekreis eingeschlossen, und haben diesen letzteren nur mit einem kleinen Theile der Tibu-Rasse im Osten überschritten. Innerhalb dieser Zone hat die Neger-Art sich von Osten her ausgebreitet. Die Hautfarbe der echten Neger ist stets ein mehr oder minder reines Schwarz. Die Haut ist sammetartig anzufühlen, und durch eine eigenthümliche übelriechende Ausdünstung ausgezeichnet. Während die Neger in der wolligen Behaarung des Kopfes mit den Kaffern übereinstimmen, unterscheiden sie sich von ihnen nicht unwesentlich durch die Gesichtsbildung. Die Stirn ist flacher und niedriger, die Nase breit und dick, nicht vorspringend, die Lippen stark wulstig aufgetrieben, und das Kinn sehr kurz. Ausgezeichnet sind ferner die echten Neger durch sehr dünne Waden und sehr lange Arme. Schon sehr frühzeitig muß sich diese Menschen-Species in viele einzelne Stämme zersplittert haben, da ihre zahlreichen und sehr verschiedenen Sprachen sich kaum auf eine Ursprache zurückführen lassen.

Den vier eben betrachteten wollhaarigen Menschen-Arten stehen nun als anderer Hauptzweig der Gattung die schlichthaarigen Menschen (Homines lissotriches) gegenüber. Von den acht Arten dieser letzteren lassen sich fünf Species als Straffhaarige (Euthycomi) und drei Species als Lockenhaarige (Euplocami) zusammenfassen. Wir betrachten zunächst die ersteren, zu denen die Urbevölkerung von dem größten Theile Asiens und von ganz Amerika gehört.

Auf der tiefsten Stufe unter allen schlichthaarigen Menschen, und im Ganzen vielleicht unter allen noch lebenden Menschen-Arten stehen die Australier oder Australneger (Homo australis). Diese Species scheint ausschließlich auf die große Insel Australien beschränkt zu sein. Sie gleicht dem echten afrikanischen Neger durch die schwarze oder schwarzbraune und übelriechende Haut, durch die stark schiefzähnige und langköpfige Schädelform, die zurücktretende Stirn, breite Nase und dick aufgeworfene Lippen, sowie durch den fast gänzlichen Mangel der Waden. Dagegen unterscheiden sich die Australneger sowohl von den echten Negern, als von ihren nächsten Nachbarn, den Papuas, durch viel schwächeren, feineren Knochenbau, und namentlich durch die Bildung des Kopfhaares, welches nicht wollig-kraus, sondern entweder ganz schlicht oder nur schwach gelockt ist. Die sehr tiefe körperliche und geistige Ausbildungsstufe der Australier ist zum Theil vielleicht nicht ursprünglich, sondern durch Rückbildung, durch Anpassung an die sehr ungünstigen Existenzbedingungen Australiens entstanden. Wahrscheinlich sind die Australneger, als ein sehr früh abgezweigter Ast der Euthycomen, von Norden oder Nordwesten her in ihre gegenwärtige Heimath eingewandert. Vielleicht sind sie den Dravidas, und mithin den Euplocamen, näher verwandt als den übrigen Euthycomen. Die ganz eigenthümliche Sprache der Australier zersplittert sich in sehr zahlreiche kleine Zweige, die in eine nördliche und in eine südliche Abtheilung sich gruppiren.

Eine genealogisch wichtige, obwohl nicht umfangreiche Menschen-Species bilden die Malayen (Homo malayus), die braune Menschenrasse der früheren Ethnographie. Eine ausgestorbene, südasiatische Menschen-Art, welche den heutigen Malayen sehr nahe stand, ist wahrscheinlich als die gemeinsame Stammform dieser und der folgenden, höheren Menschen-Arten anzusehen. Wir wollen diese hypothetische Stammart als Urmalayen oder Promalayen bezeichnen. Die heutigen Malayen zerfallen in zwei weit zerstreute Rassen, in die Sundanesier, welche Malacca und die Sunda-Inseln (Sumatra, Java, Borneo 2c.) sowie die Philippinen bevölkern, und die Polynesier, welche über den größten Theil des pacifischen Archipels ausgebreitet sind. Die nördliche Grenze ihres weiten Verbreitungsbezirks wird östlich von den Sandwich-Inseln (Hawai), westlich von den Marianen-Inseln (Ladronen) gebildet; die südliche Grenze dagegen östlich von dem Mangareva-Archipel, westlich von Neuseeland. Ein weit nach Westen verschlagener einzelner Zweig der Sundanesier sind die Bewohner von Madagaskar. Diese weite pelagische Verbreitung der Malayen erklärt sich aus ihrer besonderen Neigung für das Schifferleben. Als ihre Urheimath ist der südöstliche Theil des asiatischen Festlandes zu betrachten, von wo aus sie sich nach Osten und Süden verbreiteten und die Papuas vor sich her drängten. In der körperlichen Bildung stehen die Malayen unter den übrigen Arten den Mongolen am nächsten, ziemlich nahe aber auch den lockigen Mittelländern. Der Schädel ist meist kurzköpfig, seltener mittelköpfig, und sehr selten langköpfig. Das Haar ist schlicht und straff, oft jedoch etwas gelockt. Die Hautfarbe ist braun, bald mehr gelblich oder zimmtbraun, bald mehr röthlich oder kupferbraun, seltener dunkelbraun. In der Gesichtsbildung stehen die Malayen zum großen Theil in der Mitte zwischen den Mongolen und Mittelländern. Oft sind sie von letzteren kaum zu unterscheiden. Das Gesicht ist meist breit, mit vorspringender Nase und dicken Lippen, die Augen nicht so enggeschlitzt und schief, wie bei den Mongolen. Alle Malayen und Polynesier bezeugen ihre nahe Stammesverwandtschaft durch ihre Sprache, welche sich zwar schon frühzeitig in viele kleine Zweige zersplitterte, aber doch immer von einer gemeinsamen, ganz eigenthümlichen Ursprache ableitbar ist.

Die individuenreichste von allen Menschen-Arten bildet neben dem mittelländischen der mongolische Mensch (Homo mongolicus). Dahin gehören alle Bewohner des asiatischen Festlandes, mit Ausnahme der Hyperboräer im Norden, der wenigen Malayen im Südosten (Malacca), der Dravidas in Vorderindien, und der Mittelländer im Südwesten. In Europa ist diese Menschen-Art durch die Finnen und Lappen im Norden, die Magyaren in Ungarn und vielleicht einen Theil der Türken vertreten. Die Hautfarbe der Mongolen ist stets durch den gelben Grundton ausgezeichnet, bald heller erbsengelb oder selbst weißlich, bald dunkler braungelb. Das Haar ist immer straff und schwarz. Die Schädelform ist bei der großen Mehrzahl entschieden kurzköpfig (namentlich bei den Kalmücken, Baschkiren u. s. w.), häufig auch mittelköpfig (Tataren, Chinesen u. s. w.). Dagegen kommen echte Langköpfe unter ihnen gar nicht vor. In der runden Gesichtsbildung sind die enggeschlitzten, oft schief geneigten Augen auffallend, die stark vorstehenden Backenknochen, breite Nase und dicken Lippen. Die Sprache aller Mongolen läßt sich wahrscheinlich auf eine gemeinsame Ursprache zurückführen. Doch stehen sich als zwei früh getrennte Hauptzweige die einsilbigen Sprachen der indo-chinesischen Rasse und die mehrsilbigen Sprachen der übrigen mongolischen Rassen gegenüber. Zu dem einsilbigen oder monosyllaben Stamme der Indochinesen gehören die Tibetaner, Birmanen, Siamesen und Chinesen. Die übrigen, die vielsilbigen oder polysyllaben Mongolen zerfallen in drei Rassen, nämlich 1) die Koreo-Japaner (Koreaner und Japanesen); 2) die Altajer (Tataren, Türken, Kirgisen, Kalmücken, Burjäten, Tungusen); und 3) die Uralier (Samojeden, Finnen). Von den Finnen stammt auch die magyarische Bevölkerung Ungarns ab.

Als eine Abzweigung der mongolischen Menschen-Art ist der Polarmensch (Homo arcticus) zu betrachten. Wir fassen unter dieser Bezeichnung die Bewohner der arktischen Polarländer in beiden Hemisphären zusammen, die Eskimos (und Grönländer) in Nordamerika, und die Hyperboräer im nordöstlichen Asien (Jukagiren, Tschuktschen, Kurjäken und Kamtschadalen). Durch Anpassung an das Polarklima ist diese Menschenform so eigenthümlich umgebildet, daß man sie wohl als Vertreter einer besonderen Species betrachten kann. Ihre Statur ist niedrig und untersetzt, die Schädelform mittelköpfig oder sogar langköpfig, die Augen eng und schief geschlitzt, wie bei den Mongolen, auch die Backenknochen vorstehend und der Mund breit. Das Haar ist straff und schwarz. Die Hautfarbe ist heller oder dunkler bräunlich, bald fast weißlich oder mehr gelb, wie bei den Mongolen, bald mehr röthlich, wie bei den Amerikanern. Die Sprachen der Polarmenschen sind noch wenig bekannt, jedoch sowohl von den mongolischen, als von den amerikanischen verschieden. Wahrscheinlich sind die Arktiker als zurückgebliebene und eigenthümlich angepaßte Zweige jenes Mongolen-Stammes zu betrachten, der aus dem nordöstlichen Asien nach Nordamerika hinüberwanderte und diesen Erdtheil bevölkerte.

Zur Zeit der Entdeckung Amerikas war dieser Erdtheil (von den Eskimos abgesehen) nur von einer einzigen Menschenart bevölkert, den Rothhäuten oder Amerikanern (Homo americanus). Unter allen übrigen Menschenarten sind ihr die beiden vorigen am nächsten verwandt. Insbesondere ist die Schädelform meistens der Mittelkopf, selten Kurzkopf oder Langkopf. Die Stirn ist breit und sehr niedrig, die Nase groß, vortretend und oft gebogen, die Backenknochen vortretend, die Lippen eher dünn, als dick. Das Haar ist schwarz und straff. Die Hautfarbe ist durch rothen Grundton ausgezeichnet, welcher jedoch bald rein kupferroth oder heller röthlich, bald mehr dunkler rothbraun, gelbbraun oder olivenbraun wird. Die zahlreichen Sprachen der verschiedenen amerikanischen Rassen und Stämme sind außerordentlich verschieden, aber doch in der ursprünglichen Anlage wesentlich übereinstimmend. Wahrscheinlich ist Amerika zuerst vom nordöstlichen Asien her bevölkert worden, von demselben Mongolen-Stamme, von dem auch die Arktiker, (Hyperboräer und Eskimos) sich abgezweigt haben. Zuerst breitete sich dieser Stamm in Nordamerika aus und wanderte erst von da aus über die Landenge von Central-Amerika hinunter nach Südamerika, in dessen südlichster Spitze die Species durch Anpassung an sehr ungünstige Existenz-Bedingungen eine starke Rückbildung erfuhr. Möglicher Weise sind aber von Westen her außer Mongolen auch Polynesier in Amerika eingewandert und haben sich mit diesen vermischt. Jedenfalls sind die Ureinwohner Amerikas aus der alten Welt herübergekommen, und keineswegs, wie Einige meinten, aus amerikanischen Affen entstanden. Catarhinen oder schmalnasige Affen haben zu keiner Zeit in Amerika existirt.

Die drei Menschen-Species, welche wir nun noch unterscheiden, die Dravidas, Nubier und Mittelländer, stimmen in mancherlei Eigenthümlichkeiten überein, welche eine nähere Verwandtschaft derselben zu begründen scheinen und sie von den vorhergehenden unterscheiden. Dahin gehört vor Allen die Entwickelung eines starken Barthaares, welches allen übrigen Species entweder ganz fehlt oder nur sehr spärlich auftritt. Das Haupthaar ist gewöhnlich nicht so straff und glatt, wie bei den fünf vorhergehenden Arten, sondern meistens mehr oder weniger gelockt. Auch andere Charaktere scheinen dafür zu sprechen, daß wir dieselben in einer Hauptgruppe, den Lockenhaarigen (Euplocami), vereinigen können.

Der gemeinsamen Stammform der Euplocamen, und vielleicht

aller Lissotrichen, sehr nahe scheint der Dravida-Mensch zu stehen (Homo dravida). Gegenwärtig ist diese uralte Species nur noch durch die Dekhan-Völker im südlichen Theile Vorder-Indiens und durch die benachbarten Bewohner der Gebirge des nordöstlichen Ceylon vertreten. Früher aber scheint dieselbe ganz Vorderindien eingenommen und auch noch weiter sich ausgedehnt zu haben. Sie zeigt einerseits Verwandtschafts-Beziehungen zu den Australiern und Malayen, anderseits zu den Mongolen und Mittelländern. Die Hautfarbe ist ein lichteres oder dunkleres Braun, bei einigen Stämmen mehr gelbbraun, bei anderen fast schwarzbraun. Das Haupthaar ist, wie bei den Mittelländern, mehr oder weniger gelockt, weder ganz glatt, wie bei den Euthycomen, noch eigentlich wollig, wie bei den Ulotrichen. Auch durch den ausgezeichnet starken Bartwuchs gleichen sie den Mittelländern. Ihre ovale Gesichtsbildung scheint theils derjenigen der Malayen, theils derjenigen der Mittelländer am nächsten verwandt zu sein. Gewöhnlich ist die Stirn hoch, die Nase vorspringend, schmal, die Lippen wenig aufgeworfen. Ihre Sprache ist gegenwärtig stark mit indogermanischen Elementen vermischt, scheint aber ursprünglich von einer ganz eigenthümlichen Ursprache abzustammen.

Nicht weniger Schwierigkeiten als die Dravida-Species, hat den Ethnographen der Nubier (Homo nuba) verursacht, unter welchem Namen wir nicht nur die eigentlichen Nubier (Schangallas oder Dongolesen), sondern auch die ganz nahe verwandten Fulas oder Fellatas begreifen. Die eigentlichen Nubier bewohnen die oberen Nil-Länder (Dongola, Schangalla, Barabra, Kordofan); die Fulas oder Fellatas dagegen sind von da aus weit nach Westen gewandert und bewohnen jetzt einen breiten Strich im Süden der westlichen Sahara, eingekeilt zwischen die Sudaner im Norden und die Nigritier im Süden. Gewöhnlich werden die Nuba- und Fula-Völker entweder zu den Negern oder zu den hamitischen Völkern (also Mittelländern) gerechnet, unterscheiden sich aber von Beiden so wesentlich, daß man sie als eine besondere Art betrachten muß. Wahrscheinlich nahm dieselbe früher einen großen Theil des nordöstlichen Afrika ein. Die Hautfarbe der

Nuba- und Fula-Völker ist gelbbraun oder rothbraun, seltener dunkelbraun bis schwarz. Das Haar ist nicht wollig, sondern nur lockig, oft sogar fast ganz schlicht; die Haarfarbe ist dunkelbraun oder schwarz. Der Bartwuchs ist viel stärker als bei den Negern entwickelt. Die ovale Gesichtsbildung nähert sich mehr dem mittelländischen als dem Neger-Typus. Die Stirn ist hoch und breit, die Nase vorspringend und nicht platt gedrückt, die Lippen nicht so stark aufgeworfen wie beim Neger. Die Sprachen der nubischen Völker scheinen mit denjenigen der echten Neger gar keine Verwandtschaft zu besitzen.

An die Spitze aller Menschenarten hat man von jeher als die höchst entwickelte und vollkommenste den kaukasischen oder mittelländischen Menschen (Homo mediterraneus) gestellt. Gewöhnlich wird diese Form als „kaukasische Rasse" bezeichnet. Da jedoch grade der kaukasische Zweig unter allen Rassen dieser Species die wenigst bedeutende ist, so ziehen wir die von Friedrich Müller vorgeschlagene, viel passendere Bezeichnung des Mediterran-Menschen oder Mittelländers vor. Denn die wichtigsten Rassen dieser Species, welche zugleich die bedeutendsten Factoren der sogenannten „Weltgeschichte" sind, haben sich an den Gestaden des Mittelmeeres zu ihrer ersten Blüthe entwickelt. Der frühere Verbreitungsbezirk dieser Art wird durch die Bezeichnung der „indo-atlantischen" Species ausgedrückt, während dieselbe gegenwärtig sich über die ganze Erde verbreitet und die meisten übrigen Menschen-Species im Kampfe um's Dasein überwindet. In körperlicher, wie in geistiger Beziehung, kann sich keine andere Menschenart mit der mittelländischen messen. Sie allein hat (abgesehen von der mongolischen Species) eigentlich „Geschichte" gemacht. Sie allein hat jene Blüthe der Cultur entwickelt, welche den Menschen über die ganze übrige Natur zu erheben scheint.

Die Charaktere, durch welche sich der mittelländische Mensch von den anderen Arten des Geschlechts unterscheidet, sind allbekannt. Unter den äußeren Kennzeichen tritt die helle Hautfarbe in den Vordergrund; jedoch zeigt diese alle Abstufungen von reinem Weiß oder Röthlich weiß, durch Gelb und Gelbbraun, bis zum Dunkelbraunen oder selbst Schwarzbraunen. Der Haarwuchs ist meistens stark, das Haupthaar mehr oder weniger lockig, das Barthaar stärker, als bei allen übrigen Arten. Die Schädelform zeigt einen großen Breitengrad der Entwickelung; überwiegend sind im Ganzen wohl die Mittelköpfe; aber auch Langköpfe und Kurzköpfe sind weit verbreitet. Der Körperbau im Ganzen erreicht nur bei dieser einzigen Menschenart jenes Ebenmaß aller Theile und jene gleichmäßige Entwickelung, welche wir als den Typus vollendeter menschlicher Schönheit bezeichnen. Die Sprachen aller Rassen dieser Species lassen sich bis jetzt noch nicht auf eine einzige gemeinsame Ursprache zurückführen; vielleicht sind mindestens vier verschiedene Ursprachen anzunehmen. Dem entsprechend sind auch vier verschiedene, nur unten an der Wurzel zusammenhängende Rassen innerhalb dieser einen Species zu unterscheiden. Zwei von diesen Rassen, die Basken und Kaukasier, existiren nur noch in geringen Ueberbleibseln. Die Basken, welche früher ganz Spanien und Südfrankreich bevölkerten, leben jetzt nur noch in einem schmalen Striche an der nördlichen Küste Spaniens, im Grunde der Bucht von Biscaya. Die Reste der kaukasischen Rasse (die Daghestaner, Tscherkessen, Mingrelier und Georgier) sind jetzt auf das Gebirgsland des Kaukasus zurückgedrängt. Sowohl die Sprache der Kaukasier, als die der Basken ist durchaus eigenthümlich und läßt sich weder auf die hamosemitische noch auf die indogermanische Ursprache zurückführen.

Auch die Sprachen der beiden Hauptrassen der mediterranen Species, die hamosemitische und indogermanische, lassen sich kaum auf einen gemeinsamen Stamm zurückführen, und daher müssen diese beiden Rassen schon sehr früh sich von einander getrennt haben. Hamosemiten und Indogermanen hängen höchstens unten an der Wurzel zusammen. Die *hamosemitische* Rasse spaltete sich ebenfalls schon sehr früh in zwei divergirende Zweige, den *hamitischen* Zweig (in Egypten) und den *semitischen* Zweig (in Arabien). Der *egyptische* oder *afrikanische* Zweig, die *Hamiten* genannt, umfaßt die alte Bevölkerung Egyptens, ferner die große Gruppe der Libyer und Berber, welche Nordafrika inne haben und früher auch die canarischen Inseln bewohnten, und endlich die Gruppe der Altnubier oder Aethiopier (Bedscha, Galla, Danakil, Somali und andere Völker), welche das ganze nordöstliche Küstenland von Afrika bis zum Aequator herab bevölkern. Der arabische oder asiatische Zweig dagegen, die Semiten umfassend, spaltet sich in zwei Hauptäste: Araber (Südsemiten) und Urjuden (Nordsemiten). Der arabische Hauptast enthält die Bewohner der großen arabischen Halbinsel, die uralte Familie der eigentlichen Araber („Urtypus des Semiten"), die Abessinier und Mauren. Zum urjüdischen Hauptast gehören die ausgestorbenen Mesopotamier (Assyrier, Babylonier, Urphönicier), die Aramäer (Syrier, Chaldäer, Samariter) und sodann die höchst entwickelte Semiten-Gruppe, die Bewohner von Palästina: die Phönicier und die eigentlichen Juden oder Hebräer.

Die indogermanische Rasse endlich, welche alle übrigen Menschenrassen in der geistigen Entwickelung weit überflügelt hat, spaltete sich gleich der semitischen sehr früh schon in zwei divergente Zweige, den ario-romanischen und slavo-germanischen Zweig. Aus dem ersteren gingen einerseits die Arier (Inder und Iraner), andrerseits die Gräcoromanen (Griechen und Albanesen, Italer und Kelten) hervor. Aus dem slavo-germanischen Zweige entwickelten sich einerseits die Slaven (russische und bulgarische, cechische und baltische Stämme), andrerseits die Germanen (Scandinavier und Deutsche, Niederländer und Angelsachsen). Wie sich die weitere Verzweigung der indogermanischen Rasse auf Grund der vergleichenden Sprachforschung im Einzelnen genau verfolgen läßt, hat August Schleicher in sehr anschaulicher Form genealogisch entwickelt [*]).

Die Gesammtzahl der menschlichen Individuen, welche gegenwärtig leben, beträgt zwischen 1300 und 1400 Millionen. Auf der nachstehenden tabellarischen Uebersicht sind 1350 Millionen als Mittel angenommen. Davon kommen nach ungefährer Schätzung, soweit solche überhaupt möglich ist, nur etwa 150 Millionen auf die wollhaarigen, dagegen 1200 Millionen auf die schlichthaarigen Menschen. Die beiden höchst entwickelten Species, Mongolen und Mittelländer, übertreffen an Individuenmasse bei weitem alle übrigen Menschenarten, indem auf jede derselben allein ungefähr 550 Millionen kommen (vgl. Friedrich Müller Ethnographie S. XXX). Natürlich wechselt das Zahlenverhältniß der zwölf Species mit jedem Jahre, und zwar nach dem von Darwin entwickelten Gesetze, daß im Kampfe ums Dasein die höher entwickelten, begünstigteren und größeren Formengruppen die bestimmte Neigung und die sichere Aussicht haben, sich immer mehr auf Kosten der niederen, zurückgebliebenen und kleineren Gruppen auszubreiten. So hat die mittelländische Species, und innerhalb derselben die indogermanische Rasse, vermöge ihrer höheren Gehirnentwickelung alle übrigen Rassen und Arten im Kampfe ums Dasein überflügelt, und spannt schon jetzt das Netz ihrer Herrschaft über die ganze Erdkugel aus. Erfolgreich concurriren kann mit den Mittelländern, wenigstens in gewisser Beziehung, nur die mongolische Species. Innerhalb der Tropengegenden sind die Neger, Kaffern und Nubier, die Malayen und Dravidas durch ihre bessere Anpassungsfähigkeit an das heiße Klima, ebenso in den Polargegenden die Arktiker durch ihr kaltes Klima vor dem Andringen der Indogermanen einigermaßen geschützt. Dagegen werden die übrigen Rassen, die ohnehin sehr zusammengeschmolzen sind, den übermächtigen Mittelländern im Kampf ums Dasein früher oder später gänzlich erliegen. Schon jetzt gehen die Amerikaner und Australier mit raschen Schritten ihrer völligen Ausrottung entgegen, und dasselbe gilt auch von den Papuas und Hottentotten.

Indem wir uns nun zu der eben so interessanten als schwierigen Frage von dem verwandtschaftlichen Zusammenhang, den Wanderungen und der Urheimath der 12 Menschenarten wenden, will ich im Voraus bemerken, daß bei dem gegenwärtigen Zustande unserer anthropologischen Kenntnisse jede Antwort auf diese Frage nur als eine provisorische Hypothese gelten kann. Es verhält sich damit nicht anders, als mit jeder genealogischen Hypothese, die wir uns auf Grund des „natürlichen Systems" von dem Ursprung verwandter Thier- und Pflanzenarten machen können. Durch die nothwendige Unsicherheit dieser speciellen Descendenz-Hypothesen wird aber die absolute Sicherheit der generellen Descendenz-Theorie in keinem Falle erschüttert. Der Mensch stammt jedenfalls von Catarhinen oder schmalnasigen Affen ab, mag man nun mit den Polyphyleten jede Menschenart in ihrer Urheimath aus einer besonderen Affenart entstanden sein lassen, oder mag man mit den Monophyleten annehmen, daß alle Menschenarten erst durch Differenzirung aus einer einzigen Species von Urmensch (Homo primigenius) entstanden sind.

Aus vielen und wichtigen Gründen halten wir diese letztere, monophyletische Hypothese für die richtigere, und nehmen demnach für das Menschengeschlecht eine einzige Urheimath an, in der dasselbe sich aus einer längst ausgestorbenen anthropoiden Affenart entwickelt hat. Von den jetzt existirenden fünf Welttheilen kann weder Australien, noch Amerika, noch Europa diese Urheimath oder das sogenannte „Paradies", die „Wiege des Menschengeschlechts", sein. Vielmehr deuten die meisten Anzeichen auf das südliche Asien. Außer dem südlichen Asien könnte von den gegenwärtigen Festländern nur noch Afrika in Frage kommen. Es giebt aber eine Menge von Anzeichen (besonders chorologische Thatsachen), welche darauf hindeuten, daß die Urheimath des Menschen ein jetzt unter den Spiegel des indischen Oceans versunkener Continent war, welcher sich im Süden des jetzigen Asiens (und wahrscheinlich mit ihm in directem Zusammenhang) einerseits östlich bis nach Hinterindien und den Sunda-Inseln, andrerseits westlich bis nach Madagaskar und dem südöstlichen Afrika erstreckte. Wir haben schon früher erwähnt, daß viele Thatsachen der Thier- und Pflanzengeographie die frühere Existenz eines solchen südindischen Continents sehr wahrscheinlich machen (vergl. S. 321). Derselbe ist von dem Engländer Sclater wegen der für ihn charakteristischen Halbaffen Lemuria genannt worden. Wenn wir dieses Lemurien als Urheimath annehmen, so läßt sich daraus am leichtesten die geographische Verbreitung der divergirenden Menschenarten durch

Wanderung erklären. (Vergl. die Migrations-Tafel XV, am Ende, und deren Erklärung.)

Von dem hypothetischen Urmenschen (Homo primigenius), welcher sich entweder in Lemurien oder in Südasien (vielleicht auch im östlichen Afrika) während der Tertiärzeit aus anthropoiden Affen entwickelte, kennen wir noch keine fossilen Reste. Aber bei der außerordentlichen Aehnlichkeit, welche sich zwischen den niedersten Menschenrassen und den höchsten Menschenaffen selbst jetzt noch erhalten hat, bedarf es nur geringer Einbildungskraft, um sich zwischen Beiden eine vermittelnde Zwischenform und in dieser ein ungefähres Bild von dem muthmaßlichen Urmenschen oder Affenmenschen vorzustellen. Die Schädelform desselben wird sehr langköpfig und schiefzähnig gewesen sein, die Hautfarbe dunkel, bräunlich. Die Behaarung des ganzen Körpers wird dichter als bei allen jetzt lebenden Menschenarten gewesen sein, die Arme im Verhältniß länger und stärker, die Beine dagegen kürzer und dünner, mit ganz unentwickelten Waden; der Gang mit stark eingebogenen Knieen.

Wenn die eigentlich menschliche Sprache, d. h. die articulirte Begriffssprache, monophyletisch oder einheitlichen Ursprungs ist (wie Bleek, Geiger u. A. annehmen), so wird der Affenmensch die ersten Anfänge derselben bereits besessen haben. Wenn sie dagegen polyphyletisch oder vielheitlichen Ursprungs ist (wie Schleicher, F. Müller u. A. behaupten), so wird der Affenmensch noch sprachlos (Alalus) gewesen sein und seine Nachkommen werden die Sprache erst erworben haben, nachdem bereits die Divergenz der Urmenschenart in verschiedene Species erfolgt war. Die Zahl der Ursprachen ist aber noch beträchtlich größer, als die Zahl der vorher betrachteten Menschenarten. Denn es ist noch nicht gelungen, die vier Ursprachen der mittelländischen Species, das Baskische, Kaukasische, Hamosemitische und Indogermanische, auf eine einzige Ursprache zurückzuführen. Ebensowenig lassen sich die verschiedenen Negersprachen von einer gemeinsamen Ursprache ableiten. Diese beiden Species, Mittelländer und Neger, sind daher jedenfalls polyglottonisch. Dagegen ist die malayische Menschenart **monoglottonisch**; alle ihre polynesischen und sundanesischen Dialecte und Sprachen lassen sich von einer gemeinsamen, längst untergegangenen Ursprache ableiten. Eben so monoglottonisch sind die übrigen Menschenarten: die Mongolen, Arktiker, Amerikaner, Nubier, Dravidas, Australier, Papuas, Hottentotten und Kaffern (vergl. S. 648). Uebrigens sprechen viele wichtige Gründe für die Annahme, daß schließlich doch auch alle jene „Ursprachen" sich noch werden auf eine einzige gemeinsame **Wurzelsprache** zurückführen lassen.

Aus dem sprachlosen Urmenschen, den wir als die gemeinsame Stammart aller übrigen Species ansehen, entwickelten sich zunächst wahrscheinlich durch natürliche Züchtung verschiedene uns unbekannte, jetzt längst ausgestorbene Menschenarten, die noch auf der Stufe des sprachlosen Affenmenschen (Alalus oder Pithecanthropus) stehen blieben. Zwei von diesen Species, eine wollhaarige und eine schlichthaarige Art, welche am stärksten divergirten und daher im Kampfe ums Dasein über die andern den Sieg davon trugen, wurden die Stammformen der übrigen Menschenarten.

Der Hauptzweig der **wollhaarigen Menschen** (Ulotriches) breitete sich zunächst bloß auf der südlichen Erdhälfte aus, und wanderte hier theils nach Osten, theils nach Westen. Ueberreste des östlichen Zweiges sind die Papuas in Neuguinea und Melanesien, welche früher viel weiter westlich (in Hinterindien und Sundanesien) verbreitet waren, und erst später durch die Malayen nach Osten gedrängt wurden. Wenig veränderte Ueberreste des westlichen Zweiges sind die Hottentotten, welche in ihre jetzige Heimath von Nordosten aus eingewandert sind. Vielleicht während dieser Wanderung zweigten sich von ihnen die Kaffern und Neger ab.

Der zweite und entwickelungsfähigere Hauptzweig der Urmenschen-Art, die **schlichthaarigen Menschen** (Lissotriches), haben uns vielleicht einen wenig veränderten, nach Südosten geflüchteten Rest ihrer gemeinsamen Stammform in den affenartigen Australiern hinterlassen. Diesen letzteren sehr nahe standen vielleicht die südasiatischen Urmalayen oder Promalayen, mit welchem Namen wir vorher die ausgestorbene, hypothetische Stammform der übrigen sechs Menschenarten bezeichnet haben. Aus dieser unbekannten gemeinsamen Stammform scheinen sich als drei divergirende Zweige die eigentlichen Malayen, die Mongolen und die Euplocamen entwickelt zu haben. Die ersten breiteten sich nach Osten, die zweiten nach Norden, die dritten nach Westen hin aus.

Die Urheimath oder der „Schöpfungsmittelpunkt" der Malayen ist im südöstlichen Theile des asiatischen Festlandes zu suchen oder vielleicht in dem ausgedehnteren Continent, der früher bestand, als noch Hinterindien mit dem Sunda-Archipel und dem östlichen Lemurien unmittelbar zusammenhing. Von da aus breiteten sich die Malayen nach Südosten über den Sunda-Archipel bis Buro hin aus, streiften dann, die Papuas vor sich hertreibend, nach Osten zu den Samoa- und Tonga-Inseln hin, und zerstreuten sich endlich von hier aus nach und nach über die ganze Inselwelt des südlichen pacifischen Oceans, bis nach den Sandwich-Inseln im Norden, den Mangareven im Osten und Neuseeland im Süden. Ein einzelner Zweig, weit nach Westen verschlagen, bevölkerte Madagaskar.

Der zweite Hauptzweig der Urmalayen, die Mongolen, breitete sich zunächst ebenfalls in Südasien aus und bevölkerte allmählich, von da aus nach Osten, Norden und Nordwesten ausstrahlend, den größten Theil des asiatischen Festlandes. Von den vier Hauptrassen der mongolischen Species sind wahrscheinlich die Indochinesen als die Stammgruppe zu betrachten, aus der sich erst als divergirende Zweige die übrigen Rassen, Coreo-Japaner und Ural-Altajer später entwickelten. Aus dem Westen Asiens wanderten die Mongolen vielfach nach Europa hinüber, wo noch jetzt die Finnen und Lappen im nördlichen Rußland und Skandinavien, die nahe verwandten Magyaren in Ungarn und ein Theil der Osmanen in der Türkei die mongolische Species vertreten.

Andrerseits wanderte aus dem nordöstlichen Asien, welches vormals vermuthlich durch eine breite Landbrücke mit Nordamerika zusammenhing, ein Zweig der Mongolen in diesen Erdtheil hinüber. Als ein Ast dieses Zweiges, welcher durch Anpassung an die ungünstigen Existenzbedingungen des Polarklimas eigenthümlich rückgebildet wurde, sind die Arktiker oder Polarmenschen zu betrachten, die Hyperboräer im nordöstlichen Asien, die Eskimos im nördlichsten Amerika. Die Hauptmasse der mongolischen Einwanderer aber wanderte nach Süden, und breitete sich allmählich über ganz Amerika aus, zunächst über das nördliche, später über das südliche Amerika.

Der dritte und wichtigste Hauptzweig der Urmalayen, die Lockenvölker oder Euplocamen, haben uns vielleicht in den heutigen Dravidas (in Vorderindien und Ceylon) diejenige Menschenart hinterlassen, die sich am wenigsten von der gemeinsamen Stammform der Euplocamen entfernt hat. Die Hauptmasse der letzteren, die mittelländische Species, wanderte von ihrer Urheimath (Hindostan?) aus nach Westen und bevölkerte die Küstenländer des Mittelmeeres, das südwestliche Asien, Nordafrika und Europa. Als eine Abzweigung der semitischen Urvölker im nordöstlichen Afrika sind möglicherweise die Nubier zu betrachten, welche weit durch Mittelafrika hindurch bis fast zu dessen Westküste hinüberwanderten. Die divergirenden Zweige der indogermanischen Rasse haben sich am weitesten von der gemeinsamen Stammform des Affenmenschen entfernt. Von den beiden Hauptzweigen dieser Rasse hat im classischen Alterthum und im Mittelalter der romanische Zweig (die graeco-italo-keltische Gruppe), in der Gegenwart aber der germanische Zweig im Wettlaufe der Culturentwickelung die anderen Zweige überflügelt. Obenan stehen die Engländer und die Deutschen, welche vorzugsweise gegenwärtig in der Erkenntniß und dem Ausbau der Entwickelungsgeschichte das Fundament für eine neue Periode der wissenschaftlichen Denkweise und überhaupt der höheren geistigen Entwickelung legen.

Systematische Uebersicht der 12. Menschen-Species.

N.B. Die Columne A giebt die ungefähre Bevölkerungszahl in Millionen an. Die Columne B deutet das phyletische Entwickelungsstadium der Species an, und zwar bedeutet: Pr = Fortschreitende Ausbreitung; Co = Ungefähres Gleichbleiben; Re = Rückbildung und Aussterben. Die Columne C giebt das Verhältniß der Ursprache an; Mn (Monoglottonisch) bedeutet eine einfache Ursprache: Pl (Polyglottonisch) eine mehrfache Ursprache der Species.

Tribus	Menschen-Species	A	B	C	Heimath
Büschelhaarige Lophocomi (ca. 2 Millionen)	1. **Papua**	2	Re	Mn	Neuguinea und Melanesien, Philippinen, Malakka
	2. **Hottentotte**	$\frac{1}{20}$	Re	Mn	Südliches Afrika (Capland)
Vließhaarige Eriocomi (ca. 150 Millionen)	3. **Kaffer**	20	Pr	Mn	Südafrika (zwischen 30° S. Br. und 5° N. Br)
	4. **Neger**	130	Pr	Pl	Mittelafrika (zwischen dem Aequator und 30° N. Br.)
Straffhaarige Euthycomi (gegen 600 Millionen)	5. **Australier**	$\frac{1}{12}$	Re	Mn	Australien
	6. **Malaye**	30	Co	Mn	Malakka, Sundanesien, Polynesien und Madagascar
	7. **Mongole**	550	Pr	Mn	Asien zum größten Theile, und nördliches Europa
	8. **Arktiker**	$\frac{1}{25}$	Co	Mn?	Nordöstliches Asien und nördlichstes Amerika
	9. **Amerikaner**	12	Re	Mn	Ganz Amerika mit Ausnahme des nördlichsten Theiles
Lockenhaarige Euplocami (gegen 600 Millionen)	10. **Dravida**	34	Co	Mn	Südasien (Vorderindien und Ceylon)
	11. **Nubier**	10	Co	Mn?	Mittelafrika (Nubien und Fulaland)
	12. **Mittelländer**	550	Pr	Pl	In allen Welttheilen, von Südasien aus zunächst nach Nordafrika und Südeuropa gewandert
	13. Bastarde der Arten	11	Pr	Pl	In allen Welttheilen, vorwiegend jedoch in Amerika und Asien
	Summa	1350			

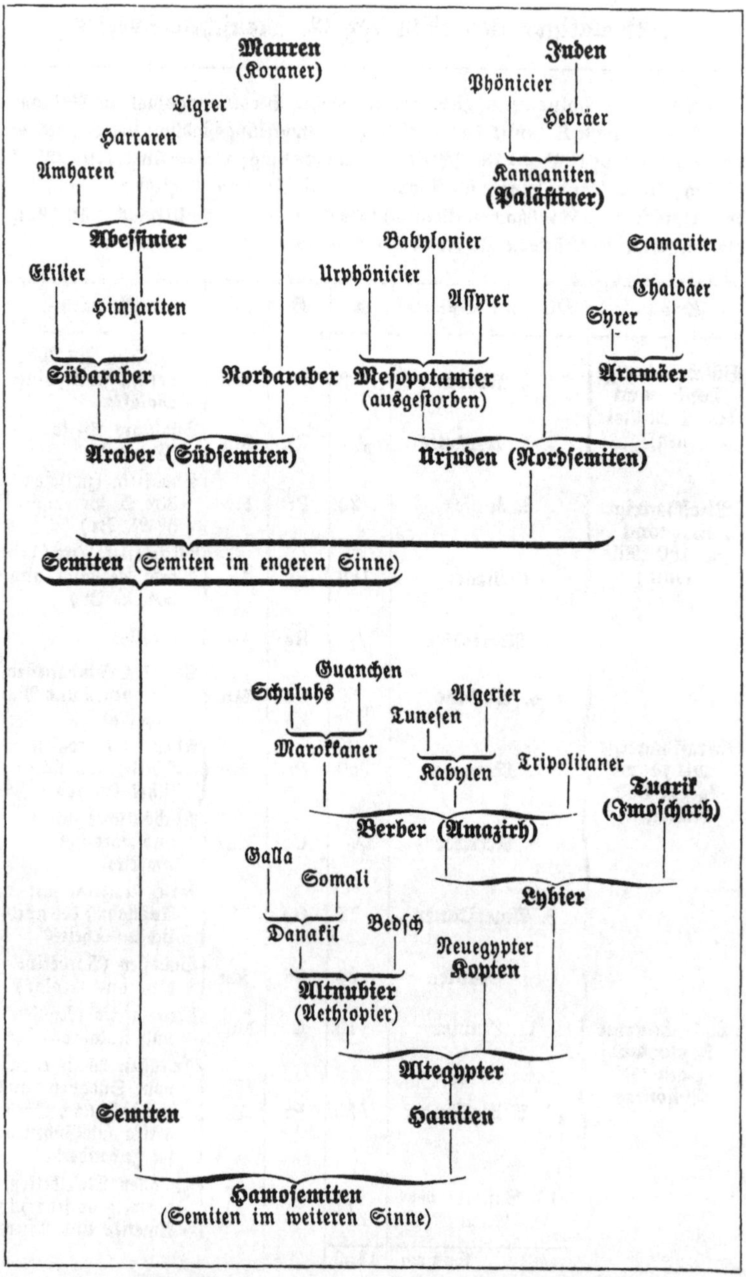
Mauren
(Koraner)
Juden
Phönicier
Hebräer
Tigrer
Harraren
Amharen
Kanaaniten
(Palästiner)
Abessinier
Babylonier
Samariter
Ekilier
Urphönicier
Chaldäer
Himjariten
Assyrer
Syrer
Südaraber
Nordaraber
Mesopotamier
(ausgestorben)
Aramäer
Araber (Südsemiten)
Urjuden (Nordsemiten)
Semiten (Semiten im engeren Sinne)
Guanchen
Schuluhs
Algerier
Tunesen
Marokkaner
Tripolitaner
Kabylen
Tuarik
(Imoscharh)
Berber (Amazirh)
Galla
Somali
Lybier
Danakil
Bedsch
Neuegypter
Kopten
Altnubier
(Aethiopier)
Altegypter
Semiten
Hamiten
Hamosemiten
(Semiten im weiteren Sinne)

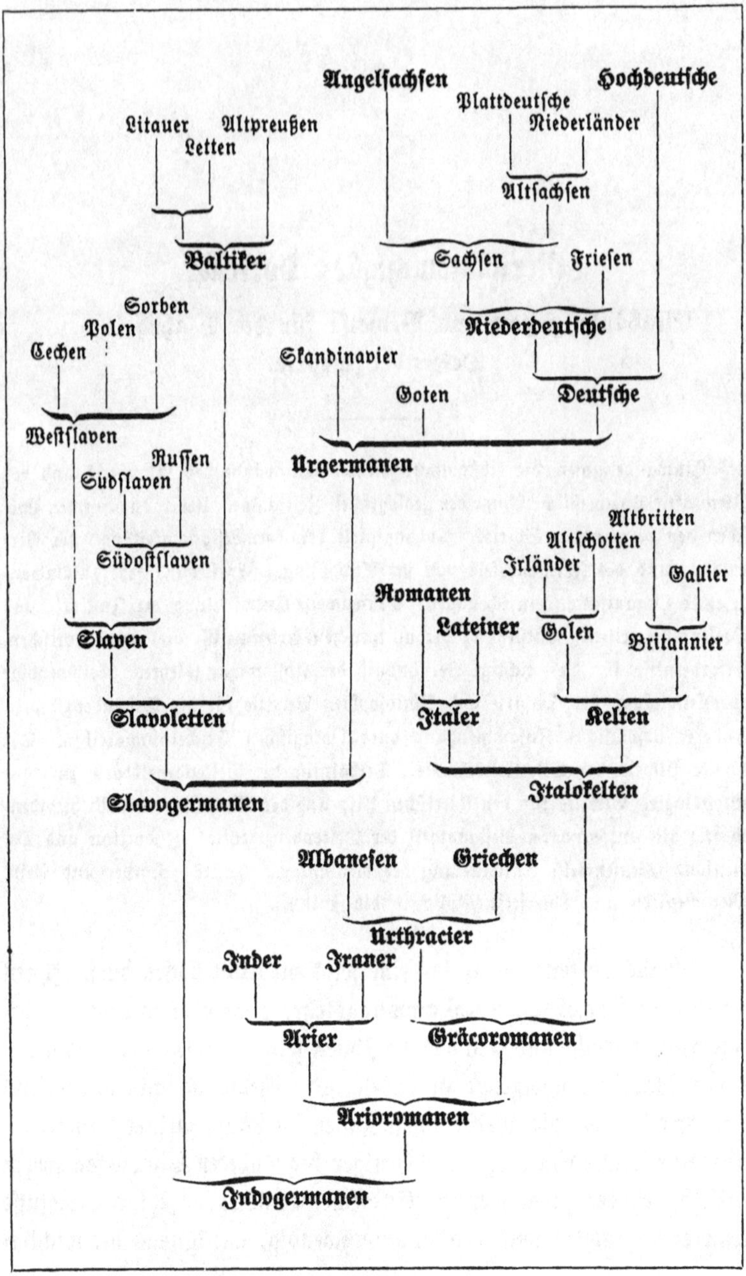
Angelsachsen
Hochdeutsche
Plattdeutsche
Litauer
Altpreußen
Niederländer
Letten
Altsachsen
Baltiker
Sachsen
Friesen
Sorben
Polen
Niederdeutsche
Cechen
Skandinavier
Goten
Deutsche
Westslaven
Russen
Urgermanen
Südslaven
Altbritten
Altschotten
Südostslaven
Irländer
Gallier
Romanen
Lateiner
Galen
Slaven
Britannier
Slavoletten
Italer
Kelten
Italokelten
Slavogermanen
Albanesen
Griechen
Urthracier
Inder
Iraner
Arier
Gräcoromanen
Arioromanen
Indogermanen

Vierundzwanzigster Vortrag.

Einwände gegen und Beweise für die Wahrheit der Descendenztheorie.

Einwände gegen die Abstammungslehre. Einwände des Glaubens und der Vernunft. Unermeßliche Länge der geologischen Zeiträume. Uebergangsformen zwischen den verwandten Species. Abhängigkeit der Formbeständigkeit von der Vererbung, und des Formwechsels von der Anpassung. Entstehung sehr zusammengesetzter Organisationseinrichtungen. Stufenweise Entwickelung der Instincte und Seelenthätigkeiten. Entstehung der apriorischen Erkenntnisse aus aposteriorischen. Erfordernisse für das richtige Verständniß der Abstammungslehre. Nothwendige Wechselwirkung der Empirie und Philosophie. Beweise für die Descendenztheorie. Innerer ursächlicher Zusammenhang aller biologischen Erscheinungsreihen. Der directe Beweis der Selectionstheorie. Verhältniß der Descendenztheorie zur Anthropologie. Beweise für den thierischen Ursprung des Menschen. Die Pithecoidentheorie als untrennbarer Bestandtheil der Descendenztheorie. Induction und Deduction. Stufenweise Entwickelung des menschlichen Geistes. Körper und Geist. Menschenseele und Thierseele. Blick in die Zukunft.

Meine Herren! Wenn ich einerseits vielleicht hoffen darf, Ihnen durch diese Vorträge die Abstammungslehre mehr oder weniger wahrscheinlich gemacht und Einige von Ihnen selbst von ihrer unerschütterlichen Wahrheit überzeugt zu haben, so verhehle ich mir andrerseits keineswegs, daß die Meisten von Ihnen im Laufe meiner Erörterungen eine Masse von mehr oder weniger begründeten Einwürfen gegen dieselbe erhoben haben werden. Es erscheint mir daher jetzt, am Schlusse unserer Betrachtungen, durchaus nothwendig, wenigstens die wichtigsten derselben zu widerlegen, und zugleich auf der anderen Seite die überzeugenden Beweisgründe nochmals hervorzuheben, welche für die Wahrheit der Entwickelungslehre Zeugniß ablegen.

Die Einwürfe, welche man gegen die Abstammungslehre überhaupt erhebt, zerfallen in zwei große Gruppen, Einwände des Glaubens und Einwände der Vernunft. Mit den Einwendungen der ersten Gruppe, die in den unendlich mannichfaltigen Glaubensvorstellungen der menschlichen Individuen ihren Ursprung haben, brauche ich mich hier durchaus nicht zu befassen. Denn, wie ich bereits im Anfang dieser Vorträge bemerkte, hat die Wissenschaft, als das objective Ergebniß der sinnlichen Erfahrung und des Erkenntnißstrebens der menschlichen Vernunft, gar Nichts mit den subjectiven Vorstellungen des Glaubens zu thun, welche von einzelnen Menschen als unmittelbare Eingebungen oder Offenbarungen des Schöpfers gepredigt und dann von der unselbstständigen Menge geglaubt werden. Dieser bei den verschiedenen Völkern höchst verschiedenartige Glaube, der vom „Aberglauben" nicht verschieden ist, fängt bekanntlich erst da an, wo die Wissenschaft aufhört. Die Naturwissenschaft betrachtet denselben nach dem Grundsatze Friedrich's des Großen, „daß Jeder auf seine Façon selig werden kann," und nur da tritt sie nothwendig in Conflict mit besonderen Glaubensvorstellungen, wo dieselben der freien Forschung eine Grenze und der menschlichen Erkenntniß ein Ziel setzen wollen, über welches dieselbe nicht hinaus dürfe. Das ist nun allerdings gewiß hier im stärksten Maße der Fall, da die Entwickelungslehre sich zur Aufgabe das höchste wissenschaftliche Problem gesetzt hat, das wir uns setzen können: das Problem der Schöpfung, des Werdens der Dinge, und insbesondere des Werdens der organischen Formen, an ihrer Spitze des Menschen. Hier ist es nun jedenfalls eben so das gute Recht, wie die heilige Pflicht der freien Forschung, keinerlei menschliche Autorität zu scheuen, und muthig den Schleier vom Bilde des Schöpfers zu lüften, unbekümmert, welche natürliche Wahrheit darunter verborgen sein mag. Die göttliche Offenbarung, welche wir als die einzig wahre anerkennen, steht überall in der

Natur geschrieben, und jedem Menschen mit gesunden Sinnen und gesunder Vernunft steht es frei, in diesem heiligen Tempel der Natur durch eigenes Forschen und selbstständiges Erkennen der untrüglichen Offenbarung theilhaftig zu werden.

Wenn wir demgemäß hier alle Einwürfe gegen die Abstammungslehre unberücksichtigt lassen können, die etwa von den Priestern der verschiedenen Glaubensreligionen erhoben werden könnten, so werden wir dagegen nicht umhin können, die wichtigsten von denjenigen Einwänden zu widerlegen, welche mehr oder weniger wissenschaftlich begründet erscheinen, und von denen man zugestehen muß, daß man durch sie auf den ersten Blick in gewissem Grade eingenommen und von der Annahme der Abstammungslehre zurückgeschreckt werden kann. Unter diesen Einwänden erscheint Vielen als der wichtigste derjenige, welcher die Zeitlänge betrifft. Wir sind nicht gewohnt, mit so ungeheuren Zeitmaßen umzugehen, wie sie für die Schöpfungsgeschichte erforderlich sind. Es wurde früher bereits erwähnt, daß wir die Zeiträume, in welchen die Arten durch allmähliche Umbildung entstanden sind, nicht nach einzelnen Jahrtausenden berechnen müssen, sondern nach Hunderten und nach Millionen von Jahrtausenden. Allein schon die Dicke der geschichteten Erdrinde, die Erwägung der ungeheuren Zeiträume, welche zu ihrer Ablagerung aus dem Wasser erforderlich waren, und der zwischen diesen Senkungszeiträumen verflossenen Hebungszeiträume beweisen uns die Zeitdauer der organischen Erdgeschichte, welche unser menschliches Fassungsvermögen gänzlich übersteigt. Wir sind hier in derselben Lage, wie in der Astronomie betreffs des unendlichen Raumes. Wie wir die Entfernungen der verschiedenen Planetensysteme nicht nach Meilen, sondern nach Siriusweiten berechnen, von denen jede wieder Millionen Meilen einschließt, so müssen wir in der organischen Erdgeschichte nicht nach Jahrtausenden, sondern nach paläontologischen oder geologischen Perioden rechnen, von denen jede viele hundert Jahrtausende, und manche vielleicht Millionen oder selbst Milliarden von Jahrtausenden umfaßt. Es ist sehr gleichgültig, wie hoch man annähernd die unermeßliche

Länge dieser Zeiträume schätzen mag, weil wir in der That nicht im Stande sind, mittelst unserer beschränkten Einbildungskraft uns eine wirkliche Anschauung von diesen Zeiträumen zu bilden, und weil wir auch keine sichere mathematische Basis wie in der Astronomie besitzen, um nur die ungefähre Länge des Maßstabes irgendwie in Zahlen festzustellen. Nur dagegen müssen wir uns auf das Bestimmteste verwahren, daß wir in dieser außerordentlichen, unsere Vorstellungskraft vollständig übersteigenden Länge der Zeiträume irgend einen Grund gegen die Entwickelungslehre sehen könnten. Wie ich Ihnen bereits in einem früheren Vortrage auseinandersetzte, ist es im Gegentheil vom Standpunkte der strengsten Philosophie das Gerathenste, diese Schöpfungsperioden möglichst lang vorauszusetzen, und wir laufen um so weniger Gefahr, uns in dieser Beziehung in unwahrscheinliche Hypothesen zu verlieren, je größer wir die Zeiträume für die organischen Entwickelungsvorgänge annehmen. Je länger wir z. B. die Permische Periode annehmen, desto eher können wir begreifen, wie innerhalb derselben die wichtigen Umbildungen erfolgten, welche die Fauna und Flora der Steinkohlenzeit so scharf von derjenigen der Triaszeit trennen. Die große Abneigung, welche die meisten Menschen gegen die Annahme so unermeßlicher Zeiträume haben, rührt größtentheils davon her, daß wir in der Jugend mit der Vorstellung groß gezogen werden, die ganze Erde sei nur einige tausend Jahre alt. Außerdem ist das Menschenleben, welches höchstens den Werth eines Jahrhunderts erreicht, eine außerordentlich kurze Zeitspanne, welche sich am wenigsten eignet, als Maßeinheit für jene geologischen Perioden zu gelten. Unser Leben ist ein einzelner Tropfen im Meere der Ewigkeit. Denken Sie nur im Vergleiche damit an die fünfzig mal längere Lebensdauer mancher Bäume, z. B. der Drachenbäume (Dracaena) und Affenbrodbäume (Adansonia), deren individuelles Leben einen Zeitraum von fünftausend Jahren übersteigt, und denken Sie andrerseits an die Kürze des individuellen Lebens bei manchen niederen Thieren, z. B. bei den Infusorien, wo das Individuum als solches nur wenige Tage, oder selbst nur wenige Stunden lebt. Diese

Vergleichung stellt uns die Relativität alles Zeitmaßes auf das Unmittelbarste vor Augen. Ganz gewiß müssen ungeheure, uns gar nicht vorstellbare Zeiträume verflossen sein, während die stufenweise historische Entwickelung des Thier- und Pflanzenreichs durch allmähliche Umbildung der Arten vor sich ging. Es liegt aber auch nicht ein einziger Grund vor, irgend eine bestimmte Grenze für die Länge jener phyletischen Entwickelungsperioden anzunehmen.

Ein zweiter Haupteinwand, der von vielen, namentlich systematischen Zoologen und Botanikern, gegen die Abstammungslehre erhoben wird, ist der, daß man keine Uebergangsformen zwischen den verschiedenen Arten finden könne, während man diese doch nach der Abstammungslehre in Menge finden müßte. Dieser Einwurf ist zum Theil begründet, zum Theil aber auch nicht. Denn es existiren Uebergangsformen sowohl zwischen lebenden, als auch zwischen ausgestorbenen Arten in außerordentlicher Menge, überall nämlich da, wo wir Gelegenheit haben, sehr zahlreiche Individuen von verwandten Arten vergleichend ins Auge zu fassen. Grade diejenigen sorgfältigsten Untersucher der einzelnen Species, von denen man jenen Einwurf häufig hört, grade diese finden sich in ihren speciellen Untersuchungsreihen beständig durch die in der That unlösbare Schwierigkeit aufgehalten, die einzelnen Arten scharf zu unterscheiden. In allen systematischen Werken, welche einigermaßen gründlich sind, begegnen Sie endlosen Klagen darüber, daß man hier und dort die Arten nicht unterscheiden könne, weil zu viele Uebergangsformen vorhanden seien. Daher bestimmt auch jeder Naturforscher den Umfang und die Zahl der einzelnen Arten anders, als die übrigen. Wie ich schon früher erwähnte (S. 246), nehmen in einer und derselben Organismengruppe die einen Zoologen und Botaniker 10 Arten an, andere 20, andere hundert oder mehr, während noch andere Systematiker alle diese verschiedenen Formen nur als Spielarten oder Varietäten einer einzigen „guten Species" betrachten. Man findet in der That bei den meisten Formengruppen Uebergangsformen und Zwischenstufen zwischen den einzelnen Species in Hülle und Fülle.

Bei vielen Arten fehlen freilich die Uebergangsformen wirklich. Dies erklärt sich indessen ganz einfach durch das Prinzip der Divergenz oder Sonderung, dessen Bedeutung ich Ihnen früher erläutert habe. Der Umstand, daß der Kampf um das Dasein um so heftiger zwischen zwei verwandten Formen ist, je näher sie sich stehen, muß nothwendig das baldige Erlöschen der verbindenden Zwischenformen zwischen zwei divergenten Arten begünstigen. Wenn eine und dieselbe Species nach verschiedenen Richtungen auseinandergehende Varietäten hervorbringt, die sich zu neuen Arten gestalten, so muß der Kampf zwischen diesen neuen Formen und der gemeinsamen Stammform um so lebhafter sein, je weniger sie sich von einander entfernen, dagegen um so weniger gefährlich, je stärker die Divergenz ist. Naturgemäß werden also die verbindenden Zwischenformen vorzugsweise und meistens sehr schnell aussterben, während die am meisten divergenten Formen als getrennte „neue Arten" übrig bleiben und sich fortpflanzen. Dem entsprechend finden wir auch keine Uebergangsformen mehr in solchen Gruppen, welche ganz im Aussterben begriffen sind, wie z. B. unter den Vögeln die Strauße, unter den Säugethieren die Elephanten, Giraffen, Camele, Zahnarmen und Schnabelthiere. Diese im Erlöschen begriffenen Formgruppen erzeugen keine neuen Varietäten mehr, und naturgemäß sind hier die Arten sogenannte „gute", d. h. scharf von einander geschiedene Species. In denjenigen Thiergruppen dagegen, wo noch die Entfaltung und der Fortschritt sich geltend macht, wo die existirenden Arten durch Bildung neuer Varietäten in viele neue Arten auseinandergehen, finden wir überall massenhaft Uebergangsformen vor, welche der Systematik die größten Schwierigkeiten bereiten. Das ist z. B. unter den Vögeln bei den Finken der Fall, unter den Säugethieren bei den meisten Nagethieren (besonders den mäuse- und rattenartigen), bei einer Anzahl von Wiederkäuern und von echten Affen, insbesondere bei den südamerikanischen Rollaffen (Cebus) und vielen Anderen. Die fortwährende Entfaltung der Species durch Bildung neuer Varietäten erzeugt hier eine Masse von Zwischenformen, welche die sogenannten guten Arten verbinden, ihre Grenzen verwischen und ihre scharfe specifische Unterscheidung ganz illusorisch machen.

Daß dennoch keine vollständige Verwirrung der Formen, kein allgemeines Chaos in der Bildung der Thier- und Pflanzengestalten entsteht, hat einfach seinen Grund in dem Gegengewicht, welches gegenüber der Entstehung neuer Formen durch fortschreitende Anpassung, die erhaltende Macht der Vererbung ausübt. Der Grad von Beharrlichkeit und Veränderlichkeit, den jede organische Form zeigt, ist lediglich bedingt durch den jeweiligen Zustand des Gleichgewichts zwischen diesen beiden sich entgegenstehenden Functionen. Die Vererbung ist die Ursache der Beständigkeit der Species; die Anpassung ist die Ursache der Abänderung der Art. Wenn also einige Naturforscher sagen, offenbar müßte nach der Abstammungslehre eine noch viel größere Mannichfaltigkeit der Formen stattfinden, und andere umgekehrt, es müßte eine viel strengere Gleichheit der Formen sich zeigen, so unterschätzen die ersteren das Gewicht der Vererbung und die letzteren das Gewicht der Anpassung. Der Grad der Wechselwirkung zwischen der Vererbung und Anpassung bestimmt den Grad der Beständigkeit und Veränderlichkeit der organischen Species, den dieselbe in jedem gegebenen Zeitabschnitt besitzt.

Ein weiterer Einwand gegen die Descendenztheorie, welcher in den Augen vieler Naturforscher und Philosophen ein großes Gewicht besitzt, besteht darin, daß dieselbe die Entstehung zweckmäßig wirkender Organe durch zwecklos oder mechanisch wirkende Ursachen behauptet. Dieser Einwurf erscheint namentlich von Bedeutung bei Betrachtung derjenigen Organe, welche offenbar für einen ganz bestimmten Zweck so vortrefflich angepaßt erscheinen, daß die scharfsinnigsten Mechaniker nicht im Stande sein würden, ein vollkommneres Organ für diesen Zweck zu erfinden. Solche Organe sind vor allen die höheren Sinnesorgane der Thiere, Auge und Ohr. Wenn man bloß die Augen und Gehörwerkzeuge der höheren Thiere kennte, so würden dieselben uns in der That große und vielleicht unübersteigliche Schwierigkeiten verursachen. Wie könnte man sich erklären, daß allein durch die natürliche Züchtung jener außeordentlich hohe und ganz bewundernswürdige Grad der Vollkommenheit und der Zweckmäßigkeit in jeder Beziehung erreicht wird, welchen wir bei den Augen und Ohren der höheren Thiere wahrnehmen? Zum Glück hilft uns aber hier die vergleichende Anatomie und Entwickelungsgeschichte über alle Hindernisse hinweg. Denn wenn wir die stufenweise Vervollkommnung der Augen und Ohren Schritt für Schritt im Thierreich verfolgen, so finden wir eine solche allmähliche Stufenleiter der Ausbildung vor, daß wir auf das schönste die Entwickelung der höchst entwickelten Organe durch alle Grade der Vollkommenheit hindurch verfolgen können. So erscheint z. B. das Auge bei den niedersten Thieren als ein einfacher Farbstofffleck, der noch kein Bild von äußeren Gegenständen entwerfen, sondern höchstens den Unterschied der verschiedenen Lichtstrahlen wahrnehmen kann. Dann tritt zu diesem ein empfindender Nerv hinzu. Später entwickelt sich allmählich innerhalb jenes Pigmentflecks die erste Anlage der Linse, ein lichtbrechender Körper, der schon im Stande ist, die Lichtstrahlen zu concentriren und ein bestimmtes Bild zu entwerfen. Aber es fehlen noch alle die zusammengesetzten Apparate für Accommodation und Bewegung des Auges; die verschieden lichtbrechenden Medien, die hoch differenzirte Sehnervenhaut u. s. w., welche bei den höheren Thieren dieses Werkzeug so vollkommen gestalten. Von jenem einfachsten Organ bis zu diesem höchst vollkommenen Apparat zeigt uns die vergleichende Anatomie in ununterbrochener Stufenleiter alle möglichen Uebergänge, so daß wir die stufenweise, allmähliche Entstehung auch eines solchen höchst complicirten Organes wohl verstehen können. Ebenso wie wir im Laufe der individuellen Entwickelung einen gleichen stufenweisen Fortschritt in der Ausbildung des Organs unmittelbar verfolgen können, ebenso muß derselbe auch bei der geschichtlichen (phyletischen) Entstehung des Organs stattgefunden haben.

Bei Betrachtung solcher höchst vollkommener Organe, die scheinbar von einem künstlerischen Schöpfer für ihre bestimmte Thätigkeit zweckmäßig erfunden und construirt, in der That aber durch die zwecklose Thätigkeit der natürlichen Züchtung mechanisch entstanden sind, empfinden viele Menschen ähnliche Schwierigkeiten des naturgemäßen Verständnisses, wie die rohen Naturvölker gegenüber den verwickelten Erzeugnissen unserer neuesten Maschinenkunst. Die Wilden, welche zum erstenmal ein Linienschiff oder eine Lokomotive sehen, halten diese Gegenstände für die Erzeugnisse übernatürlicher Wesen, und können nicht begreifen, daß der Mensch, ein Organismus ihres Gleichen, eine solche Maschine hervorgebracht habe. Auch die ungebildeten Menschen unserer eigenen Rasse sind nicht im Stande, einen so verwickelten Apparat in seiner eigentlichen Wirksamkeit zu begreifen und die rein mechanische Natur desselben zu verstehen. Die meisten Naturforscher verhalten sich aber, wie Darwin sehr richtig bemerkt, gegenüber den Formen der Organismen nicht anders, als jene Wilden dem Linienschiff oder der Locomotive gegenüber. Das naturgemäße Verständniß von der rein mechanischen Entstehung der organischen Formen kann hier nur durch eine gründliche allgemeine biologische Bildung und durch die specielle Bekanntschaft mit der vergleichenden Anatomie und Entwickelungsgeschichte gewonnen werden.

Unter den übrigen gegen die Abstammungslehre erhobenen Einwürfen will ich hier endlich noch einen hervorheben und widerlegen, der namentlich in den Augen vieler Laien ein großes Gewicht besitzt: Wie soll man sich nach der Descendenztheorie die Geistesthätigkeiten der Thiere und namentlich die specifischen Aeußerungen derselben, die sogenannten Instincte entstanden denken? Diesen schwierigen Gegenstand hat Darwin in einem besonderen Capitel seines Hauptwerkes (im siebenten) so ausführlich behandelt, daß ich Sie hier darauf verweisen kann. Wir müssen die Instincte wesentlich als Gewohnheiten der Seele auffassen, welche durch Anpassung erworben und durch Vererbung auf viele Generationen übertragen und befestigt worden sind. Die Instincte verhalten sich demgemäß ganz wie andere Gewohnheiten, welche nach den Gesetzen der gehäuften Anpassung (S. 209) und der befestigten Vererbung (S. 194) zur Entstehung neuer Functionen und somit auch neuer Formen ihrer Organe führen. Hier wie überall geht die Wechselwirkung zwischen Function und Organ Hand in Hand. Ebenso wie die Geistesfähigkeiten des Menschen stufenweise durch fortschreitende Anpassung des Gehirns erworben und durch dauernde Vererbung befestigt wurden, so sind auch die Instincte der Thiere, welche nur quantitativ, nicht qualitativ von jenen verschieden sind, durch stufenweise Vervollkommnung ihres Seelenorgans, des Centralnervensystems, durch Wechselwirkung der Anpassung und Vererbung, entstanden. Die Instincte werden bekanntermaßen vererbt; allein auch die Erfahrungen, also neue Anpassungen der Thierseele, werden vererbt; und die Abrichtung der Hausthiere zu verschiedenen Seelenthätigkeiten, welche die wilden Thiere nicht im Stande sind auszuführen, beruht auf der Möglichkeit der Seelenanpassung. Wir kennen jetzt schon eine Reihe von Beispielen, in denen solche Anpassungen, nachdem sie erblich durch eine Reihe von Generationen sich übertragen hatten, schließlich als angeborene Instincte erschienen, und doch waren sie von den Voreltern der Thiere erst erworben. Hier ist die Dressur durch Vererbung in Instinct übergegangen. Die charakteristischen Instincte der Jagdhunde, Schäferhunde und anderer Hausthiere, welche sie mit auf die Welt bringen, sind ebenso wie die Naturinstincte der wilden Thiere von ihren Voreltern erst durch Anpassung erworben worden. Sie sind in dieser Beziehung den angeblichen „Erkenntnissen a priori" des Menschen zu vergleichen, die ursprünglich von unseren uralten Vorfahren (gleich allen anderen Erkenntnissen) „a posteriori", durch sinnliche Erfahrung, erworben wurden. Wie ich schon früher bemerkte, sind offenbar die „Erkenntnisse a priori" erst durch lange andauernde Vererbung von erworbenen Gehirnanpassungen aus ursprünglich empirischen „Erkenntnissen a posteriori" entstanden (S. 29).

Die soeben besprochenen und widerlegten Einwände gegen die Descendenztheorie dürften wohl die wichtigsten sein, welche ihr entgegengehalten worden sind. Ich glaube Ihnen deren Grundlosigkeit genügend dargethan zu haben. Die zahlreichen übrigen Einwürfe, welche außerdem noch gegen die Entwickelungslehre im Allgemeinen oder gegen den biologiſchen Theil derſelben, die Abſtammungslehre, im Beſonderen erhoben worden ſind, beruhen entweder auf einer ſolchen Unkenntniß der empiriſch feſtgeſtellten Thatſachen, oder auf einem ſolchen Mangel an richtigem Verſtändniß derſelben, und an Fähigkeit, die daraus nothwendig ſich ergebenden Folgeſchlüſſe zu ziehen, daß es wirklich nicht der Mühe lohnen würde, hier näher auf ihre Widerlegung einzugehen. Nur einige allgemeine Geſichtspunkte möchte ich Ihnen in dieſer Beziehung noch mit einigen Worten nahe legen.

Zunächſt iſt hinſichtlich des erſterwähnten Punktes zu bemerken, daß, um die Abſtammungslehre vollſtändig zu verſtehen, und um ſich ganz von ihrer unerſchütterlichen Wahrheit zu überzeugen, ein allgemeiner Ueberblick über die Geſammtheit des biologiſchen Erſcheinungsgebietes unerläßlich iſt. Die Descendenztheorie iſt eine biologiſche Theorie, und man darf daher mit Fug und Recht verlangen, daß diejenigen Leute, welche darüber ein gültiges Urtheil fällen wollen, den erforderlichen Grad biologiſcher Bildung beſitzen. Dazu genügt es nicht, daß ſie in dieſem oder jenem Gebiete der Zoologie, Botanik und Protiſtik ſpecielle Erfahrungskenntniſſe beſitzen. Vielmehr müſſen ſie nothwendig eine allgemeine Ueberſicht der geſammten Erſcheinungsreihen wenigſtens in einem der drei organiſchen Reiche beſitzen. Sie müſſen wiſſen, welche allgemeinen Geſetze aus der vergleichenden Morphologie und Phyſiologie der Organismen, insbeſondere aus der vergleichenden Anatomie, aus der individuellen und paläontologiſchen Entwickelungsgeſchichte u. ſ. w. ſich ergeben, und ſie müſſen eine Vorſtellung von dem tiefen mechaniſchen, urſächlichen Zuſammenhang haben, in dem alle jene Erſcheinungsreihen ſtehen. Selbſtverſtändlich iſt dazu ein gewiſſer Grad allgemeiner Bildung und namentlich philoſophiſcher Erziehung erforderlich, den leider heutzutage nicht viele Leute für nöthig halten. Ohne die nothwendige Verbindung von empiriſchen Kenntniſſen und von philoſophiſchem Verſtändniß der biologischen Erscheinungen kann die unerschütterliche Ueberzeugung von der Wahrheit der Descendenztheorie nicht gewonnen werden.

Nun bitte ich Sie, gegenüber dieser ersten Vorbedingung für das wahre Verständniß der Descendenztheorie, die bunte Menge von Leuten zu betrachten, die sich herausgenommen haben, über dieselbe mündlich oder schriftlich ein vernichtendes Urtheil zu fällen! Die meisten derselben sind Laien, welche die wichtigsten biologischen Erscheinungen entweder gar nicht kennen, oder doch keine Vorstellung von ihrer tieferen Bedeutung besitzen. Was würden Sie von einem Laien sagen, der über die Zellentheorie urtheilen wollte, ohne jemals Zellen gesehen zu haben; oder über die Wirbeltheorie, ohne jemals vergleichende Anatomie getrieben zu haben? Und doch begegnen Sie solchen lächerlichen Anmaßungen in der Geschichte der biologischen Descendenztheorie alle Tage! Sie hören Tausende von Laien und von Halbgebildeten darüber ein entscheidendes Urtheil fällen, die weder von Botanik, noch von Zoologie, weder von vergleichender Anatomie, noch von Gewebelehre, weder von Paläontologie, noch von Embryologie Etwas wissen. Daher kommt es, daß, wie Huxley treffend sagt, die allermeisten gegen Darwin veröffentlichten Schriften das Papier nicht werth sind, auf dem sie geschrieben wurden.

Sie könnten mir einwenden, daß ja unter den Gegnern der Descendenztheorie doch auch viele Naturforscher, und selbst manche berühmte Zoologen und Botaniker sind. Diese letzteren sind jedoch meist ältere Gelehrte, die in ganz entgegengesetzten Anschauungen alt geworden sind, und denen man nicht zumuthen kann, noch am Abend ihres Lebens sich einer Reform ihrer, zur festen Gewohnheit gewordenen, Weltanschauung zu unterziehen. Sodann muß aber auch ausdrücklich hervorgehoben werden, daß nicht nur eine allgemeine Uebersicht des ganzen biologischen Erscheinungsgebietes, sondern auch ein philosophisches Verständniß desselben nothwendige Vorbedingungen für die volle Werthschätzung der Descendenztheorie sind. Nun finden Sie aber gerade diese unerläßlichen Vorbedingungen bei dem größten Theile der heutigen Naturforscher leider keineswegs erfüllt. Die Unmasse von neuen empirischen Thatsachen, mit denen uns die riesigen Fortschritte der neueren Naturwissenschaft bekannt gemacht haben, hat eine vorherrschende Neigung für das specielle Studium einzelner Erscheinungen und kleiner engbegrenzter Erfahrungsgebiete herbeigeführt. Darüber wird die Erkenntniß der übrigen Theile und namentlich des großen umfassenden Naturganzen meist völlig vernachlässigt. Jeder, der gesunde Augen und ein Mikroskop zum Beobachten, Fleiß und Geduld zum Sitzen hat, kann heutzutage durch mikroskopische „Entdeckungen" eine gewisse Berühmtheit erlangen, ohne doch den Namen eines Naturforschers zu verdienen. Dieser gebührt nur dem, der nicht bloß die einzelnen Erscheinungen zu kennen, sondern auch deren ursächlichen Zusammenhang zu erkennen strebt. Noch heute untersuchen und beschreiben die meisten Paläontologen die Versteinerungen, ohne die wichtigsten Thatsachen der Embryologie zu kennen. Andrerseits verfolgen die Embryologen die Entwickelungsgeschichte des einzelnen organischen Individuums, ohne eine Ahnung von der paläontologischen Entwickelungsgeschichte des ganzen zugehörigen Stammes zu haben, von welcher die Versteinerungen berichten. Und doch stehen diese beiden Zweige der organischen Entwickelungsgeschichte, die Ontogenie oder die Geschichte des Individuums, und die Phylogenie oder die Geschichte des Stammes, im engsten ursächlichen Zusammenhang, und die eine ist ohne die andere gar nicht zu verstehen. Aehnlich steht es mit dem systematischen und dem anatomischen Theile der Biologie. Noch heute giebt es in der Zoologie und Botanik zahlreiche Systematiker, welche in dem Irrthum arbeiten, durch bloße sorgfältige Untersuchung der äußeren und leicht zugänglichen Körperformen, ohne die tiefere Kenntniß ihres inneren Baues, das natürliche System der Thiere und Pflanzen construiren zu können. Andrerseits giebt es Anatomen und Histologen, welche das eigentliche Verständniß des Thier- und Pflanzenkörpers bloß durch die genaueste Erforschung des inneren Körperbaues einer einzelnen Species, ohne die vergleichende Betrachtung der gesammten Körperform bei allen verwandten Organismen, gewinnen zu können meinen. Und doch steht auch hier, wie überall, Inneres und Aeußeres, Vererbtes und Angepaßtes in der engsten Wechselbeziehung, und das Einzelne kann nie ohne Vergleichung mit dem zugehörigen Ganzen wirklich verstanden werden. Jenen einseitigen Facharbeitern möchten wir daher mit Goethe zurufen:

„Müsset im Naturbetrachten
„Immer Eins wie Alles achten.
„Nichts ist drinnen, Nichts ist draußen,
„Denn was innen, das ist außen."

und weiterhin:

„Natur hat weder Kern noch Schale,
„Alles ist sie mit einem Male."

Noch viel nachtheiliger aber, als jene einseitige Richtung, ist für das allgemeine Verständniß des Naturganzen der Mangel an philosophischer Bildung, durch welchen sich die meisten Naturforscher der Gegenwart auszeichnen. Die vielfachen Verirrungen der früheren speculativen Naturphilosophie, aus dem ersten Drittel unseres Jahrhunderts, haben bei den exacten empirischen Naturforschern die ganze Philosophie in einen solchen Mißcredit gebracht, daß dieselben in dem sonderbaren Wahne leben, das Gebäude der Naturwissenschaft aus bloßen Thatsachen, ohne philosophische Verknüpfung derselben, aus bloßen Kenntnissen, ohne Verständniß derselben, aufbauen zu können. Während aber ein rein speculatives, absolut philosophisches Lehrgebäude, welches sich nicht um die unerläßliche Grundlage der empirischen Thatsachen kümmert, ein Luftschloß wird, das die erste beste Erfahrung über den Haufen wirft, so bleibt andrerseits ein rein empirisches, absolut aus Thatsachen zusammengesetztes Lehrgebäude ein wüster Steinhaufen, der nimmermehr den Namen eines Gebäudes verdienen wird. Die nackten, durch die Erfahrung festgestellten Thatsachen sind immer nur die rohen Bausteine, und ohne die denkende Verwerthung, ohne die philosophische Verknüpfung derselben kann keine Wissenschaft sich aufbauen. Wie ich Ihnen schon früher eindringlich vorzustellen versuchte, entsteht nur durch die innigste Wechselwirkung und gegenseitige Durchdringung von Empirie und Philosophie das unerschütterliche Gebäude der wahren, monistischen Wissenschaft, und was dasselbe ist, der Naturwissenschaft.

Aus dieser beklagenswerthen Entfremdung der Naturforschung von der Philosophie, und aus dem rohen Empirismus, der heutzutage leider von den meisten Naturforschern als „exacte Wissenschaft" gepriesen wird, entspringen jene seltsamen Quersprünge des Verstandes, jene groben Verstöße gegen die elementare Logik, jenes Unvermögen zu den einfachsten Schlußfolgerungen, denen Sie heutzutage auf allen Wegen der Naturwissenschaft, ganz besonders aber in der Zoologie und Botanik begegnen können. Hier rächt sich die Vernachlässigung der philosophischen Bildung und Schulung des Geistes unmittelbar auf das Empfindlichste. Es ist daher nicht zu verwundern, wenn Vielen jener rohen Empiriker auch die tiefe innere Wahrheit der Descendenztheorie gänzlich verschlossen bleibt. Wie das triviale Sprichwort sehr treffend sagt, „sehen sie den Wald vor lauter Bäumen nicht". Nur durch allgemeinere philosophische Studien, durch Erweiterung des Gesichtskreises und namentlich durch strengere logische Erziehung des Verstandes kann diesem schlimmen Uebelstande auf die Dauer abgeholfen werden.

Wenn Sie dieses Verhältniß recht erwägen, und mit Bezug auf die empirische Begründung der philosophischen Entwickelungstheorie weiter darüber nachdenken, so wird es Ihnen auch alsbald klar werden, wie es sich mit den vielfach geforderten Beweisen für die Descendenztheorie verhält. Je mehr sich die Abstammungslehre in den letzten Jahren allgemein Bahn gebrochen hat, je mehr sich alle wirklich denkenden jüngeren Naturforscher und alle wirklich biologisch gebildeten Philosophen von ihrer inneren Wahrheit und Unentbehrlichkeit überzeugt haben, desto lauter haben die Gegner derselben nach thatsächlichen Beweisen dafür gerufen. Dieselben Leute, welche kurz nach dem Erscheinen von Darwin's Werke dasselbe für ein „bodenloses Phantasiegebäude", für eine „willkürliche Speculation", für einen „geistreichen Traum" erklärten, dieselben lassen sich jetzt gütig zu der Erklärung herab, daß die Descendenztheorie allerdings eine wissenschaftliche „Hypothese" sei, daß dieselbe aber erst noch „bewiesen" werden müsse. Wenn diese Aeußerungen von Leuten geschehen, die nicht die erforderliche empirisch-philosophische Bildung, die nicht die nöthigen Kenntnisse in der vergleichenden Anatomie, Embryologie und Paläontologie besitzen, so läßt man sich das gefallen, und verweist sie auf die in jenen Wissenschaften niedergelegten Argumente. Wenn aber die gleichen Aeußerungen von anerkannten Fachmännern geschehen, von Lehrern der Zoologie und Botanik, die doch von Rechtswegen einen Ueberblick über das Gesammtgebiet ihrer Wissenschaft besitzen sollten, oder die wirklich mit den Thatsachen jener genannten Wissenschaftsgebiete vertraut sind, dann weiß man in der That nicht, was man dazu sagen soll. Diejenigen, denen selbst der jetzt bereits gewonnene Schatz an empirischer Naturkenntniß nicht genügt, um darauf die Descendenztheorie sicher zu begründen, die werden auch durch keine andere, etwa noch später zu entdeckende Thatsache von ihrer Wahrheit überzeugt werden. Denn man kann sich keine Verhältnisse vorstellen, welche stärkeres und vollgültigeres Zeugniß für die Wahrheit der Abstammungslehre ablegen könnten, als es z. B die bekannten Thatsachen der vergleichenden Anatomie und Ontogenie schon jetzt thun. Alle großen Thatsachen-Gruppen und alle umfassenden Erscheinungsreihen der verschiedensten biologischen Gebiete können einzig und allein durch die Entwickelungstheorie mechanisch erklärt und verstanden werden; ohne dieselbe bleiben sie gänzlich unerklärt und unbegriffen. Sie alle begründen in ihrem inneren ursächlichen Zusammenhang die Descendenztheorie als das größte biologische Inductionsgesetz. Gerade in diesem inneren, einheitlichen und mechanischen Causal-Nexus liegt ihre feste Macht. Die empirischen Fundamente dieses Inductionsgesetzes, jene umfassenden biologischen Thatsachen-Gruppen, sind folgende:

1) Die paläontologischen Thatsachen: das stufenweise Auftreten der Versteinerungen und die historische Reihenfolge der ausgestorbenen Arten und Artengruppen, die Erscheinung des paläontologischen Artenwechsels und insbesondere die fortschreitende Differenzirung und Vervollkommnung der Thier- und Pflanzengruppen in den auf einander folgenden Perioden der Erdgeschichte. Die mechanische Erklärung dieser paläontologischen Erscheinungen giebt die Stammesgeschichte oder Phylogenie.

2) Die ontogenetischen Thatsachen: Die Erscheinungen der Keimesgeschichte oder Ontogenie, der individuellen Entwickelungsgeschichte der Organismen (Embryologie und Metamorphologie); die stufenweisen Veränderungen in der allmählichen Ausbildung des Körpers und seiner einzelnen Organe, namentlich die fortschreitende Differenzirung und Vervollkommnung der Organe und Körpertheile in den auf einander folgenden Perioden der individuellen Entwickelung. Die mechanische Erklärung dieser ontogenetischen Erscheinungen giebt das biogenetische Grundgesetz.

3) Die morphologischen Thatsachen: die Erscheinungen der vergleichenden Anatomie der Organismen; die wesentliche Uebereinstimmung des inneren Baues der verwandten Organismen, trotz der größten Verschiedenheit der äußeren Form bei den verschiedenen Arten. Die mechanische Erklärung dieser morphologischen Erscheinungen giebt die Descendenztheorie, indem sie die innere Uebereinstimmung des Baues von der Vererbung, die äußere Ungleichheit der Körperform von der Anpassung ableitet.

4) Der Parallelismus der phylogenetischen und ontogenetischen Thatsachen: die harmonische Uebereinstimmung zwischen der individuellen Entwickelungsgeschichte der Organismen und der paläontologischen Entwickelungsgeschichte der Arten und Stämme. Die mechanische Erklärung dieses Parallelismus giebt das biogenetische Grundgesetz, indem es einen inneren ursächlichen Zusammenhang zwischen beiden Entwickelungsreihen durch die Gesetze der

Vererbung und Anpassung thatsächlich begründet: „Die Keimesgeschichte ist ein Auszug der Stammesgeschichte.“

5) Der Parallelismus der morphologischen und genetischen Thatsachen: die harmonische Uebereinstimmung zwischen der stufenweisen Ausbildung, der fortschreitenden Differenzirung und Vervollkommnung, wie sie uns durch die vergleichende Anatomie auf der einen Seite, durch die Ontogenie und Paläontologie auf der anderen Seite klar vor Augen gelegt werden. Die mechanische Erklärung dieses Parallelismus giebt die Annahme eines inneren ursächlichen Zusammenhanges zwischen den Erscheinungen der vergleichenden Anatomie und Entwickelungsgeschichte.

6) Die dysteleologischen Thatsachen: die höchst wichtigen und interessanten Erscheinungen der verkümmerten und entarteten, zwecklosen und unthätigen Körpertheile. Die mechanische Erklärung derselben giebt die Unzweckmäßigkeitslehre oder Dysteleologie, einer der wichtigsten und interessantesten Theile der vergleichenden Anatomie.

7) Die systematischen Thatsachen: die natürliche Gruppirung aller verschiedenen Formen von Thieren, Pflanzen und Protisten in zahlreiche, kleinere und größere, neben und über einander geordnete Gruppen; der formverwandtschaftliche Zusammenhang der Arten, Gattungen, Familien, Ordnungen, Classen, Stämme u. s. w.; ganz besonders aber die baumförmig verzweigte Gestalt des natürlichen Systems, welche aus einer naturgemäßen Anordnung und Zusammenstellung aller dieser Gruppenstufen oder Kategorien sich von selbst ergiebt. Die mechanische Erklärung dieser stufenweis verschiedenen Formverwandtschaft giebt die Annahme, daß sie Ausdruck der wirklichen Blutsverwandtschaft ist; die Baumform des natürlichen Systems ist nur als wirklicher Stammbaum der Organismen zu begreifen.

8) Die chorologischen Thatsachen: die räumliche Verbreitung der organischen Species, ihre geographische und topographische Vertheilung über die Erdoberfläche; über die ver-

schiedenen Provinzen der Erdtheile und in den differenten Klimaten; über die Höhen der Gebirge und die Tiefen des Meeres. Die mechanische Erklärung dieser chorologischen Erscheinungen giebt die Migrationstheorie, die Annahme, daß jede Organismenart von einem sogenannten „Schöpfungsmittelpunkte" (richtiger „Urheimath" oder „Ausbreitungscentrum" genannt) ausgeht, d. h. von einem einzigen Orte, an welchem dieselbe einmal entstand, und von dem aus sie sich verbreitete.

9) Die oecologischen Thatsachen: die höchst mannichfaltigen und verwickelten Beziehungen der Organismen zur umgebenden Außenwelt, zu den organischen und anorgischen Existenzbedingungen; die sogenannte „Oeconomie der Natur", die Wechselbeziehungen aller Organismen, welche an einem und demselben Orte mit einander leben. Die mechanische Erklärung dieser oecologischen Erscheinungen giebt die Lehre von der Anpassung der Organismen an ihre Umgebung; ihre Umbildung durch den Kampf um's Dasein, durch den Parasitismus u. s. w.; während diese Erscheinungen der „Naturoeconomie", bei oberflächlicher Betrachtung als die weisen Einrichtungen eines planmäßig wirkenden Schöpfers erscheinen, zeigen sie sich bei tieferem Eingehen als die nothwendigen Folgen mechanischer Ursachen (Anpassungen).

10) Die Thatsachen der zusammenhängenden historischen Entwickelung aller Organismen, wie sie unter unsern Augen jederzeit vor sich geht und einen tiefen inneren Zusammenhang zwischen allen genannten und allen übrigen Erscheinungsreihen in der Zoologie, Protistik und Botanik beweist. Die mechanische Erklärung dieses einheitlichen Zusammenhanges aller biologischen Phänomene giebt die Descendenztheorie, indem sie die gemeinsame Abstammung aller verschiedenartigen Organismen von einer einzigen, oder mehreren, absolut einfachen Stammformen, gleich den organlosen Moneren annimmt. Dadurch wirft sie sowohl auf jene einzelnen Erscheinungsreihen, als auf die Gesammtheit derselben ein erklärendes

Licht, ohne welches sie uns in ihrem inneren ursächlichen Zusammenhang ganz unverständlich bleiben.

Auf Grund der angeführten großartigen Zeugnisse würden wir Lamarck's Descendenztheorie zur Erklärung der biologischen Phänomene selbst dann annehmen müssen, wenn wir nicht Darwin's Selectionstheorie besäßen. Nun kommt aber dazu, daß die erstere durch die letztere so vollständig direct bewiesen und durch mechanische Ursachen begründet wird, wie wir es nur verlangen können. Die Gesetze der Vererbung und der Anpassung sind allgemein anerkannte physiologische Thatsachen; jene sind auf die Fortpflanzung, diese auf die Ernährung der Zellen zurückführbar. Andrerseits ist der Kampf um's Dasein eine biologische Thatsache, welche mit mathematischer Nothwendigkeit aus dem allgemeinen Mißverhältniß zwischen der Durchschnittszahl der organischen Individuen und der Ueberzahl ihrer Keime folgt. Indem aber Anpassung und Vererbung im Kampf um's Dasein sich in beständiger Wechselwirkung befinden, folgt daraus unvermeidlich die natürliche Züchtung, welche überall und beständig nmbildend auf die organischen Arten einwirkt, und neue Arten durch Divergenz des Charakters erzeugt. Besonders begünstigt wird ihre Wirksamkeit noch durch die überall stattfindenden activen und passiven Wanderungen der Organismen. Wenn wir diese Umstände recht in Erwägung ziehen, so erscheint uns die beständige und allmähliche Umbildung oder Transmutation der organischen Species als ein biologischer Proceß, welcher nach dem Causalgesetz mit Nothwendigkeit aus der eigenen Natur der Organismen und ihren gegenseitigen Wechselbeziehungen folgen muß.

Daß auch der Ursprung des Menschen aus diesem allgemeinen organischen Umbildungsvorgang erklärt werden muß, und daß er sich aus diesem ebenso einfach als natürlich erklärt, glaube ich Ihnen im vorletzten Vortrage hinreichend bewiesen zu haben. Ich kann aber hier nicht umhin, Sie nochmals auf den ganz unzertrennlichen Zusammenhang dieser sogenannten „Affenlehre" oder „Pithecoidentheorie" mit der gesammten Descendenztheorie hinzuweisen. Wenn die letztere das größte Inductionsgesetz der Biologie ist, so folgt daraus die erstere mit Nothwendigkeit, als das wichtigste Deductionsgesetz derselben. Beide stehen und fallen mit einander. Da auf das richtige Verständniß dieses Satzes, den ich für höchst wichtig halte und deshalb schon mehrmals hervorgehoben habe, hier Alles ankommt, so erlauben Sie mir, denselben jetzt noch an einigen Beispielen zu erläutern.

Bei allen Säugethieren, die wir kennen, ist der Centraltheil des Nervensystems das Rückenmark und das Gehirn. Wir ziehen daraus den allgemeinen Inductionsschluß, daß alle Säugethiere ohne Ausnahme, die ausgestorbenen und die uns noch unbekannten lebenden Arten, eben so gut wie die von uns untersuchten Species, ein gleiches Gehirn und Rückenmark besitzen. Wenn nun irgendwo eine neue Säugethierart entdeckt wird, z. B. eine neue Beutelthierart, oder eine neue Affenart, so weiß jeder Zoolog von vorn herein, ohne den inneren Bau derselben untersucht zu haben, ganz bestimmt, daß diese Species ebenfalls ein Gehirn und ein Rückenmark besitzen muß. Keinem einzigen Naturforscher fällt es ein, daran zu zweifeln, und etwa zu denken, daß das Centralnervensystem bei dieser neuen Säugethierart möglicherweise aus einem Bauchmark mit Schlundring, wie bei den Gliederthieren, oder aus zerstreuten Knotenpaaren, wie bei den Weichthieren bestehen könnte. Jener ganz bestimmte und sichere Schluß, welcher doch auf gar keiner unmittelbaren Erfahrung beruht, ist ein Deductionsschluß. Bei allen Säugethieren entwickelt sich ferner frühzeitig im Embryo eine blasenförmige Allantois. Nur beim Menschen war dieselbe bisher noch nicht beobachtet. Trotzdem habe ich in meiner 1874 erschienenen Anthropogenie[56]) die Existenz derselben beim Menschen bestimmt behauptet, und wurde dafür der „Fälschung der Wissenschaft" angeklagt. Erst ein Jahr später (1875) wurde die blasenförmige Allantois beim menschlichen Embryo wirklich beobachtet, und so meine auf Induction gegründete Deduction thatsächlich bestätigt. Ebenso begründete Goethe, wie ich in einem früheren Vortrage zeigte, aus der vergleichenden Anatomie der Säugethiere den allgemeinen Inductionsschluß, daß dieselben sämmtlich einen

Zwischenkiefer besitzen, und zog daraus später den besonderen Deductionsschluß, daß auch der Mensch, der in allen übrigen Beziehungen nicht wesentlich von den anderen Säugethieren verschieden sei, einen solchen Zwischenkiefer besitzen müsse. Er behauptete diesen Schluß, ohne den Zwischenkiefer des Menschen wirklich gesehen zu haben, und bewies dessen Existenz erst nachträglich durch die wirkliche Beobachtung (S. 76).

Die Induction ist also ein logisches Schlußverfahren aus dem Besonderen auf das Allgemeine, aus vielen einzelnen Erfahrungen auf ein allgemeines Gesetz, die Deduction dagegen schließt aus dem Allgemeinen auf das Besondere, aus einem allgemeinen Naturgesetze auf einen einzelnen Fall. So ist nun auch ohne allen Zweifel die Descendenztheorie ein durch alle genannten biologischen Erfahrungen empirisch begründetes großes Inductionsgesetz; die Pithecoidentheorie dagegen, die Behauptung, daß der Mensch sich aus niederen, und zunächst aus affenartigen Säugethieren, entwickelt habe, ein einzelnes Deductionsgesetz, welches mit jenem allgemeinen Inductionsgesetze unzertrennlich verbunden ist.

Der Stammbaum des Menschengeschlechts, dessen ungefähre Umrisse ich Ihnen im vorletzten Vortrage angedeutet und den ich in meiner Anthropogenie ausführlich begründet habe [16]), bleibt natürlich (gleich allen vorher erörterten Stammbäumen der Thiere und Pflanzen) in seinen Einzelheiten nur eine mehr oder weniger annähernde genealogische Hypothese. Dies thut aber der Anwendung der Descendenztheorie auf den Menschen im Ganzen keinen Eintrag. Hier, wie bei allen Untersuchungen über die Abstammungsverhältnisse der Organismen, müssen Sie wohl unterscheiden zwischen der allgemeinen oder generellen Descendenz-Theorie, und der besonderen oder speciellen Descendenz-Hypothese. Die allgemeine Abstammungs-Theorie beansprucht volle und bleibende Geltung, weil sie durch alle vorher genannten allgemein biologischen Erscheinungsreihen und durch deren inneren ursächlichen Zusammenhang inductiv begründet wird. Jede besondere Abstammungs-Hypothese dagegen ist in ihrer speciellen

Geltung durch den jeweiligen Zustand unserer biologischen Erkenntniß bedingt, und durch die Ausdehnung der objectiven empirischen Grundlage, auf welche wir durch subjective Schlüsse diese Hypothese deductiv gründen. Daher besitzen alle einzelnen Versuche zur Erkenntniß des Stammbaums irgend einer Organismengruppe immer nur einen zeitweiligen und bedingten Werth, und unsere specielle Hypothese darüber wird immer mehr vervollkommnet werden, je weiter wir in der vergleichenden Anatomie, Ontogenie und Paläontologie der betreffenden Gruppe fortschreiten. Je mehr wir uns dabei aber in genealogische Einzelheiten verlieren, je weiter wir die einzelnen Aeste und Zweige des Stammbaums verfolgen, desto unsicherer und subjectiver wird, wegen der Unvollständigkeit der empirischen Grundlagen, unsere specielle Abstammungs-Hypothese. Dies thut jedoch der Sicherheit der generellen Abstammungs-Theorie keinen Abbruch. So erleidet es denn auch keinen Zweifel, daß wir die Abstammung des Menschen zunächst aus affenartigen, weiterhin aus niederen Säugethieren, und so immer weiter aus immer tieferen Stufen des Wirbelthierstammes, bis zu dessen tiefsten wirbellosen Wurzeln, ja bis zu einer einfachen Plastide herunter, als allgemeine Theorie mit voller Sicherheit behaupten können und müssen. Dagegen wird die specielle Verfolgung des menschlichen Stammbaums, die nähere Bestimmung der uns bekannten Thierformen, welche entweder wirklich zu den Vorfahren des Menschen gehörten oder diesen wenigstens nächststehende Blutsverwandte waren, stets eine mehr oder minder annähernde Descendenz-Hypothese bleiben. Diese läuft um so mehr Gefahr, sich von dem wirklichen Stammbaum zu entfernen, je näher sie demselben durch Aufsuchung der einzelnen Ahnenformen zu kommen sucht. Das ist mit Nothwendigkeit durch die ungeheure Lückenhaftigkeit unserer paläontologischen Kenntnisse bedingt, welche unter keinen Umständen jemals eine annähernde Vollständigkeit erreichen werden.

Aus der denkenden Erwägung dieses wichtigen Verhältnisses ergiebt sich auch bereits die Antwort auf eine Frage, welche gewöhnlich zunächst bei Besprechung dieses Gegenstandes aufgeworfen wird, nämlich die Frage nach den wissenschaftlichen Beweisen für den thierischen Ursprung des Menschengeschlechts. Nicht allein die Gegner der Descendenztheorie, sondern auch viele Anhänger derselben, denen die gehörige philosophische Bildung mangelt, pflegen dabei vorzugsweise an einzelne Erfahrungen, an specielle empirische Fortschritte der Naturwissenschaft zu denken. Man erwartet, daß plötzlich die Entdeckung einer geschwänzten Menschenrasse oder einer sprechenden Affenart, oder einer anderen lebenden oder fossilen Uebergangsform zwischen Menschen und Affen, die zwischen beiden bestehende enge Kluft noch mehr ausfüllen und somit die Abstammung des Menschen vom Affen empirisch „beweisen" soll. Derartige einzelne Erfahrungen, und wären sie anscheinend noch so überzeugend und beweiskräftig, können aber niemals den gewünschten Beweis liefern. Gedankenlose oder mit den biologischen Erscheinungsreihen unbekannte Leute werden jenen einzelnen Zeugnissen immer dieselben Einwände entgegenhalten können, die sie unserer Theorie auch jetzt entgegenhalten.

Die unumstößliche Sicherheit der Descendenz-Theorie, auch in ihrer Anwendung auf den Menschen, liegt vielmehr viel tiefer, und kann niemals blos durch einzelne empirische Erfahrungen, sondern nur durch philosophische Vergleichung und Verwerthung unseres gesammten biologischen Erfahrungsschatzes in ihrem wahren inneren Werthe erkannt werden. Sie liegt eben darin, daß die Descendenztheorie als ein allgemeines Inductionsgesetz aus der vergleichenden Synthese aller organischen Naturerscheinungen, und insbesondere aus der dreifachen Parallele der vergleichenden Anatomie, Ontogenie und Phylogenie mit Nothwendigkeit folgt; und die Pithecoidentheorie bleibt unter allen Umständen (ganz abgesehen von allen Einzelbeweisen) ein specieller Deductionsschluß, welcher wieder aus dem generellen Inductionsgesetz der Descendenztheorie mit Nothwendigkeit gefolgert werden muß.

Auf das richtige Verständniß dieser philosophischen Begründung der Descendenztheorie und der mit ihr unzertrennlich verbundenen Pithecoidentheorie kommt meiner Ansicht nach Alles an. Viele von Ihnen werden mir dies vielleicht zugeben, aber mir zugleich entgegenhalten, daß das Alles nur von der körperlichen, nicht von der geistigen Entwickelung des Menschen gelte. Da wir nun bisher uns bloß mit der ersteren beschäftigt haben, so ist es wohl nothwendig, hier auch noch auf die letztere einen Blick zu werfen, und zu zeigen, daß auch sie jenem großen allgemeinen Entwickelungsgesetze unterworfen ist. Dabei ist es vor Allem nothwendig, sich in's Gedächtniß zurückzurufen, wie überhaupt das Geistige vom Körperlichen nie völlig geschieden werden kann, beide Seiten der Natur vielmehr unzertrennlich verbunden sind, und in der innigsten Wechselwirkung mit einander stehen. Wie schon Goethe klar aussprach, „kann die Materie nie ohne Geist, der Geist nie ohne Materie existiren und wirksam sein". Der künstliche Zwiespalt, welchen die falsche dualistische und teleologische Philosophie der Vergangenheit zwischen Geist und Körper, zwischen Kraft und Stoff aufrecht erhielt, ist durch die Fortschritte der Naturerkenntniß und namentlich der Entwickelungslehre aufgelöst, und kann gegenüber der siegreichen mechanischen und monistischen Philosophie unserer Zeit nicht mehr bestehen. Wie demgemäß die Menschennatur in ihrer Stellung zur übrigen Welt aufgefaßt werden muß, hat in neuerer Zeit besonders Radenhausen in seinen vortrefflichen Werken: „Isis" und „Osiris" [33]), sowie Carus Sterne in seiner vorzüglichen „Entwickelungsgeschichte des Weltganzen, Werden und Vergehen" einleuchtend gezeigt [26]).

Was nun speciell den Ursprung des menschlichen Geistes oder der Seele des Menschen betrifft, so nehmen wir zunächst an jedem menschlichen Individuum wahr, daß sich dieselbe von Anfang an schrittweise und allmählich entwickelt, eben so wie der Körper. Wir sehen am neugeborenen Kinde, daß dasselbe weder selbstständiges Bewußtsein, noch überhaupt klare Vorstellungen besitzt. Diese entstehen erst allmählich, wenn mittelst der sinnlichen Erfahrung die Erscheinungen der Außenwelt auf das Centralnervensystem einwirken. Aber noch entbehrt das kleine Kind aller jener differenzirten Seelenbewegungen, welche der erwachsene Mensch erst durch langjährige Erfahrung erwirbt. Aus dieser stufenweisen Entwickelung der Menschenseele in jedem einzelnen Individuum können wir nun, gemäß dem innigen ursächlichen Zusammenhang zwischen Keimes- und Stammesgeschichte unmittelbar auf die stufenweise Entwickelung der Menschenseele in der ganzen Menschheit und weiterhin in dem ganzen Wirbelthierstamme zurückschließen. In unzertrennlicher Verbindung mit dem Körper hat auch der Geist des Menschen alle jene langsamen Stufen der Entwickelung, alle jene einzelnen Schritte der Differenzirung und Vervollkommnung durchmessen müssen, von welchen Ihnen die hypothetische Ahnenreihe des Menschen im vorletzten Vortrage ein ungefähres Bild gegeben hat.

Allerdings pflegt gerade diese Vorstellung bei den meisten Menschen, wenn sie zuerst mit der Entwickelungslehre bekannt werden, den größten Anstoß zu erregen, weil sie am meisten den hergebrachten mythologischen Anschauungen und den durch ein Alter von Jahrtausenden geheiligten Vorurtheilen widerspricht. Allein eben so gut wie alle anderen Functionen der Organismen muß nothwendig auch die Menschenseele sich historisch entwickelt haben, und die vergleichende Seelenlehre oder die empirische Psychologie der Thiere zeigt uns klar, daß diese Entwickelung nur gedacht werden kann als eine stufenweise Hervorbildung aus der Wirbelthierseele, als eine allmähliche Differenzirung und Vervollkommnung, welche erst im Laufe vieler Jahrtausende zu dem herrlichen Triumph des Menschengeistes über seine niederen thierischen Ahnenstufen geführt hat. Hier, wie überall, ist die Untersuchung der Entwickelung und die Vergleichung der verwandten Erscheinungen der einzige Weg, um zur Erkenntniß der natürlichen Wahrheit zu gelangen. Wir müssen also vor Allem, wie wir es auch bei Untersuchung der körperlichen Entwickelung thaten, die höchsten thierischen Erscheinungen einerseits mit den niedersten thierischen, andrerseits mit den niedersten menschlichen Erscheinungen vergleichen. Das Endresultat dieser Vergleichung ist, daß *zwischen den höchstentwickelten Thierseelen und den tiefstentwickelten Menschenseelen nur ein geringer quantitativer, aber kein qualitativer Unterschied existirt*, und daß dieser Unterschied viel geringer ist, als der Unterschied zwischen den niedersten und höchsten Menschenseelen, oder als der Unterschied zwischen den höchsten und niedersten Thierseelen.

Um sich von der Begründung dieses wichtigen Resultates zu überzeugen, muß man vor Allem das Geistesleben der wilden Naturvölker und der Kinder vergleichend studiren [51]). Auf der tiefsten Stufe menschlicher Geistesbildung stehen die Australier, einige Stämme der polynesischen Papuas, und in Afrika die Buschmänner, die Hottentotten und einige Stämme der Neger. Die Sprache, der wichtigste Charakter des echten Menschen, ist bei ihnen auf der tiefsten Stufe der Ausbildung stehen geblieben, und damit natürlich auch die Begriffsbildung. Manche dieser wilden Stämme haben nicht einmal eine Bezeichnung für Thier, Pflanze, Ton, Farbe und dergleichen einfachste Begriffe, wogegen sie für jede einzelne auffallende Thier- oder Pflanzenform, für jeden einzelnen Ton oder Farbe ein Wort besitzen. Es fehlen also selbst die nächstliegenden Abstractionen. In vielen solcher Sprachen giebt es bloß Zahlwörter für Eins, Zwei und Drei; keine australische Sprache zählt über vier. Sehr viele wilde Völker können nur bis zehn oder zwanzig zählen, während man einzelne sehr gescheidte Hunde dazu gebracht hat, bis vierzig und selbst über sechzig zu zählen. Und doch ist die Zahl der Anfang der Mathematik! Einzelne von den wildesten Stämmen im südlichen Asien und östlichen Afrika haben von der ersten Grundlage aller menschlichen Gesittung, vom Familienleben und der Ehe, noch gar keinen Begriff. Sie leben in umherschweifenden Heerden beisammen, welche in ihrer ganzen Lebensweise mehr Aehnlichkeit mit wilden Affenheerden, als mit civilisirten Menschen-Staaten besitzen. Alle Versuche, diese und viele andere Stämme der niederen Menschenarten der Cultur zugänglich zu machen, sind bisher gescheitert; es ist unmöglich, da menschliche Bildung pflanzen zu wollen, wo der nöthige Boden dazu, die menschliche Gehirnvervollkommnung, noch fehlt. Noch keiner von jenen Stämmen ist durch die Cultur veredelt worden; sie gehen nur rascher dadurch zu Grunde. Sie haben sich kaum über jene tiefste Stufe des Uebergangs vom Menschenaffen zum

Affenmenschen erhoben, welche die Stammeltern der höheren Menschenarten schon seit Jahrtausenden überschritten haben[44]).

Betrachten Sie nun auf der anderen Seite die höchsten Entwickelungsstufen des Seelenlebens bei den höheren Wirbelthieren, namentlich Vögeln und Säugethieren. Wenn Sie in herkömmlicher Weise als die drei Hauptgruppen der verschiedenen Seelenbewegungen das Empfinden, Wollen und Denken unterscheiden, so finden Sie, daß in jeder dieser Beziehungen die höchst entwickelten Vögel und Säugethiere jenen niedersten Menschenformen sich an die Seite stellen, oder sie selbst entschieden überflügeln. Der Wille ist bei den höheren Thieren ebenso entschieden und stark, wie bei charaktervollen Menschen entwickelt. Hier wie dort ist er eigentlich niemals frei, sondern stets durch eine Kette von ursächlichen Vorstellungen bedingt (vergl. S. 212). Auch stufen sich die verschiedenen Grade des Willens, der Energie und der Leidenschaft bei den höheren Thieren ebenso mannichfaltig, als bei den Menschen ab. Die Empfindungen der höheren Thiere sind nicht weniger zart und warm, als die der Menschen. Die Treue und Anhänglichkeit des Hundes, die Mutterliebe der Löwin, die Gattenliebe und eheliche Treue der Tauben und der Inseparables ist sprüchwörtlich, und wie vielen Menschen könnte sie zum Muster dienen! Wenn man hier die Tugenden als „Instincte“ zu bezeichnen pflegt, so verdienen sie beim Menschen ganz dieselbe Bezeichnung. Was endlich das Denken betrifft, dessen vergleichende Betrachtung zweifelsohne die meisten Schwierigkeiten bietet, so läßt sich doch schon aus der vergleichenden psychologischen Untersuchung, namentlich der cultivirten Hausthiere, so viel mit Sicherheit entnehmen, daß die Vorgänge des Denkens hier nach denselben Gesetzen, wie bei uns, erfolgen. Ueberall liegen Erfahrungen den Vorstellungen zu Grunde und vermitteln die Erkenntniß des Zusammenhangs zwischen Ursache und Wirkung. Ueberall ist es, wie beim Menschen, der Weg der Induction und Deduction, welcher die Thiere zur Bildung der Schlüsse führt. Offenbar stehen in allen diesen Beziehungen die höchst entwickelten Thiere dem Menschen viel näher als den niederen Thieren, obgleich sie durch eine lange Kette von allmählichen Zwischenstufen auch mit den letzteren verbunden sind. In **Wundts** trefflichen Vorlesungen über die Menschen- und Thierseele [46]) finden sich dafür eine Menge von Belegen.

Wenn Sie nun, nach beiden Richtungen hin vergleichend, die niedersten affenähnlichsten Menschen, die Australneger, Buschmänner, Andamanen u. s. w. einerseits mit diesen höchstentwickelten Thieren, z. B. Affen, Hunden, Elephanten, andrerseits mit den höchstentwickelten Menschen, einem **Aristoteles**, **Newton**, **Spinoza**, **Kant**, **Lamarck**, **Goethe** zusammenstellen, so wird Ihnen die Behauptung nicht mehr übertrieben erscheinen, daß das Seelenleben der höheren Säugethiere sich stufenweise zu demjenigen des Menschen entwickelt hat. Wenn Sie hier eine scharfe Grenze ziehen wollten, so müßten Sie dieselbe geradezu zwischen den höchstentwickelten Culturmenschen einerseits und den rohesten Naturmenschen andrerseits ziehen, und letztere mit den Thieren vereinigen. Das ist in der That die Ansicht vieler Reisender, welche jene niedersten Menschenrassen in ihrem Vaterlande andauernd beobachtet haben. So sagt z. B. ein vielgereister Engländer, welcher längere Zeit an der afrikanischen Westküste lebte: „den Neger halte ich für eine niedere Menschenart (Species) und kann mich nicht entschließen, als „Mensch und Bruder" auf ihn herabzuschaueu, man müßte denn auch den **Gorilla** in die Familie aufnehmen". Selbst viele christliche Missionäre, welche nach jahrelanger vergeblicher Arbeit von ihren fruchtlosen Civilisationsbestrebungen bei den niedersten Völkern abstanden, fällen dasselbe harte Urtheil, und behaupten, daß man eher die bildungsfähigen Hausthiere, als diese unvernünftigen viehischen Menschen zu einem gesitteten Culturleben erziehen könne. Der tüchtige österreichische Missionär **Morlang** z. B., welcher ohne allen Erfolg viele Jahre hindurch die affenartigen Negerstämme am oberen Nil zu civilisiren suchte, sagt ausdrücklich, „daß unter solchen Wilden jede Mission durchaus nutzlos sei. Sie ständen weit unter den unvernünftigen Thieren; diese letzteren legten doch wenigstens Zeichen der Zuneigung gegen Diejenigen an den Tag, die freundlich gegen sie sind; während jene viehischen Eingeborenen allen Gefühlen der Dankbarkeit völlig unzugänglich seien."

Wenn nun aus diesen und vielen anderen Zeugnissen zuverlässig hervorgeht, daß die geistigen Unterschiede zwischen den niedersten Menschen und den höchsten Thieren geringer sind, als diejenigen zwischen den niedersten und den höchsten Menschen, und wenn Sie damit die Thatsache zusammenhalten, daß bei jedem einzelnen Menschenkinde sich das Geistesleben aus dem tiefsten Zustande thierischer Bewußtlosigkeit heraus langsam, stufenweise und allmählich entwickelt, sollen wir dann noch daran Anstoß nehmen, daß auch der Geist des ganzen Menschengeschlechts sich in gleicher Art langsam und stufenweise historisch entwickelt hat? Und sollen wir in dieser Thatsache, daß die Menschenseele durch einen langen und langsamen Proceß der Differenzirung und Vervollkommnung sich ganz allmählich aus der Wirbelthierseele hervorgebildet hat, eine „Entwürdigung" des menschlichen Geistes finden? Ich gestehe Ihnen offen, daß diese letztere Anschauung, welche gegenwärtig von vielen Menschen der Pithecoidentheorie entgegengehalten wird, mir ganz unbegreiflich ist. Sehr richtig sagt darüber Bernhard Cotta in seiner trefflichen Geologie der Gegenwart: „Unsere Vorfahren können uns sehr zur Ehre gereichen; viel besser noch aber ist es, wenn wir ihnen zur Ehre gereichen" [31]).

Unsere Entwickelungslehre erklärt den Ursprung des Menschen und den Lauf seiner historischen Entwickelung in der einzig natürlichen Weise. Wir erblicken in seiner stufenweise aufsteigenden Entwickelung aus den niederen Wirbelthieren den höchsten Triumph der Menschennatur über die gesammte übrige Natur. Wir sind stolz darauf, unsere niederen thierischen Vorfahren so unendlich weit überflügelt zu haben, und entnehmen daraus die tröstliche Gewißheit, daß auch in Zukunft das Menschengeschlecht im Großen und Ganzen die ruhmvolle Bahn fortschreitender Entwickelung verfolgen, und eine immer höhere Stufe geistiger Vollkommenheit erklimmen wird. In diesem Sinne betrachtet, eröffnet uns die Descendenztheorie in ihrer

Anwendung auf den Menschen die ermuthigendste Aussicht in die Zukunft, und entkräftet alle Befürchtungen, welche man ihrer Verbreitung entgegengehalten hat.

Schon jetzt läßt sich mit Bestimmtheit voraussehen, daß der vollständige Sieg unserer Entwickelungslehre unermeßlich reiche Früchte tragen wird, Früchte, die in der ganzen Culturgeschichte der Menschheit ohne Gleichen sind. Die nächste und unmittelbarste Folge desselben, die gänzliche Reform der Biologie, wird nothwendig die noch wichtigere und folgenreichere Reform der Anthropologie nach sich ziehen. Aus dieser neuen Menschenlehre wird sich eine neue Philosophie entwickeln, nicht gleich den meisten der bisherigen luftigen Systeme auf metaphysische Speculationen, sondern auf den realen Boden der vergleichenden Zoologie gegründet. Wie aber diese neue monistische Philosophie uns einerseits erst das wahre Verständniß der wirklichen Welt erschließt, so wird sie andrerseits in ihrer segensreichen Anwendung auf das practische Menschenleben uns einen neuen Weg der moralischen Vervollkommnung eröffnen. Mit ihrer Hülfe werden wir endlich anfangen, uns aus dem traurigen Zustande socialer Barbarei emporzuarbeiten, in welchen wir, trotz der vielgerühmten Civilisation unseres Jahrhunderts, immer noch versunken sind. Denn leider ist nur zu wahr, was der berühmte Alfred Wallace in dieser Beziehung am Schlusse seines Reisewerks[36]) bemerkt: „Verglichen mit unseren erstaunlichen Fortschritten in den physikalischen Wissenschaften und in ihrer practischen Anwendung bleibt unser System der Regierung, der administrativen Justiz, der Nationalerziehung, und unsere ganze sociale und moralische Organisation in einem Zustande der Barbarei."

Diese sociale und moralische Barbarei werden wir nimmermehr durch die gekünstelte und geschraubte Erziehung, durch den einseitigen und mangelhaften Unterricht, durch die innere Unwahrheit und den äußeren Aufputz unserer heutigen Civilisation überwinden. Vielmehr ist dazu vor allem eine vollständige und aufrichtige Umkehr zur Natur und zu natürlichen Verhältnissen nothwendig. Diese Umkehr wird aber erst möglich, wenn der Mensch seine wahre „Stellung in der Natur" erkennt und begreift. Dann wird sich der Mensch, wie Fritz Ratzel treffend bemerkt, „nicht länger als eine Ausnahme von den Naturgesetzen betrachten, sondern wird endlich anfangen, das Gesetzmäßige in seinen eigenen Handlungen und Gedanken aufzusuchen, und streben, sein Leben den Naturgesetzen gemäß zu führen. Er wird dahin kommen, das Zusammenleben mit Seinesgleichen, d. h. die Familie und den Staat, nicht nach den Satzungen ferner Jahrhunderte, sondern nach den vernünftigen Principien einer naturgemäßen Erkenntniß einzurichten. Politik, Moral, Rechtsgrundsätze, welche jetzt noch aus allen möglichen Quellen gespeist werden, werden nur den Naturgesetzen entsprechend zu gestalten sein. Das menschenwürdige Dasein, von welchem seit Jahrtausenden gefabelt wird, wird endlich zur Wahrheit werden."

Die höchste Leistung des menschlichen Geistes ist die vollkommene Erkenntniß, das entwickelte Menschenbewußtsein, und die daraus entspringende sittliche Thatkraft. „Erkenne Dich selbst!" So riefen schon die Philosophen des Alterthums dem nach Veredelung strebenden Menschen zu. „Erkenne Dich selbst!" So ruft die Entwickelungslehre nicht allein dem einzelnen menschlichen Individuum, sondern der ganzen Menschheit zu. Und wie die fortschreitende Selbsterkenntniß für jeden einzelnen Menschen der mächtigste Hebel zur sittlichen Vervollkommnung wird, so wird auch die Menschheit als Ganzes durch die Erkenntniß ihres wahren Ursprungs und ihrer wirklichen Stellung in der Natur auf eine höhere Bahn der moralischen Vollendung geleitet werden. Die einfache Naturreligion, welche sich auf das klare Wissen von der Natur und ihren unerschöpflichen Offenbarungsschatz gründet, wird zukünftig in weit höherem Maße veredelnd und vervollkommnend auf den Entwickelungsgang der Menschheit einwirken, als die mannichfaltigen Kirchenreligionen der verschiedenen Völker, welche auf dem blinden Glauben an die dunkeln Geheimnisse einer Priesterkaste und ihre mythologischen Offenbarungen beruhen.

Die monistische Naturreligion, die wir demnach für die wahre „Religion der Zukunft" halten müssen, steht nicht, wie alle Kirchen-Religionen, in Widerspruch, sondern in Einklang mit der vernünftigen Natur-Erkenntniß. Während jene letzteren sämmtlich auf Täuschung und Aberglauben hinauslaufen, gründet sich die erstere auf Wahrheit und Wissen. Wie wenig aber die Unterwerfung der menschlichen Vernunft unter das Joch des Aberglaubens und die Entfremdung von der Natur im Stande ist, die Menschen besser und glücklicher zu machen, das zeigt dem Unbefangenen die Geschichte aller Kirchen-Religionen. Die sogenannte Blüthezeit des Mittelalters, in welcher das Christenthum seine Welt-Herrschaft entfaltete, war die Zeit der gröbsten Unwissenheit, der widerlichsten Rohheit, der tiefsten Unsittlichkeit. Die Philosophie, die Fürstin unter den Wissenschaften, die schon ein halbes Jahrtausend vor Christus in Thales und Anaximander, in Heraklit, Empedocles und Demokrit die Keime zur heutigen Entwickelungslehre gelegt hatte, war durch die Ausbreitung der katholischen Dogmen und die Scheiterhaufen ihrer Inquisition zum blinden Werkzeug des Kirchenglaubens geworden. Erst die mächtige Entwickelung der Naturwissenschaft im letzten Jahrhundert, hat der verirrten und herabgekommenen Philosophie wieder den verlorenen Weg zur Wahrheit gezeigt, und ihre Grundlage wird von jetzt an die monistische Entwickelungslehre bleiben. Kommende Jahrhunderte werden unsere Zeit, welcher mit der wissenschaftlichen Begründung der Entwickelungslehre der höchste Preis menschlicher Erkenntniß beschieden war, als den Zeitpunkt feiern, mit welchem ein neues segensreiches Zeitalter der menschlichen Entwickelung beginnt, charakterisirt durch den Sieg des freien erkennenden Geistes über die Gewaltherrschaft der Autorität und durch den mächtig veredelnden Einfluß der monistischen Philosophie.

Verzeichniß

der im Texte mit Ziffern angeführten Schriften,

deren Studium dem Leser zu empfehlen ist.

---

1. Charles Darwin, On the Origin of Species by means of natural selection (or the preservation of favoured races in the struggle for life). London 1859. (VI Edition: 1872.) Ins Deutsche übersetzt von H. G. Bronn unter dem Titel: Charles Darwin, über die Entstehung der Arten im Thier- und Pflanzen-Reich durch natürliche Züchtung, oder Erhaltung der vervollkommneten Rassen im Kampfe um's Dasein. Stuttgart 1860 (V. Auflage durchgesehen und berichtigt von Victor Carus: 1872).

2. Jean Lamarck, Philosophie zoologique; ou exposition des considérations relatives à l'histoire naturelle des animaux; à la diversité de leur organisation et des facultés, qu'ils en obtiennent; aux causes physiques, qui maintiennent en eux la vie et donnent lieu aux mouvemens, qu'ils exécutent; enfin, à celles qui produisent, les unes le sentiment, et les autres l'intelligence de ceux qui en sont doués. 2 Tomes. Paris 1809. Nouvelle edition, revue et précédée d'une introduction biographique par Charles Martins. Paris 1873.

3. Wolfgang Goethe, Zur Morphologie: Bildung und Umbildung organischer Naturen. Die Metamorphose der Pflanzen (1790). Osteologie (1786). Vorträge über die drei ersten Capitel des Entwurfs einer allgemeinen Einleitung in die vergleichende Anatomie, ausgehend von der Osteologie (1786). Zur Naturwissenschaft im Allgemeinen (1780—1832).

4. Ernst Haeckel, Generelle Morphologie der Organismen: Allgemeine Grundzüge der organischen Formenwissenschaft, mechanisch begründet durch die von Charles Darwin reformirte Descendenztheorie. I. Band: Allgemeine Anatomie der Organismen oder Wissenschaft von den entwickelten organischen Formen,

II. Band: Allgemeine Entwickelungsgeschichte der Organismen oder Wissenschaft von den entstehenden organischen Formen. Berlin 1866. (Vergriffen)

5. Carl Gegenbaur, Grundriß der vergleichenden Anatomie. Leipzig 1859 (II. umgearbeitete Auflage 1877).

6. August Schleicher, Die Darwin'sche Theorie und die Sprachwissenschaft. Weimar 1863. II. Aufl. 1873.

7. M. J. Schleiden, Die Pflanze und ihr Leben. VI. Aufl. Leipzig 1864.

8. Franz Unger, Versuch einer Geschichte der Pflanzenwelt. Wien 1852.

9. S. Kalischer, Goethe's Verhältniß zur Naturwissenschaft. Berlin 1878.

10. Louis Büchner, Kraft und Stoff. Empirisch-naturphilosophische Studien in allgemein verständlicher Darstellung. Frankfurt 1855 (III. Auflage). 1867 (IX. Auflage).

11. Charles Lyell, Principles of Geology. London 1830. (X. Edit. 1868.) Deutsch von B. Cotta.

12. Albert Lange, Geschichte des Materialismus und Kritik seiner Bedeutung in der Gegenwart. Iserlohn 1866. II. Aufl. 1873.

13. Charles Darwin, Naturwissenschaftliche Reisen. Deutsch von Ernst Dieffenbach. 2 Thle. Braunschweig 1844.

14. Charles Darwin, The variation of animals and plants under domestication. 2. Voll. London 1868. Ins Deutsche übersetzt von Victor Carus unter dem Titel: Das Variiren der Thiere und Pflanzen im Zustande der Domestication. 2 Bde. Stuttgart 1868.

15. Ernst Haeckel, Biologische Studien: I. Heft: Studien über die Moneren und andere Protisten, nebst einer Rede über Entwickelungsgang und Aufgabe der Zoologie. Leipzig 1870. II. Heft: Studien zur Gasträa-Theorie. Jena 1877.

16. Fritz Müller, Für Darwin. Leipzig 1864.

17. Thomas Huxley, Ueber unsere Kenntniß von den Ursachen der Erscheinungen in der organischen Natur. Sechs Vorlesungen für Laien. Uebersetzt von Carl Vogt. Braunschweig 1865.

18. Fritz Schultze, Ueber das Verhältniß der griechischen Naturphilosophie zur modernen Naturwissenschaft. Im „Kosmos", Bd. III, 1872.

19. H. G. Bronn, Untersuchungen über die Entwickelungsgesetze der organischen Welt während der Bildungszeit unserer Erdoberfläche. Stuttgart 1858.

20. Carl Ernst Baer, Ueber Entwickelungsgeschichte der Thiere. Beobachtung und Reflexion. 2 Bde. 1828—1837.

21. Louis Agassiz, An essay on classification. Contributions to the natural history of the united states. Boston. Vol. I. 1857.

22. Immanuel Kant, Allgemeine Naturgeschichte und Theorie des Himmels, oder Versuch von der Verfassung und dem mechanischen Ursprunge des ganzen Weltgebäudes nach Newton'schen Grundsätzen abgehandelt. Königsberg 1755.

23. Ernst Haeckel, Die Radiolarien. Eine Monographie. Mit einem Atlas von 35 Kupfertafeln. Berlin 1862.

24. August Weismann, Studien zur Descendenz-Theorie. Leipzig 1876.

25. Kosmos, Zeitschrift für einheitliche Weltanschauung auf Grund der Entwickelungslehre. Unter Mitwirkung von Charles Darwin und Ernst Haeckel herausgegeben von Ernst Krause. Band I—V. 1877—1879.

26. Carus Sterne (Ernst Krause), Werden und Vergehen. Eine Entwickelungsgeschichte des Naturganzen in gemeinverständlicher Fassung. Berlin 1876.

27. Thomas Huxley, Zeugnisse für die Stellung des Menschen in der Natur. Drei Abhandlungen: Ueber die Naturgeschichte der menschenähnlichen Affen. Ueber die Beziehungen des Menschen zu den nächstniederen Thieren. Ueber einige fossile menschliche Ueberreste. Braunschweig 1863.

28. Friedrich Rolle, Der Mensch, seine Abstammung und Gesittung im Lichte der Darwin'schen Lehre von der Art-Entstehung und auf Grund der neueren geologischen Entdeckungen dargestellt. Frankfurt a./M. 1866.

29. Ernst Häckel, Ziele und Wege der heutigen Entwickelungsgeschichte. Jena 1875.

30. Charles Lyell, Das Alter des Menschengeschlechts auf der Erde und der Ursprung der Arten durch Abänderung, nebst einer Beschreibung der Eiszeit. Uebersetzt mit Zusätzen von Louis Büchner. Leipzig 1864.

31. Bernhard Cotta, Die Geologie der Gegenwart. Leipzig 1866. (IV. umgearbeitete Auflage. 1874.)

32. Karl Zittel, Aus der Urzeit. Bilder aus der Schöpfungsgeschichte. München 1872. II. Aufl. 1875. Mit zahlreichen Holzschnitten.

33. C. Radenhausen, Isis. Der Mensch und die Welt. 4 Bde. Hamburg 1863. (II. Auflage 1871.) Osiris. Weltgesetze in der Erdgeschichte. 3 Bde. Hamburg 1874.

34. August Schleicher, Ueber die Bedeutung der Sprache für die Naturgeschichte des Menschen. Weimar 1865.

35. Wilhelm Bleek, Ueber den Ursprung der Sprache. Herausgegeben mit einem Vorwort von Ernst Haeckel. Weimar 1868.

36. Alfred Russel Wallace, Der malayische Archipel. Deutsch von A. B. Meyer. 2 Bde. Braunschweig 1869.

37. Ernst Haeckel, Arabische Korallen, Ein Ausflug nach den Ko-

rallenbänken des rothen Meeres und ein Blick in das Leben der Korallenthiere. Mit 5 Farbendrucktafeln und vielen Holzschnitten. Berlin 1876.

38. Hermann Helmholtz, Populäre wissenschaftliche Vorträge. Braunschweig. I.—III. Heft. 1871—1878.

39. Alexander Humboldt, Ansichten der Natur. Stuttgart 1826.

40. Paul Lilienfeld, Gedanken über die Socialwissenschaft der Zukunft. 3 Bde. Mitau 1877.

41. Ernst Häckel, Das Protistenreich. Eine populäre Uebersicht über das Formengebiet der niedersten Lebewesen. Mit 58 Holzschnitten. Leipzig 1878.

42. Friedrich Müller, Allgemeine Ethnographie. Wien 1873.

43. Ludwig Büchner, Der Mensch und seine Stellung in der Natur, in Vergangenheit, Gegenwart und Zukunft. II. Aufl. Leipzig 1872.

44. John Lubbock, Die vorgeschichtliche Zeit, erläutert durch die Ueberreste des Alterthums und die Sitten und Gebräuche der jetzigen Wilden. Deutsch von A. Passow. Jena 1874.

45. Friedrich Hellwald, Culturgeschichte in ihrer natürlichen Entwickelung bis zur Gegenwart. Augsburg 1875. II. Aufl. 1877.

46. Wilhelm Wundt, Vorlesungen über die Menschen- und Thierseele. Leipzig 1863.

47. Fritz Schultze, Kant und Darwin. Ein Beitrag zur Geschichte der Entwickelungslehre. 1875.

48. Charles Darwin, The descent of man, and selection in relation to sex. 2 Voll. London 1871. Ins Deutsche übersetzt von Victor Carus unter dem Titel: „Die Abstammung des Menschen und die geschlechtliche Zuchtwahl". 2 Bde. Stuttgart 1871.

49. Charles Darwin, The expression of the emotions in man and animals. London 1872. Deutsch von V. Carus unter dem Titel: Der Ausdruck der Gemüthsbewegungen bei den Menschen und den Thieren. Stuttgart 1872.

50. Ernst Haeckel, Die Kalkschwämme (Calcispongien oder Grantien). Eine Monographie in zwei Bänden Text und einem Atlas mit 60 Tafeln Abbildungen. I. Band (Genereller Theil). Biologie der Kalkschwämme. II. Band (Specieller Theil). System der Kalkschwämme. III. Band (Illustrativer Theil). Atlas der Kalkschwämme. Berlin 1872.

51. Ernst Häckel, Freie Wissenschaft und freie Lehre. Eine Entgegnung auf Rudolf Virchow's Rede über „Die Freiheit der Wissenschaft im modernen Staate." Stuttgart 1878.

52. Hermann Müller, Die Befruchtung der Blumen durch Insecten. Leipzig 1873.

53. Friedrich Zöllner, Ueber die Natur der Kometen. Beiträge zur Geschichte und Theorie der Erkenntniß. Leipzig 1872.

54. Ludwig Noiré, Die Welt als Entwickelung des Geistes. Bausteine zu einer monistischen Weltanschauung. Leipzig 1874.

55. David Friedrich Strauß, Der alte und der neue Glaube. Ein Bekenntniß. Bonn, VI. Auflage 1874. Gesammelte Schriften. 12 Bände. 1878.

56. Ernst Haeckel, Anthropogenie oder Entwickelungsgeschichte des Menschen. Gemeinverständliche wissenschaftliche Vorträge über die Grundzüge der menschlichen Keimes- und Stammesgeschichte. Mit 12 Tafeln, 210 Holzschnitten und 36 genetischen Tabellen. Leipzig 1874.

57. Ludwig Büchner, Aus dem Geistesleben der Thiere. II. Aufl. Berlin 1877.

58. Thomas Huxley, Reden und Aufsätze. Uebersetzt von Fritz Schultze. Berlin 1877.

59. Ernst Haeckel, Gesammelte populäre Vorträge aus dem Gebiete der Entwickelungslehre. Bonn. I. Heft 1878. II. Heft 1879.

60. Ludwig Haller, Ueberzeugungstreue; deutsche Bearbeitung des Essay „On compromise“ von John Morley. Hannover 1879.

61. Hermann Müller, die Hypothese in der Schule. Bonn 1879.

62. B. Carneri, Sittlichkeit und Darwinismus. Drei Bücher Ethik. Wien 1871. — Der Mensch als Selbstzweck. Wien 1878.

63. John Lubbock, Die Entstehung der Civilisation und der Urzustand des Menschengeschlechts, erläutert durch das innere und äußere Leben der Wilden. Deutsch von A. Passow. Jena 1875.

64. John Ribbot, Die Erblichkeit. Eine psychologische Untersuchung ihrer Erscheinungen. Gesetze, Ursachen und Folgen. Deutsch von O. Hotzen. Leipzig 1876.

65. Herbert Spencer, System der synthetischen Philosophie. Deutsch von B. Vetter. Stuttgart 1876

66. Charles Darwin, Gesammelte Werke. Uebersetzt von Victor Carus. 12 Bände. Stuttgart 1878.

Anhang.

Erklärung der Tafeln.

Tafel I (zwischen S. 168 und 169).

Lebensgeschichte eines einfachsten Organismus, eines Moneres (Protomyxa aurantiaca). (Vergl. S. 165 und S. 379.)

Tafel I ist eine verkleinerte Copie der Abbildungen, welche ich in meiner „Monographie der Moneren" (Biologische Studien, I. Heft, 1870; Taf. I) von der Entwickelungsgeschichte der Protomyxa aurantiaca gegeben habe. Dort findet sich auch die ausführliche Beschreibung dieses merkwürdigen Moneres (S. 11 bis 30). Ich habe diesen einfachsten Organismus im Januar 1867 während meines Aufenthaltes auf der canarischen Insel Lanzerote entdeckt; und zwar fand ich ihn festsitzend oder umherkriechend auf den weißen Kalkschalen eines kleinen Cephalopoden (S. 485), der Spirula Peronii, welche daselbst massenhaft auf der Meeresoberfläche schwimmen und an den Strand geworfen werden. Protomyxa aurantiaca zeichnet sich vor den übrigen Moneren durch die schöne und lebhafte orangerothe Farbe ihres ganz einfachen Körpers aus, der lediglich aus Urschleim oder Protoplasma besteht Das vollkommen entwickelte Moner ist in Fig. 11 und 12 stark vergrößert dargestellt. Wenn dasselbe hungert (Fig. 11), strahlen von der Oberfläche des kugeligen Schleimkörperchens ringsum Massen von baumförmig verästelten beweglichen Schleimfäden (Scheinfüßchen oder Pseudopodien) aus, welche sich nicht netzförmig verbinden. Wenn aber das Moner frißt (Fig. 12), treten diese Schleimfäden vielfach mit einander in Verbindung, bilden veränderliche Netze und umspinnen die zur Nahrung dienenden fremden Körperchen, welche sie nachher in die Mitte des Protomyxa-Körpers hineinziehen. So wird eben in Fig. 12 (oben rechts) ein kieselschaliger bewimperter Geißelschwärmer (Peridinium, S. 384) von den ausgestreckten Schleimfäden gefangen und nach der Mitte des Schleimkügelchens hingezogen, in welchem bereits mehrere halbverdaute kieselschalige Infusorien (Tintinnoiden) und Diatomeen (Isthmien, S. 387) liegen. Wenn nun die Protomyxa genug gefressen hat und gewachsen ist, zieht sie ihre Schleimfäden alle ein (Fig. 15) und zieht sich kugelig zusammmen (Fig. 16 und Fig. 1). In diesem Ruhezustande schwitzt die Kugel eine gallertige structurlose Hülle aus (Fig. 2) und zerfällt nach einiger Zeit in eine große Anzahl kleiner Schleimkügelchen (Fig. 3). Diese fangen bald an, sich zu bewegen, nehmen Birnform an (Fig. 4), durchbrechen die gemeinsame Hülle (Fig. 5) und schwimmen nun mittelst eines haarfeinen, geißelfömigen Fortsatzes frei im Meere umher, wie Geißelschwärmer oder Flagellaten (S. 382, Fig. 11). Wenn sie nun eine Spirula-Schale oder einen anderen passenden Gegenstand antreffen, lassen sie sich auf diesem nieder, ziehen ihre Geißel ein und kriechen mittelst formwechselnder Fortsatze langsam auf demselben umher (Fig. 6, 7, 8), wie Protamoeben (S. 167, 378). Diese kleinen Schleimkörperchen nehmen Nahrung auf (Fig. 9, 10) und gehen entweder durch einfaches Wachsthum oder, indem mehrere zu einem größeren Schleimkörper (Plasmodium) verschmelzen (Fig. 13, 14), in die erwachsene Form über (Fig. 11, 12).

Tafel II und III (zwischen S. 272 und 273).

Keime oder Embryonen von vier verschiedenen Wirbelthieren.

Schildkröte (A und E), Huhn (B und F), Hund (C und G), Mensch (D und H). Fig. A—D stellt ein früheres, Fig. E—H ein späteres Stadium der Entwickelung dar. Alle acht Embryonen sind von der rechten Seite gesehen, den gewölbten Rücken nach links gewendet. Fig. A und B sind siebenmal, Fig. C und D fünfmal, Fig. E—H viermal vergrößert. Taf. II erläutert die ganz nahe Blutsverwandtschaft der Reptilien und Vögel, Taf. III dagegen diejenige des Menschen und der übrigen Säugethiere (vergl. auch Vortrag 22 u. s. w.). Eine genauere Darstellung der Embryonen von acht verschiedenen Wirbelthieren (Fisch, Salamander, Schildkröte, Huhn, Schwein, Rind, Kaninchen, Mensch) — auf drei verschiedenen Stufen der Ausbildung — enthält meine „Anthropogenie" (III. Aufl. 1877, p. 290, Taf. VI. VII).

Tafel IV (zwischen S. 362 und 363).

Hand oder Vorderfuß von neun verschiedenen Säugethieren.

Diese Tafel soll die Bedeutung der vergleichenden Anatomie für die Phylogenie erläutern, indem sie nachweist, wie sich die innere Skeletform der Gliedmaßen durch Vererbung beständig erhält, trotzdem die äußere Form durch Anpassung außerordentlich verändert wird. Die Knochen des Hand-Skelets sind weiß in das braune Fleisch und die Haut eingezeichnet, von denen sie umschlossen werden. Alle neun Hände sind genau in derselben Lage dargestellt, nämlich die Handwurzel (an welche sich oben der Arm ansetzen würde) nach oben gerichtet, die Fingerspitzen oder Zehenspitzen nach unten. Der Daumen oder die erste (große) Vorderzehe ist in jeder Figur links, der kleine Finger oder die fünfte Zehe dagegen rechts am Rande der Hand sichtbar. Jede Hand besteht aus drei Theilen, nämlich I. der Handwurzel (Carpus), welche aus zwei Querreihen von kurzen Knochen zusammengesetzt ist (am oberen Rande der Hand); II. der Mittelhand (Metacarpus), welche aus fünf langen und starken Knochen zusammengesetzt ist (in der Mitte der Hand, durch die Ziffern 1—5 bezeichnet); und III. den fünf Fingern oder Vorderzehen (Digiti), von denen jede wieder aus mehreren (meist 2—3) Zehengliedern (Phalanges) besteht. Die Hand des Menschen (Fig. 1) steht ihrer ganzen Bildung nach in der Mitte zwischen derjenigen der beiden nächstverwandten großen Menschenaffen, nämlich des Gorilla (Fig. 2) und des Orang (Fig. 3). Weiter entfernt sich davon schon die Vorderpfote des Hundes (Fig. 4) und noch viel mehr die Hand oder die Brustflosse des Seehundes (Fig. 5). Noch vollständiger als bei letzterem wird die Anpassung der Hand an die Schwimm-Bewegung und ihre Umbildung zur Ruderflosse beim Delphin (Ziphius, Fig. 6). Während hier die in der Schwimmhaut ganz versteckten Finger und Mittelhandknochen kurz und stark bleiben, werden sie dagegen außerordentlich lang und dünn bei der Fledermaus (Fig. 7), wo sich die Hand zum Flügel ausbildet. Den äußersten Gegensatz dazu bildet die Hand des Maulwurfs (Fig. 8), welche sich in eine kräftige Grabschaufel umgewandelt hat, mit außerordentlich verkürzten und verdickten Fingern. Viel ähnlicher als diese letzteren Formen (Fig. 5—8) ist der menschlichen Hand die Vorderpfote des niedrigsten und unvollkommensten aller Säugethiere, des australischen Schnabelthiers (Ornithorhynchus, Fig. 9), welches in seinem ganzen Bau unter allen bekannten Säugethieren der gemeinsamen ausgestorbenen Stammform dieser Classe am nächsten steht. Es hat sich also der Mensch in der Umbildung seiner Hand durch Anpassung weniger von dieser gemeinsamen Stammform entfernt, als die Fledermaus, der Maulwurf, der Delphin, der Seehund und viele andere Säugethiere.

Tafel V (zwischen S. 432 und 433).

Einstämmiger oder monophyletischer Stammbaum des Pflanzenreichs,

darstellend die Hypothese von der gemeinsamen Abstammung aller Pflanzen, und die geschichtliche Entwickelung der Pflanzengruppen während der paläontologischen

Perioden der Erdgeschichte. Durch die horizontalen Linien sind die verschiedenen (auf S. 344 angeführten) kleineren und größeren Perioden der organischen Erdgeschichte angedeutet, während deren sich die versteinerungsführenden Erdschichten ablagerten. Durch die verticalen Linien sind die verschiedenen Hauptclassen und Classen des Pflanzenreichs von einander getrennt. Die baumförmig verzweigten Linien geben ungefähr den Grad der Entwickelung an, den jede Classe in jeder geologischen Periode vermuthlich erreicht hatte (vergl. S. 408 und 409)

Tafel VI (zwischen S. 456 und 457).

Einstämmiger oder monophyletischer Stammbaum des Thierreichs,

darstellend das geschichtliche Wachsthum der sechs Thierstämme in den paläontologischen Perioden der organischen Erdgeschichte. Durch die horizontalen Linien gh, ik, lm und no sind die fünf großen Zeitalter der organischen Erdgeschichte von einander getrennt. Das Feld gabh umfaßt den archolithischen, das Feld ighk den paläolithischen, das Feld likm den mesolithischen und das Feld nlmo den caenolithischen Zeitraum. Der kurze anthropolithische Zeitraum ist durch die Linie no angedeutet (vergl. S. 344). Die Höhe der einzelnen Felder entspricht der relativen Länge der dadurch bezeichneten Zeiträume, wie sie sich ungefähr aus dem Dickenverhältniß der inzwischen abgelagerten neptunischen Schichten abschätzen läßt (vergl. S. 352). Der archolithische und primordiale Zeitraum, während dessen die laurentischen, cambrischen und silurischen Schichten abgelagert wurden, war vermuthlich allein für sich bedeutend länger, als die vier folgenden Zeiträume zusammengenommen (vergl. S. 341, 350). Aller Wahrscheinlichkeit nach erreichten die beiden Stämme der Würmer und Pflanzenthiere ihre Blüthezeit schon während der mittleren Primordialzeit (in der cambrischen Periode?), die Sternthiere und Weichthiere vielleicht etwas später, während die Gliederthiere und Wirbelthiere bis zur Gegenwart an Mannichfaltigkeit und Vollkommenheit zunehmen.

Tafel VII (zwischen S. 464 und 465).

Eine Gruppe von Nesselthieren (Acalephae oder Cnidariae) aus dem Mittelmeere.

In der oberen Hälfte der Tafel zeigt sich ein Schwarm von schwimmenden Medusen und Ctenophoren, in der unteren Hälfte einige Büsche von Korallen und Hydropolypen, auf dem Boden des Meeres festgewachsen. (Vergl. das System der Nesselthiere, S. 466, und gegenüber den Stammbaum derselben, S. 467.)

Unter den festsitzenden Pflanzenthieren auf dem Meeresboden tritt rechts unten ein großer Korallenstock hervor (1), welcher der rothen Edelkoralle (Eucorallium) nahe verwandt ist und gleich dieser zur Gruppe der achtzähligen Rindenkorallen (Octocoralla Gorgonida) gehört; die einzelnen Individuen (oder Personen) des verzweigten Stockes haben die Form eines achtstrahligen Sterns, gebildet aus acht Fangarmen, die den Mund umgeben (Octocoralla, S. 463). Unmittelbar darunter und davor sitzt (ganz rechts unten) ein kleiner Busch von Hydropolypen (2) aus der Gruppe der Glockenpolypen oder Campanarien. Ein größerer Stock der Hydropolypen (3), aus der Gruppe der Röhrenpolypen oder Tubularien, erhebt sich mit seinen langen dünnen Zweigen links gegenüber. An seiner Basis breitet sich ein Stock von Sandkorallen aus (Zoanthus, 4) mit stumpfen fingerförmigen Aesten. Dahinter sitzt, links unten (5), eine sehr große Seerose (Actinia), eine einzelne Person aus der Abtheilung der sechszähligen Korallen (Hexacoralla, S. 463). Ihr niedriger cylindrischer Körper trägt eine Krone von sehr zahlreichen und großen, blattförmigen Fangarmen. Unten in der Mitte des Bodens (6) sitzt eine Seeanemone (Cereanthus), aus der Gruppe der vierzähligen Korallen (Tetracoralla). Endlich erhebt sich auf einem kleinen Hügel des Meeresbodens, rechts oberhalb der Koralle (1) eine festsitzende Becherqualle (Lucernaria), als Repräsentant der Haftquallen oder Scyphomedusen, S. 466). Ihr becherförmiger gestielter Körper (7) trägt am Rande acht kugelige Büschel von kleinen, geknöpften Fangarmen.

Unter den schwimmenden Pflanzenthieren, welche die obere Hälfte der Tafel VII einnehmen, sind vorzüglich die schönen Medusen wegen ihres Generationswechsels bemerkenswerth (vergl. S. 185). Unmittelbar über der Lucernaria (7) schwimmt eine kleine Blumenqualle (Tiara), deren glockenförmiger Körper einen kuppelartigen Aufsatz von der Form einer päpstlichen Tiara trägt (8). Von der Glockenmündung hängt unten ein Kranz von sehr feinen und langen Fangfäden herab. Diese Tiara entwickelt sich aus Röhrenpolypen, welche der links unten sitzenden Tubularia (3) gleichen. Links neben dieser letzteren schwimmt eine große, aber sehr zarte Haarqualle (Aequorea). Ihr scheibenförmiger, flach gewölbter Körper zieht sich eben zusammen und preßt Wasser aus der unten befindlichen Schirmhöhle aus (9). Die sehr zahlreichen, langen und feinen, haarähnlichen Fangfäden, welche vom Rande des Schirms herabhängen, werden durch das ausgestoßene Wasser in einen kegelförmigen Busch zusammengedrängt, der sich ungefähr in der Mitte kragenartig nach oben umbiegt und faltet. Oben in der Mitte der Schirmhöhle hängt der Magen herab, dessen Mundöffnung von vier Mundlappen umgeben ist. Diese Aequorea stammt von einem kleinen Glockenpolypen ab, welcher der Campanaria (2) gleicht. Von einem ähnlichen Glockenpolypen stammt auch die kleine, flach gewölbte Mützenqualle (Eucope) ab, welche oben in der Mitte schwimmt (10). In diesen drei Fällen (8, 9, 10), wie bei der Mehrzahl der Medusen, besteht der Generationswechsel darin, daß die frei schwimmenden Medusen (8, 9, 10) durch Knospenbildung (also durch ungeschlechtliche Zeugung, S. 172), aus festsitzenden Hydropolypen (2, 3) entstehen. Diese letzteren aber entstehen aus den befruchteten Eiern der Medusen (also durch geschlechtliche Zeugung, S. 175). Es wechselt mithin regelmäßig die ungeschlechtliche, festsitzende Polypen-Generation (I, III, V u. s. w.) mit der geschlechtlichen, frei schwimmenden Medusen-Generation ab (II, IV, VI u. s. w.). Auch dieser Generationswechsel ist nur durch die Descendenztheorie erklärbar. Bei anderen Medusen hingegen ist die Entwickelung eine directe, indem aus den Eiern derselben wieder Medusen entstehen; so bei den Rüsselquallen oder Geryoniden (Carmarina, Fig. 11) und bei den Larvenquallen oder Aeginiden (Cunina, Fig. 12).

Noch interessanter und lehrreicher, als diese merkwürdigen Verhältnisse, sind die Lebenserscheinungen der Staatsquallen oder Siphonophoren, deren wunderbaren Polymorphismus ich schon mehrmals erwähnt und in meinem Vortrage über „Arbeitstheilung in Natur und Menschenleben"[59]) gemeinverständlich dargestellt habe (vergl. S. 241 und 462). Als ein Beispiel derselben ist auf Tafel VII die schöne Physophora (13) abgebildet. Dieser schwimmende Medusenstock wird an der Oberfläche des Meeres schwebend erhalten durch eine kleine, mit Luft gefüllte Schwimmblase, welche in der Abbildung über den Wasserspiegel vorragt. Unterhalb derselben ist eine Säule von vier Paar Schwimmglocken sichtbar, welche Wasser ausstoßen und dadurch die ganze Colonie fortbewegen. Am unteren Ende dieser Schwimmglockensäule sitzt ein kronenförmiger Kranz von gekrümmten spindelförmigen Tastpolypen, welche zugleich die Deckstücke bilden, unter deren Schutz die übrigen Individuen des Stockes (fressende, fangende und zeugende Personen) versteckt sind. Die Ontogenie der Siphonophoren (und namentlich auch dieser Physophora) habe ich zuerst 1866 auf der canarischen Insel Lanzerote beobachtet und in meiner „Entwickelungsgeschichte der Siphonophoren" beschrieben und durch 14 Tafeln Abbildungen erläutert (Utrecht 1869). Sie ist reich an interessanten Thatsachen, die sich nur durch die Descendenztheorie erklären lassen.

Ebenfalls nur durch die Abstammungslehre zu verstehen ist der merkwürdige Generationswechsel der höheren Medusen, der Lappenquallen (Ascrapedae, S. 466), als deren Repräsentant oben in der Mitte der Tafel VII (etwas zurücktretend) eine Pelagia abgebildet ist (14). Aus dem Grunde des stark gewölbten glockenförmigen Schirmes, dessen Rand zierlich gezackt ist, hängen vier sehr lange und starke Arme herab. Die ungeschlechtlichen Polypen, von denen diese Scheibenquallen abstammen, sind höchst einfache Urpolypen, von dem gewöhnlichen Süßwasserpolypen (Hydra) nur wenig verschieden. Auch den Generationswechsel dieser Discomedusen habe ich in meinem Vortrage über Arbeitstheilung beschrieben und durch das Beispiel der Aurelia erläutert.[59])

Endlich ist auch die letzte Classe der Pflanzenthiere, die Gruppe der Kammquallen (Ctenophora, S. 463) auf Tafel VII durch zwei Repräsentanten vertreten. Links in der Mitte, zwischen der Aequorea (9), der Physophora (13) und der Cunina (12) windet sich schlangenartig ein breites, langes und dünnes Band, wie ein Gürtel (15). Das ist der herrliche große Venusgürtel des Mittelmeeres (Cestum), der in allen Regenbogenfarben schillert. Der eigentliche, in der Mitte des langen Bandes gelegene Körper des Thieres ist nur sehr klein, und ebenso gebaut, wie die Melonenqualle (Cydippe), welche links oben schwebt (16). An dieser sind die acht charakteristischen Wimperrippen oder Flimmerkämme der Ctenophoren sichtbar, sowie zwei lange Fangfäden.

Tafel VIII und IX (zwischen S. 492 und 493).

Entwickelungsgeschichte der Sternthiere (Echinoderma oder Estrella).

Die beiden Tafeln erläutern den Generationswechsel der Sternthiere an einem Beispiele aus vier verschiedenen Classen. Die Seesterne (Asterida) sind durch Uraster (A), die Seelilien (Crinoida) durch Comatula (B), die Seeigel (Echinida) durch Echinus (C) und die Seegurken (Holothuriae) durch Synapta (D) vertreten (vergl. S. 488—491). Die auf einander folgenden Stadien der Entwickelung sind durch die Ziffern 1—6 bezeichnet.

Taf. VIII stellt die individuelle Entwickelung der ersten, ungeschlechtlichen Generation der Sternthiere dar oder der Ammen oder Tithenen (gewöhnlich unrichtig „Larven" genannt). Diese Ammen haben den Formwerth einer einfachen, ungegliederten Wurmperson. Fig. 1 zeigt das Ei der vier Sternthiere, das in allen wesentlichen Beziehungen mit dem Ei des Menschen und der anderen Thiere übereinstimmt (vergl. S. 265, Fig. 5). Wie beim Menschen ist das Protoplasma der Eizelle (der Dotter) von einer dicken, structurlosen Membran (Zona pellucida) umschlossen, und enthält einen glashellen, kugeligen Zellenkern (Nucleus), der einen Nucleolus umschließt. Aus dem befruchteten Ei der Sternthiere (Fig. 1) entwickelt sich zunächst durch wiederholte Zellentheilung ein kugeliger Haufen von gleichartigen Zellen (Fig. 6, S. 266), und dieser verwandelt sich in eine sehr einfache Amme, welche ungefähr die Gestalt eines einfachen Holzpantoffels hat (Fig. A2—D2). Der Rand der Pantoffelöffnung ist von einer flimmernden Wimperschnur umsäumt, durch deren Wimperbewegung die mikroskopisch kleine, durchsichtige Amme im Meere frei umherschwimmt. Diese Wimperschnur ist in Fig. 2—4 auf Taf. VI durch den schmalen, abwechselnd hell und dunkel gestreiften Saum angedeutet. Die Amme bildet sich nun zunächst einen ganz einfachen Darmcanal zur Ernährung, mit Mund (o), Magen (m) und After (a). Späterhin werden die Windungen der Wimperschnur complicirter und es entstehen armartige Fortsätze (Fig. A3 bis D3). Bei den Seesternen (A4) und den Seeigeln (C4) werden diese armartigen, von der Wimperschnur umsäumten Fortsätze schließlich sehr lang. Bei den Seelilien dagegen (B3) und den Seewalzen (D4) verwandelt sich statt dessen die geschlossene, anfangs in sich selbst ringförmig zurücklaufende Wimperschnur in eine Reihe von (4—5) hinter einander gelegenen, getrennten Wimpergürteln.

Im Inneren dieser sonderbaren Amme nun entwickelt sich durch einen ungeschlechtlichen Zeugungsproceß, nämlich durch innere Knospenbildung oder Keimknospenbildung (rings um den Magen herum), die zweite Generation der Sternthiere, welche späterhin geschlechtsreif wird. Diese zweite Generation, welche in entwickeltem Zustande auf Taf. IX abgebildet ist, entsteht ursprünglich als ein Stock (Cormus) von fünf, sternförmig mit einem Ende verbundenen Würmern, wie am klarsten bei den Seesternen, der ältesten und ursprünglichsten Form der Sternthiere, zu erkennen ist. Die zweite Generation eignet sich von der ersten, auf deren Kosten sie wächst, nur den Magen und einen kleinen Theil der übrigen Organe an, während Mund und After neu sich bilden. Die Wimperschnur und der Rest des Ammenkörpers gehen späterhin verloren. Anfänglich ist die zweite Generation (A5—D5) kleiner, darauf nicht viel größer als die Amme, während sie späterhin durch Wachsthum mehr als hundertmal oder selbst tausendmal größer wird. Wenn man die Ontogenie der typischen Repräsentanten der vier Sternthier-Classen mit einander vergleicht, so wird man leicht gewahr, daß sich die ursprüngliche Art der Entwickelung bei den Seesternen (A) und Seeigeln (C) am besten durch Vererbung conservirt hat, während sie dagegen bei den Seelilien (B) und Seegurken (D) nach dem Gesetze der abgekürzten Vererbung (S. 190) stark zusammengezogen worden ist.

Taf. IX zeigt die entwickelten und geschlechtsreifen Thiere der zweiten Generation von der Mundseite, welche in natürlicher Stellung der Sternthiere (wenn sie auf dem Meeresboden kriechen) bei den Seesternen (A6) und Seeigeln (C6) nach unten, bei den Seelilien (B6) nach oben, und bei den Seegurken (D6) nach vorn gerichtet ist. In der Mitte gewahrt man bei allen vier Sternthieren die sternförmige, fünfstrahlige Mundöffnung. Bei den Seesternen (A6) geht von deren Ecken eine mehrfache Reihe von Saugfüßchen in der Mitte der Unterseite jedes Armes bis zur Spitze hin. Bei den Seelilien (B6) ist jeder Arm von der Basis an gespalten und gefiedert. Bei den Seeigeln (C6) sind die fünf Reihen der Saugfüßchen durch breitere Felder von Stacheln getrennt. Bei den Seegurken endlich (D 6) sind äußerlich an dem scheinbar wurmähnlichen Körper bald die fünf Füßchenreihen, bald nur die den Mund umgebenden 5—15 (hier 10) gefiederten Mundarme sichtbar.

Tafel X und XI (zwischen S. 502 und 503).

Entwickelungsgeschichte der Krebsthiere (Crustacea).

Die beiden Tafeln erläutern die Entwickelung der verschiedenen Crustaceen aus der gemeinsamen Stammform des Nauplius. Auf Taf. XI sind sechs Krebsthiere aus sechs verschiedenen Ordnungen in vollkommen entwickeltem Zustande dargestellt, während auf Taf. X die naupliusartigen Jugendformen derselben abgebildet sind. Aus der wesentlichen Uebereinstimmung dieser letzteren läßt sich mit voller Sicherheit auf Grund des biogenetischen Grundgesetzes (S. 361) die Abstammung aller verschiedenen Crustaceen von einer einzigen gemeinsamen Stammform, einem längst ausgestorbenen Nauplius behaupten, wie zuerst Fritz Müller[16]) in seiner vorzüglichen Schrift „Für Darwin" dargethan hat.

Taf. X zeigt die Nauplius-Jugendformen von der Bauchseite, so daß die drei Beinpaare deutlich hervortreten, welche an dem kurzen einfachen Rumpfe ansitzen. Das erste von diesen Beinpaaren ist einfach und ungespalten, während das zweite und dritte Beinpaar gabelspaltig sind. Alle drei Paare sind mit steifen Borsten besetzt, welche bei der Ruderbewegung der Beine als Schwimmwerkzeuge dienen. In der Mitte des Körpers ist der ganz einfache, gerade Darmcanal sichtbar, welcher vorn einen Mund, hinten eine Afteröffnung besitzt. Vorn über dem Munde sitzt ein einfaches unpaares Auge. In allen diesen wesentlichen Eigenschaften der Organisation stimmen die sechs Nauplius-Formen ganz überein, während die sechs zugehörigen ausgebildeten Krebsformen (Taf. IX) äußerst verschiedenartig organisirt sind. Die Unterschiede der sechs Nauplius-Formen beschränken sich auf ganz untergeordnete und unwesentliche Verhältnisse in der Körpergröße und der Bildung der Hautdecke. Wenn man dieselben in geschlechtsreifem Zustande in dieser Form im Meere antreffen würde, so würde jeder Zoologe sie als sechs verschiedene Species eines Genus betrachten (vergl. S. 501—505).

Taf. XI stellt die ausgebildeten und geschlechtsreifen Krebsformen, die sich aus jenen sechs Nauplius-Arten ontogenetisch — und ebenso phylogenetisch! — entwickelt haben, von der rechten Seite gesehen dar. Fig. Ac zeigt einen frei schwimmenden Süßwasserkrebs (Limnetis brachyura) aus der Ordnung der Blattfüßer (Phyllopoda) schwach vergrößert. Unter allen jetzt noch lebenden Crustaceen steht diese Ordnung, welche zur Legion der Kiemenfüßer (Branchiopoda) gehört, der ursprünglichen gemeinsamen Stammform des Nauplius am nächsten. Die Limnetis ist in eine zweiklappige Schale (wie eine Muschel) eingeschlossen. In unserer Figur (welche nach Grube copirt ist), sieht man den Körper eines weiblichen Thieres in der linken Schale liegend; die rechte Schalenhälfte ist weggenommen. Vorn hinter dem Auge sieht man die zwei Fühlhörner (Antennen) und dahinter die zwölf blattartigen Füße der rechten Körperseite, hinten auf dem Rücken (unter der Schale) die Eier. Vorn oben ist das Thier mit der Schale verwachsen.

Fig. Bc stellt einen gemeinen, frei schwimmenden Süßwasserkrebs (Cyclops quadricornis) aus der Ordnung der Ruderkrebse (Eucopepoda) stark vergrößert dar. Vorn unter dem Auge sieht man die beiden Fühlhörner der rechten Seite, von denen das vordere viel länger als das hintere ist. Dahinter folgen die Kiefer, und dann die vier Ruderbeine der rechten Seite, welche gabelspaltig sind. Hinter diesen sind die beiden großen Eiersäcke am Grunde des Hinterleibes sichtbar.

Fig. Cc ist ein schmarotzender Ruderkrebs (Lernaeocera esocina) aus der Ordnung der Fischläuse (Siphonostoma). Diese sonderbaren Krebse, welche man früher für Würmer hielt, sind durch Anpassung an das Schmarotzerleben aus den frei schwimmenden Ruderkrebsen (Eucopepoda) entstanden und gehören mit ihnen zu derselben Legion (Copepoda, S. 488). Indem sie sich an den Kiemen oder der Haut von Fischen oder an andern Krebsen festsetzten und von deren Körpersaft ernährten, büßten sie ihre Augen, Beine und andere Organe ein, und wuchsen zu unförmlichen ungegliederten Säcken aus, in denen man bei äußerer Betrachtung kaum noch ein Thier vermuthet. Nur die letzten Ueberbleibsel der fast ganz verloren gegangenen Beine erhalten sich noch auf der Bauchseite in Form von kurzen spitzen Borsten. Zwei von diesen vier rudimentäen Beinpaaren (das dritte und vierte) sind in unserer Figur (rechts) sichtbar. Oben am Kopf sieht man dicke, unförmliche Anhänge, von denen die unteren gespalten sind. In der Mitte des Köpers sieht man den Darmcanal durchschimmern, der von einer dunkeln Fetthülle umgeben ist. Neben seinem hinteren Ende sieht man den Eileiter und die Kittdrüsen des weiblichen Geschlechtsapparats. Aeußerlich hängen die beiden großen Eiersäcke (wie bei Cyclops, Fig. B). Unsere Lernaeocera ist halb vom Rücken, halb von der rechten Seite gesehen und schwach vergrößert.

Fig. Dc zeigt eine festsitzende sogenannte „Entenmuschel“ (Lepas anatifera), aus der Ordnung der Rankenkrebse (Cirripedia). Diese Krebse, über welche Darwin eine höchst sorgfältige Monographie geliefert hat, sind in eine zweiklappige Kalkschale, gleich den Muscheln, eingeschlossen, und wurden daher früher allgemein (sogar noch von Cuvier) für muschelartige Weichthiere oder Mollusken gehalten. Erst durch die Kenntniß ihrer Ontogenie und ihrer Nauplius-Jugendform (Dn, Taf. VIII) wurde ihre Crustaceen-Natur festgestellt. Unsere Figur zeigt eine

„Entenmuschel“ in natürlicher Größe, von der rechten Seite. Die rechte Hälfte der zweiklappigen Schale ist entfernt, so daß man den Körper in der linken Schalenhälfte liegen sieht. Von dem rudimentären Kopfe der Lepas geht ein langer fleischiger Stiel aus (in unserer Figur nach oben gekrümmt), mittelst dessen der Rankenkrebs an Felsen, Schiffen u. s. w. festgewachsen ist. Auf der Bauchseite sitzen sechs Fußpaare. Jeder Fuß ist gabelig in zwei lange, mit Borsten besetzte, gekrümmte oder aufgerollte „Ranken“ gespalten. Oberhalb des letzten Fußpaares ragt nach hinten der dünne, cylindrische Schwanz vor.

Fig. Ec stellt einen schmarotzenden Sackkrebs (Sacculina purpurea) aus der Ordnung der Wurzelkrebse (Rhizocephala) dar. Diese Parasiten haben sich durch Anpassung an das Schmarotzerleben in ähnlicher Weise aus den Rankenkrebsen (Fig. Dc) entwickelt, wie die Fischläuse (Cc) aus den frei schwimmenden Ruderkrebsen (Bc). Jedoch ist die Verkümmerung durch die schmarotzende Lebensweise und die dadurch bedingte Rückbildung aller Organe hier noch viel weiter gegangen, als bei den meisten Fischläusen. Aus dem gegliederten, mit Beinen, Darm und Auge versehenen Krebse, der in seiner Jugend als Nauplius (En, Taf. VIII) munter umherschwamm, ist ein unförmlicher ungegliederter Sack, eine rothe Wurst geworden, welche nur noch Geschlechtsorgane (Eier und Sperma) und ein Darmrudiment enthält. Die Beine und das Auge sind völlig verloren gegangen. Am hinteren Ende ist die Geschlechtsöffnung (die Mündung der Bruthöhle). Aus dem Munde aber ist ein dichtes Büschel von zahlreichen, baumförmig verzweigten Wurzelfasern hervorgewachsen. Diese breiten sich (wie die Wurzeln einer Pflanze im Erdboden) in dem weichen Hinterleibe des Einsiedlerkrebses (Pagurus) aus, an dem der Wurzelkrebs schmarotzend festsitzt, und aus welchem er seine Nahrung saugt. Unsere Figur (Ec), eine Copie nach Fritz Müller, ist schwach vergrößert und zeigt den ganzen wurstförmigen Sackkrebs mit allen Wurzelfasern, die aus dem Leibe des Wohnthieres herausgezogen sind.

Fig. Fc ist eine Garneele (Peneus Mülleri) aus der Ordnung der Zehnfüßer (Decapoda), zu welcher auch unser Flußkrebs und sein nächster Verwandter, der Hummer, sowie die kurzschwänzigen Krabben gehören. Diese Ordnung enthält die größten und gastronomisch wichtigsten Krebse, und gehört sammt den Maulfüßern und Spaltfüßern zur Legion der stieläugigen Panzerkrebse (Podophthalma). Unsere Garneele zeigt, ebenso wie unser Flußkrebs, auf jeder Seite unterhalb des Auges vorn zwei lange Fühlhörner (das erste viel kürzer wie das zweite), dann drei Kiefer und drei Kieferfüße, dann fünf sehr lange Beine (von denen bei Peneus die drei vorderen mit Scheeren versehen und das dritte das längste ist). Endlich sitzen an den 5 ersten Gliedern des Hinterleibes noch 5 Paar Afterfüße. Auch diese Garneele, welche zu den höchst entwickelten und vollkommensten Krebsen gehört, entsteht nach Fritz Müller's wichtiger Entdeckung aus einem Nauplius (Fn, Taf. VIII) und beweist somit, daß auch die höheren Crustaceen sich aus derselben Nauplius-Form wie die niederen entwickelt haben (vergl. S. 502).

Tafel XII und XIII (zwischen S. 526 und 527).

Die Blutsverwandtschaft der Wirbelthiere und der Wirbellosen.

(Vergl. S. 475 und 526.)

Diese Stammverwandtschaft wird definitiv begründet durch Kowalewsky's wichtige, von Kupffer bestätigte Entdeckung, daß die Ontogenie des niedersten Wirbelthieres, des Lanzetthieres oder Amphioxus, in ihren wesentlichen Grundzügen völlig übereinstimmt mit derjenigen der wirbellosen Seescheiden oder Ascidien aus der Classe der Mantelthiere oder Tunicaten. Auf unsern beiden Tafeln ist die Ascidie mit A, der Amphioxus mit B bezeichnet. Taf. XIII stellt diese beiden sehr verschiedenen Thierformen völlig entwickelt dar, und zwar von der linken Seite gesehen, das Mundende nach oben, das entgegengesetzte Ende nach unten gerichtet. Daher ist in beiden Figuren die Rückenseite nach rechts, die Bauchseite nach links gewendet. Beide Figuren sind schwach vergrößert, und die innere Organisation der Thiere ist durch die durchsichtige Haut hindurch deutlich sichtbar. Die erwachsene Seescheide (Fig. A 6) sitzt unbeweglich auf den Meeresboden festgewachsen auf und klammert sich an Steinen und dergl. mittelst besonderer Wurzeln (w) an, wie eine Pflanze. Der erwachsene Amphioxus dagegen (Fig. B 6) schwimmt frei umher, wie ein Fischchen. Die Buchstaben bedeuten in beiden Figuren dasselbe, und zwar: a Mundöffnung. b Leibesöffnung oder Porus abdominalis. c Rückenstrang oder Chorda dorsalis. d Darm. e Eierstock. f Eileiter (vereinigt mit dem Samenleiter). g Rückenmark. h Herz. i Blinddarm. k Kiemenkorb (Athemhöhle). l Leibeshöhle. m Muskeln. n Testikel (bei der Seescheide mit dem Eierstock zu einer Zwitterdrüse vereinigt). o After. p Geschlechtsöffnung. q Reife entwickelte Embryonen in der Leibeshöhle der Ascidie. r Flossenstrahlen der Rückenflosse von Amphioxus. s Schwanzflosse des Lanzetthieres. w Wurzeln der Ascidie.

Taf. XII stellt die Ontogenesis oder die individuelle Entwickelung der Ascidie (A) und des Amphioxus (B) in fünf verschiedenen Stadien dar (1—5). Fig. 1 ist das Ei, eine einfache Zelle wie das Ei des Menschen und aller anderen Thiere (Fig. A 1 das Ei der Seescheide, Fig. B 1 das Ei des Lanzetthieres). Die eigentliche Zellsubstanz oder das Protoplasma der Eizelle (z), der sogenannte Eidotter, ist von einer Hülle (Zellmembran oder Dotterhaut) umgeben, und schließt einen kugeligen Zellkern oder Nucleus (y), dieser wiederum ein Kernkörperchen oder Nucleolus (x) ein. Wenn sich das Ei zu entwickeln beginnt, zerfällt die Eizelle zunächst in zwei Zellen. Indem sich diese wiederum theilen, entstehen zunächst vier Zellen (Fig. A2, B2), und aus diesen durch wiederholte Theilung acht Zellen (Fig. A3, B3). Zuletzt entsteht so aus dem einfachen Ei ein kugeliger Haufe von Zellen (S. 170, Fig. 4C, D). Indem sich im Inneren desselben Flüssigkeit ansammelt, entsteht eine kugelige, von einer Zellenschicht umschlossene Blase. An einer Stelle ihrer Oberfläche stülpt sich diese Blase taschenförmig ein (Fig. A4, B4). Diese Einstülpung ist die Anlage des Darms, dessen Höhle (d1) sich durch den provisorischen Larvenmund (d4) nach außen öffnet. Die Darmwand, welche zugleich Körperwand ist, besteht jetzt aus zwei Zellenschichten („Keimblättern"). Nun wächst die kugelige Larve („Gastrula", S. 443) in die Länge. Fig. A5 zeigt die Larve der Ascidie, Fig. B5 diejenige des Amphioxus, von der linken Seite gesehen, in etwas weiterer Entwickelung. Die Darmhöhle (d1) hat sich geschlossen. Die Rückenwand des Darms (d2) ist concav, die Bauchwand (d3) convex gekrümmt. Oberhalb des Darmrohrs, auf dessen Rückenseite, hat sich das Medullar-Rohr (g1), die Anlage des Rückenmarks, gebildet, dessen Hohlraum jetzt noch vorn nach außen mündet (g2). Zwischen Rückenmark und Darm ist der Rückenstrang oder die Chorda dorsalis (c) entstanden, die Axe des inneren Skelets. Bei der Larve der Ascidie setzt sich diese Chorda (c) in den langen Ruderschwanz fort, ein Larvenorgan, welches später bei der Verwandlung abgeworfen wird. Jedoch giebt es auch jetzt noch einige sehr kleine Ascidien (Appendicularia), welche sich nicht verwandeln und festsetzen, sondern zeitlebens mittelst ihres Ruderschwanzes frei im Meere umherschwimmen. (Vergl. S. 526.)

Die ontogenetischen Thatsachen, welche auf Taf. XII schematisch dargestellt sind, und welche erst 1867 bekannt wurden, beanspruchen die allergrößte Bedeutung und können in der That nicht hoch genug geschätzt werden. Sie füllen die tiefe Kluft aus, welche in der Anschauung der bisherigen Zoologie zwischen den Wirbelthieren und den sogenannten „Wirbellosen" bestand. Diese Kluft wurde allgemein für so bedeutend und für so unausfüllbar gehalten, daß sogar angesehene und der Entwickelungstheorie nicht abgeneigte Zoologen darin eines der größten Hindernisse für dieselbe erblickten. Indem nun die Ontogenie des Amphioxus und der Ascidie dieses Hinderniß gänzlich aus dem Wege räumt, macht sie es uns zum ersten Male möglich, den Stammbaum des Menschen unter den Amphioxus hinab in den vielverzweigten Stamm der „wirbellosen" Würmer zu verfolgen, aus welchem auch die übrigen höheren Thierstämme entsprungen sind. (Vergl. S. 475.)

Tafel XIV (zwischen S. 544 und 545).

Einstämmiger oder monophyletischer Stammbau der Wirbelthiere.

Darstellend die Hypothese von der gemeinsamen Abstammung aller Wirbelthiere und die geschichtliche Entwickelung ihrer verschiedenen Classen während der paläontologischen Perioden der Erdgeschichte (vergl. den XX. Vortrag, S. 528, 529). Durch die horizontalen Linien sind die (auf S. 344 angeführten) Perioden der organischen Erdgeschichte angedeutet, während deren sich die versteinerungsführenden Erdschichten ablagerten. Durch die verticalen Linien sind die Classen und Unterclassen der Wirbelthiere von einander getrennt. Die baumförmig verzweigten Linien geben durch ihre größere oder geringere Zahl und Dichtigkeit ungefähr den größeren oder geringeren Grad der Entwickelung, der Mannichfaltigkeit und Vollkommenheit an, den jede Classe in jeder geologischen Periode vermuthlich erreicht hatte. Bei denjenigen Classen, welche wegen der weichen Beschaffenheit ihres Körpers keine versteinerten Reste hinterlassen konnten (namentlich bei den Prochordaten, Acranien, Monorhinen und Dipneusten) ist der Lauf der Entwickelung hypothetisch angedeutet auf Grund derjenigen Beziehungen, welche zwischen den drei Schöpfungsurkunden der vergleichenden Anatomie, Ontogenie und Paläontologie existiren. Die wichtigsten Anhaltspunkte zur hypothetischen Ergänzung der paläontologischen Lücken liefert hier, wie überall, das biogenetische Grundgesetz, welches sich auf den innigen Causalnexus zwischen der Ontogenie nnd Phylogenie stützt (vergl. S. 276 und 361, sowie Taf. VIII—XIII). Ueberall müssen wir die individuelle Entwickelung als eine kurze und schnelle (durch die Gesetze der Vererbung verursachte, durch die Gesetze der Anpassung aber abgeänderte) Wiederholung der paläontologischen Stammesentwickelung betrachten. Dieser Satz ist das „Ceterum censeo" unserer Entwickelungslehre.

Die Angaben über das erste Erscheinen oder den Entstehungszeitraum der einzelnen Classen und Unterclassen der Wirbelthiere sind auf Taf. XIV (abgesehen von den angeführten hypothetischen Ergänzungen) möglichst streng den paläontologischen Thatsachen entnommen. Jedoch ist zu bemerken, daß in Wirklichkeit die Entstehung der meisten Gruppen wahrscheinlich um eine oder einige Perioden früher fällt, als uns heute die Versteinerungen anzeigen. Ich stimme hierin mit den Ansichten Huxley's überein, habe jedoch auf Taf. V und XIV hiervon abgesehen, um mich nicht zu sehr von den paläontologischen Thatsachen zu entfernen.

Die Zahlen haben folgende Bedeutung (vergl. dazu den XX. Vortrag und S. 528, 529). 1. Thierische Moneren. 2. Thierische Amoeben. 3. Amoebengemeinden (Moraea). 4. Flimmerschwärmer (Blastaea). 5. Urdarmthiere (Gastraea).

6. Urwürmer (Archelminthes). 7. Mantelthiere (Tunicata). 8. Lanzetthier (Amphioxus). 9. Inger (Myxinoida). 10. Lampreten (Petromyzontia). 11. Unbekannte Uebergangsformen von den Unpaarnasen zu den Urfischen. 12. Silurische Urfische (Onchus etc.). 13. Lebende Urfische (Haifische, Rochen, Chimären). 14. Aelteste (silurische) Schmelzfische (Pteraspis). 15. Schildkrötenfische (Pamphracti). 16. Störfische (Sturiones). 17. Eckschuppige Schmelzfische (Rhombiferi). 18. Knochenhecht (Lepidosteus). 19. Flösselhecht (Polypterus). 20. Hohlgrätenfische (Coeloscolopes). 21. Dichtgrätenfische (Pycnoscolopes). 22. Kahlhecht (Amia). 23. Urknochenfische (Thrissopida). 24. Knochenfische mit Luftgang der Schwimmblase (Physostomi). 25. Knochenfische ohne Luftgang der Schwimmblase (Physoclisti). 26. Unbekannte Zwischenformen zwischen Urfischen und Lurchfischen. 27. Ceratodus. 27a. Ausgestorbener Ceratodus der Trias. 27b. Lebender australischer Ceratodus. 28. Afrikanischer Lurchfisch (Protopterus) und Amerikanischer Lurchfisch (Lepidosiren). 29. Unbekannte Zwischenformen zwischen Urfischen und Amphibien. 30. Schmelzköpfe (Ganocephala). 31. Wickelzähner (Labyrinthodonta). 32. Blindwühlen (Caeciliae). 33. Kiemenlurche (Sozobranchia). 34. Schwanzlurche (Sozura). 35. Froschlurche (Anura). 36. Stammreptilien oder Tokosaurier (Proterosaurus). 37. Unbekannte Zwischenformen zwischen Amphibien und Protamnien. 38. Protamnien (gemeinsame Stammform aller Amnionthiere). 39. Säugerreptilien (Therosauria), später Stammsäuger (Promammalia). 40. Urschleicher (Proreptilia). 41. Fachzähner (Thecodontia). 42. Urdrachen (Simosauria). 43. Schlangendrachen (Plesiosauria). 44. Fischdrachen (Ichthyosauria). 45. Teleosaurier (Amphicoela). 46. Steneosaurier (Opisthocoela). 47. Alligatoren (Prosthocoela). 48. Fleischfressende Dinosaurier (Harpagosauria). 49. Pflanzenfressende Dinosaurier (Titanosauria). 50. Moseleidechsen (Mosasauria). 51. Gemeinsame Stammform der Schlangen (Ophidia). 52. Hundszähnige Schnabeleidechsen (Cynodontia). 53. Zahnlose Schnabeleidechsen (Cryptodontia). 54. Langschwänzige Flugeidechsen (Rhamphorhynchi). 55. Kurzschwänzige Flugeidechsen (Pterodactyli). 56. Landschildkröten (Chersita). 57. Vogelschleicher (Tocornithes), Zwischenformen zwischen Reptilien und Vögeln. 58. Urvogel (Archaeopteryx). 59. Wasserschnabelthier (Ornithorhynchus). 60. Landschnabelthier (Echidna). 61. Unbekannte Zwischenformen zwischen Gabelthieren und Beutelthieren. 62. Unbekannte Zwischenformen zwischen Beutelthieren und Placentalthieren. 63. Zottenplacentner (Villiplacentalia). 64. Gürtelplacentner (Zonoplacentalia). 65. Scheibenplacentner (Discoplacentalia). 66. Der Mensch (Homo pithecogenes, von Linné irrthümlich Homo sapiens genannt).

Tafel XV (am Ende des Buches).

Hypothetische Skizze des monophyletischen Ursprungs und der Verbreitung der zwölf Menschen-Species von Lemurien aus über die Erde.

Selbstverständlich beansprucht die hier graphisch skizzirte Hypothese nur einen ganz provisorischen Werth und hat lediglich den Zweck, zu zeigen, wie man sich bei dem gegenwärtigen unvollkommenen Zustande unserer anthropologischen Kenntnisse die Ausstrahlung der Menschenarten von einer einzigen Urheimath aus ungefähr denken kann. Als wahrscheinliche Urheimath oder „Paradies" ist hier Lemurien angenommen, ein gegenwärtig unter dem Spiegel des indischen Oceans versunkener tropischer Continent, dessen frühere Existenz in der Tertiärzeit durch zahlreiche Thatsachen der Thier- und Pflanzengeographie sehr wahrscheinlich gemacht wird (vergl. S. 321 und 642). Indessen ist es auch sehr möglich, daß die hypothetische „Wiege des Menschengeschlechts" weiter östlich (in Hinter- oder Vorder-Indien) oder weiter westlich (im östlichen Afrika) lag. Künftige, namentlich vergleichend-anthropologische und paläontologische Forschungen werden uns hoffentlich in den Stand setzen, die vermuthliche Lage der menschlichen Urheimath genauer zu bestimmen, als es gegenwärtig möglich ist.

Wenn man unserer monophyletischen Hypothese die polyphyletische vorzieht und annimmt, daß die verschiedenen Menschenarten aus mehreren verschiedenen anthropoiden Affenarten durch allmähliche Vervollkommnung entstanden sind, so scheint unter den vielen, hier möglichen Hypothesen am meisten Vertrauen diejenige zu verdienen, welche eine zweifache pithecoide Wurzel des Menschengeschlechts annimmt, eine asiatische und eine afrikanische Wurzel. Es ist nämlich eine sehr bemerkenswerthe Thatsache, daß die afrikanischen Menschenaffen (Gorilla und Schimpanse) sich durch eine entschieden langköpfige oder dolichocephale Schädelform auszeichnen, ebenso wie die Afrika eigenthümlichen Menschenarten (Hottentotten, Kaffern, Neger, Nubier). Auf der anderen Seite stimmen die asiatischen Menschenaffen (insbesondere der kleine und große Orang) durch ihre deutlich kurzköpfige oder brachycephale Schädelform mit den vorzugsweise für Asien bezeichnenden Menschenarten (Mongolen und Malayen) überein. Man könnte daher wohl versucht sein, diese letzteren (asiatische Menschenaffen und Urmenschen) von einer gemeinsamen brachycephalen Affenform, die ersteren dagegen (afrikanische Menschenaffen und Urmenschen) von einer gemeinsamen dolichocephalen Affenform abzuleiten.

Auf jeden Fall bleiben das tropische Afrika und das südliche Asien (und zwischen beiden möglicherweise das sie früher verbindende Lemurien?) diejenigen Theile der Erde, welche bei der Frage von der Urheimath des Menschengeschlechts vor allen anderen in Betracht kommen. Entschieden ausgeschlossen sind bei dieser Frage dagegen Amerika und Australien. Auch Europa (welches übrigens nur eine begünstigte westliche Halbinsel von Asien ist) besitzt schwerlich für die „Paradies-Frage" Bedeutung.

Daß die Wanderungen der verschiedenen Menschenarten von ihrer Urheimath aus und ihre geographische Verbreitung auf unserer Taf. XV nur ganz im Allgemeinen und in den gröbsten Zügen angedeutet werden konnten, versteht sich von selbst. Die zahlreichen Kreuz- und Querwanderungen der vielen Zweige und Stämme, sowie ihre oft sehr einflußreichen Rückwanderungen mußten dabei gänzlich unberücksichtigt bleiben. Um diese einigermaßen klar darzustellen, müßten erstens unsere Kenntnisse viel vollständiger sein und zweitens ein ganzer Atlas mit vielen verschiedenen Migrations-Tafeln angewendet werden. Unsere Taf. XV beansprucht weiter Nichts, als ganz im Allgemeinen die ungefähre geographische Verbreitung der 12 Menschenarten so anzudeuten, wie sie im fünfzehnten Jahrhundert (vor der allgemeinen Ausbreitung der indogermanischen Rasse) bestand, und wie sie sich ungefähr mit unserer Descendenzhypothese in Einklang bringen läßt. Auf die geographischen Verbreitungsschranken (Gebirge, Wüsten, Flüsse, Meerengen u. s. w.) brauchte bei dieser allgemeinen Migrationsskizze im Einzelnen um so weniger ängstliche Rücksicht genommen zu werden, als diese in früheren Perioden der Erdgeschichte ganz andere Größen und Formen hatten. Wenn die allmähliche Umbildung von catarhinen Affen in pithecoide Menschen während der Tertiärzeit wirklich in dem hypothetischen Lemurien stattfand, so müssen auch zu jener Zeit die Grenzen und Formen der heutigen Continente und Meere ganz andere gewesen sein. Auch der sehr mächtige Einfluß der Eiszeit wird für die chorologischen Fragen von der Wanderung und Verbreitung der Menschenarten große Bedeutung beanspruchen, obwohl er sich im Einzelnen noch nicht näher bestimmen läßt. Ich verwahre mich also hier, wie bei meinen anderen Entwickelungshypothesen, ausdrücklich gegen jede dogmatische Deutung; sie sind weiter nichts als erste Versuche.

Tafel XVI (zwischen S. 392 und 393).

Tiefsee-Radiolarien der britischen Challenger-Expedition.

(Vergl. S. 392 und 394.)

Die Zahl der zierlichen und höchst mannichfaltigen Gestalten von kieselschaligen Radiolarien, welche die bewunderungswürdige britische Challenger-Expedition (1872—1876) unter der Leitung des berühmten schottischen Zoologen Sir

Wyville Thomson aus den Tiefen des äquatorialen pacifischen Oceans zu Tage gefördert hat, beläuft sich schon jetzt auf mehr als tausend, wohl unterschiedene, neue Arten. Die Beschreibung und Abbildung derselben (auf hundert Tafeln), an der ich schon seit einigen Jahren arbeite, wird in 2—3 Jahren veröffentlicht werden. Es ergiebt sich daraus in dieser wunderbaren Protistenklasse ein viel größerer Reichthum an verschiedenen und mannichfaltigen Grundformen, als in irgend einer anderen Klasse des Protistenreichs, Pflanzenreichs oder Thierreichs zu finden ist. Die 12 Arten, welche auf Taf. XVI abgebildet sind, geben einige der wichtigsten typischen Formen wieder (Vergl. auch mein „Protistenreich", 1878, und meine „Monographie der Radiolarien", 1862, mit Atlas von 35 Tafeln). Alle hier abgebildeten Formen sind dem bloßen Auge unsichtbar und stark vergrößert.

Fig. 1. Procyttarium primordiale, H. (Ordnung der Collideen). Eine kugelige Zelle (Centralkapsel) mit centraler Oelkugel ist umgeben von mehreren kleinen „gelben Zellen" und strahlt viele feine Fäden aus (Pseudopodien).

Fig. 2. Hexancistra quadricuspis, H. (Ordnung der Sphaerideen). Eine Gitterkugel (Rindenschale) mit centraler Kugel (Markschale). 6 Stacheln (jeder mit 4 Spitzen) stehen in drei auf einander senkrechten Meridian-Ebenen.

Fig. 3. Saturnulus planeta, H. (Ordnung der Sphaerideen). Eine Gitterkugel (Rindenschale) mit centraler Kugel (Markschale). Rings um dieselbe ein äquatorialer Kieselring, (mit ihr verbunden durch zwei, in einer Axe liegende Stäbe), ähnlich wie um den Planeten Saturn ein äquatorialer Nebelring.

Fig. 4. Heliocladus furcatus, H. (Ordnung der Discideen). Eine linsenförmige Gitterschale (Rindenschale) mit einer centralen Kugel (Markschale). Vom Aequator oder vom Rande der biconvexen Linse strahlen zahlreiche Kieselstacheln aus, die gabelförmig getheilt sind.

Fig. 5. Tricranastrum Wyvillei, H. (Ordnung der Discideen). Von einer centralen kreisrunden Scheibe gehen vier, ein plattes rechtwinkliges Kreuz bildende Arme ab, deren jeder am Ende in drei Zacken gespalten ist. Feine Fäden (Pseudopodien) strahlen überall von der Centralkapsel aus.

Fig. 6. Coelodendrum Challengeri, H. (Ordnung der Cannideen). Die kugelige Central-Kapsel ist von zwei gegenständigen (unverbundenen) Halbkugeln eingeschlossen, deren jede drei baumförmig verästelte hohle Kieselröhren trägt. Aus der schwarzbraunen Pigmentmasse, welche die Central-Kapsel umhüllt, strahlen zahlreiche feine Fäden aus (Pseudopodien).

Fig. 7. Acanthostephanus corona, H. (Ordnung der Cricoideen). Drei stachelige Kieselreifen, welche in drei auf einander senkrechten Ebenen stehen, sind in der Weise verbunden, daß sie eine Dornenkrone bilden.

Fig. 8. Cinclopyramis Murrayana, H. (Ordnung der Cyrtideen). Eine neunseitige Pyramide, deren neun Kanten durch viele horizontale Querstäbe verbunden sind. Ein äußerst feines Gitterwerk füllt die viereckigen Maschen aus, welche durch jene gebildet werden.

9. Eucecryphalus Huxleyi, H. (Ordnung der Cyrtideen). Eine flache kegelförmige Gitterschale mit köpfchenförmigem Aufsatz und vielen langen Kieselstacheln.

10. Dictyopodium Moseleyi, H. (Ordnung der Cyrtideen). Eine hohe egelförmige Gitterschale mit 3 Gliedern, Gipfelstachel und 3 langen Füßchen, die am Ende gitterförmig durchbrochen sind.

11. Diploconus Saturni, H. (Ordnung der Panacanthen). Ein Doppelkegel, gleich einer Sanduhr, dessen Axe ein starker, vierkantiger, an beiden Enden vorragender und zugespitzter Stachel bildet; von der Mitte gehen kleinere Stacheln ab.

12. Lithoptera Darwinii, H. (Ordnung der Panacanthen). In der Mitte eine kreuzförmige Centralkapsel mit vier Lappen. Das Kieselskelet besteht aus 20, nach Müller's Gesetz vertheilten Stacheln, 16 kleineren und 4 größeren; letztere liegen in der Aequatorial-Ebene und tragen am Ende 4 Gitterplatten, gleich Windmühlen-Flügeln.

Tafel XVII (zwischen S. 424 und 425).

Farnwald der Steinkohlenzeit.

Diese hypothetische Skizze aus der Landschaft einer längst verflossenen Periode der Erdgeschichte ist aus den zahlreichen und wohl erhaltenen Versteinerungen derselben in ähnlicher Weise combinirt und restaurirt, wie dies zuerst der geniale Botaniker Franz Unger in seinen schönen Bildern zur „Urwelt", später Oswald Heer in seiner „Urwelt der Schweiz", und viele Andere gethan haben. Die Pflanzen, welche diesen Urwald der Steinkohlenzeit zusammensetzen, sind ganz überwiegend Prothalloten aus der Hauptklasse der Farne (Filicinae, S. 408, 423). Auf der linken Seite des Bildchens im Vordergrunde unten erheben sich die gekrümmten, armleuchterartig getheilten und dicht mit Schuppenblättchen bedeckten Büsche einiger Bärlappe (Lycopodiaceae) aus der Klasse der Schuppenfarne (Selagineae, S. 427). Hoch darüber empor ragen links die riesigen, blattlosen, cannellirten Säulen mehrerer nackter Schafthalme (Equisetaceae), aus der Klasse der Schaftfarne (Calamariae, S. 426); oben tragen sie einen zapfenähnlichen Sporenbehälter. Rechts dahinter sind die zierlichen, lärchenähnlichen, zu derselben Klasse gehörigen, schlanken Stämme von Riesenhalmen (Calamiteae, S. 426) sichtbar, welche regelmäßig zusammengesetzte Nadel-Quirle tragen. Gegenüber auf der rechten Seite des Bildchens werden alle anderen Pflanzen von den mächtigen, gabelig verzweigten und zierlich getäfelten Stämmen der Schuppenbäume (Lepidodendreae) überragt, einer der wichtigsten und großartigsten Entwickelungs-Formen der Schuppenfarne (Selagineae, S. 428). Ihre Gabeläste tragen palmenähnliche Blätterkronen, ihre Schuppenstämme sind theilweise mit schmarotzenden Laubfarnen bedeckt. Rechts unten treten verschiedene Farnkräuter mit gefiederten oder doppelt gefiederten Blättern in den Vordergrund, die jüngsten Blätter in der Mitte der Büsche sind noch eingerollt. Sie vertreten, ebenso wie die im Hintergrunde durchschimmernden, palmähnlichen Farnbäume, die formenreiche Abtheilung der Laubfarne (Pterideae, S. 425). Endlich wird die Klasse der Wasserfarne (Rhizocarpeae) durch eine Anzahl kleinerer Filicinen repräsentirt, welche unten am Rande des Wassers wachsen oder aus demselben hervorragen (S. 427).

Register.

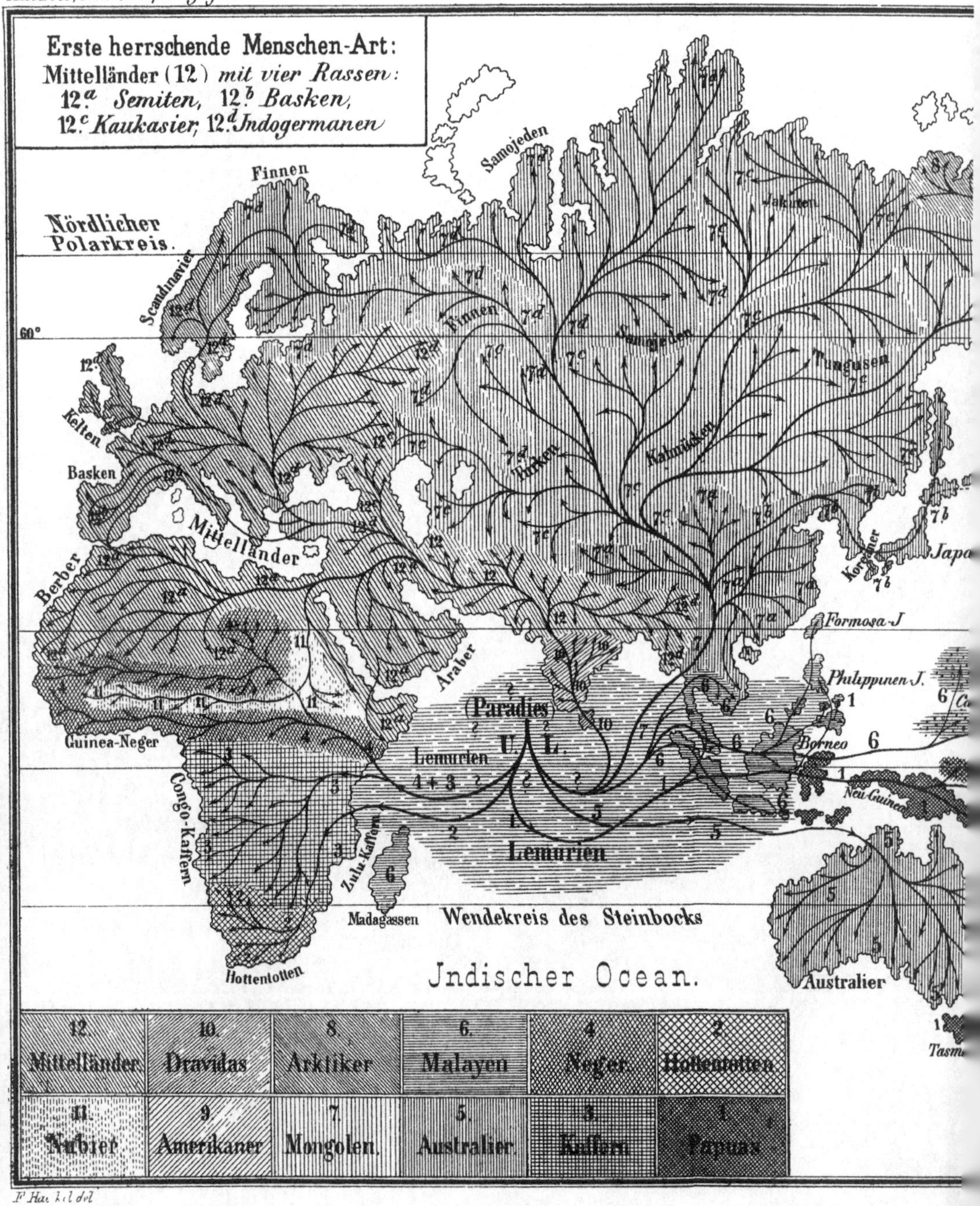

E Haeckel del

Taf. XV.

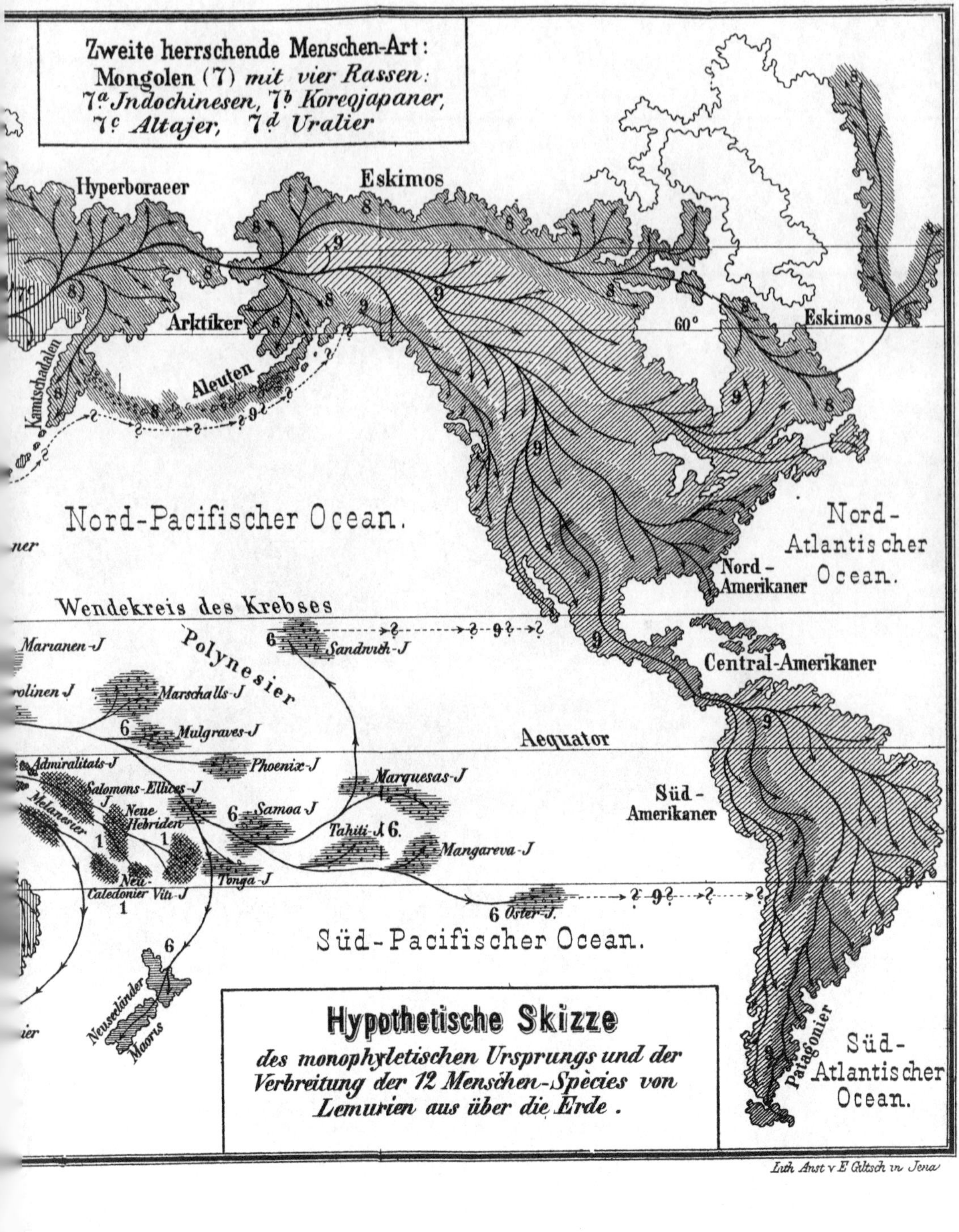

Hypothetische Skizze

des monophyletischen Ursprungs und der Verbreitung der 12 Menschen-Species von Lemurien aus über die Erde.

Lith. Anst. v. E. Giltsch in Jena

FSC
www.fsc.org
MIX
Papier | Fördert
gute Waldnutzung
FSC® C083411

Kolibri 360 GmbH
Ferdinand-Jühlke-Straße 7
99095 Erfurt, Deutschland
produktsicherheit@kolibri360.de